쉽고 빠르게 한 번에 합격

스터디

Plan 1	Plan 2
60일 완성	**4주 완성**

		확실한 합격 플랜			최단기 합격 플랜	
핵심요점 정리 핵심요점은 문제를 풀어보기에 앞서 반드시 공부해야 하는 필수이론입니다. 중요이론만 선별하여 쉽고 간결하게 정리해 두었습니다.	화공기사 전 과목 핵심이론	☐ DAY 01	☐ DAY 02	☐ DAY 03	☐ DAY 01	☐ DAY 02
			☐ DAY 04	☐ DAY 05	☐ DAY 03	
			☐ DAY 06	☐ DAY 07	☐ DAY 04	
기출문제 풀이 평균 60점만 맞으면 합격할 수 있는 필기시험을 짧은 시간 안에 준비하는 데 가장 중요한 것은 반복하여 출제되는 기출문제를 공략하는 것입니다. 이 책에는 2012년부터 2024년까지 13년간 출제된 모든 기출문제가 정확하고 상세하게 풀이되어 있습니다. 다년간의 기출문제를 풀다 보면 회차가 거듭되면서 반복되어 나오는 문제들을 볼 수 있는데 이러한 문제들은 다시 출제될 가능성이 높은 중요한 문제이므로 반복 학습을 통해 확실하게 알고 넘어가야 합니다.	2012년 1회 | 2회 | 4회	☐ DAY 08	☐ DAY 09	☐ DAY 10	☐ DAY 05	
	2013년 1회 | 2회 | 4회	☐ DAY 11	☐ DAY 12	☐ DAY 13	☐ DAY 06	
	2014년 1회 | 2회 | 4회	☐ DAY 14	☐ DAY 15	☐ DAY 16	☐ DAY 07	
	2015년 1회 | 2회 | 4회	☐ DAY 17	☐ DAY 18	☐ DAY 19	☐ DAY 08	
	2016년 1회 | 2회 | 4회	☐ DAY 20	☐ DAY 21	☐ DAY 22	☐ DAY 09	
	2017년 1회 | 2회 | 4회	☐ DAY 23	☐ DAY 24	☐ DAY 25	☐ DAY 10	
	2018년 1회 | 2회 | 4회	☐ DAY 26	☐ DAY 27	☐ DAY 28	☐ DAY 11	
	2019년 1회 | 2회 | 4회	☐ DAY 29	☐ DAY 30	☐ DAY 31	☐ DAY 12	
	2020년 1·2회 | 3회 | 4회	☐ DAY 32	☐ DAY 33	☐ DAY 34	☐ DAY 13	
	2021년 1회 | 2회 | 3회	☐ DAY 35	☐ DAY 36	☐ DAY 37	☐ DAY 14	
	2022년 1회 | 2회 | 3회	☐ DAY 38	☐ DAY 39	☐ DAY 40	☐ DAY 15	
	2023년 1회 | 2회 | 3회	☐ DAY 41	☐ DAY 42	☐ DAY 43	☐ DAY 16	
	2024년 1회 | 2회 | 3회	☐ DAY 44	☐ DAY 45	☐ DAY 46	☐ DAY 17	
핵심요점+기출문제 복습 핵심요점과 기출문제 1회독 후 잘 이해되지 않는 이론과 반복해도 자꾸 틀리거나 암기되지 않는 문제 위주로 한 번 더 복습하길 권장합니다.	전 과목 핵심이론 복습		☐ DAY 47	☐ DAY 48	☐ DAY 18	☐ DAY 19
	2012~2013년 기출 복습		☐ DAY 49		☐ DAY 20	
	2014~2015년 기출 복습		☐ DAY 50		☐ DAY 21	
	2016~2017년 기출 복습		☐ DAY 51		☐ DAY 22	
	2018~2019년 기출 복습		☐ DAY 52		☐ DAY 23	
	2020~2021년 기출 복습		☐ DAY 53	☐ DAY 54	☐ DAY 24	
	2022~2024년 기출 복습	☐ DAY 55	☐ DAY 56	☐ DAY 57	☐ DAY 25	
최종 마무리 기출문제는 그동안 체크해 둔 오답 문제와 빈출문제 위주로 정리하시고, 마지막으로 핵심요점을 잘 숙지하고 있는지 꼼꼼하게 확인 후 시험에 임하시기 바랍니다.	2012~2024년 빈출·오답 정리		☐ DAY 58		☐ DAY 26	
	전 과목 핵심이론 최종 검토		☐ DAY 59		☐ DAY 27	
	CBT 온라인 모의고사		☐ DAY 60		☐ DAY 28	

KB144695

스스로 계획하여 한 번에 합격하는
스터디플래너

Plan 3
나만의 합격플랜

		1회독	2회독	3회독
핵심요점 정리	화공기사 전 과목 핵심이론	☐ __월__일	☐ __월__일	☐ __월__일
		☐ __월__일	☐ __월__일	☐ __월__일
		☐ __월__일	☐ __월__일	☐ __월__일
기출문제 풀이	2012년 1회 ｜ 2회 ｜ 4회	☐ __월__일	☐ __월__일	☐ __월__일
	2013년 1회 ｜ 2회 ｜ 4회	☐ __월__일	☐ __월__일	☐ __월__일
	2014년 1회 ｜ 2회 ｜ 4회	☐ __월__일	☐ __월__일	☐ __월__일
	2015년 1회 ｜ 2회 ｜ 4회	☐ __월__일	☐ __월__일	☐ __월__일
	2016년 1회 ｜ 2회 ｜ 4회	☐ __월__일	☐ __월__일	☐ __월__일
	2017년 1회 ｜ 2회 ｜ 4회	☐ __월__일	☐ __월__일	☐ __월__일
	2018년 1회 ｜ 2회 ｜ 4회	☐ __월__일	☐ __월__일	☐ __월__일
	2019년 1회 ｜ 2회 ｜ 4회	☐ __월__일	☐ __월__일	☐ __월__일
	2020년 1·2회 ｜ 3회 ｜ 4회	☐ __월__일	☐ __월__일	☐ __월__일
	2021년 1회 ｜ 2회 ｜ 3회	☐ __월__일	☐ __월__일	☐ __월__일
	2022년 1회 ｜ 2회 ｜ 3회	☐ __월__일	☐ __월__일	☐ __월__일
	2023년 1회 ｜ 2회 ｜ 3회	☐ __월__일	☐ __월__일	☐ __월__일
	2024년 1회 ｜ 2회 ｜ 3회	☐ __월__일	☐ __월__일	☐ __월__일
핵심요점+기출문제 복습	전 과목 핵심이론 복습	☐ __월__일	☐ __월__일	☐ __월__일
	2012~2013년 기출 복습	☐ __월__일	☐ __월__일	☐ __월__일
	2014~2015년 기출 복습	☐ __월__일	☐ __월__일	☐ __월__일
	2016~2017년 기출 복습	☐ __월__일	☐ __월__일	☐ __월__일
	20018~2019년 기출 복습	☐ __월__일	☐ __월__일	☐ __월__일
	2020~2021년 기출 복습	☐ __월__일	☐ __월__일	☐ __월__일
	2022~2024년 기출 복습	☐ __월__일	☐ __월__일	☐ __월__일
최종 마무리	2012~2024년 빈출·오답 정리	☐ __월__일	☐ __월__일	☐ __월__일
	전 과목 핵심이론 최종 검토	☐ __월__일	☐ __월__일	☐ __월__일
	CBT 온라인 모의고사	☐ __월__일	☐ __월__일	☐ __월__일

주기율표 (Periodic table)

범례:
- 금속 원소
- 비금속 원소
- 전이 원소, 나머지는 전형 원소

[ ] 안의 원자량은 가장 안정한 동위체의 질량수

예시 (Fe):
- 원자량: 55.847
- 원소기호: Fe
- 원자번호: 26
- 원소명: 철
- 원자가 → 2, 3
- 고딕글자는 보다 안정한 원자가

철족 원소 (위 3), 백금족 원소 (아래 6개)

주기 \ 족	1A 알칼리금속원소	2A 알칼리토금속원소	3A	4A	5A	6A	7A	8	1B	2B	3B 붕소족원소	4B 탄소족원소	5B 질소족원소	6B 산소족원소	7B 할로겐족원소	0 비활성기체
1	1.00797 **H** 1 수소															4.0026 **He** 2 헬륨
2	6.939 **Li** 3 리튬	9.0122 **Be** 4 베릴륨									10.811 **B** 5 붕소	12.01115 **C** 6 탄소	14.0067 **N** 7 질소	15.9994 **O** 8 산소	18.9984 **F** 9 플루오르	20.179 **Ne** 10 네온
3	22.9898 **Na** 11 나트륨	24.312 **Mg** 12 마그네슘									26.9815 **Al** 13 알루미늄	28.086 **Si** 14 규소	30.9738 **P** 15 인	32.064 **S** 16 황	35.453 **Cl** 17 염소	39.948 **Ar** 18 아르곤

전이원소 영역 (3A~2B, 4주기 이하):

주기	3A	4A	5A	6A	7A	8	8	8	1B	2B
4	44.956 **Sc** 21 스칸듐	47.90 **Ti** 22 티탄	50.942 **V** 23 바나듐	51.996 **Cr** 24 크롬	54.9380 **Mn** 25 망간	55.847 **Fe** 26 철	58.9332 **Co** 27 코발트	58.70 **Ni** 28 니켈	63.546 **Cu** 29 구리	65.38 **Zn** 30 아연
5	88.905 **Y** 39 이트륨	91.22 **Zr** 40 지르코늄	92.906 **Nb** 41 니오브	95.94 **Mo** 42 몰리브덴	[97] **Tc** 43 테크네튬	101.07 **Ru** 44 루테늄	102.905 **Rh** 45 로듐	106.4 **Pd** 46 팔라듐	107.868 **Ag** 47 은	112.40 **Cd** 48 카드뮴
6	☆ 57~71 란탄계열	178.49 **Hf** 72 하프늄	180.948 **Ta** 73 탄탈	183.85 **W** 74 텅스텐	186.2 **Re** 75 레늄	190.2 **Os** 76 오스뮴	192.2 **Ir** 77 이리듐	195.09 **Pt** 78 백금	196.967 **Au** 79 금	200.59 **Hg** 80 수은
7	◎ 89~ 악티늄계열									

전형원소 영역 (4주기 이하 3B~0) 및 1~2족:

주기	1A	2A	3B	4B	5B	6B	7B	0
4	39.098 **K** 19 칼륨	40.08 **Ca** 20 칼슘	69.72 **Ga** 31 갈륨	72.59 **Ge** 32 게르마늄	74.9216 **As** 33 비소	78.96 **Se** 34 셀렌	79.904 **Br** 35 브롬	83.80 **Kr** 36 크립톤
5	85.47 **Rb** 37 루비듐	87.62 **Sr** 38 스트론튬	114.82 **In** 49 인듐	118.69 **Sn** 50 주석	121.75 **Sb** 51 안티몬	127.60 **Te** 52 텔루르	126.9044 **I** 53 요오드	131.30 **Xe** 54 크세논
6	132.905 **Cs** 55 세슘	137.34 **Ba** 56 바륨	204.37 **Tl** 81 탈륨	207.19 **Pb** 82 납	208.980 **Bi** 83 비스무트	[209] **Po** 84 폴로늄	[210] **At** 85 아스타틴	[222] **Rn** 86 라돈
7	[223] **Fr** 87 프랑슘	[226] **Ra** 88 라듐						

☆ 란탄계열:

138.91 **La** 57 란탄	140.12 **Ce** 58 세륨	140.907 **Pr** 59 프라세오디뮴	144.24 **Nd** 60 네오디뮴	[145] **Pm** 61 프로메튬	150.35 **Sm** 62 사마륨	151.96 **Eu** 63 유로퓸	157.25 **Gd** 64 가돌리늄	158.925 **Tb** 65 테르븀	162.50 **Dy** 66 디스프로슘	164.930 **Ho** 67 홀뮴	167.26 **Er** 68 에르븀	168.934 **Tm** 69 툴륨	173.04 **Yb** 70 이테르븀	174.97 **Lu** 71 루테튬

◎ 악티늄계열:

[227] **Ac** 89 악티늄	232.038 **Th** 90 토륨	[231] **Pa** 91 프로트악티늄	238.03 **U** 92 우라늄	[237] **Np** 93 넵투늄	[244] **Pu** 94 플루토늄	[243] **Am** 95 아메리슘	[247] **Cm** 96 퀴륨	[247] **Bk** 97 버클륨	[251] **Cf** 98 칼리포르늄	[254] **Es** 99 아인시타이늄	[257] **Fm** 100 페르뮴	[258] **Md** 101 멘델레븀	[259] **No** 102 노벨륨	[260] **Lr** 103 로렌슘

한번에
합격하기

한번에
합격하는
화공기사
기출문제집 필기 화공기사연구회 지음

핵심이론 + 13개년 기출

BM (주)도서출판 성안당

■ 도서 A/S 안내

성안당에서 발행하는 모든 도서는 저자와 출판사, 그리고 독자가 함께 만들어 나갑니다.

좋은 책을 펴내기 위해 많은 노력을 기울이고 있습니다. 혹시라도 내용상의 오류나 오탈자 등이 발견되면 **"좋은 책은 나라의 보배"**로서 우리 모두가 함께 만들어 간다는 마음으로 연락주시기 바랍니다. 수정 보완하여 더 나은 책이 되도록 최선을 다하겠습니다.

성안당은 늘 독자 여러분들의 소중한 의견을 기다리고 있습니다. 좋은 의견을 보내 주시는 분께는 성안당 쇼핑몰의 포인트(3,000포인트)를 적립해 드립니다.

잘못 만들어진 책이나 부록 등이 파손된 경우에는 교환해 드립니다.

본서 기획자 e-mail : coh@cyber.co.kr(최옥현)
홈페이지 : http://www.cyber.co.kr
전화 : 031) 950-6300

화학공학과 학생 또는 기술고시, 화공직 공무원, 공기업 준비생, 일반기업체 준비생이라면 화공기사에 대해 많은 관심이 있을 겁니다. 하지만 화학공학의 학습 범위 및 내용이 매우 광범위하고 다양하여 화학공학과 학생이라도 대학교 과정만으로는 넓은 학습 범위에 대해 완벽하게 이해하기 어렵고, 관련 학과 및 타 학과 학생의 경우 더욱더 접근하기 어려워 화공기사 자격시험 준비를 하는 데 만만치 않을 것입니다.

이에 본서는 화공기사 자격시험을 준비하는 수험생들을 위해 한국산업인력공단 최신 출제기준 및 기출문제를 기반으로 최근 출제경향에 맞게 내용을 구성하고, 효율적으로 습득하여 최대한 짧은 시간에 성과를 낼 수 있도록 집필하였습니다.

먼저 **PART 1. 전 과목 핵심이론**편에서는 방대한 이론 중 시험에 자주 출제되는 중요 내용만을 선별하여 알기 쉽고 간략하게 정리하여 수록하였고, **PART 2. 과년도 출제문제**편에서는 다년간(2012~2024년)의 기출문제를 정확하고 자세한 해설과 함께 수록하였습니다. 또한 화공기사를 포함하여 기사 필기시험이 2022년 마지막 회차부터 CBT(Computer Based Test)로 시행되고 있는데 이에 실전감각을 키워주기 위해 시험대비 **CBT 온라인 모의고사**를 제공하고 있습니다.

저자의 노력에도 불구하고 일부 미흡한 점이 있다면 차후 실시되는 시험문제들의 해설과 더불어 수정·보완하여 더나은 도서가 되도록 노력하겠습니다.

끝으로 이 책이 출간되기까지 끊임없는 격려와 지원을 해 주신 성안당 관계자 여러분과 지도 편달해 주신 교수님 이하 선후배님들께 깊은 감사를 전합니다.

저자

자격 안내

① 자격 기본 정보

- 자격명 : 화공기사(Engineer Chemical Industry)
- 관련 부처 : 고용노동부
- 시행 기관 : 한국산업인력공단

화공기사 자격시험은 한국산업인력공단에서 시행하며, 과정평가형으로도 자격을 취득할 수 있습니다. 원서접수 및 시험일정 등 기타 자세한 사항은 한국산업인력공단에서 운영하는 사이트인 큐넷(q-net.or.kr)에서 확인하시기 바랍니다.

(1) 자격 개요

화학공업의 발전을 위한 제반환경을 조성하기 위해 전문지식과 기술을 갖춘 인재를 양성하고자 자격제도를 제정하였다.

(2) 수행 직무

화학공정 전반에 걸친 계측, 제어, 관리, 감독 업무와 화학장치의 분리기, 여과기, 정제반응기, 유화기, 분쇄 및 혼합기 등을 제어, 조작, 관리, 감독하는 업무를 수행한다.

> 해마다 화공기사에 도전하는 응시 인원은 적지 않습니다. 이는 화공기사 자격을 사회에서 많이 필요로 하고 있기 때문이며, 앞으로의 전망 또한 높게 평가되고 있습니다.

(3) 연도별 검정 현황

연 도	필 기			실 기		
	응시	합격	합격률	응시	합격	합격률
2023	3,967명	927명	23.4%	2,073명	438명	21.1%
2022	4,177명	1,232명	29.5%	2,969명	623명	21%
2021	6,988명	2,544명	36.4%	4,833명	1,690명	35%
2020	7,503명	3,367명	44.9%	5,064명	1,914명	37.8%
2019	6,370명	3,039명	47.7%	3,667명	2,835명	77.3%
2018	4,986명	2,481명	49.8%	3,183명	2,022명	63.5%
2017	4,915명	2,410명	49%	2,956명	2,036명	68.9%
2016	4,414명	1,617명	36.6%	2,864명	1,321명	46.1%
2015	3,771명	1,254명	33.3%	1,857명	917명	49.4%
2014	2,413명	774명	32.1%	1,224명	554명	45.3%
2013	1,872명	653명	34.9%	1,125명	539명	47.9%

(4) 진로 및 전망

① 정부투자기관을 비롯해 석유화학, 플라스틱공업화학, 가스 관련 업체, 고무, 식품공업 등 화학제품을 제조·취급하는 분야로 진출 가능하고, 관련 연구소에서 화학분석을 포함한 기술개발 및 연구 업무를 담당할 수 있다. 또는 품질검사전문기관에서 종사하기도 한다.

② 화공분야는 기초산업에서부터 첨단정밀화학분야, 환경시설 및 화학분석분야, 가스제조분야, 건설업분야에 이르기까지 응용의 범위가 대단히 넓고, 특히 「건설산업기본법」에 의하면 산업설비 공사업 면허의 인력 보유 요건으로 자격증 취득자를 선임하도록 되어 있어 자격증 취득 시 취업이 유리한 편이다.

② 자격 취득 정보

(1) 기사 응시 자격(다음 각 호의 어느 하나에 해당하는 사람)

① 산업기사 등급 이상의 자격을 취득한 후 응시하려는 종목이 속하는 동일 및 유사 직무분야에서 1년 이상 실무에 종사한 사람

② 기능사 자격을 취득한 후 응시하려는 종목이 속하는 동일 및 유사 직무분야에서 3년 이상 실무에 종사한 사람

③ 응시하려는 종목이 속하는 동일 및 유사 직무분야의 다른 종목의 기사 등급 이상의 자격을 취득한 사람

④ 관련학과의 대학 졸업자 등 또는 그 졸업예정자

⑤ 3년제 전문대학 관련학과 졸업자 등으로서 졸업 후 응시하려는 종목이 속하는 동일 및 유사 직무분야에서 1년 이상 실무에 종사한 사람

⑥ 2년제 전문대학 관련학과 졸업자 등으로서 졸업 후 응시하려는 종목이 속하는 동일 유사 직무분야에서 2년 이상 실무에 종사한 사람

⑦ 동일 및 유사 직무분야의 기사 수준 기술훈련과정 이수자 또는 그 이수예정자

⑧ 동일 및 유사 직무분야의 산업기사 수준 기술훈련과정 이수자로서 이수 후 응시하려는 종목이 속하는 동일 및 유사 직무분야에서 2년 이상 실무에 종사한 사람

⑨ 응시하려는 종목이 속하는 동일 및 유사 직무분야에서 4년 이상 실무에 종사한 사람

⑩ 외국에서 동일한 종목에 해당하는 자격을 취득한 사람

(2) 취득 방법(화공기사는 검정형과 과정평가형의 두 가지 방법으로 자격을 취득할 수 있다.)

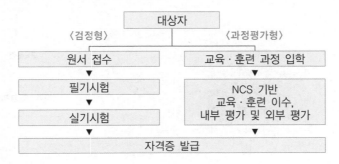

과정평가형 안내

과정평가형 자격은 국가직무능력표준으로 설계된 교육·훈련 과정을 체계적으로 이수하고 내·외부 평가를 거쳐 취득하는 국가기술자격입니다.

1 과정평가형 자격제도 안내

(1) 도입 배경

산업현장 일 중심으로 직업 교육·훈련과 자격의 유기적 연계 강화로 현장 맞춤형 우수 기술인재 배출을 위해 과정평가형 자격제도를 도입하였다.

(2) 기존 자격제도와 차이점

구 분	검정형	과정평가형
응시 자격	학력, 경력 요건 등 응시 요건 충족자	해당 과정을 이수한 누구나
평가 방법	지필 평가·실무 평가	내부 평가·외부 평가
합격 기준	필기 : 평균 60점 이상 / 실기 : 60점 이상	내부 평가와 외부 평가 결과를 1:1로 반영하여 평균 80점 이상
자격증	기재 내용 : 자격 종목, 인적 사항	검정형 기재 내용+교육·훈련 기관명, 교육·훈련 기간 및 이수 시간, NCS 능력단위명

2 국가직무능력표준(NCS) 안내

(1) 국가직무능력표준의 개념

국가직무능력표준(NCS ; National Competency Standards)은 산업현장에서 직무를 수행하는데 필요한 능력(지식·기술·태도)을 국가가 표준화한 것이다. 교육 훈련·자격에 NCS를 활용하여 현장 중심의 인재를 양성할 수 있도록 지원하고 있다.

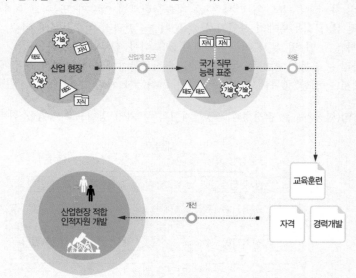

(2) 국가직무능력표준의 적용

능력 있는 인재를 개발해 핵심 인프라를 구축하고, 나아가 국가 경쟁력을 향상시키기 위해 국가
직무능력표준이 필요하다.

> **이렇게 달라졌어요! 보다 효율적이고 현실적인 대안 마련**
> • 실무중심의 교육 · 훈련 과정 개편
> • 국가자격의 종목 신설 및 재설계
> • 산업현장 직무에 맞게 자격시험 전면 개편
> • NCS 채용을 통한 기업의 능력중심 인사관리 및 근로자의 평생경력개발관리 지원

(3) 국가직무능력표준의 활용 범위

기업체(Corporation)	교육훈련기관(Education and training)	자격시험기관(Qualification)
• 현장 수요 기반의 인력 채용 및 인사관리 기준 • 근로자 경력 개발 • 직무기술서	• 직업교육훈련과정 개발 • 교수 계획 및 매체, 교재 개발 • 훈련기준 개발	• 직업교육훈련과정 개발 • 자격 종목의 신설 · 통합 · 폐지 • 출제 기준 개발 및 개정 • 시험 문항 및 평가 방법 • 교수 계획 및 매체, 교재 개발 • 훈련기준 개발

③ 화공기사 시험 과목 및 활용 국가직무능력표준

국가기술자격의 현장성과 활용성 제고를 위해 국가직무능력표준(NCS)을 기반으로 자격의 내용
(시험 과목, 출제 기준 등)을 직무 중심으로 개편하여 시행한다.　　(적용 시기 2022.1.1.부터)

필기 과목명	NCS 능력단위	NCS 세분류	실기 과목명	NCS 능력단위	NCS 세분류
공업합성	합성수지 배합설계	도료 제조	화학공정 실무	합성수지 배합설계	도료 제조
	선별공정관리	계면활성제 제조		선별공정관리	계면활성제 제조
	시험생산	첨가제 제조		작업공정관리	
	안전관리	접착제 제조		반응기와 반응운전 효율화	화학반응공정 개발 운전
반응운전	반응기와 반응운전 효율화	화학반응공정 개발 운전		반응시스템 파악	
	반응시스템 파악			안전관리	접착제 제조
단위공정관리	작업공정관리	계면활성제 제조		공정 개선	합성수지 제조
	공정 개선	합성수지 제조		열물질수지 검토	화학공정 설계
	열물질수지 검토	화학공정 설계		계측 · 제어 설계용 공정 데이터 결정과 입력	
화공계측제어	계측 · 제어 설계용 공정 데이터 결정과 입력	화학공정 설계		공정운전	석유제품 제조
	공정운전	석유제품 제조			
	계장설비 점검	화학공정 유지 운영			
	계장설비 유지 관리				

검정형 시험 안내

검정형 시험은 이전부터 시행해 오던 필기시험과 실기시험으로 나누어진 시험 형태입니다.

1 검정형 자격시험 일반 사항

(1) 시험 일정

연간 총 3회의 시험을 실시한다.

(2) 시험 과정 안내

① 원서 접수 확인 및 수험표 출력 기간은 접수 당일부터 시험 시행일까지이며, 이외 기간에는 조회가 불가하다. ※ 출력 장애 등을 대비하여 사전에 출력 보관할 것

② 원서 접수는 온라인(인터넷, 모바일앱)에서만 가능하다.

③ 스마트폰, 태블릿 PC 사용자는 모바일앱 프로그램을 설치한 후 접수 및 취소/환불 서비스를 이용한다.

STEP 01	STEP 02	STEP 03	STEP 04
필기시험 원서 접수	필기시험 응시	필기시험 합격자 확인	실기시험 원서 접수

- Q-net(q-net.or.kr) 사이트 회원 가입 후 접수 가능
- 반명함 사진 등록 필요 (6개월 이내 촬영본, 3.5cm×4.5cm)
- 화공기사 필기시험 수수료 19,400원

- 입실 시간 미준수 시 시험 응시 불가 (시험 시작 20분 전까지 입실)
- 수험표, 신분증, 필기구 지참 (공학용 계산기 지참 시 반드시 포맷)

- CBT 시험 종료 후 즉시 합격여부 확인 가능
- Q-net 사이트에 게시된 공고로 확인 가능

- Q-net 사이트에서 접수
- 실기 시험 시험 일자 및 시험장은 접수 시 수험자 본인이 선택 (먼저 접수하는 수험자가 선택의 폭이 넓음)
- 화공기사 실기시험 수수료 55,700원

(3) 검정 방법

① 필기시험[객관식 4지 택일형, 과목당 20문항(4과목, 과목당 30분), CBT]과 실기시험[필답형 (2시간)+작업형(약 4시간)]을 치르게 되며, 필기시험에 합격한 자에 한하여 실기시험을 응시 할 기회가 주어진다.

② 필기시험에 합격한 자에 대하여는 필기시험 합격자 발표일로부터 2년간 필기시험을 면제한다.

(4) 합격 기준

필기와 실기 모두 100점을 만점으로 하여 60점 이상을 합격으로 본다.

① 필기 : 과목당 40점 이상, 전 과목 평균 60점 이상 합격

② 실기 : 필답형과 작업형을 합산하여 60점 이상 합격

STEP 05	STEP 06	STEP 07	STEP 08
실기시험 응시	실기시험 합격자 확인	자격증 교부 신청	자격증 수령

- 수험표, 신분증, 필기구, 공학용 계산기, 종목별 수험자 준비물 지참 (공학용 계산기는 허용 된 종류에 한하여 사용 가능하며, 수험자 지참 준비물은 실기시험 접 수 기간에 확인 가능)

- 문자메시지, SNS 메신 저를 통해 합격 통보 (합격자만 통보)
- Q-net 사이트 및 ARS (1666-0100)를 통해서 확인 가능

- Q-net 사이트에서 신청 가능
- 상장형 자격증, 수첩형 자격증 형식 신청 가능

- 상장형 자격증은 합격 자 발표 당일부터 인터 넷으로 발급 가능 (직접 출력하여 사용)
- 수첩형 자격증은 인터 넷 신청 후 우편 수령만 가능

② CBT 안내

(1) CBT란?

CBT란 Computer Based Test의 약자로, 컴퓨터 기반 시험을 의미한다. 정보기기운용기능사, 정보처리기능사, 굴삭기운전기능사, 지게차운전기능사, 제과기능사, 제빵기능사, 한식조리기능사, 양식조리기능사, 일식조리기능사, 중식조리기능사, 미용사(일반), 미용사(피부) 등 12종목은 이미 오래 전부터 CBT 시험을 시행하고 있으며, 모든 산업기사는 2020년 마지막 시험(3회 또는 4회), 화공기사 포함 모든 기사는 2022년 마지막 시험(3회 또는 4회)부터 CBT 시험이 시행되었다. CBT 필기시험은 컴퓨터로 보는 만큼 수험자가 답안을 제출함과 동시에 합격여부를 확인할 수 있다.

(2) CBT 시험 과정

한국산업인력공단에서 운영하는 홈페이지 큐넷(Q-net)에서는 누구나 쉽게 CBT 시험을 볼 수 있도록 실제 자격 시험 환경과 동일하게 구성한 **가상 웹 체험 서비스를 제공**하고 있다.

가상 웹 체험 서비스를 통해 CBT 시험을 연습하는 과정은 다음과 같다.

① **시험 시작 전 신분 확인 절차**
  • 수험자가 자신에게 배정된 좌석에 앉아 있으면 신분 확인 절차가 진행된다.

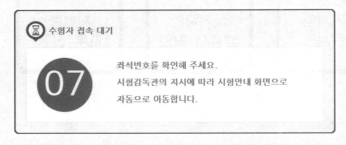

- 신분 확인이 끝난 후 시험 시작 전 CBT 시험 안내가 진행된다.

> 안내 사항 > 유의 사항 > 메뉴 설명 > 문제풀이 연습 > 시험 준비 완료

② 시험 [안내 사항]을 확인한다.
- 시험은 총 5문제로 구성되어 있으며, 5분간 진행된다.
  자격 종목별로 시험 문제 수와 시험 시간은 다를 수 있다.
  ※ 화공기사 필기 - 80문제/2시간
- 시험 도중 수험자 PC 장애 발생 시 손을 들어 시험감독관에게 알리면 긴급 장애 조치 또는
  자리 이동을 할 수 있다.
- 시험이 끝나면 합격여부를 바로 확인할 수 있다.

③ 시험 [유의 사항]을 확인한다.
  시험 중 금지되는 행위 및 저작권 보호에 관한 유의 사항이 제시된다.

④ 문제풀이 [메뉴 설명]을 확인한다.
  문제풀이 기능 설명을 유의해서 읽고 기능을 숙지해야 한다.

⑤ 자격 검정 CBT [문제풀이 연습]을 진행한다.
  실제 시험과 동일한 방식의 문제풀이 연습을 통해 CBT 시험을 준비한다.
- CBT 시험 문제 화면의 기본 글자 크기는 150%이다. 글자가 크거나 작을 경우 크기를 변경
  할 수 있다.
- 화면 배치는 '1단 배치'가 기본 설정이다. 더 많은 문제를 볼 수 있는 '2단 배치'와 '한 문제씩
  보기' 설정이 가능하다.

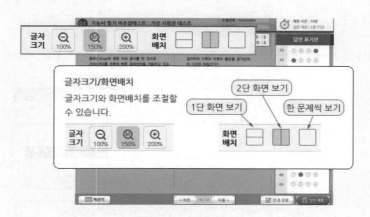

• 답안은 문제의 보기 번호를 클릭하거나 답안 표기 칸의 번호를 클릭하여 입력할 수 있다.
• 입력된 답안은 문제 화면 또는 답안 표기 칸의 보기 번호를 클릭하여 변경할 수 있다.

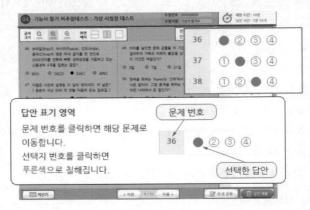

• 페이지 이동은 '페이지 이동' 버튼 또는 답안 표기 칸의 문제 번호를 클릭하여 이동할 수 있다.

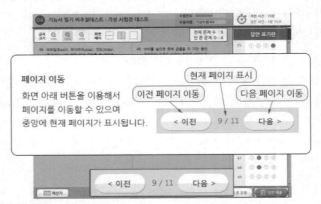

• 응시 종목에 계산문제가 있을 경우 좌측 하단의 계산기 기능을 이용할 수 있다.

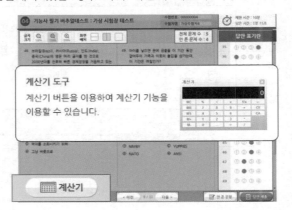

• 안 푼 문제 확인은 답안 표기란 좌측에 안 푼 문제 수를 확인하거나 답안 표기란 하단 '안 푼 문제' 버튼을 클릭하여 확인할 수 있다. 안 푼 문제 번호 보기 팝업창에 안 푼 문제 번호가 표시된다. 번호를 클릭하면 해당 문제로 이동한다.

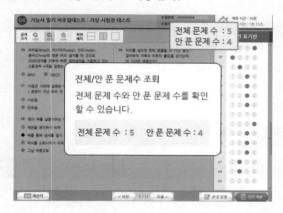

• 시험 문제를 다 푼 후 답안 제출을 하거나 시험 시간이 모두 경과되었을 경우 시험이 종료되며, 시험 결과를 바로 확인할 수 있다.

• '답안 제출' 버튼을 클릭하면 답안 제출 승인 알림창이 나온다. 시험을 마치려면 '예'를, 시험을 계속 진행하려면 '아니오'를 클릭하면 된다. 답안 제출은 실수 방지를 위해 두 번의 확인 과정을 거친다. 이상이 없으면 '예' 버튼을 한 번 더 클릭한다.

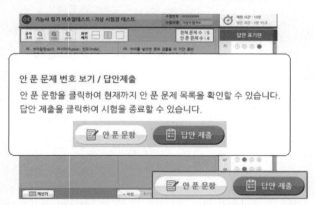

⑥ [시험 준비 완료]를 한다.

시험 안내 사항 및 문제풀이 연습까지 모두 마친 수험자는 '시험 준비 완료' 버튼을 클릭한 후 잠시 대기한다.

⑦ 연습한 대로 CBT 시험을 시행한다.

⑧ 답안 제출 및 합격여부를 확인한다.

③ 출제 기준

- 직무/중직무 분야 : 화학/화공
- 자격 종목 : 화공기사
- 직무 내용 : 화학공정 전반에 걸친 반응, 혼합, 분리정제, 분쇄 등의 단위공정을 설계, 운전, 관리ㆍ감독하고 화학공정을 계측, 제어, 조작하는 직무이다.
- 적용 기간 : 2022.1.1. ~ 2026.12.31.

(1) 필기 출제 기준

⊙ 제1과목 ▌공업합성

주요 항목	세부 항목	세세 항목
1. 무기공업화학	(1) 산 및 알칼리 공업	① 황산 ② 질산 ③ 염산 ④ 인산 ⑤ 탄산나트륨(소다회), 수산화나트륨(가성소다) ⑥ 기타
	(2) 암모니아 및 비료 공업	① 암모니아 ② 비료
	(3) 전기 및 전지화학 공업	① 1차 전지, 2차 전지 ② 연료전지 ③ 부식, 방식
	(4) 반도체 공업	① 반도체 원리 ② 반도체 원료 및 제조 공정
2. 유기공업화학	(1) 유기합성 공업	① 유기합성 공업 원료 ② 단위반응
	(2) 석유화학 공업	① 천연가스 ② 석유 정제 ③ 합성수지 원료
	(3) 고분자 공업	① 고분자 종류 ② 고분자 중합 ③ 고분자 물성
3. 공업화학제품 생산	(1) 시제품 평가	① 배합, 공정 적정성 평가 ② 품질평가
	(2) 공업용수, 폐수관리	① 공업용수처리 ② 공업폐수처리
4. 환경ㆍ안전관리	(1) 물질안전보건자료(MSDS)	① 물질안전보건자료 ② 화학물질 취급 시 안전수칙 ③ 규제물질
	(2) 안전사고 대응	① 안전사고 대응

〈필기시험 안내 사항〉

- 필기 검정 방법 : 객관식(4지 택일형, CBT)
- 문항 수 : 80문제(각 과목 20문제)
- 필기 시험 시간 : 2시간(각 과목 30분)
- 필기 과목명 : 1. 공업합성　　2. 반응운전
　　　　　　　 3. 단위공정관리　4. 화공계측제어

제2과목 ┃ 반응운전

주요 항목	세부 항목	세세 항목
1. 반응시스템 파악	(1) 화학반응 메커니즘 파악	① 반응의 분류 ② 반응속도식 ③ 활성화에너지 ④ 부반응 ⑤ 한계반응물 ⑥ 화학조성 분석
	(2) 반응조건 파악	① 반응조건 도출(온도, 압력, 시간) ② 반응용매
	(3) 촉매특성 파악	① 균일 · 불균일 촉매 ② 촉매 활성도 ③ 촉매 교체주기 ④ 촉매독 ⑤ 촉매 구조 ⑥ 촉매반응 메커니즘 ⑦ 촉매특성 측정장비
	(4) 반응 위험요소 파악	① 폭주반응 ② 위험요소 ③ 반응물의 부식과 독성
2. 반응기 설계	(1) 단일반응과 반응기 해석	① 단일반응의 종류와 속도론 ② 다중반응, 순환식 반응, 자동촉매반응속도론 ③ 이상형 반응기의 물질 및 에너지수지
	(2) 복합반응과 반응기 해석	① 연속반응속도론 해석 ② 연속반응의 가역/비가역 반응 ③ 최적반응 조건
	(3) 불균일 반응	① 불균일반응의 반응변수
	(4) 반응기 설계	① 회분 및 흐름 반응기의 설계방정식 ② 반응기의 특성 및 성능 비교 ③ 비정상상태에서의 반응기 운전 ④ 반응기의 연결

주요 항목	세부 항목	세세 항목
3. 반응기와 반응운전 효율화	(1) 반응기 운전 최적화	① 직렬, 병렬 반응 ② 복합반응 ③ 반응시간과 체류시간 ④ 선택도 ⑤ 전환율
4. 열역학 기초	(1) 기본양과 단위	① 차원과 단위 ② 압력, 부피, 온도 ③ 힘, 일, 에너지, 열
	(2) 유체의 상태방정식	① 이상기체와 상태방정식 ② $P \cdot V \cdot T$ 관계 ③ 기체혼합물과 실제기체 상태법칙 ④ 액체와 초임계 유체거동
	(3) 열역학적 평형	① 닫힌계와 열린계 ② 열역학적 상태함수
	(4) 열역학 제2법칙	① 엔트로피와 열역학 제2법칙 ② 열효율, 일, 열 ③ 정용, 정압, 등온, 단열, 폴리트로픽(Polytropic) 과정 ④ 열기관과 냉동기(Carnot)
5. 유체의 열역학과 동력	(1) 유체의 열역학	① 잔류성질 ② 2상계 ③ 열역학 도표의 이해
	(2) 흐름공정 열역학	① 압축성 유체의 도관흐름 ② 터빈 ③ 내연기관 ④ 제트, 로켓기관
6. 용액의 열역학	(1) 이상용액	① 상평형과 화학퍼텐셜 ② 퓨가시티(Fugacity)와 계수
	(2) 혼합	① 혼합액의 평형 해석 ② 혼합에서의 물성변화 ③ 혼합과정의 열효과
7. 화학반응과 상평형	(1) 화학평형	① 반응엔탈피 ② 평형상수 ③ 반응과 상태함수 ④ 다중반응평형
	(2) 상평형	① 평형과 안정성 ② 기-액, 액-액 평형조건 ③ 평형과 상률

제3과목 ┃ 단위공정관리

주요 항목	세부 항목	세세 항목
1. 물질수지 기초지식	(1) 비반응계 물질수지	① 대수적 풀이 ② 대응 성분법
	(2) 반응계 물질수지	① 화공양론 ② 한정반응물과 과잉반응물 ③ 과잉백분율 ④ 전화율, 수율 및 선택도 ⑤ 연소반응
	(3) 순환과 분류	① 순환 ② 분류 ③ 퍼지(Purging)
2. 에너지수지 기초지식	(1) 에너지와 에너지수지	① 운동에너지와 위치에너지 ② 닫힌계/열린계의 에너지수지 ③ 에너지수지 계산 ④ 기계적 에너지수지
	(2) 비반응공정의 에너지수지	① 열용량 ② 상변화 조작 ③ 혼합과 용해
	(3) 반응공정의 에너지수지	① 반응열 ② 생성열 ③ 연소열 ④ 연료와 연소
3. 유동현상 기초지식	(1) 유체정역학	① 유체 정역학적 평형 ② 유체 정역학적 응용
	(2) 유동현상 및 기본식	① 유체의 유동 ② 유체의 물질수지 ③ 유체의 운동량수지 ④ 유체의 에너지수지
	(3) 유체 수송 및 계량	① 유체의 수송 및 동력 ② 유량 측정
4. 열전달 기초지식	(1) 열전달 원리	① 열전달 기구 ② 전도 ③ 대류 ④ 복사
	(2) 열전달 응용	① 열교환기 ② 증발관 ③ 다중효용증발

주요 항목	세부 항목	세세 항목
5. 물질전달 기초지식	(1) 물질전달 원리	① 확산의 원리 ② 확산계수
6. 분리조작 기초지식	(1) 증류	① 기액평형 ② 증류 방법 ③ 다성분계 증류 ④ 공비혼합물의 증류 ⑤ 수증기 증류
	(2) 추출	① 추출 장치 및 조작 ② 추출 계산 ③ 침출
	(3) 흡수, 흡착	① 흡수, 흡착 장치 ② 흡수, 흡착 원리 ③ 충전탑
	(4) 건조, 증발	① 건조 및 증발 원리 ② 건조장치 ③ 습도 ④ 포화도 ⑤ 증발과 응축 ⑥ 증기압
	(5) 분쇄, 혼합, 결정화	① 분쇄 이론 ② 분쇄기의 종류 ③ 교반 ④ 반죽 및 혼합 ⑤ 결정화
	(6) 여과	① 막 분리 ② 여과 원리 및 장치

▶ 제4과목 ▮ 화공계측제어

주요 항목	세부 항목	세세 항목
1. 공정제어 일반	(1) 공정제어 일반	① 공정제어 개념 ② 제어계(Control system) ③ 공정제어계의 분류
2. 공정의 거동 해석	(1) 라플라스(Laplace) 변환	① 퓨리에(Fourier) 변환과 라플라스(Laplace) 변환 ② 적분의 라플라스(Laplace) 변환 ③ 미분의 라플라스(Laplace) 변환 ④ 라플라스(Laplace) 역변환
	(2) 제어계 전달함수	① 1차계의 전달함수 ② 2차계의 전달함수 ③ 제어계의 과도응답(Transient Response)
3. 제어계 설계	(1) 제어계	① 전달함수와 블록 다이어그램(Block Diagram) ② 비례제어 ③ 비례-적분 제어 ④ 비례-미분 제어 ⑤ 비례-적분-미분 제어
	(2) 고급제어	① 캐스케이드(Cascade) 제어 ② 피드포워드(Feed Forward) 제어
	(3) 안정성	① 안정성 개념 ② 특성방정식 ③ 루스-허비츠(Routh-Hurwitz)의 안정 판정 ④ 특수한 경우의 안정 판정
4. 계측 · 제어 설비	(1) 특성요인도 작성	① 특성요인도(Cause and Effect)
	(2) 설계도면 파악	① 도면 기호와 약어 ② 부품의 구조와 용도 ③ 제어루프 ④ 분산제어장치(DCS)
	(3) 계장설비 원리 파악	① 컨트롤밸브의 종류와 용도 ② PLC의 구조와 원리 ③ 제어시스템 이론
	(4) 안전밸브 용량 산정	① 안전밸브 종류 ② 안전밸브 용량
5. 공정 모사(설계), 공정 개선, 열물질수지 검토	(1) 공정 설계 기초	① 화학물질의 물리 · 화학적 특성 ② 설계도면 ③ 국제규격(ASTM, ASME, API, IEC, JIS 등) ④ 공정 모사(Simulation)
	(2) 공정 개선	① 공정운전자료 해석 ② 공정 개선안 도출 ③ 효과 분석
	(3) 에너지 사용량 확인	① 에너지 활용과 절감

(2) 실기 출제 기준

■ 수행 준거

1. 수지를 합성하기 위하여 원재료의 특성을 파악하고, 설계 요구사항을 파악하여 원재료 혼합비율을 결정할 수 있다.
2. 고분자 중합반응을 이용해 제품을 생산할 수 있다.
3. 반응기 시스템의 경제성 향상을 위하여 반응기 운전 최적화, 반응기 구조 개선, 운전조건 개선효과 분석을 수행할 수 있다.
4. 반응의 필수요소인 촉매와 반응조건을 결정하고 그에 따른 반응 메커니즘과 조성물의 위험요소를 사전에 판단할 수 있다.
5. 합성공정 관리, 혼합공정 관리, 분리 · 정제공정 관리, 제형화 공정 관리 등을 수행할 수 있다.
6. 제조현장에서 안전한 작업환경을 조성하기 위해 안전법규 파악, 작업장 안전관리, 작업위해위험요소 개선, 안전사고 대응 등의 업무를 수행할 수 있다.
7. 화학공정을 안정적이고 효율적으로 운용하기 위해서 공정 개선안 도출, 공정 개선 계획 수립, 계획 실행, 효과 분석 등의 업무를 수행할 수 있다.
8. 공정에 사용되는 원료와 제품의 구성요소, 물리 · 화학적 특성을 확인하고 도식화하여 공정 설계에 적용할 수 있다.
9. 공정 설계를 위하여 특성요인도 파악 및 계측 · 제어 타입, 운전조건, 안전밸브 용량 등을 결정할 수 있다.
10. 공정의 운전변수와 운전절차를 파악하여 공정을 운전하고 이상상황을 조치할 수 있다.

주요 항목	세부 항목
1. 합성수지 배합설계	(1) 원재료 특성 파악하기 (2) 합성수지 배합설계 요구사항 파악하기 (3) 원재료 혼합비율 결정하기 (4) 합성수지 배합설계프로세스 결정하기
2. 선별공정관리	(1) 고분자 이온중합 반응하기 (2) 산화에틸렌 부가물 제조하기 (3) 과산화물 제조하기
3. 반응기와 반응운전 효율화	(1) 반응기운전 최적화하기 (2) 반응기 구조 개선하기 (3) 반응기운전조건 개선효과 분석하기
4. 반응시스템 파악	(1) 화학반응 메커니즘 파악하기 (2) 반응조건 파악하기 (3) 촉매특성 파악하기 (4) 반응 위험요소 파악하기
5. 작업공정관리	(1) 합성공정 관리하기 (2) 혼합공정 관리하기 (3) 분리정제 공정관리하기 (4) 제형화 공정관리하기
6. 안전관리	(1) 안전관리법규 파악하기 (2) 작업장 안전관리하기 (3) 작업위해위험요소 개선하기 (4) 안전사고 대응하기

〈**실기시험 안내 사항**〉
• 실기 검정 방법 : 복합형(필답형＋작업형)
• 실기 시험 시간 : 총 6시간 정도
                    (필답형 2시간,
                      작업형 약 4시간)
• 실기 과목명 : 화학공정 실무

주요 항목	세부 항목
7. 공정 개선	(1) 공정 개선안 도출하기 (2) 공정 개선계획 수립하기 (3) 공정 개선계획 실행하기 (4) 공정 개선효과 분석하기
8. 열물질수지 검토	(1) 물리·화학적 특성 파악하기 (2) 구성 요소와 구성비 확인하기 (3) 원료와 생산량 확인하기 (4) 에너지 사용량 확인하기
9. 계측·제어 설계용 공정 데이터 결정과 입력	(1) 특성요인도 작성하기 (2) 계측·제어 타입 선정하기 (3) 상세 설계 조건 설정하기 (4) 안전밸브 용량 산정하기
10. 공정 운전	(1) 공정운전 절차 파악하기 (2) 운전현황 파악하기 (3) 운전변수 조절하기 (4) 이상상황 조치하기
11. 화학공학 기본개념	(1) 화공양론과 화공열역학의 기본개념 파악하기 (2) 유체역학과 유체흐름의 기본개념 파악하기 (3) 열·물질전달의 기본개념 파악하기
12. 화학산업공정 개요	(1) 화학산업공정 파악하기
13. 화공장치 운전조작	(1) 공정 흐름도 파악하기 (2) 공정물질 특성 파악하기 (3) 화공장치 운전조작하기
14. 화학공정 설계	(1) 화학공정 개념설계 파악하기 (2) 공정 흐름도 작성하기 (3) 화학공정 전산모사하기
15. 화공장치 설계	(1) 반응기 시스템 설계하기 (2) 화공부대설비 설계하기
16. 화학공정 제어	(1) 화공장치 공정제어 파악하기
17. 화학공정 품질관리	(1) 화학공정 품질관리 파악하기 (2) 화학제품 품질검사와 분석하기
18. 화학공정 안전관리	(1) 화학공정 안전관리하기

차 례

전 과목 핵심이론
(화공기사 필기 관련 핵심요점 227개)

과년도 출제문제

(최근 출제된 화공기사 필기 기출문제 수록)

차 례

화공기사는 2022년 제3회 시험부터 CBT(Computer Based Test) 방식으로 시행되고 있으므로 이 책에 수록된 기출문제 중 2022년 제3회부터는 기출복원문제임을 알려드립니다. 또한 컴퓨터 기반 시험에 익숙해질 수 있도록 성안당 문제은행 서비스(exam.cyber.co.kr)에서 실제 CBT 형태의 화공기사 온라인 모의고사를 제공하고 있습니다.
※ 온라인 모의고사 응시방법은 이 책의 표지 안쪽에 수록된 쿠폰에서 확인하실 수 있습니다.

Engineer Chemical Industry

| 화공기사 필기 |

www.cyber.co.kr

PART 1

전 과목
핵심이론

Engineer Chemical Industry

화 / 공 / 기 / 사 / 기 / 출 / 문 / 제 / 집

▌제1과목. 공업합성
▌제2과목. 반응운전
▌제3과목. 단위공정관리
▌제4과목. 화공계측제어

전 과목 핵심이론

핵심요점 01 열역학 제1법칙 ◀ 출제율 30%

1. 정의

에너지는 여러 형태가 있지만 에너지의 총량은 일정하다. 즉, 일과 열은 생성되거나 소멸되는 것이 아니고 서로 전환하는 것으로, 에너지가 하나의 형태로 사라지면 다른 형태의 에너지로 생성된다. 어떤 계가 임의의 사이클(cycle)을 이룰 경우 이루어진 열전달의 합은 이루어진 일의 합과 같다는 의미이며, '에너지 보존의 법칙'이라고도 한다.

2. 관계식

$\Delta($계 내부에너지$) + \Delta($계 외부에너지$) = 0$

$\Delta($계 내부변화에너지$) = \Delta($계 외부변화에너지$)$

핵심요점 02 엔탈피(H) ◀ 출제율 30%

1. 정의

엔탈피는 열역학 특성함수의 하나로, 계의 내부에너지와 흐름에너지의 합으로 표현할 수 있다.

2. $H = U + PV$

여기서, H : 엔탈피, U : 내부에너지, PV : 흐름에너지

3. $\Delta H = dU + d(PV) = dQ - dW + d(PV)$

$$= dQ - PdV + PdV + VdP = dQ + VdP$$

$$= dQ_P$$

4. 관계식

$$\Delta H = \Delta U + \Delta PV$$

$$dH = dU + d(PV), \ \Delta U = Q + W$$

$$dH = d(Q + W) + d(PV)$$

$$dH = dQ - dW + PdV + VdP (dW = PdV)$$

$$dH = dQ + VdP$$

5. $\Delta H > 0$: 흡열반응

$\Delta H < 0$: 발열반응

핵심요점 03 상태함수와 경로함수, 시강변수와 시량변수 ◀ 출제율 50%

1. 상태함수

① 경로에 상관없이 시작과 끝의 상태에 의해서만 영향을 받는 함수로, 최초상태와 최종상태만 주어지면 그 값을 정의할 수 있다.

  예 T(온도), P(압력), ρ(밀도), μ(점도), U(내부에너지), H(엔탈피), S(엔트로피)

② 계의 특성치를 나타내며, 그래프에서 선도상 점으로 표시한다.

2. 경로함수

경로에 의해 영향을 받는 함수로 최초와 최종 상태가 변화되는 과정 중에만 정의할 수 있다.

  예 W(일), Q(열)

3. 시강변수(세기성질)

물질의 양과 크기에 관계없이 변화하지 않는 특성이다.

  예 온도(T), 압력(P), 밀도(d), 몰당 내부에너지($\overline{U}$), 몰당 부피($\overline{V}$)

4. 시량변수(크기성질)

① 물질의 양과 크기에 따라 변하는 특성이다.

  예 부피(V), 질량(m), 몰(n), 내부에너지(U), 엔탈피(H)

② 세기성질 $= \dfrac{\text{다른 크기성질}}{\text{크기성질}}$

핵심요점 04 상 률 ◀ 출제율 70%

1. 정의

두 개의 열역학적 세기성질이 특성값으로 정해지면 순수한 균질유체의 상태는 고정되는데, 평형상태에 있는 여러 상의 계에 대해 계의 세기상태를 결정하기 위해 임의로 독립변수의 수를 추론하는 것을 상률이라고 하며, 자유도(F)에 의해 추론할 수 있다. 또한 계의 평형을 정의하는 데 필요한 독립적인 시강변수의 수를 의미한다.

2. 자유도(F)

$$F = 2 - p + c - r - s$$

여기서, p(phase) : 상
c(component) : 성분
r : 화학반응식 수
s : 제한조건(공기혼비물, 등몰기체)

3. 특징

① 자유도가 0이면 그 계는 불변이다.
② 상률 변수는 세기성질이다.
③ 삼중점에서 자유도(F)는 0이다.
④ 깁스 상률의 특별한 경우에서 자유도가 유도된다.
⑤ 3차원 공간에서 아무런 제약 없이 운동하는 강체구의 자유도(F)는 6이다.

핵심요점 05 이상기체의 C_V(정적열용량)과 C_P(등압열용량) 관계 ◀ 출제율 40%

1. 관계식

$$C_V = \left(\frac{\partial U}{\partial T}\right)_V, \ \ C_P = \left(\frac{\partial H}{\partial T}\right)_P$$

$$C_P = \left(\frac{\partial H}{\partial T}\right)_P = \left(\frac{\partial (U+PV)}{\partial T}\right)_P = \left(\frac{\partial U}{\partial T}\right)_P + P\left(\frac{\partial V}{\partial T}\right)_P$$

$$= C_V + R\left(\left(\frac{\partial V}{\partial T}\right)_P = \frac{R}{P}\right)$$

기체 열용량은 정압상태가 정적상태보다 부피 변화에 의해 외부에 한 일에 해당되는 열만큼의 차이가 있다는 의미이다.

2. 열용량(G)

물질의 온도를 1℃ 높이는 데 필요한 열량

$G = C \cdot m$ [kcal/℃]

여기서, C : 비열(kcal/kg · ℃)

m : 물질의 질량(kg)

3. 비열(C)

물질 1kg의 온도를 1℃ 높이는 데 필요한 열량(단위질량당 열용량)

$C = \dfrac{Q}{m \cdot \Delta T}$ [kcal/kg · ℃]

여기서, Q : 열량(kcal)

m : 질량(kg)

ΔT : 온도 변화(℃)

비열비(γ) $= \dfrac{C_P}{C_V}$

분 자	기 체	비열비
단원자 분자	He, Ne, Ar, Kr	1.67
이원자 분자	H_2, N_2, O_2	1.4
삼원자 분자	H_2O, CO_2, SO_2, O_3	1.33

핵심요점 06 PT 선도와 삼중점 및 임계점 ◀ 출제율 40%

1. 관련도식

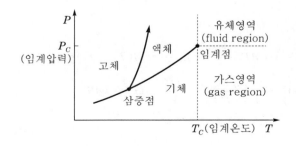

---

2. **삼중점(triple point)**

세 가지 상이 평형상태로 공존하는 점(자유도＝0)

3. **임계점(critical point)**

① 상태도에서 순수한 화학물질이 증기·액체 평형을 이루는 최고온도(T_C), 최고압력 (P_C) 상태의 점을 임계점이라고 한다. 즉, 기상과 액상의 거동이 동일해지는 온도·압력 조건이다.
② 액상과 기상이 평형으로 존재할 수 있는 최고의 온도이다.
③ 임계온도(T_C) 이상에서는 순수한 기체를 아무리 압축해도 액화시킬 수 없다.
④ 비등현상이 없으며, 액상·기상의 구분이 없다(액체 밀도＝증기 밀도).
⑤ 조성이 주어지면 임계값이 일정하다.

핵심요점 07 부피팽창률과 등온압축률 ◀ 출제율 60%

1. **관계식**

$$V = V(T \cdot P)$$

$$dV = \left(\frac{\partial V}{\partial T}\right)_P dT + \left(\frac{\partial V}{\partial P}\right)_T dP$$

2. **부피팽창률(β)**

$$\beta = \frac{1}{V}\left(\frac{\partial V}{\partial T}\right)_P \; : \; 단위부피당 \; 부피팽창계수$$

3. **등온압축률(k)**

$$k = -\frac{1}{V}\left(\frac{\partial V}{\partial P}\right)_T \; : \; 단위부피당 \; 등온압축계수$$

4. **유도식**

$$\frac{dV}{V} = \beta \cdot dT - k \cdot dP \xrightarrow{\text{적분}} \ln\frac{V_2}{V_1} = \beta(T_2 - T_1) - k(P_2 - P_1)$$

$$dV = \frac{1}{V}\left(\frac{\partial V}{\partial T}\right)_P + \frac{1}{V}\left(\frac{\partial V}{\partial P}\right)_V = \frac{dV}{V} = \beta dT - k dT$$

핵심요점 08 압축인자와 비리얼 방정식 ◀ 출제율 50%

1. 압축인자(Z)

① 실제기체가 이상기체로부터 얼마나 벗어났는지 나타내는 수치

② $PV = ZnRT \rightarrow Z = \dfrac{nRT}{PV}$ (기체의 온도와 압력에 의존)

③ $Z > 1$(실제기체, 고압, 척력), $Z = 1$(이상기체), $Z < 1$(저압, 인력)

2. 비리얼(virial) 방정식

$$Z = 1 + B'P + C'P^2 + D'P^3 + \cdots = 1 + \frac{B}{V} + \frac{C}{V^2} + \frac{D}{V^3} + \cdots$$

$$B' = \frac{B}{RT}, \quad C' = \frac{C - B^2}{(RT)^2}, \quad D' = \frac{D - 3BC + 2B^3}{(RT)^3}$$

① 비리얼 계수(B, C, D)는 온도만의 함수이다.

② 단일기체는 온도만의 함수이고, 혼합기체는 온도, 조성의 함수이다.

핵심요점 09 이상기체 ◀ 출제율 40%

1. 이상기체상태방정식

이상기체에서 $Z = 1$이므로 $PV = nRT$라는 이상기체상태방정식을 얻는다.

2. 기체상수(R)

$R = 0.082 \, \text{atm} \cdot \text{L/mol} \cdot \text{K} = 8.314 \, \text{J/mol} \cdot \text{K} = 1.987 \, \text{cal/mol} \cdot \text{K}$

3. 특징

① 분자 자신의 부피 무시(분자 자체 부피 무시)

② 분자 사이에 작용하는 힘(인력, 반발력 등) 무시

③ 분자 사이의 상호작용 무시

④ 완전탄성충돌

⑤ 온도가 높고 압력이 낮을수록 이상기체에 가깝다.

1. 등온공정($\Delta U = \Delta H = 0$)

$$Q = -W = RT \ln\frac{V_2}{V_1} = RT \ln\frac{P_1}{P_2} \quad (dQ = dW)$$

2. 등압공정($dP = 0$)

$$\Delta H = Q = \int_{T_1}^{T_2} C_P \, dT = C_P(T_2 - T_1) = C_P \Delta T$$

3. 정적공정($dV = 0$)

$$\Delta U = Q = C_V \Delta T \quad (\text{내부에너지는 온도만의 함수임})$$

4. 단열공정($dQ = 0$)

단열 변화는 계와 주위 사이에 열의 이동이 없고 일의 변화만 있다($Q = 0$).

$$W = \frac{RT_1}{\gamma - 1}\left[\left(\frac{P_2}{P_1}\right)^{\frac{\gamma - 1}{\gamma}} - 1\right]$$

$$\frac{P_2}{P_1} = \left(\frac{V_1}{V_2}\right)^{\gamma}, \quad \frac{T_2}{T_1} = \left(\frac{V_1}{V_2}\right)^{\gamma - 1}, \quad \frac{T_2}{T_1} = \left(\frac{P_2}{P_1}\right)^{\frac{\gamma - 1}{\gamma}}$$

※ 폴리트로픽 공정

$P \cdot V^{\delta} = $ 일정(C)

- $\delta = 0$: 정압, $P = C$
- $\delta = 1$: 등온, $PV = C$
- $\delta = \gamma$: 단열, $PV^{\gamma} = C$
- $\delta = \infty$: 정용, $V = C$

1. 정의

어떤 물질의 두 상이 평형을 이룬 계에서 그 물질의 압력과 온도의 관계를 나타낸 미분방정식을 말한다.

2. 관계식

$$\Delta H = T \Delta V \frac{dP^{\mathrm{sat}}}{dT}$$

여기서, ΔH : 엔탈피(잠열), T : 온도

ΔV : 상 변화 시 부피 변화량, P^{sat} : 증기압

$$\ln \frac{P_2}{P_1} = - \frac{\Delta H}{R}\left(\frac{1}{T_2} - \frac{1}{T_1}\right) = \frac{\Delta H}{R}\left(\frac{1}{T_1} - \frac{1}{T_2}\right)$$

3. 현열효과

열이 온도 변화에만 이용되고 상 변화, 화학반응, 조성 변화가 없다.

4. 잠열효과

① 열이 상 변화에 이용되고 온도 변화가 없다.

② 증발잠열 계산식 이용(클라우시우스-클라이페이론(Clausius-Clapeyron) 식, 트루톤 (Trouton) 식, 왓슨(Watson) 식, 리델(Riedel) 식, 오스머(Othmer) 도표)

핵심요점 **12** 헤스(Hess)의 법칙 ◀ 출제율 60%

1. 정의

화학반응 과정에서 발생 또는 흡수되는 열량은 중간과정과는 무관하고 최초상태와 최종상태에 의해 결정되는 법칙이다.

2. 화학적 변화가 여러 경로를 통해 발생할 경우 그 경로와 상관없이 전체 엔탈피 변화는 동일하다. 단, 초기조건과 최종조건이 동일해야 한다.

$$\Delta H_1 = \Delta H_2 + \Delta H_3 + \Delta H_4$$

반응열＝생성물의 생성열－반응물의 생성열

＝반응물의 연소열－생성물의 연소열

핵심요점 13 **열역학 법칙** ◀ 출제율 30%

1. 열역학 제0법칙

① A와 B의 온도가 같고 B와 C의 온도가 같으면 A와 C의 온도도 같다.
(A＝B, B＝C ➡ A＝C)

② 제0법칙은 열평형의 법칙 또는 온도측정의 원리라고 말한다.

2. 열역학 제1법칙

에너지 보존의 법칙으로, 에너지 총량은 항상 일정하다. 즉, 에너지는 생성·소멸되는 것이 아니라 다른 형태로 전환된다. $(\Delta U = Q + W)$

3. 열역학 제2법칙

엔트로피 증가 법칙으로, 자발적 과정에서 열은 100% 일로 전환될 수 없으며 엔트로피가 증가하는 방향으로 진행한다. $(\Delta S \geq 0)$

4. 열역학 제3법칙

절대온도 0K에 접근하면 엔트로피가 0에 근접한다.

핵심요점 14 **열역학 제2법칙** ◀ 출제율 70%

1. 정의

① 열을 100% 일로 전환시킬 수 있는 공정은 없다(100% 효율의 열기관은 없다). 자발적 변화는 비가역 변화이고, 엔트로피가 증가하는 방향으로 진행되며, 열은 저온에서 고온으로 흐르지 못한다는 법칙이다.

② 엔트로피 증가법칙, 방향성의 법칙이라 한다.

2. 관계식

$$dS = \frac{dQ}{T} \geq 0 \ (비가역과정)$$

핵심요점 15 열효율(η) ◀ 출제율 80%

1. 개요

$$|W| = |Q_h| - |Q_c|$$

$$\eta = \frac{\text{생산된 순수한 일(출열)}}{\text{공급된 열(입열)}} = \frac{|W|}{|Q_h|} = \frac{|Q_h| - |Q_c|}{|Q_h|} = 1 - \frac{|Q_c|}{|Q_h|} = \frac{T_h - T_c}{T_h}$$

① 효율(η)이 100%가 되려면 $|Q_c| = 0$이 되어야 하지만, 전화율이 100%인 열기관은 존재할 수 없다(열역학 제2법칙).

② 열효율은 온도의 영향만 받으며, 열효율을 높이는 방법은 T_c(방열온도)를 낮게, T_h (급열온도)를 높게 한다.

핵심요점 16 카르노(Carnot) 사이클 ◀ 출제율 40%

1. 개요

카르노 사이클은 열역학적 효율이 가장 좋은 열기관이며, 단열 2, 등온 2 과정으로 되어 있다. 즉 2개의 온도 영역 T_H(고온), T_C(저온)만 있으면 실현가능하며, 2개의 등온과 정과 2개의 단열과정으로 이루어진 가역사이클이다.

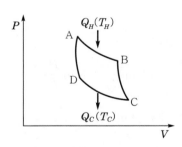

- A → B (1 과정) : 등온팽창 $\left(W = Q = RT_H \ln \frac{V_B}{V_A} = RT_H \ln \frac{P_A}{P_B} \right)$
- B → C (2 과정) : 단열팽창 $(W = -C_V \Delta T, \ dQ = 0)$
- C → D (3 과정) : 등온압축 $\left(W = Q = RT_C \ln \frac{V_D}{V_C} = RT_C \ln \frac{P_C}{P_D} \right)$
- D → A (4 과정) : 단열압축 $(W = -C_V \Delta T, \ dQ = 0)$

2. 카르노 엔진의 열효율

$$\eta = \frac{T_H - T_C}{T_H} = 1 - \frac{T_C}{T_H}$$

카르노 엔진의 열효율은 온도의 높고 낮음에만 관계있다.

3. 카르노 사이클을 역작동시키면 냉동기가 된다.

핵심요점 17 엔트로피 변화 ◀ 출제율 70%

1. 개요
① 비가역성의 정도를 나타내는 상대량을 말하며, 단위는 kcal/K, J/K이다.
② 엔트로피란 자유도 또는 무질서도라 하며, 비가역성의 척도로서 자연계 현상은 무질서도가 증가하는 방향으로 반응이 진행된다. 즉, 엔트로피는 증가한다.

2. 등온과정(가역)

$$\Delta S = nR\ln\frac{V_2}{V_1}$$

3. 단열과정

$$S_1 = S_2 \Rightarrow \text{등엔트로피}$$

4. 이상기체의 엔트로피 변화

$$\Delta S = C_P\ln\frac{T_2}{T_1} - R\ln\frac{P_2}{P_1} = C_P\ln\frac{T_2}{T_1} + R\ln\frac{P_1}{P_2}$$

5. 이상기체 혼합에 의한 엔트로피 변화

$$\Delta \overline{S}_M = \frac{\Delta S_M}{n_A + n_B} = -(y_A R\ln y_A + y_B R\ln y_B)$$

6. 상태 변화 온도에서 엔트로피 변화

$$\Delta S_t \geq 0$$

7. 네른스트 식(Nernst)
0 K에서 완전한 결정의 엔트로피 변화는 0이다.

$$\lim_{T \to 0}\Delta S = 0$$

볼츠만(Boltzmann) 식 ◀ 출제율 20%

1. 개요

절대온도(T) 0에서 엔트로피(S)가 0이면 절대엔트로피를 계산할 수 있다.

2. 볼츠만 식

$S = k \ln \Omega$

여기서, k : 볼츠만 상수 $= \dfrac{R}{N_A (\text{입자의 총 수})}$

$\Omega(\text{열역학적 확률}) = \dfrac{n!}{(n_1!)(n_2!)(n_3!)\cdots}$

n : 전체 입자의 수

$n_1, \ n_2, \ n_3, \ \cdots$: 1, 2, 3, $\cdots$ 등의 상태에 있는 입자의 수

열역학적 성질들 간의 관계식 ◀ 출제율 50%

1. 내부에너지(U)

$U = Q + W, \ dU = TdS - PdV, \ \left(\dfrac{\partial T}{\partial V}\right)_S = -\left(\dfrac{\partial P}{\partial S}\right)_V$

내부에너지는 분자들의 운동, 전자기적 상호작용, 병진·회전·진동 운동에 기인한 에너지로, 온도에 의해 결정된다.

2. 엔탈피(H)

$H = U + PV, \ dH = TdS + VdP, \ \left(\dfrac{\partial T}{\partial P}\right)_S = \left(\dfrac{\partial V}{\partial S}\right)_P$

3. 헬름홀츠(Helmholtz) 에너지(A)

$A = U - TS, \ dA = -SdT - PdV, \ \left(\dfrac{\partial S}{\partial V}\right)_T = \left(\dfrac{\partial P}{\partial T}\right)_V$

4. 깁스(Gibbs) 에너지(G)

$G = H - TS, \ dG = -SdT + VdP, \ \left(\dfrac{\partial V}{\partial T}\right)_P = -\left(\dfrac{\partial S}{\partial T}\right)_T$

핵심요점 **20** 맥스웰(Maxwell) 관계식 ◀ 출제율 80%

1. $dU = TdS - PdV$

$$\left(\frac{\partial T}{\partial V}\right)_S = -\left(\frac{\partial P}{\partial S}\right)_V$$

2. $dH = TdS + VdP$

$$\left(\frac{\partial T}{\partial P}\right)_S = \left(\frac{\partial V}{\partial S}\right)_P$$

3. $dA = -SdT - PdV$

$$\left(\frac{\partial S}{\partial V}\right)_T = \left(\frac{\partial P}{\partial T}\right)_V$$

4. $dG = -SdT + VdP$

$$-\left(\frac{\partial S}{\partial P}\right)_T = \left(\frac{\partial V}{\partial T}\right)_P$$

※ 오일러의 연쇄법칙(Euler's chain rule)

$$x = x(y,z) \rightarrow \left(\frac{dx}{dy}\right)_z\left(\frac{dy}{dz}\right)_x\left(\frac{dz}{dx}\right)y = -1$$

$$H = H(T,P) \rightarrow \left(\frac{\partial H}{\partial T}\right)_P\left(\frac{\partial T}{\partial P}\right)_H\left(\frac{\partial P}{\partial H}\right)_T = -1$$

핵심요점 **21** T, P의 함수로서 엔탈피와 엔트로피 ◀ 출제율 30%

1. $\dfrac{C_P}{T} = \left(\dfrac{\partial S}{\partial T}\right)_P,\quad \left(\dfrac{\partial H}{\partial T}\right)_P = C_P$

2. $dH = C_P dT + \left[V - T\left(\dfrac{\partial V}{\partial T}\right)_P\right]dP$

$dS = C_P\dfrac{dT}{T} - \left(\dfrac{\partial V}{\partial T}\right)_P dP$

3. 이상기체의 경우 $\left(\dfrac{\partial V^{ig}}{\partial T}\right) = \dfrac{R}{P}$

$dH^{ig} = C_P^{ig}dT$

$dS^{ig} = C_P^{ig}\dfrac{dT}{T} - R\dfrac{dP}{P}$

4. $\left(\dfrac{\partial U}{\partial P}\right)_T = (kP - \beta T)V$

k(등온압축률)$= -\dfrac{1}{V}\left(\dfrac{\partial V}{\partial P}\right)_T$

β(부피팽창률)$= \dfrac{1}{V}\left(\dfrac{\partial V}{\partial T}\right)_P$

핵심요점 22 T, V의 함수로서 내부에너지와 엔트로피 ◀ 출제율 20%

1. $\left(\dfrac{\partial U}{\partial V}\right)_T = T\left(\dfrac{\partial P}{\partial T}\right)_V - P$, $\left(\dfrac{\partial S}{\partial T}\right)_V = \dfrac{C_V}{T}$

2. $dU = \left(\dfrac{\partial U}{\partial T}\right)_V dT + \left(\dfrac{\partial U}{\partial V}\right)_T dV = C_V dT + \left[T\left(\dfrac{\partial P}{\partial T}\right)_V - P\right]dV$

   $dS = \left(\dfrac{\partial S}{\partial T}\right)_V dT + \left(\dfrac{\partial S}{\partial V}\right)_T dT = C_V\dfrac{dT}{T} + \left(\dfrac{\partial P}{\partial T}\right)_V dV$

3. $\left(\dfrac{\partial P}{\partial T}\right)_V = \dfrac{\beta}{k}$

   $dU = C_V dT + \left(\dfrac{\beta}{k}T - P\right)dV$, $dS = C_V\dfrac{dT}{T} + \left(\dfrac{\beta}{k}\right)dV$

핵심요점 23 생성함수로서 깁스(Gibbs) 에너지 ◀ 출제율 30%

1. $d\left(\dfrac{G}{RT}\right) = \dfrac{V}{RT}dP - \dfrac{H}{RT^2}dT$

2. $\dfrac{V}{RT} = \left[\dfrac{\partial(G/RT)}{\partial P}\right]_T$

3. $\dfrac{H}{RT} = -T\left[\dfrac{\partial(G/RT)}{\partial T}\right]_P$

4. $G = H - TS$

   $dG = dH - TdS - SdT = -SdT + VdP$

5. 등온상태 깁스 에너지

   $dG = VdP$, $V = \dfrac{nRT}{P}$이므로

   $dG = nRT\dfrac{dP}{P}$, $G = nRT\ln\dfrac{P_2}{P_1}$

핵심요점 24 잔류성질 ◀ 출제율 40%

1. $M^R \simeq M - M^{ig}$

   여기서, M^R : 잔류성질, M : 실제상태

   　　　M^{ig} : 이상기체, M : V, U, H, S, G와 같은 시량 열역학적 성질 1몰의 값

2. $\dfrac{G^R}{RT} = \displaystyle\int_0^P (Z-1)\dfrac{VP}{P}$ 　(T = 일정)

3. $V^R \simeq V - V^{ig} = V - \dfrac{RT}{P} = \dfrac{ZRT}{P} - \dfrac{RT}{P} = \dfrac{RT}{P}(Z-1)$

핵심요점 25 정압비열(C_P)과 정용비열(C_V)의 관계 ◀ 출제율 40%

$$C_P - C_V = T\left(\frac{\partial V}{\partial T}\right)_P \left(\frac{\partial P}{\partial T}\right)_V$$

$$\left(\frac{\partial S}{\partial T}\right)_V = \frac{C_V}{T} \text{ 이고, } \quad \frac{C_P}{C_V} = \frac{\left(\dfrac{\partial S}{\partial T}\right)_P}{\left(\dfrac{\partial S}{\partial T}\right)_V}$$

$$\left(\frac{\partial S}{\partial T}\right)_P = -\left(\frac{\partial P}{\partial T}\right)_S \left(\frac{\partial S}{\partial P}\right)_T, \quad \left(\frac{\partial S}{\partial T}\right)_V = -\left(\frac{\partial V}{\partial T}\right)_S \left(\frac{\partial S}{\partial V}\right)_T$$

$$\frac{C_P}{C_V} = \frac{\left(\dfrac{\partial S}{\partial P}\right)_T \left(\dfrac{\partial P}{\partial T}\right)_S}{\left(\dfrac{\partial S}{\partial V}\right)_T \left(\dfrac{\partial V}{\partial T}\right)_S} = \left(\frac{\partial V}{\partial P}\right)_T \left(\frac{\partial P}{\partial V}\right)_S$$

핵심요점 26 퓨가시티(fugacity)와 퓨가시티 계수 ◀ 출제율 60%

1. 퓨가시티
   ① 비리얼 방정식
   ② 일반화된 압축인자 상관도표

③ 3차 상태방정식(반 데르 발스(Van der Waals), 레들리히-퀴니(Redlich-Kwony), 소아베-레들리히-퀴니(Soave-Redlich-Kwony))

2. $f = \phi P$

여기서, ϕ : 실제기체와 이상기체의 압력관계 계수(무차원)

f : 실제기체 압력

P : 압력

3. 주어진 성분의 퓨가시티가 모든 상에서 동일할 경우 접촉하고 있는 상들은 평형상태에 도달한다.

4. $G_i^R = RT \ln \dfrac{f_i}{P}$

5. 퓨가시티 계수

$$\phi_i = \frac{f_i}{P} \rightarrow G_i^R = RT \ln \phi_i$$

$$\ln \phi_i = \int_0^P (Z_i - 1) \frac{dP}{P} \quad (T = 일정)$$

6. 이상기체

$$f_i^{ig} = P, \ \phi_i = 1$$

핵심요점 **27** **화학퍼텐셜(μ_i)** ◀ 출제율 70%

1. $\mu_i = \left[\dfrac{\partial(nG)}{\partial n_i} \right]_{P,\,T,\,n_j}$ (몰당 깁스 자유에너지로 정의)

2. $\mu_i = \left[\dfrac{\partial(nU)}{\partial n_i} \right]_{nS,\,nV,\,n_j} = \left[\dfrac{\partial(nH)}{\partial n_i} \right]_{nS,\,P,\,n_j} = \left[\dfrac{\partial(nA)}{\partial n_i} \right]_{nV,\,T,\,n_j} = \left[\dfrac{\partial(nG)}{\partial n_i} \right]_{T,\,P,\,n_j}$

3. 상평형과 화학퍼텐셜(평형조건)

① 평형에 있는 두 상으로 구성된 닫힌계이다.

② T, P는 계 전체에서 균일하다.

③ $\mu_i^\alpha = \mu_i^\beta \cdots$(같은 T, P에 있는 여러 상의 각 화학퍼텐셜은 모든 상에서 같다.)

핵심요점 28 용액 중 퓨가시티 계수 ◀ 출제율 60%

잔류성질 $M^R = M - M^{ig}$ 로부터

$$\overline{G_i}^R = \overline{G_i} - \overline{G_i}^{ig}$$

$$\overline{G_i}^R = \mu_i - \mu_i^{ig} = RT\ln\frac{\hat{f}_i}{y_i P}$$

$$\hat{\phi}_i = \frac{\hat{f}_i}{y_i P}$$

여기서, $\hat{\phi}_i$: 퓨가시티 계수

$\quad\quad y_i$: 기상 조성

$\quad\quad P$: 압력

$\quad\quad \hat{f}_i$: 퓨가시티

핵심요점 29 루이스 – 랜달(Lewis – Randall) 법칙 ◀ 출제율 40%

1. 정의

이상용액 중 각 성분의 퓨가시티는 그 성분의 몰분율에 비례하며, 비례상수는 같은 T, P에서 용액과 같은 물리적 상태에서 순수성분의 퓨가시티라는 법칙이다.

2. 이상용액

$$V^{id} = \sum x_i V_i^{id}$$

$$H^{id} = \sum x_i H_i^{id}$$

$$G^{id} = \sum x_i G_i + RT\sum_i x_i \ln x_i$$

$$S^{id} = \sum x_i S_i - R\sum_i x_i \ln x_i$$

3. $\mu_i = G_i + RT\ln\left(\dfrac{\hat{f}_i}{f_i}\right)$

$\quad \therefore \hat{f}_i^{id} = x_i f_i$

핵심요점 30 과잉물성

1. 개요

과잉물성은 실제물성에서 이상용액 물성을 뺀 값이다. 단, 같은 T, P, n_j에서이다.

$$M^E = M - M^{id}$$

2. 이상용액의 과잉성질

이상용액은 정온·정압 하에서 열의 출입과 부피 변화가 없는 용액으로, 라울의 법칙을 따른다.

- $\Delta V^{id} = 0$
- $\Delta H^{id} = 0$
- $\Delta U^{id} = 0$
- $\Delta G^{id} = RT\sum x_i \ln x_i$
- $\Delta S^{id} = -R\sum x_i \ln x_i$

핵심요점 31 평형

1. 개요

① 정적인 조건, 즉 시간에 따라 변화가 없는 상태를 말하며, 미시적인 척도에서는 변화가 있지만 거시적인 척도에서는 변화가 없는 상태를 말한다. 즉, 변화가 전혀 없는 상태가 아니라는 의미이다. 또한 열역학에서 변화가 없다는 것은 변화가 생기는 경향이 없다는 의미이다.

② 균형을 이룬다. 즉, 정반응속도와 역반응속도가 같다.

2. $dU^t + PdV^t - TdS^t \leqq 0$

$$(dG)^t_{T, P} \leqq 0$$

3. 상평형의 조건

① 각 상의 온도와 압력이 동일해야 한다. 즉, 기-액 상평형에서 단일성분의 경우 온도가 결정되면 압력은 자동으로 결정된다.

② 여러 개의 상이 평형을 이룰 때 각 성분의 화학퍼텐셜이 모든 상에서 같다.

핵심요점 32 **라울(Raoult)의 법칙** ◀ 출제율 80%

1. 개요

라울의 법칙은 용매에 용질을 용해할 경우 저농도 용액의 증기압력 내림은 용질의 몰분율에 비례한다는 것으로, 이상기체에서 적용되며 계를 이루는 기체는 화학적으로 유사하다. 또한 메탄-에탄, 벤젠-톨루엔은 라울의 법칙에 적용되며, 아세톤-메탄은 적용되지 않는다.

2. 증기상 이상기체

$\phi_i^v = 1$

3. 루이스-랜달 이상용액

$$\phi_i^l = \frac{\hat{f}_i^{\,l}}{x_i P} = \frac{x_i f_i^l}{x_i P} = \frac{f_i^l}{P}$$

4. 이상기체의 경우

$$\phi_i^{\mathrm{sat}} = 1 \rightarrow f_i^{\mathrm{sat}} = P_i^{\mathrm{sat}},\ f_i^l = P_i^{\mathrm{sat}},\ \phi_i^l = \frac{P_i^{\mathrm{sat}}}{P},\ y_i = \frac{x_i P_i^{\mathrm{sat}}}{P}$$

5. 활동도

$$\alpha_i = \frac{f_i}{f_i^\circ}$$

① 이상적인 혼합물에서 활동도 계수는 1이다.

② $\gamma_i = \dfrac{\hat{f}_i}{x_i f_i} = \dfrac{\hat{f}_i}{\hat{f}_i^{\,id}},\ \gamma_i = \dfrac{y_i P}{x_i f_i} = \dfrac{y_i P}{x_i P_i^{\mathrm{sat}}}$

핵심요점 33 **깁스 – 듀헴(Gibbs – Duhem) 방정식** ◀ 출제율 20%

1. $dG = Vdp - sdT + \mu_1 dn_1 + \mu_2 dn_2$ 에서 일정온도, 일정압력 시 $dG = \mu_1 dn_1 + \mu_2 dn_2$

   $G = \mu_1 dn_1 + n_1 d\mu_1$ 를 미분하면

   $dG = \mu_1 dn_1 + n_1 d\mu_1 + \mu_2 dn_2 + n_2 d\mu_2,\ n_1 d\mu_1 + n_2 d\mu_2 = 0$

2. 두 성분의 기액 평형관계 기초식

- $x_1\left(\dfrac{\partial \mu_1}{\partial x_1}\right)_{P,\,T} + (1-x_1)\left(\dfrac{\partial \mu_2}{\partial x_1}\right)_{P,\,T} = 0$

- $x_1\left(\dfrac{\partial \ln f_1}{\partial x_1}\right)_{P,\,T} + (1-x_1)\left(\dfrac{\partial \ln f_2}{\partial x_1}\right)_{P,\,T} = 0$

- $x_1\left(\dfrac{\partial \ln \gamma_1}{\partial x_1}\right)_{P,\,T} + (1-x_1)\left(\dfrac{\partial \ln \gamma_2}{\partial x_1}\right)_{P,\,T} = 0$

핵심요점 (34) 화학반응좌표 ◀ 출제율 40%

1. 일반식

$|\nu_1|A_1 + |\nu_2|A_2 + \cdots \rightarrow |\nu_3|A_3 + |\nu_4|A_4 + \cdots$

여기서, ν_i : 양론계수(반응물 : (−), 생성물 : (+))

A_i : 화학식

2. $\dfrac{dn_1}{\nu_1} = \dfrac{dn_2}{\nu_2} = \dfrac{dn_3}{\nu_3} = \dfrac{dn_4}{\nu_4} = \cdots = d\varepsilon$

3. $n_i = n_{i0} + \nu_i \varepsilon$

4. $y_i = \dfrac{n_i}{n} = \dfrac{n_{i0} + \nu_i \varepsilon}{n_0 + \nu \varepsilon}$

5. 예시

$CH_4 + H_2O \rightarrow CO + 3H_2$

$V_{CH_4} : -1,\ V_{H_2O} : -1,\ V_{CO} : 1,\ V_{H_2} : 3$

$V_{\text{total}} = -1 - 1 + 1 + 3 = 2$

핵심요점 **35** 깁스(Gibbs) 에너지와 평형 ◀ 출제율 70%

1. 평형조건

$$(dG^t)_{T,\,P} = 0$$

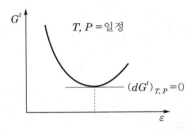

2. 구분

- $\Delta G < 0$: 발열반응(자발적)
- $\Delta G > 0$: 흡열반응(비자발적)
- $\Delta G = 0$: $\mu_A = \mu_B \cdots$(평형)

핵심요점 **36** 평형상수(k)와 온도의 관계 ◀ 출제율 60%

1. $\displaystyle\prod_i\left(\dfrac{\hat{f}_i}{f_i^\circ}\right)^{\nu_i} = k, \ \ k \equiv \exp\!\left(\dfrac{-\Delta G^\circ}{RT}\right)$

$\ln k = \dfrac{-\Delta G^\circ}{RT}$ (평형상수 k는 온도만의 함수)

2. $\dfrac{d\ln K}{dT} = -\dfrac{\Delta H^\circ}{RT^2}, \ \ \ln\dfrac{k_2}{k_1} = -\dfrac{\Delta H^\circ}{R}\left(\dfrac{1}{T_2} - \dfrac{1}{T_1}\right)$

- $\Delta H^\circ < 0$ ($Q > 0$: 발열반응)
  온도 증가 시 평형상수 감소
- $\Delta H^\circ > 0$ ($Q < 0$: 흡열반응)
  온도 증가 시 평형상수 증가

3. $aA + bB \rightarrow cC + dD$

$k = \dfrac{a_C^c\, a_D^d}{a_A^a\, a_B^b}$

평형상수와 조성의 관계 ◀ 출제율 30%

1. 기상반응

$$k = \prod_i \left(\frac{\hat{f}_i}{P^\circ} \right)^{\nu_i} \text{ (평형상수 } k \text{는 온도만의 함수)}$$

$$\hat{f}_i = \hat{\phi}_i y_i P, \quad \frac{\hat{f}_i}{P^\circ} = \hat{\phi}_i y_i \frac{P}{P^\circ}$$

$$\prod_i (y_i \phi_i)^{\nu_i} = \left(\frac{P}{P^\circ} \right)^{-\nu} k$$

여기서, $\nu \simeq \sum \nu_i$

$P^\circ = $ 표준압력 1bar

2. 액상반응

$$\prod_i (\hat{f}_i / f_i^\circ) = k$$

$$\frac{\hat{f}_i}{f_i^\circ} = \frac{r_i x_i f_i}{f_i^\circ} = r_i x_i \left(\frac{f_i}{f_i^\circ} \right)$$

$$\prod_i (x_i r_i)^{\nu_i} = k, \text{ 이상용액에서 } r_i = 1 \text{이므로}$$

$$\prod_i (x_i)^{\nu_i} = k$$

평형상수와 반응지수 ◀ 출제율 40%

1. $\Delta G = RT \ln \dfrac{Q}{k}$

여기서, Q : 반응열, k : 평형상수

2. 관계

• $k = Q$: 평형상태 $(\Delta G = 0)$
• $k > Q$: 자발적 반응 $(\Delta G < 0)$
• $k < Q$: 역반응 $(\Delta G > 0)$

핵심요점 39 다단압축공정 압축비 ◀ 출제율 20%

$$\gamma(\text{압축비}) = \frac{P_2}{P_1} = \frac{P_3}{P_2} = \sqrt{\frac{P_3}{P_1}}$$

핵심요점 40 줄 – 톰슨(Joule–Thomson) 효과 ◀ 출제율 60%

1. 줄 – 톰슨 계수(μ)

   단열과정($Q = 0$), 즉 단열조건 팽창 시 단위압력강하당 온도 변화를 나타낸다.

   $\mu = \left(\dfrac{\partial T}{\partial P}\right)_H$ (엔탈피가 일정한 공정)

2. 구분

   ① $\mu = \left(\dfrac{\partial T}{\partial P}\right)_H = -\dfrac{\left(\dfrac{\partial H}{\partial P}\right)_T}{\left(\dfrac{\partial H}{\partial T}\right)_P} = -\dfrac{1}{C_P}\left(\dfrac{\partial H}{\partial P}\right)_T$

   ② $\mu = \left(\dfrac{\partial T}{\partial P}\right)_H = \dfrac{T\left(\dfrac{\partial V}{\partial T}\right)_P - V}{C_P}$

   ③ $\mu = \left(\dfrac{\partial T}{\partial P}\right)_H = \dfrac{V(\beta T - 1)}{C_P}$

   ④ 이상기체의 경우 $\mu = 0$이며, μ의 부호는 $\left(\dfrac{\partial H}{\partial P}\right)_T$의 부호에 의해 결정된다.

핵심요점 41 조름공정 ◀ 출제율 50%

1. 개요

   조름공정은 축일을 생산하지 않는 공정으로, 유체가 닫혀진 밸브 또는 다공성 마개와 같은 제한요소를 통해 이동할 때 운동에너지, 위치에너지의 변화가 거의 없다면 공정의 1차적인 결과로 유체의 압력강하인 공정을 말한다.

2. 등엔탈피 공정($H_1 = H_2$)

3. $\mu > 0$($P\downarrow$, $T\downarrow$, 팽창 시 온도 감소)
$\mu < 0$($P\downarrow$, $T\uparrow$, 팽창 시 온도 증가)

핵심요점 42 오토사이클(otto cycle)
◀ 출제율 70%

1. 개요

가솔린엔진의 이상적인 열역학적 사이클로 정적사이클을 말하며, 2개의 단열과정, 2개의 정적과정으로 자동차엔진에 사용된다.

2. PV 선도

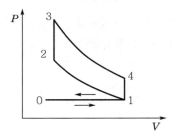

- 0 : 연료 투입
- 1 : 단열압축
- 2 : 연소가 빠르게 진행, V 일정, $P\uparrow$
- 3 : 단열팽창
- 4 : 밸브 오픈, 일정부피 압력 감소

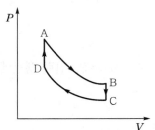

- C→D : 가역단열압축
- D→A : 열 흡수
- A→B : 가역단열팽창
- B→C : 일정부피 냉각

2개의 단열과정, 2개의 등부피과정

3. 효율(η)

$$\eta = 1 - \left(\frac{1}{\varepsilon}\right)^{\gamma - 1} = 1 - \frac{T_4 - T_1}{T_3 - T_2}$$

여기서, ε : 압축비, γ : 비열비

핵심요점 **43** **디젤(diesel)기관** ◀ 출제율 30%

1. 개요

① 오토기관과 다르게 일반적으로 압축 후의 온도가 충분히 높아 연소가 순간적으로 시작되는 기관이다. 즉, 공기를 압축온도로 높인 후 연료를 분사하는 연소기관으로, 2개의 단열과정, 1개의 정압과정, 1개의 정적과정으로 구성된다.

② 연소가 등압 하에서 이루어지는 등압사이클이다.

③ 디젤엔진에서는 압축과정의 마지막에 연료를 주입한다.

④ 압축비가 같다면 오토기관의 효율이 디젤기관보다 크다. 그러나 오토기관은 미리 점화하는 현상 때문에 얻을 수 있는 압축비에 한계가 있으므로 더 높은 압축비에서는 디젤기관이 오토기관보다 더 높은 효율을 얻는다.

2. PV 선도

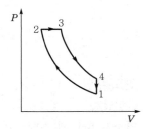

- 1→2 : 단열압축
- 2→3 : 정압가열
- 3→4 : 단열팽창
- 4→1 : 정적방열

핵심요점 **44** **가스터빈기관** ◀ 출제율 20%

1. 개요

2개의 단열과정, 2개의 정압과정으로 구성되며, 항공기 추진, 전력 생산에 이용된다.

2. 효율(η)

$$\eta = 1 - \left(\frac{P_A}{P_B}\right)^{\frac{\gamma-1}{\gamma}}$$ 여기서, γ : 비열비

3. PV 선도

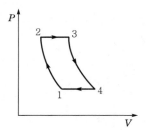

- 1→2 : 단열압축
- 2→3 : 정압가열
- 3→4 : 단열팽창
- 4→1 : 정압방열

핵심요점 **45** **냉동기 성능계수** ◀ 출제율 60%

1. W(알짜일)

$$W = |Q_H| - |Q_C|$$

2. 성능계수(COP)

$$COP = \frac{저온에서\ 흡수된\ 열}{알짜일} = \frac{|Q_C|}{W}$$

정리하면, $\dfrac{W}{|Q_C|} = \dfrac{T_H - T_C}{T_C}$

$$COP = \frac{T_C}{T_H - T_C}$$

3. 카르노(Carnot) 냉동기는 이상적 냉동기로서 단열과정 2개, 등온과정 2개로 구성된 역카르노 사이클(역Carnot cycle)이다.

핵심요점 **46** **증기압축 사이클** ◀ 출제율 30%

1. 증기압축 사이클

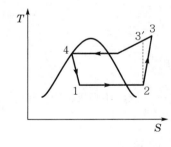

- 1→2 과정 : 저온에서 열흡수 후 생성된 증기가 고압압축, 냉각응축되어 열 방출
- 2→3 과정 : 압축과정으로 엔트로피 증가
- 3→4 과정 : 응축과정
- 4→1 과정 : 조름과정(일정엔탈피)

2. 성능계수(w)

$$|Q_C| = H_2 - H_1, \quad |Q_H| = H_3 - H_1$$
$$W = (H_3 - H_1) - (H_2 - H_1) = H_3 - H_2$$
$$w = \frac{H_2 - H_1}{H_3 - H_2}$$

핵심요점 **47** 헨리(Henry)의 법칙 ◀ 출제율 20%

1. 정의

일정온도에서 액체 내 용해되어 있는 기체의 증기압은 액상에서 그 성분의 농도에 비례한다는 법칙이다.

2. 관련식

- $P = H \cdot C$

여기서, P : 증기압, H : 헨리상수, C : 농도

- $P_A = H \cdot x_A$

여기서, P_A : 용질 기체 A의 분압, H : 헨리상수, x_A : 액상 중 용질의 몰분율

3. 특징

① 헨리의 법칙은 용질의 농도가 낮은 경우나 용해도가 작은 기체에 적합하다.

② 일정온도에서 일정량의 용매에 용해하는 특정기체의 질량은 그 특정기체의 기상에서의 분압에 비례한다.

③ 일정온도, 일정압력에서 용액과 평형을 이루고 있는 증기 중 특정성분의 분압은 그 용액 중에 있는 특정성분의 몰분율에 비례한다.

핵심요점 **48** 습 도 ◀ 출제율 60%

1. 절대습도(H) : 건조공기 1kg당 수증기의 양(kg)

$$H = \frac{W_A}{W_B} = \frac{M_A n_A}{M_B n_B} = \frac{18}{29} \times \frac{p_A}{P - p_A} = \frac{18}{29} \times \frac{p_v}{P - p_v} [\text{kg H}_2\text{O/kg Dry air}]$$

2. 포화습도(H_S) : 건조공기 1kg당 포화수증기의 양(kg)

$$H_S = \frac{\text{포화수증기의 kg 수}}{\text{건조기체의 kg 수}} = \frac{18}{29} \times \frac{p_s}{P - p_s} [\text{kg H}_2\text{O/kg Dry air}]$$

3. 몰습도(H_m) : 건조공기 1 kg · mol당 수증기의 kg · mol

$$H_m = \frac{\text{증기의 분압}}{\text{건조기체의 분압}} = \frac{p_A}{P - p_A} [\text{kg · mol H}_2\text{O/kg · mol Dry air}]$$

4. 상대습도(H_R) : 상대포화도 = 관계포화도

$$H_R = \frac{증기의\ 분압}{포화증기압} \times 100\% = \frac{p_A}{p_S} \times 100\%$$

5. 비교습도(H_P)

$$H_P = \frac{절대습도}{포화습도} \times 100\%$$

$$= \frac{H}{H_S} \times 100\% = \frac{\dfrac{18}{29} \times \dfrac{p_A}{P-p_A}}{\dfrac{18}{29} \times \dfrac{p_S}{P-p_S}} \times 100\%$$

$$= \frac{p_A}{p_S} \times \frac{P-p_S}{P-p_A} \times 100\% = H_R \times \frac{P-p_S}{P-p_A}\%$$

핵심요점 49 물질수지　　　◀ 출제율 80%

1. 물질수지식

Input − Consumption + Generation − Output = Accumulation

2. 풀이과정

① 문제를 이해한 후 공정을 그린다.
② 문제에 제시된 입출량을 적는다.
③ 농도나 질량 등 주어진 값과 유추 가능한 값을 적는다.
④ 화학반응식을 적는다.
⑤ 대응 성분을 정하고, 이에 대한 물질수지식을 세워 푼다.

3. 증발

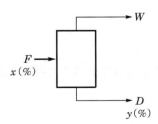

$$F = W + D$$

$$\frac{x_a}{100} \times F = (F - W) \times \frac{y}{100} = D \times \frac{y}{100}$$

$$xF = yF - yW, \quad xF - yF = -yW, \quad (x - y)F = -yW$$

$$W = \left(-\frac{x - y}{y}\right)F = \left(\frac{y - x}{y}\right)F = \left(1 - \frac{x}{y}\right)F$$

4. 증류

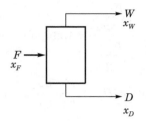

$$F = D + W$$

$$Fx_F = Dx_D + Wx_W$$

$$(D + W)x_F = Dx_D + Wx_W, \quad (x_F - x_W)W = (x_D - x_A)D$$

$$\frac{W}{D} = \frac{x_D - x_F}{x_F - x_W}$$

핵심요점 **50** 베르누이(Bernoulli) 정리와 토리첼리(Torricelli) 정리 ◀ 출제율 20%

1. 베르누이 정리(에너지 보존의 법칙 의미)

이상유체에 대해 유체에 가해지는 일이 없는 경우, 유체의 속도와 압력, 위치에너지와의 관계를 나타낸 식이다.

$$\frac{P}{\rho} + \frac{u^2}{2} + gZ = 0$$

2. 토리첼리 정리

용기 벽에 뚫은 작은 구멍에서 내부의 액체가 유출하는 속도에 관한 법칙으로, $u = \sqrt{2gZ}$ 이다.

◀ 출제율 50%

$n = \dfrac{w}{M}$ 에서 $M = \dfrac{w}{n}$

평균분자량 $= \dfrac{혼합기체의\ 전체\ 질량}{혼합기체의\ 전체\ 몰수} = \dfrac{\sum n_i M_i}{\sum n_i} = \dfrac{n_A M_A + n_B M_B}{n_A + n_B}$

$M_{av} = \dfrac{\sum n_i M_i}{\sum n_i} = \sum x_i M_i$

◀ 출제율 40%

1. 점도(μ)

   유체흐름의 저항(운동에너지를 열에너지로 만드는 유체의 능력)

   $1\ \text{poise} = 100\ \text{cP} = 1\ \text{g/cm} \cdot \text{s} = 0.1\ \text{kg/m} \cdot \text{s}$

2. 동점도(ν)

   점도를 밀도로 나눈 값 $\left(\nu = \dfrac{\mu}{\rho} \right)$

   $1\ \text{stokes}(\text{cm}^2/\text{s}) = 100\ \text{cst}$

◀ 출제율 30%

1. 스케줄 번호(schedule No)가 클수록 두께가 커지고, BWG가 작을수록 관 벽이 두껍다.

2. 왕복펌프

   ① 왕복운동으로 액체 수송이나 고압용에 적당하고, 양수량이 적으며, 구조가 간단하다.
   ② 피스톤펌프, 플런저펌프, 다이어프램(격막식)펌프가 있다.

3. 원심펌프

① 임펠러 회전에 의한 원심력으로 유체를 수송하며, 에어바인딩, 공동현상이 발생한다.

② 에어바인딩은 펌프 속 공기에 의해 수두가 감소하여 펌핑이 정지되는 현상으로, 대책으로 자동유출펌프 사용, 에어벤트(air vent) 설치 등이 있다.

③ 공동현상은 임펠러 흡입부 압력이 유체의 증기압보다 낮아 액체가 기화함으로써 펌프 능력이 감소하고, 소음·진동 발생 등이 발생하는 현상으로, 대책은 양흡입펌프를 사용한다.

④ 압축비$= \sqrt[n]{\dfrac{P_2}{P_1}}$

여기서, n : 단수, P_1 : 흡입압, P_2 : 토출압

⑤ 원심펌프에는 프로펠러펌프, 터빈펌프, 벌류트펌프 등이 있다.

4. 회전펌프

① 회전자의 회전으로 점도가 큰 유체를 수송한다.

② 기어펌프, 로브펌프, 스크루펌프 등이 있다.

핵심요점 **54** 레이놀즈 수 ◀ 출제율 40%

1. 레이놀즈 수(Reynolds No, N_{Re})

$$N_{Re} = \frac{\rho \overline{U} D}{\mu}$$

여기서, ρ : 밀도, $\overline{U}$: 평균유속, μ : 점도, D : 직경

2. 유체흐름 형태

① **층류**($N_{Re} < 2100$) : 유체가 관 벽에 직선으로 흐름(선류, 점성류, 평형류)

② **임계영역**($2100 < N_{Re} < 4000$)

③ **난류**($N_{Re} > 4000$) : 유체가 불규칙적으로 흐름(완전혼합 흐름)

3. 임계속도

N_{Re}가 2100일 때의 유속

4. 전이길이(완전발달된 흐름이 될 때까지의 길이)

① 층류 : $L_t = 0.05 N_{Re} \cdot D$

② 난류 : $L_t = 40 \sim 50D$

5. 최대속도

① 층류 : $V = \dfrac{1}{2} V_{\max}$

② 난류 : $V = 0.8 V_{\max}$

핵심요점 (55) 연속방정식 ◀ 출제율 20%

1. 개요

질량보존의 법칙을 기반으로 임의의 한 단면을 지나는 유체의 질량 유량은 다른 단면을 지나는 유체의 질량 유량과 같다.

2.

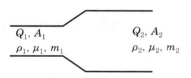

Q_1, A_1 Q_2, A_2

ρ_1, μ_1, m_1 ρ_2, μ_2, m_2

$$Q = A_1 \mu_1 = A_2 \times \mu_2 \ \ (Q_1 = Q_2)$$
$$= \rho_1 A_1 \mu_1 = \rho_2 A_2 \mu_2$$

핵심요점 (56) 유체수송의 손실수두, 상당직경 ◀ 출제율 40%

1. 손실수두

관로 내에 유체가 흐르는 경우 관로의 형상에 의한 마찰이나 유체의 점성에 의해 손실되는 에너지를 말한다.

2. 층류(하겐-푸아죄유(Hagen-Poiseuille) 식) : 직관

$$F = \frac{\Delta P}{\rho} = \frac{32\mu\bar{u}L}{g_c D^2 \rho} = 2f\frac{\bar{u}^2 L}{g_c D} \quad \left(f = \frac{16}{N_{Re}}\right)$$

성립조건으로 뉴턴유체, 층류, 정상상태, 연속방정식 성립, 비압축성 등이다.

3. 난류(패닝(Fanning) 식) : 직관

$$F = \frac{\Delta P}{\rho} = \frac{2f\bar{u}^2 L}{g_c D}, \ f(\text{마찰계수}) = \frac{16}{N_{Re}}$$

4. 유로가 원형이 아닌 경우 상당직경 사용

$$\text{상당직경} = 4 \times \frac{\text{유로의 단면적}}{\text{유체가 접한 총 길이}}$$

핵심요점 57 유량 측정방법   ◀ 출제율 30%

1. 오리피스미터

   원형 등의 구멍을 뚫은 얇은 판을 직관에 넣어 압력강하의 크기를 측정하여 유량을 측정한다(차압식 유량계).

2. 벤투리미터

   $Re < 10000$의 액체 유량을 측정하는 차압식 유량계로, 오리피스미터보다 압력손실이 적다.

3. 피토관

   국부속도를 측정한다. 2중 원관으로 되어 있으며, 전압과 정압의 차를 측정하여 유속을 구한다.

4. 로터미터

   기체와 액체의 유량을 모두 측정할 수 있는 면적 유량계이며, 유체 속에 부자를 띄워 부자의 상하 압력차에 의해 평형을 이루는 위치에서 눈금을 읽는다.

5. 자력식 유량계

   패러데이의 전자기 유도 법칙을 이용하여 유량을 측정한다.

핵심요점 58 열전달기구 ◀ 출제율 20%

1. 전도(conduction)

물체 간 온도 차이만 있다면 열은 어떤 가시적 이동 없이도 흐를 수 있는데 이런 열흐름을 전도라고 하며, 푸리에(fourier)의 법칙을 따른다. 즉, 전도는 접촉하고 있는 물체 사이의 온도차에 의해 열전달이 발생한다.

2. 대류(convection)

뜨거운 공기가 방 안으로 들어오는 것과 같은 현상으로 고온의 유체가 직접 이동하여 열을 전달하는 현상이다. 즉, 고온의 유체분자가 직접 이동하여 밀도차에 의한 혼합에 의해 열전달이 이루어지는 현상이다.

3. 복사(radiation)

공간을 통해 전자기파가 에너지를 전달하는 것으로, 1000℃ 이상에서 지배적이며, 300℃ 이하에서는 전도와 대류가 지배적이다.

핵심요점 59 전도(conduction) ◀ 출제율 60%

1. 정의

전도는 접촉하고 있는 물체 사이의 온도차에 의해 열전달이 발생하는 것을 말한다.

2. 푸리에(Fourier)의 법칙

$$q = \frac{dQ}{d\theta} = -kA\frac{dt}{dL} = -k \cdot A \cdot \Delta T$$

여기서, q, $\dfrac{dQ}{d\theta}$: 열전달속도(kcal/hr)

$\qquad$ k : 열전도도(kcal/m · hr · ℃)

$\qquad$ A : 열전달면적(m^2)

$\qquad$ dL : 미소거리(m)

$\qquad$ dt : 온도차(℃)

3. 열전도도(k)

① $q = \dfrac{k_{av}(t_1 - t_2)}{\displaystyle\int_{l_1}^{l_2} \dfrac{dl}{A}}$ [kcal/hr], k[kcal/m · hr · ℃]

② k는 실험적으로 구해지며, 물질에 따라 다르고, 온도의 함수이다.

③ k가 크면 온도 구배가 적고, 저온(0K)에서 온도에 대한 변화가 빠르다.

④ 열전도도 : 기체<액체<고체

⑤ 액체의 경우 물을 제외하고 온도 증가 시 k가 감소하고, 기체의 경우 온도 증가 시 k가 증가한다.

4. 유형

① 단면적이 일정한 도체에서의 열전도

$$q = k_{av} A \dfrac{t_1 - t_2}{l} = \dfrac{\Delta t}{R} \text{[kcal/hr]}$$

② 원관 벽을 통한 열전도

$$q = \dfrac{k_{av} \overline{A}_L (t_1 - t_2)}{L}, \quad L = \dfrac{A_2 - A_1}{\ln A_2/A_1}$$

평균 전열면적($\overline{A}_L$)

$$\dfrac{A_2}{A_1} < 2, \quad \overline{A} = \dfrac{\pi L(D_1 + D_2)}{2}$$

$$\dfrac{A_2}{A_1} \geq 2, \quad \overline{A}_L = \dfrac{\pi L(D_2 - D_1)}{\ln \dfrac{D_2}{D_1}}$$

③ 여러 층으로 된 벽에서의 열전도

$$q = \dfrac{\Delta t_1 + \Delta t_2 + \Delta t_3}{\dfrac{l_1}{k_1 A} + \dfrac{l_2}{k_2 A} + \dfrac{l_3}{k_3 A}}$$

핵심요점 **60** 대류(convection)　　　◀ 출제율 60%

1. 정의

대류는 고온의 유체분자가 직접 이동하여 밀도 차에 의한 혼합으로 열이 전달되는 것을 의미한다.

2. 고체와 유체 사이 대류 열전달 : 뉴턴(Newton)의 냉각 법칙

$$q = hA(t_3 - t_1) = hA\Delta t, \quad h = \frac{k}{L} [\text{kcal/m}^2 \cdot \text{hr} \cdot \text{℃}]$$

여기서, Δt : 고체 벽과 유체 사이의 온도 차

        h : 경막 열전달계수(경막계수)

        A : 열이 전달되는 평면

대류 열전달계수는 물체 고유의 특성값이 아니며, 흐름 형태, 장치 구조, 전열면 모양 등에 따라 다르다.

3. $q = \dfrac{t_1 - t_4}{\left(\dfrac{1}{h_1 A_1}\right) + \left(\dfrac{l_2}{k_2 A_2}\right) + \left(\dfrac{1}{h_3 A_3}\right)}, \quad U_1 = \dfrac{1}{\left(\dfrac{1}{h_1}\right) + \left(\dfrac{l_2}{k_2}\right)\left(\dfrac{D_1}{D_2}\right) + \left(\dfrac{1}{h_3}\right)\left(\dfrac{D_1}{D_3}\right)}$

핵심요점 61 무차원수   출제율 30%

1. 누셀트 수(Nusselt No, N_u)

유체의 경계에 있어서 대류와 전도성 열전달을 의미한다.

$$N_u = \frac{hD}{K}$$
$$= \frac{\text{대류 열전달}}{\text{전도 열전달}} = \frac{\text{전도 열저항}}{\text{대류 열저항}} = \frac{\text{표면에서의 온도구배}}{\text{총 온도구배}}$$
$$= \frac{1/k}{1/hD} = \frac{x}{D}$$

2. 프란틀 수(Prandtl No, N_{Pr})

온도 경계층과 속도 경계층의 상대적 크기를 나타낸다.

$$N_{Pr} = \frac{C_P \mu}{k} = \frac{\nu}{\alpha} = \frac{\text{운동량 확산도}}{\text{열 확산도}} = \frac{\text{동역학적 경계층 두께}}{\text{열 경계층 두께}}$$

$$\alpha(\text{열확산계수}) = \frac{k}{\rho C_P} [\text{m}^2/\text{h}]$$

3. 그레츠 수(Graetz No, N_{Gz})

$$N_{Gz} = \frac{w C_P}{kL}$$

핵심요점 62 열교환기의 평균온도차 ◀ 출제율 40%

1. 열전달속도

$$q = U_{av} A_{av} \Delta t_{av} \, [\text{kcal/h}]$$

$$q = UA\,\Delta t = \underbrace{WC(T_1 - T_2)}_{\text{고온}} = \underbrace{wc(t_1 - t_2)}_{\text{저온}}$$

여기서, Δt : 평균온도차, C : 비열(kcal/kg · ℃)

2. 평균온도차

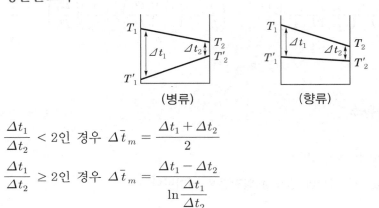

(병류)   (향류)

$\dfrac{\Delta t_1}{\Delta t_2} < 2$인 경우 $\Delta \bar{t}_m = \dfrac{\Delta t_1 + \Delta t_2}{2}$

$\dfrac{\Delta t_1}{\Delta t_2} \geq 2$인 경우 $\Delta \bar{t}_m = \dfrac{\Delta t_1 - \Delta t_2}{\ln \dfrac{\Delta t_1}{\Delta t_2}}$

핵심요점 63 복사 법칙 ◀ 출제율 30%

1. 슈테판-볼츠만(Stefan-Boltzmann)의 법칙

완전흑체의 단위표면적에서 단위시간에 복사되는 총 복사에너지는 그 물체의 절대온도의 4제곱에 비례하고, 열전달면적에 비례한다는 법칙이다.

$$E = 4.88A\left(\frac{T}{100}\right)^4 = \sigma T^4 \, [\text{W/m}^2]$$

2. 빈(Wien)의 법칙

어떤 온도에서 최대복사 강도의 파장은 절대온도에 반비례한다는 법칙이다.

$\lambda_{\max} T = C, \ C = T(\text{K})$에서 0.2898cm

$$\lambda_{\max} = \frac{2897.6}{T} \, [\mu\text{m/K}]$$

3. 키르히호프(Kirchhoff)의 법칙

온도가 평형에 있을 때 어떤 물체의 전체 복사력과 흡수능의 비는 그 물체의 온도에만 의존한다는 법칙이다.

$$\frac{W_1}{\alpha_1} = \frac{W_2}{\alpha_2} = \frac{W_b}{1}$$

여기서, α : 흑체의 흡수율

W_b : 흑체의 복사력

4. 플랑크(Plank)의 법칙

흑체로부터 복사되는 에너지강도를 표면온도와 파장의 함수로 나타낼 수 있는 법칙이다.

핵심요점 64 두 물체 사이의 복사전열   ◀ 출제율 60%

1. 두 흑체 표면각의 복사열전달

$$dq_{12} = \sigma \frac{\cos\phi_1 \cos\phi_2 \, dA_1 dA_2}{\pi r^2} (T_1^4 - T_2^4)$$

여기서, σ : 슈테판–볼츠만 상수

ϕ_1, ϕ_2 : 두 표면을 연결하는 선과 각 표면에서 법선이 이루는 각도

2. 흑체가 아닌 경우 복사전열

$$F_{1.2} = \frac{1}{\dfrac{1}{F_{1.2}} + \left(\dfrac{1}{\varepsilon_1} - 1\right) + \dfrac{A_1}{A_2}\left(\dfrac{1}{\varepsilon_2} - 1\right)}$$

① 무한히 큰 두 평면이 평행($A_1 \cong A_2$)

$$F_{1.2} = \frac{1}{1 + \left(\dfrac{1}{\varepsilon_1} - 1\right) + \left(\dfrac{1}{\varepsilon_2} - 1\right)} = \frac{1}{\dfrac{1}{\varepsilon_1} + \dfrac{1}{\varepsilon_2} - 1}$$

$$q = 4.88 A_1 \frac{1}{\dfrac{1}{\varepsilon_1} + \dfrac{1}{\varepsilon_2} - 1}\left[\left(\frac{T_1}{100}\right)^4 - \left(\frac{T_2}{100}\right)^4\right] [\text{kcal/hr}]$$

② 한쪽 물체를 다른 물체가 둘러싼 경우 $(A_2 > A_1)$

$$q = 4.88A_1\frac{1}{\dfrac{1}{\varepsilon_1}+\dfrac{A_1}{A_2}\left(\dfrac{1}{\varepsilon_2}-1\right)}\left[\left(\frac{T_1}{100}\right)^4-\left(\frac{T_2}{100}\right)^4\right][\text{kcal/hr}]$$

③ 큰 공동 내에 작은 물체가 있는 경우

$$q = 4.88A_1\varepsilon_1\left[\left(\frac{T_1}{100}\right)^4-\left(\frac{T_2}{100}\right)^4\right][\text{kcal/hr}]$$

핵심요점 **65** 유효온도차　◀ 출제율 40%

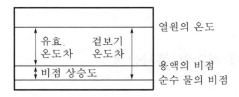

유효온도차 = 겉보기온도차 − 비점 상승도
⇒ 비점 상승도가 클수록 유효온도차가 작아져 증발능력이 떨어진다.

핵심요점 **66** 진공증발　◀ 출제율 40%

1. 저압에서의 증발을 가능하게 하여 경제적인 증발이 가능한 방법이다. 즉, 진공펌프를 이용하여 관 내의 압력을 낮추어(비점이 낮아짐) 증발시키므로 열경제성이 향상된다.

2. 과즙이나 젤라틴과 같은 열에 민감한 물질을 증발시킬 때 진공증발을 통해 저온에서 증발시키면 열에 의한 변형을 방지할 수 있다.

3. 일반적으로 열원으로 폐증기를 이용하므로 온도가 낮고 농도가 높으며, 비점이 높은 용액은 증발하기 어렵다.

비점도표(Boiling Point Diagram)　◀ 출제율 50%

1. 일정압력에서 일정온도로 비등하고 있을 때 액체의 조성과 증기의 조성을 그때의 온도로 도식한 곡선이다.

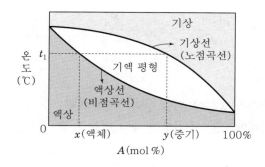

2. 주어진 y, P로부터 x, T 계산 : DEWT

3. 주어진 x, T로부터 y, P 계산 : BUBLP

라울(Raoult)의 법칙　◀ 출제율 70%

1. $P = p_A + p_B = P_A x + P_B(1-x)$

　여기서, p_A, p_B : A, B의 증기분압

　　　　　x : A의 몰분율

　　　　　P_A, P_B : 각 성분의 순수한 상태의 증기압

2. $y_A = \dfrac{p_A}{p_A + p_B} = \dfrac{P_A \cdot x}{P_A x + P_B(1-x)} = \dfrac{P_A x}{P}$ (Dalton의 분압법칙)

3. 이상용액

　$\gamma_A = \gamma_B = 1$

　• 휘발도가 이상적으로 낮을 경우 : $\gamma_A < 1$, $\gamma_B < 1$

　• 휘발도가 이상적으로 높을 경우 : $\gamma_A > 1$, $\gamma_B > 1$

핵심요점 **69** **비휘발도(상대휘발도)** ◀ 출제율 50%

1. $\alpha_{AB} = \dfrac{y_A/y_B}{x_A/x_B} = \dfrac{y_A/(1-y_A)}{x_A/(1-x_A)} = \dfrac{y_A/x_A}{y_B/x_B}$

2. $y = \dfrac{P_A x}{P}$, $1-y = \dfrac{P_B(1-x)}{P}$, $\alpha_{AB} = \dfrac{P_A}{P_B}$, $y = \dfrac{\alpha x}{1+(\alpha-1)}$

3. 특징

  ① 비휘발도가 클수록 증류에 의한 분리가 용이하다.

  ② 액상과 평형상태에 있는 증기상에 대한 성분 B에 대한 성분 A의 비휘발도 α_{AB}를 의미한다.

  ③ 상대휘발도는 액상과 기상의 조성과는 무관하다.

  ④ 비휘발도와 하나의 조성을 알면 나머지 하나의 조성을 구할 수 있다.

핵심요점 **70** **공비혼합물** ◀ 출제율 50%

1. 공비점

  한 온도에서 평형상태에 있는 증기의 조성과 액의 조성이 동일한 점으로, 공비점을 가진 혼합물을 공비혼합물이라고 한다.

2. 최고공비혼합물(혼합 양호 혼합물)

  ① $\gamma_A < 1$, $\gamma_B < 1$로 휘발도가 이상적으로 낮다.

  ② 증기압은 낮고, 비점은 높다.

  ③ 같은 분자 간 친화력<다른 분자 간 친화력

    예 H_2O-HCl, H_2O-NH_3, $CHCl_3-CH_3COCH_3$

3. 최저공비혼합물(혼합 불량 혼합물)

  ① $\gamma_A > 1$, $\gamma_B > 1$로 휘발도가 이상적으로 높다.

  ② 증기압은 높고, 비점은 낮다.

  ③ 같은 분자 간 친화력>다른 분자 간 친화력

    예 $C_2H_5OH-C_6H_6$, $C_2H_5OH-H_2O$, $CH_3OH-C_6H_6$

맥캐브-티엘(McCabe-Thiele) 법 ◀ 출제율 40%

1. 가정

① 관 벽에 의한 열손실이 없고 혼합열도 적으므로 무시한다.
② 각 성분의 분자증발잠열(λ) 및 엔탈피(h)가 탑 내에서 같다.
③ 탑 내 각 단의 현열은 일정하고, 탑 내 상승 증기량과 하강 액량은 단에 무관하게 항상 일정하다.

2. 농축부

$$y_{n+1} = \frac{R_D}{R_D+1}x + \frac{x_D}{R_D+1} \quad \left(R_D(환류비) = \frac{L}{D}\right)$$

3. 회수분

$$y_{m+1} = \frac{L+qF}{L+qF-W}x_m - \frac{W}{L+qF-W}x_w$$

q선의 방정식 ◀ 출제율 60%

$$y = \frac{q}{q-1}x - \frac{x_F}{q-1} \quad (여기서,\ q : 액의\ 분율,\ x_F : 증기의\ 분율)$$

$$q = \frac{원료\ 1\,kg \cdot mol\ 실제\ 증발\ 시\ 필요한\ 열량}{분자\ 증발잠열}$$

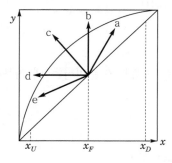

- $q > 1$: 차가운 원액(비점 이하)
- $q = 1$: 포화원액(비등, 비점 상태)
- $0 < q < 1$: 부분적으로 기화된 원액(기-액 공존)
- $q = 0$: 포화증기(노점, 비점 상태)
- $q < 0$: 과열증기

핵심요점 73 최소환류비(R_{Dm}) ◀ 출제율 40%

1. 최소이론단수(펜스케(Fenske) 식)

$$N_{\min} + 1 = \log\left(\frac{x_D}{1-x_D} \times \frac{1-x_W}{x_W}\right) / \log\alpha_{av}$$

여기서, $N_{\min}$: 최소이론단수

　　　　x_D : 탑상액 유출농도

　　　　x_W : 탑저액 유출농도

　　　　α_{av} : 평균비휘발도

2. 최소환류비($R_D = 0$, 이론단수 최대)

$$R_{Dm} = \frac{x_D - y_f}{y_f - x_f}$$

여기서, x_D : 탑상액 유출농도

　　　　y_f : 원액 기상농도

　　　　x_f : 원액 액상농도

3. 최적환류비 = 최소환류비 × 1.3

핵심요점 74 추출(extraction) ◀ 출제율 40%

1. 개요

추출은 비등점 차이가 작은 혼합물을 분리하는 데 이용하며, 고체·액체 혼합물로부터 특정성분을 추출한다.

2. 추출장치

① 고-액 추출(침출 ; leaching)

　┌ 추료(고체·액체 원료)┌ 추질(용질)
　│　　　　　　　　　　　└ 불활성 물질
　└ 추제(추출에서 사용되는 용매)
　　굵은 입자(침출조, 다중단 추출장치, 연속추출기), 작은 입자(Dorr 교반기)

② 액-액 추출

추질, 원용매(희석제), 추제

연속식 추출장치(분무탑, 충전탑, 혼합침강기, 다공판탑, 교반탑, 맥동탑)

3. 추출상과 추잔상

① **추출상** : 추제가 풍부한 상

② **추잔상** : 불활성 물질이 풍부한 상, 원용매가 풍부한 상

핵심요점 **75** **상계점(plait point) (＝임계점(critical point))** ◀ 출제율 80%

1. 추출상과 추잔상의 조성이 같아지는 점이다.

2. 대응선(tie-line)의 길이가 0이 된다.

3. 추출상과 추잔상이 공존하는 점이다.

4. PE는 추출상, PR은 추잔상이다.

5. 상계점(P)에서는 선택도(β)가 1이므로 분리하기가 어렵다.

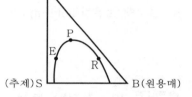

핵심요점 **76** **추제의 조건** ◀ 출제율 40%

1. 선택도가 커야 한다.

$$\beta(\text{선택도}) = \frac{y_A/y_B}{x_A/x_B} = \frac{y_A/x_A}{y_B/x_B} = \frac{k_A}{k_B}$$

여기서, y : 추출상, x : 추잔상

$\quad\quad\quad k$: 분배계수, A : 추질, B : 원용매, S : 추제

2. 회수가 용이해야 한다.

3. 가격이 저렴하고, 화학적으로 안정해야 한다.

4. 비점(끓는점) 및 응고점이 낮아야 한다.

5. 부식성·유동성이 적고 추질과의 비중차가 클수록 좋다.

핵심요점 77 충전물의 조건 ◀ 출제율 30%

1. 비표면적이 커야 한다.

2. 공극률이 커야 한다(큰 자유부피).

3. 가벼워야 한다.

4. 기계적 강도가 강해야 한다.

5. 화학적으로 안정해야 한다.

6. 값이 저렴하고, 구하기 쉬워야 한다.

7. 충전밀도가 커야 하고, 액-가스가 균일하게 분포해야 한다.

8. 흡수액 보유량(hold-up)이 적어야 한다.

핵심요점 78 충전탑 특성 ◀ 출제율 50%

1. 편류현상(=채널링(channeling))
   ① 액이 탑 내 한곳으로만 흐르는 현상
   ② 편류 방지 방법
      • 불규칙 충전
      • 탑의 지름이 충전물 지름의 8~10배이어야 한다.
   ③ 5~10m마다 액체 재분배기를 설치해야 한다.

2. 부하점(loading point)과 범람점(flooding point)

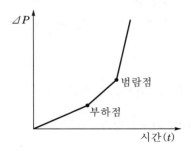

① **부하점** : 탑 내 압력손실이 증가되기 시작하는 점

② **범람점** : 기체의 속도가 매우 커서 액이 흐르지 않고 넘쳐 향류 조작이 불가능한 점

핵심요점 **79** **평형곡선과 조작선** ◀ 출제율 20%

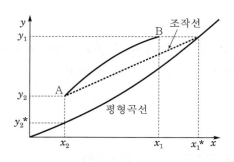

1. 조작선과 평형곡선의 간격이 클수록 흡수 추진력이 증가하므로 흡수탑은 높이가 작아도 된다.

2. 조작선과 평형곡선의 간격이 작으면 탑의 높이가 높아진다.

3. 흡수탑의 크기에 영향을 미치는 조작선은 경제적 운전과 관계있다.

4. $\dfrac{L}{V}$이 최소일 때 평형에 근접하고, 기−액 농도차가 작아진다.

핵심요점 **80** **습구온도, 건구온도, 단열포화온도** ◀ 출제율 20%

1. 습구온도

대기와 평형온도를 유지하고 있는 액체의 온도

2. 건구온도

기체 혼합물의 처음온도(대기온도)

3. 단열포화온도

$$H_S - H = \frac{C_H}{\lambda_S}(t_G - t_S)$$

여기서, t_G : 기체의 온도, t_S : 단열포화온도

핵심요점 81 **평형함수율과 자유함수율** ◀ 출제율 20%

1. 평형함수율

어떤 고체가 가진 수분함량이 더 이상 건조되지 않고 습윤기체와 평형을 이룬 것으로, 이때의 함수율을 평형함수율이라고 한다.

2. 자유함수율

건조에 의해 제거될 수 있는 함수율이며, 고체가 가진 전체 함수율(W)과 그때의 평형함수율(W_e)과의 차이로 $F = W - W_e$로 표현된다.

핵심요점 82 **건조속도곡선과 건조실험곡선** ◀ 출제율 30%

1. 도식

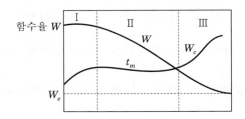

여기서, W_c : 임계함수율

W_e : 평형함수율(항률 건조기간에서 감률 건조기간으로 이동하는 점)

2. 건조실험곡선

- I 구간(재료 예열기간) : 재료를 예열하고 함수율이 서서히 감소하는 구간(현열)
- II 구간(항률 건조기간) : 재료의 온도가 일정하고 재료 함수율이 직선적으로 감소하는 구간(잠열)으로 열량이 수분 증발로 소비된다.
- III 구간(감률 건조기간) : 함수율의 감소가 더욱 느려져 평형에 도달되는 구간

핵심요점 83 한계함수율(임계함수율) ◀ 출제율 30%

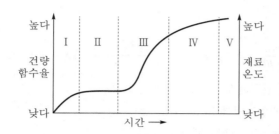

- Ⅰ : 예열기간
- Ⅱ : 정률 건조기간(항률 건조기간)
- Ⅲ : 감률 건조기간
- Ⅳ : 감률 건조기간 후기
- Ⅴ : 평형 건조기간

한계함수율 = 항률 건조기간에서 감률 건조기간으로 이동하는 점

핵심요점 84 건조특성곡선 ◀ 출제율 50%

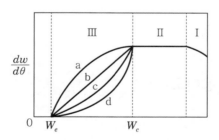

여기서, a : 식물성 섬유 재료, b : 여재, 플레이크
      c : 곡물, 결정품, d : 치밀한 고체 내부의 수분

- a : 볼록형 – 모세관 중 섬유 재료의 수분 이동 발생 및 세포질 재료 탈수
- b : 직선형 – 입상물질을 여과한 플레이크상의 재료 **예** 잎담배 등의 건조형태
- c : 직선형+오목형 – 감률 건조 1단과 감률 건조 2단의 건조과정 합 **예** 곡물 건조
- d : 오목형 – 치밀한 고체물질을 건조시킬 때 나타나는 형태 **예** 비누

항률 건조속도　◀ 출제율 20%

1. 일반식

$$R_c = \left(\frac{W}{A}\right)\left(-\frac{dw}{d\theta}\right)_c = k_H(H_i - H) = \frac{h(t_G - t_i)}{\lambda_i}\,[\mathrm{kg \cdot H_2O/m^2 \cdot hr}]$$

　여기서, k_H : 물질전달계수(kg/hr · m² · ΔH)

　　　　　h : 총괄열전달계수(kcal/m² · hr · C)

　　　　　λ : t_i에서의 증발잠열(kcal/kg)

　　　　　t_G : 온도(℃), t_i : 열풍증기 표면온도(℃), H_i : 습도

2. 평행류

　$h = 0.0176\,G^{0.8}\ \mathrm{kcal/m^2 \cdot hr \cdot ℃}$ (2500 < G < 15000)

　여기서, G : 열풍질량속도(kcal/m² · hr)

3. 수직류

　$h = CG^{0.77}(C = 0.1 \sim 10.2)$

4. 통기류

　$\dfrac{h}{k_H} \fallingdotseq C_H$

온도와 용해도　◀ 출제율 30%

1. 용해도

　결정의 석출은 온도 - 용해도 곡선에서 얻음.

2. 온도와 용해도

　① 온도 증가에 따라 용해도가 증가하는 물질 : KNO_3, $NaNO_3$

　② 온도의 영향을 받지 않는 물질 : NaCl

　③ 온도 증가에 따라 용해도가 감소하는 물질 : $CaSO_4$

3. 수율

$$수율 = \frac{석출한\ 염의\ 양}{처음\ 염의\ 양} \times 100$$

1. 루이스(Lewis) 식

$$\frac{dW}{dD_P} = -kD_P^{-n}$$

여기서, D_P : 분쇄 원료의 대표 직경(m)

W : 분쇄에 필요한 일(에너지)[kgf · m/kg]

$k,\ n$: 상수

2. 리팅거(Rittinger)의 법칙($n=2$, 루이스(Lewis) 식 적분)

$$W = k_{R'}\left(\frac{1}{D_{P_2}} - \frac{1}{D_{P_1}}\right) = k_R(S_2 - S_1)$$

여기서, D_{P_1} : 처음 상태의 분쇄 원료 지름, D_{P_2} : 분쇄된 후 분쇄물의 지름

S_1 : 분쇄 원료의 비표면적, S_2 : 분쇄물의 비표면적

k_R : 리팅거 상수

3. 킥(Kick)의 법칙($n=1$)

$$W = k_K \ln \frac{D_{p_1}}{D_{p_2}}$$

여기서, k_K : 킥의 상수

4. 본드(Bond)의 법칙$\left(n = \dfrac{3}{2}\right)$

$$W = 2k_B\left(\frac{1}{\sqrt{D_{P_2}}} - \frac{1}{\sqrt{D_{P_1}}}\right) = \frac{k_B}{5}\frac{\sqrt{100}}{\sqrt{D_{P_2}}}\left(1 - \frac{\sqrt{D_{P_2}}}{\sqrt{D_{P_1}}}\right) = W_i\sqrt{\frac{100}{D_{p_2}}}\left(1 - \frac{1}{\sqrt{\gamma}}\right)$$

여기서, 분쇄비(γ) $= \dfrac{D_{P_1}}{D_{P_2}}$, 분쇄에너지는 분쇄비($\gamma$)의 평방근에 반비례

$$W_i = \frac{k_B}{5}[\text{kW} \cdot \text{hr/ton}]$$

핵심요점 88 미분쇄기와 초미분쇄기 ◀ 출제율 30%

1. 볼밀

① 최대회전수 $N(\text{rpm}) = \dfrac{42.3}{\sqrt{D}}$

② 최적회전수 $= \dfrac{0.75 \times 42.3}{\sqrt{D}} = \dfrac{32}{\sqrt{D}}$

여기서, D : mill의 지름

③ 마찰분쇄방식으로 건식/습식 공용 사용

2. 초미분쇄기의 종류

제트밀, 유체 에너지밀, 콜로이드밀, 마이크로분쇄기

핵심요점 89 mesh ◀ 출제율 20%

$1\,\text{inch}^2$ 기준으로 망눈의 수를 mesh라고 하며, $200\,\text{mesh}$는 $1\,\text{inch}^2$ 안에 200개의 망눈이 있는 것이다.

핵심요점 90 물리흡착과 화학흡착 ◀ 출제율 30%

1. 특징 비교

구 분	물리흡착	화학흡착
결합력	반 데르 발스(Van der Waals) 인력	이온결합, 공유결합
흡착열	적음(응축열과 비슷)	큼(반응열과 비슷)
흡착속도	빠름	느림
흡착질	다중(다단)	단일
가역성	가역성	비가역성
온도	고온일 때 흡착량 감소	온도 상승에 따라 흡착량 증가 후 감소
결합길이	길다	짧다
재생	가능	불가

2. 랭뮤어(Langmuir) 등온식 가정

　① 단분자층 흡착
　② 평형상태에서 흡착속도와 탈착속도는 같다.
　③ 흡착된 물질 사이의 상호작용

핵심요점 91　공정제어　◀ 출제율 20%

1. 의미

　공정제어란 공정에 영향을 미치는 변수들을 조절하여 공정을 원하는 상태로 유지시키는 조작을 의미한다.

2. 목적

　① 안정성　　　　② 생산의 규격화　　③ 이익의 극대화　④ 품질 유지
　⑤ 환경보전 규약　⑥ 운전상의 제약조건　⑦ 외란 제거　　　⑧ 경제성

핵심요점 92　조정제어와 추적제어　◀ 출제율 20%

1. 조정제어(regulatory control)

　여러 외란 변수에 의한 영향에도 불구하고 제어변수를 설정값으로 유지시키는 방식이다.

2. 추적제어(servo control)

　설정값이 시간에 따라 변할 때 제어변수가 설정값을 따르도록 조절변수를 조절하는 방식이다.

핵심요점 93　피드백(feedback)제어와 피드포워드(feedforward)제어　◀ 출제율 60%

1. 피드백제어

　① 외부교란에 의해 공정에 영향을 받고 그에 따른 오차를 측정하여 다시 신호를 입력하는 제어방식이다.

② 외부교란에 의해 공정에 영향을 주고 이에 따른 제어변수가 변할 때까지 모든 제어가 불가능하다.

2. **피드포워드제어**

① 외부교란을 미리 측정하고 이 측정값을 이용하여 외란이 공정에 미치는 영향을 미리 보정하여 반영시키는 방식이다.

② 외란의 영향을 받기 전에 측정하여 조절변수를 제어하는 데 사용하는 방식이다.

핵심요점 94 라플라스 변환   ◀ 출제율 80%

1. **기본식**

$$\mathcal{L}\left\{f(t)\right\} = F(s) = \int_0^\infty f(t)e^{-st}dt$$

2. **기능**

① 제어 목적에 따른 유용한 입력, 출력 모델의 유도

② 화학공정이 여러 가지 외란의 영향에 어떻게 반응하는지에 대한 간단한 정량적 분석

핵심요점 95 주요 라플라스 변환   ◀ 출제율 80%

$f(t)$	$F(s) = \mathcal{L}\left\{f(t)\right\}$	te^{-at}	$\dfrac{1}{(s+a)^2}$
$\delta(t)$	1	$\sin wt$	$\dfrac{w}{s^2+w^2}$
$u(t)$	$\dfrac{1}{s}$	$\cos wt$	$\dfrac{s}{s^2+w^2}$
t	$\dfrac{1}{s^2}$	$e^{-at}\sin wt$	$\dfrac{w}{(s+a)^2+w^2}$
t^n	$\dfrac{n!}{s^{n+1}}$	$e^{-at}\cos wt$	$\dfrac{s+a}{(s+a)^2+w^2}$
e^{-at}	$\dfrac{1}{s+a}$		

핵심요점 **96** 라플라스 변환의 주요 특성 ◀ 출제율 80%

1. 선형성

$$\mathcal{L}\{af(t)+bg(t)\}=aF(s)+bG(s)$$

2. 시간지연

$$\mathcal{L}\{f(t-\theta)\}=e^{-s\theta}F(s)$$

3. 미분식의 라플라스 변환

① $\mathcal{L}\left\{\dfrac{df(t)}{dt}\right\}=sF(s)-f(0)$

② $\mathcal{L}\left\{\dfrac{d^2f(t)}{dt^2}\right\}=s^2F(s)-sf(0)-f'(0)$

4. s평면에서 평행이동

$$\mathcal{L}\left[e^{at}f(x)\right]=F(s-a)$$

핵심요점 **97** 초기값 정리와 최종값 정리 ◀ 출제율 80%

1. 초기값 정리

$$\lim_{t\to 0}\left[\int_0^\infty f'(t)e^{-st}dt\right]=\lim_{s\to\infty}[sf(s)-f(0)]$$

$$0=\lim_{s\to\infty}[sf(s)]-f(0)$$

$$\therefore \lim_{t\to 0}f(t)=\lim_{s\to\infty}sf(s)$$

2. 최종값 정리

$$\lim_{s\to 0}\left[\int_0^\infty f'(t)e^{-st}dt\right]=\lim_{s\to 0}[sf(s)-f(0)]=\lim_{t\to\infty}[f(t)-f(0)]$$

$$\therefore \lim_{t\to\infty}f(t)=\lim_{s\to 0}sf(s)$$

핵심요점 98 라플라스 역변환 ◀ 출제율 40%

부분분수 전개에 의한 역라플라스 변환

$F(s) \to f(t)$, $f(t) = \mathcal{L}^{-1}\{F(s)\}$

$$F(s) = \frac{s^2 - s - 6}{s^3 - 2s^2 - s + 2} = \frac{A}{s-1} + \frac{B}{s+1} + \frac{C}{s-2}$$

$A = 3$, $B = -\dfrac{2}{3}$, $C = -\dfrac{4}{3}$

$$f(t) = 3e^t - \frac{2}{3}e^{-t} - \frac{4}{3}e^{2t}$$

핵심요점 99 선형화 방법 ◀ 출제율 40%

1. 편차변수

어떤 공정변수의 시간에 따른 값과 정상상태 값의 차이를 말한다.

$x'(t) = x(t) - x_s$

여기서, $x'(t)$: 편차변수

$x(t)$: 변수 x의 시간에 따른 값

x_s : x의 정상상태 값

2. 테일러(Taylor) 급수전개

$$f(s) \cong f(x_s) + \frac{df}{dx}(x_s)(x - x_s)$$

$$f(x, y) \cong f(x_s, y_s) + \frac{\partial f}{\partial x}(x_s, y_s)(x - x_s) + \frac{\partial f}{\partial y}(x_s, y_s)(y - y_s)$$

핵심요점 100 액체 저장탱크 ◀ 출제율 20%

$A\dfrac{dh}{dt} = q_i - q$, 정상상태 $A\dfrac{dh_s}{dt} = q_{is} - q_s$

$A\dfrac{d(h - h_s)}{dt} = (q_i - q_{is}) - (q - q_s)$이므로

편차 변수를 적용하면, $A\dfrac{dh'}{dt} = q_i' - q'$

라플라스 변환을 하면, $As\,H(s) = Q_i(s) - Q(s)$

$H(s) = \dfrac{1}{As}\left[Q_i(s) - Q(s)\right], \;\; G(s) = \dfrac{1}{AS}$

$A\dfrac{dh}{dt} = q_i - \dfrac{h}{R_u} \;\; \left(q = \dfrac{h}{R_u}\right)$

$AR_u\dfrac{dh}{dt} = R_u\,q_i - h$

$A\dfrac{dh}{dt} = q_i - C_u\sqrt{h_s} - \dfrac{C_u}{2\sqrt{h_s}}\,(h - h_s)$

여기서, h : 높이(탱크의 액높이), C_u : 비례상수

$G(s) = \dfrac{R_u}{\tau_s + 1}$

핵심요점 (101) 전달함수와 블록선도　◀ 출제율 70%

1. 입력변수×전달함수=출력변수

$Y(s) = G(s) \cdot X(s)$

2. 블록선도

$G(s) = \dfrac{\text{직진}}{1 + \text{feedback}}$

3. 예시

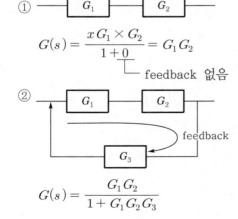

①
$$G(s) = \dfrac{x\,G_1 \times G_2}{1 + 0} = G_1 G_2$$
└ feedback 없음

②
$$G(s) = \dfrac{G_1 G_2}{1 + G_1 G_2 G_3}$$

핵심요점 102 **전달함수의 영점과 극점**   ◀ 출제율 20%

$$G(s) = \frac{Q(s)}{P(s)}$$

1. 전달함수의 영점

   다항식 $Q(s)$의 근들을 전달함수의 영점 또는 계의 영점이라고 하며, 계 출력의 함수
   형태 및 안정성을 좌우한다.

2. 전달함수의 극점

   다항식 $P(s)$의 근들을 전달함수의 극점 또는 계의 극점이라고 하며, 계의 극점에서 그
   전달함수는 무한대가 된다.

핵심요점 103 **1차 공정**   ◀ 출제율 60%

1. 의미

   1차 공정은 계의 출력 $y(t)$가 1차 미분방정식으로 표현되는 공정이다.

2. 관련식

   $$a\frac{dy}{dt} + by = c\,x(t)$$

   $$\frac{a}{b}\frac{dy}{dt} + y = \frac{c}{b}x(t)$$

   여기서, $\dfrac{a}{b} = \tau =$ 시간상수, $\dfrac{c}{b} = K =$ 이득

   $$\tau\frac{dy}{dt} + y = Kx(t)$$

   $$\tau s\,Y(s) + Y(s) = KX(s)$$

   $$G(s) = \frac{Y(s)}{X(s)} = \frac{K}{\tau s + 1}$$

공정입력 ◀ 출제율 40%

입 력	그래프	함 수	라플라스 변환
임펄스		$u(t) = \delta(t)$	$u(s) = 1$
계단		$u(t) = A, \ t \geqq 0$	$u(s) = \dfrac{A}{s}$
블록임펄스		$u(t) = A$	$u(s) = \dfrac{A}{s}\left[1 - e^{\Delta ts}\right]$
경사		$u(t) = at, \ t \geqq 0$ $u(t) = 0, \ t < 0$	$u(s) = \dfrac{a}{s^2}$
사인파		$u(t) = A \sin wt, \ t \geqq 0$	$u(s) = \dfrac{Aw}{s^2 + w^2}$

핵심요점 105 시간상수(τ) ◀ 출제율 50%

1. 단위

$$\tau = \frac{V}{q} = \frac{\text{m}^3}{\text{m}^3/\text{sec}} = \sec$$

2. 특징

① τ는 시간의 단위를 가진다.
② τ = 계의 저항×용량(커패시턴스)
③ 시간상수가 클수록 입력 변화에 대한 응답속도가 더 느려진다.
④ 입력이 단위계단 함수일 때 최종값의 63.2%에 도달하는 데 걸리는 시간은 τ이다.

핵심요점 **106** **1차 공정의 계단응답** ◀ 출제율 60%

1. $G(s) = \dfrac{1}{\tau s + 1}$, $X(s) = \dfrac{A}{s}$

   $Y(s) = G(s) \cdot X(s) = \dfrac{1}{\tau s + 1} \times \dfrac{A}{s}$

2. 출력함수(역라플라스 변환)

   ① $y(t) = KA(1 - e^{-t/\tau})$

   ② 시간 지연 시 $y(t) = KA(1 - e^{-(t-\theta)/\tau})$

t	0	τ	2τ	3τ	4τ	5τ	∞
$Y(s)/KA$	0	0.632	0.865	0.950	0.982	0.993	1.0

핵심요점 **107** **1차 공정 응답 형태** ◀ 출제율 40%

1. 단위임펄스 응답

   $Y(s) = G(s)X(s) = \dfrac{K}{\tau s + 1} \cdot 1$

   ↓ 역라플라스 변환

   $Y(t) = \dfrac{K}{\tau} e^{-t/\tau}$

2. 블록임펄스 응답

   $Y(s) = \dfrac{KH}{s(\tau s + 1)}(1 - e^{-Ts})$

   ↓ 역라플라스 변환

   $y(t) = KH\left[1 - e^{-t/\tau} - \left\{1 - e^{-(t-T)/\tau}\right\}u(t-T)\right]$

3. 경사함수 응답

   $Y(s) = \dfrac{K}{\tau s + 1}\dfrac{A}{s^2} = KA\left(\dfrac{\tau^2}{\tau s + 1} - \dfrac{\tau}{s} + \dfrac{1}{s^2}\right)$

   ↓ 역라플라스 변환

   $y(t) = KA(t + \tau e^{-t/\tau} - \tau)$

4. 사인(sine) 함수 응답

$$Y(s) = \frac{KA}{1+\tau^2 w^2}\left(\frac{\tau^2 w}{\tau s+1} - \frac{\tau w s}{s^2+w^2} + \frac{w}{s^2+w^2}\right)$$

↓ 역라플라스 변환

$$y(t) = \frac{KA\,w\tau}{1+\tau^2 w^2}e^{-t/\tau} + \frac{KA}{\sqrt{1+\tau^2 w^2}}\sin(wt+\phi)$$

여기서, $\phi = \tan^{-1}(-\tau w)$

핵심요점 108 위상각, 진폭비와 진동주기 ◀ 출제율 40%

1. 위상각(ϕ)

$\phi = \tan^{-1}(-\tau w),\ \tan\phi = -\tau w$
여기서, τ : 시간상수, w : 주파수

2. 진폭비(AR)

$$\mathrm{AR} = \frac{KA}{\sqrt{1+\tau^2 w^2}},\ \ 진동주기(T) = \frac{2\pi}{w}$$

3. 사인(sine) 함수 응답

$$G(s) = \frac{1}{\tau s+1},\ \ X(t) = A\sin wt\,u(t),\ \ X(s) = \frac{Aw}{s^2+w^2}$$

출력 함수 $Y(s) = G(s)X(s) = \dfrac{Aw}{(\tau s+1)(s^2+w^2)}$

핵심요점 109 2차 공정의 전달함수 ◀ 출제율 40%

$$\tau^2\frac{d^2 y(t)}{dt^2} + 2\zeta\tau\frac{dy(t)}{dt} + y(t) = Ku(t)$$

$$G(s) = \frac{Y(s)}{X(s)} = \frac{K}{\tau^2 s^2 + 2\zeta\tau s + 1}$$

여기서, τ : 시간상수, ζ : 제동비(damping factor), 감쇠계수
비간섭계

$$\tau = \sqrt{\tau_1\tau_2},\ \ \zeta = \frac{\tau_1+\tau_2}{2\sqrt{\tau_1\tau_2}},\ \ K = K_1 K_2$$

핵심요점 **110** 감쇠계수에 따른 특성(2차 공정) ◀ 출제율 50%

1. $\zeta < 1$
    ① 과소 감쇠 시스템
    ② r_1, r_2는 허근
    ③ ζ가 작을수록 진동 폭이 커진다.

2. $\zeta = 1$
    ① 임계 감쇠 시스템
    ② $r_1 = r_2$ 중근
    ③ $y(t)$는 진동이 없으며, 정상상태 값에 가장 빠르게 도달한다.

3. $\zeta > 1$
    ① 과도 감쇠 시스템
    ② r_1, r_2는 서로 다른 2개의 실근
    ③ 진동은 없으나, $\zeta = 1$인 임계감쇠보다 정상상태 값에 느리게 도달한다.

4. 2차 공정의 계단응답 특성
    ① 시간상수 τ가 작을수록 응답이 빠르다.
    ② $\zeta < 1$인 경우에만 진동한다.
    ③ ζ가 클수록 응답이 느리다.
    ④ $\zeta = 1$일 경우 진동이 없고 응답이 가장 빠르다.

핵심요점 **111** 과소감쇠공정($\zeta < 1$) 응답 특성 ◀ 출제율 40%

1. 오버슈트(overshoot) : 응답의 정상상태 초과 정도
$$\text{Overshoot} = \frac{B}{A} = \exp\left(-\frac{\pi\zeta}{\sqrt{1-\zeta^2}}\right)$$

2. 감쇠비(decay ratio) : 진폭이 줄어드는 비율
$$\text{Decay ratio} = \frac{C}{B} = \exp\left(-\frac{2\pi\zeta}{\sqrt{1-\zeta^2}}\right) = (\text{overshoot})^2$$

3. 주기

$$T = \frac{2\pi\tau}{\sqrt{1-\zeta^2}}$$

4. 진동수

$$f = \frac{1}{T} = \frac{\sqrt{1-\zeta^2}}{2\pi\tau}$$

핵심요점 112 진폭비(Amplitude Ratio, AR) ◀ 출제율 30%

진폭비 $AR = \dfrac{출력변수의\ 진폭}{입력변수의\ 진폭} = \dfrac{K}{\sqrt{(1-\tau^2 w^2)^2 + (2\tau w \zeta)^2}}$

평균진폭비 $AR_N = \dfrac{AR}{K} = \dfrac{1}{\sqrt{(1-\tau^2 w^2)^2 + (2\tau w \zeta)^2}}$

AR_N이 최대이면, $\tau w = \sqrt{1-2\zeta^2}$

$AR_{N \cdot max} = \dfrac{1}{2\zeta\sqrt{1-\zeta^2}}$

핵심요점 113 역응답 ◀ 출제율 30%

1. 의미

역응답은 공정의 초기응답과 말기응답이 상반되는 방향을 갖는 것으로, 계가 역응답을 가질 때 그 전달함수는 하나의 양수인 영점을 갖는다.

2. 구분

τ_a의 크기	응답 모양
$\tau_a > \tau_1$	오버슈트(overshoot)가 나타남
$0 < \tau_a \leqq \tau_1$	1차 공정과 유사한 응답
$\tau_a < 0$	역응답

$\tau_a < 0$인 경우 영점은 양의 값을 가지므로 공정의 영점이 양이면 역응답이 나타난다.

핵심요점 **114** 제어계의 구성 ◀ 출제율 60%

1. 센서

온도, 압력, 유량, 액위, pH, 조성 등의 변수를 측정하는 장치를 말한다.

2. 전환기

① 센서로부터 측정된 변수값들의 신호를 받아 전기신호(mA)로 전환시킨 후 제어기로 입력신호를 보내는 장치이다.

② **전환기의 입력과 출력**

$$k_m (전환기의 \ 이득) = \frac{전환기의 \ 출력범위}{전환기의 \ 입력범위}$$

3. 제어기

실제 제어작용으로 최종 제어요소에 제어명령을 한다.

4. 최종 제어요소

제어밸브가 보편적이다.

핵심요점 **115** 제어밸브의 종류 ◀ 출제율 20%

1. FC밸브(Fail-Closed)

사고의 처리나 예방 목적으로 밸브를 잠가야 할 경우 이용한다.

2. FO밸브(Fail-Open)

사고의 처리나 예방 목적으로 밸브를 열 경우 이용한다.

3. AO밸브(Air-to-Open, 공기압 열림)

공기압의 증가에 의해 열리는 밸브(FC밸브에 해당)이다.

4. AC밸브(Air-to-Close, 공기압 닫힘)

공기압의 증가에 의해 닫히는 밸브(FO밸브에 해당)이다.

핵심요점 116 제어모드의 종류 ◀ 출제율 80%

1. 비례제어기(P제어기)

① 비례제어기는 제어기의 출력신호와 설정값(set point)의 차이로 오차에 비례한다.

② 제어기의 출력신호

$$m(t) = \overline{m} + K_c e(t)$$

여기서, $\overline{m}$: 오차신호($e(t) = 0$)일 때 제어기 출력신호값 조정

K_c : 제어기 이득

$e(t)$: 오차신호

③ 특징

㉠ 조절해야 할 제어기의 파라미터는 K_c이다.

㉡ 항상 오차(offset)가 존재한다.

④ 비례밴드(PB, %) $= \dfrac{100}{K_c}$

2. 비례-적분제어기(PI제어기)

① 잔류편차를 제거하기 위해 비례제어기에 적분기능을 추가한 제어기이다.

② 잔류편차는 없으나 진동성이 증가할 수 있다.

③ $G_c = K_c\left(1 + \dfrac{1}{\tau_I s}\right)$

3. 비례-미분제어기(PD제어기)

① 비례제어기에 오차 미분항을 추가한 제어기. 오차(offset)가 있으나 최종값 도달시간이 단축된다.

② $G_c(s) = K_c(1 + \tau_D s)$

4. 비례-적분-미분제어기(PID제어기)

① 비례제어기에 적분기능과 미분기능을 추가한 형태이다.

② $G_c(s) = K_c\left(1 + \dfrac{1}{\tau_I s} + \tau_D s\right)$

③ 특징

㉠ 가장 널리 사용한다.

㉡ 설정점과 제어변수 간의 오차(offset)를 제거해 준다.

ⓒ 리셋(reset) 시간이 단축된다.

ⓔ 적분상수 τ_I가 클수록 적분동작이 줄어든다.

ⓜ 제어기 이득 K_c가 클수록 적분동작이 커진다.

ⓗ PID는 오차의 크기뿐만 아니라 오차가 변화하는 추세, 오차의 누적 양까지 고려한다.

ⓢ 진동도 제거된다.

ⓞ 시간상수가 비교적 큰 온도, 농도제어에 널리 이용된다.

5. 온-오프(on-off)제어기

① 간단한 공정, 실험실, 가정용 기기 등에 이용된다.

② 강력제어(Bang-bang control)라고도 한다.

③ 제어변수에 나타나는 지속적인 진동, 최종제어요소의 빈번한 작동에 따른 마모가 단점이다.

핵심요점 117 리셋와인드업(reset windup)과 안티와인드업(anti windup) 출제율 60%

1. 리셋와인드업

① 적분제어기의 단점이다.

② 오차 $e(t)$가 0보다 큰 경우 $e(t)$의 적분값은 시간이 지날수록 커진다. 즉, 실제 사용되는 제어기의 출력값은 물리적 한계로 $e(t)$의 적분으로 인한 $m(t)$ 값은 최대허용값 근처에 머문다.

③ 와이드업은 제어기 출력 $m(t)$가 최대허용값에 머물더라도 $e(t)$의 적분값이 계속 증가하는 현상이다.

④ 제어기 출력이 한계이더라도 $e(t)$의 적분값이 계속 증가하면 적분작용을 중지시킨다.

2. 안티와인드업

① 리셋와인드업(reset windup)을 방지한다.

② 적분동작에 부과된다.

③ 제어기 출력이 공정 입력한계에 걸렸을 때 작동한다.

④ 큰 설정값 변화에 공정 출력이 크게 흔들리는 것을 방지한다.

특성방정식의 안정성 판별 ◀ 출제율 80%

1. $1 + G_v G_c G_p G_m = 1 + G_{OL} = 0$

   여기서, G_{OL} : 개루프 총괄전달함수

2. 특성방정식에서 특성방정식의 근 중 어느 하나라도 양 또는 양의 실수부를 갖는다면 그 시스템은 불안정하다.

3. 특성방정식의 근이 복소평면에서 허수축을 기준선으로 하여 왼쪽평면에 있으면 안정하고, 오른쪽 평면에 있으면 불안정하다.

라우스(Routh)의 안정성 판별 ◀ 출제율 80%

1. 특성방정식 $a_0 S^n + a_1 S^{n-1} + \cdots + a_{n-1} S + a_n = 0$

열 행	1	2	3	4
1	a_0	a_2	a_4	a_6
2	a_1	a_3	a_5	a_7
3	A_1	A_2	A_3	
4	B_1	B_2		
5	C_1	C_2		
⋮				

$$A_1 = \frac{a_1 a_2 - a_0 a_3}{a_1}, \ A_2 = \frac{a_1 a_4 - a_0 a_3}{a_1}, \ A_3 = \frac{a_1 a_6 - a_0 a_7}{a_1}$$

$$B_1 = \frac{A_1 a_3 - a_1 A_2}{A_1}, \ B_2 = \frac{A_1 a_5 - a_1 A_3}{A_1}$$

$$C_1 = \frac{B_1 A_2 - A_1 B_2}{B_1}, \ C_2 = \frac{B_1 A_3 - A_1 B_3}{B_1}$$

2. 라우스(Routh) 배열의 첫 번째 열(a_0, a_1, A_1, B_1, C_1, $\cdots$)이 모두 양수이어야 안정하다.

3. 첫 번째 열의 성분들의 부호가 바뀌는 횟수는 허수축 우측에 있는 근의 개수와 같다.

1. 개요

특정방식의 근 s를 iw_u로 치환하여 실수부 $= 0$, 허수부 $= 0$으로 놓고 한계조건에서 제어기 이득(K_c)과 진동수(w_u)를 구하는 방법이다.

2. 예시

$10s^3 + 17s^2 + 8s + K_c = 0$

실수부 : $-17w_u^2 + K_c = 0$

허수부 : $-10iw_u^3 + 8iw_u = 0$

허수부로부터 $w_u = \pm 0.894$인 경우 $K_c = 12.6$

$w_u = 0$인 경우 $K_c = 0$

따라서 K_c의 범위는 $0 < K_c < 12.6$이다.

한계주기 $T_u = \dfrac{2\pi}{w_u} = \dfrac{2\pi}{0.894} = 7.02$

1. 나이퀴스트 선도가 점 $(-1, 0)$을 시계방향으로 한 번이라도 감싼다면 닫힌 루프 시스템은 불안정하다.

2. 나이퀴스트 선도가 점 $(-1, 0)$을 시계방향으로 감싸는 횟수가 N인 경우 열린루프 특성방정식의 근 중 불안정한 근의 수는 $Z = N + P$개이다.

   (여기서, $P =$ 열린루프 전단함수의 극 중 오른쪽 영역에 있는 수)

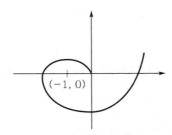

핵심요점 122 서보제어 문제와 레귤레이터제어 문제 ◀ 출제율 40%

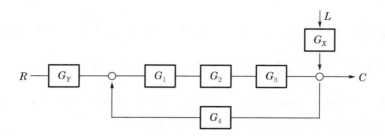

1. 총괄전달함수

$$C = \frac{G_Y G_1 G_2 G_3}{1 + G_1 G_2 G_3 G_4} R + \frac{G_X}{1 + G_1 G_2 G_3 G_4} L$$

2. 서보제어(servo control) 문제

외부 교란 변수는 없고 설정값만 변하는 공정제어를 말한다.

$$\frac{C}{R} = \frac{G_Y G_1 G_2 G_3}{1 + G_1 G_2 G_3 G_4}$$

3. 레귤레이터제어(requlator control) 문제

설정값은 일정하게 유지되고($R = 0$), 외부 교란 변수의 변화만 발생하는 공정제어를 말한다.

$$\frac{C}{L} = \frac{G_X}{1 + G_1 G_2 G_3 G_4}$$

핵심요점 123 지글러(Ziegler)와 니콜스(Nichols) 방법 ◀ 출제율 20%

1. 지글러-니콜스 방법은 실시간 조정 또는 연속진동법이라고 하며, 한계주기와 한계이득 값을 이용한다.

2. $G(s) = \dfrac{Ke^{-\theta s}}{\tau s + 1}$

3. 시간지연이 존재하는 1차 공정 모델식의 시간상수(τ), 이득(K), 시간지연을 이용한 제어기 조정방법도 고안하였다.

4. 제어기 파라미터의 조정 기준으로 출력변수의 감쇠비가 $\frac{1}{4}$인 경우를 고려하였다$\left(\frac{1}{4}\right.$ 감쇠비 응답이 되도록 제어기 파라미터를 조정$\left.\right)$.

5. 열린루프 계단입력 시험만으로도 가능하며, 파라미터 조정 계산이 용이하다. 단, 모델식에 따른 조정 및 진동의 경우 사용할 수 없다.

핵심요점 124 1차 공정의 진동응답 ◀ 출제율 60%

$$X(s) = \frac{Aw}{s^2 + w^2}$$

$$Y(s) = G(s)X(s)$$

$$= \frac{KA}{\tau^2 w^2 + 1}\left(\frac{\tau^2 w}{\tau s + 1} - \frac{\tau w s}{s^2 + w^2} + \frac{w}{s^2 + w^2}\right)$$

역라플라스 변환

$$Y(t) = \frac{KA}{\tau^2 w^2 + 1}(\tau w e^{-t/\tau} - \tau w \cos wt + \sin wt)$$

삼각함수의 성질, 위상각 $\phi = -\tan^{-1}(\tau w)$ 이용

$$Y(t) = \frac{KA}{\sqrt{\tau^2 w^2 + 1}} \sin(wt + \phi)$$

진폭비 $\mathrm{AR} = \dfrac{\text{출력변수의 진폭}}{\text{입력변수의 진폭}} = \dfrac{\widehat{A}}{A} = \dfrac{K}{\sqrt{\tau^2 w^2 + 1}}$

$$\mathrm{AR}_N = \frac{\mathrm{AR}}{K} = \frac{1}{\sqrt{\tau^2 w^2 + 1}}$$

보드(Bode) 선도 ◀ 출제율 50%

1. 1차 공정

- $AR_N = \dfrac{AR}{K} = \dfrac{1}{\sqrt{\tau^2 w^2 + 1}}$, $\phi = \tan^{-1}(\tau w)$

- Corner 진동수$\left(w = \dfrac{1}{\tau}$인 경우$\right)$, $AR_N = \dfrac{1}{\sqrt{1 + \tau^2 w^2}}$, $(\tau w = 1) = \dfrac{1}{\sqrt{2}} = 0.707$

2. 2차 공정

$$AR_N = \frac{AR}{K} = \frac{1}{\sqrt{(1 - \tau^2 w^2)^2 + (2\tau\zeta w)^2}}$$

제어기의 진동응답 ◀ 출제율 40%

1. 비례제어기

$G_C(s) = K_C$, $AR = K_C$, 위상각 0

2. 비례-적분제어기

$G_C(s) = K_C\left(1 + \dfrac{1}{\tau_I s}\right)$, $\phi = -\tan^{-1}\left(\dfrac{1}{\tau_I w}\right)$

3. 비례-미분제어기

$G_C(s) = K_C(1 + \tau_D s)$, $\phi = \tan^{-1}(\tau_D w)$

4. 비례-적분-미분제어기

$G_C(s) = K_C\left(1 + \dfrac{1}{\tau_I s} + \tau_D s\right)$, $\phi = \tan^{-1}\left(\tau_D w - \dfrac{1}{\tau_I w}\right)$

핵심요점 127 보드(Bode) 안정성 판별 ◀ 출제율 50%

1. 개(열린)루프 전달함수의 진동응답 진폭비가 임계진동수에서 1보다 크다면 폐(닫힌)루프 제어시스템은 불안정하다.

2. 열린루프 전달함수 $G_{OL} = G_c G_v G_p G_m$이며, G_{OL}이 안정한 경우에만 보드 안정성을 적용할 수 있다.

3. 임계진동수($\phi = -180°$, $w = w_c$)에서 진폭비가 1일 때($\phi = -180°$, $\mathrm{AR} = 1$) 제어시스템의 응답은 한계응답과 유사하게 일정한 진동을 나타낸다.

핵심요점 128 이득마진(GM)과 위상마진(PM) ◀ 출제율 50%

1. 이득마진과 위상마진은 보드 선도에서 제어시스템의 안정성의 상대적인 척도를 나타낸다.

2. $GM = \dfrac{1}{\mathrm{AR}_C}$, $PM = 180 + \phi_g$

3. GM, PM이 작을수록 안정성 영역의 한계에 다다르므로 닫힌루프 응답이 점점 더 큰 진동을 보인다.

핵심요점 129 스미스 예측기(Smith predictor) ◀ 출제율 30%

1. 스미스 예측기는 시간지연(지연시간) 보상목적으로 사용되며, 프로세서에 대한 수학적 모델링이 필요하여 모델의 매개변수가 실제 시스템과 일치해야 한다.

2. $G(s) = G(s)^* \cdot e^{-Tds}$

   여기서, $G(s)$: 전달함수, $G(s)^*$: 시간지연이 없는 전달함수

   e^{-Tds} : 시간지연 전달함수

   스미스 예측기는 시간지연 요소를 루프 밖으로 꺼내고 유한한 상태공간을 표현할 수 있는 $G(s)^*$만을 이용하여 다음과 같이 표현할 수 있다.

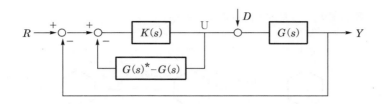

캐스케이드(cascade) 제어(다단 제어)   ◀ 출제율 60%

1. 제어 성능에 영향을 미치는 교란변수의 영향을 미리 보정해 주는 것으로, 캐스케이드 제어에서는 두 개의 피드백(feedback)(주로 PID) 제어기를 이용하여 제어한다.

2. 2개의 피드백 제어루프의 상호간섭에 따른 제어 불안정을 피하기 위해 응답시간 상수를 다르게 설정하여야 하며 통상 2차 조절기의 공정 응답을 빠르게 조정한다. 즉, 부 (secondary)제어기의 응답이 주(primary)제어기보다 빨라야 효과적이다.

3. 2개의 제어량 사이의 관계를 조절할 수 있어서 종속 제어량의 변화가 주제어기에 미치는 영향을 방지할 수 있다.

4. 큰 외란 내에서도 조작을 정확하고 안전하게 할 수 있다.

5. 공급압력의 변화나 그 밖의 다른 공급측의 외란을 유효하게 제어할 수 있다.

6. 시간지연을 감소시키고, 제어를 개선한다.

니트로화 반응   ◀ 출제율 40%

1. 개요
   ① 유기화합물 분자 내에 1개 또는 2개 이상의 니트로기(NO_2^+)를 반응물에 도입하는 반응을 의미한다.
   ② 니트로화 반응은 일반적으로 친전자성 반응이다.

2. 니트로화제
   ① 질산, 초산, 인산, N_2O_4, N_2O_5, KNO_3, $NaNO_3$, H_2SO_4+HNO_3의 혼합산 등이 있다.
   ② 공업적으로 질산과 황산의 혼합산을 사용한다.

3. 방향족 화합물의 니트로화(TNT의 합성)

핵심요점 **132** 황산의 탈수값

◀ 출제율 40%

1. 혼합산을 사용하여 니트로화시킬 때의 기준으로 혼합산 중의 황산과 물의 비가 최적이 되도록 정하는 값이다.

2. $DVS = \dfrac{\text{혼합산 중 황산의 양}}{\text{반응 후 혼합산 중 물의 양}}$

$= \dfrac{\text{반응 후 황산 중 물의 양} + \text{반응 전 혼합산 물의 양}}{\text{혼합산 중 황산의 양}}$

3. DVS가 커지면 반응의 안정성과 수율이 커지지만, DVS 값이 작으면 수율이 감소하고 질산의 산화작용도 활발해진다.

4. 반응온도, 화합물 종류 등의 조건에 따라 DVS 값을 조절하여 반응성과 수율을 조절할 수 있다.

핵심요점 **133** 할로겐화 반응

◀ 출제율 30%

1. 개요

할로겐화 반응은 유기화합물에 할로겐 원자를 도입하는 반응으로, 할로겐 원소는 플루오르(F), 염소(Cl), 브롬(Br), 요오드(I) 등이 있다.

2. 할로겐화 반응의 형태

① 수소원자 치환반응

㉠ $CH_4 + Cl_2 \rightarrow CH_3Cl + HCl$: 메탄의 염소화 반응

㉡ + Cl_2 $\xrightarrow{FeCl_3}$ + HCl : 벤젠의 염소화 치환반응

(클로로벤젠)

② 불포화 결합에 첨가반응

㉠ $HC \equiv CH + 2Cl_2$ $\xrightarrow{FeCl_3}$ $Cl_2HC - CHCl_2$: 아세틸렌 염소화 첨가반응

㉡ $H_2C = CH_2 + Cl_2$ $\xrightarrow{FeCl_3}$ $ClH_2C - CH_2Cl$: 에틸렌 염소화 첨가반응

③ 작용기 치환반응

$C_2H_5OH + HCl \rightarrow C_2H_5Cl + H_2O$: 에탄올 염소화 반응

3. 할로겐화 반응 종류

① 플루오르화

매우 안정하고 끓는점이 낮다. 탄화수소를 직접 플루오르화시키면 폭발 위험성이 있어 특별한 장치와 실험기술이 필요하다.

② 염소화

㉠ 샌드마이어(Sandmeyer) 반응

(염화구리)

㉡ 가터만(Gattermann) 반응

㉢ 염소가스(Cl_2)에 의한 직접염소화

$CH_2 = CH_2 + Cl_2$ $\xrightarrow{FeCl_3}$ $ClCH_2 - CH_2Cl$

핵심요점 (134) 술폰화(Sulfonation) 반응 ◀ 출제율 30%

1. 개요

황산을 이용하여 화합물에 술폰산기($-SO_3H$)를 도입시키는 반응으로, 친전자성 치환 반응이다.

2. 술폰화제

발연황산, 진한황산, 클로로술폰산 등

3. 방향족 화합물의 술폰화(수소와의 치환반응이 대부분)

① 벤젠의 술폰화 반응

(벤젠) (발연황산)   (벤젠술폰산)

발연황산은 삼산화황(SO_3)을 포함하는 황산으로, 반응속도를 빠르게 한다.

② 나프탈렌의 술폰화 반응

α-이성질체(96%) β-이성질체(4%)

β-이성질체(85%) α-이성질체(15%)

온도에 따라 배향성이 달라지며, 저온일 경우 α 위치 치환반응을, 고온일 경우 β 위치 치환반응을 한다.

③ 아민의 술폰화

(아닐린)   (술파닐산)

아민을 술폰화시키는 방법으로, 주로 배소법을 이용한다.

아미노화 반응 ◀ 출제율 40%

1. 개요

아미노화 반응이란 유기화합물의 분자 내에 아미노기($-NH_2$)를 도입시켜 아민을 만드는 반응을 의미한다.

2. 니트로벤젠의 환원에 의한 아미노화

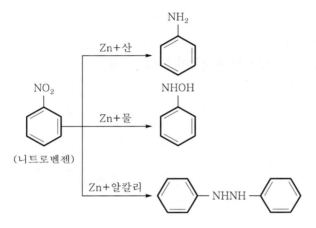

3. 클로로벤젠의 환원에 의한 아미노화

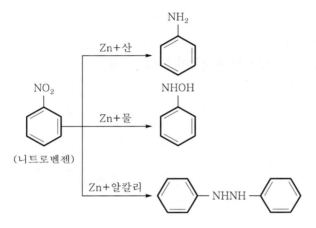

(클로로벤젠)

아닐린(Aniline) ◀ 출제율 50%

1. 구조식, 반응식

① 니트로벤젠의 환원(재래 방법)

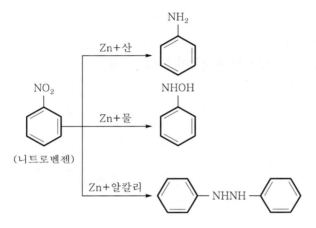

(아닐린)

② 페놀의 암모니아 첨가 분해반응(최신 방법)

2. 특징

① 특유의 냄새, 무색

② 비점 184℃

③ 에테르, 에탄올, 벤젠에 융해됨

④ 니트로벤젠을 환원시켜 아닐린을 얻고자 할 때 사용하는 촉매

$Fe + HCl$, $Zn + H_2SO_4$, $Cu + H_2$

핵심요점 137 산화와 환원 ◀ 출제율 30%

1. 산화

① 산화는 산소를 얻거나 수소를 잃는 반응이다(산화수 증가, 전자수 감소).

② 1차 알코올 $\xrightarrow[\text{환원}]{\text{산화}}$ 알데히드 $\xrightarrow[\text{환원}]{\text{산화}}$ 카르복시산

   1차 알코올은 산화에 의해 탈수소되어 알데히드를 생성한다.

③ 2차 알코올 $\xrightarrow[\text{환원}]{\text{산화}}$ 케톤(ketone) 생성

   2차 알코올은 산화에 의해 탈수소되어 케톤을 생성한다.

④ 산화제는 다른 물질은 산화시키고 자신은 환원되는 물질이다(Cl_2, H_2O_2, HNO_3, H_2SO_4 등).

2. 환원

① 환원이란 산화의 반대로 산소를 잃거나 수소를 얻는 반응이다(산화수 감소, 전자수 증가).

② 니트로벤젠의 환원반응에 의한 아닐린의 합성으로 Fe와 HCl에서 만들어지는 $FeCl_2$가 촉매로 작용한다.

$$2 \underset{(니트로벤젠)}{\underset{|}{\overset{NO_2}{\bigcirc}}} + 5Fe + 4H_2O \xrightarrow{FeCl_2} 2 \underset{(아닐린)}{\underset{|}{\overset{NH_2}{\bigcirc}}} + Fe_3O_4 + 2Fe(OH)_2$$

③ OXO(옥소) 반응

알켄과 코발트카르보닐$[Co(CO_4)_2]$ 촉매가 고온·고압에서 $CO : H_2$의 비를 $1:1$ 로 하여 반응시키면 이중결합에 H와 $-CH=O$가 첨가되어 알데히드를 생성하는 반응으로, 하이드로 포르밀화 반응이라고도 한다.

핵심요점 138 알킬화(alkylation) ◀ 출제율 60%

1. 개요

① 알킬화 반응이란 치환 또는 첨가반응으로 유기화합물에 알킬기(메틸기, 에틸기)를 도입시키는 반응을 의미한다.

② 올레핀이나 파라핀을 첨가하여 옥탄가가 높은 가지 달린 탄화수소의 생성을 의미하며, 알킬기는 $-CH_3$, $-C_2H_5$, $-C_3H_7$ 등이 있다.

2. 쿠멘(Cumene) 제조[프리델-크래프트(Friedel-Craft) 알킬화 반응]

$$\underset{(벤젠)}{\bigcirc} + \underset{(프로필렌)}{CH_2=CH-CH_3} \xrightarrow[촉매]{AlCl_3} \underset{(쿠멘(Cumene))}{\bigcirc-CH\overset{CH_3}{\underset{CH_3}{<}}}$$

3. 프리델-크래프트(Friedel - Craft) 알킬화 반응

① 프리델-크래프트 촉매에 의한 알킬화 반응으로 $FeCl_3$, BF_3, HF, $ZnCl_2$, $AlCl_3$ 등의 촉매가 사용되나, $AlCl_3$가 가장 많이 사용되며, 케톤은 사용하지 않는다.

② 반응식(불포화 탄화수소 $+ R-X$)

$$\underset{}{\bigcirc} + R-X \xrightarrow{AlCl_3} \overset{R}{\underset{}{\bigcirc}} + H-X$$

$$\underset{}{\bigcirc} + (CH_3)_3CCl \xrightarrow{AlCl_3} \bigcirc-C(CH_3)_3 + HCl$$

핵심요점 139 아실화(acylation) ◀ 출제율 30%

1. 개요

① 아실화 반응이란 유기화합물에 아실기(R–CO–)를 도입하는 반응으로, 친전자성 치환반응을 하는 반응이다.

② 치환되는 산기의 종류에 따라 포름화, 아세틸화, 벤조일화 등이 있다.

2. 방향족 탄화수소의 아실화[프리델–크래프트(Friedel – Craft) 아실화 반응]

① 방향족 탄화수소와 방향족 카르복시산 클로라이드(염화아실)를 $AlCl_3$ 촉매 하에서 아실화하면 케톤이 생성된다.

② 카르복시산 무수물을 이용해도 반응이 진행된다.

3. 케텐에 의한 아실화

케텐($CH_2 = C = O$)의 높은 반응성으로 인한 $-OH$나 $-NH_2$와의 반응으로 쉽게 아세틸화가 된다.

$CH_2 = C = O + R - OH \rightarrow CH_3COO - R$ (초산에스테르)

$CH_2 = C = O + R - NH_2 \rightarrow CH_3CONH - R$ (아세트아미드)

핵심요점 140 에스테르화(esterification) ◀ 출제율 30%

1. 개요

에스테르화 반응이란 산과 알코올(R–OH)의 축합반응에 의한 유기화합물 분자 내에 에스테르기(–COO–)를 도입시키는 반응이다.

2. 메커니즘(산+알코올 ⇌ 에스테르+물)

$$R + \underset{\text{(카르복시산)}}{\overset{\overset{\displaystyle O}{\|}}{C} - OH} + \underset{\text{(알코올)}}{H - O - R'} \rightleftharpoons \underset{\text{(에스테르)}}{R - \overset{\overset{\displaystyle O}{\|}}{C} - OR'} + H_2O$$

3. 용도

용제(초산에틸, 초산부틸 등), 폭약(니트로셀룰로오스, 니트로글리세린 등), 가역제(프 탈산부틸, 프탈산옥틸 등), 폴리머 제조에 사용된다.

핵심요점 **141** 가수분해(hydrolysis) ◀ 출제율 20%

1. 개요

① 가수분해 반응이란 유·무기화합물을 물과 반응시켜 복분해가 일어나는 반응이다.
② 무기화합물의 가수분해는 산·염기 중화반응의 역반응이다.
③ 비누화, 알칼리 용융 등 다양한 가수분해가 있다.

2. 아세틸렌의 수화반응

아세틸렌을 황산 촉매 하에 대기압에서 수화반응을 통해 아세트알데히드를 제조한다.

$$CH \equiv CH + H_2O \xrightarrow[\text{H}_2\text{SO}_4]{\text{HgSO}_4} CH_3CHO$$

핵심요점 **142** 디아조화(diazotization) ◀ 출제율 30%

1. 개요

아닐린과 같은 방향족 1차 아민이 HCl 용액에 5℃ 이하의 상태에서 아질산나트륨 (NaNO₂)을 반응해 염화벤젠디아조늄과 같은 디아조 화합물을 생성하는 반응으로, 지방 족 1차 아민은 아질산에 의해 아미노기(-NH₂)를 히드록시기(-OH)로 치환된다.

2. 메커니즘

$$\text{벤젠} + NH_2 + 2HCl + NaNO_2 \longrightarrow \left[\text{벤젠} - N^+ \equiv N\right] Cl^- + 2H_2O + 2NaCl$$

3. 니트로실 황산법

아닐린과 같은 약염기성 아민을 황산(H_2SO_4), CH_3COOH 용액에 $ON-SO_4H$를 반응시켜 디아조화하는 방법이다.

4. 샌드마이어(Sandmeyer) 반응

샌드마이어 반응은 디아조늄 그룹이 $-Cl$, $-Br$, $-CN$으로 치환하는 반응이다.

핵심요점 **143** 커플링(coupling, 짝지음)　◀ 출제율 20%

1. 개요

커플링이란 디아조늄염이 활성 에틸렌기를 가진 화합물과 반응하여 새로운 아조화합물을 만드는 반응으로, 방향족 아민, 페놀류, 페놀성 케톤기를 가진 물질 등이 커플링할 수 있다.

2. 특징

① 디아조늄 이온은 약한 친전자체이지만 방향핵이 히드록시기, 아미노기 등의 전자 공급성 치환기로 활성시키면 커플링이 쉬워 아조염료를 만든다.

② 아미노나프톨류의 커플링은 pH 조절로 커플링 위치를 변환시킬 수 있다.

③ 페놀류의 커플링 속도는 pH 8~10에서 최대이고, 아민류는 pH 4~10에서 최대이다.

3. 반응

핵심요점 144 옥탄가와 세탄가 ◀ 출제율 30%

1. 옥탄가

① 가솔린의 안티노크성을 수치화한 것이다.

② 이소옥탄(iso-Octane)의 옥탄가를 100, 노말헵탄(n-Heptane) 옥탄가를 0으로 한 후 이소옥탄의 %를 옥탄가라고 한다.

③ n-파라핀의 경우 탄소수가 증가할수록 옥탄가는 감소한다.

④ 이소파라핀의 경우 메틸 측쇄를 많이 포함하고 중앙에 집중될수록 옥탄가가 크다.

⑤ 나프텐계 탄화수소의 경우 같은 탄소수의 방향족 탄화수소보다 옥탄가가 작지만, n-파라핀보다는 크다. (n-파라핀<올레핀<나프텐계<방향족)

⑥ 가솔린의 안티노크성을 증가시키기 위한 소량의 첨가제를 안티노크제라고 하며, $Pb(C_2H_5)_4$, 테트라에틸납이 있다.

⑦ 안티노크제를 가한 경우의 효과를 가연효과라고 하며, 파라핀, 나프텐, 방향족 순으로 낮아진다.

2. 세탄가

① 디젤엔진의 착화성을 나타내는 수치이다.

② n-세탄의 값을 100, α-메틸나프탈렌의 값을 0으로 하여 표준연료 중 n-세탄의 %를 세탄가라고 한다.

③ 세탄가가 클수록 착화성 즉, 발화성이 크며, 디젤연료로 우수하다.

핵심요점 145 원유의 증류 ◀ 출제율 40%

1. 상압증류

① 원유를 상압에서 증류하여 가솔린을 생성하는 것이 주목적인 증류 방법이다.

② 탈염공정을 거친 유분을 파이프 스틸(pipe still)이라고 하는 가열로에서 가열 후 상압증류탑에 넣어 비점차로 등유, 나프타, 경유와 유분으로 분리한다. 이러한 과정을 토핑이라고 한다.

2. 감압증류(진공증류)

① 상압증류 후 생성된 비점이 높은 잔유로 감압하여 증류하는 방법이다.

② 석유의 열분해를 방지할 수 있다. 찌꺼기유를 고온 증류하면 열분해로 품질이 저하된다. 따라서 이를 30~80 mmHg로 감압하면 끓는점이 낮아져 저온에서 증류할 수 있다.

③ 감압증류탑의 찌꺼기로부터 아스팔트를 얻을 수 있다.

3. 수증기증류

① 끓는점이 높고 물에 거의 녹지 않는 유기화합물에 수증기를 불어넣어 물질을 분류하는 방법이다.

② 가장 낮은 온도에서 고비점 유분을 유출시키는 증류법이다.

핵심요점 146 액화석유가스(LPG)와 액화천연가스(LNG) ◀ 출제율 20%

1. LPG

① 원유의 접촉분해, 상압증류, 접촉리포밍 등과 같은 조작으로 얻는 부생가스 및 천연가스를 압축한 액상 유분이다.

② 주성분은 C_3~C_4 탄화수소혼합물(프로판, 부탄, 프로필렌, 부틸렌)이다.

③ 프로판가스라고도 하며, 쉽게 액화시켜 운반하기 쉽다.

④ 자동차 연료, 가정용 연료나 산업계에서 사용된다.

2. LNG

① 천연가스를 정제하여 얻으며, 메탄이 주성분이다.

② 열병합발전, 가스 냉·난방, 차량 등에서 사용된다.

핵심요점 147 가솔린(gasoline)과 나프타(naphtha) ◀ 출제율 20%

1. 가솔린

① 공업용 가솔린은 세척제, 용제, 희석제, 드라이클리닝용으로 사용된다.

② 물에 녹지 않지만 유기용제에는 녹으며, 천연수지, 유지를 용해시킨다.

③ C_5~C_{12} 탄화수소혼합물로, 끓는점이 100℃ 부근이다.

④ 분해 가솔린, 직류 가솔린, 개질 가솔린이 있다.

2. 나프타

① 원유 증류 시 35~220℃의 끓는점 범위에서 유출되는 탄화수소 혼합체이다.

② 석유화학의 원료로 사용된다.

③ 가솔린 유분 중 휘발성이 높은 것을 말한다.

④ 에틸렌의 주된 공업 원료로 사용된다.

핵심요점 **148** **석유의 분해와 리포밍**　◀ 출제율 70%

1. 석유의 분해공정

열분해법	접촉분해법
• 올레핀이 많고, C_1~C_2계 가스가 많다. • 대부분 지방족이다. • 방향족 탄화수소가 적다. • 코크스나 타르의 석출이 많다. • 디올레핀이 비교적 많다. • 라디칼 반응 메커니즘이다.	• C_3~C_6계열의 가지달린 지방족이 많다. • 열분해보다 파라핀계 탄화수소가 많다. • 방향족 탄화수소가 많다. • 탄소질 물질의 석출이 적다. • 디올레핀은 거의 생성되지 않는다. • 이온 반응 메커니즘(카르보늄 이온 기구)이다.

2. 개질공정(리포밍)

① **정의**

옥탄가가 낮은 가솔린을 분해하여 옥탄가가 높은 가솔린으로 전환시키거나 나프텐계 탄화수소, 파라핀을 방향족 탄화수소로 전환시키는 방법이다.

② **종류**

㉠ 열개질법 : 촉매 없이 열처리, 가압만 이용한다.

㉡ 접촉개질법 : 촉매를 이용하는 방법으로 주로 사용되며, 벤젠(benzen), 톨루엔(toluene), 크실렌(xylene) 등의 방향족 탄화수소를 제조하는 데 이용된다.

핵심요점 (149) 석유의 정제 ◀ 출제율 30%

1. 산에 의한 화학적 정제

황산(H_2SO_4)을 이용하여 방향족 탄화수소나 올레핀과 같은 불포화 탄화수소와 질소, 산소, 황 등의 불순물을 함유한 화합물을 제거한다.

2. 알칼리에 의한 정제

황산 처리 후 황산 세척을 위한 방법이다.

3. 흡착 정제

다공질 흡착제를 이용하여 석유 중의 불순물이나 불용성분을 흡착한다.

4. 스위트닝

유분에 함유된 악취, 황화수소, 황 등을 산화하여 이황화물로 변화시켜 제거하는 방법으로, 닥터법, 메록스(Merox)법이 있다.

5. 수소화 처리법

촉매를 이용하여 원료 중의 불순물(황, 질소, 산소 등)을 제거하고, 디올레핀을 올레핀으로 만드는 방법이다.

핵심요점 (150) 용제의 조건과 윤활유의 성상 ◀ 출제율 40%

1. 용제의 조건

① 비중차가 커서 두 액상으로 쉽게 분리할 수 있어야 한다.
② 추출 성분의 끓는점과 용제의 끓는점 차이가 커야 한다.
③ 증류로 회수하기가 용이해야 한다.
④ 열·화학적으로 안정하고, 추출 성분에 대한 용해도가 커야 한다.
⑤ 선택성이 크고, 다루기 쉬우며, 가격이 저렴해야 한다.

2. 윤활유의 성상

① 사용온도에서 적당한 점성유체가 필요하다.
② 열과 산화에 대한 안정도가 높아야 한다.
③ 일정한 유막 형성이 필요하다.
④ 인화성이 없어야 한다.

핵심요점 151 에틸렌의 유도체

◀ 출제율 30%

1. 에틸렌의 화학식

$CH_2 = CH_2$

2. 에틸렌의 유도체 종류

폴리에틸렌, 아세트알데히드, 산화에틸렌, 에틸벤젠, 에탄올, 염화비닐 등

3. 아세트알데히드(와커공정)

$CH_2 = CH_2 + PdCl_2 + H_2O \longrightarrow CH_3CHO + Pd + 2HCl$

4. 산화에틸렌의 수화반응

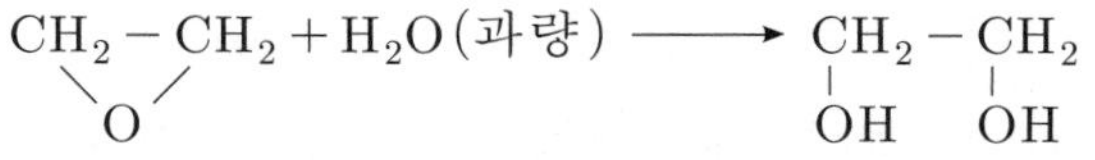

핵심요점 152 프로필렌의 유도체

◀ 출제율 50%

1. 프로필렌의 화학식

$CH_3 - CH = CH_2$

2. 프로필렌의 유도체 종류

폴리프로필렌, 아크릴로니트릴, 글리세린, 이소프렌 등

3. 프로필렌의 산화

$CH_2 = CH - CH_3 \xrightarrow[\text{(금속산화물 촉매)}]{O_2} CH_2 = CH - CHO \longrightarrow CH_2 = CH - CO$

(아크롤레인) (아크릴산)

4. 이소프렌

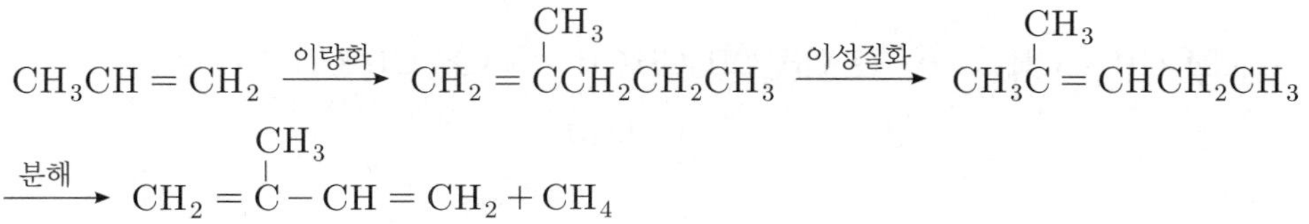

5. 아세톤(쿠멘법)

쿠멘(cumene) : 이소프로필벤젠

페놀과 아세톤의 전구체이다.

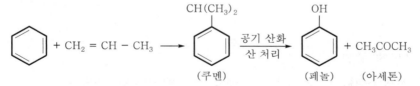

$$\underset{(쿠멘)}{CH(CH_3)_2} \quad \xrightarrow[산\ 처리]{공기\ 산화} \quad \underset{(페놀)}{OH} + CH_3COCH_3 \quad (아세톤)$$

6. 부틸알코올

① OXO 합성법 : 고압에서 코발트계 촉매 하에 프로필렌에 CO 및 H_2를 첨가시켜 제조한다.

$$CH_3CH = CH_2 + CO + H_2 \xrightarrow{CO_2(CO)_8} CH_3CH_2CH_2CHO$$

$$\xrightarrow{H_2} CH_3CH_2CH_2CH_2OH$$

② Reppe 합성법 : 프로필렌과 물 및 일산화탄소를 촉매로 사용하여 제조한다.

$$CH_3CH = CH_2 + 3CO + 2H_2O \xrightarrow{Fe(CO)_5} CH_3CH_2CH_2CH_2OH + 2CO_2$$

핵심요점 153 부틸렌의 유도체　　　◀ 출제율 30%

1. 부틸렌의 화학식

$$CH_3CH_2CH = CH_2$$

2. 부틸렌의 유도체 종류

2차 부틸알코올, 부타디엔, 메틸에틸케톤 등

3. 2차 부틸알코올의 제법

$$CH_3CH_2CH = CH_2 \xrightarrow{H_2SO_4} \underset{OSO_3H}{CH_3CH_2CHCH_3} \to \underset{(2차\ 부틸알코올)}{CH_3CH_3\overset{OH}{\underset{|}{C}HCH_3}}$$

4. Wacker 법

$$CH_3CH_2CH = CH_2 + PdCl_2 + H_2O \to CH_3CH_2\underset{\underset{O}{\|}}{C}CH_3 + Pd + 2HCl$$

벤젠의 유도체 ◀ 출제율 60%

1. 벤젠의 화학식

C_6H_6로 방향족 탄화수소

2. 벤젠의 유도체 종류

에틸벤젠, 스티렌, 페놀, 카프로락탐, 아디프산 등

3. 스티렌

$$C_6H_6 \xrightarrow[\text{AlCl}_3]{\text{CH}_2=\text{CH}_2} C_6H_5CH_2CH_3 \xrightarrow{-H_2}$$

4. 페놀

① **황산법** : 벤젠을 술폰화시킨 후, 이를 알칼리에 용해시켜 페놀을 제조하는 방법이다.

② **쿠멘법** : 쿠멘-페놀공정으로 프로필렌 유도체에서 다루어진다.

(벤젠)　　(쿠멘)　　(페놀)　(아세톤)　　　　　(비스페놀 A)

5. ε-카프로락탐

사이클로헥사논을 이용하여 사이클로헥사논옥심을 만들고, 이를 황산 속에서 베크만 전위반응을 시킨다.

(사이클로헥사논)　(사이클로헥사논온심)　　　　(카프로락탐)

6. 말레산무수물

① 벤젠의 공기산화법 : 벤젠을 V_2O_5 촉매로 공기로 산화시켜 제조한다.

$$\text{벤젠} + 4.5O_2 \xrightarrow[400\sim500℃]{V_2O_5} \begin{matrix} CH-CO \\ \| \\ CH-CO \end{matrix}\!\!\diagdown\!\!O + 2H_2O + 2CO_2$$

② 부텐의 산화법

$$CH_3-CH=CH-CH_3 + O_2 \xrightarrow{Al_2O_3-V_2O_5} \begin{matrix} CH-CO \\ \| \\ CH-CO \end{matrix}\!\!\diagdown\!\!O$$

7. 아디프산(Nylon-66)의 원료

① 페놀로부터 합성

$$\underset{(\text{페놀})}{\text{OH}} + H_2 \longrightarrow \text{OH} \xrightarrow{\text{질산 산화}} \underset{(\text{아디프산})}{HOOC-(CH_2)_4-COOH}$$

② 벤젠으로부터 합성

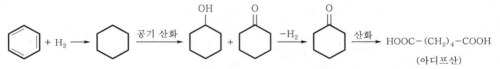

$$\text{벤젠} + H_2 \longrightarrow \text{(사이클로헥산)} \xrightarrow{\text{공기 산화}} \text{OH} + \text{O} \xrightarrow{-H_2} \text{O} \xrightarrow{\text{산화}} \underset{(\text{아디프산})}{HOOC-(CH_2)_4-COOH}$$

핵심요점 155 톨루엔의 유도체　　　　　출제율 60%

1. 톨루엔의 화학식

C_7H_8

2. 톨루엔의 유도체 종류

벤젠, 벤조산, TDI(톨루엔 디이소시아네이트) 등

3. 벤즈알데히드

염화벤잘(benzal chloride)을 가수분해시켜 벤즈알데히드를 제조한다.

(벤잘 클로라이드)   (벤즈알데히드)

4. 톨루엔 디이소시아네이트(TDI)

1단계 : 톨루엔의 디니트로화
2단계 : 니트로화합물로부터 디아미노톨루엔화합물로 수소화
3단계 : 포스겐과 반응 TDI 생성

(Mainly-nitrotoluenes)   (Mainly 2.4 and 2.6 dinitrolenes)   (Mainly 2.4 and 2.6 diaminotoluenes)

(Isomeric Carbomoyl Chlorides)   (TDI)

5. TNT

① **제법** : 디니트로화톨루엔을 추가로 니트로화 반응시켜 TNT를 제조한다.

(TNT)

② **특징**

㉠ 톨루엔을 니트로화하여 제조한다.

㉡ 물에는 거의 녹지 않으며, 벤젠, 에테르에 쉽게 녹는다.

㉢ 폭발물질로 많이 이용되며, 광산과 같은 민간용 폭약으로는 NH_4NO_3(질산암모늄)이 사용되고 있다.

핵심요점 156 크실렌의 유도체 ◀ 출제율 40%

1. 크실렌의 화학식

$C_6H_4(CH_3)_2$

2. 크실렌의 유도체 종류

스티렌, 프탈산무수물, 이소프탈산, 텔레프탈산 등

3. 프탈산 무수물(무수프탈산)

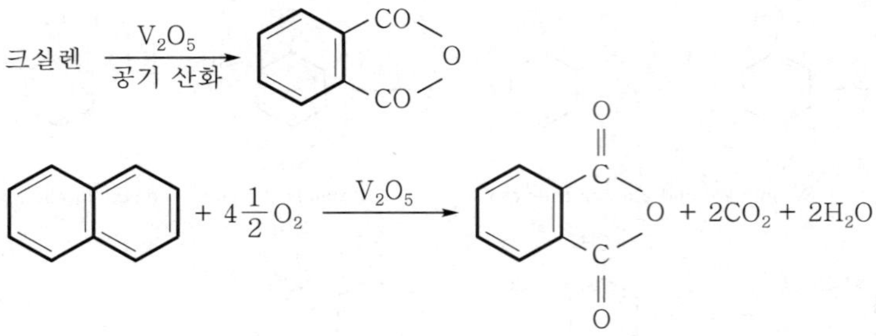

4. 이소프탈산

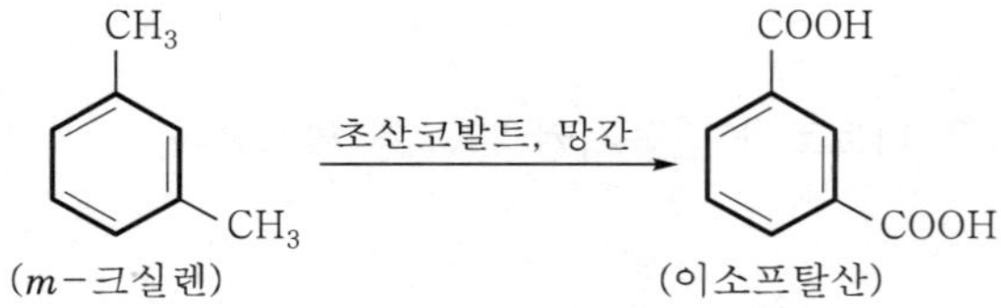

(m-크실렌) (이소프탈산)

5. 텔레프탈산

p-크실렌의 질산산화법

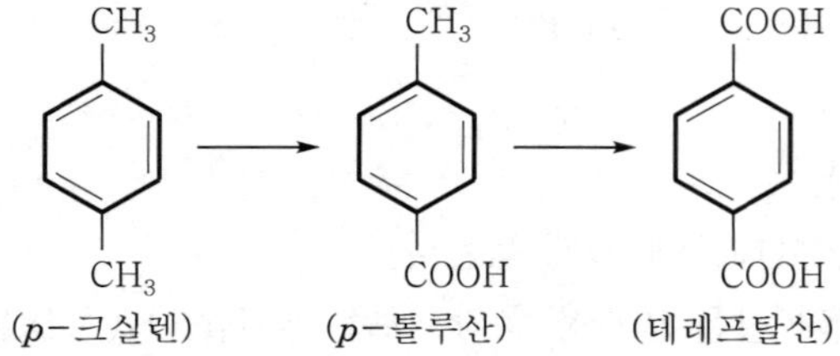

(p-크실렌) (p-톨루산) (테레프탈산)

메탄의 유도체 ◀ 출제율 50%

1. 메탄의 화학식

CH_4

2. 메탄의 유도체 종류

아세트산, 염화비닐, 초산비닐, 염화메틸, 아세틸렌 등

3. 합성가스 제조

① H_2와 CO 또는 N_2와 H_2의 혼합가스를 합성가스(수성가스)라고 한다.

② OXO 합성, 피셔(Fischer) 합성의 원료가스로 이용된다.

4. 하버-보슈(Haber-Bosch)법

$3H_2 + N_2 \rightleftharpoons 2NH_3$

$2NH_3 + CO_2 \rightarrow NH_2COONH_4 \xrightarrow{-H_2O} NH_2CONH_2$
(요소)

$$6NH_2CONH_2 \rightarrow \text{(멜라민)} + 6NH_3 + 3CO_2$$

5. 메탄올 생성

$CH_4 \xrightarrow{H_2O} CO + H_2 \xrightarrow{촉매} CH_3OH$
(메탄올)

6. 포름알데히드

$H_2 + CO \rightarrow CH_3OH \rightarrow HCHO$
(포름알데히드)

7. 아세트산 제조

$$CH_3OH \rightarrow CH_3\overset{O}{\overset{\|}{C}}OH \xrightarrow{CH_2=CH_2,\ O_2} CH_3\overset{O}{\overset{\|}{C}}-O-CH=CH_2$$
(아세트산)　　　　　　　　　　　　(비닐아세테이트)

핵심요점 **158** **아세틸렌의 유도체**   ◀ 출제율 60%

1. 아세틸렌의 화학식

C_2H_2

2. 아세틸렌의 유도체 종류

아크릴산에스테르, 이세트알데히드, 초산비닐, 염화비닐, 아크릴로니트릴 등

3. 레페(Reppe) 반응

① 비닐화 : $CH \equiv CH + CH_3OH \xrightarrow{\text{KOH}} CH_2 = \overset{\displaystyle \overset{OCH_3}{|}}{CH}$
(에틸비닐에테르)

② 카르보닐화 : $CH \equiv CH + CO + ROH \rightarrow CH_2CH - COOR$
(아크릴산 에스테르)

4. 아세트알데히드 생성

① 아세틸렌의 수화반응

$CH \equiv CH + H_2O \xrightarrow{\text{HgSO}_4} CH_3CHO$

② $CH_3CHO + \dfrac{1}{2}O_2 \rightarrow CH_3COOH$

5. 초산비닐 합성

$CH \equiv CH + CH_3COOH \rightarrow CH_2 = CH - O - CO - CH_3$
(아세트산)

6. 염화비닐 합성

$CH \equiv CH + HCl \xrightarrow[\text{활성탄}]{\text{식초산 아연}} CH_2 = \overset{\displaystyle \overset{}{|}}{\underset{Cl}{CH}}$

7. 아크릴로니트릴 합성

• $CH \equiv CH + HCN \xrightarrow{\text{CuCl}} CH_2 = CHCN$

• $CH_3CHO + HCN \rightarrow CH_2 = \overset{\displaystyle \overset{}{|}}{\underset{CN}{CH}} + H_2O$

핵심요점 159 고분자의 물성 ◀ 출제율 40%

1. 시료 전체 무게

$$W = \sum W_i = \sum M_i N_i$$

여기서, M : 분자량, N : 몰수

2. 수 평균분자량

$$\overline{M_n} = \frac{\text{총 무게}}{\text{총 몰수}} = \frac{W}{\sum N_i} = \frac{\sum M_i N_i}{\sum N_i}$$

3. 중량 평균분자량

$$\overline{M_w} = \frac{\sum M_i^2 N_i}{\sum M_i N_i}$$

4. 다분산도(분자량의 분포 정도)

$$\text{다분산도} = \frac{\overline{M_w}}{\overline{M_n}} = \frac{\text{중량 평균분자량}}{\text{수 평균분자량}}$$

1에 가까우면 분자량 분포가 좁고, 그 이상이면 분자량 분포가 넓다는 의미이다.

5. 중합도

$$\text{중합도} = \frac{\text{총 분자량}}{\text{분자량}}$$

핵심요점 160 분자량 측정방법 ◀ 출제율 20%

1. 끓는점 오름법과 어는점 내림법

저분자의 분자량을 측정할 때 이용한다.

2. 삼투압 측정법

반트호프(Van't Hoff)의 법칙을 이용하여 높은 분자량의 고분자를 측정하는 데 이용한다.

3. 광산란법

중량 평균분자량을 측정한다.

4. 겔투과 크로마토그래피

수 평균분자량, 중량 평균분자량 모두 측정한다.

핵심요점 161 고분자의 유리전이온도 ◀ 출제율 30%

1. 1차 전이온도

끓는점이나 녹는점으로 상전이가 일어나는 용융점을 말한다.

2. 2차 전이온도(유리전이온도)

용융 중합체가 냉각될 때 상변화(고 → 액)를 거치기 전에 변화를 보이는 시점이 있는데, 이때의 온도를 유리 전이온도라고 한다.

3. 폴리이소프렌이 −70℃로 유리전이온도가 가장 낮고, 폴리스티렌이 81℃로 유리전이온도가 가장 높다.

4. 유리전이온도 측정방법

① 시차주사 열량 측정법(Differential Scanning Calorimetry, DSC)
② 팽창 측정법(Dilatometry)
③ 동적 기계 분석법(Dynamic Mechanical Analysis, DMA)

핵심요점 162 고분자의 중합방법 ◀ 출제율 30%

1. 용액중합

① 단량체를 용매에 녹이고 개시제를 첨가하여 가열한다.
② 중화열을 제거하는 데 용이하다. 즉 발생하는 열의 제거가 쉽고, 반응제어가 편리하다.
③ 중합속도와 분자량이 작고, 중합 후 용매의 완전 제거가 제한적이다.
④ 용매의 회수과정이 필요하므로 주로 물을 안정제로 사용할 수 없을 경우의 반응에 쓰인다.
⑤ 중합체 형성 시 반응용액은 끈적임이 있다.

2. 유화중합(에멀션중합)

① 비누 또는 세제 성분의 일종인 유화제를 이용하여 단량체를 분산시키고 수용성 개시제를 사용하여 중합하는 방법이다.

② 중합열의 분산이 용이하고, 대량생산도 용이하다.

③ 세정과 건조가 필요하고, 유화제에 의한 오염이 발생한다.

④ 반응온도 조절이 가능하고, 분자량이 큰 고분자를 얻을 수 있다.

⑤ 중합도가 크고, 공업적으로 널리 이용된다.

핵심요점 163 첨가중합과 축합중합 ◀ 출제율 60%

1. 첨가중합

① 에틸렌과 같이 이중결합을 가진 화합물이 첨가반응에 의해 중합체를 형성하는 중합반응이다.

② **첨가중합체**

단위체	중합체
에틸렌($CH_2=CH_2$)	폴리에틸렌(PE)
프로필렌($CH_2=CHCH_3$)	폴리프로필렌
염화비닐($CH_2=CHCl$)	폴리염화비닐(PVC)
아크릴로니트릴($CH_2=CHCN$)	폴리아크릴로니트릴
테트라플루오르에틸렌($CF_2=CF_2$)	테플론
클로로프렌	네오프렌
스티렌	폴리스티렌(PS)

2. 축합중합

① 단위체들이 결합하면서 H_2O 분자가 떨어지면서 형성되는 중합반응이다.

② **축합중합체**

단위체	중합체
아디프산+헥사메틸렌디아민	나일론 6.6
테레프탈산+에틸렌글리콜	폴리에스테르
페놀+포름알데히드	페놀수지
요소+포름알데히드	요소수지

핵심요점 164 열가소성 수지와 열경화성 수지 ◀ 출제율 80%

1. 열가소성 수지

① 가열하면 연화되어 외력을 가할 때 쉽게 변형되고, 성형 후 냉각하면 외력이 없어도 변형된 상태를 유지하는 수지이다.

② **종류** : 폴리에틸렌, 폴리프로필렌, 폴리염화비닐, 폴리스티렌, 아크릴수지, 불소수지, 폴리비닐아세테이트, ABS 수지, 폴리비닐알코올, 나일론 등

2. 열경화성 수지

① 가열하면 일단 연화되지만 계속 가열하면 점점 경화되어 시간이 지난 후에는 가열해도 연화, 용융되지 않고 원래의 상태로 되돌아가지 않는 수지이다.

② **종류** : 페놀수지, 요소수지, 멜라민수지, 폴리우레탄수지, 에폭시수지, 알키드수지, 규소수지 등

핵심요점 165 비누화값과 산값 ◀ 출제율 20%

1. 비누화값

① 유지 1g을 비누화시키는 데 요구되는 KOH의 mg 수

② 비누화값은 분자량에 반비례하므로 유지를 구성하는 지방산 중 저급지방산이 많을수록 비누화값은 커지고, 고급지방산이 많을수록 비누화값이 작아진다.

③ $R-COO-R' + MOH \rightarrow R-COO-M + ROH$

(M : 금속 Na, K, Ca 등)

2. 산값

① 유지 1g을 중화시키는 데 요구되는 KOH의 mg 수

② 신선한 유지는 낮은 산값을 나타내며, 저장시킬 때 가수분해 산화 등을 받으면 유지 지방산을 만들어 산값이 높아진다.

핵심요점 166 나일론 : 폴리아마이드 섬유 ◀ 출제율 50%

1. 개요

① 나일론은 $-(CO)-NH$ 결합(아마이드 결합)으로 연결된 고분자 물질로, 합성섬유 생산량의 반 이상을 차지한다.

② 열가소성 수지로 형태를 오래 유지하고, 흡습성이 적다.

2. 나일론 6(카프로락탐의 개환중합반응)

(카프로락탐)   (나일론 6)

3. 나일론 6.6(헥사메틸렌디아민 + 아디프산 축합 생성물)

(헥사메틸렌디아민)   (아디프산)

(나일론 6.6)

핵심요점 167 황산공업 ◀ 출제율 60%

1. 황산 명칭

$$m\,SO_3 \cdot n\,H_2O\,(삼산화황 + 물) \longrightarrow \begin{array}{l} 보통황산(황산수화물) : m < n \\ 발연황산 : m > n \\ 100\,\% \ 황산 : m = n \end{array}$$

2. 황산 제조 원료

황, 황화철광, 자황화철관(자류철광), 금속 제련 폐가스, 기타

3. 질산식 황산 제조법

① **연실식** : 연실 바닥으로 SO_2, H_2, NO_2, O_2 등을 주입하고 상부에서 물을 분부하는 방식으로, '글로버탑 → 연실 → 게이뤼삭탑'으로 구성되어 있다. 게이뤼삭탑의 목적은 산화질소의 회수이다.

② 탑식 : 연실의 부피를 축소시켜 탑을 주체로 하는 제조방법으로, 탑의 수는 6개로 직렬 배열한다.

③ 반탑식 : 수분 및 SO_2를 제거하는 방법으로 황산 생성량을 증가시키고, 전체 변동이 억제되며, 조업이 간편하다.

4. 접촉식 황산 제조법

① 98.3% H_2SO_4가 수증기 분압(증기압)이 낮아 흡수탑에서 이용한다.

② 전화기에서 Pt이나 V_2O_5 촉매를 이용하여 $SO_2 \rightarrow SO_3$로 전화시킨다.

③ 전화반응 : $SO_2 + \dfrac{1}{2}O_2 \overset{촉매}{\rightleftharpoons} SO_3 + 22.6kcal$

④ 대체로 V_2O_5 촉매를 이용한다.

    ㉠ 촉매독 저항이 크고, 수명이 10년 이상이다.

    ㉡ 장기간 사용할 때 고온에서 안정하고 내산성이 크다.

    ㉢ 다공성이며, 비표면적이 크다.

    ㉣ 고온에서도 활성이 떨어지지 않고 95% 이상의 전화율을 얻을 수 있다.

핵심요점 **168** **질산공업** ◀ 출제율 50%

1. 암모니아 산화반응

① $4NH_3 + 5O_2 \rightarrow 4NO + 6H_2O$

② $Pt - Rh(10\%)$ 촉매가 가장 많이 사용되고, 코발트산화물도 사용된다.

③ 최대산화율(공기와 암모니아의 혼합비) rO_2/NH_3가 $2.2 \sim 2.3$이 되도록 유지하는 것이 적절하다.

④ 온도 상승 시 생성률이 증가하고, 압력 증가 시 산화율이 떨어진다.

⑤ 폭발성 때문에 수증기를 함유하여 산화시킨다.

⑥ 동일 온도에서 로듐(Rh)의 함량이 많을수록 전화율이 높다.

2. 질산의 농축

$HNO_3 - H_2O$ 2성분계는 68% HNO_3에서 공비점을 가지므로 68% 이상의 질산을 얻으려면 $Conc$ H_2SO_4, $Mg(NO_3)_2$와 같은 탈수제를 가하여 공비점을 소멸시켜야 한다.

핵심요점 169 염산공업　　◀ 출제율 60%

1. 식염의 황산 분해법

$$NaCl + H_2SO_4 \xrightarrow{150℃} NaHSO_4 + HCl$$

$$NaHSO_4 + NaCl \xrightarrow{800℃} Na_2SO_4 + HCl$$

2. 합성법

① $H_2(g) + Cl_2(g) \rightarrow 2HCl(g) + 44.12\,kcal$

② H_2와 Cl_2를 가열하거나 빛을 가할 때 폭발방지를 위해 Cl_2와 H_2의 몰비를 1 : 1.2로 주입한다.

③ 소금의 전기분해로 Cl_2, H_2 가스가 발생, 서로 반응하여 $HCl(g)$을 생성한다.

　ㄱ (+)극 : $Cl^- \rightarrow Cl_2\uparrow + 2e^-$

　ㄴ (-)극 : $2Na^+ + 2H_2O + 2e^- \rightarrow 2NaOH + H_2\uparrow$

핵심요점 170 인산공업　　◀ 출제율 50%

건식법	습식법
• 용광로법, 전기가마법 • 고순도, 고농도의 인산 제조 • 고품위와 저품위 인광석 처리 가능 • 인의 기화와 산화공정 별도 진행 가능 • 슬래그는 시멘트 원료로 사용 • 응축기와 저장탱크 이용 • 부생 CO를 연료로 사용 가능	• 황산 분해법, 질산 분해법, 염산 분해법 • 저농도, 저순도의 인산 제조 • 고품위 인광석만 처리 가능 • 주로 비료용으로 사용

핵심요점 171 제염 발생　　◀ 출제율 30%

1. 천일제염법

태양열 이용, 해수 속 염들의 용해도 차이를 이용하여 $NaCl$을 석출한다.

2. 기계제염법(인공염)

① 진공 증발법 : 다중 효용 증발관 이용

② 증기압축식 증발관법(증기가압식 증발관법) : 압축증기의 응축에 의한 잠열 이용

3. 이온교환수지법(이온교환막 제염법)

이온교환수지의 선택적 투과성 이용

4. 액중 연소법

액중 연소 증발장치 이용

5. 동결법

냉매를 이용하여 해수 냉동, 얼음 분리

핵심요점 **172** 소다회 제조 ◀ 출제율 70%

1. 솔베이(Solvay)법(암모니아 소다법)

$$NaCl + NH_3 + CO_2 + H_2O \rightarrow \underset{\text{중조(탄산수소나트륨)}}{NaHCO_3} + NH_4Cl$$

$$2NaHCO_3 \rightarrow Na_2CO_3 + H_2O + CO_2$$

$$2NH_4Cl + Ca(OH)_2 \rightarrow CaCl_2 + 2H_2O + 2NH_3$$

염소 회수가 어려운 특징이 있다.

2. 르블랑(LeBlanc)법

$$NaCl + H_2SO_4 \xrightarrow{150℃} NaHSO_4 + HCl$$

$$NaHSO_4 + NaCl \xrightarrow{800℃} Na_2SO_4 + HCl$$

경제적인 어려움, 공해 문제로 소다회 제조 방법보다 황산나트륨, 염산 제조, 가성화법에 이용된다.

3. 솔베이(Solvay)법 개량

① 염안소다법

⊙ 여액에 남아 있는 식염의 이용률을 최대 100 % 까지 증가시키고 탄산나트륨과 염안(NH_4Cl)을 얻기 위한 방법이다.

ⓛ 암모니아 손실이 많고, 염안은 대부분 비료로 사용된다.

② 액안소다법
　　㉠ $NaCl$이 암모니아(액체)에 많이 용해되는 것을 이용하여 소다회를 제조하는 방법이다.
　　㉡ $CaCl_2$, $MgCl_2$, $CaSO_4$, $MgSO_4$ 등은 용해도가 작아 잔류하므로 용해와 정제를 동시에 수행할 수 없다.

핵심요점 (173) 가성소다 제조　　◀ 출제율 60%

1. 격막법

① $2NaCl + 2H_2O \xrightarrow{\text{전기분해}} 2Na^+ + 2OH^- + Cl_2 + H_2$
　　(+)극 : $2Cl^- \rightarrow Cl_2 \uparrow + 2e^-$ (산화)

　　(−)극 : $2H_2O + 2e^- \rightarrow H_2 + 2OH^-$ (환원) : 흑연 사용

② 전해조 전력원 단위 상승법
　　㉠ 공급하는 소금물을 양극액 온도와 같게 예열하여 공급한다.
　　㉡ 동판 등 전해조 자체 재료의 저항을 감소시킨다.
　　㉢ 전해조를 보온한다.

③ 양극 재료 구비조건
　　㉠ 내식성이 우수하여야 한다.
　　㉡ 재료의 순도가 높아야 한다.
　　㉢ 인조흑연을 사용하지만 금속전극도 사용할 수 있다.

2. 수은법

① 반응식
　　$Na^+ + e^- + Hg \rightarrow Na(Hg)$

　　$Na(Hg) + H_2O \rightarrow NaOH + \dfrac{1}{2}H_2 + Hg$

② 전해실에서 수소 생성으로 Cl_2 가스 중에 혼입되는 원인
　　㉠ 아말감 중 Na 함량이 높아 유동성 저하로 수소가 생성되기 때문이다.
　　㉡ 함수 중에 Fe, Ca, Mg 등의 불순물이 존재하는 경우이다.

3. 격막법과 수은법 비교

격막법	수은법
• NaOH 농도(11~12%)가 낮으므로 농축 비가 많이 든다. • 제품 중 염화물 등을 함유하므로 순도가 낮다.	• 제품의 순도가 높고, 농후한 NaOH(50~73%)을 얻을 수 있다. • 전력비가 많이 든다. • 이론 분해 전압이 격막법보다 크다. • 수은을 사용하므로 공해의 원인이 된다.

핵심요점 174 암모니아 공법 ◀ 출제율 60%

1. 합성 암모니아 공정(Harber-Bosch법)

① 수증기가 코크스를 통과할 때 얻어지는 $CO + H_2$ 가스를 수성가스(워터가스)와 반응시킨다.

    ㉠ Run 조작 : $C + H_2O \rightarrow CO + H_2$

    ㉡ Blow 조작 : $C + O_2 \rightarrow CO_2$

    ㉢ Blow-Run 반응 : $C + \dfrac{1}{2}O_2 \rightarrow CO$

② 질소와 수소를 고온-고압에서 촉매(Fe_3O_4)를 이용하여 직접 합성한다.

2. 암모니아 합성 이론

① $3H_2 + N_2 \rightleftarrows 2NH_3$, K_p(화학평형)$= \dfrac{P_{NH_3}^2}{P_{N_2}P_{H_2}^3}$

② 촉매(Al_2O_3, K_2O, CaO)를 사용하여 반응속도를 증가시킨다.

③ 수소와 질소의 혼합비율이 $3:1$일 때 가장 좋다.

④ 암모니아의 평형농도는 반응온도가 낮고 압력이 높을수록 증가한다.

⑤ 불활성 가스의 양이 증가하면 NH_3의 평형농도가 낮아진다.

⑥ **공간속도** : 촉매 $1m^3$당 시간당 통과하는 원료가스량을 말한다.

⑦ **공시득량** : 촉매 $1m^3$당 1시간에 생성되는 암모니아 톤수를 말한다.

⑧ **합성법** : 하버-보슈(Harber-Bosch)법, 클로드(Claude)법, 카살레(Casale)법, 파우저(Fauser)법, 우데(Uhde)법 등이 있다.

핵심요점 175 화학비료 공법 ◀ 출제율 60%

1. 비료의 3요소

N(질소), 인(P_2O_5), 칼륨(K_2O)

2. 질소비료

① 종류

황산암모늄(($NH_4)_2SO_4$), 염화암모늄(NH_4Cl), 질산암모늄(NH_4NO_3), 질산나트륨($NaNO_3$), 질산칼슘($Ca(NO_3)_2$), 석회질소($CaCN_2$), 석회비료요소($CO(NH_2)_2$)

② 석회질소

염화칼슘, 플루오르화칼슘 촉매 이용

3. 인산비료

① 구분

㉠ 수용성 : 인산암모늄, 인산칼슘, 중과린산석회, 과린산석회

㉡ 구용성 : 침강인산석회, 토마스인비, 소성인비

㉢ 불용성 : 인회석, 골회

② 인산 함유량

㉠ 과린산석회 : P_2O_5 함유량 15~20%

㉡ 중과린산석회 : P_2O_5 함유량 30~50%

㉢ 용성인비 : P_2O_5 함유량 20%

㉣ 소성인비 : P_2O_5 함유량 40%

4. 칼륨비료

① 염화칼륨

㉠ 실비나이트(Sylvinite, KCl과 NaCl)의 혼합이나 카널라이트(Carnallite, KCl과 $MaCl_2$와 $6H_2O$의 혼합) 광물로부터 얻는다.

㉡ 산성비료로 취급할 때 주의해야 한다(질산암모늄이나 요소와 같은 흡습성이 큰 것과는 배합을 피함).

② 황산칼륨

흡습성이 매우 낮고, 제품은 48% 이상의 수용성 칼륨을 함유하고 있다.

핵심요점 176 전 지 ◀ 출제율 30%

1. 1차 전지

① 일회용(방전되면 충전할 수 없음)
② **종류** : 건전지, 망간전지, 알칼리전지, 산화은, 수은-아연전지, 리튬 1차 전지 등

2. 2차 전지

① 충전 가능(충전과 방전을 되풀이 할 수 있음)
② **종류** : 압축전지, Ni-Cd전지, Ni-MH전지, 리튬 2차 전지 등

3. 전지의 성능지표

① 에너지 밀도
② 충방전 횟수
③ 자가방전율
④ 출력밀도, 작동전압, 전류 특성
⑤ 용량, 비에너지

4. 연료 전지

알칼리 연료 전지(AFC), 용융탄산염형 연료 전지(MCFC), 고체산화물형 연료 전지(SOFC), 인산형 연료 전지(PAFC), 고분자전해질형 연료 전지(PEMFC) 등이 있다.

핵심요점 177 전지가 갖추어야 할 조건 ◀ 출제율 20%

1. 작동전압이 충분히 커야 한다.

2. 반응속도와 물질전달속도가 커야 한다.

3. 용량이 커야 한다.

4. 비에너지가 충분히 커야 한다.

5. 출력밀도가 커야 한다.

6. 수명이 길고, 방전율이 낮아야 한다.

7. 과방전 시 위험이 없어야 한다.

핵심요점 **178** 부 식 ◀ 출제율 30%

1. $\Delta G < 0$: 자발적 반응

2. 부식의 구동력

$$E = \frac{-\Delta G}{nF} \ (\Delta G = -nFE)$$

3. 부식속도를 크게 하는 요소
   ① 서로 다른 금속이 접하고 있을 때
   ② 금속이 전도성이 큰 전해액과 접하고 있을 때
   ③ 금속 표면의 내부 응력차가 클 때

핵심요점 **179** 반도체의 종류 ◀ 출제율 30%

1. 고유 반도체(진성 반도체) : 순수한 실리콘 반도체

   반도체 원료인 규소나 게르마늄은 4개의 최외각 전자가 굳게 공유결합을 하고 있어 외부에서 전압을 걸어도 전자가 움직이지 않아 전류가 통하지 않는다.

2. 불순물 반도체(비고유 반도체) : 실리콘 + 불순물 첨가

   진성 반도체에 미량의 불순물을 첨가하여 전자가 자유롭게 이동할 수 있는 반도체이다.
   ① P형 반도체 : 13족 원소인 붕소(B), 알루미늄(Al), 갈륨(Ga), 인듐(In)을 첨가하면 이 원소들의 최외각 전자가 3개이므로 전자가 비어 있는 상태 즉, 정공이 생긴다.
   ② N형 반도체 : 15족 원소인 인(P), 비소(As), 안티몬(Sb)과 같은 원소를 소량 첨가하면 이 원소들의 최외각 전자가 5개이고, 1개의 전자가 자유전자이다.

핵심요점 **180** 반도체 제조공정 ◀ 출제율 50%

1. 포토레지스트 공정(PR 공정)
   ① PR(감광제)을 웨이퍼 표면에 균일한 두께로 도포하는 것을 말한다.
   ② 감광제의 주요 성분은 고분자, 용매, 광감응제이다.

2. 에칭(식각) 공정

① 노광 후 PR로 보호되지 않은 부분을 제거하는 공정. 즉, 원하는 형태로 패턴이 형성되도록 제거하는 공정이다.

② 피라냐(Piranha) 용액이란 식각 공정 후 세정 공정에 사용되는 용액(황산 + 과산화수소)을 말한다.

3. 박막 형성 공정

① 웨이퍼 표면에 박막을 형성하는 공정으로, 물리적 공정과 화학적 공정이 있는데, 화학적 공법을 많이 쓴다.

② 화학 기상 증착(CVD) : 화학적 방법으로 반응물을 기체 상태로 투입해 기판 표면에서 화학반응을 유도하여 박막을 형성하는 방법으로, SiO_2 막에 사용되는 기체는 SiH_4, O_2, N_2O 이다.

핵심요점 (181) 계면활성제 ◀ 출제율 20%

1. 개요

전기적 성질에 따라 양이온, 음이온, 비이온, 양쪽성으로 구분하며, 글리세롤의 히드록시기에 3개 중 1개가 지방산과 에스터 결합을 한다.

2. 종류

① **양쪽성 계면활성제** : 샴푸, 린스, 살균소독제 등에 사용

② **비이온 계면활성제** : 모노글리세라이드, 합성수지의 화장품, 대전방지제 등에 사용

③ **양이온 계면활성제** : 살균작용, 섬유유연제, 방수제 등에 사용

④ **음이온 계면활성제** : 세탁용 세제, 공업용 유지 등에 사용

핵심요점 (182) 활성슬러지법과 광촉매 ◀ 출제율 20%

1. 활성슬러지법

① 하수의 유기물질에 공기를 불어넣어 교반 시 미생물에 의한 분해가 일어나면서 플록 (floc)을 형성하여 제거하는 방법으로, 단계폭기법, 산화구법, 막분리법이 있다.

② **막분리법** : 막을 폭기조에 직접 투여하여 하수를 처리하는 방식으로, 2차 침전지가 필요없다.

2. 광촉매

① 광촉매로 산화티탄(TiO_2)을 이용하여 폐수나 유해가스를 처리할 수 있다.

② 초친수성(표면이 젖어도 물방울이 형성되지 않고 얇은 막을 만드는 성질)

핵심요점 (183) 화학반응의 분류 ◀ 출제율 20%

구 분	무촉매	촉매
균일계 (homogeneous)	대부분 기상반응	대부분 액상반응
불균일계 (heterogeneous)	• 석탄의 연소 • 광석의 배소 • 산 + 고체의 반응 • 기액 흡수 반응 • 철광석의 환원	• NH_3 합성 • 암모니아 산화 → 질산 제조 • 원유의 크래킹(cracking) • $SO_2 \xrightarrow{\text{산화}} SO_3$

핵심요점 (184) 화학반응 속도식 ◀ 출제율 40%

반응 $A \rightarrow B$

$$r_B = \frac{1}{V_R} \cdot \frac{dn_B}{dt} \, (B의 \ 생성속도)$$

여기서, r_B : 생성물 B의 생성속도($kg\,mol/m^3 \cdot hr$), n_B : B성분의 몰수($kg\,mol$)

$\qquad V_R$: 반응계의 용적, t : 시간(hr)

$C = \dfrac{n}{V}$ 이므로 $r_B = \dfrac{d(n_B/V_R)}{dt} = \dfrac{dC_B}{dt}$

A의 소실속도

$$-r_A = -\frac{1}{V_R} \times \frac{dn_A}{dt}$$

여기서, $-r_A$: 반응물 A의 소실속도($kg\,mol/m^3 \cdot hr$)

$\qquad n_A$: 반응물 A의 몰수($kg\,mol$)

핵심요점 **185** 온도에 의한 반응속도 ◀ 출제율 70%

1. 기본식

$$K \propto T^m \cdot e^{-Ea/RT}$$

- $m = 0$: 아레니우스 식
- $m = \dfrac{1}{2}$: 충돌 이론
- $m = 1$: 전이 이론

2. 아레니우스 식

① 관계식

$$k = Ae^{-E_a/RT}, \ \ln k = \ln A - \frac{E_a}{RT}$$

여기서, k : 속도상수

  A : 빈도인자

  E_a : 활성화에너지

  R : 기체상수

  T : 온도

② 특징

  ㉠ 반응속도상수의 온도 의존성을 나타낸다.

  ㉡ E_a가 작고 온도 T가 클수록 속도상수 k값이 크다.

  ㉢ T가 작을수록 k의 변화가 크다(작은 온도에서 민감).

  ㉣ $\ln k$와 $\dfrac{1}{T}$은 직선관계이다.

  ㉤ 기울기가 클수록 E_a가 크다.

  ㉥ E_a가 클수록 k값이 작아져 반응속도가 느려지고, E_a가 작을수록 k값이 증가하여 반응속도가 빨라진다.

③ 서로 다른 온도에서 k값

$$\ln \frac{k_1}{k_2} = -\frac{E_a}{R}\left(\frac{1}{T_1} - \frac{1}{T_2}\right)$$

1. $aA + bB \underset{K_2}{\overset{K_1}{\rightleftarrows}} cC + dD$

$$K = \frac{[C]^c [D]^d}{[A]^a [B]^b}$$

$$K_c = \frac{K_1}{K_2} = \frac{C_C^c C_D^d}{C_A^a C_B^b}$$

2. K_p와 K_c 관계

$$K_p = (RT)^{(c+d)-(a+b)} K_c$$

여기서, K_p : 압력 평형상수

K_c : 농도 평형상수

3. 반트-호프(Van't Hoff) 식

$$\frac{d \ln K}{dT} = \frac{\Delta H}{RT^2}$$

① $\Delta H < 0$(발열) : T가 증가하면 K가 작아져 Xe(평형전화율) 감소

② $\Delta H > 0$(흡열) : T가 증가하면 K가 커져 Xe(평형전화율) 증가

$$aA + bB \xrightarrow{K} cC + dD$$

$$-\frac{r_a}{a} = -\frac{r_B}{b} = \frac{r_c}{c} = \frac{r_D}{d}$$

예 $2A + B \rightarrow 3C$

$$-\frac{r_A}{2} = -r_B = \frac{r_C}{3}$$

핵심요점 **188** **반응속도상수** ◀ 출제율 60%

1. 기본식

$$K = (mol/L)^{1-n} \cdot [sec]^{-1}$$
$$= (농도)^{1-n} \cdot (시간(초))^{-1}$$

2. 반응 차수별 단위

① 0차 : $mol/L \cdot sec$

② 1차 : $1/sec$

③ 2차 : $L/mol \cdot sec$

④ 3차 : $L^2/mol^2 \cdot sec$

핵심요점 **189** **연쇄반응과 비연쇄반응** ◀ 출제율 30%

1. 연쇄반응 : 반응이 끊기지 않고 계속되는 반응

① 개시단계 : 반응물 → (중간체)[*]

② 전파단계 : (중간체)[*] + 반응물 → (중간체)[*] + 생성물

③ 정지단계 : (중간체)[*] → 생성물

2. 비연쇄반응

① 1단계 : 반응물 → (중간체)[*]

② 2단계 : (중간체)[*] → 생성물

핵심요점 **190** **미카엘리스(Michaelis) 효소반응** ◀ 출제율 40%

1. 반응식($A \xrightarrow{효소} R$)

$$-r_A = r_R = \frac{k[A][E_o]}{[M]+[A]}$$

여기서, M : 미카엘리스 상수, E_o : 효소농도, A : A의 농도(C_A)

2. 특징

① A 농도가 높은 경우 : $-r_A = k \cdot E_o$ 이므로 0차 반응에 가깝다.

② A 농도가 낮은 경우 : $-r_A = \dfrac{kAE_o}{M}$ 이므로 A의 농도에 비례한다.

③ 나머지는 C_{E_o}의 농도에 비례한다.

핵심요점 (191) 전화율 ◀ 출제율 80%

1. 개요

전화율이란 초기 반응물 A와 반응에 사용된 A의 양의 비율을 의미한다.

2. $X_A = \dfrac{\text{반응한 } A \text{의 mol수}}{\text{초기에 공급되는 } A \text{의 mol수}} = \dfrac{N_{A0} - N_A}{N_{A0}}$

$N_A = N_{A0}(1 - X_A)$

여기서, N_A : 시간 t에서 존재하는 몰수

        N_{A0} : 시간 $t = 0$에서 반응기 내에 존재하는 초기 몰수

만약 V가 일정하면 $C_A = C_{A0}(1 - X_A) = C_{A0} - C_{A0}X_A$

핵심요점 (192) 회분식 반응기 ◀ 출제율 80%

1. 특징

① 실험실이나 소형 반응에 이용하며, 반응기 내 모든 곳의 순간조성이 일정하다.
② 부피는 반응기 부피가 아닌 반응 혼합물의 부피이다.
③ 일정한 부피 내에서 일어나는 모든 반응(기상, 액상)이 해당된다.
④ 정용회분 반응기의 미분식에서 기울기는 반응속도이다.
⑤ 농도를 표시하는 도함수의 결정은 보통 도시적 미분법, 수치 미분법 등을 사용한다.
⑥ 적분해석법에서는 반응차수를 구하기 위해서 시행착오법을 사용한다.
⑦ 비가역 반응인 경우 농도-시간 자료를 수치적으로 미분하여 반응차수와 반응속도상수를 구별할 수 있다.
⑧ 비정상상태이고, 높은 전화율을 가지며, 완전혼합상태로 연속조작이 어렵다.

2. 0차 반응

$$C_A = C_{A0} - kt, \ C_{A0}X_A = kt, \ t_{1/2} = \frac{C_{A0}}{2k}$$

3. 1차 반응

$$-\ln \frac{C_A}{C_{A0}} = kt, \ -\ln(1-X_A) = kt, \ t_{1/2} = \frac{\ln 2}{k}$$

4. 2차 반응

$$\frac{1}{C_A} - \frac{1}{C_{A0}} = \frac{1}{C_{A0}} \times \frac{X_A}{(1-X_A)} = kt, \ t_{1/2} = \frac{1}{kC_{A0}}$$

핵심요점 193 기타 회분식 반응기 ◀ 출제율 60%

1. 일반적인 적분식과 반감기

① $C_A^{1-n} - C_{A0}^{1-n} = k(n-1)t$

여기서, $n \neq 1$

② $t_{1/2} = \dfrac{2^{n-1}-1}{k(n-1)} C_{A0}^{1-n}$

2. 비가역 평행반응

$$-\ln \frac{C_A}{C_{A0}} = (k_1 + k_2)t$$

3. 비가역 연속반응

① $t_{\max} = \dfrac{1}{k_{\log\text{mean}}} = \dfrac{\ln(k_2/k_1)}{k_2 - k_1}$

② $\dfrac{C_{R\max}}{C_{A0}} = \left(\dfrac{k_1}{k_2} \right)^{k_2/(k_2-k_1)}$

촉매반응(회분식 반응기)   ◀ 출제율 50%

1. 자동촉매반응

① $A + R \rightarrow R + R$

② $\ln \dfrac{C_A / C_{A0}}{C_R / C_{R0}} = -kC_0 t = -k(C_{A0} + C_{R0})t$

③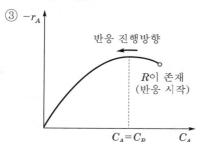

2. 균일촉매반응

① 1차 가역반응

$$-\ln\left(1 - \frac{X_A}{X_{Ae}}\right) = -\ln \frac{C_A - C_{Ae}}{C_{A0} - C_{Ae}} = \frac{M+1}{M + X_{Ae}} k \cdot t$$

여기서, $M = \dfrac{C_{R0}}{C_{A0}}$

② 2차 가역반응

$$\ln \frac{X_{Ae}(2X_{Ae} - 1)X_A}{X_{Ae} - X_A} = 2k_1\left(\frac{1}{X_{Ae}} - 1\right)C_{A0}t$$

변용회분 반응기   ◀ 출제율 40%

1. 기본 의미

① ε_A (부피 변화 분율) $= \dfrac{V_{(X_A = 1)} - V_{(X_A = 0)}}{V_{(X_A = 0)}}$

② $\varepsilon_A = y_{A0}\delta$

여기서, $y_{A0} = \dfrac{N_{A0}}{N} = \dfrac{\text{반응물 } A\text{의 처음 몰수}}{\text{반응물 전체의 몰수}}$

$\delta = \dfrac{\text{생성물의 몰수} - \text{반응물의 몰수}}{\text{반응물 } A\text{의 몰수}}$

③ $V = V_0(1 + \varepsilon_A X_A)$

2. 반응식

① 0차 반응 : $\dfrac{C_{A0}}{\varepsilon_A} \ln \dfrac{V}{V_0} = kt$

② 1차 반응 : $-\ln\left(1 - \dfrac{\Delta V}{V_0 \varepsilon_A}\right) = kt$

③ n차 반응 : $\displaystyle\int_0^{X_A} \dfrac{(1 + \varepsilon_A X_A)^{n-1}}{(1 - X_A)^n} dX_A = C_{A0}^{n-1} kt$

핵심요점 196 회분식 반응기와 반회분식 반응기 및 이상회분식 반응기 ◀ 출제율 20%

1. 회분식 반응기

① 정의 : 회분식 반응기는 반응물을 반응기에 채우고 일정시간 반응시킨 후 생긴 생성물을 방출시키는 반응기이다.

② 특징
  ㉠ 일반적으로 소량생산에 적합하다.
  ㉡ 연속조작이 용이하지 않은 공정에 사용한다.
  ㉢ 하나의 장치에서 여러 종류의 제품 생산에 적합하다.
  ㉣ 인건비와 취급비가 비싸고, 품질이 균일하지 않으며, 대규모 생산이 제한적이다.
  ㉤ 시간에 따라 조성이 변하는 비정상 상태이며, 반응 진행 동안 반응물과 생성물의 유·출입이 없다.
  ㉥ 반응기 내에서 완전혼합의 경우 반응속도가 일정하다.
  ㉦ 높은 전화율을 얻을 수 있다.

2. 반회분식 반응기

① 회분식 반응기와 흐름식 반응기의 중간 형태로, 시간에 따라 조성과 부피가 변하는 특징이 있다.

② 반응열과 반응속도가 크지만 해석에 제한적이다.

③ 반응속도의 조절이 쉽다.

④ 온도 조절이 용이하고, 부반응 최소화가 가능하다.

3. 이상회분식 반응기의 성능식

① 정용($V = \text{const}$)

$$t = N_{A0}\int_0^{X_A} \frac{dX_A}{(-r_A)V} = C_{A0}\int_0^{X_A}\frac{dX_A}{-r_A}$$

② 변용

$$V = V_0(1 + \varepsilon_A X_A)$$

$$t = N_{A0}\int_0^{X_A}\frac{dX_A}{(-r_A)V_0(1+\varepsilon_A X_A)}$$

$$= C_{A0}\int_0^{X_A}\frac{dX_A}{(-r_A)(1+\varepsilon_A X_A)}$$

핵심요점 197 흐름식 반응기 ◀ 출제율 30%

1. 특징

① 연속적으로 대량처리가 가능하며, 반응속도가 큰 경우 이용한다.

② 반응기 내의 체류시간이 일정하다.

③ 반응기 입구와 출구의 몰 속도는 다르다.

④ 회분식 반응기와 다르게 일정한 조성의 반응물을 일정한 유량으로 공급하여 생성물을 생성하는 반응기이다.

⑤ 정상상태 흐름 반응기(이상적인 경우)이다.

⑥ 축 방향의 농도 구배가 없다.

⑦ 반응기 내의 온도 구배가 없다.

2. 종류

① PFR(플러그흐름반응기)

　㉠ 유지 관리가 용이하다.

　㉡ 흐름식 반응기 중 전화율이 가장 크다(PFR > MFR).

　㉢ 반응기 내의 온도 조절이 제한적이다.

② CSTR (MFR, 혼합흐름반응기)

    ㉠ 반응기 내의 농도와 출구의 농도가 같다.

    ㉡ CSTR 직렬연결 시 PFR과 같아진다.

    ㉢ 강한 교반에 이용된다.

    ㉣ 내용물의 조성이 균일하다.

    ㉤ 온도 조절이 용이하며, 흐름식 반응기 중 전화율이 가장 낮다.

핵심요점 198 공간시간과 공간속도 ◀ 출제율 50%

1. 공간시간(space time, τ)

$$\tau = \frac{1}{S}$$

반응기의 부피만큼 반응원료 처리에 필요한 시간으로, 공간시간이 클수록 농도는 증가하고, 양은 감소한다.

$$\tau = \frac{1}{S} = \frac{\text{반응기 부피}}{\text{공급물 부피유량}} = \frac{V}{\nu_0} = \frac{C_{A0}\,V}{F_{A0}} \ (\text{시간})$$

2. 공간속도(space-velocity, S)

$$S = \frac{1}{\tau} = \frac{\text{단위시간당 처리 가능한 공급물 부피}}{\text{반응기 부피}} \ (\text{시간}^{-1})$$

공간속도가 클수록 생성물의 농도가 낮아진다.

3. 특징

① 밀도가 일정한 반응계에서 공간시간과 평균체류시간이 항상 같다.

② 부피가 팽창하는 기체 반응의 경우 평균체류시간은 공간시간보다 적다.

③ 공간시간과 공간속도의 곱은 항상 1이다.

④ 반응물의 부피가 변하면 체류시간이 변한다.

핵심요점 199 혼합흐름반응기(CSTR)의 반응식 ◀ 출제율 60%

1. 0차 반응

$$k\tau = C_{A0}X_A = C_{A0} - C_A$$

2. 1차 반응

① $\varepsilon_A = 0$인 경우

$$\tau = \frac{C_{A0} X_A}{-r_A} = \frac{C_{A0} - C_A}{-r_A} = \frac{C_{A0} - C_{A0}(1 - X_A)}{k C_{A0}(1 - X_A)} = \frac{X_A}{k(1 - X_A)}$$

$$k\tau = \frac{X_A}{1 - X_A}$$

② $\varepsilon_A \neq 0$인 경우

$$\tau = \frac{C_{A0} X_A}{-r_A} = \frac{C_{A0} X_A}{\dfrac{k C_{A0}(1 - X_A)}{1 + \varepsilon_A X_A}}, \quad k\tau = \frac{X_A}{1 - X_A}(1 + \varepsilon_A X_A)$$

3. 2차 반응

$$k\tau = \frac{C_{A0} - C_A}{C_A^2}, \quad \frac{X_A}{(1 - X_A)^2} = C_{A0} k\tau$$

4. n차 반응

$$k\tau C_{A0}^{n-1} = \frac{X_A}{(1 - X_A)^n}$$

핵심요점 200 플러그흐름반응기(PFR)의 반응식 ◀ 출제율 60%

1. 0차 반응

$$C_{A0} X_A = k\tau, \quad C_{A0} - C_A = k\tau$$

2. 1차 반응

$$\tau = -\int_{C_{A0}}^{C_A} \frac{dC_A}{-r_A}, \quad -r_A = k C_A$$

$$\tau = -\int_{C_{A0}}^{C_A} \frac{dC_A}{k C_A} = -\frac{1}{k} \ln C_A \Big|_{C_{A0}}^{C_A} = -\frac{1}{k} \ln \frac{C_A}{C_{A0}} = -\frac{1}{k} \ln(1 - X_A)$$

$$k\tau = -\ln(1 - X_A)$$

3. 2차 반응($-r_A = kC_A^2$)

$$k\tau C_{A0} = \frac{X_A}{1 - X_A}$$

4. n차 반응

$$\tau = \frac{C_{A0}^{1-n}}{k(n-1)}\left[\left(\frac{C_A}{C_{A0}}\right)^{1-n} - 1\right]$$

핵심요점 (201) 담쾰러(Damkohler) 수 ◀ 출제율 20%

1. 개요

담쾰러 수는 무차원 수로, 연속흐름반응기에서 달성할 수 있는 전화율의 정도를 쉽게 예측할 수 있다.

2. $D_a = \dfrac{-r_{A0}V}{F_{A0}} = \dfrac{\text{입구 반응속도}}{A\text{의 유입유량}} = \dfrac{\text{반응속도}}{\text{대류속도}}$

   $D_a < 0.1$이면 $X < 0.1$, $D_a > 10$이면 $X < 0.9$

핵심요점 (202) 단일반응기 크기 ◀ 출제율 50%

1. 회분식 반응기

정용($\varepsilon = 0$) 회분식 반응기의 반응시간과 반응기의 크기는 플러그흐름반응기(PFR)와 같다.

2. 혼합흐름반응기(CSTR)와 플러그흐름반응기(PFR)

① $n > 0$인 경우 CSTR의 크기는 PFR보다 항상 크고, 이 부피비는 반응차수가 증가함에 따라 더 증가한다.

② 전화율이 클수록 부피비가 급격히 증가하고, 흐름 유형이 매우 중요하다. 즉, CSTR 크기/PFR 크기는 전화율 증가에 따라 증가한다.

③ CSTR 크기/PFR 크기는 반응차수에 따라 증가한다.

④ 부피 변화 분율이 증가하면 CSTR 크기/PFR 크기가 증가한다.

⑤ $n = 0$, $\dfrac{\tau_{\text{CSTR}}}{\tau_{\text{PFR}}} = 1$

다중반응계

1. 플러그흐름반응기(PFR)

① 직렬연결된 PFR은 부피가 V_T인 한 개의 PFR과 동일하고, 같은 전화율을 가진다.

② 병렬연결 시 공급유량의 비는 부피비와 같고, 유체가 모두 동일한 조성을 가지려면 공간시간 τ가 동일해야 한다.

2. 혼합흐름반응기(CSTR)

① 반응

    ㉠ 1차 반응 : $C_N = \dfrac{C_0}{(1 + k\tau)^N}$

    ㉡ 2차 반응 : $\dfrac{C_0}{C} = 1 + C_0 k \tau_p$

② 직렬연결

$$-\frac{1}{\tau_i} = \frac{(-r)_i}{C_i - C_{i-1}}$$

③ 특징

    ㉠ 혼합흐름반응기의 순서는 전화율에 아무런 영향을 끼치지 않는다.

    ㉡ CSTR의 수가 증가할수록 PFR에 근접한다.

    ㉢ 순간적으로 농도가 낮아지는 경향이 있으므로 $n > 0$인 비가역 n차 반응(반응물 농도↑ → 반응속도↑)에는 PFR이 CSTR보다 효과적이다.

④ 조합

    ㉠ 1차 반응 : 동일한 크기의 반응기가 최적

    ㉡ $n > 1$: 작은 반응기 → 큰 반응기 순서

    ㉢ $n < 1$: 큰 반응기 → 작은 반응기 순서

순환반응기

1. 순환비

$$R = \frac{\text{반응기 입구로 순환되는 유체의 부피}}{\text{계를 떠나는 부피}}$$

순환비가 클수록 CSTR에 가까워진다.

2. 개요

순환반응기는 PFR의 생성물 중 일부를 반응기 입구로 순환시키는 반응기를 말한다.

3. 순환반응기 식

$$X_{A1} = \left(\frac{R}{R+1} \right) X_{Af}$$

4. 순환반응기 성능식

① $\varepsilon_A \neq 0$, $\dfrac{V}{F_{A0}} = (R+1) \displaystyle\int_{\left(\frac{R}{R+1}\right)X_{Af}}^{X_{Af}} \frac{dX_A}{-r_A}$

② $\varepsilon_A = 0$, $\tau = \dfrac{C_{A0}V}{F_{A0}} = -(R+1) \displaystyle\int_{\frac{C_{A0}+RC_{Af}}{R+1} = C_{Ai}}^{C_{Af}} \frac{dC_A}{-r_A}$

핵심요점 205 평행반응 I ◀ 출제율 60%

1.

$$A \underset{k_2}{\overset{k_1}{\diagdown\kern-1em\diagup}} \begin{array}{l} R \ (\text{원하는 생성물}) \\[1em] S \ (\text{원하지 않는 생성물}) \end{array}$$

2. 선택도$(S) = \dfrac{r_R}{r_S} = \dfrac{dC_R}{dC_S} = \dfrac{k_1}{k_2} C_A^{a_1 - a_2} = \dfrac{\text{원하는 생성물}}{\text{원하지 않는 생성물}}$

① $a_1 > a_2$인 경우 C_A 농도를 높게 한다.

② $a_1 < a_2$인 경우 C_A 농도를 낮게 한다.

③ $a_1 = a_2$인 경우 반응과 무관하며, k_1/k_2에 의해 결정된다.

3. 농도 조절방법

구 분	C_A 높게 유지	C_A 낮게 유지
반응기	• 회분식 반응기 • PFR 반응기	• CSTR 반응기
전화율	X_A 낮게 유지	X_A 높게 유지
불활성 물질	공급물에서 불활성 물질 제거	공급물에서 불활성 물질 증가
압력	기상계 압력 증가	기상계 압력 감소

핵심요점 206 **평행반응 II** ◀ 출제율 50%

1.

$$A+B \quad \begin{cases} \xrightarrow{k_1} & R \ (\text{원하는 생성물}) \\ \xrightarrow{k_2} & S \ (\text{원하지 않는 생성물}) \end{cases}$$

2. 선택도$(S) = \dfrac{r_R}{r_S} = \dfrac{dC_R}{dC_S} = \dfrac{k_1 \ C_A^{a_1} C_B^{b_1}}{k_2 \ C_A^{a_2} C_B^{b_2}} = \dfrac{k_1}{k_2} C_A^{a_1 - a_2} C_B^{b_1 - b_2}$

3. 원하는 생성물 R을 얻기 위한 방법

구 분	특 징
$a_1 > a_2$ $b_1 > b_2$	• $C_A\uparrow$, $C_B\uparrow$ • 배치(Batch), PFR, 직렬로 연결된 CSTR • 기상계 고압, 불활성 물질 제거
$a_1 < a_2$ $b_1 < b_2$	• $C_A\downarrow$, $C_B\downarrow$ • 큰 CSTR을 이용, A, B 천천히 혼합 • 기상계 저압 • 불활성 물질 첨가
$a_1 > a_2$ $b_1 < b_2$	• $C_A\uparrow$, $C_B\downarrow$ • 많은 양의 A에 B를 천천히 넣음
$a_1 < a_2$ $b_1 > b_2$	• $C_A\downarrow$, $C_B\uparrow$ • 많은 양의 B에 A를 천천히 넣음

핵심요점 207 **수 율** ◀ 출제율 40%

1. 순간수율과 총괄수율

① 순간수율$(\phi) = \left(\dfrac{\text{생성된 } R\text{의 몰수}}{\text{반응한 } A\text{의 몰수}} \right) = \dfrac{dC_R}{-dC_A}$

② 총괄수율$(\Phi) = \left(\dfrac{\text{생성된 전체 } R}{\text{반응한 전체 } A} \right) = \dfrac{C_{Rf}}{C_{A0} - C_{Af}} = \dfrac{C_{Rf}}{-\Delta C_A} = \overline{\phi}$

③ PFR $\Phi_p = \dfrac{-1}{C_{A0} - C_A} \displaystyle\int_{C_{A0}}^{C_{Af}} \phi \, dC_A = \dfrac{1}{\Delta C_A} \displaystyle\int_{c_{A0}}^{C_{Af}} \phi \, dC_A$

④ CSTR $\Phi_m = \phi C_{Af}$

2. 선택도(S)

$$S = \frac{\text{원하는 생성물이 형성된 몰수}}{\text{원하지 않는 생성물이 형성된 몰수}}$$

3. R의 총괄수율 최대

$$\Phi\left(\frac{R}{A}\right) = \left(\frac{\text{생성된 } R\text{의 몰수}}{\text{소비된 } A\text{의 몰수}}\right)_{\max}$$

4. R의 생성량 최대

$$(\text{prod } R)_{\max} = \left(\frac{\text{생성된 } R\text{의 몰수}}{\text{계에 공급된 } A\text{의 몰수}}\right)_{\max}$$

핵심요점 208 연속반응　◀ 출제율 60%

1. 비가역 연속 1차 반응

$$A \xrightarrow{k_1} R \xrightarrow{k_2} S$$

2. 플러그흐름반응기(PFR)

$$\frac{C_{R\max}}{C_{A0}} = \left(\frac{k_1}{k_2}\right)^{k_2/(k_2-k_1)} , \quad \tau_{p \cdot opt} = \frac{1}{k_{\log\text{mean}}} = \frac{\ln(k_2/k_1)}{k_2 - k_1}$$

3. 혼합흐름반응기(CSTR)

$$\tau_{m \cdot opt} = \frac{1}{\sqrt{k_1 k_2}} , \quad \frac{C_{R\max}}{C_{A0}} = \frac{1}{\left[(k_2/k_1)^{1/2} + 1\right]^2}$$

4. 특성

① R의 최대농도를 얻기 위해서는 항상 PFR이 CSTR보다 짧은 시간이 소요된다.

② PFR에서의 R의 수율이 CSTR보다 항상 크다.

③ $k_2/k_1 \ll 1$인 경우 A의 전화율을 높게 설계하며, 미사용 반응물의 회수는 필요없다.

④ $k_2/k_1 > 1$인 경우 A의 전화율을 낮게 설계하며, R의 분리 및 미사용 반응물 회수가 필요하다.

평형전화율과 온도 ◀ 출제율 70%

1. 반트 호프(Van't Hoff) 식

$$\ln\frac{k_2}{k_1} = \frac{\Delta H_r}{R}\left(\frac{1}{T_1} - \frac{1}{T_2}\right)$$

2. 평형전화율에 미치는 영향

① 평형상수는 온도만의 함수로, 계의 압력, 불활성 물질, 반응속도론에는 영향을 받지 않는다.

② 평형상수와 다르게 반응물의 평형농도, 평형전화율은 압력 등의 영향을 받는다.

③ $k \gg 1$이면 완전전화가 가능하며, 비가역 반응 $k \ll 1$이면 반응의 진행이 느리다.

④ 온도 증가에 따라 흡열반응의 평형전화율은 증가하고, 발열반응은 반대이다.

⑤ 기체 반응의 경우 압력 증가 시 반응에 따른 몰수 감소 시 전화율은 증가하고 몰수 증가 시 전화율은 감소한다.

⑥ 모든 반응에서 불활성 물질의 감소는 기체 반응에서 압력이 증가하는 것과 동일하다.

3. 단열조작

① $-\dfrac{C_R}{\Delta H_r}$가 작은 경우 혼합 흐름 반응기(PFR)가 최적이다.

② $-\dfrac{C_P}{\Delta H_r}$가 큰 경우 플러그 흐름 반응기(CSTR)가 최적이다.

③ $\Delta H < 0$, $\Delta H > 0$일 때 불활성 물질이 증가하면 기울기가 증가하고, 불활성 물질이 감소하면 기울기가 감소한다.

생성물 분포와 온도 ◀ 출제율 50%

1. $\dfrac{k_1}{k_2} = \dfrac{k_1' e^{-E_1/RT}}{k_2' e^{-E_2/RT}} = \dfrac{k_1'}{k_2'} e^{(E_2-E_1)/RT} \propto e^{(E_2-E_1)/RT}$

2. 온도 상승 시

$E_1 > E_2$이면 k_1/k_2 증가 / $E_1 < E_2$이면 k_1/k_2 감소

3. 활성화에너지가 클수록 온도에 민감하고 고온에 적합하며, 반대의 경우 저온이 적합하다.

핵심요점 **211** 촉 매 ◀ 출제율 30%

1. 정의

촉매는 자기 자신은 변하지 않지만 반응속도에 영향을 미치는 물질이다.

2. 특성

① 촉매는 생성물의 생성속도에 영향을 미친다.
② 작은 양의 촉매로 다량의 생성물을 생성할 수 있다.
③ 촉매는 근본적으로 선택성을 변경시킬 수 있다.
④ 촉매 사용 시 활성화 에너지가 낮아져 반응속도가 빨라진다.
⑤ 촉매는 평형에는 영향을 미치지 않는다.

핵심요점 **212** 틸레(Thiele) 계수 ◀ 출제율 20%

1. 의미

기공 내부로 이동함에 따라 농도가 점차 감소한다는 의미이다.

2. 유효인자

$$\varepsilon = \frac{\text{actual rate}}{\text{ideal rate}} = \frac{\tan mL}{mL}$$

여기서, $m : \sqrt{\dfrac{k}{D}}$, L : 세공길이

① $mL < 0.4$, $\varepsilon = 1$

기공 확산에 의한 반응의 저항은 무시한다.

② $mL > 0.4$, $\varepsilon = \dfrac{1}{mL}$

기공 확산에 의한 반응 저항이 크다.

3. 영향인자

① 촉매입자의 크기
② 반응기 내의 전체 압력
③ 반응기 내의 온도

핵심요점 **213** 랭뮤어(Langmuir) 흡착반응식 ◀ 출제율 20%

1. $A + S \rightleftarrows A \cdot S$

2. 흡착속도

   $r_a = k_a P_a (1 - \theta_A) = k_a P_a \theta_0 \, [\mathrm{mol/sec \cdot cm^2}]$

   여기서, θ_A : 표면 피복률

   $\qquad k_a$: A의 흡착속도상수

3. 탈착속도

   $r_d = k_d \theta_A$

   $k_a P_A (1 - \theta_A) = k_d \theta_A$

   $\dfrac{\nu}{\nu_m} = \theta_A = \dfrac{k_a P_A}{1 + k_a P_A}$ (랭뮤어(Langmuir) 흡착등온식)

   $k_A = \dfrac{k_a}{k_d}$

   ν_m : 단분자층 형성에 필요한 흡착질의 양

4. BET 흡착등온식

   흡착하는 분자와 흡착제 사이에 선택성이 없는 물리흡착을 나타내는 데 적당하며, 흡착제와 촉매의 표면적을 구하는 데 널리 사용된다.

5. 프로인드리히(Freundlich) 등온선

   랭뮤어(Langmuir) 등온선이 잘 맞지 않는 흡착에 적합하다.

핵심요점 **214** 촉매반응단계 ◀ 출제율 30%

1. 율속단계

   가장 느린 단계로, 전체 반응속도를 지배하는 단계이다.

2. 촉매반응단계

① 벌크유체에서 촉매 입자의 외부 표면으로 반응물 A의 물질 전달(확산)
② 촉매 세공을 통한 세공 입구에서 촉매 내부 표면 가까이에 반응물 확산
③ 촉매 표면 위의 반응물 A의 흡착
④ 촉매 표면에서의 반응
⑤ 생성물의 탈착
⑥ 입자 내부에서 외부 표면의 입구까지 생성물 이동
⑦ 외부 표면에서 생성물의 물질 전달

핵심요점 215 MSDS(Material Safety Data Sheets, 물질안전보건자료)

1. 정의

물질안전보건자료(MSDS)는 화학물질에 대한 정보 전달의 수단과 방법의 하나로, 화학물질의 유해 · 위험성, 응급조치명령 취급방법들을 설명해 주는 자료이며, 화학제품을 안전하게 사용하기 위한 설명서이다.

2. MSDS 적용 대상 화학물질

① 폭발성 물질, 산화성 물질, 극인화성 물질, 고인화성 물질, 인화성 물질, 고독성 물질, 독성 물질, 금수성 물질, 유해 물질, 부식성 물질, 자극성 물질, 과민성 물질, 발암성 물질, 변이원성 물질, 생식 독성 물질, 환경 유해 물질
② 위 물질을 1% 이상(단, 발암성 물질은 0.1% 이상) 함유한 화학물질

3. MSDS 형식 및 기재 항목

① 화학제품과 회사에 관한 정보 ② 유해 · 위험성
③ 구성 성분의 명칭 및 함유량 ④ 응급조치 요령
⑤ 폭발 · 화재 시 대처방법 ⑥ 누출 사고 시 대처방법
⑦ 취급 및 저장방법 ⑧ 노출 방지 및 개인보호구
⑨ 물리 · 화학적 특성 ⑩ 안정성 및 반응성
⑪ 독성에 관한 정보 ⑫ 환경에 미치는 영향
⑬ 폐기 시 주의사항 ⑭ 운송에 필요한 정보
⑮ 법적 규제 현황 ⑯ 기타 참고사항

핵심요점 216 폭주반응(화학반응 폭주현상)

1. 개요

① 폭주반응(run away reaction)이란 발열반응이 일어나는 반응기에서 냉각이 되지 않아 반응속도가 급격히 증대되어 용기 내부의 온도 및 압력이 비정상적으로 상승하는 현상이다.

② 폭주반응은 발열 화학반응에서 유입량, 냉각제 온도, 유속, 농도 등과 같은 조작 변수 중 하나에서 작은 변화가 생길 때 반응기 내부와 출구 온도가 크게 상승하는 현상으로, 내부에 증기압, 몰수 증가, 열팽창 등에 의해 높은 압력이 발생되어 화학공장의 여러 공정에서 발생할 수 있다.

2. 원인

① 화학반응 및 열 화학적 원인
② 원료물질의 품질관리
③ 온도 제어 결함
④ 반응물 또는 촉매의 주입 오류
⑤ 유지보수 및 조작자 실수

핵심요점 217 위험요소

1. 화학반응 폭주현상

※ 핵심요점 216 참고

2. 블레비 현상(BLEVE, Boiling Liquid Expanding Vapor Explosion)

끓는 액체가 증기 폭발을 확대시키는 동시에 격렬한 파열(violent rupture)이 발생하는 현상으로, 내부 증기압이 증가하면서 용기가 초과 압력을 완화 또는 유지할 수 있는 능력을 초과하게 되면 용기가 파국적으로 파괴될 수 있다. 이는 화염이 액체 수준위의 탱크 외판에 접촉하거나 탱크 외판을 냉각시키기에 불충분한 물이 공급될 때 자주 발생한다.

3. 증기운 폭발(VCE, Vapor Cloud Exploion)

가연성 위험 물질이 용기 또는 배관 내에 저장·취급되는 과정에서 서서히 지속적으로 누출되면서 대기 중에 구름 형태로 모이게 되어 바람이나 대류 등의 영향으로 움직이다가 발화원에 의해 순간적으로 폭발하는 현상이다.

핵심요점 218 특성요인도(cause and effect diagram)

1. 정의

특성요인도는 특성(일의 결과나 문제점)과 요인이 어떻게 관계하고 있는지를 한눈에 알아보기 쉽게 작성한 그림이다.

2. 사용법

① 원인 추구형(원인 ← 결과) : 특성요인도에서 특성에는 결과를 요인에는 원인을 위치시켜서 결과에 대한 원인을 밝히는 것이다.

② 대책 추구형(대책 ← 결과) : 특성요인도에서 특성에는 결과를, 요인에는 대책을 위치시켜서 결과에 대한 대책을 취하는 방법이다.

3. 유의사항

① 협의의 토의기구로 사용한다.

② 공부로 활용한다.

③ 브레인스토밍에 의한 의견 도출 결과를 기재하는 수단으로 활용한다.

④ 데이터를 바탕으로 작성한다.

⑤ 원인 추구를 철저히 한다.

⑥ 표현에 주의한다(되도록 원인 추구형 이용).

핵심요점 219 안전밸브(safety valve)

1. 정의

안전밸브라 함은 밸브 입구 쪽의 압력이 설정압력에 도달하면 자동적으로 스프링이 작동하면서 유체가 분출되고, 일정압력 이하가 되면 정상상태로 복원되는 밸브를 말한다.

2. 종류

① 안전밸브(safety valve) : 스프링이 작동, 압력 이완 시 일단 설정 압력에 도달하면 어느 정도까지는 급격히 열려 초기 초과 압력을 신속히 완화해 주는 밸브로, 일반적으로 가스나 증기에 사용한다.

② 이완밸브(relief valve) : 스프링으로 작동되며, 압력이 증가함에 따라 열림 상태가 증가하는 밸브로, 일반적으로 물과 같은 액체에 사용한다.

③ 안전 이완밸브(safety relief valve) : 스프링으로 작동되며, 적용하기에 따라 안전밸브나 이완밸브로 사용될 수 있다.

④ 동력구동압력 이완밸브(power actuated pressure relief valve) : 동력(전기, 공기, 증기 또는 유압)에 의해 밸브가 개폐된다.

핵심요점 220 안전밸브 용량

1. 소요분출량(required capacity)

발생 가능한 모든 압력상승 요인에 의해 각각 분출될 수 있는 유체의 양이며, 배출용량(relieving capacity)이란 각각의 소요분출량 중 가장 큰 소요분출량을 말한다.

2. 안전밸브 등의 배출용량

각각의 소요분출량 중에서 가장 큰 수치를 당해 안전밸브 등의 배출용량으로 설계해야 한다.

핵심요점 221 분산제어시스템(DCS, Distributed Control System)

1. 정의

DCS는 소형 DDC(Direct Digital Control) 여러 개를 구성한 것으로, 공정제어에 적용되는 시스템을 각 플랜트에 알맞은 단위 서브 시스템으로 분리하고, 각 소단위 시스템에서는 각각의 주어진 역할을 수행하며 상호 통신이 가능한 시스템이다.

2. 장점

① 일관성 있는 공정 관리 및 신뢰도 향상, 다양한 응용, 유연성 있는 제어가 가능하다.
② 인력의 효율적 활용, 유지보수가 용이하다.
③ 복잡한 연산과 논리 회로 구성이 가능하다.
④ 자료의 수집 및 보고서 작성, 자동화가 가능하다.

3. 구성요소

① 시스템 인터페이스(CPU, 데이터 고속전송장치)
② 프로세스 인터페이스
③ 오퍼레이터 인터페이스

핵심요점 **222** 논리연산 제어장치(PLC, Programmable Logic Controller)

1. 정의

논리 연산 제어장치는 논리연산, 순서조작, 시한, 계수 및 산술연산 등의 제어동작을 실행시키기 위한 장치로, 복잡한 시퀀스 시스템을 프로그램으로 바꾸어 사용하기 편리하도록 만든 장치이다.

2. 특징

① 열악한 생산현장에서도 견딜 수 있도록 온도, 습도, 전기적 노이즈에 강하고, 취급이 용이한 구조로 되어 있다.
② 기본 구성은 CPU, 입력부, 출력부, 기억부, 전원부로 구성되어 있다.

핵심요점 **223** 제어밸브(control valve)

1. 정의

제어밸브는 조절부(controller)에서 조절 신호를 받아 조작량에 비례한 공기압 신호로 공정의 온도, 압력, 유량, 레벨을 조절하는 기기이다.

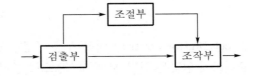

2. 종류

① 글로브밸브(globe valve)
   ㉠ 싱글형(single seated type) : 기본적인 형식으로 차단성능이 우수하다.
   ㉡ 더블형(double seated type) : 싱글형(single type)의 약점인 대구경이나 고차압에 사용된다.
   ㉢ 케이지형(cage type) : 진동 억제, 고차압에 유리하고, 불순물이 포함된 유체에 부적합하다.
② 다이어프램밸브(diaphragm valve) : 유로가 단순하고, 내식성을 쉽게 얻으며, 점성 유체에 적합하다.
③ 게이트밸브(gate valve) : 디스크(disc)가 유로를 수직 칸막이로 개폐하는 형식으로, 압력손실이 적고, 큰 차단 능력을 가지고 있다.

④ 앵글밸브(angle valve) : 밸브 본체의 입구와 출구의 중심선이 직각이어서 유체의 흐름이 직각으로 변하는 형식으로, 슬러리(slurry) 유체, 점성 유체 등이 쉽게 흐른다.

⑤ 3방밸브(3-way valve) : 재질 및 구조는 볼 밸브와 비슷하나 유체 흐름의 길을 바꿀 수 있는 밸브로, 일정 유량을 혼합 또는 분류에 사용한다.

⑥ 버터플라이밸브(butterfly valve) : 밸브 본체 내에 디스크(disc)가 회전하여 개폐하는 형식으로, 대구경, 낮은 차압에 적합하다.

⑦ 볼밸브(ball valve) : 밸브 본체 내에 유로로서 관통 구멍을 가진 볼을 넣고 회전시키는 형식의 밸브로, 미세한 유량과 압력 제어에 적합하지 않다.

⑧ 로터리밸브(ecentric rotary valve) : 플러그(plug)가 편심축을 중심으로 회전하여 개폐하는 밸브로, 차단 성능을 향상시키고, 토크(torque)를 감소시키는 특성이 있다.

핵심요점 224 화학물질의 물리·화학적 특성

1. 유해성의 정도

화학물질 본래의 독성 또는 이 화학물질이 건강에 끼치는 나쁜 영향력(위력)

2. 노출

여러 가지 형태의 화학물질(가스, 증기, 액체, 분진 등)에 노출될 가능성, 지속 및 강도

3. 물리·화학적 특성

① 상태　　　　② 어는점　　　　③ 끓는점　　　　④ 밀도
⑤ 증기압　　　⑥ 분배계수　　　⑦ 수용해도　　　⑧ 인화점, 발화점

핵심요점 225 화학공정모사

1. 개요

화학공정을 열역학을 이용하여 수학적으로 모델화하고 이를 컴퓨터 하드웨어를 이용하여 실제 정유 및 석유화학공장에서 일어나는 상황을 묘사하는 방법

2. 특징

① 복잡한 공정모사에 적합하다.
② 비용 절감효과가 있다.
③ 항상 같은 결과를 도출할 수 있다.
④ 여러 개의 공정모사할 수 있다.
⑤ 공정 특성을 파악할 수 있다.
⑥ 교육훈련에 사용할 수 있다.

핵심요점 226 **공정흐름도(PFD), 공정배관계장도(P & Id)**

1. 공정흐름도(PFD)

① 공정계통과 장치설계기준을 나타내는 도면이며, 주요장치, 장치 간의 공정 연관성, 운전조건, 운전변수, 물질·에너지수지, 제어 설비 및 연동장치 등의 기술적 정보를 파악할 수 있는 도면을 말한다.
② **공정흐름도에 표시해야 할 사항**
　㉠ 공정 처리순서 및 흐름의 방향
　㉡ 주요 동력기계, 장치 및 설비류 배열
　㉢ 기본제어논리
　㉣ 기본설계를 바탕으로 한 온도, 압력, 물질수지, 열수지
　㉤ 압력용기, 저장탱크 등 주요 용기류의 간단한 사양
　㉥ 열교환기, 가열로 등의 간단한 사양
　㉦ 펌프, 압축기 등 주요 동력기계의 간단한 사양
　㉧ 회분식 공정인 경우 작업순서 및 시간

2. 공정배관계장도(P & Id)

① 공정배관계장도에는 공정의 시운전, 정상운전, 운전정지 및 비상운전 시 필요한 모든 공정장치, 동력기계, 배관, 공정제어 및 계기 등을 표시하고, 이들 상호간의 연관관계를 나타내 주며, 상세 설계, 건설, 변경, 유지보수 및 운전 등을 하는 데 필요한 기술적 정보를 파악할 수 있는 도면을 말한다.
② **공정배관계장도에 표시해야 할 사항**
　㉠ 공정배관계장도에 사용되는 부호 및 범례도
　㉡ 약어, 약자 등의 정의
　㉢ 기타 특수 요구사항

종 류	그림 기호
배관	
공기압배관	
유압배관	
차압검출기	
면적식 유량계	
용적식 유량계	
피토관	
전자유량계	
다이어프램	
밸브	
안전밸브	
앵글밸브	
삼방밸브	

PART 2

과년도
출제문제

Engineer Chemical Industry

화 / 공 / 기 / 사 / 기 / 출 / 문 / 제 / 집

❙최근 기출문제 수록

Engineer Chemical Industry

▶▶ 제1과목 ┃ 화공열역학

01 $P = \dfrac{RT}{V-b}$ 의 관계식에 따르는 기체의 퓨가시티 계수 ϕ 는? (단, b 는 상수이다.) 〔출제율 60%〕

① $\exp\left(1 + \dfrac{bP}{RT}\right)$ ② $\exp\left(\dfrac{bP}{RT}\right)$

③ $\exp\left(\dfrac{P}{RT}\right)$ ④ $\exp\left(P + \dfrac{b}{RT}\right)$

[해설] 잔류 깁스 에너지 공식 이용

$G_i^R = G_i - G_i^{ig} = RT \ln\dfrac{f_i}{P} = RT \ln\phi_i$

이상기체의 경우 $G_i^R = 0$, $\phi_i = 1$

$\ln\phi_i = \dfrac{G_i^R}{RT} = \displaystyle\int_0^P \dfrac{V^R}{RT} dP$

$= \displaystyle\int_0^P \left(\dfrac{Z}{P}\right)^R dP = \int_0^1 \dfrac{Z_i - 1}{P} dP$

$Z_i - 1 = \dfrac{B_{ii}P}{RT}$

(B_{ii} : 제2 비리얼 계수) : $V^R = \dfrac{RT}{P}(Z_i - 1)$

$\ln\phi_i = \displaystyle\int_0^P \dfrac{B_{ii}}{RT} dP$ (등온)

$= \dfrac{B_{ii}}{RT} \displaystyle\int_0^P dP = \dfrac{B_{ii}P}{RT}$

$\phi_i = \exp\left(\dfrac{B_{ii}P}{RT}\right)$

02 $P(V-b) = RT$ 를 따르는 기체 1몰이 등온팽창할 때 헬름홀츠(Helmholtz) 자유에너지 변화량 ΔA 는? (단, b 는 상수이다.) 〔출제율 60%〕

① $RT \ln\dfrac{P_2}{P_1}$

② $\dfrac{bR}{T} \ln\dfrac{P_1}{P_2}$

③ $bRT \ln\dfrac{P_2}{P_1}$

④ $\dfrac{RT}{b} \ln\dfrac{P_2}{P_1}$

[해설] $dA = -SdT - PdV$, 등온팽창$(dT = 0)$

$dA = -PdV$, $P(V-b) = RT$ 에서 $P = \dfrac{RT}{V-b}$

$\Delta A = -\displaystyle\int \dfrac{RT}{V-b} dV = -RT\int \dfrac{dV}{V-b}$

$= -RT \ln\dfrac{V_2 - b}{V_1 - b} = RT \ln\dfrac{V_1 - b}{V_2 - b}$

$\left(V_1 - b = \dfrac{RT}{P_1}, \ V_2 - b = \dfrac{RT}{P_2} \text{이므로}\right)$

$= RT \ln\dfrac{RT/P_1}{RT/P_2}$

$= RT \ln\dfrac{P_2}{P_1}$

03 그림과 같은 공기 표준 오토사이클의 효율을 옳게 나타낸 식은? (단, a 는 압축비이고, γ 는 비열비이다.) 〔출제율 80%〕

① $1 - a^{\gamma}$

② $1 - a^{\gamma - 1}$

③ $1 - \left(\dfrac{1}{a}\right)^{\gamma}$

④ $1 - \left(\dfrac{1}{a}\right)^{\gamma - 1}$

[해설] 공기 표준 오토사이클
- $C \to D$: 가역단열압축 과정
- $D \to A$: 등체적 과정(열 흡수)
- $A \to B$: 가역단열팽창 과정
- $B \to C$: 등체적 과정(열 흡수)

공기 표준 오토사이클의 열효율(η)

$\eta = \dfrac{W_{\text{net}}}{Q_{DA}} = \dfrac{Q_{DA} + Q_{BC}}{Q_{DA}}$

열용량이 일정한 공기 1mol에서

$\eta = 1 - \dfrac{T_B - T_C}{T_A - T_D}$

$= 1 - a\left(\dfrac{1}{a}\right)^{\gamma - 1} = 1 - \left(\dfrac{1}{a}\right)^{\gamma - 1}$

04 실제기체의 압력이 0에 접근할 때 잔류(residual) 특성에 대한 설명으로 옳은 것은? (단, 온도는 일정하다.) [출제율 40%]

① 잔류 엔탈피는 무한대에 접근하고, 잔류 엔트로피는 0에 접근한다.

② 잔류 엔탈피와 잔류 엔트로피 모두 무한대에 접근한다.

③ 잔류 엔탈피와 잔류 엔트로피 모두 0에 접근한다.

④ 잔류 엔탈피는 0에 접근하고, 잔류 엔트로피는 무한대에 접근한다.

[해설] 일반적인 잔류 성질

$M^R = M - M^{ig}$ (M은 V, U, H, S, G와 같은 크기의 열역학적 성질의 1몰당 값)

실제기체 압력이 0에 가까워지면 이상기체에 가까워진다. 즉, 이상기체에 대한 잔류 성질은 0이 된다.

05 평형의 의미를 옳게 나타낸 것은? [출제율 40%]

① 거시적인 척도나 미시적인 척도에서 모두 변화가 없는 상태

② 미시적인 척도에서는 변화가 있지만, 거시적인 척도에서는 변화가 없는 상태

③ 거시적인 척도에서는 변화가 있지만, 미시적인 척도에서는 변화가 없는 상태

④ 거시적인 척도나 미시적인 척도에서 모두 변화가 있는 상태

[해설] 평형

계의 거시적 성질들이 시간에 따라 변하지 않는 정지된 상태이나 미시적 수준에서는 정지된 것이 아니라 변화하고 있다. 즉, 미시적인 척도에서는 변화가 있지만, 거시적인 척도에서는 변화가 없는 상태를 말한다.

06 벤젠과 톨루엔으로 된 이상용액이 110℃, 2atm에서 기-액 평형을 이루고 있다. 증기 중 벤젠의 몰분율은 얼마인가? (단, 110℃에서 벤젠의 증기압은 1750mmHg, 톨루엔의 증기압은 760 mmHg이다.) [출제율 80%]

① 0.64 　　② 0.77

③ 0.88 　　④ 0.94

[해설] $P = P_A \cdot x_A + P_B(1 - x_A)$

여기서, x_A : 용액 중 벤젠 몰분율

$1 - x_A$: 용액 중 톨루엔 몰분율

$2 \times 760 = 1750 \times x_A + 760 \times (1 - x_A)$

$760 = 990 x_A$

$x_A = 0.768$

증기 중 벤젠 몰분율(y_A)

$y_A = \dfrac{P_A \times x_A}{P} = \dfrac{1750 \times 0.768}{2 \times 760} = 0.88$

07 화학퍼텐셜(chemical potential)의 정의가 아닌 것은? (단, U^t : 총 내부에너지, H^t : 총 엔탈피, A^t : 총 헬름홀츠 자유에너지, G^t : 총 깁스 자유에너지, n_i : 성분 i의 몰수이다.) [출제율 40%]

① $\left(\dfrac{\partial U^t}{\partial n_i}\right)_{S^t, V^t, n_j}$ 　　② $\left(\dfrac{\partial H^t}{\partial n_i}\right)_{S^t, V^t, n_j}$

③ $\left(\dfrac{\partial A^t}{\partial n_i}\right)_{V^t, T, n_j}$ 　　④ $\left(\dfrac{\partial G^t}{\partial n_i}\right)_{T, P, n_j}$

[해설] 조성이 변하는 계에 대한 관계식

① $d(nU) = Td(nS) - Pd(nV) + \sum \mu_i dn_i$

② $d(nH) = Td(nS) + (nV)dP + \sum \mu_i dn_i$

③ $d(nA) = -(nS)dT - Pd(nV) + \sum \mu_i dn_i$

④ $d(nG) = -(nS)dT + (nV)dP + \sum \mu_i dn_i$

$\mu_i = \left[\dfrac{\partial(nG^t)}{\partial n_i}\right]_{T,P,n_j} = \left[\dfrac{\partial(nU^t)}{\partial n_i}\right]_{S^t,V^t,n_j}$

$= \left[\dfrac{\partial(nH^t)}{\partial n_i}\right]_{S^t,P,n_j} = \left[\dfrac{\partial(nA^t)}{\partial n_i}\right]_{V^t,T,n_j}$

n_j는 n_i 이외의 모든 몰수가 일정하다는 의미이다.

08 열역학 모델을 이용하여 상평형 계산을 수행하려고 할 때 응용 계와 모델의 조합이 적합하지 않은 것은? [출제율 20%]

① 물속의 이산화탄소의 용해도 : 헨리의 법칙

② 메탄과 에탄의 고압 기·액 상평형 : SRK (Soave/Redlich/Kwong) 상태방정식

③ 에탄올과 이산화탄소의 고압 기·액 상평형 : Wilson 식

④ 메탄올과 헥산의 저압 기·액 상평형 : NRTL(Non-Random-Two-Liquid) 식

해설 윌슨(Wilson) 식(1964)
혼합물 조성의 Nonrandomness를 설명하기 위해
즉, 액체혼합물의 전체조성이 국부조성과 같지 않다
는 국부조성 개념의 이론이다.

09 부피가 0.15m³인 용기에 어떤 기체 50kg을 300K
의 온도에서 저장하려면 약 얼마의 압력이 될
때까지 이 기체를 채우면 되겠는가? (단, 이 기
체의 분자량은 30g/mol이며, 같은 온도에서 비
리얼 계수 B는 −136.6cm³/mol이고, 기체상수
는 83.14bar · cm³/mol · K이다.) 출제율 50%

① 90bar

② 100bar

③ 110bar

④ 120bar

해설 $Z = \dfrac{PV}{RT} = 1 + \dfrac{BP}{RT}$

$PV = RT + BP$

$P(V-B) = RT$

$P = \dfrac{RT}{V-B}$

$= \dfrac{(83.14\,\text{bar} \cdot \text{cm}^3/\text{mol} \cdot \text{K}) \times 300\,\text{K}}{\left(\dfrac{150000\,\text{cm}^3}{50000\,\text{g}} \times \dfrac{30\,\text{g}}{1\,\text{mol}}\right) - (-136.6\,\text{cm}^3/\text{mol})}$

$= 110\,\text{bar}$

10 어떤 화학반응의 평형상수에 대한 온도의 미분
계수가 $\left(\dfrac{\partial \ln K}{\partial T}\right)_P > 0$으로 표시된다. 이 반응
에 대하여 옳게 설명한 것은? 출제율 80%

① 흡열반응이며, 온도 상승에 따라 K 값은 커
진다.

② 발열반응이며, 온도 상승에 따라 K 값은 커
진다.

③ 흡열반응이며, 온도 상승에 따라 K 값은 작
아진다.

④ 발열반응이며, 온도 상승에 따라 K 값은 작
아진다.

해설 $K = \exp\left(\dfrac{\Delta G^\circ}{RT}\right)$

$\ln K = -\dfrac{\Delta G^\circ}{RT}$

$\left(\dfrac{\partial \ln K}{\partial T}\right)_P = \dfrac{\Delta G^\circ}{RT^2} - \dfrac{1}{RT}\left(\dfrac{\partial G^\circ}{\partial T}\right)_P$

$dP = 0 \rightarrow dG^\circ = VdP - SdT$

$\left(dG^\circ = -SdT, \dfrac{dG^\circ}{dT} = -S\right)$

$\qquad = \dfrac{\Delta G^\circ}{RT^2} + \dfrac{\Delta S}{RT}$

$\qquad = \dfrac{\Delta G^\circ + TS}{RT^2}$

$\qquad = \dfrac{\Delta H^\circ}{RT^2} > 0$

$\Delta H^\circ > 0$: 흡열반응이며, 온도가 증가하면 평형상
수(K) 값이 커진다.

11 다음과 같은 증기-압축 냉동기의 사이클에서 성능
계수(coefficient of performance)는? 출제율 40%

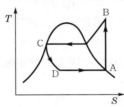

① $\dfrac{H_A - H_D}{(H_B - H_C) - (H_A - H_D)}$

② $\dfrac{H_D - H_A}{(H_C - H_A) + (H_A + H_B)}$

③ $\dfrac{H_A + H_D}{(H_B - H_C) + (H_A - H_B)}$

④ $\dfrac{H_B - H_C}{(H_A - H_D) - (H_C - H_D)}$

해설 증기-압축 냉동기의 사이클

성능계수(W) = $\dfrac{\text{저온에서 흡수된 열}}{\text{순일}}$

• 증발기에서 흡수된 열(Q_C) $= \Delta H = H_A - H_D$

• 응축기에서 배출된 열(Q_H) $= \Delta H = H_B - H_C$

• 순일 $= Q_H - Q_C$

$\qquad = (H_B - H_C) - (H_A - H_D)$

$\therefore W = \dfrac{H_A - H_D}{(H_B - H_C) - (H_A - H_D)}$

12 성분 i의 평형비 K_i를 $\dfrac{y_i}{x_i}$로 정의할 경우 이상 용액이라면 K_i를 어떻게 나타낼 수 있는가? (단, x_i, y_i는 각각 성분 i의 액상과 기상의 조성이다.) [출제율 40%]

① $\dfrac{\text{기상 } i\text{성분의 분압}(P_i)}{\text{전압}(P)}$

② $\dfrac{\text{순수액체 } i\text{의 증기압}(P_i^{\text{sat}})}{\text{전압}(P)}$

③ $\dfrac{\text{전압}(P)}{\text{순수액체 } i\text{의 증기압}(P_i^{\text{sat}})}$

④ $\dfrac{\text{기상 } i\text{성분의 분압}(P_i)}{\text{순수액체 } i\text{의 증기압}(P_i^{\text{sat}})}$

해설 라울의 법칙

$$y_i = \frac{x_i P_i^{\text{sat}}}{P}$$

$$= \frac{\text{순수액체 } i\text{의 증기압}(P_i^{\text{sat}})}{\text{전압}(P)}$$

y_i, P는 기상이고 x_i, P_i^{sat}는 액상이다.

13 이상기체의 엔트로피 변화에 대한 식으로 옳은 것은? [출제율 60%]

① $\dfrac{\Delta S}{R} = \displaystyle\int_{T_0}^{T} \dfrac{C_V}{R} dT - \ln\dfrac{P}{P_0}$

② $\dfrac{\Delta S}{R} = \displaystyle\int_{T_0}^{T} \dfrac{C_P}{R} dT - \ln\dfrac{P}{P_0}$

③ $\dfrac{\Delta S}{R} = \displaystyle\int_{T_0}^{T} \dfrac{C_V}{R} \cdot \dfrac{dT}{T} - \ln\dfrac{P}{P_0}$

④ $\dfrac{\Delta S}{R} = \displaystyle\int_{T_0}^{T} \dfrac{C_P}{R} \cdot \dfrac{dT}{T} - \ln\dfrac{P}{P_0}$

해설 $\Delta S = \dfrac{dQ_{\text{rev}}}{T}$

$dV = dQ_{\text{rev}} - PdV$

$H = U + PV$를 미분하면

$dH = dU + PdV + VdP$

$dH = dQ_{\text{rev}} + VdP$

$dQ_{\text{rev}} = dH - VdP$

$dH = C_P dT$, $V = \dfrac{RT}{P}$ 대입, T로 나누면

$dQ_{\text{rev}} = C_P dT - \dfrac{RT}{P} dP$

$dS = C_P \dfrac{dT}{T} - R\dfrac{dP}{P}$

$\Delta S = \displaystyle\int_{T_0}^{T} C_P \dfrac{dT}{T} - R\ln\dfrac{P}{P_0}$

R로 나누면

$\dfrac{\Delta S}{R} = \displaystyle\int_{T_0}^{T} \dfrac{C_P}{R} \cdot \dfrac{dT}{T} - \ln\dfrac{P}{P_0}$

14 다음 중 활동도(activity)에 대한 설명으로 옳은 것은? [출제율 80%]

① 활동도는 차원이 있다.

② 활동도는 질량과 같다.

③ 활동도는 보정된 조성과 같다.

④ 활동도는 이상적 퓨가시티값과 같다.

해설 활동도(a_i)

$$a_i = \frac{f_i}{f_i^{\circ}}$$

여기서, f_i° : 계의 온도와 1bar의 순수한 액체 i의 퓨가시티

활동도 계수(γ_i) : 활동도와 몰분율의 비

$$\gamma_i = \frac{a_i}{n_i / \sum n_i} = \frac{f_i}{f_i^{\circ} \dfrac{n_i}{\sum n_i}}$$

$f_i = f_i^{\circ} x_i \gamma_i$ (f_i : 평형혼합물의 온도와 압력에 있는 순수한 액체 i의 퓨가시티)

$a_i = \dfrac{\gamma_i x_i f_i}{f_i^{\circ}} = \gamma_i x_i \left(\dfrac{f_i}{f_i^{\circ}}\right)$: 액체의 경우 $\dfrac{f_i}{f_i^{\circ}}$는 1로 취급

15 열역학적 시스템은 주위와 열, 일 그리고 물질의 교환을 통하여 상호작용하고 있다. 다음 중 열과 물질의 교환이 일어나지 않는 시스템을 지칭하는 것으로 가장 적당한 것은? [출제율 40%]

① 단열공정(adiabatic process)

② 열린계(open system)

③ 고립계(isolated system)

④ 등온공정(isothermal process)

해설 고립계(isolated system)
열과 물질의 교환(이동)이 일어나지 않는 시스템. 즉, 아무 일도 일어나지 않는 계이다.

16 과잉 깁스(Gibbs) 에너지 모델에서 $G^E/RT = BX_1X_2$라고 할 경우에 다음 중 옳은 것은? (단, γ는 활동도 계수이고, B는 주어진 온도에서의 상수이며, X_1, X_2는 2성분계의 성분 1과 2의 몰분율이다.) [출제율 40%]

① $H^E/RT = 2X_1X_2[\partial B/\partial \ln T]_p$

② $S^E/R = (X_1X_2)^2[B + (\partial B/\partial \ln T)_p]$

③ $\ln \gamma_1 = BX_2^2$

④ $V^E/RT = (X_1X_2)^2(\partial B/\partial \ln P)_{T,X}$

해설 $\dfrac{G^E}{RT} = BX_1X_2 = B\dfrac{n_1 \times n_2}{n \times n}$

$\dfrac{nG^E}{RT} = B\dfrac{n_1 \times n_2}{n} = B\dfrac{n_1 \times n_2}{n_1 + n_2}$

$\dfrac{\partial\left(\dfrac{nG^E}{RT}\right)}{\partial n_1} = B\dfrac{n_2(n_1+n_2) - n_1 n_2}{(n_1+n_2)^2} = B\dfrac{n_2^2}{(n_1+n_2)^2}$

$\ln \gamma_1 = B\dfrac{n_2^2}{(n_1+n_2)^2} = BX_2^2 \quad \left[X_i(\text{몰분율}) = \dfrac{n_i}{n}\right]$

17 0℃, 200atm에서 산소 1mol의 부피 실측치는 0.1L이고 이상기체상태방정식에서 계산한 값은 0.112L였다. 이 조건에서 산소의 압축인자(compressibility factor) 값은 약 얼마인가? [출제율 80%]

① 1.1　　② 0.89

③ 0.11　　④ 0.01

해설 이상기체상태방정식 부피(V)

$PV = nRT$

$V(0.112\text{L}) = \dfrac{nRT}{P}$

실측 부피(V_a)

$PV_a = ZnRT$

$Z = \dfrac{P}{nRT}V_a = \dfrac{V_a}{V} = \dfrac{0.1\text{L}}{0.112\text{L}} = 0.893$

18 $\left(\dfrac{\partial P}{\partial V}\right)_T \left(\dfrac{\partial T}{\partial P}\right)_S \left(\dfrac{\partial S}{\partial T}\right)_P$ 와 동일한 것은? [출제율 60%]

① $\left(\dfrac{\partial S}{\partial V}\right)_T$　　② $\left(\dfrac{\partial P}{\partial T}\right)_V$

③ $\left(\dfrac{\partial V}{\partial T}\right)_S$　　④ $-\left(\dfrac{\partial P}{\partial T}\right)_V$

해설 $\left(\dfrac{\partial T}{\partial P}\right)_S \left(\dfrac{\partial P}{\partial S}\right)_T \left(\dfrac{\partial S}{\partial T}\right)_P = -1$

양변에 $\left(\dfrac{\partial S}{\partial V}\right)_T$를 곱하면

$\left(\dfrac{\partial T}{\partial P}\right)_S \left(\dfrac{\partial P}{\partial V}\right)_T \left(\dfrac{\partial S}{\partial T}\right)_P = -\left(\dfrac{\partial S}{\partial V}\right)_T = -\left(\dfrac{\partial P}{\partial T}\right)_V$

19 다음 중 제2계수까지 포함한 비리얼 식을 사용하여 50℃, 1500kPa에서 기체의 몰부피를 구하면 몇 cm³/mol인가?(단, 비리얼 계수 B는 $-160\text{cm}^3/\text{mol}$이다.) [출제율 80%]

① 160

② 195

③ 1631

④ 1791

해설 $Z = 1 + \dfrac{B}{V} = 1 + \dfrac{BP}{RT}$

$= 1 + \dfrac{-160 \times 1500}{82.06 \times 323 \times 101.3}$

$= 0.911$

$PV = ZnRT$

$\dfrac{V}{n} = \dfrac{ZRT}{P} = \dfrac{0.911 \times 101.3 \times 82.06 \times 323}{1500}$

$= 1630.69\,\text{cm}^3/\text{mol}$

20 산소 1mol이 25℃에서 100atm으로부터 10atm까지 가역적으로 단열팽창하였을 때의 최종부피는 몇 L인가? (단, 비열비는 1.4이고, 산소는 이상기체로 가정한다.) [출제율 80%]

① 1.268

② 2.168

③ 3.804

④ 4.336

해설 가역 단열팽창

$\dfrac{T_2}{T_1} = \left(\dfrac{V_1}{V_2}\right)^{\gamma-1} = \left(\dfrac{P_2}{P_1}\right)^{\frac{\gamma-1}{\gamma}}$

$\left(\dfrac{V_1}{V_2}\right) = \left(\dfrac{P_2}{P_1}\right)^{\frac{1}{\gamma}}$

$V_1 = \dfrac{nRT_1}{P_1} = \dfrac{1 \times 0.082 \times 298}{100} = 0.244\,\text{L}$

$V_2 = \dfrac{V_1}{\left(\dfrac{P_2}{P_1}\right)^{\frac{1}{\gamma}}} = \dfrac{0.244}{\left(\dfrac{10}{100}\right)^{\frac{1}{1.4}}} = 1.264\,\text{L}$

▶▶ 제2과목 | 단위조작 및 화학공업양론

21 18℃, 1atm에서 $H_2O(l)$의 생성열은 -68.4kcal/mol이고, 18℃, 1atm에서 $C(s)+H_2O(l) \rightarrow CO(g)+H_2(g)$의 반응열은 42kcal이다. 이를 이용하여 18℃, 1atm에서의 $CO(g)$ 생성열을 구하면 몇 kcal/mol인가? _{출제율 80%}

① +110.4　　　② +26.4
③ −26.4　　　④ −110.4

해설 반응열, 생성열
$C(s)+H_2O(l) \rightarrow CO(g)+H_2(g)$
$\Delta H_f = 42\,\text{kcal}$
$H_2 + \frac{1}{2}O_2 \rightarrow H_2O(l)$
$\Delta H_2O(l) = -68.4\,\text{kcal}$
$C(s)+\frac{1}{2}O_2(g) \rightarrow CO$
$\Delta H = 42 - 68.4 = -26.4\,\text{kcal/mol}$

보충 Tip

$\Delta H_R = (\Delta H_f)_{CO(g)} - (-68.4) = 42$
$(\Delta H_f)_{CO(g)} = 42 - 68.4 = -26.4\,\text{kcal/mol}$

22 $n-C_5H_{12}$와 $iso-C_5H_{12}$의 혼합물을 다음 그림과 같이 증류할 때 우회(by-pass)되는 양 X는 몇 kg/hr인가? _{출제율 80%}

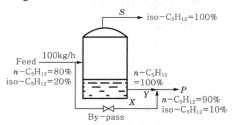

① 89.5　　　② 55.5
③ 44.5　　　④ 11.5

해설 물질수지
$F = S + P, \quad 100 = S + P$
$100 \times 0.2 = (100-P) \times 1 + P \times 0.1$
$P = 88.9\,\text{kg/hr}$
$(88.9-B) \times 1 + B \times 0.8 = 88.9 \times 0.9$
$B = 44.5\,\text{kg/hr}$

23 25℃에서 71g의 Na_2SO_4(분자량=142)를 물 200g에 녹여 만든 용액의 증기압은? (단, 25℃에서 순수한 물의 증기압은 25mmHg이고, 라울(Raoult)의 법칙을 이용한다.) _{출제율 60%}

① 23.9mmHg　　　② 22.0mmHg
③ 20.1mmHg　　　④ 18.5mmHg

해설 라울의 법칙
$Na_2SO_4(71g) \times \frac{1\,\text{mol}}{142\,\text{g}} = 0.5\,\text{mol}$

$200g\ \text{물} \times \frac{1\,\text{mol}}{18\,\text{g}} = 11.1\,\text{mol}$

P_a(용액의 증기압) $= P \times x_a$
여기서, x_a : 용매의 몰분율
　　　　 P : 순수한 물의 증기압
$Na_2SO_4 = 2Na + SO_4^{2-}$ 이므로
$x_A = \frac{11.1}{3 \times 0.5 + 11.1} = 0.881$
$P_a = 25 \times 0.881 = 22\,\text{mmHg}$

24 18℃, 700mmHg에서 상대습도 50%의 공기의 몰습도는 약 몇 kmol H_2O/kmol 건조공기인가? (단, 18℃의 포화수증기압은 15.477mmHg이다.) _{출제율 60%}

① 0.001　　　② 0.011
③ 0.022　　　④ 0.033

해설 습도
상대습도$(H_R) = \dfrac{\text{증기의 분압}(P_a)}{\text{포화증기압}(P_S)} \times 100$

$50 = \dfrac{P_a}{15.477} \times 100, \quad P_a = 7.74\,\text{mmHg}$

몰습도$(H_m) = \dfrac{\text{증기의 분압}}{\text{건조기체의 분압}} = \dfrac{P_a}{P - P_a}$

$= \dfrac{7.74}{700 - 7.74} = 0.011$

25 분자량 M_1[g/mol]인 기체 n_1[mol]과 분자량 M_2[g/mol]인 기체 n_2[mol]로 된 혼합기체의 평균분자량의 표현으로서 옳은 것은? _{출제율 80%}

① $\dfrac{M_1 n_1 + M_2 n_2}{n_1 + n_2}$　　　② $\dfrac{M_1 n_2 + M_2 n_1}{n_1 + n_2}$

③ $\dfrac{n_1 + n_2}{M_2 n_1 + M_1 n_2}$　　　④ $\dfrac{M_1}{n_1} + \dfrac{M_2}{n_2}$

해설 혼합기체의 평균분자량(M_{av})

$$M_{av} = \frac{\sum n_i M_i}{\sum n_i} = \sum x_i M_i$$

$$= \frac{M_1 n_1 + M_2 n_2}{n_1 + n_2}$$

26 NH_3 10kg을 20℃에서 0.1m^3로 압축하려면 약 몇 kgf/cm^2의 압력을 가해야 하는가? 출제율 80%

① 146　　　　　② 183

③ 190　　　　　④ 198

해설 $PV = nRT$

$$P = \frac{nRT}{V}$$

$$W = 10kg = 10000g$$

$$n = \frac{10000}{17}, \quad R = 0.082 \, atm \cdot L/mol \cdot K$$

$$V = 0.1\,m^3 = 100\,L$$

$$P = 1\,atm = 1.0332\,kgf/cm^2$$

$$P = \frac{\frac{10000}{17} \times 0.082 \times 1\,atm}{100\,L} \times \frac{1.0332\,kgf/cm^2}{1\,atm}$$

$$= 146\,kgf/cm^2$$

27 다음 관계식 중 옳지 않은 것은? 출제율 40%

① $\Delta U = \int_{T_1}^{T_2} C_V dT$

② $\left(\dfrac{\partial U}{\partial T}\right)_V = C_V$

③ $\left(\dfrac{\partial H}{\partial T}\right)_P = C_P$

④ $\Delta H = \Delta U = \Delta(PV)$

해설 엔탈피

$$\Delta H = \Delta U + \Delta(PV)$$

28 Dalton의 분압 법칙에 대한 설명으로 가장 올바른 것은? 출제율 40%

① 용액의 전체압력은 각 용질이 나타내는 부분압력의 합과 같다.

② 혼합기체의 전체압력은 각 성분 기체의 부분압력의 합과 같다.

③ 단일성분 기체에서만 성립하는 법칙이다.

④ 실제기체에도 잘 적용되는 법칙이다.

해설 ① 용질의 부분압력으로는 용액의 전체압력을 구할 수 없다.

③ 다성분기체에서도 성립한다.

④ 이상기체에 적용되는 법칙이다.

보충 Tip

> 돌턴(Dalton)의 분압 법칙
>
> $P = P_A + P_B + P_C + \cdots$
>
> 혼합기체의 전체압력은 각 성분 기체의 부분압력의 합과 같다.

29 염화칼슘의 용해도는 20℃에서 140.0g/100gH_2O, 80℃에서 160.0g/100g H_2O이다. 80℃에서의 염화칼슘 포화용액 50g을 20℃로 냉각시키면 약 몇 g의 결정이 석출되는가? 출제율 60%

① 3.85

② 5.95

③ 7.05

④ 9.05

해설 • 80℃ 염화칼슘 포화용액 50g 중 염화칼슘 양

$260\,g : 160\,g = 50\,g : x$

$x = 30.77g$, 물 19.23g

• 냉각

$100 : 140\,g = $ 물 19.23g : x

$x = 26.92\,g$

20℃에서 석출 $CaCl_2(g) = 30.7 - 26.92 ≒ 3.85\,g$

30 실제기체의 압축인자(compressibility factor)를 나타내는 그림이다. 이들 기체 중에서 저온에서 분자 간 인력이 가장 큰 기체는? 출제율 60%

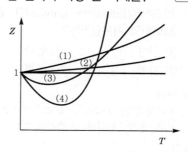

① (1)　　　　　② (2)

③ (3)　　　　　④ (4)

해설 Z = 이상기체에서 벗어난 척도

이상기체는 분자 간 인력이 없으므로 분자 간 인력이 가장 큰 것은 (저온) (4) 그래프이다.

31 증류탑의 이상단수 작도법으로서의 McCabe – Thiele법의 가정과 가장 관계가 먼 것은 어느 것인가? <small>출제율 40%</small>

① 혼합열은 무시한다.
② 각 성분의 증발잠열은 같다.
③ 외부로의 열손실이 없다.
④ 각 성분의 용해열은 같다.

해설 맥캐브 – 티엘(McCabe – Thiele)법의 가정
㉠ 관 벽에 의한 열손실이 없다(외부로의 열손실 없음).
㉡ 혼합열도 적어서 무시한다.
㉢ 각 성분의 분자 증발잠열(λ) 및 액체의 엔탈피(H)는 탑 내에서 같다.
㉣ 각 성분의 용해열은 무시한다.

32 다음 중 충전탑 내의 편류(channeling)현상이 가장 클 때는? <small>출제율 40%</small>

① 기체의 유속이 작을 때
② 액체의 유속이 클 때
③ 규칙 충전일 때
④ 불규칙 충전일 때

해설 편류현상 방지법
㉠ 불규칙 충전
㉡ 탑의 지름을 충전물 지름의 8~10배로 할 것

보충 Tip

> 편류현상은 액체가 한 방향으로 흐르는 현상으로, 이는 규칙 충전 시 심하게 나타난다.

33 초미분쇄기(ultrafine grinder)인 유체 – 에너지밀(mill)의 기본원리는? <small>출제율 40%</small>

① 절단   ② 압축
③ 가열   ④ 마멸

해설 분쇄
초미분쇄기는 1~20μm 정도의 크기로 분쇄하는 장치로, 유체 내 입자 간 충돌에 의해 분쇄한다.

보충 Tip

> 분쇄 메커니즘
> • 절단 : 일정한 크기의 입자를 위한 메커니즘
> • 압축 : 조분쇄하는 데 사용
> • 마모 : 마모가 쉬운 물질을 미분말로 분쇄
> • 충돌 : 조분쇄 및 미분쇄에 동시 사용

34 어떤 증류탑의 실제단수가 25단이고 그 효율이 60%일 때 맥캐브-티엘(McCabe – Thiele) 법으로 구한 이론단수는? <small>출제율 40%</small>

① 10단
② 15단
③ 20단
④ 25단

해설 증류
$$총괄효율(단효율) = \frac{N_t(이론단수)}{N_a(실제단수)}$$
이론단수 = 실제단수 × 총괄효율 = 25 × 0.6 = 15단

35 정압비열이 1cal/g · ℃인 물 100g/s을 20℃에서 40℃로 이중열교환기를 통하여 가열하고자 한다. 사용되는 유체는 비열이 10cal/g · ℃이며, 속도는 10g/s, 들어갈 때의 온도는 80℃이고 나올 때의 온도는 60℃이다. 유체의 흐름이 병류라고 할 때 열교환기의 총괄열전도계수는 약 몇 cal/m^2 · s · ℃인가? (단, 이 열교환기의 전열면적은 10m^{2}이다.) <small>출제율 80%</small>

① 5.5
② 10.1
③ 50.0
④ 100.5

해설 열전달
$Q = mC_P\Delta T$, $Q = UA\Delta T_L$

• $Q = m\,C_P\Delta T$
  ($C_P = 1\,\text{cal/g℃}$, $\dot{m} = 100\,\text{g/s}$, $\Delta T = 40 - 20 = 20℃$)
  $Q = 2000\,\text{cal/s}$

• $Q = UA\Delta T_L$
$$\Delta T_L = \frac{\Delta T_2 - \Delta T_1}{\ln(\Delta T_2 / \Delta T_1)} = \frac{20 - 60}{\ln(20/60)} = 36.4℃$$
$A = 10\,\text{m}^2$
$$U = \frac{Q}{A\Delta T_L} = \frac{2000\,\text{cal/s}}{10\,\text{m}^2 \times 36.4℃} ≒ 5.5\,\text{cal/m}^2 \cdot \text{s} \cdot ℃$$

36 물 – HCl의 공비혼합물이 염산 농도 20.2wt%에서 물을 가질 때 10wt% 염산용액을 단순증류하여 얻을 수 있는 가장 진한 농도의 염산은 몇 wt%인가? <small>출제율 60%</small>

① 10   ② 20.2
③ 30.2   ④ 36.5

<해설> 공비혼합물

공비점을 가진 혼합물.
가장 진한 농도의 염산은 20.2wt%이다.
(20.2wt%에서 물을 가진다는 의미는 단순증류로는
물이 더 이상 날아가지 않는다는 의미임.)

37 다음 중 증류에서 응축액을 전부 환류시킬 때 농축부 조작선의 기울기에 대한 설명으로 옳은 것은? <출제율 60%>

① 0이다.
② ∞이다.
③ 1이다.
④ 0보다 작다.

<해설> 증류

기울기 $\dfrac{R_D}{R_D+1}$, R_D가 ∞일 때 기울기는 1

환류비 $R_D = \dfrac{L_0}{D}$

$$y_{n+1} = \dfrac{R_D}{R_D+1}x_n + \dfrac{x_D}{R_D+1}$$

38 공급원료 1몰을 원료공급단에 넣었을 때 그 중 증류탑의 탈거부(stripping section)로 내려가는 액체의 몰수를 q로 정의한다면, 공급원료가 차가운 액체일 때 q값은? <출제율 80%>

① $q > 1$
② $0 < q < 1$
③ $-1 < q < 0$
④ $q < -1$

<해설> $y = \dfrac{q}{q-1}x - \dfrac{x_f}{q-1}$

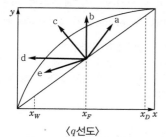

〈q선도〉

• a : $q > 1$ – 차가운 액체
• b : $q = 1$ – 비등에 있는 원액(포화원액)
• c : $0 < q < 1$ – 부분적으로 기화된 원액
• d : $q = 0$ – 노점에 있는 원액(포화증기)
• e : $q < 0$ – 과열증기 원액

39 다음 중 기체 흡수에 관한 설명으로 옳은 것은 어느 것인가? <출제율 20%>

① 기체 속도가 일정하고 액 유속이 줄어들면 조작선의 기울기는 증가한다.
② 액/기(L/V) 비가 크면 조작선과 평형선의 거리가 줄어서 흡수탑의 길이가 길어진다.
③ 일반적으로 경제적인 조업을 위해서는 조작선과 평형선이 대략 평행이 되어야 한다.
④ 향류 흡수탑의 경우에는 한계 기액비가 흡수탑의 경제성에 별로 영향을 미치지 않는다.

<해설> 물질 전달 및 흡수

㉠ 기체 속도가 일정하고 액 유속이 줄어들면 조작선의 기울기는 감소한다. $\left(\text{조작선의 기울기} = \dfrac{L_H}{G_M}\right)$

㉡ 액/기 비가 커지면 조작선과 평형선의 간격이 커지고 흡수탑의 높이가 줄어든다(조작선과 평형곡선 간격이 클수록 흡수 추진력이 증가하므로 흡수탑의 높이가 작아도 된다).

㉢ 향류 흡수탑의 경우에는 한계 기/액 비가 흡수탑의 경제성에 영향을 미친다.

40 안지름 20mm인 관 속을 비중 1.2의 액체가 7.3 cm/s의 유속으로 흐른다. 액체의 점도는 0.9cP이고 관의 길이가 1km일 때 압력손실은 약 몇 kgf/cm²인가? <출제율 80%>

① 0.536
② 0.236
③ 0.0536
④ 0.0236

<해설> 유체의 유동(레이놀즈)

$$N_{Re} = \dfrac{\rho u D}{\mu}$$

여기서, ρ : 밀도, u : 유속, D : 단면적, μ : 점도

$$N_{Re} = \dfrac{2 \times 7.3 \times 1.2}{0.9 \times 0.01} = 1946.7(\text{층류})$$

$1\,cP = 0.001\,kg/m \cdot s$

$$F = \dfrac{P}{\rho} = \dfrac{32\mu\bar{u}L}{g_c D^2 \rho}$$

$$\Delta P = \dfrac{32\mu\bar{u}L}{g_c D^2}$$

$$= \dfrac{32 \times (0.9 \times 0.001) \times (7.3 \times 0.01) \times 1000}{9.8 \times (0.02)^2}$$

$$= 536\,kgf/m^2 = 0.0536\,kgf/cm^2$$

제3과목 | 공정제어

41 다음 식을 풀이하면 $f(t)$는?　〔출제율 80%〕

$$\frac{df(t)}{dt} + f(t) = 1 \cdot f(0) = 0$$

① $\dfrac{1}{t} - e^{-t}$ 　　② $\dfrac{1}{t} - \dfrac{1}{t+1}$

③ $t - e^t$ 　　④ $1 - e^{-t}$

해설 미분식의 라플라스 변화

$\mathcal{L}\left\{\dfrac{df(t)}{dt}\right\} = sF(s) - f(0)$

$\mathcal{L}\{f(t)\} = F(s)$

$\dfrac{df(t)}{dt} + f(t) = 1 \xrightarrow{\mathcal{L}} sF(s) - f(0) + F(s) = \dfrac{1}{s}$

$(s+1)F(s) = \dfrac{1}{s} \rightarrow F(s) = \dfrac{1}{s(s+1)} = \dfrac{1}{s} - \dfrac{1}{s+1}$

$F(s)$를 역라플라스 하면 $f(t) = 1 - e^{-t}$

42 $G(s) = \dfrac{4}{(s+1)^2}$ 인 공정에 피드백제어계를 구성할 때, 폐회로(closed-loop)의 전달함수가 $G_d(s) = \dfrac{1}{(0.5s+1)^2}$ 가 되게 하는 제어기 식은 어느 것인가?　〔출제율 50%〕

① $\dfrac{1}{4}\left(1 + \dfrac{1}{2s} + \dfrac{1}{2}s\right)$

② $\dfrac{1}{2}\left(1 + \dfrac{1}{s} + \dfrac{1}{4}s\right)$

③ $\dfrac{1}{4}\left(1 + \dfrac{1}{s} + \dfrac{1}{4}s\right)$

④ $\dfrac{(s+1)^2}{s(s+4)}$

해설 $G_d(s) = \dfrac{G(s)H}{1+G(s)H} = \dfrac{1}{(0.5s+1)^2}$

$\dfrac{1}{(0.5s+1)^2} = \dfrac{\dfrac{4H}{(s+1)^2}}{1 + \dfrac{4H}{(s+1)^2}} = \dfrac{4H}{(s+1)^2 + 4H}$

$(s+1)^2 + 4H = 4H(0.25s^2 + s + 1)$

$\qquad\qquad\quad = H(s^2 + 4s + 4)$

$(s+1)^2 = H(s^2 + 4s)$

$H = \dfrac{(s+1)^2}{s(s+4)}$

43 어떤 제어계의 특성방정식은 $1 + \dfrac{K_c K}{\tau s + 1} = 0$ 으로 주어진다. 이 제어시스템이 안정하기 위한 조건은? (단, τ 는 양수이다.)　〔출제율 70%〕

① $K_c K > -1$ 　　② $K_c K < 0$

③ $\dfrac{K_c K}{\tau} > 1$ 　　④ $K_c < 1$

해설 폐루프 제어시스템의 특성방정식의 조건

$1 + G_v G_c G_p G_m = 1 + G_{OL} = 0$

$1 + \dfrac{K_c K}{\tau_s + 1} = 0$

$\tau_s + 1 + K_c K = 0$

$s = \dfrac{-1 - K_c K}{\tau} < 0, \quad s = -\dfrac{1 + K_c K}{n}$

$K_c K > -1$

제어시스템이 안정하려면 $s < 0, \ n > 0$

보충 Tip

> 닫힌루프 피드백(feedback) 제어시스템의 안정성에서 특성방정식의 근 중 어느 하나라도 양수 또는 양의 실수부를 가지면 그 시스템은 불안정하다.

44 2차계의 단위계단응답에서 쇠퇴비(decay ratio)에 관한 설명으로 옳은 것은?　〔출제율 50%〕

① 쇠퇴비는 시간상수와 감쇠계수(damping factor)의 함수이다.

② 쇠퇴비는 감쇠계수(damping factor)가 클수록 작아진다.

③ 쇠퇴비는 시간상수가 작을수록 커진다.

④ 쇠퇴비는 overshoot가 작을수록 커진다.

해설 ① 쇠퇴비는 감쇠계수의 함수이다.

③ 쇠퇴비는 시간상수와 무관하다.

④ 쇠퇴비=(Overshoot)²이므로 Overshoot가 작을수록 작다.

보충 Tip

> **쇠퇴비**(감쇠비 ; decay ratio)
> 쇠퇴비는 진폭이 줄어드는 비율을 의미하며, 감쇠비와 동일하다.

45 전달함수가 $X(s) = \dfrac{4}{s(s^3 + 3s^2 + 3s + 2)}$ 인 함수 $X(t)$의 최종값(final value)은 다음 중 어느 것인가? 출제율 80%

① 1   ② 2

③ 4   ④ 4/9

해설 최종값 정리

$$\lim_{t \to \infty} f(t) = \lim_{s \to 0} s F(s)$$

$$\lim_{s \to 0} SX(s) = \lim_{s \to 0} \frac{4}{s^3 + 3s^2 + 3s + 2} = 2$$

46 제어계(control system)의 구성요소가 아닌 것은? 출제율 70%

① 전송부   ② 기획부

③ 검출부   ④ 조절부

해설 제어계의 기본구성

센서, 전환기, 제어기, 최종제어밸브

47 다음 그림은 외란의 단위계단 변화에 대해 잘 조율된 P, PI, PD, PID에 의한 제어계 응답을 보인 것이다. 이 중 PID제어기에 의한 결과는 어떤 것인가? 출제율 80%

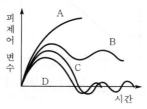

① A   ② B

③ C   ④ D

해설 A : 없음, B : P제어, C : PI제어, D : PID제어
- 비례제어기(P) : 오차에 비례하는 제어기
- 비례적분제어기(PI) : 잔류편차를 제거하기 위해 비례제어기에 적분기능을 추가한 것
- 비례미분제어기(PD) : 비례제어기에 오차의 미분항을 추가한 제어기
- 비례 · 적분 · 미분제어기(PID) : 오차 크기뿐 아니라 오차가 변화하는 추세, 오차의 누적 양까지 감지하며 옵셋(off-set)을 없애주고, 리셋(reset) 시간을 단축시키는 제어기

48 공정과 제어기를 고려할 때 정상상태(steady-state)에서 $y(t)$값은 얼마인가? 출제율 60%

> - 제어기
> $$u(t) = 1.0[1.0 - y(t)] + \frac{1.0}{2.0} \int_0^t [1 - y(\tau)] d\tau$$
> - 공정
> $$\frac{d^2 y(t)}{dt^2} + 2\frac{dy(t)}{dt} + y(t) = u(t - 0.1)$$

① 1   ② 2

③ 3   ④ 4

해설 라플라스 변환

$$U(s) = \frac{1}{s} - Y(s) + \frac{1}{2}\left[\frac{1}{s^2} - \frac{Y(s)}{s}\right]$$

$$= \frac{1}{s} - Y(s) + \frac{1}{2s^2} - \frac{Y(s)}{2s}$$

$$U(t-1) = \left[\frac{1}{s} - Y(s) + \frac{1}{2s^2} - \frac{Y(s)}{2s}\right] \times e^{-0.1s}$$

$$\frac{d^2 y(t)}{dt^2} + 2\frac{dy(t)}{dt} + y(t)$$

$$= s^2 Y(s) - sy(0) - y'(0) + 2[s Y(s) - y(0)] + Y(s)$$

$$= \frac{1}{s}e^{-0.1s} - Y(s)e^{-0.1s} + \frac{1}{2s^2}e^{-0.1s} - \frac{Y(s)}{2s}e^{-0.1s}$$

위 식을 정리하면

$$\left(s^2 + 2s + 1 + e^{-0.1s} + \frac{e^{-0.1s}}{2s}\right)Y(s)$$

$$= \frac{1}{s}e^{-0.1s} + \frac{1}{2s^2}e^{-0.1s}$$

$$Y(s) = \frac{\dfrac{1}{s}e^{-0.1s} + \dfrac{e^{-0.1s}}{2s^2}}{s^2 + 2s + 1 + e^{-0.1s} + \dfrac{e^{-0.1s}}{2s}}$$

최종값 정리에 의해 $\displaystyle\lim_{t \to \infty} y(t) = \lim_{s \to 0} sy(s) = 1$

49 $G(s) = \dfrac{1}{s^2(s+1)}$ 인 계의 단위임펄스 응답은 어느 것인가? 출제율 80%

① $t - 1 + e^{-t}$ ② $t + 1 + e^{-t}$

③ $t - 1 - e^{-t}$ ④ $t + 1 - e^{-t}$

해설 $Y(s) = G(s) \cdot X(s)$

$$Y(s) = \frac{1}{s^2(s+1)} \times 1 = \frac{1}{s^2} - \frac{1}{s} + \frac{1}{s+1}$$

$$y(t) = t - 1 - e^{-t}$$

45.② 46.② 47.④ 48.① 49.③

50 Routh의 판별법에서 수열의 최좌열(最左列)이 다음과 같을 때 이 주어진 계의 특성방정식은 양의 근 또는 양의 실수부를 갖는 근이 몇 개 있는가? 출제율 60%

① 0개
② 1개
③ 2개
④ 3개

1
3
−1
3
2

해설 라우스(routh) 판별법

ⓐ 라우스(routh) 배열의 첫 번째 열의 모든 원소들이 양의 실수부를 가져야 한다.

ⓑ 첫 번째 열의 부호가 바뀌는 횟수는 허수측 우측에 존재하는 근의 개수와 같다.

51 다음 1차 공정의 계단응답의 특징 중 옳지 않은 것은? 출제율 60%

① $t=0$일 때 응답의 기울기는 0이 아니다.
② 최종응답 크기의 63.2%에 도달하는 시간은 시상수와 같다.
③ 응답의 형태에서 변곡점이 존재한다.
④ 응답이 98% 이상 완성되는 데 필요한 시간은 시상수의 4~5배 정도이다.

해설 1차 공정의 응답 형태

ⓐ 변곡점이 없다(2차계에는 있다).
ⓑ $t=\tau$에서 최종응답 크기는 63.2%에 도달한다.
ⓒ $t=5\tau$에서 최종응답 크기는 약 99.3%이다.
ⓓ $t=0$에서 기울기는 0이 아니다.

52 다음 블록선도에서 C/R의 전달함수는? 출제율 80%

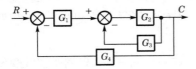

① $\dfrac{G_1 G_2}{1+G_1 G_2+G_3 G_4}$

② $\dfrac{G_1 G_2}{1+G_2 G_3+G_1 G_2 G_4}$

③ $\dfrac{G_3 G_4}{1+G_1 G_2 G_3 G_4}$

④ $\dfrac{G_1 G_2}{1+G_1+G_3+G_4}$

해설 $\dfrac{C}{R}=\dfrac{\dfrac{G_1 G_2}{1+G_2 G_3}}{1+\dfrac{G_1 G_2 G_4}{1+G_2 G_3}}=\dfrac{G_1 G_2}{1+G_2 G_3+G_1 G_2 G_4}$

53 아날로그 계장의 경우, 센서 전송기의 출력신호, 제어기의 출력신호는 흔히 4~20mA의 전류로 전송된다. 이에 대한 설명으로 틀린 것은 어느 것인가? 출제율 40%

① 전류신호는 전압신호에 비하여 장거리 전송 시 전자기적 잡음에 덜 민감한다.

② 0%를 4mA로 설정한 이유는 신호선의 단락 여부를 쉽게 판단하고 0% 신호에서도 전자기적 잡음에 덜 민감하게 하기 위함이다.

③ 0~150℃ 범위를 측정하는 전송기의 이득은 150/16℃/mA이다.

④ 제어기 출력으로 ATC(Air−To−Close) 밸브를 동작시키는 경우, 8mA에서 밸브 열림도(valve position)가 0.75가 된다.

해설

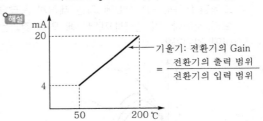

기울기 : 전환기 이득 $=\dfrac{\text{전환기의 출력 범위}}{\text{전환기의 입력 범위}}$

0~150℃ 범위를 측정하는 전송기 이득 $=\dfrac{16\text{mA}}{150℃}$

54 $Y(s)=4/(s^3+2s^2+4s)$ 식을 역라플라스 변환하여 y값을 옳게 구한 것은? 출제율 60%

① $y(t)=e^{-t}\left(\cos\sqrt{3}\,t+\dfrac{1}{\sqrt{3}}\sin\sqrt{3}\,t\right)$

② $y(t)=1-e^{-t}\left(\cos\sqrt{3}\,t+\dfrac{1}{\sqrt{3}}\sin\sqrt{3}\,t\right)$

③ $y(t)=4-e^{-t}\left(\sin\sqrt{3}\,t+\dfrac{1}{\sqrt{3}}\cos\sqrt{3}\,t\right)$

④ $y(t)=1-e^{-t}\left(\sin\sqrt{3}\,t+\dfrac{1}{\sqrt{3}}\cos\sqrt{3}\,t\right)$

해설 • 라플라스 변환

$$Y(s) = \frac{4}{s^3 + 2s^2 + 4s} = \frac{4}{s(s^2 + 2s + 4)}$$

$$= \frac{1}{s} - \frac{s+1}{(s+1)^2 + 3}$$

$$= \frac{1}{s} - \frac{s+1}{(s+1)^2 + (\sqrt{3})^2} - \frac{1}{\sqrt{3}}$$

$$\times \frac{\sqrt{3}}{(s+1)^2 + (\sqrt{3})^2}$$

• 역라플라스 변환

$$y(t) = 1 - \cos\sqrt{3}\, te^{-t} - \frac{1}{\sqrt{3}}\sin\sqrt{3}\, te^{-t}$$

$$= 1 - e^{-t}\left(\cos\sqrt{3}\, t + \frac{1}{\sqrt{3}}\sin\sqrt{3}\, t\right)$$

55 선형계가 안정하려면 특성방정식의 근들이 복소평면의 어디에 위치하여야 하는가? 출제율 50%

① 복소평면 실수축의 위쪽 반평면
② 복소평면 허수축의 오른쪽 반평면
③ 복소평면 허수축의 왼쪽 반평면
④ 복소평면 실수축의 아래쪽 반평면

해설 특성방정식의 근이 복소평면 상에서 허수축 기준 좌측 평면 상에 위치하면 제어시스템은 안정하다.

56 다음 다단제어(cascade control)의 설명 중 틀린 것은? 출제율 60%

① 상위(master) 제어기, 하위(slave) 제어기 모두 적분동작을 가지고 있어야 한다.
② 지역적으로 발생하는 외란의 영향을 미리 제어해 줌으로써, 그 영향이 상위 피제어 변수(primary controlled variable)에 미치지 않도록 한다는 개념을 가진다.
③ 하위(slave) 제어기를 구성하기 위한 하위 피제어 변수가 필요하며, 하위 피제어 변수와 관련된 공정의 동특성이 느릴수록 제어성능이 나빠진다.
④ 다단제어의 하위 제어계는 상위 제어기의 대상 공정을 선형화시키는 효과를 준다.

해설 다단제어(cascade control)
제어성능에 큰 영향을 미치는 교란변수의 영향을 미리 보정하며, 상위·하위 제어기 모두 적분동작을 가질 필요는 없다.

57 공정제어를 최적으로 하기 위한 조건 중 틀린 것은? 출제율 40%

① 제어편차 e가 최대일 것
② 응답의 진동이 작을 것
③ Overshoot가 작을 것
④ $\int_0^\infty te\,dt$가 최소일 것

해설 공정제어를 최적화하기 위한 조건
㉠ 제어편차가 작을수록 좋다.
㉡ 진동, Overshoot이 작을수록 좋다.
㉢ $\int_0^\infty te\,dt$가 최소일수록 좋다.

58 Error에 단위계단변화(unit step change)가 있었을 때 다음과 같은 제어기 출력응답(response)을 보이는 제어기는? 출제율 60%

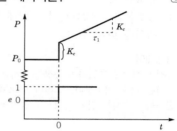

① PID   ② PI
③ PD   ④ P

해설 • PI제어기

$$G_c = K_c\left[1 + \frac{1}{\tau_1 s}\right] = \frac{M(s)}{E(s)}$$

• PI제어기 계단응답

$$E(s) = \frac{1}{s}$$

$$M(s) = K_c\left(1 + \frac{1}{\tau_1 s}\right)\cdot\frac{1}{s} = K_c\left(\frac{1}{s} + \frac{1}{\tau_1 s^2}\right)$$

$$m'(t) = K_c\left(1 + \frac{t}{\tau_1}\right)u(t)$$

즉, 계단응답 특성을 갖는다.

59 다음 시스템이 안정하기 위한 조건은? 출제율 60%

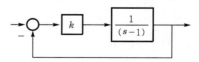

① $0 < k < 1$ ② $k > 1$
③ $k < 1$ ④ $k > 0$

55.③ 56.① 57.① 58.② 59.②

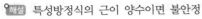

해설 특성방정식의 근이 양수이면 불안정

$$1 + \frac{k}{s-1} = s - 1 + k = 0$$

$s = k - 1 < 0$이어야 하므로 $k > 1$

60 공정제어(process control)의 범주에 들지 않는 것은? `출제율 40%`

① 전력량을 조절하여 가열로의 온도를 원하는 온도로 유지시킨다.

② 폐수처리장의 미생물 양을 조절함으로써 유출수의 독성을 격감시킨다.

③ 증류탑(distillation column)의 탑상 농도(top concentration)를 원하는 값으로 유지시키기 위하여 무엇을 조절할 것인가를 결정한다.

④ 열효율을 극대화시키기 위해 열교환기의 배치를 다시 한다.

해설 공정제어

공정의 변수를 조절하여 공정을 원하는 상태로 유지시키는 것을 의미한다. 그러나 열교환기의 배치는 변수를 조절하는 것이 아니므로 공정제어가 아니다.

▶ 제4과목 ┃ 공업화학

61 헥산(C_6H_{14})의 구조 이성질체 수는? `출제율 40%`

① 4개   ② 5개

③ 6개   ④ 7개

해설 이성질체

분자식은 같으나 분자 내 배열이 다른 것을 말한다.

① C-C-C-C-C-C

②
$$\begin{array}{c} C \\ | \\ C-C-C-C \\ | \\ C \end{array}$$

③
$$\begin{array}{c} C-C-C-C-C \\ | \\ C \end{array}$$

④
$$\begin{array}{c} C-C-C-C-C \\ | \\ C \end{array}$$

⑤
$$\begin{array}{c} C \\ | \\ C-C-C-C \\ | \\ C \end{array}$$

62 옥탄가에 대한 설명으로 틀린 것은? `출제율 40%`

① iso-옥탄의 옥탄가를 0으로 하여 기준치로 삼는다.

② 가솔린의 안티노크성(antiknock property)을 표시하는 척도이다.

③ n-헵탄과 이소옥탄의 비율에 따라 옥탄가를 구할 수 있다.

④ 탄화수소의 분자구조와 관계가 있다.

해설 옥탄가

가솔린의 안티노크성을 수치로 표현한 것으로, 이소옥탄의 옥탄가를 100, 노멀 헵탄의 옥탄가를 0으로 한다.

63 다음 반도체 공정에 대한 설명 중 틀린 것은 어느 것인가? `출제율 40%`

① 감광반응되지 않은 부분을 제거하는 공정을 에칭이라 하며, 건식과 습식으로 구분할 수 있다.

② 감광성 고분자를 이용하여 실리콘웨이퍼에 회로패턴을 전사하는 공정을 리소그래피(lithography)라고 한다.

③ 화학기상증착법 등을 이용하여 3족 또는 6족의 불순물을 실리콘웨이퍼 내로 도입하는 공정을 이온주입이라 한다.

④ 웨이퍼 처리공정 중 잔류물과 오염물을 제거하는 공정을 세정이라 하며, 건식과 습식으로 구분할 수 있다.

해설 • 화학기상증착

형성하고자 하는 증착막 재료의 원소가스를 기판 표면 위에 화학반응시켜 원하는 박막을 형성하는 조작이다.

• 이온주입

전하를 띤 원자인 B, P, As 등 도판트이온들을 직접 기판의 원하는 부분에 주입하는 공정을 말한다.

64 다음 중 니트로화제로 주로 공업적으로 사용되는 혼산은? `출제율 60%`

① 염산+인산   ② 질산+염산

③ 질산+황산   ④ 황산+염산

해설 **니트로화제**

질산, 초산, 인산, N_2O_4, N_2O_5, KNO_3, $NaNO_3$
$H_2SO_4 + HNO_3$의 혼산이 정답이다.

65 다음 중 윤활유의 성상에 대한 설명으로 틀린 것은? 출제율 40%

① 유막강도가 커야 한다.
② 적당한 점도가 있어야 한다.
③ 안정도가 커야 한다.
④ 인화점이 낮아야 한다.

해설 **윤활유**

㉠ 고체 표면에 안정한 기름막을 형성해야 한다.
㉡ 석유를 감압증류 후 유분을 탈납, 정제하여 제조한다.
㉢ 적당한 점도 및 인화점이 높아야 한다.
㉣ 산이나 열에 의한 부식이 적고, 안정도가 커야 한다.
㉤ 인화성이 없어야 한다.

66 다음 중 중과린산석회의 제법으로 가장 옳은 것은? 출제율 40%

① 인산을 암모니아로 처리한다.
② 과린산석회를 암모니아로 처리한다.
③ 칠레초석을 황산으로 처리한다.
④ 인광석을 인산으로 처리한다.

해설 • 과린산석회(P_2O_5 15~20%)
인광석을 황산으로 분해시켜 제조한다.
• 중과린산석회(P_2O_5 30~50%)
인광석을 인산으로 분해하여 제조한다.

67 페놀을 수소화한 후 질산으로 산화시킬 때 생성되는 주물질은 무엇인가? 출제율 60%

① 프탈산
② 아디프산
③ 시클로헥사놀
④ 말레산

해설 **아디프산(adipic acid)**
페놀로부터 합성

68 아세틸렌을 원료로 하여 합성되는 물질로 가장 거리가 먼 것은? 출제율 40%

① 아세트알데히드
② 염화비닐
③ 메틸알코올
④ 아세트산비닐

해설 **아세틸렌 유도체**
아세트알데히드, 초산비닐(비닐아세테이트), 염화비닐, 트리클로로에틸렌, 아크릴로니트릴, 클로로프렌, n-부탄올 등

69 열경화성 수지와 열가소성 수지로 구분할 때 다음 중 나머지 셋과 분류가 다른 하나는 어느 것인가? 출제율 80%

① 요소수지   ② 폴리에틸렌
③ 염화비닐   ④ 나일론

해설 • **열가소성 수지**
㉠ 가열하면 연화되어 외력에 의해 쉽게 변형된 상태로 가공하여 외력이 제거되어도 성형된 상태를 유지하도록 하는 수지이다.
㉡ 종류 : 폴리에틸렌, 폴리프로필렌, 폴리염화비닐, 폴리스티렌, 아크릴수지, 불소수지, 폴리비닐아세테이트 등
• **열경화성 수지**
㉠ 가열하면 우선 연화되지만 계속 가열하면 더 이상 연화되지 않고 경화되면 원상태로 되돌아가지 않는 수지이다.
㉡ 종류 : 페놀수지, 요소수지, 멜라민수지, 우레탄수지, 에폭시수지, 알키드수지, 규소수지 등

70 벤젠의 할로겐화 반응에서 반응력이 가장 작은 것은? 출제율 20%

① Cl_2 ② I_2
③ Br_2 ④ F_2

해설 **할로겐화 반응성**
$F_2 > Cl_2 > Br_2 > I_2$ (HF < HCl < HBr < HI)

71 Solvay법과 LeBlanc법에서 같이 사용되는 원료는? 출제율 80%

① NaCl   ② H_2SO_4
③ CH_4 ④ NH_3

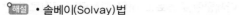
해설 • 솔베이(Solvay)법

$$NaCl + NH_4HCO_3 \longrightarrow NaHCO_3 + NH_4Cl$$
$$2NaHCO_3 \longrightarrow Na_2CO_3 + H_2O + CO_2$$

• 르블랑(LeBlanc)법

$$NaCl + H_2SO_4 \longrightarrow NaHSO_4 + HCl$$
$$NaCl + NaHSO_4 \longrightarrow Na_2SO_4 + HCl$$

72 카르복시산과 아민의 축합반응으로 얻어지는 화합물은? _{출제율 40%}

① 에테르(ether) ② 에스테르(ester)
③ 케톤(ketone) ④ 아미드(amide)

해설 $R-COOH + R'NH_2 \longrightarrow \underline{RCONHR'} + H_2O$
                          (아미드)

아미드 결합 : $-CO-NH-$ 결합

73 합성염산 제조 시 원료 기체인 H_2와 Cl_2는 어떻게 제조하여 사용하는가? _{출제율 60%}

① 공기의 액화 ② 공기의 아크방전법
③ 소금물의 전해 ④ 염화물의 치환법

해설 소금물의 전기분해로 H_2와 Cl_2를 얻는다.

$$2NaCl + 2H_2O \xrightarrow{전기분해} 2NaOH + Cl_2 + H_2$$

보충 Tip

$$H_2 + Cl_2 \longrightarrow 2HCl(합성염산 반응)$$

74 격막식 전해법에서 일반적으로 사용하는 격막 물질은? _{출제율 40%}

① $BaNO_3$ ② 겔 형태의 Al_2O_3
③ 유리섬유 ④ 석면

해설 격막식 전해법의 석면 격막
㉠ 역류 방지
㉡ 알칼리성 용액과 산성 용액 분리
㉢ 양극 부반응 방지
㉣ 산, 알칼리에 부식되지 않음.

75 가솔린 유분 중에서 휘발성이 높은 것을 의미하고 한국과 유럽의 석유화학공업에서 분해에 의해 에틸렌 및 프로필렌 등의 제조에 주된 공업 원료로 사용되고 있는 것은? _{출제율 20%}

① 경유 ② 등유
③ 나프타 ④ 중유

해설 나프타(naphtha)
석유화학의 원료로 원유를 증류할 때 35~220℃의 끓는점 범위에서 유출되는 탄화수소의 혼합체로, 에틸렌 및 프로필렌 등의 제조에 사용된다.

76 아세틸렌에 HCl이 부가될 때 주로 생성되는 물질과 관계 깊은 것은? _{출제율 40%}

① 아세트알데히드 ② PVC
③ PVA ④ 아크릴로니트릴

해설 폴리염화비닐(PVC)

$$H-C \equiv C-H + HCl \longrightarrow CH_2 = CH-Cl$$
                               (염화비닐)

$$\xrightarrow{중합반응} \begin{array}{c} CH_2CH \\ | \\ Cl \\ (PVC) \end{array}$$

77 N_2O_4와 H_2O가 같은 몰비로 존재하는 용액에 산소를 넣어 HNO_3 30kg을 만들고자 한다. 이때 필요한 산소의 양은 약 몇 kg인가? (단, 반응은 100% 일어난다고 가정한다.) _{출제율 60%}

① 3.5 ② 3.8
③ 4.1 ④ 4.5

해설 $N_2O_4 + H_2O + \dfrac{1}{2}O_2 \longrightarrow 2HNO_3$

$$2N_2O_4 + 2H_2O + O_2 \longrightarrow 4HNO_3$$
               32kg : 4×63
                x :   30kg

$$32 : 4 \times 63 = x : 30$$
$$\therefore x \fallingdotseq 3.8 kg$$

78 염화수소가스 42.3kg을 물 83kg에 흡수시켜 염산을 제조할 때 염산의 농도 백분율은 얼마인가? (단, 염화수소가스는 전량 물에 흡수된 것으로 한다.) _{출제율 60%}

① 13.76% ② 23.76%
③ 33.76% ④ 43.76%

해설 $HCl(g) + H_2O(l) \longrightarrow HCl(aq)$
    42.3kg   83kg

$$염산의\ 농도\ 백분율 = \frac{HCl(g)}{HCl(g) + H_2O(l)}$$
$$= \frac{42.3}{42.3 + 83} \times 100$$
$$= 33.76\%$$

79 순도가 95%인 황산암모늄이 100kg이 있다. 이 중 질소의 함량은 약 몇 kg인가? 출제율 60%

① 9.1 ② 10.2
③ 15.1 ④ 20.2

해설 질소 함량 $= 95\,\text{kg}\,(\text{NH}_4)_2\text{SO}_4 \times \dfrac{28\,\text{kg}\,\text{N}_2}{132\,\text{kg}\,(\text{NH}_4)_2\text{SO}_4}$

$\fallingdotseq 20.15\,\text{kg}$

80 벤젠을 니트로화하여 니트로벤젠을 만들 때에 대한 설명으로 옳지 않은 것은? 출제율 50%

① 혼산을 사용하여 니트로화한다.
② NO_2^+이 공격하는 친전자적 치환반응이다.
③ 발열반응이다.
④ DVS의 값이 7이 가장 적합하다.

해설 DVS(황산의 탈수값)
㉠ DVS 값이 커지면 반응의 안정성과 수율이 커지고 DVS 값이 작아지면 수율이 감소하여 질소의 산화반응이 활발해진다.
㉡ 벤젠을 니트로화하여 니트로벤젠을 만들 때에 DVS 값은 2.5~3.5가 가장 적합하다.

제5과목 Ⅰ 반응공학

81 다음 각 그림의 빗금친 부분의 넓이 가운데 플러그반응기의 공간시간 τ_p를 나타내는 것은? (단, 밀도 변화가 없는 반응이다.) 출제율 60%

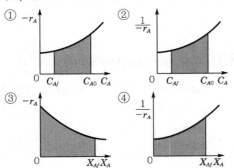

해설 밀도 변화가 없는 반응($\varepsilon_A = 0$)

$$\tau = -\int_{C_{A0}}^{C_A} \frac{dC_A}{r_A} = \frac{C_{A0} - C_A}{-r_A}$$

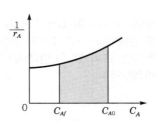

82 밀도 변화가 없는 균일계 비가역 0차 반응, $A \rightarrow R$이 어떤 혼합반응기에서 전화율 90%로 진행된다. R의 생산량을 늘릴 목적으로 A의 공급속도를 2배로 했다면 결과는 어떻게 되겠는가? 출제율 40%

① R의 생산량은 변함이 없다.
② R의 생산량이 2배로 증가한다.
③ R의 생산량이 1/2로 감소한다.
④ R의 생산량이 50% 증가한다.

해설 화학반응속도
시간에 따라 반응물 농도는 감소하고 생성물의 농도는 증가한다.

생성속도 $(r_B) = \dfrac{1}{V_R} \dfrac{dn_B}{dt}$

여기서, r_B : 생성물의 생성속도
$\quad\quad\quad n_B$: 반응계 내 생성물의 몰수
$\quad\quad\quad V_R$: 반응계 용적
$\quad\quad\quad t$: 시간
반응속도와 생산량은 연관이 없으므로 공급속도를 2배 증가시켜도 생산량은 일정하다.

83 N_2O_2의 분해반응은 1차 반응이고 반감기가 20500s일 때 8시간 후 분해된 분율은? 출제율 80%

① 0.422 ② 0.522
③ 0.622 ④ 0.722

해설 1차 반응에서 반감기 $t_{1/2} = 20500\,\text{s}$

$-\ln(1 - X_A) = kt$

$t_{1/2} = \dfrac{\ln 2}{k} = 20500\,\text{s}$

$k = 3.381 \times 10^{-5}\,\text{s}^{-1}$

8시간 후 분해된 분율

$-\ln(1 - X_A) = kt = 3.381 \times 10^{-5} \times 8\text{h} \times \dfrac{3600}{1\text{h}}$

$X_A = 0.622$

84 균일계 액상반응 $A \rightarrow R$이 회분식 반응기에서 1차 반응으로 진행된다. A의 40%가 반응하는 데 5분이 걸린다면, A의 60%가 반응하는 데 약 몇 분이 걸리겠는가? _{출제율 80%}

① 5분
② 9분
③ 12분
④ 15분

해설 1차 회분식 반응기
$-\ln(1-X_A) = kt$
$-\ln(1-0.4) = k \times 5\,min$
$k = 0.102\,min^{-1}$
$-\ln(1-0.6) = 0.102\,min^{-1} \times t$
$\therefore t = 8.98\,min$

85 두 번째 반응기의 크기가 첫 번째 반응기 체적의 2배인 2개의 혼합반응기를 직렬로 연결하여 물질 A의 액상분해속도론을 연구한다. 정상상태에서 원료의 농도가 1mol/L이고, 첫 번째 반응기에서 평균체류시간은 96초이며 첫 번째 반응기의 출구농도는 0.5mol/L이고, 두 번째 반응기의 출구농도는 0.25mol/L이다. 이 분해반응은 몇 차 반응인가? _{출제율 70%}

① 0차
② 1차
③ 2차
④ 3차

해설 2차 반응
$k\tau C_{A0} = \dfrac{X_A}{(1-X_A)^2}$
$k_1 = \dfrac{0.5}{(1-0.5)^2 \times 96 \times 1} = 0.021\,L/mol \cdot s$
$k_2 = \dfrac{0.5}{(1-0.5)^2 \times 192 \times 0.5} = 0.021\,L/mol \cdot s$
$k_1 = k_2$이므로 이 분해반응은 2차 반응이다.

86 체적이 일정한 회분식 반응기에서 다음과 같은 기체반응이 일어난다. 초기의 전압과 분압을 각각 P_0, P_{A0}, 나중의 전압을 P라 할 때 분압 P_A를 표시하는 식은? (단, 초기에 A, B는 양론비대로 존재하고 R은 없다.) _{출제율 50%}

$$aA + bB \rightarrow rR$$

① $P_A = P_{A0} - [a/(r-a-b)](P-P_0)$
② $P_A = P_{A0} - [a/(r+a+b)](P-P_0)$
③ $P_A = P_{A0} + [a/(r-a-b)](P-P_0)$
④ $P_A = P_{A0} + [a/(r+a+b)](P-P_0)$

해설

	aA	$+$	bB	$\rightarrow$	rR
초기	P_{A0}		P_{B0}		0
반응	$-ax$		$-bx$		rx
최종	$P_{A0}-ax$		$P_{B0}-bx$		rx

$P = P_{A0} - ax + P_{B0} - bx + rx$, $P_0 = P_{A0} + P_{B0}$
$P = P_0 + (r-a-b)x$

87 균일계 액상 병렬반응이 다음과 같을 때 R의 순간수율 ϕ값으로 옳은 것은? _{출제율 60%}

$$A+B \xrightarrow{k_1} R, \quad dC_R/dt = 1.0\,C_A C_B^{0.5}$$
$$A+B \xrightarrow{k_2} S, \quad dC_S/dt = 1.0\,C_A^{0.5} C_B^{1.5}$$

① $\dfrac{1}{1+C_A^{-0.5}C_B}$
② $\dfrac{1}{1+C_A^{0.5}C_B^{-1}}$
③ $\dfrac{1}{C_A C_B^{0.5}+C_A^{0.5}C_B^{1.5}}$
④ $C_A^{0.5}C_B^{-1}$

해설 R의 순간수율 $\phi = \dfrac{dC_R}{-dC_A} = \dfrac{C_A C_B^{0.5}}{C_A C_B^{0.5}+C_A^{0.5}C_B^{1.5}}$
$= \dfrac{1}{1+C_A^{-0.5}C_B}$

88 기상 2차 반응에 관한 속도식을 $-\dfrac{dP_A}{dt} = k_p P_A^2$ [atm/h]로 표시할 때 k_p의 단위로 옳은 것은 어느 것인가? _{출제율 40%}

① $atm^{-1} \cdot h$
② h^{-1}
③ $atm \cdot h$
④ $atm^{-1} \cdot h^{-1}$

해설 $atm/h = k_p\,[atm]^2$
$k_p = atm^{-1} \cdot h^{-1}$

89 Arrhenius law에 따라 작도한 다음 그림 중에서 평행반응(parallel reaction)에 가장 가까운 그림은? 〔출제율 60%〕

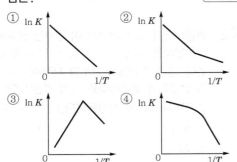

> **해설** 아레니우스 방정식(Arrhenius equation)
>
> $$k = Ae^{-E_a/RT} \rightarrow \ln K = \ln A - \frac{E_a}{RT}$$
>
>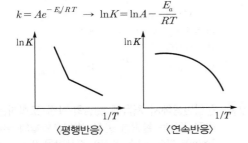
>
> 〈평행반응〉　　　〈연속반응〉

90 균일계 액상반응 $A \rightarrow R \rightarrow S$에서 1단계는 2차 반응, 2단계는 1차 반응으로 진행되고 R이 원하는 제품일 경우, 다음 설명 중 옳은 것은 어느 것인가? 〔출제율 40%〕

① A의 농도를 높게 유지할수록 좋다.
② 반응온도를 높게 유지할수록 좋다.
③ 혼합반응기가 플러그반응기보다 성능이 더 좋다.
④ A의 농도는 R의 수율과 직접 관계가 없다.

> **해설** $A \xrightarrow[k_1]{2\text{차}} R \xrightarrow[k_2]{1\text{차}} S$
>
> $r_R = k_1 C_A{}^2 - k_2 C_R, \quad r_S = k_2 C_R$
>
> $$\frac{r_R}{r_S} = \frac{k_1 C_A{}^2 - k_2 C_R{}^2}{k_2 C_R}$$
>
> 원하는 제품 R을 얻기 위해 C_A의 농도를 높게 유지할수록 좋다.

91 반응물 A는 1차 반응 $A \rightarrow R$에 의해 분해된다. 서로 다른 2개의 플러그흐름반응기에 다음과 같이 반응물의 주입량을 달리하여 분해실험을 하였다. 두 반응기로부터 동일한 전화율 80%를 얻었을 경우 두 반응기의 부피비 V_2/V_1는 얼마인가? (단, F_{A0}는 공급 몰속도이고, C_{A0}는 초기농도이다.) 〔출제율 50%〕

> • 반응기 1 : $F_{A0} = 1, \ C_{A0} = 1$
> • 반응기 2 : $F_{A0} = 2, \ C_{A0} = 1$

① 0.5 　　　　② 1
③ 1.5 　　　　④ 2

> **해설** 1차 PFR $= -k\tau = \ln(1 - X_A)$
>
> • 반응기 1 : $\tau = \dfrac{C_{A0} V_1}{F_{A0}} = \dfrac{1 \times V_1}{1}$
>
> $\qquad -kV_1 = \ln(1 - 0.8)$
>
> $\qquad kV_1 = 1.609$
>
> • 반응기 2 : $\tau = \dfrac{1 \times V_2}{2} = \ln(1 - 0.8)$
>
> $\qquad -kV_2 = 2\ln(1 - 0.8)$
>
> $\qquad kV_2 = 3.219$
>
> $$\frac{V_2}{V_1} = \frac{3.29}{1.609} \fallingdotseq 2$$

92 어떤 반응의 Arrhenius plot에서 반응속도상수의 상용대수값 $\log k$와 $1/T$은 반대수(semi logalithm) 좌표에서 직선관계를 가졌으며 기울기가 -3000이라고 하면 활성화에너지는 몇 cal/mol인가? 〔출제율 60%〕

① 12800 　　　　② 13730
③ 21810 　　　　④ 61420

> **해설** $k = k_0 e^{-E_a/RT}$
>
> $$\ln K = \ln K_0 - \frac{E_a}{RT}$$
>
> $$\log K = \log K_0 - \frac{E_a}{2.303RT}$$
>
> 기울기 $= -\dfrac{E_a}{2.303R} = -3000 \, \text{cal/mol}$
>
> 활성화에너지$(E_a) = 2.303 \times 1.987 \times 3000$
>
> $\qquad\qquad = 13730 \, \text{cal/mol}$

93 다음 그림과 같은 반응에서 열효과로 옳은 것은 어느 것인가? 출제율 40%

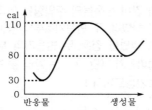

① 30cal 흡열　　② 50cal 흡열
③ 30cal 발열　　④ 50cal 발열

해설

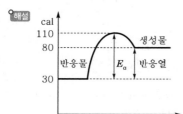

생성물 E는 80cal, 반응물 E는 30cal이므로 반응물에서 생성물이 되려면 50cal의 열을 흡수해야 한다.

94 흐름반응기(flow reactor)에서 다음의 기초반응이 일어날 때 R의 선택도를 최대로 하기 위한 방법은? 출제율 40%

$$A+B \to R, \ 2A \to S$$

① C_A를 낮게, C_B를 높게 한다.
② C_A를 높게, C_B를 낮게 한다.
③ C_A와 C_B를 높게 한다.
④ C_A와 C_B를 낮게 한다.

해설 선택도$\left(\dfrac{r_B}{r_S}\right) = \dfrac{k_1 C_A C_B}{k_2 C_A{}^2} = \dfrac{k_1}{k_2}\dfrac{C_B}{C_A}$

C_A는 낮게, C_B는 높게 해야 R을 최대로 얻을 수 있다.

95 다음 중 일반적 기초반응의 분자도(molecularity)에 해당하는 것은? 출제율 20%

① 1.5　　　　② 2
③ 2.5　　　　④ 4

해설 기초반응의 분자도 : 1, 2, 3
기초반응의 분자도는 반응에 관여하는 분자의 수이고, 반드시 정수이어야 한다.

96 반응의 진전에 따라 체적이 변하는 반응에서의 부피변화율 ε_A는 $V = V_o(1+\varepsilon_A X_A)$의 관계가 있다. 순수한 반응물 A로만 시작하는 $A \to 4R$의 반응에서 부피변화율 ε_A의 값은? (단, V_o는 초기부피, X_A는 전화율이다.) 출제율 40%

① 3/4
② 5/4
③ 4
④ 3

해설 $V = V_o(1+\varepsilon_A X_A)$
순수한 반응물 $A \to y_{A0} = 1$
$A \to 4R$
$\varepsilon_A = y_{A0} \cdot \delta = 1 \times \dfrac{4-1}{1} = 3$

97 정압반응에서 처음에 80%의 A를 포함하는(나머지 20%는 불활성 물질) 반응혼합물의 부피가 2min에 20% 감소한다면 기체반응 $2A \to R$에서 A의 소모에 대한 1차 반응속도상수는 약 얼마인가? 출제율 60%

① $0.147\mathrm{min}^{-1}$
② $0.247\mathrm{min}^{-1}$
③ $0.347\mathrm{min}^{-1}$
④ $0.447\mathrm{min}^{-1}$

해설 $\varepsilon_A = y_{A0} \cdot \delta = 0.8 \times \dfrac{1-2}{2} = -0.4$
$2A \to R$
$V = V_0(1+\varepsilon_A X_A)$
2min, 20% 감소
$80 = 100(1-0.4X_A), \ X_A = 0.5$
1차 반응식 이용
$-kt = \ln(1-X_A)$
$-k \times 2 = \ln(1-0.5)$
$\therefore k = 0.3471\mathrm{min}^{-1}$

98 매 3분마다 반응기 체적의 1/2에 해당하는 반응물이 반응기에 주입되는 연속흐름반응기(steady-state flow reactor)가 있다. 이때의 공간시간(τ, space time)과 공간속도(s, space velocity)는 얼마인가? [출제율 40%]

① $\tau = 6$분, $s = 1$분$^{-1}$

② $\tau = \dfrac{1}{3}$분, $s = 3$분$^{-1}$

③ $\tau = 6$분, $s = \dfrac{1}{6}$분$^{-1}$

④ $\tau = 2$분, $s = \dfrac{1}{2}$분$^{-1}$

해설 반응기 부피 $= V \times L$

$$\nu_0 = \frac{V}{2} \times L/3\,min = \frac{VL}{6}\,min^{-1}$$

$$\tau = \frac{V}{\nu_0} = \frac{VL}{\frac{VL}{6}} = 6\,min$$

$$s = \frac{1}{\tau} = \frac{1}{6}\,min^{-1}$$

99 회분식 반응기에서 전화율을 75%까지 얻는 데 소요된 시간이 3시간이었다고 한다. 같은 전화율로 3ft^3/min을 처리하는 데 필요한 플러그흐름반응기의 부피는 얼마인가? (단, 반응에 따른 밀도 변화는 없다.) [출제율 40%]

① 540ft^3 ② 620ft^3

③ 720ft^3 ④ 840ft^3

해설 밀도 변화가 없으므로 $\varepsilon_A = 0$

$$\tau = \frac{V}{\nu_0} = 3\,hr$$

$$V = \tau \cdot \nu_0$$

$$= 3\,hr \times 3\,ft^3/min \times 60\,min/hr$$

$$= 540\,ft^3$$

100 다음 중 미분법에 의한 미분속도 해석법이 아닌 것은? [출제율 20%]

① 도식적 방법   ② 수치해석법

③ 다항식 맞춤법   ④ 반감기법

해설 반감기법, 최소자승법은 미분법, 적분법이 정확하지 않을 경우 생성물의 농도가 거의 0에 가까울 때 사용된다.

제1과목 ┃ 화공열역학

01 기상 반응계에서 평형상수 K가 다음과 같이 표시되는 경우는? (단, K는 성분 i의 양론계수이고, $\nu = \sum_i \nu_i$이다.) 출제율 40%

$$K = \left(\frac{P}{P^\circ}\right)^\nu \prod_i y_i^{\ \nu}$$

① 평형혼합물이 이상기체이다.
② 평형혼합물이 이상용액이다.
③ 반응에 따른 몰수 변화가 없다.
④ 반응열이 온도에 관계없이 일정하다.

해설 화학반응 평형의 평형상수 이용
(평형상수와 조성 사이의 관계 : 기상반응)

$$\prod_i \left(\frac{\hat{f_i}}{f_i^\circ}\right)^{\nu_i} = K \rightarrow \prod_i \left(\frac{\hat{f_i}}{f_i^\circ}\right)^{\nu_i} = \prod_i \left(\frac{\hat{f_i}}{P^\circ}\right)^{\nu_i} = K$$

이상기체의 경우 퓨가시티(fugacity)는 압력과 같으므로 $f_i^\circ = P^\circ$(1bar)

$$\hat{a_i} = \frac{\hat{f_i}}{f_i^\circ} = \frac{\hat{f_i}}{P^\circ}$$

$$\hat{f_i} = \hat{\phi_i} y_i P$$

양변을 P°로 나누면

$$\frac{\hat{f_i}}{P^\circ} = \hat{\phi_i} y_i \frac{P}{P^\circ}$$

$$\therefore \prod_i (y_i \hat{\phi_i})^{\nu_i} = \left(\frac{P}{P^\circ}\right)^{-\nu} K$$

즉, 이상기체의 경우이다.
- 평형혼합물이 이상용액($\hat{\phi_i} = \phi_i$)

$$\Rightarrow \prod_i (y_i \phi_i)^{\nu_i} = P^{-\nu} \cdot K$$

- 평형혼합물이 이상기체($\phi_i = 1$)

$$\Rightarrow \prod_i (y_i)^{\nu_i} = P^{-\nu} \cdot K$$

02 혼합물 중 성분 i의 화학퍼텐셜 μ_i에 관한 식으로 옳은 것은? (단, G는 깁스 자유에너지, n_i는 성분 i의 몰수, n_j는 i번째 몰수 이외의 몰수를 나타낸다.) 출제율 40%

① $\mu_i = \left[\dfrac{\partial(nG)}{\partial n_i}\right]_{P, T, n_j}$

② $\mu_i = \left(\dfrac{\partial G}{\partial n_i}\right)_{T, V, n_j}$

③ $\mu_i = \left(\dfrac{\partial G}{\partial n_i}\right)_{P, V}$

④ $\mu_i = \left(\dfrac{\partial G}{\partial n_i}\right)_{n_j}$

해설 화학퍼텐셜(μ_i)
닫힌계에서 깁스 자유에너지는
$d(nG) = (nV)dP - (nS)dT$

$$\left[\frac{\partial(nG)}{\partial P}\right]_{T,n} = nV, \quad \left[\frac{\partial(nG)}{\partial T}\right]_{P,n} = -nS$$

nG는 P, T의 함수이므로
$nG = G(T, P, n_1, n_2, \cdots)$
전 미분하면

$$d(nG) = \left[\frac{\partial(nG)}{\partial P}\right]_{T,n} dP + \left[\frac{\partial(nT)}{\partial T}\right]_{P,n} dT$$
$$+ \Sigma \left[\frac{\partial(nG)}{\partial n_i}\right]_{P, T, n_j} dn$$

이 식에서 마지막 항을 화학퍼텐셜(μ_i)이라고 하며, 부분 몰 깁스 에너지($\overline{G_i}$)와 동일하다.

03 매우 더운 여름날 방 안을 시원하게 할 목적으로 밀폐된 방 안에서 가동 중인 냉장고의 문을 열어 놓았다. 방이 완전히 단열된 공간이라고 간주할 때, 몇 시간이 지난 후 방 안의 온도는 어떻게 될 것인가? 출제율 20%

① 온도의 변화가 없다.
② 온도가 상승한다.
③ 온도가 하강한다.
④ 바깥의 온도에 따라서 달라진다.

해설 열역학 제1법칙
㉠ 열역학 제1법칙=에너지 총량 일정
㉡ 방은 단열되었고 냉장고 문을 열어두어서 찬바람이 나와 잠깐은 온도가 내려가지만 냉장하기 위해 사용한 모터에서 시간이 흐른 후 열이 발생하므로 몇 시간 후 방의 온도는 상승한다. 즉, 냉장고는 내부의 열을 빼앗아 외부로 내보내므로 계속해서 방 안(내부)을 뜨겁게 하므로 방 안의 온도가 상승한다. 즉, 열역학 제1법칙에 의해 에너지가 보존되므로 온도가 상승한다.

04 물과 수증기와 얼음이 공존하는 삼중점에서 자유도의 수는? [출제율 80%]

① 0 　　　　② 1
③ 2 　　　　④ 3

해설 삼중점 그래프 및 자유도 공식 이용

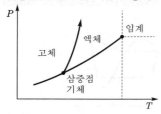

$$F = 2 - P + C$$
여기서, P : 상(phase), C : 성분
삼중점은 상이 고체, 액체, 기체이므로 3상이고, 성분은 1개이다.
$$F = 2 - 3 + 1 = 0$$

보충 Tip

> 삼중점(triple point)은 고체, 액체, 기체의 상이 평형을 이루는 점으로서 상률에 의해 불변($F=0$)이다.

05 오토사이클(otto cycle)에 대한 설명으로 옳은 것은? [출제율 60%]

① 증기원동기의 이상사이클이다.
② 디젤기관의 이상사이클이다.
③ 가스터빈의 이상사이클이다.
④ 불꽃점화기관의 이상사이클이다.

해설 오토사이클(otto cycle)
㉠ 보편적인 내연기관은 자동차에 이용되는 오토기관으로, 4개의 행정(stroke)으로 구성되어 있다.

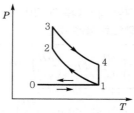

• 0 : 연료 투입
• 1 : 단열압축
• 2 : 연소 진행, 부피는 거의 일정, 압력 상승
• 3 : 단열팽창(일 생산)
• 4 : 밸브가 열리면서 일정 부피, 압력 감소
㉡ 오토사이클은 가솔린 내연기관(불꽃점화기관)의 이상적인 열역학 사이클로 정적 사이클이며, 단열 압축, 정적가열, 단열팽창, 정적배열의 4개 과정으로 된 사이클로서 가솔린기관이나 가스기관의 이론사이클이다.

06 화학평형상수에 미치는 온도의 영향을 옳게 표현한 것은? (단, $\Delta H°$는 표준반응엔탈피로서 온도에 무관하며, K_0는 온도 T_0에서의 평형상수, K는 온도 T에서의 평형상수이다.) [출제율 40%]

① 발열반응이면 온도 증가에 따라 화학평형상수도 증가한다.

② $\Delta H° = -RT \dfrac{d\ln K}{dT}$

③ $\ln \dfrac{K}{K_0} = -\dfrac{\Delta H°}{R}\left(\dfrac{1}{T} - \dfrac{1}{T_0}\right)$

④ $\dfrac{\Delta G°}{RT} = \ln K$

해설 화학반응평형, 평형상수에 대한 온도의 영향
$$K = \exp\left(-\dfrac{\Delta G°}{RT}\right) \Rightarrow \ln K = \dfrac{-\Delta G°}{RT}$$
ΔG의 T에 대한 온도 의존성 표현
$$\dfrac{d(\Delta G°/RT)}{dT} = -\dfrac{\Delta H°}{RT^2} \rightarrow \dfrac{d\ln K}{dT} = \dfrac{\Delta H°}{RT^2}$$
$$\ln \dfrac{K_2}{K_1} = -\dfrac{\Delta H°}{R}\left(\dfrac{1}{T_2} - \dfrac{1}{T_1}\right)$$
• $\Delta H°$가 음수(발열반응)인 경우 온도가 증가하면 화학평형상수는 감소한다.
• $\dfrac{d\ln K}{dT} = \dfrac{\Delta H°}{RT^2}$
• $\Delta G° = -RT\ln K$

07 엔탈피 H에 관한 식이 다음과 같이 표현될 때 식에 관한 설명으로 옳은 것은? 〔출제율 40%〕

$$dH = \left(\frac{\partial H}{\partial T}\right)_P dT + \left(\frac{\partial H}{\partial P}\right)_T dP$$

① $\left(\frac{\partial H}{\partial T}\right)_P$는 P의 함수이고, $\left(\frac{\partial H}{\partial P}\right)_T$는 T의 함수이다.

② $\left(\frac{\partial H}{\partial T}\right)_P$, $\left(\frac{\partial H}{\partial P}\right)_T$ 모두 P의 함수이다.

③ $\left(\frac{\partial H}{\partial T}\right)_P$, $\left(\frac{\partial H}{\partial P}\right)_T$ 모두 T의 함수이다.

④ $\left(\frac{\partial H}{\partial T}\right)_P$는 T의 함수이고, $\left(\frac{\partial H}{\partial P}\right)_T$는 P의 함수이다.

해설 $dH = \left(\frac{\partial H}{\partial T}\right)_P dT + \left(\frac{\partial H}{\partial P}\right)_T dP$

$\left(\frac{\partial H}{\partial T}\right)_P$는 온도 T의 함수.

즉, 일정한 압력(P) 하에서 온도(T)에 따른 H의 변화량을 나타낸다.

$\left(\frac{\partial H}{\partial P}\right)_T$는 압력 P의 함수.

즉, 일정한 온도(T) 하에서 압력(P)에 따른 H의 변화량을 나타낸다.

$H = H(T, P)$를 전 미분하면

$dH = \left(\frac{\partial H}{\partial T}\right)_P dT + \left(\frac{\partial H}{\partial P}\right)_T dP$ 이므로 T와 P의 함수이다.

08 다음의 반응이 760℃, 1기압에서 일어난다. 반응한 CO_2의 몰분율을 X라 하면 이때의 평형상수 K_P를 구하는 식은? (단, 초기에 CO_2와 H_2는 각각 1몰씩이며, 초기의 CO와 H_2O는 없다고 가정한다.) 〔출제율 40%〕

$$CO_2 + H_2 \longrightarrow CO + H_2O$$

① $\dfrac{X^2}{1-X^2}$ ② $\dfrac{X^2}{(1-X)^2}$

③ $\dfrac{X}{1-X}$ ④ $\dfrac{1-X}{X}$

해설 화학반응 평형에 의한 몰분율 계산

$$CO_2(g) + H_2(g) \rightarrow CO(g) + H_2O(g)$$

초기 : $\quad 1 \quad : \quad 1 \quad\quad 0 \quad : \quad 0$
평형상태 : $1-X : 1-X \quad X \quad : \quad X$
평형상수의 계산은 $aA + bB \rightarrow cC + dD$ 에서

$$K = \frac{a_C^c\, a_D^d}{a_A^a\, a_B^b}, \quad K_P = \frac{CO \cdot H_2O}{CO_2 \cdot H_2} = \frac{X^2}{(1-X)^2}$$

09 조름밸브(throttling valve)의 과정에서 성립하는 것은? (단, 열전달이 없고, 위치 및 운동에너지는 일정하다.) 〔출제율 40%〕

① 엔탈피의 변화가 없다.
② 엔트로피의 변화가 없다.
③ 압력의 변화가 없다.
④ 내부에너지의 변화가 없다.

해설 증기압축사이클에서의 조름과정(throttling)

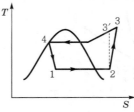

• $1 \rightarrow 2$: 증발되는 액체 열흡수
• $2 \rightarrow 3$: 고압압축
• $3 \rightarrow 4$: 냉각응축
• $4 \rightarrow 1$: 조름공정

증기압축사이클에서 응축된 액체가 압력강하에 의해 원래 압력으로 되돌아갈 경우 조름과정을 통해 이루어진다. 조름과정은 일정 엔탈피에서 이루어지며, 실제기체에서 발생하고, $W=0$, $Q=0$이며, 비가역이다. 즉, 열전달이 없고, 위치 및 운동에너지가 일정한 계에서 조름밸브의 과정은 엔탈피 변화가 없다.

10 다음 중 퓨가시티(fugacity)에 관한 설명으로 틀린 것은? 〔출제율 40%〕

① 일종의 세기(intensive properties) 성질이다.
② 이상기체 압력에 대응하는 실제기체의 상태량이다.
③ 이상기체 압력에 퓨가시티 계수를 곱하면 퓨가시티가 된다.
④ 퓨가시티는 압력 만의 함수이다.

해설 퓨가시티(fugacity)

$f = \phi_i P$

여기서, ϕ_i : 실제기체와 이상기체 압력의 관계를 나타내는 계수(퓨가시티 계수)

f : 실제기체에 사용하는 압력

순수한 성분의 퓨가시티 계수는 상태방정식으로 계산

$$Z_i - 1 = \frac{B_{ii} P}{RT}$$

$$\ln \phi_i = \frac{B_{ii}}{RT} \int_0^P dP \quad (T = \text{const})$$

$$\ln \phi_i = \frac{B_{ii} P}{RT}$$

퓨가시티는 온도, 압력, 조성의 함수이다.

11 활동도 계수(activity coefficient)에 관한 식으로 옳게 표시된 것은 어느 것인가? (단, G^E는 혼합물 1mol에 대한 과잉 깁스 에너지이며, γ_i는 i성분의 활동도 계수, n은 전체 몰수, n_i는 i성분의 몰수, n_j는 i번째 성분 이외의 몰수를 나타낸다.) **출제율 50%**

① $\ln \gamma_i = \left[\dfrac{\partial (G^E/R)}{\partial n_i} \right]_{T,P,n_j}$

② $\ln \gamma_i = \left[\dfrac{\partial (nG^E/RT)}{\partial n_i} \right]_{T,n_j}$

③ $\ln \gamma_i = \left[\dfrac{\partial (nG^E/RT)}{\partial n_i} \right]_{P,n_j}$

④ $\ln \gamma_i = \left[\dfrac{\partial (nG^E/RT)}{\partial n_i} \right]_{T,P,n_j}$

해설 과잉 물성

과잉 깁스 에너지

$$G^E = \overline{G} - \overline{G}^{id} \Rightarrow \overline{G}_i^E = \overline{G}_i - \overline{G}_i^{id}$$

루이스 랜달의 법칙(Lewis Randall's law)에 따라

$$\hat{f}_i^{id} = x_i f_i, \quad \frac{\hat{f}_i^{id}}{x_i P} = \frac{f_i}{P}$$

$$\overline{G}_i^E = RT \ln \frac{\hat{f}_i}{P} = RT \ln \frac{\hat{f}_i^{id}}{x_i f_i} = RT \ln \gamma_i$$

$$\ln \gamma_i = \frac{\overline{G}_i^E}{RT}$$

$$\ln \gamma_i = \left[\frac{\partial (nG^E/RT)}{\partial n_i} \right]_{T,P,n_j}$$

12 1atm, 32℃의 공기를 0.8atm까지 가역단열팽창시키면 온도는 약 몇 ℃가 되겠는가? (단, 비열비가 1.4인 이상기체라고 가정한다.) **출제율 60%**

① 3.2　　　　② 13.2

③ 23.2　　　　④ 33.2

해설 단열공정

$$\frac{T_2}{T_1} = \left(\frac{P_2}{P_1} \right)^{\frac{\gamma-1}{\gamma}}$$

$$\frac{T_2}{305} = \left(\frac{0.8}{1} \right)^{\frac{1.4-1}{1.4}}$$

$$T_2 = 305 \times \left(\frac{0.8}{1} \right)^{\frac{1.4-1}{1.4}} \fallingdotseq 286.16\,\text{K}\,(13.16\,℃)$$

13 용매에 소량의 기체가 녹아 있을 때 나타나는 퓨가시티를 구하고자 할 경우에 가장 적절한 방법은? **출제율 30%**

① 라울의 법칙(Raoult's law)을 이용한다.

② 헨리의 법칙(Henry's law)을 이용한다.

③ 네른스트(Nernst)의 분배법칙을 이용한다.

④ 반 데르 발스(Van der Waals) 식을 이용한다.

해설 헨리의 법칙(Henry's law)

용해도가 작은 기체일 경우 일정온도에서 액체에 녹는 기체의 질량은 분압에 비례한다는 법칙으로, 용매에 소량의 기체가 녹아 있을 때는 헨리의 법칙을 이용한다.

보충 Tip

> 라울의 법칙(Raoult's law)
> 증기압 변화에 따른 용액의 농도 사이를 나타낸 것으로, 이상용액에 이용된다.

14 실린더에 피스톤이 설치되어 있다. 초기에 실린더-피스톤 내부 부피가 0.03m³일 때 14bar의 압력이 유지되도록 힘으로 유지하다가 갑자기 이 힘을 반으로 줄여서 내부 부피가 0.06m³로 되었다면 실린더 내의 기체가 한 일의 크기는? (단, PV = 일정) **출제율 50%**

① $\ln 2 \times 42000$J　　② 42000J

③ $\ln 2 \times 84000$J　　④ 84000J

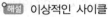
해설 이상적인 사이클

등온압축과정에서 $W = \int_{V_1}^{V_2} P\,dV$

(PV=일정, 온도 일정)

$$W = \int_{V_1}^{V_2} P\,dV = \int_{V_1}^{V_2} \frac{nRT}{V}\,dV = nRT \ln \frac{V_2}{V_1}$$

$$(PV = nRT)$$

$$= PV \ln \frac{V_2}{V_1} = 14\,\text{bar} \times 0.03\,\text{m}^3 \times \ln \frac{0.06}{0.03}$$

$$= 14\,\text{bar} \times 0.03\,\text{m}^3 \times \frac{101.3 \times 10^3\,\text{N/m}^2}{1.013\,\text{bar}} \times \ln 2$$

$$= 42000 \times \ln 2\,\text{J}$$

15 다음 중 증기-압축 냉동사이클을 옳게 나타낸 것은? [출제율 60%]

① 압축기 → 응축기 → 증발기 → 팽창밸브 → 압축기

② 압축기 → 팽창엔진 → 응축기 → 증발기 → 압축기

③ 압축기 → 증발기 → 응축기 → 팽창엔진 → 압축기

④ 압축기 → 응축기 → 팽창밸브 → 증발기 → 압축기

해설 증기-압축 냉동사이클

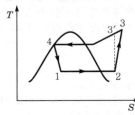

• 1 → 2 : 증발, 열흡수
• 2 → 3 : 고압압축
• 3 → 4 : 냉각응축
• 4 → 1 : 조름공정(팽창밸브)

압축기 → 응축기 → 조름공정(팽창밸브) → 증발기 → 압축기

16 진공용기 내에서 $CaCO_3(S)$의 일부가 분해되어 $CaO(S)$와 $CO_2(g)$가 생성된 후 평형에 도달했을 때 자유도는? [출제율 80%]

① 0
② 1
③ 2
④ 3

해설 자유도 F

$F = 2 - P + C - r - s$

여기서, P(phase) : 상, C : 성분, r : 화학반응식 수
$\quad\quad s$: 제한조건(공비 혼합물, 등몰 기체 생성)

$F = 2 - 3 + 3 - 1 = 1$

여기서, 상의 수가 3개인 이유는 고체의 경우 중복되어도(다른 물질) 더해서 상을 구한다.

17 다음 중 압축 또는 팽창에 대해 가장 올바르게 표현한 내용은 어느 것인가? (단, 첨자 s는 등엔트로피를 의미한다.) [출제율 20%]

① 압축기의 효율은 $\eta = \dfrac{(\Delta H)_s}{\Delta H}$로 나타낸다.

② 노즐에서 에너지수지 식은 $W_s = -\Delta H$ 이다.

③ 터빈에서 에너지수지 식은 $W_s = -\int u\,du$ 이다.

④ 조름공정에서 에너지수지 식은 $dH = -u\,du$ 이다.

해설 ② 노즐에서 에너지수지 식은 $\Delta H + \dfrac{\Delta U^2}{2}$이다.

③ 터빈(팽창기)에서 에너지수지 식은 $\Delta H = W_s$ 이다.

④ 조름공정 에너지수지 식은 $\Delta H = 0$이다.

보충 Tip

• 터빈 효율 $= \dfrac{W_s(\text{실제흐름})}{W_s(\text{isentropic})} = \dfrac{\Delta H}{(\Delta H)_s}$

• 압축기 효율 $= \dfrac{W_s(\text{isentropic})}{W_s(\text{실제흐름})} = \dfrac{(\Delta H)_s}{\Delta H}$

18 50mol% 메탄과 50mol% n-헥산의 증기혼합물의 제2 비리얼 계수(B)는 50℃에서 -517cm³/mol이다. 같은 온도에서 메탄 25mol%, n-헥산 75mol%가 들어 있는 혼합물에 대한 제2 비리얼 계수(B)는 약 몇 cm³/mol인가? (단, 50℃에서 메탄에 대하여 B_1은 -33cm³/mol이고, n-헥산에 대하여 B_2는 -1512cm³/mol이다.) [출제율 40%]

① -1530
② -1320
③ -1110
④ -950

해설 혼합물의 비리얼 계수 식 이용

혼합물의 비리얼 계수 $= \sum_i \sum_j y_i y_j B_{ij}$

여기서, $y_i\, y_j$: 기체혼합물 중의 몰분율

$\qquad B_{ij}$: 비리얼 계수

B(2성분계 혼합물)

$= y_1 y_1 B_{11} + y_1 y_2 B_{12} + y_2 y_1 B_{21} + y_2 y_2 B_{22}$

$= y_1{}^2 B_{11} + 2 y_1 y_2 B_{12} + y_2{}^2 B_{22}$

- 50mol% 메탄과 50mol% n-헥산혼합물, 제2 비리얼 계수 $= -517\,\text{cm}^2/\text{mol}$

  $-517\,\text{cm}^2/\text{mol} = 0.5^2 \times (-33\,\text{cm}^3/\text{mol})$

  $\qquad + 2 \times 0.5^2\, \text{B}_{12} + 0.5^2 \times (-1512\,\text{cm}^3/\text{mol})$

  $B_{12} = -261.5\,\text{cm}^3/\text{mol}$

- 25mol% 메탄, 75mol% n-헥산혼합물, 제2 비리얼 계수는

  $B = (0.25)^2 \times (-33\,\text{cm}^3/\text{mol}) + 2 \times 0.25 \times 0.75 \times$

  $\qquad (-261.5\,\text{cm}^3/\text{mol}) + (0.75)^2$

  $\qquad \times (-1512\,\text{cm}^3/\text{mol})$

  $= -950.6\,\text{cm}^3/\text{mol}$

19 열역학에 관한 설명으로 옳은 것은? 출제율 30%

① 일정가역과정은 깁스(Gibbs) 에너지를 증가시키는 한 압력과 온도에서 일어나는 모든 방향으로 진행한다.

② 공비물의 공비 조성에서는 끓는 액체에서 같은 조성을 갖는 기체가 만들어지며, 액체의 조성은 증발하면서도 변화하지 않는다.

③ 압력이 일정한 단일상의 PVT 계에서 ΔH $= \int_{T_1}^{T_2} C_v dT$ 이다.

④ 화학반응이 일어나면 생성물의 에너지는 구성원자들의 물리적 배열의 차이에만 의존하여 변한다.

해설 평형

㉠ 일정가역과정은 깁스(Gibbs) 에너지를 감소시키는 방향으로 진행한다.

㉡ 압력이 일정한 단일상의 PVT 계에서

$\Delta H = Q = \int_{T_1}^{T_2} C_P dT$ 이다.

㉢ 화학반응이 일어나면 생성물의 에너지는 구성원자들의 물리적 배열의 차이에만 의존하여 변하지 않는다.

20 다음 중 맥스웰(Maxwell)의 관계식으로 틀린 것은 어느 것인가? 출제율 80%

① $\left(\dfrac{\partial T}{\partial V}\right)_S = -\left(\dfrac{\partial P}{\partial S}\right)_V$

② $\left(\dfrac{\partial T}{\partial P}\right)_S = -\left(\dfrac{\partial P}{\partial S}\right)_V$

③ $\left(\dfrac{\partial S}{\partial V}\right)_T = \left(\dfrac{\partial P}{\partial T}\right)_V$

④ $-\left(\dfrac{\partial S}{\partial P}\right)_T = \left(\dfrac{\partial V}{\partial T}\right)_P$

해설 맥스웰(Maxwell) 관계식

① $\left(\dfrac{\partial T}{\partial V}\right)_S = -\left(\dfrac{\partial P}{\partial S}\right)_V$

② $\left(\dfrac{\partial T}{\partial P}\right)_S = \left(\dfrac{\partial V}{\partial S}\right)_P$

③ $\left(\dfrac{\partial S}{\partial V}\right)_T = \left(\dfrac{\partial P}{\partial T}\right)_V$

④ $-\left(\dfrac{\partial S}{\partial P}\right)_T = \left(\dfrac{\partial V}{\partial T}\right)_P$

▶▶ 제2과목 ┃ 단위조작 및 화학공업양론

21 다음 중 세기성질(intensive property)이 아닌 것은? 출제율 80%

① 엔트로피   ② 온도

③ 압력   ④ 화학퍼텐셜

해설
- 크기성질

  물질의 양과 크기에 따라 측정값이 변하는 물성 ($V,\ m,\ U,\ H,\ A,\ G$)

- 세기성질

  물질의 양과 크기에 상관없이 측정값이 일정한 물성 ($T,\ P,\ d,\ \overline{U},\ \overline{H},\ \overline{V}$)

  세기성질 $= \dfrac{\text{크기성질}}{\text{다른 크기성질}}$

22 탄소 3g이 산소 16g 중에서 완전연소되었다면 연소 후 혼합기체의 부피는 표준상태를 기준으로 몇 L인가? 출제율 40%

① 5.6   ② 11.2

③ 16.8   ④ 22.4

해설 $C + O_2 \rightarrow CO_2$

$\quad$ 12g $\quad$ 16×2 $\quad$ 22.4L(STP 상태)

$\quad$ 3g $\quad$ 8g $\quad$ 22.4L×$\dfrac{1}{4}$=5.6L

$8\,g\,O_2 \times \dfrac{22.4\mathrm{L}}{32\mathrm{g}} = 5.6\mathrm{L}$

혼합기체 부피=5.6L+5.6L=11.2L

23 벤젠의 비중은 0.872, 디클로로에탄의 비중은 1.246이라고 할 때, 벤젠 20mol%, 디클로로에탄 80mol% 용액을 만들려면 벤젠 대 디클로로에탄의 용적비는? [출제율 40%]

① 1 : 1.54　　　② 1 : 2.00
③ 1 : 3.55　　　④ 1 : 4.62

해설 벤젠 : $\dfrac{78\,\mathrm{g/mol}}{0.872\,\mathrm{g/cm^3}} = 89.4\,\mathrm{cm^3/mol}$

$\quad$ 디클로로에탄 : $\dfrac{99\,\mathrm{g/mol}}{1.246\,\mathrm{g/cm^3}} = 79.4\,\mathrm{cm^3/mol}$

$89.4 \times 0.2 : 79.4 \times 0.8$

용적비= $1 : \dfrac{79.4 \times 0.8}{89.4 \times 0.2} = 1 : 3.553$

보충 Tip

> 비중 = 목적물질 밀도/기준물질의 밀도

24 질소와 수소의 혼합물이 1000기압을 유지하고 있다. 질소의 분압이 450기압이라면 이 혼합물의 평균분자량은 얼마인가? [출제율 60%]

① 16.7　　　② 15.7
③ 14.7　　　④ 13.7

해설 혼합기체의 평균분자량

$M_{av} = \sum x_i M_i$ (여기서, x : 분압, M : 분자량)

$\quad = (28 \times 0.45) + (2 \times 0.55)$

$\quad = 13.7$

25 점도 1cP는 몇 kg/m · s인가? [출제율 60%]

① 0.1　　　② 0.01
③ 0.001　　　④ 0.0001

해설 점도(poise)

$1\,\mathrm{poise} = 1\,\mathrm{g/cm \cdot s}$

$1\,\mathrm{cP} = 0.01\mathrm{P} = 0.01\,\mathrm{g/cm \cdot s}$

$\qquad = 0.001\,\mathrm{kg/m \cdot s}$

26 수심 20m 지점의 물의 압력은 몇 kgf/cm²인가? (단, 수면에서의 압력은 1atm이다.) [출제율 40%]

① 1.033　　　② 2.033
③ 3.033　　　④ 4.033

해설 $P = P_0 + \rho \dfrac{g}{g_c} h$

$\quad = 1.0336 + (1000 \times 20\,\mathrm{kgf/cm^2} \times 1\mathrm{m^2}/100^2\,\mathrm{cm^2})$

$\quad = 3.033\,\mathrm{kgf/cm^2}$

27 20℃, 730mmHg에서 상대습도가 75%인 공기가 있다. 공기의 mol습도는? (단, 20℃에서 물의 증기압은 17.5mmHg이다.) [출제율 50%]

① 0.0012
② 0.0076
③ 0.0183
④ 0.0375

해설 습도

상대습도$(H_R) = \dfrac{\text{증기의 분압}(P_a)}{\text{포화증기압}(P_S)} \times 100$

$75\% = \dfrac{P_a}{17.5} \times 100$

$P_a = 13.125\,\mathrm{mmHg}$

몰습도$(H_m) = \dfrac{P_a}{P - P_a} = \dfrac{13.125}{730 - 13.125}$

$\qquad = 0.0183\,\mathrm{mol \cdot H_2O/mol\ Dry\ air}$

28 그림과 같은 순환조작에서 A, B, C, D, E의 각 흐름의 양을 기호로 나타내었다. 이들의 관계 중 옳은 것은? (단, 이 조작은 정상상태에서 진행되고 있다.) [출제율 20%]

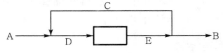

① A = B　　　② A + C = D + B
③ D = E + C　　　④ B = A = C

해설 물질수지

$A = B$

보충 Tip

> $A + C = D$, $D = A + C$, $B = A \neq C$

29 헵탄(C_7H_{16})을 태워 드라이아이스 $CO_2(s)$를 제조한다. CO_2 기체에서 드라이아이스의 전화율은 50%이고 시간당 드라이아이스의 제조량이 500kg일 때 필요한 헵탄의 양은? _{출제율 40%}

① 325kg/h
② 227kg/h
③ 162kg/h
④ 143kg/h

해설 $C_7H_{16} + \dfrac{11}{2}O_2 \rightarrow 7CO_2 + 8H_2O$

100kg : 7×44 kg
x : 500kg/hr
$100 : x = 7 \times 44 : 500$
$x = 162.34$ kg/hr
전화율이 50%이므로 $[CO_2(g) \rightarrow CO_2(s)]$
2×162.34, 즉 약 326kg/h의 헵탄이 필요하다.

30 건구온도와 습구온도의 상관관계에 대한 설명 중 틀린 것은? _{출제율 40%}

① 공기가 건조할수록 건구온도와 습구온도 차는 커진다.
② 공기가 건조할수록 건구온도가 낮아진다.
③ 공기가 수증기로 포화될 때 건구온도와 습구온도는 같다.
④ 공기가 습할수록 습구온도는 높아진다.

해설 습도 및 공기 조습
• 습구온도 : 대기와 평형 상태에 있는 액체의 온도
• 건구온도 : 기체 혼합물의 처음 온도(대기온도)
• 건조할수록 건구온도가 높아지고, 습할수록 습구온도가 높아진다.

31 향류 다단추출에서 추제비 4와 단수 2로 조작할 때 추잔율은? _{출제율 40%}

① 0.05
② 0.11
③ 0.89
④ 0.95

해설 추출

추잔율 $\dfrac{a_P}{a_0} = \dfrac{\alpha - 1}{(\alpha^{P+1} - 1)}$ (P : 단수, α : 추제비)

$= \dfrac{4 - 1}{4^{2+1} - 1}$

$= 0.048$

32 40mol% 벤젠과 60mol% 톨루엔 혼합물을 시간 당 100mol씩 증류탑에 공급한다. 탑 상부에서는 97mol%의 벤젠이 생성되고 탑 하부에서는 98mol%의 톨루엔이 생성될 경우, 탑 상부의 제품 유량은? _{출제율 60%}

① 40mol/hr
② 50mol/hr
③ 60mol/hr
④ 70mol/hr

해설 물질수지

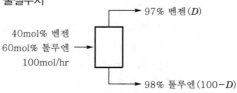

$0.4 \times 100 = D \times 0.97 + (100 - D) \times 0.02$
∴ 제품 유량(D) = 40mol/hr

33 열풍에 의한 건조에서 항률 건조속도에 대한 설명으로 틀린 것은? _{출제율 40%}

① 총괄 열전달계수에 비례한다.
② 열풍온도와 재료 표면온도의 차이에 비례한다.
③ 재료 표면온도에서의 증발잠열에 비례한다.
④ 건조면적에 반비례한다.

해설 항률 건조속도

$$R_C = \left(\dfrac{W}{A}\right)\left(-\dfrac{dw}{d\theta}\right)_C = k_H(H_i - H)$$

$$= \dfrac{h(t_G - t_i)}{\lambda_i} \ [\text{kg/m}^2 \cdot \text{h}]$$

여기서, k_H : 총괄 물질전달계수
h : 총괄 열전달계수
λ_i : t_i에서 증발잠열
t_G : 열풍온도
H_i : 습도
t_i : 재료 표면온도
A : 건조면적

재료 표면온도의 증발잠열에 반비례한다.

34 정류에 있어서 전 응축기를 사용할 경우 환류비를 3으로 할 때 유출되는 탑 위 제품 1mol/h당 응축기에서 응축해야 할 증기량은 몇 mol/h 인가? _{출제율 40%}

① 3.5
② 4
③ 4.5
④ 5

해설 증류

$$R = \frac{L}{D} = 3, \quad D = 1, \quad L = 3$$
$$V = L + D = 3 + 1 = 4$$

35 파이프(pipe)와 튜브(tube)에 대한 설명 중 틀린 것은? 출제율 30%

① 파이프의 벽 두께는 Schedule number로 표시할 수 있다.

② 튜브의 벽 두께는 BWG(Birmingham Wire Gauge) 번호로 표시할 수 있다.

③ 동일한 외경에서 Schedule number가 클수록 벽 두께가 두껍다.

④ 동일한 외경에서 BWG가 클수록 벽 두께가 두껍다.

해설 • Schedule number(pipe)
　㉠ 관의 강도를 나타낸다.
　㉡ 클수록 두껍고 내경은 작다(외경은 일정).
• BWG(Tube)
　㉠ 응축기, 열교환기에 사용한다.
　㉡ 클수록 두께가 얇다.
　㉢ BWG가 클수록(두께가 얇을수록) 열전달이 잘된다.

36 열확산계수의 차원을 옳게 나타낸 것은? (단, L은 길이, θ은 시간, T는 온도이다.) 출제율 20%

① L^2/θ
② T/θ
③ $1/(L\theta T)$
④ $1/(L^2\theta T)$

해설 열확산계수 = $\dfrac{\text{열전도도}}{\text{밀도} \times \text{정압비열}} = \dfrac{k}{\rho \cdot C_p}$

• 열전도도 $Q : L^{-1}t^{-1}T^{-1}$
• 밀도의 차원 : ML^{-3}
• 정압비열 차원 : $QM^{-1}T^{-1}$
• 열확산계수 = $\dfrac{L^2}{t} = \dfrac{L^2}{\theta}$

37 "분쇄에너지는 생성입자의 입경의 평방근에 반비례한다."는 법칙은? 출제율 20%

① Sherwood 법칙
② Rittinger 법칙
③ Kick 법칙
④ Bond 법칙

해설 Bond 법칙
분쇄에너지는 분쇄비(r)의 평방근에 반비례한다는 법칙이다.

$$\left(\text{Lewis 식에서 } n = \frac{3}{2} \text{인 경우를 적분한 식} \right)$$

38 노 벽이 두께 25mm, 열전도도 0.1kcal/m · h · ℃ 인 내화벽돌과 두께 20mm, 열전도도 0.2kcal/ m · h · ℃인 내화벽돌로 이루어져 있다. 노 벽의 내면온도는 1000℃이고, 외면온도는 60℃이다. 두 내화벽돌 사이에서의 온도는 약 얼마인가? 출제율 80%

① 228.6℃
② 328.6℃
③ 428.6℃
④ 528.6℃

해설 여러 층의 열전도
$$q = q_1 + q_2 = \frac{\Delta t}{R_1 + R_2} = \frac{1000 - 60}{\dfrac{0.025}{0.1} + \dfrac{0.02}{0.2}}$$
$$= \frac{940}{0.25 + 0.1} = 2685.71$$

$\Delta t : \Delta t_1 = R : R_1$
$940 : \Delta t_1 = 0.35 : 0.25$
$\Delta t_1 = 671$
$\Delta t_1 = 1000 - t_1$
$671 = 1000 - t_1$
$\therefore \ t_1 = 329℃$

39 무차원 항이 중력과 관계 있는 것은? 출제율 40%

① 레이놀즈(Reynolds) 수
② 프라우드(Froude) 수
③ 프랜틀(Prandtl) 수
④ 셔우드(Sherwood) 수

해설 무차원 수
$$N_{Fr} = \frac{u^2}{gL} = \frac{\text{관성력}}{\text{중력}}$$
$$N_{Re} = \frac{\text{관성력}}{\text{점성력}} = \frac{\rho u D}{\mu}$$
$$N_{Pr} = \frac{C_p \mu}{K} = \frac{V}{\alpha} = \frac{\text{운동량 확산속도}}{\text{열확산속도}}$$
$$N_{Sh} = \frac{k_C L}{D_{AB}} = \frac{\text{대류물질 전달}}{\text{확산물질 전달}}$$
(여기서, k_C : 기상물질전달계수,
D_{AB} : 분자확산계수, L : 장치의 대표적 길이)

40 다음 중 충전흡수탑 내에서 탑 하부로부터 도입되는 기체가 탑 내의 특정 경로로만 흐르는 현상은? 출제율 40%

① Loading ② Flooding
③ Hold-up ④ Channeling

해설 채널링
탑 내 기체가 한쪽으로만 흐르는 현상을 말한다.

▶▶ 제3과목 ┃ 공정제어

41 되먹임제어가 가장 용이한 공정은? 출제율 40%

① 시간지연이 큰 공정
② 역응답이 큰 공정
③ 응답속도가 빠른 공정
④ 비선형성이 큰 공정

해설 되먹임제어(feedback)
외부교란이 도입되어 공정에 영향을 미치고 이에 의해 제어변수가 변하므로 응답속도가 빠른 공정에 용이하다.

42 2차계 공정의 동특성을 가지는 공정에 계단입력이 가해졌을 때 응답특성 중 맞는 것은? 출제율 40%

① 입력의 크기가 커질수록 진동응답 즉 과소감쇠응답이 나타날 가능성이 커진다.
② 과소감쇠응답 발생 시 진동주기는 공정이득에 비례하여 커진다.
③ 과소감쇠응답 발생 시 진동주기는 공정이득에 비례하여 작아진다.
④ 출력의 진동 발생 여부는 감쇠계수값에 의하여 결정된다.

해설 ① 입력이 클수록 과소감쇠응답이 나타날 가능성이 낮아지고 과소감쇠응답이 커진다.
② 진동주기는 시간상수에 따라 커진다.
③ 진동주기는 시간상수에 따라 커진다.

보충 Tip

> 2차계의 동특성(입력변수가 단위계단 변화인 경우)
> • $\zeta < 1$: 과소 감쇠한 시스템
> • $\zeta = 1$: 임계 감소된 시스템
> • $\zeta > 1$: 과도 감쇠된 시스템

43 Underdamped 2차 공정에 관한 설명으로 옳은 것은? 출제율 40%

① 한 개의 극이 복소수, 다른 한 극이 음의 실수를 갖는 경우도 underdamped 2차 공정이 된다.
② 계단응답에서 overshoot는 decay ratio의 제곱이다.
③ 항상 공진주파수가 존재한다.
④ Damping coefficient가 작을수록 진동이 심해진다.

해설 $\zeta < 1$
• 과소 감쇠한 시스템이다.
• ζ가 작아질수록 진동의 폭은 커진다.

44 다음 중 자동제어에 쓰이는 제어기의 기본형이 아닌 것은? 출제율 20%

① 비례 – 미분
② 비례 – 적분
③ 적분 – 미분
④ 비례 – 적분 – 미분

해설 제어기 기본형
㉠ 비례제어기(P) : 오차에 비례하는 제어기
㉡ 비례적분제어기(PI) : 잔류편차를 제거하기 위해 비례제어기에 적분기능을 추가한 것
㉢ 비례미분제어기(PD) : 비례제어기에 오차의 미분항을 추가한 것
㉣ 비례 · 적분 · 미분제어기(PID) : 오차 크기뿐 아니라 오차가 변하는 추세, 오차의 누적 양까지 감안한 것

45 PID제어기의 비례 및 적분동작에 의한 제어기 출력 특성 중 옳은 것은? 출제율 30%

① 비례동작은 오차가 일정하게 유지되면 출력값이 0이 된다.
② 적분동작은 오차가 일정하게 유지되면 출력값도 일정하게 유지된다.
③ 비례동작은 오차가 없어져야 출력값이 일정하게 유지된다.
④ 적분동작은 오차가 없어져야 출력값이 일정하게 유지된다.

해설 적분동작

㉠ 비례제어기는 오차에 비례하는 제어기로, 오차가 일정할 경우 출력값이 일정하다.

㉡ 적분동작은 오차를 없애주는 동작이다.

㉢ 오차가 일정해야 출력값도 일정하다.

46 어느 계의 단위충격(impulse) 입력에 대한 $y(t)$가 다음과 같을 때 이 계의 전달함수는? 출제율 80%

$$y(t) = 1 - 1.8e^{-4t} + 0.8e^{-9t}$$

① $\dfrac{36}{s(s+4)}$ ② $\dfrac{36}{s(s+9)}$

③ $\dfrac{36}{s(s+4)(s+9)}$ ④ $\dfrac{36s}{s(s+4)(s+9)}$

해설 주어진 식을 라플라스 변환하면,

$$Y(s) = \frac{1}{s} - \frac{1.8}{s+4} + \frac{0.8}{s+9} = G(s) \cdot 1$$

$$G(s) = \frac{36}{s(s+4)(s+9)}$$

47 다음 블록선도의 제어계에서 출력 C를 구하면? 출제율 80%

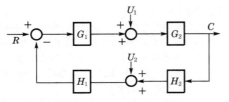

① $\dfrac{G_1 G_2 R + G_2 G_1 + G_1 G_2 H_1 H_2}{1 + G_1 G_2 H_1 H_2}$

② $\dfrac{G_1 G_2 R + G_2 U_1 - G_1 G_2 H_1 U_2}{1 + G_1 G_2 H_1 H_2}$

③ $\dfrac{G_1 G_2 R - G_2 U_1 + G_1 G_2 H_1 H_2}{1 + G_1 G_2 H_1 H_2}$

④ $\dfrac{G_1 G_2 R - G_2 U_1 + G_1 G_2 H_1 H_2}{1 - G_1 G_2 H_1 H_2}$

해설 $C = \dfrac{G_1 G_2}{1 + G_1 G_2 H_1 H_2} R + \dfrac{G_2}{1 + G_1 G_2 H_1 H_2} U_1$

$\qquad - \dfrac{G_1 G_2 H_1}{1 + G_1 G_2 H_1 H_2} U_2$

$\qquad = \dfrac{RG_1 G_2 + U_1 G_2 - U_2 G_1 G_2 H_1}{1 + G_1 G_2 H_1 H_2}$

48 모델식이 다음과 같은 공정의 Laplace 전달함수로 옳은 것은? (단, y는 출력변수, x는 입력변수이며 $Y(s)$와 $X(s)$는 각각 y와 x의 Laplace 변환이다.) 출제율 80%

$$a_2 \frac{d^2 y}{dt^2} + a_1 \frac{dy}{dt} + a_0 y = b_1 \frac{dx}{dt} + b_0 x$$

$$\frac{dy}{dt}(0) = y(0) = x(0) = 0$$

① $\dfrac{Y(s)}{X(s)} = \dfrac{a_2 s^2 + a_1 s + a_0}{b_1 s + b_0}$

② $\dfrac{Y(s)}{X(s)} = \dfrac{b_1 + b_0 s}{a_2 + a_1 s + a_0 s^2}$

③ $\dfrac{Y(s)}{X(s)} = \dfrac{b_1 s + b_0}{a_2 s^2 + a_1 s + a_0}$

④ $\dfrac{Y(s)}{X(s)} = \dfrac{b_1 + b_0 s}{a_2 s^2 + a_1 s + a_0}$

해설 미분식의 라플라스 변환

$$\mathcal{L}\left\{\frac{df(t)}{dt}\right\} = sF(s) - f(0)$$

$$\mathcal{L}\left\{\frac{d^2 f(t)}{dt^2}\right\} = s^2 F(s) - sf(0) - f'(0)$$

문제에서 주어진 식 변환

$a_2 s^2 Y(s) - a_2 sy(0)^{0} - a_2 y'(0)^{0} + a_1 s Y(s) - a_1 y(0)^{0}$
$\quad + a_0 Y(s) = b_1 x X(s) + b_0 X(s)$

$a_2 s^2 Y(s) + a_1 s Y(s) + a_0 Y(s) = b_1 s X(s) + b_0 X(s)$

$(a_2 s^2 + a_1 s + a_0) Y(s) = (b_1 s + b_0) X(s)$

$$\frac{Y(s)}{X(s)} = \frac{b_1 s + b_0}{a_2 s^2 + a_1 s + a_0}$$

49 다음 중 제어계의 피제어변수의 목표치를 나타내는 말은? 출제율 60%

① 부하(load)

② 골(goal)

③ 설정치(set point)

④ 오차(error)

해설 우리가 원하는 출력변수값을 설정값(set point)이라고 하며, 제어계의 피제어변수의 목표치를 나타낸다.

50 다음 보드(bode) 선도에서 위상각 여유(phase margin)는 몇 도인가? 출제율 30%

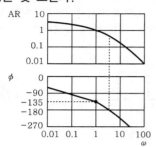

① 30°　　　　　② 45°
③ 90°　　　　　④ 135°

^{해설} 주어진 그림에서 위상여유 ϕ는
$-135°$ 와 $-180°$ 차이$=45°$

^{보충}Tip

위상여유$=180+KG(j\omega)=180°-135°=45°$

51 $\dfrac{dy}{dt}+3y=1$, $y(0)=1$에서 라플라스 변환 $Y(s)$ 는 어떻게 주어지는가? 출제율 80%

① $\dfrac{1}{s+3}$　　　② $\dfrac{1}{s(s+3)}$

③ $\dfrac{s+1}{s(s+3)}$　　　④ $\dfrac{-1}{(s+3)}$

^{해설} 미분식의 라플라스 변환
$\mathcal{L}\left\{\dfrac{df(t)}{dt}\right\}=sF(s)-f(0)$

$\dfrac{dy}{dt}+3y=1 \xrightarrow{\mathcal{L}} sY(s)-y(0)+3Y(s)$

$=\dfrac{1}{s}\ (y(0)=1)$

$sY(s)-1+3Y(s)=\dfrac{1}{s}$

$(s+3)Y(s)=\dfrac{1}{s}+1=\dfrac{s+1}{s}$

$Y(s)=\dfrac{s+1}{s(s+3)}$

52 다음 중 안정한 공정을 보여 주는 폐루프 특성 방정식은? 출제율 60%

① s^4+5s^3+s+1
② $s^3+6s^2+11s+10$
③ $3s^3+5s^2+s-1$
④ $s^3+16s^2+5s+170$

^{해설} 폐루프 특성방정식의 안정성
특성방정식의 근이 음수이면 안정하다.
$s^3+6s^2+11s+10$은 3차방정식의 근의 공식을 이용하면 모두 음수이다.

53 다음의 전달함수를 가지는 "계"에 각각 unit step input이 주어지는 경우 초기응답이 가장 빠른 것은? 출제율 20%

① 하나의 1차계 $\left(\dfrac{1}{\tau s+1}\right)$가 독립적으로 존재하는 경우

② $\zeta=1$인 2차계 $\left(\dfrac{1}{\tau^2 s^2+2\tau s+1}\right)$

③ 동일한 1차계 $\left(\dfrac{1}{\tau s+1}\right)$가 상호작용을 가지며 직렬연결된 계

④ $\zeta>1$인 2차계 $\left(\dfrac{1}{\tau^2 s^2+2\zeta\tau s+1}\right)$

^{해설} 1, 2차계 특성
㉠ τ가 작을수록 응답이 빠르다.
㉡ ζ가 클수록 응답이 느리다.
㉢ 2차 공정에서 $\zeta=1$일 때 가장 빠르다($\zeta=1$: 임계감쇠).
㉣ $\zeta<1$일 때만 진동이 일어난다.
㉤ 1차계 단독으로 존재할 때 초기응답이 가장 빠르다.

54 $1+e^{-\frac{1}{2}t}$ 식을 라플라스 변환하면? 출제율 80%

① $\dfrac{4s+1}{2s^2+s}$

② $\dfrac{2s+1}{s^2+s}$

③ $\dfrac{4s+1}{2s^2+1}$

④ $\dfrac{4s+2}{2s^2-s}$

^{해설} $y(t)=1+e^{-\frac{1}{2}t}$
↓$\mathcal{L}$ 라플라스 변환
$Y(s)=\dfrac{1}{s}+\dfrac{1}{s+\dfrac{1}{2}}=\dfrac{1}{s}+\dfrac{2}{2s+1}=\dfrac{4s+1}{2s^2+s}$

55 다음의 공정 중 임펄스입력이 가해졌을 때 진동 특성을 가지며 불안정한 출력을 가지는 것은 어느 것인가? `출제율 60%`

① $G(s) = \dfrac{1}{s^2 - 2s + 2}$

② $G(s) = \dfrac{1}{s^2 - 2s - 3}$

③ $G(s) = \dfrac{1}{s^2 + 3s + 3}$

④ $G(s) = \dfrac{1}{s^2 + 3s + 4}$

해설 특성방정식의 근이 음수이면 안정하고, 양수가 있으면 불안정, 허수부가 있으면 진동한다.

$$G(s) = \frac{1}{s^2 - 2s + 2}$$

$$1 + G(s) = 0 \rightarrow 1 + \frac{1}{s^2 - 2s + 2} = s^2 - 2s + 2 + 1 = 0$$

$$s^2 - 2s + 3 = 0 \text{ 근의 공식}$$

$$\frac{2 \pm \sqrt{4 - 12}}{2} = \frac{2 \pm \sqrt{-8}}{2}$$

즉, 허수부를 가지므로 진동한다.

56 전달함수 $\dfrac{as + 1}{(s+1)(2s+1)(3s+1)}$ 에서 a값에 따라 나타나는 현상에 대한 설명 중 옳은 것은 어느 것인가? `출제율 20%`

① 공정입력으로 sin파를 넣을 때 a가 증가할수록 공정출력의 sin파는 상 지연(phase lag)이 더 많이 된다.

② 공정입력으로 sin파를 넣을 때 a가 증가할수록 공정출력의 sin파는 진폭이 커진다.

③ a가 음수이면 공정이 불안해져 공정출력이 발산한다.

④ a가 양수이면 공정이 불안해져 공정출력이 발산한다.

해설 2차 공정의 동특성

$$G(s) = \frac{Y(s)}{U(s)} \rightarrow Y(s) = G(s) \times U(s)$$

입력이 sin파로 들어가므로 진폭의 크기를 A라 하면 A가 커질수록 $G(s)$도 커지고 진폭이 커진다.

① 상 지연(phase lag)과 무관하고 상 지연은 시간상수와 관련이 있다.

③, ④ 양수, 음수는 공정의 안정성 판단기준이 아니다.

57 공정 $Y(s) = G(s)X(s)$의 입력 $x(s)$에 다음의 펄스를 넣었을 때의 출력 $y(t)$를 기록하였다. 출력의 빗금 친 면적이 5로 계산되었다면 이 공정의 정상상태 이득은? `출제율 40%`

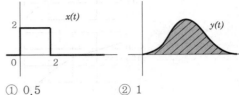

① 0.5

② 1

③ 1.25

④ 5

해설 $G(s) = \dfrac{Y(s)}{X(s)} = \dfrac{5}{4} = 1.25$

$$= \frac{5}{4} \text{ (입력 } 4 = 2 \times 2)$$

$$= 1.25$$

58 다음 중 앞먹임제어에서 사용되는 측정 변수는 어느 것인가? `출제율 60%`

① 공정상태 변수

② 출력 변수

③ 입력조작 변수

④ 측정 가능한 외란

해설 앞먹임제어(feedforward)

외부교란을 측정하고 이 측정값을 이용하여 외부교란이 공정에 미치게 될 영향을 사전에 보정시키는 방식으로 외부교란이 측정 변수로 이용된다.

59 PID제어기를 이용한 설정치 변화에 대한 제어의 설명 중 옳지 않은 것은? `출제율 40%`

① 일반적으로 비례이득을 증가시키고 적분시간의 역수를 증가시키면 응답이 빨라진다.

② P제어기를 이용하면 모든 공정에 대해 항상 정상상태 잔류오차(steady-state offset)가 생긴다.

③ 시간지연이 없는 1차 공정에 대해서는 비례이득을 매우 크게 증가시켜도 안정성에 문제가 없다.

④ 일반적으로 잡음이 없는 경우 D모드를 적절히 이용하면 응답이 빨라지고 안정성이 개선된다.

해설 P제어기에 적분공정이 없더라도 공정특성에 따라 잔류오차가 없을 수도 있다.

60 그림의 블록선도에서 전달함수 $Y(s)/R(s)$를 구하면? _{출제율 80%}

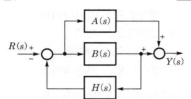

① $\dfrac{H(s)}{A(s)+B(s)}$ ② $\dfrac{H(s)B(s)}{1+A(s)B(s)}$

③ $\dfrac{H(s)A(s)B(s)}{1+A(s)+B(s)}$ ④ $\dfrac{A(s)+B(s)}{1+H(s)B(s)}$

해설 $G(s) = \dfrac{\text{직진}}{1+\text{feedback}} = \dfrac{A(s)+B(s)}{1+H(s)B(s)}$

▶▶ 제4과목 ▎공업화학

61 접촉식 황산 제조 시 원료가스를 충분히 정제하는 이유는 As, Se와 같은 불순물이 있을 경우 바나듐촉매보다는 백금촉매에 이 현상이 더욱 두드러지게 나타나기 때문이다. 이 현상은 무엇인가? _{출제율 40%}

① 장치 부식   ② 촉매독
③ SO_2 산화   ④ 미건조

해설 • V_2O_5 촉매의 특성
   ㉠ 촉매독 물질에 대한 저항이 큼.
   ㉡ 장기간(10년) 이상 사용
   ㉢ 다공성(비표면적이 큼)
• 촉매독이란 화학반응에서 촉매의 활성을 감소시키는 물질로, 바나듐촉매보다는 백금촉매에 더욱 크게 영향을 미친다.

62 다음 반응식으로 공기를 이용한 산화반응을 하고자 한다. 공기와 NH_3의 혼합가스 중 NH_3 부피 백분율은? _{출제율 50%}

$$4NH_3 + 5O_2 \rightarrow 4NO + 6H_2O + 216.4\,\text{kcal}$$

① 44.4   ② 34.4
③ 24.4   ④ 14.4

해설 $4NH_3 + 5O_2 \rightarrow 4NO + 6H_2O$
$NH_3 : O_2$의 부피비 $4 : 5$
NH_3 4L, O_2 5L의 경우
$5L\ O_2 \times \dfrac{100}{21} = 23.8L$의 공기
NH_3부피(%) $= \dfrac{4}{4+23.8} \times 100 = 14.4\%$

63 암모니아 합성공업에 있어서 1000℃ 이상의 고온에서 코크스에 수증기를 통할 때 주로 얻어지는 가스는? _{출제율 60%}

① CO, H_2 ② CO_2, H_2
③ CO, CO_2 ④ CH_4, H_2

해설 수성가스(=워터가스)
수증기가 코크스를 통과할 때 얻어지는 $CO+H_2$의 혼합가스를 말한다.
$(C+H_2O \rightarrow CO+H_2)$

64 다음 중 1차 전지가 아닌 것은? _{출제율 30%}

① 수은전지   ② 알칼리망간전지
③ Leclanche전지   ④ 니켈카드뮴전지

해설 1차 전지 종류
건전지, 망간전지, 알칼리전지, 산화은, 수은 – 아연전지, 리튬 1차 전지 등

보충 Tip
> 니켈카드뮴전지는 2차 전지이다.

65 LPG에 대한 설명 중 옳은 것은? _{출제율 40%}

① C_3, C_4의 탄화수소가 주성분이다.
② 액체상태는 물보다 무겁다.
③ 그 자체로 매우 독한 냄새가 난다.
④ 액화가 불가능하다.

해설 LPG(액화석유가스)
   ㉠ 원유의 접촉 분해, 상압증류, 접촉 리포밍에 의해 발생하며, 주성분은 C_3, C_4계 탄화수소가스이다.
   ㉡ 액체상태는 물보다 가볍다.
   ㉢ 그 자체로 순수한 것은 냄새가 없다.
   ㉣ 상온, 저압으로 액화가 가능하다.

66 수성가스로부터 인조석유를 만드는 합성법을 무엇이라 하는가? [출제율 40%]

① Williamson법
② Kolb-Smith법
③ Fischer-Tropsch법
④ Hoffman법

해설 Fischer-Tropsch법
$CO+H_2$의 수성가스로부터 액체상태의 탄화수소, 즉 인조석유를 합성하는 방법이다.

67 석회질소 제조 시 촉매역할을 해서 탄화칼슘의 질소화반응을 촉진시키는 물질은? [출제율 20%]

① $CaCO_3$
② CaO
③ CaF_2
④ C

해설 석회질소($CaCN_2$)
석회질소 제조 시 염화칼슘, 플루오르화 칼슘을 촉매로 이용한다.

보충Tip

$$CaC_2 + N_2 \xrightarrow{CaF_2} CaCN_2 + C$$

68 반도체 공정 중 노광 후 포토레지스트로 보호되지 않는 부분을 선택적으로 제거하는 공정은 어느 것인가? [출제율 40%]

① 에칭
② 조립
③ 박막 형성
④ 리소그래피

해설 에칭
노광 후 PR(포토레지스트)로 보호되지 않는 부분을 제거하는 공정을 말한다.

69 다음의 반응식으로 질산이 제조될 때 전체 생성물 중 질산의 질량%는 약 얼마인가? [출제율 60%]

$$NH_3 + 2O_2 \rightarrow HNO_3 + H_2O$$

① 58
② 68
③ 78
④ 88

해설 HNO_3 분자량 63, $H_2O=18$
$NH_3 + 2O_2 \rightarrow HNO_3 + H_2O$
질산 질량(%) $= \dfrac{63}{63+18} \times 100 = 77.77 ≒ 78\%$

70 이황화탄소를 알칼리셀룰로오스(Cell-ONa)에 반응시켰을 때 주생성 물질은? [출제율 20%]

① 셀룰로오스 아세테이트
② 셀룰로오스 에테르
③ 셀룰로오스 알코올
④ 셀룰로오스 크산테이트

해설 이황화탄소 + 알칼리셀룰로오스 → 셀룰로오스 크산테이트

71 황산의 원료인 황화철광(iron pyrite)을 공기로 완전연소하여 얻고자 한다. 황화철광의 10%가 불순물이라 할 때 황화철광 1톤을 완전연소하는 데 필요한 이론공기량은 표준상태 기준으로 약 몇 m^3인가? (단, Fe의 원자량은 56이다.) [출제율 60%]

① 460
② 580
③ 2200
④ 2480

해설 $4FeS_2 + 11O_2 \rightarrow 2Fe_2O_3 + 8SO_2$
$1000kg \times 0.9 : x$
$4 \times 120 : 11 \times 32$
$x = 660kg$
$PV = \dfrac{W}{M}RT$
$V = \dfrac{WRT}{PM} = \dfrac{660 \times 0.082 \times 273}{1 \times 32} = 462\,m^3$
이론공기량 $= 462\,m^3 O_2 \times \dfrac{100\,m^3\,Air}{21\,m^3\,O_2} = 2200\,m^3$

72 다음 중 고분자 성형방법에 대한 설명으로 옳은 것은? [출제율 20%]

① 사출성형 : 고분자의 용융, 금형 채움, 가압, 냉각단계로 성형하는 방법이다.
② 압축성형 : 온도를 가하여 고분자를 연화시킨 후 가열된 Roller 사이를 통과시켜 성형하는 방법이다.
③ 압출성형 : 성형재료를 금형의 빈 공간에 넣고 열을 가한 후 높은 압력을 가하여 성형하는 방법이다.
④ 압연성형 : 플라스틱 펠릿을 용융시킨 후 높은 압력으로 용융체를 다이(die) 속으로 통과시켜 성형하는 방법이다.

^{해설} 고분자 성형방법

㉠ 사출성형 : 플라스틱을 녹인 후 금형에 넣어 고화시켜 성형품을 제조하는 방법, 즉 고분자의 용융, 금형 채움, 가압, 냉각단계로 성형하는 방법이다.

㉡ 압축성형 : 성형재료를 금형의 오목한 부분에 넣고 압력과 열을 가하여 성형하는 방법이다.

㉢ 압출성형 : 열가소성 수지를 가열·가압 유동상태로 하여 다이 속으로 통과시켜 성형, 즉 원료를 압출성형기에 공급하고 금형에서 밀어내어 일정한 모양의 단면을 가진 연속체로 변화시키는 방법이다.

㉣ 압연성형 : 온도를 가하여 고분자를 연화 후 Roller 사이를 통과시켜 Sheet 상의 제품으로 성형하는 방법이다.

73 다음 중 공업적으로 수소를 제조하는 방법이 아닌 것은? ^{출제율 40%}

① 수성가스법 ② 수증기개질법
③ 부분산화법 ④ 공기액화분리법

^{해설} 수소 제조방법
㉠ 수성가스법
㉡ 수증기개질법
㉢ 부분산화법

74 오산화바나듐(V_2O_5) 촉매 하에 벤젠을 공기 중 400℃에서 산화시켰을 때 생성물은? ^{출제율 40%}

① 프탈산무수물 ② 스틸벤젠무수물
③ 말레산무수물 ④ 푸마트산무수물

^{해설} 말레산무수물

$$\bigcirc + 4.5O_2 \xrightarrow[400℃]{V_2O_5} \begin{matrix} CH-CO \\ \| \qquad\quad \\ CH-CO \end{matrix}\Big\rangle O + 2CO_2 + 2H_2O$$

75 다음 중 암모니아 소다법의 핵심공정 반응식을 옳게 나타낸 것은? ^{출제율 80%}

① $2NaCl + H_2SO_4 \rightarrow Na_2SO_4 + 2HCl$

② $2NaCl + SO_2 + H_2O + \frac{1}{2}O_2$
$\rightarrow Na_2SO_4 + 2HCl$

③ $NaCl + 2NH_3 + CO_2 \rightarrow NaCO_2NH_2 + NH_4Cl$

④ $NaCl + NH_3 + CO_2 + H_2O \rightarrow NaHCO_3 + NH_4Cl$

^{해설} 암모니아 소다법(Solvay법)
$NaCl + NH_3 + CO_2 + H_2O \rightarrow NaHCO_3 + NH_4Cl$
$2NaHCO_3 \rightarrow Na_2CO_3 + H_2O + CO_2$
$2NH_4Cl + Ca(OH)_2 \rightarrow CaCl_2 + 2H_2O + 2NH_3$

76 일산화탄소와 수소에 의한 메탄올의 공업적 제조방법에 대한 설명으로 옳은 것은? ^{출제율 20%}

① 압력은 낮을수록 좋다.
② $ZnO-Cr_2O_3$를 촉매로 사용할 수 있다.
③ CO : H_2의 사용 비율은 3 : 1일 때가 가장 좋다.
④ 생성된 메탄올의 분해반응은 불가능하다.

^{해설} $CO + 2H_2 \xrightarrow{ZnO-Cr_2O_3 촉매} CH_3OH$

CO와 H_2의 사용 비율은 1 : 2

77 산화에틸렌을 수화반응(hydration)시켜 얻어지는 물질은? ^{출제율 40%}

① Ethyl alcohol
② Glycerol
③ Ethylene chlorohydrin
④ Ethylene glycol

^{해설} 산화에틸렌의 수화반응

$$\begin{matrix} CH_2-CH_2 \\ \backslash\quad/ \\ O \end{matrix} + H_2O \longrightarrow \begin{matrix} CH_2+CH_2 \\ |\qquad| \\ OH\quad OH \end{matrix}$$

(에틸렌글리콜: $HOCH_2CH_2OH$)

78 수소화 정제법에 대한 설명으로 틀린 것은 어느 것인가? ^{출제율 60%}

① 고온·고압 하에서 촉매를 사용한다.
② 황, 질소 및 산소화합물 등을 제거하는 방법이다.
③ 원료유를 수소와 혼합하여 이용한다.
④ 환경오염 때문에 현재는 사용되지 않는다.

^{해설} 수소화 정제법
㉠ 수소첨가 촉매 이용
㉡ 아스팔트질의 생성 억제 및 촉매독 제거
㉢ 환경오염 유발을 사전에 억제
㉣ 현재 사용하고 있음.

79 인산비료에서 인 함량을 나타낼 때 그 기준은 통상 어느 것에 의하는가? _{출제율 50%}

① P
② P_2O_3
③ P_2O_5
④ PO_4

해설 인산비료의 인 함량 기준은 P_2O_5이다.
• 과린산석회(P_2O_5 15~20%)
• 중과린산석회(P_2O_5 30~50%)

80 다음 중 황산 제조에 사용되는 원료가 아닌 것은 어느 것인가? _{출제율 40%}

① 황화철광
② 자류철광
③ 염안
④ 금속제련 폐가스

해설 황산 제조 원료
황, 황화철광, 자황화철광, 금속제련 폐가스 등

▶▶ 제5과목 ┃ 반응공학

81 기체-고체 반응에서 율속단계에 관한 설명으로 옳은 것은? _{출제율 40%}

① 고체 표면반응단계가 항상 율속단계이다.
② 기체막에서의 물질전달단계가 항상 율속단계이다.
③ 저항이 작은 단계가 율속단계이다.
④ 전체 반응속도를 지배하는 단계가 율속단계이다.

해설 ① 고체 표면반응단계가 항상 율속단계는 아니다.
② 기체막에서의 물질전달단계가 항상 율속단계는 아니다.
③ 가장 느린 속도가 율속단계이다.

보충 Tip

율속단계
가장 느린 단계로, 전체 반응속도를 지배하는 단계를 말한다.

82 액체 A가 $2A \rightarrow R$의 2차 반응에 따라 분해하고, 정용회분식 반응기에서 A의 50%가 5분 동안에 전화하였다면 처음부터 75% 전화율에 도달하는 데는 몇 분 걸리겠는가? _{출제율 80%}

① 5
② 10
③ 15
④ 30

해설 $kt\,C_{A0} = \dfrac{X_A}{1 - X_A}$ ($2A \rightarrow R$: 2차 반응),

($C_{A0} = 1$ 가정)

$k \times 5\min = \dfrac{0.5}{1 - 0.5}$, $k = 0.2$

$0.2t = \dfrac{0.75}{1 - 0.75}$

$t = 15\min$

83 그림과 같은 기초적 반응에 대한 농도-시간 곡선을 가장 잘 표현하고 있는 반응형태는 다음 중 어느 것인가? _{출제율 50%}

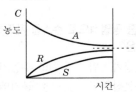

① $A \underset{1}{\overset{1}{\rightleftharpoons}} R \underset{1}{\overset{1}{\rightleftharpoons}} S$
② $A \underset{1}{\overset{1}{\rightleftharpoons}} R \underset{1}{\overset{10}{\rightleftharpoons}} S$
③ $A \underset{1}{\overset{1}{\rightleftharpoons}} R \underset{1}{\overset{1}{\rightleftharpoons}} S$
④ $A \underset{10}{\overset{1}{\rightleftharpoons}} R \underset{10}{\overset{1}{\rightleftharpoons}} S$

해설 $A \cdot R \cdot S$가 수렴하므로

$A \underset{1}{\overset{1}{\rightleftharpoons}} R \underset{1}{\overset{1}{\rightleftharpoons}} S$

A, R, S 모두 시간이 지나면서 평형에 도달하는 가역반응이고, 생성물 S는 R보다 작은 농도를 유지하면서 R과 같은 평형농도에 도달한다.

84 $2A \rightleftharpoons B + C$의 기초반응식에서 반응속도식을 옳게 나타낸 것은? (단, k_1은 정반응 속도상수, k_2는 역반응 속도상수이다.) _{출제율 30%}

① $-r_A = kC_A{}^2 - k_2C_BC_C$
② $-r_A = -kC_A{}^2 + k_2C_BC_C$
③ $-r_A = -kC_A{}^2 - k_2C_BC_C$
④ $-r_A = kC_A{}^2 + k_2C_BC_C$

해설 $aA + bB \rightarrow cC + dD$
$-r_A = kC_A{}^\alpha C_B{}^\beta$
문제에서의 $-r_A = k_1 C_A{}^2 - k_2 C_B C_C$

85 $A \rightarrow 2R$인 기체상 반응은 기초반응(elementary reaction)이다. 이 반응이 순수한 A로 채워진 부피가 일정한 회분식(batch) 반응기에서 일어날 때 10분 반응 후 전화율이 80%이었다. 이 반응을 순수한 A를 사용하며, 공간시간(space time)이 10분인 mixed flow 반응기에서 일으킬 경우 A의 전화율은 약 얼마인가? 〔출제율 60%〕

① 91.5% ② 80.5%
③ 65.5% ④ 51.5%

해설 $A \rightarrow 2R$, Batch
$-kt = \ln(1-X_A)$
$-k \times 10\min = \ln(1-0.8)$
$k = 0.161\min^{-1}$
순수한 A이므로 $y_{A0} = 1$
$\varepsilon_A = y_{A0}\delta = 1 \times \dfrac{2-1}{1} = 1$
CSTR
$k\tau = \dfrac{X_A}{1-X_A}(1+\varepsilon_A X_A)$
$0.161 \times 10 = \dfrac{X}{1-X}(1+X)$
정리하면, $X^2 + 2.61X - 1.61 = 0$
$X = \dfrac{-2.61 \pm \sqrt{2.61^2 + 4 \times 1.61}}{2} = 0.515$

86 적당한 조건에서 A는 다음과 같이 분해되고 원료 A의 유입속도가 100L/h일 때 R의 농도를 최대로 하는 플러그흐름반응기의 크기는? (단, $k_1 = 0.2/\min$, $k_2 = 0.2/\min$이고 $C_{A0} = 1\mathrm{mol/L}$, $C_{R0} = C_{S0} = 0$이다.) 〔출제율 40%〕

$$A \xrightarrow{k_1} R \xrightarrow{k_2} S$$

① 5.33L ② 6.33L
③ 7.33L ④ 8.33L

해설 $k_1 = k_2$
$\tau_{p \cdot opt} = \dfrac{\ln k_2/k_1}{k_2 - k_1} \Rightarrow$ 일반식
$k_1 = k_2 = k \Rightarrow \tau_{p \cdot opt} = \dfrac{1}{k}$
$\tau = \dfrac{V}{\nu_0}$
$V = \tau\nu_0 = \dfrac{1}{k_1} \cdot \nu_0 = \dfrac{100\mathrm{L/h}}{0.2\min^{-1}} = 8.33\mathrm{L}$

87 다음 중 속도상수에 관한 설명으로 옳지 않은 것은? 〔출제율 20%〕

① 속도상수 k의 지수함수항 값은 같은 온도에서 활성화에너지가 작아질수록 커진다.
② 속도상수 k값은 온도가 올라갈수록 커진다.
③ 속도상수의 활성화에너지와 온도 의존성을 제안한 사람은 Arrhenius이다.
④ 어떤 1개소의 온도에서 속도상수 k를 측정하면 활성화에너지를 알 수 있다.

해설 2개의 온도에서 속도상수 k를 측정해야 활성화에너지를 알 수 있다.

88 효소반응에 의해 생체 내 단백질을 합성할 때에 대한 설명으로 틀린 것은? 〔출제율 30%〕

① 실온에서 효소반응의 선택성은 일반적인 반응과 비교해서 높다.
② Michaelis-Menten 식이 사용될 수 있다.
③ 효소반응은 시간에 대해 일정한 속도로 진행된다.
④ 효소와 기질은 반응 효소-기질 복합체를 형성한다.

해설 Michaelis-Menten 식
$$-r_A = r_R = \dfrac{kC_{E0}C_A}{C_M + C_A}$$
여기서, C_{E0} : 효소 농도
C_M : 미카엘리스 상수

89 반응물 A가 다음의 평행반응으로 혼합흐름반응기에서 반응한다. 이 반응에서 목적하는 생성물의 순간적인 수득분율의 최대값은? (단, S는 목적하는 생성물, R과 T는 목적하지 않는 생성물이다.) 〔출제율 40%〕

$$A \xrightarrow{k_1} R, \ r_R = 1$$
$$A \xrightarrow{k_1} S, \ r_S = 3.0C_A$$
$$A \xrightarrow{k_1} T, \ r_T = 1.0C_A^2$$

① 0.5 ② 0.6
③ 0.7 ④ 0.8

해설 $\phi = -\dfrac{dC_R}{dC_A} = \dfrac{r_S}{-r_A} = \dfrac{3C_A}{1+3C_A+C_A{}^2}$

최대값 $= \dfrac{(분자)' \times (분모) - (분자) \times (분모)'}{분모^2} = 0$

$= \dfrac{3(1+3C_A+C_A{}^2) - 3C_A(3+2C_A)}{(1+3C_A+C_A{}^2)^2} = 0$

분자가 0이어야 하므로 $3C_A{}^2 = 3$, $C_A = 1$

수득분율의 최대값$(\phi) = \dfrac{3}{1+3+1} = \dfrac{3}{5} = 0.6$

90 액상순환반응($A \to P$, 1차)의 순환율이 ∞일 때 총괄전화율은?

① 관형흐름반응기의 전화율보다 크다.
② 완전혼합흐름반응기의 전화율보다 크다.
③ 완전혼합흐름반응기의 전화율과 같다.
④ 관형흐름반응기의 전화율과 같다.

해설
- 순환율 $R = 0$: PFR
- 순환율 $R = \infty$: CSTR(완전혼합흐름반응기)

보충 Tip

$$R = \infty = \dfrac{순환하는\ 몰수}{생성되어\ 없어지는\ 몰수}$$

91 정용회분식 반응기(batch reactor)에서 반응물 $A(C_{A0} = 1\text{mol/L})$가 80% 전환되는 데 8분 걸렸고, 90% 전환되는 데 18분이 걸렸다면 이 반응은 몇 차 반응인가? [출제율 60%]

① 0차
② 2차
③ 2.5차
④ 3차

해설 (If) 2차 반응 $\to n = 2$

$\dfrac{1}{C_A} - \dfrac{1}{C_{A0}} = kt$, $ktC_{A0} = \dfrac{X_A}{1-X_A}$

$k_1 = \dfrac{X_A}{tC_{A0}(1-X_A)} = \dfrac{0.8}{8 \times 1 \times (1-0.8)}$

$= 0.5\text{L/mol} \cdot \text{min}$

$k_2 = \dfrac{0.9}{18 \times 1 \times (1-0.9)} = 0.5\text{L/mol} \cdot \text{min}$

$k_1 = k_2 \Rightarrow$ 2차(반응)

92 다음과 같은 기상반응이 진행되고 있다. 처음에 A만으로 반응을 시작한 경우, 부피팽창계수 ε_A는 얼마인가? [출제율 50%]

$$4A \to B + 6C$$

① 0.25
② 0.5
③ 0.75
④ 1.0

해설 $\varepsilon_A = y_{A0}\delta = 1 \cdot \dfrac{(6+1)-4}{4} = \dfrac{3}{4} = 0.75$

93 어떤 2차 반응에서 60℃의 속도상수가 $1.46 \times 10^{-4}\text{L/mol} \cdot \text{s}$이며, 활성화에너지는 60kJ/mol일 때 빈도계수(frequency factor)를 옳게 구한 것은? [출제율 60%]

① $1.8 \times 10^5 \text{L/mol} \cdot \text{s}$
② $2.8 \times 10^5 \text{L/mol} \cdot \text{s}$
③ $3.8 \times 10^5 \text{L/mol} \cdot \text{s}$
④ $4.8 \times 10^5 \text{L/mol} \cdot \text{s}$

해설 $k = Ae^{-Ea/RT}$

$1.46 \times 10^{-4}\text{L/mol} \cdot \text{s}$

$= A \exp\left[-\dfrac{60000\,\text{J/mol}}{8.314\,\text{J/mol} \cdot \text{K} \times 333\,\text{K}}\right]$

$= A \times 3.87 \times 10^{-10}$

$A = 3.77 \times 10^5 \text{L/mol} \cdot \text{s}$

94 다음과 같은 기상반응이 30L 정용회분식 반응기에서 등온적으로 일어난다. 초기 A가 30mol이 들어 있으며, 반응기는 완전혼합된다고 할 때 1차 반응일 경우 반응기에서 A의 몰수가 0.2mol로 줄어드는 데 필요한 시간은? [출제율 60%]

$$A \to B, \quad -r_A = kC_A, \quad k = 0.865/\text{min}$$

① 7.1min
② 8.0min
③ 6.3min
④ 5.8min

해설 $-kt = \ln(1-X_A) = \ln\dfrac{C_A}{C_{A0}}$

$-0.865t = \ln\dfrac{0.2}{30}$

$t = 5.8\text{min}$

95 연속반응 $A \xrightarrow{k_1} R \xrightarrow{k_2} S$ 에서 $C_s = C_{A0}[1 - \exp(-k_1 t)]$인 경우 반응속도상수의 관계를 가장 옳게 나타낸 것은? `출제율 20%`

① $k_2 \gg k_1$ ② $k_2 = k_1$

③ $k_2 + k_1 = 0$ ④ $k_2 \ll k_1$

`해설` $C_S = C_{A0}[1 - \exp(-k_1 t)]$

k_1이 속도 결정 즉, 가장 느린 단계($k_2 \gg k_1$) 즉, k_1은 또 다른 k_2보다 항상 매우 작다.

96 어떤 1차 비가역반응의 반감기는 20분이다. 이 반응의 속도상수를 구하면 몇 min^{-1}인가? `출제율 80%`

① 0.0347   ② 0.1346

③ 0.2346   ④ 0.3460

`해설` $t_{1/2} = \dfrac{\ln 2}{k}$, $20\,min = \dfrac{\ln 2}{k}$

$k = 0.03466\,min^{-1}$

97 다음 중 직렬로 연결된 같은 크기의 혼합반응기 또는 플러그반응기에 대한 설명 중 옳지 않은 것은? `출제율 40%`

① 반응물의 농도 증가에 따라 속도가 증가하는 반응에 대해서 플러그반응기가 혼합반응기보다 효과적이다.

② 최종전화율은 혼합반응기 쪽이 유리하다.

③ 혼합반응기에서는 순간적으로 농도가 아주 낮은 값까지 감소한다.

④ 플러그반응기에서는 반응물의 농도가 계(系)를 통과하면서 점차 감소한다.

`해설` 같은 크기의 반응기일 때는 PFR의 전화율이 CSTR보다 최종전화율이 크다.

98 이상적 반응기 중 플러그흐름반응기에 대한 설명으로 틀린 것은? `출제율 20%`

① 반응기 입구와 출구의 몰 속도가 같다.

② 정상상태 흐름반응기이다.

③ 축방향의 농도구배가 없다.

④ 반응기 내의 온도구배가 없다.

`해설` 반응기 입구와 출구의 몰 속도가 다르다.

Input＝Output＋Consumption＋Accumulation

99 다음과 같이 진행되는 반응은 어떤 반응인가? `출제율 20%`

> Reactants → (Intermediates)*
> (Intermediates)* → Products

① Non-chain reaction

② Chain reaction

③ Elementary reaction

④ Nonelementary reaction

`해설` 비연쇄반응

중간체가 있는 반응으로, 중간체는 첫 번째 반응에서 생성, 중간체가 반응하여 생성물이 된다.

반응물 → (중간체)*

(중간체)* → 생성물

100 다음의 액상 병렬반응을 연속흐름반응기에서 진행시키고자 한다. 이때 같은 입류조건에 A의 전화율이 모두 0.9가 되도록 반응기를 설계한다면 어느 반응기를 사용하는 것이 R로의 전화율을 가장 크게 해 주겠는가? (단, $r_R = 20 C_A$이고, $r_S = 5 C_A{}^2$이다.) `출제율 40%`

① 플러그흐름반응기

② 혼합흐름반응기

③ 환류식 플러그흐름반응기

④ 다단식 혼합흐름반응기

`해설` $r_R = 20 C_A$

$r_S = 5 C_A{}^2$

선택도 $\dfrac{r_R}{r_S} = \dfrac{20 C_A}{5 C_A{}^2} = \dfrac{4}{C_A}$

C_A의 농도가 낮아야 하므로 혼합흐름반응기(CSTR)가 전화율을 가장 크게 해 준다.

화공기사 (2012. 9. 15. 시행)

제1과목 ❙ 화공열역학

01 3000K에서 CO_2, CO, O_2의 평형압력은 각각 0.6, 0.4, 0.2atm이다. $2CO_2 \rightarrow 2CO + O_2$ 반응에 대한 $\Delta G_T^\circ = 3000K$의 값은 약 몇 kcal/mol인가? (단, 기체상수 R은 1.987cal/mol · K이다.) 출제율 80%

① 14.4 ② −14.4
③ 24.4 ④ −24.4

해설 평형상수와 온도의 영향

$$K = \exp\left(\frac{-\Delta G^\circ}{RT}\right)$$

$\Delta G^\circ = -RT\ln K$ (ΔG° : 표준자유에너지 변화)

$$K = \frac{a_C^c\, a_D^d}{a_A^a\, a_B^b} \ (aA + bB \rightarrow cC + dD)$$

$2CO_2 \rightarrow 2CO + O_2$ 이므로

$0.6 \ : \ 0.4 : 0.2$

$$K = \frac{P_{CO}^2 \cdot P_{O_2}}{P_{CO_2}^2}$$

$$K = \frac{(0.4)^2 (0.2)}{(0.6)^2} = 0.089$$

$\therefore \Delta G^\circ = -1.987 \times 3000 \times \ln 0.089$
$= 14420\,cal/mol$
$= 14.42\,kcal/mol$

보충 Tip

$R = 8.314\,J/mol \cdot K = 1.987\,cal/mol \cdot K$

02 어느 물질의 등압 부피 팽창계수와 등온 부피 압축계수를 나타내는 β와 k가 각각 $\beta = \dfrac{a}{V}$와 $k = \dfrac{b}{V}$ 로 표시될 때 이 물질에 대한 상태방정식으로 적합한 것은? 출제율 40%

① $V = aT + bP + $상수
② $V = aT - bP + $상수
③ $V = -aT + bP + $상수
④ $V = -aT - bP + $상수

해설 순수한 유체의 부피 특성

$V = f(T, P)$: 부피는 온도와 압력의 함수
상태함수로 완전미분

$$dV = \left(\frac{\partial V}{\partial T}\right)_P dT + \left(\frac{\partial V}{\partial P}\right)_T dP$$

부피팽창률$(\beta) = \dfrac{1}{V}\left(\dfrac{\partial V}{\partial T}\right)_P$

등온압축률$(k) = -\dfrac{1}{V}\left(\dfrac{\partial V}{\partial P}\right)_T$

$dV = \beta V dT - kV dP \ \left(\beta = \dfrac{a}{V}, \ k = \dfrac{b}{V}\right)$
$\quad = V\left(\dfrac{a}{V}\right)dT - V\left(\dfrac{b}{V}\right)dP$
$\quad = adT - bdP$
$\therefore V = aT - bP + C \ (C : $상수$)$

03 기체의 퓨가시티 계수 계산을 위한 방법으로 가장 거리가 먼 것은? 출제율 20%

① 포인팅(poynting) 방법
② 펭-로빈슨(Peng-Robinson) 방법
③ 비리얼(virial) 방정식
④ 일반화된 압축인자의 상관관계 도표

해설 포화증기의 퓨가시티 계수(fugacity coefficient)

$$G_i - G_i^{sat} = \int_{P_i^{sat}}^{P} V_i dP = RT\ln\frac{f_i}{f_i^{sat}} \ (T = const)$$

$$\ln\frac{f_i}{f_i^{sat}} = \frac{1}{RT}\int_{P_i^{sat}}^{P} V_i dP = \frac{V_i^l(P - P_i^{sat})}{RT}$$

$$f_i = \phi_i^{sat} P_i^{sat} \underbrace{\exp\frac{V_i^l(P - P_i^{sat})}{RT}}_{(poynting \ 인자)}$$

04 아보가드로 수(N_A)와 기체상수(R)의 관계를 옳게 표현한 식은? (단, k는 볼츠만 상수, h는 플랑크 상수이다.) 출제율 20%

① $R = kN_A$
② $R = \dfrac{k}{N_A}$
③ $R = hN_A$
④ $R = \dfrac{N_A}{h}$

해설 볼츠만(Boltzmann) 식

$S = K \ln \Omega$

여기서, K : 볼츠만 상수

$$\left(K = \frac{R(기체\ 상수)}{N_A(아보가드로\ 수)} \right)$$

Ω : 열역학적 확률

05

다음과 같은 반 데르 발스(Van der Waals)의 식에 적용되는 실제기체에 대하여 $\left(\dfrac{\partial U}{\partial V} \right)_T$ 의 값을 옳게 표현한 것은? [출제율 40%]

$$\left(P + \frac{a}{V^2} \right)(V - b) = RT$$

① $\dfrac{a}{P}$ ② $\dfrac{a}{T}$

③ $\dfrac{a}{V^2}$ ④ $\dfrac{a}{PT}$

해설 열역학 제2법칙

$dU = dQ - PdV = TdS - PdV$

온도가 일정할 때 부피 변화에 대한 내부에너지 변화를 식으로 표현

dV 로 나누면

$$\left(\frac{\partial U}{\partial V} \right)_T = T \left(\frac{\partial S}{\partial V} \right)_T - P$$

맥스웰(Maxwell) 관계식으로부터

$$\left(\frac{\partial S}{\partial V} \right)_T = \left(\frac{\partial P}{\partial T} \right)_V$$

$$\left(\frac{\partial U}{\partial V} \right)_T = T \left(\frac{\partial P}{\partial T} \right)_V - P$$

$$= T \times \left(\frac{R}{V-b} \right) - P$$

$$= T \left(\frac{R}{V-b} \right) - \left(\frac{RT}{V-b} - \frac{a}{V^2} \right)$$

$$= \frac{a}{V^2}$$

보충 Tip

$$\left(P + \frac{a}{V^2} \right)(V - b) = RT$$

$$P = \frac{RT}{V-b} - \frac{a}{V^2}$$

$$\left(\frac{\partial P}{\partial T} \right)_V = \frac{R}{V-b}$$

06

$P_1 V_1^{\ \gamma} = P_2 V_2^{\ \gamma}$의 식이 성립하는 경우는? (단, γ 는 비열비이다.) [출제율 60%]

① 등온과정(isothermal process)

② 단열과정(adiabatic process)

③ 등압과정(isobaric process)

④ 정용과정(isometric process)

해설 이상기체 단열공정

$$\frac{T_2}{T_1} = \left(\frac{V_1}{V_2} \right)^{\gamma-1}, \quad \frac{T_2}{T_1} = \left(\frac{P_2}{P_1} \right)^{\frac{\gamma-1}{\gamma}}, \quad P_1 V_1^{\ \gamma} = P_2 V_2^{\ \gamma}$$

$$\frac{T_2}{T_1} = \left(\frac{V_1}{V_2} \right)^{\gamma-1} = \left(\frac{P_2}{P_1} \right)^{\frac{\gamma-1}{\gamma}}$$

07

비압축성 유체(incompressible fluid)의 성질을 나타내는 식이 아닌 것은? [출제율 60%]

① $\left(\dfrac{\partial V}{\partial T} \right)_P = 0$

② $\left(\dfrac{\partial V}{\partial P} \right)_T = 0$

③ $\left(\dfrac{\partial U}{\partial P} \right)_T = 0$

④ $\left(\dfrac{\partial H}{\partial P} \right)_T = 0$

해설 비압축성 유체(부피 변화 없음 : $\alpha = \beta = 0$)

$dH = TdS + VdP$, dP 로 나누면

$$\left(\frac{dH}{dP} \right)_T = T \left(\frac{dS}{dP} \right)_T + V$$

$$= T \left(\frac{dV}{dT} \right)_P + V$$

$$= T\beta V + V$$

$$= V(1 + \beta T)$$

$$= V$$

$dU = dH - PdV - VdP$, dP 로 나누면

$$\left(\frac{dU}{dP} \right)_T = \left(\frac{dH}{dP} \right)_T - P \left(\frac{dV}{dP} \right)_T - V$$

$$= -T \left(\frac{dV}{dT} \right)_P + V - P \left(\frac{dV}{dP} \right)_T - V$$

$$= -T \left(\frac{dV}{dT} \right)_P - P \left(\frac{dV}{dP} \right)_T$$

$$= -T\beta V + PkV$$

$$= V(k\beta - \beta T)$$

$$= 0$$

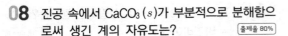

08 진공 속에서 $CaCO_3(s)$가 부분적으로 분해함으로써 생긴 계의 자유도는? 출제율 80%

① 0 ② 1
③ 2 ④ 3

해설 자유도(F)

$F = 2 - P + C - r - s$

여기서, P(phase) : 상
C : 성분
r : 화학반응식 수
s : 제한조건(공비혼합물, 등몰기체 생성)

$CaCO_3(s) \rightarrow CaCO(s) + CO_2(g)$

$P = 3$, $C = 3$, $r = 1$

$\therefore F = 2 - 3 + 3 - 1 = 1$

09 G^E가 다음과 같이 표시된다면 활동도 계수는? (단, G^E는 과잉 깁스 에너지, B, C는 상수, γ는 활동도 계수, X_1, X_2 : 액상 성분 1, 2의 몰분율이다.) 출제율 40%

$$G^E / RT = BX_1X_2 + C$$

① $\ln \gamma_1 = BX_2^2$
② $\ln \gamma_1 = BX_2^2 + C$
③ $\ln \gamma_1 = BX_1^2 + C$
④ $\ln \gamma_1 = BX_1^2$

해설 $\dfrac{G^E}{RT} = BX_1X_2 + C = B\dfrac{n_1 \times n_2}{n \times n} + C$

$\dfrac{nG^E}{RT} = B\dfrac{n_1 \times n_2}{n} + C = B\dfrac{n_1 \times n_2}{n_1 + n_2} + C$

부분분수법 이용

$y = \dfrac{f(x)}{g(x)} \Rightarrow \dfrac{f'(x)g(x) - f(x)g'(x)}{\{g(x)\}^2}$

$\dfrac{\partial \left(\dfrac{nG^E}{RT} \right)}{\partial n_1} = B\dfrac{n_2(n_1 + n_2) - n_1 n_2}{(n_1 + n_2)^2}$

$= B\dfrac{n_2^2}{(n_1 + n_2)^2} + C$

$\ln \gamma_1 = B\dfrac{n_2^2}{(n_1 + n_2)^2} + C = BX_2^2 + C$

보충 Tip

$$X_1(\text{몰분율}) = \frac{n_1}{n}$$

10 1성분계에서 2상(相)이 평형에 있을 때의 설명으로 옳지 않은 것은? 출제율 20%

① 2상의 퓨가시티가 같다.
② 2상의 몰당 깁스(Gibbs) 자유에너지가 같다.
③ 2상의 화학퍼텐셜(potential)이 같다.
④ 2상의 몰당 엔트로피(entropy)가 같다.

해설 화학반응 평형

1성분계에서 2상이 평형에 있을 때 온도, 압력, 퓨가시티 몰당 깁스 에너지, 화학퍼텐셜은 같다.

보충 Tip

엔트로피
열역학 제2법칙에 관한 것으로 자발적 변화는 비가역 변화이며, 엔트로피(무질서도)는 증가하는 방향으로 진행한다.

11 물질 A와 B가 80℃에서 기 - 액 상평형을 이루고 있다. 이 온도에서 A 물질의 증기압이 54kPa, B 물질의 증기압이 79kPa이라고 한다. A, B의 기상 몰분율이 동일한 등온혼합물의 이슬점(dew point) 조성을 옳게 구한 것은 어느 것인가? (단, 이 혼합물은 라울의 법칙을 따른다고 한다.) 출제율 60%

① $x_A = 0.494$, $x_B = 0.506$
② $x_A = 0.506$, $x_B = 0.494$
③ $x_A = 0.594$, $x_B = 0.406$
④ $x_A = 0.406$, $x_B = 0.594$

해설 라울의 법칙

$A = B$(기상 몰분율), $y_i = \dfrac{x_i P_i^{sat}}{P}$

$y_A = \dfrac{P_A x_A}{P} = y_B = \dfrac{P_B x_B}{P}$, $x_B = 1 - x_A$

$P_A x_A = P_B x_B = P_B(1 - x_A)$

$54 x_A = 79(1 - x_A)$

$x_A = 0.594$, $x_B = 1 - 0.594 = 0.406$

12 1기압, 100℃의 액체상태의 물은 그 내부에너지가 418.94J/g이다. 이 조건에서 물의 비부피는 1.0435 cm³/g이다. 엔탈피는 몇 J/g인가? 출제율 60%

① 410.38 ② 419.04
③ 426.94 ④ 443.83

해설 엔탈피(H)

$H = U + PV$

비부피＝물질의 질량당 부피(밀도의 역수)

$$\nu = \frac{V}{m} = \rho^{-1}$$

$H = 418.94\,\text{J/g} + PV, \quad PV = 1\,\text{atm} \times 1.0435\,\text{cm}^3/\text{g}$

$$PV = 1\,\text{atm} \times \frac{1.0435\,\text{cm}^3}{\text{g}} \times \frac{\text{J}}{\text{N}\cdot\text{m}} \times \frac{101.3 \times 10^3\,\text{Pa}}{1\,\text{atm}}$$

$$\times \frac{\text{N}}{\text{Pa}\cdot\text{m}^2} \times \frac{\text{m}^3}{10^6\,\text{cm}^3} = 0.106\,\text{J/g}$$

$H = 418.94 + 0.106 = 419.04\,\text{J/g}$

13 2성분 혼합물이 액체－액체 상평형을 이루고 있는 α상과 β상이 있을 때 액체－액체 상평형 계산에 사용되는 관계식에 해당하는 것은? (단, x_1은 성분 1의 조성, γ는 활동도 계수, P_r^{sat}는 성분 1의 증기압, H_1은 성분 1의 헨리상수, $\widehat{\phi}_1$은 성분 1의 퓨가시티 계수이다.) 〔출제율 40%〕

① $x_1^\alpha \gamma_1^\alpha = x_1^\beta \gamma_1^\beta$ 　　② $x_1^\alpha P = x_1^\beta P_1^{\text{sat}}$

③ $x_1^\alpha P = x_1^\beta H_1$ 　　④ $\widehat{\phi}_1^\alpha = \widehat{\phi}_1^\beta$

해설 액상반응에서 퓨가시티(fugacity)

$\widehat{f}_i = \gamma_i x_i f_i$, 평형 $\widehat{f}_i{}^\alpha = \widehat{f}_i{}^\beta$

$\gamma_i^\alpha x_i^\alpha f_i^\alpha = \gamma_i^\beta x_i^\beta f_i^\beta$

$\gamma_i^\alpha x_i^\alpha = \gamma_i^\beta x_i^\beta$

14 반응좌표(reaction coordinate)의 변화는 어떻게 표현되는가? 〔출제율 40%〕

① 화학양론의 계수
② 화학양론 수
③ 반응몰수의 변화량 × 화학양론 수
④ 반응몰수의 변화량 ÷ 화학양론 수

해설 반응좌표(ε)는 반응이 일어난 정도를 나타낸다.

$$\frac{dn_1}{\nu_1} = \frac{dn_2}{\nu_2} = \cdots = d\varepsilon$$

여기서, dn : 몰수
　　　　ν : 양론 수
　　　　ε : 반응좌표

$dn_A = \nu_A d\varepsilon \left(d\varepsilon = \dfrac{dn_A}{\nu_A} \right)$

$n_i = n_{i0} + \nu_i \varepsilon$

15 0.5bar에서 6m^{3}의 기체와 1.5bar에서 2m^{3}의 기체를 부피가 8m^{3}인 용기에 넣을 경우 압력은 얼마인가? (단, 온도는 일정하며, 이상기체로 가정한다.) 〔출제율 20%〕

① 0.65bar 　　② 0.75bar
③ 0.85bar 　　④ 0.95bar

해설 돌턴의 법칙

$P_1 V_1 + P_2 V_2 = PV$

$0.5 \times 0.6 + 1.5 \times 2 = P \times 8$

∴ $P = 0.75\,\text{bar}$

16 다음 중 이심인자(acentric factor) 값이 가장 큰 것은? 〔출제율 20%〕

① 제논(Xe) 　　② 아르곤(Ar)
③ 산소(O_2) 　　④ 크립톤(Kr)

해설 이심인자(acentric factor)

이심인자는 중심에서 벗어난 정도. 즉, 실제기체가 이상기체 거동에서 얼마나 벗어나 있는지 나타낸 것으로, Xe, Ar, Kr의 이심인자 값은 0이다.

이심인자 $W = -1 - \log\left[\dfrac{P^{\text{sat}}}{P_c} (T_r = 0.7) \right]$

17 열역학적 관계식으로 옳지 않은 것은? 〔출제율 40%〕

① $dH^{ig} = C_P{}^{ig} dT$

② $dS^{ig} = C_P{}^{ig} \dfrac{dT}{T} - R\dfrac{dP}{P}$

③ $dH = C_P dT + \left[V - T\left(\dfrac{\partial V}{\partial T}\right)_P \right] dP$

④ $dS = C_P \dfrac{dT}{T} + \left(\dfrac{\partial V}{\partial T}\right)_P dP$

해설 이상기체의 엔트로피 변화

$dU = dQ_{\text{rev}} - PdV, \quad H = U + PV$

$dH = dU + PdV + VdP = dQ_{\text{rev}} + VdP$

$\left(dH = C_P dT, \ V = \dfrac{RT}{P} \right)$

$dQ_{\text{rev}} = C_P dT - \dfrac{RT}{P} dP$, T로 나누면

$\dfrac{dQ_{\text{rev}}}{T} = C_P \dfrac{dT}{T} - R\dfrac{dP}{P} \ \left(PV = RT \rightarrow \dfrac{R}{P} = \dfrac{V}{T} \right)$

$dS = C_P \dfrac{dT}{T} - \left(\dfrac{\partial V}{\partial T}\right)_P dP$

18 열용량이 C_P인 물질이 정압 하에서 온도 T_1에서 T_2까지 변화할 때 엔트로피 변화량으로 옳은 것은? 〈출제율 40%〉

① $C_P(T_2 - T_1)$
② $C_P\left(\dfrac{T_2 - T_1}{T_1}\right)$

③ $C_P\ln\dfrac{T_2}{T_1}$
④ $C_P\left(\dfrac{1}{T_1} - \dfrac{1}{T_2}\right)$

해설 상 변화 시 엔트로피 변화(정압 하에서)

$$\Delta S = \frac{\Delta H}{T} = \frac{C_p dT}{T} = C_P \ln T$$

$$\Delta S = C_P \ln(T_2 - T_1) = C_P \ln\frac{T_2}{T_1}$$

19 $P-H$ 선도에서 등엔트로피선의 기울기 $\left(\dfrac{\partial P}{\partial H}\right)_S$ 값은? 〈출제율 40%〉

① $\left(\dfrac{\partial P}{\partial H}\right)_S = V$
② $\left(\dfrac{\partial P}{\partial H}\right)_S = \dfrac{1}{V}$

③ $\left(\dfrac{\partial P}{\partial H}\right)_S = -V$
④ $\left(\dfrac{\partial P}{\partial H}\right)_S = -\dfrac{1}{V}$

해설 $dH = TdS + VdP$

$$\left(\frac{\partial H}{\partial P}\right)_S = V$$

$$\left(\frac{\partial P}{\partial H}\right)_S = \frac{1}{V}$$

20 다음 중 평형상수의 온도 영향에 대한 설명으로 옳은 것은? 〈출제율 80%〉

① 온도가 증가하면 항상 증가한다.
② 온도가 증가하면 항상 감소한다.
③ 온도의 영향이 없다.
④ 온도가 증가하면 증가 또는 감소할 수 있다.

해설 평형상수에 대한 온도의 영향

$$\frac{d\ln K}{dT} = \frac{\Delta H}{RT^2}$$

- $\Delta H° < 0$ (발열반응) : 온도가 증가하면 평형상수 감소
- $\Delta H° > 0$ (흡열반응) : 온도가 증가하면 평형상수 증가

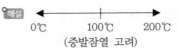

제2과목 ㅣ 단위조작 및 화학공업양론

21 1atm, 200℃의 과열 수증기의 엔탈피를 0℃의 물을 기준으로 구하면 몇 kcal/kg인가? (단, 1atm, 100℃에서 물의 증발열은 539kcal/kg이고, 수증기의 평균 정압비열은 0.46kcal/kg · ℃이다.) 〈출제율 40%〉

① 200
② 539
③ 639
④ 685

해설

0℃ ──────── 100℃ ──────── 200℃
(증발잠열 고려)

$$\Delta H = Cm\Delta T$$
$$= (1\,\text{kcal/kg} \cdot ℃ \times 100℃) + 539\,\text{kcal/kg}$$
$$\quad + (0.46 \times 100\,\text{kcal/kg})$$
$$= 685\,\text{kcal/kg}$$

22 실제기체의 거동을 예측하는 비리얼 상태식에 대한 설명 중 옳은 것은? 〈출제율 20%〉

① 제1 비리얼 계수는 압력에만 의존하는 상수이다.
② 제2 비리얼 계수는 조성에만 의존하는 상수이다.
③ 제3 비리얼 계수는 체적에만 의존하는 상수이다.
④ 제4 비리얼 계수는 온도에만 의존하는 상수이다.

해설 비리얼 계수

$$Z = \frac{PV}{RT} = 1 + B'P + C'P^2 + D'P^3 + \cdots$$

$$Z = 1 + \frac{B}{V} + \frac{C}{V^2} + \frac{D}{V^3} + \cdots$$

$$B' = \frac{B}{RT}, \quad C' = \frac{C - B^2}{(RT)^2}$$

비리얼 계수는 온도만의 함수이다.

23 10wt%의 식염수 100kg을 20wt%로 농축하려면 몇 kg의 수분을 증발시켜야 하는가? 〈출제율 40%〉

① 25
② 30
③ 40
④ 50

해설 **증발식**

$$W = \left(1 - \frac{a}{b}\right) \times F$$

여기서, F : 투입물, a : 물질%, b : 농축물질%

$$W = \left(1 - \frac{10}{20}\right) \times 100\,kg = 50\,kg$$

24 안지름 25mm인 원관에 분자량 70g/mol, 밀도 0.7g/cm³인 액체가 7g/s의 유량으로 흐르고 있다. 계산값으로 틀린 것은? 〔출제율 20%〕

① 부피유량 = 10cm³/s

② 몰유량 = 0.1mol/s

③ 평균유속 = 2.04m/s

④ 면적당 질량속도 = 14.26kg/s·m²

해설 주어진 Data : $D = 2.5\,cm$, $M = 70\,g/mol$,
$\qquad\qquad\quad d = 0.7\,g/cm^3$, $W = \dot{m} = 7\,g/s$

① 부피유량 $Q = \bar{u}A = \dfrac{\dot{m}}{\rho} = \dfrac{7\,g/s}{0.7\,g/cm^3} = 10\,cm^3/s$

② 몰유량 $\dfrac{\dot{m}}{M} = \dfrac{7\,g/s}{70\,g/mol} = 0.1\,mol/s$

③ 평균유속 $\bar{u} = \dfrac{Q}{A} = \dfrac{10\,cm^3/s}{\frac{\pi}{4} \times 2.5^2\,cm^2} = 2.04\,cm/s$

④ 면적당 질량속도

$\dot{m} = \rho u A = GA$

$G = \rho u = \dfrac{\dot{m}}{A} = \dfrac{7\,g/s}{\frac{\pi}{4} \times 2.5^2\,cm^2} = 1.426\,g/cm^2 \cdot s$

$\qquad = \dfrac{1.426\,g}{cm^2 \cdot s} \times \dfrac{1\,kg}{1000\,g} \times \dfrac{10^4\,cm^2}{1\,m^2}$

$\qquad = 14.26\,kg/m^2 \cdot s$

25 1mol%의 에탄가스를 함유하고 있는 혼합가스가 20℃, 20atm에서 물과 접하고 있다. 물에 용해되어 있는 에탄의 몰분율은? (단, Henry 상수 $H_{C_2H_6} = 2.63 \times 10^4$atm/mol fraction이다.) 〔출제율 40%〕

① 7.6×10^{-7} 　　② 7.6×10^{-6}

③ 7.6×10^{-4} 　　④ 7.6×10^{-2}

해설 **헨리의 법칙**

$p_A = Hx_A = P_t y_A$

여기서, p_A : 기상 내용질 분압

$\qquad\quad H$: 헨리 상수

$\qquad\quad x_A$: 에탄 액상 몰분율

$\qquad\quad P_t$: 평형 압력

$\qquad\quad y_A$: 에탄 기상 몰분율

$x_A = \dfrac{P_t \cdot y_A}{H} = \dfrac{20 \times 0.01}{2.63 \times 10^4} = 7.6 \times 10^{-6}$

26 전압을 738mmHg로 일정하게 유지하고 6.0kg의 C_2H_5OH을 완전히 증발시키는 데 필요한 20℃, 738mmHg에서 건조공기의 최소량은? (단, 20℃에서 C_2H_5OH의 증기압은 44.5mmHg이다.) 〔출제율 40%〕

① $30.3m^3$ 　　② $40.3m^3$

③ $50.3m^3$ 　　④ $60.3m^3$

해설 **습도**

$\dfrac{W_A}{W_B} = \dfrac{M_A n_A}{M_B n_B} = \dfrac{분자량}{29} \times \dfrac{P_a}{P - P_a}$

$\dfrac{W_{EtOH}}{W_{Dry\,air}} = \dfrac{46 \times 445}{29 \times (738 - 44.5)}$

$\qquad\qquad = 0.1018\,kg_{EtOH}/kg_{Dry\,air}$

$6\,kg_{EtOH} \times \dfrac{1\,kg_{Dry\,air}}{0.1018\,kg_{EtOH}} = 58.94\,kg_{Dry\,air}$

건조공기 부피(k_P)

$= 58.94\,kg_{Dry\,air} \times \dfrac{1}{29} \times \dfrac{22.4\,m^3}{kg\,mol} \times \dfrac{760}{738} \times \dfrac{293}{273}$

$= 50.3\,m^3$

27 질량이 14ton인 트럭과 2.5ton인 승용차가 정면으로 충돌하였다. 충돌하는 순간 트럭과 승용차는 각각 시속 90km로 달리고 있었다. 충돌 후 두 차가 모두 정지하였다면 얼마의 운동에너지 [J]가 다른 에너지로 변화하였는가? 〔출제율 20%〕

① 0

② 7.782×10^4

③ 4.384×10^5

④ 5.156×10^6

해설 운동에너지(E_K) $= \dfrac{1}{2}mv^2$

$E_{K_1} = \dfrac{1}{2}mv^2$

$\qquad = \dfrac{1}{2} \times 14000\,kg \times (90000\,m/h \times 1h/3600s)^2$

$\qquad = 4375000\,J$

$E_{K_2} = \dfrac{1}{2} \times 25000\,g \times \left(\dfrac{90000}{3600}\right)^2 = 781,250\,J$

$E_K = E_{K_1} + E_{K_2} = 5.156 \times 10^6\,J$

24.③ 25.② 26.③ 27.④

28 760mmHg 대기압에서 진공계가 100mmHg 진공을 표시하였다. 절대압력은 몇 atm인가? `출제율 20%`

① 0.54   ② 0.69

③ 0.87   ④ 0.96

`해설` 진공압 = 대기압 − 절대압

$100\,\mathrm{mmHg} = 760\,\mathrm{mmHg} - P$

$P = 660\,\mathrm{mmHg} \times \dfrac{1\,\mathrm{atm}}{760\,\mathrm{mmHg}} = 0.87\,\mathrm{atm}$

29 30℃, 750mmHg에서 공기의 상대습도가 75%이다. 공기 중에서 수증기 분압은 약 몇 mmHg인가? (단, 30℃에서 물의 증기압은 30.7mmHg라고 가정한다.) `출제율 40%`

① 0.31   ② 5.71

③ 23   ④ 91

`해설` 습도

$\text{상대습도}(H_R) = \dfrac{\text{수증기의 분압}(P_A)}{\text{포화증기압}(P_S)} \times 100$

$= \dfrac{P_A}{30.7} \times 100 = 75\,\%$

$P_A = 23.03\,\mathrm{mmHg}$

30 동력의 단위환산 값 중 1kW와 가장 거리가 먼 것은? `출제율 20%`

① 10.97kgf · m/s   ② 0.239kcal/s

③ 0.948BTU   ④ 1000000mW

`해설` 단위환산

① $1\,\mathrm{kW} = 1000\,\mathrm{W}\,(\mathrm{J/s}) = 102\,\mathrm{kgf \cdot m/s}$

② $1\,\mathrm{kW} = 1000\,\mathrm{W}\,(\mathrm{J/s}) \times \dfrac{1\,\mathrm{cal}}{4.184\,\mathrm{J}} \times \dfrac{1\,\mathrm{kcal}}{1000\,\mathrm{cal}}$

$\quad = 0.239\,\mathrm{kcal/s}$

③ $1\,\mathrm{kW} = 1000\,\mathrm{W}\,(\mathrm{J/s}) \times \dfrac{1\,\mathrm{cal}}{4.184\,\mathrm{J}} \times \dfrac{1\,\mathrm{BTU}}{252\,\mathrm{cal}}$

$\quad = 0.948\,\mathrm{BTU}$

④ $1\,\mathrm{kW} = 10^6\,\mathrm{mW}$

31 석회석을 분쇄하여 시멘트를 만들고자 할 때 지름이 1m인 볼밀(ball mill)의 능률이 가장 좋은 최적회전속도는 약 몇 rpm인가? `출제율 20%`

① 5   ② 20

③ 32   ④ 54

`해설` 볼밀(ball mill)

• 최대회전수 $N(\mathrm{rpm}) = \dfrac{42.3}{\sqrt{D}}$

• 최적회전수 $N(\mathrm{opt}) = \dfrac{0.75 \times 42.3}{\sqrt{D}} = \dfrac{32}{\sqrt{1}} = 32\,\mathrm{rpm}$

32 동점성계수의 단위에 해당하는 것은? `출제율 20%`

① $\mathrm{m^2/kg}$ ② $\mathrm{m^2/s}$

③ $\mathrm{kg/m \cdot s}$ ④ $\mathrm{kg/m \cdot s^2}$

`해설` 동점성계수(ν)

$\nu = \text{점도/밀도} = \dfrac{\mu}{\rho}\,[\mathrm{cm^2/s}]$

$\mu = \mathrm{kg/m \cdot s},\ \rho = \text{질량/부피} = \mathrm{kg/m^3}$

33 피건조물에서 자유수분(free moisture)을 수식으로 옳게 나타낸 것은? `출제율 20%`

① 총 수분 함량 − 임계수분 함량

② 총 수분 함량 − 평형수분 함량

③ 임계수분 함량 − 평형수분 함량

④ 임계수분 함량 + 평형수분 함량

`해설` • 자유함수율(자유수분)

고체가 가진 전체 함수율 W와 그때의 평형함수율 W_e와의 차이를 말한다.

• 평형함수율

일정습도의 공기로 건조 시 어느 정도까지 함수율이 낮아지면 평형상태에 도달, 더 이상 건조가 진행되지 않는 수분 함량. 즉, 고체 속에 습윤기체와 평형상태에서 남는 수분 함량을 말한다.

34 전열에 관한 설명으로 틀린 것은? `출제율 20%`

① 자연대류에서의 열전달계수가 강제대류에서의 열전달계수보다 크다.

② 대류의 경우 전열속도는 벽과 유체의 온도 차이와 표면적에 비례한다.

③ 흑체란 이상적인 방열기로서 방출열은 물체의 절대온도의 4승에 비례한다.

④ 물체 표면에 있는 유체의 밀도 차이에 의해 자연적으로 열이 이동하는 것이 자연대류이다.

`해설` 열전달

자연대류에서의 열전달계수는 강제대류 열전달계수보다 작다.

35 다음 중 압력강하를 일정하게 유지하면서 유량에 따른 유로의 면적 변화를 측정하여 유량을 구하는 것은? _{출제율 20%}

① 오리피스미터 ② 벤투리미터
③ 피토관 ④ 로터미터

^{해설} • 로터미터 : 면적유량계(유량에 따른 유로의 면적 변화를 측정하여 유량을 구함)
• 차압유량계 : 오리피스미터, 벤투리미터
• 피토관 : 국부속도 측정 가능

36 밀도가 880kg/m³인 기름이 관 내를 2m/s로 흐른다. 이 질량속도는 몇 kg/m² · s인가? _{출제율 40%}

① 3760 ② 1760
③ 440 ④ 2.3

^{해설} $W = \rho Q = \rho \bar{u} A = GA$
여기서, G : 질량속도(단위면적당 질량유량)
$G = \rho u = 880\,\text{kg/m}^3 \times 2\,\text{m/s} = 1760\,\text{kg/m}^2 \cdot \text{s}$

37 뚜껑이 있는 대용량의 저수탱크의 수면에서 10m 아래에 있는 내경 3cm의 구멍으로 물이 유출된다. 유출수량은 약 얼마인가? (단, 마찰손실은 무시한다.) _{출제율 20%}

① 22.6m³/h ② 27.6m³/h
③ 31.6m³/h ④ 35.6m³/h

^{해설} 토이첼리(Torricelli)의 정리
$\bar{u} = \sqrt{2gh} = \sqrt{2 \times 9.8 \times 10} = 14\,\text{m/s}$
$Q = A \cdot V = 14\,\text{m/s} \times \dfrac{\pi}{4}(0.03)^2\,\text{m}^2$
$\qquad = 9.89 \times 10^{-3}\,\text{m}^3/\text{s} \times 3600\,\text{s/h}$
$\qquad = 35.61\,\text{m}^3/\text{hr}$

38 추출에서 선택도(β)에 대한 설명 중 틀린 것은? (단, k_A, k_B는 분배계수로서 A는 추질, B는 원용매이다.) _{출제율 20%}

① β는 k_A/k_B로 표현된다.
② 추질의 분배계수가 원용매의 분배계수보다 작을수록 선택도가 높다.
③ $\beta = 1.0$에서는 분리가 불가능하다.
④ 선택도가 클수록 추제는 적게 든다.

^{해설} 추출
선택도 $\beta = \dfrac{k_A}{k_B}$
여기서, k_A : 추질의 분배계수
$\qquad\quad k_B$: 원용매 분배계수
추질의 분배계수가 원용매의 분배계수보다 클수록 선택도가 크다.

39 벤젠 40mol%와 톨루엔 60mol%의 혼합물을 100kmol/h의 속도로 정류탑에 비점의 액체상태로 공급하여 증류한다. 유출액 중의 벤젠 농도는 95mol%, 관출액 중의 농도는 5mol%일 때 최소환류비는 약 얼마인가? (단, 벤젠과 톨루엔의 순성분 증기압은 각각 1016mmHg, 405mmHg이다.) _{출제율 40%}

① 0.63
② 1.4
③ 2.51
④ 3.4

^{해설} 비휘발도
α(비휘발도) $= \dfrac{P_B}{P_T} = \dfrac{1016}{405} = 2.51$
$y = \dfrac{\alpha x}{1+(\alpha-1)x} = \dfrac{2.51 \times 0.4}{1+(2.51-1) \times (0.4)}$
$\quad (x : 탑정 제품)$
$\quad = 0.626 ≒ 0.63$
R_{DM} (최소환류비) $= \dfrac{x_D - y_f}{y_f - x_f}$
$\qquad\qquad = \dfrac{0.95 - 0.63}{0.63 - 0.4} = 1.39 ≒ 1.4$

40 비중이 1인 물이 흐르고 있는 관의 양단에 비중이 13인 수은으로 구성된 U자형 마노미터를 설치하고 압력차를 측정해 보니 0.4기압이었다. 마노미터에서 수은의 높이차는 약 몇 m인가? _{출제율 20%}

① 0.16 ② 0.33
③ 0.64 ④ 1.23

^{해설} $\Delta P = R(\rho_A - \rho_B)g$
$0.4\,\text{atm} = R(13-1) \times 9.8\,\text{m/s}^2$
$R\,(\text{수위 차}) = 0.34\,\text{m}$

▶▶ 제3과목 Ⅰ 공정제어

41 다음 중 비선형계에 해당하는 것은? _{출제율 20%}

① 0차 반응이 일어나는 혼합반응기
② 1차 반응이 일어나는 혼합반응기
③ 2차 반응이 일어나는 혼합반응기
④ 화학반응이 일어나지 않는 혼합조

^{해설} 2차 반응은 sin 함수 형태, 즉 비선형계에 해당한다.

42 $\dfrac{1}{10s+1}$ 로 표현되는 일차계 공정에 경사입력 $2/s^2$가 들어갔을 때 시간이 충분히 지난 후의 출력은? (단, 이득은 무단위이며, 시간은 "분" 단위를 가진다.) _{출제율 40%}

① 입력에 2분만큼 뒤지면서 기울기가 10인 경사응답을 보인다.
② 초기에 경사응답을 보이다가 최종응답값이 2로 일정하게 유지된다.
③ 입력에 10분만큼 뒤지면서 기울기가 2인 경사응답을 보인다.
④ 초기에 경사입력을 보이다가 최종응답값이 10으로 일정하게 유지된다.

^{해설} 1차 공정

$$G(s) = \frac{Y(s)}{X(s)} = \frac{K}{\tau s + 1}$$

문제에서 $\dfrac{1}{10s+1}$ 는 $\tau = 10$이므로 10분 지연

경사함수 $\dfrac{2}{s^2}$ 는 기울기가 2인 경사응답

43 단위계단입력에 대한 응답 $y_s(t)$를 얻었다. 이것으로부터 크기가 1이고 폭이 a인 펄스입력에 대한 응답 $y_{p(t)}$는? _{출제율 40%}

① $y_p(t) = y_s(t)$
② $y_p(t) = y_s(t-a)$
③ $y_p(t) = y_s(t) - y_s(t-a)$
④ $y_p(t) = y_s(t) + y_s(t-a)$

^{해설}

$$X_p(s) = \frac{1}{s}\left[1 - e^{as}\right]$$

$X_s(s) = \dfrac{1}{s}$ 일 때 $y_s(t)$이므로

$$y_p(t) = y_s(t) - y_s(t-a)$$

44 시정수가 0.1분이며 이득이 1인 1차 공정의 특성을 지닌 온도계가 90℃로 정상상태에 있다. 시간 $t=0$일 때 이 온도계를 100℃인 곳에 옮겼다면 몇 분 후에 98℃에 도달하겠는가? _{출제율 60%}

① 0.161　　② 0.230
③ 0.303　　④ 0.404

^{해설} 1차 공정

$$G(s) = \frac{K}{\tau s + 1} = \frac{1}{0.1s + 1} = \frac{10}{s + 10}$$

$x(t) = 10, \ X(s) = \dfrac{10}{s}$ (10은 90℃, 100℃의 차)

$$Y(s) = G(s) \cdot X(s) = \frac{10}{s+10} \cdot \frac{10}{s} = 10\left(\frac{1}{s} - \frac{1}{s+10}\right)$$

$y(t) = 10(1 - e^{-10t})$
$8 = 10(1 - e^{-10t})$
$t = 0.161$

45 그림과 같은 제어계에서 입력은 R, 출력은 C라 할 때 전달함수는? _{출제율 40%}

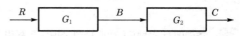

① $G_1 G_2$　　② G_1/G_2
③ $G_1 - G_2$　　④ $G_1 + G_2$

^{해설} $\dfrac{C}{R} = G_1 G_2$

$B = RG_1, \ C = BG_2$
$C = RG_1 G_2$
전달함수 $\left(\dfrac{C}{R}\right) = G_1 G_2$

46 어떤 계의 단위계단응답이 $(1-e^{-2t})$라고 하면 이 계의 단위충격(unit impulse)응답은? [출제율 80%]

① $-e^{-2t}$ ② $\dfrac{1}{2}e^{-2t}$

③ $-\dfrac{1}{2}e^{-2t}$ ④ $2e^{-2t}$

해설 단위계단응답을 미분하면 단위충격응답이 되므로 $(1-e^{-2t})$를 미분하면 $2e^{-2t}$

보충 Tip

$$\frac{d}{dt}(1-e^{-2t})=2e^{-2t}$$

47 함수 $f(t)$의 라플라스 변환은 다음과 같다. $\lim_{t\to 0}f(t)$를 구하면? [출제율 80%]

$$f(s)=\frac{(s+1)(s+2)}{s(s+3)(s-4)}$$

① 1 ② 2

③ 3 ④ 4

해설 초기값 정리

$$\lim_{t\to 0}f(t)=\lim_{s\to\infty}sF(s)$$

$$=\lim_{s\to\infty}\frac{s^2+3s+2}{s^2-s-12}=1$$

48 이득이 1이고 시간상수가 τ인 1차계의 Bode 선도에서 corner frequency $\omega_c=\dfrac{1}{\tau}$일 경우 진폭비 AR의 값은 얼마인가? [출제율 80%]

① $\sqrt{2}$

② 1

③ 0

④ $\dfrac{1}{\sqrt{2}}$

해설 $\mathrm{AR}_N=\dfrac{\mathrm{AR}}{K}=\dfrac{1}{\sqrt{1+\tau^2\omega^2}}$ (1차 공정)

$$\mathrm{AR}=\frac{K}{\sqrt{+\tau^2\omega^2}}=\frac{1}{\sqrt{2}}$$

49 개회로 제어계(open loop transfer function)가 $K\dfrac{N}{D}$일 때 해당된 폐회로계의 특정방정식은? (단, 측정부의 전달함수는 1이다.) [출제율 40%]

① $1+K\dfrac{N}{D}=0$ ② $1-K\dfrac{N}{D}=0$

③ $K\dfrac{N}{D}=0$ ④ $\dfrac{1}{1+K\dfrac{N}{D}}=0$

해설 $G(s)=K\dfrac{N}{D}$ (open loop)

특성방정식 $=1+G(s)=1+K\dfrac{N}{D}$

50 유체가 유입부를 통하여 유입되고 있고 펌프가 설치된 유출부를 통하여 유출되고 있는 드럼이 있다. 이때 드럼의 액위를 유출부에 설치된 제어밸브의 개폐 정도를 조절하여 제어하고자 할 때, 다음 설명 중 옳은 것은? [출제율 20%]

① 유입유량의 변화가 없다면 비례동작만으로도 설정점 변화에 대하여 오프셋 없는 제어가 가능하다.
② 설정점 변화가 없다면 유입유량의 변화에 대하여 비례동작만으로도 오프셋 없는 제어가 가능하다.
③ 유입유량이 일정할 때 유출유량을 계단으로 변화시키면 액위는 시간이 지난 다음 어느 일정수준을 유지하게 된다.
④ 유출유량이 일정할 때 유입유량이 계단으로 변화되면 액위는 시간이 지난 다음 어느 일정수준을 유지하게 된다.

해설 ② 설정점 변화가 없다면 유입유량의 변화에 대하여 적분동작이 있어야 오프셋 제어가 가능하다.
③ 유입유량이 일정할 때 유출유량을 계단으로 변화시키면 액위는 감소한다.
④ 유출유량이 일정할 때 유출유량을 계단으로 변화시키면 액위는 증가한다.

보충 Tip

유입유량의 변화가 없으면 유출부에 설치된 제어밸브에 의해 비례동작만으로도 offset 없는 제어가 가능하다.

51 다음 중 제어시스템을 구성하는 주요요소로 가장 거리가 먼 것은? `출제율 40%`

① 측정장치 ② 제어기
③ 외부교란변수 ④ 제어밸브

해설 제어계의 기본적인 구성요소
센서, 전환기, 제어기, 최종제어요소

52 주제어기의 출력신호가 종속제어기의 목표값으로 사용되는 제어는? `출제율 40%`

① 비율제어 ② 내부모델제어
③ 예측제어 ④ 다단제어

해설 캐스케이드(cascade) 제어(다단제어)
주제어기의 출력이 부제어기의 설정치가 된다. 즉, 주제어기의 출력신호가 종속제어기의 목표값이 된다.

53 교반탱크에 100L의 물이 들어 있고 여기에 10%의 소금 용액이 5L/min의 유속으로 공급되고 혼합액이 같은 유속으로 배출될 때 이 탱크의 소금 농도 식의 Laplace 변환은? `출제율 40%`

① $Y(s) = 0.05 \left[\dfrac{1}{s} - \dfrac{1}{s+0.05} \right]$

② $Y(s) = 0.05 \left[\dfrac{1}{s} - \dfrac{1}{s+0.1} \right]$

③ $Y(s) = 0.1 \left[\dfrac{1}{s} - \dfrac{1}{s+0.1} \right]$

④ $Y(s) = 0.1 \left[\dfrac{1}{s} - \dfrac{1}{s+0.05} \right]$

해설 소금 농도 식에서 공급 5L/min(10% 소금 용액)=
혼합액 5L/min
$\dfrac{dY(t)}{dt} = 0.5 - 0.05\,Y(t)$ (전체 중(100) 5L가 나가므로 0.05)

↓ 라플라스 변환

$s\,Y(s) - y(0) = \dfrac{0.5}{s} - 0.05\,Y(s)$, $y(0) = 0$

$(s+0.05)\,Y(s) = \dfrac{0.5}{s}$

$Y(s) = \dfrac{0.5}{s(s+0.05)} = \dfrac{10}{s} - \dfrac{10}{s+0.05}$

물의 양(100)으로 나누면

$Y(s) = 0.1 \left[\dfrac{1}{s} - \dfrac{1}{s+0.05} \right]$

54 1차 공정의 동특성을 보이며 시간상수가 0.1min인 온도계가 50℃의 항온조 속에 놓여 있었다. 어느 순간($t=0$)부터 이 항온조의 온도가 진폭을 2℃로 하고 주파수를 20rad/min으로 하여 진동한다면 이 온도계의 위상지연(phases lag)은 몇 min인가? `출제율 60%`

① 0.002
② 0.015
③ 0.055
④ 1.11

해설 $G(s) = \dfrac{1}{0.1s+1}$, $\tau = 0.1$, $w = 20\,\text{rad/min}$

위상각 $\phi = \tan^{-1}(-\tau w) = -\tan^{-1}(2) = -1.11\,\text{rad}$

$\dfrac{1.11\,\text{rad}}{20\,\text{rad/min}} = 0.055\,\text{min}$

55 제어기 설계를 위한 공정모델과 관련된 설명으로 틀린 것은? `출제율 40%`

① PID제어기를 Ziegler-Nichols 방법으로 조율하기 위해서는 먼저 공정의 전달함수를 구하는 과정이 필수로 요구된다.

② 제어기 설계에 필요한 모델은 수지식으로 표현되는 물리적 원리를 이용하여 수립될 수 있다.

③ 제어기 설계에 필요한 모델은 공정의 입출력 신호만을 분석하여 경험적 형태로 수립될 수 있다.

④ 제어기 설계에 필요한 모델은 물리적 모델과 경험적 모델을 혼합한 형태로 수립될 수 있다.

해설 제어기 설계
㉠ PID제어기를 제어기 설계(Ziegler-Nichols) 방법으로 조율하기 위해서 전달함수는 필수가 아니다.
㉡ Ziegler와 Nichols는 한계이득법 외 시간지연이 존재하는 1차 공정모델식의 시간상수와 이득, 시간지연을 이용한 제어기 조정방법을 제안했다.
㉢ 열린루프의 계단입력 시험만 필요하며, 제어기의 파라미터 조정 계산이 용이하다.
㉣ 열린루프 응답이 진동을 보이는 경우 사용하기 곤란하다.

56 다음 중 피드포워드제어기에 대한 설명으로 옳은 것은? 〔출제율 40%〕

① 설정점과 제어변수 간의 오차를 측정하여 제어기의 입력정보로 사용한다.

② 주로 PID 알고리즘을 사용한다.

③ 보상하고자 하는 외란을 측정할 수 있어야 한다.

④ 피드백제어기와 함께 사용하면 성능저하를 가져온다.

〔해설〕 ①은 피드백제어기에 대한 설명이다.
②는 피드백제어기의 종류이다.
④ 피드포워드제어기는 성능저하와 관련 없다.

〔보충Tip〕

피드포워드(feedforward)
외부교란을 측정하고 이 측정값을 이용하여 외부교란이 공정에 미치게 될 영향을 사전에 보정

57 PID제어기에서 적분동작에 대한 설명 중 틀린 것은? 〔출제율 20%〕

① 제어기 입력신호의 절대값을 적분한다.

② 설정점과 제어변수 간의 오프셋을 제거해준다.

③ 적분상수 τ_1이 클수록 적분동작이 줄어든다.

④ 제어기 이득 K_C가 클수록 적분동작이 커진다.

〔해설〕 적분동작은 편차를 적분, 잔류편차를 제거한다.

58 다음 그림에서와 같은 제어계에서 안정성을 갖기 위한 K_c의 범위(lower bound)를 가장 옳게 나타낸 것은? 〔출제율 80%〕

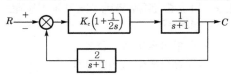

① $K_c > 0$

② $K_c > \dfrac{1}{2}$

③ $K_c > \dfrac{2}{3}$

④ $K_c > 2$

〔해설〕 Routh 안정성

특성방정식 $= 1 + K_c\left(1 + \dfrac{1}{2s}\right)\left(\dfrac{1}{s+1}\right)\left(\dfrac{2}{s+1}\right) = 0$

정리하면

$s^3 + 2s^2 + (1 + 2K_c)s + K_c = 0$

판별법

행＼열	1	2
1	$a_0 = 1$	$a_2 = 1 + 2K_c$
2	$a_1 = 2$	$a_3 = K_c$
3	$A_1 = \dfrac{a_1 a_2 - a_0 a_3}{a_1} = \dfrac{2(1 + 2K_c) - K_c}{2} > 0$	

$\dfrac{2 + 4K_c - K_c}{2} > 0$

$K_c > -\dfrac{2}{3}$

(첫 번째 열이 음수이면 불안정)

59 비례제어기를 사용하는 어떤 제어계의 폐회로 전달함수는 $\dfrac{Y(s)}{X(s)} = \dfrac{0.6}{0.2s + 1}$ 이다. 이 계의 설정치 X에 unit step change(단위계단 변화)를 주었을 때 offset은? 〔출제율 40%〕

① 0.4 　　　　② 0.5

③ 0.6 　　　　④ 0.8

〔해설〕 $\text{offset} = R(\infty) - C(\infty)$

$R = 1$

$Y(s) = \dfrac{0.6}{0.2s + 1} \cdot \dfrac{1}{s} = \dfrac{3}{s(s+5)} = \dfrac{3}{5}\left(\dfrac{1}{s} - \dfrac{1}{s+5}\right)$

$c(t) = y(t) = \dfrac{3}{5}(1 - e^{-5t})$

$t \to \infty, \ y(\infty) = \dfrac{3}{5} = 0.6$

$\text{offset} = 1 - 0.6 = 0.4$

60 시상수가 τ인 안정한 일차계의 계단응답에서 시간이 2τ 만큼 경과했을 때의 응답은 최종값의 몇 %에 달하는가? 〔출제율 60%〕

① 63.2 　　　　② 75.2

③ 86.5 　　　　④ 94.9

〔해설〕 1차계 시간지연이 있는 경우

t	$Y(s)/KA$
0	0 (0%)
τ	0.632 (63.2%)
2τ	0.865 (86.5%)

제4과목 ▎ 공업화학

61 파장이 600nm인 빛의 주파수는? `출제율 20%`

① 3×10^{10}Hz　② 3×10^{14}Hz
③ 5×10^{10}Hz　④ 5×10^{14}Hz

해설 파장 $= 600\,nm$
빛의 속력 $V = \lambda(파장) \times f(주파수)$
(빛의 속력 $= 3 \times 10^8\,m/s$)
$3 \times 10^8\,m/s = 600\,nm \times f = 600 \times 10^{-9}\,m \times f$
주파수$(f) = \dfrac{3 \times 10^8}{6 \times 10^{-7}} = 5 \times 10^{14}$Hz

62 실용전지 제조에 있어서 작용물질의 조건으로 가장 거리가 먼 것은? `출제율 20%`

① 경량일 것
② 기전력이 안정하면서 낮을 것
③ 전기용량이 클 것
④ 자기방전이 적을 것

해설 실용전지 조건
㉠ 두 전극에서의 과전압이 작아야 한다.
㉡ 방전할 때 시간에 따른 전압의 변화가 작아야 한다.
㉢ 기전력이 안정하면서 높아야 한다.
㉣ 단위중량, 단위용량당 방전용량이 커야 한다.
㉤ 원재료 가격이 저렴하고 안정적이어야 한다.
㉥ 자기방전이 적어야 한다.

63 실리콘에 붕소(boron)와 같은 원소가 첨가된 경우에 전자가 부족하기 때문에 빈 자리가 하나 생기는 것을 무엇이라고 하는가? `출제율 20%`

① diode　② dopant
③ hole　④ substrate

해설 정공(hole)
실리콘에 붕소와 같은 원소가 첨가된 경우에 전자가 부족하기 때문에 빈 자리가 한 개 생기는 것. 즉, 전자가 비어 있는 상태를 말한다.

64 다음 질소비료 중 이론적으로 질소 함유량이 가장 높은 비료는? `출제율 60%`

① 황산암모늄(황안)　② 염화암모늄(염안)
③ 질산암모늄(질안)　④ 요소

해설 질소비료 분자량 중 질소 성분 비율
① 황산암모늄$((NH_4)_2SO_4)$: 0.212
$= \dfrac{N_2}{(NH_4)_2SO_4} \times 100 = \dfrac{28}{132} \times 100$
② 염화암모늄(NH_4Cl) : 0.261
$= \dfrac{N}{NH_4Cl} \times 100 = \dfrac{14}{53.5} \times 100$
③ 질산암모늄(NH_4NO_3) : 0.35
$= \dfrac{N_2}{NH_4NO_3} \times 100 = \dfrac{28}{80} \times 100$
④ 요소$(CO(NH_2)_2)$: 0.46
$= \dfrac{N_2}{(NH_2)_2CO} \times 100 = \dfrac{28}{60} \times 100$

65 아세트알데히드의 제조방법으로 가장 거리가 먼 것은? `출제율 20%`

① 아세틸렌 + 물　② 에탄올 + 산소
③ 에틸렌 + 산소　④ 메탄올 + 초산

해설 아세트알데히드 제조방법
㉠ 아세틸렌+물
㉡ 에탄올+산소
㉢ 에틸렌+산소

66 다음 탄화수소 중 일반적으로 가솔린이 속하는 것은? `출제율 20%`

① $C_1 - C_4$　② $C_5 - C_{10}$
③ $C_{13} - C_{18}$　④ $C_{22} - C_{28}$

해설 가솔린(gasoline)
㉠ $C_5 \sim C_{12}$의 탄화수소 혼합물로 끓는점 100℃ 전후이다.
㉡ 중질 가솔린과 경질 가솔린으로 구분한다.
㉢ 안티노킹제를 넣어 사용한다.

67 다음 중 섬유유연제, 살균제에 사용되는 계면활성제는? `출제율 20%`

① 양이온성 계면활성제
② 음이온성 계면활성제
③ 양쪽이온성 계면활성제
④ 비이온성 계면활성제

해설 음이온 섬유+양이온 계면활성제 용도
섬유유연제, 정전기 방지, 살균제

68 다음 중 열가소성 수지인 것은? 〔출제율 80%〕

① 우레아수지 ② 페놀수지
③ 폴리에틸렌수지 ④ 에폭시수지

해설 열가소성 수지
㉠ 가열하면 연화되어 외력을 가하면 쉽게 변형되고 성형 후 냉각되면 외력을 제거했음에도 불구하고 성형된 상태를 유지한다.
㉡ 종류 : 폴리에틸렌, 폴리프로필렌, 폴리염화비닐, 폴리스티렌, 아크릴수지, 불소수지, 폴리비닐아세테이트 등

69 염화수소가스를 제조하기 위해 고온, 고압에서 H_2와 Cl_2를 연소시키고자 한다. 다음 중 폭발 방지를 위한 운전조건으로 가장 적합한 $H_2 : Cl_2$의 비율은? 〔출제율 80%〕

① 1.2 : 1 ② 1 : 1
③ 1 : 1.2 ④ 1 : 1.4

해설 염산 합성 시 주의점
㉠ H_2와 Cl_2를 가열 또는 빛을 가하면 폭발적 반응
㉡ 폭발 방지를 위해 $Cl_2 : H_2 = 1 : 1.2$

70 다음 물질 중 벤젠의 술폰화반응에 사용되는 물질로 가장 적합한 것은? 〔출제율 40%〕

① 묽은 염산
② 클로로술폰산
③ 진한 초산
④ 발연 황산

해설 벤젠의 술폰화반응

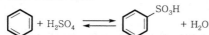

71 다음 중 염산의 생산과 가장 거리가 먼 것은 어느 것인가? 〔출제율 40%〕

① 직접 합성법
② NaCl의 황산 분해법
③ 칠레초석의 황산 분해법
④ 부생염산 회수법

해설 질산 제조방법(칠레초석의 황산 분해법)
$2NaNO_3 + H_2SO_4 \rightarrow Na_2SO_4 + 2HNO_3$

72 이원자 분자 H_2, F_2, HF, HBr에 대한 결합 – 해리 에너지가 큰 것부터 바르게 나열한 것은 어느 것인가? 〔출제율 20%〕

① HF – HBr – F_2 – H_2
② F_2 – H_2 – HF – HBr
③ F_2 – HBr – HF – H_2
④ HF – H_2 – HBr – F_2

해설 결합 · 해리 에너지
㉠ 특정 화합물에서 결합을 분리할 때 필요한 에너지
㉡ 결합–해리 에너지 순서 : $HF > H_2 > HBr > F_2$

73 NaOH 제조공정 중 식염 수용액의 전해공정 종류가 아닌 것은? 〔출제율 40%〕

① 격막법 ② 증발법
③ 수은법 ④ 이온교환막법

해설 식염 전해법(소금물을 전기분해하여 NaOH 직접 제조)
㉠ 격막법 ㉡ 수은법 ㉢ 이온교환막법

74 다음 중 석유류에서 접촉분해반응의 특징이 아닌 것은? 〔출제율 40%〕

① 고체산을 촉매로 사용한다.
② 대부분 카르보늄 이온 반응기구로 진행된다.
③ 디올레핀이 다량 생성된다.
④ 분해 생성물은 탄소수 3개 이상의 탄화수소가 많이 생성된다.

해설 접촉분해반응
㉠ $C_3 \sim C_6$계의 가지 달린 지방족이 많이 생성된다.
㉡ 디올렌핀은 거의 생성되지 않는다.
㉢ 탄소질 물질의 석출이 적다.
㉣ 방향족 탄화수소가 많다.
㉤ 고체산을 촉매로 이용한다.

〔보충 Tip〕

고옥탄가 가솔린 생산 시 디올레핀 다량 생성

75 초산과 메탄올을 산 촉매 하에서 반응시키면 에스테르와 물이 생성된다. 물의 산소원자는 어디에서 왔는가? 〔출제율 20%〕

① 초산의 C = O ② 초산의 OH
③ 메탄올의 OH ④ 알 수 없다.

^{해설} 에스테르화
$$CH_3COOH + CH_3OH \longrightarrow CH_3COOCH_3 + H_2O$$
물의 산소원자는 초산의 OH에 기인한다.

76 활성슬러지법 중에서 막을 폭기조에 직접 투입하여 하수를 처리하는 방법으로 2차 침전지가 필요 없게 되는 장점이 있는 것은? 출제율 20%

① 단계폭기법　　② 산화구법
③ 막분리법　　　④ 회전원판법

^{해설} 막분리 활성슬러지법
막을 폭기조에 직접 투여하여 하수를 처리하는 방식으로, 이를 적용하면 2차 침전지가 필요없게 되지만 설치비가 비싸다.

77 염산을 르블랑(Le-Blanc)법으로 제조하기 위하여 소금을 원료로 사용한다. 100% HCl 3000kg을 제조하기 위한 85% 소금의 이론량은 약 얼마인가? (단, NaCl M.W=58.5, HCl M.W=36.5이다.) 출제율 60%

① 3636kg　　　② 4646kg
③ 5657kg　　　④ 6667kg

^{해설} $2NaCl + H_2SO_4 \longrightarrow Na_2SO_4 + 2HCl$
$$
\begin{array}{ccc}
2 \times 58.5 & : & 2 \times 36.5 \\
x & : & 3000
\end{array}
$$
$x = 4808.2 \, \text{kg} \, NaCl$

85%의 NaCl이므로 $4808.2 \times \dfrac{1}{0.85} = 5657kg$이 필요하다.

78 다음 중 산화에틸렌의 수화반응으로 만들어지는 것은? 출제율 40%

① 아세트알데히드　② 에틸렌글리콜
③ 에틸알코올　　　④ 글리세린

^{해설} 산화에틸렌의 수화반응
$$CH_3 - CH_2 + H_2O \longrightarrow + CH_2 + CH_2 \ (HOCH_2CH_2OH)$$
$$\begin{array}{c} \backslash \ \diagup \\ O \end{array} \qquad \begin{array}{cc} | & | \\ OH & OH \end{array} \quad \text{(에틸렌글리콜)}$$

79 석유계 아세틸렌의 제조법이 아닌 것은 어느 것인가? 출제율 40%

① 아크분해법　　② 부분연소법
③ 저온분유법　　④ 수증기분해법

^{해설} 석유계 아세틸렌의 제조법
ⓐ 부분연소법　　ⓑ 열분해법
ⓒ 축열가마법　　ⓓ 아크분해법

80 다음 중 선형 저밀도 폴리에틸렌에 관한 적합한 설명이 아닌 것은? 출제율 20%

① 촉매 없이 1-옥텐을 첨가하여 라디칼 중합법으로 제조한다.
② 규칙적인 가지를 포함하고 있다.
③ 낮은 밀도에서 높은 강도를 갖는 장점이 있다.
④ 저밀도 폴리에틸렌보다 강한 인장강도를 갖는다.

^{해설} 선형 저밀도 폴리에틸렌은 정제된 에틸렌을 고온, 고압상태에서 중합시켜 제조한다(첨가중합반응).

▶▶ 제5과목 ┃ 반응공학

81 반응기 중 체류시간 분포가 가장 좁게 나타난 것은 어느 것인가? 출제율 20%

① 완전 혼합형 반응기
② recycle 혼합형 반응기
③ recycle 미분형 반응기(plug type)
④ 미분형 반응기(plug type)

^{해설} PFR(미분형 반응기)
① 유지관리가 쉽다.
② 체류시간 분포가 가장 좁게 나타난다.
③ 흐름식 반응기 중 반응기 부피당 전화율이 가장 높다.

82 크기가 다른 3개의 혼합흐름반응기(mixed flow reactor)를 사용하여 2차 반응에 의해서 제품을 생산하려 한다. 최대의 생산율을 얻기 위한 반응기의 설치순서로서 옳은 것은? (단, 반응기의 부피 크기는 A > B > C이다.) 출제율 40%

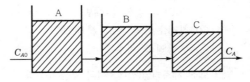

① A → B → C　　② B → A → C
③ C → B → A　　④ 순서에 무관하다.

해설 • $n > 1$인 반응 : 작은 반응기 → 큰 반응기 순

• $n < 1$인 반응 : 큰 반응기 → 작은 반응기 순

최대의 생산율을 얻으려면 반응기 순서는 혼합흐름반응기를 작은 것부터 배치해야 한다.

83 화학반응속도의 정의 또는 각 관계식의 표현 중 틀린 것은? 출제율 20%

① 단위시간과 유체의 단위체적(V)당 생성된 물질의 몰수(r_i)

② 단위시간과 고체의 단위질량(W)당 생성된 물질의 몰수(r_i)

③ 단위시간과 고체의 단위표면적(S)당 생성된 물질의 몰수(r_i)

④ $\dfrac{r_i}{V} = \dfrac{r_i}{W} = \dfrac{r_i}{S}$

해설 화학반응속도식

$$r_B = \frac{1}{V_R}\frac{dn_B}{dt} = \frac{dC_B}{dt}$$

여기서, r_B : 생성물의 생성속도($\mathrm{kg \cdot mol/m^3 \cdot hr}$)

$\quad\quad V_R$: 반응계의 용적($\mathrm{m^3}$)

$\quad\quad n_B$: 반응계 내의 생성물의 몰수($\mathrm{kg \cdot mol}$)

$\quad\quad t$: 시간(hr)

$\quad\quad C_B$: 생성물 B의 생성농도($= n_B/V_R$)

$$\frac{r_i}{V} \neq \frac{r_i}{W} \neq \frac{r_i}{S}$$

84 $A \xrightarrow{k_1} V$(목적물, $r_V = k_1 C_A{}^{a_1}$), $A \xrightarrow{k_2} W$(비목적물, $r_W = k_2 C_A{}^{a_2}$)의 두 반응이 평행하게 동시에 진행되는 반응에 대해 목적물의 선택도를 높이기 위한 설명으로 옳은 것은? 출제율 40%

① a_1과 a_2가 같으면 혼합반응기가 적절하다.

② a_1이 a_2보다 작으면 관형반응기가 적절하다.

③ a_1이 a_2보다 작으면 혼합반응기가 적절하다.

④ a_1과 a_2가 같으면 관형흐름반응기가 적절하다.

해설 • $a_1 > a_2$: $C_A \uparrow$, PFR(관형반응기)

• $a_1 = a_2$: 반응기 형태와는 무관

• $a_1 < a_2$: $C_A \downarrow$, CSTR

85 회분식 반응기에서 속도론적 데이터를 해석하는 방법 중 옳지 않은 것은? 출제율 20%

① 정용회분반응기의 미분식에서 기울기가 반응차수이다.

② 농도를 표시하는 도함수의 결정은 보통 도시적 미분법, 수치 미분법 등을 사용한다.

③ 적분 해석법에서는 반응차수를 구하기 위해서 시행착오법을 사용한다.

④ 비가역반응일 경우 농도-시간 자료를 수치적으로 미분하여 반응차수와 반응속도 상수를 구별할 수 있다.

해설 $-\dfrac{dC_A}{dt} = -kC_A{}^{\alpha}$

$\ln\left(-\dfrac{dC_A}{dt}\right) = \ln K \rightarrow \alpha \ln C_A$이므로 미분식에서 기울기는 반응차수가 아니다.

86 이상기체반응 $A \rightarrow 2R$이 불활성 물질을 포함하고 있는 최초 50% A로 시작하여 정압 하의 회분식 반응기에서 진행된다. A가 100% 반응되면 반응기의 부피는 최초의 몇 배가 되는가? 출제율 60%

① 0.5 　　　　② 1.0

③ 1.5 　　　　④ 2.0

해설 $A \rightarrow 2R$ (50% A+50% 불활성)

$\varepsilon_A = y_{A0}\delta = 0.5 \times \dfrac{2-1}{1} = 0.5$

$V = V_0(1+\varepsilon_A X_A)$, $X_A = 1$

$\dfrac{V}{V_0} = 1 + \varepsilon_A X_A = 1 + 0.5 \times 1 = 1.5$

87 $A \xrightarrow{\text{enzyme}} R$이 되는 효소반응과 관계없는 것은? 출제율 40%

① 반응속도에 효소의 농도가 영향을 미친다.

② 반응물질의 농도가 높을 때 반응속도는 반응물질의 농도에 반비례한다.

③ 반응물질의 농도가 낮을 때 반응속도는 반응물질의 농도에 비례한다.

④ Michaelis-Menten 식이 관계된다.

해설 Michaelis-Menten 식

$$-r_A = r_R = k\frac{C_{B0} \cdot C_A}{C_M + C_A}$$

C_{B0} : 전체 효소 농도

C_M : Michaelis 상수

$$A \rightarrow \infty = -r_A = \frac{V_{\max} \times C_A}{C_M + C_A}$$

A 농도가 높을 때 : $-r_A \simeq V_{\max}$

(반응속도는 A 농도에 무관)

A 농도가 낮을 때 : $-r_A \simeq \frac{V_{\max} \cdot C_A}{C_M}$

(반응속도는 A 농도에 비례)

88 어떤 반응의 속도상수가 25℃일 때 $3.46 \times 10^{-5} \mathrm{s}^{-1}$ 이고, 65℃일 때 $4.87 \times 10^{-3} \mathrm{s}^{-1}$이다. 이 반응의 활성화에너지는 얼마인가? [출제율 80%]

① 10.75kcal ② 24.75kcal

③ 213kcal ④ 399kcal

해설 $\ln\frac{k_2}{k_1} = \frac{E_a}{R}\left(\frac{1}{T_1} - \frac{1}{T_2}\right)$

$\ln\frac{4.87 \times 10^{-3}}{3.46 \times 10^{-5}} = \frac{E_a}{1.987}\left(\frac{1}{298} - \frac{1}{338}\right)$

$E_a = 24750\,\mathrm{cal} = 24.75\,\mathrm{cal} \times \mathrm{kcal}/1000\,\mathrm{cal} = 24.75\,\mathrm{kcal}$

89 액상 플러그흐름반응기의 일반적 물질수지를 나타내는 식은? (단, τ는 공간시간, C_{A0}는 초기농도, C_{Af}는 유출농도, $-r_A$는 반응속도, t는 반응시간을 나타낸다.) [출제율 80%]

① $\tau = -\int_{C_{A0}}^{C_{Af}} \frac{dC_A}{-r_A}$ ② $\tau = \frac{C_{A0} - C_A}{-r_A}$

③ $\tau = -\int_{C_{A0}}^{C_{Af}} r_A dC_A$ ④ $t = -\int_{C_{A0}}^{C_{Af}} \frac{dC_A}{C_A}$

해설 액상 플러그흐름반응기(PRF)

$C_{A0} - C_{Af} = C_{A0}x$를 미분

$-dC_{Af} = C_{A0}dx$

$dx = -\frac{dC_A}{C_{Af}}$

$\tau = C_{A0}\int_{C_{A0}}^{C_{Af}} \frac{1}{-r_A}\left(-\frac{dC_A}{C_{A0}}\right)$

$\tau = -\int_{C_{A0}}^{C_{Af}} \frac{dC_A}{-r_A}$

90 다음 비가역 기초반응에 의하여 연간 2억kg 에틸렌을 생산하는 데 필요한 플러그흐름반응기의 부피는 몇 m³인가? (단, 압력은 8atm, 온도는 1200K 등온이며, 압력강하는 무시하고 전화율 90%를 얻고자 한다.) [출제율 40%]

$C_2H_6 \rightarrow C_2H_4 + H_2$
속도상수 $K_{(1200\mathrm{K})} = 4.07\mathrm{s}^{-1}$

① 2.82 ② 28.2

③ 42.8 ④ 82.2

해설
$$C_2H_6 \rightarrow \quad C_2H_4 \quad + H_2$$
$$x \quad : \quad 2 \times 10^8 \,\mathrm{kg/year}$$
$$30\,\mathrm{kg} \quad : \quad 28\,\mathrm{kg}$$

$x = 2.14 \times 10^8 \,\mathrm{kg/year}$

$2.14 \times 10^8 \,\mathrm{kg/year} \times \frac{1\,\mathrm{kg \cdot mol}}{30\,\mathrm{kg}} = 0.226\,\mathrm{kg \cdot mol/s}$

$n\,C_2H_6 = nA = \frac{0.226}{0.9} = 0.252\,\mathrm{kg \cdot mol/s}$

$\varepsilon_A = \frac{1}{1} = 1, \quad -r_A = 4.07 \times C_A = 4.07C_A\left(\frac{1 - X_A}{1 + X_A}\right)$

$\tau = C_{A0}\int_0^{0.9} \frac{1 + X_A}{4.09C_{A_0}(1 - X_A)}dX_A - 0.910\,\mathrm{s}$

$V = \frac{nRT}{P} \times \tau$

$= \frac{0.252\,\mathrm{kg \cdot mol}}{\tau} \times \frac{0.082\,\mathrm{atm \cdot m^3}}{\mathrm{kg \cdot mol \cdot K}} \times \frac{1200\,\mathrm{K}}{80\,\mathrm{atm}}$

$\times 0.910\,\mathrm{s}$

$= 2.82\,\mathrm{m^3}$

91 공간시간 $\tau = 1\mathrm{min}$인 똑같은 혼합흐름반응기 4개가 직렬로 연결되어 있다. 일어나는 반응은 반응속도상수 $k = 0.5\mathrm{min}^{-1}$인 1차 반응이며 용적변화율은 0이다. 이때 (첫 번째 반응기의 출구농도)/(두 번째 반응기의 출구농도)의 값은 얼마인가? [출제율 80%]

① 1.0 ② 1.5

③ 2.0 ④ 2.5

해설 $\frac{C_0}{C_1} = 1 + k\tau \left(\frac{C_0}{C_N} = (1 + k\tau)^N\right)$

$k\tau = 1 \times 0.5 = 0.5$

$\frac{C_0}{C_1} = 1.5, \quad \frac{C_0}{C_2} = (1 + k\tau)^2$

$\frac{C_1}{C_2} = \frac{1.5^2}{1.5} = 1.5$

92 공간시간이 25초인 반응기가 있다. 이 반응기의 공간속도(space velocity)는 1초당 얼마인가? [출제율 60%]

① 0.01   ② 0.02

③ 0.03   ④ 0.04

해설 $\tau = 25\,\text{s}$

$$s = \frac{1}{\tau} = \frac{1}{25\,\text{s}} = 0.04\,\text{s}^{-1}$$

93 혼합흐름반응기에서 일어나는 액상 1차 반응의 전화율이 50%일 때 같은 크기의 혼합흐름반응기를 직렬로 하나 더 연결하고 유량을 같게 하면 최종전화율은? [출제율 60%]

① $\dfrac{2}{3}$ ② $\dfrac{3}{4}$

③ $\dfrac{4}{5}$ ④ $\dfrac{5}{6}$

해설 $X_N = 1 - \dfrac{1}{(1+k\tau)^N}$

$$k\tau = \frac{X_A}{1-X_A} = \frac{0.5}{1-0.5} = 1$$

$$= 1 - \frac{1}{(1+1)^2}$$

$$= \frac{3}{4}$$

 Tip

> $C_N = \dfrac{C_0}{(1+k\tau)^N}$ 에서
>
> $C_N = C_0(1-X_N)$

94 $A \rightarrow R$, $-r_A = kC_A$인 반응이 혼합흐름반응기에서 50% 반응된다. 동일한 조건과 크기의 플러그흐름반응기에서 반응이 진행되면 전화율은? (단, 정밀도계로 가정한다.) [출제율 60%]

① 0.333   ② 0.368

③ 0.632   ④ 0.667

해설 • CSTR 1차 : $k\tau = \dfrac{X_A}{1-X_A} = \dfrac{0.5}{1-0.5} = 1$

• PFR 1차 : $-k\tau = \ln(1-X_A)$

$$-1 = \ln(1-X_A)$$

전화율$(X_A) = 0.632$

95 $2HI \rightarrow H_2 + I_2$의 활성화에너지는 100kJ/mol이다. 27℃로부터 온도를 1℃ 상승시켰을 때 반응속도는 어느 정도 더 빠르게 되는가? [출제율 80%]

① 10%   ② 14%

③ 18%   ④ 20%

해설 $k_1 = k_0 \exp\left[\dfrac{100000\,\text{J/mol}}{-(8.314\,\text{J/mol}\cdot\text{K}) \times 300\,\text{K}}\right]$

$$= 3.87 \times 10^{-18} k_0$$

$$k_2 = k_0 \exp\left[\frac{-100000\,\text{J/mol}}{8.314\,\text{J/mol}\cdot\text{K} \times 301\,\text{K}}\right]$$

$$= 4.42 \times 10^{-18} k_0$$

$$\frac{k_2}{k_1} = \frac{4.42 \times 10^{-18} k_0}{3.87 \times 10^{-18} k_0} = 약\ 1.14배$$

즉, 14% 빠르게 된다.

96 가역 단분자 반응 $A \rightleftarrows R$에서 평형상수 K_C와 평형 전화율 X_{Ae}와의 관계는? (단, C_{R0}와 팽창계수 ε_A는 0이다.) [출제율 40%]

① $\ln K_C = \dfrac{1}{X_{Ae}}$

② $K_C = \dfrac{X_{Ae}}{1 - X_{Ae}}$

③ $K_C = \dfrac{X_{Ae}}{1 + X_{Ae}}$

④ $\ln K_C = \dfrac{X_{Ae}}{1 + X_{Ae}}$

해설 • 반응물 $A : C_{A0}(1-X_{Ae})$

• 생성물 $R : C_{A0}X_{Ae}$

$$K_C = \frac{생성물\ 농도}{반응물\ 농도} = \frac{X_{Ae}}{1 - X_{Ae}}$$

97 반응속도상수 k에서 $\ln k$와 $1/T$를 도시(plot)하였을 때 얻는 직선의 기울기는? [출제율 40%]

① $\dfrac{-E}{R}$ ② $\dfrac{E}{R}$

③ $\dfrac{-E}{RT}$ ④ $\dfrac{E}{RT}$

해설 $k = A\exp\left[-\dfrac{E}{RT}\right]$, $\ln k = \ln A - \dfrac{E}{RT}$

기울기 $= -\dfrac{E}{R}$

98 액상 비가역 2차 반응 $A \to B$를 그림과 같이 순환비 R의 환류식 플러그흐름반응기에서 연속적으로 진행시키고자 한다. 이때 반응기 입구에서 A의 농도 C_{Ai}를 옳게 표현한 식은? 출제율 20%

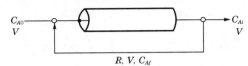

$$R, V, C_{Af}$$

① $C_{Ai} = \dfrac{RC_{Af} + C_{A0}}{R+1}$

② $C_{Ai} = \dfrac{C_{Af} + RC_{A0}}{R+1}$

③ $C_{Ai} = RC_{Af} + C_{A0}$

④ $C_{Ai} = C_{Af} + C_{A0}$

해설 $C_{Ai} = \dfrac{F_{Ai}}{V_i}$

$V_i = V_0 + RV_0(H_{\varepsilon_A} X_{Af})$

$F_{Ai} = F_{A0} + RF_{Af}(\varepsilon_A = 0 \; ; 액상)$

$C_{A0} \cdot V + RC_{Af} \cdot V = C_{Ai} V_i = C_{Ai}(R+1)V$

$C_{Ai} = \dfrac{F_{A0} + RF_{Af}}{V_0(1+R)}$

$C_{Ai}' = \dfrac{C_{A0} + RC_{Af}}{R+1}$

99 N_2 20%, H_2 80%로 구성된 혼합가스가 암모니아 합성 반응기에 들어갈 때 체적 변화율 ε_{N_2}는? 출제율 60%

① -0.4 ② -0.5

③ 0.4 ④ 0.5

해설 $N_2 + 3H_2 \to 2NH_3$

$\varepsilon_{N_2} = y_{N_2} \cdot \delta = 0.2 \times \dfrac{2-1-3}{1} = -0.4$

100 회분식 반응기에서 0.5차 반응을 10min 동안 수행하니 75%의 액체반응물 A가 생성물 R로 전환되었다. 15min 동안의 실험에서는 얼마나 전환되겠는가? 출제율 60%

① 0.75 ② 0.85

③ 0.90 ④ 0.94

해설 $C_A{}^{1-n} - C_{A0}{}^{1-n} = k(n-1)t$

$t = \dfrac{C_{A0}{}^{1-n}}{k(n-1)}\left[\left(\dfrac{C_A}{C_{A0}}\right)^{1-n} - 1\right]$

$\quad = \dfrac{C_{A0}{}^{1-n}}{k(n-1)}\left[(1-X_A)^{1-n} - 1\right]$

$10\text{min} = \dfrac{1}{k \times (-0.5)}[(1-0.75)^{0.5} - 1], \; k = 0.1$

$15\text{min} = \dfrac{1}{0.1 \times (-0.5)}[(1-X)^{0.5} - 1]$

$X = 0.937$

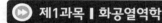

제1과목 | 화공열역학

01 1100K, 1bar에서 2mol의 H_2O와 1mol의 CO가 다음과 같이 전이반응한다. 이 반응의 표준 깁스(Gibbs) 에너지 변화는 $\Delta G° = 0$이다. 혼합물을 이상기체로 가정하면 반응한 수증기의 분율은? 〔출제율 40%〕

$$CO(g) + H_2O(g) \rightarrow CO_2(g) + H_2(g)$$

① 0.333　　　　② 0.367
③ 0.500　　　　④ 0.667

해설 평형상수

$$CO \quad + \quad H_2O \quad \rightarrow \quad CO_2 \quad + \quad H_2$$
초기 : 　1　 : 　2　 　　0　 : 　0
평형 : $1-X$: $2-X$ 　 X 　 : 　X

$$K = \frac{X^2}{(1-X)(2-X)} = 1$$
$$(\Delta G° = -nRT \ln K = 0 \rightarrow K = 1)$$
$$(1-X)(2-X) = X^2 \quad \therefore X = 0.666\,mol$$
$$H_2O는 2mol이므로 \ y\,H_2O = \frac{0.666}{2} = 0.333$$

02 다음 중 두 절대온도 T_1, $T_2(T_1 < T_2)$ 사이에서 운전하는 엔진의 효율에 관한 설명으로 틀린 것은? 〔출제율 40%〕

① 가역과정인 경우 열효율이 최대가 된다.
② 가역과정인 경우 열효율은 $(T_2 - T_1)/T_2$이다.
③ 비가역과정인 경우 열효율은 $(T_2 - T_1)/T_2$ 보다 크다.
④ T_1이 0K인 경우 열효율은 100%가 된다.

해설 카르노 사이클(carnot cycle) 열효율

• $\eta = \dfrac{순일}{열} = \dfrac{W}{Q_h} = \dfrac{Q_h - Q_c}{Q_h} = 1 - \dfrac{Q_c}{Q_h} = \dfrac{T_h - T_c}{T_h}$

　여기서, Q_h : 고온의 열
　　　　　T_h : 고온의 온도
　　　　　Q_c : 저온의 열
　　　　　T_c : 저온의 온도

• 비가역과정이 가역과정보다 열효율이 작다.
• 열역학 제3법칙에 의해 0K에서 열효율은 100%가 아니다.
　(절대온도가 0K이라면 100% 가능)

03 다음 중 퓨가시티(fugacity) f_i 및 퓨가시티 계수 ϕ_i에 관한 설명으로 틀린 것은? 〔단, $\phi_i = \dfrac{f_i}{P}$이다.〕 〔출제율 40%〕

① 이상기체에 대한 $\dfrac{f_i}{P}$의 값은 1이 된다.
② 잔류 깁스(Gibbs) 에너지 G_i^R과 ϕ_i와의 관계는 $G_i^R = RT \ln \phi_i$로 표시된다.
③ 퓨가시티 계수 ϕ_i의 단위는 압력의 단위를 가진다.
④ 주어진 성분의 퓨가시티가 모든 상에서 동일할 때 접촉하고 있는 상들은 평형상태에 도달할 수 있다.

해설 Fugacity

$$G_i^R = RT \ln \frac{f_i}{P} = RT \ln \phi_i$$

여기서, f_i : 퓨가시티
　　　　P : 압력
　　　　$f_i/P = \phi_i$: 퓨가시티 계수(무차원)

04 액상과 기상이 서로 평형이 되어 있을 때에 대한 설명으로 틀린 것은? 〔출제율 20%〕

① 두 상의 온도는 서로 같다.
② 두 상의 압력은 서로 같다.
③ 두 상의 엔트로피는 서로 같다.
④ 두 상의 화학퍼텐셜은 서로 같다.

해설 상평형 조건

㉠ 전제 조건 ┌ 평형에 있는 두 상으로 구성된 닫힌 계(closed system)
　　　　　　└ T, P는 계 전체에서 균일하다.
㉡ 평형 조건 ┌ T, P가 같아야 한다. 즉, 두 상의 T, P는 서로 같다.
　　　　　　└ 같은 T, P에 있는 상들의 화학퍼텐셜이 모든 상에서 같다.

05 초기에 1몰의 H_2S와 2몰의 O_2를 포함하는 계에서 다음 반응이 일어난다. 반응이 일어나는 동안 O_2와 H_2S의 몰분율을 반응좌표 ε의 함수로 옳게 나타낸 것은? 출제율 40%

$$2H_2S(g) + 3O_2(g) \rightarrow 2H_2O(g) + 2SO_2(g)$$

① $y_{O_2} = \dfrac{2-3\varepsilon}{3+\varepsilon}$, $y_{H_2O} = \dfrac{2\varepsilon}{3+\varepsilon}$

② $y_{O_2} = \dfrac{2+3\varepsilon}{3+\varepsilon}$, $y_{H_2O} = \dfrac{2\varepsilon}{3+\varepsilon}$

③ $y_{O_2} = \dfrac{2+3\varepsilon}{3-\varepsilon}$, $y_{H_2O} = \dfrac{2\varepsilon}{3-\varepsilon}$

④ $y_{O_2} = \dfrac{2-3\varepsilon}{3-\varepsilon}$, $y_{H_2O} = \dfrac{2\varepsilon}{3-\varepsilon}$

해설 반응좌표 이용

$$2H_2S(g) + 3O_2(g) \rightarrow 2H_2O(g) + 2SO_2(g)$$

$$\frac{dn_{H_2S}}{-2} = \frac{dn_{O_2}}{-3} = \frac{dn_{H_2O}}{2} = \frac{dn_{SO_2}}{2} = d\varepsilon$$

$n_{O_2} = 2-3\varepsilon$, $n_{H_2S} = 1-2\varepsilon$

$n_{H_2O} = 2\varepsilon$, $n_{SO_2} = 2\varepsilon$ $\Big]$ $n_{total} = 3-\varepsilon$

$$y_{O_2} = \frac{2-3\varepsilon}{3-\varepsilon}, \quad y_{H_2O} = \frac{2\varepsilon}{3-\varepsilon}$$

06 과잉특성과 혼합에 의한 특성치의 변화를 나타낸 상관식으로 옳지 않은 것은? (단, H : 엔탈피, V : 용적, M : 열역학특성치, id : 이상용액이다.) 출제율 50%

① $H^E = \Delta H$ ② $V^E = \Delta V$

③ $M^E = M - M^{id}$ ④ $\Delta M^E = \Delta M$

해설 과잉물성의 표현

① $H^E = H - \sum_i x_i H_i = \Delta H$

② $V^E = V - \sum_i x_i V_i = \Delta V$

③ $M^E = M - M^{id}$

④ $\Delta M = M - \sum_i x_i M_i$

07 어떤 기체가 부피는 변하지 않고서 150cal의 열을 흡수하여 그 온도가 30℃로부터 32℃로 상승하였다. 이 기체의 ΔU는 얼마인가? 출제율 60%

① 50cal   ② 75cal

③ 150cal   ④ 300cal

해설 내부에너지

$\Delta U = Q + W$

$\quad = Q - PdV$ (부피는 변하지 않으므로 $dV = 0$)

$\quad = 150 - 0$

$\quad = 150 \,\text{cal} \,(\Delta U = Q)$

08 어떤 연료의 발열량이 10000kcal/kg일 때 이 연료 1kg이 연소해서 30%가 유용한 일로 바뀔 수 있다면 500kg의 무게를 들어 올릴 수 있는 높이는 약 얼마인가? 출제율 40%

① 26m   ② 260m

③ 2.6km   ④ 26km

해설 위치에너지

열량을 일로 전환

$$1\,\text{kg} \times 10{,}000\,\text{kcal/kg} \times 0.3 \times \frac{1000\,\text{cal}}{1\,\text{kcal}} \times \frac{4.184\,\text{J}}{1\,\text{cal}}$$

$= 12555000\,\text{J}$

위치에너지

$E_P = mgh$

$12555000 = 500\,\text{kg} \times 9.8\,\text{m/s}^2 \times h$

$h = 2562\,\text{m} = 2.56\,\text{km}$

09 다음 중 잠열에 해당되지 않는 것은? 출제율 20%

① 반응열

② 증발열

③ 융해열

④ 승화열

해설 열효과

㉠ 현열효과 : 열이 온도변화에만 사용. 즉, 잠열은 상변화를 동반할 때의 열을 말한다.

㉡ 잠열효과 : 열이 상태변화에 사용(증발열, 융해열, 승화열, 전이열 등)

10 다음 중 기–액 상평형 자료의 건전성을 검증하기 위하여 사용하는 것으로 가장 옳은 것은 어느 것인가? 출제율 40%

① 깁스–두헴(Gibbs–Duhem) 식

② 클라우지우스–클레이페이론(Clausius –Clapeyron) 식

③ 맥스웰 관계(Maxwell relation) 식

④ 헤스의 법칙(Hess's law)

해설 Gibbs-Duhem 방정식

$dG = VdP - SdT + \mu_1 dn_1 + \mu_2 dn_2$

온도, 압력 일정

$dG = \mu_1 dn_1 + \mu_2 dn_2$

$G = \mu_1 n_1 + \mu_2 n_2$

$dG = \mu_1 dn_1 + \mu_2 dn_2 + n_1 d\mu_1 + n_2 d\mu_2$

$n_1 d\mu_1 + n_2 d\mu_2 = 0$

$\sum x_i dM_i = 0$

11 다음 중 에너지 변화를 나타내지 않는 것은? (단, P : 압력, S : 엔트로피, T : 절대온도, V : 부피, m : 질량, C_p : 정압열용량) [출제율 20%]

① $\int P dV$

② $TdS + VdP$

③ ΔS

④ $m C_p \Delta T$

해설 ① $\int P dV = dW$

② $dH = TdS + VdP$

④ $Q = m C_p \Delta T$

ΔS : 엔트로피(무질서도)

12 압력 200Pa, 온도 200K인 초기상태의 이상기체가 정용과정(constant volume process)을 통하여 온도 800K까지 가열되었다면 나중 압력은 얼마인가? [출제율 40%]

① 5Pa

② 20Pa

③ 40Pa

④ 80Pa

해설 이상기체상태방정식

$PV = nRT$

여기서, P : 압력, V : 부피, n : 몰수

R : 기체상수, T : 절대온도

$V = \dfrac{nRT_1}{P_1} = \dfrac{nRT_2}{P_2}$

$\dfrac{200\,K}{20\,Pa} = \dfrac{800\,K}{P_2}$

P_2 (나중 압력) = 80Pa

13 이상용액의 활동도 계수 γ는 다음 중 어느 값을 갖는가? [출제율 40%]

① $\gamma > 1$

② $\gamma < 1$

③ $\gamma = 0$

④ $\gamma = 1$

해설 활동도 계수

활동도 계수는 이상적인 혼합물로부터 벗어나는 정도를 표시

γ_i (활동도 계수)

$= \dfrac{\alpha_i}{n_i / \sum n_i} = \dfrac{f_i}{f_i^{\circ}\, n_i / \sum n_i} \quad \left(\alpha = \dfrac{f_i}{f_i^{\circ}} \right)$

이상적인 혼합물의 활동도 계수(γ_i) = 1

14 오토(otto)엔진과 디젤(diesel)엔진에 대한 설명 중 틀린 것은? [출제율 40%]

① 디젤엔진에서는 압축과정의 마지막에 연료가 주입된다.

② 디젤엔진의 효율이 높은 이유는 오토엔진보다 높은 압축비로 운전할 수 있기 때문이다.

③ 디젤엔진의 연소과정은 압력이 급격히 변화하는 과정 중에 일어난다.

④ 오토엔진의 효율은 압축비가 클수록 좋아진다.

해설 오토기관/디젤기관

디젤기관은 연소가 등압조건에서 이루어지며, 압축비가 같다면 오토기관이 디젤기관보다 효율이 높으나 오토기관은 압축비 한계로 디젤기관이 더 높은 압축비로 운전되어 더 높은 효율을 얻을 수 있다.

15 이상기체 3mol이 50℃에서 등온으로 10atm에서 1atm까지 팽창할 때 행해지는 일의 크기는 몇 J인가? [출제율 60%]

① 4433

② 6183

③ 18550

④ 21856

해설 이상기체 등온공정

$Q = -W = nRT \ln \dfrac{V_2}{V_1} = nRT \ln \dfrac{P_1}{P_2}$

$= 3\,mol \times 8.314\,J/mol \cdot K \times 323\,K \times \ln \dfrac{10}{1}$

$= 18550\,J$

16 다음 중 표준디젤사이클의 $P-V$ 선도에 해당하는 것은? 〔출제율 60%〕

①

②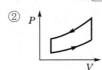

③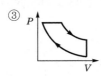

④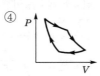

〔해설〕 디젤기관 $P-V$ 선도(표준디젤)

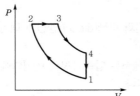

- $1-2$: 단열압축
- $2-3$: 등압가열
- $3-4$: 단열팽창
- $4-1$: 등적방열

17 기체-액체 평형을 이루는 순수한 물에 대한 다음 설명 중 옳지 않은 것은? 〔출제율 20%〕

① 자유도는 1이다.

② 기체의 내부에너지는 액체의 내부에너지보다 크다.

③ 기체의 엔트로피가 액체의 엔트로피보다 크다.

④ 기체의 깁스 에너지가 액체의 깁스 에너지보다 크다.

〔해설〕 기체-액체 상에서의 열역학적 성질
단위질량당 Gibbs 에너지는 순물질에 대한 상변화 시 일정하다. 즉, 순수한 물이 기-액 평형을 이루면 기체와 액체의 깁스 에너지는 같다.

$$G^{\alpha} \equiv G^{\beta}$$

여기서, G^{α} : 기상의 자유에너지
G^{β} : 액상의 자유에너지

① 자유도 $= 2-P+C = 2-2+1 = 1$
여기서, P : 상(2), C : 성분(1)

② 내부에너지는 물질을 구성하고 있는 분자들에 의한 에너지로 기체가 액체보다 크다(운동에너지, 위치에너지 등).

③ 엔트로피는 무질서도로, 기체 엔트로피가 액체 엔트로피보다 크다.

18 0℃로 유지되고 있는 냉장고가 27℃의 방 안에 놓여 있다. 어떤 시간 동안 1000cal의 열이 냉장고 속으로 새어 들어갔다고 한다. 방 안 공기의 엔트로피 변화의 크기는 약 몇 cal/K인가? 〔출제율 80%〕

① 3
② 6
③ 30
④ 60

〔해설〕 엔트로피 변화

$$\Delta S = \frac{Q}{T} = \frac{-1000\,\text{cal}}{(273+27)\,\text{K}} = -3.33\,\text{cal/K}$$

$$|\Delta S| = 3.33\,\text{cal/K}$$

19 1kWh는 약 몇 kcal에 해당되는가? 〔출제율 20%〕

① 860
② 632
③ 550
④ 427

〔해설〕 단위환산

$1\,\text{kW} = 1000\,\text{J/s} = 860\,\text{kcal/hr}$
$1\,\text{kWh} = 860\,\text{kcal/hr} \times \text{hr} = 860\,\text{kcal}$

〔보충 Tip〕

$$1\,\text{kWh} \times \text{J}/2.778 \times 10^{-7}\,\text{kWh} \times 0.239\,\text{cal/J}$$
$$\times \text{kcal}/1000\,\text{cal} = 860\,\text{kcal}$$

20 이상기체에 대하여 일(W)이 다음과 같은 식으로 표현될 때 이 계는 어떤 과정으로 변화하였는가? (단, Q는 열, V_1은 초기부피, V_2는 최종부피이다.) 〔출제율 40%〕

$$W = -Q = -RT \ln \frac{V_2}{V_1}$$

① 단열과정
② 등압과정
③ 등온과정
④ 정용과정

〔해설〕 이상기체 공정
$U = W + Q$이 등온과정이면
$U = Q + W = 0 \rightarrow \Delta U = 0$

〔보충 Tip〕

$$W = -Q = -PdV = -\frac{RT}{V}dV = -RT \ln \frac{V_2}{V_1}$$

16.③ 17.④ 18.① 19.① 20.③

▶▶ 제2과목 | 단위조작 및 화학공업양론

21 다음 중 반응에 관한 설명으로 옳지 않은 것은 어느 것인가? 〔출제율 20%〕

① 강산과 강염기의 중화열은 일정하다.

② 수소이온의 생성열은 편의상 0으로 정한다.

③ 약산과 강염기의 중화열은 강산과 강염기의 중화열과 같다.

④ 반응 전후의 온도 변화가 없을 때 엔탈피 변화는 0이다.

해설 ① 약산과 강염기의 중화열과 강산과 강염기의 중화열은 다르다(동일 농도, 부피에서는 강산, 강염기에 수소이온과 수산화이온이 많기 때문에 열이 더 많이 발생).

② 강산과 강염기의 중화열은 일정하다.

④ 엔탈피는 온도만의 함수로, 반응 전후의 온도 변화가 없을 때 엔탈피 변화는 0이다.

22 에탄올 20wt%, 수용액 200kg을 증류장치를 통하여 탑 위에서 에탄올 40wt% 수용액 20kg을 얻었다. 탑 밑으로 나오는 에탄올 수용액의 농도는 약 얼마인가? 〔출제율 60%〕

① 3wt%
② 8wt%
③ 12wt%
④ 18wt%

해설 물질수지

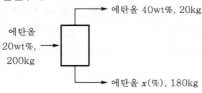

$$200 \times 0.2 = 0.4 \times 20 + 180 \times x$$
$$x = 0.18 = 18\,wt\%$$

23 이상기체를 T_1, T_2까지 일정압력과 일정용적에서 가열할 때 열용량에 관한 식 중 옳은 것은? (단, C_P는 정압열용량이고, C_V는 정적열용량이다.) 〔출제율 40%〕

① $C_V + C_P = R$

② $C_V \cdot \Delta T = (C_P - R) \cdot \Delta T$

③ $\Delta U = C_V \cdot \Delta T - W$

④ $\Delta U = R \cdot \Delta T \cdot C_P$

해설 정압비열, 정적비열
$$C_P = C_V + R$$
$$C_V \cdot \Delta T = (C_P - R)\Delta T$$

24 도관 내 흐름을 해석할 때 사용되는 베르누이 식에 대한 설명으로 틀린 것은? 〔출제율 20%〕

① 마찰손실이 압력손실 또는 속도수두 손실로 나타나는 흐름을 해석할 수 있는 식이다.

② 수평흐름이면 압력손실이 속도수두 증가로 나타나는 흐름을 해석할 수 있는 식이다.

③ 압력수두, 속도수두, 위치수두의 상관관계 변화를 예측할 수 있는 식이다.

④ 비점성, 비압축성, 정상상태, 유선을 따라 적용할 수 있다.

해설 베르누이 정리
$$\left(\frac{g}{g_c}\right)(Z_2 - Z_1) + \frac{\overline{u}_2^2 - \overline{u}_1^2}{2g_c} + P_2 V_2 - P_1 V_1 = 0$$
$$\frac{\Delta u^2}{2g_c} + \frac{g}{g_c}\Delta Z + \frac{\Delta P}{\rho} = 일정$$
마찰손실이 압력손실률로 나타나는 흐름을 해석할 수 없다.

25 탄산가스 30vol%, 일산화탄소 5vol%, 산소 10vol%, 질소 55vol%인 혼합가스의 평균분자량은? (단, 모두 이상기체로 가정한다.) 〔출제율 80%〕

① 33.2
② 43.2
③ 45.2
④ 47.2

해설 혼합기체의 평균분자량(M_{av})
$$M_{av} = \frac{\sum n_i M_i}{\sum n_i} = \sum x_i M_i$$
$$= 0.3 \times 44 + 0.05 \times 28 + 0.1 \times 32 + 0.55 \times 28$$
$$= 33.2$$

26 0℃, 1atm에서 22.4m³의 가스를 정압 하에서 3000kcal의 열을 주었을 때 이 가스의 온도는? (단, 가스는 이상기체로 보고 정압 평균분자열용량은 4.5kcal/kmol · ℃이다.) 〔출제율 60%〕

① 500.0℃
② 555.6℃
③ 666.7℃
④ 700.0℃

해설 $Q = Cm \Delta T = C \cdot n \cdot \Delta T$
$PV = nRT$
$n = \dfrac{PV}{RT} = 1\,\text{atm} \times \dfrac{22.4\,\text{m}^3}{273\,\text{K}} \times \dfrac{1000\,\text{L}}{\text{m}^3} \times \dfrac{\text{K} \cdot \text{mol}}{0.082\,\text{atm} \cdot \text{L}}$
$\quad = 1000.625\,\text{mol} \fallingdotseq 1\,\text{kgmol}$
$3000\,\text{kcal} = 1\,\text{kgmol} \times 4.5\,\text{kcal/kgmol}\,℃ \times (T - 0℃)$
$T = 666.7℃$

27 10ppm SO₂을 %로 나타내면? 출제율 20%

① 0.0001%　　② 0.001%
③ 0.01%　　④ 0.1%

해설 단위환산
$1\,\text{ppm} = 10^{-6} \ (1\% = 10^4\,\text{ppm})$
$10\,\text{ppm} \times \dfrac{\%}{10^4\,\text{ppm}} = 0.001\%$

28 1atm, 100℃의 1000kg/h 포화수증기($\Delta H =$ 2676kJ/kg)와 1atm, 400℃의 과열수증기(ΔH =3278kJ/kg)가 단열혼합기로 유입되어 1atm, 300℃의 과열수증기($\Delta H = $ 3,074kJ/kg)가 배출될 때 배출되는 양 (kg/h)은? 출제율 60%

① 2921　　② 2931
③ 2941　　④ 2951

해설 물질수지

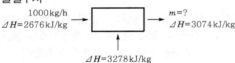

$2676 \times 1000 + 3278(m - 1000) = 3074 \times m$
배출되는 양$(m) = 2951\,\text{kg/h}$

29 40℃에서 벤젠과 톨루엔의 혼합물이 기액평형에 있다. Raoult의 법칙이 적용된다고 볼 때 다음 설명 중 옳지 않은 것은 어느 것인가? (단, 40℃에서의 증기압은 벤젠 180mmHg, 톨루엔 60mmHg 이고, 액상의 조성은 벤젠 30mol%, 톨루엔 70mol%이다.) 출제율 60%

① 기상의 평형분압은 톨루엔 42mmHg이다.
② 기상의 평형분압은 벤젠 54mmHg이다.
③ 이 계의 평형전압은 240mmHg이다.
④ 기상의 평형조성은 벤젠 56.25mol%, 톨루엔 43.75mol%이다.

해설 라울의 법칙
평형전압$(P) = p_A + p_B = P_A x + P_B(1 - x)$
$\quad\quad\quad\quad\quad = 180 \times 0.3 + 60 \times 0.7 = 96\,\text{mmHg}$
$y_A = \dfrac{P_A x_A}{P} = \dfrac{180 \times 0.3}{96} = 0.5625$
$y_B = \dfrac{P_B x_B}{P} = \dfrac{60 \times 0.7}{96} = 0.4375$
$P_A = 96 \times 0.5625 = 54\,\text{mmHg}$ (기상 평형분압 : 벤젠)
$P_B = 96 \times 0.4375 = 42\,\text{mmHg}$ (기상 평형분압 : 톨루엔)

30 1atm, 비점(78℃)에서 에탄올의 분자증발열은 38580J/mol이다. 70℃에서 에탄올의 증기압은 몇 mmHg인가? 출제율 60%

① 558.3　　② 578.3
③ 598.3　　④ 618.3

해설 Clausius–Clapeyron 방정식
$\ln \dfrac{P_2}{P_1} = \dfrac{\Delta H}{R}\left(\dfrac{1}{T_1} - \dfrac{1}{T_2} \right)$
$\ln \dfrac{P_2}{760} = \dfrac{38,580\,\text{J/mol}}{8.314\,\text{J/mol} \cdot \text{K}}\left(\dfrac{1}{351} - \dfrac{1}{343} \right) = -0.3083$
에탄올 증기압$(P_2) = 558.37\,\text{mmHg}$

31 2중관 열교환기를 사용하여 500kg/hr의 기름을 240℃의 포화수증기를 써서 60℃에서 200℃까지 가열하고자 한다. 이때 총괄전열계수 500kcal/m² · hr · ℃, 기름의 정압비열은 1.0kcal/kg · ℃이다. 필요한 가열면적은 몇 m²인가? 출제율 60%

① 3.1　　② 2.4
③ 1.8　　④ 1.5

해설

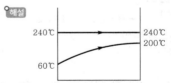

$\Delta t_1 = 240 - 60 = 180℃$
$\Delta t_2 = 240 - 200 = 40℃$
$\overline{\Delta t} = \dfrac{180 - 40}{\ln 180/40} = 93.1℃$
$Q = Cm \Delta t = 500\,\text{kg/hr} \times 1\,\text{kcal/kg} \cdot ℃ \times (200 - 60)℃$
$\quad = 70000\,\text{kcal/hr}$
$Q = UA \Delta t$
$70000\,\text{kcal/hr} = 500\,\text{kcal/m}^2 \cdot \text{hr} \cdot ℃ \times A \times 93.1℃$
$A = 1.5\,\text{m}^2$

32 증발기에서 용액의 비점 상승도가 증가할수록 감소하는 것은? 출제율 40%

① 가열면적
② 유효온도차
③ 필요한 수증기의 양
④ 용액의 비점

해설 유효온도차 = 겉보기온도차 − 비점 상승도
비점 상승도가 증가할수록 유효온도차는 감소한다.

보충 Tip

> 비점 상승도가 증가할수록 온도는 상승한다.

33 복사전열에서 총괄교환인자 F_{12}가 다음과 같이 표현되는 경우는? (단, ε_1, ε_2는 복사율이다.) 출제율 20%

$$F_{12} = \cfrac{1}{\cfrac{1}{\varepsilon_1} + \cfrac{1}{\varepsilon_2} - 1}$$

① 두 면이 무한히 평행한 경우
② 한 면이 다른 면으로 완전히 포위된 경우
③ 한 점이 반구에 의하여 완전히 포위된 경우
④ 한 면은 무한 평면이고, 다른 면은 한 점인 경우

해설 **열전달**
두 물체 사이의 복사전열에서 무한히 큰 두 평면이 서로 평행하게 있을 경우

$$F_{1,2} = \cfrac{1}{\cfrac{1}{\varepsilon_1} + \cfrac{1}{\varepsilon_2} - 1}$$

여기서, ε : 복사능(복사율)

34 경사 마노미터를 사용하여 측정한 두 파이프 내 기체의 압력차는? 출제율 20%

① 경사각의 sin값에 반비례한다.
② 경사각의 sin값에 비례한다.
③ 경사각의 cos값에 반비례한다.
④ 경사각의 cos값에 비례한다.

해설 **경사 마노미터**
$$\Delta P = P_1 - P_2 = R_1 \sin\alpha (\rho_A - \rho_B) \frac{g}{g_c}$$
즉, 경사각의 sin값에 비례한다.

35 40%의 수분을 포함하고 있는 고체 1000kg을 수분 10%까지 건조시킬 때 제거한 수분량은 약 몇 kg인가? 출제율 40%

① 333
② 450
③ 550
④ 667

해설 **증발 공식**
$$W = \left(1 - \frac{a}{b}\right) \times F \,(\text{kg})$$
여기서, a : 건조 전 무게 비율(수분 제외)
b : 건조 후 무게 비율(수분 제외)
$$W = \left(1 - \frac{60}{90}\right) \times 1000 = 333\,\text{kg}$$

36 다음 중 Drag Coefficient(C_0)를 구하고자 할 때 사용되는 법칙에 대한 설명으로 가장 옳은 것은 어느 것인가? 출제율 20%

① 레이놀즈 수가 아주 작을 때 Stokes의 법칙을 사용한다.
② 레이놀즈 수와 관계없이 Stokes의 법칙을 사용한다.
③ 일반적으로 Stokes의 법칙을 사용하되 레이놀즈 수가 작을 때는 Newton의 법칙을 사용한다.
④ 점도의 크기에 따라 Stokes의 법칙과 Newton의 법칙을 구별하여 사용한다.

해설 **침강(자유침강)**
• $N_{Re} < 0.1$ (층류) : Stokes의 법칙
• $0.1 < N_{Re} < 1000$ (전이영역) : Allen의 법칙
• $1000 < N_{Re} < 20000$ (난류영역) : Newton 법칙

37 증발장치에서 수증기를 열원으로 사용할 때 장점으로 거리가 먼 것은? 출제율 20%

① 가열을 고르게 하여 국부과열을 방지한다.
② 온도 변화를 비교적 쉽게 조절할 수 있다.
③ 열전도도가 작으므로 열원 쪽의 열전달 계수가 작다.
④ 다중효용관, 압축법으로 조작할 수 있어 경제적이다.

해설 물(수증기)의 경우 다른 기체, 액체보다 열전도도가 크므로 열원 쪽의 열전달계수가 커진다.

38 상계점(plait point)에 대한 설명으로 옳지 않은 것은? _{출제율 60%}

① 추출상과 추잔상의 조성이 같아지는 점이다.
② 상계점에서 2상(相)이 1상이 된다.
③ 추출상과 평형에 있는 추잔상의 대응선(tie-line)의 길이가 가장 길어지는 점이다.
④ 추출상과 추잔상이 공존하는 점이다.

해설 상계점(Plait-Point)
㉠ 추출상과 추잔상에서 추질의 조성이 같은 점이다.
㉡ 상계점에서 2상이 1상이 된다.
㉢ tie line(대응선)의 길이가 0이 된다. 즉, 추잔상의 대응선이 가장 짧아지는 점이다.
㉣ 추출상과 추잔상이 공존한다.

39 벤젠과 톨루엔의 2성분계 정류조작에 있어서 자유도(degrees of freedom)는 얼마인가? _{출제율 60%}

① 0   ② 1
③ 2   ④ 3

해설 자유도(F)
$F = 2 - P + C$
여기서, P : 상, C : 성분
P : 2(기 · 액), C : 2(벤젠, 톨루엔)
$F = 2 - 2 + 2 = 2$

40 그림은 어떤 회분 추출공정의 조성 변화를 보여주고 있다. 평형에 있는 추출 및 추잔상의 조성이 E와 R인 계에 추제를 더 추가하면 M점은 그림 a, b, c, d 중 어느 쪽으로 이동하겠는가? (단, F는 원료의 조성이다.) _{출제율 40%}

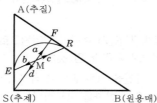

① a ② b
③ c ④ d

해설 그래프 상의 E/R에서 E는 추제가 많고, R는 원용매가 많은 평형상태이다. 여기서, 추제를 더 첨가하면 S(추제)쪽으로 이동하므로 d방향으로 이동한다.

🔵 제3과목 ┃ 공정제어

41 초기상태가 공정입출력이 0이고 정상상태일 때, 어떤 선형 공정에 계단입력 $u(t) = 1$을 입력했더니 출력 $y(t)$는 $y(1) = 0.1$, $y(2) = 0.2$, $y(3) = 0.4$이었다. 입력 $u(t) = 0.5$를 입력할 때 출력은 각각 얼마인가? _{출제율 20%}

① $y(1) = 0.1$, $y(2) = 0.2$, $y(3) = 0.4$
② $y(1) = 0.05$, $y(2) = 0.1$, $y(3) = 0.2$
③ $y(1) = 0.1$, $y(2) = 0.3$, $y(3) = 0.7$
④ $y(1) = 0.2$, $y(2) = 0.4$, $y(3) = 0.8$

해설 계단입력이 $\frac{1}{2}$로 감소하면 출력도 $\frac{1}{2}$ 감소한다.
$y(1) = 0.05$, $y(2) = 0.1$, $y(3) = 0.2$

42 일차계 공정에 사인파 입력이 들어갔을 때 시간이 충분히 지난 후의 출력은? _{출제율 20%}

① 사인파 입력의 주파수가 커질수록 출력의 진폭은 작아진다.
② 공정의 시상수가 클수록 출력의 진폭도 커진다.
③ 공정의 이득이 클수록 출력의 진폭은 작아진다.
④ 출력의 진폭은 사인파 입력의 주파수와 공정의 시상수에는 무관하다.

해설 1차계 sin파 입력 추가 시
1차 공정 전달함수 $G(s) = \dfrac{K}{\tau s + 1}$
입력변수 $X(t) = A \sin \omega t \, u(t)$
$X(s) = \dfrac{A\omega}{s^2 + \omega^2}$
$Y(s) = G(s) \cdot X(s) = \dfrac{KA\omega}{(\tau s + 1)(s^2 + \omega^2)}$
$= \dfrac{KA}{1 + \tau^2 \omega^2} \left(\dfrac{\tau^2 \omega}{\tau s + 1} - \dfrac{\tau \omega s}{s^2 + \omega^2} + \dfrac{\omega}{s^2 + \omega^2} \right)$
역라플라스를 취하면
$y(t) = \dfrac{KA\omega\tau}{1 + \tau^2 \omega^2} e^{-t/\tau} + \dfrac{KA}{\sqrt{1 + \tau^2 \omega^2}} \sin(\omega t + \phi)$
$t \to \infty$, $y(\infty) = \dfrac{KA}{\sqrt{1 + \tau^2 \omega^2}} \sin(\omega t + \phi)$
여기서, 진폭비 $= \dfrac{KA}{\sqrt{1 + \tau^2 \omega^2}}$
ω(주파수)가 클수록 진폭비는 작아진다.

43 다음 공정에 P제어기가 연결된 닫힌루프 제어계가 안정하려면 비례이득 K_C의 범위는? (단, 나머지 요소의 전달함수는 1이다.) 출제율 80%

$$G_P(s) = \frac{1}{2s-1}$$

① $K_C < 1$ ② $K_C > 1$
③ $K_C < 2$ ④ $K_C > 2$

 P 제어기 $G_P(s) = \frac{1}{2s-1}$, $G_C(s) = K_C$

폐루프 제어시스템의 안정성(특성방정식의 근이 음수이어야 안정)

$1 + G_C G_P = 0$

$1 + \dfrac{K_C}{2s-1} = 0$, $2s - 1 + K_C = 0$

$2s = 1 - K_C$

$s = \dfrac{1-K_C}{2} < 0$

$K_C > 1$

44 다음 중 순수한 적분공정에 대한 설명으로 옳은 것은? 출제율 20%

① 진폭비(amplitude ratio)는 주파수에 비례한다.
② 입력으로 단위임펄스가 들어오면 출력은 계단형 신호가 된다.
③ 작은 구멍이 뚫린 저장탱크의 높이와 입력흐름의 관계는 적분공정이다.
④ 이송 지연(transportation lag) 공정이라고 부르기도 한다.

해설 ① 진폭비는 주파수에 반비례한다.
③ 작은 구멍이 뚫린 저장탱크의 높이와 입력흐름의 관계는 적분공정이다(비례제어기).
④ 이송지연 공정과는 무관하다.

보충 Tip

순수한 적분공정
㉠ 입력으로 단위임펄스가 들어오면 출력은 계단형신호가 된다.
㉡ 진폭비는 주파수와 반비례한다.
㉢ 작은 구멍이 뚫린 저장탱크의 높이와 압력흐름 관계는 미분공정 $\dfrac{d}{dt}(\rho V) = w_i - w$이다.

㉣ 적분공정은 offset을 제거할 수 있으나 시간이 오래 걸려 시간지연 공정이라고 한다.

45 다음 중 여름철 사용되는 일반적인 에어컨(air conditioner)의 동작에 대한 설명으로 틀린 것은? 출제율 20%

① 온도 조절을 위한 피드백제어 기능이 있다.
② 희망온도가 피드백제어의 설정값에 해당된다.
③ 냉각을 위하여 에어컨으로 흡입되는 공기의 온도 변화가 외란에 해당된다.
④ 사용되는 제어방법은 주로 On/Off 제어이다.

해설 제어계 구성(에어컨)
㉠ feedback 제어 개념이다.
㉡ 희망온도가 set point(설정값)이다.
㉢ 주로 on/off 제어이다.
㉣ 냉각을 위한 흡입공기는 제어요소이다.

46 3개의 안정한 pole들로 구성된 어떤 3차계에 대한 Bode diagram에서 위상각은? 출제율 20%

① $0 \sim -180°$ 사이의 값
② $0 \sim 180°$ 사이의 값
③ $0 \sim -270°$ 사이의 값
④ $0 \sim 270°$ 사이의 값

해설 Bode 선도
1차계당 $-90°$이므로 3개는 $0 \sim 270°$이다.

47 다음 block 선도로부터 전달함수 $Y(s)/X(s)$를 구하면? 출제율 80%

$X(s) \to \otimes \to G_a \to \otimes \to G_b \to G_c \to Y(s)$

① $\dfrac{G_a G_b G_c}{1 + G_a G_b G_c}$ ② $\dfrac{G_a G_b G_c}{1 + G_a G_b - G_b G_c}$
③ $\dfrac{G_b G_c}{1 + G_a G_b G_c}$ ④ $\dfrac{G_a G_b G_c}{1 + G_a G_b + G_b G_c}$

해설 $\dfrac{Y(s)}{X(s)} = \dfrac{직진}{1 + \text{feedback}} = \dfrac{G_a G_b G_c}{1 + G_a G_b - G_b G_c}$

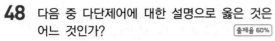

48 다음 중 다단제어에 대한 설명으로 옳은 것은 어느 것인가? [출제율 60%]

① 종속제어기 출력이 주제어기의 설정점으로 작용하게 된다.
② 종속제어루프 공정의 동특성이 주제어루프 공정의 동특성보다 충분히 빠를수록 바람직하다.
③ 주제어루프를 통하여 들어오는 외란을 조기에 보상하는 것이 주 목적이다.
④ 종속제어기는 빠른 보상을 위하여 피드포워드제어 알고리즘을 사용한다.

> **해설** ① 주제어기의 출력이 부제어기의 설정점으로 작용하게 된다.
> ③ 외란변수의 영향을 보정하는 것이 목적이다.
> ④ 피드백제어 알고리즘을 사용한다.

> **보충Tip**
>
> 다단제어
> 제어성능에 큰 영향을 미치는 교란변수의 영향을 미리 보정해 주는 제어방식으로, 주제어기보다 부제어기의 동특성이 매우 빠르다.

49 다음 블록선도에서 서보문제(servo problem)의 전달함수는? [출제율 40%]

$$T_R \xrightarrow{+}{-} \otimes \longrightarrow \boxed{G_C} \xrightarrow{+}{+} \otimes \longrightarrow \boxed{G_I} \longrightarrow T \quad (T_1)$$

① $\dfrac{G_C G_I}{1 + G_C G_I}$ 　② $\dfrac{G_C}{1 + G_C G_I}$

③ $\dfrac{G_C G_I}{1 + G_C}$ 　④ $\dfrac{G_I}{1 + G_C G_I}$

> **해설** • Servo Control Problem(서보문제)
> 외부교란 변수는 없고 설정값만 변하는 경우
> $$\frac{T}{T_R} = \frac{G_C G_I}{1 + G_C G_I} \quad (T_1 \text{ 고려하지 않음})$$
> • Regulator Control(조정기제어)
> 설정값은 일정하게 유지($R = 0$)되고 외부교란 변수만 일어나는 경우
> $$\frac{T}{T_1} = \frac{G_I}{1 + G_C G_I}$$

50 다음 공정의 단위임펄스 응답은? [출제율 80%]

$$G(s) = \frac{4s^2 + 5s - 3}{s^3 + 2s^2 - s - 2}$$

① $y(t) = 2e^t + e^{-t} + e^{-2t}$
② $y(t) = e^t + 2e^{-t} + e^{-2t}$
③ $y(t) = e^t + e^{-t} + 2e^{-2t}$
④ $y(t) = 2e^t + 2e^{-t} + e^{-2t}$

> **해설** 단위임펄스 입력($X(s) = 1$)
> $Y(s) = G(s) \cdot X(s)$
> $$= \frac{4s^2 + 5s - 3}{s^3 + 2s^2 - s - 2} \times 1 = \frac{4s^2 + 5s - 3}{(s+2)(s+1)(s-1)}$$
> $$= \frac{1}{s+2} + \frac{2}{s+1} + \frac{1}{s-1}$$
> $y(t) = e^{-2t} + 2e^{-t} + e^t$

51 Anti Reset Windup에 관한 설명으로 가장 거리가 먼 것은? [출제율 40%]

① 제어기 출력이 공정입력한계에 걸렸을 때 작동한다.
② 적분동작에 부과된다.
③ 큰 설정치 변화에 공정출력이 크게 흔들리는 것을 방지한다.
④ Offset을 없애는 동작이다.

> **해설** • Reset Windup
> 제어출력 $m(t)$가 최대허용치에 머물고 있어도 $\int e(t)$는 계속 증가한다.
> • Anti Reset Windup
> 적분제어의 결점인 Reset Windup을 없애기 위한 동작이다.

52 운전자의 눈을 가린 후 도로에 대한 자세한 정보를 주고 운전을 시킨다면 이는 어느 공정제어 기법이라고 볼 수 있는가? [출제율 40%]

① 되먹임제어 　② 비례제어
③ 앞먹임제어 　④ 분산제어

> **해설** 앞먹임제어(feedforward)
> 외부교란을 사전에 측정하고 이 측정값을 이용하여 외부교란이 공정에 미칠 영향요소들을 사전에 보정시키는 제어방법이다.

53 측정가능한 외란(measurable disturbance)을 효과적으로 제거하기 위한 제어기는? 출제율 40%

① 앞먹임제어기(feedforward controller)
② 되먹임제어기(feedback controller)
③ 스미스예측기(smith predictor)
④ 다단제어기(cascade controller)

해설 앞먹임제어(feedforward)
외부교란을 사전에 측정하고 이 측정값을 이용하여 외부교란이 공정에 미칠 영향요소들을 사전에 보정시키는 제어방법. 즉, 측정 가능한 외란을 효과적으로 제어하는 방법이다.

54 어떤 항온조에서 항온조 내의 온도계가 나타내는 온도와 항온조 내의 실제 유체온도 사이의 관계는 이득인 1인 1차계로 나타낼 수 있으며, 이때 시간상수는 0.2min이다. 평형상태에 도달한 후 항온조의 유체온도가 1℃/min의 속도로 평형상태의 값에서 시간에 따라 선형적으로 증가하기 시작하였다. 이 경우 1min 경과 후 온도계의 온도와 항온조 내 실제 유체온도 사이의 온도차는 얼마인가? 출제율 20%

① 0.2℃
② 0.8℃
③ 1.5℃
④ 2.0℃

해설 1차 공정의 전달함수
$$G(s) = \frac{Y(s)}{X(s)} = \frac{K}{\tau s + 1} \text{ (문제에서 } K=1, \ \tau=0.2)$$
$$= \frac{1}{\tau s + 1}$$

선형적으로 증가 $X(t) = t \xrightarrow{\mathcal{L}} X(s) = \frac{1}{s^2}$

$$Y(s) = G(s) \cdot X(s) = \frac{1}{(\tau s + 1)s^2}$$
$$= -\frac{\tau}{s} + \frac{1}{s^2} + \frac{\tau}{s + \frac{1}{\tau}}$$

$$y(t) = -\tau + t + \tau e^{-\frac{t}{\tau}}$$
$$y(1) = -0.2 + 1 + 0.2e^{-1/0.2} = 0.8$$
$$x - y = X - Y = 1 - 0.8 = 0.2℃$$

55 다음 중 안정도 판정을 위한 개회로 전달함수가
$$\frac{2K(1+\tau S)}{S(1+2S)(1+3S)}$$
인 피드백제어계가 안정할 수 있는 K와 τ의 관계는? 출제율 80%

① $12K < (5 + 2\tau K)$
② $12K < (5 + 10\tau K)$
③ $12K > (5 + 10\tau K)$
④ $12K > (5 + 2\tau)$

해설 Routh 안정성 판별법
$$1 + \frac{2K(1+\tau s)}{s(1+2s)(1+3s)} = 0$$
정리하면 $6s^3 + 5s^2 + s + 2K\tau s + 2k = 0$
Routh array 방법

		1	2
1		6	$1 + 2K\tau$
2		5	$2K$
3		$b_1 = \dfrac{5(1+2K\tau) - 12K}{5}$,	
		$b_2 = 0, \ c_1 = 21$	

$b_1 > 0$이어야 하므로
$5(1 + 2K\tau) - 12K > 0$
$12K < 5 + 10\tau K$

56 다음 공정에 단위계단입력이 가해졌을 때 최종값은? 출제율 80%

$$G_{(s)} = \frac{2}{3s^2 + s + 2}$$

① 0 　　　　　② 1
③ 2 　　　　　④ 3

해설 단위계단입력 $X(s) = \frac{1}{s}$

$$G(s) = \frac{Y(s)}{X(s)}, \ Y(s) = G(s) \times X(s)$$
$$Y(s) = \frac{2}{s(3s^2 + s + 2)}$$
최종값 정리에 의해
$$\lim_{t \to \infty} y(t) = \lim_{s \to 0} s Y(s) = \lim_{s \to 0} \frac{2}{3s^2 + s + 2} = 1$$

57 특성방정식이 $1 + \dfrac{G_c}{(2s+1)(5s+1)} = 0$과 같이 주어지는 시스템에서 제어기 G_c로 비례제어기를 이용할 경우 진동응답이 예상되는 경우는? (단, K_c는 비례이득이다.) [출제율 60%]

① $K_c = 0$

② $K_c = 1$

③ $K_c = -1$

④ K_c에 관계없이 진동이 발생된다.

해설 특성방정식의 근이 양수이면 불안정하고, 허수가 존재하면 진동응답이 생긴다.

$1 + \dfrac{G_c}{(2s+1)(5s+1)} = 0$, $G_c = K_c$

$10s^2 + 7s + 1 + K_c = 0$

$s = \dfrac{-7 \pm \sqrt{49 - 40(1 + K_c)}}{20}$

$49 - 40(1 + K_c) < 0$이어야 하므로(허근)

$K_c > \dfrac{49}{40} - 1 = 0.225$

$K_c > \dfrac{9}{40}$를 만족하는 정답은 $K_c = 1$

58 현대의 화학공정에서 공정제어 및 운전을 엄격하게 요구하는 주요 요인으로 가장 거리가 먼 것은? [출제율 20%]

① 공정 간의 통합화에 따른 외란의 고립화

② 엄격해지는 환경 및 안전 규제

③ 경쟁력 확보를 위한 생산공정의 대형화

④ 제품 질의 고급화 및 규격의 수시 변동

해설 공정 간의 통합화로 인한 고립 시 공정제어 및 운전은 단순해지기 때문에 주요 요인이 아니다.

59 $\dfrac{d^2X}{dt^2} + 2\dfrac{dX}{dt} = 2$에서 $X(t)$의 Laplace 변환은? (단, $X(0) = X'(0) = 0$) [출제율 80%]

① $2s / (s^2 + 2s)$

② $2 / (s+2)s$

③ $2 / (s^3 + 2s^2)$

④ $2s / (s^3 - 2s)$

해설 미분식의 라플라스 변환

$\mathcal{L}\left\{\dfrac{df(t)}{dt}\right\} = sF(s) - f(0)$

$\mathcal{L}\left\{\dfrac{d^2f(t)}{dt^2}\right\} = s^2F(s) - sf(0) - f'(0)$

문제에서 주어진 $\dfrac{d^2X}{dt^2} + 2\dfrac{dX}{dt} = 2$를 라플라스 변환을 하면

$s^2X(s) - sx(0) - x'(0) + 2sX(s) - 2x(0) = \dfrac{2}{s}$

$X(0) = X'(0) = 0$이므로

$s^2X(s) + 2sX(s) = \dfrac{2}{s}$

$X(s) = \dfrac{2}{s^3 + 2s^2}$

60 설정값의 계단변화에 대하여 잔류편차가 발생하지 않는 것은? [출제율 40%]

① P제어기

② PI제어기

③ PD제어기

④ ON/OFF제어기

해설 적분공정

발생하는 잔류편차(offset)를 제거하므로 PI제어기가 잔류편차를 발생시키지 않는다.

▶▶ 제4과목 ┃ 공업화학

61 질산의 직접 합성반응이 다음과 같을 때 반응 후 응축하여 생성된 질산 용액의 농도는 얼마인가? [출제율 80%]

$NH_3 + 2O_2 \rightleftarrows HNO_3 + H_2O$

① 68% ② 78%

③ 88% ④ 98%

해설 질산공업의 직접 합성법

$NH_3 + 2O_2 \rightleftarrows HNO_3 + H_2O$

$ 63 \quad : \quad 18$

질산 농도(%) $= \dfrac{63}{63 + 18} \times 100 = 77.78\%$

62 아닐린에 대한 설명으로 옳은 것은? [출제율 40%]

① 무색·무취의 액체이다.
② 니트로벤젠은 아닐린으로 산화될 수 있다.
③ 비점이 약 184℃이다.
④ 알코올과 에테르에 녹지 않는다.

[해설] 아닐린

• 구조 : NH_2

$$NH_2$$

• 특징
　㉠ 니트로벤젠의 환원에 의해 생성
　㉡ 특유의 냄새, 무색
　㉢ 비점 184℃
　㉣ 에테르, 에탄올, 벤젠에 용해

63 다음 중 인광석을 가열처리하여 불소를 제거하고, 아파타이트 구조를 파괴하여 구용성인 비료로 만든 것은? [출제율 20%]

① 메타인산칼슘　　② 소성인비
③ 과린산석회　　　④ 인산암모늄

[해설] 소성인비

인광석에 인산, 소다회를 혼합하고 열처리하여 불소를 제거하고, 아파타이트 구조를 파괴하여 구용성인 비료를 제조한다.

[보충 Tip]

> **구용성**
> 구연산이나 구연산 암모니아에 용해되는 성질

64 황산공업의 원료가 될 수 없는 것은? [출제율 20%]

① 섬아연광　　　② 자류철광
③ 황화철광　　　④ 자철광

[해설] 자철광

황이 없어 황산공업의 원료가 될 수 없다.

65 다음 중 Nylon 6 제조의 주된 원료로 사용되는 것은? [출제율 40%]

① 카프로락탐　　② 세바크산
③ 아디프산　　　④ 헥사메틸렌디아민

[해설] • 아디프산 + 헥사메틸렌디아민 → Nylon 6.6
• 카프로락탐의 개환중합반응 → Nylon 6

66 HNO_3 14.5%, H_2SO_4 50.5%, $HNOSO_4$ 12.5%, H_2O 20.0%, Nitrobody 2.5%의 조성을 가지는 혼산을 사용하여 Foluene으로부터 Mono nitro-toluene을 제조하려고 한다. 이때 1700kg의 toluene을 12000kg의 혼산으로 니트로화했다면 DVS(Dehydrating Value of Sulfuric acid)는 얼마인가? [출제율 60%]

① 1.87　　　　② 2.21
③ 3.04　　　　④ 3.52

[해설]

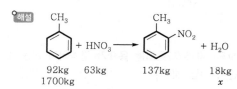

$$\begin{array}{ccccc} 92\text{kg} & 63\text{kg} & & 137\text{kg} & 18\text{kg} \\ 1700\text{kg} & & & & x \end{array}$$

$92 : 18 = 1700 : x \longrightarrow x = 332.6\text{kg}$

혼산 12000kg 중 H_2SO_4 12000 × 0.505 = 6060kg
　　　　　　　H_2O 12000 × 0.2 = 2400kg

$$DVS = \frac{혼합산\ 중\ 황산의\ 양}{반응\ 후\ 혼합산\ 중\ 물의\ 양}$$

$$= \frac{6060}{2400 + 332.6}$$

$$= 2.218$$

67 다음 중 암모니아 소다법에서 NH_3 회수에 사용하는 것은? [출제율 40%]

① $CaCO_3$　　　　② $CaCl_2$
③ $Ca(OH)_2$　　　④ H_2O

[해설] 암모니아 회수에 이용

$$NH_4Cl + \frac{1}{2}Ca(OH)_2 \rightarrow NH_3 + \frac{1}{2}CaCl_2 + H_2O$$

NH_3 회수에 $Ca(OH)_2$를 사용한다.

68 스타이렌-부타디엔-스타이렌 블록공중합체를 제조하는 방법은? [출제율 20%]

① 양이온 중합
② 리빙 음이온 중합
③ 라디칼 중합
④ 메타로센 중합

[해설] 음이온 중합
㉠ 음이온 작용기가 단량체와 반응하여 고분자를 생성한다.
㉡ 음이온 중합용 단량체 : 스타이렌, 메틸메타 크릴레이트, 아크릴로니트릴 등

69 다음 중 무수염산의 제법에 속하지 않는 것은 어느 것인가? _{출제율 40%}

① 직접합성법
② 농염산증류법
③ 염산분해법
④ 흡착법

해설 무수염산 제조방법
㉠ 진한 염산 증류법
㉡ 직접 합성법
㉢ 흡착법

70 석유정제에 사용되는 용제가 갖추어야 하는 조건이 아닌 것은? _{출제율 40%}

① 선택성이 높아야 한다.
② 추출할 성분에 대한 용해도가 높아야 한다.
③ 용제의 비점과 추출성분 비점의 차이가 적어야 한다.
④ 독성이나 장치에 대한 부식성이 적어야 한다.

해설 용제의 조건
㉠ 비중차가 커야 한다.
㉡ 추출성분의 끓는점(비점)과 용제의 끓는점(비점) 차이가 커야 한다.
㉢ 증류로써 회수가 쉬워야 한다.
㉣ 열·화학적 안정해야 한다.
㉤ 가격이 저렴해야 한다.
㉥ 선택성이 크고, 추출성분에 대한 용해도가 커야 한다.

71 다음 중 중과린산석회의 반응은? _{출제율 40%}

① $Ca_3(PO_4)_2 + 2H_2SO_4 + 5H_2O$
$\rightleftharpoons CaH_4(PO_4)_2 \cdot H_2O + 2[CaSO_4 \cdot 2H_2O]$
② $Ca_3(PO_4)_2 + 4H_3PO_4 + 3H_2O$
$\rightleftharpoons 3[CaH_4(PO_4)_2 \cdot H_2O)]$
③ $Ca_3(PO_4) + 4HCl$
$\rightleftharpoons CaH_4(PO_4)_2 + 2CaCl_2$
④ $CaH_4(PO_4)_2 + NH_3$
$\rightleftharpoons NH_4H_2PO_4 + CaHPO_4$

해설 중과린산석회 반응
$Ca_3(PO_4)_2 + 4H_3PO_4 + 3H_2O$
$\rightleftharpoons 3[CaH_4(PO_4)_2 \cdot H_2O]$

72 분자량 1.0×10^4 g/mol인 고분자 100g과 분자량 2.5×10^4 g/mol인 고분자 50g, 그리고 분자량 1.0×10^5 g/mol인 고분자 50g이 혼합되어 있다. 이 고분자물질의 수평균분자량(g/mol)은? _{출제율 40%}

① 16000
② 28500
③ 36250
④ 57000

해설 수평균분자량
$$= \frac{W}{\sum N_i} = \frac{\sum M_i N_i}{\sum N_i}$$
$$= \frac{200g}{\dfrac{100g}{1 \times 10^4 g/mol} + \dfrac{50g}{2.5 \times 10^4 g/mol} + \dfrac{50g}{1 \times 10^5 g/mol}}$$
$$= 16000 g/mol$$

73 중질유의 점도를 내릴 목적으로 중질유를 약 20기압과 약 500℃에서 열분해시키는 공정은 어느 것인가? _{출제율 20%}

① Coking process
② Hydroforming process
③ Reforming process
④ Visbreaking process

해설 비스브레이킹(visbreaking)
약 500℃ 부근에서 점도가 높은 찌꺼기유에서 점도가 낮은 중질유를 얻는 방법으로, 중질유의 점도를 내릴 목적으로 중질유를 약 20기압과 약 500℃에서 열분해시키는 공정이다.

74 장치 재료의 선택에는 재료가 사용되는 환경에서의 안정성이 중요한 변수가 된다. 다음의 재료 변화에 대한 설명 중 반응기구가 다른 것은 어느 것인가? _{출제율 20%}

① PbS로부터 Pb의 석출
② Fe 표면 위에 녹[Fe(OH)$_3$] 생성
③ Al 표면 위에 Al$_2$O$_3$ 생성
④ 산 용액 내에서 Cu와 Zn 금속이 접할 때 Zn의 용출

해설 · 환원반응 : ①
· 산화반응 : ②, ③, ④

75 니트로벤젠을 환원시켜 아닐린을 얻고자 할 때 사용하는 것은? _{출제율 40%}

① Fe, HCl
② Ba, H$_2$O
③ C, NaOH
④ S, NH$_4$Cl

해설 니트로벤젠 $\xrightarrow{\text{Fe 또는 Zn+산}}$ 아닐린

76 H_2와 Cl_2의 직접 결합에 의한 합성염산법에서 사용되는 장치가 아닌 것은? _{출제율 20%}

① 촉매실　　　　② 연소실
③ 냉각기　　　　④ 흡수기

해설 염산제법(합성법)
　㉠ Cl_2와 H_2를 직접 합성시켜 제조
　㉡ 장치(연소실, 냉각기, 흡수기)
　㉢ $H_2(g) + Cl_2(g) \longrightarrow 2HCl(g)$

77 접촉식 황산 제조방법에 대한 설명 중 옳지 않은 것은? _{출제율 20%}

① 백금, 바나듐 등의 촉매가 이용된다.
② SO_3는 물에만 흡수시켜야 한다.
③ 촉매층의 온도는 410~420℃로 유지하면 좋다.
④ 주요 공정별로 온도 조절이 중요하다.

해설 접촉식 황산 제조방법
전화기에서 Pt 또는 V_2O_5 촉매를 사용하여 $SO_2 \rightarrow SO_3$로 전화시킨 후 냉각하여 흡수탑에서 98% H_2SO_4에 흡수시켜 발연 황산을 제조한다.

78 다음 중 황산암모늄의 제조법이 아닌 것은 어느 것인가? _{출제율 40%}

① 합성황안법　　　② 순환황안법
③ 변성황안법　　　④ 부생황안법

해설 황산암모늄 제법
　㉠ 부생황산암모늄
　㉡ 변성황산암모늄
　㉢ 합성황산암모늄
　㉣ 석고법
　㉤ 아황산법

79 산과 알코올이 어떤 반응을 일으켜 에스테르가 생성되는가? _{출제율 40%}

① 검화　　　　② 환원
③ 축합　　　　④ 중화

해설 　산　 + 　알코올　 $\xrightarrow{\text{축합중합}}$ 폴리에스테르
　　(테레프탈산)　(에틸렌글리콜)

80 다음 중 고분자의 유리전이온도를 측정하는 방법이 아닌 것은? _{출제율 40%}

① Differential Scanning Calorimetry
② Dilatometry
③ Thermal Gravimetric Analysis
④ Dynamic Mechanical Analysis

해설 고분자의 유리전이온도 측정방법
• 유리전이온도
　용융중합체를 냉각시키면 특정온도에서 분자의 국부적인 운동이 정지되어 성질이 뚜렷하게 변화하는 온도를 말한다.
• 측정법
　㉠ DSC(Differential Scanning Calorimetry)
　㉡ DMA(Dynamic Mechanical Analysis)
　㉢ Dilatometry

▶▶ 제5과목 Ⅰ 반응공학

81 비가역 직렬반응 $A \rightarrow R \rightarrow S$에서 1단계는 2차 반응, 2단계는 1차 반응으로 진행되고, R이 원하는 제품일 경우 다음 설명 중 옳은 것은 어느 것인가? _{출제율 40%}

① A의 농도를 높게 유지할수록 좋다.
② 반응온도를 높게 유지할수록 좋다.
③ 혼합반응기가 플러그반응기보다 성능이 더 좋다.
④ A의 농도는 R의 수율과 직접 관계가 없다.

해설 $A \xrightarrow[k_1]{\text{2차}} R \xrightarrow[k_2]{\text{1차}} S$

$-r_A = k_1 C_A{}^2$

$r_R = k_1 C_A{}^2 - k_2 C_R, \quad r_S = k_2 C_R$

$\dfrac{r_R}{r_S} = \dfrac{k_1 C_A{}^2 - k_2 C_R}{k_2 C_R}$ (A의 농도를 높게 한다.)

82 $A \rightarrow 3R$인 반응에서 A만으로 시작하여 완전히 전화되었을 때 계의 부피 변화율은? (단, 기상반응이며, 반응압력은 일정하다.) _{출제율 60%}

① 0.5　　　　② 1.0
③ 1.5　　　　④ 2.0

해설 $A \rightarrow 3R$, $x = 1.0$

$$\varepsilon_A = y_{A0} \cdot \delta = 1 \times \frac{3-1}{1} = 2$$

83 유동층 반응기에 대한 설명 중 가장 거리가 먼 내용은? 출제율 20%

① 유동층에서의 전화율은 고정층 반응기에 비하여 낮다.
② 유동화물질은 대부분 고체이다.
③ 석유나프타의 접촉분해공정에 적합하다.
④ 작은 부피의 유체를 처리하는 데 적합하다.

해설 유동상 반응기
㉠ 유동층에서의 전화율은 고정층 반응기에 비해 낮다.
㉡ 유동화물질은 대부분 고체이다.
㉢ 석유나프타의 접촉분해공정에 적합하다.
㉣ 큰 부피의 유체처리에 적합하다.

84 그림과 같이 직렬로 연결된 혼합흐름반응기에서 액상 1차 반응이 진행될 때 입구의 농도가 C_0이고, 출구의 농도가 C_2일 때 총 부피가 최소로 되기 위한 조건이 아닌 것은? 출제율 40%

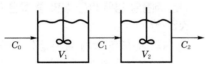

① $C_1 = \sqrt{C_0 C_2}$ ② $\dfrac{d(\tau_1 + \tau_2)}{dC_1} = 1$

③ $\tau_1 = \tau_2$ ④ $V_1 = V_2$

해설 $V_1 = V_2$, $\tau_1 = \tau_2$

$$\frac{C_0}{C_1} = 1 + k\tau \rightarrow C_1 = \frac{C_0}{1 + k\tau}$$

$$\frac{C_1}{C_2} = 1 + k\tau \rightarrow C_1 = C_2(1 + k\tau)$$

$$C_1{}^2 = C_0 C_2 \Rightarrow C_1 = \sqrt{C_0 C_2}$$

85 단일 이상형 반응기(single ideal reactor)에 해당하지 않는 것은? 출제율 40%

① 플러그흐름반응기(plug flow reactor)
② 회분식 반응기(batch reactor)
③ 매크로유체반응기(macro fluid reactor)
④ 혼합흐름반응기(mixed flow reactor)

해설 단일 이상형 반응기
㉠ 플러그흐름반응기
㉡ 회분식 반응기
㉢ 혼합흐름반응기

86 다음 중 CSTR에 대한 설명으로 옳지 않은 것은? 출제율 20%

① 비교적 온도 조절이 용이하다.
② 약한 교반이 요구될 때 사용된다.
③ 높은 전화율을 얻기 위해서 큰 반응기가 필요하다.
④ 반응기 부피당 반응물의 전화율은 흐름반응기들 중에서 가장 작다.

해설 CSTR
㉠ 내용물이 균일하다.
㉡ 유출되는 유출물이 반응기 조성과 동일하다.
㉢ 강한 교반이 요구될 때 사용된다.
㉣ 비교적 온도 조절이 용이하고 높은 전화율을 위해서는 큰 반응기가 필요하다.
㉤ 반응기 부피당 반응물의 전화율은 흐름반응기들 중에서 가장 작다.

87 다음은 단열 조작선의 그림이다. 조작선의 기울기는 $\dfrac{C_p}{-\Delta Hr}$로 나타내는데, 이 기울기가 큰 경우에는 어떤 형태의 반응기가 가장 좋겠는가? (단, C_p는 정압 열용량이고, ΔHr은 반응열이다.) 출제율 40%

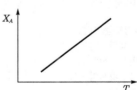

① 플러그흐름(plug flow)
② 혼합흐름(mixed flow)
③ 교반형
④ 순환형

해설 • $-\dfrac{C_p}{\Delta Hr}$가 작은 경우 : 혼합흐름반응기(CSTR)

• $-\dfrac{C_p}{\Delta Hr}$가 큰 경우 : 플러그흐름반응기(PFR)

88 방사성 물질의 감소는 1차 반응 공정을 따른다. 방사성 $Kr-89$(반감기$=76\,min$)을 1일 동안 두면 방사능은 처음 값의 약 몇 배가 되는가? 출제율 60%

① 1×10^{-6}
② 2×10^{-6}
③ 1×10^{-5}
④ 2×10^{-5}

해설 반감기 $76\,min$

$$1\,day\times\frac{24\,hr}{1\,day}\times\frac{60\,min}{1\,hr}=1440\,min$$

$$\frac{1440\,min}{76\,min}=19$$

$$\left(\frac{1}{2}\right)^{19}=2\times10^{-6}\text{ 배}$$

89 다음 반응에서 $-\ln(C_A/C_{A0})$를 t로 plot하여 직선을 얻었다. 이 직선의 기울기는? (단, 두 반응 모두 1차 비가역반응이다.) 출제율 60%

① k_1
② k_2
③ k_1/k_2
④ k_1+k_2

해설 $-r_A=k_1C_A+k_2C_A=(k_1+k_2)C_A=\dfrac{dC_A}{dt}$

$$(k_1+k_2)dt=\frac{dC_A}{C_A}$$

$$(k_1+k_2)t=\ln C_A\Big|_{C_A}^{C_{A0}}$$

$$(k_1+k_2)t=-\ln(C_A/C_{A0})$$

90 다음 중 DamkÖhler가 화학반응속도론에 기여한 내용은? 출제율 20%

① 전이상태(transition state)에 대한 양자통계론적인 취급법이 화학반응속도론에 적용된다는 사실을 지적하였다.
② Langmuir의 활성화 흡착설을 촉매반응 등의 불균일계 반응에 적용, 해석하였다.
③ 유체역학적 인자들과 경계층 현상 등이 화학반응속도에 영향을 미친다는 사실을 지적하였다.
④ 연쇄반응(chain reaction)에 대한 이론을 확립하였다.

해설 D_a를 이용하면 연속흐름반응기에서 달성할 수 있는 전화율의 정도를 쉽게 추산할 수 있다. 즉, 유체역학적 인자들과 경계층 현상 등이 화학반응속도에 영향을 미친다는 사실을 지적하였다.

91 다음과 같은 액상 등온반응이 순수한 A로부터 출발하여 혼합반응기에서 전화율 $X_{Af}=0.90$, R의 총괄수율 0.75로 진행된다면 반응기를 나오는 R의 농도는 몇 mol/L인가? (단, $C_{A0}=5.0$ mol/L이다.) 출제율 40%

① 0.75
② 3.38
③ 3.75
④ 4.5

해설 $X_{af}=0.9$, Φ(총괄수율)$=0.75$

$$\Phi=\frac{C_R}{C_{A0}-C_A}=\frac{C_R}{C_{A0}-C_{A0}(1-X_A)}$$

$$=\frac{C_R}{5-5\times(1-0.9)}=0.75$$

R 농도$(C_R)=3.375\,mol/L$

92 Arrhenius 법칙에서 속도상수 k와 반응온도 T의 관계를 옳게 설명한 것은? 출제율 40%

① k와 T는 직선관계가 있다.
② $\ln k$와 $1/T$은 직선관계가 있다.
③ $\ln k$와 $\ln(1/T)$은 직선관계가 있다.
④ $\ln k$와 T는 직선관계가 있다.

해설 Arrhenius equation은 반응속도상수와 온도의존성을 나타내며

속도상수 $k=A\cdot e^{-E_a/RT}$

$$\ln k=\ln A-\frac{E_a}{RT}\quad\left(\ln k\text{와 }\frac{1}{T}\text{은 직선관계}\right)$$

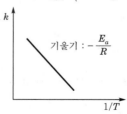

93 균일계 액상 병렬반응이 다음과 같을 때 R의 순간수율은? [출제율 40%]

$$A + B \to R, \quad dC_R/dt = 1.0\,C_A^{0.5}\,C_B^{0.5}$$
$$A + B \to S, \quad dC_S/dt = 1.0\,C_A^{0.5}\,C_B^{1.5}$$

① $1/(1+C_B)$

② $1/(1+C_A^{0.5}C_B^{0.5})$

③ $1/(1+C_A)$

④ $1+C_A^{0.5}C_B^{1.5}$

해설 순간수율 $\phi = \dfrac{\text{생성된 } R\text{의 몰수}}{\text{반응한 } A\text{의 몰수}}$

$$= \frac{dC_R}{-dC_A}$$

$$= \frac{C_A^{0.5}C_B^{0.5}}{C_A^{0.5}C_B^{0.5} + C_A^{0.5}C_B^{1.5}}$$

$$= \frac{1}{1+C_B}$$

94 CNBr (A)와 메틸아민 (B)와의 액상반응은 2차 반응으로 알려져 있으며, 10℃에서 $k=2.22$ L/s · mol이다. 플러그흐름반응기에서 체류시간이 4초이고 $C_{A0} = C_{B0} = 0.1$mol/L일 때 반응기를 나가는 반응생성물 중의 CNBr 농도 C_A는 약 얼마인가? [출제율 60%]

$$CNBr + CH_3NH_2 \to CNNH_2 + CH_3Br$$
$$-r_A = kC_A^2$$

① 0.021

② 0.032

③ 0.045

④ 0.053

해설 PFR 2차 반응

$$k\tau C_{A0} = \frac{X_A}{1-X_A}$$

$$k = 2.22\text{L/s} \cdot \text{mol}$$

$$2.22 \times 4 \times 0.1 = \frac{X_A}{1-X_A}$$

$$X_A = 0.47$$

$$C_A = C_{A0}(1-X_A) = 0.1(1-0.47) = 0.053$$

95 어떤 물질의 분해반응은 1차 반응으로 99%까지 분해하는 데 6646초가 소요되었다고 한다면 50%까지 분해하는 데 몇 초가 걸리겠는가? [출제율 60%]

① 100초

② 500초

③ 1000초

④ 1500초

해설 $kt = -\ln(1-X_A)$

$$k \times 6646 = -\ln(1-0.99)$$

$$k = 0.000692\text{s}^{-1} - 0.000692t$$

$$= \ln(1-0.5)$$

$$t = 1001.66\text{s}$$

96 다음 그림에 해당되는 반응 형태는? [출제율 40%]

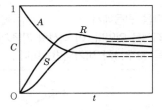

① $A \underset{}{\overset{}{\rightleftarrows}} \begin{matrix} R \\ S \end{matrix}$

② $A \underset{1}{\overset{3}{\rightleftarrows}} \begin{matrix} R \\ S \end{matrix}$ (3)

③ $A \underset{1}{\overset{1}{\rightleftarrows}} R \underset{1}{\overset{1}{\rightleftarrows}} S$

④ $A \underset{1}{\overset{3}{\rightleftarrows}} R \underset{1}{\overset{1}{\rightleftarrows}} S$

해설 A, R, S가 수렴하는 형태이지만 시간이 경과함에 따라 R의 생성량이 가장 크므로 $A \underset{1}{\overset{3}{\rightleftarrows}} R \underset{1}{\overset{1}{\rightleftarrows}} S$ 이다.

97 무차원 반응속도상수(dimensionless reaction rate group)에 대한 설명으로 옳은 것은 어느 것인가? [출제율 20%]

① 전화율(conversion)에 대한 공간시간(space time)의 도표에서 매개변수(parameter)로 중요하다.

② 1차 반응에서는 k이다.

③ 2차 반응에서는 kt이다.

④ 3차 반응에서는 $kC_{A_0}t$이다.

해설 $\tau = \dfrac{V}{\nu_0} = \dfrac{C_{A0}V}{F_{A0}} = \dfrac{C_{A0}X_A}{-r_A}$

무차원 반응속도상수는 전화율에 대한 공간시간의 도표에서 매개변수로 중요하다.

98 균일상 1차 반응을 이용하여 그림과 같이 크기가 다른 두 개의 연속혼합류반응기에서 어떤 생성물을 얻고자 한다. 다음 중 1호 반응기의 공간시간 τ_1을 가장 옳게 표현한 식은? (단, F_{A0}는 반응물의 몰 공급속도, C_{A0}는 반응물 중 A의 초기농도, V_1은 반응기 부피이다.) 출제율 20%

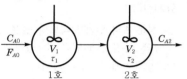

① $\tau_1 = \dfrac{C_{A0}F_{A0}}{V_1}$ ② $\tau_1 = \dfrac{C_{A0}V_1}{F_{A0}}$

③ $\tau_1 = \dfrac{F_{A0}}{C_{A0}V_1}$ ④ $\tau_1 = \dfrac{C_{A0}}{V_1F_{A0}}$

해설 $\tau = \dfrac{1}{s} = \dfrac{\text{반응기 부피}}{\text{공급물 부피유량}}$

$\qquad = \dfrac{V_1}{\nu_0} = \dfrac{C_{A0}V_1}{\nu_0 C_{A0}} = \dfrac{C_{A0}V_1}{F_{A0}}$

99 플러그흐름반응기 또는 회분식 반응기에서 비가역직렬반응 $A \to R \to S$, $k_1 = 2\,\text{min}^{-1}$, $k_2 = 1\,\text{min}^{-1}$이 일어날 때 C_R이 최대가 되는 시간은? 출제율 40%

① 0.301   ② 0.693

③ 1.443   ④ 3.332

해설 $t_{\max} = \dfrac{\ln(k_2/k_1)}{k_2 - k_1} = \dfrac{\ln\dfrac{1}{2}}{1-2} = 0.693\,\text{min}$

100 1차 직렬반응 $A \xrightarrow{k_1} R \xrightarrow{k_2} S$, $k_1 = 200\,\text{s}^{-1}$, $k_2 = 10\,\text{s}^{-1}$일 경우 $A \xrightarrow{k} S$로 볼 수 있다. 이때 k의 값은? 출제율 40%

① $11.00\,\text{s}^{-1}$ ② $9.52\,\text{s}^{-1}$

③ $0.11\,\text{s}^{-1}$ ④ $0.09\,\text{s}^{-1}$

해설 $k_1 \gg k_2$

$\qquad k = \dfrac{1}{\dfrac{1}{k_1} + \dfrac{1}{k_2}} = \dfrac{1}{\dfrac{1}{200} + \dfrac{1}{10}} = 9.523\,\text{s}^{-1}$

제2회 화공기사 (2013. 6. 2. 시행)

제1과목 ┃ 화공열역학

01 500℃에서 암모니아 합성반응의 표준 자유에너지 변화 $\Delta G°$를 8700cal/mol NH_3로 가정했을 때 평형상수는 얼마인가? (단, 기체상수 R은 1.987cal/mol · K이다.) _{출제율 60%}

① 1.4×10^{-3}
② 2.4×10^{-3}
③ 3.4×10^{-3}
④ 4.4×10^{-3}

^{해설} 평형상수와 깁스 에너지
$$\Delta G° = -RT \ln K$$
$$\ln K = \frac{-\Delta G°}{RT}$$
$$K = \exp\left[\frac{-\Delta G°}{RT}\right]$$
$$= \exp\left[-\frac{8700\,\text{cal/mol}}{1.987\,\text{cal/mol} \cdot \text{K} \times 773\,\text{K}}\right]$$
$$\fallingdotseq 3.46 \times 10^{-3}$$

02 다음 중 상평형을 나타내는 식에 해당하는 것은? _{출제율 40%}

① $(dG)_{T,P} > 0$
② $d(U^t + PV^t - TS^t)_{T,P} = 0$
③ $(dG)_{ST} = 0$
④ $dH^t + PdV^t - TdS^t = 0$

^{해설} 상평형
$$(dG^t)_{T,P} = 0$$
$$G^t = H^t - TS^t = U^t + PV^t - TS^t$$
$$(dG^t)_{T,P} = d(U^t + PV^t - TS^t)_{T,P}$$
$$= d(H^t - TS^t)$$
$$= 0$$

^{보충}^{Tip}

일정한 T와 P에서 일어나는 비가역과정은 깁스 에너지를 감소시키는 방향으로 진행한다.

03 다음 중 기/액 평형에 있는 2성분(A+B)의 혼합물 중 성분 A에 대한 설명으로 옳지 않은 것은? (단, 액상의 조성은 x, 기상의 조성은 y로 표시한다.) _{출제율 20%}

① 성분 A의 임계압력보다 높은 압력에서 기/액 상평형에 있을 수 있다.
② 임계점에서 $x_A = y_A$이다.
③ 공비점에서 $x_A = y_A$이다.
④ 일정압력에서 혼합물의 임계점은 항상 2개이다.

^{해설} 기/액 평형
2성분 혼합물에서는 임계점보다는 높은 온도, 압력에서 기-액 혼합물이 존재한다.
임계점 $x_a = y_a$ ⎤ 임계점, 공비점에서는 액상의
공비점 $x_a = y_a$ ⎦ 조성과 기상의 조성이 같다.

04 액상반응의 평형상수를 옳게 나타낸 것은? (단, v_i : 성분 i의 양론 수(stochiometric number), x_i : 성분 i의 액상 몰분율, y_i : 성분 i의 기상 몰분율, $\widehat{a_i = \frac{\hat{f_i}}{f_i^0}}$, f_i^0 : 표준상태에서의 순수한 액체 i의 퓨가시티, $\hat{f_i}$: 순수한 액체 i의 퓨가시티이다.) _{출제율 40%}

① $K = P^{-v_i}$
② $K = RT \ln x_i$
③ $K = \prod_i y_i^{v_i}$
④ $K = \prod_i \hat{a_i}^{v_i}$

^{해설} 평형상수와 조성의 관계(액상반응)
$$\prod_i \left(\frac{\hat{f_i}}{f_i°}\right)^{v_i} = K$$
$$\prod_i (\hat{a_i})^{v_i} = K \left(a_i = \frac{\hat{f_i}}{f_i°}\right)$$

05 순수한 물질 1몰의 깁스 자유에너지와 같은 것은? `출제율 40%`

① 내부에너지
② 헬름홀츠 자유에너지
③ 화학퍼텐셜
④ 엔탈피

해설 화학퍼텐셜

$$\mu_i = \left[\frac{d(nG)}{dn_i}\right]_{P,T,n_j} \quad \mu_i \equiv \overline{G_i}$$

순수한 물질 1몰의 깁스 자유에너지는 화학퍼텐셜과 같다.

06 표준반응 깁스(Gibbs) 에너지 변화량($\Delta G_r{}^\circ$)이 1600Jmol^{-1}일 때 표준상태에서 이 반응의 평형상수 K는? `출제율 60%`

① 0.067
② 0.524
③ 1.91
④ 14.891

해설 평형상수와 깁스 에너지

$$\Delta G_T{}^\circ = -RT\ln K$$

$$\ln K = \frac{-\Delta G^\circ}{RT}$$

$$K = \exp\left[\frac{-\Delta G^\circ}{RT}\right]$$

$$= \exp\left[-\frac{1600\,\text{J/mol}}{8.314\,\text{J/mol} \cdot \text{K} \times 298\,\text{K}}\right]$$

$$= 0.52$$

07 어떤 가역 열기관이 500℃에서 1000cal의 열을 받아 일을 생산하고, 나머지 열을 100℃의 열소 (heat sink)에 버린다. 열소의 엔트로피 변화는 얼마인가? `출제율 80%`

① 1000cal/K
② 417cal/K
③ 41.7cal/K
④ 1.29cal/K

해설 열효율

$$\eta = \frac{\text{생산된 순일}}{\text{공급된 열}} = \frac{|W|}{|Q_h|} = \frac{|Q_h|-|Q_c|}{|Q_h|} = \frac{T_h - T_c}{T_h}$$

$$= \frac{773-473}{773} = \frac{1000-Q_2}{1000\,\text{cal}}$$

$$Q_2 = 482.5\,\text{cal}$$

$$\Delta S_2 = \frac{Q_2}{T} = \frac{482.5\,\text{cal}}{373\,\text{K}} = 1.29\,\text{cal/K}$$

08 아세톤(1)/에탄올(2) 이성분계가 50℃에서 등몰 혼합물을 이룰 때 이 용액의 몰당 과잉 깁스 에너지(G^E)는 약 몇 J인가? (단, 성분 1과 2의 활동도 계수에 관한 식은 다음과 같다.) `출제율 60%`

$$\ln r_1 = 0.08, \ \ln r_2 = 0.12$$

① 41.57
② 83.14
③ 268.67
④ 537.33

해설 과잉 성질 이용

$$G^E = RT\sum_i x_i \ln \gamma_i$$

$$\frac{G^E}{RT} = \sum_i x_i \ln \gamma_i$$

2성분계의 $\dfrac{G^E}{RT} = x_1 \ln \gamma_1 + x_2 \ln \gamma_2$

$$= 0.5 \times 0.08 + 0.5 \times 0.12$$

$$= 0.1$$

$$G^E = RT \times (0.1) = 0.1 \times 8.314\,\text{J/mol} \cdot \text{K} \times (273+50)$$

$$= 268.5\,\text{J}$$

09 진공에서 $CaCO_3(s)$가 $CaO(s)$와 $CO_2(g)$로 완전분해하여 만들어진 계에 대해 자유도(degree of freedom) 수는? `출제율 80%`

① 0
② 1
③ 2
④ 3

해설 자유도(F)

$$F = 2 - P + C - r - s$$

여기서, P : 상, C : 성분, r : 반응식
$\qquad s$: 제한조건(공비혼합물, 등몰기체 생성)
$\qquad P = 2, \ C = 3, \ r = 1$

$$F = 2 - 2 + 3 - 1 = 2$$

10 외부와 단열된 탱크 내에 0℃, 1기압의 산소와 질소가 칸막이에 의해 분리되어 있다. 초기 몰 수가 각각 1mol에서 칸막이를 서서히 제거하여 산소와 질소가 확산되어 평형에 도달하였다. 이 상용액인 경우 계의 성질이 변하는 것은? (단, 정용열용량 C_V는 일정하다.) `출제율 40%`

① 엔트로피
② 부피
③ 엔탈피
④ 온도

해설 엔트로피 변화

단열팽창, $W=0$, $Q=0$, $\Delta V=0$이므로 등온과정이다.

$$\Delta S = R\ln\frac{P_1}{P_2} = R\ln\frac{V_2}{V_1} = R\ln\frac{2}{1} = R\ln 2$$

계의 성질이 변하는 것은 엔트로피이다.

보충 Tip

> 2성분계 이상 용액의 경우 혼합용액을 만들 때 $\Delta V=0$, $\Delta H=0$, $\Delta S\neq 0$이다.

11 어떤 물질이 다음과 같은 부피팽창률과 등온압축률을 가지고 있을 때 이 물질의 상태식을 옳게 나타낸 것은? (단, β와 k는 일정한 값을 갖는다고 가정한다.) 〔출제율 40%〕

$$\beta = \frac{a}{V} \;\; ; \;\; a = \left(\frac{\partial V}{\partial T}\right)_P$$

$$k = \frac{b}{V} \;\; ; \;\; b = -\left(\frac{\partial V}{\partial P}\right)_T$$

① $V = aT + bP + \text{const}$

② $V = bT + aP + \text{const}$

③ $V = aT - bP + \text{const}$

④ $V = bT - aP + \text{const}$

해설 부피팽창률, 등온압축률 이용

$V = f(T, P)$

$dV = \left(\frac{\partial V}{\partial T}\right)_P dT + \left(\frac{\partial V}{\partial P}\right)_T dP$

$\beta = \frac{1}{V}\left(\frac{\partial V}{\partial T}\right)_P = \frac{a}{V}$, $\quad k = -\frac{1}{V}\left(\frac{\partial V}{\partial P}\right)_T = \frac{b}{V}$

$dV = adT - bdP$

$V = aT - bP + \text{const}$

12 일정한 온도에서 일정량의 이상기체가 비가역적으로 단열팽창한다. 이때 이 기체의 엔트로피 값은? 〔출제율 40%〕

① 증가한다.

② 감소한다.

③ 변하지 않는다.

④ 0℃ 이상일 때는 증가하고 미만일 때는 감소한다.

해설 열역학 제2법칙

이상기체가 비가역 단열팽창 : V 상승

$\Delta S = nR\ln\dfrac{V_2}{V_1}$ 이므로 엔트로피는 증가한다.

13 일반적으로 기체의 정압열용량과 정용열용량 사이의 식은? 〔출제율 40%〕

① $C_P - C_V = \left[P + \left(\dfrac{\partial U}{\partial V}\right)_T\right]\left(\dfrac{\partial V}{\partial T}\right)_P$

② $C_P - C_V = -\left[P + \left(\dfrac{\partial U}{\partial V}\right)_T\right]\left(\dfrac{\partial V}{\partial T}\right)_P$

③ $C_P - C_V = \left[P - \left(\dfrac{\partial U}{\partial V}\right)_T\right]\left(\dfrac{\partial V}{\partial T}\right)_P$

④ $C_P - C_V = \left[-P + \left(\dfrac{\partial U}{\partial V}\right)_T\right]\left(\dfrac{\partial V}{\partial T}\right)_P$

해설 $dS = C_P\dfrac{dT}{T} - R\dfrac{dP}{P}$, $PV=RT$ 이용

$\left(\dfrac{R}{P}\right) = \left(\dfrac{V}{T}\right)_P$ $(P=\text{const})$

$dS = C_P\dfrac{dT}{T} - \left(\dfrac{\partial V}{\partial T}\right)_P dP$ ·················· ㉠

$\left(\dfrac{\partial S}{\partial T}\right)_V = \dfrac{C_V}{T}$ 이므로 ㉠식을 dT로 나누면 다음과 같다.

$\left(\dfrac{\partial S}{\partial T}\right)_V = \dfrac{C_P}{T} - \left(\dfrac{\partial V}{\partial T}\right)_P\left(\dfrac{\partial P}{\partial T}\right)_V$

$\dfrac{C_V}{T} = \dfrac{C_P}{T} - \left(\dfrac{\partial V}{\partial T}\right)_P\left(\dfrac{\partial P}{\partial T}\right)_V$

$C_V = C_P - T\left(\dfrac{\partial V}{\partial T}\right)_P\left(\dfrac{\partial P}{\partial T}\right)_V$

$C_P - C_V = T\left(\dfrac{\partial V}{\partial T}\right)_P\left(\dfrac{\partial P}{\partial T}\right)_V$

$dU = TdS - PdV$ $(T=\text{const})$ ·················· ㉡

㉡식을 dV로 나누면 다음과 같다.

$\left(\dfrac{\partial U}{\partial V}\right)_T = T\left(\dfrac{\partial S}{\partial V}\right)_T - P$

맥스웰의 방정식 $\left(\dfrac{\partial S}{\partial V}\right)_T = \left(\dfrac{\partial P}{\partial T}\right)_V$ 를 ㉡식에 이용

$\left(\dfrac{\partial U}{\partial V}\right)_T = T\left(\dfrac{\partial P}{\partial T}\right)_V - P$, $\left(\dfrac{\partial P}{\partial T}\right) = \dfrac{1}{T}\left[\left(\dfrac{\partial U}{\partial V}\right)_T + P\right]$

$C_P - C_V = T\left(\dfrac{\partial V}{\partial T}\right)_P \cdot \dfrac{1}{T} \cdot \left[\left(\dfrac{\partial U}{\partial V}\right)_T + P\right]$

$\qquad = \left(\dfrac{\partial V}{\partial T}\right)_P \cdot \left[\left(\dfrac{\partial U}{\partial V}\right)_T + P\right]$

14 반 데르 발스 방정식 $\left(P + \dfrac{a}{V^2}\right)(V-b) = RT$

에서 P는 atm, V는 L/mol 단위로 하면, 상수 a의 단위는? 출제율 20%

① $L^2 \cdot atm/mol^2$

② $atm \cdot mol^2/L^2$

③ $atm \cdot mol/L^2$

④ atm/L^2

해설 반 데르 발스 상태방정식

$\left(P + \dfrac{a}{V^2}\right)(V-b) = RT$

여기서, P : 압력, R : 기체상수, V : 부피, T : 온도,
$\quad a$, b : 반 데르 발스 상수

$\dfrac{a}{V^2} = atm$, $a = atm \cdot V^2$ ($V = L/mol$)

$a = atm \cdot (L/mol)^2 = L^2 \cdot atm/mol^2$

15 어떤 화학반응이 평형상수에 대한 온도의 미분

계수가 $\left(\dfrac{\partial \ln K}{\partial T}\right)_P > 0$로 표시된다. 이 반응에

대하여 옳게 설명한 것은? 출제율 60%

① 이 반응은 흡열반응이며, 온도 상승에 따라 K값은 커진다.

② 이 반응은 발열반응이며, 온도 상승에 따라 K값은 커진다.

③ 이 반응은 흡열반응이며, 온도 상승에 따라 K값은 작아진다.

④ 이 반응은 발열반응이며, 온도 상승에 따라 K값은 작아진다.

해설 평형상수와 온도와의 관계

$\dfrac{d \ln K}{dT} = \dfrac{\Delta H^\circ}{RT^2} > 0$; 흡열반응

여기서, K : 평형상수

$\quad \Delta H^\circ$: 엔탈피

$\quad R$: 기체상수

$\quad T$: 온도

• $\Delta H^\circ < 0$(발열반응) : 온도가 증가하면 평형상수(K)가 감소한다.

• $\Delta H^\circ > 0$(흡열반응) : 온도가 증가하면 평형상수(K)가 증가한다.

16 카르노(carnot) 사이클의 열효율을 높이는 데

다음 중 가장 유효한 방법은? 출제율 60%

① 방열온도를 낮게 한다.

② 급열온도를 낮게 한다.

③ 동작물질의 양을 증가시킨다.

④ 밀도가 큰 동작물질을 사용한다.

해설 카르노 사이클(carnot cycle)

Carnot cycle 열효율(η) $= \dfrac{생산된 순일}{공급된 열}$

$\eta = \dfrac{|W|}{|Q_h|} = \dfrac{|Q_h| - |Q_c|}{|Q_h|} = 1 - \dfrac{|Q_c|}{|Q_h|} = \dfrac{T_h - T_c}{T_h}$

즉, T_c인 방열온도가 낮을수록 카르노 사이클의 열효율을 높게 할 수 있다.

17 다음 중 실제 기체에 대하여 $\left(\dfrac{\partial U}{\partial V}\right)_T$ 의 값은?

(단, 이 실제 기체는 반 데르 발스(Van der Waals) 식 $\left(P + \dfrac{a}{V^2}\right)(V-b) = RT$ 에 적용되는 기체이다.) 출제율 40%

① $\dfrac{a}{P}$

② $\dfrac{a}{T}$

③ $\dfrac{a}{V^2}$

④ $\dfrac{a}{PT}$

해설 반 데르 발스 식, 내부에너지 식 유도

$dU = TdS - PdV$ ($T = \text{const}$)를 dV로 나누면 다음과 같다.

$\left(\dfrac{\partial U}{\partial V}\right)_T = T\left(\dfrac{\partial S}{\partial V}\right)_T - P$ ⋯⋯⋯⋯⋯⋯⋯⋯⋯ ㉠

㉠식에 맥스웰 방정식 $\left(\dfrac{\partial S}{\partial V}\right)_T = \left(\dfrac{\partial P}{\partial T}\right)_V$ 이용

$\left(\dfrac{\partial U}{\partial V}\right)_T = T\left(\dfrac{\partial P}{\partial T}\right)_V - P$

$\left(P + \dfrac{a}{V^2}\right)(V-b) = RT \rightarrow P = \dfrac{RT}{V-b} - \dfrac{a}{V^2}$ ⋯ ㉡

㉡식을 $\left(\dfrac{\partial P}{\partial T}\right)_V$ 로 표현하면 다음과 같다.

$\left(\dfrac{\partial P}{\partial T}\right)_V = \dfrac{R}{V-b}$

$\left(\dfrac{\partial U}{\partial V}\right)_T = \dfrac{RT}{V-b} - \left(\dfrac{RT}{V-b} - \dfrac{a}{V^2}\right) = \dfrac{a}{V^2}$

18 다음 그래프는 무슨 과정을 나타내는가? (단, T는 절대온도, S는 엔트로피이다.) 출제율 20%

① 등온과정(isothermal process)
② 등압과정(isobaric process)
③ 등엔트로피과정(isentropic process)
④ 정용과정(isometric process)

해설 온도가 변해도 엔트로피가 일정한 등엔트로피과정이다.

19 372℃, 100atm 하에 있는 수증기 1mol당 부피를 이상기체 법칙으로 계산하면? 출제율 80%

① 0.229L/mol
② 0.329L/mol
③ 0.429L/mol
④ 0.529L/mol

해설 이상기체상태방정식 이용

$PV = nRT$, $V = \dfrac{nRT}{P}$

여기서, P : 압력, V : 부피, n : 몰수
R : 기체상수, T : 온도

$V = \dfrac{nRT}{P}$

$= \dfrac{1\,\text{mol} \times 0.082\,\text{atm} \cdot \text{L/mol} \cdot \text{K} \times (372+273)\,\text{K}}{100}$

$= 0.529\,\text{L/mol}$

20 이상기체의 퓨가시티(fugacity)의 값은? 출제율 40%

① 압력과 같은 값이다.
② 체적과 같은 값이다.
③ 절대온도와 같은 값이다.
④ 몰분율과 같은 값이다.

해설 퓨가시티(fugacity)
• 잔류 깁스 에너지 $G_i^R = RT \ln \phi_i$

여기서, $\phi_i = \dfrac{f_i}{P}$

• 이상기체의 경우 $\phi_i = 1$이므로 $f_i = P$이다.
즉, 순수성분의 퓨가시티는 압력과 같다.

제2과목 ┃ 단위조작 및 화학공업양론

21 순수한 산소와 공기를 혼합하여 60vol%의 산소가 포함된 산소, 질소 혼합물을 만들려고 한다. 혼합물 제조 시 필요한 공기와 산소의 부피비를 옳게 나타낸 것은? (단, 공기는 산소 21vol%, 질소 79vol%이다.) 출제율 20%

① 1 : 0.465
② 1 : 0.580
③ 1 : 0.673
④ 1 : 0.975

해설 공기(N_2 79%, O_2 21%)
$\downarrow + O_2(x)$
혼합물(O_2 60%, N_2 40%)
$79 : (x+21) = 40 : 60$
$40 \times (x+21) = 60 \times 79$
$x = 97.5$
Air : $O_2 = 100 : 97.5 = 1 : 0.975$

22 다음 중 온도 차의 비를 올바르게 나타낸 것은 어느 것인가? 출제율 20%

① 1℃/1K, 1.8℃/℉
② 1℃/1.8℉, 1℃/1.8°R
③ 1℉/1.8°R, 1.8℃/℉
④ 1℃/1.8℉, 1℃/1.8K

해설 단위환산
• $t(℉) = 1.8t(℃) + 32$
• $t(°R) = t(℉) + 460$

23 순수한 석회석 10kg에서 이론적으로 생성될 수 있는 CO_2의 부피는 100℃, 1atm에서 얼마인가? (단, Ca의 원자량은 40이다.) 출제율 40%

① 8.8m³   ② 4.65m³
③ 3.06m³   ④ 1m³

해설
$$CaCO_3 \rightarrow CaO + CO_2$$
분자량   100   :   44
          10   : x
$100 : 44 = 10 : x$ ∴ $x = 4.4$
$PV = nRT$
$V = \dfrac{nRT}{P} = \dfrac{4.4/44 \times 0.082 \times 373}{1} = 3.06\,\text{m}^3$

24 모터가 무게 800N인 벽돌을 20초 내에 10m 올리려고 한다. 모터가 필요로 하는 최소한의 일률은 몇 W인가? (단, 에너지 손실이 없을 경우이다.) 출제율 20%

① 500　　　　　② 400
③ 300　　　　　④ 200

해설 일률$(P) = \dfrac{W}{t}$ (J/s = W)

$$= \dfrac{800\,\text{N} \times 10\,\text{m}}{20\,\text{s}} = 400\,\text{W(J/s)}$$

25 습량 기준으로 30wt% 수분, 56wt% C, 14wt% N_2로 된 혼합물에서 건량 기준으로 N_2의 wt%는 얼마인가? 출제율 40%

① 14　　　　　② 20
③ 25　　　　　④ 30

해설 건량 기준은 수분을 빼고 난 후 기준을 의미

건량 기준의 $N_2 = \dfrac{14(질소)}{100 - 30(수분)} \times 100 = 20\%$

26 각 물질의 생성열이 다음과 같다고 할 때 CH_4 $(g) + 2O_2(g) \rightarrow CO_2(g) + 2H_2O(l)$의 반응열은 몇 kcal/mol인가? 출제율 60%

- $CH_4(g)$의 생성열 : -17.9kcal/mol
- $CO_2(g)$의 생성열 : -94kcal/mol
- $H_2O(l)$의 생성열 : -68.4kcal/mol

① -144.5　　　　② -180.3
③ -212.9　　　　④ -284.7

해설 반응열 = 생성물의 생성열 − 반응물의 생성열
$= [-94 + 2 \times (-68.4)] - (17.9)$
$= -212.9\,\text{kcal/mol}$

27 평균열용량에 대한 설명 중 틀린 것은 어느 것인가? 출제율 40%

① 정압열용량의 온도 의존성을 고려한 열용량이다.
② 온도 구간이 클 때 대수평균치로 정의되는 열용량이다.
③ 온도 구간이 클 때 분자들의 병진운동을 고려한 열용량이다.
④ 온도 구간이 작을 때는 정압열용량과 평균정압열용량이 거의 같다.

해설
- 열용량 : 어떤 물질을 1℃ 올리는 데 필요한 열량이다.
- 정압비열 $C_P = \left(\dfrac{dQ}{dt}\right)_P = \left(\dfrac{dH}{dt}\right)_P$
- 정적비열 $C_V = \left(\dfrac{dQ}{dt}\right)_V = \left(\dfrac{dU}{dt}\right)_V$
- 온도 구간이 클 때 분진의 병진운동으로 정의되는 열용량이다.

28 다음 중 1L · atm를 cal로 환산하였을 때 가장 가까운 값은? 출제율 20%

① 7.27
② 10.33
③ 20.33
④ 24.19

해설 단위환산

$1\text{L} \cdot \text{atm} \times \dfrac{\text{m}^3}{1000\text{L}} \times \dfrac{101.3 \times 10^3\,\text{N/m}^2}{1\,\text{atm}} \times \dfrac{\text{J}}{\text{N} \cdot \text{m}}$

$\times \dfrac{1\,\text{cal}}{4.184\,\text{J}} = 24.2\,\text{cal}$

29 14.8vol%의 아세톤을 함유하는 질소혼합기체가 20℃, 745mmHg 하에 있다. 비교습도는 약 얼마인가? (단, 20℃에서 아세톤의 포화증기압은 184.8mmHg이다.) 출제율 40%

① 92%　　　　　② 88%
③ 53%　　　　　④ 20%

해설 비교습도(H_P)

$= \dfrac{P_A}{P_S}(H_R) \times \dfrac{P - P_S}{P - P_A} \times 100\%$

여기서, $P_A = 745\,\text{mmHg} \times 0.148 = 110.26\,\text{mmHg}$
　　　　P_S : 포화증기압

$H_P = \dfrac{110.26}{184.8} \times \dfrac{745 - 184.8}{745 - 110.26} \times 100$
$= 52.66\%$

30 일의 단위가 아닌 것은? 출제율 20%

① $Pa \cdot m^3$　　　　② $kg \cdot m^3/s^2$
③ $N \cdot m$　　　　　④ J

해설
- $1\,\text{N} = 1\,\text{kg} \cdot \text{m/s}^2$
- $1\,\text{J} = 1\,\text{N} \cdot \text{m} = \text{Pa} \cdot \text{m}^3$

31 충전탑 내 기체 공급유량을 증가시키면 기-액상의 접촉이 증가하고 효율이 증가하지만 특정한 값 이상이 되면 탑 전체가 액체로 채워져 운전할 수 없게 된다. 이때의 기체속도를 무엇이라고 하는가? [출제율 40%]

① 총괄속도(overall velocity)
② 범람속도(flooding velocity)
③ 평형속도(equivalent velocity)
④ 공탑속도(superficial velocity)

 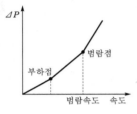

32 벤젠과 톨루엔의 증기압은 80℃에서 각각 800mmHg, 300mmHg이다. 라울(Raoult)의 법칙에 따른다고 하면 80℃, 750mmHg에서 평형상태에 있는 벤젠의 액상(X_B)과 기상(Y_B)의 조성은 어느 것인가? [출제율 40%]

① $X_B = 0.8$, $Y_B = 0.826$
② $X_B = 0.9$, $Y_B = 0.826$
③ $X_B = 0.9$, $Y_B = 0.96$
④ $X_B = 0.8$, $Y_B = 0.96$

해설 라울의 법칙
$P = P_A X + P_B (1-X)$
$800 \times X_B + 300(1-X_B) = 750\,\mathrm{mmHg}$
$X_B = 0.9$(벤젠의 액상 조성)

$Y_B = \dfrac{X_B P^{sat}}{P} = \dfrac{0.9 \times 800}{750} = 0.96$(벤젠의 기상 조성)

여기서, P : 평형상태 압력, P^{sat} : 증기압

33 다음 중 나머지 셋과 서로 다른 단위를 갖는 것은 어느 것인가? [출제율 20%]

① 열전도도 ÷ 길이
② 총괄열전달계수
③ 열전달속도 ÷ 면적
④ 열유속(heat flux) ÷ 온도

해설 ①, ②, ④의 단위 : $\mathrm{kcal/m^2 \cdot hr \cdot ℃}$
③ 단위 : $\mathrm{kcal/m^2 \cdot hr}$

34 과즙이나 젤라틴 등을 농축하는 데 가장 적합한 증발법은 다음 중 어느 것인가? [출제율 40%]

① 진공증발
② 고온증발
③ 다중효용증발
④ 고압증발

해설 진공증발
진공증발은 열에 예민한 물질을 진공증발함으로써 저온에서 증발시킬 수 있어 열에 의한 변질을 방지할 수 있다(과즙이나 젤라틴 같이 온도에 민감하므로 진공증발이 적절하다).

35 상온의 물이 그림과 같은 큰 탱크로부터 유출된다. 유출구로부터 수면 상부까지의 높이는 2m이며, 출구관의 지름이 100mm이다. 수면의 변화가 없다고 가정하면 단위시간당 유출량은 약 몇 m³/h인가? (단, 모든 손실은 무시한다.) [출제율 20%]

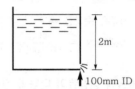

① 101
② 177
③ 215
④ 310

해설 $\bar{u} = \sqrt{2gh} = \sqrt{2 \times 9.8 \times 2} = 6.26\,\mathrm{m/s}$

$Q = AV = 6.26 \times \dfrac{\pi}{4}(0.1)^2\,\mathrm{m^2}$

$= 0.049\,\mathrm{m^3/s} \times 3600\,\mathrm{s/h}$

$= 176.4\,\mathrm{m^3/h}$

36 그림은 전열장치에 있어서 장치의 길이와 온도분포의 관계를 나타낸 것이다. 이에 해당하는 전열장치는? (단, T는 증기의 온도, t는 유체의 온도, Δt_1, Δt_2는 각각 입구 및 출구에서의 온도차이다.) [출제율 20%]

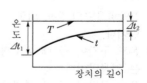

① 과열기
② 응축기
③ 냉각기
④ 가열기

해설 응축은 기체가 액체로 변하는 현상으로, 잠열로 인해 열을 주어 유체의 온도를 높인다. 그러므로 증기의 온도는 일정하지만 유체는 열을 받아 증가하는 전열장치에는 응축기가 있다.

37 태양을 완전흑체(black body)라고 가정하고, 가장 강열한 복사(radiation with maximum intensity)의 파장이 5000Å일 때 태양 표면의 온도를 구하면 얼마인가? (단, 상수 C는 2.89×10^{-3} m · K이다.) 출제율 20%

① 10400K　　　　② 9560K
③ 7200K　　　　④ 5780K

해설 빈의 법칙
$\lambda_{max} T = C$
여기서, λ_{max} : 파장, T : 절대온도 K, C : 상수
$1 Å = 10^{-10} m$ ($5000 Å = 5000 \times 10^{-10} m$)
$5000 \times 10^{-10} m \times T = 2.89 \times 10^{-3} m \cdot K$
$T = 5780 K$

38 다음 중 Fourier의 법칙에 대한 설명으로 옳은 것은? 출제율 20%

① 전열속도는 온도차의 크기에 비례한다.
② 전열속도는 열전도도의 크기에 반비례한다.
③ 열플럭스는 전열면적의 크기에 반비례한다.
④ 열플럭스는 표면계수의 크기에 비례한다.

해설 푸리에 법칙(fourier's law)
$q = \dfrac{dQ}{d\theta} = -kA\dfrac{dt}{dl}$
여기서, q : 열전달속도, k : 열전도도
　　　　 A : 전열전달면적, dl : 미소거리
　　　　 dt : 온도차
② 전열속도는 열전도도의 크기에 비례한다.
③ 열플럭스는 전열면적의 크기에 비례한다.
④ 열플럭스는 표면계수의 크기에 반비례한다.

39 다음 중 순수한 물 20℃의 점도를 가장 옳게 나타낸 것은? 출제율 40%

① 1g/cm · s　　　② 1cP
③ 1Pa · s　　　　④ 1kg/m · s

해설 점도
순수한 물 20℃의 점도는 $1cP(10^{-2} g/cm \cdot s)$이다.

40 공기를 왕복압축기를 사용하여 절대압력 1기압에서 64기압까지 3단(3stage)으로 압축할 때 각 단의 압축비는? 출제율 40%

① 3　　　　　　　② 4
③ 21　　　　　　④ 64

해설 압축비 $= \sqrt[n]{\dfrac{P_2}{P_1}}$
　　　여기서, n : 단수, P_1 : 흡입압, P_2 : 토출압
$= \sqrt[3]{\dfrac{64}{1}} = \sqrt[3]{4^3} = 4$

▶▶ 제3과목 ┃ 공정제어

41 다음 그림은 교반되는 탱크를 나타낸 것이다. 용액의 온도는 T이고, 주위 온도는 T_1이다. 주위로의 열손실을 나타내는 열전달저항을 R이라 하고 탱크 내 액체의 총괄열용량을 C라 할 때, 이 시스템을 나타낸 블록 다이어그램으로 적합한 것은? (단, 열전달의 크기는 온도 차이/R이다.) 출제율 20%

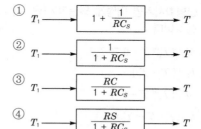

① $T_1 \longrightarrow \boxed{1 + \dfrac{1}{RC_S}} \longrightarrow T$

② $T_1 \longrightarrow \boxed{\dfrac{1}{1 + RC_S}} \longrightarrow T$

③ $T_1 \longrightarrow \boxed{\dfrac{RC}{1 + RC_S}} \longrightarrow T$

④ $T_1 \longrightarrow \boxed{\dfrac{RS}{1 + RC_S}} \longrightarrow T$

해설 액체 교반 탱크
$C\dfrac{dT}{dt} = \dfrac{T_i - T}{R}$
$RC_S\, T(s) = T_1(s) - T(s)$
정리하면 $(RC_S + 1)T(s) = T_1(s)$
입력과 출력의 차원이 같다 (분자는 1).
$\dfrac{T(s)}{T_1(s)} = \dfrac{1}{1 + RC_S}$

42 기초적인 되먹임제어(feedback control) 형태에서 발생되는 여러 가지 문제점들을 해결하기 위해서 사용되는 보다 진보된 제어방법 중 Smith Predictor는 어떤 문제점을 해결하기 위하여 채택된 방법인가? 출제율 20%

① 역응답   ② 지연시간
③ 비선형 요소   ④ 변수 간 상호 간섭

[해설] 피드백(feedback) 제어
외부교란이 도입되어 공정에 영향을 미치고 제어변수가 변하게 될 때까지 아무런 제어작용이 불가하다. 따라서 Smith Predictor를 이용하여 지연시간을 보정한다.

43 다음 중 열교환기에서 외부교란변수로 볼 수 없는 것은? 출제율 20%

① 유출액 온도
② 유입액 온도
③ 유입액 유량
④ 사용된 수증기의 성질

[해설] 외부교란변수
공정에 영향을 미치는 영향요인을 말하며, 문제에서 유출액의 온도는 결과값이므로 외부교란변수로 볼 수 없다.

44 복사에 의한 열전달 식은 $q = kcAT^4$으로 표현된다고 한다. 정상상태에서 $T = T_s$일 때 이 식을 선형화시키면 어떻게 되는가? (단, k, c, A는 상수이다.) 출제율 40%

① $4k_cAT_s^3(T - 0.75T_s)$
② $k_cA(T - T_s)$
③ $3k_cAT_s^3(T - T_s)$
④ $k_cAT_s^4(T - T_s)$

[해설] 테일러(Taylor) 방정식
$$f(s) \cong f(x_s) + \frac{df}{dx}(x_s)(x - x_s)$$
$$q = k_cAT_s^4 + 4k_cAT_s^3(T - T_s)$$
$$= k_cAT_s^4 + 4k_cAT_s^2T - 4k_cAT_s^4$$
$$= k_cAT_s^3T - 3k_cAT_s^4$$
$$q = 4k_cAT_s^3\left(T - \frac{3}{4}T_s\right)$$

45 다음의 블록선도(block diagram)에 있어서 총 괄전달함수는 어떻게 되는가? 출제율 60%

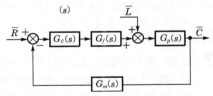

① $\dfrac{\overline{C}}{\overline{R}} = \dfrac{G_p(s)}{1 + G_c(s)G_f(s)G_p(s)}$

② $\dfrac{\overline{C}}{\overline{R}} = \dfrac{G_c(s)G_f(s)G_p(s)}{1 + G_c(s)G_f(s)G_m(s)}$

③ $\dfrac{\overline{C}}{\overline{R}} = \dfrac{G_p(s)}{1 + G_c(s)G_f(s)G_p(s)G_m(s)}$

④ $\dfrac{\overline{C}}{\overline{R}} = \dfrac{G_c(s)G_f(s)G_p(s)}{1 + G_c(s)G_f(s)G_m(s)G_p(s)}$

[해설] $\dfrac{C}{R} = \dfrac{직진}{1 + \text{feedback}} = \dfrac{G_c(s)G_f(s)G_p(s)}{1 + G_c(s)G_f(s)G_p(s)G_m(s)}$

46 다음은 parallel cascade 제어시스템의 한 예이다. $D(s)$와 $Y(s)$ 사이의 전달함수 $Y(s)/D(s)$는? 출제율 60%

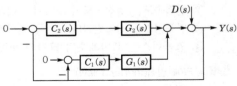

① $\dfrac{Y(s)}{D(s)} = \dfrac{1}{1 + C_1(s)G_1(s) + C_2(s)G_2(s)}$

② $\dfrac{Y(s)}{D(s)} = \dfrac{G_2(s)G_2(s)}{1 + C_1(s)G_1(s)}$

③ $\dfrac{Y(s)}{D(s)} = \dfrac{C_1(s)G_1(s)}{1 + C_2(s)G_2(s)}$

④ $\dfrac{Y(s)}{D(s)} = \dfrac{C_1(s)G_1(s) + C_2(s)G_2(s)}{1 + C_1(s)G_1(s) + C_2(s)G_2(s)}$

[해설] $D(s) \rightarrow Y(s) = 1$
$$\frac{Y(s)}{D(s)} = \frac{1}{1 + C_1(s)G_1(s) + C_2(s)G_2(s)}$$

47 비례제어계에서 설정값(setpoint)의 변화에 대한 측정값 변화의 총괄전달함수가 $\dfrac{e^{-0.5s}}{s+1+2e^{-0.5s}}$ 로 주어질 때 단위계단함수로 주어진 설정값 변화에 대한 잔류편차는? 〔출제율 40%〕

① 1/3   ② 2/3
③ 1/2   ④ 0

해설 단위계단함수 $X(s)=\dfrac{1}{s}$

$Y(s)=G(s)\cdot X(s)=\dfrac{e^{-0.5s}}{s+1+2e^{-0.5s}}\times\dfrac{1}{s}$

$\text{offset}=R(\infty)-C(\infty)$

$\lim\limits_{t\to 0}C(t)=\lim\limits_{s\to 0}SC(s)=\lim\limits_{s\to 0}\dfrac{e^{-0.5s}}{s+1+2e^{-0.5s}}=\dfrac{1}{3}$

$\lim\limits_{t\to\infty}R(t)=\lim\limits_{s\to 0}SX(s)=1$

잔류편차(offset)$=1-\dfrac{1}{3}=\dfrac{2}{3}$

48 가정의 주방용 전기오븐을 원하는 온도로 조절하고자 할 때 제어에 관한 설명으로 다음 중 가장 거리가 먼 것은? 〔출제율 40%〕

① 피제어변수는 오븐의 온도이다.
② 조절변수는 전류이다.
③ 오븐의 내용물은 외부교란변수(외란)이다.
④ 설정점(setpoint)은 전압이다.

해설 제어계의 구성요소
㉠ 센서 : 변수 측정
㉡ 제어기 : 제어요소에 제어명령
㉢ 제어요소 : 오븐의 온도
㉣ 설정점(set point) : 전압이 아닌 온도

49 이득 마진(gain margin)이 증가할 때 나타나는 현상으로 옳은 것은? 〔출제율 40%〕

① 진동의 감소
② 안정성의 감소
③ 진동의 증가
④ 위상(phase) 마진 감소

해설 GM (이득마진)$=\dfrac{1}{\text{AR}_C(\text{진폭비})}$
GM 증가 시 AR_C 감소, 즉 진동이 감소된다.

50 2차계의 정현응답에서 위상각 $|\Phi|$의 범위로 맞는 것은? 〔출제율 40%〕

① 0~45°   ② 0~90°
③ 0~180°   ④ 0~270°

해설 Bode 선도
㉠ 1차 공정 : 0~90°
㉡ 2차 공정 : 0~180°
㉢ 3차 공정 : 0~270°

51 다음 함수 $f(t)$의 그림의 식에 해당하는 것은 어느 것인가? 〔출제율 60%〕

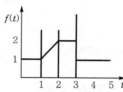

① $f(s)=\dfrac{1}{s}+\dfrac{e^{-s}-e^{-2s}}{s^2}-\dfrac{e^{-3s}}{s}$

② $f(s)=\dfrac{e^{-s}-e^{-2s}}{s}$

③ $f(s)=\dfrac{1}{s}\left\{\dfrac{1}{s}-\dfrac{e^{-s}}{1-e^{-s}}\right\}$

④ $f(s)=\dfrac{1}{s^2}(1-2e^{-s}+e^{-2s})$

해설 시간지연 · 경사함수 이용
$f(t)=u(t)+(t-1)u(t-1)-(t-2)u(t-2)$
$\qquad -u(t-3)$
라플라스 변환
$f(s)=\dfrac{1}{s}+\dfrac{e^{-s}-e^{-2s}}{s^2}-\dfrac{e^{-3s}}{s}$

52 다음 그림은 Damped system의 계단응답의 전형적인 곡선들이다. 이 중 ⓓ는 어떤 경우인가? 〔출제율 40%〕

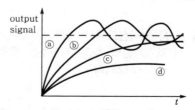

① Unstable
② Under damped
③ Critically damped
④ Over damped

ⓐ, ⓑ : 과소 감쇠($\zeta < 1$) : Under damped
ⓒ 임계 감쇠($\zeta = 1$) : Critically damped
ⓓ 과도 감쇠($\zeta > 1$) : Over damped

53 다음의 Nyquist 선도에서 불안전한 폐루프계(closed-loop system)를 나타낸 그림은? (단, 개루프계(open-loop system)는 Unstable poles을 갖지 않는다.) 출제율 40%

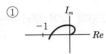 ①  ②

 ③ 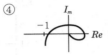 ④

 Nyquist 안정성 판별법
Nyquist 선도가 (−1, 0)의 점을 한 번이라도 시계방향으로 감싸면 닫힌 루프시스템은 불안정하다.

54 다음의 식이 나타내는 이론은 무엇인가? 출제율 80%

$$\lim_{s \to 0} s \cdot F(s) = \lim_{t \to \infty} f(t)$$

① 스토크스의 정리(Stokes theorem)
② 최종값 정리(final theorem)
③ 지그러−니콜스의 정리(Ziegle−Nichols theorem)
④ 테일러의 정리(Taylers theorem)

 • 초기값 정리
$$\lim_{t \to 0} f(t) = \lim_{s \to \infty} s F(s)$$
• 최종값 정리
$$\lim_{t \to \infty} f(t) = \lim_{s \to 0} s F(s)$$

55 다음 블록선도에서 외란 U 제거문제에 대한 U와 C 간의 총괄전달함수는 무엇인가? (단, $G = G_c\,G_1\,G_2$이다.) 출제율 60%

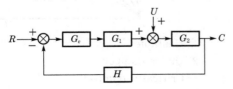

① $\dfrac{C}{U} = \dfrac{G_2}{1 + GH}$ ② $\dfrac{C}{U} = \dfrac{G_2}{1 - GH}$

③ $\dfrac{C}{U} = \dfrac{G}{1 + GH}$ ④ $\dfrac{C}{U} = \dfrac{G}{1 - GH}$

 $\dfrac{C}{U} = \dfrac{\text{직진}}{1 + \text{feedback}} = \dfrac{G_2}{1 + G_c G_1 G_2 H}$
$G = G_c G_1 G_2$이므로
$\dfrac{C}{U} = \dfrac{G_2}{1 + GH}$

56 어떤 제어계의 특성방정식이 다음과 같을 때 임계주기(ultimate period)는 얼마인가? 출제율 60%

$$s^3 + 6s^2 + 9s + 1 + K_c = 0$$

① $\dfrac{\pi}{2}$ ② $\dfrac{2}{3}\pi$

③ π ④ $\dfrac{3}{2}\pi$

 $T_u = \dfrac{2\pi}{\omega_u}$ (직접 치환법 : 특성방정식의 근이 허수축 상에 존재하면 실수부 = 0)
$s^3 + 6s^2 + 9s + 1 + K_c = 0$에 $s = i\omega$ 대입
$-i\omega^3 - 6\omega^2 + 9\omega i + 1 + K_c = 0$
실수부 : $-6\omega^2 + 1 + K_c = 0$
허수부 : $i(9\omega - \omega^3) = 0$
$\omega(9 - \omega^2) = 0$
$\omega = \pm 3$
임계주기(T_u) $= \dfrac{2\pi}{\omega} = \dfrac{2}{3}\pi$

57 다음 그림의 되먹임(feedback)제어계에서 $G(s) = \dfrac{K(s+1)}{s^2+1}$, $H(s) = 1$, $K = 5$이다. 폐회로 전달함수를 구하면? 출제율 60%

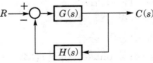

① $\dfrac{5(s+1)}{s^2+5s+6}$ ② $\dfrac{(s^2+2)}{s^2+5s+6}$

③ $\dfrac{5(s+1)}{s^2+2}$ ④ $\dfrac{5}{s^2+2}$

해설 $\dfrac{C}{R} = \dfrac{직진}{1+\text{feedback}} = \dfrac{G(s)}{1+G(s)H(s)}$

$= \dfrac{\dfrac{5(s+1)}{s^2+1}}{1+\dfrac{5(s+1)}{s^2+1}} = \dfrac{5(s+1)}{s^2+1+5(s+1)}$

$= \dfrac{5(s+1)}{s^2+5s+6}$

58 다음 중 캐스케이드제어를 적용하기에 가장 적합한 동특성을 가진 경우는? 출제율 40%

① 부제어루프 공정 : $\dfrac{2}{10s+1}$,

　주제어루프 공정 : $\dfrac{6}{2s+1}$

② 부제어루프 공정 : $\dfrac{6}{10s+1}$,

　주제어루프 공정 : $\dfrac{2}{2s+1}$

③ 부제어루프 공정 : $\dfrac{2}{2s+1}$,

　주제어루프 공정 : $\dfrac{6}{10s+1}$

④ 부제어루프 공정 : $\dfrac{2}{10s+1}$,

　주제어루프 공정 : $\dfrac{6}{10s+1}$

해설 **Cascade제어**
제어성능에 큰 영향을 미치는 교란변수의 영향을 미리 보정해 주는 제어방식으로, 주제어기보다 부제어기의 동특성이 빠르므로 문제에서 부제어기의 시간상수가 주제어기보다 작은 것이 정답이다.

59 단일입출력(SISO ; Single Input Single Output) 공정을 제어하는 경우에 있어서, 제어의 장애요소로 다음 중 가장 거리가 먼 것은? 출제율 20%

① 공정지연시간(dead time)
② 밸브 무반응영역(valve deadband)
③ 공정변수 간의 상호작용(interaction)
④ 공정운전상의 한계

해설 **단일입출력**
입력과 출력이 단일인 공정으로 출력이 나와야 입력의 제어나 조절이 가능하므로 공정변수 간 큰 상호작용이 없다.

60 다음 중 공정의 안정성에 대한 언급 중 옳지 않은 것은? 출제율 40%

① 근궤적(root-locus)으로 폐회로의 안정성을 판별할 수 있다.
② 불안정한 극점(pole)이 원점으로부터 멀어질수록 천천히 발산한다.
③ 영점(zero)은 안정성에 전혀 영향을 미치지 못한다.
④ Bounded Input Bounded Output(BIBO) 안정성 관점에서 지속적인 진동을 일으키는 극점은 안정한 것으로 판정한다.

해설 **극점(pole)**
분모=0, $D(s)=0$을 만족하는 근
불안정한 극점(pole)이 양의 실수 또는 음의 실수에 따라 발산할 수도 있고 안정할 수도 있다.

▶▶ 제4과목 ▌공업화학

61 소다회를 이용하거나 또는 조중조의 현탁액을 수증기로 열분해하여 Na_2CO_3 용액을 제조 후 석회유를 가하여 가성소다(NaOH)를 제조하는 방법은? 출제율 60%

① 가성화법　　　② 암모니아 소다법
③ 솔베이법　　　④ 르블랑법

해설 **가성화법**(가성소다 제조방법)
$2NaHCO_3 \xrightarrow{\;수증기\;} Na_2CO_3 + H_2O + CO_2$
$Na_2CO_3 + \underset{(석회)}{Ca(OH)_2} \rightarrow CaCO_3 + 2NaOH$

62 소금을 전기분해하여 수산화나트륨을 제조하는 방법에 대한 설명 중 옳지 않은 것은 어느 것인가? 출제율 60%

① 이론분해전압은 격막법이 수은법보다 높다.
② 전류밀도는 수은법이 격막법보다 크다.
③ 격막법은 공정 중 염분이 남아 있게 된다.
④ 격막법은 양극실과 음극실 액의 pH가 다르다.

• 식염전해법(가성소다 제조)
  ㉠ 격막법
  ㉡ 수은법
• 이론분해전압은 격막법보다 수은법이 크다.

63 합성세제용으로 사용되는 알킬벤젠 술폰산나트륨의 알킬기의 통상적인 탄소 수로 다음 중 가장 적당한 것은? _{출제율 20%}

① C_4 ② C_{12}
③ C_{24} ④ C_{48}

해설 알킬벤젠 술폰산
음이온 계면활성제의 일종으로, 합성세제에 이용되는 알킬벤젠 술폰산나트륨 알킬기의 통상적인 탄소 수는 C_{12}이다.

64 자체만으로는 촉매작용이 없으나 촉매의 지지체로서 촉매의 유효면적을 증가시켜 촉매의 활성을 크게 하는 것은? _{출제율 20%}

① Mixed Catalyst
② Co-Catalyst
③ Carrier
④ Catalyst Poison

해설 촉매담체(carrier)
자체적인 촉매작용은 없으나 촉매의 지지체로서 촉매를 지지하고 촉매의 표면적을 증가시켜 촉매의 활성을 크게 한다.

65 인 31g을 완전연소시키려면 표준상태에서 몇 L의 산소가 필요한가? (단, P의 원자량은 31이다.) _{출제율 40%}

① 11.2   ② 22.4
③ 28   ④ 31

해설 $2P + \dfrac{5}{2}O_2 \rightarrow P_2O_5$

$2 \times 31 : \dfrac{5}{2} \times 32$

$31\,g \ : \ x$

$x = 40\,g$

$PV = nRT$

$V = \dfrac{nRT}{P} = \dfrac{40\,g/32\,g/mol \times 0.082 \times 273}{1\,atm} = 28\,L$

66 어떤 유지 2g 속에 들어 있는 유리지방산을 중화시키는 데 KOH가 200mg 사용되었다. 이 시료의 산가(acid value)는? _{출제율 20%}

① 0.1   ② 1
③ 10   ④ 100

해설 산가(acid value)
유지 1g 속에 들어 있는 유리지방산을 중화시키는 데 필요한 KOH의 mg 수

$\dfrac{200\,mg}{2} = 100\,mg$

67 질산 농축 시 탈수제가 작용하는 원리로 가장 가까운 것은? _{출제율 20%}

① 비점 상승   ② 공비점 제거
③ 감압   ④ 가압

해설 질산 농축 시 공비점이 생기므로 68% 이상의 질산을 얻으려면 Conc H_2SO_4나 $Mg(NO_3)_2$와 같은 탈수제를 가하여 공비점에서 제거한다.

68 일반적으로 화장품, 의약품, 정밀화학 제조 등의 화학공업에 주로 사용되는 반응공정은 어떠한 형태인가? _{출제율 20%}

① 회분식 반응공정   ② 연속식 반응공정
③ 유동층 반응공정   ④ 관형 반응공정

해설 회분식 반응공정
㉠ 반응 시작 전후 투입 · 배출하는 반응으로, 반응이 진행 중일 경우 물질의 출입이 이루어지지 않는다.
㉡ 화장품, 의약품, 정밀화학 제조 등의 화학공업에 주로 사용한다.

69 Polyvinyl alcohol의 주원료 물질에 해당하는 것은? _{출제율 40%}

① 비닐알코올   ② 염화비닐
③ 초산비닐   ④ 플루오르화비닐

해설 폴리비닐알코올

$$\underset{\underset{\underset{\text{초산비닐}}{\overset{\|}{O}}}{\overset{|}{OCCH_3}}}{\{CH_2-CH\}} + CH_3OH \xrightarrow{\text{NaOH}} \{CH_2 + CH\} + CH_3\overset{\overset{O}{\|}}{C}ONa$$

70 수분 14%, NH₄HCO₃ 3.5%가 포함된 NaHCO₃ 케이크 1000kg이 있다. 이 NaHCO₃가 단독으로 분해하면 물 몇 kg이 생성되는가? _{출제율 40%}

① 108.25   ② 98.46
③ 88.39   ④ 68.65

해설 $2NaHCO_3 \longrightarrow Na_2CO_3 + H_2O + CO_2$

2×84 18

$1000kg$ x

$2 \times 84 : 18 = 1000 : x$

물$(x) = 88.39kg$

71 암모니아의 합성반응에 관한 설명으로 옳지 않은 것은? _{출제율 60%}

① 촉매를 사용하여 반응속도를 높일 수 있다.
② 암모니아 평형농도는 반응온도를 높일수록 증가한다.
③ 암모니아 평형농도는 압력을 높일수록 증가한다.
④ 불활성가스의 양이 증가하면 암모니아 평형농도는 낮아진다.

해설 암모니아의 합성반응

$3H_2 + N_2 \rightleftharpoons 2NH_3 + 22kcal$

㉠ 암모니아의 평형농도는 반응온도를 낮출수록, 압력을 높일수록 증가한다.
㉡ 수소와 질소의 혼합비율이 3:1일 때 가장 좋다.
㉢ 불활성가스의 양이 증가하면 NH₃ 평형농도가 낮아진다.
㉣ 촉매를 사용하여 반응속도를 빠르게 할 수 있다.

72 아미드에 할로겐과 알칼리를 작용시켜 순수한 일차 아민을 생성하는 대표적인 반응은 어느 것인가? _{출제율 40%}

① Hofmann 자리옮김 반응
② Kolbe−Schmitt 반응
③ Cannizaro 반응
④ Sandmeyer 반응

해설 호프만(Hofmann) 자리옮김 반응

할로겐 기체가 반응물이고, Haloamide, Isocyanate, Carbamic acid가 중간체인 반응, 즉 아미드에 할로겐과 알칼리를 작용시켜 순수한 일차 아민을 생성하는 반응이 대표적이다.

73 성형할 수지, 충전제, 색소, 경화제 등의 혼합분말을 금형에 반 정도 채워 넣고 가압·가열하여 열경화시키는 방법은? _{출제율 20%}

① 주조   ② 압축성형
③ 제강   ④ 제선

해설 압축성형

㉠ 열경화성 수지 또는 열가소성 수지의 가장 일반적인 성형방법이다.
㉡ 페놀수지 등의 플라스틱 분말을 전해로 가열한 금형에 넣고 암형을 밀어올려서 닫고 열과 압력을 가한다.

보충 Tip

> 주조, 제강, 제선은 철강 제조관련 용어이다.

74 환원반응에 의해 알코올(alcohol)을 생성하지 않는 것은? _{출제율 40%}

① 카르복시산(carboxylic acid)
② 나프탈렌(naphthalene)
③ 알데히드(aldehyde)
④ 케톤(ketone)

해설 ①, ③ 1차 알코올 $\underset{환원}{\overset{산화}{\rightleftharpoons}}$ 알데히드 $\underset{환원}{\overset{산화}{\rightleftharpoons}}$ 카르복시산

④ 2차 알코올 $\underset{환원}{\overset{산화}{\rightleftharpoons}}$ 케톤

75 공업적으로 테레프탈산을 제조하는 데 사용되는 반응은? _{출제율 20%}

① 벤젠의 산화
② 나프탈렌의 산화
③ m−크실렌(xylene)의 산화
④ p−크실렌(xylene)의 산화

해설 테레프탈산 제조

p−크실렌(xylene)의 산화를 이용하여 제조한다.

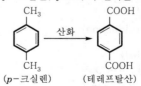

(p−크실렌)   (테레프탈산)

70.③ 71.② 72.① 73.② 74.② 75.④

76 석유의 증류, 전화 과정 등에서 포함되는 불순물을 제거하거나 불쾌한 냄새를 제거하는 방법으로 가장 거리가 먼 것은? 출제율 40%

① 용제 추출　　② 스위트닝
③ 수소화 정제　④ 비스브레이킹

해설 석유의 정제방법
㉠ 산, 알칼리 정제
㉡ 흡착 정제
㉢ 스위트닝
㉣ 수소화 처리법

보충 Tip
비스브레이킹은 약 500℃ 부근 열분해 및 점도를 낮춘다(점도가 낮은 중질유를 얻는 열분해 방법의 하나).

77 다음 중 일반적인 분류에서 열가소성 플라스틱에 해당하는 것은? 출제율 80%

① ABS수지　　② 규소수지
③ 에폭시수지　④ 알키드수지

해설 ・열가소성 수지
가열하면 연화되어 외력을 가할 때 쉽게 변형되고 성형가공 후 외력을 제거해도 성형된 상태를 유지하는 수지를 말한다.
・종류
폴리에틸렌, PVC, 아크릴수지, ABS수지 등

보충 Tip
ABS수지
아크릴로니트릴, 부타디엔, 스티렌의 공중합체

78 다음 중 유기화합물 RCOOH에 해당하는 것은 어느 것인가? 출제율 40%

① 아민(amine)
② 카르복시산(carboxylic acid)
③ 에스테르(ester)
④ 알데히드(aldehyde)

해설 ① 아민 : $R\text{–}NH_2$
② 카르복시산 : $R\text{–}COOH$
③ 에스테르 : $R\text{–}COO\text{–}R'$
④ 알데히드 : $R\text{–}CHO$

79 다음 중 기하이성질체를 갖는 것은? 출제율 20%

① $HOOCCH=CHBr$　② $CCl_2=C(COOH)_2$
③ $BrCH=C(NH_2)_2$　④ $CH_2=CHCl$

해설 기하이성질체
두 탄소원자가 이중결합으로 연결될 때 탄소에 결합된 원자나 원자단의 상대적 위치 차이로 생기는 이성질체를 말한다.

cis　　　　trans

80 암모니아 합성용 수성가스 제조 시 blow 반응에 해당하는 것은? 출제율 40%

① $C+H_2O \rightleftarrows CO + H_2 - 29400cal$
② $C+2H_2O \rightleftarrows CO_2 + 2H_2 - 19000cal$
③ $C+O_2 \rightleftarrows CO_2 + 96630cal$
④ $1/2O_2 \rightleftarrows O + 67410cal$

해설 암모니아 합성용 수성가스 제법
(수성가스 : $CO+H_2$)
㉠ Run 조작 : $CO+H_2O \rightarrow CO+H_2$
㉡ Blow 조작 : $C+O_2 \rightarrow CO_2$

▶ 제5과목 ┃ 반응공학

81 다음 반응에서 R이 요구하는 물질일 때 어떻게 반응시켜야 하는가? 출제율 60%

$$A+B \rightarrow R, \text{ desired}, \quad r_1 = K_1 C_A C_B^2$$
$$R+B \rightarrow S, \text{ unwanted}, \quad r_2 = K_2 C_R C_B$$

① A에 B를 한 방울씩 넣는다.
② B에 A를 한 방울씩 넣는다.
③ A와 B를 동시에 넣는다.
④ A와 B를 넣는 순서에 무관하다.

해설 $\dfrac{r_1}{r_2} = \dfrac{k_1 C_A C_B^2}{k_2 C_R C_B} = \dfrac{k_1 C_A \cdot C_B}{k_2 C_R}$
A와 B를 동시에 넣는다.

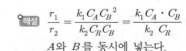

82 0차 반응 $A \to B$의 반응속도상수가 0.1mol/L·min, 초기농도(C_{A0})가 5mol/L일 때 반응시간 25분에서의 A의 전화율은 얼마인가? 출제율 80%

① 25% ② 50%

③ 80% ④ 100%

해설 0차 회분식 반응기

$kt = -(C_A - C_{A0}) = C_{A0}X_A$

$0.1\text{mol/L} \cdot \text{min} \times 25\text{min} = 5\text{mol/L} \times X_A$

전화율$(X_A) = 0.5 \times 100 = 50\%$

83 액체물질 A가 플러그흐름반응기 내에서 비가역 2차 반응속도식에 의하여 반응되어 95%의 전화율을 얻었다. 기존 반응기와 크기가 같은 반응기를 한 개 더 구입해서 같은 전화율을 얻기 위하여 두 반응기를 직렬로 연결한다면 공급속도 F_{A0}는 몇 배로 증가시켜야 하는가? 출제율 60%

① 0.5 ② 1

③ 1.5 ④ 2

해설 PFR $\Rightarrow r_A = \dfrac{dF_A}{dV} = kC_A^2 = kC_{A0}^2(1-X)^2$

$V = F_{A0} \displaystyle\int_0^X \dfrac{dX}{-r_A} = F_{A0} \displaystyle\int_0^{0.95} \dfrac{dX}{kC_A^2(1-X)^2}$

$F_{A0} = \dfrac{VkC_{A0}^2}{19}$

직렬 PFR 2개 = 합친 부피 PFR 1개

$2V = F_{A0}' \displaystyle\int_0^{0.95} \dfrac{dX}{kC_{A0}^2(1-X)^2}$

$F_{A0}' = \dfrac{2VkC_{A0}^2}{19}$

$F_{A0}' = 2F_{A0}$, 즉 2배 필요하다.

84 중합반응에서 반응기의 체류시간(holding time)에 비해 활성고분자의 수명이 짧을 때 분자량분포를 좁게 하려면 어떤 반응기를 사용해야 하는가? 출제율 40%

① 혼합흐름반응기

② 회분식 반응기

③ 관형흐름반응기

④ 반응기의 종류에 관계없다.

해설 문제의 조건은 결과적으로 전화율이 낮다는 의미이므로 CSTR을 사용하여야 한다.

85 다음 중 일반적으로 반응속도의 단위로 사용하지 않는 것은? 출제율 20%

① mol/(m·h)

② mol/(m²·h)

③ mol/(m³·h)

④ mol/(kg·h)

해설 $r_A = \dfrac{dC_A}{dt}$ (mol/L·s : 단위시간당 몰농도 변화)

86 $A \to R$인 반응의 속도식이 $-r_A = 1\text{mol/L} \cdot \text{s}$로 표현된다. 순환식 반응기에서 순환비를 3으로 반응시켰더니 출구농도 C_{Af}가 5mol/L가 되었다. 원래 공급물에서의 A 농도가 10mol/L, 반응물 공급속도가 10mol/s라면 반응기의 체적은 얼마인가? 출제율 40%

① 3.0L ② 4.0L

③ 5.0L ④ 6.0L

해설 $\tau = \dfrac{C_{A0}V}{F_{A0}} = -(R+1)\displaystyle\int_{C_A}^{C_{Af}} \dfrac{dC_A}{-r_A}$

$C_{Ai} = \dfrac{C_{A0} + RC_{Af}}{R+1} = \dfrac{10+3\times 5}{3+1} = 6.25$

$\dfrac{10\text{mol/L} \cdot V}{10\text{mol/s}} = -(3+1)\displaystyle\int_{6.25}^5 \dfrac{dC_A}{1}$

반응기 체적$(V) = -4(5-6.25) = 5\text{L}$

87 순수한 기체반응물 A가 2L/s의 속도로 등온혼합반응기에 유입되고 있다. 반응기의 부피는 1L이고 전화율은 50%이며, 반응기로부터 유출되는 반응물의 속도는 4L/s이다. A가 $A \to 3B$의 반응에 따라 분해될 때, 다음 중 평균체류 시간으로 예상되는 가장 적합한 것은? 출제율 60%

① 0.25초 ② 0.5초

③ 1초 ④ 2초

해설 $A \to 3B$

$\varepsilon_A = y_{A0}\delta = 1 \times \dfrac{3-1}{1} = 2, \ X_A = 0.5$

$\nu = V_0(1+\varepsilon_A X_A) = 2\text{L/s}(1+2\times 0.5) = 4\text{L/s}$

$\tau = \dfrac{V}{\nu} = \dfrac{1\text{L}}{4\text{L/s}} = \dfrac{1}{4} = 0.25$

88 단분자 1차 비가역반응을 시키기 위해 관형반응기를 사용하였을 때, 공간속도가 2000/h, 이때 전화율은 50%이었다. 만일 전화율이 80%에 도달하였다면 공간속도는 약 얼마인가? 출제율 80%

① 541/h 　　　② 665/h

③ 861/h 　　　④ 1386/h

해설 $k\tau = -\ln(1-X_A)$: 1차 반응 PFR

$k \times \dfrac{1}{2000} = -\ln(1-0.5) \Rightarrow k = 1386.3$

$1386.3 \times \tau = -\ln(1-0.8) \Rightarrow \tau = 1.161 \times 10^{-3}\,\mathrm{h}$

$S = \dfrac{1}{\tau} = \dfrac{1}{1.161 \times 10^{-3}\,\mathrm{h}} = 861.36\,\mathrm{h}^{-1}$

89 $A \to B$의 반응이 플러그흐름반응기 용적 0.1L에서 $-\gamma_A = 50 C_A^2\,\mathrm{mol/L \cdot min}$으로 진행되었다고 한다. 초기농도 $C_{A0} = 0.5\,\mathrm{mol/L}$이고, 공급속도가 0.1L/min일 때 전화율은? 출제율 60%

① 85%

② 92%

③ 96%

④ 98%

해설 $\tau = \dfrac{V}{\nu_0} = \dfrac{0.1L}{0.1L/\min} = 1\,\min$, $\varepsilon_A = 0$

PFR 2차 반응 $\Rightarrow k\tau C_{A0} = \dfrac{X_A}{1-X_A}$

$50 \times 1 \times 0.5 = \dfrac{X_A}{1-X_A}$

$X_A = 0.96$

90 순수 A의 C_{A0}가 1mol/L인 원료를 1mol/min으로 순환반응기에 공급하여 $A + R \to R + R$의 자기촉매기초반응이 등온·등압 하에서 일어난다. 총괄전화율이 99%이고, 속도상수 k는 1.0L/mol·min, 순환율이 무한대일 때 반응기의 체적(L)은? 출제율 60%

① 40

② 60

③ 80

④ 100

해설 $C_A = C_{A0}(1-X_A) = 1\,\mathrm{mol/L} \times (1-0.99)$
$= 0.01\,\mathrm{mol/L}$

$C_R = C_{R0} + C_{A0}X_A = 1\,\mathrm{mol/L} \times 0.99 = 0.99\,\mathrm{mol/L}$
$(C_{R0} = 0)$

$\tau = \dfrac{C_{A0}V}{F_{A0}} = \dfrac{V}{\nu_0} = \dfrac{C_{A0}X_A}{-r_A} = \dfrac{C_{A0}X_A}{kC_AC_R}$

$= \dfrac{1 \times 0.99}{1 \times 0.01 \times 0.99} = 100\,\min$

$100\,\min = \dfrac{1\,\mathrm{mol/L} \times \mathrm{V}}{1\,\mathrm{mol/min}}\quad \left[\tau = \dfrac{C_{A0} \cdot V}{\nu_0}\right]$

$V = 100\,\mathrm{L}$

91 다음 중 $A \to R$인 0차 반응의 적분법을 이용한 결과식은? 출제율 40%

① $C_A - C_{A0} = kt$　　② $\dfrac{C_{A0}}{C_A} - 1 = kt$

③ $C_{A0} - C_A = kt$　　④ $\dfrac{\ln C_{A0}}{C_A} = kt$

해설 0차 반응

$-r_A = \dfrac{-dC_A}{dt} = kC_A{}^0$

$-(C_A - C_{A0}) = kt$

$C_{A0} - C_A = kt$

92 단일반응 $A \to R$의 반응을 동일한 조건 하에서 촉매 A, B, C, D를 사용하여 적분반응기에서 실험하였을 때 다음과 같은 원료성분 A의 전화율 X_A와 V/F_0(또는 W/F_0)를 얻었다. 촉매 활성이 가장 큰 것은? (단, V는 촉매체적, W는 촉매질량, F_0는 공급원료 mole 수이다.) 출제율 20%

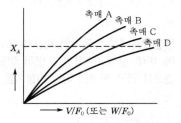

① 촉매 A　　　　② 촉매 B

③ 촉매 C　　　　④ 촉매 D

해설 그래프에서 A가 가장 빨리 도착하므로 활성이 가장 크다. 즉, 단위체적당 전화율이 높은 촉매가 활성이 큰 촉매이다.

93 다음과 같은 기상반응이 일어날 때 반응기에 유입되는 기체반응물 중 반응물 A는 50%이다. 부피팽창계수 ε_A는? 출제율 60%

$$A \rightarrow 4B$$

① 0 　　　　② 0.5
③ 1.0 　　　④ 1.5

해설 $\varepsilon_A = y_{A0}\delta = 0.5 \times \dfrac{4-1}{1} = 1.5$

94 그림에서 플러그흐름반응기의 면적이 혼합흐름반응기의 면적보다 크다면 어떤 반응기를 사용하는 것이 좋은가? 출제율 40%

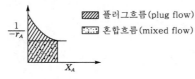

플러그흐름(plug flow)
혼합흐름(mixed flow)

① 플러그흐름반응기
② 혼합흐름반응기
③ 어느 것이나 상관없음
④ 플러그흐름반응기와 혼합흐름반응기를 연속적으로 연결

해설 면적이 클수록 τ가 커지므로 면적이 작은 CSTR(혼합흐름반응기)을 이용하는 것이 유리하다.

95 촉매반응일 때의 평형상수(K_{Pc})와 같은 반응에서 촉매를 사용하지 않았을 때의 평형상수(K_P)와의 관계로 옳은 것은? 출제율 20%

① $K_P > K_{Pc}$
② $K_P < K_{Pc}$
③ $K_P = K_{Pc}$
④ $K_P + K_{Pc} = 0$

해설 촉매는 반응속도에 영향을 주지만 자신은 변화하지 않는 물질로, 평형에는 영향을 미치지 않는다. 즉, 촉매는 정반응과 역반응을 동일하게 촉진시킨다 ($K_P = K_{Pc}$).

96 어떤 액상반응 $A \rightarrow R$이 1차 비가역으로 batch reactor에서 일어나 A의 50%가 전환되는 데 5분이 걸린다. 75%가 전환되는 데에는 약 몇 분이 걸리겠는가? 출제율 60%

① 7.5분 　　　② 10분
③ 12.5분 　　④ 15분

해설 회분식 1차 액상반응 $\Rightarrow \varepsilon_A = 0$

$$kt = -\ln\dfrac{C_A}{C_{A0}} = -\ln(1-X_A)$$
$$k \times 5\,\text{min} = -\ln(1-0.5)$$
$$k = 0.1386$$
$$0.1386 \times t = -\ln(1-0.75)$$
$$t = 10\,\text{min}$$

97 다음 ( ) 안에 알맞은 숫자는? 출제율 40%

보통 반응에서 mixed flow reactor와 plug flow reactor의 space time의 비($\widehat{\tau_m}/\widehat{\tau_p}$)의 값을 $1-X_A$에 대해 plot했을 때 그 비는 ( )보다 크며, ( )차 반응일 때 그 값은 1이다.

① 1, 1 　　　　② 0.5, 1
③ 1, 0 　　　　④ 2, 0

해설 $\tau_m/\tau_p > 1$이며, 0차 반응에서 PFR과 MFR이 τ는 같다. 즉, 1이다.

98 다음 반응식 중 자동촉매반응을 나타내는 것은 어느 것인가? 출제율 40%

① $A + R \rightarrow R + R$
② $A \xrightarrow{k_1} R, \ A + R \xrightarrow{k_2} B + C$
③ $A \underset{k_2}{\overset{k_1}{\rightleftarrows}} R$
④ $A + B \underset{k_2}{\overset{k_1}{\rightleftarrows}} R + S$

해설 **자동촉매반응**
반응생성물 중의 하나가 촉매로 작용한다.
$A + R \rightarrow R + R$

99 고체 촉매에 의한 기상반응 $A+B=R$에 있어서 성분 A와 B가 같은 양이 존재할 때 성분 A의 흡착과정이 율속인 경우의 초기반응속도와 전압의 관계로 옳은 것은 어느 것인가? (단, a, b는 정수이고, p는 전압이다.) 〔출제율 20%〕

① $r_0 = \dfrac{p}{a+bp}$ ② $r_0 = \dfrac{p}{(a+bp)^2}$

③ $r_0 = \left(\dfrac{p}{a+bp}\right)^2$ ④ $r_0 = \dfrac{p^2}{a+bp}$

해설 Langmuir 흡착등온식

$A+B=R$이므로 흡착속도와 탈착속도가 같다고 하면

흡착속도 $= k_a P_A \theta_0 = k_a P_A (1-\theta_A)$

여기서, θ_A : 표면 피복률, k_A : A의 흡착속도 상수

탈착속도 $= k_d \theta_A$

$k_a P_A (1-\theta_A) = k_d \theta_A$

$\dfrac{V}{\nu_m} = \theta_A = \dfrac{k_A P_A}{1+k_A P_A}$

보기에서 ①번이 위와 유사하므로 정답을 ①번으로 선택한다.

100 다음 중 반응이 진행되는 동안 반응기 내의 반응물과 생성물의 농도가 같을 때 반응속도가 가장 빠르게 되는 경우가 발생하는 반응은 어느 것인가? 〔출제율 40%〕

① 연속반응(series reaction)
② 자동촉매반응(autocatalytic reaction)
③ 균일촉매반응(homogeneous catalyzed reaction)
④ 가역반응(reversible reaction)

해설 자동촉매반응

반응생성물 중의 하나가 촉매로 작용하여 반응진행 동안 반응기 내의 반응물과 생성물의 농도가 같을 때 반응속도가 가장 빠르게 되는 반응을 말한다.

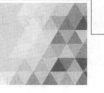

제1과목 | 화공열역학

01 정압비열이 0.24kcal/kg · K인 공기 1kg이 가역적으로 1atm, 10℃에서 1atm, 70℃까지 변화하였다면 엔트로피 변화는 몇 kcal/kg · K인가? (단, 공기는 이상기체로 간주한다.) <출제율 60%>

① 0.0131
② 0.0241
③ 0.0351
④ 0.0461

해설 이상기체의 엔트로피 변화

$$dS = C_P \frac{dT}{T} - R \frac{dP}{P}$$

$$\Delta S = C_P \ln \frac{T_2}{T_1} - R \ln \frac{P_2}{P_1} \quad \text{정압}$$

$T_1 = 10℃ = 283\,\mathrm{K}, \quad T_2 = 70℃ = 343\,\mathrm{K}$

$$\Delta S = mC_P \ln \frac{T_2}{T_1} = 0.24\,\mathrm{kcal/kg} \cdot \mathrm{K} \times \ln \frac{343}{283}$$

$$= 0.0461\,\mathrm{kcal/kg} \cdot \mathrm{K}$$

02 다음 중 역행응축(retrograde condensation) 현상을 가장 유용하게 쓸 수 있는 경우는 어느 것인가? <출제율 40%>

① 기체를 임계점에서 응축시켜 순수성분을 분리시킨다.
② 천연가스 채굴 시 동력 없이 액화천연가스를 얻는다.
③ 고체 혼합물을 기체화시킨 후 다시 응축시켜 비휘발성 물질만을 얻는다.
④ 냉동의 효율을 높이고 냉동제의 증발잠열을 최대로 이용한다.

해설 역행응축
역행응축은 온도가 올라갈 때 응축하고 온도가 내려갈 때 증발하는 현상으로, 천연가스 채굴 시 이용된다. 즉, 압력이 감소함에 따라 기화가 일어나지 않으며, 어느 특정 시점부터 액화가 일어나는 것을 의미한다.

03 다음 중 $\left(\frac{\partial P}{\partial V}\right)_T \left(\frac{\partial S}{\partial T}\right)_P \left(\frac{\partial T}{\partial P}\right)_S$ 와 동일한 열역학 식은? <출제율 40%>

① $\left(\frac{\partial S}{\partial V}\right)_T$

② $\left(\frac{\partial P}{\partial T}\right)_S$

③ $\left(\frac{\partial V}{\partial T}\right)_P$

④ $-\left(\frac{\partial P}{\partial T}\right)_V$

해설 오일러 식(Euler's chain rule) 이용

$$\left(\frac{\partial x}{\partial y}\right)_z \left(\frac{\partial y}{\partial z}\right)_x \left(\frac{\partial z}{\partial x}\right)_y = -1$$

$$\left(\frac{\partial S}{\partial T}\right)_P \left(\frac{\partial T}{\partial P}\right)_S \left(\frac{\partial P}{\partial S}\right)_T = -1$$

양변에 $\left(\frac{\partial S}{\partial V}\right)_T$ 를 곱하면

$$\left(\frac{\partial S}{\partial T}\right)_P \left(\frac{\partial T}{\partial P}\right)_S \left(\frac{\partial P}{\partial S}\right)_T \times \left(\frac{\partial S}{\partial V}\right)_T = -\left(\frac{\partial S}{\partial V}\right)_T$$

맥스웰 방정식 $\left(\frac{\partial S}{\partial V}\right)_T = \left(\frac{\partial P}{\partial T}\right)_V$ 를 이용하면

$$-\left(\frac{\partial S}{\partial V}\right)_T = -\left(\frac{\partial P}{\partial T}\right)_V$$

04 가역과정(reversible process)에 관한 설명 중 틀린 것은? <출제율 20%>

① 연속적으로 일련의 평형상태들을 거친다.
② 가역과정을 일으키는 계와 외부와의 퍼텐셜 차는 무한소이다.
③ 폐쇄계에서 부피가 일정한 경우 내부에너지 변화는 온도와 엔트로피 변화의 곱이다.
④ 자연상태에서 일어나는 실제 과정이다.

해설 가역과정
㉠ 마찰이 없다.
㉡ 평형으로부터 미소한 폭 이상 벗어나지 않는다.
㉢ 연속적으로 일련의 평형상태이다.
㉣ 자연상태에서 일어날 수 없는 공정이다. 즉, 가역과정은 이상적인 과정이다.

05 열용량이 일정한 이상기체의 PV 도표에서 일정 엔트로피곡선과 일정온도곡선에 대한 설명 중 옳은 것은? 출제율 20%

① 두 곡선 모두 양(positive)의 기울기를 갖는다.

② 두 곡선 모두 음(negative)의 기울기를 갖는다.

③ 일정엔트로피곡선은 음의 기울기를, 일정온도곡선은 양의 기울기를 갖는다.

④ 일정엔트로피곡선은 양의 기울기를, 일정온도곡선은 음의 기울기를 갖는다.

해설 엔트로피

$S = \dfrac{Q}{T}$를 이용하여 P–V 도표를 나타내면 다음과 같다.

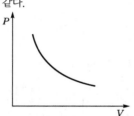

- 일정온도곡선($PV = T = $ 일정)
  PV 도표에서 일정엔트로피곡선과 일정온도곡선은 음의 기울기이다.
- 일정엔트로피곡선(기체가 압축 또는 팽창되는 과정에서 엔트로피의 변화가 없는 경우 열교환도 없다 : 푸아송 법칙)

06 1kmol의 이상기체를 1atm, 22.4m³에서 10atm, 2.24m³로 등온압축시킬 때 이루어진 일의 크기는 약 몇 kcal인가? (단, C_P는 5cal℃⁻¹mol⁻¹, C_V는 3cal℃⁻¹mol⁻¹이다.) 출제율 60%

① 1.249

② 1.375

③ 1249

④ 1375

해설 이상기체 등온공정

$$Q = W = nRT \ln \frac{V_2}{V_1}$$

$$= 1\,\text{kmol} \times (1.987\,\text{kcal/kmol} \cdot \text{K}) \times T \times \ln \frac{2.24}{22.4}$$

$$PV = nRT$$

$$T = \frac{PV}{nR} = \frac{1\,\text{atm} \times 22.4\,\text{m}^3}{1\,\text{kmol} \times 0.082\,\text{atm} \cdot \text{m}^3/\text{kmol} \cdot \text{K}}$$

$$= 273\,\text{K}$$

$$Q = 1 \times 1.987 \times 273 \times \ln \frac{2.24}{22.4} = 1249\,\text{kcal}$$

07 과잉 깁스(Gibbs) 에너지 모델 중에서 국부조성 (local composition) 개념에 기초한 모델이 아닌 것은? 출제율 20%

① NRTL(Non-Random-Two-Liquid) 모델

② 윌슨(Wilson) 모델

③ 반 라르(Van Laar) 모델

④ UNIQUAC(UNIversal QUAsi-Chemical) 모델

해설 과잉 깁스 에너지 모델(국부조성 개념)
(NRTL 모델, 윌슨 모델, UNIQUAC 모델)

① NRTL 모델 : 두 가지 이상의 물질이 혼합된 경우 라울의 법칙이 적용되는 이상용액으로부터 벗어나는 현상에 관한 모델(Wilson식 단점 개선)이다.

② 윌슨 모델 : 혼합물의 전체조성이 국부조성과 같지 않다는 국부조성 개념의 모델이다.

③ 반 라르 모델 : 깁스 에너지의 변화량은 상태함수이므로 적분경로와 무관한 개념. 즉, 정규용액이론에 기초한 모델이다.

④ UNIQUAC 모델 : Wilson식의 단점을 극복하기 위한 모델이다.

08 이상용액에 대한 혼합의 물성 변화(property change of mixing)를 옳게 설명한 것은 어느 것인가? 출제율 40%

① 부피 변화와 엔탈피 변화가 없다.

② 엔탈피 변화와 엔트로피 변화가 없다.

③ 부피 변화와 깁스(Gibbs) 에너지 변화가 없다.

④ 엔트로피 변화와 깁스(Gibbs) 에너지 변화가 없다.

해설 이상용액

$$\overline{V}_i^{id} = V_i$$

$$\overline{H}_i^{id} = H_i$$

$$G^{id} = \sum_i x_i\, G_i + RT \sum_i x_i \ln x_i$$

$$S^{id} = \sum_i x_i\, S_i - R \sum_i x_i \ln x_i$$

이상용액 혼합 시 엔탈피와 부피는 변화하지 않고, 엔트로피와 깁스 에너지가 변화한다.

09 다음 중 헨리(Henry)의 법칙에 대한 설명으로 틀린 것은? 〔출제율 40%〕

① 물속에 용해된 공기의 분율을 계산하고자 할 때 사용할 수 있다.

② 라울(Raoult)의 법칙에 적용범위를 넓힌 식이다.

③ 헨리(Henry) 상수를 사용한다.

④ 라울(Raoult)의 법칙에서 액상의 비이상 성을 고려한 법칙이다.

해설 라울의 법칙

라울의 법칙은 이상용액을 고려한 법칙이다(Lewis-Randall 법칙에 맞는).

$$P_i = X_i P_i^*$$

여기서, P_i : 물질 i의 분압

$\quad\quad\quad P_i^*$: 순수한 액체 i의 증기압

10 성분 A, B, C가 혼합되어 있는 계가 평형을 이룰 수 있는 조건으로 가장 거리가 먼 것은? (단, μ는 화학퍼텐셜, f는 퓨가시티, $\alpha,\ \beta,\ \gamma$는 상, T^b는 비점을 나타낸다.) 〔출제율 40%〕

① $\mu_A{}^\alpha = \mu_A{}^\beta = \mu_A{}^\gamma$

② $T^\alpha = T^\beta = T^\gamma$

③ $T_A{}^b = T_B{}^b = T_C{}^b$

④ $\hat{f}_A{}^\alpha = \hat{f}_A{}^\beta = \hat{f}_A{}^\gamma$

해설 상평형과 화학퍼텐셜

동일한 온도, 압력에서 여러 상의 각 성분의 화학퍼텐셜이 모든 상에서 같다. 즉, 혼합성분계가 평형을 이루려면 모든 상에서 온도, 압력, 퓨가시티, 화학퍼텐셜이 같아야 한다.

11 카르노(carnot) 냉동기의 내부에서 90kJ을 흡수하여 주위 온도가 37℃인 주위의 외부로 배출한다. 이 냉동기의 성능계수(coefficient of performance)가 9라 할 때, 옳지 않은 것은 어느 것인가? 〔출제율 60%〕

① 냉동기에 가해지는 순일(net work)은 10kJ 이다.

② 저온인 냉동기의 내부온도는 4.0℃이다.

③ 외부에 배출되는 열은 100kJ이다.

④ 성능계수가 10이라면, 외부에 배출되는 열은 99kJ이다.

해설 Carnot 냉동기 성능계수(W)

$$W = \frac{\text{저온에서 흡수된 열}}{\text{알짜일}} = \frac{|Q_c|}{W}$$

$$9 = \frac{90\,\text{kJ}}{W}$$

$$W = 10 = Q_1 - Q_2$$

$$Q_2 = 90\,\text{kJ},\ \ Q_1 = 100\,\text{kJ}$$

• 성능계수가 10인 경우

$$10 = \frac{90\,\text{kJ}}{W},\ \ W = 9\,\text{kJ}$$

$$Q_1 = W + Q_2 = 9 + 90 = 99\,\text{kJ}$$

•

$$\frac{Q_2}{W} = \frac{Q_2}{Q_1 - Q_2} = \frac{T_2}{T_1 - T_2}$$

$$\frac{90}{10} = \frac{T_2}{310 - T_2} = 9$$

$$T_2 = 279\,\text{K} = 6\,℃$$

12 깁스-듀헴(Gibbs-Duhem) 방정식에 대한 설명으로 틀린 것은? 〔출제율 40%〕

① 깁스-듀헴(Gibbs-Duhem) 방정식은 부분몰 성질들의 관계에 대한 식이다.

② 깁스-듀헴(Gibbs-Duhem) 방정식을 이용하면 이성분계에서 한 성분의 부분몰 성질을 알면 다른 부분몰 성질을 알 수 있다.

③ 깁스-듀헴(Gibbs-Duhem) 방정식은 기-액 상평형 계산을 수행하는 기본식이다.

④ 깁스-듀헴(Gibbs-Duhem) 방정식을 이용하여 기-액 상평형 자료의 건전성을 평가할 수 있다.

해설 깁스-듀헴(Gibbs-Duhem) 방정식

$dG = VdP - SdT + \mu_1 dn_1 + \mu_2 dn_2$

온도, 압력 일정 $dG = \mu_1 dn_1 + \mu_2 dn_2$

$G = \mu_1 n_1 + \mu_2 n_2$

$dG = \mu_1 dn_1 + \mu_2 dn_2 + n_1 d\mu_1 + n_2 d\mu_2$

$n_1 d\mu_1 + n_2 d\mu_2 = 0$

이 식을 Gibbs-Duhem 방정식이라고 하며, 두 성분계의 기-액 평형관계 기초식으로 기-액 상평형 자료의 건전성을 평가할 수 있다.

13 깁스-듀헴(Gibbs-Duhem) 식이 다음 식으로 표시될 경우는? (단, X_i는 i성분의 조성, $\overline{M_i}$는 i성분의 부분몰 특성이다.) 출제율 40%

$$\sum_i (X_i d\overline{M_i}) = 0$$

① 압력과 몰수가 일정할 경우
② 몰수와 성분이 일정할 경우
③ 몰수와 성분이 같을 경우
④ 압력과 온도가 일정할 경우

해설 Gibbs-Duhem 식

$\left(\dfrac{\partial M}{\partial P}\right)_{T,x} dP + \left(\dfrac{\partial M}{\partial T}\right)_{P,x} dT - \sum x_i d\overline{M_i} = 0$

여기서, T, P가 일정하면 $\sum(x_i d\overline{M_i}) = 0$이다.

14 단일상의 2성분계에 대하여 안정성의 판별기준에서 다음 ( ) 안에 알맞은 것은? 출제율 40%

"일정한 온도와 압력에서 ( )와 이의 1차 및 2차 도함수는 조성의 연속함수이어야 하고, 2차 도함수는 항상 양수이다."

① ΔG
② ΔU
③ ΔH
④ ΔS

해설 상평형

상평형은 계 내의 어떤 물질이 시간에 따라 변하지 않는 상태를 말하며, ΔG는 단일상의 2성분계에 대하여 안정성의 판별기준에 사용된다.

보충 Tip

$$(dG^t)_{T,P} \leq 0$$

15 이상용액에 관한 식 중 틀린 것은? (단, G는 깁스 자유에너지, x는 액상 몰분율, $\overline{G}$는 부분몰 깁스 자유에너지이다.) 출제율 40%

① $H^{id} = \sum_i X_i H_i$

② $S^{id} = \sum_i S_i + R\sum_i X_i \ln X_i$

③ $G^{id} = \sum_i X_i G_i + RT\sum_i X_i \ln X_i$

④ $\overline{G_i}^{id} = G_i + RT \ln X_i$

해설 이상용액의 엔트로피

$S^{id} = \sum_i x_i S_i - R\sum_i x_i \ln x_i$

$\overline{V_i}^{id} = V_i$

$\overline{H_i}^{id} = H_i$

$G^{id} = \sum_i x_i G_i + RT\sum_i x_i \ln x_i$

$(\overline{G}^{id} = G_i + RTX_i)$

16 이상기체 1몰이 일정온도에서 가역적으로 팽창할 경우 헬름홀츠(Helmholtz) 자유에너지(A)와 깁스(Gibbs) 자유에너지(G)의 변화에 관한 표현으로 옳은 것은? 출제율 20%

① $dA > dG$
② $dA < dG$
③ $dA = -dG$
④ $dA = dG$

해설
• $dA = -SdT - PdV$에서 일정온도의 경우

$dA = -PdV = -\dfrac{RT}{V}dV = -RT\dfrac{dV}{V}$

($PV = RT$ 이용, $n = 1$)

$dA = -RT \ln \dfrac{V_2}{V_1} = RT \ln \dfrac{V_1}{V_2}$

• $dG = -SdT + VdP$에서 일정온도의 경우

$dG = VdP = \dfrac{RT}{P}dP = RT\dfrac{dP}{P}$

$dG = RT \ln \dfrac{P_2}{P_1} = RT \ln \dfrac{V_1}{V_2}$

$dA = dG\,(T = \text{const})$

17 내연기관 중 자동차에 사용되고 있는 것으로 흡입행정은 거의 정압에서 일어나며 단열압축과정 후 전기점화에 의해 단열팽창하는 사이클은 어느 것인가? 출제율 60%

① 오토(otto)
② 디젤(diesel)
③ 카르노(carnot)
④ 랭킨(rankine)

해설 오토기관

보편적인 내연기관은 자동차에 사용되는 오토기관이다.

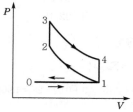

- 0 : 연료 투입
- 1 : 단열압축
- 2 : 연소 진행, 부피 일정, 압력 상승
- 3 : 단열팽창(일 생산)
- 4 : 일정 부피, 압력 감소

18 임계점에 대한 설명 중 틀린 것은? 〔출제율 20%〕

① 임계점보다 높은 온도, 높은 압력을 갖는 영역을 유체영역이라고 한다.

② 임계점에서 포화액체의 내부에너지 값과 포화증기의 내부에너지 값은 서로 다르다.

③ 임계온도 이상의 온도까지 정압가열과 등온압축 후 임계온도 이하의 온도로 냉각하므로 액체를 증발과정 없이 기체로 변화시킬 수도 있다.

④ 임계점에서는 액상과 증기상의 성질이 같아 서로 구별할 수 없다.

해설 임계점

임계점에서 포화액체의 내부에너지값과 포화증기의 내부에너지값은 서로 같다. 즉, 임계점에서 액상과 증기상의 성질이 같아 서로 구별할 수 없다.

19 기체성분 N_2, H_2 및 NH_3를 포함하고 있는 화학반응계의 자유도는? 〔출제율 80%〕

① 1   ② 2

③ 3   ④ 4

해설 자유도

$F = 2 - P + C - r - s$

여기서, P : 상, C : 성분, r : 반응식, s : 제한조건

$P = 1$, $C = 3$, $r = 1$

$F = 2 - 1 + 3 - 1 = 3$

20 이상기체 간의 반응 $C_2H_4(g) + H_2O(g) \rightarrow C_2H_5OH(g)$가 145℃에서 진행될 때 $\Delta G° = 1685$ cal/mol이다. 이 반응의 평형상수는? (단, 기체상수 R은 1.987cal/mol·K이다.) 〔출제율 80%〕

① 0.0029   ② 0.009

③ 0.13   ④ 2.0

해설 평형상수와 깁스 에너지 관계

$\Delta G° = -RT\ln K$

$\ln K = \dfrac{-\Delta G°}{RT}$

$K = \exp\left[\dfrac{-\Delta G°}{RT}\right] = \exp\left[-\dfrac{1685}{1.987 \times 418}\right] = 0.13$

▶▶ 제2과목 ┃ 단위조작 및 화학공업양론

21 미분수지(differential balance)의 개념에 대한 설명으로 가장 옳은 것은? 〔출제율 20%〕

① 계에서의 물질 출입관계를 어느 두 질량 기준 간격 사이에 일어난 양으로 나타낸 것이다.

② 계에서의 물질 출입관계를 성분 및 시간과 무관한 양으로 나타낸 것이다.

③ 어떤 한 시점에서 계의 물질 출입관계를 나타낸 것이다.

④ 계로 특정성분이 유출과 관계없이 투입되는 총 누적 양을 나타낸 것이다.

해설 미분수지는 어떤 특정 시점에서 계의 물질 출입관계를 나타낸 것이다. 즉, 수지식이 미분방정식의 형태로 주어진 경우에 해당한다.

22 다음 중 내부에너지를 나타내는 단위가 아닌 것은? 〔출제율 20%〕

① Btu   ② cal

③ J   ④ N

해설 단위환산

- 에너지 = 일 = 열
  cal, Btu, J·kgf·m, Nm
- N : 힘의 단위

23 1L · atm은 약 몇 cal인가? 〔출제율 20%〕

① 17.4   ② 20.7
③ 24.2   ④ 29.4

해설 단위환산

$$1\text{L} \cdot \text{atm} \times \frac{1\,\text{m}^3}{1000\,\text{L}} \times \frac{101.3 \times 10^3\,\text{N/m}^2}{1\,\text{atm}} \times \frac{\text{J}}{\text{N} \cdot \text{m}}$$

$$\times \frac{1\,\text{cal}}{4.184\,\text{J}} = 24.21\,\text{cal}$$

24 5wt% NaOH 수용액을 시간당 500kg씩 증발기 속으로 공급하여 25wt%까지 농축하려고 한다. 이때 시간당 몇 kg씩 물을 증발시켜야 하는가? 〔출제율 40%〕

① 325   ② 400
③ 450   ④ 475

해설 $W = F \times \left(1 - \dfrac{a}{b}\right) = 500\left(1 - \dfrac{5}{25}\right) = 400\,\text{kg}$

여기서, W : 증발량, F : 유입량
        a : 초기 수분 %, b : 나중 수분 %

$5\,\text{wt}\% \rightarrow 25\%$
$500\,\text{kg/h} \rightarrow x$
$0.05 \times 500 = 0.25 \times (500 - x)$
물의 증발량$(x) = 400\,\text{kg}$

25 지름이 10cm인 파이프 속에서 기름의 유속이 10cm/s일 때 지름이 2cm인 파이프 속에서의 유속은 몇 cm/s인가? 〔출제율 20%〕

① 50   ② 100
③ 250   ④ 500

해설 질량보존 법칙

$$Q = U_1 A_1 = U_2 A_2$$

$$U_2 = U_1 \times \frac{A_1}{A_2} = U_1 \times \left(\frac{D_1^{\,2}}{D_2^{\,2}}\right) = 10\,\text{cm/s} \times \left(\frac{10^2}{2^2}\right)$$

$$= 250\,\text{cm/s}$$

26 비중이 0.80인 기름을 밀도 단위로 나타내면 몇 kg/m³ 인가? 〔출제율 20%〕

① 400   ② 414
③ 800   ④ 980

해설 비중(ρ)은 표준물질의 밀도에 대한 어떤 물질의 밀도이므로
$\rho = 0.8 \times 1000\,\text{kg/m}^3 = 800\,\text{kg/m}^3$

27 가스의 조성이 CH_4 85vol%, C_2H_6 13vol%, N_2 2vol%일 때 이 가스의 평균분자량은? 〔출제율 80%〕

① 15.6   ② 18.06
③ 20.22   ④ 22.13

해설 혼합기체의 평균분자량

$$M_{av} = \frac{\sum n_i M_i}{\sum n_i} = \sum x_i M_i$$

$$= 0.85 \times 16 + 0.13 \times 30 + 0.02 \times 28 = 18.06$$

28 지름이 5cm인 관에서 물이 9.8m/s의 유속으로 분출되고 있다. 이 물은 약 몇 m 높이까지 올라가겠는가? 〔출제율 20%〕

① 4.9   ② 9.8
③ 15   ④ 19.8

해설 $v^2 = 2gh$

$$h = \frac{v^2}{2g} = \frac{9.8^2}{2 \times 9.8} = 4.9\,\text{m}$$

29 벤젠을 25몰% 함유하는 용액이 1기압, 100℃ 상태에 있을 때 벤젠의 분압은? (단, 100℃에서 벤젠의 증기압은 1357mmHg이다.) 〔출제율 60%〕

① 0.25기압
② 339.25mmHg
③ 1기압
④ 1357mmHg

해설 라울의 법칙

$$P_B = P_B^* \times x_B$$

여기서, P_B : 벤젠의 분압
        P_B^* : 벤젠의 증기압
        x_B : 벤젠의 조성

$P_B = 1357 \times 0.25 = 339.25\,\text{mmHg}$

30 다음 중 분배의 법칙이 성립하는 영역은 어떤 경우인가? 〔출제율 20%〕

① 결합력이 상당히 큰 경우
② 용액의 농도가 묽을 경우
③ 용질의 분자량이 큰 경우
④ 화학적으로 반응할 경우

해설 분배의 법칙은 용액의 농도가 낮을수록 잘 성립한다. 즉, 용액의 농도가 묽어야 한다.

31 다음과 같은 화학반응에서 공급물의 몰유량 (molar flow rate)은 100kmol/h이고, C_2H_4 40kmol/h가 생산되고 CH_4의 생산이 5kmol/h로 병행되고 있다면 메탄에 대한 에틸렌의 선택도(selectivity) S는? 출제율 20%

$$C_2H_6 \rightarrow C_2H_4 + H_2 \text{ (주반응)}$$
$$C_2H_6 + H_2 \rightarrow 2CH_4 \text{ (부반응)}$$

① $S = 0.05 \text{molCH}_4/\text{mol}$ 공급물
② $S = 0.8 \text{mol}$ 공급물/molCH_4
③ $S = 8 \text{molC}_2H_4/\text{molCH}_4$
④ $S = 8 \text{molC}_2H_4/\text{mol}$ 공급물

해설 선택도(β)

$$\beta = \frac{\text{에틸렌 몰수}}{\text{메탄 몰수}} = \frac{40 \text{kmol/h C}_2H_4}{5 \text{kmol/h CH}_4}$$

$$= 8 \text{kmolC}_2H_4/\text{kmol CH}_4$$

$$= 8 \text{molC}_2H_4/\text{mol CH}_4$$

32 혼합에 영향을 주는 물리적 조건에 대한 설명으로 옳지 않은 것은? 출제율 20%

① 섬유상의 형상을 가진 것은 혼합하기가 어렵다.
② 건조분말과 습한 것의 혼합은 한 쪽을 분할하여 혼합한다.
③ 밀도차가 클 때는 밀도가 큰 것이 아래로 내려가므로 상하가 고르게 교환되도록 회전방법을 취한다.
④ 액체와 고체의 혼합 · 반죽에서는 습윤성이 적은 것이 혼합하기 쉽다.

해설 혼합
혼합은 두 종류 이상의 것을 혼합하는 것으로, 습윤성이 클수록 혼합하기 쉽다.

33 건조특성곡선에서 항률 건조기간으로부터 감률 건조기간으로 이행하는 점은? 출제율 40%

① 자유함수율
② 평형함수율
③ 수축함수율
④ 임계함수율

해설 한계함수율(임계함수율)은 항률 건조기간에서 감률 건조기간으로 이동하는 점을 말한다.

34 다음 중 캐비테이션(cavitation) 현상을 잘못 설명한 것은? 출제율 20%

① 공동화(空洞化) 현상을 뜻한다.
② 펌프 내의 증기압이 낮아져서 액의 일부가 증기화하여 펌프 내에 응축하는 현상이다.
③ 펌프의 성능이 나빠진다.
④ 임펠러 흡입부의 압력이 유체의 증기압보다 높아져 증기는 임펠러의 고압부로 이동하여 갑자기 응축한다.

해설 공동현상은 원심펌프를 큰 압력으로 운전 시 임펠러 흡입부의 압력이 낮아지게 되는 현상을 말한다.

35 2개의 관을 연결할 때 사용되는 관 부속품이 아닌 것은? 출제율 20%

① 유니언(union)
② 니플(nipple)
③ 소켓(socket)
④ 플러그(plug)

해설
• 유로를 차단하는 부속품 : 플러그, 캡, 밸브
• 두 개의 관을 연결할 때 사용하는 부품 : 플랜지, 유니언, 니플, 커플링, 소켓

36 고체 혼합물 중 유효성분을 액체 용매에 용해시켜 분리 회수하는 조작은? 출제율 20%

① 증류
② 건조
③ 침출
④ 흡착

해설
• 침출 : 고체 혼합물 중 유효성분을 액체용매에 용해시켜 분리하는 조작을 말한다.
• 추출 : 액체혼합물 중 유효성분을 액체용매에 용해시켜 분리하는 조작이다.

37 증발관의 능력을 크게 하기 위한 방법으로 적합하지 않은 것은? 출제율 30%

① 액의 습도를 빠르게 해 준다.
② 증발관을 열전도도가 큰 금속으로 만든다.
③ 장치 내의 압력을 낮춘다.
④ 증기측 격막계수를 감소시킨다.

해설 증발관 능력 증가방법
㉠ 액 속도를 증가시킨다.
㉡ 증발관을 열전도도가 큰 금속으로 만든다.
㉢ 장치 내 압력을 낮춘다.
㉣ 증기측 격막계수를 증가시킨다.

38 다음 중 높이가 큰 충전탑(packed tower)에서 충전물(packing)을 3~5m 높이로 나누어 여러 단으로 충전하는 가장 주된 이유는? 출제율 40%

① 편류(channeling) 현상을 작게 하기 위하여
② 압력강하(pressure drop)를 작게 하기 위하여
③ Flooding(왕일) 현상을 없애기 위하여
④ 공급액(feed)의 양을 줄이기 위하여

해설 • 편류현상
충전탑 내 액체가 한쪽 방향으로만 흐르는 현상으로, 충전물을 여러 단으로 충전하면 편류현상을 저감시킬 수 있다.
• 방지법
① 탑의 지름을 충전물 지름의 8~10배
② 불규칙 충전

39 1atm에서 메탄올의 몰분율이 0.4인 수용액을 증류하면 몰분율은 0.73으로 된다. 메탄올과 물의 비휘발도는? 출제율 40%

① 3.1
② 4.1
③ 4.7
④ 5.7

해설 비휘발도(α_{AB}) $= \dfrac{y_A/y_B}{x_A/x_B}$ (휘발성 $A > B$)

$= \dfrac{0.73/0.27}{0.4/0.6} = 4.056$

40 확산계수의 차원으로 옳은 것은? (단, L은 길이, T는 시간이다.) 출제율 20%

① L/T
② L^2/T
③ L^3/T
④ L/T^2

해설 Fick's 확산 법칙
$$Na = \frac{dn_A}{d\theta} = -D_G A \frac{dC_A}{dx}$$
여기서, D_G : 분자확산계수(m^2/hr ; L^2/T)

41 $\dfrac{s+a}{(s+a)^2+\omega^2}$ 은 어느 함수의 Laplace transform인가? 출제율 80%

① $t\cos\omega t$
② $e^{-at}\cos\omega t$
③ $t\sin\omega t$
④ $e^{at}\cos\omega t$

해설 라플라스 변환
$$f(t)=\cos\omega t \xrightarrow{\;\mathcal{L}\;} \frac{s}{s^2+\omega^2}$$
$$f(t)=e^{-at} \xrightarrow{\;\mathcal{L}\;} \frac{1}{s+a}$$
$$f(t)=\cos\omega t \cdot e^{-at} \xrightarrow{\;\mathcal{L}\;} \frac{s+a}{(s+a)^2+\omega^2}$$

42 블록다이어그램의 3차 제어계에서 다음 중 계가 안정한 경우에 해당하는 것은? 출제율 80%

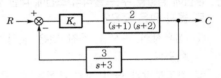

① $K_c = 10$
② $0 < K_c < 10$
③ $K_c > 10$
④ $K_c < 0$

해설 Routh 안정성 판별(1열의 근이 양수)

$$1 + K_c \times \frac{2}{(s+1)(s+2)} \times \frac{3}{s+3} = 0 \text{(특성방정식)}$$
$$(s+1)(s+2)(s+3) + 6K_c = 0$$
$$s^3 + 6s^2 + 11s + 6 = 6K_c$$

	1	2
1	1	11
2	6	$6 + 6K_c$
3	$\dfrac{66-6(1+K_c)}{6} > 0 \Rightarrow 11-1-K_c > 0,$	$K_c < 10$
4	$6 + 6K_c > 0 \quad \Rightarrow$	$K_c > -1$

$-1 < K_c < 10$

43 설정치(set point)는 일정하게 유지되고, 외부교란변수(disturbance)가 시간에 따라 변화할 때 피제어변수가 설정치를 따르도록 조절변수를 제어하는 것은? 출제율 40%

① 조정(regulatory)제어
② 서보(servo)제어
③ 감시제어
④ 예측제어

해설 조정제어(regulatory control)
외부교란의 영향에도 불구하고 제어변수를 설정값으로 유지시키는 제어방식을 말한다.

44 다음 블록선도에서 전달함수 $\dfrac{B}{U_2(s)}$ 로 옳은 것은? (단, $G = G_c G_1 G_2 G_3 H_1 H_2$) 출제율 50%

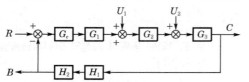

① $\dfrac{G_2 G_3}{1+G}$ ② $\dfrac{G_c G_1 G_2 G_3}{1+G}$

③ $\dfrac{G_3 H_1 H_2}{1+G}$ ④ $\dfrac{G_2 G_3 H_1 H_2}{1+G}$

해설 $\dfrac{B}{U_2(s)} = \dfrac{직진}{1+\text{feedback}}$

$= \dfrac{G_3 H_1 H_2}{1 + G_c G_1 G_2 G_3 H_1 H_2}$

$(G = G_c G_1 G_2 G_3 H_1 H_2)$

$= \dfrac{G_3 H_1 H_2}{1+G}$

45 차압전송기(differential pressure transmitter)의 가능한 용도가 아닌 것은? 출제율 20%

① 액체유량 측정
② 액위 측정
③ 기체분압 측정
④ 절대압 측정

해설 차압전송기의 용도
㉠ 액체유량 측정
㉡ 절대압 측정
㉢ 액위 측정

46 공정 $G_{(s)} = 1/(s+1)$를 위한 Internal model control에 근거하여 설계한 PI제어기 $C_{(s)} = 10\left(1 + \dfrac{1}{s}\right)$의 문제점은? 출제율 20%

① 설정치 응답이 부하응답에 비하여 늦다.
② 부하응답이 설정치 응답에 비하여 늦다.
③ 불안정해진다.
④ 오프셋(off−set)이 생긴다.

해설 PI제어기
제어시간이 오래 걸린다. 그래서 K_c를 낮게 하는데, 위의 경우 공정 이득보다 적분제어의 이득이 10배 이상 크므로 부하응답이 설정치에 비해 높아 부하응답이 설정치에 비해 늦다.

47 안정한 2차계의 impulse response는 t(시간) → ∞에 따라 그 값이 어떻게 변하는가? 출제율 40%

① 0에 접근한다.
② 경우에 따라 다르다.
③ 발산한다.
④ 1에 접근한다.

해설 2차 공정의 전달함수
$G(s) = \dfrac{Y(s)}{X(s)} = \dfrac{k}{\tau^2 s^2 + 2\tau\zeta s + 1}$
여기서, τ : 시간상수
ζ : 제동비, 감쇠계수(damping factor)
임펄스 입력이므로 $X(s) = 1$
$Y(s) = G(s) \cdot X(s) = \dfrac{k}{\tau^2 s^2 + 2\tau\zeta + 1} \times 1$
최종값 정리에 의해
$\displaystyle\lim_{t \to \infty} y(t) = \lim_{s \to 0} SY(s) = \dfrac{ks}{\tau^2 s^2 + 2\tau\zeta s + 1} = 0$

48 다음 중 PID제어기 조율에 관한 내용으로 옳은 것은? 출제율 40%

① 시상수가 작고 측정잡음이 큰 공정에는 미분동작을 크게 설정한다.
② 시간지연이 큰 공정은 미분과 적분동작을 모두 크게 설정한다.
③ 적분공정의 경우 제어기의 적분동작을 더욱 크게 설정한다.
④ 시상수가 작을수록 미분동작은 작게 적분동작은 크게 설정한다.

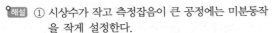
해설 ① 시상수가 작고 측정잡음이 큰 공정에는 미분동작을 작게 설정한다.
② 시간지연이 큰 공정은 미분동작을 크게 적분동작을 작게 설정한다.
③ 적분공정의 경우 제어기의 적분동작을 작게 설정한다.

보충 Tip

> PID제어기(비례-적분-미분제어기)
> ㉠ PID는 오차의 크기와 오차의 변화 추세, 누적 양까지 감안한다.
> ㉡ 시간상수가 비교적 큰 온도 농도제어에 널리 이용된다.
> ㉢ Offset을 없애 주고, Reset 시간도 단축한다.
> ㉣ 가장 널리 이용된다.
> ㉤ 시간상수가 작고 측정잡음의 큰 공정에는 미분동작을 작게 설정된다.
> ㉥ 시간지연이 큰 공정은 미분동작은 크고 적분동작은 작게 설정된다.
> ㉦ 적분공정의 경우 제어기의 적분동작을 작게 설정된다.
> ㉧ 시상수가 작을수록 미분동작은 작게 적분동작은 크게 설정된다.

49 air-to-close형 제어밸브에서 25% 열림에 해당하는 공기의 압력은 몇 psi인가? (단, 제어밸브는 3~15psi 범위에서 동작한다.) 〔출제율 40%〕

① 3 ② 6
③ 9 ④ 12

해설 $\dfrac{\text{출력범위}}{\text{입력범위}} \times 100 = 25\%$

$\dfrac{15-x}{15-3} \times 100 = 25$

공기압력$(x) = 12\,\text{psi}$

50 다음 중 되먹임제어계에 대한 설명으로 옳은 것은? 〔출제율 40%〕

① 원래 안정한 공정에 되먹임제어기를 설치하면 항상 안정하다.
② 원래 불안정한 공정은 되먹임제어기를 설치해도 안정화할 수 없다.
③ 되먹임제어기를 설치하면 정상상태에서 항상 오프셋이 제거된다.
④ 되먹임제어기를 설치하면 폐루프응답이 원래의 개루프응답보다 빨라질 수 있다.

해설 ① 원래 안정한 공정에 되먹임제어기를 설치하면 불안정해질 수도 있다.
② 원래 불안정한 공정은 되먹임제어기를 설치하면 안정화가 가능할 수도 있다.
③ 오프셋 제어는 적분공정이 필요하다.

보충 Tip

> Feedback제어(되먹임제어)
> ㉠ 외부교란이 도입되어 공정에 영향을 미치게 되고 이에 의해 제어변수가 변하게 될 때까지 제어작용이 불가능하다.
> ㉡ 외부교란의 도입으로 불안정해질 수도 있으나 항상은 아니다.
> ㉢ Feedback제어기 설치로 공정이 안정화될 수도 있다.
> ㉣ 적분공정이 있어야 offset을 제거할 수 있다.

51 $\dfrac{d^2 y(t)}{dt^2} + 2\dfrac{dy(t)}{dt} = u(t)$, $y(0) = \dfrac{dy_{(0)}}{dt} = 0$으로 표현되는 동특성 공정의 단위계단응답은 어느 것인가? 〔출제율 80%〕

① $(2e^{-t} - 2 + t)\,U(t)$
② $(-2e^{-t} - 2 + t)\,U(t)$
③ $(e^{-t} + 1 - t)\,U(t)$
④ $\dfrac{1}{4}(e^{-2t} - 1 + 2t)$

해설 미분식의 라플라스 변환

$$\mathcal{L}\left\{\frac{df(t)}{dt}\right\} = sF(s) - f(0)$$

$$\mathcal{L}\left\{\frac{d^2 f(t)}{dt^2}\right\} = s^2 F(s) - sf(0) - f'(0)$$

문제 $\dfrac{d^2 y(t)}{dt^2} + 2\dfrac{dy(t)}{dt} = u(t)$를 라플라스 변환하면 다음과 같다.

$$s^2 Y(s) - sy(0) - y'(0) + 2s Y(s) - 2f(0) = \frac{1}{s}$$

$$s^2 Y(s) + 2s Y(s) = \frac{1}{s}$$

$$Y(s) = \frac{1}{s(s^2 + 2s)} = G(s) \cdot \frac{1}{s}$$

$$G(s) = \frac{1}{s^2 + 2s}$$

$$Y(s) = \frac{A}{s} + \frac{B}{s^2} + \frac{C}{s+2}$$

$$A = \frac{1}{4}, \quad B = \frac{1}{2}, \quad C = \frac{1}{4}$$

$$y(t) = \frac{1}{4}(e^{-2t} - 1 + 2t)$$

52 다음 블록선도에서 전달함수 $G(s) = C(s)/R(s)$ 를 옳게 구한 것은? 출제율 60%

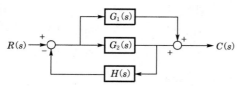

① $\dfrac{C}{R} = \dfrac{G_1(s) + G_2(s)}{1 + G_2(s)H(s)}$

② $\dfrac{C}{R} = \dfrac{G_1(s)\,G_2(s)}{1 + G_2(s)H(s)}$

③ $\dfrac{C}{R} = \dfrac{G_1(s)}{1 + G_2(s)H(s)}$

④ $\dfrac{C}{R} = \dfrac{G_1(s) - G_2(s)}{1 + G_1(s)H(s)}$

해설 $\dfrac{R(s)}{C(s)} = \dfrac{\text{직진}}{1 + \text{feedback}}$

여기서, R에서 C로 가는 것이 $G_1(s)$와 $G_2(s)$이므로 $G_1(s) + G_2(s)$가 직진이 된다.

$\dfrac{R(s)}{C(s)} = \dfrac{G_1(s) + G_2(s)}{1 + G_2(s)H(s)}$

53 피드포워드(feedforward)제어에 대한 설명 중 옳지 않은 것은? 출제율 20%

① 화학공정제어에서는 lead-lag 보상기로 피드포워드제어기를 설계하는 일이 많다.

② 피드포워드제어기는 폐루프 제어시스템의 안정도(stability)에 주된 영향을 준다.

③ 일반적으로 제어계 설계 시 피드포워드제어는 피드백제어기와 함께 구성된다.

④ 피드포워드제어기의 설계는 공정의 정적 모델, 혹은 동적 모델에 근거하여 설계될 수 있다.

해설 Feedforward제어

외부교란을 측정하고 이 측정값을 이용하여 외부교란이 공정에 미치는 영향을 사전에 보정시키는 방법이다. 폐루프 제어시스템의 안정도에 주된 영향을 주는 것은 feedback제어기(교란변수의 영향 소거)이다.

54 다음 공정에서 각속도 $\omega = 0.5$rad/min의 정현파가 입력될 때 진폭비는? (단, s의 단위는 [1/min]이다.) 출제율 40%

$$G_{(s)} = \dfrac{3}{2s + 1}$$

① 0.71 ② 1.73

③ 2.12 ④ 3.03

해설 1차 공정에서 진폭비 $AR = \dfrac{k}{\sqrt{\tau^2\omega^2 + 1}}$

$G(s) = \dfrac{3}{2s + 1}$

$\tau = 2,\ k = 3,\ \omega = 0.5\,\text{rad/min}$

$AR = \dfrac{3}{\sqrt{2^2 \times (0.5)^2 + 1}} = 2.12$

55 다음 그림과 같은 제어계의 전달함수 $\dfrac{Y(s)}{X(s)}$ 는? 출제율 60%

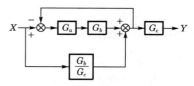

① $\dfrac{Y(s)}{X(s)} = \dfrac{G_b(1 + G_aG_c)}{1 + G_aG_bG_c}$

② $\dfrac{Y(s)}{X(s)} = \dfrac{G_c(1 + G_aG_b)}{1 + G_aG_c}$

③ $\dfrac{Y(s)}{X(s)} = \dfrac{G_b(1 + G_aG_c)}{1 + G_aG_b}$

④ $\dfrac{Y(s)}{X(s)} = \dfrac{G_c(1 + G_aG_b)}{1 + G_aG_b}$

해설 $\dfrac{Y(s)}{X(s)} = \dfrac{\text{직진}}{1 + \text{Feedback}}$

$= \dfrac{G_aG_bG_c + \dfrac{G_b}{G_c} \times G_c}{1 + G_aG_b}$

$= \dfrac{G_aG_bG_c + G_b}{1 + G_aG_b}$

$= \dfrac{G_b(G_aG_c + 1)}{1 + G_aG_b}$

56 현장에서 주로 쓰이는 대부분의 제어밸브가 등비(equalpercentage) 조절특성을 나타내는 가장 큰 이유는? 출제율 20%

① 밸브의 열림특성이 좋기 때문이다.
② 밸브의 무반응영역이 존재하지 않기 때문이다.
③ 밸브의 공동화(cavitation) 현상이 없기 때문이다.
④ 설치밸브특성(installed valve characteristics)이 선형성을 보이기 때문이다.

해설 등비특성밸브
가장 널리 사용되는 밸브로, 선형성을 보이기 때문이다.

57 어떤 계의 전달함수가 $\dfrac{Y(s)}{X(s)} = \dfrac{4}{0.5s+1}$ 로 표시된다. 이때 정상상태 이득(steady state gain)은? 출제율 40%

① 2
② 4
③ 6
④ 8

해설 1차 공정의 응답형태
$$G(s) = \frac{Y(s)}{X(s)} = \frac{k}{\tau s+1}$$
여기서, τ : 시간상수
　　　 k : 정상상태 이득
문제에서 $G(s) = \dfrac{4}{0.5s+1}$ 이므로 정상상태 이득은 4이다.

58 공정의 전달함수가 $G(s) = (-10s+2)/(s^2+s+1)$ 일 때 1인 계단입력을 입력했다면, 공정출력에 대한 설명으로 옳은 것은? 출제율 20%

① 초기부터 공정출력이 점점 증가하여 진동하면서 발산한다.
② 초기에 공정출력이 감소하다가 다시 증가하여 발산한다.
③ 초기에 공정출력이 감소하다가 다시 증가하고, 2로 진동하면서 수렴한다.
④ 초기부터 공정출력이 점점 증가하여 1로 진동하면서 수렴한다.

해설 최종값 정리
$$\lim_{t \to \infty} Y(t) = \lim_{s \to 0} s\,Y(s) = \lim_{s \to 0} \frac{-10s+2}{s^2+s+1} \times s \times \frac{1}{s} = 2$$

59 제어변수의 온도를 측정하는 열전대의 수송지연이 0.5min일 때 제어변수와 측정값 간의 전달함수는? 출제율 80%

① $e^{-0.5}$
② $e^{-0.5s}$
③ $e^{0.5s}$
④ $e^{-0.5t^2}$

해설 시간지연
$$\mathcal{L}\{f(t-\theta)u(t-\theta)\} = e^{-s\theta}F(s)$$
수송지연이 0.5min이면 전달함수는 $e^{-0.5s}$ 이다.

60 조작변수와 제어변수와의 전달함수가 $\dfrac{2e^{-3s}}{5s+1}$, 외란과 제어변수와의 전달함수가 $\dfrac{-4e^{-4s}}{10s+1}$ 로 표현되는 공정에 대하여 가장 완벽한 외란보상을 위한 피드포워드제어기 형태는? 출제율 20%

① $\dfrac{2(5s+1)}{(10s+1)}e^{-s}$

② $\dfrac{(10s+1)}{2(5s+1)}e^{-\frac{3}{4}s}$

③ $\dfrac{-8}{(10s+1)(5s+1)}e^{-7s}$

④ $\dfrac{-2(5s+1)}{(10s+1)}e^{-s}$

해설
$$Y(s) \longrightarrow \boxed{\text{조작제어}} \longrightarrow \boxed{\text{외란제어}} \longrightarrow$$
　　　　　　　　　　　　　　　　　x

우리가 취할 것 : x
$$G = \underbrace{\frac{2e^{-3s}}{5s+1} \times x}_{\text{(feedforward)}} + \underbrace{\frac{-4e^{-4s}}{10s+1}}_{\substack{\text{($G(s)$와}\\\text{외란과의}\\\text{제어변수와의}\\\text{전달함수)}}} + \underbrace{\frac{2e^{-3s}}{5s+1}}_{\substack{\text{($G(s)$, 외란이}\\\text{없을 때}\\\text{조작변수와}\\\text{제어변수와의}\\\text{전달함수)}}}$$

외란보상 : 피드포워드제어기로 외란제어 즉, 외란과 제어변수와의 전달함수들이 0이다.
$$\frac{2e^{-3s}}{5s+1} \times x + \frac{-4e^{-4s}}{10s+1} = 0$$
$$x = \frac{\dfrac{+4e^{-4s}}{10s+1}}{\dfrac{2e^{-3s}}{5s+1}}$$
$$\therefore\ x = \frac{2(5s+1)}{10s+1}e^{-s}$$

제4과목 Ⅰ 공업화학

61 접촉식 황산 제조와 관계가 먼 것은? 출제율 40%

① 백금 촉매 사용
② V_2O_5 촉매 사용
③ SO_3 가스를 황산에 흡수시킴
④ SO_3 가스를 물에 흡수시킴

해설 접촉식 황산 제조법
Pt 또는 V_2O_5에 촉매를 이용하여 SO_2를 SO_3로 산화시킨 후 98.3% H_2SO_4에 흡수시켜 발연황산을 제조한다.

62 비료 중 P_2O_5이 많은 순서대로 열거된 것은 어느 것인가? 출제율 80%

① 과린산석회 > 용성인비 > 중과린산석회
② 용성인비 > 중과린산석회 > 과린산석회
③ 과린산석회 > 중과린산석회 > 용성인비
④ 중과린산석회 > 소성인비 > 과린산석회

해설 • 중과린산석회(P_2O_5 30~50%)

$$P_2O_5 \text{ 분율} = \frac{142}{252} \times 100 = 56.35\%$$

• 소성인비(P_2O_5 40%)

$$P_2O_5 \text{ 분율} = \frac{142}{426} \times 100 = 33.33\%$$

• 과린산석회(P_2O_5 15~20%)

$$P_2O_5 \text{ 분율} = \frac{142}{1654} \times 100 = 8.59\%$$

보충 Tip

• 중과린산($CaCH_2PO_4)_2 \cdot H_2O = 252$
• 소성인비($Ca_3CPO_4)_2 + CaSiO_3 = 426$
• 과린산석회($3CaCH_2PO_4)_2H_2O + 7CaSO_4$
  $= 1654$

63 포름알데히드를 원료로 하는 합성수지와 가장 관계가 없는 것은? 출제율 20%

① 페놀수지   ② 알키드수지
③ 멜라민수지   ④ 요소수지

해설 알키드수지
지방산, 무수프탈산 및 글리세린의 축합반응에 의해 생성된다.

64 Lewis 산 촉매를 사용하는 Friedel-Craft 반응과 유사하게 방향족에 일산화탄소, 염산을 반응시켜 알데히드를 도입하는 반응은? 출제율 40%

① Canizzaro 반응
② Hofmann 반응
③ Sandmeyer 반응
④ Gattermann-koch 반응

해설 Gattermann-Koch 반응
염화알루미늄 촉매 존재 하에 벤젠 및 그 유도체를 일산화탄소와 염화수소를 반응시켜 벤젠고리에 알데하이드기를 도입하는 반응이다.

65 염화수소의 pK_a 값은 −7이라고 하면 K_a 값은 얼마인가? 출제율 20%

① 10^7 ② 10^3
③ 10^{-3} ④ 10^{-7}

해설 $PK_a = -\log K_a$
$-7 = -\log K_a$
$K_a = 10^7$

66 열가소성 수지에 해당하는 것은? 출제율 80%

① 폴리비닐알코올   ② 페놀수지
③ 요소수지   ④ 멜라민수지

해설 열가소성 수지
가열하면 연화되어 외력을 가하면 쉽게 변형되나 성형 가공 후에는 외력 없이도 성형된 상태를 유지하는 수지를 말한다.
• 종류
폴리에틸렌, 폴리프로필렌, 폴리염화비닐, 폴리스티렌, 아크릴수지, 불소수지, 폴리비닐 아세테이트 등

67 아크릴산 에스테르의 공업적 제법과 가장 거리가 먼 것은? 출제율 40%

① Reppe 고압법
② 프로필렌의 산화법
③ 에틸렌시안히드린법
④ 에틸알코올법

해설 아크릴산 에스테르 공업적 제법
㉠ Reppe 고압법
㉡ 프로필렌의 산화법
㉢ 에틸렌시안히드린법

61.④ 62.④ 63.② 64.④ 65.① 66.① 67.④

68 에틸렌을 황산 존재 하에서 가수분해시켜 제조하는 제품은? [출제율 40%]

① CH_3CH_2OH
② $CH_3COOHC=CH$
③ CH_3CHO
④ CH_3COOH

[해설] $CH_2=CH \xrightarrow{H_2SO_4} CH_3CH_2OSO_3H \xrightarrow{H_2O} CH_3CH_2OH$
(황산에스테르)　　　　(에탄올)

69 지방산의 작용기를 표현한 일반식은? [출제율 40%]

① $R-CO-R$ 　　② $R-COOH$
③ $R-OH$ 　　　④ $R-COO$

[해설] ① $R-CO-R$: 케톤
② $R-COOH$: 카르복시산(지방산)
③ $R-OH$: 알코올
④ $R-COO-R'$: 에스테르

70 일반적으로 원유 속에 거의 포함되어 있지 않지만 열분해 등을 통해 다량 생성되는 탄화수소는 어느 것인가? [출제율 40%]

① 파라핀계 　　② 올레핀계
③ 나프텐계 　　④ 방향족계

[해설] 열분해법(thermal cracking)
㉠ 원료유의 성질을 개량할 목적으로 이용된다.
㉡ 다량의 에틸렌(올레핀계)을 분해물로 얻는다.

71 합성염산 제조에 있어 식염용액의 전해로 생성되는 염소와 수소를 서로 반응 합성할 때 수소를 과잉으로 넣어 반응시키는 이유는? [출제율 60%]

① 반응을 정량적으로 진행시키기 위하여
② 반응열의 일부를 수소가스 가열로 소모시키기 위하여
③ 반응장치의 부식을 방지하기 위하여
④ 폭발을 방지하기 위하여

[해설] 염산 제법(합성법) 시 주의
H_2와 Cl_2가 폭발할 우려가 있으므로 이를 방지하기 위해 Cl_2와 H_2의 몰비를 $1:1.2$로 주입한다. 즉, 폭발을 방지하기 위하여 수소를 과잉으로 넣어 반응시킨다.

72 암모니아 산화에 의한 질산 제조공정에 있어서 조건이 옳지 않은 것은? [출제율 20%]

① NH_3와 공기의 혼합기체를 촉매 하에 반응시켜 NO를 만든다.
② 백금, 백금·로듐 합금 등의 촉매를 사용할 수 있다.
③ NO를 매우 높은 고온에서 산화하여 NO_2로 한다.
④ NO_2를 물에 흡수시켜 HNO_3로 한다.

[해설] NO의 산화반응
$2NO+O_2 \rightleftarrows 2NO_2$
㉠ 가압, 저온이 유리하다(NO를 매우 낮은 저온에서 산화하여 NO_2로 만든다).
㉡ NO가 완전 산화되어야 한다.

73 석유화학공정 중 전화(conversion)와 정제로 구분할 때 전화공정에 해당하지 않는 것은 어느 것인가? [출제율 40%]

① 분해(cracking)
② 알킬화(alkylation)
③ 스위트닝(sweetening)
④ 개질(reforming)

[해설] • 석유의 정제공정
㉠ 산, 알칼리 정제
㉡ 흡착 정제
㉢ 스위트닝
㉣ 수소화 처리법
• 전화공정
㉠ 분해
㉡ 리포밍
㉢ 알킬화법
㉣ 이성화법

74 다음 중 중량 평균분자량 측정법에 해당하는 것은 어느 것인가? [출제율 40%]

① 말단기 분석법 　　② 분리막 삼투압법
③ 광산란법 　　　　④ 비점 상승법

[해설] 분자량 측정방법
㉠ 끓는점 오름법과 어는점 내림법
㉡ 삼투압 측정법
㉢ 광산란법
㉣ 겔투과 크로마토그래피법

75 SO₂가 SO₃로 변화할 때 생성되는 반응열(ΔH)은 약 얼마인가? (단, ΔH_f는 SO₂ : -70.96kcal/mol, SO₃ : -94.45kcal/mol이다.) <small>출제율 20%</small>

① -165kcal/mol
② -95kcal/mol
③ -71kcal/mol
④ -24kcal/mol

해설 반응열 = 생성물의 생성열 − 반응물의 생성열
$= -94.45\,kcal/mol - (-70.96\,kcal/mol)$
$= -23.49\,kcal/mol$

76 원유의 증류 시 탄화수소의 열분해를 방지하기 위하여 사용되는 증류법은? <small>출제율 20%</small>

① 상압증류
② 감압증류
③ 가압증류
④ 추출증류

해설 ① 상압증류 : 비점차에 의한 등유, 나프타, 경유 등으로 분류한다.
② 감압증류 : 비점이 높은 유분을 얻을 때 사용하며, 비교적 저온에서 증류할 수 있으므로 열분해의 방지가 가능하다.
③ 가압증류 : 대기압보다 높은 압력에서 증류, 중유 또는 경유를 가압증류법으로 분해하여 가솔린을 제조하는 방법이다.
④ 추출증류 : 공비혼합물을 분류하기 위해 액·액 추출+증류를 같이 이용한다. 혼합된 두 성분보다 비점이 높은 제3성분을 가하여 두 성분 간의 비휘발도가 커지는 것을 이용한다.

77 질산의 성질과 용도에 대한 설명 중 틀린 것은 어느 것인가? <small>출제율 20%</small>

① 강산으로서 강력한 산화제이다.
② 98wt% 이상의 진한 질산은 질소함유 비료 제조 원료나 인광석 분해에 이용된다.
③ 융점은 약 -42℃이고, 분자량은 약 63이다.
④ 알루미늄이나 크롬은 진한 질산 속에서 산화피막을 생성하여 부동태가 된다.

해설 98wt% 이상의 진한 질산은 폭약의 제조원료로 이용된다.

78 결정성 폴리프로필렌을 중합할 때 다음 중 가장 적합한 중합방법은? <small>출제율 20%</small>

① 양이온 중합
② 음이온 중합
③ 라디칼 중합
④ 지글러−나타 중합

해설 • 지글러−나타 중합
에틸렌이나 결정성 프로필렌의 중합으로 폴리에틸렌, 폴리프로필렌을 만든다.
• 특징
㉠ 다중활성점
㉡ 반응메커니즘이 정확하지 않다.

79 포화식염수에 직류를 통과시켜 수산화나트륨을 제조할 때 환원이 일어나는 음극에서 생성되는 기체는? <small>출제율 60%</small>

① 염화수소
② 산소
③ 염소
④ 수소

해설 격막법
$NaCl + H_2O \longrightarrow$ 전기분해
• (+)극 : $2Cl^- \longrightarrow Cl_2 \uparrow + 2e^-$ (산화)
• (−)극 : $2H_2O + 2e^- \longrightarrow H_2 + 2OH^-$ (환원)

80 H₂SO₄ 60%, HNO₃ 32%, H₂O 8%의 질량 조성을 가진 혼합산 100kg을 벤젠으로 니트로화할 때 그 중 질산이 화학양론적으로 전부 벤젠과 반응하였다면 DVS(Dehydration Value of Sulfuric acid) 값은 얼마인가? <small>출제율 80%</small>

① 2.50
② 3.50
③ 4.50
④ 5.50

해설 $DVS = \dfrac{\text{혼합산 중 황산의 양}}{\text{반응 후 혼합산 중 물의 양}}$

C_6H_6 63(분자량)　123　18
(C₆H₅NO₂)
32 kg　　　x(kg)
$x = \dfrac{32 \times 18}{63} = 9.14\,kg$
$DVS = \dfrac{60}{9.14+8} = 3.5$

제5과목 ┃ 반응공학

81 다음 중 반응에 대한 온도의 영향을 잘못 설명한 것은? _{출제율 20%}

① 가역흡열반응의 반응속도는 온도가 올라가면 커진다.

② 가역흡열반응의 평형전화율은 온도가 올라가면 커진다.

③ 가역발열반응의 반응속도는 온도가 내려가면 작아진다.

④ 가역발열반응의 평형전화율은 온도가 내려가면 작아진다.

해설
- 발열반응 $T\uparrow$, $X_{Ae}\downarrow$
  $\qquad\qquad T\downarrow$, $X_{Ae}\uparrow$
- 흡열반응 $T\uparrow$, $X_{Ae}\uparrow$
  $\qquad\qquad T\downarrow$, $X_{Ae}\downarrow$

가역발열반응의 평형전화율은 온도가 내려가도 작아지지 않는다.

82 80% 전화율을 얻는 데 필요한 공간시간이 4h인 혼합흐름반응기에서 3L/min을 처리하는 데 필요한 반응기 부피는 몇 L인가? _{출제율 60%}

① 576   ② 720

③ 900   ④ 960

해설 $\tau=4\text{h}$, $X_A=0.8$, $\nu_0=3\text{L/min}$

$$\tau=\frac{V}{\nu_0}=\frac{C_{A0}V}{F_{A0}}$$

$$V=\tau\nu_0=4\text{h}\times3\text{L/min}\times60\text{min/1 hr}=720\text{L}$$

83 $A\to R$과 같은 균일계 2차 반응이 혼합반응기에서 50% 전화율로 진행되었다. 이 때 반응기의 크기를 2배로 증가시킬 경우 전화율은? (단, 다른 조건은 동일하다고 가정한다.) _{출제율 80%}

① 50%   ② 61%

③ 67%   ④ 100%

해설 CSTR 2차 : $k\tau C_{A0}=\dfrac{X_A}{(1-X_A)^2}$

$$k\tau C_{A0}=\frac{0.5}{(1-0.5)^2}=2$$

$$2k\tau C_{A0}=\frac{X_A}{(1-X_A)^2}=4$$

$$4X_A{}^2-9X_A+4=0$$

$$\text{전화율}(X_A)=\frac{9\pm\sqrt{81-64}}{8}=0.61$$

84 반감기가 5.2일인 Xe-133을 혼합흐름반응기(MFR)에서 30일 동안 처리한다. 반응기에서 제거되는 방사능의 분율(fraction of activity)은 얼마인가? _{출제율 80%}

① 0.8   ② 0.6

③ 0.4   ④ 0.2

해설 $k\tau=-\ln(1-Xe)$

$t_{1/2}=5.2\,\text{day}\,(Xe=0.5)$

$-\ln0.5=k\times5.2\,\text{day}$

$k=0.133\,\text{day}^{-1}$

$k\tau_m=\dfrac{X_A}{1-X_A}$ (1차 반응)

$0.133\,\text{day}^{-1}\times30\,\text{day}=\dfrac{X_A}{1-X_A}$

제거된 방사능 분율$(X_A)=$ 약 0.8

85 다음 속도 데이터를 이용하여 플러그흐름반응기를 직렬로 연결한 후 중간전화율이 40%, 최종전화율이 80%일 때의 반응기 부피 V_1과 V_2의 합에 가장 근사한 값은 약 몇 L인가? (단, 초기 반응물 유입속도는 $F_{A0}=0.92\text{mol/s}$이다.) _{출제율 20%}

X(전화율)	0	0.2	0.4	0.6	0.8
$-1/r_A$(L·s/mol)	190	210	265	412	856

① 450   ② 350

③ 250   ④ 150

해설 $F_{A0}=0.92\,\text{mol/s}$, $\dfrac{V}{F_{A0}}=\displaystyle\int_0^{X_A}\frac{dX_A}{-r_A}$

적분 공식 이용

$$\int_0^{X_A}f(X)dx$$
$$=\frac{\Delta X}{3}[f(0)+4f(1)+2f(2)+4f(3)+f(4)]$$

$\Delta X=0.2$

$$V=F_{A0}\int_0^{X_A}\frac{dX_A}{-r_A}$$
$$=\frac{0.2}{3}\times0.92\times[190+4\times210+2\times265+4\times412+856]$$
$$=250\text{L}$$

86 20atm에서 A 50%와 불활성물 50%로 이루어진 기체혼합물이 500℉에서 10dm³/s의 유속으로 반응기로 유입된다. 유입되는 A의 농도 C_{A0}와 유입 몰유량 F_{A0}는 얼마인가? (단, 기체상수 $R = 0.082 \text{dm}^3 \cdot \text{atm/mol} \cdot \text{K}$이다.) 〔출제율 40%〕

① $C_{A0} = 20.29\,\text{mol/dm}^3$, $F_{A0} = 2.29\,\text{mol/s}$

② $C_{A0} = 20.29\,\text{mol/dm}^3$, $F_{A0} = 20.29\,\text{mol/s}$

③ $C_{A0} = 0.229\,\text{mol/dm}^3$, $F_{A0} = 2.29\,\text{mol/s}$

④ $C_{A0} = 0.229\,\text{mol/dm}^3$, $F_{A0} = 20.29\,\text{mol/s}$

해설 $PV = nRT$

$20\text{atm} \times 10\text{L/s} = n \times 0.082 \times 533$

$n = 4.58\,\text{mol/s}$

$t(℉) = 500℉ = \frac{9}{5}t(℃) + 32$

$t = 260℃$, $T = 533\text{K}$

$F_{A0} = 0.5 \times 4.58\,\text{mol/s} = 2.29\,\text{mol/s}$

$F_{A0} = \nu_0 C_{A0}$

$2.29 = 10 \times C_{A0}$

$C_{A0} = 0.229\,\text{mol/dm}^3$

87 $A + B \to AB$가 비가역반응이고, 그 반응속도식이 $r_{AB} = k_1 C_B{}^2$일 때 이 반응의 예상되는 메커니즘은? (단, k_{-1}, k_{-2}는 각각 k_1, k_2의 역반응속도상수, "$*$"는 중간체를 의미한다.) 〔출제율 20%〕

① $A + A \underset{k_{-1}}{\overset{k_1}{\rightleftharpoons}} A_2^*$, $A_2^* + B \overset{k_2}{\longrightarrow} A + AB$

② $A + A \underset{k_{-1}}{\overset{k_1}{\rightleftharpoons}} A_2^*$, $A_2^* + B \underset{k_{-2}}{\overset{k_2}{\rightleftharpoons}} A + AB$

③ $B + B \overset{k_1}{\longrightarrow} B_2^*$, $A + B_2^* \underset{k_{-2}}{\overset{k_2}{\rightleftharpoons}} AB + B$

④ $B + B \underset{k_{-1}}{\overset{k_1}{\rightleftharpoons}} B_2^*$, $A + B_2^* \underset{k_{-2}}{\overset{k_2}{\rightleftharpoons}} AB + B$

해설 $r_A = k_1 C_B{}^2$: 반응속도는 B의 농도에만 의존

$B + B \underset{\text{비가역}}{\overset{k_1}{\longrightarrow}} B_2{}^*$ (중간생성물) : 속도 결정단계

$A + B_2{}^* \underset{k_{-2}}{\overset{k_2}{\rightleftharpoons}} AB + B$: 평형

①, ②, ④는 비가역반응이다.

88 부피 3.2L인 혼합흐름반응기에 기체반응물 A가 1L/s로 주입되고 있다. 반응기에서는 $A \to 2P$의 반응이 일어나며 A의 전화율은 60%이다. 반응물의 평균체류시간은? 〔출제율 60%〕

① 1초   ② 2초   ③ 3초   ④ 4초

해설 $\bar{t} = C_{A0} \int_0^{X_A} \frac{dX_A}{-r_A(1 + \varepsilon X_A)}$

$A \to 2P$에서 전화율 60%

$\varepsilon_A = y_{A0} \cdot \delta = 1 \times \frac{2-1}{1} = 1$

$-r_A = kC_A = \frac{kC_{A0}(1 - X_A)}{1 + \varepsilon_A X_A}$

$\tau = \frac{C_{A0}V}{F_{A0}} = \frac{V}{\nu_0} = \frac{3.2\text{L}}{1\text{L/s}} = 3.2\text{s}$

CSTR 1차 반응 : $k\tau = \frac{X_A}{1 - X_A}$

$k \times 3.2 = \frac{0.6}{1 - 0.6}$, $k = 0.468$

$\bar{t} = C_{A0} \int_0^{X_A} \frac{dX_A}{\frac{kC_{A0}(1-X_A)}{1+\varepsilon_A X_A} \times (1 + \varepsilon_A X_A)}$

$= \frac{1}{k} \int_0^{X_A} \frac{dX_A}{1 - X_A}$

$= -\frac{1}{k} \ln(1 - X_A) = -\frac{1}{0.468} \ln(1 - 0.6) = 2\text{s}$

89 CSTR 반응기에서 다음 그림의 ABCD의 면적은? (단, C_{A0}는 초기 농도, F_{A0}는 초기공급몰속도, X_A는 전화율, C_A는 반응속도, V는 반응기 부피, τ는 공간시간이다.) 〔출제율 80%〕

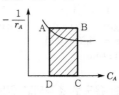

① τ ② $\frac{\tau}{C_{A0}}$

③ $\frac{V}{F_{A0}}$ ④ $\frac{X_A}{-r_A}$

해설 $\tau = \frac{C_{A0}V}{F_{A0}} = \frac{C_{A0}X_A}{-r_A} = \frac{C_{A0} - C_A}{-r_A}$

90 액상반응 $2A \rightarrow R$ 이 플러그흐름반응기에서 일어난다. 반응속도 $-r_A = (250\text{L/mol} \cdot \text{min}) C_A^2$ 이고 반응물의 공급속도는 0.01mol/h이며, 반응기의 부피는 0.1L, 공급물의 부피유량은 0.05L/min일 때, 이 반응기에 대한 공간시간(space time)은 몇 min인가? 〔출제율 60%〕

① 0.5 ② 2
③ 5 ④ 10

〔해설〕 $\tau = \dfrac{V}{\nu_0} = \dfrac{0.1\,\text{L}}{0.05\,\text{L/min}} = 2\,\text{min}$

91 반응장치 내에서 일어나는 열전달현상과 관련된 설명으로 틀린 것은? 〔출제율 20%〕

① 발열반응의 경우 관형반응기 직경이 클수록 관 중심의 온도는 상승한다.
② 급격한 온도의 상승은 촉매의 활성을 저하시킨다.
③ 모든 반응에서 고온의 조건이 바람직하다.
④ 전열조건에 의해 반응의 전화율이 좌우된다.

〔해설〕 반응조건에 따라 고온 · 저온으로 구분하며, 그에 알맞는 반응기를 선택하는 것이 중요하다. 즉, 저온의 조건이 바람직한 반응도 있다.

92 어떤 물질의 분해속도가 1차 반응으로 표시된다. 90% 분해하는 데 100분이 걸렸다면 50% 분해하는 데에는 얼마의 시간이 걸리겠는가? 〔출제율 80%〕

① 55.6분 ② 43.2분
③ 30.1분 ④ 13.1분

〔해설〕 $k\tau = -\ln(1 - X_A)$
$k \times 100 = -\ln(1 - 0.9), \quad k = 0.023$
$0.023t = -\ln(1 - 0.5)$
$t = 30.14\,\text{min}$

93 일정한 온도로 조작되고 있는 순환비가 3인 순환 플러그흐름반응기에서 1차 액체 반응 $A \rightarrow R$ 이 40%까지 전화되었다. 만일 반응계의 순환류를 폐쇄시켰을 경우 전화율은 얼마인가? (단, 다른 조건은 그대로 유지한다.) 〔출제율 60%〕

① 0.26 ② 0.36
③ 0.46 ④ 0.56

〔해설〕 $V = F_{A0}(R+1) \displaystyle\int_{X_{Ai}}^{X_{Af}} \dfrac{dX_A}{-r_A}$

$-r_A = kC_{A0}(1 - X_A)$

$X_{Ai} = \left(\dfrac{R}{R+1}\right) X_{Af} = \dfrac{3}{4} X_{Af}$

$V = 4F_{A0} \displaystyle\int_{\frac{3}{4}X_{Af}}^{X_{Af}} \dfrac{dX_A}{kC_{A0}(1 - X_A)}$

$\quad = \dfrac{4F_{A0}}{kC_{A0}} \displaystyle\int_{\frac{3}{4}X_{Af}}^{X_{Af}} \dfrac{dX_A}{1 - X_A}$

$\dfrac{C_{A0}V}{F_{A0}} = \tau = \dfrac{4}{k} \left[-\ln(1 - X_A)\right]_{\frac{3}{4}X_{Af}}^{X_{Af}}$

$k\tau = 4\left[-\ln \dfrac{1 - X_{Af}}{1 - \frac{3}{4}X_{Af}}\right]_{X_{Af} = 0.4}$

$\quad = 4\left[-\ln \dfrac{0.6}{0.7}\right] = 0.617$

순환류 폐쇄$(R = 0 \rightarrow \text{PFR})$
$k\tau = -\ln(1 - X_{Af}) = 0.617$
$X_{Af} = 0.46$

94 플러그흐름반응기에서 다음과 같은 1차 연속반응이 일어날 때 중간생성물 R의 최대농도 $C_{R_{\max}}$ 와 그때의 공간시간 $t_{p_{opt}}$ 은? (단, k_1과 k_2의 값은 서로 다르다.) 〔출제율 40%〕

$$A \xrightarrow{k_1} R \xrightarrow{k_2} S$$

① $C_{R_{\max}} = C_{A0}\left(\dfrac{k_2}{k_1}\right)^{k_2/(k_2 - k_1)}$, $\tau_{p_{opt}} = \dfrac{\ln(k_2/k_1)}{k_2 - k_1}$

② $C_{R_{\max}} = C_{A0}\left(\dfrac{k_1}{k_2}\right)^{k_2/(k_2 - k_1)}$, $\tau_{p_{opt}} = \dfrac{\ln(k_2/k_1)}{k_2 - k_1}$

③ $C_{R_{\max}} = C_{A0}\left(\dfrac{k_1}{k_2}\right)^{k_2/(k_2 - k_1)}$, $\tau_{p_{opt}} = \dfrac{\ln(k_1/k_2)}{k_2 - k_1}$

④ $C_{R_{\max}} = C_{A0}\left(\dfrac{k_2}{k_1}\right)^{k_2/(k_2 - k_1)}$, $\tau_{p_{opt}} = \dfrac{\ln(k_1/k_2)}{k_2 - k_1}$

〔해설〕 $\dfrac{C_{R_{\max}}}{C_{A0}} = \left(\dfrac{k_1}{k_2}\right)^{k_2/k_2 - k_1}$

$C_{R_{\max}} = C_{A0}\left(\dfrac{k_1}{k_2}\right)^{\frac{k_2}{k_2 - k_1}}$

$\tau_{p_{opt}} = \dfrac{1}{k_{\text{logmean}}} = \dfrac{\ln(k_2/k_1)}{k_2 - k_1}$

95 액상반응 $A \rightarrow R$, $-r_A = kC_A^2$이 혼합반응기에서 진행되어 55%의 전화율을 얻었다. 만일 크기가 6배인 똑같은 성능의 반응기로 대체한다면 전화율은 어떻게 되겠는가? [출제율 60%]

① 60% ② 78%

③ 88% ④ 90%

해설 CSTR 2차 반응

$$k\tau C_0 = \frac{X_A}{(1-X_A)^2}$$

$$k\tau C_0 = \frac{0.55}{(1-0.55)^2} = 2.72$$

크기가 6배 : 6τ

$$6k\tau C_0 = \frac{X_A}{(1-X_A)^2} = 16.3$$

정리하면,

$$16.3X_A^2 - 33.6X_A + 16.3 = 0$$

$$X_A^2 - 2.06X_A + 1 = 0$$

$$X_A = \frac{2.06 \pm \sqrt{(2.06)^2 - 4}}{2}$$

$$= 0.78 \times 100 = 78\%$$

96 1차 반응인 $A \rightarrow R$, 2차 반응(desired)인 $A \rightarrow S$, 3차 반응인 $A \rightarrow T$에서 S가 요구하는 물질일 경우 다음 중 옳은 것은? [출제율 40%]

① 플러그흐름반응기를 쓰고, 전화율을 낮게 한다.

② 혼합흐름반응기를 쓰고, 전화율을 낮게 한다.

③ 중간수준의 A 농도에서 혼합흐름반응기를 쓴다.

④ 혼합흐름반응기를 쓰고, 전화율을 높게 한다.

해설

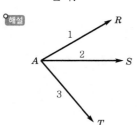

R과 T의 생성억제를 위해 중간수준의 A 농도에서 혼합흐름반응기(CSTR)를 이용하는 것이 유리하다.

97 반응 전화율을 온도에 대하여 나타낸 직교좌표에서 반응기에 열을 가하면 기울기는 단열과정에서보다 어떻게 되는가? [출제율 20%]

① 증가한다.

② 감소한다.

③ 일정하다.

④ 반응열의 크기에 따라 증가 또는 감소한다.

해설 단열과정(외부와의 열전달 없음)에서 반응기의 온도 증가는 발열반응이므로 온도 증가에 따라 기울기는 감소한다.

98 다음과 같은 반응에서 R을 많이 얻기 위한 방법은? [출제율 40%]

> • $A \rightarrow R$, $r_R = k_1 C_A$,
> 활성화에너지 E_1
> • $A \rightarrow S$, $r_S = k_2 C_A$,
> 활성화에너지 $E_2 = (1/2) E_1$

① A의 농도를 높여야 한다.

② A의 농도를 낮춰야 한다.

③ 반응온도를 높여야 한다.

④ 반응온도를 낮춰야 한다.

해설 $A \xrightarrow{E_1} R \qquad A \xrightarrow{E_2} S$

$E_1 > E_2$이므로 고온 조건(반응온도를 높여 줌)이 유리하다.

99 CSTR 반응기에서 τ(공간시간)를 틀리게 표현한 항은? [출제율 20%]

① V/v_o : (반응물 부피/유입되는 부피속도)

② $C_{A0}V/F_{A0}$: (반응기 내의 몰수/유입되는 초기 몰속도)

③ $1/S$: (1/공간속도)

④ $C_{A0}\int dX_A/-r_A$: (속도와 전화율 곡선에서의 일정구간의 곡선 아래 면적에 초기농도의 곱 항)

해설 공간시간$(\tau) = C_{A0}\int_0^{X_A} \frac{dX_A}{-r_A}$ (PFR, $\varepsilon_A = 0$)

100 다음과 같은 효소발효반응이 플러그흐름반응기에서 C_{A0} =2mol/L, v =25L/min의 유입속도로 일어난다. 95% 전화율을 얻기 위한 반응기 체적은 몇 m³인가? [출제율 40%]

> $A \rightarrow R$, with enzyme
> $-r_A = 0.1C_A/(1+0.5C_A)$mol/L · min

① 1 　　　　② 2
③ 3 　　　　④ 4

해설

$$\tau = C_{A0}\int_0^{X_A}\frac{dX_A}{-r_A} = C_{A0}\int_0^{X_A}\frac{dX_A}{\dfrac{0.1C_A}{1+0.5C_A}}$$

$$= C_{A0}\int_0^{X_A}\frac{1+0.5C_A}{0.1C_A}dX_A$$

$$= C_{A0}\int_0^{X_A}\frac{1+0.5C_{A0}(1-X_A)}{0.1C_{A0}(1-X_A)}dX_A$$

$$= 10\int_0^{X_A}\left[\frac{1}{1-X_A}+\frac{0.5C_{A0}(1-X_A)}{1-X_A}\right]dX_A$$

$$= 10\left[-\ln(1-X_A)\right]_0^{X_A}+\left[10\times0.5\times2X_A\right]_0^{X_A}$$

$$= 10\left[-\ln(1-0.95)\right]+10\times0.95$$

$$= 40\,\text{min}$$

$$V = \tau\times\nu_0$$

$$= 40\,\text{min}\times25\,\text{L/min}$$

$$= 1000\,\text{L}\times\text{m}^3/1000\,\text{L}$$

$$= 1\,\text{m}^3$$

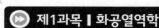

제1과목 ┃ 화공열역학

01 21℃, 1.4atm에서 250L의 부피를 갖고 있는 이상기체가 49℃에서 300L의 부피를 가질 때의 압력은 약 몇 atm인가? 출제율 40%

① 0.9

② 1.3

③ 1.7

④ 2.1

해설 보일 – 샤를의 법칙

$$\frac{P_1 V_1}{T_1} = \frac{P_2 V_2}{T_2} = \frac{1.4 \times 250}{294} = \frac{P_2 \times 300}{322}$$

$$P_2 = 1.28$$

02 1mol의 이상기체가 1기압 0℃에서 10기압으로 압축되었다. 다음 중 어느 과정을 경유하였을 때 압축 후의 온도가 가장 높겠는가? 출제율 80%

① 등온압축(isothermal)

② 정용압축(isometric)

③ 단열압축(adiabatic)

④ 비가역압축(irreversible)

해설 이상기체 공정

① 등온압축($T = \mathrm{const}$) : 273K

② 정용압축

$$\frac{P_1 V_1}{T_1} = \frac{P_2 V_2}{T_2} \rightarrow \frac{P_1}{T_1} = \frac{P_2}{T_2}$$

$$T_2 = T_1 \times \frac{P_2}{P_1} = 273 \times \frac{10}{1} = 2730\,\mathrm{K}$$

③ 단열압축

$$\frac{T_2}{T_1} = \left(\frac{P_2}{P_1}\right)^{\frac{\gamma-1}{\gamma}}$$

$$T_2 = T_1 \times \left(\frac{P_2}{P_1}\right)^{\frac{\gamma-1}{\gamma}}, \ \frac{\gamma-1}{\gamma} < 1$$이므로 감소

④ 비가역공정

비가역공정의 경우 가역공정보다 효율이 낮다.

03 다음 공기 표준 오토사이클에 대한 설명으로 옳은 것은? 출제율 40%

① 2개의 단열과정과 2개의 정적과정으로 이루어진 불꽃점화기관의 이상사이클이다.

② 정압, 정적, 단열과정으로 이루어진 압축점화기관의 이상사이클이다.

③ 2개의 단열과정과 2개의 정압과정으로 이루어진 가스터빈의 이상사이클이다.

④ 2개의 정압과정과 2개의 정적과정으로 이루어진 증기원동기의 이상사이클이다.

해설 오토(otto)기관

오토기관은 자동차 내연기관에 이용되며, 4개의 행정(stroke)으로 구성된다. 2개의 단열과정과 2개의 정적과정으로 이루어진 불꽃점화기관의 이상사이클이다.

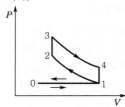

• 0 : 연료 투입

• 1 : 단열압축

• 2 : 연소 진행(부피 거의 일정, 압력 상승)

• 3 : 단열팽창(일 생산)

• 4 : 밸브가 open, 일정부피압력 감소

04 10kPa인 이상기체 1mol이 등온 하에서 1kPa로 팽창될 때, 엔트로피의 변화는 약 몇 J/mol · K인가? 출제율 60%

① −4.58

② 4.58

③ 15.14

④ 19.14

해설 엔트로피 변화(등온과정)

$$\Delta S = nR \ln \frac{V_2}{V_1} = nR \ln \frac{P_1}{P_2}$$

$$= 8.314 \ln \frac{10}{1} = 19.14\,\mathrm{J/mol \cdot K}$$

05 500℃에서 1000kcal의 열을 받고 100℃에서 남은 열을 방출하는 카르노(carnot) 동력사이클의 열효율은 약 얼마인가? [출제율 60%]

① 80.0%

② 51.7%

③ 48.3%

④ 20.1%

해설 Carnot cycle 열효율(η)

$$\eta = \frac{\text{생성된 순일}}{\text{공급된 열}}$$
$$= \frac{|W|}{|Q_h|} = \frac{|Q_h| - |Q_c|}{|Q_h|}$$
$$= 1 - \frac{|Q_c|}{|Q_h|} = \frac{T_h - T_c}{T_h}$$
$$= \frac{773 - 373}{773} \times 100$$
$$= 51.7\%$$

06 반응상수의 온도에 따른 변화를 알기 위하여 필요한 물성은 무엇인가? [출제율 80%]

① 반응에 관여된 물질의 증기압

② 반응에 관여된 물질의 확산계수

③ 반응에 관여된 물질의 임계상수

④ 반응에 수반되는 엔탈피 변화량

해설 평형상수에 대한 온도의 영향

$$\frac{d \ln K}{dT} = \frac{\Delta H^\circ}{RT^2}$$

온도 변화에 따른 반응상수의 변화를 알기 위해서는 엔탈피 변화량을 알아야 한다.

• $\Delta H^\circ < 0$(발열반응) : 온도가 증가하면 평형상수가 감소한다.

• $\Delta H^\circ > 0$(흡열반응) : 온도가 증가하면 평형상수가 증가한다.

07 다음과 같은 반응이 일어나는 계에 대해 처음에 CH_4 2mol, H_2O 1mol, CO 1mol, H_2 4mol이 있었다고 한다. 평형몰분율 y_i를 반응좌표 ε의 함수로 표시하려고 할 때 총 몰수($\sum n_i$)를 ε의 함수로 옳게 나타낸 것은? [출제율 60%]

$$CH_4 + H_2O \rightleftharpoons CO + 3H_2$$

① $\sum n_i = 2\varepsilon$

② $\sum n_i = 2 + \varepsilon$

③ $\sum n_i = 4 + 3\varepsilon$

④ $\sum n_i = 8 + 2\varepsilon$

해설 반응좌표

$$\frac{dn_1}{\nu_1} = \frac{dn_2}{\nu_2} = \frac{dn_3}{\nu_3} \cdots = d\varepsilon$$

여기서, ν : 양론계수, n : 몰수

$CH_4 + H_2O \rightleftharpoons CO + 3H_2$

$\nu = -1 - 1 + 1 + 3 = 2$ [반응물은 (−), 생성물은 (+)]

$n_0 = 2 + 1 + 1 + 4 = 8 \, mol$

$\sum n_i = n_{i0} + \nu\varepsilon = 8 + 2\varepsilon$

보충 Tip

$n_{CH_4} = 2 - \varepsilon$, $n_{H_2O} = 1 - \varepsilon$, $n_{CO} = 1 + \varepsilon$,

$n_{H_2} = 4 + 3\varepsilon$, $\sum n_i = 8 + 2\varepsilon$

08 수증기와 질소의 혼합기체가 물과 평형에 있을 때 자유도 수는? [출제율 80%]

① 0

② 1

③ 2

④ 3

해설 자유도(F)

$F = 2 - P + C - r - s$

여기서, P : 상, C : 성분, r : 반응식, s : 제한조건

$P = 2$(기체, 액체), $C = 2$(질소, 물), $r = 0$, $s = 0$

∴ $F = 2 - 2 + 2 = 2$

09 A 함량 30mol%인 A와 B의 혼합용액이 A 함량 60mol%인 A와 B의 혼합증기와 평형상태에 있을 때 순수 A 증기압/순수 B 증기압 비로 옳은 것은? [출제율 60%]

① 6/4

② 3/7

③ 78/28

④ 7/2

해설 라울의 법칙

A 함량 30% → $x_A = 0.3$, $x_B = 0.7$(액상)

A 함량 60% → $y_A = 0.6$, $y_B = 0.4$(기상) ⎬상평형

라울의 법칙 $y_i = \dfrac{x_i P_i^{sat}}{P}$

$y_A = \dfrac{x_A P_A}{P}$, $y_A P = x_A P_A$

$0.6P = 0.3P_A$ ∴ $P_A = 2P$

$y_B = \dfrac{x_B P_B}{P}$, $y_B P = x_B P_B$

$0.4P = 0.7P_B$ ∴ $P_B = \dfrac{4}{7}P$

$\dfrac{P_A}{P_B} = \dfrac{2P}{\dfrac{4}{7}P} = \dfrac{7}{2}$

10 실험실에서 부동액으로서 30mol% 메탄올 수용액 4L를 만들려고 한다. 25℃에서 4L의 부동액을 만들기 위하여 25℃의 물과 메탄올을 각각 몇 L씩 섞어야 하는가? 출제율 40%

25℃	순수 성분	30mol%의 메탄올 수용액의 부분 mole 부피
메탄올	$40.727 cm^3/g \cdot mol$	$38.632 cm^3/g \cdot mol$
물	$18.068 cm^3/g \cdot mol$	$17.765 cm^3/g \cdot mol$

① 메탄올=2.000L, 물=2.000L
② 메탄올=2.034L, 물=2.106L
③ 메탄올=2.064L, 물=1.930L
④ 메탄올=2.100L, 물=1.900L

해설 메탄올 몰수 $= x$, 물 몰수 $= y$

$30 mol\%$ 메탄올 $= 0.3 = \dfrac{x}{x+y}$

$0.3x + 0.3y = x$, $0.3y = 0.7x$ ················· ㉠

$30 mol\%$ 메탄올 수용액 부분 mole 부피

$38.632x + 17.765y = 4000$ ··················· ㉡

㉠과 ㉡의 연립방정식을 풀면

$x = 49.95 mol$, $y = 116.55 mol$

순수 성분 메탄올 $= 49.95 mol \times 40.727 cm^3/mol$

$\qquad\qquad\qquad = 2034 cm^3$

$\qquad\qquad\qquad = 2.034 L$

물 $= 116.55 mol \times 18.068 cm^3/mol$

$\quad = 2105.8 cm^3$

$\quad = 2.106 L$

11 다음의 관계식을 이용하여 기체의 정압열용량과 정적열용량 사이의 일반식을 구하면? 출제율 40%

$$dS = \left(\frac{C_P}{T}\right)dT - \left(\frac{\partial V}{\partial T}\right)_P dP$$

① $C_P - C_V = \left(\dfrac{\partial T}{\partial V}\right)_P \left(\dfrac{\partial T}{\partial P}\right)_V$

② $C_P - C_V = T\left(\dfrac{\partial T}{\partial V}\right)_P \left(\dfrac{\partial T}{\partial P}\right)_V$

③ $C_P - C_V = \left(\dfrac{\partial V}{\partial T}\right)_P \left(\dfrac{\partial P}{\partial T}\right)_V$

④ $C_P - C_V = T\left(\dfrac{\partial V}{\partial T}\right)_P \left(\dfrac{\partial P}{\partial T}\right)_V$

해설 $dS = \left(\dfrac{C_P}{T}\right)dT - \left(\dfrac{\partial V}{\partial T}\right)_P dP$로 C_P, C_V 관계

위 식을 dT로 나누면 다음과 같다.

$\left(\dfrac{\partial S}{\partial T}\right)_V = \dfrac{C_P}{T} - \left(\dfrac{\partial V}{\partial T}\right)_P \left(\dfrac{\partial P}{\partial T}\right)_V$ ·················· ㉠

$\dfrac{C_V}{T} = \left(\dfrac{\partial S}{\partial T}\right)_V$ 이므로 ㉠에 대입

$\dfrac{C_V}{T} = \dfrac{C_P}{T} - \left(\dfrac{\partial V}{\partial T}\right)_P \left(\dfrac{\partial P}{\partial T}\right)_V$

$C_P - C_V = T\left(\dfrac{\partial V}{\partial T}\right)_P \left(\dfrac{\partial P}{\partial T}\right)_V$

12 화학반응이 자발적으로 일어날 때 깁스(Gibbs) 에너지와 엔트로피의 변화량을 옳게 표시한 것은 어느 것인가? (단, $\Delta G_{계}$: 계의 깁스 자유에너지 변화, ΔS_{total} : 계와 주위 전체의 엔트로피 변화) 출제율 40%

① $(\Delta G_{계})_{T,P} < 0$, $\Delta S_{total} > 0$
② $(\Delta G_{계})_{T,P} > 0$, $\Delta S_{total} > 0$
③ $(\Delta G_{계})_{T,P} = 0$, $\Delta S_{total} = 0$
④ $(\Delta G_{계})_{T,P} > 0$, $\Delta S_{total} < 0$

해설 화학반응 평형
화학반응이 자발적으로 일어날 경우
$(dG^t)_{T,P} \leq 0$
일정 T, P에서 모든 비가역과정은 깁스 에너지를 감소시키는 방향으로 진행
$\Delta S_{total} > 0$

13 성분 1과 성분 2가 기-액 평형을 이루는 계에 대하여 라울(Raoult)의 법칙을 만족하는 기포점 압력 계산을 수행하였다. 계산결과에 대한 설명 중 틀린 것은? 출제율 20%

① 기포점 압력 계산으로 $P-x-y$ 선도를 나타낼 수 있다.
② 기포점 압력 계산결과에서 기상의 조성선은 직선이다.
③ 성분 1의 조성이 1일 때의 압력은 성분 1의 증기압이다.
④ 공비점의 형성을 나타낼 수 없다.

해설 기-액 평형 도표

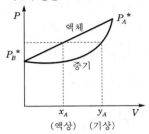

기-액 평형 도표에서 액상의 조성선이 직선이다.

14 어떤 화학반응에서 평형상수의 온도에 대한 미분계수는 $\left(\dfrac{\partial \ln K}{\partial T}\right)_P > 0$으로 표시된다. 이 반응에 대한 설명으로 옳은 것은? 출제율 60%

① 이 반응은 흡열반응이며, 온도 상승에 따라 K값은 커진다.

② 이 반응은 흡열반응이며, 온도 상승에 따라 K값은 작아진다.

③ 이 반응은 발열반응이며, 온도 상승에 따라 K값은 커진다.

④ 이 반응은 발열반응이며, 온도 상승에 따라 K값은 작아진다.

해설 평형상수와 온도와의 관계

$\dfrac{d\ln K}{dT} = \dfrac{\Delta H^\circ}{RT^2} > 0$이므로 $\Delta H^\circ > 0$은 흡열반응이다.

• $\Delta H^\circ < 0$(발열반응) : 온도가 증가하면서 평형상수가 감소한다.

• $\Delta H^\circ > 0$(흡열반응) : 온도가 증가하면 평형상수가 증가한다.

15 2성분계 공비혼합물에서 성분 A, B의 활동도 계수를 γ_A와 γ_B, 증기압을 P_A 및 P_B라 하고 이 계의 전압을 P_t라 할 때 γ_B를 옳게 나타낸 것은? (단, B 성분의 기상 및 액상에서의 몰분율은 y_B와 X_B이며, 퓨가시티 계수 $\widehat{\phi_B} = 1$이라 가정한다.) 출제율 40%

① $\gamma_B = P_t / P_B$

② $\gamma_B = P_t / P_B(1 - X_A)$

③ $\gamma_B = P_t y_B / P_B$

④ $\gamma_B = P_t / P_B X_B$

해설 $\gamma_i = \dfrac{y_i P}{x_i f_i} = \dfrac{y_i P}{x_i P_i^{\,\text{sat}}}$ (γ_i =활동도 계수)

$y_i P = \gamma_i x_i P_i^{\,\text{sat}}$

$y_A P + y_B P = \gamma_A x_A P_A^{\,\text{sat}} + \gamma_B x_B P_B^{\,\text{sat}} = P_T$

$y_A P = \gamma_A x_A P_A^{\,\text{sat}}$, $y_B P = \gamma_B x_B P_B^{\,\text{sat}}$

공비혼합물의 액상, 기상 조성이 동일할 경우 :

$\gamma_B = \dfrac{P_T}{P_B^{\,\text{sat}}}$

보충 Tip

공비혼합물
두 성분 이상의 혼합액과 평형상태에 있는 증기의 성분비가 혼합액의 성분비와 같을 때의 혼합액

16 벤젠과 톨루엔은 이상용액에 가까운 용액을 만든다. 80℃에서 벤젠의 증기압은 753mmHg, 톨루엔의 증기압은 290mmHg이다. 벤젠과 톨루엔의 몰비율이 1 : 1인 혼합용액의 80℃에서의 증기의 전압은 약 몇 mmHg인가? 출제율 40%

① 700 ② 500
③ 300 ④ 100

해설 라울의 법칙
$p_a = P_A x$, $p_b = P_B(1 - x)$
여기서, p_a, p_b : A, B의 증기분압
x : A의 몰분율
P_A, P_B : 각 성분의 순수한 상태의 증기압
$P_T = p_a + p_b$
$\quad = P_A x + P_B(1 - x)$
$\quad = 753 \times 0.5 + 290(1 - 0.5)$
$\quad = 521.5\,\text{mmHg}$

17 다음은 순수한 성분의 온도-압력의 관계를 나타낸 그림이다. 이 그림에서 유체의 초임계 영역은 어디인가? 출제율 20%

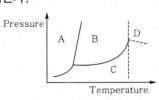

① A영역 ② B영역
③ C영역 ④ D영역

해설 순수한 물질의 PVT 거동

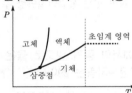

초임계 영역이란 임계온도, 임계압력 이상의 상태를 말한다.

18 다음 그림은 A, B-2성분계 용액에 대한 1기압 하에서의 온도-농도 간의 평형관계를 나타낸 것이다. A의 몰분율이 0.4인 용액을 1기압 하에서 가열할 경우, 이 용액의 끓는 온도는 몇 ℃인가? (단, X_A는 액상 몰분율이고, y_A는 기상 몰분율이다.) 출제율 40%

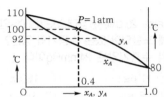

① 80℃
② 80℃부터 92℃까지
③ 92℃부터 100℃까지
④ 110℃

해설 비점도표

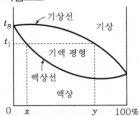

따라서 주어진 그래프의 0.4 조성에서 액상과 기상이 공존(평형)하는 온도는 92~100℃이다.

19 기체터빈동력장치가 압축비 $P_A : P_B = 1 : 6$에서 운전되며 $\gamma = 1.4$인 경우 이상기체의 사이클 효율 η는? 출제율 20%

① 0.2
② 0.4
③ 0.6
④ 0.8

해설 기체터빈기관의 효율

$$\eta = 1 - \left(\frac{P_A}{P_B}\right)^{\frac{\gamma - 1}{\gamma}} \quad \text{(여기서, } \gamma : \text{비열비)}$$

$$= 1 - \left(\frac{1}{6}\right)^{\frac{0.4}{1.4}} = 0.4$$

20 다음 그림은 A, B 2성분 용액의 $H-X$ 선도이다. $X_A = 0.4$일 때의 A의 부분몰 엔탈피는 $\overline{H_A}$는 몇 cal/mol인가? 출제율 20%

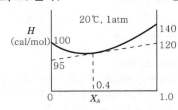

① 95
② 100
③ 120
④ 140

해설 엔탈피-농도 선도 관계

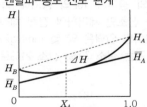

주어진 그래프에서 $\overline{H_A} = 120 \, \text{cal/mol}$

▶▶ 제2과목 Ⅰ 단위조작 및 화학공업양론

21 반 데르 발스(Van der Waals) 상태방정식을 다음과 같이 나타내었다. P의 단위 N/m², n의 단위 kmol, V의 단위 m³, T의 단위 K로 표시하였을 때 상수 a의 단위는? 출제율 20%

$$\left(P + \frac{n^2 a}{V^2}\right)(V - nb) = nRT$$

① $N\left(\dfrac{m^3}{kmol}\right)^2$
② $N\left(\dfrac{m^4}{kmol}\right)^2$
③ $N\left(\dfrac{m^2}{kmol}\right)^2$
④ $N\left(\dfrac{m}{kmol}\right)^2$

해설 단위

$$\frac{n^2 a}{V^2} = \frac{N}{m^2}$$

$$\left(\frac{kmol}{m^3}\right)^2 a = N/m^2$$

$$a = \frac{N}{m^2} \times \frac{m^6}{kmol} = \frac{N \cdot m^4}{kmol^2} = N\left(\frac{m^2}{kmol}\right)^2$$

22 다음 중 Hess의 법칙과 가장 관련이 있는 함수는 어느 것인가? 〔출제율 20%〕

① 비열　　　　　② 열용량
③ 엔트로피　　　④ 반응열

해설 Hess의 법칙
반응열은 처음과 마지막 상태에 의해서만 결정되며, 중간의 경로에는 무관하다. 즉, 반응경로와는 관계 없이 출입하는 총 열량은 같다.
$(\Delta H = \Delta H_1 + \Delta H_2 + \Delta H_3)$

23 1기압 20℃의 공기가 10L의 용기에 들어 있다. 공기 중 산소만 제거하여 전체 체적을 질소만 차지한다면 압력은 약 몇 mmHg가 되는 가? (단, 공기는 질소 79%, 산소 21%로 되어 있다.) 〔출제율 40%〕

① 160　　　　　② 510
③ 600　　　　　④ 760

해설 $P_A = Px_A = 760 \times 0.79 = 600\,mmHg$

24 20wt% 소금수용액의 밀도가 10℃에서 1.20g/mL 이다. 소금의 몰분율과 노르말 농도는 각각 얼마인 가? (단, NaCl 분자량은 58이다.) 〔출제율 20%〕

① 0.072, 4.31N　　② 0.38, 4.31N
③ 0.072, 4.14N　　④ 0.38, 4.141N

해설 • 소금의 몰분율
$1.2\,g/mL = 1200\,g/L(1000\,mL/1\,L)$
$1200\,g \times 20\,wt\% = 240\,NaCl$
$240\,NaCl \times \frac{1\,mol}{58\,NaCl} = 4.14\,mol$
$1200 - 240 = 960\,g\,H_2O\left(\frac{960}{18} = 53.3\,mol\right)$
소금의 몰분율 $= \frac{4.14}{4.14 + 53.3} = 0.072$

• 노르말 농도
용액 1L 속에 녹아 있는 용질의 g당량 수이므로 4.14N이다.

25 450K, 500kPa에서의 공기 밀도로 옳은 값은? (단, 공기의 평균분자량은 29이다.) 〔출제율 60%〕

① 3.877kg/m³　　② 0.128kg/m³
③ 1.128g/cm³　　④ 3877g/cm³

해설 $PV = nRT = \frac{W}{M}RT$

$$\frac{V}{W} = \frac{1}{\rho} = \frac{RT}{PM}$$

$$\rho = \frac{PM}{RT}$$

$$= \frac{500 \times 10^3\,N/m^2 \times 29\,kg/kmol}{8.314\,J/mol \cdot K \times 1000\,mol/1\,kmol \times 450\,K}$$

$$= 3.876\,kg/m^3$$

26 1atm, 25℃에서 상대습도가 50%인 공기 1m³ 중 에 포함되어 있는 수증기의 양은? (단, 25℃에서 의 수증기압은 24mmHg이다.) 〔출제율 40%〕

① 11.6g　　　　② 12.5g
③ 28.8g　　　　④ 51.5g

해설 상대습도$(H_R) = \frac{P_A}{P_S} \times 100\% = 50$
여기서, P_A : 증기의 분압
　　　　P_S : 포화증기압
$H_R = \frac{P_A}{24} \times 100 = 50$
$P_A = 12\,mmHg$
$PV = nRT = \frac{W}{M}RT$
$12 \times \frac{1}{760} \times 1000\,L = \frac{W}{18} \times 0.082 \times 298$
$W = 11.6\,g$

27 같은 온도에서 같은 부피를 가진 수소와 산소의 무게의 측정값이 같았다. 수소의 압력이 4atm이 라면 산소의 압력은 몇 atm인가? 〔출제율 20%〕

① 4　　　　　　② 1
③ $\frac{1}{4}$　　　　　④ $\frac{1}{8}$

해설 $H_2 = 2g$, $O_2 = 32g$
O_2는 H_2의 16배이므로 수소의 압력이 4atm일 경 우 산소의 압력은 $\frac{1}{16}$ 배 $\times 4 = \frac{1}{4}\,atm$

28 에탄과 메탄으로 혼합된 연료가스가 산소와 질소 각각 50mol%씩 포함된 공기로 연소된다. 연소 후 연소가스 조성은 CO_2 25mol%, N_2 60mol%, O_2 15mol%이었다. 이때 연료가스 중 메탄의 mol%는? 출제율 20%

① 25.0   ② 33.3

③ 50.0   ④ 66.4

해설

$$CH_4 + C_2H_6 + 6O_2 + N_2$$
$$1 : 1 : 6 : 1$$
$$60\,mol \quad 60\,mol$$

$$\rightarrow \quad 3CO_2 + N_2 + \frac{1}{2}O_2 + 5H_2O$$
$$: \quad 3 : 1 : \frac{1}{2} : 5$$
$$25\,mol\% \quad 60\,mol\% \quad 15\,mol\%$$

$O_2 = 60 - 15 = 45$ 소비 $\rightarrow 15\,mol\,(45\,mol$ 소비$)$

$N_2 = 60 \qquad\qquad\qquad \rightarrow 60\,mol$(변함 없음)

$CO_2 = 25\,mol$(생성)

$CH_4 + 2O_2 \rightarrow CO_2 + 2H_2O$ (CH_4 몰 : x)

$C_2H_6 + \frac{7}{2}O_2 \rightarrow 2CO_2 + 3H_2O$ (C_2H_6 몰 : y)

산소 소모량 : $2x + \frac{7}{2}y = 45$

CO_2 생성 : $x + 2y = 25$

$x = 5$, $y = 10$

CH_4 조성 = $\frac{5}{5+10} \times 100 = 33.3\%$

29 양대수좌표(log-log graph)에서 직선이 되는 식은? 출제율 20%

① $Y = bx^a$ ② $Y = be^{ax}$

③ $Y = bx + a$ ④ $\log Y = \log b + ax$

해설 양변에 로그를 취할 때 선형으로 표현되는 것을 찾는다.

$\log Y = \log b + a \log x$

$Y = bx^a$

30 82℃에서 벤젠의 증기압은 811mmHg이고, 톨루엔의 증기압은 314mmHg이다. 벤젠과 톨루엔의 혼합용액이 이상용액이라면 벤젠 20mol%와 톨루엔 80mol%를 포함하는 용액을 증발시켰을 때 증기 중 벤젠의 몰분율은? 출제율 50%

① 0.362   ② 0.372

③ 0.382   ④ 0.392

해설 라울의 법칙

$$P = P_B \times x_B + P_T x_T$$

여기서, P_B : 벤젠의 증기압

$\quad\quad\quad P_T$: 톨루엔의 증기압

$\quad\quad\quad x_B$: 벤젠 조성

$\quad\quad\quad x_T$: 톨루엔 조성

$P = 811 \times 0.2 + 314 \times 0.8 = 413.4$

벤젠 몰분율$(y_B) = \dfrac{x_B P_B^*}{P} = \dfrac{811 \times 0.2}{413.4} = 0.392$

31 노 벽의 두께가 200mm이고, 그 외측은 75mm의 석면판으로 보온되어 있다. 노 벽의 내부온도가 400℃이고, 외측온도가 38℃일 경우 노벽의 면적이 10m²라면 열손실은 약 몇 kcal/h인가? (단, 노 벽과 석면판의 평균 열전도도는 각각 3.3, 0.13kcal/m·h·℃이다.) 출제율 50%

① 3070   ② 5678

③ 15300   ④ 30600

해설 여러 층 열전도

$$q = \frac{t_1 - t_2}{\dfrac{l_1}{K_1 A_1} + \dfrac{l_2}{K_2 A_2}} = \frac{400 - 38}{\dfrac{0.2}{3.3 \times 10} + \dfrac{0.075}{0.13 \times 10}}$$

$$= 5678\,kcal/h$$

32 자유표면이 있는 액체가 경사면을 흘러가고 있다. 속도구배가 완전히 발달한 층류로 층의 두께가 일정할 때 층의 두께는 1mm이다. 액체 부하를 포함하여 다른 조건이 동일하고 유체의 밀도만 2배될 때 층의 두께는 약 얼마인가? 출제율 20%

① 0.53mm   ② 0.63mm

③ 1.59mm   ④ 2.59mm

해설

$$\mu = \overline{u} \times A \times \rho = \frac{\rho g \delta^2 \cos\theta}{3\mu} \times (\delta \times \omega) \times \rho$$

$$= \frac{\rho^2 g \delta^3 \omega \cos\theta}{3\mu}$$

밀도를 제외한 다른 조건 동일

$$\delta \propto \frac{1}{\rho^{\frac{2}{3}}} \propto \rho^{-\frac{2}{3}}$$

$$\delta = 2^{-\frac{2}{3}} = 0.63\,mm$$

33 다음 중 일반적으로 가장 작은 크기로 입자를 축소시킬 수 있는 장치는? 〔출제율 20%〕

① 칼날절단기(knife cutter)
② 조파쇄기(jaw crusher)
③ 선회파쇄기(gyratory crusher)
④ 유체-에너지밀(fluid-energy mill)

[해설] **초미분쇄기 종류**
제트밀, 유체-에너지밀, 콜로이드밀, 마이크로분쇄기

34 40℃의 물의 점도는 0.00654g/cm · s이고 열전도도는 0.539kcal/m · h · ℃이다. 이때 물의 Prandtl number는? 〔출제율 20%〕

① 2.34   ② 4.37
③ 5.14   ④ 9.58

[해설] Prandtl No(N_{Pr})

$$N_{Pr} = \frac{C_P\mu}{K} = \frac{\nu}{\alpha} = \frac{운동량\ 확산도}{열확산도}$$

$$= \frac{1\,kcal/kg \cdot ℃ \times 0.00654\,g/cm \cdot s \times \frac{1\,kg}{1000\,g} \times \frac{100\,cm}{1\,m} \times \frac{3600\,s}{1\,h}}{0.539\,kcal/m \cdot h \cdot ℃}$$

$$= 4.37$$

35 A와 B의 혼합용액에서 γ를 활동도계수라 할 때 최고공비혼합물이 가지는 γ 값의 범위를 옳게 나타낸 것은? 〔출제율 40%〕

① $\gamma_A = 1,\ \gamma_B = 1$
② $\gamma_A < 1,\ \gamma_B > 1$
③ $\gamma_A < 1,\ \gamma_B < 1$
④ $\gamma_A > 1,\ \gamma_B > 1$

[해설] **최고공비혼합물**
㉠ 휘발도가 이상적으로 낮은 경우($\gamma_A < 1,\ \gamma_B < 1$)
㉡ 증기압은 낮아지고 비점은 커진다.
㉢ 같은 분자 간 친화력 < 다른 분자 간 친화력

36 다중효용증발 조작의 목적으로 다음 중 가장 중요한 것은? 〔출제율 40%〕

① 열을 경제적으로 이용하기 위한 것이다.
② 제품의 순도를 높이기 위한 것이다.
③ 작업을 용이하게 하기 위한 것이다.
④ 장치비를 절약하기 위한 것이다.

[해설] **다중효용증발 목적**
열의 경제적 이용 및 비용 절감이 목적이다.

37 그림과 같은 3성분계에서의 평형곡선에 대한 설명으로 옳은 것은? 〔출제율 20%〕

① A와 B는 잘 섞이지 않는다.
② B와 C는 잘 섞이지 않는다.
③ C와 A는 잘 섞이지 않는다.
④ 빗금친 부분에서 A, B, C는 완전혼합이다.

[해설]

• A-B, A-C : 완전혼합
• B-C : 잘 섞이지 않음.

38 진공증발을 사용하는 이유로 가장 거리가 먼 것은? 〔출제율 40%〕

① 증발기의 크기를 증가시킨다.
② 비점을 내려가게 한다.
③ 증기를 경제적으로 이용할 수 있게 한다.
④ 열민감제품의 변질을 방지한다.

[해설] **진공증발**
㉠ 열원으로 폐증기를 이용한다(증기를 경제적으로 이용 가능).
㉡ 온도가 낮아 농도가 높고 비점이 큰 용액의 증발은 불가능하다(비점을 내려가게 함).
㉢ 열에 예민한 물질(과즙, 젤라틴)의 증발에 이용한다. 즉, 열민감제품의 변질을 방지한다.

39 기포탑(bubble tower)과 비교한 충전탑의 특성과 거리가 먼 것은? 〔출제율 20%〕

① 구조가 간단하다.
② 편류가 형성되는 단점이 있다.
③ 부식 및 압력에 의한 문제점이 크다.
④ 충전물에 오염물이 부착될 수 있는 단점이 있다.

해설 충전탑
　㉠ 구조가 간단하다.
　㉡ 압력손실이 적고, 부식에 잘 견딘다.
　㉢ 편류현상이 발생되는 단점이 있다.
　㉣ 기체 흡수용으로 이용할 수 있다.
　㉤ 충진물에 오염물질이 부착될 수 있다는 단점이
　　있다.

40 건조조작에서 임계함수율(critical moisture content)을 옳게 설명한 것은? 〔출제율 40%〕
　① 건조속도가 0일 때의 함수율이다.
　② 감률 건조기간이 끝날 때의 함수율이다.
　③ 항률 건조기간에서 감률 건조기간으로 바뀔 때의 함수율이다.
　④ 건조조작이 끝날 때의 함수율이다.

해설 ① 건조속도는 $-\dfrac{dW}{dt}$ 이다.
　② 감률 건조기간이 시작할 때의 함수율이다.
　④ 건조조작 중의 함수율이다.

보충 Tip

> 한계함수율(임계함수율)은 항률 건조기간에서 감률 건조기간으로 이동하는 점이다. 즉, 변경 시의 함수를 말한다.

▶▶ 제3과목 ┃ 공정제어

41 전달함수 $G_{(s)}=e^{-2s}$에 대한 주파수 응답에 있어 위상지연각(phase lag)은? (단, radian frequency(ω)=1rad/time이다.) 〔출제율 20%〕
　① 28.7°　　　　　② 57.3°
　③ 114.6°　　　　　④ 287.0°

해설 $\phi=\tan^{-1}(-\tau\omega)$: 1차 공정의 위상각
　전달함수 $G(s)=e^{-2s}$
　$\tau=+2,\ \omega=1\text{rad}\left(1\text{rad}=\dfrac{180°}{\pi}\right)$
　시간지연의 위상각 $=+\tau\omega\times\dfrac{180°}{\pi}$
　　　　　　　　　$=+2\times\dfrac{180}{\pi}=114.6°$

42 전달함수가 $\dfrac{1}{(s+1)^2}$인 2차계의 단위충격응답 (unit impulse response)에서 1분 후의 값은 2분 후의 값의 몇 배인가? 〔출제율 40%〕
　① e　　　　　　② $\dfrac{e}{2}$
　③ $\dfrac{e^2}{2}$　　　　　④ $2e^2$

해설 $f(t)=te^{-at}\ \xrightarrow{\ \mathcal{L}\ }\ \dfrac{1}{(s+a)^2}$
　전달함수가 $\dfrac{1}{(s+1)^2}$이면 $y(t)=te^{-t}$
　1분 후 : $y(1)=e^{-1}$
　2분 후 : $y(2)=2e^{-2}$
　$\dfrac{y(1)}{y(2)}=\dfrac{e^{-1}}{2e^{-2}}=\dfrac{e}{2}$

43 그림 (a)와 (b)가 등가이기 위한 블록선도 (b)에서의 m의 값은? 〔출제율 40%〕

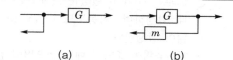

　　　　(a)　　　　　　　　　　(b)

　① G　　　　　　② $\dfrac{1}{G}$
　③ G^2　　　　　④ $1-G$

해설 $G\cdot m=1$
　$\dfrac{C}{R}=\dfrac{직진}{1+\text{feedback}}$ 이용
　$m=\dfrac{1}{G}$이면 된다.
　(a) $\dfrac{G}{1+1}$
　(b) $\dfrac{G}{1+Gm}$

44 다음 중 제어계의 안정성을 판별하는 방법과 가장 관련이 없는 것은? 〔출제율 20%〕
　① Bode 선도　　　② Routh array
　③ Nyquist 선도　　④ Analog 선도

해설 닫힌루프 제어 구조의 안정성 판정방법
　㉠ Bode선도
　㉡ Routh 안정성 판정
　㉢ Nyquist 선도

45 Routh array에 의한 안정성 판별법 중 옳지 않은 것은? 출제율 40%

① 특성방정식의 계수가 다른 부호를 가지면 불안정하다.
② Routh array의 첫 번째 칼럼의 부호가 바뀌면 불안정하다.
③ Routh array test를 통해 불안정한 Pole의 개수도 알 수 있다.
④ Routh array의 첫 번째 칼럼에 0이 존재하면 불안정하다.

해설 Routh의 안정성 판별법
특성방정식의 모든 근이 음의 실수부를 가져야 안정한데, 음의 실수부를 갖기 위해서는 Routh 배열의 첫 번째 열의 모든 원소들이 양(+)의 값이어야 한다.

46 PID제어기에 관한 설명 중 옳지 않은 것은 어느 것인가? 출제율 40%

① Reset windup 현상은 I−모드를 사용할 때 발생하며, 자동모드로 startup할 때 많이 발생한다.
② 제어출력이 증가할 때 공정출력이 감소하는 공정일 경우, 비례이득의 부호는 양이 되어야 한다.
③ Bumpless transfer란 수동에서 자동으로 또 자동에서 수동으로 변환될 때 제어기 출력의 bias value를 현재 MV값으로 바꾸어 주는 동작을 말한다.
④ Derivative kick 오차에 대한 미분$\left(\dfrac{de}{dt}\right)$을 측정변수의 미분$\left(-\dfrac{dy}{dt}\right)$으로 대체하면 제거할 수 있다.

해설 PID제어기(비례−적분−미분제어기)
PID는 오차의 크기, 변화 추세, 오차의 누적 양까지 감안하여 제어출력이 증가할 때 공정출력이 감소하는 공정의 경우 비례이득의 부호는 반비례하므로 음이 되어야 한다.
$$G_c(s) = K_c\left(1 + \frac{1}{\tau_I s} + \tau_D s\right)$$

47 다음 중 폐회로 응답에서 PD제어보다는 Overshoot이 크지만 다른 양식보다는 작고, 잔류편차가 완전히 제거되는 제어 양식은? 출제율 40%

① P방식제어 ② PI방식제어
③ PID방식제어 ④ I방식제어

해설 PID제어기
㉠ PID형은 offset을 없애주고, reset 시간도 단축시켜 주므로 가장 이상적인 제어방법이다.
㉡ 적분제어가 추가되어 overshoot(응답이 정상값을 초과하는 정도)이 증가한다.
㉢ 가장 널리 사용된다.
㉣ 진동이 제거되어야 한다면 PID제어기를 선택한다.

48 다음 중 Ziegler-Nichols 제어기 조율법에 관한 설명으로 가장 옳은 것은? 출제율 40%

① 폐회로의 계단응답이 대략 1/4 DR(decay ratio)를 갖도록 설계된 조율법으로, 화학 공정제어에서 지나치게 큰 진동을 주는 경우가 있다.
② 공정의 정상상태 이득을 아는 것은 제어기 조율의 정확성을 증진시킨다.
③ 공정 $G(s)$에 사용할 PI제어기 $K_c\left(1 + \dfrac{1}{\tau_I s}\right)$를 조율하는 경우, $\left(1 + \dfrac{1}{\tau_I s}\right)G_{(s)}$의 임계이득(ultimate gain)과 임계주파수(ultimate frequency)를 구하여 활용한다.
④ 같은 차수의 공정들은 동일한 Z−N 조율 값을 보인다.

해설 Ziegler와 Nichols 방법
한계이득법 외에 시간지연이 존재하는 1차 공정 모델식의 시간상수와 이득, 시간지연을 이용한 제어기 조정방법으로 제어기 조정을 위해 $\dfrac{1}{4}$ 감쇠비 응답을 갖도록 설계한 방법이다.

49 안정한 1차계의 계단응답에서 시간이 시정수(time constant)의 3배가 되면 응답은 최대값의 몇 %에 도달되는가? 출제율 40%

① 83.2% ② 89.2%
③ 92.3% ④ 95%

시간지연이 있는 1차 공정

t	$Y(s)/KA$
0	0(0%)
τ	0.632(63.2%)
2τ	0.865(86.5%)
3τ	0.950(95%)

50 다음 그림과 같이 표시되는 함수의 Laplace 변환은? 출제율 40%

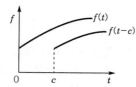

① $e^{-cs}L[f]$ ② $e^{cs}L[f]$
③ $L[f(s-c)]$ ④ $L[s(s+c)]$

시간지연

공정변수의 변화가 시간에 따라 지연되어 나타나는 현상이다.

$\mathcal{L}\{f(t-\theta)u(t-\theta)\} = e^{-s\theta}F(s)$

문제에서 $f(t-c) \rightarrow c$만큼 시간지연이므로 $e^{-sc}L(f)$가 답이다.

51 시간상수 τ가 3초이고, 이득 K_P가 1이며, 1차 공정의 특성을 지닌 온도계가 초기에 20℃를 유지하고 있다. 이 온도계를 100℃의 물속에 넣었을 때 3초 후의 온도계 읽음은? 출제율 60%

① 68.4℃   ② 70.6℃
③ 72.3℃   ④ 81.9℃

$\tau = 3$, $K_p = 1 \rightarrow G(s) = \dfrac{1}{3s+1}$

$x(t) = 80 \rightarrow X(s) = \dfrac{80}{s}$

$Y(s) = G(s) \cdot X(s) = \dfrac{1}{3s+1} \times \dfrac{80}{s}$

$\quad = 80\left(\dfrac{1}{s} - \dfrac{3}{3s+1}\right)$

$\quad = \dfrac{80}{s} - \dfrac{80}{s+1/3}$

$y(t) = 80 - 80e^{-\frac{1}{3}t}$

$y(3) = 80 - 80e^{-1} = 50.6℃$

∴ 최종값(최종온도) = 20℃ + 50.6℃ = 70.6℃

52 전달함수가 $G(s) = \dfrac{1}{\tau s+1}$인 1차계에 크기 M인 계단변화가 도입되었을 때의 응답은? (단, 정상상태는 0으로 간주한다.) 출제율 60%

① $\dfrac{1}{M}(1-e^{-t})$ ② $\dfrac{1}{M}(1-e^{\frac{-t}{\tau}})$
③ $Mte^{-\frac{t}{\tau}}$ ④ $M - e^{-\frac{t}{\tau}}$

1차 공정 전달함수

$G(s) = \dfrac{Y(s)}{X(s)} = \dfrac{1}{\tau s+1}$

크기가 M인 계단입력 $X(s) = \dfrac{M}{s}$

$Y(s) = G(s) \cdot X(s) = \dfrac{1}{\tau s+1} \times \dfrac{M}{s}$

$y(t) = M(1-e^{-t/\tau})$

53 다음 중 ATO(Air-To-Open) 제어밸브가 사용되어야 하는 경우는? 출제율 40%

① 저장탱크 내 위험물질의 증발을 방지하기 위해 설치된 열교환기의 냉각수 유량 제어용 제어밸브
② 저장탱크 내 물질의 응고를 방지하기 위해 설치된 열교환기의 온수 유량 제어용 제어밸브
③ 반응기에 발열을 일으키는 반응 원료의 유량 제어용 제어밸브
④ 부반응 방지를 위하여 고온 공정 유체를 신속히 냉각시켜야 하는 열교환기의 냉각수 유량 제어용 제어밸브

ATO(Air-To-Open)

공기압의 증가에 따라 열리는 공기압 열림 밸브로 반응기의 발열을 일으키는 반응 원료의 유량 제어용 제어밸브(발열로 공기압 증가)이다.

54 다음의 전달함수를 역변환한 것은? 출제율 80%

$$F(s) = \dfrac{5}{(s-3)^3}$$

① $f(t) = 5e^{3t}$ ② $f(t) = \dfrac{5}{2}e^{-3t}$
③ $f(t) = \dfrac{5}{2}t^2 e^{3t}$ ④ $f(t) = 5t^2 e^{-3t}$

해설
$$f(t) = \frac{t^{n-1}e^{-at}}{(n-1)!} \xrightarrow{\mathcal{L}} \frac{1}{(s+a)^n}$$

$$F(s) = \frac{t}{(s-3)^3} \xrightarrow{\text{역}\mathcal{L}} f(t) = \frac{5}{2}t^2 e^{3t}$$

55 함수 $f(t)$의 Laplace 변환이 다음과 같이 주어졌을 때, $f(0)$의 값을 구하면? 〔출제율 80%〕

$$F(s) = \frac{2s+1}{s^2+s+1}$$

① 0.5   ② 1

③ 2   ④ 3

해설 초기값 정리

$$\lim_{t \to 0} f(t) = \lim_{s \to \infty} sF(s) = \frac{2s^2+s}{s^2+s+1} = 2$$

56 공정이득(gain)이 2인 공정을 설정치(set point)가 1이고 비례이득(proportional gain)이 1/2인 비례(proportional)제어기로 제어한다. 이때 오프셋은 얼마인가? 〔출제율 40%〕

① 0   ② 1/2

③ 3/4   ④ 1

해설 $\text{offset} = R(\infty) - C(\infty)$
즉 출력과 입력의 차이

$$= 1(\text{설정값 : 출력}) - \frac{1}{2} = \frac{1}{2}$$

57 다음 중 Gain margin(이득마진)과 관계되는 수식은? (단, ω는 Frequency이며 ω_∞는 Phase lag가 $-180°$ 일 때의 ω이다. G_{OL}은 안정도 판정에 사용되는 개루프 전달함수이고, G는 공정 전달함수이다.) 〔출제율 40%〕

① $\dfrac{1}{|G_{\text{OL}}(j\omega_\infty)|}$ ② $G_{\text{OL}}(j\omega)$

③ $G_{\text{OL}}(j\omega) = 1$ ④ $\left| \dfrac{G(j\omega)}{1 \div G_{\text{OL}}(j\omega)} \right|$

해설 $\text{GM}(\text{이득 마진}) = \dfrac{1}{\text{AR}c}$

$$\text{AR}c = |G_{\text{OL}}(j\omega_\infty)|$$

$$\text{GM} = \frac{1}{|G_{\text{OL}}(j\omega_\infty)|}$$

58 이상적인 PID제어기 $K_c\left(1 + \dfrac{1}{\tau_I s} + \tau_D s\right)$이 실용적인 PID제어기가 되기 위해서는 여러 변형이 가해진다. 이 중 옳지 않은 것은? 〔출제율 20%〕

① 설정치의 일부만을 비례동작에 반영
: $K_c E(s) = K_c(R(s) - Y(s))$
$\Rightarrow K_c(\alpha R(s) - Y(s)),\ 0 \le \alpha \le 1$

② 설정치의 일부만을 적분동작에 반영
: $\dfrac{1}{\tau_I s} E(s) = \dfrac{1}{\tau_I s}(R(s) - Y(s))$
$\Rightarrow \dfrac{1}{\tau_I s}(\alpha R(s) - Y(s)),\ 0 \le \alpha \le 1$

③ 설정치를 미분하지 않음
: $\tau_D s E(s) = \tau_D s(R(s) - Y(s))$
$\Rightarrow -\tau_D s Y(s)$

④ 미분동작의 잡음에 대한 민감성을 완화시키기 위한 filtered 미분동작
: $\tau_D s \Rightarrow \dfrac{\tau_D s}{as+1}$

해설 적분동작의 한계극복은 인테그랄 Windup 제거가 목적이며, 설정치에 가중치를 부여하는 것은 비례항의 한계극복이다.

59 다음 전형적인 제어루프에 관한 설명 중 틀린 것은? 〔출제율 20%〕

① 가스 크로마토그래피로 측정되는 농도제어루프의 경우 긴 시간지연을 보이게 된다.

② 동적응답이 느린 온도제어루프는 미분동작을 추가하여 성능 향상을 얻을 수 있다.

③ 적분공정 형태의 액위제어루프에는 비례동작보다는 적분동작을 위주로 설계되어야 한다.

④ 매우 빠른 동특성과 측정 노이즈가 심한 유량제어루프에는 비례-적분제어기가 추진된다.

해설 액위저장탱크
적분동작 위주가 아닌 미분동작이 행해져야 한다.

60 전달함수에 관한 설명으로 틀린 것은? 출제율 20%

① 보통 공정(usual process)의 경우 분모의 차수가 분자의 차수보다 크다.

② 공정출력의 Laplace 변환을 공정입력의 Laplace 변환으로 나눈 것이다.

③ 공정입력과 공정출력 사이의 동특성(dynamics)을 Laplace 영역에서 표시한 것이다.

④ 비선형공정과 선형공정 모두 전달함수로 완벽하게 표현될 수 있다.

해설 라플라스 변환
라플라스 변환은 미분방정식을 대수방정식으로 전환하여 해석하는 것이다. 즉, 선형미분방정식 또는 선형화된 미분방정식에 대한 해를 구하기 위함이다.

▶▶ 제4과목 ▌ 공업화학

61 인광석을 산분해하여 인산을 제조하는 방식 중 습식법에 해당하지 않는 것은? 출제율 40%

① 황산분해법
② 염산분해법
③ 질산분해법
④ 아세트산분해법

해설 인산 제법 ┬ 습식법 ┬ 황산분해법
　　　　　　　│　　　　├ 질산분해법
　　　　　　　│　　　　└ 염산분해법
　　　　　　　└ 건식법 ┬ 용광로법
　　　　　　　　　　　　└ 전기가마법

62 다음 중 아세틸렌에 작용시키면 아세틸렌법으로 염화비닐이 생성되는 것은? 출제율 40%

① HCl
② NaCl
③ H_2SO_4
④ HOCl

해설 염화비닐 제법(아세틸렌법)

$$CH \equiv CH + HCl \xrightarrow[\text{촉매}]{} CH_2 = CH(\text{염화비닐})$$
　　　　　　　　　　　　　　　　　　　│
　　　　　　　　　　　　　　　　　　　Cl
(식초산아연-활성탄 촉매)

63 소금을 전기분해하여 하루에 1ton의 염소가스를 생산하는 전해 수산화나트륨 공장이 있다. 이 공장에서 생산되는 NaOH는 하루에 약 몇 ton인가? 출제율 40%

① 1.13
② 2.13
③ 3.13
④ 4.13

해설
$$2NaCl + 2H_2O \longrightarrow 2NaOH + H_2 + Cl_2$$
　　　　　　　　　　　　　　2×40　　35.5×2
　　　　　　　　　　　　　　　x　　　　　1ton
$$2 \times 40 : 35.5 \times 2 = x : 1$$
$$NaOH(x) = 1.126\,t\,on$$

64 순도가 70%인 아염소산나트륨의 유효염소는 몇 %인가? 출제율 20%

① 100
② 110
③ 120
④ 130

해설
$$NaClO_2 + 4HCl \longrightarrow NaCl + 2H_2O + 4Cl$$
아염소산나트륨 $= NaClO_2$
$$\text{유효염소} = \frac{4 \times Cl \text{ 이온 분자량}}{\text{원하는 물질 분자량}} \times 100\%$$
$$= \frac{4 \times 35.5}{(23 + 35.5 + 16 \times 2) \div 0.7(\text{순도})} \times 100\%$$
$$\fallingdotseq 110\%$$

65 접착속도가 매우 빨라서 순간접착제로 흔히 사용되는 성분은? 출제율 20%

① 시아노아크릴레이트
② 아크릴에멀션
③ 벤조퀴논
④ 폴리이소부틸렌

해설 시아노아크릴레이트
순간접착제, 즉 10~30초 내에 순간적으로 공기 중 수분에 의해 중화반응을 일으켜 중합체로 접착된다.

66 염산 제조에 있어서 단위시간에 흡수되는 HCl 가스량(G)을 나타낸 식으로 옳은 것은 어느 것인가? (단, K : HCl가스 흡수계수, A : 기상-액상의 접촉면적, ΔP : 기상-액상과의 HCl 분압 차이다.) 출제율 20%

① $G = K^2 A$
② $G = K \Delta P$
③ $G = \dfrac{K}{A} \Delta P$
④ $G = K A \Delta P$

해설 흡수속도 $= \dfrac{d\omega}{d\theta} = KA\Delta P$

여기서, $\dfrac{d\omega}{d\theta}$: 단위시간에 흡수되는 HCl가스의 무게

K : HCl가스의 흡수계수

A : HCl가스와 흡수액 사이의 접촉면적

ΔP : 기상과 액상 간 HCl가스의 분압차

67 다음 중 연료전지에 쓰이는 전해질이 아닌 것은 어느 것인가? 출제율 20%

① 인산
② 지르코늄 다이옥사이드
③ 용융 탄산염
④ 테프론 고분자막

해설 전해질 종류

종류	전해질
알칼리형	수산화칼륨 등
고분자 전해질형	이온(H^+) 전도성 고분자 막 등
인산형	인산
용융 탄산염형	용융 탄산염
고체 산화물형	고체 산화물

68 다음 중 기하이성질체를 나타내는 고분자가 아닌 것은? 출제율 20%

① 폴리부타디엔
② 폴리클로로프렌
③ 폴리이소프렌
④ 폴리비닐알코올

해설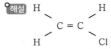

(폴리비닐알코올)
이성질체가 없으므로 이성질체가 아니다.

69 질소비료는 주로 어떤 형태로 식물에 흡수되는가? 출제율 40%

① NO_2^-
② N_2
③ NO_3^-
④ NH_4OH

해설 질소비료
㉠ 질소를 많이 포함한 비료로 NO_3^- 형태로 식물에 흡수된다.
㉡ 종류 : 황산암모늄, 염화암모늄, 질산암모늄 등

보충 Tip
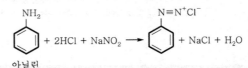

70 아닐린(aniline)을 출발물질로 하여 염화벤젠디아조늄을 생성하는 디아조화 반응과 관계가 없는 것은? 출제율 40%

① 염화수소
② 에틸렌
③ 아질산나트륨
④ 방향족 1차 아민

해설 디아조화 반응

아닐린

71 니트로벤젠을 환원시켜 아닐린을 얻을 때 다음 중 가장 적합한 환원제는? 출제율 60%

① Zn+Water
② Zn+Acid
③ Alkaline Sulfide
④ Zn+Alkali

해설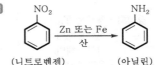

(니트로벤젠)　　(아닐린)

72 pH가 2인 공장 폐수 내에 Cu^{2+}, Zn^{2+} 등의 중금속이온이 다량 함유되어 있다. 이들을 중화처리할 때 중금속이온은 수산화물 형태로 대부분 침전되어 제거되지만, 입자의 크기가 작은 경우에는 콜로이드상태로 존재하게 되므로 응집제를 사용하여야 한다. 이와 같은 폐수처리과정에서 필요한 물질들을 옳게 나열한 것은? 출제율 20%

① NaOH, H_2SO_4
② H_2SO_4, $FeCl_3$
③ H_2SO_4, $Al_2(SO_4)_3 \cdot 18H_2O$
④ CaO, $Al_2(SO_4)_3 \cdot 18H_2O$

해설 • 콜로이드
물속에 떠 있는 고형물 중 $10^{-9} \sim 10^{-6}$m의 입자 크기를 갖는 부유물질을 말한다.
• 콜로이드 응집제
CaO, $Al_2(SO_4)_3 \cdot 18H_2O$ 등

73 황산을 $m\,SO_3 n\,H_2O$로 표시할 때 발연황산을 나타낸 것은? [출제율 60%]

① $m > n$ ② $m = n$
③ $m < n$ ④ $m + n = 3$

해설 • 보통 황산(황산화물) : $m < n$
• 발연 황산 : $m > n$
• 100% 황산 : $m = n$

74 다음 중 P형 반도체를 제조하기 위해 실리콘에 소량 첨가하는 물질은? [출제율 40%]

① 비소   ② 안티몬
③ 인듐   ④ 비스무스

해설 • P형 반도체
B, Al, Ga, In 첨가. 전자가 비어 있는 상태인 정공 발생
• N형 반도체
P, As, Sb 첨가. 원자 1개당 한 개씩의 잉여 전자 발생

75 다음 중 2차 전지에 해당하는 것은? [출제율 40%]

① 망간전지   ② 산화은전지
③ 납축전지   ④ 수은전지

해설 2차 전지 종류
㉠ 납축전지
㉡ Ni-Cd전지(수용액 2차 전지)
㉢ Ni-Mn전지(수용액 2차 전지)
㉣ 리튬 2차 전지

76 산화하여 아세톤이 되는 것은? [출제율 20%]

① $CH_3CH_2CH_2OH$ ② CH_3CHCH_3
                                     |
                                   OH

③ CH_3CH_2CHO ④ CH_3CHCH_3
                                     |
                                     COH

해설
$$CH_3CHCH_3 + \frac{1}{2}O_2 \xrightarrow{Ag} CH_3\overset{\overset{\displaystyle O}{\|}}{C}CH_3 + H_2O$$
    |
   OH
(이소프로필알코올)   (아세톤)

77 암모니아 합성공정에 있어서 촉매 1m³당 1시간에 통과하는 원료가스(0℃, 760mmHg 환산)의 m³ 수를 무엇이라고 하는가? [출제율 40%]

① 순간속도   ② 공시득량
③ 공간속도   ④ 원단위

해설 • 공간속도
촉매 단위부피(1m³)당 통과하는 원료가스(0℃, 1atm)의 유량을 말한다.
• 공시득량
촉매 단위부피(1m³)당 1시간에 생성되는 암모니아의 양(ton)을 말한다.

78 접촉식 황산 제조공정에서 전화기에 대한 설명 중 옳은 것은? [출제율 40%]

① 전화기 조작에서 온도 조절이 좋지 않아서 온도가 지나치게 상승하면 전화율이 감소하므로 이에 대한 조절이 중요하다.
② 전화기는 SO_3 생성열을 제거시키며 동시에 미반응 가스를 냉각시킨다.
③ 촉매의 온도는 200℃ 이하로 운전하는 것이 좋기 때문에 열교환기의 용량을 증대시킬 필요가 있다.
④ 전화기의 열교환방식은 최근에는 거의 내부 열교환방식을 채택하고 있다.

해설 전화기
㉠ Pt 또는 V_2O_5 촉매를 사용 $SO_2 \rightarrow SO_3$로 전화시킨 후 냉각하여 흡수탑에서 98% H_2SO_4에 흡수시켜 발연황산을 만든다.
㉡ 가장 중요한 조작은 온도 조절, 즉 온도 조절이 좋지 않아서 온도가 지나치게 상승하면 전화율이 감소하므로 이에 대한 조절이 중요하다.

79 유지 성분의 공업적 분리방법으로 다음 중 가장 거리가 먼 것은? [출제율 20%]

① 분별결정법   ② 원심분리법
③ 감압증류법   ④ 분자증류법

해설 • 원심분리법
용액 안에 존재하는 크고 작은 알갱이를 회전에 의하여 생겨나는 원심력을 이용하여 분리하는 방법으로, 유지 분리에는 알맞지 않는다.
• 유지 성분의 공업적 분리방법
  ㉠ 분별결정법
  ㉡ 감압증류법
  ㉢ 분자증류법

80 $R-COOH$와 $SOCl_2$ 또는 PCl_5를 반응시킬 때 주생성물은? 출제율 20%

① $R-Cl$
② $R-CH_2Cl$
③ $R-COCl$
④ $R-CHCl_2$

해설 $R-COOH \xrightarrow{SOCl_2 \text{ or } PCl_5} R-COCl$

⏩ 제5과목 | 반응공학

81 자기촉매반응에서 목표 전화율이 반응속도가 최대가 되는 반응 전화율보다 낮을 때 사용하기에 유리한 반응기는? (단, 반응생성물의 순환이 없는 경우이다.) 출제율 40%

① 혼합반응기
② 플러그반응기
③ 직렬연결한 혼합반응기와 플러그반응기
④ 병렬연결한 혼합반응기와 플러그반응기

해설 • 전화율이 클 때 : PFR ($X_{목표} > X_{최대반응속도}$)
• 전화율이 낮을 때 : CSTR ($X_{목표} < X_{최대반응속도}$)
• 전화율이 중간인 경우 : PFR 또는 CSTR

82 $\frac{1}{2}$차 반응을 수행하였더니 액체반응물질이 10분간에 75%가 분해되었다. 같은 조건 하에서 이 반응을 연결하는 데 시간은 몇 분이나 걸리겠는가? 출제율 80%

① 20
② 25
③ 30
④ 35

해설 $C_A^{1-n} - C_{A0}^{1-n} = k(n-1)t$

$C_A^{\frac{1}{2}} - C_{A0}^{\frac{1}{2}} = -\frac{1}{2}kt$

$C_{A0}^{\frac{1}{2}}(1-X_A)^{\frac{1}{2}} - C_{A0}^{\frac{1}{2}} = -\frac{1}{2}kt$

$C_{A0}^{\frac{1}{2}}(1-0.75)^{\frac{1}{2}} - C_{A0}^{\frac{1}{2}} = -\frac{1}{2}k \times 10$

$0.5C_{A0}^{\frac{1}{2}} - C_{A0}^{\frac{1}{2}} = -5k$

$-0.5C_{A0}^{\frac{1}{2}} = -5k : k = 0.1C_{A0}^{\frac{1}{2}}$

$C_{A0}^{\frac{1}{2}}(1-X)^{\frac{1}{2}} - C_{A0}^{\frac{1}{2}} = -\frac{1}{2} \times 0.1 \times C_{A0}^{\frac{1}{2}} \times t$

$t = 20\,min$

83 $A \rightarrow R$인 반응이 부피가 0.1L인 플러그흐름반응기에서 $-r_A = 50C_A^2$mol/L·min으로 일어난다. A의 초기농도 C_{A0}는 0.1mol/L이고 공급속도가 0.05L/min일 때 전화율은? 출제율 60%

① 0.509
② 0.609
③ 0.809
④ 0.909

해설 $\tau = \frac{V}{\nu_0} = C_{A0}\int_0^{X_A} \frac{dX_A}{-r_A}$

$= C_{A0}\int_0^{X_A} \frac{dX_A}{50C_{A0}^2(1-X_A)^2}$

$= \frac{1}{50C_{A0}}\left[\frac{1}{1-X_A}\right]_0^{X_A}$

$\frac{0.1\,L}{0.05\,L/min} = \frac{1}{50 \times 0.1}\left[\frac{1}{1-X} - 1\right]$

$10 = \frac{1}{1-X} - 1$

$11 = \frac{1}{1-X}$

$X = 0.909$

84 다음 중 촉매의 기능에 관한 설명으로 옳지 않은 것은? 출제율 20%

① 촉매는 화학평형에 영향을 미치지 않는다.
② 촉매는 반응속도에 영향을 미친다.
③ 촉매는 화학반응의 활성화에너지를 변화시킨다.
④ 촉매는 화학반응의 양론식을 변화시킨다.

해설 촉매
ㄱ 화학평형에 영향을 미치지 않는다.
ㄴ 화학반응식의 양론식에 영향을 미치지 않는다.
ㄷ 단지 활성화에너지 조절로 반응속도에 영향을 미친다.
ㄹ 화학반응의 활성화에너지를 변화시킨다.

85
다음과 같은 단분자형의 1차 연속반응이 회분식 반응기에서 일어난다. 공급물에서의 생성물 R과 S의 농도가 모두 0일 때 $k_1 = 0.05 \text{s}^{-1}$, $k_2 = 0.005 \text{s}^{-1}$이고, 이때 R은 목적하는 생성물, S는 목적하지 않는 생성물이다. 반응이 30초가 경과했을 때의 초기농도에 대한 A의 농도비 C_A/C_{A0}는 얼마인가? 출제율 40%

$$A \rightarrow R \rightarrow S$$

① 0.012 ② 0.022
③ 0.223 ④ 0.243

해설 $-\ln \dfrac{C_A}{C_{A0}} = kt = -\ln(1 - X_A)$

$-\ln \dfrac{C_A}{C_{A0}} = 0.05 \times 30 = 1.5$

$\dfrac{C_A}{C_{A0}} = e^{-1.5} = 0.223$

86
다음 중 고체촉매반응의 반응 7단계의 순서로 올바른 것은? 출제율 20%

① 외부 확산→내부 확산→흡착→표면 반응 →탈착→내부 확산→외부 확산
② 내부 확산→외부 확산→흡착→표면 반응 →탈착→내부 확산→외부 확산
③ 내부 확산→외부 확산→탈착→표면 반응 →흡착→외부 확산→내부 확산
④ 외부 확산→흡착→내부 확산→표면 반응 →내부 확산→탈착→외부 확산

해설 고체촉매반응 7단계
ㄱ 외부 표면으로 확산
ㄴ 내부 표면으로 확산
ㄷ 촉매 표면 위에 흡착
ㄹ 촉매 표면 반응
ㅁ 생성물이 촉매 표면에서 탈착
ㅂ 내부에서 생성물 확산
ㅅ 외부에서 생성물 확산

87
반감기가 20h인 어떤 방사성 유체를 200L/h의 속도로 각각 용적이 40000L인 2개의 직렬교반조를 통과하여 처리하였다. 이 반응기를 통과함으로써 방사능은 몇 % 감소되는가? (단, 방사선 붕괴를 1차 반응으로 간주한다.) 출제율 60%

① 95.8% ② 96.8%
③ 97.8% ④ 98.4%

해설 1차 반응 반감기

$t_{1/2} = \dfrac{\ln 2}{k}$

$k = \dfrac{\ln 2}{t_{1/2}} = \dfrac{\ln 2}{20}$

N개 CSTR

$1 - X_{Af} = (1 + k_m \tau)^{-N}$

$X_{Af} = 1 - (1 + k_m \tau)^{-N}$

공간시간 $(\tau) = \dfrac{V}{\nu_0} = \dfrac{40000 \text{L}}{200 \text{L/h}} = 200 \text{hr}$, $N = 2$

$X_{Af} = 1 - \left(1 + \dfrac{\ln 2}{20 \text{hr}} \times 200 \text{hr}\right)^{-2} = 0.984 \times 100$

$= 98.4\%$

88
다음은 n차($n > 0$) 단일반응에 대한 한 개의 혼합 및 플러그흐름반응기 성능을 비교 설명한 내용이다. 옳지 않은 것은? (단, V_m은 혼합흐름반응기 부피, V_p는 플러그흐름반응기 부피를 나타낸다.) 출제율 40%

① V_m은 V_p보다 크다.
② V_m/V_p는 전화율의 증가에 따라 감소한다.
③ V_m/V_p는 반응차수에 따라 증가한다.
④ 부피 변화 분율이 증가하면 V_m/V_p가 증가한다.

해설 전화율이 클수록 V_m/V_p는 증가한다. 따라서 전화율이 높을 때 흐름 유형이 중요하다.

89
반응기에 유입되는 물질량의 체류시간에 대한 설명으로 옳지 않은 것은? 출제율 20%

① 반응물의 부피가 변하면 체류시간이 변한다.
② 반응물이 실제의 부피 유량으로 흘러 들어가면 체류시간이 달라진다.
③ 액상반응이면 공간시간과 체류시간이 같다.
④ 기상반응이면 공간시간과 체류시간이 같다.

해설 · 기상반응
　공간시간≠체류시간(반응물 부피≠생성물 부피)
· 액상반응
　공간시간=체류시간(반응물 부피=생성물 부피)

90 다음과 같은 경쟁반응에서 원하는 반응을 가장 좋게 하는 접촉방식은 다음 중 어느 것인가? (단, $n > P$, $m < Q$) 출제율 20%

$$A + B \begin{array}{c} \xrightarrow{k_1} R + T(\text{원하는 반응}) \\ \xrightarrow{k_2} S + U \end{array}$$

$$dR/dt = k_1 C_A^n C_B^m$$
$$dS/dt = k_2 C_A^P C_B^Q$$

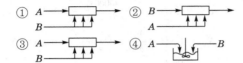

① $A \longrightarrow$ ② $B \longrightarrow$
B A
③ $A \longrightarrow$ ④ A ⎯⎯ B
B

해설 $\dfrac{dR}{dS} = \dfrac{k_1 C_A^n C_B^m}{k_2 C_A^P C_B^Q}$

$= \dfrac{k_1}{k_2} C_A^{n-P} C_B^{m-Q}$ ($n-P$: 양수, $m-Q$: 음수)

$C_A \uparrow$, $C_B \downarrow$ 일수록 유리하므로 ①이 정답이다.

91 다음은 이상적 반응기의 설계 방정식의 반응시간을 결정하는 그림이다. 회분반응기의 반응시간 $t =$(면적)인데, 이에 해당하는 면적을 옳게 나타낸 것은? (단, 그림에서 점 D의 C_A값은 반응 끝 시간의 값을 나타낸다.) 출제율 20%

① □ABCD
② ▽ABE
③ ◁BCDE
④ $\dfrac{1}{2}$□ABCD

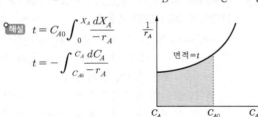

해설 $t = C_{A0} \displaystyle\int_0^{X_A} \dfrac{dX_A}{-r_A}$

$t = -\displaystyle\int_{C_{A0}}^{C_A} \dfrac{dC_A}{-r_A}$

면적=t

92 다음 그림은 균일계 비가역 병렬반응이 플러그 흐름반응기에서 진행될 때 순간수율 $\phi\left(\dfrac{R}{A}\right)$와 반응물의 농도($C_A$) 간의 관계를 나타낸 것이다. 빗금친 부분의 넓이가 뜻하는 것은? 출제율 20%

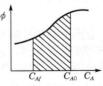

① 총괄수율 ϕ
② 반응하여 없어진 반응물의 몰수
③ 반응으로 생긴 R의 몰수
④ 반응기를 나오는 R의 농도

해설 순간수율 $\phi\left(\dfrac{R}{A}\right) = \dfrac{dC_R}{-dC_A}$

빗금친 부분의 면적

$= \displaystyle\int_{C_{Af}}^{C_{A0}}(-dC_R)$

$= C_R(C_{Af}) - C_R(C_{A0})$

$= C_R$ (반응기를 나오는 R의 농도)

93 다음은 어느 반응의 농도변화를 나타낸 그림인가? 출제율 40%

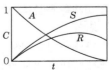

① $A \begin{smallmatrix} \nearrow R \\ \searrow S \end{smallmatrix}$
② $A \underset{1}{\overset{1}{\rightleftarrows}} R \xrightarrow{1} S$
③ $A \xrightarrow{1} R \underset{1}{\rightleftarrows} S$
④ $A \begin{smallmatrix} \nearrow R \\ \searrow S \end{smallmatrix}$

해설 그래프의 A가 완전 소멸에 가까워지고 S는 증가하므로 비가역반응 R은 증가 후 감소하므로 다음과 같다.

94 다음 중 기상촉매반응의 유효인자(effectiveness factor)에 영향을 미치는 인자로 가장 거리가 먼 것은? 〔출제율 20%〕

① 촉매입자의 크기
② 촉매반응기의 크기
③ 반응기 내의 전체 압력
④ 반응기 내의 온도

해설 기상촉매반응의 유효인자에 영향을 미치는 인자
㉠ 촉매입자의 크기
㉡ 반응기 내의 온도
㉢ 반응기 내의 전체 압력

95 다음과 같은 A의 분해반응에서 원하는 생성물은 T이다. 등온 플러그흐름반응기에서 얻을 수 있는 T의 최대농도는 얼마인가? (단, $C_{A0}=1$이다.) 〔출제율 40%〕

① 0.051
② 0.114
③ 0.235
④ 0.391

$$A \nearrow R : r_R = 1$$
$$\rightarrow S : r_S = 2C_A$$
$$\searrow T : r_T = C_A{}^2$$

해설 $r_A = -\dfrac{dC_A}{dt}$, $r_T = \dfrac{dC_T}{dt}$

$$\frac{r_T}{r_A} = \frac{\dfrac{dC_T}{dt}}{-\dfrac{dC_A}{dt}} = \frac{dC_T}{-dC_A} = \frac{C_A{}^2}{1+2C_A+C_A{}^2}$$

$$\left(r_A = 1+2C_A+C_A{}^2,\ r_T = C_A{}^2\right)$$

$$\int_{C_{A0}=1}^{C_A=0} -\frac{C_A{}^2}{(1+C_A)^2}dC_A = \int_{C_{T0}}^{C_{Tmax}} dC_T$$

$C_A = 0$일 때 $X=1$이고 $\rightarrow$ C_T가 최대

$$-\int_1^0 \frac{C_A{}^2}{(1+C_A)^2}dC_A = \int_0^{C_T} dC_T$$

$1+C_A = k$(치환), $C_A = k-1$
$dC_A = dk$
$C_A = 1,\ k=2$
$C_A = 0,\ k=1$

$$-\int_2^1 \left(\frac{k-1}{k}\right)^2 dk = C_T$$

$$+\int_1^2 \left(1-\frac{1}{k}\right)^2 dk = \int_1^2 \left(1-\frac{2}{k}+k^{-2}\right)dk$$

$$= \left[k - 2\ln K - \frac{1}{k}\right]_1^2$$

$$= 2-2\ln 2 - \frac{1}{2} - [1-2\ln 1 - 1]$$

$$= \frac{3}{2} - 2\ln 2 - C_T$$

$$= 0.114$$

96 어떤 반응의 속도상수가 25℃에서 $3.46 \times 10^{-5}\,\mathrm{s}^{-1}$이며 65℃에서는 $4.91 \times 10^{-3}\,\mathrm{s}^{-1}$이었다. 이때 활성화에너지는 몇 kcal인가? 〔출제율 80%〕

① 44.75
② 34.75
③ 24.79
④ 14.75

해설 $\ln \dfrac{k_1}{k_2} = \dfrac{E_a}{R}\left(\dfrac{1}{T_2} - \dfrac{1}{T_1}\right)$

$$\ln \frac{3.46 \times 10^{-5}}{4.91 \times 10^{-3}} = \frac{E_a}{1.987}\left(\frac{1}{338} - \frac{1}{298}\right)$$

$$E_a = 24.79\,\mathrm{kcal}$$

97 부피유량 v가 일정한 관형반응기 내에서 1차 반응 $A \rightarrow B$가 일어난다. 부피유량이 10L/min, 반응속도 상수 k가 0.23/min일 때 유출농도를 유입농도의 10%로 줄이는 데 필요한 반응기의 부피는? (단, 반응기의 입구조건 $V=0$일 때 $C_A = C_{A0}$이다.) 〔출제율 60%〕

① 100L
② 200L
③ 300L
④ 400L

해설 $k\tau = -\ln \dfrac{C_A}{C_{A0}}$, $C_{Af} = 0.1C_{A0}$

$$0.23\tau = -\ln \frac{0.1C_{A0}}{C_{A0}}$$

$$\tau = 10\,\mathrm{min},\quad \tau = \frac{V}{\nu_0}$$

$$V = \tau \nu_0 = 10 \times 10 = 100\,\mathrm{L}$$

98 고체촉매기상반응 $A+B \rightarrow C$에서 초기속도 대 전압(total pressure)의 plot는 보기의 그림과 같은 경우들이 있다. 반응물 A 및 B 모두가 촉매에 흡착된 후에 반응을 하며, 표면반응이 율속단계일 경우(surface reaction control)인 것은 어느 것인가? 〔출제율 20%〕

①
②
③
④

해설 율속단계는 가장 느린 단계이므로 문제에서 흡착 후 율속단계이므로 정답은 ②번이다.

99 현재의 혼합흐름반응기를 부피가 2배인 것으로 교체하고자 한다. 같은 공급물을 동일한 공급 속도로 공급한다면 교체 후의 새로운 전화율은 얼마인가? (단, 반응속도는 $A \to R$, $-r_A = kC_A$로 나타내며, 현재의 전화율은 50%이다.) [출제율 60%]

① 0.33　　② 0.56
③ 0.67　　④ 0.78

해설 $k\tau = \dfrac{X_A}{1-X_A}$

$k\tau = \dfrac{0.5}{1-0.5} = 1$, $k = \dfrac{1}{\tau}$

반응기 부피 2배 : τ가 2배(2τ)

$k \times 2\tau = \dfrac{X_A}{1-X_A}$, $\dfrac{X_A}{1-X_A} = 2$

$X_A = \dfrac{2}{3} = 0.67$

100 $C_6H_5CH_3 + H_2 \to C_6H_6 + CH_4$의 톨루엔과 수소의 반응은 매우 빠른 반응이며 생성물은 평형상태로 존재한다. 톨루엔의 초기농도가 2mol/L, 수소의 초기농도가 4mol/L이고, 반응을 900K에서 진행시켰을 때 반응 후 수소의 농도는 약 몇 mol/L인가? (단, 900K에서 평형상수 $K_P = 227$이다.) [출제율 20%]

① 1.89　　② 1.95
③ 2.01　　④ 4.04

해설 $K_P = \dfrac{x^2}{(2-x)(4-x)} = 227$

$x^2 = 227(8 - 6x + x^2)$

정리하면

$226x^2 - 1362x + 1816 = 0$

$x = 1.99$이므로

$H_2 = 4 - 1.99 = 2.01 \, mol/L$

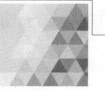
▶ 제1과목 ▮ 화공열역학

01 다음 중 이상기체에 대한 설명으로 틀린 것은 어느 것인가? 　출제율 40%

　① 이상기체의 엔탈피는 온도만의 함수이다.
　② 이상기체의 내부에너지는 온도만의 함수이다.
　③ 이상기체의 열효과는 온도만의 함수이다.
　④ 이상기체의 경우 $C_P = C_V + R$ 이다.

해설 **이상기체의 온도 의존성**
이상기체의 엔탈피(H)와 내부에너지(U)는 T만의 함수이다.
$C_P = C_V + R$
이상기체의 열효과는 T, P, V의 함수이다.

02 어떤 과학자가 자기가 만든 열기관이 80℃와 10℃ 사이에서 작동하면서 100cal의 열을 받아 20cal의 유용한 일을 할 수 있다고 주장한다. 이 과학자의 주장에 대한 판단으로 옳은 것은 어느 것인가? 　출제율 60%

　① 열역학 제0법칙에 위배된다.
　② 열역학 제1법칙에 위배된다.
　③ 열역학 제2법칙에 위배된다.
　④ 타당하다.

해설 **열효율(η)**
$$\eta = \frac{생산된\ 순일}{공급된\ 열} = \frac{|W|}{|Q_h|} = \frac{|Q_h| - |Q_c|}{|Q_h|}$$
$$= 1 - \frac{|Q_c|}{|Q_h|} = \frac{T_h - T_c}{T_h}$$
$$= \frac{353 - 283}{353}$$
$$= 0.198$$
약 19.8%이므로 19.8cal
과학자는 20cal를 주장했으나 이 사이클이 할 수 있는 최대일은 19.8cal이므로 열역학 제2법칙에 위배된다.

03 다음 중 엔트로피와 에너지에 관한 설명으로 틀린 것은? 　출제율 20%

　① 절대온도 0K에서 완벽한 결정구조체의 엔트로피는 0이다.
　② 시스템과 주변 환경을 포함하여 엔트로피가 감소하는 공정은 있을 수 없다.
　③ 고립된 계의 에너지는 항상 일정하다.
　④ 고립된 계의 엔트로피는 항상 일정하다.

해설 **열역학 제2법칙**
자발적 변화는 비가역 변화로 엔트로피(무질서도)가 증가하는 방향으로 진행한다($\Delta S_t \geq 0$: 열역학 제2법칙).

04 1atm, 100℃ 포화수증기의 엔탈피(H)와 엔트로피(S)는 각각 얼마인가? (단, 0℃ 포화수증기의 $S = 0$, $H = 0$, 0℃에 100℃까지 물의 평균비열은 1.0kcal/kg·℃, 100℃에 대한 증발잠열은 538.9 kcal/kg이다.) 　출제율 20%

　① $H = 538.9$kcal/kg, $S = 1.756$kcal/kg·K
　② $H = 638.9$kcal/kg, $S = 1.443$kcal/kg·K
　③ $H = 638.9$kcal/kg, $S = 1.756$kcal/kg·K
　④ $H = 100$kcal/kg, $S = 0.312$kcal/kg·K

해설 **100℃ 포화수증기의 엔탈피와 엔트로피**
$H =$ 증발잠열 $+ C_P \Delta T$
$\quad = 538.9$kcal/kg $+ (1$kcal/kg·℃$) \times 100$℃
$\quad = 638.9$kcal/kg
$\Delta S = 1 \sim 100$℃ $\Delta S +$ 증발잠열 ΔS
$\quad = C_P \ln \frac{T_2}{T_1} + \frac{\Delta Q}{T}$
$\quad = 1$kcal/kg·℃ $\times \ln \frac{373}{273} + \frac{538.9\,\text{kcal/kg}}{373\text{K}}$
$\quad = 0.312 + 1.44$
$\quad = 1.756$kcal/kg·K

05 다음 중 화학퍼텐셜(chemical potential)과 같은 것은? `출제율 40%`

① 부분몰 깁스(Gibbs) 자유에너지
② 부분몰 엔탈피
③ 부분몰 엔트로피
④ 부분몰 용적

해설 화학퍼텐셜$(\mu_i) = \left[\dfrac{\partial(nG)}{\partial n_i}\right]_{P,T,n_j}$

= 부분 몰 깁스 자유에너지

06 플래시(flash) 계산에 대한 다음의 설명 중 틀린 것은? `출제율 20%`

① 알려진 T_i, P 및 전체조성에서 평형상태에 있는 2상계의 기상과 액상 조성을 계산한다.
② K인자는 가벼움의 척도이다.
③ 라울의 법칙을 따르는 경우 K인자는 액상과 기상 조성만의 함수이다.
④ 기포점 압력계산과 이슬점 압력계산으로 초기 조건을 얻을 수 있다.

해설 분배계수$(K) = \dfrac{y_i (\text{기상의 몰분율})}{x_i (\text{액상의 몰분율})} = \dfrac{P_i^{\,\text{sat}}}{P}$

(라울의 법칙 $y_i P = x_i P_i^{\,\text{sat}}$)

즉, 라울의 법칙을 따르는 경우 온도와 조성의 함수이다.

07 어떤 화학반응에서 평형상수 K에 대한 설명으로 옳은 것은? `출제율 60%`

① K는 압력 만의 함수이다.
② K는 온도 만의 함수이다.
③ K는 조성 만의 함수이다.
④ K는 조성과 압력의 함수이다.

해설 평형상수와 온도와의 관계

$\dfrac{d\ln K}{dT} = \dfrac{\Delta H}{RT^2}$

$\ln K = -\dfrac{\Delta H}{RT}$

K는 온도 만의 함수이다.

08 다음 중 활동도(activity)에 대한 설명으로 옳은 것은? `출제율 40%`

① 활동도는 차원이 있다.
② 활동도는 질량과 같다.
③ 활동도는 보정된 조성과 같다.
④ 활동도는 이상적 퓨가시티 값과 같다.

해설 활동도와 활동도계수

활동도 $\alpha_i = \dfrac{\hat{f_i}}{f_i^{\,\circ}}$

여기서, $f_i^{\,\circ}$: 액체 i의 순수한 fugacity(계의 온도, 1bar)

f_i : 성분 i의 fugacity

활동도계수$(\gamma_i) = \dfrac{\hat{f_i}}{x_i f_i}$

$\alpha_i = \dfrac{\gamma_i x_i f_i}{f_i^{\,\circ}} = \gamma_i x_i \left(\dfrac{f_i}{f_i^{\,\circ}}\right)$

이상용액에서 $\dfrac{f_i}{f_i^{\,\circ}} = 1$, 활동도는 보정된 조성과 같다.

09 30kg의 강철주물(비열 0.12kcal/kg · ℃)이 450℃로 가열되었다. 이것을 20℃의 기름(비열 0.6kcal/kg · ℃) 120kg 속에 넣으면 주물의 엔트로피 변화는 약 몇 kcal/K인가? (단, 주위와 완전히 단열되어 있다고 가정한다.) `출제율 40%`

① −1.0　　　　② −3.0
③ 1.0　　　　④ 3.0

해설 $Q = \Delta H = 0$ (단열)

강철주물이 잃은 열 = 기름이 얻은 열

$Q = C \cdot m \cdot \Delta T$ 식 이용

$30\,\text{kg} \times 0.12\,\text{kcal/kg} \times (450 - t)\,℃$
　$= 120\,\text{kg} \times 0.6\,\text{kcal/kg} \times (t - 20)\,℃$

$t = 40.476\,℃ = 313.5\,\text{K}$

ΔS (엔트로피 변화)

$= m \cdot C_P \ln\dfrac{T_2}{T_1} + \Delta P$ (ΔP는 액체이므로 무시)

$= 30\,\text{kg} \times 0.12\,\text{kcal/kg} \cdot \text{K} \times \ln\dfrac{313.5}{723} = -3\,\text{kcal/K}$

10 반응이 수반되지 않는 계의 깁스(Gibbs)의 상법칙은? (단, F는 자유도, C는 성분의 수, P는 상의 수이다.) `출제율 20%`

① $F = C - P + 2$　　② $F = C + 1 - P$
③ $F = C - P$　　④ $F = C + P - 2$

해설 자유도(F) (반응이 수반되지 않는 계의 깁스 상법칙)
$F = 2 - P + C$
여기서, P(phase) : 상의 수
　　　　 C(component) : 성분(물질 수)

11 다음 중 열역학적 성질에 대한 설명으로 옳지 않은 것은? [출제율 20%]

① 순수한 물질의 임계점보다 높은 온도와 압력에서는 상의 계면이 없어지며, 한 개의 상을 이루게 된다.

② 동일한 이심인자를 갖는 모든 유체는 같은 온도, 같은 압력에서 거의 동일한 Z값을 가진다.

③ 비리얼(virial) 상태방정식의 순수한 물질에 대한 비리얼 계수는 온도만의 함수이다.

④ 반 데르 발스(Van der Waals) 상태방정식은 기/액 평형상태에서 3개의 부피 해를 가진다.

해설 대응상태의 원리
대응상태의 원리를 이용 Z값을 동일한 T_r, P_r에서 구하면 기체의 종류에 관계없이 거의 같은 Z값을 가진다(환산온도와 환산압력이 같을 때에는 동일한 Z를 가진다).

보충 Tip

> 이심인자(acentric factor)
> 모든 유체에 같은 환산온도와 환산압력을 비교하면 대체로 거의 같은 압축인자를 가지며 이상기체 거동에서 벗어나는 정도도 거의 비슷하다. (단순유체인 Ar, Kr, Xe에 대해 거의 정확하나 복잡한 유체의 경우 구조적인 편차가 있다.)

12 흐름열량계(flow calorimeter)를 이용하여 엔탈피 변화량을 측정하고자 한다. 열량계에서 측정된 열량이 2000W라면 입력흐름과 출력흐름의 비엔탈피(specific enthalpy)의 차이는 얼마인가? (단, 흐름열량계의 입력흐름에서는 0℃의 물이 5g/s의 속도로 들어가며, 출력흐름에서는 3기압, 300℃의 수증기가 배출된다.) [출제율 20%]

① 400J/g ② 2520.4J/g
③ 10000J/g ④ 12552J/g

해설 비엔탈피=단위질량당 엔탈피(kcal/kg)
열량 2000 W = 2000 J/s를 속도 5g/s로 나누면
$$\frac{2000 \text{ J/s}}{5 \text{ g/s}} = 400 \text{ J/g}$$

13 이상적으로 혼합된 용액에 대한 식으로 틀린 것은? (단, Δ는 혼합에 의한 물성변화, 위첨자 "id"는 이상용액(ideal solution), G=몰당 Gibbs 에너지, S=몰당 엔트로피, H=몰당 엔탈피, V=몰부피, X=몰분율이다.) [출제율 40%]

① $\Delta G^{id} = RT \sum x_i \ln x_i$

② $\Delta S^{id} = 0$

③ $\Delta V^{id} = 0$

④ $\Delta H^{id} = 0$

해설 이상용액 과잉성질
① $\Delta G^{id} = RT \sum x_i \ln x_i$
② $\Delta S^{id} = -R \sum x_i \ln x_i$
③ $\Delta V^{id} = 0$
④ $\Delta H^{id} = 0$

14 어떤 반응의 화학평형상수를 결정하기 위하여 필요한 자료로 가장 거리가 먼 것은? [출제율 80%]

① 각 물질의 생성 엔탈피
② 각 물질의 열용량
③ 화학양론계수
④ 각 물질의 증기압

해설 평형상수에 대한 온도
$$\frac{d \ln K}{dT} = \frac{\Delta H°}{RT^2}, \quad \ln K = \frac{-\Delta H°}{RT}$$
K를 구하기 위해서는 ΔH, T가 필요하며, ΔH를 구하기 위해서는 각 물질의 생성엔탈피, 각 물질의 열용량, 화학양론계수가 필요하다.

15 화학반응에서 정방향으로 반응이 계속 일어나는 경우는 어느 것인가? (단, ΔG는 깁스 자유에너지(Gibbs free energy) 변화, K는 평형상수이다.) [출제율 40%]

① $\Delta G = K$ ② $\Delta G = 0$
③ $\Delta G > 0$ ④ $\Delta G < 0$

해설 평형상수와 반응지수

$$\Delta G = RT \ln \frac{Q}{K}$$

여기서, Q : 반응열

$\qquad K$: 평형상수

$K = Q$: 평형상태　　　$\Delta G = 0$

$K > Q$: 자발적 반응　　$\Delta G < 0$

$K < Q$: 역반응　　　　$\Delta G > 0$

16 물이 증발할 때 엔트로피 변화는? [출제율 40%]

① $\Delta S = 0$　　　　② $\Delta S < 0$

③ $\Delta S > 0$　　　　④ $\Delta S \geq 0$

해설 열역학 제2법칙

자발적 변화는 비가역 변화이며, 엔트로피는 증가하는 방향으로 진행되며 엔트로피는 무질서도로, 물이 증발하여 기체가 되어 더욱 무질서해지므로 $\Delta S > 0$ 이다.

17 공기 표준 오토사이클(Otto cycle)에 해당하는 선도는? [출제율 40%]

① 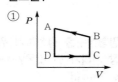　　②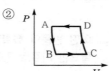

③ 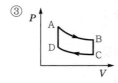　　④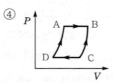

해설 오토사이클(2개의 단열공정, 2개의 정적공정)

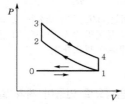

• 0 : 연료 투입
• 1 : 단열압축
• 2 : 연소 빠르게 진행(부피 거의 일정, 압력 상승)
• 3 : 단열팽창(일 생산)
• 4 : 밸브가 열리면서 일정 부피, 압력 감소

18 오토기관(otto cycle)의 열효율을 옳게 나타낸 식은 어느 것인가? (단, r는 압축비, k는 비열비이다.) [출제율 60%]

① $1 - \left(\dfrac{1}{r}\right)^{k-1}$　　② $1 - \left(\dfrac{1}{r}\right)^{k}$

③ $1 - \left(\dfrac{1}{r}\right)^{k+1}$　　④ $1 - \left(\dfrac{1}{r}\right)^{k+2}$

해설 오토기관의 열효율

$$\eta = 1 - r\left(\frac{1}{r}\right)^{\gamma} = 1 - \left(\frac{1}{r}\right)^{\gamma - 1}$$

여기서, r : 압축비, γ : 비열비

19 순수한 물질이 기–액 평형 하에 있을 때 액체와 증기의 열역학 성질이 같은 것은? [출제율 40%]

① 몰 용적
② 몰 엔탈피
③ 몰 엔트로피
④ 몰 깁스 자유에너지

해설 기–액 평형

$$\mu_i = \left[\frac{\partial(nG)}{\partial n_i}\right]_{P,T,n_j}$$

즉, $\mu_i = \overline{G}_i$(몰 깁스 자유에너지)

보충 Tip

기–액 평형상태일 때 온도, 압력, 몰 깁스 자유에너지는 같다.

20 고체 $MgCO_3$가 부분적으로 분해되어 있는 계의 자유도는? [출제율 80%]

① 1　　　　② 2
③ 3　　　　④ 4

해설 자유도(F)

$F = 2 - P + C - r - s$

여기서, P : 상

$\qquad C$: 성분

$\qquad r$: 반응

$\qquad s$: 제한조건(공비혼합물, 등몰 기체 생성)

$MgCO_3(s) \rightarrow MgO(s) + CO_2(g)$

$P = 3$, $C = 3$, $r = 1$

$F = 2 - 3 + 3 - 1 = 1$

▶▶ 제2과목 | 단위조작 및 화학공업양론

21 다음 반응의 표준반응열은? (단, 표준연소열 ΔH°_{298} 은 $C_2H_5OH(l)=-326.7kcal/\,mol$, $CH_3COOH(l)=-208.4kcal/mol$, $CH_3COOC_2H_5(l)=-538.8kcal/mol$, $H_2O(l)=0kcal/mol$이다.) 〔출제율 40%〕

$$C_2H_5OH(l)+CH_3COOH(l)$$
$$\rightarrow CH_3COOC_2H_5(l)+H_2O(l)$$

① $+3.7kcal/mol$ ② $-3.7kcal/mol$
③ $-6.7kcal/mol$ ④ $+6.7kcal/mol$

해설 표준반응열 $=\sum$ 생성물 생성열 $-\sum$ 반응물 생성열
$\qquad\qquad=\sum$ 반응물 연소열 $-\sum$ 생성물 연소열
ΔH_R (표준반응열)
$\quad=[-326.7+(-208.4)]-(-538.8+0)$
$\quad=3.7kcal/mol$

22 다음 반응에서 수소의 생성속도는 6mol/h이다. 메탄이 수증기와 반응하여 일산화탄소와 수소를 정상적으로 생성시킬 때 메탄의 소비속도 (mol/h)는? 〔출제율 20%〕

$$CH_4+H_2O \rightarrow CO+3H_2$$

① 0.5 ② 1
③ 1.5 ④ 2

해설 $\quad CH_4\; +\; H_2O \quad\quad \rightarrow CO\; +\; 3H_2$
$\quad 1\,mol \qquad\qquad\qquad : \qquad\qquad 3\,mol$
$\quad x$(메탄의 소비속도) $: \qquad\qquad 6\,mol/h$
$\quad 1:3=x:6$
$\quad x=2\,mol/h$

23 200g의 $CaCl_2$가 1몰당 6몰의 비율로 공기 중의 수분을 흡수할 경우 발생하는 열(kcal)은? 〔출제율 40%〕

$$\cdot\; CaCl_2(s)+6H_2O(l)$$
$$\rightarrow CaCl_2 \cdot 6H_2O(s)+22.63\,kcal$$
$$\cdot\; H_2O(g) \rightarrow H_2O(l)+10.5\,kcal$$

① 85.6 ② 154.3
③ 174.2 ④ 194.3

해설 양론 계산
$$200\,g\;CaCl_2 \times \frac{1\,mol\;CaCl_2}{108\;CaCl_2}=1.85\,mol$$
$$CaCl_2(s)+6H_2O(l)\;\rightarrow\;CaCl_2\cdot 6H_2O(s)+22.63\,kcal$$
$\quad 1\,mol\;:\;6\,mol$
$\quad 1.85\,mol\;:\;x$
$\quad 1:6=1.85:x$
$\quad x=11.1\,mol\;H_2O$
$CaCl_2\;1.85\,mol$이므로 $CaCl_2\cdot 6H_2O(s)$ 발생열은
$\quad 1.85\times 22.63\,kcal=41.865\,kcal$
H_2O 몰수는 $11.1\,mol$이므로 $H_2O(l)$ 발생열은
$\quad 11.1\,mol\times 10.5\,kcal=116.55\,kcal$
총 발생열 $=41.865+116.55\,kcal=158.41\,kcal$

24 다음과 같은 일반적인 베르누이의 정리에 적용되는 조건이 아닌 것은? 〔출제율 20%〕

$$\frac{P}{\rho g}+\frac{V^2}{2g}+Z=\text{constant}$$

① 직선 관에서만의 흐름이다.
② 마찰이 없는 흐름이다.
③ 정상상태의 흐름이다.
④ 같은 유선상에 있는 흐름이다.

해설 베르누이 정리의 조건
㉠ 마찰이 없는 흐름
㉡ 정상상태
㉢ 비압축성 유체
㉣ 동일 유선상 유체

25 이상기체의 정압열용량(C_P)과 정용열용량(C_V) 에 대한 설명 중 틀린 것은? 〔출제율 20%〕

① C_V가 C_P보다 기체상수(R)만큼 작다.
② 정용계를 가열시키는 데 열량이 정압계보다 더 많이 소요된다.
③ C_P는 보통 개방계의 열출입을 결정하는 물리량이다.
④ C_V는 보통 폐쇄계의 열출입을 결정하는 물리량이다.

해설 이상기체의 정압열용량, 정용열용량
$C_P=C_V+R$
정용가열에 필요한 열량이 정압가열보다 적게 소요된다.

26 물과 혼합되지 않는 미지의 물질을 $T=98℃$, $P=773mmHg$에서 수증기 증류하였다. 물의 증기압은 98℃에서 708mmHg이고, 증류액 중 물의 무게 조성은 75wt%이다. 이때 미지물질의 분자량(g/mol)은 얼마인가? 출제율 40%

① 23.35   ② 65.35

③ 141.35   ④ 162.35

해설 수증기 증류

$$\frac{W_A}{W_B} = \frac{P_A M_A}{P_B M_B}$$

여기서, W_A, W_B : 증류 목적물의 양(수증기량)

$\quad\quad\quad M_A$, M_B : 증류 목적물의 분자량(수증기 분자량)

$\quad\quad\quad P_A$: 수증기의 증기압

$\quad\quad\quad P_B$: 증류 목적물의 증기압

$$1 \times 708 = \frac{75/18}{75/18 + 25/x} \times 773$$

$$x = 65.35\,g/mol$$

27 공기 319kg과 탄소 24kg을 반응로 안에서 완전연소시킬 때 미반응 산소의 양은 약 몇 kg인가? 출제율 40%

① 9.9   ② 4.9

③ 2.3   ④ 0

해설 $319\,kg(공기) \times \dfrac{1\,kmol\,Air}{29\,kg} = 11\,kmol\,Air$

공기 분자량 = 질소 79% + 산소 21%

$\quad\quad\quad\quad\quad = 28 \times 0.79 + 32 \times 0.21$

$\quad\quad\quad\quad\quad = 28.84(29)$

$24\,kg(탄소) \times \dfrac{1\,kmol\,C}{12\,kg} = 2\,kmol\,C$

공기의 21%가 산소이므로

11kmol 중의 산소는 $11\,kmol \times 0.21 = 2.31\,kmol\,O_2$

	C	+ O₂	→ CO₂
	2	2.31	0
+	-2	-2	2
	0	0.31	2

미반응 산소 $0.31\,mol \times \dfrac{32\,kg}{1\,kmol} = 9.92\,kg$

28 표준대기압에서 압력게이지로 20psi를 얻었다. 절대압은 얼마인가? 출제율 20%

① 14.7psi   ② 34.7psi

③ 55.7psi   ④ 65.7psi

해설 절대압력 = 대기압 + 게이지압

$\quad\quad\quad\quad\quad = 14.7 + 20$

$\quad\quad\quad\quad\quad = 34.7\,psi$

보충 Tip

$1\,atm = 14.7\,psi$

29 기체 A의 30vol%와 기체 B의 70vol%의 기체 혼합물에서 기체 B의 일부가 흡수탑에서 산에 흡수되어 제거된다. 이 흡수탑을 나가는 기체 혼합물 조성에서 기체 A가 80vol%이고, 흡수탑에 들어가는 혼합기체가 100mol/h라 하면 기체 B는 몇 mol/h가 흡수되겠는가? 출제율 60%

① 52.5   ② 62.5

③ 72.5   ④ 82.5

해설 물질수지

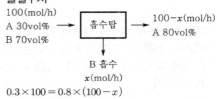

$$0.3 \times 100 = 0.8 \times (100 - x)$$

$$x = 62.5\,mol/h$$

30 다음 중 비리얼 상태식의 설명으로 틀린 것은 어느 것인가? 출제율 40%

① 제2 비리얼 계수는 2분자 간 상호작용을 고려한 계수이다.

② 비리얼 계수는 온도와 압력의 함수이다.

③ 제 2, 3, 4, 5, 6, … 비리얼 계수가 0이면 이상기체상태식이 된다.

④ 이상기체의 물리량도 비리얼 상태식으로 구할 수 있다.

해설 비리얼 방정식

$$Z = \frac{PV}{RT}$$

$$Z = 1 + B'P + C'P^2 + D'P^3 + \cdots$$

$$Z = 1 + \frac{B}{V} + \frac{C}{V^2} + \frac{D}{V^3} + \cdots$$

$$B' = \frac{B}{RT}, \quad C' = \frac{C - B^2}{(RT)^2}, \quad D' = \frac{D - 3BC + 2B^3}{(RT)^3}$$

비리얼 계수는 온도 만의 함수이다.

31 내경 10cm 관을 통해 층류로 물이 흐르고 있다. 관의 중심유속이 2cm/s일 경우 관 벽에서 2cm 떨어진 곳의 유속은 약 몇 cm/s인가? 출제율 20%

① 0.42   ② 0.86

③ 1.28   ④ 1.68

해설 $\dfrac{U}{U_{\max}} = 1 - \left(\dfrac{r}{r_w}\right)^2$

여기서, r : 관 중심에서 떨어진 거리

r_w : 관 중심에서 관 벽까지 거리

$\dfrac{U}{U_{\max}} = 1 - \left(\dfrac{3}{5}\right)^2 = 0.64$

$U = U_{\max} \times 0.64 = 0.64 \times 2\,\text{cm/s} = 1.28\,\text{cm/s}$

32 관 속을 흐르는 난류의 압력손실은? 출제율 40%

① 평균유속에 비례한다.

② 평균유속의 제곱에 비례한다.

③ 평균유속의 제곱근에 반비례한다.

④ 관의 직경에 제곱에 비례한다.

해설 직관에서 난류(Fanning 식)

$F = \dfrac{\Delta P}{\rho} = \dfrac{2f\overline{u}^2 L}{g_c D}$

여기서, ΔP : 압력손실, ρ : 밀도

g_c : 중력상수, D : 직경

f : 마찰계수, u : 유속

L : 관 길이

난류의 압력손실은 평균유속의 제곱에 비례한다.

33 Fanning 식을 옳게 나타낸 것은? (단, f는 마찰계수, L은 관의 길이, D는 관의 직경, $\overline{V}$는 평균유속, g_c는 중력환산계수이다.) 출제율 40%

① $4f\dfrac{L}{Dg_c}\dfrac{\overline{V}^2}{2}$ ② $4f\dfrac{D}{Lg_c}\dfrac{\overline{V}^2}{2}$

③ $f\dfrac{D}{Lg_c}\dfrac{\overline{V}^2}{2}$ ④ $f\dfrac{L}{Dg_c}\dfrac{\overline{V}^2}{2}$

해설 직관에서 난류(Fanning 식)

$F = \dfrac{\Delta P}{\rho} = \dfrac{\Delta f\overline{u}^2 L}{g_c D}$

여기서, ΔP : 압력손실, ρ : 밀도, g_c : 중력상수

D : 내경, f : 마찰계수, $\overline{u}$: 평균유속

L : 관의 길이

34 분자량이 296.5인 oil의 20℃에서의 점도를 측정하는 데 Ostwald 점도계를 사용하였다. 이 온도에서 증류수의 통과시간이 10초이고, oil의 통과시간이 2.5분 걸렸다. 같은 온도에서 증류수의 밀도와 oil의 밀도가 각각 0.9982g/cm³, 0.879g/cm³라면 이 oil의 점도는? 출제율 20%

① 0.13poise   ② 0.17poise

③ 0.25poise   ④ 2.17poise

해설 $\mu \propto \dfrac{t \cdot \rho}{V}$

$\dfrac{\mu_{oil}}{\mu_{증류수}} = \dfrac{t_{oil} \times \rho_{oil}}{t_{(증류수)}\,\rho_{(증류수)}} = \dfrac{150\text{s} \times 0.879}{10\text{s} \times 0.9982} = 13.2$

$\mu_{oil} = \mu_{증류수} \times 13.2 = 1 \times 10^{-2} \times 13.2 = 0.132\,\text{poise}$

보충 Tip

$\mu_{증류수} = 1\text{cP} = 1 \times 10^{-2}\,\text{poise}$

35 FPS 단위로부터 레이놀즈 수를 계산한 결과 1000이었다. 그러면 MKS 단위로 환산하여 레이놀즈 수를 계산하면 그 값은 얼마로 예상할 수 있는가? 출제율 60%

① 10   ② 136

③ 1000   ④ 13600

해설 레이놀즈 수

$R_e = \dfrac{\rho u D}{\mu}$

여기서, μ : 점도, ρ : 밀도, u : 유속, D : 내경

레이놀즈 수는 무차원 수이므로 동일한 값을 갖는다.

36 유체가 내경이 100mm인 관에서 내경이 200mm인 관으로 확대되어 들어간다. 이때 확대손실계수를 구하면? 출제율 20%

① 0.250   ② 0.750

③ 0.500   ④ 0.563

해설 관의 축소·확대에 의한 두손실

확대손실계수 $K_e = \left(1 - \dfrac{A_1}{A_2}\right)^2$

여기서, A_1 : 초기 관의 면적

A_2 : 확대된 관의 면적

$K_e = \left(1 - \dfrac{D_1^2}{D_2^2}\right)^2 = \left(1 - \dfrac{100^2}{200^2}\right)^2 = 0.563$

37 성분 A의 분압을 $\overline{P_A}$라 하고 그 성분의 몰분율을 X_A라고 할 때 X_A가 작은 범위에서는 $\overline{P_A}$와 X_A가 직선의 관계를 갖는다. 이와 같은 관계를 무슨 법칙이라고 하는가? 〔출제율 40%〕

① Raoult의 법칙   ② Henry의 법칙
③ Gibbs의 법칙   ④ Dalton의 법칙

〔해설〕 **Henry의 법칙**
일정온도에서 액체 내에 용해되어 있는 기체의 증기압은 액상에서의 그 성분의 농도에 비례하며 용질의 농도가 낮거나 용해도가 작은 기체에 적합하다. (X_A가 작은 범위에서는 $\overline{P_A}$와 X_A는 직선관계)

38 벤젠 40mol%와 톨루엔 60mol%의 혼합물을 200kmol/h의 속도로 정류탑에 비점으로 공급한다. 유출액의 농도는 95mol% 벤젠과 관출액의 농도는 98mol%의 톨루엔이다. 이때 최소환류비를 구하면? (단, 벤젠과 톨루엔의 순성분 증기압은 각각 1180, 481mmHg이다.) 〔출제율 60%〕

① 1.5   ② 1.7
③ 1.9   ④ 2.1

〔해설〕
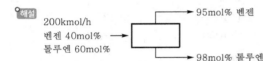

톨루엔에 대한 벤젠의 비휘발도
$$\alpha = \frac{P_A}{P_B} = \frac{1180}{481} = 2.45$$
$$y_F = \frac{\alpha x}{1+(\alpha-1)x}, \ x_F = 0.4$$
$$y_F = \frac{2.45 \times 0.4}{1+(2.45-1) \times 0.4} = 0.62$$
최소환류비(R_{Dm})
$$R_{Dm} = \frac{x_D - y_F}{y_F - x_F} = \frac{0.95-0.62}{0.62-0.4} = 1.5$$

39 체판(sieve plate)의 축방향 왕복운동을 유도하여 액상 간의 혼합이 이루어지는 추출장치는 어느 것인가? 〔출제율 20%〕

① 혼합기-침강기(mixer-settler)
② 교반탑추출기(agitated tower extractor)
③ 원심추출기(centrifugal extractor)
④ 맥동탑(pulse column)

〔해설〕 **맥동탑(pulse column)**
추출탑 내에 다공판을 여러 개 두고, 하부 측으로 용매, 상부 측으로 수용액이 공급되어 액상 간의 혼합이 이루어지는 추출장치이다.

40 흡수탑의 충전물 선정 시 고려해야 할 조건으로 가장 거리가 먼 것은? 〔출제율 40%〕

① 기액 간의 접촉률이 좋아야 한다.
② 압력강하가 너무 크지 않고 기액 간의 유통이 잘 되어야 한다.
③ 탑 내의 기액물질에 화학적으로 견딜 수 있는 것이어야 한다.
④ 규칙적인 배열을 할 수 있어야 하며, 공극률이 가능한 한 작아야 한다.

〔해설〕 **편류방지**
편류현상은 충전탑에서 액이 한 방향으로만 흐르는 현상으로, 편류현상 방지를 위해 불규칙적으로 충진 및 공극률을 가능한 한 크게 해야 한다.

▶ 제3과목 ┃ 공정제어

41 다음 비선형 공정을 정상상태의 데이터 y_s, u_s에 대해 선형화한 것은? 〔출제율 20%〕

$$\frac{dy(t)}{dt} = y(t) + y(t)u(t)$$

① $\dfrac{d(y(t)-y_s)}{dt}$
$= (1+u_s)(y(t)-y_s) + y_s(u(t)-u_s)$

② $\dfrac{d(y(t)-y_s)}{dt}$
$= (1+u_s)(u(t)-u_s) + y_s(y(t)-y_s)$

③ $\dfrac{d(y(t)-y_s)}{dt}$
$= u_s(u(t)-u_s) + y_s(y(t)-y_s)$

④ $\dfrac{d(y(t)-y_s)}{dt}$
$= u_s(y(t)-y_s) + y_s(u(t)-u_s)$

해설 편차변수는 어떤 공정변수의 시간에 따른 값과 정상 상태 값의 차이를 말한다.

$$\frac{dy(t)}{dt} = y(t) + y(t)u(t) \cdots \text{비정상상태}$$

$$\frac{dy_s}{dt} = y_s + y_s y_u \cdots \text{정상상태}$$

편차변수 $x'(t) = x(t) - x_x$

　　　　$x'(t)$: 편차변수

　　　　$x(t)$: 변수 x의 시간에 따른 값

　　　　x_s : x의 정상상태 값

비정상 − 정상

$$\frac{d(y(t) - y_s)}{dt} = y(t) - y_s + y(t)u(t) - y_s u_s$$

$$= y(t) - y_s + y(t)u_s - y(t)u_s + y(t)u(t) - y_s u_s$$

$$= (y(t) - y_s) + u_s(y(t) - y_s) + y(t)(u(t) - u_s)$$

$$= (1 + u_s)(y(t) - y_s) + y_s(u(t) - u_s)$$

42 증류탑의 일반적인 제어에서 공정출력(피제어) 변수에 해당하지 않는 것은? [출제율 20%]

① 탑정 생산물 조성 ② 증류탑의 압력
③ 공급물 조성　　　 ④ 탑저 액위

해설 공급물의 조성은 공정입력변수이다.

43 저감쇠(under damped) 2차 공정의 특성이 아닌 것은? [출제율 20%]

① Damping 계수(damping factor)가 클수록 상승시간(rise time)이 짧다.
② 감쇠비(decay ratio)는 Overshoot의 제곱으로 표시된다.
③ Overshoot은 항상 존재한다.
④ 공진(resonance)이 발생할 수도 있다.

해설 과소감소($\zeta > 1$) : Under damped system

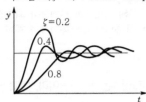

- ζ가 작을수록 진동의 폭은 커진다.
- ζ가 작을수록 상승시간이 길어진다.
- Damping 계수가 클수록 상승시간(rise time)이 커진다.

44 전달함수가 $G(s) = \dfrac{2}{3s+1}$와 같은 1차 공정 $G(s)$에 대하여 원하는 닫힌루프(closed-loop) 전달함수 $(C/R)_d$을 $(C/R)_d = \dfrac{1}{s+1}$이 되도록 제어기를 정하고자 한다. 이로부터 얻어지는 제어기는 어떤 형태이며, 그 제어기의 조정(tuning) 파라미터는 얼마인가? [출제율 40%]

① P제어기이며, $K_c = 2/3$이다.
② PI제어기이며, $K_c = 1.5$, $\tau_I = 3$이다.
③ PD제어기이며, $K_c = 1/3$, $\tau_D = 2$이다.
④ PID제어기이며, $K_c = 1.5$, $\tau_I = 2$, $\tau_D = 3$이다.

해설
$$G(c) = \frac{1}{G(s)} \left[\frac{\left(\dfrac{C}{R}\right)d}{1 - \left(\dfrac{C}{R}\right)d} \right]$$

$$= \frac{3s+1}{2} \left[\frac{\dfrac{1}{s+1}}{1 - \dfrac{1}{s+1}} \right] = \frac{3s+1}{2} \times \frac{1}{s}$$

$$= \frac{3}{2}\left(1 + \frac{1}{3s}\right)$$

$K_c = \dfrac{3}{2}$, $\tau_I = 3$(PI제어기)

45 PID제어기 조율에 대한 지침 중 잘못된 것은 어느 것인가? [출제율 20%]

① 적분시간은 미분시간보다 작게 주되 1/4 이하로는 줄이지 않는 것이 바람직하다.
② 공정이득(process gain)이 커지면 비례이득(proportional gain)은 대략 반비례의 관계로 줄인다.
③ 지연시간(dead time)/시상수(time constant)비가 커질수록 비례이득을 줄인다.
④ 적분시간은 시상수와 비슷한 값으로 설정한다.

해설 PID(비례−적분−미분)
㉠ 적분시간과 미분시간은 적당해야 한다.
㉡ 공정이득이 커지면 비례이득은 대략 반비례관계로 준다.
㉢ 지연시간/시상수 비가 커질수록 비례이득이 줄어든다.
㉣ 적분시간은 시상수와 비슷하게 설정한다.

46 다음 중 d초의 수송지연을 가진 공정에 단위계단 입력을 적용했을 때 얻어지는 출력의 라플라스 변환(laplace transform)은? 출제율 80%

① se^{-ds} ② se^{ds}

③ $\dfrac{1}{s}e^{-ds}$ ④ $\dfrac{1}{s}e^{ds}$

[해설] d초의 수송지연 : e^{-ds}

단위계단 입력 : $\dfrac{1}{s}$

출력 = d초의 수송지연×단위계단 입력

$$= e^{-ds} \times \frac{1}{s}$$

$$= \frac{1}{s}e^{-ds}$$

47 다음 미분방정식을 Laplace 변환하여 $Y(s)$를 구한 것은? 출제율 80%

$$2\frac{d^2y}{dt^2} + \frac{dy}{dt} + y = 2$$

$$y(0) = \frac{dy}{dt}(0) = 0$$

① $Y(s) = \dfrac{s^2 + 0.5s + 0.5}{s}$

② $Y(s) = s(+0.5s + 0.5)$

③ $Y(s) = \dfrac{1}{s(s^2 + 0.5s + 0.5)}$

④ $Y(s) = \dfrac{s}{s^2 + 0.5s + 0.5}$

[해설] 미분식의 라플라스 변환

$$\mathcal{L}\left\{\frac{df(t)}{dt}\right\} = sF(s) - f(0)$$

$$\mathcal{L}\left\{\frac{d^2f(t)}{dt^2}\right\} = s^2F(s) - sf(0) - f'(0)$$

$$2\frac{d^2y}{dt^2} + \frac{dy}{dt} + y = 2$$

라플라스 변환

$$2s^2y(s) - 2sf(0) - 2f'(0) + sY(s) - y(0) + Y(s) = \frac{2}{s}$$

$$y(0) = \frac{dy}{dt}(0) = 0$$

$$2s^2Y(s) + sY(s) + Y(s) = \frac{2}{s}$$

$$Y(s) = \frac{2}{(2s^2 + s + 1)s} = \frac{1}{s(s^2 + 0.5s + 0.5)}$$

48 제어계의 구성요소 중 제어오차(에러)를 계산하는 것은 어느 부분에 속하는가? 출제율 40%

① 측정요소(센서)

② 공정

③ 제어기

④ 최종제어요소(엑추에이트)

[해설] 제어기 구성요소

㉠ 센서 : 변수값 측정

㉡ 전환기 : 센서로부터 측정된 변수값을 전환제어기로 전송

㉢ 제어기 : 실제 제어작용, 제어오차 계산

㉣ 최종제어요소 : 제어값 입력

49 PI 제어기가 반응기 온도 제어루프에 사용되고 있다. 다음의 변화에 대하여 계의 안정성 한계에 영향을 주지 않는 것은? 출제율 20%

① 온도전송기의 span 변화

② 온도전송기의 영점 변화

③ 밸브의 Trim 변화

④ 반응기 원료 조성 변화

[해설] 온도전송기의 영점 변화

단순 출력값에만 영향을 미치고 안정성 한계에는 영향을 미치지 않는다.

50 다음의 공정변수 제어 중 미분동작이 제어성능 향상에 가장 도움이 되는 경우는? 출제율 20%

① 배관을 흐르는 기체유량제어

② 배관을 흐르는 액체유량제어

③ 혼합탱크의 액위제어

④ 반응기의 온도제어

[해설] 제어기의 미분동작

미분동작으로 인해 Offset이 존재하나 최종값에 도달하는 시간이 단축되므로 반응기 온도제어에 적합하다.

51 어떤 계의 전달함수는 $\dfrac{1}{\tau s + 1}$이며, 이때 $\tau = 0.1$ 분이다. 이 계에 Unit step change가 주어졌을 때 0.1분 후의 응답은? 출제율 60%

① $Y(t) = 0.39$ ② $Y(t) = 0.63$

③ $Y(t) = 0.78$ ④ $Y(t) = 0.86$

해설 1차 공정의 전달함수 $G(s) = \dfrac{Y(s)}{X(s)} = \dfrac{1}{\tau s + 1}$

계단입력 $X(s) = \dfrac{1}{s}$ 이면

$$Y(s) = G(s) \cdot X(s) = \frac{1}{s(\tau s + 1)} = \frac{1}{s} - \frac{\tau}{\tau s + 1}$$

역라플라스

$$Y(t) = 1 - e^{-\frac{t}{\tau}}$$

여기서, $\tau = 0.1$, $t = 0.1$ 이므로

$$Y(0.1) = 1 - e^{-0.1/0.1} = 0.632$$

52 ZN 튜닝룰은 $k_c = 0.6 k_{cu}$, $\tau_i = P_u/2$, $\tau_d = P_u/8$ 이다. k_{cu}, P_u 는 임계이득과 임계주기이고, k_c, τ_i, τ_d 는 PID제어기의 비례이득, 적분시간, 미분시간이다. 공정에 공정입력 $u(t) = \sin(\pi t)$ 를 적용할 때 공정출력은 $y(t) = -6\sin(\pi t)$ 가 되었다. ZN 튜닝룰을 사용할 때, 이 공정에 대한 PID제어기의 파라미터는 얼마인가? [출제율 40%]

① $k_c = 3.6$, $\tau_i = 1$, $\tau_d = 0.25$

② $k_c = 0.1$, $\tau_i = 1$, $\tau_d = 0.25$

③ $k_c = 3.6$, $\tau_i = \pi/2$, $\tau_d = \pi/8$

④ $k_c = 0.1$, $\tau_i = \pi/2$, $\tau_d = \pi/8$

해설 $k_{cu} = \dfrac{1}{AR}$

$y(t) = 6\sin(\pi t - \pi)$, $\omega_c = \pi$

$AR_C = 6$, $k_{cu} = \dfrac{1}{6}$, $k_c = \dfrac{1}{6} \times 0.6 = 0.1$

$P_u = \dfrac{2\pi}{\omega_u} = \dfrac{2\pi}{\pi} = 2$, $T_i = \dfrac{P_u}{2} = 1$

$\tau_d = \dfrac{P_u}{8} = \dfrac{2}{8} = 0.25$

53 어떤 자동제어계의 출력이 다음과 같이 주어질 때 $C(t)$ 의 정상상태 값은? [출제율 80%]

$$C(s) = \frac{5}{s(s^2 + s + 2)}$$

① $\dfrac{2}{5}$ ② 2

③ $\dfrac{5}{2}$ ④ 5

해설 최종값 정리

$$\lim_{t \to \infty} f(t) = \lim_{s \to 0} sF(s) = \frac{5}{s^2 + s + 2} = \frac{5}{2}$$

54 특성방정식에 대한 설명 중 틀린 것은 어느 것인가? [출제율 20%]

① 주어진 계의 특성방정식의 근이 모두 복소평면의 왼쪽 반평면에 놓이면 계는 안정하다.

② Routh test에서 주어진 계의 특성방정식이 Routh array의 처음 열의 모든 요소가 0이 아닌 양의 값이면 주어진 계는 안정하다.

③ 주어진 계의 특성방정식이 $s^4 + 3s^3 - 4s^2 + 7 = 0$ 일 때 이 계는 안정하다.

④ 특성방정식이 $s^3 + 2s^2 + 2s + 40 = 0$ 인 계에는 양의 실수부를 가지는 2개의 근이 있다.

해설 닫힌루프 제어시스템의 안정성

㉠ 특성방정식의 근 가운데 어느 하나라도 양 또는 양의 실수부를 갖는다면 그 시스템은 불안정하다.

㉡ 특정방정식의 모든 계수가 양의 실수이어야 계가 안정하다.

㉢ $s^4 + 3s^3 - 4s^2 + 7 = 0$ 에서 -4 는 음수이므로 계는 불안정하다.

55 다음 중 안정한 Closed loop에 대한 설명으로 옳은 것은? [출제율 20%]

① Error가 시간이 경과함에 따라 감소한다.

② Error가 시간이 경과함에 따라 진동 발산한다.

③ Error가 시간이 경과함에 따라 커진다.

④ Error가 초기에는 일정하나 점차적으로 커진다.

해설 안정한 Closed loop

Error가 시간이 경과함에 따라 감소한다.

56 $f(t)$ 의 Laplace 변환 $L(f(t))$ 를 $F(s)$ 라 할 때 다음 Laplace 변환의 특성 중 틀린 것은 어느 것인가? [출제율 40%]

① $\displaystyle\lim_{t \to \infty} f(t) = \lim_{s \to 0} s \cdot F(s)$

② $L\left\{\displaystyle\int_0^1 f(t)dt\right\} = \dfrac{F(s)}{s}$

③ $L\{e^{-at}f(t)\} = F(s + a)$

④ $L\{f(t - t_0)\} = F(s) - F(t_0)$

52.② 53.③ 54.③ 55.① 56.④

해설 시간지연 라플라스
$$\mathcal{L}\{f(t-t_0)\}=F(s)e^{-t_0 S}$$

57 영점(zero)이 없는 2차 공정의 Bode 선도가 보이는 특성을 잘못 설명한 것은? [출제율 20%]

① Bode 선도 상의 모든 선은 주파수의 증가에 따라 단순 감소한다.
② 제동비(damping factor)가 1보다 큰 경우 정규화된 진폭비의 크기는 1보다 작다.
③ 위상각의 변화 범위는 0도에서 −180도까지이다.
④ 제동비(damping factor)가 1보다 작은 저감쇠(under damped)인 경우 위상각은 공명진동수에서 가장 크게 변화한다.

해설 2차 공정의 Bode 선도

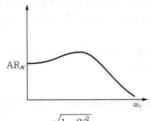

$$\omega = \omega_r = \frac{\sqrt{1-2\zeta^2}}{\tau}$$
$$1-2\zeta^2 > 0$$
$$\zeta < \frac{\sqrt{2}}{2} = 0.707$$

제동비가 0.707보다 작은 경우 Bode 선도 상의 선은 주파수 증가에 따라 증가 후 감소한다.

58 특성방정식에 관한 설명으로 옳은 것은 어느 것인가? [출제율 20%]

① 특성방정식의 근 중 하나라도 복소수근을 가지면 그 시스템은 불안정하다.
② 특성방정식의 근 모두가 실근이면 그 시스템은 안정하다.
③ 특성방정식의 근이 허수축에서 멀어질수록 응답은 빨라진다.
④ 특성방정식의 근이 실수축에서 멀어질수록 진동주기가 커진다.

해설 ①, ② 특성방정식의 근 중 하나라도 양 또는 양의 실수부를 가지면 그 시스템은 불안정하다.

④ 특성방정식의 근이 실수축에서 멀어질수록 진동주기와는 무관하고 진폭이 커진다.

보충 Tip

특성방정식
특성방정식의 근이 허수축에서 멀어질수록 시상수가 작아진다. 따라서 응답이 빨라진다.

59 1차계에 사인파 함수가 입력될 때 위상지연(phase lag)은 주파수가 증가함에 따라서 어떻게 변하는가? [출제율 20%]

① 증가한다.
② 감소한다.
③ 무관하다.
④ $1/\sqrt{\tau^2\omega^2+1}$ 만큼 늦어진다.

해설 $\phi = \tan(-\tau\omega)$
여기서, ϕ : 위상지연
ω : 주파수
즉, 주파수가 증가할수록 위상지연도 증가한다.

60 다음 중 1차계의 시상수 τ에 대하여 잘못 설명한 것은? [출제율 20%]

① 계의 저항과 용량(capacitance)과의 곱과 같다.
② 입력이 단위계단함수일 때 응답이 최종치의 85%에 도달하는 데 걸리는 시간과 같다.
③ 시상수가 큰 계일수록 출력함수의 응답이 느리다.
④ 시간의 단위를 갖는다.

해설 τ는 최종치의 약 63%에 도달하는 데 소요되는 시간과 같다.

▶▶ **제4과목 ┃ 공업화학**

61 니트로벤젠을 어떠한 물질과 같이 환원시켰을 때 아닐린(aniline)을 생성하는가? [출제율 60%]

① 전해 환원수 ② Zn + 물
③ Zn + 염기 ④ Fe + 강산

해설 환원에 의한 아미노화

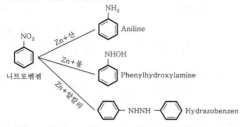

62 다음 중 Kevlar 섬유의 제조에 필요한 단량체는 어느 것인가? [출제율 20%]

① Terephthalic acid+1,4-phenylene diamine
② Isophthalic acid+1,4-phenylene diamine
③ Terephthalic acid+1,3-phenylene diamine
④ Isophthalic acid+1,3-phenylene diamine

해설 Kevlar 섬유
㉠ Para계 방향족 섬유로, Terephthalic acid와 1,4-phenylene diamine에 의해 생성된다.
㉡ 인장강도가 높고, 쉽게 끊어지지 않는다.

63 다음 중 Fischer-Tropsch 반응을 옳게 표현한 것은? [출제율 40%]

① $n\,CO+(2n+1)H_2 \rightarrow C_nH_{2m+2}+n\,H_2O$
② $C_nH_{2m+2}+H_2O \rightarrow CH_4+CO_2$
③ $CH_3OH+H_2 \rightarrow HCHO+H_2O$
④ $CO_2+H_2 \rightarrow CO+H_2O$

해설 Fischer-Tropsch 반응
일산화탄소의 접촉 수화에 의한 탄화수소 합성 방법이다.
$n\,CO+(2n+1)H_2 \rightarrow C_nH_{2n+2}+n\,H_2O$

64 연실법 황산 제조공정 중 Glover 탑에서 질소산화물 공급에 HNO_3를 사용할 경우, 36wt%의 HNO_3 20kg으로 약 몇 kg의 NO를 발생시킬 수 있는가? [출제율 40%]

① 0.8 ② 1.7
③ 2.2 ④ 3.4

해설
$$2HNO_3 \rightarrow H_2O+2NO+\frac{3}{2}O_2$$

$2\times63kg$: $2\times30kg$
$20kg\times0.36$: x

$2\times63kg : 2\times30kg=20kg\times0.36 : x$
$$NO(x)=3.42kg$$

65 폴리아미드계인 Nylon 66이 이용되는 분야에 대한 설명으로 가장 거리가 먼 것은? [출제율 60%]

① 용융방사한 것은 직물로 사용된다.
② 고온의 전열기구용 재료로 이용된다.
③ 로프 제작에 이용된다.
④ 사출성형에 이용된다.

해설 Nylon 66
㉠ 아디프산＋헥사메틸렌 디아민에 의해 생성된다.
㉡ 섬유(직물), 전선 절연 재료(로프), 칫솔 사출성형 등에 이용된다.

66 다음 중 접촉식 황산 제조에서 SO_3 흡수탑에 사용하기 적합한 황산의 농도와 그 이유를 바르게 나열한 것은? [출제율 40%]

① 76.5%, 황산 중 수증기 분압이 가장 낮음
② 76.5%, 황산 중 수증기 분압이 가장 높음
③ 98.3%, 황산 중 수증기 분압이 가장 낮음
④ 98.3%, 황산 중 수증기 분압이 가장 높음

해설 접촉식 황산 제조법
흡수탑에서 98.3% H_2SO_4에 흡수시켜 발연황산을 제조시키는데, 황산 중 수증기 분압이 가장 낮을 때 적합하다(수증기 분압 : 수증기가 차지하는 압력).

67 다음 중 열가소성 수지의 대표적인 종류가 아닌 것은? [출제율 80%]

① 에폭시수지
② 염화비닐수지
③ 폴리스티렌
④ 폴리에틸렌

해설
• 열가소성 수지
가열하면 연화되어 외력에 의해 쉽게 변형되나 성형 후 외력이 제거되어도 성형된 상태를 유지하며, 종류로는 폴리염화비닐, 폴리에틸렌, 폴리프로필렌, 염화비닐 등이 있다.
• 열경화성 수지
가열하면 연화되지만 계속 가열 시 경화되어 원상태로 되돌아오지 못하는 수지를 말하며, 종류로는 페놀수지, 요소수지, 멜라민수지, 에폭시수지 등이 있다.

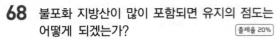

68 불포화 지방산이 많이 포함되면 유지의 점도는 어떻게 되겠는가? 〔출제율 20%〕

① 높아진다.
② 낮아진다.
③ 변화 없다.
④ 높아지다 점점 일정해진다.

〔해설〕 유지의 점도
지방, 지방유 등의 총칭으로 불포화 지방산이 많을수록 점도가 낮아진다.

69 연실식 황산 제조공정 중 게이뤼삭 탑(Gay-Lussac tower)에서 일어나는 반응은? 〔출제율 40%〕

① $2HSO_4NO + SO_2 + 2H_2O$
   $\rightleftharpoons 2H_2SO_4NO + H_2SO_4$
② $4NO + 3O_2 + 2H_2O \rightleftharpoons 4HNO_3$
③ $2HSO_4NO + SO_2 + 2H_2O$
   $\rightleftharpoons 2H_2SO_4NO + H_2SO_4$
④ $2H_2SO_4 + NO + NO_2 \rightleftharpoons 2HSO_4NO + H_2O$

〔해설〕 게이뤼삭 탑 반응
질소산화물의 회수가 목적인 반응이다.
$2H_2SO_4 + NO + NO_2 \rightleftharpoons 2HSO_4NO + H_2O$

70 다음 중 가솔린의 옥탄가에 대한 설명으로 옳은 것은? 〔출제율 40%〕

① n-헵탄의 옥탄가를 100으로 한 값이다.
② 일반적으로 동일 계열의 탄화수소에서는 분자량이 큰 것일수록 옥탄가는 높다.
③ 일반적으로 곁가지가 많은 구조의 탄화수소일수록 옥탄가가 높다.
④ 나프텐계 탄화수소는 같은 탄소수의 n-파라핀보다 옥탄가가 낮고 방향족 탄화수소보다 크다.

〔해설〕 옥탄가
㉠ 가솔린의 안티노크성을 수치화한 값이다.
㉡ Iso-octane(이소옥탄)의 %를 옥탄가, 즉 이소옥탄의 옥탄가를 100으로 한 값이다.
㉢ 이소파라핀에서 메틸 측쇄가 많고 중앙에 집중할수록 옥탄가가 크다.

71 다음 중 비료의 3요소에 해당하는 것은 어느 것인가? 〔출제율 40%〕

① N, P_2O_5, CO_2 ② K_2O, P_2O_5, CO_2
③ N, K_2O, P_2O_5 ④ N, P_2O_5, C

〔해설〕 비료의 3요소
N(질소), P_2O_5(인), K_2O(칼륨)

72 루이스산 촉매에 해당하는 $AlCl_3$와 BF_3는 어떤 시약에 해당하는가? 〔출제율 20%〕

① 친전자 시약
② 친핵 시약
③ 라디칼 제거 시약
④ 라디칼 개시 시약

〔해설〕 친전자 시약($AlCl_3$와 BF_3)
친전자 시약이란 반응하는 분자나 이온에서 전자를 받는 시약을 말한다. 즉, 상대로부터 전자를 받거나 상대의 전자쌍에 의해서 공유결합을 생성한다.

73 묽은 질산의 농축제로 다음 중 가장 적당한 것은 어느 것인가? 〔출제율 40%〕

① 진한 염산   ② 진한 황산
③ 진한 아세트산   ④ 진한 인산

〔해설〕 질산공업에서 68% 이상의 질산을 얻으려면 진한 황산 또는 $Mg(NO_3)_2$와 같은 탈수제를 가하여 공비점을 소멸시켜야 한다.

74 다음 중 연실 내에서 일어나는 반응으로 거리가 먼 것은? 〔출제율 20%〕

① $SO_3 + H_2O \rightarrow H_2SO_4$
② $2NO + \frac{1}{2}O_2 \rightarrow N_2O_3$
③ $NO + NO_2 + 2H_2SO_4 \rightarrow 2HSO_4NO + H_2O$
④ $2SO_2 + O_2 + N_2O_3 + H_2O \rightarrow 2HSO_4 \cdot NO$

〔해설〕 질산식 황산 제조법에서 연실식 반응
(니트로황산 생성 분해)

$SO_2 + H_2O + NO_2 \rightarrow H_2SO_4 \cdot NO \rightleftharpoons H_2SO_4 + NO$

$2H_2SO_3 \cdot NO_2 + \frac{1}{2}O_2 \rightarrow 2HSO_4 \cdot NO + H_2O$

$2HSO_4 \cdot NO + SO_2 + 2H_2O \rightleftharpoons H_2SO_4 + 2H_2SO_4 \cdot NO$

75 반도체 공정 중 감광되지 않은 부분을 제거하는 공정은? `출제율 40%`

① 노광
② 에칭
③ 세정
④ 산화

해설 에칭

노광 후 PR로 보호되지 않는 부분을 제거하는 공정을 말한다.

76 PVC의 분자량 분포가 다음과 같을 때 **수평균분자량($\overline{M_n}$)과 중량평균분자량($\overline{M_w}$)은?** `출제율 40%`

분자량	분자수
10000	100
20000	300
50000	1000

① $\overline{M_n} = 4.1 \times 10^4$, $\overline{M_w} = 4.6 \times 10^4$
② $\overline{M_n} = 4.6 \times 10^4$, $\overline{M_w} = 4.1 \times 10^4$
③ $\overline{M_n} = 1.2 \times 10^4$, $\overline{M_w} = 1.3 \times 10^4$
④ $\overline{M_n} = 1.3 \times 10^4$, $\overline{M_w} = 1.2 \times 10^4$

해설 수평균분자량$(\overline{M_n}) = \dfrac{\sum M_i N_i}{\sum N_i}$

중량(무게)평균분자량$(\overline{M_w}) = \dfrac{\sum M_i^2 N_i}{\sum M_i N_i}$

$\overline{M_n} = \dfrac{10000 \times 100 + 20000 \times 300 + 50000 \times 1000}{1000 + 300 + 100}$

$= 4.1 \times 10^4$

$\overline{M_w} = \dfrac{(10000)^2 \times 100 + (20000)^2 \times 300 + (50000)^2 \times 1000}{10000 \times 100 + 20000 \times 300 + 50000 \times 1000}$

$= 4.6 \times 10^4$

77 건식법에 의한 인산 제조공정에 대한 설명 중 옳은 것은? `출제율 60%`

① 인의 농도가 낮은 인광석을 원료로 사용할 수 있다.
② 고순도의 인산은 제조할 수 없다.
③ 전기로에서는 인의 기화와 산화가 동시에 일어난다.
④ 대표적인 건식법은 이수석고법이다.

해설 인산공업 습식법/건식법 비교

건식법	습식법
• 고순도, 고농도 인산 제조 • 저품위 인광석 처리 가능 • 인의 기화와 산화를 구분하여 가능 • Slag는 시멘트 원료로 사용 가능	• 순도, 농도 낮음 • 품질이 좋은 인광석을 사용 • 주로 비료용

78 다음 중 암모니아 산화법에 의한 질산 제조에서 백금-로듐(Pt-Rh) 촉매에 대한 설명으로 옳지 않은 것은? `출제율 20%`

① 백금(Pt) 단독으로 사용하는 것보다 수명이 연장된다.
② 촉매독 물질로서는 비소, 유황 등이 있다.
③ 동일 온도에서 로듐(Rh) 함량이 10%인 것이 2%인 것보다 전화율이 낮다.
④ 백금(Pt) 단독으로 사용하는 것보다 내열성이 강하다.

해설 질산공업(암모니아산화법)

$4NH_3 + 5O_2 \longrightarrow 4NO + 6H_2O$

촉매는 Pt-RH(10%)가 전화율이 높아 가장 많이 사용된다.

79 암모니아 생성 평형에 있어서 압력, 온도에 대한 Tour의 실험결과와 일치하는 것은 어느 것인가? `출제율 40%`

① 원료기체의 몰 조성이 $N_2 : H_2 = 3 : 1$일 때 암모니아 평형농도는 최대가 된다.
② 촉매의 농도가 증가하면 암모니아의 평형농도는 증가한다.
③ 암모니아 평형농도는 반응온도가 높을수록 증가한다.
④ 암모니아 평형농도는 압력이 높을수록 증가한다.

해설 암모니아의 합성반응

$3H_2 + N_2 \rightleftharpoons 2NH_3$

㉠ 암모니아의 평형농도는 반응압력이 크고 온도가 낮을수록 증가한다.
㉡ 수소와 질소 혼합비율이 3 : 1일 때 가장 좋다.
㉢ 불활성가스의 양이 증가하면 NH_3의 평형농도가 낮아진다.
㉣ 촉매 이용 시 반응속도가 빨라진다.

80 소금물을 분해하여 수산화나트륨을 제조하려고 한다. 1kg의 수산화나트륨을 제조할 때 필요한 소금(NaCl)의 양은 약 몇 kg인가? (단, 반응은 화학양론적으로 진행한다고 가정하며, Na와 Cl의 원자량은 각각 23과 35.5이다.) 출제율 60%

① 0.684
② 1.463
③ 2.735
④ 2.925

 해설

$$NaCl + H_2O \rightarrow NaOH + \frac{1}{2}H_2 + \frac{1}{2}Cl_2$$

58.5kg : 40kg
x : 1kg
$58.5 : 40 = x : 1$
$x = 1.463kg$

제5과목 ┃ 반응공학

81 $A \rightarrow R$ n_1차 반응, $A \rightarrow S$ n_2차 반응(desired), $A \rightarrow T$ n_3차 반응에서 S가 요구하는 물질이고, $n_1 = 3$, $n_2 = 1$, $n_3 = 2$일 때에 대한 설명으로 다음 중 가장 옳은 것은? 출제율 20%

① 플러그흐름반응기를 쓰고, 전화율을 낮게 한다.
② 플러그흐름반응기를 쓰고, 전화율을 높게 한다.
③ 혼합흐름반응기를 쓰고, 전화율을 낮게 한다.
④ 혼합흐름반응기를 쓰고, 전화율을 높게 한다.

해설

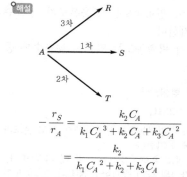

$$-\frac{r_S}{r_A} = \frac{k_2 C_A}{k_1 C_A^3 + k_2 C_A + k_3 C_A^2}$$

$$= \frac{k_2}{k_1 C_A^2 + k_2 + k_3 C_A}$$

C_A을 낮추고(전화율을 높이고), CSTR을 사용한다.

82 $CH_4 + 2S_2 \rightarrow CS_2 + 2H_2S$가 1atm, 일정온도 600℃의 관형반응기에서 진행되고, 황과 메탄의 몰 유속은 각각 47.6, 23.8mol/h이다. 반응속도 $-r_{s_2} = k_c C_{CH_4} C_{S_2}$, 속도상수 $k = 11.98 \times 10^6 cm^3/h \cdot mol$일 때 메탄을 18% 전화시키는 데 소요체류시간은 몇 h인가? 출제율 40%

① 0.0039
② 0.0075
③ 0.0121
④ 0.042

해설

$$-r_{CH_4} = \frac{-r_{S_2}}{2} = \frac{k_C}{2} C_{CH_4} C_{S_2}$$

$$\varepsilon_A = y_{A0} \cdot \delta = \frac{1}{3} \times \frac{3-3}{1} = 0$$

$k = 11.98 \times 10^6 cm^3/h \cdot mol$이므로 2차 반응

PFR 2차 반응 : $k\tau C_{A0} = \frac{X_A}{1-X_A}$

$$\tau_p = \frac{1}{kC_{A0}} \times \frac{X_A}{1-X_A}$$

$$\frac{F_{S_2 \cdot 0}}{F_{CH_4 \cdot 0}} = \frac{47.6}{23.8} = 2 = \frac{C_{S_2 \cdot 0}}{C_{CH_4 \cdot 0}}$$

$$C_{S_2 \cdot 0} = 2C_{CH_4 \cdot 0}$$

$$C_{A0} = \frac{P_{A0}}{RT} = 4.66 \times 10^{-6} mol/cm^3$$

$$\tau_p = \frac{1}{11.98 \times 10^6 cm^3/hr \cdot mol \times 4.66 \times 10^{-6} mol/cm^3}$$

$$\times \frac{0.18}{1-0.18}$$

$$= 0.00393h$$

83 반응속도식이 $-r_A = kC_A$인 $A \rightarrow R$의 액상반응을 다음 그림과 같이 직렬로 연결된 두 반응기에서 시행할 때 이상혼합반응기(ideal mixed flow reactor)를 떠나는 A의 농도는 얼마인가? (단, $k = 1h^{-1}$, A와 R의 초기농도는 각각 $C_{A0} = 0.01mol/L$, $C_{R0} = 0$, 이상관형반응기 P(plug flow reactor) 및 혼합반응기 M의 공간시간(space time)은 각각 0.5h이다.) 출제율 40%

$$\xrightarrow{C_{A0}} \boxed{P} \xrightarrow{C_{A1}} \boxed{M} \xrightarrow{C_{A2}}$$
$\tau_p = 0.5h$ $\tau_m = 0.5h$

① 0.004mol/L
② 0.003mol/L
③ 0.0025mol/L
④ 0.0021mol/L

해설 $\tau_p = 0.5\,\mathrm{h}$, $\tau_m = 0.5\,\mathrm{h}$

PFR : $V_P = F_{A0} \int_0^{X_{Af}} \dfrac{dX_A}{-r_A}$

$\tau_p = -\dfrac{1}{k}\ln(1-X_{A1}) = -\dfrac{1}{k}\ln\dfrac{C_A}{C_{A0}}$

$0.5\,\mathrm{h} = -\dfrac{1}{1}\times\ln(1-X_A),\ X_A = 0.3935$

$C_{A1} = C_{A0}\,e^{-k\tau_p} = 0.01\,\mathrm{mol/L}\times e^{-1\times 0.5}$

$\qquad\quad = 6.065\times 10^{-3}$

CSTR

$V_m = \dfrac{F_{A1}-F_{A2}}{-r_A} = \dfrac{\nu_0(C_{A1}-C_{A2})}{kC_{A2}}$

$\tau_m k = \dfrac{C_{A1}-C_{A2}}{C_{A2}}$

$C_{A2} = \dfrac{C_{A1}}{1+k\tau_m} = \dfrac{6.065\times 10^{-3}}{1+1\times 0.5} = 0.00404\,\mathrm{mol/h}$

84 회분식 반응기(batch reactor)에서 균일계 비가역 1차 직렬반응 $A \xrightarrow{k_1} R \xrightarrow{k_2} S$이 일어날 때 R 농도의 최대값은 얼마인가? (단, $k_1 = 1.5\,\mathrm{min}^{-1}$, $k_2 = 3\,\mathrm{min}^{-1}$, 각 물질의 초기농도 $C_{A0} = 5\,\mathrm{mol/L}$, $C_{R0} = 0$, $C_{S0} = 0$이다.) _{출제율 40%}

① 1.25mol/L

② 1.67mol/L

③ 2.5mol/L

④ 5.0mol/L

해설 회분식 반응기 : $A \xrightarrow{k_1} R \xrightarrow{k_2} S$

$C_{R\cdot\max} = C_{A0}\left(\dfrac{k_1}{k_2}\right)^{k_2/(k_2-k_1)}$

$\qquad\quad = 5\,\mathrm{mol/L}\cdot\left(\dfrac{1.5}{3}\right)^{3/(3-1.5)}$

$\qquad\quad = 1.25\,\mathrm{mol/h}$

85 $A \rightleftharpoons B + C$ 평형반응이 1bar, 560℃에서 진행될 때 평형상수 $K_P = P_B P_C / P_A$가 100mbar이다. 평형에서 반응물 A의 전화율은? _{출제율 60%}

① 0.12   ② 0.27

③ 0.33   ④ 0.48

해설 $K_P = \dfrac{P_B \cdot P_C}{P_A} = 100\,\mathrm{m\,bar}$

$P_{A0} = 1\,\mathrm{bar},\ P_{B0} = P_{C0} = 0$

$K_P = \dfrac{(P_{B0}+P_{A0}X_{Ae})\times(P_{C0}+P_{A0}X_{Ae})}{P_{A0}(1-X_{Ae})}$

$\quad = \dfrac{P_{A0}X_{Ae}^{\ 2}}{1-X_{Ae}} = 100\,\mathrm{mbar}$

$\dfrac{X_{Ae}^{\ 2}}{1-X_{Ae}} = 0.1\,\mathrm{bar}$

$\therefore$ 전화율$(X_{Ae}) = 0.27$

86 반응식 $A \rightarrow R$에서 속도식이 다음과 같이 주어졌을 때 반응 초기(고농도의 C_A)의 속도식은 몇 차이며, 속도상수는 얼마인가? _{출제율 40%}

$$-r_A = \dfrac{k_1 C_A}{1+k_2 C_A}$$

① 0차 반응, 속도상수 $= k_1$

② 0차 반응, 속도상수 $= \dfrac{k_1}{k_2}$

③ 1차 반응, 속도상수 $= k_1$

④ 1차 반응, 속도상수 $= \dfrac{k_1}{k_2}$

해설 $A \rightarrow R = -r_A = \dfrac{k_1 C_A}{1+k_2 C_A}$

C_A가 고농도인 경우 $C_A \gg 1$이므로

$-r_A = \dfrac{k_1 C_A}{k_2 C_A} = \dfrac{k_1}{k_2}$

즉, 0차 반응이고, 속도상수는 $\dfrac{k_1}{k_2}$이다.

87 $A \rightarrow R$, $r_R = k_1 C_A^{a1}$이 원하는 반응이고 $A \rightarrow S$, $r_s = k_2 C_A^{a2}$이 원하지 않는 반응일 때 R을 더 많이 얻기 위한 방법으로 옳은 것은? _{출제율 60%}

① $a_1 = a_2$일 때는 A의 농도를 높인다.

② $a_1 > a_2$일 때는 A의 농도를 높인다.

③ $a_1 < a_2$일 때는 A의 농도를 높인다.

④ $a_1 = a_2$일 때는 A의 농도를 낮춘다.

$\dfrac{r_R}{r_S} = \dfrac{k_1 C_A{}^{a_1}}{k_2 C_A{}^{a_2}}$

$a_1 > a_2 : C_A \uparrow (A\ \text{농도 높임})$

$a_1 < a_2 : C_A \downarrow (A\ \text{농도 낮춤})$

88 이상형 반응기의 대표적인 예가 아닌 것은 어느 것인가? 〔출제율 80%〕

① 회분식 반응기
② 플러그흐름반응기
③ 혼합흐름반응기
④ 촉매반응기

[해설] 단일 이상형 반응기 종류
㉠ 회분식 반응기
㉡ 혼합흐름반응기
㉢ 플러그흐름반응기

89 반응속도상수 k의 단위는? 〔출제율 20%〕

① $(\text{시간})(\text{농도})^{n-1}$
② $(\text{시간})(\text{농도})^{1-n}$
③ $(\text{시간})^{-1}(\text{농도})^{n-1}$
④ $(\text{시간})^{-1}(\text{농도})^{1-n}$

[해설] $-r_A = kC_A{}^n = \dfrac{dC_A}{dt}$

$kdt = \dfrac{dC_A}{C_A{}^n}$

$kt = \dfrac{1}{1-n}\dfrac{1}{C_A{}^n - 1}$

$k = (\text{농도})^{1-n} \times (\text{시간})^{-1}$

90 다음 중 반응기에 대한 설명으로 옳지 않은 것은? 〔출제율 20%〕

① 회분식 반응기에는 정압반응기가 있다.
② 혼합흐름반응기에서는 입구농도와 출구농도의 변화가 없다.
③ 이상적 관형 반응기에서 유체의 흐름은 플러그 흐름이다.
④ 회분식 반응기에서는 위치에 따라 조성이 일정하다.

[해설] 혼합흐름반응기(mixed reactor)
반응기 내부와 출구농도는 같으나 입구농도는 다르다.

91 회분식 반응기에서 각 반응시간에 따른 반응 진행도를 구하는 방법으로 가장 거리가 먼 것은 어느 것인가? 〔출제율 20%〕

① 이론에 의한 계산 방법
② 정압계의 부피변화 측정에 의한 방법
③ 정용계의 총 압력변화 측정에 의한 방법
④ 전기전도도와 같은 유체의 물성 변화 측정에 의한 방법

[해설] 회분식 반응기에서 반응시간에 따른 진행도를 구하는 방법
㉠ 정압계의 부피변화 측정에 의한 방법
㉡ 정용계의 총 압력변화 측정에 의한 방법
㉢ 전기전도도와 같은 유체의 물량변화 측정에 의한 방법

[보충 Tip]

회분식 반응기는 반응물을 반응기에 채우고 일정시간 반응시키는 방법이며, 시간에 따라 조성이 변하는 비정상상태로 이론에 의한 계산은 제한적이다.

92 균일 기상반응 $A \rightarrow 2R$에서 반응기에 50% A와 50% 비활성 물질의 원료를 유입할 때 A의 확장인자(expansion factor) ε_A는 얼마인가? 〔출제율 60%〕

① 0.5
② 1.0
③ 2.0
④ 4.0

[해설] $\varepsilon_A = y_{A0} \cdot \delta = 0.5 \times \dfrac{2-1}{1} = 0.5$

93 다음의 특징을 갖는 반응기의 형식에 가장 가까운 것은? 〔출제율 20%〕

- 촉매의 교환 · 재생이 용이하다.
- 촉매층의 온도 · 기울기가 작다.
- 물질확산 저항이 작다.

① 고정상 반응기
② 유동상 반응기
③ 액상 현탁 반응기
④ 기상 균일 반응기

[해설] 유동상 반응기의 특징
㉠ 촉매의 교환과 재생이 가능하다.
㉡ 물질 확산에 대한 저항이 적다.
㉢ 촉매층의 온도 · 기울기가 작다.

94 HBr의 생성반응속도식이 다음과 같을 때 k_2의 단위에 대한 설명으로 옳은 것은? 출제율 20%

$$r_{HBr} = \frac{k_1[H_2][Br_2]^{\frac{1}{2}}}{k_2 + [HBr]/[Br_2]}$$

① 단위는 $[m^3 \cdot s/mol]$이다.
② 단위는 $[mol/m^3 \cdot s]$이다.
③ 단위는 $[(mol/m^3)^{-0.5}(s)^{-1}]$이다.
④ 단위는 무차원(dimensionless)이다.

해설 $r_{HBr} = \dfrac{k_1[H_2][Br_2]^{\frac{1}{2}}}{k_2^{-1}[HBr]/[Br_2]}$

$\dfrac{[HBr]}{[Br_2]}$ = 무차원

따라서 k_2의 차원도 무차원이다.

95 $A \to C$의 촉매반응이 다음과 같은 단계로 이루어진다. 탈착반응이 율속단계일 때 Langmuir Hinshelwood 모델의 반응속도식으로 옳은 것은 어느 것인가? (단, A는 반응물, S는 활성점, AS와 CS는 흡착 중간체이며, k는 속도상수, K는 평형상수, S_0는 초기 활성점, [ ]는 농도를 나타낸다.) 출제율 40%

단계 1 : $A + S \xrightarrow{k_1} AS$
$\qquad [AS] = K_1[S][A]$

단계 2 : $AS \xrightarrow{k_2} CS$
$\qquad [CS] = K_2[AS] = K_2K_1[S][A]$

단계 3 : $CS \xrightarrow{k_3} C + S$

① $r_3 = \dfrac{[S_0]k_1K_1K_2[A]}{1 + (K_1 + K_2K_1)[A]}$

② $r_3 = \dfrac{[S_0]k_3K_1K_2[A]}{1 + (K_1 + K_2K_1)[A]}$

③ $r_3 = \dfrac{[S_0]k_1k_2K_1K_2[A]}{1 + (K_1 + K_2K_1)[A]}$

④ $r_3 = \dfrac{[S_0]k_1k_3K_1K_2[A]}{1 + (K_1 + K_2K_1)[A]}$

해설 흡착 : $A + S \underset{k_1'}{\overset{k_1}{\rightleftarrows}} AS$

표면반응 : $AS \underset{k_2'}{\overset{k_2}{\rightleftarrows}} BS$

탈착 : $BS \underset{k_3'}{\overset{k_3}{\rightleftarrows}} B + S$

$r_3 = k_3[CS] = k_3K_2K_1[S][A]$
$[S] = [S_0] - [CS] - [AS]$
$\quad = [S_0] - K_2K_1[S][A] - K_1[S][A]$
정리하면
$[S](1 + K_2K_1[A] + K_1[A]) = [S_0]$
$[S] = \dfrac{[S_0]}{1 + K_2K_1[A] + K_1[A]}$
$r_3 = \dfrac{[S_0]k_3K_1K_2[A]}{1 + (K_1 + K_2K_1)[A]}$

96 회분식 반응기나 관형 흐름반응기에서 연속반응($A \to B \to S$, 각각의 속도상수는 k_1, k_2)이 일어날 때 중간생성물 R이 최대가 되는 시간은 다음 중 어느 것인가? 출제율 60%

① k_1, k_2의 기하평균의 역수
② k_1, k_2의 산술평균의 역수
③ k_1, k_2의 대수평균의 역수
④ k_1, k_2에 관계없다.

해설 PFR, Batch의 R 최대
$\dfrac{C_{R_{max}}}{C_{A0}} = \left(\dfrac{k_1}{k_2}\right)^{k_2/(k_2 - k_1)}$
$\tau_{p_{opt}} = \dfrac{1}{k_{logmean}} = \dfrac{\ln(k_2/k_1)}{k_2 - k_1}$
k_1, k_2의 대수평균의 역수이다.

97 다음 그림으로 표시된 반응은? (단, C는 농도, t는 시간을 나타낸다.) 출제율 40%

① $A + R \to S$ ② $A + S \to R$

③ $A \to R \to S$ ④ $A \overset{\nearrow R}{\underset{\searrow S}{}}$

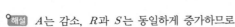 A는 감소, R과 S는 동일하게 증가하므로

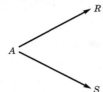

98 반응물 A와 B가 반응하여 목적하는 생성물 R과 그 밖의 생성물이 생긴다. 다음과 같은 반응식에 대해서 생성물 R의 생성을 높이기 위한 반응물 농도의 조건은? 출제율 40%

$$A + B \xrightarrow{k_1} R$$

$$A \xrightarrow{k_2} R$$

① C_B를 크게 한다.
② C_A를 크게 한다.
③ C_A, C_B 둘 다 상관없다.
④ C_B를 작게 한다.

해설 $A + B \rightarrow R$(목적), $A \rightarrow R$(그 밖의 생성물)
C_A의 농도는 낮고 C_B의 농도는 높게 한다(C_A가 C_B보다 높으면 목적하지 않은 것도 생성하기 때문).

99 복합반응의 반응속도상수의 비가 다음과 같을 때에 관한 설명으로 옳지 않은 것은? (단, 반응 1이 원하는 반응이다.) 출제율 80%

$$\frac{k_1}{k_2} = \frac{k_{10e}^{-E_1/RT}}{k_{20e}^{-E_2/RT}} = \frac{k_{10}}{k_{20}} e^{-(E_1 - E_2)/RT}$$

① 활성화에너지가 크면 고온이 적합하다.
② 평행반응에서 $E_1 > E_2$이면 고온을 사용한다.
③ 연속단계에서 $E_1 > E_2$이면 고온을 사용한다.
④ 온도가 상승할 때 $E_1 > E_2$이면 k_1/k_2은 감소한다.

해설 온도 상승 시
• $E_1 > E_2$이면 k_1/k_2 증가
• $E_1 < E_2$이면 k_1/k_2 감소

100 부피 100L이고 space time이 5min인 혼합흐름 반응기에 대한 설명으로 옳은 것은? 출제율 40%

① 이 반응기는 1분에 20L의 반응물을 처리할 능력이 있다.
② 이 반응기는 1분에 0.2L의 반응물을 처리할 능력이 있다.
③ 이 반응기는 1분에 5L의 반응물을 처리할 능력이 있다.
④ 이 반응기는 1분에 100L의 반응물을 처리할 능력이 있다.

해설 $V = 100\,\mathrm{L}$, $T = 5\,\mathrm{min}$
$$\nu_0 = \frac{V}{T} = \frac{100\,\mathrm{L}}{5\,\mathrm{min}} = 20\,\mathrm{L/min}$$

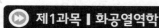
>> 제1과목 | 화공열역학

01 다음 그림에서 동력 W를 계산하는 식은 어느 것인가? [출제율 40%]

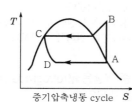
증기압축냉동 cycle

① $W = (H_B - H_C) - (H_A - H_C)$
② $W = (H_B - H_C) - (H_D - H_A)$
③ $W = (H_A - H_D) - (H_B - H_C)$
④ $W = (H_D - H_A) - (H_B - H_C)$

해설 증기압축냉동 사이클

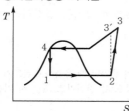

$W = Q_H - Q_C$ (방출열 - 흡수열)
$\quad = (H_3 - H_4) - (H_2 - H_1) = H_3 - H_2$
• $3 \to 4$ 과정 : 고온(Q_H)에서 열배출 과정
• $1 \to 2$ 과정 : 저온(Q_C)에서 열흡수 과정

02 다음 내연기관 사이클(cycle) 중 같은 조건에서 그 열역학적 효율이 가장 큰 것은? [출제율 60%]

① 카르노사이클(carnot cycle)
② 오토사이클(otto cycle)
③ 디젤사이클(diesel cycle)
④ 사바테사이클(sabathe cycle)

해설 Carnot cycle
이상적인 사이클로, 내연기관 사이클 중 같은 조건에서 열역학적 효율이 가장 크다. 카르노 엔진의 열효율은 온도의 높고 낮음에만 영향을 받고 그 외에는 무관하다.

03 일정온도에서 반 데르 발스(Van der Waals) 기체를 V_1으로부터 V_2로 팽창시켰다면 내부에너지 U의 변화는 1mol당 얼마가 되겠는가? (단, 반 데르 발스 상태방정식은 다음과 같다.) [출제율 40%]

$$P = \frac{RT}{V-b} - \frac{a}{V^2}$$

① $\Delta U = b\left(\dfrac{1}{V_1} - \dfrac{1}{V_2}\right)$
② $\Delta U = b\left(\dfrac{1}{V_2} - \dfrac{1}{V_1}\right)$
③ $\Delta U = a\left(\dfrac{1}{V_2} - \dfrac{1}{V_1}\right)$
④ $\Delta U = a\left(\dfrac{1}{V_1} - \dfrac{1}{V_2}\right)$

해설 $dU = TdS - PdV$, dV로 나누면 다음과 같다.

$$\left(\frac{dU}{dV}\right)_T = T\left(\frac{dS}{dV}\right)_T - P \quad\cdots\cdots\cdots\cdots ㉠$$

맥스웰 방정식 $\left(\dfrac{dS}{dV}\right)_T = \left(\dfrac{dP}{dT}\right)_V$을 ㉠식에 대입

$$\left(\frac{dU}{dV}\right)_T = T\left(\frac{dP}{dT}\right)_V - P$$

반 데르 발스 식

$$P = \frac{RT}{V-b} - \frac{a}{V^2} \rightarrow \left(\frac{dP}{dT}\right)_V = \frac{R}{V-b}$$

$$\left(\frac{dU}{dV}\right)_T = \frac{RT}{V-b} - P = \frac{RT}{V-b} - \left(\frac{RT}{V-b} - \frac{a}{V^2}\right)$$

$$\left(\frac{dU}{dV}\right)_T = \frac{a}{V^2}$$

$$\Delta U = a\left(\frac{1}{V_1} - \frac{1}{V_2}\right)$$

04 $P-H$ 선도($P-H$ diagram)에서 등엔트로피(Isentropic) 선의 기울기에 해당하는 식은 어느 것인가? [출제율 20%]

① $\left(\dfrac{\partial P}{\partial H}\right)_S = V$
② $\left(\dfrac{\partial P}{\partial H}\right)_S = T$
③ $\left(\dfrac{\partial H}{\partial P}\right)_S = T$
④ $\left(\dfrac{\partial H}{\partial P}\right)_S = V$

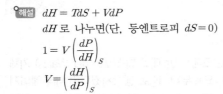

해설 $dH = TdS + VdP$

dH로 나누면(단, 등엔트로피 $dS = 0$)

$$1 = V\left(\frac{dP}{dH}\right)_S$$

$$V = \left(\frac{dH}{dP}\right)_S$$

---

05 150kPa, 300K에서 2몰 이상기체의 부피는 얼마인가? [출제율 80%]

① 0.03326m^3

② 0.3326m^3

③ 3.326m^3

④ 33.26m^3

해설 이상기체상태방정식

$PV = nRT$

$$V = \frac{nRT}{P}$$

$$= \frac{2\,\text{mol} \times 0.082\,\text{atm} \cdot \text{L/mol} \cdot \text{K} \times 300\,\text{K} \times \dfrac{1\,\text{m}^3}{1000\,\text{L}}}{150\,\text{kPa} \times \dfrac{1\,\text{atm}}{101.325\,\text{kPa}}}$$

$$= 0.03326\,\text{m}^3$$

---

06 25℃, 10atm에서 성분 1, 2로 된 2성분 액체혼합물 중 성분 1의 퓨가시티가 다음 식으로 주어진다. 성분 1에 대한 헨리(Henry) 상수는 몇 atm인가? (단, x_1은 성분 1의 몰분율이고, $\overline{f}$은 atm 단위를 갖는다.) [출제율 20%]

$$\overline{f_1} = 40x_1 - 50x_1^2 + 80x_1^3$$

① 10

② 20

③ 40

④ 50

해설 Henry 상수와 Fugacity

Henry의 법칙은 기상의 농도가 매우 낮을 때 적용하는 법칙이다.

$$\hat{f_i} = K_i m_i$$

즉 $x_i = 0$에 근접할 때 적용한다. 따라서 $\hat{f}$를 미분하고 0을 대입하면 된다.

$\hat{f}' = 40 - 100x_1 + 240x_1^2 = 40 - 0 + 0 = 40\,\text{atm}$

---

07 조름공정(throttling process)은 다음 중 어느 과정과 그 원리가 같은가? [출제율 40%]

① 정용과정

② 등온과정

③ 등엔트로피과정

④ 등엔탈피과정

해설 조름공정(throttling process)

㉠ 증기압축사이클에서 응축된 액체가 압력강하에 의해 원래 압력으로 되돌아갈 경우 조름과정을 통해 이루어진다.

㉡ 조름과정은 등엔탈피에서 이루어진다. 즉, 등엔탈피과정과 원리가 동일하다.

---

08 다음 중 역행응축(retrograde condensation)을 이용한 것은? [출제율 20%]

① 가스 같은 기체를 운반하기 위하여 가스통의 압력을 높인다.

② 지하 유정에서 가스를 끌어올 때 가벼운 가스를 다시 넣어 주어 압력을 높인다.

③ 먼지를 제거하기 위하여 질소를 탱크에서 분사시킨다.

④ 냉매를 이용하여 공기를 냉각시켜 에어컨을 가동한다.

해설 역행응축

역행응축은 온도가 증가할 때 응축하고 온도가 내려갈 때 증발하는 현상으로, 천연가스 채굴 시 이용된다.

보충Tip

예1) 냉매를 이용하여 공기 냉각 → 에어컨 가동
예2) 천연가스 채굴 시 동력 없이 → 액화천연가스를 얻음

---

09 27℃, 1800atm 하에서 산소 1mol의 부피는 약 몇 L인가? (단, 압축인자는 1.5이다.) [출제율 60%]

① 20.5

② 0.0185

③ 0.0205

④ 0.00185

해설 이상기체상태방정식과 압축인자

$PV = ZnRT$

여기서, Z : 압축인자

$$V = \frac{ZnRT}{P}$$

$$= \frac{1.5 \times 1 \times 0.082 \times 300}{1800} = 0.0205\,\text{L}$$

10 $C(s) + O_2(g) \rightarrow CO_2(g)$

: $\Delta H_1 = -94050 \text{kcal/kmol}$

$CO(g) + 1/2 O_2(g) \rightarrow CO_2(g)$

: $\Delta H_2 = -67640 \text{kcal/kmol}$

위와 같은 반응을 알고 있을 때 다음의 반응열은 얼마인가? 출제율 40%

$$C(s) + \frac{1}{2}O_2(g) \rightarrow CO(g)$$

① -37025kcal/kmol

② -26410kcal/kmol

③ -74050kcal/kmol

④ $+26410 \text{kcal/kmol}$

해설 $C(s) + O_2(g) \rightarrow CO_2(g) : \Delta H_1 = -94050 \text{kcal/kmol}$

$CO_2(g) \rightarrow CO(g) + \frac{1}{2}O_2(g) : \Delta H_2$

$= +67640 \text{kcal/kmol}$

$C(s) + \frac{1}{2}O_2(g) \rightarrow CO(g) : \Delta H_1 = -26410 \text{kcal/kmol}$

11 이상기체에 대하여 $C_P - C_V = nR$이 적용되는 조건은? 출제율 60%

① $\left(\dfrac{\partial V}{\partial T}\right)_P = 0$ ② $\left(\dfrac{\partial C_v}{\partial V}\right)_T = R$

③ $\left(\dfrac{\partial H}{\partial V}\right)_T = R$ ④ $\left(\dfrac{\partial U}{\partial V}\right)_T = 0$

해설 $dU = dQ - PdV, \ (dV = 0)$

내부에너지, 부피는 온도만의 함수

$C_P - C_V = R \Rightarrow \left(\dfrac{dU}{dT}\right)_P = \dfrac{nR}{P}, \ \left(\dfrac{dU}{dV}\right)_T = 0$

12 단일성분이 두 상으로 평형을 이룰 때 두 상의 각각의 열역학적 특성치 관계로 옳은 것은 어느 것인가? 출제율 40%

① 각 상의 내부에너지는 같다.

② 각 상의 자유에너지는 같다.

③ 각 상의 엔탈피는 같다.

④ 각 상의 일함수는 같다.

해설 상평형

단일성분이 두 상으로 평형을 이룰 때 각 상의 $T, P,$ G가 같다.

13 어떤 기체의 상태방정식은 $P(V-b) = RT$ 이다. 이 기체 1mol이 3m³에서 5m³로 등온팽창할 때 행한 일의 크기는? (단, b의 단위는 m³이고, $D < b < V$ 이다.) 출제율 40%

① $RT \ln\left(\dfrac{5-b}{3-b}\right)$ ② $\ln\left(\dfrac{3-b}{5-b}\right)$

③ $RTb \ln\left(\dfrac{3}{5}\right)$ ④ $RT \ln\dfrac{5}{3} + \ln b$

해설 이상기체 등온팽창공정

$$Q = W = RT \ln\frac{P_1}{P_2} = RT \ln\frac{\dfrac{RT}{3-b}}{\dfrac{RT}{5-b}} = RT \ln\left(\frac{5-b}{3-b}\right)$$

14 1atm, 100℃에서 1mol의 수증기와 물과의 내부에너지 차는 약 몇 cal인가? (단, 수증기는 이상기체로 생각하고 주어진 압력과 온도에서 물의 증발잠열은 539cal/g이다.) 출제율 60%

① 189070 ② 87090

③ 19110 ④ 8960

해설 내부에너지와 엔탈피

$U = H - PV, \ H = U + PV$

$U = H - nRT (PV = nRT)$

$= 539 \text{cal/g} \times 18 \text{g} - 1.987 \text{cal/mol} \cdot \text{K} \times 1 \text{mol}$

$= 8960 \text{cal}$

보충 Tip

$1 \text{mol} \times 18 \text{g/mol} \times 539 \text{cal/g} = 8960 \text{cal}$

15 절대온도 T의 일정온도에서 이상기체를 1기압에서 10기압으로 가역적인 압축을 한다면, 외부가 해야 할 일의 크기는? 출제율 80%

① $RT \ln 10$ ② RT^2

③ $9RT$ ④ $10RT$

해설 이상기체 등온공정

$$Q = W = RT \ln\frac{V_2}{V_1} = RT \ln\frac{P_1}{P_2}$$

외부에서 한 일

$$W = -RT \ln\frac{P_1}{P_2} = RT \ln\frac{P_2}{P_1}$$

$$W = RT \ln\frac{10}{1} = RT \ln 10$$

16 물과 에탄올, 벤젠의 3성분계가 기체-액체 상평형을 이루고 있다. 자유도는 얼마인가? (단, 액상은 균일하다.) 〔출제율 80%〕

① 1 　② 2
③ 3 　④ 4

해설 자유도(F)
$F = 2 - P + C$
여기서, P : 상, C : 성분
주어진 문제에서 성분 $C = 3$, 상 $= 2$(기·액)
$F = 2 - 2 + 3 = 3$

17 줄-톰슨(Joule-Thomson) 계수 μ에 대한 표현으로 옳은 것은? 〔출제율 40%〕

① $\mu = \dfrac{1}{C_P}\left[T\left(\dfrac{\partial V}{\partial T}\right)_P - V\right]$

② $\mu = -\dfrac{1}{C_P}\left[T\left(\dfrac{\partial V}{\partial T}\right)_P - V\right]$

③ $\mu = \dfrac{1}{C_P}\left[V - T\left(\dfrac{\partial T}{\partial V}\right)_P\right]$

④ $\mu = \dfrac{1}{C_V}\left[V - T\left(\dfrac{\partial V}{\partial T}\right)_P\right]$

해설 줄-톰슨(Joule-Thomson) 계수
$\mu = \left(\dfrac{\partial T}{\partial P}\right)_H = -\dfrac{\left(\dfrac{\partial H}{\partial P}\right)_T}{\left(\dfrac{\partial H}{\partial T}\right)_P} = -\dfrac{1}{C_P}\left(\dfrac{\partial H}{\partial P}\right)_T$

$\mu = \left(\dfrac{\partial T}{\partial P}\right)_H = \dfrac{T\left(\dfrac{\partial V}{\partial T}\right)_P - V}{C_P}$, $\mu = \dfrac{V(\beta T - 1)}{C_P}$

18 두헴(Duhem)의 정리는 "초기에 미리 정해진 화학성분들의 주어진 질량으로 구성된 어떤 닫힌 계에 대해서도, 임의의 두 개의 변수를 고정하면 평형상태는 완전히 결정된다."라고 표현할 수 있다. 다음 중 설명이 옳지 않은 것은 어느 것인가? 〔출제율 40%〕

① 정해 주어야 하는 두 개의 독립변수는 세기변수일 수도 있고 크기변수일 수도 있다.
② 독립적인 크기변수의 수는 상률에 의해 결정된다.
③ $F = 1$일 때 두 변수 중 하나는 크기변수가 되어야 한다.
④ $F = 0$일 때는 둘 모두 크기변수가 되어야 한다.

해설 상률
평형상태에서 π상 N개 성분계에서 상률의 변수는 세기성질인 압력(P)과 온도(T), 그리고 각 상에서의 $N-1$개의 몰분율이므로 $2 + (N-1)\pi$개의 변수가 있다.
$F = 2 - \pi + N$

19 수용액 속에서 낮은 농도로 들어 있는 성분(i)에 대하여 그 활동도(activity) $\hat{a}$를 옳게 나타낸 것은? (단, X_i : 몰분율, w_i : 질량분율, m_i : 몰랄농도(molality)이다.) 〔출제율 20%〕

① $\hat{a_i} = X_i$ 　② $\hat{a_i} = m_i$
③ $\hat{a_i} = w_i$ 　④ $\hat{a_i} = w_i X_i$

해설 헨리의 법칙
용질의 농도가 매우 낮은 경우
$\hat{a_i} = \dfrac{\hat{f_i}}{f_i^\circ} = m_i$(몰랄농도)

20 다음 중 줄-톰슨(Joule-Thomson) 계수(μ)에 대한 설명으로 옳은 것은? 〔출제율 40%〕

① $\mu = \left(\dfrac{\partial P}{\partial T}\right)_H$로 정의된다.
② 항상 양(+)의 값을 갖는다.
③ 전환점(inversion point)에서는 1의 값을 갖는다.
④ 이상기체의 경우 값이 0이다.

해설 줄-톰슨(Joule-Thomson) 계수
$\mu = \left(\dfrac{\partial T}{\partial P}\right)_H = \dfrac{T\left(\dfrac{\partial V}{\partial T}\right)_P - V}{C_P}$
이상기체의 경우 $T\left(\dfrac{\partial V}{\partial T}\right)_P = \dfrac{RT}{P} = V$이므로
$\mu = 0$이다.

▶▶ 제2과목 | 단위조작 및 화학공업양론

21 수분 40wt%를 함유한 목재 100kg이 건조기에서 수분 20wt%까지 건조된다. 증발된 물의 양은 얼마인가? 〔출제율 40%〕

① 50kg 　② 40kg
③ 35kg 　④ 25kg

> **[해설]** 40% 수분 목재 100kg 목재 60%
> (목재 60kg, 수분 40kg)
> 20%까지 건조 후 수분량을 x라 하면
> $$\frac{x}{x+60}\times 100 = 20\%$$
> $100x = 20x + 1200,\ x = 15\,\text{kg}$
> 증발된 물의 양 = 40kg − 15kg = 25kg

22 몰 조성이 79% N_2 및 21% O_2인 공기가 있다. 20℃, 740mmHg에서 이 공기의 밀도는 약 몇 g/L인가? 〔출제율 80%〕

① 1.17 ② 1.34
③ 3.21 ④ 6.453

> **[해설]** 공기의 평균분자량 = 질소 79%, 산소 21%라 하면
> $= 28\times 0.79 + 32\times 0.21 = 28.84$
> $$PV = nRT,\ PV = \frac{W}{M}RT$$
> $$\rho = \frac{W}{V} = \frac{MP}{RT} = \frac{28.84\times 740\times \frac{1}{760}}{0.082\times 293} = 1.17\,\text{g/L}$$

23 과열수증기가 190℃(과열), 10bar에서 매시간 2000kg/h로 터빈에 공급되고 있다. 증기는 1bar 포화증기로 배출되며 터빈은 이상적으로 가동된다. 수증기의 엔탈피가 다음과 같다고 할 때 터빈의 출력은 몇 kW인가? 〔출제율 20%〕

> $\hat{H}_{\text{in}}$(10bar, 190℃) = 3201kJ/kg
>
> $\hat{H}_{\text{out}}$(1bar, 포화증기) = 2675kJ/kg

① $W = -1200\text{kW}$ ② $W = -292\text{kW}$
③ $W = -130\text{kW}$ ④ $W = -30\text{kW}$

> **[해설]** 출력 $P = (\hat{H}_{\text{out}} - \hat{H}_{\text{in}})\times$ 공급량
> $= (2675 - 3201)\times 2000\,\text{kg/h}\times 1\text{h}/3600\text{s}$
> $= -292\,\text{kW}$

24 CO_2 75vol%와 NH_3 25vol%의 기체 혼합물을 KOH로 CO_2를 제거하였더니 유출가스의 조성은 25vol% CO_2였다. CO_2 제거효율은 약 몇 %인가? (단, NH_3의 양은 불변이다.) 〔출제율 20%〕

① 10 ② 33
③ 67 ④ 89

> **[해설]** 유출가스 CO_2 25%, NH_3 75%이고
> 초기 CO_2 75%, NH_3 25%이므로
> 여기서, KOH가 CO_2만 제거했으므로
> CO_2를 x, NH_3 25%로 가정하면
> $$\frac{x}{x+25} = 0.25,\ x = 8.33$$
> 제거효율 $= \frac{75 - 8.33}{75}\times 100 = 88.89\%$

25 다음 중 임계상태에 관련된 설명으로 옳지 않은 것은? 〔출제율 20%〕

① 임계상태는 압력과 온도의 영향을 받아 기상거동과 액상거동이 동일한 상태이다.
② 임계온도 이하의 온도 및 임계압력 이상의 압력에서 기체는 응축하지 않는다.
③ 임계점에서의 온도를 임계온도, 그때의 압력을 임계압력이라고 한다.
④ 임계상태를 규정짓는 임계압력은 기상거동과 액상거동이 동일해지는 최저압력이다.

> **[해설]** 임계온도 이상, 임계압력 이상에서 기체는 응축하지 않는다.

26 상변화에 수반되는 열을 결정하는 데 사용되는 Clausius-Clapeyron 식에 대한 설명 중 옳은 것은? 〔출제율 40%〕

① 온도에 대한 포화증기압 도시(plot)의 최대값으로부터 잠열을 결정할 수 있다.
② 온도에 대한 포화증기압 도시(plot)의 최소값으로부터 잠열을 결정할 수 있다.
③ 온도역수에 대한 포화증기압 대수치 도시 (plot)의 기울기로부터 잠열을 구할 수 있다.
④ 온도역수에 대한 포화증기압 대수치 도시 (plot)의 절편으로부터 잠열을 구할 수 있다.

> **[해설]** Clausius-Clapeyron 식
> $$\ln\frac{P_2}{P_1} = \frac{\Delta H}{R}\left(\frac{1}{T_1} - \frac{1}{T_2}\right)$$
> 여기서, ΔH : 잠열
> R : 기체 상수

27 NH₃가스가 3.5m³의 용기 속에 21atm, 50℃로 들어 있다. 이 조건에서 NH₃가스의 압축계수(compressibility factor)가 0.845라면 용기 속에 들어있는 NH₃의 양은 약 얼마인가? _{출제율 80%}

① 18.1kg ② 21.4kg
③ 47.2kg ④ 55.8kg

해설 $PV = ZnRT = Z\dfrac{W}{M}RT$

$W = \dfrac{PVM}{ZRT} = \dfrac{21 \times 3.5 \times 17}{0.845 \times 0.082 \times 323} = 55.8\,\text{kg}$

28 4HCl+O₂ → 2H₂O+2Cl₂ 반응으로 촉매 존재하에 건조공기로 건조염화수소를 산화시켜 염소를 생산한다. 이때 공기를 30% 과잉으로 사용하면 반응기에 들어가는 기체 중 HCl의 부피 조성은 몇 %인가? (단, 공기 중 산소의 부피 조성은 21%) _{출제율 20%}

① 35.05 ② 39.25
③ 75.54 ④ 80.05

해설 $4HCl + O_2 \rightarrow 2H_2O + 2Cl_2$
$\quad 4 \ : \ 1$
공기 중에 산소는 21% 있으므로 필요한 공기량은
$1 \times \dfrac{100\,\text{Air}}{21\,O_2} \times 1.3(\text{과잉공기}) = 6.2\,\text{mol}$

HCl 부피 조성 $= \dfrac{4}{4 + 6.2} \times 100 = 39.2\%$

29 노 벽이 두께 25mm의 내화벽돌과 두께 20cm의 보통벽돌로 이루어져 있다. 내화벽돌과 보통벽돌의 열전도도는 각각 0.1kcal/m·h·℃, 1.2 kcal/m·h·℃이며, 노 벽의 내면온도는 1000℃이고 외면온도는 60℃이다. 이 때 외부 노벽으로부터의 단위면적당 열손실은 몇 kcal/m²·h인가? _{출제율 60%}

① 1236 ② 2256
③ 3326 ④ 4526

해설 $q = \dfrac{\Delta t}{\dfrac{l_1}{k_1 A} + \dfrac{l_2}{k_2 A}}$

$\dfrac{q}{A} = \dfrac{\Delta t\,k_1 k_2}{l_1 k_2 + l_2 k_1}$
$= \dfrac{(1000-60) \times 0.1\,\text{kcal/m·h·℃} \times 1.2\,\text{kcal/m·h·℃}}{0.025\,\text{m} \times 1.2\,\text{kcal/m·h·℃} + 0.2\,\text{m} \times 0.1\,\text{kcal/m·h·℃}}$
$= 2256\,\text{kcal/m}^2 \cdot \text{h}$

30 30wt%의 A, 70wt% B의 혼합물에서 A의 몰분율은 얼마인가? (단, A의 분자량은 60이고, B의 분자량은 140이다.) _{출제율 20%}

① 0.3 ② 0.4
③ 0.5 ④ 0.6

해설 $x_A = \dfrac{n_A}{n_A + n_B} = \dfrac{30/60}{30/60 + 70/140} = 0.5$

보충 Tip

A, B의 혼합물의 양 100g 가정
(A : 30g, B : 70g)

31 펌프의 공동현상을 방지하기 위하여 고려해야 할 사항이 아닌 것은? _{출제율 20%}

① NPSH(Net Positive Suction Head)가 크게 펌프를 설치한다.
② 유입관로에서의 유속을 작게 배관한다.
③ 흡입관로에서의 손실수두를 작게 배관한다.
④ 펌프의 회전수를 크게 한다.

해설 공동현상 방지 시 고려사항
㉠ NPSH가 크게 펌프를 설치한다.
㉡ 유입관로에서의 유속을 작게 배관한다.
㉢ 흡입관로에서의 손실수두를 작게 배관한다.
㉣ 펌프의 회전수를 작게한다(액체 내 증기기포 발생 억제).

보충 Tip

공동현상
원심펌프를 높은 능력으로 운전 시 임펠러 흡입부의 압력이 낮아져 부분적으로 증기가 발생되는 현상이다.

32 원관 내에 유체가 난류로 흐르고 있다. 평균유속은 0.5m/s이며, 축방향 평균제곱편차속도는 6.35×10^{-4}m²/s²이다. 이 때 난류 강도는 약 몇 %인가? _{출제율 20%}

① 10 ② 8
③ 7 ④ 5

해설 난류 강도 $= \dfrac{\sqrt{편차속도^2}}{유체평균유속} \times 100$
$= \dfrac{\sqrt{6.35 \times 10^{-4}\,\text{m}^2/\text{s}^2}}{0.5\,\text{m/s}}$
$= 5.03\%$

33 다음 중 이상기체의 밀도를 옳게 설명한 것은 어느 것인가? _{출제율 40%}

① 온도에 비례한다.
② 압력에 비례한다.
③ 분자량에 반비례한다.
④ 이상기체상수에 비례한다.

해설 이상기체상태방정식에서 밀도

$$PV = nRT = \frac{W}{M}RT$$

$$\rho = \frac{W}{V} = \frac{PM}{RT}$$

ρ 는 압력과 분자량에 비례하고 기체상수와 온도에 반비례한다.

34 천연가스를 상온상압에서 150m³/min의 유량으로 수송한다. 이 조건에서 공정 파이프 라인(line)의 최적유속을 1m/s로 하려면 사용 관의 직경은 약 몇 m로 하여야 하는가? _{출제율 20%}

① 1.58
② 1.78
③ 2.24
④ 2.48

해설 $Q = A \cdot V$

$$150\,\mathrm{m^3/min} \times 1\,\mathrm{min}/60\,\mathrm{s} = \frac{\pi}{4}D^2 \times 1\,\mathrm{m/s}$$

$$D = 1.78\,\mathrm{m}$$

35 증류탑에서 환류비를 나타내는 식으로 옳지 않은 것은? (단, R_D, R_V는 환류비, L은 농축부 강하액량, D는 탑상부 제품량, V는 탑 내 농축부 상승증기량이다.) _{출제율 40%}

① $R_D = L/D$
② $R_V = L/V$
③ $R_V = L/(L+D)$
④ $R_V = D/V$

해설 $R_D = \dfrac{L}{D}$, $R_V = \dfrac{L}{V}$, $R_V = \dfrac{L}{L+D}$: 가능

$$R_D = \frac{D}{V} : \text{불가능}$$

36 다음 중 주된 용도가 나머지 셋과 다른 것은 어느 것인가? _{출제율 40%}

① 피토관(pitot tube)
② 마노미터(manometer)
③ 로터미터(rotameter)
④ 벤투리미터(venturi meter)

해설
• 압력차 측정 : 마노미터
• 유량 측정 : 피토관, 로터미터, 벤투리미터

37 저수지로부터 10m 높이의 개방탱크에 펌프로 물을 퍼 올리며 출구의 유속을 3.13m/s로 유지한다. 유로의 마찰손실을 무시하고 온도가 일정할 때 펌프의 이론동력은 약 몇 kgf·m/kg인가? _{출제율 40%}

① 10.5
② 13.1
③ 14.5
④ 16.3

해설 $W = \dfrac{v_2^2 - v_1^2}{2g_c} + \dfrac{g}{g_c}(Z_2 - Z_1) + \displaystyle\int_{P_1}^{P_2} VdP$

$$= \frac{3.13^2}{2 \times 9.8}\,\mathrm{kgf \cdot m/kg} + 10\,\mathrm{kgf \cdot m/kg}$$

$$= 10.5\,\mathrm{kgf \cdot m/kg}$$

38 상계점(plait point)에 대한 설명 중 틀린 것은 어느 것인가? _{출제율 40%}

① 추출상과 추잔상의 조성이 같아지는 점
② 분배곡선과 용해도곡선과의 교점
③ 임계점(critical point)으로 불리기도 하는 점
④ 대응선(tie-line)의 길이가 0이 되는 점

해설 상계점(plait point)
㉠ 추출상과 추잔상에서 추질의 조성이 같은 점을 말한다.
㉡ 대응선(tie-line)의 길이가 0이 된다.
㉢ 균일상에서 불균일상으로 되는 경계점이다.
㉣ 임계점(critical point)이라고도 한다.

39 다음 중 최고공비혼합물에 대한 설명으로 틀린 것을 고르면? _{출제율 40%}

① 휘발도가 정규상태보다 비정상적으로 높다.
② 같은 분자 간 인력이 다른 분자 간 인력보다 작다.
③ 활동도 계수가 1보다 작다.
④ 증기압이 이상용액보다 작다.

해설 최고공비혼합물
㉠ 휘발도가 이상적으로 낮은 경우($\gamma_A < 1$, $\gamma_B < 1$). 즉, 휘발도가 정규상태보다 비정상적으로 낮다.
㉡ 증기압이 낮아지고, 비점은 높아진다.
㉢ 같은 분자 간 친화력 < 다른 분자 간 친화력

40 모세관현상이 지배적인 다공성 고체를 건조할 때 건조속도의 특성을 나타낸 그림은? 〔출제율 20%〕

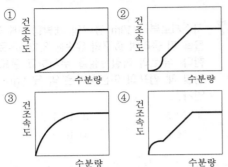

해설 모세관현상

액체가 외부 도움 없이 좁은 관을 오르는 현상. 즉, 모세관현상이 지배적인 다공성 고체의 건조속도는 수분량이 많을 때는 일정, 중간 정도에서는 상승, 거의 없을 때는 없다.

▶▶ 제3과목 Ⅰ 공정제어

---

41 시간상수가 1분인 1차계로 표현되는 수은온도계가 25℃의 실내에 놓여 있었다. 어느 순간이 온도계를 5℃의 바깥공기에 노출시켰다면, 약 몇 분 후에 온도계 눈금이 6℃를 나타내겠는가? 〔출제율 40%〕

① 1.0분　　　② 2.0분
③ 3.0분　　　④ 4.0분

해설 $G(s) = \dfrac{1}{\tau s + 1}$, $\tau = 1$분 $\rightarrow G(s) = \dfrac{1}{s+1}$

$X(t) = 20\,(25℃ 와\ 5℃\ 차이) \rightarrow X(s) = \dfrac{20}{s}$

$Y(s) = G(s) \cdot X(s) = \dfrac{1}{s+1} \times \dfrac{20}{s} = 20\left(\dfrac{1}{s} - \dfrac{1}{s+1}\right)$

$y(t) = 20(1 - e^{-t}) = 19\,(25℃ 와\ 6℃\ 차이)$

$t = 3$분

42 0~500℃ 범위의 온도를 4~20mA로 전환하도록 스팬 조정이 되어 있던 온도센서에 맞추어 조율되었던 PID제어기에 대하여 0~250℃ 범위의 온도를 4~20mA로 전환하도록 온도센서의 스팬을 재조정한 경우, 제어성능을 유지하기 위하여 PID제어기의 조율은 어떻게 바뀌어야 하는가? 〔출제율 40%〕

① 비례이득 값을 2배로 늘린다.
② 비례이득 값을 1/2로 줄인다.
③ 적분상수 값을 1.2로 줄인다.
④ 제어기 조율을 바꿀 필요 없다.

해설 전환기의 Gain $(K_m) = \dfrac{전환기의\ 출력범위}{전환기의\ 입력범위}$

$\dfrac{16}{500} \rightarrow \dfrac{16}{250}$: 비례이득 값을 1/2로 줄인다.

(PID제어기 조율에서 공정이득이 커지면 비례이득은 대략 반비례 관계로 줄어든다.)

43 다음의 함수를 라플라스로 전환한 것으로 옳은 것은? 〔출제율 60%〕

$$f(t) = e^{2t} \sin 2t$$

① $F(s) = \dfrac{\sqrt{2}}{(s+2)^2 + 2}$

② $F(s) = \dfrac{\sqrt{2}}{(s-2)^2 + 2}$

③ $F(s) = \dfrac{2}{(s-2)^2 + 4}$

④ $F(s) = \dfrac{2}{(s+2)^2 + 4}$

해설 $\mathcal{L}\{e^{2t}\sin 2t\} = \mathcal{L}(\sin 2t)_{s \to s-2} = \dfrac{2}{(s-2)^2 + 2^2}$

44 다음 블록선도에서 전달함수 $\dfrac{Y(s)}{X(s)}$ 중 맞는 것은? 〔출제율 80%〕

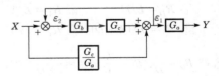

① $\dfrac{G_a G_b G_c + G_c}{1 + G_a G_b}$　　② $\dfrac{G_a G_b G_c + G_c}{1 + G_b G_c}$

③ $\dfrac{G_a G_b G_c + G_b}{1 + G_a G_b}$　　④ $\dfrac{G_a G_b G_c + G_b}{1 + G_b G_c}$

해설 $\dfrac{Y}{X} = \dfrac{직진}{1 + \text{feedback}}$

$= \dfrac{G_a G_b G_c + \left(\dfrac{G_c}{G_a}\right) G_a}{1 + G_b G_c} = \dfrac{G_a G_b G_c + G_c}{1 + G_b G_c}$

45 일차계 공정에 사인파 입력이 들어갔을 때 시간이 충분히 지난 후의 출력은? 출제율 20%

① 입력 사인파의 진폭에 공정이득을 곱한 크기의 진폭을 가지는 사인파를 보인다.
② 입력 사인파와 같은 주파수를 가지는 사인파를 보인다.
③ 입력 사인파와 같은 위상을 가지는 사인파를 보인다.
④ 입력 사인파의 진폭에 공정이득을 나눈 크기의 진폭을 가지는 사인파를 보인다.

해설 1차계 sin 함수
$$= \frac{KA}{\sqrt{1+\tau^2\omega^2}}\sin(\omega t+\phi)$$
(진폭비)
사인파 입력이 있을 때 시간이 지난 후 출력은 입력 사인파와 같은 주파수를 가진 사인파를 보인다.

46 비례이득을 변화시켜 공정출력을 연속적으로 진동하게 하여 제어기를 튜닝하는 방법(continuous cycling)에 관한 다음 설명 중 옳지 않은 것은? 출제율 20%

① 시간지연이 없는 1차 공정에 적용이 가능하다.
② 공정에 대한 사전지식이 없어도 된다.
③ 연속진동 주기와 연속진동을 가져오는 비례이득 정보를 이용하여 제어기를 튜닝한다.
④ 시간이 많이 걸리고 진동폭이 커지면 위험할 수 있기 때문에 적용할 수 없는 경우가 있다.

해설 비례제어기
㉠ 제어기로부터의 출력에 의한 값과 설정값의 오차를 가지고 조절하는 제어기로, 공정에 대한 사전지식이 필요없다.
㉡ 비례제어기는 계단응답특성을 나타낸다.
㉢ 시간지연이 없는 1차 공정에 비례이득을 변화시켜도 튜닝이 되지 않아 적용하지 않는다.

보충 Tip
시간지연이 있어도 적용할 수 있으며, 공정출력이 연속적으로 진동하게 하여 제어기를 튜닝하므로 억지로 진동을 주므로 공정에 대한 사전 지식이 없어도 된다.

47 Disturbance(외부교란)가 시간에 따라 변화할 때 제어변수가 고정된 Set point에 따르도록 조절변수를 제어하는 것을 무슨 제어라고 칭하는가? 출제율 40%

① 조정(regulatory)제어
② 서보(servo)제어
③ 감시제어
④ 예측제어

해설 조정제어(regulatory control)
외부교란의 영향에도 불구하고 제어변수를 원하는 설정값으로 유지하고자 하는 제어를 말한다.

48 어떤 공정이 전달함수 $G(s) = \dfrac{1}{(s+1)(3s+1)}$ 로 표현된다. 공정입력으로 $\sin(t)$가 계속 들어갈 때 시간이 충분히 지난 후의 공정출력에 관한 설명 중 틀린 것은? 출제율 20%

① 공정출력은 공정입력과 비교해서 arctan(1) + arctan(3)[radian]만큼 지연되어서 나타나는 sin파이다.
② 공정출력은 진폭이 $1/(\sqrt{2}\sqrt{10})$인 sin파이다.
③ 공정이 안정하기 때문에 출력은 진동하면서 점점 0으로 수렴한다.
④ 공정출력은 주파수(frequency)가 1인 sin파이다.

해설 $G(s) = \dfrac{1}{3s^2+4s+1}$
$\tau = \sqrt{3}$, $2\tau\zeta = 4$
$2\sqrt{3}\zeta = 4$, $\zeta = \dfrac{2}{\sqrt{3}} > 1$
과도감쇠된 시스템으로 나타난다.

49 Smith predictor는 어떠한 공정문제를 보상하기 위하여 사용되는가? 출제율 40%

① 역응답
② 공정의 비선형
③ 지연시간
④ 공정의 상호간섭

해설 Smith predictor
사장시간 보상기로, 지연시간을 보상하기 위해 사용된다.

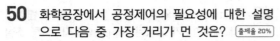
50 화학공장에서 공정제어의 필요성에 대한 설명으로 다음 중 가장 거리가 먼 것은? 출제율 20%

① 균일한 제품을 생산하여 제품의 질을 향상시키기 위해 필요하다.
② 온도나 압력 등의 공정변수들을 잘 관리하여 사고를 예방하기 위해 필요하다.
③ 생산비 절감 및 생산성 향상을 위해 필요하다.
④ 공장운전의 완전 무인화를 위해 필요하다.

해설 화학공장 공정제어 목적
㉠ 가장 경제적이고 안정적인 방법으로 원하는 제품 생산하기 위함이다.
㉡ 제품의 질을 향상시키기 위함이다.
㉢ 비용절감이 목적이며, 공장의 완전 무인화와는 관계없다.

51 주파수 응답 해석(frequency response analysis)에 대한 설명 중 틀린 것은? 출제율 40%

① 사인파 형태의 공정입력이 가해졌을 경우 공정출력의 형태를 해석한 것이다.
② 주파수 응답 해석은 앞먹임 제어루프의 안정도를 해석하는 데에 주로 사용된다.
③ $G(s)$를 전달함수로 가지는 공정의 진폭비는 $|G(iw)|$이다.
④ 보데 선도(Bode plot)는 주파수에 대한 공정의 진폭비와 위상각 변화를 그래프로 표시한 것이다.

해설 Feedforward
외부교란을 사전에 측정하고 이 측정값을 이용하여 외부교란이 공정에 미치게 될 영향을 사전에 보정하므로 주파수 응답 해석을 앞먹임 제어루프의 안정도를 해석하는 데 주로 사용되지 않는다.

52 전달함수가 $\dfrac{Y(s)}{X(s)} = \dfrac{\tau_1 s + 1}{\tau_2 s + 1}$인 계에서 단위계 단응답 $Y(t)$는? 출제율 60%

① $1 + \dfrac{\tau_1 - \tau_2}{\tau_2} e^{-t/\tau_2}$　② $1 + \dfrac{\tau_1 - \tau_2}{\tau_1} e^{-t/\tau_2}$

③ $1 + \dfrac{\tau_2 - \tau_1}{\tau_1} e^{-t/\tau_2}$　④ $1 + \dfrac{\tau_2 - \tau_1}{\tau_2} e^{-t/\tau_2}$

해설 단위계단응답

$$X(s) = \frac{1}{s}$$

$$Y(s) = \frac{\tau_1 s + 1}{\tau_2 s + 1} \times \frac{1}{s} = \frac{\tau_1 s + 1}{s(\tau_2 s + 1)}$$

$$= \frac{1}{s} + \frac{\tau_1 - \tau_2}{\tau_2 s + 1} = \frac{1}{s} + \frac{\dfrac{\tau_1 - \tau_2}{\tau_2}}{s + \dfrac{1}{\tau_2}}$$

$$y(t) = 1 + \left(\frac{\tau_1 - \tau_2}{\tau_2} \right) e^{-\frac{t}{\tau_2}}$$

53 어떤 액위(liquid level) 탱크에서 유입되는 유량(m^3/min)과 탱크의 액위(h) 간의 관계는 다음과 같은 전달함수로 표시된다. 탱크로 유입되는 유량에 크기 1인 계단 변화가 도입되었을 때 정상상태에서 h의 변화폭은 얼마인가? 출제율 20%

$$\frac{H(s)}{Q(s)} = \frac{1}{2s + 1}$$

① 1　　　　② 2
③ 3　　　　④ 6

해설 유량의 크기가 1인 계단입력 $= \dfrac{1}{s}$

$$H(s) = \frac{1}{2s + 1} \times \frac{1}{s} = \frac{1}{s} - \frac{1}{s + \dfrac{1}{2}}$$

$$H(t) = 1 - e^{-\frac{1}{2}t}, \text{ 정상상태}(t \to \infty)$$
$$H(\infty) = 1$$

54 함수 $f(t)$의 Laplace 변환이 다음 식과 같을 때 함수 $f(t)$의 최종값을 구하면? 출제율 80%

$$f(s) = \frac{2s + 1}{s^4 + 2s^3 + 2s^2 + s}$$

① 0　　　　② 1
③ 2　　　　④ 3

해설 $\lim_{t \to \infty} f(t) = \lim_{s \to 0} sF(s)$: 최종값 정리

$$= \lim_{s \to 0} \frac{2s + 1}{s^3 + 2s^2 + 2s + 1}$$
$$= 1$$

55 다음 중 1차 지연시간 공정(first-order plus dead time process)으로의 근사가 가장 부적절한 공정은? [출제율 20%]

① $G(s) = \dfrac{10(-0.2s+1)}{4s+1}$

② $G(s) = \dfrac{5(-0.2s+1)}{(0.2s+1)^3}$

③ $G(s) = \dfrac{10}{(0.2s+1)(2s+1)}$

④ $G(s) = \dfrac{5(-0.2s+1)}{(0.1s+1)(2s+1)}$

해설 ①, ③, ④번은 지연시간 공정 $\mathcal{L}\{f(t-\theta)\} = e^{-s\theta}F(s)$ 형태이나, ②번은 $f(t) = te^{-at}$ 형태이므로 지연시간 공정이 아니다.

56 어떤 계의 단위계단응답이 다음과 같을 경우 이계의 단위충격응답(impulse response)은? [출제율 40%]

$$Y(t) = 1 - \left(1 + \dfrac{t}{\tau}\right)e^{-\frac{t}{\tau}}$$

① $\dfrac{t}{\tau}e^{-\frac{t}{\tau}}$ ② $\dfrac{t}{\tau^2}e^{-\frac{t}{\tau}}$

③ $\left(1+\dfrac{t}{\tau}\right)e^{-\frac{t}{\tau}}$ ④ $\left(1-\dfrac{t}{\tau}\right)e^{-\frac{t}{\tau}}$

해설 단위충격응답 = 단위계단응답의 미분값

$Y(t) = 1 - \left(1 + \dfrac{t}{\tau}\right)e^{-\frac{t}{\tau}}$

미분하면

$Y(t) = \dfrac{t}{\tau^2}e^{-\frac{t}{\tau}}$

57 선형계의 제어시스템의 안정성을 판별하는 방법이 아닌 것은? [출제율 20%]

① Routh-Hurwitz 시험법 적용
② 특성방정식 근궤적 그리기
③ Bode나 Nyquist 선도 그리기
④ Laplace 변환 적용

해설 안정성 판별법(선형계 제어시스템)
  ㉠ Routh-Hurwitz 시험법 적용
  ㉡ 특성방정식 근궤적 그리기
  ㉢ Bode 선도나 Nyquist 선도 그리기

58 어떤 압력측정장치의 측정범위는 0~400psig, 출력범위는 4~20mA로 조정되어 있다. 이 장치의 이득을 구하면 얼마인가? [출제율 40%]

① 25mA/psig
② 0.01mA/psig
③ 0.08mA/psig
④ 0.04mA/psig

해설 K_m(전화기의 gain) $= \dfrac{\text{전화기의 출력범위}}{\text{전화기의 입력범위}}$

$k = \dfrac{20-4}{400-0} = \dfrac{16\,\text{mA}}{400\,\text{psig}} = 0.04\,\text{mA/psig}$

59 다음 중 되먹임제어계가 불안정한 경우에 나타나는 특성은? [출제율 20%]

① 이득여유(gain margin)가 1보다 작다.
② 위상여유(phase margin)가 0보다 크다.
③ 제어계의 전달함수가 1차계로 주어진다.
④ 교차주파수(crossover frequency)에서 갖는 개루프 전달함수의 진폭비가 1보다 작다.

해설 • Bode 안정선에서 진폭비 AR_c가 1보다 큰 경우 안정하다.
  • $GM = \dfrac{1}{AR_c}$ 이므로 GM이 1보다 크면 $AR_c < 1$ 이므로 불안정하다.

60 시간지연이 없고 안정한 1차 공정을 비례-적분제어기로 제어하는 경우에 대한 설명으로 틀린 것은? [출제율 20%]

① 비례대(proportional band)가 커질수록 폐루프(closed loop)의 응답이 느려진다.
② 직선적으로 증가하는 설정치 변화에 대한 잔류오차는 비례이득(proportional gain)이 증가하면 작아진다.
③ 비례이득을 증가시키면 폐루프는 불안정해진다.
④ 폐루프 전달함수에 영점(zero)이 나타난다.

해설 Bode 안정성 판별기준
AR 값이 교차 주파수상의 1보다 크다면 이 계는 불안정하고, $AR_N = \dfrac{AR}{k}$ 에서 k가 증가하면 AR은 작아지므로 안정하다.

▶▶ 제4과목 I 공업화학

61 폴리카보네이트의 합성방법은? _{출제율 20%}

① 비스페놀-A와 포스겐의 축합반응
② 비스페놀-A와 포름알데히드의 축합반응
③ 하이드로퀴논과 포스겐의 축합반응
④ 하이드로퀴논과 포름알데히드의 축합반응

해설 폴리카보네이트 합성방법(비스페놀 A와 포스겐의 축합반응)

$$nCl-\overset{\overset{O}{\|}}{C}-Cl + nHO-\underset{}{\bigcirc}-\overset{\overset{CH_3}{|}}{\underset{\underset{CH_3}{|}}{C}}-\bigcirc-HO$$

(포스겐)　　　　　　　(비스페놀 A)

$$\longrightarrow \left[O-\bigcirc-\overset{\overset{CH_3}{|}}{\underset{\underset{CH_3}{|}}{C}}-\bigcirc-O-\overset{\overset{O}{\|}}{C} \right]_n$$

(폴리카보네이트)

62 H_2와 Cl_2를 직접 결합시키는 합성염화수소의 제법에서는 활성화된 분자가 연쇄를 이루기 때문에 반응이 폭발적으로 진행된다. 실제 조작에서는 폭발을 막기 위해서 어떤 조치를 해야 하는가? _{출제율 60%}

① 염소를 다소 과잉으로 넣는다.
② 수소를 다소 과잉으로 넣는다.
③ 수증기를 공급하여 준다.
④ 반응압력을 낮추어 준다.

해설 염산 제조 시 H_2와 Cl_2에 의해 폭발 방지를 위해 Cl_2와 H_2 원료의 몰비를 1 : 1.2로 주입한다. 즉, 수소를 다소 과잉으로 넣는다.

63 암모니아 소다법에서 중수소의 하소(calcination) 때 생성되는 물질은? _{출제율 40%}

① $NaHCO_3$ 　　　② Na_2CO_3
③ $NaOH$ 　　　　④ $CaCl_2$

해설 암모니아 소다법(Solvay법)
$NaCl+NH_3+CO_2+H_2O \longrightarrow NaHCO_3+NH_4Cl$
$2\,NaHCO_3 \longrightarrow Na_2CO_3+H_2O+CO_2$
　　　　　(중수소 하소 때 생성)
$2\,NH_4Cl+Ca(OH)_2 \longrightarrow CaCl_2+2\,H_2O+2\,NH_3$

64 다음 중 질산 제조 시 가장 널리 사용되는 촉매는 어느 것인가? _{출제율 40%}

① V_2O_5 　　　　② $Fe-Co$
③ $Pt-Rh$ 　　　④ Cr_2O_3

해설 질산 제조(암모니아 산화반응)
$4NH_3+5O_2 \longrightarrow 4NO+6H_2O$
$Pt-Rh$ 촉매가 가장 많이 사용된다.

65 200kg의 인산(H_3PO_4) 제조 시 필요한 인광석의 양은 약 몇 kg인가? (단, 인광석 내에는 30%의 P_2O_5가 포함되어 있으며, P_2O_5의 분자량은 142이다.) _{출제율 40%}

① 241.5 　　　　② 362.3
③ 483.1 　　　　④ 603.8

해설 $P_2O_5+3H_2O \longrightarrow 2H_3PO_4$
　142　　　:　　2×98
　x　　　　:　　200kg
$142 : 2\times98 = x : 200$
$P_2O_5(x)=144.897$
따라서, 인광석 양 $=144.897\div0.3=483$kg

66 다음 중 국내 올레핀계 탄화수소의 공급원으로 가장 많이 쓰이는 것은? _{출제율 20%}

① 석탄가스
② 정유소 가스
③ 나프타의 열분해
④ 석유 유분의 분리

해설 올레핀계 탄화수소
나프타의 열분해로 생성된다.

67 소다회 제조법 중 거의 100%의 식염 이용이 가능한 것은? _{출제율 40%}

① Solvay법
② Le Blanc법
③ 염안소다법
④ 가성화법

해설 염안소다법
Solvay법의 개량방법으로 식염 이용률을 100%까지 향상시킨다. 염소는 염화암모늄을 부생시켜 비료로 이용할 수 있다.

68 박막 형성 기체 중에서 SiO_2막에 사용되는 기체로 가장 거리가 먼 것은? 〔출제율 20%〕

① SiH_4 ② O_2

③ N_2O ④ PH_4

해설 박막 형성 공정

형성하고자 하는 증착막 재료의 원소가스를 기판 표면 위에 화학반응시켜 원하는 박막을 형성하며, 사용되는 기체는 SiH_4, O_2, N_2O 등이다.

69 연실법 Glover 탑의 질산 환원공정에서 35wt% HNO_3 250kg으로부터 NO를 약 몇 kg 얻을 수 있는가? 〔출제율 40%〕

① 2.17   ② 4.17

③ 6.17   ④ 8.17

해설 $NO(kg) = \dfrac{NO \ 분자량}{HNO_3 \ 분자량} \times 0.35 \times 25\,kg$

$= \dfrac{30\,kg}{63\,kg} \times 0.35 \times 25\,kg$

$= 4.17\,kg$

70 다음 중 암모니아 합성용 수성가스(water gas)의 주성분은? 〔출제율 60%〕

① H_2O, CO   ② CO_2, H_2O

③ CO, H_2 ④ H_2O, N_2

해설 암모니아 합성용 수성가스

수증기가 코크스를 통과할 때 얻어지는 $CO+H_2$ 혼합가스가 주성분이다.

〔보충Tip〕

$$C + H_2O \rightarrow CO + H_2$$

71 다음 중 질소질 비료가 아닌 것은? 〔출제율 40%〕

① 요소   ② 질산암모늄

③ 석회질소   ④ 용성인비

해설 • 질소비료

황산암모늄, 염화암모늄, 질산암모늄, 질산나트륨, 질산칼슘, 석회질소, 석회비료 등

• 인산비료

과린산석회, 중과린산석회, 인산암모늄, 용성인비, 소성인비 등

72 벤조트리클로라이드를 알칼리로 가수분해시켰을 때 얻을 수 있는 주생성물은? 〔출제율 20%〕

① 벤조산   ② 페놀

③ 소듐페녹시드   ④ 염화벤젠

해설

(벤조트리클로라이드)

73 Ni/Cd 전지에서 음극의 수소 발생을 억제하기 위해 음극에 과량을 첨가하는 물질은? 〔출제율 20%〕

① $Cd(OH)_2$ ② KOH

③ MnO_2 ④ $Ni(OH)_2$

해설 Ni−Cd 전지

• 환원전극

$NiOOH(s) + H_2O + e^-$

$\underset{충전}{\overset{방전}{\rightleftharpoons}} Ni(OH)_2(s) + OH^-(aq)$

• 산화전극

$Cd(s) + 2OH^-(aq) \rightleftharpoons Cd(OH)_2(s) + 2e^-$

음극에서 수소 발생을 억제하기 위해 $Cd(OH)_2$를 과량으로 첨가한다.

74 다음 중 전기전도성 고분자로 가장 거리가 먼 것은? 〔출제율 20%〕

① 폴리아세틸렌   ② 폴리티오펜

③ 폴리피롤   ④ 폴리실록산

해설 전기전도성 고분자 종류

㉠ 폴리아세틸렌

㉡ 폴리티오펜

㉢ 폴리피롤

75 다음 중 1차 전지가 아닌 것은? 〔출제율 40%〕

① 산화은전지   ② Ni−MH전지

③ 망간전지   ④ 수은전지

해설 • 1차 전지

망간전지, 알칼리전지, 산화은전지, 수은·아연전지, 리튬전지 등

• 2차 전지

납축전지, Ni−Cd전지, Ni−MH전지, 리튬 2차 전지 등

68.④ 69.② 70.③ 71.④ 72.① 73.① 74.④ 75.②

76 비중 1.84인 황산 $10m^3$는 몇 kg인가? 출제율 20%

① 10000   ② 13500

③ 15269   ④ 18400

해설 비중 $=1.84$
밀도 $=1.84 \times 1000kg/m^3 = 1840kg/m^3$
$1m^3$당 $1840kg \rightarrow 10m^3$당 $18400kg$

77 다음 중 Friedel-Craft 반응에 사용되는 촉매는 어느 것인가? 출제율 40%

① $AlCl_3$ ② ZnO

③ V_2O_5 ④ PCl_5

해설 Fridel-craft 반응
할로겐화 알킬에 의한 알킬화

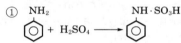

(C_6H_6) $(C_6H_5CH_3)$

78 방향족 아민에 1당량의 황산을 가했을 때의 생성물에 해당하는 것은? 출제율 20%

① NH₂ + $H_2SO_4 \longrightarrow$ NH·SO₃H

② NH₂ + $H_2SO_4 \longrightarrow$ (naphthalene with NH₂ and SO₃H)

③ NH₂ + $H_2SO_4 \longrightarrow$ NH₂ / SO₃H

④ NH₂ + $H_2SO_4 \longrightarrow$ NH₂ / SO₃H SO₃H

해설 방향족화합물의 술폰화

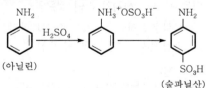

(아닐린)   (술파닐산)

아닐린(염기성)은 산과 반응하여 아닐린(염)을 생성한다.

79 석유화학공업에서 분해에 의해 에틸렌 및 프로필렌 등 제조의 주된 공업원료로 이용되고 있는 것은 무엇인가? 출제율 40%

① 경유   ② 등유

③ 나프타   ④ 중유

해설 나프타
탄화수소 혼합체로, 나프타 분해에 의해 에틸렌, 프로필렌 제조의 원료로 이용된다.

80 다음 중 접촉식 황산 제조법에서 주로 사용되는 촉매는? 출제율 40%

① Fe ② V_2O_5

③ KOH ④ Cr_2O_3

해설 접촉식 황산 제조법
전화기에서 Pt 또는 V_2O_5 촉매를 사용하여 $SO_2 \rightarrow SO_3$ 전화 후 냉각하여 흡수탑에서 98% H_2SO_4에 흡수시켜 발연 황산을 제조한다.

▶ 제5과목 ┃ 반응공학

81 반응속도상수 k는 온도 T의 영향을 많이 받는다. $\ln k$와 $\dfrac{1}{T}$ 사이의 관계를 옳게 나타낸 그래프는? 출제율 60%

①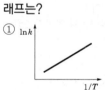
②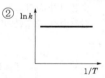
③
④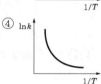

해설 아레니우스 식
$$k = Ae^{-E_a/RT}$$
$$\ln k = \ln A - \frac{E_a}{RT}$$
$$= \ln A - \frac{E_a}{R} \cdot \frac{1}{T}$$

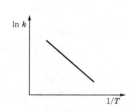

76.④ 77.① 78.③ 79.③ 80.② 81.③

82 다음 중 활성화에너지와 반응속도에 관한 내용으로 틀린 것은? 〔출제율 40%〕

① 주어진 반응에서 반응속도는 항상 고온일 때가 저온일 때보다 온도에 더욱 민감하다.

② 활성화에너지는 Arrhenius plot으로부터 구할 수 있다.

③ 활성화에너지가 커질수록 반응속도는 온도에 더욱 민감해진다.

④ 경험법칙에 의하면 온도가 10℃ 증가함에 따라 반응속도는 2배씩 증가하는 경우가 있다.

해설 온도에 의한 반응속도

$k = Ae^{-E_a/RT}$

주어진 반응에서 반응속도는 항상 저온일 때가 고온일 때보다 온도에 더욱 민감하다.

83 회분식 반응기에서 어떤 액상 비가역 1차 반응으로 1000초 동안에 반응물의 50%가 분해되었다. 반응물이 처음 농도의 1/10이 될 때까지의 시간은 약 얼마인가? 〔출제율 80%〕

① 33초   ② 1600초

③ 3340초   ④ 9320초

해설 회분식 1차

$-\ln \dfrac{C_A}{C_{A0}} = -\ln(1-X_A) = kt$

$k \times 1000s = -\ln(1-0.5), \quad k = 6.93 \times 10^{-4}$

$6.93 \times 10^{-4} \times t = -\ln(1-0.9)$

$t = 3324s$

84 비가역 연속 흡열반응 $A \to R \to S$에서 첫 단계 반응의 활성화에너지가 둘째 단계 반응의 그것보다 작다. 온도를 조절할 수 있는 플러그흐름반응기에서 반응시킨다면 목표 생성물 R을 가장 많이 얻기에 가장 적합한 온도 분포로 옳은 것은? 〔출제율 20%〕

① 가능한 한 높은 온도를 유지한다.

② 가능한 한 낮은 온도를 유지한다.

③ 반응기 입구에서는 높은 온도, 출구에서는 낮은 온도를 유지한다.

④ 반응기 입구에서는 낮은 온도, 출구에서는 높은 온도를 유지한다.

해설 초기 R 생성 증대를 위해 반응기 입구에서는 고온으로 하고 S로 전환되지 않도록 출구에서는 저온으로 유지한다.

85 복합반응에서 온도에 따라 활성화에너지(activation energy, E) 변화가 달라지는 것은 반응 메커니즘의 변화 때문이다. 이에 대한 설명으로 가장 적절한 것은? 〔출제율 40%〕

① 고온에서 E가 크고 저온에서 E가 작아지는 것은 연속(직렬)반응이다.

② 고온에서 E가 크고 저온에서 E가 작아지는 것은 평행(병렬)반응이다.

③ $\ln k$와 $1/T$의 그래프에서 오른쪽으로 갈 때 기울기의 절대치가 작아지는 것은 연속(직렬)반응이다.

④ $\ln k$와 $1/T$의 그래프에서 2개의 직선이 나타나면 메커니즘을 결정할 수 있다.

해설

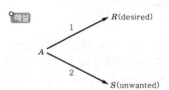

- $E_1 > E_2$: 고온
- $E_1 < E_2$: 저온

86 $A + R \to R + R$인 자동촉매반응(autocatalytic reaction)에서 반응속도를 반응물의 농도로 플롯할 때의 그래프를 옳게 설명한 것은 어느 것인가? 〔출제율 40%〕

① 단조 증가한다.

② 단조 감소한다.

③ 최소치를 갖는다.

④ 최대치를 갖는다.

해설 자동촉매반응($A + R \to R + R$)

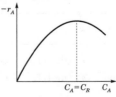

반응속도를 반응물의 농도로 플로할 때 최대치를 갖는다.

87 $A \to R$, 1차 기초반응이 등온에서 일어나는 정용 회분반응기에서 원료 A의 99%가 전환된다. 하루 10시간 조업으로 4752mol의 R이 생성되고, 반응온도로 가열시키는 시간이 0.26h이며, 생성물을 배출시켜 다음 반응을 진행시키는 시간은 0.9h이다. 속도상수 k_c가 0.02min^{-1}, 순수 A의 몰밀도가 8mol/L일 때 소요반응기의 체적(L)은? 출제율 60%

① 150 ② 200

③ 250 ④ 300

해설 $kt = -\ln(1 - X_A)$

$0.02t = -\ln(1 - 0.99)$

$t = 230\,\mathrm{min}$

총 시간 $= 230\,\mathrm{min} + 0.26h + 0.9h = 300\,\mathrm{min}$

$\dfrac{4752\,\mathrm{mol}}{10h} \times \dfrac{1h}{60\,\mathrm{min}} = 7.92\,\mathrm{mol/min}$

소요 반응기 체적

$= 300\,\mathrm{min} \times 7.92\,\mathrm{mol/min} \times \dfrac{1}{8\,\mathrm{mol/L}} = 300\mathrm{L}$

88 $(CH_3)_2O \to CH_4 + CO + H_2$ 기상반응이 1atm, 550℃ 하에 CSTR에서 진행될 때 순수한 디메틸에테르의 전화율이 20%될 때까지 공간시간(s)은? (단, 반응차수는 1차이고, 속도상수는 4.50 ×10^{-3}s이다.) 출제율 60%

① 57.78 ② 67.78

③ 77.78 ④ 87.78

해설 $k\tau = \dfrac{X_A}{1 - X_A}(1 + \varepsilon_A X_A)$

$\varepsilon_A = y_{A0} \cdot \delta = 1 \times \dfrac{3 - 1}{1} = 2$

$4.5 \times 10^{-3} \times \tau = \dfrac{0.2}{1 - 0.2}(1 + 2 \times 0.2)$

공간시간 $(\tau) = 77.78\mathrm{s}$

89 다음과 같은 반응속도식에서 반응속도상수 k의 단위는? 출제율 40%

$$r_A = kC_A^2$$

① $(\mathrm{mol/L})^{-1}$ ② $(\mathrm{mol/L})^{-1} \cdot \mathrm{cm}^{-2}$

③ $(\mathrm{mol/L})^{-1} \cdot \mathrm{cm}^{-1}$ ④ $(\mathrm{mol/L})^{-1} \cdot h^{-1}$

해설 $k = (농도)^{1-n} \times (시간)^{-1}$

2차 반응상수는 $(\mathrm{mol/L})^{-1} \cdot h^{-1}$

90 정온 회분반응기(batch reactor)에서 A라는 액체가 1차 반응에 의해서 분해된다. 5분 간에 60%의 A가 분해된다고 하면 90%가 분해되려면 얼마나 오래 걸리는가? 출제율 60%

① 약 15.4분

② 약 12.6분

③ 약 8.5분

④ 약 20.6분

해설 $kt = -\ln(1 - X_A)$

$k \times 5\,\mathrm{min} = -\ln(1 - 0.6), \quad k = 0.18\,\mathrm{min}^{-1}$

$0.18\,\mathrm{min}^{-1} \times t = -\ln(1 - 0.9)$

$t = 12.8\,\mathrm{min}$

91 직렬로 연결된 2개의 혼합반응기에서 다음과 같은 액상반응이 진행될 때 두 반응기의 체적 V_1과 V_2의 합이 최소가 되는 체적비 V_1/V_2에 관한 설명으로 옳은 것은? (단, V_1은 앞에 설치된 반응기의 체적이다.) 출제율 40%

$$A \to R\,(-\tau_A = kC_A{}^n)$$

① $0 < n < 1$이면 V_1/V_2는 항상 1보다 작다.

② $n = 1$이면 V_1/V_2는 항상 1이다.

③ $n > 1$이면 V_1/V_2는 항상 1보다 크다.

④ $n > 0$이면 V_1/V_2는 항상 1이다.

해설 $n = 1$이면 동일한 크기의 반응기가 최적이므로

$\dfrac{V_1}{V_2} = 1$, 즉 항상 1이다.

92 액상 직렬반응 $A \to R \to S$에서 R이 목표 생성물이다. 이 반응을 플러그흐름반응기에서 진행시켜 최대의 R을 얻고자 할 때 반응기의 크기에 관한 설명으로 가장 옳은 것은? 출제율 20%

① 작은 것일수록 좋다.

② 큰 것일수록 좋다.

③ 반응속도식에 따라 큰 것일수록 또는 작은 것일수록 좋을 수 있다.

④ 항상 최적의 크기가 있다.

해설 R이 최대가 되는 반응기별 최적의 크기가 있다. (단순히 크고, 작다고 좋은 것이 아니다.)

93 반응물 A는 1차 반응 $A \rightarrow R$에 의해 분해된다. 서로 다른 2개의 플러그흐름반응기에 다음과 같이 반응물의 주입량을 달리하여 분해실험을 하였다. 두 반응기로부터 동일한 전화율 80%를 얻었을 경우 두 반응기의 부피비 V_2 / V_1는 얼마인가? (단, F_{A_0}는 공급몰 속도이고, C_{A_0}는 초기 농도이다.) 출제율 60%

> • 반응기 1 : $F_{A_0}=1$, $C_{A_0}=1$
> • 반응기 2 : $F_{A_0}=2$, $C_{A_0}=1$

① 0.5 ② 1
③ 1.5 ④ 2

해설 PFR 1차 반응
$$k\tau = -\ln(1-X_A)$$
$$\tau = \frac{V}{\nu_0} = \frac{C_{A_0}V}{F_{A_0}}, \quad \tau_1 = V_1, \quad \tau_2 = \frac{1}{2}V_2$$
$$kV_1 = -\ln(1-0.8) = 1.61$$
$$k \times \frac{1}{2}V_2 = -\ln(1-0.8) \rightarrow kV_2 = 2 \times 1.61$$
$$\frac{V_2}{V_1} = \frac{2 \times 1.61}{1.61} = 2$$

94 회분식 반응기에서 반응시간이 t_F일 때 C_A/C_{A_0}의 값을 F라 하면 반응차수 n과 t_F의 관계를 옳게 표현한 식은? (단, k는 반응속도상수이고, $n \neq 1$이다.) 출제율 20%

① $t_F = \dfrac{F^{1-n}-1}{k(1-n)} C_{A_0}^{1-n}$

② $t_F = \dfrac{F^{n-1}-1}{k(1-n)} C_{A_0}^{n-1}$

③ $t_F = \dfrac{F^{1-n}-1}{k(n-1)} C_{A_0}^{1-n}$

④ $t_F = \dfrac{F^{n-1}-1}{k(n-1)} C_{A_0}^{n-1}$

해설 $C_A^{1-n} - C_{A_0}^{1-n} = k(n-1)t$
$$t = \frac{C_{A_0}^{1-n}}{k(n-1)} \left[\left(\frac{C_A}{C_{A_0}} \right)^{1-n} - 1 \right]$$

95 정용 회분식 반응기에서 단분자형 0차 비가역 반응에서의 반응이 지속되는 시간 t의 범위는? (단, C_{A0}는 A 성분의 초기 농도, k는 속도상수를 나타낸다.) 출제율 40%

① $t \leq \dfrac{C_{A0}}{k}$ ② $t \leq \dfrac{k}{C_{A0}}$

③ $t \leq k$ ④ $t \leq \dfrac{1}{k}$

해설 $-r_A = -\dfrac{dC_A}{dt} = kC_{A0} = k$

$C_A = -kt + C_{A0}$

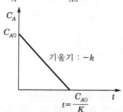

$t = C_{A0}$: C_{A0}에서 반응 완료

$t \geq \dfrac{C_{A0}}{k}$: 반응 완료

$t \leq \dfrac{C_{A0}}{k}$: 반응 지속

96 다음의 A와 B가 참여하는 기초반응에 의해서 목적 생성물 R과 동시에 부생성물 U, V를 생성한다. R로의 전화를 촉진시키기 위한 각 반응물의 농도는? (단, 물질의 가격, 원하는 전화율, 순환의 가능성 등의 인자는 여기서는 고려하지 않는다.) 출제율 40%

$$A + B \xrightarrow{k_1} R$$
$$A \xrightarrow{k_2} U$$
$$B \xrightarrow{k_3} V$$

① C_A, C_B 모두 높게 유지한다.
② C_A, C_B 모두 낮게 유지한다.
③ C_A는 높게, C_B는 낮게 유지한다.
④ C_A는 낮게, C_B는 높게 유지한다.

해설 A와 B의 농도 모두 높게 유지시켜야 한다.

97 CSTR(Continuous Stirred Tank Reactor)의 체류시간 분포를 측정하기 위해서 계단입력과 펄스입력을 이용하였다. 다음 중 틀린 것은 어느 것인가? 출제율 20%

① 계단입력과 펄스입력의 체류시간 분포는 다르다.

② 계단입력과 펄스입력의 평균체류시간은 길다.

③ 펄스입력의 출력곡선은 체류시간 분포와 같다.

④ 평균체류시간은 반응기 내의 반응물 부피를 공급량으로 나눈 것과 같다.

해설 평균체류시간 $= \dfrac{\text{반응기 부피}}{\text{출구 유량}}$

98 관형반응기를 다음과 같이 연결하였을 때 A쪽 반응기들의 전화율과 B쪽 반응기들의 전화율이 같기 위하여 B쪽으로의 전체 공급속도에 대한 분율은 얼마인가? 출제율 20%

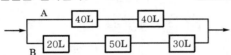

① $\dfrac{4}{5}$ ② $\dfrac{1}{3}$

③ $\dfrac{3}{7}$ ④ $\dfrac{5}{9}$

해설 전체 180 중 $A = \dfrac{80}{180} = \dfrac{4}{9}$

전체 180 중 $B = \dfrac{100}{180} = \dfrac{5}{9}$

99 나프탈렌에서 산화반응에 의해 무수프탈산이 얻어진다. 다음 중 틀린 것은? 출제율 20%

$$C_{10}H_8 + \frac{9}{2}O_2 \longrightarrow C_8H_4O_3 + 2H_2O + 2CO_2$$

$$\Delta H = -428 \text{kcal/mol}$$

① 반응은 발열반응이다.

② 산화촉매의 과열에 의한 열화(劣化)를 방지해야 한다.

③ 고온이 적합하므로 액상반응이 적합하다.

④ 반응열 제거에 의해 반응은 촉진된다.

해설 $\Delta H < 0$: 발열반응
발열반응이므로 저온이 적합하다.

100 균일계 1차 액상반응이 회분반응기에서 일어날 때 전화율과 반응시간의 관계를 옳게 나타낸 것은? 출제율 40%

① $\ln(1 - X_A) = kt$

② $-\ln(1 - X_A) = kt$

③ $\ln[X_A/(1 - X_A)] = kt$

④ $\ln[1/(1 - X_A)] = KC_{A0}t$

해설 $C_{A0}\dfrac{dX_A}{dt} = kC_{A0}(1 - X_A)$

$$\int_0^{X_A} \frac{dX_A}{1 - X_A} = \int_0^t kdt$$
$$= -\ln(1 - X_A)$$
$$= kt$$

제1과목 ┃ 화공열역학

01 혼합물의 용해·기화·승화 시 변하지 않는 열역학적 성질에 해당하는 것은? `출제율 40%`

① 엔트로피
② 내부에너지
③ 화학퍼텐셜
④ 엔탈피

해설 상평형
T, P가 같아야 하고, 같은 T, P에서 있는 여러 상은 각 성분의 화학퍼텐셜이 모든 상에서 같으며, 엔트로피, 내부에너지, 엔탈피는 증가한다.

02 에너지에 관한 설명으로 옳은 것은? `출제율 20%`

① 계의 최소 깁스(Gibbs) 에너지는 항상 계와 주위의 엔트로피 합의 최대에 해당한다.
② 계의 최소 헬름홀츠(Helmholtz) 에너지는 항상 계와 주위의 엔트로피 합의 최대에 해당한다.
③ 온도와 압력이 일정할 때 자발적 과정에서 깁스(Gibbs) 에너지는 감소한다.
④ 온도와 압력이 일정할 때 자발적 과정에서 헬름홀츠(Helmholtz) 에너지는 감소한다.

해설
• $G = H - TS$
• $A = V - TS$
• $dA = -SdT - PdV$이므로 일정압력에서 헬름홀츠 에너지는 일정하다.

보충 Tip
• $\Delta G < 0$: 자발적 반응 (발열)
• $\Delta G > 0$: 비자발적 반응 (흡열)
• $\Delta G = 0$: $\mu_A = \mu_B$(평형)
온도와 압력이 일정할 때 자발적 과정에서 엔트로피가 증가, 깁스 에너지는 감소한다.

03 혼합물에서 과잉물성(excess property)에 관한 설명으로 가장 옳은 것은? `출제율 40%`

① 실제용액의 물성값에 대한 이상용액의 물성값의 차이다.
② 실제용액의 물성값과 이상용액의 물성값의 합이다.
③ 이상용액의 물성값에 대한 실제용액의 물성값의 비이다.
④ 이상용액의 물성값과 실제용액의 물성값의 곱이다.

해설 과잉물성
과잉물성 = 실제 물성 − 이상용액 물성
$M^E = M - M^{id}$

04 에탄올과 톨루엔의 65℃에서의 P_{XY} 선도는 선형성으로부터 충분히 큰 양(+)의 편차를 나타낸다. 이렇게 상당한 양의 편차를 지닐 때 분자 간의 인력을 옳게 나타낸 것은? `출제율 20%`

① 같은 종류의 분자 간의 인력 > 다른 종류의 분자 간의 인력
② 같은 종류의 분자 간의 인력 < 다른 종류의 분자 간의 인력
③ 같은 종류의 분자 간의 인력 = 다른 종류의 분자 간의 인력
④ 같은 종류의 분자 간의 인력 + 다른 종류의 분자 간의 인력 = 0

해설 휘발도
• 휘발도가 이상적으로 큰 경우
  ㉠ 최저공비혼합물
  ㉡ 같은 종류의 분자 간의 인력 > 다른 종류의 분자 간의 인력
• 휘발도가 이상적으로 낮은 경우
  ㉠ 최고공비혼합물
  ㉡ 같은 종류의 분자 간의 인력 < 다른 종류의 분자 간의 인력

05 다음 중 맥스웰(Maxwell)의 관계식으로 틀린 것은? `출제율 80%`

① $\left(\dfrac{\partial T}{\partial V}\right)_S = -\left(\dfrac{\partial P}{\partial S}\right)_V$

② $\left(\dfrac{\partial T}{\partial P}\right)_S = -\left(\dfrac{\partial P}{\partial S}\right)_V$

③ $\left(\dfrac{\partial S}{\partial V}\right)_T = \left(\dfrac{\partial P}{\partial T}\right)_V$

④ $-\left(\dfrac{\partial S}{\partial P}\right)_T = \left(\dfrac{\partial V}{\partial T}\right)_P$

해설 맥스웰 방정식

$dU = TdS - PdV,\quad \left(\dfrac{\partial T}{\partial V}\right)_S = -\left(\dfrac{\partial P}{\partial S}\right)_V$

$dH = TdS + VdP,\quad \left(\dfrac{\partial T}{\partial P}\right)_S = \left(\dfrac{\partial V}{\partial S}\right)_P$

$dA = -SdT - PdV,\quad \left(\dfrac{\partial S}{\partial V}\right)_T = \left(\dfrac{\partial P}{\partial T}\right)_V$

$dG = -SdT + VdP,\quad -\left(\dfrac{\partial S}{\partial P}\right)_T = \left(\dfrac{\partial V}{\partial T}\right)_P$

06 30℃와 −10℃에서 작동하는 이상적인 냉동기의 성능계수는 약 얼마인가? `출제율 40%`

① 6.58 　② 7.58

③ 13.65 　④ 14.65

해설 Carnot 냉동기 성능계수(COP)

$\dfrac{Q_C}{W} = \dfrac{\text{저온에서 흡수된 열}}{\text{알짜일}} = \dfrac{|Q_C|}{W}$

$(W = Q_H - Q_C)$

$\mathrm{COP} = \dfrac{Q_C}{Q_H - Q_C} = \dfrac{T_C}{T_H - T_C} = \dfrac{263}{303 - 263} = 6.575$

07 초기상태가 300K, 1bar인 1몰의 이상기체를 압력이 10bar가 될 때까지 등온압축한다. 이 공정이 역학적으로 가역적일 경우 계가 받은 일과 열(W, Q)을 구하였다. 다음 중 옳은 것은? (단, 기체상수는 R(J/mol · K)이다.) `출제율 40%`

① $W = 69R,\ Q = -69R$

② $W = 69R,\ Q = 69R$

③ $W = 690R,\ Q = -690R$

④ $W = 690R,\ Q = 690R$

해설 이상기체 등온공정

이상기체일 때 내부에너지는 온도만의 함수이므로, 온도가 일정(내부에너지＝0)

$Q = -W = RT\ln\dfrac{V_2}{V_1} = RT\ln\dfrac{P_1}{P_2}$

$= R \times 300 \times \ln\dfrac{1}{10} = -690.7R$

$Q = -690.7R,\ \ W = 690.7R$

08 560℃, 2atm 하에 있는 혼합가스의 조성은 SO_3 10%, O_2 0.5%, SO_2 1.0%, N_2 88.5%이다. 이 온도에서 $SO_2 + \dfrac{1}{2}O_2 \rightleftarrows SO_3$ 반응의 평형상수는 20이다. 이 혼합가스에 대한 설명으로 옳은 것은? `출제율 40%`

① 평형에 있다.

② 평형에 있지 않으며, SO_3가 생성되고 있다.

③ 분해가 일어나고 있다.

④ 준평형상태에 있다.

해설 평형상수와 반응지수

$\Delta G = RT\ln\dfrac{Q}{K}$

$Q = \dfrac{P_{SO_3}}{P_{SO_2} \cdot P_{O_2}^{\frac{1}{2}}} = \dfrac{10}{1 \times 0.5^{\frac{1}{2}}} = 14.14$

$\Delta G = RT\ln\dfrac{14.14}{20} < 0$이므로 자발적 반응(오른쪽으로 이동)

09 김박사는 400K에서 25000J/s로 에너지를 받아 200K에서 12000J/s로 열을 방출하고 15kW의 일을 하는 열기관을 발명하였다고 주장하고 있다. 김박사의 주장을 열역학 제1·2법칙에 의해 평가한 것으로 가장 적절한 것은? `출제율 40%`

① 이 열기관은 열역학 제1법칙으로는 가능하나, 제2법칙에 위배되므로 김박사의 주장은 믿을 수 없다.

② 이 열기관은 열역학 제1법칙으로는 위배되나, 제2법칙에 가능하므로 김박사의 주장은 믿을 수 없다.

③ 이 열기관은 열역학 제1·2법칙에 모두 위배되므로 김박사의 주장은 믿을 수 없다.

④ 이 열기관은 열역학 제1·2법칙 모두 가능하므로 김박사의 주장은 옳다.

해설 Carnot 열효율

$$\eta = \frac{T_h - T_c}{T_h} = \frac{400 - 200}{400} = 0.5$$

$$\frac{Q_h - Q_c}{Q_h} = \frac{25000 - 12000}{25000} = 0.52$$

같지 않으므로 제2법칙에 위배

$$W = Q_h - Q_c$$
$$= 25000 - 12000 = 13000 \, J/s = 13 \, kW$$

제1법칙은 에너지가 생성되거나 소멸될 수 없으므로 제1법칙에도 위배된다.

10
다음 중 라울(Raoult)의 법칙을 옳게 나타낸 것은 어느 것인가? [출제율 40%]

① 중압 이상에서만 적용될 수 있다.
② 계를 이루는 성분들이 화학적으로 서로 다른 경우에만 근사적으로 유효할 수 있다.
③ 증기압을 모르고 있는 성분들에도 적용할 수 있다.
④ 적용온도는 임계온도 이하여야 한다.

해설 라울의 법칙
㉠ 증기압 이상, 이하 모두 적용할 수 있다.
㉡ 계를 이루는 성분들이 화학적으로 같은 경우에도 적용할 수 있다.
㉢ 증기압을 모르는 성분들은 적용할 수 없다.

보충 Tip

$$y_i = \frac{x_i P_i^{\,sat}}{P}, \quad y_i P = x_i P_i^{\,sat}$$

액체 조성과 기체 조성의 증기압과 압력의 관계로 임계온도 이상에서는 적용할 수 없다. 즉, 적용온도는 임계온도 이하여야 한다.

11
발열반응인 경우에 표준엔탈피 변화($\Delta H°$)는 (−)의 값을 갖는다. 이때 온도 증가에 따라 평형상수(K)는 어떻게 되는가? (단, 현열은 무시한다.) [출제율 80%]

① 증가한다.
② 감소한다.
③ 감소했다 증가한다.
④ 증가했다 감소한다.

해설 평형상수에 대한 온도의 영향
$$\frac{d\ln K}{dT} = \frac{\Delta H°}{RT^2}$$

$\Delta H° < 0$(발열반응) : 온도 증가 시 평형상수 감소
$\Delta H° > 0$(흡열반응) : 온도 증가 시 평형상수 증가

12
G^E 가 다음과 같이 표시된다면 활동도 계수는? (단, G^E 는 과잉 깁스 에너지, B, C 는 상수, γ 는 활동도 계수, X_1, X_2 : 액상 성분 1, 2의 몰분율이다.) [출제율 40%]

$$G^E / RT = BX_1 X_2 + C$$

① $\ln \gamma_1 = BX_2^{\,2}$
② $\ln \gamma_1 = BX_2^{\,2} + C$
③ $\ln \gamma_1 = BX_1^{\,2} + C$
④ $\ln \gamma_1 = BX_1^{\,2}$

해설
$$\frac{G^E}{RT} = BX_1 X_2 + C = B\frac{n_1 \times n_2}{n \times n} + C$$

$$\frac{nG^E}{RT} = B \times \frac{n_1 \times n_2}{n} + C = B \times \frac{n_1 \times n_2}{n_1 + n_2} + C$$

$$\frac{\partial\left(\dfrac{nG^E}{RT}\right)}{\partial n_1} = B \times \frac{n_2(n_1 + n_2) - n_1 n_2}{(n_1 + n_2)^2}$$

$$= B\frac{n_2^{\,2}}{(n_1 + n_2)^2} + C$$

$$\ln \gamma_1 = B\frac{n_2^{\,2}}{(n_1 + n_2)^2} + C = BX_2^{\,2} + C$$

$$\left(X_1(몰분율) = \frac{n_1}{n}\right)$$

13
2단 압축기를 사용하여 1기압의 공기를 7기압까지 압축시킬 때 동력 소요를 최저로 하기 위해서는 1단 압축기의 출구 압력은 약 얼마로 해야 하는가? [출제율 40%]

① 4기압
② 3.5기압
③ 2.6기압
④ 1.1기압

해설 다단압축

$$압축비(\gamma) = \frac{P_2}{P_1} = \frac{P_3}{P_2} = \sqrt{\frac{P_3}{P_1}}$$

$$\gamma = \sqrt{\frac{7}{1}} = 2.645 = P_2$$

보충 Tip

$$P = (P_1 \cdot P_2)^{\frac{1}{n}} = (1 \times 7)^{\frac{1}{2}} = 2.645$$

여기서, n : 2단 압축기

10.④ 11.② 12.② 13.③

14 다음의 상태식을 따르는 기체 1mol을 처음 부피 V_i 로부터 V_f 로 가역등온팽창시켰다면 이때 이루어진 일(work)의 크기는 얼마인가? (단, b 는 $0 < b < V$인 상수이다.) [출제율 40%]

$$P(V-b) = RT$$

① $W = RT \ln \left(\dfrac{V_f - b}{V_i - b} \right)$

② $W = RT \ln \dfrac{V_f}{V_i}$

③ $W = RT(V_f - V_i)$

④ $W = RT \dfrac{V_f - b}{V_i - b}$

해설 등온팽창공정

$P(V-b) = RT$

$P = \dfrac{RT}{V-b}$ 이므로 V_i에서 V_f 가역팽창

$W = \displaystyle\int_{V_i}^{V_f} \dfrac{RT}{V-b} dV = RT \ln \left(\dfrac{V_f - b}{V_i - b} \right)$ (실제기체)

보충 Tip

> 이상기체 조건일 경우 $W = RT \ln \dfrac{V_2}{V_1}$

15 다음 중 평형(equilibrium)에 대한 설명으로 가장 적절하지 않은 것은? [출제율 20%]

① 평형은 변화가 전혀 없는 상태이다.

② 평형을 이루는 데 필요한 독립변수의 수는 깁스 상률(Gibbs phase rule)에 의하여 구할 수 있다.

③ 기-액 상평형에서 단일성분일 경우에는 온도가 결정되면 압력은 자동으로 결정된다.

④ 여러 개의 상이 평형을 이룰 때 각 상의 화학퍼텐셜은 모두 같다.

해설 평형
평형이란 계 내의 물질이 시간에 따라 변화하지 않는 상태. 즉, 상 간의 물질이동이 없는 것이 아니라 이동되는 양이 같은 상태이므로 평형은 변화가 전혀 없는 상태가 아니다(미세한 변화가 일정하게 이루어진 것을 의미한다).

16 열역학 모델을 이용하여 상평형 계산을 수행하려고 할 때 응용계에 대한 모델의 조합이 적합하지 않은 것은? [출제율 20%]

① 물속의 이산화탄소의 용해도 : 헨리의 법칙

② 메탄과 에탄의 고압 기-액 상평형 : SRK (Soave/Redlich/Kwong) 상태방정식

③ 에탄올과 이산화탄소의 고압 기-액 상평형 : Wilson 식

④ 메탄올과 헥산의 저압 기-액 상평형 : NRTL(Non-Random-Two-Liquid) 식

해설 • Wilson 모델
Wilson 식은 국부조성 모델로, 혼합물의 전체조성이 국부조성과 같지 않다는 개념이다.
• NRTL 모델
두 가지 이상의 물질이 혼합된 경우 라울의 법칙이 적용되는 이상용액으로부터 벗어나는 현상에 관한 모델이다.
• Soave modified Redlich Kwong(SRK) 상태방정식
순수성분의 증기압 추산을 좀 더 개선하기 위해 편심인자에 관한 식을 제한한다.

17 부피팽창률과 등온압축률이 모두 0인 비압축성 유체의 성질이 아닌 것은? [출제율 40%]

① $\left(\dfrac{\partial S}{\partial P} \right)_T = 0$

② $\left(\dfrac{\partial H}{\partial P} \right)_T = 0$

③ $\left(\dfrac{\partial U}{\partial P} \right)_T = 0$

④ $\left(\dfrac{\partial V}{\partial T} \right)_P = 0$

해설 $\beta = \dfrac{1}{V} \left(\dfrac{\partial V}{\partial T} \right)_P$

$k = -\dfrac{1}{V} \left(\dfrac{\partial V}{\partial P} \right)_T$

$\left(\dfrac{\partial H}{\partial P} \right)_T = V - T \left(\dfrac{\partial V}{\partial T} \right)_P^{0} = (1 - \beta T)^{0} V = V$

18 다음 평형상태에 대한 설명 중 옳은 것은 어느 것인가? [출제율 40%]

① $(dG^t)_{T,P} > 0$가 성립한다.

② $(dG^t)_{T,P} < 0$가 성립한다.

③ $(dG^t)_{T,P} = 1$이 성립한다.

④ $(dG^t)_{T,P} = 0$이 성립한다.

해설 **화학반응 평형**

$$(dG^t)_{T,P} = 0$$

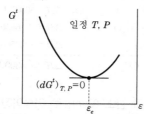

평형상태일 때 자유에너지 변화는 0이다(엔트로피 변화는 최대).

19 크기가 동일한 3개의 상자 A, B, C에 상호작용이 없는 입자 10개가 각각 4개, 3개, 3개씩 분포되어 있고, 각 상자들은 막혀 있다. 상자들 사이의 경계를 모두 제거하여 입자가 고르게 분포되었다면 통계 열역학적인 개념의 엔트로피 식을 이용하여 경계를 제거하기 전후의 엔트로피 변화량은 약 얼마인가? (단, k는 Boltzmann 상수이다.) 출제율 20%

① $8.343K$ ② $15.324K$
③ $22.321K$ ④ $50.024K$

해설 **볼츠만(Boltzmann) 식**

$$S = K \ln \Omega$$

$$\Omega = \frac{n_i}{(n_1!)(n_2!)(n_3!) \cdots}$$

여기서, n : 전체 입자 수
$n_1, n_2, n_3, \cdots$: 1, 2, 3 상태에 있는 입자 수

$$S = K \ln \frac{10!}{4! \, 3! \, 3!} = K \ln 4200 = 8.343 \, K$$

20 그림과 같은 공기 표준 오토사이클의 효율을 옳게 나타낸 식은? (단, a는 압축비이고, r은 비열비(C_p / C_v)이다.) 출제율 40%

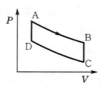

① $1 - a^r$ ② $1 - a^{r-1}$
③ $1 - \left(\dfrac{1}{a}\right)^r$ ④ $1 - \left(\dfrac{1}{a}\right)^{r-1}$

해설 **오토사이클(otto cycle)의 열효율**

$$\eta = 1 - \left(\frac{1}{a}\right)^{r-1}$$

여기서, a : 압축비, r : 비열비(C_P / C_V)

$$\eta = 1 - \left(\frac{1}{a}\right)^{r-1}$$

▶ 제2과목 ┃ 단위조작 및 화학공업양론

21 다음 중 에너지를 나타내지 않는 것은 어느 것인가? 출제율 20%

① 부피×압력
② 힘×거리
③ 몰수×기체상수×온도
④ 열용량×질량

해설 ① 부피(m^3)×압력(N/m^2) = $N \cdot m$ = J
② 힘(N)×거리(m) = J
③ 몰수(mol)×기체상수(J/mol·K)×온도(K) = J
④ 열용량(J/kg℃)×질량(kg) = J/℃

22 100℃의 물 1500g과 20℃의 물 2500g을 혼합하였을 때의 온도는 몇 ℃인가? 출제율 40%

① 20   ② 30
③ 40   ④ 50

해설 $Q = Cm\Delta t$ 이용
100℃ 물에서 잃은 열 = 20℃ 물에서 얻은 열
$1500 \times 1(물 비열) \times (100 - t) = 2500 \times 1 \times (t - 20)$
(여기서, t : 혼합 시 온도)
$150000 - 1500t = 2500t - 50000$
$4000t = 200000$
$t = 50℃$

23 32℃, 760mmHg에서 공기가 300m³의 용기 속에 들어있다. 이때 산소가 차지하는 분압은? (단, 공기 중 산소의 부피는 21%이다.) 출제율 20%

① 120mmHg   ② 160mmHg
③ 200mmHg   ④ 380mmHg

해설 산소 분압(P_{O_2}) = 760 mmHg × 산소 부피
$= 760 \, \text{mmHg} \times 0.21$
$= 160 \, \text{mmHg}$

24 37wt% HNO_3 용액의 노르말(N) 농도는? (단, 이 용액의 비중은 1.227이다.) 〔출제율 20%〕

① 6 　　　　② 7.2

③ 12.4 　　④ 15

〔해설〕 노르말 농도 : 1L 속에 든 용질의 g당량수

$1.227\,g/cm^3 \times 1000\,cm^3/1L = 1227\,g/L$

$1227\,g \times 0.37 = 454\,g\,HNO_3$

$454\,HNO_3 \times \dfrac{1\,mol}{63\,g} = 7.21\,mol$

노르말 농도$(N) = \dfrac{7.21\,mol}{1\,L} = 7.21\,N$

25 다음 중 증기압을 추산(推算)하는 식은 어느 것인가? 〔출제율 20%〕

① Clausius–Clapeyron 식

② Bernoulli 식

③ Redlich–Kwong 식

④ Kirchhoff 식

〔해설〕 ① Clausius–Clapeyron 식
온도 변화에 따른 증기압의 변화를 추산

$\ln \dfrac{P_2}{P_1} = \dfrac{\Delta H}{R}\left(\dfrac{1}{T_1} - \dfrac{1}{T_2}\right)$

② Bernoulli 식

$\dfrac{\Delta p}{\rho} + \dfrac{\Delta v^2}{2g_c} + \dfrac{g \cdot h}{g_c} = C(일정)$

③ Redlich–Kwong 식

$P = \dfrac{RT}{V-b} - \dfrac{a(T)}{V(V+b)}$

④ Kirchhoff 식
복사선 관련 식

26 다음 화학방정식으로부터 CH_4의 표준생성열을 구하면 얼마인가? 〔출제율 40%〕

・ $CH_4 + 2O_2 \rightarrow CO_2 + 2H_2O(l)$

$\Delta H_{298} = -50900\,J$

・ $H_2O(l) \rightarrow H_2 + 0.5O_2$

$\Delta H_{298} = 16350\,J$

・ $C(s) + O_2 \rightarrow CO_2$

$\Delta H_{298} = -22500\,J$

① $-12050\,J$ 　　② $-9470\,J$

③ $-6890\,J$ 　　④ $-4300\,J$

〔해설〕 CH_4의 표준생성열

$\begin{array}{ll} C + 2H_2 \rightarrow CH_4 & \\ CO_2 + 2H_2O \rightarrow CH_4 + 2O_2 & \Delta H = 50900\,J \\ 2H_2 + O_2 \rightarrow H_2O & \Delta H = -16350\,J \times 2 \\ C + O_2 \rightarrow CO_2 & \Delta H = -22500\,J \end{array}$

+ ─────────────────────────

$C + 2H_2 \rightarrow CH_4 \qquad \Delta H = -4300\,J$

27 수소 11vol%와 산소 89vol%로 이루어진 혼합기체가 30℃, 737mmHg 상태에서 나타내는 밀도(g/L)는? (단, 기체는 모두 이상기체라 가정한다.) 〔출제율 80%〕

① 1.12g/L 　　② 1.25g/L

③ 1.35g/L 　　④ 1.42g/L

〔해설〕 평균분자량

$\sum x_i M_i = 0.11 \times 2 + 0.89 \times 32 = 28.7\,g/mol$

$PV = \dfrac{W}{M}RT$

$\rho = \dfrac{W}{V} = \dfrac{PM}{RT}$

$= \dfrac{737\,mmHg \times atm/760\,mmHg \times 28.7\,g/mol}{0.082\,L \cdot atm/K \cdot mol \times 303\,K}$

$= 1.12\,g/L$

28 어떤 가스의 조성이 부피비율로 CO_2 40%, C_2H_4 20%, H_2 40%라고 할 때 이 가스의 평균분자량은? 〔출제율 80%〕

① 23 　　　② 24

③ 25 　　　④ 26

〔해설〕 평균분자량 $= \sum x_i M_i$

$= 0.4 \times 44 + 0.2 \times 28 + 0.4 \times 2$

$= 24$

29 부피로 아세톤 15vol%를 함유하고 있는 질소와 아세톤의 혼합가스가 있다. 20℃, 750mmHg에서의 아세톤의 비교포화도는? (단, 20℃에서의 아세톤의 증기압은 185mmHg이다.) 〔출제율 40%〕

① 45.98% 　　② 53.90%

③ 57.89% 　　④ 60.98%

〔해설〕 비교습도$(H_P) = \dfrac{P_A}{P_S} \times \dfrac{P - P_S}{P - P_A} \times 100\%$

여기서, P_A : 증기의 분압$(P_A = 750 \times 0.15 = 112.5)$

P_S : 포화증기압

$H_P = \dfrac{112.5}{185} \times \dfrac{750 - 185}{750 - 112.5} \times 100 = 53.9\%$

30 펌프의 동력이 150kgf·m/s일 때 이 펌프의 동력은 몇 마력(HP)에 해당하는가? [출제율 20%]

① 1.97 ② 5.36
③ 9.2 ④ 15

해설 단위 환산

$$150\,kgf \cdot m/s \times \frac{1HP}{76\,kgf \cdot m/s} = 1.97HP$$

31 추출에서 추료(feed)에 추제(extracting solvent)를 가하여 잘 접촉시키면 2상으로 분리된다. 이 중 불활성 물질이 많이 남아 있는 상을 무엇이라고 하는가? [출제율 20%]

① 추출상(extract) ② 추잔상(raffinate)
③ 추질(solute) ④ 슬러지(sludge)

해설 • 추잔상
  ㉠ 불활성 물질이 풍부한 상
  ㉡ 원용매가 풍부한 상
• 추출상
  추제가 풍부한 상

[보충 Tip]

• 추질 : 녹아나오는 물질. 즉, 목적 성분
• 추제 : 추질을 녹이기 위해 가해지는 물질

32 25%의 수분을 포함한 고체 100kg을 수분 함량이 1%가 될 때까지 건조시킬 때 제거되는 수분은 약 얼마인가? [출제율 40%]

① 8.08kg ② 18.06kg
③ 24.24kg ④ 32.30kg

해설
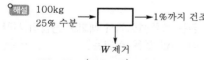
100kg
25% 수분 → 1%까지 건조
W 제거

$$100 \times 25 = (100 - W) \times 0.01 + W$$
제거 수분$(W) = 24.24\,kg$

33 온도 20℃, 압력 760mmHg인 공기 중의 수증기 분압은 20mmHg이다. 이 공기의 습도를 건조공기 kg당 수증기의 kg으로 표시하면 얼마인가? (단, 공기의 분자량은 30으로 한다.) [출제율 40%]

① 0.016 ② 0.032
③ 0.048 ④ 0.064

해설 절대습도 $H = \dfrac{수증기}{건조공기}$

$$= \frac{M_V}{M_g} \times \frac{P_V}{P - P_V}$$
$$(P_V : 수증기분압)$$
$$= \frac{18}{30} \times \frac{20}{760 - 20}$$
$$= 0.0162\,kg\,H_2O/kg\ Dry\ Air$$

34 1기압, 300℃에서 과열수증기의 엔탈피는 약 몇 kcal/kg인가? (단, 1기압에서 증발잠열은 539 kcal/kg, 수증기의 평균비열은 0.45kcal/kg·℃이다.) [출제율 40%]

① 190 ② 250
③ 629 ④ 729

해설 $Q = Cm\Delta t$ 이용, $m = 1$ 가정
Total $Q = 100 \times 1 + 539\,kcal/kg \cdot ℃$
$$+ 0.45\,kcal/kg \cdot ℃ \times 200℃$$
$$= 729\,kcal/kg$$

35 상대휘발도에 관한 설명 중 틀린 것은 어느 것인가? [출제율 20%]

① 휘발도는 어느 성분의 분압과 몰분율의 비로 나타낼 수 있다.
② 상대휘발도는 2물질의 순수성분 증기압의 비와 같다.
③ 상대휘발도가 클수록 증류에 의한 분리가 용이하다.
④ 상대휘발도는 액상과 기상의 조성에는 무관하다.

해설 상대휘발도(비휘발도)

$$= \alpha_{AB} = \frac{y_A/y_B(증기\ 조성)}{x_A/x_B(액\ 조성)} = \frac{y_A/(1-y_A)}{x_A/(1-x_A)}$$

액상과 평형상태에 있는 증기상에 대하여 성분 B에 대한 성분 A의 비휘발도 α_{AB}

36 가로 40cm, 세로 60cm의 직사각형 단면을 갖는 도관(duct)에 공기를 100m³/h로 보낼 때의 레이놀즈 수를 구하려고 한다. 이때 사용될 상당직경(수력직경)은 얼마인가? [출제율 20%]

① 48cm ② 50cm
③ 55cm ④ 45cm

해설 $상당직경 = 4 \times \dfrac{유로단면적}{열전달면\ 둘레}$

$= 4 \times \dfrac{a \times b}{2(a+b)} = \dfrac{2ab}{a+b}$

$= \dfrac{2 \times 60 \times 40}{60+40} = \dfrac{4800}{100} = 48\,\text{cm}$

37 다음 펌프 중 왕복펌프가 아닌 것은? 출제율 20%

① Piston 펌프

② Turbine 펌프

③ Plunger 펌프

④ Diaphragm 펌프

해설 • 왕복펌프

Piston pump, Plunger pump, Diaphragm pump

• 원심펌프

Turbine pump

38 교반기 중 점도가 높은 액체의 경우에는 적합하지 않으나 저점도 액체의 다량 처리에 많이 사용되는 교반기는? 출제율 20%

① 프로펠러(propeller)형 교반기

② 리본(ribbon)형 교반기

③ 앵커(anchor)형 교반기

④ 나선(screw)형 교반기

해설 • 프로펠러형 교반기

점도가 높은 액체나 무거운 고체가 섞인 액체의 교반에 적당하지 않으며, 점도가 낮은 액체의 다량 처리에 적합하다.

• 리본형, 앵커형, 나선형 교반기

점도가 큰 액체에 사용(교반, 운반)한다.

39 다음 효용증발기에 대한 급송방법 중 한 효용관에서 다른 효용관으로의 용액 이동이 요구되지 않는 것은? 출제율 20%

① 순류식 급송(forward feed)

② 역류식 급송(backward feed)

③ 혼합류식 급송(mixed feed)

④ 병류식 급송(parallel feed)

해설 병류식 급송

원액을 각 증발관에 공급하고 수증기만을 순환시키는 방법이다.

40 다음 중 국부속도(local velocity) 측정에 가장 적합한 것은? 출제율 20%

① 오리피스미터 ② 피토관

③ 벤투리미터 ④ 로터미터

해설 피토관(pitot tube)

국부속도를 측정할 수 있다(흐름의 속도구배가 있으면 피토관의 위치에 따라 동압이 변하므로 그 부분에서 국부속도를 측정할 수 있다).

▶▶ 제3과목 ┃ 공정제어

41 다음 중 $Y = P_1 X \pm P_2 X$의 블록선도로 옳지 않은 것은 어느 것인가? 출제율 40%

①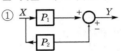

②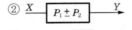

③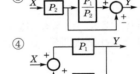

④

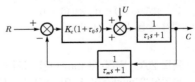

해설 ①, ②, ③은 모두 $Y = P_1 X \pm P_2 X$

④는 $\dfrac{Y}{X} = \dfrac{P_1}{1+P_1 P_2}$

$Y = \dfrac{P_1}{1+P_1 P_2} X$

42 다음과 같은 블록선도에서 폐회로 응답의 시간상수 τ에 대한 옳은 설명은? 출제율 20%

$R \xrightarrow{+} \bigotimes \to K_c(1+\tau_0 s) \to \bigotimes \xleftarrow{U} \to \boxed{\dfrac{1}{\tau_1 s + 1}} \to C$

$\boxed{\dfrac{1}{\tau_m s + 1}}$

① τ_1이 감소하면 증가한다.

② τ_0가 감소하면 증가한다.

③ K_c가 증가하면 감소한다.

④ τ_m이 증가하면 감소한다.

해설 블록선도 표현

$$C = \frac{K_c(1+\tau_D s)/\tau_I s + 1}{1 + K_c(1+\tau_D s)/(\tau_I s + 1)(\tau_m s + 1)} R$$
$$+ \frac{1/\tau_I s + 1}{1 + K_c(1+\tau_D s)/(\tau_I s + 1)(\tau_m s + 1)} U$$

$$C = \frac{[K_c(1+\tau_D s)(\tau_m s + 1)]R + [(\tau_m s + 1)]U}{(\tau_I s + 1)(\tau_m s + 1) + K_c(1+\tau_D s)}$$

분모는 $\tau_I \tau_m s^2 + (\tau_I + \tau_m + \tau_D K_c)s + K_c + 1$

$$= \frac{\tau_I \tau_m s^2}{K_c + 1} + \frac{(\tau_I + \tau_m + \tau_D K_c)s}{K_c + 1} + 1$$

$\tau = \sqrt{\dfrac{\tau_I \tau_m}{K_c + 1}}$ (K_c가 증가하면 τ는 감소한다.)

43 다음 중 잔류오차(offset)가 0이 되는 제어기는 어느 것인가? [출제율 40%]

① P제어기(비례제어기)
② PI제어기
③ PD제어기
④ 해당 제어기는 없다.

해설 적분공정은 잔류편차를 제거해 주며, PI 제어기가 잔류오차를 0이 되게 한다.

44 제어밸브 입·출구 사이의 불평형 압력(unbalanced force)에 의하여 나타나는 밸브 위치의 오차, 히스테리시스 등이 문제가 될 때 이를 감소시키기 위하여 사용되는 방법으로 가장 거리가 먼 것은? [출제율 20%]

① C_v가 큰 제어밸브를 사용한다.
② 면적이 넓은 공압구동기(pneumatic actuator)를 사용한다.
③ 밸브 포지셔너(positioner)를 제어밸브와 함께 사용한다.
④ 복좌형(double seated) 밸브를 사용한다.

해설 C_v (밸브계수)
㉠ 제어밸브의 크기와 형태를 결정하는 요소이며, 유체의 특성을 나타낸다.
㉡ 밸브계수 C_v는 1psi의 압력차에서 밸브를 완전히 열었을 때 흐르는 물의 유량이며, 제어밸브 입·출구 사이의 불평형 압력에 의해 나타나는 밸브 위치의 오차 히스테리시스 등의 문제가 발생할 때 C_v가 작은 제어밸브를 사용한다.

45 Routh법에 의한 제어계의 안정성 판별 조건과 관계 없는 것은? [출제율 20%]

① Routh array의 첫 번째 열에 전부 양(+)의 숫자만 있어야 안정하다.
② 특성방정식이 S에 대해 n차 다항식으로 나타나야 한다.
③ 제어계에 수송지연이 존재하면 Routh법은 쓸 수 없다.
④ 특성방정식의 어느 근이든 복소수축의 오른쪽에 위치할 때는 계가 안정하다.

해설 특성방정식의 근이 복소평면 상에서 허수축을 기준으로 왼쪽 평면상에 있으면 제어시스템은 안정하다.

46 적분공정($G(s) = 1/s$)을 제어하는 경우에 대한 설명으로 틀린 것은? [출제율 20%]

① 비례제어만으로 설정값의 계단변화에 대한 잔류오차(offset)를 제거할 수 있다.
② 비례제어만으로 입력외란의 계단변화에 대한 잔류오차(offset)를 제거할 수 있다 (입력외란은 공정입력과 같은 지점으로 유입되는 외란).
③ 비례제어만으로 출력외란의 계단변화에 대한 잔류오차(offset)를 제거할 수 있다 (출력외란은 공정출력과 같은 지점으로 유입되는 외란).
④ 비례-적분제어를 수행하면 직선적으로 상승하는 설정값 변화에 대한 잔류오차(offset)를 제거할 수 있다.

해설 적분공정
잔류편차를 제거할 수 있는 공정으로, 적분공정 앞의 잔류오차를 제거할 수 없고 뒤에 있는 외란에 대해서는 잔류오차를 제거할 수 있다.

47 1차계의 단위계단응답에서 시간 t가 2τ일 때 퍼센트응답은 약 얼마인가? (단, τ는 1차계의 시간상수이다.) [출제율 40%]

① 50%
② 63.2%
③ 86.5%
④ 95%

해설

t	$Y(s)/KA$
0	0(0%)
τ	0.632(63.2%)
2τ	0.865(86.5%)
3τ	0.950(95%)

보충 Tip

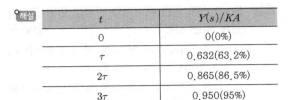

$$T(t) = 1 - e^{-\frac{t}{2}}$$
$$= 1 - e^{-\frac{2\tau}{\tau}} = 1 - e^{-2} = 0.865 \times 100 = 86.5\%$$

48 제어기의 와인드업(windup) 현상에 대한 설명 중 잘못된 것은? <출제율 40%>

① 이 문제를 해소하기 위한 기능을 Anti windup이라 부른다.

② Windup이 해소되기까지 제어기는 사실상 제어불능상태가 된다.

③ 제어기의 출력이 공정으로 바르게 전달되지 못할 때에 나타나는 현상이다.

④ 제어기의 미분동작과 관련된 현상이다.

해설 Windup 현상

㉠ 제어기의 출력 $m(t)$가 최대허용치에 머물고 있음에도 불구하고 $e(t)$의 적분값은 계속 증가하는 현상이다.

㉡ 적분동작과 관련된 현상이다(적분제어 작용에 나타남).

㉢ 방지 방법은 Anti wind up 기법을 적용한다.

㉣ Wind up 해소 전 제어기는 사실상 제어불능 상태가 된다.

49 다음 중 1차계 공정$\left(\dfrac{K_P}{\tau_P s + 1}\right)$의 특성이 아닌 것은 어느 것인가? <출제율 20%>

① 자율공정이다.

② 단위계단입력의 경우, 공정출력 초기의 기울기 $\left|\dfrac{dy(t)}{dt}\right|_{t=0} = \dfrac{K_P}{\tau_P}$이다.

③ 공정이득이 증가하면 진동한다.

④ 최종치의 63.2%에 도달할 때까지 걸린 시간이 시간상수이다.

해설 단위계단입력 $X(s) = \dfrac{1}{s}$

$$Y(s) = G(s) \cdot X(s) = \frac{1}{s} \cdot \frac{K}{\tau_P s + 1} = \frac{A}{s} + \frac{B}{\tau s + 1}$$

$A\tau s + A + Bs = K, \ A = K$

$K\tau s + Bs = 0, \ B = -K\tau$

$$Y(s) = \frac{K}{s} - \frac{K\tau}{\tau s + 1} = \frac{K}{s} - \frac{K}{s + \frac{1}{\tau}}$$

$$U(t) = K - Ke^{-\frac{t}{\tau}} \xrightarrow{\text{미분}} dU(t) = +\frac{K}{\tau}e^{-\frac{t}{\tau}} = \frac{K}{\tau}$$

1차계에서 k(공정이득)가 증가해도 진동하지 않는다.

50 그림과 같은 닫힌 루프계에서 입력 R에 대한 출력 Y의 전달함수는? <출제율 80%>

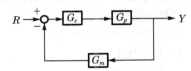

① $\dfrac{Y}{R} = \dfrac{1}{1 + G_c G_p G_m}$

② $\dfrac{Y}{R} = G_c G_p$

③ $\dfrac{Y}{R} = \dfrac{G_c G_p G_m}{1 + G_c G_p G_m}$

④ $\dfrac{Y}{R} = \dfrac{G_c G_p}{1 + G_c G_p G_m}$

해설 $\dfrac{Y}{R} = \dfrac{\text{직진}}{1 + \text{feedback}} = \dfrac{G_c G_p}{1 + G_c G_p G_m}$

51 다음 함수의 Laplace 변환은? (단, $u(t)$는 단위계단함수(unit step function)이다.) <출제율 80%>

$$f(t) = \frac{1}{h}\{u(t) - u(t-h)\}$$

① $\dfrac{1}{h}\left(\dfrac{1 - e^{-h/s}}{s}\right)$

② $\dfrac{1}{h}\left(\dfrac{1 - e^{-hs}}{s}\right)$

③ $\dfrac{1}{h}\left(\dfrac{1 + e^{-hs}}{s}\right)$

④ $\dfrac{1}{h}\left(\dfrac{1 + e^{-h/s}}{s}\right)$

해설 $f(t) = \frac{1}{h}\{u(t) - u(t-h)\}$

라플라스 변환을 하면,

$F(s) = \frac{1}{h}\left(\frac{1}{s} - \frac{e^{-hs}}{s}\right) = \frac{1}{h}\left(\frac{1-e^{-hs}}{s}\right)$

52 $\dfrac{1}{(s^2+1)s^2}$ 의 역변환으로 옳은 것은? (단, $U(t)$ 는 단위계단함수이다.) 출제율 60%

① $(\cos t + 1 + t)\,U(t)$
② $(-\sin t + t)\,U(t)$
③ $(-\cos t + 1 + t)\,U(t)$
④ $(\sin t - t)\,U(t)$

해설 $U(s) = \dfrac{1}{(s^2+1)s^2} = \dfrac{1}{s^2} - \dfrac{1}{s^2+1}$

역라플라스 변환을 하면,

$U(t) = t - \sin t$

$\dfrac{A}{s} + \dfrac{B}{s^2} + \dfrac{Cs+D}{s^2+1} = \dfrac{1}{s^2} - \dfrac{1}{s^2+1}$

$As(s^2+1) + B(s^2+1) + s^2(Cs+D) = 1$

$As^3 + As + Bs^2 + B + Cs^3 + Ds^2 = 1$

$A+C=0,\ B=1,\ B+D=0$

$A=0,\ B=1,\ C=0,\ D=-1$

53 Bode 선도를 이용한 안정성 판별법 중 옳지 않은 것은? 출제율 20%

① 위상 크로스오버 주파수(phase cross-over frequency)에서 AR은 1보다 작아야 안정하다.
② 이득여유(gain margin)는 위상 크로스오버 주파수에서 AR의 역수이다.
③ 열린 루프에서 안정한 공정 전달함수에 대해서만 적용 가능하다.
④ 이득 크로스오버 주파수(gain crossover frequency)에서 위상각은 −180도보다 커야 안정하다.

해설 Bode 안정성 판별
㉠ 폐루프 전달함수에 적용할 수 있다.
㉡ $GM = \dfrac{1}{AR}$
㉢ 개루프 전달함수의 AR값이 교차주파수 상의 1보다 크면 불안정하다.

㉣ 이득 크로스오버 주파수에서 위상각이 −180°보다 커야 안정하다.

54 증류탑의 응축기와 재비기에 수은기둥 온도계를 설치하고 운전하면서 한 시간마다 온도를 읽어 다음 그림과 같은 데이터를 얻었다. 이 데이터와 수은기둥 온도 값 각각의 성질로 옳은 것은 어느 것인가? 출제율 20%

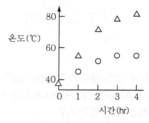

① 연속(continuous), 아날로그
② 연속(continuous), 디지털
③ 이산시간(discrete-time), 아날로그
④ 이산시간(discrete-time), 디지털

해설

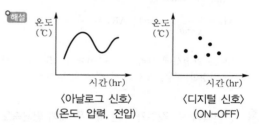

〈아날로그 신호〉　　　〈디지털 신호〉
(온도, 압력, 전압)　　　(ON-OFF)

55 특성방정식이 $s^2 + 6s^2 + 11s + 6 = 0$인 제어계가 있다. 이 제어계의 안정성은? 출제율 80%

① 안정하다.
② 불안정하다.
③ 불충분 조건이 있다.
④ 식의 성립이 불가하다.

해설 Routh 안정성 판별

$s^3 + 6s^2 + 11s + 6$

$a_0 = 1,\ a_1 = 6,\ a_2 = 11,\ a_3 = 6$

	1	2
1	1	11
2	6	6
3	$A_1 = \dfrac{a_1 a_2 - a_0 a_3}{a_1} = \dfrac{6 \times 11 - 6 \times 1}{6} = 10 > 0$	

56 $F(s) = \dfrac{4(s+2)}{s(s+1)(s+4)}$ 인 신호의 최종값(final value)은? 출제율 80%

① 2
② ∞
③ 0
④ 1

해설 최종값 정리

$$\lim_{t \to \infty} f(t) = \lim_{s \to 0} sF(s)$$
$$= \lim_{s \to 0} \frac{4s+8}{(s+1)(s+4)}$$
$$= 2$$

57 개회로 전달함수의 Phase lag가 180°인 주파수에서 Amplitude Ratio(AR)가 어느 범위일 때 폐회로가 안정한가? 출제율 40%

① AR < 1
② AR < 1/0.707
③ AR > 1
④ AR > 0.707

해설 $\phi = -\tan(\tau\omega) = 180$

$-\tan 180° = 0 = \tau\omega$

$\text{AR} = \dfrac{k}{\sqrt{\tau^2\omega^2+1}} = k, \ \text{AR}_N = \dfrac{\text{AR}}{k} = 1$

$\text{AR} < 1$

(Bode 안정성에 따라 $\phi = -180$에서 $\text{AR} = 1$인 경우 일정한 진동, $\text{AR} < 1$인 경우 안정하다.)

58 단면적이 A, 길이가 L인 파이프 내에 평균속도 U로 유체가 흐르고 있다. 입구 유체온도와 출구 유체온도 사이의 전달함수는 어느 것인가? (단, 파이프는 단열되어 파이프로부터 유체로 열전달은 없다.) 출제율 40%

① $\dfrac{1}{\dfrac{L}{U}s+1}$
② $e^{-\frac{AL}{U}s}$

③ $e^{\frac{L}{U}s}$
④ $e^{-\frac{L}{U}s}$

해설 시간지연 $\theta = \dfrac{L}{q/A} = \dfrac{L}{U}$

$T_0(t) = T(t-\theta)$

편차변수 $\dfrac{dx'(t)}{dt} = \dfrac{d}{dt}\{x(t)-x_s\}$를 이용하면

$\dfrac{T_0'(s)}{T'(s)} = e^{-\theta s} = e^{-\frac{L}{U}s}$

59 비례제어기를 이용하는 어떤 폐루프 시스템의 특성방정식이 $1 + \dfrac{K_c}{(s+1)(2s+1)} = 0$과 같이 주어진다. 다음 중 진동응답이 예상되는 경우는 어느 것인가? 출제율 40%

① $K_c = -1.25$
② $K_c = 0$
③ $K_c = 0.25$
④ K_c에 관계없이 진동이 발생된다.

해설 $2s^2 + 3s + (1+K_c) = 0$

$$s = \frac{-3 \pm \sqrt{9-8(1+K_c)}}{4}$$

$9 - 8(1+K_c) \leq 0 \ \rightarrow \ K_c \geq \dfrac{1}{8}$

$K_c \geq 0.125$

60 시간지연(delay)이 포함되고 공정이득이 1인 1차 공정에 비례제어기가 연결되어 있다. 임계주파수에서의 각속도 ω의 값이 0.5rad/min일 때 이득여유가 1.7이 되려면 비례제어상수(K_c)는? (단, 시상수는 2분이다.) 출제율 40%

① 0.83
② 1.41
③ 1.70
④ 2.0

해설 $G(s) = \dfrac{k}{\tau s+1}e^{-\theta s}$

$Y(s) = \dfrac{1}{2s+1}e^{-\theta s}K_c$

$\text{AR} = \dfrac{K_c}{\sqrt{\tau^2\omega^2+1}}$

$\omega = 0.5\,\text{rad/min}$

이득여유 $\dfrac{1}{\text{AR}} = 1.7$

$\text{AR} = 0.59$

$0.59 = \dfrac{K_c}{\sqrt{2^2 \times 0.5^2 + 1}}$

$K_c = 0.59 \times \sqrt{2} = 0.83$

제4과목 | 공업화학

61 Le blance법의 원료와 제조물질을 옳게 설명한 것은? 출제율 60%

① 식염에서 탄산칼슘 제조
② 식염에서 탄산나트륨 제조
③ 염화칼슘에서 탄산칼슘 제조
④ 염화칼슘에서 탄산나트륨 제조

해설 소다회 제조방법(Le blance법)
식염에서 탄산나트륨을 제조하는 방법

$$NaCl + H_2SO_4 \xrightarrow{150℃} NaHSO_4 + HCl$$

$$NaHSO_4 + NaCl \xrightarrow{800℃} Na_2SO_4 + HCl$$

$$Na_2SO_4 + CaCO_3 + 4C \rightarrow 4CO\uparrow + Na_2CO_3 + CaS$$

62 솔베이법을 이용한 소다회 제조에 있어서 사용되는 기본원료는? 출제율 40%

① HCl, H_2O, NH_3, H_2CO_3
② $NaCl$, H_2O_2, $CaCO_3$, H_2SO_4
③ $NaCl$, H_2O, NH_3, $CaCO_3$
④ HCl, H_2O_2, NH_3, $CaCO_3$, H_2SO_4

해설 Solvay법(암모니아 소다법)
$$NaCl + NH_3 + CO_2 + H_2O \rightarrow NaHCO_3 + NH_4Cl$$
$$2NaHCO_3 \rightarrow Na_2CO_3 + H_2O + CO_2$$
$$2NH_4Cl + Ca(OH)_2 \rightarrow CaCl_2 + 2H_2O + 2NH_3$$
$$CaCO_3 \rightarrow CaO + CO_2$$
$$CaO + H_2O \rightarrow Ca(OH)_2$$

63 요소비료 1ton을 합성하는 데 필요한 CO_2의 원료로 탄산칼슘 85%를 포함하는 석회석을 사용한다면 석회석은 약 몇 ton이 필요한가? 출제율 40%

① 0.96
② 1.96
③ 2.96
④ 3.96

해설 $$CaCO_3 \rightarrow CaO + CO_2$$
$$100 \quad : \quad 44$$
$$y \quad : \quad 0.733ton$$
석회석$(y) = 1.96ton$

보충 Tip

$$2NH_3 + CO_2 \rightarrow CO(NH_2)_2 + H_2O$$
$$44 \quad : \quad 60$$
$$x \quad : \quad 1ton$$
$$x = 0.733ton$$

64 반도체 제조공정에서 감광제를 구성하는 주요 기본요소가 아닌 것은? 출제율 20%

① 고분자
② 용매
③ 광감응제
④ 현상액

해설 • PR(감광제)
빛, 방사선에 의해 화학반응을 일으켜 용해도가 변하게 되는 고분자 재료를 말한다.
• 감광제의 구성요소
㉠ 고분자
㉡ 용매
㉢ 광감응제

65 다음 중 에틸렌으로부터 얻는 제품으로 가장 거리가 먼 것은? 출제율 20%

① 에틸벤젠
② 아세트알데히드
③ 에탄올
④ 염화알릴

해설 에틸렌 유도체
폴리에틸렌, 아세트알데히드, 산화에틸렌, 에틸벤젠, 에틸렌클로로히드린, 에탄올, 염화에틸렌

66 Phthalic anhydride를 합성하기 위한 기본원료는? 출제율 20%

① Toluene
② o-Xylene
③ m-Xylene
④ p-Xylene

해설 무수프탈산(phthalic anhydride) 제조

67 다음 중 아세틸렌을 출발물질로 하여 염화구리와 염화암모늄 수용액을 통해 얻은 모노비닐아세틸렌과 염산을 반응시키면 얻는 주생성물은 어느 것인가? `출제율 20%`

① 클로로히드린   ② 염화프로필렌
③ 염화비닐   ④ 클로로프렌

`해설` 아세틸렌 ───────→ 클로로프렌
　　　　　　↓
염화구리+염화암모늄 수용액
　+모노비닐 아세틸렌

68 황산용액의 포화조에서 암모니아 가스를 주입하여 황산암모늄을 제조할 때 85wt% 황산 1000kg을 암모니아 가스와 반응시키면 약 몇 kg의 황산암모늄 결정이 석출되겠는가? (단, 반응온도에서 황산암모늄 용해도는 97.5g/100g · H_2O이며, 수분의 증발 및 분리 공정 중 손실은 없다.) `출제율 40%`

① 788.7   ② 895.7
③ 998.7   ④ 1095.7

`해설` $2NH_3 + H_2SO_4 \longrightarrow (NH_4)_2SO_4$
　　　　98   :   132
　　　　850kg : x
$x = 1145$ kg
$1000 - 850 = 150$ kg의 물
100 kg : 97.5 kg $= 150$ kg : y
$y = 146.25$ kg 용해
석출되는 양 $= x - y = 1145 - 146.25$ 석출
　　　　　　$= 998.6$ kg

69 다음의 인산칼슘 중 수용성 성질을 가지는 것은 어느 것인가? `출제율 20%`

① 인산1칼슘   ② 인산2칼슘
③ 인산3칼슘   ④ 인산4칼슘

`해설` 수용성 인산은 인산암모늄, 인산칼슘, 중과린산석회, 과린산석회 등이 있으며, 인산칼슘 중 인산1칼슘이 수용성이다.

70 말레산무수물을 벤젠의 공기산화법으로 제조하고자 한다. 이때 사용되는 촉매는 다음 중 어느 것인가? `출제율 20%`

① 바나듐펜톡사이드(오산화바나듐)
② $Si-Al_2O_3$ 담체로 한 Nickel

③ $PdCl_2$
④ LiH_2PO_4

`해설` 말레산무수물(벤젠의 공기산화법)

사용촉매 : V_2O_5 (오산화바나듐, 바나듐펜톡사이드)

71 다음 중 모노글리세라이드를 옳게 설명한 것은 어느 것인가? `출제율 20%`

① 양쪽성 계면활성제이다.
② 비이온 계면활성제이다.
③ 양이온 계면활성제이다.
④ 음이온 계면활성제이다.

`해설` 계면활성제
전기적 성질에 따라 양이온, 음이온, 비이온 양쪽성으로 구분되며, 모노글리세라이드는 비이온 계면활성제이다.

72 순수 HCl 가스를 제조하는 방법은? `출제율 40%`

① 질산 분해법   ② 흡착법
③ Hargreaves법   ④ Deacon법

`해설` 무수염산 제조
㉠ 진한 염산 증류법(스트립법, 농염산 증류법)
㉡ 직접 합성법
㉢ 흡착법(건조)

73 아세톤을 염산 존재 하에서 페놀과 반응시켰을 때 생성되는 주물질은? `출제율 60%`

① 아세토페논   ② 벤조페논
③ 벤질알코올   ④ 비스페놀 A

`해설` 비스페놀 A

74 일반적으로 물의 순도는 비저항값으로 표시한다. 이때 사용되는 비저항의 단위로 옳은 것은 어느 것인가? `출제율 20%`

① $\Omega \cdot cm$ ② Ω / cm
③ $\Omega \cdot s$ ④ Ω / s

[해설] 비저항의 단위
단위면적당 단위길이 저항($\Omega \cdot cm$)으로 나타낸다.

75 다음 중 연료전지의 형태에 해당하지 않는 것은 어느 것인가? [출제율 20%]

① 인산형 연료전지 ② 용융탄산염 연료전지
③ 알칼리 연료전지 ④ 질산형 연료전지

[해설] 연료전지의 형태
㉠ 알칼리 연료전지
㉡ 용융탄산염형 연료전지
㉢ 고체산화물형 연료전지
㉣ 인산형 연료전지
㉤ 고분자 전해질형 연료전지

76 다음 탄화수소의 분해에 대한 설명 중 옳지 않은 것은? [출제율 40%]

① 열분해는 자유라디칼에 의한 연쇄반응이다.
② 열분해는 접촉분해에 비해 방향족과 이소 파라핀이 많이 생성된다.
③ 접촉분해에서는 촉매를 사용하여 열분해 보다 낮은 온도에서 분해시킬 수 있다.
④ 접촉분해에서는 방향족이 올레핀보다 반응성이 낮다.

[해설]

열분해	접촉분해
• 올레핀이 많으며, C_1~C_2계 가스가 주성분	• C_3~C_6계가 주성분
• 대부분 지방족	• 파라핀계 탄화수소 많음
• 코크스, 타르 석출 많음	• 방향족 탄화수소 많음
• 디올레핀 비교적 많음	• 탄소질 물질 석출 적음
• 라디칼 반응	• 디올레핀 거의 생성 없음
	• 이온 반응

77 LPG에 대한 설명 중 틀린 것은? [출제율 20%]

① C_3, C_4의 탄화수소가 주성분이다.
② 상온, 상압에서는 기체이다.
③ 그 자체로 매우 심한 독한 냄새가 난다.
④ 가압 또는 냉각시킴으로써 액화한다.

[해설] LPG의 특징
㉠ C_3, C_4가 주성분이다.
㉡ 상온·상압에서 기체이다.
㉢ 가압 또는 냉각에 의해 액화된다.
㉣ 그 자체로 거의 냄새가 나지 않는다.

78 다음 중 반도체에 대한 일반적인 설명으로 옳은 것은? [출제율 20%]

① 진성 반도체의 경우 온도가 증가함에 따라 전기전도도가 감소한다.
② P형 반도체는 Si에 V족 원소가 첨가된 것이다.
③ 불순물 원소를 첨가함에 따라 저항이 감소한다.
④ LED(Light Emitting Diode)는 N형 반도체만을 이용한 전자소자이다.

[해설] 불순물 반도체
실리콘 결정에 미량의 불순물을 첨가하여 반도체 성질을 부여한 것으로, 불순물을 첨가하면 저항이 감소한다.
① 진성 반도체의 경우 온도가 감소함에 따라 전기 전도도가 감소한다.
③ P형 반도체는 Ge, Si 등의 결정 중에 B, Ga과 같은 원자가 3가인 원소가 첨가된 것이다.
④ LED는 다이오드와 유사한 PN반도체를 접합한 구조로 되어 있다.

79 반도체 공정에 대한 설명 중 틀린 것은 어느 것인가? [출제율 20%]

① 감광반응되지 않은 부분을 제거하는 공정을 에칭이라 하며, 건식과 습식으로 구분할 수 있다.
② 감광성 고분자를 이용하여 실리콘웨이퍼에 회로패턴을 전사하는 공정을 리소그래피(lithography)라고 한다.
③ 화학기상증착법 등을 이용하여 3족 또는 6족의 불순물을 실리콘웨이퍼 내로 도입하는 공정을 이온주입이라 한다.
④ 웨이퍼 처리공정 중 잔류물과 오염물을 제거하는 공정을 세정이라 하며, 건식과 습식으로 구분할 수 있다.

[해설] • 박막형성 공정(화학기상증착 : CVD)
형성하고자 하는 증착막 재료의 원소 가스를 기판 표면 위에 화학반응시켜 원하는 박막을 형성하는 공정이다.
• 이온주입 공정
전하를 띤 원자인 B, P, As 등 도판트 이온들을 직접 기판의 원하는 부분에 주입하는 공정을 말한다.

80 파장이 600nm인 빛의 주파수는? 〔출제율 20%〕

① $3 \times 10^{10} \mathrm{Hz}$

② $3 \times 10^{14} \mathrm{Hz}$

③ $5 \times 10^{10} \mathrm{Hz}$

④ $5 \times 10^{14} \mathrm{Hz}$

〔해설〕 주파수 $= \dfrac{1}{주기}$

$1\mathrm{Hz} = 1초당\ 1회\ 반복$

진동수 $= 1\mathrm{cycle/s}$

$\lambda = \dfrac{v}{f}$

여기서, λ : 파장, v : 전파속도, f : 주파수

$600 \times 10^{-9} \mathrm{m} = 6 \times 10^{-7} \mathrm{m} = \dfrac{3 \times 10^{8}}{f}$

$f = \dfrac{3 \times 10^{8}}{6 \times 10^{-7}} = 5 \times 10^{14} \mathrm{Hz}$

▶▶ 제5과목 ┃ 반응공학

81 직렬반응 $A \to R \to S$의 각 단계에서 반응속도 상수가 같으면 회분식 반응기 내의 각 물질의 농도는 반응시간에 따라서 어느 그래프처럼 변화하는가? 〔출제율 40%〕

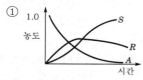

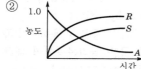

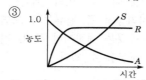

①
1.0
농도
시간

〔해설〕 $A \xrightarrow{k_1} R \xrightarrow{k_2} S(k_1 = k_2)$

시간경과에 따라 A는 감소, R은 증가 후 감소, S는 증가하는 ①번이 정답이다.

82 반응물질 A는 2L/min 유속으로 부피가 2L인 혼합흐름반응기에 공급된다. 이때 A의 출구농도 $C_{AP} = 0.2\mathrm{mol/L}$이고, 초기농도 $C_{A0} = 0.2\mathrm{mol/L}$일 때 A의 반응속도는? 〔출제율 60%〕

① $0.045 \mathrm{mol/L \cdot min}$

② $0.062 \mathrm{mol/L \cdot min}$

③ $0.18 \mathrm{mol/L \cdot min}$

④ $0.1 \mathrm{mol/L \cdot min}$

〔해설〕 $\tau = \dfrac{C_{A0} - C_A}{-r_A} = \dfrac{V}{\nu_0} = \dfrac{2\mathrm{L}}{2\mathrm{L/min}} = 1\mathrm{min}$

$1\mathrm{min} = \dfrac{0.2 - 0.02\,\mathrm{mol/L}}{-r_A}$

$-r_A = 0.18 \mathrm{mol/L \cdot min}$

83 다음 두 액상반응이 동시에 진행될 때 어떻게 반응시켜야 부반응을 억제할 수 있는가? 〔출제율 40%〕

> • $A + B \xrightarrow{k_1} R + T$ (원하는 반응)
>
> $dC_R / dt = k_1 C_A^{0.3} C_B$
>
> • $A + B \xrightarrow{k_2} S + U$ (원하지 않는 반응, 부반응)
>
> $dC_S / dt = k_2 C_A^{1.8} C_B^{0.5}$

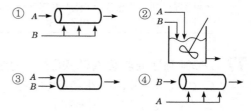

〔해설〕 선택도 $= \dfrac{dC_R}{dC_S} = \dfrac{k_1 C_A^{0.3} C_B}{k_2 C_A^{1.8} C_B^{0.5}} = \dfrac{k_1}{k_2} C_A^{-1.5} C_B^{0.5}$

목적하는 쪽으로 한 성분이라도 +지수가 있다면 관형흐름반응기를 선택한다.

많은 양의 B에 A를 소량 공급한다.

84 자동촉매반응(autocatalytic reaction)에 대한 설명으로 옳은 것은? 출제율 40%

① 전화율이 작을 때는 관형흐름반응기가 유리하다.

② 전화율이 작을 때는 혼합흐름반응기가 유리하다.

③ 전화율과 무관하게 혼합흐름반응기가 항상 유리하다.

④ 전화율과 무관하게 관형흐름반응기가 항상 유리하다.

해설 PFR : 적분 면적, CSTR : 직사각형 면적
전화율이 작을 때는 사각면적인 혼합흐름반응기가 유리하다.

보충 Tip

> 전화율(X_A)이 클 경우에는 적분 면적으로 구하면 이는 관형반응기가 유리하다.

85 평균체류시간이 같은 관형반응기와 혼합반응기에서 $A \rightarrow R(-r_A = kC_A{}^n)$로 표시되는 화학반응이 일어날 때 관형반응기의 전화율 X_P와 혼합반응기의 전화율 X_m에 관한 설명으로 옳은 것은? (단, n은 반응차수이다.) 출제율 40%

① 반응차수 n에 관계없이 항상 X_P는 X_m보다 크다.

② 반응차수 n에 관계없이 항상 X_m은 X_P보다 크다.

③ 반응차수 n이 0보다 크면 X_P는 X_m보다 크다.

④ 반응차수 n이 0보다 크면 X_m은 X_P보다 크다.

해설 $-r_A = kC_A{}^n$

CSTR : $\tau = \dfrac{C_{A0}X_m}{-r_A}$

PFR : $\tau = C_{A0}\int \dfrac{X_A}{-r_A}$

반응차수 n이 0보다 크면 CSTR 전화율 X_m은 PFR 전화율 X_P보다 작다.

86 회분식 반응기 내에서의 균일계 1차 반응 $A \rightarrow R$에 대한 설명으로 가장 부적절한 것은 어느 것인가? 출제율 40%

① 반응속도는 반응물 A의 농도에 정비례한다.

② 반응률 X_A는 반응시간에 정비례한다.

③ $-\ln\dfrac{C_A}{C_{A0}}$와 반응시간 간의 관계는 직선으로 나타낸다.

④ 반응속도 상수의 차원은 시간의 역수이다.

해설 ε_A(부피변화의 분율)가 0일 때 반응률 X_A는 반응시간에 정비례한다.

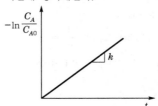

87 기상반응 $2A \rightarrow R + 2S$가 플러그흐름반응기(PFR)에서 A의 전화율 90%까지 반응하는 데 공간속도 $1\,min^{-1}$이 필요하였다. 공간시간(τ, min)과 평균체류시간(t, min)은? 출제율 40%

① $\tau=1,\ t>1$ ② $\tau=1,\ t<1$
③ $\tau>1,\ t=1$ ④ $\tau>1,\ t>1$

해설 공간시간 $= \dfrac{1}{\text{공간속도}} = \dfrac{1}{1\,min^{-1}} = 1\,min$

평균체류시간 $= \dfrac{\text{반응기 부피}}{\text{출구 속도}}$, 초기 부피, 나중 부피 3
출구 유속 > 입구 유속
따라서 $t<1$이다.

88 다음 중 두 개의 CSTR을 직렬연결했을 때, 반응기의 최적부피에 대한 설명으로 가장 거리가 먼 것은? 출제율 40%

① 최적부피는 반응속도에 의존한다.

② 1차 반응이면 부피가 같은 반응기를 사용한다.

③ 차수가 1보다 크면 큰 반응기를 먼저 놓는다.

④ 최적부피는 전화율에 의존한다.

해설 1차 반응 : 동일 크기가 최적
- $n < 1$: 작은 반응기 먼저, 큰 반응기 나중
- $n > 1$: 큰 반응기 먼저, 작은 반응기 나중

89 부피 $V=$1L인 혼합반응기에 A 용액($C_{A0} = 0.1$ mol/L)만 1L/min으로 들어가서 A와 B가 $C_{A1}=0.02$mol/L, $C_{B1}=0.04$mol/L의 상태로 흘러나갈 때 B의 생성반응속도는 몇 mol/L · min 인가? 〔출제율 60%〕

① -0.04 ② -0.02

③ 0.04 ④ 0.02

해설 $A \rightarrow B$, $V=$1L

$C_{A0}=0.1$, $C_{Af}=0.02$, $\tau = \dfrac{V}{\nu_0} = 1$

$\tau = \dfrac{C_{A0}X_A}{-r_A} = \dfrac{C_A - C_{A0}}{-r_A} = \dfrac{0.1 - 0.02}{-r_A} = 1$

$-r_A = 0.08$

$\dfrac{C_B - C_{B0}}{r_B} = \dfrac{0.04 - 0}{r_B} = 1\,(C_{B0} = 0)$

$r_B = 0.04 \text{mol/L}$

90 정압반응에서 처음에 80%의 A를 포함하는(나머지 20%는 불활성 물질) 반응 혼합물의 부피가 2min에 20% 감소한다면 기체반응 $2A \rightarrow R$에서 A의 소모에 대한 1차 반응속도상수는 약 얼마인가? 〔출제율 60%〕

① 0.147min^{-1}

② $0.24\ 7\text{min}^{-1}$

③ 0.347min^{-1}

④ 0.447min^{-1}

해설 $kt = -\ln(1 - X_A)$, $V = V_0(1 + \varepsilon_A X_A)$

$\varepsilon_A = y_{A0} \cdot \delta = 0.8 \times \dfrac{1-2}{2} = -0.4$

$X_A = \dfrac{1}{\varepsilon_A}\left(\dfrac{V - V_0}{V_0}\right) = \dfrac{1}{-0.4} \times \left(\dfrac{0.8V_0 - V_0}{V_0}\right)$

$\quad = -\dfrac{1}{0.4} \times (-0.2) = 0.5\text{min}^{-1}$

$k \times 2\text{min} = -\ln(1 - 0.5)$

$k = 0.347\text{min}^{-1}$

91 반응식이 $2A + 2B \rightarrow R$일 때 각 성분에 대한 반응속도식의 관계로 옳은 것은? 〔출제율 40%〕

① $-r_A = -r_B = r_R$

② $-2r_A = -2r_B = r_R$

③ $-\dfrac{1}{2}r_A = -\dfrac{1}{2}r_B = r_R$

④ $(-r_A)^2 = (-r_B)^2 = r_R$

해설 속도법칙

$aA + bB \rightarrow cC + dD$

$-\dfrac{r_A}{a} = -\dfrac{r_B}{b} = -\dfrac{r_C}{c} = -\dfrac{r_D}{d}$

$-\dfrac{r_A}{2} = -\dfrac{r_B}{2} = \dfrac{r_R}{1}$

92 어떤 회분식 반응기에서 전화율을 90%까지 얻는 데 소요된 시간이 4시간이었다고 하면, 3m³/min을 처리하여 같은 전화율을 얻는 데 필요한 반응기의 부피는 얼마인가? 〔출제율 60%〕

① 620m^3 ② 720m^3

③ 820m^3 ④ 920m^3

해설 $\tau = \dfrac{V}{\nu_0}$

$240\text{min} = \dfrac{V}{3\text{m}^3/\text{min}}$

$V = 720\text{m}^3$

93 Arrhenius law에 따라 작도한 다음 그림 중에서 평행반응(parallel reaction)에 가장 가까운 그림은? 〔출제율 80%〕

① 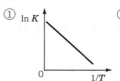   ②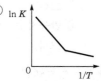

③ 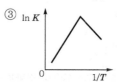   ④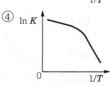

해설 $K = Ae^{\frac{-E_a}{RT}}$

$\ln K = \ln A - \dfrac{E_a}{RT}$

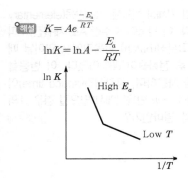

94 반응 $A \rightarrow$ 생성물의 속도식이 $-r_A = KC^{n_A}$로 주어질 때 초기농도 C_{A0}가 $\dfrac{C_{A0}}{2}$ 되는 데 걸리는 시간 $t_{1/2}$을 반감기라 한다. $t_{1/2} = \dfrac{\ln 2}{K}$인 경우에는 몇 차 반응인가? [출제율 60%]

① $n = 1$ ② $n = 2$

③ $n = 3$ ④ $n = \dfrac{1}{2}$

해설 회분식 1차 반응 : $t_{1/2} = \dfrac{\ln 2}{k}$

$-\ln(1 - X_A) = kt$

$-\ln(1 - 0.5) = kt_{1/2}$

$t_{1/2} = \dfrac{\ln 2}{k}$

95 다음 반응기 중 체류시간 분포가 가장 좁게 나타난 것은? [출제율 40%]

① 완전혼합형 반응기
② Recycle 혼합형 반응기
③ Recycle 미분형 반응기(plug type)
④ 미분형 반응기(plug type)

해설 PFR(미분형 반응기, plug type)
㉠ 부피당 전화율이 가장 크다.
㉡ 체류시간 분포가 가장 좁다.
㉢ 온도 조절이 어렵다.

96 완전혼합이 이루어지는 혼합반응기에 관한 설명 중 옳은 것은? [출제율 20%]

① 혼합반응기의 내부 농도는 출구 농도보다 높다.
② 혼합반응기의 내부 농도는 출구 농도보다 낮다.

③ 혼합반응기의 내부 농도는 출구 농도와 일치한다.
④ 혼합반응기의 내부 농도는 출구 농도와 무관하다.

해설 CSTR(혼합반응기)
㉠ 내용물이 균일한 반응기이다.
㉡ 혼합반응기의 내부 농도와 출구 농도가 같다.
㉢ 강한 교반이 요구될 때 사용된다.

97 두 1차 반응이 등온회분식 반응기에서 다음과 같이 진행되었다. 반응시간이 60분일 때 반응물 A가 90% 분해되어서 S에 대한 R의 몰비가 10.1로 생성되었다. 최초의 반응 시에 R과 S가 없었다면 k_1은 얼마이겠는가? [출제율 40%]

$$A \begin{matrix} \xrightarrow{k_1} R & -r_{A1} = k_1 C_A \\ \xrightarrow{k_2} 2S & -r_{A2} = k_2 C_A \end{matrix}$$

① 0.0321/min   ② 0.0333/min
③ 0.0366/min   ④ 0.0384/min

해설 $t = 60\,\text{min}$, $X_A = 0.9$, $R/S = 10.1$

$-r_{A1} = k_1 C_A$, $-r_{A2} = k_2 C_A$

1차 반응 : $-\ln(1 - X_A) = (k_1 + k_2)t$

$k = 0.03837\,\text{min}^{-1}$

반응 속도 비교 : $-r_A = r_R = \dfrac{r_S}{2}$

$R : S = 1 : 2$로 생성

$R : S = 10.1 : 1 \rightarrow k_1 k_2 = 20.2 : 1$

$k = k_1 + k_2 = 0.03837\,\text{min}^{-1}$

$k_1 = 0.03656\,\text{min}^{-1}$, $k_2 = 0.0018099\,\text{min}^{-1}$

98 A가 R이 되는 효소반응이 있다. 전체 효소농도를 $[E_0]$, 미카엘리스(Michaelis) 상수를 $[M]$이라고 할 때, 이 반응의 특징에 대한 설명으로 틀린 것은? [출제율 40%]

① 반응속도가 전체 효소농도 $[E_0]$에 비례한다.
② A의 농도가 낮을 때 반응속도는 A의 농도에 비례한다.
③ A의 농도가 높아지면서 0차 반응에 가까워진다.
④ 반응속도는 미카엘리스 상수 $[M]$에 비례한다.

해설 $-r_A = \dfrac{kC_{E_0}C_A}{C_M + C_A} = \dfrac{k[E_0][A]}{[M]+[A]}$

여기서, C_{E_0} : 효소의 농도

C_M : 미카엘리스 상수

반응속도는 미카엘리스 상수에 반비례한다.

99 다음의 액체상 1차 반응이 Plug Flow 반응기(PFR)와 Mixed Flow 반응기(MFR)에서 각각 일어난다. 반응물 A의 전화율을 똑같이 80%로 할 경우 필요한 MFR의 부피는 PFR 부피의 약 몇 배인가? 출제율 60%

$$A \to R, \; r_A = -kC_A$$

① 5.0   ② 2.5

③ 0.5   ④ 0.2

해설 CSTR : $\tau = \dfrac{C_{A0} - C_A}{-r_A} = \dfrac{C_{A0}X}{kC_{A0}(1-X)}$

$k\tau = \dfrac{X}{1-X} \;\to\; k\tau = 4 \;\; (X=0.8)$

PFR : $k\tau = -\ln(1-X) = -\ln(1-0.8) = -\ln 0.2$
$= 1.61$

부피비 $= \dfrac{4}{1.61} =$ 약 2.5

100 $A \to 2R$인 기체상 반응은 기초반응(elementary reaction)이다. 이 반응이 순수한 A로 채워진 부피가 일정한 회분식(batch) 반응기에서 일어날 때 10분 반응 후 전화율이 80%이었다. 이 반응을 순수한 A를 사용하며, 공간시간(space time)이 10분인 Mixed Flow 반응기에서 일으킬 경우 A의 전화율은 약 얼마인가? 출제율 60%

① 91.5%   ② 80.5%

③ 65.5%   ④ 51.5%

해설 $kt = -\ln(1-X_A)$

$k \times 10 = -\ln 0.2, \;\; k = 0.161$

$\varepsilon_A = y_{A0}\delta = 1 \times \dfrac{2-1}{1} = 1$

CSTR : $k\tau = \dfrac{X_A}{1-X_A}(1+\varepsilon_A X_A)$

$0.161 \times 10 = \dfrac{X_A}{1-X_A}(1+X_A)$

$1.61 = \dfrac{X_A + X_A^2}{1-X_A}$

$X_A^2 + 2.61X_A - 1.61 = 0$

$X_A = \dfrac{-2.61 \pm \sqrt{(2.61)^2 + 4 \times (1.61)}}{2}$

$= 0.515 \times 100 = 51.5\%$

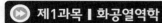

▶▶ 제1과목 ┃ 화공열역학

01 Carnot 냉동기가 −5℃의 저열원에서 10000kcal/h의 열량을 흡수하여 20℃의 고열원에서 방출할 때 버려야 할 최소열량은? `출제율 60%`

① 7760kcal/h

② 8880kcal/h

③ 10932kcal/h

④ 12242kcal/h

해설 Carnot 냉동기 성능계수

$$\eta = \frac{Q_c}{W} = \frac{T_c}{T_h - T_c} = \frac{Q_c}{Q_h - Q_c}$$

$$= \frac{268}{298 - 268} = \frac{10000}{Q_h - 10000}$$

$$Q_h = 10932.8 \text{kcal/h}$$

02 이상기체의 줄-톰슨 계수(Joule-Thomson coefficient)의 값은? `출제율 40%`

① 0

② 0.5

③ 1

④ ∞

해설 이상기체의 줄-톰슨 계수

$$\mu = \left(\frac{\partial T}{\partial P}\right)_H = \frac{T\left(\frac{\partial V}{\partial T}\right)_P - V}{C_P}$$

이상기체의 경우 $T\left(\dfrac{\partial V}{\partial T}\right) = \dfrac{RT}{P} = V$

줄-톰슨 계수는 0이다($\mu = 0$).

03 다음 중 다성분 상평형에 대한 설명으로 옳지 않은 것은? `출제율 20%`

① 각 성분의 화학퍼텐셜이 모든 상에서 같다.

② 각 성분의 퓨가시티가 모든 상에서 동일하다.

③ 시간에 따라 열역학적 특성이 변하지 않는다.

④ 엔트로피가 최소이다.

해설 • 상평형

　㉠ 각 상의 온도, 압력이 같고, 각 성분의 화학퍼텐셜이 모든 상에서 같아야 한다.

　㉡ 각 성분의 퓨가시티가 모든 상에서 동일하다.

　㉢ 평형이란 어떤 물질이 시간에 따라 변하지 않는 것을 말한다.

• 엔트로피

　자발적 변화는 비가역 변화이며, 엔트로피는 증가하는 방향으로 진행한다.

04 다음 열역학식 중 틀린 것은? (단, H : 엔탈피, Q : 열량, P : 압력, V : 부피, G : 깁스 에너지, S : 엔트로피, W : 일) `출제율 40%`

① $H = Q - PV$

② $G = H - TS$

③ $\Delta S = \displaystyle\int dQ_{\text{rev}} / T$

④ $W = - \displaystyle\int P dV$

해설 열역학 식

$$H = U + PV, \quad U = Q + W = Q - PdV$$

05 공기가 10Pa, 100m³에서 일정압력 조건에서 냉각된 후 일정부피 하에서 가열되어 20Pa, 50m³가 되었다. 이 공정이 가역적이라고 할 때 계에 공급된 일의 양은 얼마인가? `출제율 40%`

① 100J

② 500J

③ 1000J

④ 2000J

해설 $W = \displaystyle\int P dV = P \times \Delta V$

$$= 10\,\text{Pa} \times 50\,\text{m}^3 = 500\,\text{Pa} \cdot \text{m}^3$$

$$= 500\,\text{N/m}^2 \cdot \text{m}^3 = 500\,\text{N} \cdot \text{m} = 500\,\text{J}$$

$$(\text{Pa} = \text{N/m}^2, \ \text{J} = \text{N} \cdot \text{m})$$

06 다음 중 상태함수(state function)가 아닌 것은 어느 것인가? `출제율 40%`

① 내부에너지

② 엔트로피

③ 자유에너지

④ 일

해설 • 상태함수
경로와 상관없이 시작점과 끝점의 상태에 의해서만 영향을 받는 함수(온도, 압력, 내부에너지, 엔탈피, 엔트로피 등)
• 경로함수
경로에 따라 영향을 받는 함수(Q, W)

07 알코올 수용액의 증기와 평형을 이루고 있는 시스템(system)의 자유도는? **출제율 60%**

① 0
② 1
③ 2
④ 3

해설 자유도
$F = 2 - P + C$
여기서, P(phase) : 상
C(component) : 성분
$P = 2$, $C = 2$
$F = 2 - 2 + 2 = 2$

08 다음 중 반응평형에 대한 설명으로 옳지 않은 것은? **출제율 60%**

① 평형상수의 계산을 위해서는 각 물질의 생성 깁스 에너지를 알아야 한다.
② 평형상수의 온도 의존성을 위해서는 각 물질의 생성 엔탈피와 열용량을 알아야 한다.
③ 평형상수를 이용하면 반응의 속도를 정확히 알 수 있다.
④ 평형상수를 이용하면 반응 후 최종 조성을 정확히 알 수 있다.

해설 평형상수 K
$\ln K = \dfrac{-\Delta G^\circ}{RT}$
여기서, ΔG° = 반응의 표준 Gibbs 에너지 변화
$\dfrac{d \ln K}{dT} = \dfrac{\Delta H^\circ}{RT^2}$

보충 Tip

평형상수의 계산을 위해서는 각 물질의 평형에서의 농도 또는 분압을 알아야 한다.

09 깁스 – 두헴(Gibbs – Duhem)의 식에 대한 올바른 표현은 어느 것인가? (단, M : 몰당 용액의 성질, $\overline{M_i}$: 용액 내 i 성분의 부분몰 성질, x_i : 몰분율) **출제율 40%**

① $\left(\dfrac{\partial M}{\partial P}\right)_{T,X} dP + \left(\dfrac{\partial M}{\partial T}\right)_{P,X} dT + \sum_i x_i d\overline{M_i} = 0$

② $\left(\dfrac{\partial M}{\partial P}\right)_{T,X} dP - \left(\dfrac{\partial M}{\partial T}\right)_{P,X} dT + \sum_i x_i d\overline{M_i} = 0$

③ $\left(\dfrac{\partial M}{\partial P}\right)_{T,X} dP + \left(\dfrac{\partial M}{\partial T}\right)_{P,X} dT - \sum_i x_i d\overline{M_i} = 0$

④ $\left(\dfrac{\partial M}{\partial P}\right)_{T,X} dP - \left(\dfrac{\partial M}{\partial T}\right)_{P,X} dT - \sum_i x_i d\overline{M_i} = 0$

해설 Gibbs–Duhem 식
$dM = \left(\dfrac{\partial M}{\partial P}\right)_{T,x} dP + \left(\dfrac{\partial M}{\partial P}\right)_{P,x} dT + \sum \overline{M_i} dx_i$
$dM = \sum x_i d\overline{M_i} + \sum \overline{M_i} dx_i$
$\left(\dfrac{\partial M}{\partial P}\right)_{T,x} dP + \left(\dfrac{\partial M}{\partial P}\right)_{P,x} dT - \sum x_i d\overline{M_i} = 0$

10 비리얼 계수에 대한 다음 설명 중 옳은 것을 모두 나열하면? **출제율 20%**

(1) 단일기체의 비리얼 계수는 온도만의 함수이다.
(2) 혼합기체의 비리얼 계수는 온도 및 조성의 함수이다.

① (1)
② (2)
③ (1), (2)
④ 모두 틀림

해설 비리얼 계수
• 단일기체의 비리얼 계수
$Z = \dfrac{PV}{RT}$
$Z = 1 + B'P + C'P^2 + D'P^3 + \cdots$
$Z = 1 + \dfrac{B}{V} + \dfrac{C}{V^2} + \dfrac{D}{V^3} + \cdots$
$B' = \dfrac{B}{RT}$, $C' = \dfrac{C - B^2}{(RT)^2}$, $D' = \dfrac{D - 3BC + 2B^3}{(RT)^3}$
단일기체의 비리얼 계수는 온도만의 함수이다.
• 혼합기체의 비리얼 계수
$B_{mix} = y_1{}^2 B_{11} + 2y_1 y_2 B_{12} + y_2{}^2 B_{22}$
혼합기체의 비리얼 계수는 온도 및 조성의 함수이다.

11 다음은 이상기체일 때 퓨가시티(fugacity) f_i를 표시한 함수들이다. 틀린 것은? (단, $\hat{f}_i$: 용액 중 성분 i의 퓨가시티, f_i : 순수성분 i의 퓨가시티, x_i : 용액의 몰분율, P : 압력) 〔출제율 40%〕

① $f_i = x_i \hat{f}i$　　② $f_i = cP$ $(c = 상수)$

③ $\hat{f}_i = x_i P$　　④ $\lim\limits_{p \to o} f_i / P = 1$

해설 퓨가시티

$\hat{f}_i^{\,v} = \hat{f}_i^{\,l}$, $\hat{f}_i^{\,v} = \hat{\phi}_i^{\,v} y_i P$, $\hat{f}_i^{\,l} = x_i \gamma_i f_i$

증기의 이상기체 $\phi_i^v = 1$

$f_i^v = y_i P$

Lewie-Randall's Law

$f_i^{id} = x_i f_i$, $\hat{\phi}_i^{\,l} = \dfrac{\hat{f}_i^{\,l}}{x_i P} = \dfrac{x_i f_i^{\,l}}{x_i P} = \dfrac{f_i^{\,l}}{P}$

12 이상기체의 단열과정에서 온도와 압력에 관계된 식이다. 옳게 나타낸 것은? (단, 열용량비 $\gamma = \dfrac{C_P}{C_V}$이다.) 〔출제율 60%〕

① $\dfrac{T_2}{T_1} = \left(\dfrac{P_2}{P_1}\right)^{\frac{\gamma-1}{\gamma}}$　② $\dfrac{T_2}{T_1} = \left(\dfrac{P_1}{P_2}\right)^{\gamma}$

③ $\dfrac{T_1}{T_2} = \ln\left(\dfrac{P_1}{P_2}\right)$　④ $\dfrac{T_2}{T_1} = \left(\dfrac{P_2}{P_1}\right)$

해설 이상기체 단열공정

$\dfrac{T_2}{T_1} = \left(\dfrac{V_1}{V_2}\right)^{\gamma-1}$, $\dfrac{T_2}{T_1} = \left(\dfrac{P_2}{P_1}\right)^{\frac{\gamma-1}{\gamma}}$

13 활동도 계수(activity coefficient)를 구할 수 있는 식이 아닌 것은? 〔출제율 20%〕

① 윌슨(Wilson) 식

② 반 라르(Van Laar) 식

③ 레드리히-키스터(Redlich-Kister) 식

④ 베네딕트-웹-루빈(Benedict-Webb-Rubin) 식

해설 베네딕트-웹-루빈(Benedict-Webb-Rubin) 식 상태방정식 중 하나이며, 활동도 계수를 구하는 식이 아니다.

14 혼합물 중 성분 i의 화학퍼텐셜 μ_i에 관한 식으로 옳은 것은? (단, G는 깁스 자유에너지, n_i는 성분 i의 몰수, n_j는 i번째 성분 이외의 몰수를 나타낸다.) 〔출제율 40%〕

① $\mu_i = \left[\dfrac{\partial(nG)}{\partial n_i}\right]_{P,\,T,\,n_j}$

② $\mu_i = \left(\dfrac{\partial G}{\partial n_i}\right)_{T,\,V,\,n_j}$

③ $\mu_i = \left(\dfrac{\partial G}{\partial n_i}\right)_{P,\,V}$

④ $\mu_i = \left(\dfrac{\partial G}{\partial n_i}\right)_{n_j}$

해설 화학퍼텐셜

$\mu_i = \left[\dfrac{\partial(nG)}{\partial n_i}\right]_{P,\,T,\,n_j}$

15 기체 상의 부피를 구하는 데 사용되는 식과 가장 거리가 먼 것은? 〔출제율 20%〕

① 반 데르 발스 방정식(Van der Waals equation)

② 래킷 방정식(Rackett equation)

③ 펭-로빈슨 방정식(Peng-Robinson equation)

④ 베네딕트-웹-루빈 방정식(Benedict-Webb-Rubin equation)

해설 래킷 방정식(Rackett Eguation) 액체에 대한 상관 관계식이다.

16 326.84℃와 26.84℃ 사이에서 작동하는 가역열기관의 열효율은? 〔출제율 60%〕

① 0.7　　② 0.5

③ 0.3　　④ 0.1

해설 Carnot 열효율

$\eta = \dfrac{W}{Q_H} = \dfrac{Q_H - Q_C}{Q_H} = \dfrac{T_H - T_C}{T_H}$

$\eta = \dfrac{T_H - T_C}{T_H} = \dfrac{599.84 - 299.84}{599.84} = 0.5$

17 다음 중 카르노 사이클(carnot cycle)의 $T-S$ 선도는? 출제율 40%

①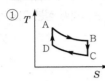

②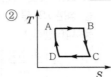

③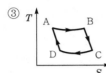

④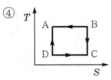

해설 Carnot cycle

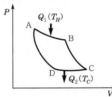

• A → B : 등온팽창
• B → C : 단열팽창
• C → D : 등온압축
• D → A : 단열압축
카르노 사이클은 2개의 단열과정과 2개의 등온과정으로 이루어진다.

18 다음의 액상에서의 과잉에너지 함수를 나타낸 것 중 국부조성 모델이 아닌 것은? 출제율 20%

① 반 라르(Van Laar) 모델
② 윌슨(Wilson) 모델
③ NRTL 모델
④ UNIQUAC 모델

해설 • 국부조성모델
  ㉠ Wilson model : 2성분계, 2매개변수, 액-액상 평형에서 사용하지 않음.
  ㉡ NRTL model : 2성분계, 3매개변수, 액-액 상 평형에서 사용
  ㉢ UNIQUAC model : 분자의 크기가 서로 다른 혼합물, 2매개변수
• 상평형식
  ㉠ Redlich/ kister equation
  ㉡ Van Laar
  ㉢ Margules equation

19 다음 중 고립계의 평형조건을 나타내는 식으로 옳은 것은 어느 것인가? (단, G : 깁스 에너지, N : 몰수, H : 엔탈피, S : 엔트로피, U : 내부에너지, V : 부피) 출제율 40%

① $\left(\dfrac{\partial S}{\partial U}\right)_{V,N}=0$ ② $\left(\dfrac{\partial S}{\partial V}\right)_{G,V}=0$

③ $\left(\dfrac{\partial S}{\partial N}\right)_{H,N}=0$ ④ $\left(\dfrac{\partial S}{\partial H}\right)_{N,V}=0$

해설 $dU=TdS-PdV$에서 고립계의 경우 $dU=0$
$dU=TdS-PdV=0$
$T\left(\dfrac{\partial S}{\partial U}\right)_{V,N}-P\left(\dfrac{\partial V}{\partial U}\right)_{S,N}=0$
$\left(\dfrac{\partial S}{\partial U}\right)_{V,N}=0,\ \left(\dfrac{\partial V}{\partial U}\right)_{S,N}=0$

20 $PV^n=$ 상수인 폴리트로픽 변화(polytropic change)에서 정용과정인 변화는? (단, n은 정수이고, $\gamma=\dfrac{C_P}{C_V}$ 이다.) 출제율 40%

① $n=0$
② $n=\pm\infty$
③ $n=1$
④ $n=\gamma$

해설 폴리트로픽 공정
$PV^n=$ 일정(C)

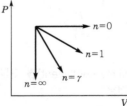

• $n=0$: 정압과정
• $n=1$: 등온과정
• $n=\gamma$: 단열과정
• $n=\infty$: 정용과정

⏩ 제2과목 Ⅰ 단위조작 및 화학공업양론

21 표준상태에서 측정한 프로판가스 100m³를 액화하였다. 액체 프로판은 몇 kg인가? 출제율 60%
① 196.43 ② 296.43
③ 396.43 ④ 469.43

해설 $PV = \dfrac{W}{M}RT$

$$1\,\text{atm} \times 100\,\text{m}^3 = \dfrac{W\,\text{kg}}{44\,\text{kg/kg} \cdot \text{mol}}$$
$$\times\,0.082\,\text{atm} \cdot \text{L/kmol} \cdot \text{K} \times 273\,\text{K}$$

$$W = 196.5\,\text{kg}$$

22 NaCl 10%, KCl 3%, H_2O 87%의 수용액 18400kg 을 증발기(evaporator)에서 농축하여 NaCl 결정만이 석출되고 NaCl 16.8%, KCl 21.6%, H_2O 61.6%의 농축액을 얻었다면 석출된 NaCl의 양 은 얼마인가? **출제율 40%**

① 4700kg ② 1840kg

③ 1411kg ④ 1250kg

해설

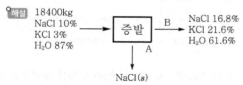

18400kg
NaCl 10%
KCl 3%
H_2O 87%
→ 증발 → B NaCl 16.8%
KCl 21.6%
H_2O 61.6%
↓ A
NaCl(s)

$18400 \times 0.1 = A + 0.168B$
$18400 \times 0.03 = B \times 0.216$
$B = 2556\,\text{kg}$
석출된 NaCl의 양(A)
$= (18400 \times 0.1) - (0.168 \times 2556)$
$= 1410.59\,\text{kg}$

23 개천의 유량을 측정하기 위해 Dilution method를 사용하였다. 처음 개천물을 분석하였더니 Na_2SO_4 의 농도가 180ppm이었다. 1시간에 걸쳐 Na_2SO_4 10kg을 혼합한 후 하류에서 Na_2SO_4를 측정하였더 니 3300ppm이었다. 이 개천물의 유량은 약 몇 kg/hr인가? **출제율 20%**

① 3195 ② 3250

③ 3345 ④ 3395

해설 개천물 유량 $= x\,(\text{kg/hr})$
$m_1 = 180 \times 10^{-6}\,\text{kg} \times x\,Na_2SO_4\,\text{kg/hr}$ (초기)
$m_2 = 10\,\text{kg} + 180 \times 10^{-6}\,\text{kg} \times x\,Na_2SO_4\,\text{kg/hr}$
$\quad = 3300 \times 10^{-6} \times (x + 10)$ (1시간 후)
$180x \times 10^{-6} + 10 = (x + 10) \times 3300 \times 10^{-6}$
$\dfrac{180 \times 10^{-6}x + 10}{x + 10} = 3300 \times 10^{-6}$
$\therefore\ x = 3194.55\,\text{kg/hr}$

24 어떤 여름날의 일기가 낮의 온도 32℃, 상대습도 80%, 대기압 738mmHg에서 밤의 온도 20℃, 대 기압 745mmHg로 수분이 포화되어 있다. 낮의 수분 몇 %가 밤의 이슬로 변하였는가? (단, 32℃ 와 20℃에서 포화수증기압은 각각 36mmHg, 17.5mmHg이다.) **출제율 40%**

① 39.3% ② 40.7%

③ 51.5% ④ 60.7%

해설 낮의 수증기압 : $36 \times 0.8 = 28.8\,\text{mmHg}$

$$수분 = \dfrac{수증기압}{건조압} = \dfrac{P_A}{P - P_A} = \dfrac{28.8}{738 - 28.8} = 0.0406$$

밤의 수증기압 : $17.5\,\text{mmHg}$

$$수분 = \dfrac{수증기압}{건조압} = \dfrac{P_A}{P - P_A} = \dfrac{17.5}{745 - 17.5} = 0.024$$

변화량 $0.0406 - 0.024 = 0.0166$
%로 변환하면

$$\dfrac{0.0166}{0.0406} \times 100 ≒ 40.7\%$$

25 터빈을 운전하기 위해 2kg/s의 증기가 5atm, 300℃에서 50m/s로 터빈에 들어가고 300m/s 속도로 대기에 방출된다. 이 과정에서 터빈은 400kW의 축일을 하고 100kJ/s 열을 방출하였다 면, 엔탈피 변화는 얼마인가? (단, work : 외부 에 일할 시 +, heat : 방출 시 −) **출제율 40%**

① 212.5kW ② −387.5kW

③ 412.5kW ④ −587.5kW

해설 $\Delta H + \dfrac{1}{2}m\Delta v^2 + \cancel{g\Delta z} = Q + W$

$\Delta H = Q - W_S - \dfrac{1}{2}m\Delta v^2$

$dH = -100\,\text{kW}(\text{열 방출}) - 400\,\text{kW}(\text{외부})$
$\quad - \dfrac{1}{2} \times 2\,\text{kg/s} \times (300^2 - 50^2)\text{m}^2/\text{s}^2$
$\quad = -587.5\,\text{kW}$

26 표준상태에서 56m³의 용적을 가진 프로판 기체 를 완전히 액화하였을 때 얻을 수 있는 액체 프 로판은 몇 kg인가? **출제율 60%**

① 28.6 ② 110

③ 125 ④ 246

해설 $PV = \dfrac{W}{M}RT$

$W = \dfrac{PVM}{RT} = \dfrac{1 \times 56 \times 44}{0.082 \times 273} = 110\,\text{kg}$

27 이상기체법칙이 적용된다고 가정할 때 용적이 5.5m³인 용기에 질소 28kg을 넣고 가열하여 압력이 10atm이 될 때 도달하는 기체의 온도(℃)는 얼마인가? 출제율 60%

① 81.51   ② 176.31

③ 287.31   ④ 397.31

해설 $PV = nRT$

$10\,\text{atm} \times 5.5\,\text{m}^3$

$\quad = 1\,\text{kmol} \times 0.082\,\text{atm} \cdot \text{m}^3/\text{kmol} \cdot \text{K} \times T$

$T = 670.73\,\text{K}, \quad \text{K} = 273 + ℃$

기체 온도(℃) $= 670.73 - 273 = 397.73℃$

28 열화학반응식을 이용하여 클로로포름의 생성열을 계산하면 약 얼마인가? 출제율 40%

$$\text{CHCl}_3(g) + \tfrac{1}{2}\text{O}_2(g) + \text{H}_2\text{O}(aq)$$
$$\rightleftharpoons \text{CO}_2 + 3\text{HCl}(aq)$$
$$\Delta H_R = -121800\,\text{cal} \quad\cdots\cdots\cdots\cdots ⓐ$$
$$\text{H}_2(g) + \tfrac{1}{2}\text{O}_2(g) \rightarrow \text{H}_2\text{O}(l)$$
$$\Delta H_1 = -68317.4\,\text{cal} \quad\cdots\cdots\cdots\cdots ⓑ$$
$$\text{C}(s) + \text{O}_2(g) \rightleftharpoons \text{CO}_2(g)$$
$$\Delta H_2 = -94051.8\,\text{cal} \quad\cdots\cdots\cdots\cdots ⓒ$$
$$\tfrac{1}{2}\text{H}_2(g) + \tfrac{1}{2}\text{Cl}_2(g) \rightleftharpoons \text{HCl}(g)$$
$$\Delta H_3 = -40023\,\text{cal} \quad\cdots\cdots\cdots\cdots ⓓ$$

① 28108cal   ② −28108cal

③ 24003cal   ④ −24003cal

해설 $\text{CO}_2 + 3\text{HCl} \rightarrow \text{CHCl}_3 + \tfrac{1}{2}\text{O}_2 + \text{H}_2\text{O}$,

$\quad \Delta H = 121800\,\text{cal}$

$\text{H}_2\text{O} \rightarrow \text{H}_2 + \tfrac{1}{2}\text{O}_2$, $\Delta H_1 = 68317.4\,\text{cal}$

$\text{C} + \text{O}_2 \rightarrow \text{CO}_2$, $\Delta H_2 = -94051.8\,\text{cal}$

$\tfrac{3}{2}\text{H}_2 + \tfrac{3}{2}\text{Cl}_2 \rightarrow 3\text{HCl}$, $\Delta H_3 = 3 \times (-40023)\,\text{cal}$

생성열 $= \Delta H + \Delta H_1 + \Delta H_2 + \Delta H_3$

$\quad = 121800 + 68317.4 - 94051.8 + (3 \times (-40023))$

$\quad = -24003.4\,\text{cal}$

29 25℃에서 벤젠이 Bomb 열량계 속에서 연소되어 이산화탄소와 물이 될 때 방출된 열량을 실험으로 재어보니 벤젠 1mol당 780890cal이었다. 25℃에서의 벤젠의 표준연소열은 약 몇 cal인가? (단, 반응식은 다음과 같으며, 이상기체로 가정한다.) 출제율 40%

$$\text{C}_6\text{H}_6(l) + 7\tfrac{1}{2}\text{O}_2(g)$$
$$\rightarrow 3\text{H}_2\text{O}(l) + 6\text{CO}_2(g)$$

① −781778   ② −781588

③ −781201   ④ −780003

해설 $\Delta H = Q + PV = Q + nRT$

$Q = -780890\,\text{cal}$

$nRT = \left(6 - \dfrac{15}{2}\right) \times 1.987 \times 298 = -888.2\,\text{cal}$

$\Delta H_C = -780890 - 888.2 = -781778\,\text{cal}$

30 두께 45cm의 벽돌로 된 평판 노벽을 두께 8.5cm 석면으로 보온하였다. 내면온도와 외면온도가 각각 1000℃와 40℃일 때 벽돌과 석면 사이의 계면온도는 몇 ℃가 되는가? (단, 벽돌 노벽과 석면의 열전도도는 각각 3.0kcal/m·h·℃, 0.1kcal/m·h·℃이다.) 출제율 60%

① 296℃   ② 632℃

③ 856℃   ④ 904℃

해설 $l_1 : 0.45\,\text{m}, \quad K_1 : 3\,\text{kcal/m} \cdot \text{h} \cdot ℃$

$l_2 : 0.085\,\text{m}, \quad K_2 : 0.1\,\text{kcal/m} \cdot \text{h} \cdot ℃$

$R = \dfrac{l}{KA}, \quad A_1 = A_2$

$R_1 = \dfrac{0.45}{3} = 0.15, \quad R_2 = \dfrac{0.085}{0.1} = 0.85$

$R = R_1 + R_2 = 0.15 + 0.85 = 1$

$\Delta t : \Delta t_2 = \Delta R : \Delta R_2$

$(1000 - 40) : (t_1 - 40) = 1 : 0.85$

$t_1 = 856℃$

 보충 Tip

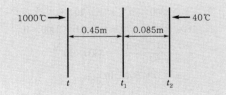

31 이상기체상수 R의 단위를 $\dfrac{\text{mmHg} \cdot \text{L}}{\text{K} \cdot \text{mol}}$ 로 하였을 때 다음 중 R 값에 가장 가까운 것은 어느 것인가? 〔출제율 20%〕

① 1.98 　　② 62.32
③ 82 　　④ 108

〔해설〕 단위 환산

$$R = 0.082\,\text{atm} \cdot \text{L/mol} \cdot \text{K} \times \frac{760\,\text{mmHg}}{1\,\text{atm}}$$

$$= 62.32\,\text{mmHg} \cdot \text{L/K} \cdot \text{mol}$$

32 뉴턴유체가 관 속을 흐를 때 관 중심으로부터 거리 r만큼 떨어진 점에서 전단응력 τ에 대한 옳은 설명은? 〔출제율 20%〕

① r에 비례한다. 　　② r에 반비례한다.
③ r^2에 비례한다. 　　④ r^2에 반비례한다.

〔해설〕 전단응력은 관 중심으로부터 거리 r만큼 비례한다.

전단응력$\left(\tau = \mu \dfrac{du}{dy}\right)$

33 고체 내부의 수분이 건조되는 단계로 재료의 건조 특성이 단적으로 표시되는 기간은? 〔출제율 40%〕

① 재료 예열기간
② 감률 건조기간
③ 항률 건조기간
④ 항률 건조 제2기간

〔해설〕 건조속도

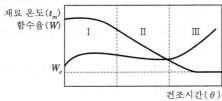

• 재료 예열기관(Ⅰ)
　재료 예열, 함수율이 서서히 감소하는 기간
• 항률 건조기간(Ⅱ)
　재료 함수율이 직선적으로 감소, 재료 온도가 일정한 기간(잠열)
• 감률 건조기간(Ⅲ)
　함수율의 감소율이 느리게 되어 평형에 도달까지 시간. 즉, 재료의 건조특성이 단적으로 표시되는 기간

34 안지름이 5cm인 관에서 레이놀즈(reynolds) 수가 1500일 때, 관 입구로부터 최종속도 분포가 완성되기까지의 전이길이(transition length)는 약 몇 m인가? 〔출제율 40%〕

① 2.75 　　② 3.75
③ 5.75 　　④ 6.75

〔해설〕 층류 전이길이$(L_t) = 0.05\,N_{Re} \cdot D$

$$= 0.05 \times 1500 \times 0.05 = 3.75$$

〔보충 Tip〕

> $R_e < 2100$: 층류, $R_e > 4000$: 난류

35 비중이 0.9인 액체의 절대압력이 3.6kgf/cm^{2}일 때 두(head)로 환산하면 약 몇 m에 해당하는가? 〔출제율 20%〕

① 3.24 　　② 4
③ 25 　　④ 40

〔해설〕 $\dfrac{\Delta P}{\rho} = \dfrac{3.6\,\text{kgf/cm}^2 \times 100^2\,\text{cm}^2/\text{m}^2}{900\,\text{kg/m}^3} \times \dfrac{\text{kg}}{\text{kgf}} = 40\,\text{m}$

36 흑체의 복사능은 절대온도의 4승에 비례한다는 법칙은 누구의 법칙인가? 〔출제율 20%〕

① 키르히호프(Kirchhoff)
② 패러데이(Faraday)
③ 슈테판-볼츠만(Stefan-Boltzmann)
④ 빈(Wien)

〔해설〕 **슈테판 – 볼츠만 법칙**
완전흑체에서 복사에너지는 절대온도의 4승에 비례하고, 열전달면적에 비례한다.

$$\left(E = 4.88A\left(\frac{T}{100}\right)^4 \text{kcal/h}\right)$$

37 액-액 추출에서 Plait point(상계점)에 대한 설명 중 틀린 것은? 〔출제율 40%〕

① 임계점(critical point)이라고도 한다.
② 추출상과 추잔상에서 추질의 농도가 같아지는 점이다.
③ Tie line의 길이는 0이 된다.
④ 이 점을 경계로 추제성분이 많은 쪽이 추잔상이다.

해설 • 추출상

추제가 풍부한 상

• 추잔상

불활성 물질이 풍부한 상(원용매가 풍부한 상)

38 공급원료 1몰을 원료 공급단에 넣었을 때 그 중 증류탑의 탈거부(stripping section)로 내려가는 액체의 몰수를 q로 정의한다면, 공급원료가 과열증기일 때 q 값은? 출제율 80%

① $q < 0$ ② $0 < q < 1$

③ $q = 0$ ④ $q = 1$

해설 q 선도

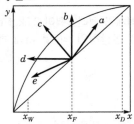

• $a(g > 1)$: 차가운 원액
• $b(q = 1)$: 포화 원액(비등에 있는 원액)
• $c(0 < q < 1)$: 부분적으로 기화된 원액
• $d(q = 0)$: 포화증기(노점에 있는 원액)
• $e(q < 0)$: 과열증기 원액

39 40mol% 벤젠-톨루엔 혼합물을 증류하여 탑정에서 98mol% 벤젠을 얻었다. 공급액은 비점에서 공급하며 벤젠 역조성 40mol%일 때 기-액평형상태의 증기 조성은 68mol%이다. 이때 최소환류비는 얼마인가? 출제율 40%

① 0.76

② 0.92

③ 1.07

④ 1.21

해설 $R_{Dm} = \dfrac{x_D - y_f}{y_f - x_f}$

여기서, R_{Dm} : 최소환류비

x_D : 증류 조성

y_f : 증기 조성

x_f : 액 조성

$\therefore R_{Dm} = \dfrac{0.98 - 0.68}{0.68 - 0.4} = 1.071$

40 "분쇄에 필요한 일은 분쇄 전후 대표입경의 비(D_{P_1}/D_{P_2})에 관계되며 이 비가 일정하면 일의 양도 일정하다."는 법칙은 무엇인가? 출제율 20%

① Sherwood 법칙   ② Rittinger 법칙

③ Bond 법칙   ④ Kick 법칙

해설 Kick의 법칙

• $n = 1$일 때 Lewis 식 적분

$\dfrac{dW}{dD_P} = -kD_P^{-n}$

여기서, D_P : 분쇄 원료 대표직경

W : 분쇄에 필요한 일

k, n : 정수

• $n = 1$일 경우 Kick 법칙

$W = k_K \ln \dfrac{D_{P_1}}{D_{P_2}}$

여기서, k_K : 킥의 상수

• $n = 2$일 경우 Rittinger 법칙

$W = k_R' \left(\dfrac{1}{D_{P_2}} - \dfrac{1}{D_{P_1}} \right) = k_R (S_2 - S_1)$

여기서, D_{P_1} : 분쇄 원료의 지름(처음 상태)

D_{P_2} : 분쇄 원료의 지름(분쇄 후)

S_1 : 분쇄 원료의 비표면적

S_2 : 분쇄물의 비표면적

k_R' : 리팅어 상수

▶▶ 제3과목 ❘ 공정제어

41 제어동작에 대한 다음 설명 중 틀린 것은 어느 것인가? 출제율 20%

① 단순한 비례동작제어는 오프셋을 일으킬 수 있다.

② 비례적분동작제어는 오프셋을 일으키지 않는다.

③ 비례미분동작제어는 공정출력을 Set point에 유지시키면서 장시간에 걸쳐 계를 정상상태로 이끌어간다.

④ 비례적분미분동작제어는 PD 동작제어와 PI 동작제어의 장점을 복합한 것이다.

해설 비례미분동작은 적분공정이 없어 Offset이 발생하므로 일정한 set point를 유지하기 어렵고, 최종값에 도달하는 시간이 단축된다.

42 다음 중 Cascade 제어에 관한 설명으로 옳은 것은? `출제율 40%`

① 직접 측정되지 않는 외란에 대한 대처에 효과적일 수 없다.

② Slave 루프는 Master 루프에 비해 느린 동특성을 가져야 한다.

③ 외란이 Master 루프에 영향을 주기 전에 Slave 루프가 외란을 미리 제거할 수 있다.

④ Slave 루프를 재튜닝해도 Master 루프를 재튜닝할 필요는 없다.

`해설` ① 직접 측정되지 않는 외란에 대한 대처에 효과적이다.

② Slave 루프는 Master 루프에 비해 빠른 동특성을 가져야 한다.

④ Slave 루프를 재튜닝 시 Master 루프도 재튜닝해야 한다.

`보충Tip`

> **Cascade 제어**
> 제어성능에 큰 영향을 미치는 교란변수의 영향을 미리 보정해 주는 제어방식으로, 주제어기보다 부제어기의 동특성이 빨라 외란이 주제어기에 영향을 주기 전 부제어기가 외란을 미리 제거할 수 있다.

43 다음 중 열전대(thermocouple)와 관계있는 효과는? `출제율 20%`

① Thomson-Peltier 효과

② Piezo-electric 효과

③ Joule-Thomson 효과

④ van der Waals 효과

`해설` **열전 효과**

㉠ 제베크 효과

㉡ 펠티에 효과

㉢ 톰슨 효과

44 다음 라플라스 함수 중 최종값 정리를 적용할 수 없는 것은? `출제율 80%`

① $\dfrac{1}{(s-1)}$

② $\dfrac{1}{(s+1)}$

③ e^{-3s}

④ $\dfrac{1}{(s+2)^2}$

`해설` 최종값 정리(t가 ∞일 때 $f(t)$의 극한값이 존재)

$$\lim_{t \to \infty} f(t) = \lim_{s \to 0} sF(s)$$

$\dfrac{1}{s-1}$의 경우 $X(s)=1$이라 하면 $y(t)=e^{+t}$이고, 이는 ∞이므로 최종값 정리가 안 된다.

45 다음의 Block diagram으로 나타낸 제어계가 인정하기 위한 최대조건(upper bound)은 다음 중 어느 것인가? `출제율 80%`

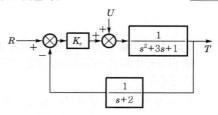

① $K_c < 13.7$

② $K_c < 14.6$

③ $K_c < 10.4$

④ $K_c < 16.5$

`해설` Routh 안정성

특성방정식 : $1 + \dfrac{K_c}{(s+2)(s^2+3s+1)} = 0$

$\rightarrow s^3 + 5s^2 + 7s + 2 + K_c = 0$

	1	2
1	1	7
2	5	$2+K_c$
3	$\dfrac{35-(2+K_c)}{5} > 0$	

$K_c < 33$이므로 문제에서 최대조건이라고 하였으므로 $K_c < 16.5$

46 다음 그림의 블록선도에서 $T_R{'}(s) = \dfrac{1}{s}$일 때, 서보(servo)문제의 정상상태 잔류편차(offset)는 얼마인가? `출제율 40%`

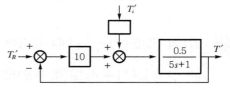

① 0.133

② 0.167

③ 0.189

④ 0.213

해설 $\dfrac{T'}{T_R} = \dfrac{10 \times \dfrac{0.5}{5s+1}}{1+10 \times \dfrac{0.5}{5s+1}} = \dfrac{5}{5s+6} \left(T_R = \dfrac{1}{s} \right)$

$T' = \dfrac{t}{s(5s+6)}$ 이므로 최종값 정리에서 $C(\infty) = \dfrac{5}{6}$

offset $= 1 - \dfrac{5}{6} = \dfrac{1}{6} = 0.167$

보충 Tip

Servo문제 : 외란 T_i' 무시

---

47 다음 중 주파수 응답을 이용한 3차계의 안정성을 판정하기 위한 이득여유에 관한 설명으로 옳은 것은? **출제율 20%**

① 계가 안정하기 위해서는 Bode 선도 중 위상각이 $-180°$일 때의 진폭비가 1보다 작아야 하므로 이득여유는 1에서 이때 진폭비를 뺀 값이 된다.

② 계가 안정하기 위해서는 Bode 선도 중 위상각이 $-180°$일 때의 진폭비가 1보다 작아야 하지만 로그좌표를 사용하므로 이득여유는 이때 진폭비의 역수가 된다.

③ 계가 안정하기 위해서는 Bode 선도 중 위상각이 $-180°$일 때의 진폭비가 1보다 커야 하므로 이득여유는 이때의 진폭비에서 1을 뺀 값이 된다.

④ 계가 안정하기 위해서는 Bode 선도 중 위상각이 $-180°$일 때의 진폭비가 1보다 커야 하지만 로그좌표를 사용하므로 이득여유는 이때 진폭비가 된다.

해설 Bode 안정성 판정

계가 안정하기 위해서는 개루프 전달함수의 위상각이 $-180°$일 때 진폭비가 1보다 작아야 하고, 이때 이득여유는 진폭비의 역수이다.

---

48 공정의 전달함수가 $\dfrac{2}{s+2}$ 이다. 이 계에 $x(t) = \sin \dfrac{1}{2}t$의 입력이 주어졌을 때, 위상지연(phase lag)은? **출제율 40%**

① 12.05°　　　　② 14.04°

③ 15.03°　　　　④ 17.02°

해설 $G(s) = \dfrac{2}{s+2} = \dfrac{1}{\dfrac{1}{2}s+1} \left(\tau = \dfrac{1}{2} \right)$

$x(t) = \sin \dfrac{1}{2}t \ \rightarrow \ \omega = \dfrac{1}{2}$

$\phi = \tan^{-1}(\tau\omega) = \tan^{-1}\left(\dfrac{1}{4} \right) = 14.036°$

---

49 어떤 반응기에 원료가 정상상태에서 100L/min의 유속으로 공급될 때 제어밸브의 최대유량을 정상상태 유량의 4배로 하고 I/P 변환기를 설정하였다면 정상상태에서 변환기에 공급된 표준 전류신호는 몇 mA인가? (단, 제어밸브는 선형 특성을 가진다.) **출제율 40%**

① 4
② 8
③ 12
④ 16

해설 $4-20$mA이므로

0L/min은 4mA, 400L/min은 20mA,
100L/min은 8mA이다.

---

50 탑상에서 고순도 제품을 생산하는 증류탑의 탑상 흐름의 조성을 온도로부터 추론(inferential) 제어하고자 한다. 이때 맨 위의 단보다 몇 단 아래의 온도를 측정하는 경우가 있는데, 다음 중 그 이유로 가장 타당한 것은? **출제율 20%**

① 응축기의 영향으로 맨 윗단에서는 다른 단에 비하여 응축이 많이 일어나기 때문에

② 제품의 조성에 변화가 일어나도 맨 윗단의 온도 변화는 다른 단에 비하여 매우 작기 때문에

③ 맨 윗단은 다른 단에 비하여 공정유체가 넘치거나(flooding) 방울져 떨어지기(weeping) 때문에

④ 운전조건의 변화 등에 의하여 맨 윗단은 다른 단에 비하여 온도는 변동(fluctuation)이 심하기 때문에

해설 탑상부의 온도 변화는 다른 단에 비해 적기 때문에 맨 윗단보다 몇 단 아래의 온도를 측정한다.

---

51 Laplace 변환된 형태가 다음과 같은 경우, 역 Laplace 변환을 구하면? [출제율 80%]

$$Y(s) = \frac{1}{s^2(s^2+5s+6)}$$

① $-\dfrac{5}{36} + \dfrac{1}{4}e^{-2t} - \dfrac{1}{9}e^{-3t}$

② $\dfrac{1}{6} + \dfrac{1}{4}e^{-2t} - \dfrac{1}{9}e^{-3t}$

③ $\dfrac{1}{6}t - \dfrac{5}{36}\left(\dfrac{1}{4}e^{-2t} - \dfrac{1}{9}e^{-3t}\right)$

④ $-\dfrac{5}{36} + \dfrac{1}{6}t + \dfrac{1}{4}e^{-2t} - \dfrac{1}{9}e^{-3t}$

해설 $Y(s) = \dfrac{A}{s} + \dfrac{B}{s} + \dfrac{C}{s+2} + \dfrac{D}{s+3} = \dfrac{1}{s^2(s^2+5s+6)}$

$A = -\dfrac{5}{36}$, $B = \dfrac{1}{6}$, $C = \dfrac{1}{4}$, $D = -\dfrac{1}{9}$

$y(t) = -\dfrac{5}{36} + \dfrac{1}{6}t + \dfrac{1}{4}e^{-2t} - \dfrac{1}{9}e^{-3t}$

52 다음 그림과 같은 계의 총괄전달함수로 맞는 것은? [출제율 80%]

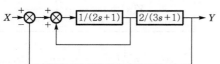

① $\dfrac{Y(s)}{X(s)} = \dfrac{2}{6s^2+8s+4}$

② $\dfrac{Y(s)}{X(s)} = \dfrac{2}{6s^2+2s+2}$

③ $\dfrac{Y(s)}{X(s)} = \dfrac{2}{6s^2+8s+2}$

④ $\dfrac{Y(s)}{X(s)} = \dfrac{2}{6s^2+5s+3}$

해설 $G(s) = \dfrac{Y(s)}{X(s)}$

내부 폐루프 $= \dfrac{\dfrac{1}{2s+1}}{1 - \dfrac{1}{2s+1}} = \dfrac{1}{2s}$

$G(s) = \dfrac{\dfrac{1}{2s} \times \dfrac{1}{3s+1}}{1 + \dfrac{1}{2s} \times \dfrac{2}{3s+1}} = \dfrac{2}{6s^2+2s+2}$

53 과소감쇠진동공정(underdamped process)의 전달함수를 나타낸 것은? [출제율 40%]

① $G(s) = \dfrac{\exp(-3s)}{(s+1)(s+3)}$

② $G(s) = \dfrac{(s+2)}{(s+1)(s+3)}$

③ $G(s) = \dfrac{1}{(s^2+0.5s+1)(s+5)}$

④ $G(s) = \dfrac{1}{(s^2+5.0s+1)(s+1)}$

해설 과소감쇠공정($\zeta < 1$)
2차 공정의 전달함수

$G(s) = \dfrac{Y(s)}{X(s)} = \dfrac{k}{\tau^2 s^2 + 2\tau\zeta s + 1}$

③번 : $2\tau\zeta = 0.5$, $\tau = 1$이므로

$\zeta = \dfrac{1}{4}$ (과소감쇠진동공정)

54 앞먹임제어(feedforward control)의 특징으로 옳은 것은? [출제율 40%]

① 공정모델값과 측정값과의 차이를 제어에 이용

② 외부교란변수를 사전에 측정하여 제어에 이용

③ 설정점(set point)을 모델값과 비교하여 제어에 이용

④ 공정의 이득(gain)을 제어에 이용

해설 Feedforward
외부교란 변수를 사전에 측정하여 외부교란이 공정에 미치게 된 영향을 사전에 보정시키는 제어방법이다.

55 어떤 함수의 Laplace transform은 $\dfrac{1}{s^2}$ 이다. 이 함수를 나타내는 그래프는? [출제율 20%]

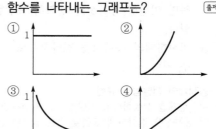

해설 $f(t) = t$ $\xrightarrow{\mathcal{L}\,(\text{라플라스 변환})}$ $F(s) = \dfrac{1}{s^2}$

56 제어기 설계를 위한 공정모델과 관련된 설명으로 틀린 것은? 출제율 20%

① PID제어기를 Ziegler–Nichols 방법으로 조율하기 위해서는 먼저 공정의 전달함수를 구하는 과정이 필수로 요구된다.

② 제어기 설계에 필요한 모델은 수지식으로 표현되는 물리적 원리를 이용하여 수립될 수 있다.

③ 제어기 설계에 필요한 모델은 공정의 입출력신호만을 분석하여 경험적 형태로 수립될 수 있다.

④ 제어기 설계에 필요한 모델은 물리적 모델과 경험적 모델을 혼합한 형태로 수립될 수 있다.

해설 Ziegler–Nichols의 제어기 설정방법
블록선도를 알고 있을 때 제어기를 제외한 Open loop의 Bode 선도를 구하여 K_{cu}(ultimate gain)를 구한다.

57 동적계(dynamic system)를 전달함수로서 표현하는 경우를 옳게 설명한 것은? 출제율 20%

① 선형의 동특성을 전달함수로 표현할 수 없다.

② 비선형계를 선형화하고 전달함수로 표현하면 비선형 동특성을 근사할 수 있다.

③ 비선형계를 선형화하고 전달함수로 표현하면 비선형 동특성을 정확히 표현할 수 있다.

④ 비선형계의 동특성을 전달함수로 표현할 수 있다.

해설 동적계의 전달함수 표현
비선형계를 선형화하고 전달함수로 표현하면 비선형 동특성을 정확하게 표현할 수는 없으나 근사할 수는 있다.

58 다음 중 공정제어의 목적과 가장 거리가 먼 것은? 출제율 40%

① 반응기의 온도를 최대 제한값 가까이에서 운전하므로 반응속도를 올려 수익을 높인다.

② 평형반응에서 최대의 수율이 되도록 반응온도를 조절한다.

③ 안전을 고려하여 일정압력 이상이 되지 않도록 반응속도를 조절한다.

④ 외부시장환경을 고려하여 이윤이 최대가 되도록 생산량을 조정한다.

해설 공정제어
적절한 조작(물리적 · 화학적)을 통하여 원료를 원하는 제품으로 생산하는 것을 의미하며, ④번은 공정제어가 아닌 경제적 관점의 내용이다.

59 2차계에 대한 단위계단응답은 다음과 같다. 임계감쇠(critical damping)인 경우 응답곡선 $Y(t)$는? (단, $\omega = \dfrac{\sqrt{1-\xi^2}}{\tau}$, $\phi = \tan^{-1}\left[\dfrac{\sqrt{1-\xi^2}}{\xi}\right]$ 이다.) 출제율 20%

$$Y(s) = \frac{K_p}{s(\tau^2 s^2 + 2\xi\tau s + 1)}$$

① $y(t) = K_p\left[1 - \dfrac{1}{\sqrt{1-\xi^2}}e^{-\xi\frac{t}{\tau}}\sin(\omega t + \phi)\right]$

② $y(t) = K_p\left[1 - \left(1 + \dfrac{t}{\tau}\right)e^{\frac{-t}{\tau}}\right]$

③ $y(t) = 1 - \cos\dfrac{t}{\tau}$

④ $y(t) = 1 - e^{-\xi\frac{t}{\tau}}\left(\cosh\dfrac{\sqrt{\xi^2-1}\,t}{\tau} + \sinh\dfrac{\sqrt{\xi^2-1}\,t}{\tau}\right)$

해설 2차계에서 임계감쇠 : $\zeta = 1$

$$Y(s) = \frac{K_p}{s(\tau^2 s^2 + 2\tau s + 1)} = \frac{K_p}{s(\tau s + 1)^2}$$

이를 부분전개하면

$$\frac{K_p}{s(\tau s+1)^2} = \frac{A}{s} + \frac{B}{\tau s+1} + \frac{C}{(\tau s+1)^2}$$

$A = K_p,\ B = -K_p\tau,\ C = -K_p\tau$

$$y(t) = K_p\left(1 - e^{-\frac{t}{\tau}} - \frac{t}{\tau}e^{-\frac{t}{\tau}}\right)$$

60 다음 그림과 같은 제어계의 전달함수 $\dfrac{Y(s)}{X(s)}$로 맞는 것은? 출제율 80%

① $\dfrac{Y(s)}{X(s)} = \dfrac{G_c(1 + G_a G_b)}{1 + G_a G_b G_c}$

② $\dfrac{Y(s)}{X(s)} = \dfrac{G_a G_b G_c}{1 + G_b G_c}$

③ $\dfrac{Y(s)}{X(s)} = \dfrac{G_a G_b G_c}{1 + G_a G_b G_c}$

④ $\dfrac{Y(s)}{X(s)} = \dfrac{G_c(1 + G_a G_b)}{1 + G_b G_c}$

해설 $\dfrac{Y}{X} = \dfrac{직진}{1 + \text{feedback}}$

$= \dfrac{G_a G_b G_c + G_c}{1 + G_b G_c} = \dfrac{(G_a G_b + 1) G_c}{1 + G_b G_c}$

▶▶ 제4과목 | 공업화학

61 염화수소가스를 제조하기 위해 고온, 고압에서 H_2와 Cl_2를 연소시키고자 한다. 다음 중 폭발방지를 위한 운전조건으로 가장 적합한 $H_2 : Cl_2$의 비율은? 출제율 80%

① $1.2 : 1$ ② $1 : 1$

③ $1 : 1.2$ ④ $1 : 1.4$

해설 염산 제조 시 Cl_2와 H_2와의 폭발방지를 위해 H_2와 Cl_2의 몰비는 $1.2 : 1$로 주입한다.

62 CuO 존재 하에 염화벤젠에 NH_3를 첨가하고 가압하면 생성되는 주요물질은? 출제율 40%

①

②

③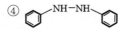

④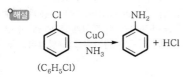

해설

$$\underset{(C_6H_5Cl)}{\text{Cl-벤젠}} \xrightarrow[NH_3]{CuO} \text{NH}_2\text{-벤젠} + HCl$$

63 염산을 르 블랑(Le Blanc)법으로 제조하기 위하여 소금을 원료로 사용한다. 100% HCl 3000kg을 제조하기 위한 85% 소금의 이론량은 약 얼마인가? (단, NaCl $M.W = 58.5$, HCl $M.W = 36.5$ 이다.) 출제율 40%

① 3636kg   ② 4646kg

③ 5657kg   ④ 6667kg

해설 $NaCl + H_2SO_4 \rightarrow NaHSO_4 + HCl$

| 58.5 | : | 36.5 |
| x | : | 3000kg |

$58.5 : 36.5 = x : 3000\,kg$

소금의 양$(x) = 4080.219$

85% 소금의 이론량 $= \dfrac{4808.219\,kg}{0.85} = 5656.73\,kg$

64 휘발유의 안티-노킹(anti-knocking)성의 정도를 표시하는 값은? 출제율 40%

① 산가   ② 세탄가

③ 옥탄가   ④ API도

해설 옥탄가

㉠ 가솔린의 안티노크성을 수치로 표현한다.

㉡ 이소옥탄의 %를 옥탄가로 나타낸다.

65 다음 중 Nylon 6 제조의 주된 원료로 사용되는 것은? 출제율 60%

① 카프로락탐   ② 세바크산

③ 아디프산   ④ 헥사메틸렌디아민

해설 • Nylon 6는 카프로락탐의 개환중합(중첩)반응이다.

• Nylon 6.6는 아디프산+헥사메틸렌디아민의 축형 생성물이다.

66 인광석에 인산을 작용시켜 수용성 인산분이 높은 인산비료를 얻을 수 있는데, 이에 해당하는 것은? 출제율 40%

① 토마스인비   ② 침강 인산석회

③ 소성인비   ④ 중과린산석회

해설 중과린산석회

인광석을 인산분해하여 제조한다. 즉 인광석에 인산을 작용시켜 수용성 인산분이 높은 인산비료를 얻을 수 있는 물질이 중과린산석회이다.

67 석유 유분에서 접촉분해와 비교한 열분해반응의 특징이 아닌 것은? <small>출제율 80%</small>

① 코크스나 타르의 석출이 많다.
② 디올레핀이 비교적 많이 생성된다.
③ 방향족 탄화수소가 적다.
④ 분지 지방족 중 특히 $C_3 \sim C_6$의 탄화수소가 많다.

해설

열분해	접촉분해
• 올레핀이 많으며, $C_1 \sim C_2$계 가스가 주성분	• 주로 $C_3 \sim C_6$계가 주성분
• 대부분 지방족	• 파라핀계 탄화수소 많음
• 코크스, 타르 석출 많음	• 방향족 탄화수소가 주
• 디올레핀 많음	• 탄소질 물질의 석출 적음
• 라디칼반응	• 이온반응

68 공업용수 중 칼슘이온의 농도가 20mg/L이었다면, 이는 몇 ppm 경도에 해당하는가? <small>출제율 20%</small>

① 20   ② 30
③ 40   ④ 50

해설 칼슘이온의 ppm 경도

$$\text{ppm경도} = 20\,\text{ppm} \times \frac{50}{20} = 50$$

(20 : 칼슘이온의 당량)

69 다음 중 암모니아 산화반응 시 촉매로 주로 쓰이는 것은? <small>출제율 40%</small>

① $Nd - Mo$ ② Ra
③ $Pt - Rh$ ④ Al_2O_3

해설 암모니아 산화반응
$4NH_3 + 5O_2 \rightarrow 4NO + 6H_2O$의 촉매는 $Pt - Rh$, 코발트산화물(CO_3O_4) 등이다.

70 다음 중 천연고무와 가장 관계가 깊은 것은 어느 것인가? <small>출제율 40%</small>

① Propane   ② Ethylene
③ Isoprene   ④ Isobutene

해설 이소프렌(Isoprene)의 화학식

$$\left[\begin{array}{c} H_2C \\ \\ H_3C \end{array} \!\!\! C = C \!\!\! \begin{array}{c} CH_2 \\ \\ H \end{array} \right]$$

71 소다회 제법에서 Solvay 공정의 주요반응이 아닌 것은? <small>출제율 40%</small>

① 정제반응
② 암모니아 함수의 탄산화반응
③ 암모니아 회수반응
④ 가압 흡수반응

해설 Solvay 공정의 주요반응
㉠ 탄산가스와 석회유 제조
㉡ 원염의 용해 및 정제반응
㉢ 암모니아 흡수 및 함수의 탄산화반응
㉣ 조중조의 여과 및 세척, 하소
㉤ 암모니아 회수반응

72 솔베이법의 기본공정에서 사용되는 물질로 가장 거리가 먼 것은? <small>출제율 40%</small>

① $CaCO_3$ ② NH_3
③ HNO_3 ④ $NaCl$

해설 Solvay법
$NaCl + NH_3 + CO_2 + H_2O \rightarrow NaHCO_3 + NH_4Cl$
$2NaHCO_3 \rightarrow Na_2CO_3 + H_2O + CO_2$
$2NH_4Cl + Ca(OH)_2 \rightarrow CaCl_2 + 2H_2O + 2NH_3$

73 염화물의 에스테르화반응에서 Schotten-Baumann(쇼텐-바우만)법에 해당하는 것은? <small>출제율 20%</small>

① $RC_6H_4NH_2 + RC_6H_4Cl$
$$\xrightarrow[K_2CO_3]{Cu} RC_6H_4NHC_6H_4R + HCl$$

② $R_2NH + 2HC \equiv CH$
$$\xrightarrow{Cu_2C_2} R_2NCH(CH_3)C \equiv CH$$

③ $RRNH + HC \equiv CH$
$$\xrightarrow{KOH} RRNCH = CH_2$$

④ $RNH_2 + R'COCl \xrightarrow{NaOH} RNHCOR'$

해설 Schotten-Bauman법
알칼리 존재 하에 산염화물에 의해 $-OH$, $-NH_2$가 아실화되는 반응. 즉 NaOH(10~25%) 수용액에 페놀이나 알코올을 용해시킨 후 강하게 교반하면서 산염물을 가하면 에스테르가 순간적으로 생성되는 반응이다.

74 발색단만을 가지고 있는 화합물에 도입하면 색을 짙게 하는 동시에 섬유에 대하여 염착하기 쉽게 하는 원자단은? _{출제율 20%}

① −OH
② −N=N−
③ C=S
④ −N=O

^{해설} 발색단
불포화결합을 가지고 있고, 방향족 화합물 등 유기화합물이 색을 나타내는 데 필요한 유기분자의 한 부분을 이루고 있는 전자와 원자단(−OH)을 말한다(−OH)는 수소결합을 하고 있어 수용성을 잘 흡수한다).

75 테레프탈산을 공업적으로 제조하는 방법에 해당하는 것은? _{출제율 40%}

① o-크실렌의 산화
② p-크실렌의 산화
③ 톨루엔의 산화
④ 나프탈렌의 산화

^{해설} p-크실렌의 질산산화법에 의해 테레프탈산을 제조한다.

76 고분자의 분자량을 측정하는 데 사용되는 방법으로 가장 거리가 먼 것은? _{출제율 20%}

① 말단기 정량법
② 삼투압법
③ 광산란법
④ 코킹법

^{해설} 분자량 측정방법
㉠ 끓는점 오름법과 어는점 내림법
㉡ 삼투압 측정법
㉢ 광산란법
㉣ 겔투과 크로마토그래피법

77 다음 중 석유화학공정에 대한 설명으로 틀린 것은 어느 것인가? _{출제율 20%}

① 비스브레이킹 공정은 열분해법의 일종이다.
② 열분해란 고온 하에서 탄화수소 분자를 분해하는 방법이다.
③ 접촉분해공정은 촉매를 이용하지 않고 탄화수소의 구조를 바꿔 옥탄가를 높이는 공정이다.
④ 크래킹은 비점이 높고 분자량이 큰 탄화수소를 분자량이 작은 저비점의 탄화수소로 전환하는 것이다.

^{해설} 접촉분해법
㉠ 등유나 경유를 촉매로 사용하여 분해한다.
㉡ 옥탄가 높은 가솔린 얻을 수 있다.
㉢ 석유화학 원료 제조에 부적당하다.
㉣ 올레핀이 거의 생성되지 않는다.

78 고분자의 사슬 성장중합은 벌크중합, 용액중합 등에 의해 이루어지는데, 이 중 용액중합에 대한 설명으로 가장 거리가 먼 것은? _{출제율 20%}

① 반응속도가 빠르고 분자량이 크다.
② 용매의 회수 및 제거가 필요하다.
③ 반응열 조절이 용이하다.
④ 이온중합에 사용될 수 있다.

^{해설} 용액중합
㉠ 중화열을 제거하기가 용이하고, 반응열 조절이 용이하다.
㉡ 중합속도와 분자량이 작다.
㉢ 중합 후 용매의 완전제거가 어렵다.
㉣ 용매의 회수 및 제거가 필요하다.
㉤ 이온중합에 사용될 수 있다.

79 다음 고분자 중 T_g(glass transition temperature)가 가장 높은 것은? _{출제율 40%}

① Polycarbonate
② Polystyrene
③ Polyvinyl chloride
④ Polyisoprene

^{해설} 유리전이온도(T_g)
㉠ 용융된 중합체 냉각 시 고체상에서 액체상으로 상변화를 거치기 전에 변화를 보이는 시점의 온도를 말하며, 폴리카보네이트 T_g는 약 240℃이다.
㉡ T_g 높은 순서 : ① > ② > ③ > ④

80 다음 중 연료전지에 있어서 캐소드에 공급되는 물질은? _{출제율 20%}

① 산소
② 수소
③ 탄화수소
④ 일산화탄소

^{해설} Cathode : 환원반응
산소를 잃으므로 산소를 공급한다.

제5과목 ┃ 반응공학

81 다음과 같은 연속(직렬)반응에서 A와 R의 반응속도가 $-\gamma_A = k_1 C_A$, $\gamma_R = k_1 C_A - k_2$일 때 회분식 반응기에서 C_R/C_{A0}를 구하면? (단, 반응은 순수한 A만으로 시작한다.) 출제율 40%

$$A \rightarrow R \rightarrow S$$

① $1 + e^{-k_1 t} + \dfrac{k_2}{C_{A0}} t$ ② $1 + e^{-k_1 t} - \dfrac{k_2}{C_{A0}} t$

③ $1 - e^{-k_1 t} + \dfrac{k_2}{C_{A0}} t$ ④ $1 - e^{-k_1 t} - \dfrac{k_2}{C_{A0}} t$

해설 $-r_A = -\dfrac{dC_A}{dt} = k_1 C_A$, $\dfrac{dC_A}{C_A} = -k_1 dt$

$\displaystyle \int_{C_{A0}}^{C_A} \dfrac{dC_A}{C_A} = \int_0^t -k_1 dt$

$\ln \dfrac{C_A}{C_{A0}} = -k_1 dt$, $C_A = C_{A0} e^{-k_1 t}$

$r_R = -\dfrac{dC_R}{dt} = k_1 C_A - k_2$

$dC_R = (k_1 C_A - k_2) dt$

$\displaystyle \int_{C_{R0}}^{C_R} dC_R = \int_0^t (k_1 C_A - k_2) dt$

$\displaystyle \qquad = \int_0^t (k_1 C_{A0} e^{-k_1 t} - k_2) dt$

$C_R - C_{R0} = -C_{A0} e^{-k_1 t} + C_{A0} - k_2 t$

$C_{R0} = 0$

$C_R = C_{A0} - C_{A0} e^{-k_1 t} - k_2 t$

$\dfrac{C_R}{C_{A0}} = 1 - e^{-k_1 t} - \dfrac{k_2}{C_{A0}} t$

82 $A \longrightarrow R \overset{S}{\underset{T}{\diagdown}}$ 의 1차 반응에서 $A \rightarrow R$의 반응속도상수를 k_1, $R \rightarrow S$의 반응속도상수를 k_2, $R \rightarrow T$의 반응속도상수를 k_3라 할 때 $k_1 = 10 e^{-3,500/T}$, $k_2 = 10^{12} e^{-10,500/T}$, $k_3 = 10^8 e^{-7,000/T}$이고, 이 반응의 조작가능 온도는 7~77℃이며, A의 공급농도는 1mol/L이다. 이때 목적 생산물이 S라면 조작온도는? 출제율 80%

① 7℃   ② 42℃
③ 63℃   ④ 77℃

해설 Arrhenius 식
$k = A \exp(-E_a/RT)$
k_2의 활성화에너지가 가장 크므로 조작온도를 가장 높게 설정 즉, 최대온도인 77℃에서 운전한다.

83 부피가 일정한 회분식 반응기에서 CH_3CHO 증기를 518℃에서 열분해한 결과, 반감기는 처음 압력이 363mmHg일 때 410s이고, 169mmHg일 때 880s이었다. 이 반응의 차수는? 출제율 60%

① 0차 반응
② 1차 반응
③ 2차 반응
④ 3차 반응

해설 회분식 2차 반응
$-\dfrac{dC_A}{dt} = k_1 C_A^2$

$\dfrac{1}{C_A} - \dfrac{1}{C_{A0}} = kt$, $t_{1/2} = \dfrac{1}{kC_{A0}}$

$410 = \dfrac{1}{k \times 363}$, $k = 6.7 \times 10^{-6}$

$880 = \dfrac{1}{k \times 169}$, $k = 6.7 \times 10^{-6}$

반응의 차수(n)은 2차 반응이다.

84 R이 목적 생산물인 반응 $A \overset{1}{\rightarrow} R \overset{2}{\rightarrow} S$에서 각 경로에서의 활성화에너지가 $E_1 < E_2$인 경우의 반응에 대한 설명으로 옳은 것은? 출제율 20%

① 공간시간(τ)이 상관없다면 가능한 한 최저온도에서 반응시킨다.
② 등온반응에서 공간시간(τ)값이 주어지면 가능한 한 최고온도에서 반응시킨다.
③ 온도 변화가 가능하다면 초기에는 낮은 온도에서, 반응이 진행됨에 따라 높은 온도에서 반응시킨다.
④ 온도 변화가 가능하더라도 등온조작이 가장 유리하다.

해설 $E_1 < E_2 (A \overset{1}{\rightarrow} R \overset{2}{\rightarrow} S)$
R(목적 생성물)을 얻기 위해서는 가능한 한 최저온도로 반응시킨다.

85 다음의 반응에서 R의 수율은 반응기의 온도 조건에 따라 달라진다. R의 수율을 높이기 위해서 반응기의 온도를 시간이 지남에 따라 처음에는 낮은 온도로부터 높은 온도까지 변화시켜야 했다. 다음 사항 중 각 경로에서 활성화에너지(E) 관계로 옳은 것은? 출제율 40%

$$A \xrightarrow{1} R \xrightarrow{3} S$$
$$\xrightarrow{2} T$$

① $E_1 > E_2$, $E_1 > E_3$

② $E_1 > E_2$, $E_1 < E_3$

③ $E_1 < E_2$, $E_1 < E_3$

④ $E_1 < E_2$, $E_1 > E_3$

해설 • 초기 저온 : $E_1 < E_2$
  낮은 온도에서 높은 온도까지 변화시키므로 R의 수율을 높이기 위한 조건
• 나중 고온 : $E_1 > E_3$

86 액상에서 운전되는 회분식 반응기에서 시간에 따른 농도변화를 측정하여 $\frac{1}{C_A}$과 t를 도시(plot)하였을 때 직선이 되는 반응은? 출제율 80%

① 0차 반응

② $\frac{1}{2}$차 반응

③ 1차 반응

④ 2차 반응

해설 회분식 2차 반응
$$\frac{1}{C_A} - \frac{1}{C_{A0}} = kt$$

87 직렬로 연결된 2개의 혼합흐름반응기에서 액상 1차 반응이 일어날 때 주어진 전화율에 대하여 두 반응기의 체적이 최소가 되도록 하는 두 반응기의 체적비는? 출제율 40%

① 1 : 1

② 1 : 2

③ 1 : 3

④ 1 : 4

해설 • 1차 반응 : 동일한 크기의 반응기가 최적
• $n > 1$인 반응 : 작은 반응기에서 큰 반응기에서 최적
• $n < 1$인 반응 : 큰 반응기에서 작용 반응기에서 최적

88 NO_2의 분해반응은 1차 반응이고 속도상수는 694℃에서 $0.138s^{-1}$, 812℃에서는 $0.37s^{-1}$이다. 이 반응의 활성화에너지는 약 몇 kcal/mol 인가? 출제율 80%

① 17.42

② 27.42

③ 37.42

④ 47.42

해설 아레니우스 식
$$k = Ae^{-E_a/RT}$$
$$\ln\frac{k_1}{k_2} = -\frac{E_a}{R}\left(\frac{1}{T_1} - \frac{1}{T_2}\right)$$
$$\ln\frac{0.138}{0.37} = -\frac{E}{1.987}\left(\frac{1}{967} - \frac{1}{1085}\right)$$
$$E = 17424\,cal \times kcal/1000\,cal = 17.42\,kcal$$

89 비가역 1차 액상반응 $A \to R$이 플러그흐름반응기에서 전화율이 50%로 반응된다. 동일조건에서 반응기의 크기만 2배로 하면 전화율은 몇 %가 되는가? 출제율 60%

① 67

② 70

③ 75

④ 100

해설 PFR 1차 반응
$$-\ln(1-X_A) = k\tau$$
$$-\ln(1-0.5) = k\tau = 0.693$$
$$-\ln(1-X_A) = k \times 2\tau = 0.693 \times 2$$
$$X_A = 0.75$$

90 다음 중 일반적으로 볼 때 불균일 촉매반응으로 가장 적합한 것은? 출제율 20%

① 대부분의 액상반응

② 콜로이드계의 반응

③ 효소반응과 미생물반응

④ 암모니아 합성반응

해설 불균일계 촉매반응
㉠ 암모니아 합성반응
㉡ 암모니아 산화에 의한 질산 제조
㉢ 원유의 Cracking

85.④ 86.④ 87.① 88.① 89.③ 90.④

91 공간시간(space time)에 대한 설명으로 옳은 것은? _{출제율 20%}

① 한 반응기 부피만큼의 반응물을 처리하는 데 필요한 시간을 말한다.
② 반응물이 단위부피의 반응기를 통과하는 데 필요한 시간을 말한다.
③ 단위시간에 처리할 수 있는 원료의 몰수를 말한다.
④ 단위시간에 처리할 수 있는 원료의 반응기 부피의 배수를 말한다.

해설 공간시간
반응기 부피만큼의 공급물(반응물)을 처리에 필요한 시간를 말한다.

92 $A \to B$의 화학반응에서 생성되는 물질의 화학반응속도식 r_B와 소실되는 반응물질의 화학반응속도식 $-r_A$를 옳게 나타낸 것은? _{출제율 20%}

① $r_B = -\dfrac{1}{V_R} \cdot \dfrac{dn_B}{dt}, \quad -r_A = \dfrac{1}{V_R} \cdot \dfrac{dn_A}{dt}$
② $r_B = \dfrac{1}{V_R} \cdot \dfrac{dn_B}{dt}, \quad -r_A = -\dfrac{1}{V_R} \cdot \dfrac{dn_A}{dt}$
③ $r_B = \dfrac{1}{V_R} \cdot \dfrac{dn_A}{dt}, \quad -r_A = \dfrac{1}{V_R} \cdot \dfrac{dn_A}{dt}$
④ $r_B = \dfrac{1}{V_R} \cdot \dfrac{dn_A}{dt}, \quad -r_A = -\dfrac{1}{V_R} \cdot \dfrac{dn_B}{dt}$

해설 $r_B = \dfrac{1}{V_R}\dfrac{dn_B}{dt}, \quad -r_A = -\dfrac{1}{V_R}\dfrac{dn_A}{dt}$

93 $A \xrightarrow{k_1} R$ 및 $A \xrightarrow{k_2} 2S$인 두 액상반응이 동시에 등온회분반응기에서 진행된다. 50분 후 A의 90%가 분해되어 생성물 비는 9.1mol R/1mol S이다. 반응차수는 각각 1차일 때, 반응속도상수 k_2는 몇 min⁻¹인가? _{출제율 40%}

① 2.4×10^{-6} ② 2.4×10^{-5}
③ 2.4×10^{-4} ④ 2.4×10^{-3}

해설 $-\ln(1-X_A) = (k_1+k_2)t$
$-\ln(1-0.9) = (18.2k_2 + k_2) \times 50$
$k_2 = 2.4 \times 10^{-3}\,\mathrm{min}^{-1}$

94 이상기체 반응물 A가 1L/s의 속도로 체적 1L의 혼합흐름반응기에 공급되어 50%가 반응된다. 반응식이 $A \to 3R$일 때 일정한 온도와 압력 하에서 반응물 A의 평균 체류시간(mean residence time)은 몇 초인가? _{출제율 40%}

① 0.5 ② 1.0
③ 1.5 ④ 2.0

해설 $V = \nu_0(1 + \varepsilon_A X_A) = 2\mathrm{L/s} \ (\nu_0 = 1\mathrm{L/s})$
체류시간 $= \dfrac{\text{반응기 부피}}{\text{반응기 출구 유속}} = \dfrac{1\mathrm{L}}{2\mathrm{L/s}} = 0.5\mathrm{s}$

95 $A+B \to R$인 2차 반응에서 C_{A_0}와 C_{B_0}의 값이 서로 다를 때 반응속도상수 k를 얻기 위한 방법은? _{출제율 40%}

① $\ln\dfrac{C_B C_{A_0}}{C_{B_0} C_A}$와 t를 도시(plot)하여 원점을 지나는 직선을 얻는다.
② $\ln\dfrac{C_B}{C_A}$와 t를 도시(plot)하여 원점을 지나는 직선을 얻는다.
③ $\ln\dfrac{1-X_A}{1-X_B}$와 t를 도시(plot)하여 절편이 $\ln\dfrac{C_{A_0}^2}{C_{B_0}}$인 직선을 얻는다.
④ 기울기가 $1+(C_{A_0}-C_{B_0})^2 k$인 직선을 얻는다.

해설 $A+B \to R$, C_{A_0}, C_{B_0} 서로 다름
$-r_A = -\dfrac{dC_A}{dt} = kC_A C_B$
$C_A = C_{A_0} - C_{A_0}X_A$
$C_B = C_{B_0} - C_{A_0}X_A$
$(C_{A_0}X_A = C_B$가 반응에 의해 사라진 양$)$
$C_A = C_A(1-X_A), \quad C_B = C_{A_0}(m-X_A),$
$m = C_{B_0}/C_{A_0}$
$C_{A_0} \times \left(\dfrac{dX_A}{dt}\right) = kC_{A_0}^2 \times (1-X_A)(M-X_A)$
$\left(\dfrac{dX_A}{dt}\right) = kC_{A_0}(1-X_A)(M-X_A)$
$(dX_A)/(1-X_A)(M-X_A) = kC_{A_0}dt$
정리하면
$\ln\dfrac{C_B C_{A_0}}{C_{B_0} C_A} = k(C_{B_0}-C_{A_0}) \times t$

96 $A \to R$의 반응에서 0℃와 100℃ 사이에서 반응이 진행되는데 두 온도 사이에서 A와 R의 비열이 같고 반응엔탈피 $\Delta H_{r_{298}} = -18000 \text{cal}$였다면 $\Delta H_{r_{373}}$은 얼마인가? _{출제율 20%}

① −3.375cal ② −18000cal
③ +3.375cal ④ +18000cal

> **해설** 비열이 같고 온도 변화가 같으므로 반응 엔탈피가 동일하다. 즉, 엔탈피는 상태함수로 경로에 의존하지 않는다.
> $$\Delta H_{r_{298}} = \Delta H_{r_{373}}$$

97 100℃, 1atm에서 $2A \to R + S$을 반응시키는데 20%의 비활성물질을 포함하는 원료를 회분식 반응기에서 처리할 경우, 반응물 A는 95%가 전환되고 이때 소요된 시간이 5분 10초이다. 만일 동일 조성의 반응물을 100mol/h의 속도로 플러그흐름반응기로 처리하여 95% 전환시키고자 할 경우 필요한 반응기 크기는 몇 L이겠는가? (단, 이 반응은 기상반응이며 이상기체라고 가정한다.) _{출제율 40%}

① 235 ② 329
③ 540 ④ 660

> **해설** $PV = nRT$, $\dfrac{n}{V} = \dfrac{P}{RT} = \dfrac{1 \text{atm}}{0.082 \times 373}$
> $$= 0.03265 \text{mol/L}$$
> 비활성물질 20% : $0.03265 \text{mol/L} \times 0.8$
> $$= 0.02612 \text{mol/L}$$
> $$\dfrac{100 \text{mol/h}}{0.02612 \text{mol/L}} = 3828.484 \text{L/h} = 1.063 \text{L/s}$$
> 반응기 크기 $= 310 \text{s} \times 1.063 \text{L/s} = 329.7 \text{L}$

98 회분반응기(batch reactor)의 일반적인 특성에 대한 설명으로 가장 거리가 먼 것은? _{출제율 20%}

① 일반적으로 소량 생산에 적합하다.
② 단위생산량당 인건비와 취급비가 적게 드는 장점이 있다.
③ 연속조작이 용이하지 않은 공정에 사용된다.
④ 하나의 장치에서 여러 종류의 제품을 생산하는 데 적합하다.

> **해설** 회분식 반응기
> ㉠ 반응물을 반응기에 채우고 일정시간 반응시킨다.
> ㉡ 시간에 따라 조성이 변하는 비정상 상태이다.
> ㉢ 단위생산량당 인건비와 취급비가 비싸게 드는 단점이 있다.
> ㉣ 연속조작이 용이하지 않은 공정에 이용된다.
> ㉤ 소량생산에 적합하다.
> ㉥ 하나의 장치에서 여러 종류의 제품을 생산하는 데 적합하다.

99 어떤 반응의 속도상수가 25℃에서는 3.46×10^{-5} s^{-1}이고, 65℃에서는 $4.87 \times 10^{-3} \text{s}^{-1}$이다. 이 반응의 활성화에너지는 약 몇 kcal인가? _{출제율 80%}

① 14.8 ② 24.8
③ 34.8 ④ 44.8

> **해설** 아레니우스 식
> $$\ln \dfrac{k_1}{k_2} = -\dfrac{E}{R} \left(\dfrac{1}{T_1} - \dfrac{1}{T_2} \right)$$
>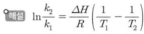
> $$\ln \dfrac{3.46 \times 10^{-5}}{4.87 \times 10^{-3}} = -\dfrac{E_a}{1.987} \left(\dfrac{1}{298} - \dfrac{1}{338} \right)$$
> $$E = 24752 \text{cal} = 24.572 \text{kcal}$$

100 20℃와 30℃에서 어떤 반응의 평형상수 K는 각각 2×10^{-3}, 1×10^{-2}이다. 이 반응의 반응열 ΔH_r 값은 약 몇 kcal/mol인가? _{출제율 60%}

① 12.2 ② 24.3
③ 28.4 ④ 56.4

> **해설**
> $$\ln \dfrac{k_2}{k_1} = \dfrac{\Delta H}{R} \left(\dfrac{1}{T_1} - \dfrac{1}{T_2} \right)$$
> $$\ln \dfrac{1 \times 10^{-2}}{2 \times 10^{-3}} = \dfrac{\Delta H}{1.987} \left(\dfrac{1}{293} - \dfrac{1}{303} \right)$$
> $$\Delta H_r = 28400 \text{cal} \times \text{kcal}/1000 \text{cal}$$
> $$= 28.4 \text{kcal}$$

▶▶ 제1과목 ┃ 화공열역학

01 과열상태의 증기가 150psia, 500℉에서 노즐을 통하여 30psia로 팽창한다. 이 과정이 단열, 가역적으로 진행하여 평형을 유지한다고 할 때 노즐의 출구에서의 증기상태는 어떠한지 알고자 한다. 다음 설명 중 틀린 것은? 출제율 20%

① 엔트로피 변화는 없다.
② 수증기표(steam table)를 이용한다.
③ 몰리에 선도를 이용한다.
④ 기체인지 액체인지는 알 수 없다.

해설 • 단열 : $dQ=0$, $dS=0$
• 과열증기 이용 : 수증기표 가능
• 몰리에 선도는 $H-S$ 선도 이용 가능
• 과열상태의 증기가 단열, 가역 평형이므로 노즐 출구에서는 기체 상태
  ㉠ $dS=0$이므로 기체가 액체로 변화하지 않는다.
  ㉡ 초기온도와 압력, 나중압력도 주어졌으므로 나중온도와 압력을 파악하면 액체, 기체 구분이 가능하다.

02 다음 도표 상의 점 A로부터 시작되는 여러 경로 중 액화가 일어나지 않는 공정은? 출제율 20%

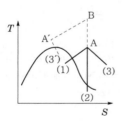

① A → (1)
② A → (2)
③ A → (3)
④ A → B → A' → (3')

해설 $T-S$ 선도

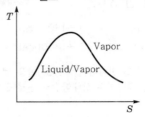

A → (3)은 엔트로피의 증가로 액화가 일어나지 않는다.

03 다음 $T-S$ 선도에서 건도 x인 (1)에서의 습증기 1kg당 엔트로피는 어떻게 표시되는가? (단, 건도 x는 습증기 중 증기의 질량분율이고, V는 증기, L은 액체를 나타낸다.) 출제율 20%

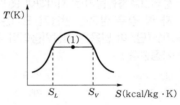

① $S_V+x(S_V-S_L)$
② S_L+xS_V
③ $S_Vx+S_L(1-x)$
④ $S_Lx+S_V(1-x)$

해설 습증기의 엔트로피(S)
습증기 1kg의 엔트로피
$S=S_Lx+S_V(1-x)$

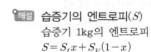

04 3성분계의 기-액 상평형 계산을 위하여 필요한 최소의 변수의 수는 몇 개인가? (단, 반응이 없는 계로 가정한다.) 출제율 80%

① 1개
② 2개
③ 3개
④ 4개

해설 자유도(F)

$F = 2 - P + C - r$

여기서, P(phase) : 상, C(component) : 성분

r : 반응

$P = 2,\ C = 3,\ r = 0$

$F = 2 - 2 + 3 = 3$

05 열의 일당량을 옳게 나타낸 것은? 출제율 20%

① $427 \text{kgf} \cdot \text{m/kcal}$

② $\dfrac{1}{427} \text{kgf} \cdot \text{m/kcal}$

③ $427 \text{kcal} \cdot \text{m/kgf}$

④ $\dfrac{1}{427} \text{kcal} \cdot \text{m/kgf}$

해설 열의 일당량은 열량 단위가 분모

$1 \text{kcal} = 4200 \text{J},\quad 1 \text{kgf} \cdot \text{m} = 9.8 \text{N} \cdot \text{m} = 9.8 \text{J}$

$1 \text{kcal} = 4200 \text{J} \times \dfrac{1 \text{kgf} \cdot \text{m}}{9.8 \text{J}} = 428.57 \text{kgf} \cdot \text{m/kcal}$

06 화학반응의 평형상수 K의 정의로부터 다음의 관계식을 얻을 수 있을 때 이 관계식에 대한 설명 중 틀린 것은? 출제율 60%

$$\frac{d \ln K}{dT} = \frac{\Delta H°}{RT^2}$$

① 온도에 대한 평형상수의 변화를 나타낸다.

② 발열반응에서는 온도가 증가하면 평형상수가 감소함을 보여준다.

③ 주어진 온도 구간에서 $\Delta H°$가 일정하면 $\ln K$를 T의 함수로 표시했을 때 직선의 기울기가 $\dfrac{\Delta H°}{R^2}$ 이다.

④ 화학반응의 $\Delta H°$를 구하는 데 사용할 수 있다.

해설 평형상수와 온도와의 관계

$\dfrac{d \ln K}{dT} = \dfrac{\Delta H}{RT^2}$

$\ln K = -\dfrac{\Delta H}{RT}$ ($\ln K$를 T의 함수로 표시)

기울기 $= -\dfrac{\Delta H}{R}$

07 기호의 의미가 다음과 같을 때 수식의 설명으로 옳은 것은? 출제율 40%

- ϕ_i^{sat} : 기체의 퓨가시티 계수
- y_i : 기상의 몰분율
- $\hat{\phi}_i^{\,l}$: 용액의 퓨가시티 계수
- x_i : 용액의 몰분율
- $f_i^{\,l}$: i 성분의 액상 퓨가시티
- f_i^{sat} : i 성분의 기상 퓨가시티
- P_i^{sat} : 순수성분 i의 증기압
- $\hat{f}_i$: 이상용액 중의 각 성분의 퓨가시티

① 증기가 이상기체라면 $\phi_i^{\text{sat}} = 1$ 이다.

② 이상용액인 경우 $f_i^{\,l} = x_i \hat{f}_i \hat{\phi}_i^{\,l}$ 이다.

③ 루이스-랜달의 법칙(Lewis–Randal의 rule)에서 $\hat{f}_i = \dfrac{f_i^{\text{sat}}}{P}$ 이다.

④ 라울의 법칙은 $y_i = \dfrac{P_i^{\text{sat}}}{P}$ 이다.

해설 ① 증기가 이상기체인 경우

$\phi_i^{\text{sat}} = 1$

② 이상용액인 경우

$\hat{f}^{id} = x_i f_i$

③ 루이스-랜달(Lweis–Randall)의 법칙

$\dfrac{\hat{f}_i}{x_i P} = \dfrac{f_i}{P} = \hat{\phi}_i^{\,id} = \phi_i$

④ 라울의 법칙

$y_i = \dfrac{x_i P_i^{\text{sat}}}{P}$

08 가역단열 과정은 어느 과정과 같은가? 출제율 40%

① 등엔탈피 과정

② 등엔트로피 과정

③ 등압 과정

④ 등온 과정

해설 가역단열 과정 = 등엔트로피 과정

$\Delta S = \dfrac{dQ}{T}$ 에서 $dQ = 0 \rightarrow \Delta S = 0$

09 727℃에서 다음 반응의 평형압력 $K_P=1.3\,atm$ 이다. $CaCO_3(s)$ 30g을 10L 부피의 용기에 넣고 727℃로 가열하여 평형에 도달하게 하였다. CO_2가 이상기체방정식을 만족시킨다고 할 때 평형에서 반응하지 않은 $CaCO_3(s)$의 몰 %는? (단, $CaCO_3$의 분자량은 100이다.) 출제율 40%

$$CaCO_3(s) \rightarrow CaO(s) + CO_2(g)$$

① 12% ② 17%

③ 24% ④ 47%

해설 CO_2의 분압 $1.3\,atm(P_{CO_2}=1.3\,atm)$

$PV=nRT$에서

$1.3\,atm \times 10\,L = n \times 0.082\,atm \cdot L/mol \cdot K \times 1000\,K$,

$n=0.1585\,mol$

평형이므로 CO_2의 양은 $0.1585\,mol$

최초 $CaCO_3(s)$ 반응 양도 $0.1585\,mol$

최초 $CaCO_3(s)$ 몰수는 $30g/100g/mol = 0.3\,mol$

$0.3\,mol$ 중 $0.1585\,mol$이 반응하고, $0.3-0.1585$은 반응하지 않으므로 반응하지 않은 $CaCO_3$는,

$CaCO_3 = \dfrac{0.3-0.1585}{0.3} \times 100 = 47.16\%$

10 다음 중 이상용액의 성질은? (단, $\hat{\phi}_i$: 용액 중 성분 i의 퓨가시티 계수, γ_i : 성분 i의 활동도 계수, $\hat{a}_i = \dfrac{\hat{f}_i^{\,0}}{f_i^{\,0}}$, $f_i^{\,0}$: 표준상태에서 이상기체 i의 퓨가시티, $\hat{f}_i^{\,0}$: 표준상태에서 용액 중 성분 i의 퓨가시티, x_i : 성분 i의 액상 몰분율) 출제율 60%

① $\hat{\phi}_i = 1$

② $\hat{\phi}_i = \phi_i$

③ $\ln \gamma_i = 1$

④ $\ln(\hat{a}_i/x_i) = 1$

해설 Lewis Randall's Law

$\hat{f}_i^{\,id} = x_i f_i$

$\dfrac{\hat{f}_i^{\,id}}{x_i P} = \dfrac{f_i}{P} = \hat{\phi}_i^{\,id} = \phi_i$

이상용액 중 각 성분의 퓨가시티(fugacity)는 그 성분의 몰분율에 비례하며, 비례상수는 같은 T, P에서 용액과 같은 물리적 상태에서의 순수성분의 휘산도(fugacity)임을 나타낸다. 즉, 용액 중 i 성분 퓨가시티 계수와 순수성분 퓨가시티 계수는 같다.

11 비흐름 가역과정에서 압축(또는 수축)에 의한 일이 없다고 가정할 때 이상기체의 내부에너지에 관한 설명으로 옳은 것은? 출제율 20%

① 내부에너지는 압력만의 함수이다.

② 내부에너지는 온도만의 함수이다.

③ 내부에너지는 부피만의 함수이다.

④ 내부에너지는 온도 및 압력만의 함수이다.

해설 내부에너지(U)

물질을 구성하고 있는 분자들에 의한 에너지로 내부에너지는 온도만의 함수이다.

12 퓨가시티(fugacity)에 관한 설명 중 틀린 것은? (단, G_i는 성분 i의 깁스 자유에너지, f는 퓨가시티이다.) 출제율 40%

① 이상기체의 압력 대신 비이상기체에서 사용된 새로운 함수이다.

② $dG_i = RT\dfrac{dP}{P}$에서 P대신 퓨가시티를 쓰면 이 식은 실제기체에 적용할 수 있다.

③ $\lim\limits_{P \to 0} \dfrac{f}{P} = \infty$의 등식이 성립된다.

④ 압력과 같은 차원을 갖는다.

해설 퓨가시티(실제기체의 압력)

$\lim\limits_{P \to 0} \dfrac{f}{P} = 1$

$P=0$이므로 이상기체에 가까워진다.

$\left(\dfrac{f}{P} = \phi_i = 1$인 경우 이상기체 $\right)$

13 120℃와 30℃ 사이에서 Carnot 증기기관이 작동하고 있을 때 1000J의 일을 얻으려면 열원에서의 열량은 약 몇 J이어야 하는가? 출제율 80%

① 1540 ② 4367

③ 5446 ④ 6444

해설 Carnot cyle 열효율(η)

$\eta = \dfrac{T_h - T_c}{T_h} = \dfrac{W}{Q_h}$

$\dfrac{393-303}{393} = \dfrac{1000J}{Q_h}$

$Q_h = 4367\,J$

14 205℃, 10.2atm에서의 과열 수증기의 퓨가시티 계수가 0.9415일 때의 퓨가시티(fugacity)는 약 얼마인가? <small>출제율 40%</small>

① 9.6atm ② 10.6atm
③ 11.6atm ④ 12.6atm

[해설] Fugacity

$f = \phi P$

여기서, ϕ : 실제기체와 이상기체 압력의 관계를 나타내는 계수
f : 실제기체에 사용하는 압력

$\phi = \dfrac{f}{P}$

$0.9415 = \dfrac{f}{10.2\text{atm}}$

$f = 9.6\text{atm}$

15 $Z = 1 + BP$와 같은 비리얼 방정식(virial equation)으로 표시할 수 있는 기체 1몰을 등온 가역 과정으로 압력 P_1에서 P_2까지 변화시킬 때 필요한 일 W를 옳게 나타낸 식은? (단, Z는 압축인자이고, B는 상수이다.) <small>출제율 60%</small>

① $W = RT \ln \dfrac{P_1}{P_2}$

② $W = RT \ln \dfrac{P_1}{P_2} + B$

③ $W = RT \ln \dfrac{P_1}{P_2} + BRT$

④ $W = 1 + RT \ln \dfrac{P_1}{P_2}$

[해설] 실제기체

$PV = ZnRT, \quad Z = 1 + BP \ (n = 1$로 가정$)$

$\dfrac{PV}{RT} = 1 + BP$

$PV = RT(1 + BP) = RT + BPRT$

$P(V - BRT) = RT$

$P = \dfrac{RT}{V - BRT}$

$W = \int P dV = \int \left(\dfrac{RT}{V - BRT} \right) dV$

$\quad = RT \ln(V - BRT)\Big|_{V_1}^{V_2}$

$\quad = RT \ln \left(\dfrac{V_2 - BRT}{V_1 - BRT} \right)$

$\quad = RT \ln \dfrac{RT/P_2}{RT/P_1} = RT \ln \dfrac{P_1}{P_2}$

16 화학퍼텐셜(chemical potential)에 대한 설명이 올바르지 못한 것은? <small>출제율 40%</small>

① 단위는 압력의 단위인 kPa로 표시된다.

② $\mu_i = \left(\dfrac{\partial(nA)}{\partial n_i} \right)_{T, nV, n_j}$ 로 표시될 수 있다.

③ $\mu_i = \left(\dfrac{\partial(nG)}{\partial n_i} \right)_{T, P, n_j}$ 로 표시될 수 있다.

④ 평형에서 각 성분의 값들이 같아져야 한다.

[해설] 화학퍼텐셜

$\mu_i = \left[\dfrac{\partial(nG)}{\partial n_i} \right]_{P, T, n_j} = \left[\dfrac{\partial(nA)}{\partial n_i} \right]_{T, nV, n_j}$

평형조건
㉠ T, P가 같아야 한다.
㉡ 같은 T, P에서 여러 상은 각 성분의 화학퍼텐셜이 모든 상에서 같다.

17 $P = \dfrac{RT}{V - b}$의 관계식에 따르는 기체의 퓨가시티 계수 ϕ는? (단, b는 상수이다.) <small>출제율 40%</small>

① $\exp\left(1 + \dfrac{bP}{RT}\right)$ ② $\exp\left(\dfrac{bP}{RT}\right)$

③ $\exp\left(\dfrac{P}{RT}\right)$ ④ $\exp\left(P + \dfrac{b}{RT}\right)$

[해설] $\ln \phi = \int_0^P (Z - 1) \dfrac{dP}{P} \ (T = \text{const})$

$P = \dfrac{RT}{V - b}, \ PV = ZRT \rightarrow Z = \dfrac{PV}{RT} = 1 + \dfrac{bP}{RT}$

$Z - 1 = \dfrac{bP}{RT}$

$\ln \phi = \int_0^P \dfrac{bP}{RT} \dfrac{dP}{P} = \int_0^P \dfrac{b}{RT} dP = \dfrac{bP}{RT}$

$\phi = \exp\left(\dfrac{bP}{RT}\right)$

18 요오드 증기가 그 고체와 평형에 있는 계에 대한 자유도는 얼마인가? <small>출제율 80%</small>

① 0 ② 1
③ 2 ④ 3

[해설] 자유도(F)

$F = 2 - P + C$

여기서, P(phase) : 상, C(component) : 성분

$P = 2, \ C = 1$

$F = 2 - 2 + 1 = 1$

19 20℃, 1atm에서 아세톤에 대해 부피팽창률 $\beta = 1.488 \times 10^{-3}$(℃)$^{-1}$, 등온압축률 $k = 6.2 \times 10^{-5}$(atm)$^{-1}$, $V = 1.287$cm^3/g이다. 정용 하에서 20℃, 1atm으로부터 30℃까지 가열한다면 그때 압력은 몇 atm인가? 〔출제율 40%〕

① 1   ② 5.17

③ 241   ④ 20.45

해설 $\dfrac{dV}{V} = \beta dT - k dP$

정용상태 20℃, 1atm $\xrightarrow{\text{가열}}$ 30℃, P_2는?

$0 = \beta dT - k dP$, $\beta dT = k dP$

$\beta(T_2 - T_1) = k(P_2 - P_1)$

1.488×10^{-3}(℃)$^{-1} \times (30 - 20)$

$= 6.2 \times 10^{-5}$(atm)$^{-1} \times (P_2 - 1)$

$P_2 - 1 = 240$

$P_2 = 241\,\text{atm}$

20 다음과 같은 임계 물성을 가진 두 개의 분자(A와 B)가 동일한 이심인자를 가지고 있다. 대응상태 원리가 성립한다고 할 때, 분자 A의 물성을 기준으로 분자 B의 물성을 옳게 유추한 것은? (단, 분자 A의 물성은 300K, 101.325kPa에서 $V = 24000$cm^3/mol이다.) 〔출제율 40%〕

- 분자 A : $T_c = 190$K, $P_c = 4600$kPa
- 분자 B : $T_c = 305$K, $P_c = 4900$kPa

① $T = 300$K, $P = 101.325$kPa, $V = 36214$cm^3/mol

② $T = 481.6$K, $P = 107.8$kPa, $V = 36214$cm^3/mol

③ $T = 300$K, $P = 101.325$kPa, $V = 26215$cm^3/mol

④ $T = 481.6$K, $P = 107.8$kPa, $V = 26215$cm^3/mol

해설 대응상태의 원리

$T_r = \dfrac{T}{T_c}$, $P_r = \dfrac{P}{P_c}$

분자 A : $T_r = \dfrac{300\text{K}}{190\text{K}} = 1.58$, $P_r = \dfrac{101.325}{4600} = 0.022$

분자 B : $T_r = \dfrac{T}{305} = 1.58$, $P_r = \dfrac{P}{4900} = 0.022$

$T = 481.9\,\text{K}$, $P = 107.8\,\text{kPa}$

$\dfrac{P_A V_A}{T_A} = \dfrac{P_B V_B}{T_B}$

$\dfrac{101.325 \times 24000}{300} = \dfrac{107.8 \times V}{481.9}$

$V = 36236\,\text{cm}^3/\text{mol}$

▶▶ **제2과목 | 단위조작 및 화학공업양론**

21 50mol% 에탄올 수용액을 밀폐용기에 넣고 가열하여 일정 온도에서 평형이 되었다. 이때 용액은 에탄올 27mol%이고, 증기 조성은 에탄올 57mol%이었다. 원 용액의 몇 %가 증발되었는가? 〔출제율 80%〕

① 23.46   ② 30.56

③ 76.66   ④ 89.76

해설 물질수지

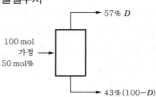

$0.5 \times 100 = 0.57 \times D + 0.27 \times (100 - D)$

$D = 76.66\%$(원용액 100% 중 76.66%가 증발이므로 76.66% 증발)

22 NaCl 수용액이 15℃에서 포화되어 있다. 이 용액 1kg을 65℃로 가열하면 약 몇 g의 NaCl을 더 용해시킬 수 있는가? (단, 15℃에서의 용해도는 358g/1000g H_2O이고, 65℃에서의 용해도는 373g/1000g H_2O이다.) 〔출제율 40%〕

① 7.54   ② 10.53

③ 15.05   ④ 20.3

해설 $1358\text{g} : 358 = 1000 : x$(NaCl) (15℃)

$x = 263.6\text{g}$, 물 $= 736.4\text{g}$

$1000\text{g} : 373 = 736.4 : y$ (65℃)

$y = 274.7\text{kg}$

$274.7 - 263.6 = 11\text{g}$ 더 용해될 수 있다.

23 다음 중 경로에 관계되는 양은? 〔출제율 40%〕

① 열   ② 내부에너지

③ 압력   ④ 엔탈피

해설 ・ 상태함수
경로에 상관없이 처음과 끝의 상태에만 영향을 받는 함수(T, P, d, V, H, A, G)
・ 경로함수
경로에 영향을 받는 함수(Q, W)

24 15℃에서 포화된 NaCl 수용액 100kg을 65℃로 가열하였을 때 이 용액에 추가로 용해시킬 수 있는 NaCl은 약 몇 kg인가? (단, 15℃에서 NaCl의 용해도 : 6.12kmol/1000kg H_2O, 65℃에서 NaCl의 용해도 : 6.37kmol/1000kg H_2O) 출제율 40%

① 1.1 ② 2.1
③ 3.1 ④ 4.1

해설 ・15℃ 일 때
$$6.12\,kmol \times \frac{58.5\,kg}{1\,kmol} = 358\,kg\ NaCl/1000\,kg\ H_2O$$
$$1358 : 358 = 1000 : x$$
$$x = 26.37\,NaCl,\ 73.64\,kg\ H_2O$$
・65℃ 일 때
$$6.37\,kmol \times \frac{58.5\,kg}{1\,kmol} = 372.6\,kg$$
$$1000 : 372.6\,kg = 73.64\,kg : y$$
$$y = 27.44\,kg\ NaCl$$
$$\therefore\ 27.44 - 26.37 = 1.08\,kg\ 더\ 용해될\ 수\ 있다.$$

25 건식법으로 전기로를 써서 인광석을 환원 및 증발시키는 공정에서 배출가스가 지름 26cm의 강관을 통해 152.4cm/s의 속도로 노에서 나간다. 이 가스의 밀도가 0.0012g/cm³일 때 1일 배출가스량은 약 얼마인가? 출제율 20%

① 5.4ton/day ② 6.4ton/day
③ 7.4ton/day ④ 8.4ton/day

해설 $Q = A \cdot V = \dfrac{\pi}{4}D^2 \times V$
$$= \frac{\pi}{4} \times (26\,cm)^2 \times 152.4\,cm/s$$
$$= 80913.6\,cm^3/s$$
질량유량(W) $= \rho \cdot Q$
$$= 0.0012\,g/cm^3 \times 80913.6\,cm^3/s$$
$$= 97\,g/s$$
단위환산 : $\dfrac{97\,g}{s} \times \dfrac{3600}{1\,hr} \times \dfrac{24\,hr}{1\,day} \times \dfrac{1\,kg}{1000\,g} \times \dfrac{1\,ton}{1000\,kg}$
$$= 8.4\,ton/day$$

26 80% 물을 함유한 솜을 건조시켜 초기 수분량의 60%를 제거시켰다. 건조된 솜의 수분 함량은 약 몇 %인가? 출제율 40%

① 39.2 ② 48.7
③ 52.3 ④ 61.5

해설 젖은 솜 100kg 가정 ⎡ 80% 물 : 80kg
⎣ 20% 솜 : 20kg
초기 수분량의 60% 제거($80 \times 0.6 = 48\,kg$ 제거)
$80 - 48\,kg = 32\,kg$
건조 솜 수분 함량 $= \dfrac{32}{32+20} \times 100 = 61.5\%$

27 분자량 119인 화합물을 분석한 결과 질량%로 C 70.6%, H 4.2%, N 11.8%, O 13.4%이었다면 분자식은? 출제율 20%

① $C_6H_5NO_2$ ② $C_6H_4N_2O$
③ $C_6H_6N_2O_2$ ④ C_7H_5NO

해설 $C_{70.6/12} \cdot H_{4.2/1} \cdot N_{11.8/14} \cdot O_{13.4/16}$
$= C_{5.88}H_{4.2}N_{0.84}O_{0.84} = C_7H_5NO$
$(C_7H_5NO)_n = 119$가 되려면 $n = 1$이므로
분자식은 C_7H_5NO이다.

보충 Tip

C, mol 수 $= \dfrac{119 \times 0.706}{12} = 7$	
H, mol 수 $= \dfrac{119 \times 0.042}{1} = 5$	
N, mol 수 $= \dfrac{119 \times 0.118}{14} = 1$	
O, mol 수 $= \dfrac{119 \times 0.134}{16} = 1$	
분자식 C_7H_5NO	

28 공기를 왕복압축기를 사용하여 절대압력 1기압에서 64기압까지 3단(3stage)으로 압축할 때 각 단의 압축비는? 출제율 40%

① 3 ② 4
③ 21 ④ 64

해설 압축비 $= \sqrt[n]{\dfrac{P_2}{P_1}}$
(n : 단수, P_1 : 흡입압, P_2 : 토출압)
$$= \sqrt[3]{\frac{64}{1}} = 4$$

29 표준상태에서 분자량이 30인 이상기체 100kg의 부피는 약 얼마인가? _{출제율 80%}

① $55m^3$ ② $65m^3$

③ $75m^3$ ④ $85m^3$

해설 $PV = nRT$

$$V = \frac{nRT}{P} = \frac{100/30 \times 0.082 \times 273}{1\,atm} = 74.62\,m^3$$

30 980N(Newton)은 몇 kgf인가? _{출제율 20%}

① 9.8   ② 10

③ 100   ④ 980

해설 단위환산

$1\,kgf = 9.8\,N$

$980\,N \times \dfrac{1\,kgf}{9.8\,N} = 100\,kgf$

31 밀도 $1.15g/cm^3$인 액체가 밑면의 넓이 $930cm^2$, 높이 0.75m인 원통 속에 가득 들어 있다. 이 액체의 질량은 약 몇 kg인가? _{출제율 40%}

① 8.0   ② 80.2

③ 186.2   ④ 862.5

해설 $V = 930\,cm^2 \times \dfrac{1\,m^2}{100^2\,cm^2} \times 0.75\,m = 0.07\,m^3$

$\rho = \dfrac{m}{V}$

$m = \rho \cdot V$

$= 1.15\,g/cm^3 \times \dfrac{1\,kg}{1000\,g} \times \dfrac{10^6\,cm^3}{m^3} \times 0.07\,m^3$

$= 80.5\,kg$

32 본드(Bond)의 파쇄법칙에서 매우 큰 원료로부터 크기 D_P의 입자들을 만드는 데 소요되는 일은 무엇에 비례하는가? (단, s는 입자의 표면적(m^2), v는 입자의 부피(m^3)를 의미한다.) _{출제율 20%}

① 입자들의 부피에 대한 표면적비 : s/v

② 입자들의 부피에 대한 표면적비의 제곱근 : $\sqrt{s/v}$

③ 입자들의 표면적에 대한 부피비 : v/s

④ 입자들의 표면적에 대한 부피비의 제곱근 : $\sqrt{v/s}$

해설 Lewis 식

$$\frac{dW}{dD_P} = -kD_P^{-n}$$

여기서, D_P : 분쇄 원료의 대표직경(m)

W : 분쇄에 필요한 일(에너지)

$\rightarrow$ kgf · m/kg

$k,\ n$: 정수

• $n = 1$일 때 Lewis 식 적분

$$W = k_k \ln \frac{D_{P_1}}{D_{P_2}}$$

여기서, k_K : 킥의 상수

• $n = \dfrac{3}{2}$일 때 Bond의 법칙

$$W = 2k_B \left(\frac{1}{\sqrt{D_{P_2}}} - \frac{1}{\sqrt{D_{P_1}}} \right)$$

$$= \frac{k_B}{5} \frac{\sqrt{100}}{\sqrt{D_{P_2}}} \left(1 - \frac{\sqrt{D_{P_2}}}{\sqrt{D_{P_1}}} \right)$$

$$= W_i \sqrt{\frac{100}{D_{P_2}}} \left(1 - \frac{1}{\sqrt{\gamma}} \right)$$

• $n = 2$일 때 Rittinger의 법칙

$$W = k_R' \left(\frac{1}{D_{P_2}} - \frac{1}{D_{P_1}} \right) = k_R (S_2 - S_1)$$

여기서, D_{P_1} : 처음 분쇄 원료의 지름

D_{P_2} : 분쇄 후 분쇄물의 지름

S_1 : 분쇄 원료의 비표면적

S_2 : 분쇄물의 비표면적

k_R : 리팅어 상수

즉, $\dfrac{1}{\sqrt{D_P}}$ 에 비례하므로 입자들의 부피에 대한 표면적 비의 제곱근 $\sqrt{S/V}$에 비례한다. 즉, 직경 제곱근 역수에 해당하는 것은 $\sqrt{S/V}$이다.

33 비중이 1인 물이 흐르고 있는 관의 양단에 비중이 13.6인 수은으로 구성된 U자형 마노미터를 설치하여 수은의 높이차를 측정해 보니 약 33cm였다. 관 양단의 압력차(기압)는? _{출제율 40%}

① 0.2   ② 0.4

③ 0.6   ④ 0.8

해설 $\Delta P = \dfrac{g}{g_c}(\rho_A - \rho_B) \times R$

$$= \frac{kgf}{kg} \times (13.6 - 1) \times 1000\,kg/m^3 \times 0.33\,m$$

$$= 4158\,kgf/m^2 \times 1\,m^2/100^2\,cm^2 \times \frac{1\,atm}{1.0336\,kgf/cm^2}$$

$$= 0.4\,atm$$

34 50몰% 톨루엔을 함유하고 있는 원료를 정류함에 있어서 환류비가 1.5이고 탑상부에서의 유출물 중의 톨루엔의 몰분율이 0.96이라고 할 때 정류부(rectifying section)의 조작선을 나타내는 방정식은? (단, x : 용액 중의 톨루엔의 몰분율, y : 기상에서의 몰분율이다.) 〔출제율 40%〕

① $y = 0.714x + 0.96$

② $y = 0.6x + 0.384$

③ $y = 0.384x + 0.64$

④ $y = 0.6x + 0.2$

해설 농축 조작선의 방정식

$$y_{n+1} = \frac{R_D}{R_D + 1} x_n + \frac{x_D}{R_D + 1}$$

문제에서 $R_D : 1.5$, $x_D : 0.96$

$$y_{n+1} = \frac{1.5}{1.5 + 1} x_n + \frac{0.96}{1.5 + 1} = 0.6x + 0.384$$

35 건조특성곡선에서 항률 건조기간으로부터 감률 건조기간으로 바뀔 때의 함수율은? 〔출제율 40%〕

① 전(total)함수율

② 평형함수율

③ 자유함수율

④ 임계(critical)함수율

해설 임계함수율
항률 건조기간에서 감률 건조기간으로 이동될 때의 함수율을 말한다.

36 임계전단응력 이상이 되어야 흐르기 시작하는 유체는? 〔출제율 20%〕

① 유사 가소성 유체(pseudoplastic fluid)

② 빙햄 가소성 유체(Binghamplastic fluid)

③ 뉴턴 유체(Newtonian fluid)

④ 팽창성 유체(dilatant fluid)

해설 유체의 종류

$$(\tau - k)^n = \mu \frac{du}{dy}$$

여기서, k, n : 유체의 고유상수

㉠ 점성 유체($k = 0$) ┌ $n = 1$: 뉴턴 유체
└ $n \neq 1$: 비뉴턴 유체

㉡ 소성 유체($k \neq 0$) ┌ $n = 1$: 빙햄 가소성 유체
└ $n \neq 1$: non 빙햄 가소성 유체

37 두께 150mm의 노 벽에 두께 100mm의 단열재로 보온한다. 노 벽의 내면온도는 700℃이고, 단열재의 외면 온도는 40℃이다. 노 벽 10m²로부터 10시간 동안 잃은 열량은 얼마인가? (단, 노 벽과 단열재의 열전도도는 각각 3.0kcal/m·hr·℃ 및 0.1kcal/m·hr·℃이다.) 〔출제율 40%〕

① 6285.7kcal

② 6754.4kcal

③ 62857.0kcal

④ 67544kcal

해설 $q = \dfrac{\Delta t}{\dfrac{l_1}{K_1 A_1} + \dfrac{l_2}{K_2 A_2}}$

여기서, K : 열전도도, A : 면적, l : 두께
Δt : 온도차

$$q = \frac{700 - 40}{\dfrac{0.15}{3 \times 10} + \dfrac{0.1}{0.1 \times 10}} = 6285.7 \,\text{kcal/hr}$$

10시간 동안 잃은 열량 $= 6285.7\,\text{kcal/hr} \times 10\,\text{hr}$
$= 62857\,\text{kcal}$

38 롤 분쇄기에 상당직경 4cm인 원료를 도입하여 상당직경 1cm로 분쇄한다. 분쇄원료와 롤 사이의 마찰계수가 $\dfrac{1}{\sqrt{3}}$일 때 롤 지름은 약 몇 cm인가? 〔출제율 20%〕

① 6.6

② 9.2

③ 15.3

④ 18.4

해설 $\mu = \tan\alpha = \dfrac{1}{\sqrt{3}}$, $\alpha = 30℃$

$$\cos\alpha = \frac{R + d}{R + r} = \frac{R + \dfrac{1}{2}}{R + \dfrac{4}{2}} = \frac{\sqrt{3}}{2}$$

$R = 9.2\,\text{cm}$
롤의 지름 $= 2R = 2 \times 9.2 = 18.4\,\text{cm}$

39 침수식 방법에 의한 수직관식 증발관이 수평관식 증발관보다 좋은 이유가 아닌 것은? 〔출제율 20%〕

① 열전달계수가 크다.

② 관석이 생성될 경우 가열관 청소가 용이하다.

③ 증기 중의 비응축 기체의 탈기효율이 좋다.

④ 증발효과가 좋다.

수평관식	수직관식
• 액층이 낮아 비점 상승도 적다. • 비응축 기체 탈기효율이 좋다. • 관석 발생 우려가 없을 경우 사용한다.	• 액의 순환이 잘 되므로 열전달계수가 커서 증발효과가 크다. • 관석 생성에도 청소 및 제거가 쉽다. • 수직관식이 더 많이 사용된다.

40 탑 내에서 기체속도를 점차 증가시키면 탑 내의 액 정체량(hold up)이 증가함과 동시에 압력손실은 급격히 증가하여 액체가 아래로 이동하는 것을 방해할 때의 속도를 무엇이라고 하는가? 출제율 40%

① 평균속도　　　② 부하속도
③ 초기속도　　　④ 왕일속도

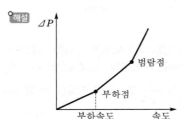

기체의 속도가 점점 증가하면서 탑 내의 액체 유량이 증가하는데, 이때의 속도를 부하속도라고 한다.

▶▶ 제3과목 | 공정제어

41 바닥면적 $4\,m^2$의 빈 수직탱크에 물이 $f(t) = 10\,L/min$의 유속으로 공급될 때 시간에 따른 탱크 내부의 액위(m) 변화 $h(t)$와 라플라스 변환된 $H(s)$는? (단, Lapalce 변수 s의 단위는 [1/min]이다.) 출제율 20%

① $h(t) = 0.0025t$, $H(s) = \dfrac{0.0025}{s^2}$

② $h(t) = 0.0025t$, $H(s) = \dfrac{0.0025}{s}$

③ $h(t) = 0.0025t^2$, $H(s) = \dfrac{0.0025}{s^2}$

④ $h(t) = 0.0025t^2$, $H(s) = \dfrac{0.0025}{s}$

해설 액체저장탱크

$$A\frac{dh}{dt} = q \rightarrow dh = \frac{q}{A}dT$$

$$h(t) = \frac{Q}{A}t = \frac{10\,L/min}{4\,m^2} \times \frac{1\,m^3}{1000\,L} \times t = 0.0025t$$

$$h(t) = 0.0025t$$

라플라스 변환

$$H(s) = \frac{0.0025}{s^2}$$

42 $\dfrac{Y(s)}{X(s)} = \dfrac{5}{s^2 + 3s + 2.25}$ 일 때 단위계단응답에 해당하는 것은? 출제율 80%

① 자연진동　　　② 무진동감쇠
③ 무감쇠진동　　　④ 임계감쇠

해설
$$\frac{Y(s)}{X(s)} = \frac{5}{s^2 + 3s + 2.25} = \frac{\dfrac{5}{2.25}}{\dfrac{1}{2.25}s^2 + \dfrac{3}{2.25}s + 1}$$

$$\tau = \sqrt{\frac{1}{2.25}} = 0.667, \quad 2\tau\zeta = \frac{3}{2.25} = 1.33$$

$\zeta = 1$이므로 임계감쇠이다.

43 시간지연이 θ이고 시정수가 τ인 시간지연을 가진 1차계의 전달함수는? 출제율 80%

① $G(s) = \dfrac{e^{\theta s}}{s + \tau}$　　② $G(s) = \dfrac{e^{\theta s}}{\tau s + 1}$

③ $G(s) = \dfrac{e^{-\theta s}}{s + \tau}$　　④ $G(s) = \dfrac{e^{-\theta s}}{\tau s + 1}$

해설 시간지연 $\mathcal{L}\{f(t-\theta)\} \cdot e^{-\theta s}$

$$G(s) = \frac{1}{\tau s + 1} \cdot e^{-\theta s}$$

44 1차계 2개로 이루어진 2차계에 관한 설명으로 옳은 것은? 출제율 20%

① 2차계의 전달함수는 1차계 전달함수의 2배이다.
② 2차계의 계단응답은 1차계의 과도응답보다 빠르다.
③ 2차계의 감쇠계수(damping factor)는 1보다 작다.
④ 2차계의 감쇠계수(damping factor)는 1과 같거나 크다.

해설 ① 2차계의 전달함수는 1차계 전달함수의 제곱 이상이다.
② 2차계의 계단응답은 1차계의 공정마다 다르다.
③ 2차계의 감쇠계수는 1보다 크거나 작을 수도 있고 1이 될 수도 있다.

보충Tip

• 1차계 2개인 2차계

$$G(s) = \frac{1}{(\tau_1 s + 1)(\tau_2 s + 1)}$$

$$= \frac{1}{\tau_1 \tau_2 s^2 + (\tau_1 + \tau_2)s + 1}$$

• 일반적인 2차계 $G(s) = \dfrac{1}{\tau^2 s^2 + 2\tau\zeta s + 1}$

• 비간섭계 $\zeta = \dfrac{\tau_1 + \tau_2}{2\sqrt{\tau_1 \tau_2}} = 1 \ (\tau_1 = \tau_2)$

• 간섭계 $\zeta = \dfrac{\tau_1 + \tau_2}{2\sqrt{\tau_1 \tau_2 (1 - k_2)}} > 1$

45 어떤 1차계의 함수가 $6\dfrac{dY}{dt} = 2X - 3Y$일 때 이 계의 전달함수의 시정수(times constant)는 얼마인가? 출제율 40%

① $\dfrac{2}{3}$ ② 3

③ $\dfrac{1}{2}$ ④ 2

해설 $6sY(s) - 6y(0) = 2X(s) - 3Y(s),\ y(0) = 0$ 가정
$(6s + 3)Y(s) = 2X(s)$

$$\frac{Y(s)}{X(s)} = \frac{2}{6s + 3} = \frac{2/3}{2s + 1}$$

$\tau = 2,\ k = \dfrac{2}{3}$

46 공정과 제어기가 불안정한 Pole을 가지지 않는 경우에 다음의 Nyquist 선도에서 불안정한 제어계를 나타낸 그림은? 출제율 20%

①   ②

③   ④

해설 Nyquist 선도 안정성 판정
Nyquist 선도가 $(-1, 0)$을 한 번이라도 시계방향으로 감싼다면 닫힌루프 시스템은 불안정하다.

47 다음 중 Bernoulli의 법칙을 이용한 Head-type 차압유량계는? 출제율 20%

① Corriolis flowmeter
② Hot-wire anemometer
③ Pilot tube
④ Vortex shedder

해설 베르누이 정리 Head type 차압유량계는 Pilot tube 이다.

48 다음 Block diagram(블록선도)에서 C/R을 옳게 나타낸 것은? 출제율 80%

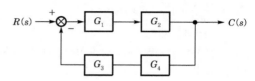

① $\dfrac{G_1 + G_2}{1 + G_1 G_2 G_3 G_4}$ ② $\dfrac{G_3 + G_4}{1 + G_1 G_2 G_3 G_4}$

③ $\dfrac{G_1 + G_2}{1 + G_1 G_2 + G_3 G_4}$ ④ $\dfrac{G_1 G_2}{1 + G_1 G_2 G_3 G_4}$

해설 $\dfrac{C}{R} = \dfrac{직진}{1 + \text{feedback}} = \dfrac{G_1 G_2}{1 + G_1 G_2 G_3 G_4}$

49 다단제어(cascade control)에 관한 설명으로 틀린 것은? 출제율 40%

① 상위(master) 제어기, 하위(slave) 제어기 모두 적분동작을 가지고 있어야 한다.
② 지역적으로 발생하는 외란의 영향을 미리 제어해 줌으로써, 그 영향이 상위 피제어 변수(primary controlled variable)에 미치지 않도록 한다는 개념을 가진다.
③ 하위(slave) 제어기를 구성하기 위한 하위 피제어 변수가 필요하며, 하위 피제어 변수와 관련된 공정의 동특성이 느릴수록 제어성능이 나빠진다.
④ 다단제어의 하위 제어계는 상위 제어기의 대상 공정을 선형화시키는 효과를 준다.

해설 다단제어
제어성능에 큰 영향을 미치는 교란변수의 영향을 미리 보정해 주며, 모든 제어기가 꼭 적분공정을 가질 필요는 없다.

50 다음 미분방정식 해의 라플라스 함수는? 출제율 80%

$$\frac{d^2x}{dt^2} + 4\frac{dx}{dt} - 5x = 10$$
$$\frac{dx(0)}{dt} = x(0) = 0$$

① $\dfrac{10}{(s^2+4s-5)}$ ② $\dfrac{10}{s(s^2+4s-5)}$

③ $\dfrac{1}{(s^2+4s-5)}$ ④ $\dfrac{10}{1/s^2+4/s-5}$

해설 $\dfrac{d^2X}{dt^2} + 4\dfrac{dx}{dt} - 5x = 10$
라플라스 변환
$s^2X(s) - sx(0) - x'(0) + 4sX(s) - 4x(0) - 5X(s)$
$= \dfrac{10}{s}$
$(s^2+4s-5)X(s) = \dfrac{10}{s}$
$X(s) = \dfrac{10}{s(s^2+4s-5)}$

51 어떤 제어계의 특성방정식이 다음과 같을 때 임계주기(ultimate period)는 얼마인가? 출제율 40%

$$s^3 + 6s^2 + 9s + 1 + K_c = 0$$

① $\dfrac{\pi}{2}$ ② $\dfrac{2}{3}\pi$

③ π ④ $\dfrac{3}{2}\pi$

해설 $s^3 + 6s^2 + 9s + 1 + K_c = 0$에 $s = i\omega_u$ 대입
$-i\omega_u^3 - 6\omega_u^2 + 9i\omega_u + 1 + K_c = 0$
실수부 : $-6\omega_u^2 + 1 + K_c = 0$
허수부 : $i(9\omega_u - \omega_u^3) = 0 \rightarrow \omega_u = 0, \ \omega_u = \pm3$
$\omega_u = 0$이면 $K_c = -1$
$\omega_u = \pm3$이면 $K_c = 53$
$-1 < K_c < 53$
임계주기 $T_u = \dfrac{2\pi}{\omega_u} = \dfrac{2\pi}{3}$

52 개루프 안정공정(open-loop stable process)에 다음 제어기를 적용하였을 때, 일정한 설정치에 대해 offset이 발생하는 것은? 출제율 20%

① P형   ② I형
③ PI형   ④ PID형

해설 적분공정(offset 제거)
보기에서 P 제어기만 적분공정이 없으므로 offset이 발생한다.

53 특성방정식이 $1 + K_c/(S+1)(S+2) = 0$으로 표현되는 선형 제어계에 대하여 Routh-Hurwitz의 안정 판정에 의한 K_c의 범위를 구하면? 출제율 80%

① $K_c < -1$

② $K_c > -1$

③ $K_c > -2$

④ $K_c < -2$

해설 특성방정식 $1 + \dfrac{K_c}{(s+1)(s+2)} = 0$을 정리하면
$s^2 + 3s + (2+K_c) = 0$
Routh 안정성

	1	2
1	1	$2+K_c$
2	3	0
3	$\dfrac{3(2+K_c)}{3} > 0$	

$2 + K_c > 0$
$K_c > -2$

54 다음에서 Servo problem인 경우 Proportional control($G_c = K_c$)의 offset은? (단, $T_R(t) = U(t)$인 단위계단신호이다.) 출제율 40%

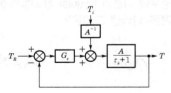

① 0   ② $\dfrac{1}{1-K_cA}$

③ $\dfrac{-1}{1+K_cA}$ ④ $\dfrac{1}{1+K_cA}$

해설 $\dfrac{T(s)}{T_R(s)} = \dfrac{\dfrac{K_c A}{\tau s + 1}}{1 + \dfrac{K_c A}{\tau s + 1}} = \dfrac{K_c A}{\tau s + 1 + K_c A}$

$T_R(t) = U(t) \rightarrow T_R(s) = \dfrac{1}{s}$

$T(s) = \dfrac{K_c A}{s(\tau s + 1 + K_c A)}$

$C(\infty) = \lim_{t \to \infty} t(t) = \lim_{s \to 0} s\,T(s) = \dfrac{K_c A}{1 + K_c A}$

$\text{offset} = R(\infty) - C(\infty) = 1 - \dfrac{K_c A}{1 + K_c A} = \dfrac{1}{1 + K_c A}$

55 측정 가능한 외란(measurable disturbance)을 효과적으로 제거하기 위한 제어기는? 〔출제율 40%〕

① 앞먹임제어기(feedforward controller)

② 되먹임제어기(feedback controller)

③ 스미스예측기(Smith predictor)

④ 다단제어기(cascade controller)

해설 Feedforward

외부교란을 사전에 측정하고 이 측정값을 이용하여 외부교란이 공정에 미치게 될 영향을 사전에 보정하는 방법이다.

56 전달함수가 $\dfrac{K}{2s^2 + 4s + 1 + K}$인 계의 Step response가 진동 없이 최종치에 접근하려면 K 값은 얼마인가? 〔출제율 40%〕

① 1

② 2

③ 3

④ 4

해설 $G(s) = \dfrac{k}{2s^2 + 4s + 1 + k} = \dfrac{\dfrac{k}{1+k}}{\dfrac{2}{1+k}s^2 + \dfrac{4}{1+k}s + 1}$

$\tau = \sqrt{\dfrac{2}{1+k}}$

$2\tau\zeta = \dfrac{4}{1+k}$

$\zeta = \sqrt{\dfrac{2}{1+k}}$

$\zeta = 1$인 임계감쇠인 경우 정상상태값에 가장 빠르게 도달

$1 = \dfrac{2}{1+k}$

$1 + k = 2$이므로 $k = 1$

57 라플라스 변환을 이용하여 미분방정식 $\dfrac{dX}{dt} + 5X = 0$, $X(0) = 10$을 $X(t)$에 관하여 풀었을 때 맞는 것은? 〔출제율 80%〕

① $e^{-5t} + 9$

② $5e^{-5t} + 5$

③ $e^{-5t} + 10$

④ $10e^{-5t}$

해설 $\dfrac{dX}{dt} + 5X = 0$

$\xrightarrow{\mathcal{L}\,(\text{라플라스 변환})} sX(s) - X(0) + 5X(s) = 0$,

$\qquad\qquad\qquad X(0) = 10$

$sX(s) - 10 + 5X(s) = 0$

$(s+5)X(s) = 10$

$X(s) = \dfrac{10}{s+5}$

역라플라스 변환

$X(t) = 10e^{-5t}$

58 $\dfrac{dy}{dt} + 3y = 1$, $y(0) = 1$에서 라플라스 변환 $Y(s)$는 어떻게 주어지는가? 〔출제율 80%〕

① $\dfrac{1}{s+3}$

② $\dfrac{1}{s(s+3)}$

③ $\dfrac{s+1}{s(s+3)}$

④ $\dfrac{-1}{(s+3)}$

해설 $\dfrac{dy}{dt} + 3y = 1$

$\downarrow$ 라플라스 변환

$sY(s) - y(0) + 3Y(s) = \dfrac{1}{s}$, $y(0) = 1$

$sY(s) - 1 + 3Y(s) = \dfrac{1}{s}$

$(s+3)Y(s) = \dfrac{1}{s} + 1$

$Y(s) = \dfrac{s+1}{s(s+3)}$

59 다음 중 공정제어의 일반적인 기능에 관한 설명으로 가장 거리가 먼 것은? 〔출제율 20%〕

① 외란의 영향을 극복하며 공정을 원하는 상태에 유지시킨다.

② 불안정한 공정을 안정화시킨다.

③ 공정의 최적 운전조건을 스스로 찾아 준다.

④ 공정의 시운전 시 짧은 시간 안에 원하는 운전상태에 도달할 수 있도록 한다.

해설 공정의 최적운전조건은 조작자가 찾는다.

55.① 56.① 57.④ 58.② 59.③

60 그림과 같은 산업용 스팀보일러의 스팀발생기에서 조작변수 유량(×3)과 유량(×5)을 조절하여 액위(×2)와 스팀압력(×6)을 제어하고자 할 때 틀린 설명은? (단, *FT*, *PT*, *LT*는 각각 유량, 압력, 액위전송기를 나타낸다.) 출제율 20%

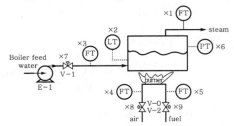

① 압력이 변하면 유량이 변하기 때문에 Air, Fuel, Boiler feed water의 공급압력은 외란이 된다.

② 제어성능 향상을 위하여 유량 ×3, ×4, ×5를 제어하는 독립된 유량제어계를 구성하고 그 상위에 액위와 압력을 제어하는 다단제어계(cascade control loop)를 구성하는 것은 바람직하다.

③ ×1의 변화가 ×2와 ×6에 영향을 주기 전에 선제적으로 조작변수를 조절하기 위해서 피드백제어기를 추가하는 것이 바람직하다. (이때, x1은 측정 가능하다.)

④ Air와 Fuel 유량은 독립적으로 제어하기보다는 비율(ratio)을 유지하도록 제어되는 것이 바람직하다.

[해설] 선제적 조절변수 조절은 Feedforward를 추가하는 것이 바람직하다.

제4과목 | 공업화학

61 다음의 $O_2 : NH_3$의 비율 중 질산 제조공정에서 암모니아 산화율이 최대로 나타나는 것은 어느 것인가? (단, Pt 촉매를 사용하고 NH_3 농도가 9%인 경우이다.) 출제율 40%

① 9 : 1 ② 2.3 : 1
③ 1 : 9 ④ 1 : 2.3

[해설] 암모니아 산화반응의 최대산화율
$$\frac{O_2}{NH_3} = 2.2 \sim 2.3 : 1, \text{ 즉 암모니아 산화율이 최대인}$$
것은 O_2와 NH_3의 비율은 2.3 : 1이다.

62 다음 중 칼륨 비료에 속하는 것은? 출제율 40%

① 유안 ② 요소
③ 볏짚재 ④ 초안

[해설] • 질소 비료
황산암모늄(유안), 질산암모늄(초안), 요소, 칠레 초석 등
• 칼륨 비료
볏짚재 등

63 석유 정제에 사용되는 용제가 갖추어야 하는 조건이 아닌 것은? 출제율 40%

① 선택성이 높아야 한다.
② 추출할 성분에 대한 용해도가 높아야 한다.
③ 용제의 비점과 추출 성분의 비점의 차이가 적어야 한다.
④ 독성이나 장치에 대한 부식성이 작아야 한다.

[해설] 용제의 조건
㉠ 비중차가 커야 한다.
㉡ 끓는점 차가 커야 한다.
㉢ 증류로써 회수가 쉬워야 한다.
㉣ 열, 화학적으로 안정하고, 추출성분에 대한 용해도가 커야 한다.
㉤ 선택성이 크고, 값이 저렴해야 한다.

64 암모니아 합성공업의 원료가스인 수소가스 제조공정에서 2차 개질공정의 주반응은? 출제율 60%

① $CO + H_2O \rightarrow CO_2 + H_2$

② $CH_4 + \frac{1}{2}O_2 \rightarrow CO + 2H_2$

③ $CO_2 + 3H_2 \rightarrow CH_4 + H_2O + \frac{1}{2}O_2$

④ $C + O_2 \rightarrow CO_2$

[해설] 수소가스 제조 2차 개질공정
잔류 메탄 농도 0.3% 이하까지 개질한다.
$$CH_4 + \frac{1}{2}O_2 \rightarrow CO + 2H_2$$

65 실비나이트(Sylvinite) 중 NaCl의 함량은 약 몇 wt%인가? _{출제율 40%}

① 40% ② 44%

③ 56% ④ 60%

해설 Sylvinite(KCl + NaCl)

NaCl 함량 $= \dfrac{58.5}{74.6 + 58.5} = 44\%$

66 다음 중 윤활유 정제에 많이 사용되는 용제 (solvent)는? _{출제율 20%}

① Furfural ② Benzene

③ Toluene ④ n-Hexane

해설 용제 정제법
윤활유 중의 나프텐과 방향족 성분을 페놀이나 푸르푸랄과 같은 용제로 추출·제거한다.

67 폐수처리나 유해가스를 효과적으로 처리할 수 있는 광촉매를 이용한 처리기술이 발달되고 있는데, 다음 중 광촉매로 많이 사용되고 있는 물질로 아나타제, 루틸 등의 결정상이 존재하는 것은 어느 것인가? _{출제율 20%}

① MgO ② CuO

③ TiO$_2$ ④ FeO

해설 광촉매(TiO$_2$: 산화티탄)
광촉매란 빛을 받아들여 화학반응을 촉진시키는 물질을 말하며, TiO$_2$는 아나타제, 루틸 등의 결정상이 존재한다.

68 다음 중 고분자의 유리전이온도를 측정하는 방법이 아닌 것은? _{출제율 40%}

① Differential scanning calorimetry

② Dilatometry

③ Atomic force microscope

④ Dynamic mechanical analysis

해설 • 유리전이온도
용융 중합체 냉각 시 어느 온도에서 분자의 국부적인 운동이 정리되어 성질이 뚜렷이 변화하는 온도를 말한다.
• 측정방법
㉠ DSC(Differntial Scanning Calorimetry)
㉡ Dilatometry
㉢ DMA(Dynamic Mechanical Analysis)

69 다음 중 비중이 제일 작으며 Polyethylene film 보다 투명성이 우수한 것은? _{출제율 20%}

① Polymethylmethacrylate

② Polyvinylalcohol

③ Polyvinylidene

④ Polypropylene

해설 Polypropylene

70 플라스틱 분류에 있어서 열경화성 수지로 분류되는 것은? _{출제율 80%}

① 폴리아미드수지

② 폴리우레탄수지

③ 폴리아세탈수지

④ 폴리에틸렌수지

해설 • 열경화성 수지
페놀수지, 요소수지, 멜라민수지, 폴리우레탄 에폭시수지, 알키드수지, 규소수지, 불포화 폴리에스테르수지 등
• 열가소성 수지
폴리염화비닐, 폴리에틸렌, 아크릴수지, 폴리프로필렌, 폴리스티렌 등

71 벤젠의 니트로화 반응에서 황산 60%, 질산 24%, 물 16%의 혼산 100kg을 사용하여 벤젠을 니트로화할 때 질산이 화학양론적으로 전량 벤젠과 반응하였다면 DVS 값은 얼마인가? _{출제율 80%}

① 4.54 ② 3.50

③ 2.63 ④ 1.85

해설 DVS $= \dfrac{\text{혼산 중 황산의 양}}{\text{반응 전후 혼산 중 물의 양}}$

$C_6H_6 + HNO_3 \rightarrow C_6H_5NO_2 + H_2O$

63 : 18

24 : x

$x = 6.857$kg

DVS $= \dfrac{60}{16 + 6.857} = 2.63$

72 다음 중 염소(Cl_2)에 대한 설명으로 틀린 것은 어느 것인가? 〔출제율 20%〕

① 염소는 식염수의 전해로 제조할 수 있다.
② 염소는 황록색의 유독가스이다.
③ 건조상태의 염소는 철, 구리 등을 급격하게 부식시킨다.
④ 염소는 살균용, 표백용으로 이용된다.

해설 염소(Cl_2)
㉠ 식염수 전해과정에서 생산할 수 있다.
㉡ 유독가스(황록색)이다.
㉢ 살균, 표백용으로 이용된다.
㉣ 습한 상태의 염소는 철, 구리 등을 급격하게 부식시킨다.

73 다음 중 열가소성 수지는? 〔출제율 80%〕

① 페놀수지   ② 초산비닐수지
③ 요소수지   ④ 멜라민수지

해설 열가소성 수지
㉠ 가열하면 연화되어 외력에 의해 쉽게 변형되나 성형 후 외력이 없어도 성형된 상태를 유지하는 수지이다.
㉡ 종류
폴리염화비닐, 폴리에틸렌, 폴리프로필렌, 폴리스티렌, 아크릴수지 등

74 다음 중 중질유를 열분해하여 얻는 가솔린은 어느 것인가? 〔출제율 20%〕

① 개질 가솔린   ② 직류 가솔린
③ 알킬화 가솔린   ④ 분해 가솔린

해설 • 분해 가솔린
중질유(경유, 중유) 열분해하여 만들어진 가솔린
• 직류 가솔린
원유의 증류에 의해 만들어진 가솔린
• 개질 가솔린
직류 가솔린의 옥탄가를 높인 가솔린

75 소금의 전기분해에 의한 가성소다 제조에 있어서 전류효율은 94%이며 전해조의 전압은 4V이다. 이때 전력효율은 약 얼마인가? (단, 이론 분해전압은 2.31V이다.) 〔출제율 20%〕

① 51.8%   ② 54.3%
③ 57.3%   ④ 60.9%

해설 $$전압효율 = \frac{이론\ 분해\ 전압}{전해조의\ 전압} = \frac{2.31}{4} = 0.5775$$
$$전력효율 = 전류효율 \times 전압효율$$
$$= 94\% \times 0.5775 = 54.3\%$$

76 벤젠으로부터 아닐린을 합성하는 단계를 순서대로 옳게 나타낸 것은? 〔출제율 40%〕

① 수소화, 니트로화
② 암모니아화, 아민화
③ 니트로화, 수소화
④ 아민화, 암모니아화

해설 벤젠 $\xrightarrow[H_2SO_4]{HNO_3}$ 니트로벤젠 $\xrightarrow{Zn+산}$ 아닐린
$\quad\quad\quad$ (니트로화) $\quad\quad\quad\quad$ (수소화)

77 다음 중 카프로락탐에 관한 설명으로 옳은 것은 어느 것인가? 〔출제율 40%〕

① 나일론 6,6의 원료이다.
② Cyclohexanone oxime을 황산처리하면 생성된다.
③ Cyclohexanone과 암모니아의 반응으로 생성된다.
④ Cyclohexane과 초산과 아민의 반응으로 생성된다.

해설 • Nylon 6,6 : 아디프산+헥사메틸렌디아민
• 카프로락탐

78 Acetylene을 주원료로 하여 수은염을 촉매로 물과 반응시키면 얻어지는 것은? 〔출제율 40%〕

① Methanol   ② Styrene
③ Acetaldehyde   ④ Acetophenone

해설 아세틸렌(C_2H_2)의 수화반응
$$CH \equiv CH + H_2O \xrightarrow{HgSO_4} CH_3CHO$$

79 전류효율이 90%인 전해조에서 소금물을 전기분해하면 수산화나트륨과 염소, 수소가 만들어진다. 매일 17.75ton의 염소가 부산물로 나온다면 수산화나트륨의 생산량은 약 몇 ton이 되겠는가? 〔출제율 40%〕

① 16 ② 18
③ 20 ④ 22

해설 $2NaCl + 2H_2O \rightarrow 2NaOH + H_2 + Cl_2$

$$2 \times 40 \quad : \quad 71$$
$$x \quad : \quad 17.75 ton/day$$

$\therefore \ x = 20 ton/day$

80 석유 정제공정에서 사용되는 증류법 중 중질유의 비점이 강하되어 가장 낮은 온도에서 고비점 유분을 유출시키는 증류법은? 〔출제율 40%〕

① 상압 증류 ② 공비 증류법
③ 추출 증류법 ④ 수증기 증류법

해설 수증기 증류법
수증기 증류를 통해 휘발성 성분을 수집하는 방법으로, 가장 낮은 온도에서 고비점 유분을 유출시키는 증류법이다.

▶ 제5과목 ┃ 반응공학

81 체류시간 분포함수가 정규분포함수에 가장 가깝게 표시되는 반응기는? 〔출제율 20%〕

① 플러그흐름(plug flow)이 이루어지는 관형반응기
② 분산이 작은 관형반응기
③ 완전혼합(perfect mixing)이 이루어지는 하나의 혼합반응기
④ 3개가 직렬로 연결된 혼합반응기

해설 흐름식 반응기(분산이 작은 관형반응기)
㉠ 일정 조성 반응물을 일정한 유량으로 공급한다.
㉡ 연속으로 많은 양의 처리가 가능하다.
㉢ 반응속도가 큰 경우 많이 이용된다.
㉣ 반응기 내 체류시간이 동일하다(체류시간 분포함수가 정규분포함수).
㉤ 정상상태이다.

82 400K에서 이상기체 반응에 대한 속도가 $-\dfrac{dP_A}{dt}$ $= 3.66 P_A{}^2 atm/h$이다. 이 반응의 속도식이 다음과 같을 때, 반응속도상수의 값은 얼마인가? 〔출제율 40%〕

$$-r_A = kC_A{}^2 mol/L \cdot h$$

① $120 L \cdot mol^{-1} \cdot h^{-1}$
② $120 mol \cdot L^{-1} \cdot h^{-1}$
③ $3.66 h^{-1} \cdot mol \cdot L^{-1}$
④ $3.66 h^{-1} \cdot mol \cdot L$

해설 $PV = nRT, \ P = \dfrac{n}{V}RT = CRT$

$-\dfrac{dP_A}{dt} = 3.66 P_A{}^2 atm/h$

$-\dfrac{RTdC_A}{dt} = 3.66 C_A{}^2 R^2 T^2$

$k = 3.66RT = 3.66 \times 0.082 \times 400 = 120$

2차 반응속도이므로 단위는 $mol^{-1} \cdot h^{-1} \cdot L$
즉, $120 L \cdot mol^{-1} \cdot h^{-1}$이다.

83 이상기체인 A와 B가 일정한 부피 및 온도의 반응기에서 반응이 일어날 때 반응물 A의 분압이 P_A라고 하면 반응속도식이 옳은 것은 다음 중 어느 것인가? 〔출제율 40%〕

① $-r_A = -\dfrac{V}{RT}\dfrac{dP_A}{dt}$

② $-r_A = -\dfrac{RT}{V}\dfrac{dP_A}{dt}$

③ $-r_A = -RT\dfrac{dP_A}{dt}$

④ $-r_A = -\dfrac{1}{RT}\dfrac{dP_A}{dt}$

해설 $PV = nRT, \ P_A = C_A RT$

$-r_A = -\dfrac{dC_A}{dt} = -\dfrac{1}{RT}\dfrac{dP_A}{dt}$

84 다음 중 순환반응기(recycle reactor)를 사용하기 가장 적당한 반응은? 〔출제율 20%〕

① 2차 비가역반응
② 1차 가역반응
③ 자동촉매반응
④ 직렬반응(series reaction)

79.③ 80.④ 81.② 82.① 83.④ 84.③

해설 순환반응기 ⇒ 자동촉매반응
순환반응기는 반응속도가 생성물의 농도에 비례하며 순환시켜 효소를 공급한다. 따라서 자동촉매반응이 가장 적당하다.

85 HBr의 생성반응속도식이 다음과 같을 때 k_1의 단위는? 〔출제율 20%〕

$$r_{HBr} = \frac{k_1[H_2][Br_2]^{1/2}}{k_2 + [HBr]/[Br_2]}$$

① $(mol/m^3)^{-1.5}(s)^{-1}$
② $(mol/m^3)^{-1.0}(s)^{-1}$
③ $(mol/m^3)^{-0.5}(s)^{-1}$
④ $(s)^{-1}$

해설 γ_{HBr} 식에서 $k_2 + [HBr]/[Br_2]$는 무차원
$mol/m^3 \cdot s = (mol/m^3) \times (mol/m^3)^{0.5} \times k$
$k = (mol/m^3)^{-0.5} \cdot s^{-1}$

 Tip

$k = (농도)^{(1-n)} \times 시간^{-1}$

86 이상적 혼합반응기(ideal mixed flow reactor)에 대한 설명으로 옳지 않은 것은? 〔출제율 20%〕

① 반응기 내의 농도와 출구의 농도가 같다.
② 무한 개의 이상적 혼합반응기를 직렬로 연결하면 이상적 관형반응기(plug flow reactor)가 된다.
③ 1차 반응에서의 전화율은 이상적 관형반응기보다 혼합반응기가 항상 못하다.
④ 회분식 반응기(batch reactor)와 같은 특성을 나타낸다.

해설 이상적 혼합반응기(ideal mixed flow reactor)
㉠ 반응물 조성이 시간에 따른 변화가 없다.
㉡ 반응기의 내부농도와 출구농도가 같다.
㉢ 회분식 반응기와는 다른 성격을 지닌다.
㉣ 전화율은 PFR(관형반응기)이 가장 크다.
㉤ 혼합반응기를 직렬연결하면 큰 PFR 반응기가 된다.

87 일반적으로 가스-가스 반응을 의미하는 것으로 옳은 것은? 〔출제율 20%〕

① 균일계 반응과 불균일계 반응의 중간반응
② 균일계 반응
③ 불균일계 반응
④ 균일계 반응과 불균일계 반응의 혼합

해설 • 균일계
하나의 상에서 일어나는 반응을 말한다.
• 불균일계
서로 다른 상에서 반응이 일어나며, 예로서 기-액흡수 등이다.

88 PFR 반응기에서 순환비 R을 무한대로 하면 일반적으로 어떤 현상이 일어나는가? 〔출제율 40%〕

① 전화율이 증가한다.
② 공간시간이 무한대가 된다.
③ 대용량의 PFR과 같게 된다.
④ CSTR과 같게 된다.

해설 PFR 반응기에서 순환비 $R = \infty$이면 CSTR과 같게 된다.

89 등온에서 0.9wt% 황산 B와 액상 반응물 A(공급원료 A의 농도는 4lb mol/ft^3)가 동일 부피로 CSTR에 유입될 때 1차 반응 진행으로 2×10^8 lb/year의 생성물 C(분자량 : 62)가 배출된다. A의 전화율이 0.80이 되기 위한 반응기 체적(ft^3)은? (단, 속도상수는 0.311min^{-1}이다.) 〔출제율 60%〕

① 40.4　　② 44.6
③ 49.4　　④ 54.3

해설 CSTR 1차 반응
$$k\tau = \frac{X_A}{1 - X_A}$$
$A + B \rightarrow C$ (A와 B 동일 부피 유입)
$$C = 2 \times 10^8 \, lb/year \times \frac{1\,year}{365\,day} \times \frac{1\,day}{24\,hr} \times \frac{1\,hr}{60\,min}$$
$$\times \frac{1\,lbm}{62\,L}$$
$$= 6.14\,lbmol/min, \ X_A = 0.8$$
$$0.311\tau = \frac{0.8}{1-0.8}, \ \tau = 12.86\,min$$
$$\frac{6.14}{0.8} = 7.67\,lbmol/L$$
$$\tau = \frac{V}{\nu_0} = \frac{C_{A0}\,V}{\nu_0} = \frac{4 \times V}{7.67 \times 2} = 12.86$$
$$V = 49.4\,ft^3$$

90 $A \to B$의 화학반응에 대하여 소실되는 반응물의 속도는 일반적으로 어떻게 표시하는 것이 가장 적절한가? (단, n은 몰수, t는 반응시간, V_R는 반응기 부피이다.) 출제율 40%

① $r_A = -V_R \cdot \dfrac{dn_B}{dt}$

② $-r_A = -\dfrac{1}{V_R} \cdot \dfrac{dn_A}{dt}$

③ $r_B = V_R \cdot \dfrac{dn_B}{dt}$

④ $-r_B = -\dfrac{1}{V_R} \cdot \dfrac{dn_B}{dt}$

해설 $A \to B$

$r_B = \dfrac{1}{V_R}\dfrac{dn_B}{dt}$ (생성물의 속도)

$-r_A = -\dfrac{1}{V_R}\dfrac{dn_A}{dt}$ (소실물의 속도)

91 반응속도식을 구하는 방법 중 미분법에 의한 미분속도 해석법과 가장 관련이 없는 것은 어느 것인가? 출제율 20%

① 도식적 방법　　② 수치 해석법
③ 다항식 맞춤법　④ 반감기법

해설 미분법에 의한 미분속도 해석법
㉠ 도식적 방법
㉡ 수치 해석법
㉢ 다항식 맞춤법
④ 반감기법은 적분을 이용한 방법이다.

92 액상 2차 반응에서 만약 $C_A = 1\text{mol/L}$일 때 $-r_A = -dC_A/dt = 0.1\text{mol/L} \cdot \text{s}$라고 하면 $C_A = 5\text{mol/L}$일 때 반응속도는 어떻게 되는가? 출제율 40%

① 1.5mol/L · s　② 2.0mol/L · s
③ 2.5mol/L · s　④ 3.0mol/L · s

해설 $-r_A = -\dfrac{dC_A}{dt} = kC_A{}^2 = 0.1$

$k \times 1^2 = 0.1$

$k = 0.1\text{L/mol} \cdot \text{s}$

$-r_A = kC_A{}^2 = 0.1 \times (5\text{mol/L})^2 = 2.5\text{mol/L} \cdot \text{s}$

93 체적이 일정한 회분식 반응기에서 다음과 같은 1차 가역반응이 초기농도가 0.1mol/L인 순수 A로부터 출발하여 진행된다. 평형에 도달했을 때 A의 분해율이 85%이면 이 반응의 평형상수 K_c는 얼마인가? 출제율 40%

$$A \underset{k_1}{\overset{k_2}{\rightleftharpoons}} R$$

① 0.18　　　② 0.57
③ 1.76　　　④ 5.67

해설 $k_c = \dfrac{k_2}{k_1} = \dfrac{C_{R0} + C_{A0}X_{A_e}}{C_{A0}(1 - X_A)}$ (순수한 A : $C_{R0} = 0$)

$k_c = \dfrac{X_{A_e}}{1 - X_{A_e}} = \dfrac{0.85}{1 - 0.85} = 5.67$

94 $A \to \text{Product}$인 액상반응의 속도식은 다음과 같다. 혼합흐름반응기의 용적이 20L일 때 A가 60% 반응하는 데 필요한 공급속도를 구하면? (단, 초기농도 $C_{A0} = 1\text{mol/L}$이다.) 출제율 60%

$$-r_A = 0.1 C_A{}^2 [\text{mol/L} \cdot \text{min}]$$

① 0.533mol/min　② 1.246mol/min
③ 1.961mol/min　④ 2.115mol/min

해설 CSTR 2차

$k\tau C_{A0} = \dfrac{X_A}{(1 - X_A)^2}$

$0.1 \times \tau \times 1 = 0.6/(1 - 0.6)^2$, $\tau = 37.5\text{min}$

$\tau = \dfrac{C_{A0}V}{F_{A0}} = \dfrac{1 \times 20}{F_{A0}} = 37.5\text{min}$

공급속도$(F_{A0}) = 0.533\text{mol/min}$

95 $A \xrightarrow{k_D} D$, $A \xrightarrow{k_U} U$, 목적반응(D로의 반응) 차수(a_1)가 비목적 반응 차수(a_2)보다 큰 경쟁반응에서 원하는 생성물을 최대화시키는 방법이 아닌 것은? 출제율 40%

① PFR에서 순수반응물을 입구로 직접 도입한다.
② PFR보다 CSTR의 선택도를 크게 한다.
③ 액상반응이면 희석제 사용을 억제한다.
④ CSTR보다 PFR의 선택도를 크게 한다.

해설 $\dfrac{dC_D}{dC_U} = \dfrac{k_D C_A^{a_1}}{k_U C_A^{a_2}} = \dfrac{k_D}{k_U} C_A^{a_1 - a_2}$

$a_1 > a_2$이므로 C_A의 농도를 크게 즉, CSTR보다 PFR의 선택도를 크게 한다.

96 $A \rightarrow R$, C_{A0}는 1mol/L인 반응이 회분식 반응기에서 일어날 때 1시간 후 전환율이 75%, 2시간 후 반응이 종결되었다. 이때 반응속도식(mol $\cdot L^{-1} \cdot h^{-1}$)을 옳게 나타낸 것은? 〔출제율 40%〕

① $-r_A = (1mol^{1/2} \cdot L^{-1/2} \cdot hr^{-1}) C_A^{1/2}$

② $-r_A = (0.5mol^{1/2} \cdot L^{-1/2} \cdot hr^{-1}) C_A^{1/2}$

③ $-r_A = (1hr^{-1}) C_A$

④ $-r_A = (0.5hr^{-1}) C_A$

해설 $-kt = \displaystyle\int_{C_{A0}}^{C_A} C_A^{-n} dC_A$

$-kt = \dfrac{1}{1-n}(C_A^{1-n} - C_{A0}^{1-n})$

$C_A = C_{A0}(1 - X_A)$이므로

$-kt = \dfrac{1}{1-n}(C_{A0}^{1-n}(1 - X_A)^{1-n} - 1)$

$-k \times 1hr = \dfrac{1}{1-n}(C_{A0}^{1-n}((0.25)^{1-n} - 1))$

$-k \times 2hr = -\dfrac{1}{1-n}(C_{A0})^{1-n}$: 2시간 후 반응 종결

$X_A = 1$

$-\dfrac{1}{2} = (0.25^{1-n} - 1)$, $n = 0.5$

$-r_A = k \times C_A^{0.5}$

$-2khr = -\dfrac{1}{0.5}(1mol/L)^{0.5}$

$k = 1(mol/L)^{0.5}/hr$

$-r_A = (1mol^{0.5} \cdot L^{-0.5} \cdot hr^{-1}) \cdot C_A^{\frac{1}{2}}$

97 0차 균질반응이 $-r_A = 10^{-3}$mol/L $\cdot$ s로 플러그흐름반응기에서 일어난다. A의 전화율이 0.9이고, $C_{A0} = 1.5$mol/L일 때 공간시간은 몇 초인가? (단, 이때 용적 변화율은 일정하다.) 〔출제율 60%〕

① 1300 ② 1350

③ 1450 ④ 1500

해설 PFR 0차

$C_A - C_{A0} = -k\tau$, $C_{A0} X_A = k\tau$

$1.5 \times 0.9 = 10^{-3} \times \tau$, $\tau = 1350s$

98 크기가 같은 반응기 2개를 직렬로 연결하여 $A \rightarrow R$로 표시되는 액상 1차 반응을 진행시킬 때 최종 전화율이 가장 큰 경우는? 〔출제율 20%〕

① 관형반응기 + 혼합반응기

② 혼합반응기 + 관형반응기

③ 관형반응기 + 관형반응기

④ 혼합반응기 + 혼합반응기

해설 PFR이 같은 부피일 경우 전화율이 크다.

99 $A \xrightarrow{k_1} V$ (목적물, $r_v = k_1 C_A^{a_1}$), $A \xrightarrow{k_2} W$ (비목적물, $r_w = k_2 C_A^{a_2}$)의 두 반응이 평행하게 동시에 진행되는 반응에 대해 목적물의 선택도를 높이기 위한 설명으로 옳은 것은? 〔출제율 40%〕

① a_1과 a_2가 같으면 혼합흐름반응기가 관형흐름반응기보다 훨씬 더 낫다.

② a_1이 a_2보다 작으면 관형흐름반응기가 적절하다.

③ a_1이 a_2보다 작으면 혼합흐름반응기가 적절하다.

④ a_1과 a_2가 같으면 관형흐름반응기가 혼합흐름반응기보다 훨씬 더 낫다.

해설 선택도 $= \dfrac{r_v}{r_w} = \dfrac{k_1 C_A^{a_1}}{k_2 C_A^{a_2}} = \left(\dfrac{k_1}{k_2}\right) C_A^{a_1 - a_2}$

• $a_1 > a_2$: 회분 또는 PFR(관형흐름반응기)가 적절

• $a_1 < a_2$: CSTR 혼합흐름반응기가 적절

100 균일계 1차 액상반응 $A \rightarrow R$이 플러그반응기에서 전화율 90%로 진행된다. 다른 조건은 그대로 두고 반응기를 같은 크기의 혼합반응기로 바꾼다면 A의 전화율은 얼마로 되는가? 〔출제율 60%〕

① 67% ② 70%

③ 75% ④ 81%

해설 • PFR

$k\tau = -\ln(1 - X_A)$

$k\tau = -\ln(1 - 0.9) = 2.3$

• CSTR

$k\tau = \dfrac{X_A}{1 - X_A} = 2.3$

$X_A = 0.7 \times 100 = 70\%$

화공기사 (2016. 3. 6. 시행)

2016년
제1회

▶ 제1과목 | 화공열역학

01 i 성분의 부분몰 성질(partial molar property, $\overline{M_i}$)을 옳게 나타낸 것은? (단, M : 열역학적 용량변수의 단위몰당의 값(예 U, H, S, G 등을 표시함), n_i : i 성분의 몰수, n_j : i번째 성분 이외의 모든 몰수를 일정하게 유지한다는 것을 의미한다.) 〔출제율 40%〕

① $\overline{M_i} = \left[\dfrac{\partial(nH)}{\partial n_i} \right]_{nS, nP, n_j}$

② $\overline{M_i} = \left[\dfrac{\partial(nM)}{\partial n_i} \right]_{T, P, n_j}$

③ $\overline{M_i} = \left[\dfrac{\partial(nA)}{\partial n_i} \right]_{P, nV, n_j}$

④ $\overline{M_i} = \left[\dfrac{\partial(nU)}{\partial n_i} \right]_{T, nS, n_j}$

해설 부분 성질

$$\overline{M_i} = \left[\dfrac{\partial(nH)}{\partial n_i} \right]_{P, T, n_j}$$

용액 성질 $M = V$, U, H, S, G

02 이성분 혼합물에 대한 깁스-두헴(Gibbs-Duhem) 식에 속하지 않는 것은? (단, γ는 활성도계수(activity coefficient), μ는 화학퍼텐셜, x는 몰분율) 〔출제율 40%〕

① $x_1 \left(\dfrac{\partial \ln \gamma_1}{\partial x_1} \right)_{P, T} + (1-x_1) \left(\dfrac{\partial \ln \gamma_2}{\partial x_1} \right)_{P, T} = 0$

② $x_1 \left(\dfrac{\partial \mu_1}{\partial x_1} \right)_{P, T} + (1-x_1) \left(\dfrac{\partial \mu_2}{\partial x_1} \right)_{P, T} = 0$

③ $x_1 d\mu_1 + x_2 d\mu_2 = 0 \, (\text{const}, \, T, \, P)$

④ $\mu_1 dx_1 + \mu dx_2 = 0 \, (\text{const}, \, T, \, P)$

해설 Gibbs-Duhem 방정식

- $n_1 d\mu_1 + n_2 d\mu_2 = 0$
- $x_1 d\mu_1 + x_2 d\mu_2 = x_1 d\mu_1 + (1-x_1) d\mu_2 = 0$
- $x_1 \left(\dfrac{\partial \mu_1}{\partial x_1} \right)_{P, T} + (1-x_1) \left(\dfrac{\partial \mu_2}{\partial x_1} \right)_{P, T} = 0$

- $x_1 \left(\dfrac{\partial \ln f_1}{\partial x_1} \right)_{P, T} + (1-x_1) \left(\dfrac{\partial \ln f_2}{\partial x_1} \right) = 0$

- $x_1 \left(\dfrac{\partial \ln \gamma_1}{\partial x_1} \right)_{P, T} + (1-x_1) \left(\dfrac{\partial \ln \gamma_2}{\partial x_1} \right)_{P, T} = 0$

03 기상반응계에서 평형상수가 $K = P^\nu \prod_i (y_i)^{\nu_i}$로 표시될 경우는? (단, ν_i는 성분 i의 양론수, $\nu = \sum \nu_i$, $\prod_i$는 모든 화학종 i의 곱으로 나타낸다.) 〔출제율 40%〕

① 평형혼합물이 이상기체와 같은 거동을 할 때
② 평형혼합물이 이상용액과 같은 거동을 할 때
③ 반응에 따른 몰수 변화가 없을 때
④ 반응열이 온도에 관계없이 일정할 때

해설 평형상수와 조성의 관계(기상반응)

$$\prod_i (y_i \widehat{\phi_i})^{\nu_i} = \left(\dfrac{P}{P^\circ} \right)^{-\nu} K$$

$$K = \left(\dfrac{P}{P^\circ} \right)^\nu \prod (y_i \widehat{\phi_i})^{\nu_i}$$

문제에서 주어진 $K = P^\nu \prod_i (y_i)^{\nu_i}$이면

$P^\circ = 1 \, \text{bar}$, $\widehat{\phi_i} = 1$

따라서 평형혼합물이 이상기체와 같은 거동을 할 때이다.

04 열역학의 기초사항에 대한 설명으로 가장 적절한 것은? 〔출제율 20%〕

① 이상기체의 엔탈피는 온도 만의 함수이다.
② 1기압에서 결정상태에 있는 물질의 엔트로피는 0℃에서 0이다.
③ 가역과정에서 계가 하는 일은 상태함수이다.
④ 제2종 영구기관은 불가능하지만, 제1종 영구기관은 가능하다.

해설
② 1기압에서 결정상태에 있는 물질의 엔트로피는 절대온도(T) = 0K에서 0이다.
③ 가역과정에서 계가 하는 일은 경로함수이다.
④ 열역학 제2법칙에 의해 영구기관은 없다.

05 평형(equilibrium)의 정의와 가장 거리가 먼 것은 어느 것인가? [출제율 20%]

① $\Delta G_{T,P} = 0$

② 시간에 따른 열역학적 특성 변화가 없는 상태

③ 정반응속도와 역반응의 속도가 같다.

④ $\Delta V_{\mathrm{mix}} = 0$

해설 $\Delta V_{\mathrm{mix}} = 0$ (이상용액, 평형과는 거리가 멀다.)

06 일정한 T, P에 있는 닫힌계가 평형상태에 도달하는 조건에 해당하는 것은? [출제율 40%]

① $(dG^t)_{T,P} = 0$

② $(dG^t)_{T,P} > 0$

③ $(dG^t)_{T,P} < 0$

④ $(dG^t)_{T,P} = 1$

해설 화학반응평형
$(dG^t)_{T,P} = 0$

07 다음 중 액화공정에 대한 설명으로 틀린 것은 어느 것인가? [출제율 20%]

① 일정압력 하에서 열교환에 의해 기체는 액화될 수 있다.

② 등엔탈피 팽창을 하는 조름공정(throttling process)에 의하여 기체를 액화시킬 수 있다.

③ 기체는 터빈에서 등엔트로피 압축에 의하여 액화된다.

④ 린데(Linde) 공정과 클라우데(Claude) 공정이 대표적인 액화공정이다.

해설 액화공정
등엔트로피(가역단열) 압축에 의해 온도는 상승하지만 액화는 일어나지 않는다.

08 다음 중 실제기체가 이상기체에 가장 가까울 때의 조건은? [출제율 40%]

① 저압고온

② 저압저온

③ 고압저온

④ 고압고온

해설 이상기체

㉠ 기체분자의 크기는 무시할 정도로 작다.

㉡ 질량은 무시한다.

㉢ 완전탄성충돌을 한다(분자 간 상호작용이 없다). 즉, 실제기체가 이상기체에 가까워지려면 온도가 높고 압력이 낮은 저압고온 상태이어야 한다.

09 증기터빈(steam turbine)에서 가장 많은 동력을 얻을 수 있는 공정은? [출제율 20%]

① 등온공정

② 등엔탈피공정

③ 등엔트로피공정

④ 정압공정

해설 증기터빈

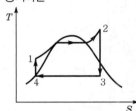

- $1 \to 2$: 정압가열
- $2 \to 3$: 등엔트로피
- $3 \to 4$: 정압 · 정온과정
- $4 \to 1$: 등엔트로피

10 공비혼합물을 이루는 어느 이성분계 혼합물이 있다. 일정한 온도에서 $P-x$ 선도가 다음의 식으로 표시된다고 할 때 이 온도에서 이 혼합물의 공비점의 조성(X_1)은? [출제율 20%]

$$P = 2x_1^2 - 3x_1 + 3$$

① 0.35

② 0.45

③ 0.60

④ 0.75

해설 공비점
공비점 특성상 1, 2 모두 동시에 끓기 시작하므로 식으로 표현하면 $\dfrac{dP}{dx_1} = 0$이다.

$\dfrac{dP}{dx_1} = 0 = 4x_1 - 3$

$\therefore x_1 = 0.75$

11 실제기체의 압력이 0에 접근할 때 잔류(residual) 특성에 대한 설명으로 옳은 것은? (단, 온도는 일정하다.) 〔출제율 40%〕

① 잔류 엔탈피는 무한대에 접근하고, 잔류 엔트로피는 0에 접근한다.
② 잔류 엔탈피와 잔류 엔트로피 모두 무한대에 접근한다.
③ 잔류 엔탈피와 잔류 엔트로피 모두 0에 접근한다.
④ 잔류 엔탈피는 0에 접근하고, 잔류 엔트로피는 무한대에 접근한다.

〔해설〕 **잔류성질**
$$M^R = M - M^{ig}$$
여기서, M^R : 잔류성질
M : 실제기체
M^{ig} : 이상기체
실제기체의 압력이 0에 근접하면 이상기체에 가깝다. 즉, $M^R \approx 0$ 이므로 잔류 엔탈피와 엔트로피 모두 0에 접근한다.

12 그림과 같은 압력–엔탈피 선도($\ln P$ 대 H)에서 엔탈피 변화($H_2 - H_1$)는 다음 중 무엇에 해당하는가? 〔출제율 40%〕

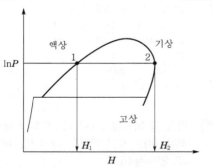

① 승화열　　　② 혼합열
③ 증발열　　　④ 용해열

〔해설〕 그래프상 1지점은 액상, 2지점은 기상 쪽이므로 액상 → 기상 : 증발열

13 다음 반응에서 초기반응물의 농도가 각각 H_2S 1mol, H_2O 3mol의 비율로 주어진다. 이 화학반응이 평형에 도달할 경우 반응계의 자유도 수는? 〔출제율 80%〕

$$\boxed{H_2S(g) + 2H_2O(g) \rightleftharpoons 3H_2(g) + SO_2(g)}$$

① 1　　　　　② 2
③ 3　　　　　④ 4

〔해설〕 **자유도**(F)
$$F = 2 - P + C - r - s$$
여기서, P : 상, C : 성분, r : 반응식
s : 제한조건(공비혼합물, 등몰기체 생성)
$P = 1$(기상), $C = 4(H_2S, H_2O, H_2, SO_2)$,
$r = 1$(반응식 1), $s = 1$(평형)
$F = 2 - 1 + 4 - 1 - 1 = 3$

14 A, B 성분의 이상용액에서 혼합에 의한 함수변화 값으로 틀린 것은? (단, x_A, x_B는 액상의 몰분율을 나타낸다.) 〔출제율 40%〕

① $\Delta G = RT(x_A \ln x_A + x_B \ln x_B)$
② $\Delta V = 0$
③ $\Delta H = \infty$
④ $\Delta S = -R \sum_i x_i \ln x_i$

〔해설〕 **이상용액 과잉성질**
- $\Delta G^{id} = RT \sum x_i \ln x_i$
- $\Delta S^{id} = -R \sum x_i \ln x_i$
- $\Delta V^{id} = 0$
- $\Delta H^{id} = 0$

15 25℃에서 정용열량계의 용기에서 벤젠을 태워 CO_2와 액체인 물로 변화했을 때의 발열량이 780090cal/mol이었다. 25℃에서의 표준연소열은? (단, 반응은 $C_6H_6(l) + \dfrac{15}{2}O_2(g) \rightarrow 3H_2O(l) + 6CO_2(g)$이며, 반응에 사용된 기체는 이상기체라 가정한다.) 〔출제율 40%〕

① 약 -780980cal　　② 약 -783090cal
③ 약 -786011cal　　④ 약 -779498cal

〔해설〕
$$\Delta H = U + PV \quad (PV = nRT)$$
정용열량계($U = q$)
$$= q + RT\Delta n$$
$$= -780090\,\text{cal/mol} + \left[1.987 \times 298\left(6 - \frac{15}{2}\right)\right]$$
$$= -780978\,\text{cal}$$

16 그림과 같이 계가 일을 할 때 이 계의 효율을 옳게 나타낸 것은? 출제율 60%

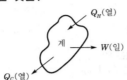

① $\dfrac{|W|}{Q_C}$ ② $\dfrac{|W|}{Q_H - Q_C}$

③ $\dfrac{|W|}{Q_H}$ ④ $\dfrac{Q_C}{Q_H - |W|}$

해설 Carnot cycle 열효율(η)

$$\eta = \frac{\text{생산된 순일}}{\text{공급된 열}}$$

$$= \frac{|W|}{|Q_H|} = \frac{|Q_H| - |Q_C|}{|Q_H|}$$

$$= 1 - \frac{|Q_C|}{|Q_H|}$$

$$= \frac{T_H - T_C}{T_H}$$

17 20℃, 1atm에서 아세톤의 부피팽창계수 β는 1.487×10^{-3}℃$^{-1}$, 등온압축계수 k는 62×10^{-6} atm^{-1}이다. 아세톤을 정적 하에서 20℃, 1atm으로부터 30℃까지 가열하였을 때 압력은 약 몇 atm인가? (단, β와 k의 값은 항상 일정하다고 가정한다.) 출제율 40%

① 12.1

② 24.1

③ 121

④ 241

해설 $\dfrac{dV}{V} = \beta dT - kdP$

정용상태 20℃, 1atm $\xrightarrow{\text{가열}}$ 30℃, P_2는?

$0 = \beta dT - kdP$, $\beta dT = kdP$

$\beta(T_2 - T_1) = k(P_2 - P_1)$

1.487×10^{-3}(℃)$^{-1} \times (30 - 20)$

$= 62 \times 10^{-6}$ atm$^{-1}(P_2 - 1)$

$P_2 - 1 = 240$ atm

∴ $P_2 = 241$ atm

18 2성분 혼합물이 액체-액체 상평형을 이루고 있는 α상과 β상이 있을 때 액체-액체 상평형 계산에 사용되는 관계식에 해당하는 것은? (단, x_1은 성분 1의 조성, γ는 활동도계수, P_1^{sat}는 성분 1의 증기압, H_1은 성분 1의 헨리상수, $\widehat{\phi_1}$은 성분 1의 퓨가시티 계수이다.) 출제율 40%

① $x_1^{\alpha} \gamma_1^{\alpha} = x_1^{\beta} \gamma_1^{\beta}$ ② $x_1^{\alpha} P = x_1^{\beta} P_1^{sat}$

③ $x_1^{\alpha} P = x_1^{\beta} H_1$ ④ $\widehat{\phi_1}^{\alpha} = \widehat{\phi_1}^{\beta}$

해설 상평형에서 각 상의 혼합물 i의 fugacity는 같다.

$\hat{f_i}^{\alpha} = \hat{f_i}^{\beta}$

$x_i^{\alpha} \gamma_i^{\alpha} f_i^{\alpha} = x_i^{\beta} \gamma_i^{\beta} f_i^{\beta}$

T, P f는 각 상에서 같다.

$f_i^{\alpha} = f_i^{\beta}$

$x_i^{\alpha} \gamma_i^{\alpha} = x_i^{\beta} \gamma_i^{\beta}$

19 Carnot 순환으로 작동되는 어떤 가역열기관이 500℃에서 1000cal의 열을 받아 일을 생산하고 나머지의 열을 100℃에서 배출한다. 가역열기관이 하는 일은? 출제율 60%

① 417cal ② 517cal

③ 373cal ④ 773cal

해설 Carnot cycle 열효율(η)

$$\eta = \frac{T_h - T_c}{T_h} = \frac{Q_h - Q_c}{Q_h} = \frac{W}{Q_h}$$

$$\frac{773 - 373}{773} = \frac{W}{1000}$$

∴ $W = 517$ cal

20 다음 중 비리얼(virial) 식으로부터 유도된 옳은 식은 어느 것인가? (단, B: 제2 비리얼계수, Z: 압축계수) 출제율 40%

① $B = R \lim\limits_{P \to 0} \left(\dfrac{P}{Z-1} \right)$

② $B = R \cdot T \lim\limits_{P \to 0} \left(\dfrac{P}{Z-1} \right)$

③ $B = R \lim\limits_{P \to 0} \left(\dfrac{Z-1}{P} \right)$

④ $B = R \cdot T \lim\limits_{P \to 0} \left(\dfrac{Z-1}{P} \right)$

해설 Virial 방정식

$$Z = 1 + \frac{BP}{RT}, \quad \frac{PV}{RT} = 1 + \frac{BP}{RT}, \quad PV = RT + BP$$

$$B = V - RTP, \quad B = RT(Z-1)P$$

$$B = RT \lim_{P \to 0} \frac{Z-1}{P}$$

▶▶ 제2과목 | 단위조작 및 화학공업양론

21 용해도에 영향을 미치는 조건에 대한 설명이 틀린 것은? 〔출제율 20%〕

① 온도 증가는 기체의 용해도를 감소시킨다.

② 온도 증가는 고체, 액체의 용해도를 증가시킨다.

③ 압력은 고체, 액체, 기체의 용해도에 크게 영향을 미친다.

④ 분자구조에 따라서 극성은 극성을, 비극성은 비극성을 녹인다.

해설 압력은 액체, 고체의 용해도에는 크게 영향이 없으나 기체의 용해도에 큰 영향을 미친다.

22 벤젠과 톨루엔은 이상용액에 가까운 용액을 만든다. 80℃에서 벤젠과 톨루엔의 증기압은 각각 743mmHg 및 280mmHg이다. 이 온도에서 벤젠의 몰분율이 0.2인 용액의 증기압은? 〔출제율 40%〕

① 352.6mmHg ② 362.6mmHg

③ 372.6mmHg ④ 382.6mmHg

해설 라울의 법칙

$$P = P_A x_A + P_B x_B$$
$$= 743 \times 0.2 + 280 \times 0.8$$
$$= 372.6 \, mmHg$$

23 "고체나 액체의 열용량은 그 화합물을 구성하는 개개 원소의 열용량의 합과 같다."는 누구의 법칙인가? 〔출제율 20%〕

① Dulong Petit

② Kopp

③ Trouton

④ Hougen Watson

해설 Kopp의 법칙(Dulong-Petit의 법칙을 확장시킨 것)
고체나 액체의 열용량은 그 화합물을 구성하는 개개 원소의 열용량의 합과 같다.

보충 Tip

> **Dulong-Petit 법칙**
> 결정성 고체원소의 그램원자 열용량은 일정하다.
> 원자의 열용량 = $6.2 \pm 0.4 (cal/℃)$

24 그림과 같이 연결된 두 탱크가 있다. 처음 두 탱크 사이는 닫혀 있었으며, 이때 탱크 1에는 600kPa, 70℃의 공기가 들어 있었고, 탱크 2에는 1200kPa, 100℃에서 $O_2 : 10\%$, $N_2 : 90\%$인 기체가 들어 있었다. 밸브를 열어서 두 탱크의 기체가 완전히 섞이게 한 결과, $N_2 : 88\%$이었다. 탱크 2의 부피는? 〔출제율 40%〕

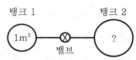

① $1.27 m^3$ ② $2.45 m^3$

③ $3.72 m^3$ ④ $3.84 m^3$

해설 $PV = nRT, \quad n = \frac{PV}{RT}$

탱크 1의 $n = \frac{600 \times 1/101.3 \times 1}{0.082 \times 343} = 0.21 \, kg \, mol$

탱크 2의 $n = \frac{1200 \times 1/101.3 \times V_2}{0.082 \times 373} = 0.387 \, V_2 \, kg \, mol$

탱크 1은 공기이므로 $N_2 = 79\%$

$0.79 \times 0.21 \, kg \, mol + 0.9 \times n_2$
  $= (0.21 \, kg \, mol + n_2) \times 0.88$

$n_2 = 0.945 \, kg \, mol$

$V_2 = 0.945 \div 0.387 = 2.45 \, m^3$

25 수소 16wt%, 탄소 84wt%의 조성을 가진 연료유 100g을 다음 반응식과 같이 연소시킨다. 이때 연소에 필요한 이론산소량(mol)은? 〔출제율 40%〕

$$C + O_2 \rightarrow CO_2$$
$$H_2 + \frac{1}{2} O_2 \rightarrow H_2O$$

① 6 ② 11

③ 22 ④ 44

해설 $C + O_2 \rightarrow CO_2$

$12 : 32$

$84 : x$

$\qquad x = 224\,g$

$H_2 + \dfrac{1}{2}O_2 \rightarrow H_2O$

$2 : 16$

$16 : y$

$\qquad y = 128\,g$

이론 산소량 $= (224 + 128)g \times \dfrac{1\,mol}{32\,g} = 11\,mol$

26 에너지 소비율 7.1×10^{12}W은 매년 몇 칼로리씩 소모되는 양인가? 〔출제율 20%〕

① 2.2×10^{20}cal/year

② 5.3×10^{19}cal/year

③ 3.2×10^{19}cal/year

④ 4.3×10^{20}cal/year

해설 단위환산

$7.1 \times 10^{12}\,W = 7.1 \times 0^{12}\,J/s \times \dfrac{1\,cal}{4.184\,J} \times \dfrac{3600\,s}{1\,hr}$

$\qquad \times \dfrac{24\,hr}{1\,day} \times \dfrac{365\,day}{1\,year}$

$\qquad = 5.35 \times 10^{19}\,cal/year$

27 75℃, 1.5bar, 40% 상대습도를 갖는 습공기가 1000m³/h로 한 단위공정에 들어갈 때 이 습공기의 비교습도는 약 몇 %인가? (단, 75℃에서의 포화증기압은 289mmHg이다.) 〔출제율 40%〕

① 30%

② 33%

③ 38.4%

④ 40.0%

해설 상대습도$(H_R) = \dfrac{\text{증기의 분압}(P_A)}{\text{포화 증기압}(P_S)} \times 100$

$\qquad = \dfrac{P_A}{289} \times 100$

$\qquad = 40\%$

$P_A = 115.6\,mmHg$

$P = 1.5\,bar \times \dfrac{760\,mmHg}{1.013\,bar} = 1125\,mmHg$

$H_P(\text{비교습도}) = H_R \times \dfrac{P - P_S}{P - P_A}$

$\qquad = 40\% \times \dfrac{1125 - 289}{1125 - 115.6}$

$\qquad = 33\%$

28 500mL 용액에 10g의 NaOH가 들어 있다. 이 물질의 N 농도는? 〔출제율 20%〕

① 2.0

② 1.0

③ 0.5

④ 0.25

해설 노르말 농도는 1L당 용질의 당량수

$N = \dfrac{10\,g \times \dfrac{1\,mol}{40\,g}}{0.5\,L} = 0.5\,N$

29 다음과 같은 반응의 표준반응열은 몇 kcal/mol인가? (단, C_2H_5OH, CH_3COOH, $CH_3COOC_2H_5$의 표준연소열은 각각 -326700kcal/mol, -208340 kcal/mol, -538750kcal/mol이다.) 〔출제율 40%〕

$$C_2H_5OH(l) + CH_3COOH(l)$$
$$\rightarrow CH_3COOC_2H_5(l) + H_2O(l)$$

① -14240

② -3710

③ 3710

④ 14240

해설 표준반응열 $= \sum H_f \text{ 생성} - \sum H_f \text{ 반응}$

$\qquad = \sum H_c \text{ 반응} - \sum H_c \text{ 생성}$

$\qquad$ (여기서, H_f : 생성열, H_c : 연소열)

$\qquad = (-326700 - 208340) - (-538750)$

$\qquad = 3710\,kcal/mol$

30 3층의 벽돌로 된 노 벽이 있다. 내부로부터 각 벽돌의 두께는 각각 10cm, 8cm, 30cm이고 열전도도는 각각 0.10kcal/m·hr·℃, 0.05kcal/m·hr·℃, 1.5kcal/m·hr·℃이다. 노 벽의 내면온도는 1000℃이고 외면온도는 40℃일 때, 단위면적당의 열손실은 약 얼마인가? (단, 벽돌 간의 접촉저항은 무시한다.) 〔출제율 40%〕

① 343kcal/m²·hr

② 533kcal/m²·hr

③ 694kcal/m²·hr

④ 830kcal/m²·hr

해설 3층의 노 벽 도식

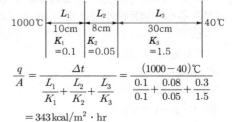

$\dfrac{q}{A} = \dfrac{\Delta t}{\dfrac{L_1}{K_1} + \dfrac{L_2}{K_2} + \dfrac{L_3}{K_3}} = \dfrac{(1000 - 40)℃}{\dfrac{0.1}{0.1} + \dfrac{0.08}{0.05} + \dfrac{0.3}{1.5}}$

$\qquad = 343\,kcal/m^2 \cdot hr$

31 어떤 기체의 임계압력이 2.9atm이고, 반응기 내의 계기압력이 30psi였다면 환산압력은 얼마인가? [출제율 20%]

① 0.727   ② 1.049
③ 0.99   ④ 1.112

해설 $P_r = \dfrac{P}{P_c}$

여기서, P_r : 환산압력, P_c : 임계압력

$$P_r = \dfrac{(30+14.7)\,\text{psi} \times \dfrac{1\,\text{atm}}{14.7\,\text{psi}}}{2.9\,\text{atm}} = 1.049\,\text{atm}$$

32 기본단위에서 길이를 L, 질량을 M, 시간을 T 로 표시할 때 다음에서 차원이 틀린 것은? [출제율 20%]

① 힘 : MLT^{-2} ② 압력 : $ML^{-2}T^{-2}$
③ 점도 : $ML^{-1}T^{-1}$ ④ 일 : ML^2T^{-2}

해설 단위환산

압력 $P = \dfrac{F}{A} = \dfrac{\text{kg}\,\text{m/s}^2}{\text{m}^2}$
$$= \text{kg/m} \cdot \text{s}^2\,(M \cdot L^{-1} \cdot T^{-2})$$

33 기-액 평형의 원리를 이용하는 분리공정에 해당하는 것은? [출제율 20%]

① 증류(distillation)
② 액체 추출(liquid extraction)
③ 흡착(adsorption)
④ 침출(leaching)

해설 증류

기-액 평형의 원리를 이용하여 혼합액을 분리시키는 대표적인 조작이다.

34 초산과 물의 혼합액에 벤젠을 추제로 가하여 초산을 추출한다. 추출상의 wt%가 초산 3, 물 0.5, 벤젠 96.5이고, 추잔상은 wt%가 초산 27, 물 70, 벤젠 3일 때 초산에 대한 벤젠의 선택도는 약 얼마인가? [출제율 40%]

① 8.95   ② 15.6
③ 72.5   ④ 241.5

해설 선택도(β)

$$\beta = \dfrac{\text{추출상}}{\text{추잔상}} = \dfrac{y_A/y_B}{x_A/x_B} = \dfrac{3/0.5}{27/70} = 15.6$$

35 직선 원형관으로 유체가 흐를 때 유체의 레이놀즈수가 15000이고 이 관의 안지름이 50mm일 때 전이 길이가 3.75m이다. 동일한 조건에서 100mm의 안자름을 가지고 같은 레이놀즈수를 가진 유체 흐름에서의 전이 길이는 약 몇 m인가? [출제율 20%]

① 1.88   ② 3.75
③ 7.5   ④ 15

해설 전이길이(L_t)

층류 : $L_t = 0.05\,N_{Re} \times D$
난류 : $L_t = 40 \sim 50D$
$L_t = 0.05 \times 1500 \times 0.1 = 7.5\,\text{m}$

36 흡수 충전탑에서 조작선(operating line)의 기울기를 $\dfrac{L}{V}$ 이라 할 때 틀린 것은? [출제율 40%]

① $\dfrac{L}{V}$의 값이 커지면 탑의 높이는 짧아진다.

② $\dfrac{L}{V}$의 값이 작아지면 탑의 높이는 길어진다.

③ $\dfrac{L}{V}$의 값은 흡수탑의 경제적인 운전과 관계가 있다.

④ $\dfrac{L}{V}$의 최소값은 흡수탑 하부에서 기액 간의 농도차가 가장 클 때의 값이다.

해설

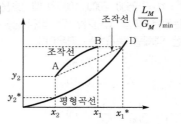

조작선의 경사 : $\dfrac{dy}{dx} = \dfrac{L_M{}'(1-y)}{G_M{}'(1-x)}$

• 조작선이 클수록 흡수 추진력이 커져 탑의 높이는 짧아지고 반대의 경우 탑이 높아진다.
• 흡수탑의 크기에 영향을 미치는 조작선은 경제적 운전과 관계있다.
• $\dfrac{1}{V}$이 최소일 때 평형에 근접하여 기-액 농도차가 작아진다.

37 퍼텐셜 흐름(potential flow)에 대한 설명이 아닌 것은? 출제율 20%

① 이상유체(ideal fluid)의 흐름이다.
② 고체 벽에 인접한 유체층에서의 흐름이다.
③ 비회전 흐름(irrotational flow)이다.
④ 마찰이 생기지 않는 흐름이다.

해설 이상유체 흐름(이상기체라 생각해 보자!)
퍼텐셜 흐름, 비점성 흐름, 비회전성 흐름, 경계층 밖에서의 흐름, 전단응력 즉, 마찰이 고려되지 않는 유동장을 가진 유체, 비압축성 유체 등을 말한다.

38 무차원 항이 밀도와 관계 없는 것은? 출제율 20%

① 레이놀즈(Reynolds) 수
② 누셀트(Nusselt) 수
③ 슈미트(Schmidt) 수
④ 그라쇼프(Grashof) 수

해설 ① $N_{Re} = \dfrac{\rho u D}{\mu}$

② $N_u = \dfrac{hD}{K}$

③ $N_{Sc} = \dfrac{\mu}{\rho D G}$

④ $N_{Gr} = \dfrac{gD^3 \rho^2 \beta \Delta t}{\mu^2}$

39 3중 효용관의 첫 증발관에 들어가는 수증기의 온도는 110℃이고 맨 끝 효용관에서 용액의 비점은 53℃이다. 각 효용관의 총괄열전달계수(W/m² · ℃)가 2500, 2000, 1000일 때 2효용관 액의 끓는점은 약 몇 ℃인가? (단, 비점 상승이 매우 작은 액체를 농축하는 경우이다.) 출제율 50%

① 73　　　② 83
③ 93　　　④ 103

해설 $R = \dfrac{1}{2500} + \dfrac{1}{2000} + \dfrac{1}{1000} = 1.9 \times 10^{-3}$

$\Delta t : \Delta t_1 : \Delta t_2 = R : R_1 : R_2$

$57℃ : \Delta t_1 = 1.9 \times 10^{-3} : 4 \times 10^{-4} (R_1)$

$\Delta t_1 = 110 - t_2 = 12, \quad t_2 = 98℃$

$\Delta t_1 : \Delta t_2 = R_1 : R_2$

$12℃ : \Delta t_2 = 4 \times 10^{-4} : 5 \times 10^{-4}, \quad \Delta t_2 = 15℃$

$\Delta t_2 = 98℃ - t_3 = 15℃$

$t_3 = 83℃$

40 HETP에 대한 설명으로 가장 거리가 먼 것은 어느 것인가? 출제율 20%

① "Height Equivalent to a Theoretical Plate"를 말한다.
② HEPT의 값이 1m보다 클 때 단의 효율이 좋다.
③ (충전탑의 높이 : Z)/(이론단위수 : N)이다.
④ 탑의 한 이상단과 똑같은 작용을 하는 충전탑의 높이이다.

해설 HETP = 등이론단 높이
= Z / N_P
(여기서, Z : 충전탑 높이, N_P : 이론단위수)
= 작을수록 효율이 좋다. 즉, HETP 값이 1m보다 작을 때 단의 효율이 좋다.
= 탑의 한 이상단(1단)과 똑같은 작용을 하는 충전탑의 높이

▶▶ 제3과목 ┃ 공정제어

41 $S^3 + 4S^2 + 2S + 6 = 0$로 특성방정식이 주어지는 계의 Routh 판별을 수행할 때 다음 배열의 (a), (b)에 들어갈 숫자는? 출제율 80%

〈행〉

①	1	2
②	4	6
③	(a)	
④	(b)	

① (a) = $\dfrac{1}{2}$, (b) = 3

② (a) = $\dfrac{1}{2}$, (b) = 6

③ (a) = $-\dfrac{1}{2}$, (b) = 3

④ (a) = $-\dfrac{1}{2}$, (b) = 6

해설 Routh 안정성 판별법

(a) = $\dfrac{a_1 a_2 - a_0 a_3}{a_1} = \dfrac{4 \times 2 - 6 \times 1}{4} = \dfrac{1}{2} > 0$

(b) = $\dfrac{A_1 a_3 - a_1 A_3}{A_1} = \dfrac{\dfrac{1}{2} \times 6 - 4 \times 0}{\dfrac{1}{2}} = 6 > 0$

42 근사적으로 다음 보데(Bode) 선도와 같은 주파수 응답을 보이는 전달함수는? (단, AR은 진폭비, ω는 각주파수이다.) 〔출제율 40%〕

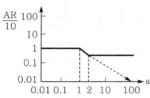

① $G(s) = \dfrac{5(s+2)}{s+1}$

② $G(s) = \dfrac{10(2s+2)}{s+1}$

③ $G(s) = \dfrac{0.5s+2}{s+1}$

④ $G(s) = \dfrac{10(s+2)}{s+1}$

해설 $s = j\omega$, $\omega = 0$이면 $s = 0$이므로 그래프상 $AR = 10$이다.

$AR = |G(j\omega)|$, $s = 0$일 때 $|G(j\omega)| = 10$

$G(s) = \dfrac{5(s+2)}{s+1}$

43 어떤 공정의 동특성은 다음과 같은 미분방정식으로 표시된다. 이 공정을 표준형 2차계로 표현했을 때 시간상수(τ)는? (단, 입력변수와 출력변수 X, Y는 모두 편차변수(deviation variable)이다.) 〔출제율 80%〕

$$2\frac{d^2Y}{dt^2} + 4\frac{dY}{dt} + 5Y = 6X(t)$$

① 0.632   ② 0.854

③ 0.985   ④ 0.998

해설 $2\dfrac{d^2Y}{dt^2} + 4\dfrac{dY}{dt} + 5Y = 6X(t)$

$2[s^2Y(s) - sy(0) - y'(0)] + 4[sY(s) - y(0)] + 5Y(s)$
$= \dfrac{6}{X(s)}$ 정리하면,

$\dfrac{Y(s)}{X(s)} = \dfrac{6}{2s^2 + 4s + 5} = \dfrac{\dfrac{6}{5}}{\dfrac{2}{5}s^2 + \dfrac{4}{5}x + 1}$

$\tau^2 = \dfrac{2}{5}$ 이므로 $\tau = 0.632$

44 Anti Reset Windup에 관한 설명으로 가장 거리가 먼 것은? 〔출제율 40%〕

① 제어기 출력이 공정입력 한계에 걸렸을 때 작동한다.

② 적분 동작에 부과된다.

③ 큰 설정치 변화에 공정출력이 크게 흔들리는 것을 방지한다.

④ Offset을 없애는 동작이다.

해설 • Reset wind up
적분제어의 결점으로 제어기출력이 최대허용치이더라도 $e(t)$의 적분값은 계속 증가되는 현상이다.
• Anti-Reset wind up
Reset wind up 방지방법으로 오차 $e(t)$가 0보다 큰 경우 $e(t)$의 적분값은 시간이 지날수록 점점 커진다.

45 어떤 공정의 전달함수가 $G(s)$이다. $G(0i) = 5$이고 $G(2i) = -2$였다. 이 때 공정의 공정이득(k), 임계이득(k_{cu})과 임계주기(P_u)는? 〔출제율 40%〕

① $k = 5.0$, $k_{cu} = 0.5$, $P_u = \pi$

② $k = 0.2$, $k_{cu} = 0.5$, $P_u = 2$

③ $k = 5.0$, $k_{cu} = 2.0$, $P_u = \pi$

④ $k = 0.2$, $k_{cu} = 2.0$, $P_u = 2$

해설 $G(s) = \dfrac{k}{G_p(s) + 1}$

$G(0i) = \dfrac{k}{G_p(0i) + 1} = 5$, $k = 5$

$G(2i) = \dfrac{5}{G_p(2i) + 1} = -2$, 분모 $= -\dfrac{5}{2}$

허수부 $+$ 실수부 $= -\dfrac{5}{2}$

$\phi = \tan^{-1}\left(\dfrac{허수부}{실수부}\right) = -180$

허수부 $= 0$, $\omega = 2$, $\omega_c = 2$

$AR_C = \dfrac{k}{\sqrt{허수부^2 + 실수부^2}} = \dfrac{5}{\sqrt{0 + \dfrac{25}{4}}} = 2$

임계이득 $K_{cu} = \dfrac{1}{AR_C} = \dfrac{1}{2} = 0.5$

임계주기 $P_u = \dfrac{2\pi}{\omega} = \dfrac{2\pi}{2} = \pi$

46 사람이 차를 운전하는 경우 신호등을 보고 우회전하는 것을 공정제어계와 비교해 볼 때 최종 조작변수에 해당된다고 볼 수 있는 것은 어느 것인가? 출제율 20%

① 사람의 두뇌   ② 사람의 눈
③ 사람의 손   ④ 사람의 가슴

해설 조작변수
제어계에서 제어량 조작을 위하여 제어대상에 가하는 양으로 문제에서 조작변수는 사람의 손이 된다 (최종 조작변수).

47 주파수 3에서 amplitude ratio가 1/2, phase angle이 $-\pi/3$인 공정을 고려할 때 공정입력 $u(t)=\sin(3t+2\pi/3)$을 적용하면 시간이 많이 지난 후의 공정출력 $y(t)$는? 출제율 40%

① $y(t)=\sin(t+\pi/3)$
② $y(t)=2\sin(t+\pi)$
③ $y(t)=\sin(3t)$
④ $y(t)=0.5\sin(3t+\pi/3)$

해설 문제에서 $\omega_c=3$, $\phi=-\dfrac{\pi}{3}$,

Amplitude Ratio $\dfrac{1}{2}=0.5$

$y(t)=0.5\sin\left(3t+\dfrac{2\pi}{3}-\dfrac{\pi}{3}\right)$

$\quad\ =0.5\sin\left(3t+\dfrac{\pi}{3}\right)$

48 그림과 같은 단위계단함수의 Laplace 변환으로 옳은 것은? 출제율 80%

① $\dfrac{1}{s-d}$ ② $\dfrac{e^{-ds}}{s}$

③ $\dfrac{d}{s}$ ④ se^{-ds}

해설

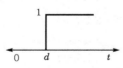

단위계단입력 1, 시간지연이 d만큼

$\dfrac{1}{s}\times e^{-ds}=\dfrac{e^{-ds}}{s}$

49 불안정한 계에 해당하는 것은? 출제율 40%

① $y(s)=\dfrac{\exp(-3s)}{(s+1)(s+3)}$

② $y(s)=\dfrac{1}{(s+1)(s+3)}$

③ $y(s)=\dfrac{1}{s^2+0.5s+1}$

④ $y(s)=\dfrac{1}{s^2-0.5s+1}$

해설 특성방정식의 근이 복소평면상 허수축을 기준으로 왼쪽 평면 상에 존재하면 제어시스템은 안정하다. ④번은 근이 $0.25\pm0.96i$이므로 우측에도 존재하므로 불안정하다.

보충 Tip

$$\dfrac{0.5\pm\sqrt{0.5^2-4}}{2}=0.25\pm0.96i$$

50 다음 공정의 단위계단응답은? 출제율 80%

$$G_P(s)=\dfrac{4s^2-6}{s^2+s-6}$$

① $y(t)=1+e^{2t}+e^{-2t}$
② $y(t)=1+2e^{2t}+e^{-2t}$
③ $y(t)=1+2e^{2t}+e^{-3t}$
④ $y(t)=1+e^{2t}+2e^{-3t}$

해설 단위계단입력 $X(s)=\dfrac{1}{s}$

$Y(s)=G(s)\cdot X(s)=\dfrac{4s^2-6}{s^2+s-6}\times\dfrac{1}{s}$

$\quad\ =\dfrac{1}{s}+\dfrac{2}{s+3}+\dfrac{1}{s-2}$

$y(t)=1+2e^{-3t}+e^{2t}$

51 공정변수 값을 측정하는 감지시스템은 일반적으로 센서, 전송기로 구성된다. 다음 중 전송기에서 일어나는 문제점으로 가장 거리가 먼 것은 어느 것인가? 출제율 20%

① 과도한 수송지연   ② 잡음
③ 잘못된 보정   ④ 낮은 해상도

해설 과도한 수송지연은 센서의 문제점이다.

52 전달함수가 $G(s) = 1/(s^3 + s^2 + s + 0.5)$인 공정을 비례제어할 때 한계이득(폐루프의 안정성을 보장하는 비례이득의 최대치)과 이때의 진동주기로 옳은 것은? 〔출제율 40%〕

① 1, 2π
② 0.5, 2π
③ 1, π
④ 0.5, π

해설 $1 + G_{oL} = 1 + G_p(s)G_c(s) = 1 + \dfrac{K_c}{s^3 + s^2 + s + 0.5} = 0$

$s^3 + s^2 + s + 0.5 + K_c = 0$, s에 $i\omega$ 대입

$-i\omega^3 - \omega^2 + i\omega + (0.5 + K_c) = 0$

실수부 : $-\omega^2 + 0.5 + K_c = 0$

허수부 : $i\omega(1 - \omega^2) = 0$

$\omega = 1$이므로 $K_c = \omega^2 - 0.5 = 0.5$

진동주기 $p = \dfrac{2\pi}{\omega} = 2\pi$

53 전달함수가 $G(s) = \exp(-\theta s)/(\tau s + 1)$인 공정에 공정입력 $u(t) = \sin(\sqrt{2}\,t)$를 입력했을 때 시간이 많이 흐른 후 공정출력은 $y(t) = (1/\sqrt{2})\sin(\sqrt{2}\,t - \pi/2)$였다. θ와 τ는 무엇인가? 〔출제율 40%〕

① $\tau = 1/2$, $\theta = \pi/2\sqrt{2}$
② $\tau = 1/\sqrt{2}$, $\theta = \pi/4\sqrt{2}$
③ $\tau = 1/2$, $\theta = \pi/4\sqrt{2}$
④ $\tau = 1/\sqrt{2}$, $\theta = \pi/2\sqrt{2}$

해설 문제에서 $AR = \dfrac{1}{\sqrt{2}}$, $\omega = \sqrt{2}$, $\phi = -\dfrac{\pi}{2}$, $A = 1$

$\left(1차 공정 \dfrac{KA}{\sqrt{1 + \tau^2\omega^2}}\sin(\omega t + \phi),\right.$

$AR_N = \dfrac{AR}{k} = \dfrac{1}{\sqrt{1 + \tau^2\omega^2}}\Bigg)$

$AR = \dfrac{k}{\sqrt{1 + \tau^2\omega^2}} = \dfrac{1}{\sqrt{2\tau^2 + 1}} = \dfrac{1}{\sqrt{2}} \Rightarrow \tau = \dfrac{1}{\sqrt{2}}$

$\phi = \tan^{-1}(\tau\omega) - \theta\omega = -\dfrac{\pi}{2}$

$\sqrt{2}\,\theta = -\tan(\tau\omega) + \dfrac{\pi}{2}$

$= -\tan^{-1}\left(\sqrt{2} \times \dfrac{1}{\sqrt{2}}\right) + \dfrac{\pi}{2} = -\dfrac{\pi}{4} + \dfrac{\pi}{2} = \dfrac{\pi}{4}$

$\theta = \dfrac{\pi}{4\sqrt{2}}$

54 다음의 블록선도는 제어기 내부 구조를 나타낸다. 이 선도가 나타내는 제어 모드는? 〔출제율 40%〕

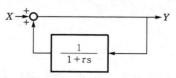

① 비례(P) 제어
② 비례적분(PI) 제어
③ 비례미분(PD) 제어
④ 비례적분미분(PID) 제어

해설 비례적분(PI) 제어 : $G_c = K_c\left(1 + \dfrac{1}{\tau_I s}\right)$

분모에 τ_S가 있으므로 비례적분 제어기 모드이다.

55 다음 중 위상지연이 180° 인 주파수는 어느 것인가? 〔출제율 20%〕

① 고유 주파수
② 공명(resonant) 주파수
③ 구석(corner) 주파수
④ 교차(crossover) 주파수

해설 위상지연 180°인 주파수는 교차(crossover) 주파수 (ω_{co})이다.

56 PID 제어기의 비례, 적분, 미분 동작이 폐루프 응답에 미치는 효과 중 틀린 것은? 〔출제율 20%〕

① 비례동작이 클수록 폐루프 응답이 빨라진다.
② 적분동작은 오프셋을 제거하고 시스템의 안정성을 증가시킨다.
③ 미분동작은 오차의 변화율만을 고려하여 오차 크기 자체에는 무관하다.
④ 적분동작은 위상지연, 미분동작은 위상앞섬의 효과가 있다.

해설 적분동작
offset은 제거하지만 시스템의 안정성을 감소시킨다.

57 다음 중 $F(s) = \dfrac{2}{(s+1)(s+3)}$의 Laplace 역변환은? 〔출제율 80%〕

① $e^t - e^{3t}$
② $e^{-t} - e^{-3t}$
③ $e^{3t} - e^t$
④ $e^{-3t} - e^{-t}$

해설 $F(s) = \dfrac{2}{(s+1)(s+3)} = \dfrac{1}{s+1} - \dfrac{1}{s+3}$

역라플라스 변환

$f(t) = e^{-t} - e^{-3t} \left(f(t) = e^{-at} \xrightarrow{\mathcal{L}} \dfrac{1}{s+a} \right)$

58 다음 블록 다이어그램에 관한 사항으로 옳은 것은? [출제율 80%]

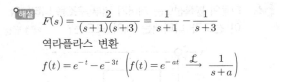

① $D_1 = D_2 = 0$이면,

$C = \dfrac{G_1 G_2 R - G_1 G_2 H_1 D_3}{1 + G_2 H_2 + G_1 G_2 H_1}$ 이다.

② $D_1 = D_3 = 0$이면,

$C = \dfrac{G_1 G_2 R - G_1 G_2 H_1 D_2}{1 + G_2 H_2 + G_1 G_2 H_1}$ 이다.

③ $R = D_2 = 0$이면,

$C = \dfrac{G_1 G_2 D_1 - G_1 G_2 H_1 D_3}{1 + G_2 H_2 + G_1 G_2 H_1}$ 이다.

④ $R = D_1 = 0$이면,

$C = \dfrac{G_2 D_2 - G_1 G_2 H_1 D_3}{1 + G_2 H_2 + G_1 G_2 H_1}$ 이다.

해설 $D_1 = D_2 = 0$

$C = \dfrac{G_1 G_2 R - G_1 G_2 H_1 D_3 \text{ (직진)}}{1 + G_2 H_2 + G_1 G_2 H_1 \text{ (feedback 고려)}}$

59 다음 중 그림과 같이 나타나는 함수의 Laplace 변환은 어느 것인가? [출제율 80%]

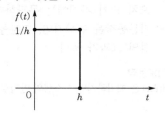

① $\dfrac{1}{h} \cdot \dfrac{1 - e^{hs}}{s}$　② $\dfrac{1}{h} \cdot \dfrac{1 - e^{-hs}}{s}$

③ $h \cdot \dfrac{1 - e^{hs}}{s}$　④ $h \cdot \dfrac{1 - e^{-hs}}{s}$

해설 블록 임펄스

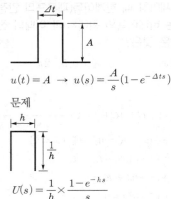

$u(t) = A \rightarrow u(s) = \dfrac{A}{s}(1 - e^{-\Delta ts})$

문제

$U(s) = \dfrac{1}{h} \times \dfrac{1 - e^{-hs}}{s}$

60 연속입출력 흐름과 내부 전기가열기가 있는 저장조의 온도를 설정값으로 유지하기 위해 들어오는 입력흐름의 유량과 내부 가열기에 공급전력을 조작하여 출력흐름의 온도와 유량을 제어하고자 하는 시스템을 분류한다면 어떠한 것에 해당하는가? [출제율 20%]

① 다중입력 – 다중출력 시스템
② 다중입력 – 단일출력 시스템
③ 단일입력 – 단일출력 시스템
④ 단일입력 – 다중출력 시스템

해설 다중입력–다중출력 시스템(연속입출력 흐름)

⏩ **제4과목 ┃ 공업화학**

61 반도체 제조공정 중 패턴이 형성된 표면에서 원하는 부분을 화학반응 혹은 물리적 과정을 통하여 제거하는 공정을 의미하는 것은? [출제율 20%]

① 세정공정
② 에칭공정
③ 포토리소그래피
④ 건조공정

해설 에칭
노광 후 PR로 보호되지 않는 부분을 제거하는 공정. 즉, 반도체 제조공정 중 패턴이 형성된 표면에서 원하는 부분을 화학반응 혹은 물리적 과정을 통하여 제거하는 공정을 말한다.

62 산과 알코올이 어떤 반응을 일으켜 에스테르가 생성되는가? 〔출제율 40%〕

① 검화　　　　② 환원
③ 축합　　　　④ 중화

해설
- **축합중합체**(축합반응에 의해 생성)
  폴리에스테르, 나일론 6.6, 페놀수지, 요소수지
- $R-COOH + R'-OH$

$$\underset{\text{가수분해}}{\overset{\text{에스테르화}}{\rightleftharpoons}} R-COO-R' + H_2O$$

63 95.6% 황산 100g을 40% 발연황산을 이용하여 100% 황산으로 만들려고 한다. 이론적으로 필요한 발연황산의 무게는? 〔출제율 40%〕

① 42.4g　　　② 48.9g
③ 53.6g　　　④ 60.2g

해설
- 4.4g H_2O

$$H_2O + SO_3 \rightarrow H_2SO_4$$
$$18 : 80$$
$$4.4 : x$$
$$x = 19.56g$$

- $H_2O \quad SO_3$
  $$1 : 1.4$$
  $$0.4 : 19.56 = 1 : y$$
  발연황산(y) = 48.9g

64 다음 중 Le Blanc 법과 관계가 없는 것은 어느 것인가? 〔출제율 60%〕

① 망초(황산나트륨)
② 흑회(black ash)
③ 녹액(green liquor)
④ 암모니아 함수

해설
- Le Blanc 법

$$NaCl + H_2SO_4 \xrightarrow{150℃} NaHSO_4 + HCl$$
$$NaHSO_4 + NaCl \xrightarrow{800℃} Na_2SO_4 + HCl$$

- $NaCl$을 황산분해하여 망초를 얻고 이를 석탄, 석회석으로 복분해하여 소다회를 제조한다.
- 환원생성물은 흑회(이를 통해 $NaOH$ 제조)이다.
- 흑회를 온수로 추출하여 얻은 침출액인 녹액을 가성화하여 $NaOH$를 제조한다.

65 질소비료 중 암모니아를 원료로 하지 않는 비료는? 〔출제율 40%〕

① 황산암모늄　　② 요소
③ 질산암모늄　　④ 석회질소

해설
① 황산암모늄 : $(NH_4)_2SO_4$
② 요소 : $CO(NH_2)_2$
③ 질산암모늄 : NH_4NO_3
④ 석회질소 : $CaCN_2$

66 다음 중 담체(carrier)에 대한 설명으로 옳은 것은? 〔출제율 20%〕

① 촉매의 일종으로 반응속도를 증가시킨다.
② 자체는 촉매작용을 못하고, 촉매의 지지체로 촉매의 활성을 도와준다.
③ 부촉매로서 촉매의 활성을 억제시키는 첨가물이다.
④ 불균일촉매로서 촉매의 유효면적을 감소시켜 촉매의 활성을 잃게 한다.

해설
담체
촉매의 지지체 또는 촉매를 담는 것으로 자체적으로 촉매작용은 불가하고 촉매의 활성을 도와준다.

67 헥산(C_6H_{14})의 구조 이성질체 수는? 〔출제율 40%〕

① 4개　　　② 5개
③ 6개　　　④ 7개

해설 헥산(C_6H_{14})의 구조이성질체

68 전지 Cu | CuSO$_4$(0.05M), HgSO$_4$(s) | Hg의 기전력은 25℃에서 약 0.418V이다. 이 전지의 자유에너지 변화는? 〔출제율 20%〕

① -9.65kcal　　② -19.3kcal
③ -96kcal　　　④ -193kcal

62.③ 63.② 64.④ 65.④ 66.② 67.② 68.②

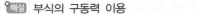

해설 부식의 구동력 이용

$$\Delta G = -nFE$$

$$= -2\,mol \times 9648\,C/mol \times 0.418\,J/s \times \frac{1\,cal}{4.184\,J}$$

$$= -19278\,cal \times kcal/1000cal$$

$$= -19.28\,kcal$$

69 다음의 암모니아 산화반응식에서 공기산화를 위한 혼합가스 중 NH_3 가스의 부피백분율은? (단, 공기와 NH_3 가스는 양론적 요구량만큼만 공급한다고 가정한다.) **출제율 40%**

$$4NH_3 + 5O_2 \rightleftarrows 4NO + 6H_2O + 215.6kcal$$

① 14.4%   ② 22.3%

③ 33.3%   ④ 41.4%

해설 $5\,mol\,O_2 \times \dfrac{100\,mol\,Air}{21\,mol} = 23.8\,mol\,Air$

NH_3 부피백분율 $= \dfrac{4}{23.8+4} \times 100 = 14.4\%$

70 다음 중 RCH$=$CH$_2$와 할로겐화 메탄 등의 저분자물질을 중합하여 제조되는 짧은 사슬의 중합체는 어느 것인가? **출제율 20%**

① 덴드리머(dendrimer)

② 아이오노머(ionomer)

③ 텔로머(telomer)

④ 프리커서(precursor)

해설 텔로머
단위체가 더 큰 중합체를 만들 수 없는 말단부위를 가진 분자구조의 중합체. 즉, 짧은 사슬의 중합체를 말한다.

71 NaOH 제조에 사용하는 격막법과 수은법을 옳게 비교한 것은? **출제율 60%**

① 전류밀도는 수은법이 크고, 제품의 품질은 격막법이 좋다.

② 전류밀도는 격막법이 크고, 제품의 품질은 수은법이 좋다.

③ 전류밀도는 격막법이 크고, 제품의 품질도 격막법이 좋다.

④ 전류밀도는 수은법이 크고, 제품의 품질도 수은법이 좋다.

해설

격막법	수은법
• 농축비가 많이 듦 • 순도가 낮음	• 순도가 높음 (제품의 품질 좋음) • 전력비가 많이 듦 • 수은 사용으로 공해 원인 • 이론분해전압이 큼 • 전류밀도가 큼

72 석유 · 석탄 등의 화석연료 이용 효율 및 환경오염에 대한 설명으로 옳은 것은? **출제율 20%**

① CO_2의 배출은 오존층 파괴의 주원인이다.

② CO_2와 SO_x는 광화학스모그의 주원인이다.

③ NO_x는 산성비의 주원인이다.

④ 열에너지로부터 기계에너지로의 변환효율은 100%이다.

해설 화석연료 사용에 따른 환경오염
㉠ SO_x, NO_x 등은 산성비의 주원인이다.
㉡ 열역학 제2법칙에 따라 효율이 100%인 열기관은 없다.
㉢ CFC 등 할로겐화에 의해 오존층 파괴가 유발된다.
㉣ NO_x, VOCs가 광화학스모그의 주원인이다.

73 합성염산 제조 시 원료기체인 H_2와 Cl_2는 어떻게 제조하여 사용하는가? **출제율 80%**

① 공기의 액화

② 공기의 아크방전법

③ 소금물의 전해

④ 염화물의 치환법

해설 합성염산은 Cl_2, H_2를 사용하여 직접 염산을 합성시키는 방법으로, 소금의 전기분해로 Cl_2, H_2를 얻는다.
$2NaCl + 2H_2O \longrightarrow 2NaOH + H_2 + Cl$

74 스타이렌-부타디엔-스타이렌 블록 공중합체를 제조하는 방법은? **출제율 20%**

① 양이온 중합

② 리빙 음이온 중합

③ 라디칼 중합

④ 메탈로센 중합

해설 리빙 음이온 중합
블록 공중합체의 합성에 이용된다.

75 열 제거가 용이하고 반응혼합물의 점도를 줄일 수 있으나 저분자량의 고분자가 얻어지는 단점이 있는 중합 방법은? 〔출제율 20%〕

① 괴상중합   ② 용액중합
③ 현탁중합   ④ 유화중합

해설 용액중합
단량체와 개시제를 용매에 용해시킨 상태에서 중합하는 방법으로, 중화열 제거가 용이하고 반응혼합물의 점도를 줄일 수 있으나 중합속도가 작고, 저분자량의 고분자가 생성되는 단점, 중합 후 용매의 완전 제거가 어렵다.

76 열가소성(thermoplastic) 고분자에 대한 설명으로 틀린 것은? 〔출제율 80%〕

① 망상구조의 고분자가 갖고 있는 특징이다.
② 비결정성 플라스틱의 경우는 일반적으로 투명하다.
③ 고체상태의 고분자물질이 많다.
④ PVC 같은 고분자가 이에 속한다.

해설 열가소성 고분자는 가열 시 연화되어 쉽게 변형되나 성형 후 외력이 없어도 성형된 상태를 유지하는 수지로 선모양의 구조를 갖는다.

77 다음 중 아닐린을 삼산화크롬으로 산화시킬 때 생성물은? 〔출제율 40%〕

① 벤젠   ② 벤조퀴논
③ 크실렌   ④ 스티렌

해설

$o-$벤조퀴논 $p-$벤조퀴논

$$C_6H_5NH_2 + CrO_3 \xrightarrow{\text{산화}} C_6H_4O_2$$
(벤조퀴논)

78 아디프산과 헥사메틸렌디아민을 원료로 하여 제조되는 물질은? 〔출제율 60%〕

① 나일론 6   ② 나일론 66
③ 나일론 11   ④ 나일론 12

해설 나일론 6.6 원료 : 아디프산 + 헥사메틸렌디아민

79 암모니아 소다법에서 탄산화과정의 중화탑이 하는 주된 작용은? 〔출제율 40%〕

① 암모니아 함수의 부분탄산화
② 알칼리성을 강산성으로 변화
③ 침전탑에 도입되는 가소로 가스와 암모니아의 완만한 반응 유도
④ 온도 상승을 억제

해설 탄산화과정의 중화탑은 탄산화탑이라고 하며, 암모니아 함수의 부분탄산화가 주된 작용이다.

80 연실식 황산 제조에서 Gay-Lussac 탑의 주된 기능은 무엇인가? 〔출제율 40%〕

① 황산의 생성
② 질산의 환원
③ 질소산화물의 회수
④ 니트로실황산의 분해

해설 게이뤼삭 탑의 주된 기능은 산화질소 회수가 목적이다.

🔘 제5과목 ┃ 반응공학

81 어떤 1차 비가역반응의 반감기는 20분이다. 이 반응의 속도상수(min^{-1})를 구하면? 〔출제율 80%〕

① 0.0347   ② 0.1346
③ 0.2346   ④ 0.3460

해설 $-\ln(1-X_A) = kt$
$\ln 2 = k \times t_{1/2}$
$k = \dfrac{\ln 2}{20\,min} = 0.0347\,min^{-1}$

82 회분식 반응기에서 전화율을 75%까지 얻는 데 소요된 시간이 3시간이었다고 한다. 같은 전화율로 3ft³/min을 처리하는 데 필요한 플러그흐름반응기의 부피는? (단, 반응에 따른 밀도변화는 없다.) 〔출제율 60%〕

① 540ft³   ② 620ft³
③ 720ft³   ④ 840ft³

해설 $\tau = 3\,hr = 180\,min$
$V = 180\,min \times 3ft^3/min = 540\,ft^3$

83 크기가 같은 plug flow 반응기(PFR)와 mixed flow 반응기(MFR)를 서로 연결하여 다음의 2차 반응을 실행하고자 한다. 반응물 A의 전화율이 가장 큰 경우는? 〔출제율 40%〕

$$A \rightarrow B, \quad r_A = -kC_A^2$$

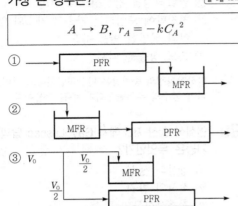

④ 앞의 세 경우 모두 전화율이 똑같다.

해설 • $n(C_A^2) > 1$

PFR → 작은 CSTR → 큰 CSTR 순서

• $n(C_A^2) < 1$

큰 CSTR → 작은 CSTR → PFR 순서

84 순환비가 1인 등온순환 플러그흐름반응기에서 기초 2차 액상반응 $2A \rightarrow 2R$이 $\frac{2}{3}$의 전화를 일으킨다. 순환비를 0으로 하였을 경우 전화율은? 〔출제율 40%〕

① 0.25   ② 0.5

③ 0.75   ④ 1

해설 $X_1 = \left(\frac{R}{R+1}\right) x_f = \frac{1}{2} \times \frac{2}{3} = \frac{1}{3}$

$\dfrac{V}{F_{A0}} = \dfrac{\tau}{C_{A0}} = (R+1) \displaystyle\int_{X_{A1}}^{X_{Af}} \dfrac{dX_A}{-r_A}$

$2차 \Rightarrow 2 \displaystyle\int_{\frac{1}{3}}^{\frac{2}{3}} \dfrac{dX_A}{kC_{A0}^2 (1-X_A)^2}$

$kC_{A0}\tau = 2\left[\dfrac{1}{1-X_A}\right]_{1/3}^{2/3} = 3$

순환비 → 0 : PFR

$kC_{A0}\tau = \dfrac{X_A}{1-X_A} = 3$

$X_A = 0.75$

85 액상반응을 위해 다음과 같이 CSTR 반응기를 연결하였다. 이 반응의 반응차수는? 〔출제율 60%〕

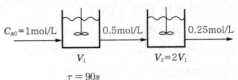

$\tau = 90s$

① 1   ② 1.5

③ 2   ④ 2.5

해설 $k\tau C_{A0}^{n-1} = \dfrac{X_A}{(1-X_A)^n}$

$k \times 90 = \dfrac{0.5}{(1-0.5)^n}$ ·············· ①

$k \times 180 \times 0.5^{n-1} = \dfrac{0.5}{(1-0.5)^n}$ ········· ②

①, ②식 연립하여 계산

$180 \times 0.5^{n-1} = 90$

반응차수$(n) = 2차$

86 포스핀의 기상분해반응은 다음과 같다. 처음에 순수한 포스핀만 있다고 할 때 이 반응계의 팽창계수(ε_{PH_3})는? 〔출제율 60%〕

$$4PH_3(g) \rightarrow P_4(g) + 6H_2(g)$$

① $\varepsilon_{PH_3} = 1.75$ ② $\varepsilon_{PH_3} = 1.50$

③ $\varepsilon_{PH_3} = 0.75$ ④ $\varepsilon_{PH_3} = 0.50$

해설 $\varepsilon_{PH_3} = y_{A0}\delta$

$\delta = \dfrac{\text{생성물 계수 합} - \text{반응물 계수}}{\text{반응물 계수 합}} = \dfrac{1+6-4}{4} = 0.75$

87 Michaelis-Menten 반응($A \rightarrow R$, 효소반응)의 속도식은? (단, $[E_0]$는 효소의 초기농도, $[M]$는 Michaelis-Menten 상수, $[A]$는 A의 농도이다.) 〔출제율 40%〕

① $r_R = k[A][E_0]/([M]+[A])$

② $r_R = k[A][M]/([E_0]+[A])$

③ $r_R = k[A][E_0]/([M]+[E_0])$

④ $r_R = k[A][E_0]/([M]-[A])$

해설 Michaelis-Menten 반응

$-r_A = \dfrac{k[E_0][A]}{[M]+[A]}$

$A \xrightarrow{\text{enyme}} R$

88 H_2O_2를 촉매를 이용하여 회분식 반응기에서 분해시켰다. 분해반응이 시작된 t분 후에 남아 있는 H_2O_2의 양(v)을 $KMnO_4$ 표준용액으로 적정한 결과는 다음 표와 같다. 이 반응은 몇 차 반응이겠는가? 출제율 40%

t(분)	0	10	20
v(mL)	22.8	13.8	8.25

① 0차 반응
② 1차 반응
③ 2차 반응
④ 3차 반응

해설 $-\dfrac{dC_A}{dt} = kC_A$: 1차 반응

$\ln \dfrac{C_A}{C_{A0}} = -kt$

$\ln \dfrac{13.8}{22.8} = -k_1 \times 10$, $\ln \dfrac{8.25}{13.8} = -k_2 \times 10$

$k_1 = k_2 = 0.005$

$k_1 = k_2$이므로 1차 반응이다.

89 혼합흐름반응기에서 다음과 같은 1차 연속반응이 일어날 때 중간 생성물 R의 최대농도($C_{R_{\max}}/C_{A0}$)는? 출제율 20%

$$A \rightarrow R \rightarrow S \,(\text{속도상수는 각각 } k_1, \ k_2)$$

① $[(k_2/k_1)^2 + 1]^{-1/2}$
② $[(k_1/k_2)^2 + 1]^{-1/2}$
③ $[(k_2/k_1)^{1/2} + 1]^{-2}$
④ $[(k_1/k_2)^{1/2} + 1]^{-2}$

해설 CSTR에서 $\tau_{m \cdot opt}$과 $C_{R_{\max}}/C_{A0}$

$\tau_{m \cdot opt} = \dfrac{1}{\sqrt{k_1 k_2}}$

$\dfrac{C_{R_{\max}}}{C_{A0}} = \dfrac{1}{\left[(k_2/k_1)^{1/2} + 1\right]^2}$

90 단분자형 1차 비가역반응을 시키기 위하여 관형 반응기를 사용하였을 때 공간속도가 2500/h이었으며, 이때 전화율은 30%이었다. 만일 전화율이 90%로 되었다면 공간속도는? 출제율 40%

① $367h^{-1}$
② $377h^{-1}$
③ $387h^{-1}$
④ $397h^{-1}$

해설 $s = 2500\,n^{-1}$

$\tau = \dfrac{1}{2500} = 4 \times 10^{-4}$

$-\ln(1 - X_A) = k\tau$

$-\ln(1 - 0.3) = k \times 4 \times 10^{-4}$, $k = 891.7$

$-\ln(1 - 0.9) = 891.7 \times \tau$

$\tau = 2.58 \times 10^{-3}$

$s = \dfrac{1}{\tau} = \dfrac{1}{2.58 \times 10^{-3}} = 387h^{-1}$

91 다음은 CH_3CHO의 기상 열분해반응에 대해 정용등온 회분식 반응기에서 얻은 값이다. 이 반응의 차수에 가장 가까운 값은? 출제율 40%

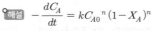
$$CH_3CHO \rightarrow CH_4 + CO$$

분해량(%)	20	40
분해속도 (mmHg/min)	5.54	3.07

① 1차
② 1.7차
③ 2.1차
④ 2.8차

해설 $-\dfrac{dC_A}{dt} = kC_{A0}{}^n (1 - X_A)^n$

$5.54 = kC_{A0}{}^n (1 - 0.2)^n$

$3.07 = kC_{A0}{}^n (1 - 0.4)^n$

두 식을 나누어 계산하면

$n = 2.05$

즉, 반응차수는 2.1차이다.

92 물리적 흡착에 대한 설명으로 가장 거리가 먼 것은 어느 것인가? 출제율 20%

① 다분자층 흡착이 가능하다.
② 활성화에너지가 작다.
③ 가역성이 낮다.
④ 고체 표면에서 일어난다.

해설 물리적 흡착
㉠ 반 데르 발스 결합에 의한 흡착이다.
㉡ 가역성이 높다.
㉢ 다분자층 흡착이 가능하다.
㉣ 활성화에너지가 작다.
㉤ 고체 표면에서 일어난다.

93 이상기체반응 $A \to R+S$가 순수한 A로부터 정용 회분식 반응기에서 진행될 때 분압과 전압 간의 상관식으로 옳은 것은 어느 것인가? (단, P_A : A의 분압, P_R : R의 분압, π_0 : 초기전압, π : 전압) 〔출제율 40%〕

① $P_A = 2\pi_0 - \pi$

② $P_A = 2\pi - \pi_0$

③ $P_A{}^2 = 2(\pi_0 - \pi) + P_R$

④ $P_A{}^2 = 2(\pi - \pi_0) - P_R$

해설

$$
\begin{array}{ccccc}
 & A & \to & R & + & S \\
\text{초기} & \pi_0 & & 0 & & 0 \\
\text{반응} & -P_R & & P_R & & P_R \\
\hline
 & P_A & & P_R & & P_R \\
\end{array}
$$

전압 $\pi = P_A + 2P_R$, $P_R = \pi_0 - P_A$

$P_A = \pi_0 - P_R$, $P_R = (\pi - P_A) \times \dfrac{1}{2}$

$\pi_0 - P_A = \dfrac{\pi}{2} - \dfrac{P_A}{2}$

$2\pi_0 - 2P_A = \pi - P_A$

$P_A = 2\pi_0 - \pi$

94 다음은 어떤 가역반응의 단열조작선의 그림이다. 조작선의 기울기는 $\dfrac{C_P}{-\Delta H_r}$로 나타내는데 이 기울기가 큰 경우에는 어떤 형태의 반응기가 가장 좋겠는가? (단, C_P는 열용량, ΔH_r은 반응열을 나타낸다.) 〔출제율 40%〕

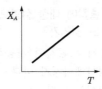

① 플러그흐름반응기
② 혼합흐름반응기
③ 교반형 반응기
④ 순환반응기

해설
- $\dfrac{C_P}{-\Delta H_r}$ 가 작을 경우 : CSTR (혼합흐름반응기)
- $\dfrac{C_P}{-\Delta H_r}$ 가 클 경우 : PFR (플러그흐름반응기)

95 다음 중 불균일촉매반응(heterogeneous catalytic reaction)의 속도를 구할 때 일반적으로 고려하는 단계가 아닌 것은? 〔출제율 20%〕

① 생성물의 탈착과 확산
② 반응물의 물질 전달
③ 촉매 표면에 반응물의 흡착
④ 촉매 표면의 구조 변화

해설 촉매반응에서 촉매 표면의 구조 변화는 고려하지 않는다.

96 다음과 같은 액상 1차 직렬반응이 관형반응기와 혼합반응기에서 일어날 때 R 성분의 농도가 최대가 되는 관형반응기의 공간시간 τ_p와 혼합반응기의 공간시간 τ_m에 관한 식으로 옳은 것은? (단, 두 반응의 속도상수는 같다.) 〔출제율 40%〕

$$A \xrightarrow{k} R \xrightarrow{k} S, \ r_R = kC_A, \ r_S = kC_R$$

① $\tau_m / \tau_p > 1$ ② $\tau_p / \tau_m > 1$
③ $\tau_p / \tau_m = 1$ ④ $\tau_p / \tau_m = k$

해설 1차 반응이고 두 반응의 속도상수가 같으므로 $\tau_m = \tau_p$ 관계에서 $\dfrac{\tau_p}{\tau_m} = 1$ 이다.

97 Space time이 5분이라면 다음 설명 중 어떤 것을 뜻하는가? 〔출제율 20%〕

① 원하는 전화율을 얻는 데 걸리는 시간이 $\dfrac{1}{5}$ 분이다.

② 분당 반응기 체적의 5배 되는 feed를 처리할 수 있다.

③ 5분만에 100% 전환을 얻을 수 있다.

④ 분당 반응기 체적의 $\dfrac{1}{5}$ 배 되는 feed를 처리할 수 있다.

해설 공간시간(τ)
반응기 부피만큼의 공급물 처리에 필요한 시간을 말한다.

98 어떤 반응의 온도를 47℃에서 57℃로 증가시켰더니 이 반응의 속도는 두 배로 빨라졌다고 한다. 이때의 활성화에너지는? 출제율 80%

① 약 12500cal   ② 약 13500cal

③ 약 14500cal   ④ 약 15500cal

해설

$$\ln\frac{k_2}{k_1} = \frac{E_a}{R}\left(\frac{1}{T_1} - \frac{1}{T_2}\right)$$

$$\ln 2 = \frac{E_a}{1.987}\left(\frac{1}{320} - \frac{1}{330}\right)$$

$$E_a = 14544\,\text{cal}$$

99 다음의 병행반응에서 A가 반응물질, R이 요구하는 물질일 때, instantaneous fractional yield(순간적 수득분율) ϕ 는? 출제율 40%

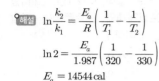

① $dC_R/(-dC_A)$ ② dC_R/dC_A

③ $dC_S/(-dC_A)$ ④ dC_S/dC_A

해설 순간수율$(\phi) = \dfrac{\text{생성된 } R\text{의 몰수}}{\text{반응한 } A\text{의 몰수}} = \dfrac{dC_R}{-dC_A}$

보충 Tip

순간수율 = 순간적 수득분율

100 기초 2차 액상반응 $2A \rightarrow 2R$을 순환비가 2인 등온 플러그흐름반응기에서 반응시킨 결과 50%의 전화율을 얻었다. 동일 반응에서 순환류를 폐쇄시킨다면 전화율은? 출제율 40%

① 0.6   ② 0.7

③ 0.8   ④ 0.9

해설

$$X_1 = \left(\frac{R}{R+1}\right)X_f = \frac{2}{3}\times0.5 = \frac{1}{3}$$

$$\frac{V}{F_{A0}} = \frac{\tau}{C_{A0}} = (R+1)\int_{X_{A1}}^{X_{Af}}\frac{dX_A}{-r_A}$$

2차 $\rightarrow -r_A = kC_A^2 = kC_{A0}^2(1-X_A)^2$

$$\frac{\tau}{C_{A0}} = (2+1)\int_{\frac{1}{3}}^{0.5}\frac{dX_A}{kC_{A0}^2(1-X_A)^2}$$

$$\tau = \frac{3}{kC_{A0}}\left[\frac{1}{1-X_A}\right]_{\frac{1}{3}}^{0.5} = \frac{3}{kC_{A0}}[2-1.5] = \frac{1.5}{kC_{A0}}$$

$$k\tau C_{A0} = 1.5$$

순환류 폐쇄 : PFR

$$k\tau C_{A0} = \frac{X_A}{1-X_A} = 1.5$$

전화율$(X_A) = 0.6$

제1과목 ┃ 화공열역학

01 $PV^n = C$일 경우 폴리트로픽 지수 n의 값에 따라 변화하는 과정으로 틀린 것은? (단, C는 상수이고, $\gamma = \dfrac{C_P}{C_V}$이다.) [출제율 60%]

① $n=0$, $P=C$, 등압변화
② $n=1$, $PV=C$, 등온변화
③ $n=\gamma$, $PV^\gamma = C$, 등압변화
④ $n=\infty$, $V=C$, 정용변화

해설 폴리트로픽 공정
$PV^n = $일정$(C)$

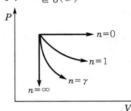

$n=0$, $P=C$: 정압과정
$n=1$, $PV=C$: 등온과정
$n=\gamma$, $PV^\gamma = C$: 단열과정
$n=\infty$, $PV^\infty = C$: 정용과정

02 다음 중 열역학 제2법칙의 수학적인 표현으로 올바른 것은? [출제율 20%]

① $\Delta U + \dfrac{\Delta u^2}{2} + g\Delta z = Q - W$
② $\Delta S_{\text{total}} \geq 0$
③ $\lim\limits_{T \to 0} \Delta S = 0$
④ $dU = dQ - dW$

해설 열역학 제2법칙
자발적 변화는 비가역 변화이며, 엔트로피는 증가하는 방향으로 진행된다. 즉, $\Delta S_t \geq 0$이다.

03 10atm, 260℃의 과열증기(엔트로피 : 1.66kcal/kg·K)가 단열가역적으로 2atm까지 팽창한다면 수증기의 질량%는 얼마인가? (단, 2atm일 때 포화증기와 포화액체의 엔트로피는 각각 1.70, 0.36kcal/kg·K이다.) [출제율 20%]

① 97
② 94
③ 89.5
④ 88.7

해설 습증기의 엔트로피

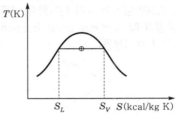

가역단열(등엔트로피 과정)
$S = S_V x + S_L(1-x)$
$\quad = 1.7x + 0.36(1-x) = 1.66$
$\quad = 1.34x = 1.3$
$x = 0.97 \times 100 = 97\%$

04 순환법칙 $\left(\dfrac{\partial P}{\partial T}\right)_V \left(\dfrac{\partial T}{\partial V}\right)_P \left(\dfrac{\partial V}{\partial P}\right)_T = -1$에서 얻을 수 있는 최종식은? (단, β는 부피팽창률 (Volume expansivity), k는 등온압축률 (Isothermal compressibility)이다.) [출제율 40%]

① $(\partial P / \partial T)_V = -\dfrac{k}{\beta}$
② $(\partial P / \partial T)_V = \dfrac{k}{\beta}$
③ $(\partial P / \partial T)_V = \dfrac{\beta}{k}$
④ $(\partial P / \partial T)_V = -\dfrac{\beta}{k}$

해설 부피팽창률, 등온압축률
$\beta(\text{부피팽창률}) = \dfrac{1}{V}\left(\dfrac{\partial V}{\partial T}\right)_P$
$k(\text{등온압축률}) = -\dfrac{1}{V}\left(\dfrac{\partial V}{\partial P}\right)_T$
$\left(\dfrac{\partial P}{\partial T}\right)_V = \dfrac{\left(\dfrac{\partial V}{\partial T}\right)_P}{-\left(\dfrac{\partial V}{\partial P}\right)_T} = \dfrac{\beta}{k}$

05 다음 중 상평형에서 계의 성질이 최대가 되는 것은 어느 것인가? [출제율 20%]

① 엔탈피
② 엔트로피
③ 내부에너지
④ 깁스(Gibbs) 자유에너지

[해설] 평형
$(dG^t)_{T,P} = 0$, 이때 엔트로피는 최대이다. 즉, 자발적 과정에 의해 S가 최대가 된다.

06 화학반응의 평형상수 K에 관한 내용 중 틀린 것은? (단, a_i, ν_i는 각각 i 성분의 활동도와 양론수이며, $\Delta G°$는 표준 깁스(Gibbs) 자유에너지 변화이다.) [출제율 40%]

① $K = \Pi (\widehat{a_i})^{\nu_i}$
② $\ln K = -\dfrac{\Delta G°}{RT^2}$
③ K는 온도에 의존하는 함수이다.
④ K는 무차원이다.

[해설] 평형상수
$\ln K = -\dfrac{\Delta G°}{RT}$
K는 온도만의 함수
$\Delta G°$ = 반응의 표준 Gibbs 에너지 변화

07 다음 중 주어진 온도와 압력에서 화학반응의 평형조건은? [출제율 40%]

① $\Delta S = 0$
② $\Delta A = 0$
③ $\Delta H = 0$
④ $\Delta G = 0$

[해설] 화학반응평형
$(dG^t)_{T,P} = 0$

08 실제기체(real gas)가 이상기체와 가장 가까워질 경우의 상태는? [출제율 20%]

① 고압, 저온
② 저압, 고온
③ 고압, 고온
④ 저압, 고온

[해설] 이상기체
㉠ 기체분자의 크기는 무시할 정도로 작다.
㉡ 질량은 무시한다.
㉢ 완전탄성 충돌을 한다(분자 간 상호작용이 없다).
즉, 실제기체가 이상기체에 가까워지려면 온도가 높고 압력이 낮은 저압·고온 상태이어야 한다.

09 500K과 10bar의 조건에 있는 메탄가스가 1bar가 될 때까지 가역 단열 팽창된다. 이 조건에서 메탄이 이상기체라고 가정하면 마지막의 온도 T_2를 초기온도 T_1으로 옳게 나타낸 것은 어느 것인가? [출제율 40%]

① $T_2 = T_1 \exp\left(\dfrac{-2.3026}{C_P/R}\right)$
② $T_2 = C_P \exp\left(\dfrac{-2.3026}{T_1/R}\right)$
③ $T_2 = T_1 \exp\left(\dfrac{-1.6094}{C_P/R}\right)$
④ $T_2 = C_P \exp\left(\dfrac{-1.6094}{T_1/R}\right)$

[해설] 이상기체 엔트로피 변화
$\Delta S = C_P \ln\dfrac{T_2}{T_1} - R\ln\dfrac{P_2}{P_1}$, 단열과정 $\Delta S = 0$
$C_P \ln\dfrac{T_2}{T_1} = R\ln\dfrac{P_2}{P_1} = R\ln\dfrac{1}{10}$
$T_2 = T_1 \exp\left[\dfrac{R}{C_P}\ln\dfrac{1}{10}\right] = T_1\exp\left[\dfrac{R}{C_P}(-2.3026)\right]$

10 온도의 함수로 순수물질의 증기압을 계산하는 다음 식의 이름은? (단, P, T는 각각 온도와 압력을 나타내며, A, B, C는 순수물질 고유상수이다.) [출제율 20%]

$$\ln P = A - \dfrac{B}{T+C}$$

① 돌턴(Dalton) 식
② 뉴턴(Newton) 식
③ 라울(Raoult) 식
④ 안토인(Antoine) 식

[해설] 안토인 식
온도에 따른 압력을 구하는 식이다.

11 어떤 화학반응에 대한 $\Delta S°$는 $\Delta H° = \Delta G°$인 온도에서 어떤 값을 갖겠는가? (단, $\Delta S°$: 표준엔트로피 변화, $\Delta H°$: 표준엔탈피 변화, $\Delta G°$: 표준 깁스 에너지 변화, T : 절대온도이다.) [출제율 20%]

① $\Delta S° > 0$ ② $\Delta S° < 0$

③ $\Delta S° = 0$ ④ $\Delta S° = \dfrac{\Delta H°}{T}$

해설 $\Delta G = H - TS \rightarrow$ 깁스 에너지
$\Delta S = 0$

12 단일상계에서 열역학적 특성 값들의 관계에서 틀린 것은? [출제율 80%]

① $\left(\dfrac{\partial T}{\partial V}\right)_S = -\left(\dfrac{\partial P}{\partial S}\right)_V$

② $\left(\dfrac{\partial T}{\partial P}\right)_S = \left(\dfrac{\partial V}{\partial S}\right)_P$

③ $\left(\dfrac{\partial P}{\partial T}\right)_V = -\left(\dfrac{\partial S}{\partial V}\right)_T$

④ $\left(\dfrac{\partial V}{\partial T}\right)_P = -\left(\dfrac{\partial S}{\partial P}\right)_T$

해설 기본 관계식

- $dU = TdS - PdV \rightarrow T = \left(\dfrac{\partial T}{\partial V}\right)_S = -\left(\dfrac{\partial P}{\partial S}\right)_V$
- $dH = TdS + VdP \rightarrow V = \left(\dfrac{\partial T}{\partial P}\right)_S = \left(\dfrac{\partial V}{\partial S}\right)_P$
- $dA = -SdT - PdV \rightarrow -P = \left(\dfrac{\partial S}{\partial V}\right)_S = \left(\dfrac{\partial P}{\partial T}\right)_T$
- $dG = -SdT + VdP \rightarrow -S = \left(\dfrac{\partial S}{\partial P}\right)_T = \left(\dfrac{\partial V}{\partial T}\right)_V$

13 액체의 증발잠열을 계산하는 식과 관계 없는 식은? [출제율 20%]

① Clapeyron 식
② Watson correlation 식
③ Riede l 식
④ Gibbs-Duhem 식

해설 Gibbs-Duhem 방정식
$n_1 d\mu_1 + n_2 d\mu_2 = 0 \rightarrow$ 두 성분계의 기액평형 관계의 기초식

14 다음과 같은 반응이 1105K에서 일어나며, 반응평형상수 K는 1.0이다. 초기에 1몰의 일산화탄소와 2몰의 물로 반응이 진행된다면 최종반응좌표(몰)는 얼마인가? (단, 혼합물은 이상기체로 본다.) [출제율 40%]

$$CO(g) + H_2O(g) \rightleftarrows CO_2(g) + H_2(g)$$

① 0.333   ② 0.500
③ 0.667   ④ 0.700

해설 평형상수의 계산

	CO	$+$	H_2O	$\rightarrow$	CO_2	$+$	H_2
초기	1		2		0		0
평형	$-X$		$-X$		$+X$		$+X$
	$(1-X)$		$(2-X)$		X		X

$K = \dfrac{X^2}{(1-X)(2-X)} = 1$

$X^2 = 2 - 3X + X^2$

$3X = 2$

$X = \dfrac{2}{3} = 0.667$

15 순수한 성분이 액체에서 기체로 변화하는 상의 전이에 대한 설명 중 옳지 않은 것은 어느 것인가? [출제율 40%]

① 1몰당 깁스(Gibbs) 자유에너지 G는 불연속이다.
② 1몰당 엔트로피 S는 불연속이다.
③ 1몰당 부피 V는 불연속이다.
④ 액체는 일정온도에서의 감압 또는 일정압력에서의 가열에 의해 기체로 상전이가 일어난다.

해설 상평형
$dU^t + PdV^t - TdS^t \leq 0$
$(dG^t)_{T,\,P} \leq 0, \quad G(l) = G(v)$

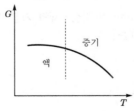

16 100℃에서 물의 엔트로피 값은 0.3kcal/kg · K 이다. 증발이이 539.1kcal/kg이라면 100℃에서의 수증기 엔트로피 값은 약 몇 kcal/kg · K 인가? 출제율 40%

① 5.69　　② 2.85
③ 1.74　　④ 0.87

해설　엔트로피$(S) = \dfrac{\Delta H}{T}$

수증기 S = 물 엔트로피 + 증발 엔트로피

$$= 0.3\,\text{kcal/kg} \cdot \text{K} + \left(\dfrac{539.1}{373}\right)\text{kcal/kg} \cdot \text{K}$$

$$= 1.74\,\text{kcal/kg} \cdot \text{K}$$

17 압축비 4.5인 오토 사이클(otto cycle)에 있어서 압축비가 7.5로 되었다고 하면 열효율은 몇 배가 되겠는가? (단, 작동유체는 이상기체이며, 열용량의 비 $\dfrac{C_P}{C_V}$ = 1.40이다.) 출제율 60%

① 1.22
② 1.96
③ 2.86
④ 3.31

해설　오토 사이클 열효율(η)

$$\eta_1 = 1 - \left(\dfrac{1}{r}\right)^{\gamma-1} = 1 - \left(\dfrac{1}{4.5}\right)^{0.4} = 0.452$$

$$\eta_2 = 1 - \left(\dfrac{1}{7.5}\right)^{0.4} = 0.553$$

$$\dfrac{\eta_2}{\eta_1} = \dfrac{0.553}{0.452} = 1.22$$

18 그림과 같이 상태 A로부터 상태 C로 변화하는데 $A \to B \to C$의 경로로 변화하였다. 경로 $B \to C$ 과정에 해당하는 것은? 출제율 20%

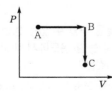

① 등온과정　　② 정압과정
③ 정용과정　　④ 단열과정

해설　• A → B : 정압과정(일정압력)
　　• B → C : 정용과정(일정부피)

19 이상기체를 등온 하에서 압력을 증가시키면 엔탈피는? 출제율 20%

① 증가한다.
② 감소한다.
③ 일정하다.
④ 초기에 증가하다 점차로 감소한다.

해설　$H = U + PV$
이상기체 $P_1 V_1 = P_2 V_2$
H = 일정

20 다음 등온선 그래프에서 빗금 친 부분의 면적은 무엇을 나타내는가? 출제율 40%

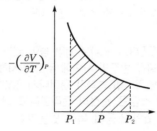

① Ω　　② W
③ ΔS　　④ ΔH

해설　$\displaystyle \int -\left(\dfrac{\partial V}{\partial T}\right)_P dP = \Delta S$

$$-\left(\dfrac{\partial S}{\partial P}\right)_T = \left(\dfrac{\partial V}{\partial T}\right)_P$$

$$-\left(\dfrac{\partial S}{\partial P}\right)_T dP = \left(\dfrac{\partial V}{\partial T}\right)_P dP = \Delta S$$

▶▶ 제2과목 Ⅰ 단위조작 및 화학공업양론

21 10ppm SO₂을 %로 나타내면? 출제율 20%

① 0.0001%
② 0.001%
③ 0.01%
④ 0.1%

해설　단위환산

$$SO_2\,(\%) = 10\,\text{ppm} \times \dfrac{\%}{10^4\,\text{ppm}} = 0.001\,\%$$

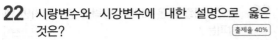
22 시량변수와 시강변수에 대한 설명으로 옳은 것은? [출제율 40%]

① 시량변수에는 체적, 온도, 비체적이 있다.
② 시강변수에는 온도, 질량, 밀도가 있다.
③ 계의 크기에 무관한 변수가 시강변수이다.
④ 시강변수는 계의 상태를 규정할 수 없다.

해설 • 크기성질(시량변수)
　물질의 양과 크기에 따라 변하는 물성
　(V, m, U, H, A, G)
• 세기성질(시강변수)
　물질의 양과 크기에 상관없는 물성
　$(T, P, d, \overline{U}, \overline{H}, \overline{V})$
• 시강변수는 크기, 양에 관계없이 일정한 값으로 계의 상태를 구별할 수 있다.

23 포도당($C_6H_{12}O_6$) 4.5g이 녹아 있는 용액 1L와 소금물을 반투막 사이에 두고 방치해 두었더니 두 용액의 농도변화가 일어나지 않았다. 이 농도에서 소금은 완전히 전리한다고 보고 1L 중에는 몇 g의 소금이 녹아 있는가? [출제율 40%]

① 0.0731g
② 0.146g
③ 0.731g
④ 1.462g

해설 포도당 $4.5\,\text{g} \times \dfrac{1\,\text{mol}}{180\,\text{g}} = 0.025\,\text{mol}$

소금이 완전 전리된다면 $0.025\,\text{mol}/2 = 0.0125\,\text{mol}$

$0.0125\,\text{mol} \times \dfrac{58.5\,\text{g}}{1\,\text{mol}} = 0.731\,\text{g}$

보충 Tip

$\dfrac{0.025\,\text{mol}}{2}$ 에서 2는 NaCl이 완전히 전리하기 때문
(NaCl → $Na^+ + Cl^-$)

24 다음 중 습구온도계 하단부의 구를 젖은 솜으로 싸는 이유로서 가장 거리가 먼 것은? [출제율 20%]

① 물을 공기 중으로 기화시키기 위하여
② 주위 공기의 건조상태를 예측하기 위하여
③ 잠열이 공기온도에 미치는 영향을 예측하기 위하여
④ 공기건조도가 기화속도에 무관하게 됨을 예측하기 위하여

해설 습구온도
대기와 평형상태에 있는 액체의 온도이며, 공기건조도가 기화속도에 관계됨을 예측하기 위함이다.

25 그림과 같은 순환조작에서 A, B, C, D, E의 각 흐름의 양을 기호로 나타내었다. 이들의 관계 중 옳은 것은? (단, 이 조작은 정상상태에서 진행되고 있다.) [출제율 40%]

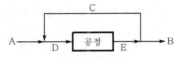

① A = B
② A + C = D + B
③ D = E + C
④ B = A = C

해설 ① A = B (O)
② A + B = D
③ D = A + C
④ B = A ≠ C

26 30℃, 750mmHg에서 percentage humidity(비교습도 %H)는 20%이고, 30℃에서 포화증기압은 31.8mmHg이다. 공기 중의 실제증기압은 얼마인가? [출제율 40%]

① 6.58mmHg
② 7.48mmHg
③ 8.38mmHg
④ 9.29mmHg

해설 비교습도(H_P)

$$H_P = \frac{P_a}{P_s} \times \frac{P - p_s}{P - p_a} \times 100 = 20\%$$

여기서, P_s : 포화증기압
　　　　 P_a : 증기의 분압

$$H_P = \frac{p_a}{31.8} \times \frac{750 - 31.8}{750 - p_a} = 0.2$$

$$P_A = 6.58$$

27 몰 증발잠열을 구할 수 있는 방법 중 2가지 물질의 증기압을 동일 온도에서 비교하여 대수좌표에 나타낸 것은? [출제율 20%]

① Duhring 도표
② Othmer 도표
③ COx 선도
④ Watson 도표

해설 Duhring 도표
일정농도 용액의 비점과 용매의 비점을 Plot하면 직선이 되는데, 이를 Duhring 선도라고 한다.

28 10mol의 N_2와 32mol의 H_2를 515℃, 300atm에서 반응시킨 결과 평형에서 전체 가스는 38mol이 되었다. 생성된 NH_3의 몰수는? 〔출제율 40%〕

① 1.5mol ② 2mol
③ 4mol ④ 6.5mol

해설

$$\begin{array}{cccc} N_2 & + & 3H_2 & \rightarrow & 2NH_3 \\ 10\,mol & & 32\,mol & & 0 \end{array}$$

$$\underline{+\quad -x \qquad -3x \qquad +2x}$$

$$(10-x) \quad (32-3x) \quad 2x$$

$10-x+32-30x+2x=38$
$x=2$
생성된 암모니아 몰수 $=2x=4\,mol$

29 다음 단위환산 관계 중 틀린 것은? 〔출제율 20%〕

① $1.0g/cm^3 = 1000kg/m^3$
② $0.2386J = 0.057cal$
③ $0.4536kgf = 9.80665N$
④ $1.013bar = 101.3kPa$

해설 단위환산
$1kgf = 9.8N$
$0.4536kgf = 4.44528N$

30 CO_2 25vol%와 NH_3 75vol%의 기체혼합물 중 NH_3의 일부가 산에 흡수되어 제거된다. 이 흡수탑을 떠나는 기체가 37.5vol%의 NH_3을 가질 때 처음에 들어 있던 NH_3 부피의 몇 %가 제거되었는가? (단, CO_2의 양은 변하지 않으며, 산 용액은 증발하지 않는다고 가정한다.) 〔출제율 60%〕

① 15% ② 20%
③ 62.5% ④ 80%

해설

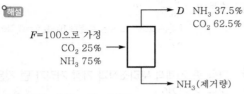

$F=100$으로 가정
CO_2 25%
NH_3 75%

D NH_3 37.5% CO_2 62.5%

NH_3 (제거량)

$100 \times 0.25 = D \times 0.625$
$D = 40$
처음 NH_3 75 중 60이 제거되었으므로
$$\frac{60}{75} \times 100 = 80\%$$
즉, 약 80%가 제거된다.

31 Fanning 마찰계수를 f라 하고 손실수두를 H_f라 할 때 H_f와 f의 관계를 나타내는 식은 다음 중 어느 것인가? 〔출제율 20%〕

① $H_f = 4f\dfrac{L}{D}\dfrac{\overline{V^2}}{2g}$ ② $H_f = f\dfrac{L}{D^2}\dfrac{\overline{V^2}}{g}$
③ $H_f = \dfrac{16}{f}$ ④ $H_f = \dfrac{16f}{N_{Re}}$

해설 Fanning 식
$$F = \frac{\Delta P}{\rho} = \frac{2f\overline{v}^2 L}{g_c D} = 4f \cdot \frac{L}{D} \cdot \frac{\overline{v}^2}{2g}$$
여기서, f : 마찰계수, $\overline{v}$: 평균유속, L : 길이
g_c : 중력상수, D : 직경

32 다음 중 순수한 물 20℃의 점도를 가장 옳게 나타낸 것은? 〔출제율 20%〕

① $1g/cm \cdot s$ ② $1cP$
③ $1Pa \cdot s$ ④ $1kg/m \cdot s$

해설 단위환산
순수한 물 20℃의 점도는 $1cP$
$1cP = 0.01P$, $1\,poise = 1\,g/cm \cdot s$

33 70℃, 1atm에서 에탄올과 메탄올의 혼합물이 액상과 기상의 평형을 이루고 있을 때 액상의 메탄올의 몰분율은? (단, 이 혼합물은 이상용액으로 가정하며, 70℃에서 순수한 에탄올과 메탄올의 증기압은 각각 543mmHg, 857mmHg이다.) 〔출제율 40%〕

① 0.12 ② 0.31
③ 0.69 ④ 0.75

해설 라울의 법칙
$1atm(760mmHg)$에서 평형이므로 라울의 법칙에 따라 정리하면 다음과 같다.
$760 = 543(1-x) + 857x$
몰분율$(x) = 0.69$

34 2개의 관을 연결할 때 사용되는 관 부속품이 아닌 것은? 〔출제율 20%〕

① 유니언(union) ② 니플(nipple)
③ 소켓(socket) ④ 플러그(plug)

해설
• 2개의 관 연결 관 부속품
  플랜지, 유니언, 니플, 커플링, 소켓
• 유로차단 관 부속품
  플러그, 캡, 밸브

35 향류 열교환기에서 온도 300K의 냉각수 30kg/s을 사용하여 더운 물 20kg/s을 370K에서 340K로 연속 냉각시키려고 한다. 총괄전열계수를 2.5kW/m² · K로 가정하였을 때 전열면적은 약 몇 m²인가? _{출제율 40%}

① 22.4   ② 34.1
③ 41.3   ④ 50.2

해설 $Q = Cm\Delta t$ 이용

$30\,\mathrm{kg/s} \times 4.2\,\mathrm{kJ/kg} \cdot \mathrm{K} \times (T - 300)$
$\qquad = 20\,\mathrm{kg/s} \times 4.2\,\mathrm{kJ/kg} \cdot \mathrm{K} \times 30\,\mathrm{K}$

$T = 320\,\mathrm{K}$

대수평균온도 차를 구하면

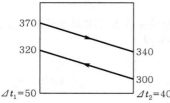

$\Delta F = \dfrac{50 - 40}{\ln\dfrac{50}{40}} = 44.8\,\mathrm{K}$

$q = UA\Delta t = 20 \times 1 \times (370 - 340) = 600\,\mathrm{kcal/s}$

$\dfrac{600\,\mathrm{kcal}}{\mathrm{s}} \times \dfrac{4.184\,\mathrm{kJ/s}}{1\,\mathrm{cal/s}} \times \dfrac{\mathrm{kW}}{\mathrm{kJ/s}} = 2510\,\mathrm{kW}$

$2510\,\mathrm{kW} = 2.5\,\mathrm{W/m^2} \cdot \mathrm{K} \times A \times 44.8\,\mathrm{K}$

$A = 22.4\,\mathrm{m^2}$

36 다음의 확산식 중 단일성분 확산과 관계가 있는 식은? (단, N_A = 물질이동속도, D_m = 확산계수, B : 확산층 두께, A : 면적, y_i, y : 상경계 및 기상의 용질 몰분율) _{출제율 20%}

① $\dfrac{N_A}{A} = \dfrac{D_m}{B} \ln\left(\dfrac{1-y}{1-y_i}\right)$

② $\dfrac{N_A}{A} = \dfrac{D_m}{B}(y_i - y)$

③ $\dfrac{N_A}{A} = \dfrac{D_m}{B} \dfrac{1-y}{1-y_i}$

④ $\dfrac{N_A}{A} = \dfrac{D_m}{B} \ln(y_i - y)$

해설 물질전달속도(확산)

$N_A x = D_G AC \ln \dfrac{1 - y_{A2}}{1 - y_{A1}} = D_G AC \ln \dfrac{y_{B2}}{y_{B1}}$

37 다음 중 기체흡수에 관한 설명으로 옳지 않은 것은? _{출제율 40%}

① 기체속도가 일정하고 액 유속이 줄어들면 조작선의 기울기는 감소한다.
② 액/기(L/V)비가 작으면 조작선과 평형선의 거리가 줄어서 흡수탑의 길이가 길어진다.
③ 일반적으로 경제적인 조업을 위해서는 조작선과 평형선이 대략 평행이 되어야 한다.
④ 향류 흡수탑의 경우에는 한계기액비가 흡수탑의 경제성에 별로 영향을 미치지 않는다.

해설

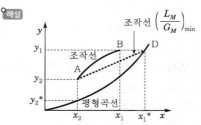

• 조작선의 경사 : $\dfrac{dy}{dx} = \dfrac{L_M{'}(1-y)}{G_M{'}(1-x)}$

• 조작선이 클수록 흡수 추진력이 커져 탑의 높이는 낮아지고 반대의 경우 탑이 높아진다.
• 흡수탑의 크기에 영향을 미치는 조작선은 경제적 운전과 관계있다.
• 액/기(L/V)비의 최소 시 평형에 근접하면 기-액 농도차가 작아진다.
• 향류 흡수탑의 경우에는 한계 기액비가 흡수탑의 경제성에 영향을 미친다.

38 젖은 고체 10kg을 완전히 건조하였더니 9.2kg이 되었다. 처음 재료의 수분(%)은? _{출제율 40%}

① 0.08%   ② 0.8%
③ 8%   ④ 10%

해설 수분 $\% = \dfrac{0.8\,\mathrm{kg}}{10\,\mathrm{kg}} \times 100$
$\qquad$ (젖은 고체 : 10kg, 수분 : 10−9.2=0.8kg)
$\qquad = 8\%$

39 다음 중 기계적 분리조작과 가장 거리가 먼 것은 어느 것인가? _{출제율 20%}

① 여과   ② 침강
③ 집진   ④ 분쇄

해설 분쇄한 고체를 기계적으로 잘게 부수는 조작을 말한다.

40 열전달과 온도 관계를 표시한 가장 기본이 되는 법칙은? `출제율 20%`

① 뉴턴의 법칙　② 푸리에의 법칙
③ 픽의 법칙　　④ 후크의 법칙

`해설` 열전달과 온도 관계 : 푸리에의 법칙(Fourier's law)

$$q = \frac{dQ}{d\theta} = -kA\frac{dt}{dl}$$

여기서, q, $\frac{dQ}{d\theta}$: 열전달속도(kcal/hr)

K : 열전도도(kcal/m · hr · ℃)
A : 열전달면적(m^2)
dl : 미소거리(m)
dt : 온도차(℃)

▶▶ 제3과목 | 공정제어

41 공정제어(process control)의 범주에 들지 않는 것은? `출제율 20%`

① 전력량을 조절하여 가열로의 온도를 원하는 온도로 유지시킨다.
② 폐수처리장의 미생물의 양을 조절함으로써 유출수의 독성을 격감시킨다.
③ 증류탑(distillation column)의 탑상 농도(top concentration)를 원하는 값으로 유지시키기 위하여 무엇을 조절할 것인가를 결정한다.
④ 열효율을 극대화시키기 위해 열교환기의 배치를 다시 한다.

`해설` 공정제어
선택된 변수를 조절하여 공정을 원하는 상태로 유지하는 것을 말한다.

42 다음 공정에 비례제어기($Kc=3$)가 연결되어 있고 초기정상상태에서 설정값이 5만큼 계단변화할 때 잔류편차는? `출제율 40%`

$$G_P(s) = \frac{2}{3s+1}$$

① 0.71　　　② 1.43
③ 3.57　　　④ 4.29

`해설` $G(s) = \frac{K_c G_p(s)}{1 + K_c G_p(s)} = \frac{6}{3s+7}$

계단입력 $X(s) = \frac{5}{s}$

$$Y(s) = G(s) \cdot X(s) = \frac{6}{3s+7} \cdot \frac{5}{s}$$

$$\lim_{s \to 0} S Y(s) = \frac{30}{3s+7} = \frac{30}{7} = 4.286$$

offset $= 5 - 4.286 = 0.714$

43 정상상태에서의 x와 y의 값을 각각 0, 2라 할 때 함수 $f(x, y) = e^x + y^2 - 5$ 를 주어진 정상상태에서 선형화하면? `출제율 40%`

① $x + 4y - 8$
② $x + 4y - 5$
③ $x + 2y - 8$
④ $x + 2y - 5$

`해설` Taylor 정리
$f(x,y) \simeq (e^x + y_s^2 - 5) + e^x(x - x_x) + 2y_s(y - y_2)$
$x_s = 0, \ y_s = 2$
$f(x,y) \simeq 1 + 4 - 5 + x + 4y - 8$
$\qquad = x + 4y - 8$

44 전달함수가 $G(s) = \frac{-2s+1}{(s+1)^2}$인 공정의 단위계단응답의 모양으로 옳은 것은? `출제율 20%`

① 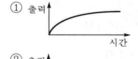 출력　　시간

②  출력　　시간

③ 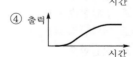 출력　　시간

④ 출력　　시간

`해설` $\tau_a < 0$(역응답)
응답이 처음에는 아래로 처지다가 다시 정상상태값으로 근접 즉, 초기공정응답의 방향이 시간이 많이 지난 후의 공정응답 방향과 반대이다.

45 $G(s) = \dfrac{1}{(s+1)^3}$ 인 공정에 $C(s) = K_c\left(1 + \dfrac{1}{2s}\right)$ 인 PI 제어기가 연결되었을 때, 폐루프가 안정하기 위한 K_c의 최대치와 임계주파수(critical frequency 또는 phase crossover frequency) 값은? `출제율 40%`

① (4.34, 1.33 (radian/time))

② (0.23, 1.33 (radian/time))

③ (4.34, 2.68 (radian/time))

④ (0.23, 2.68 (radian/time))

`해설` $G(s) = \dfrac{1}{(s+1)^3} \cdot \dfrac{K_c(2s+1)}{2s}$

특성방정식
$1 + G(s) = 2s(s^3 + 3s^2 + 3s + 1) + K_c(2s+1)$
$\qquad = 2s^4 + 6s^3 + 6s^2 + 2(K_c+1)s + K_c$

s에 $i\omega_u$ 대입

$2\omega_u^4 - 6i\omega_u^3 - 6\omega_u^2 + 2(K_c+1)i\omega_u + K_c = 0$

실수부 : $2\omega_u^4 - 6\omega_u^2 + K_c = 0$

허수부 : $i\{2(K_c+1)\omega_u - 6\omega_u^3\} = 0$

$\omega_u = 0, \ K_c = 0 \rightarrow \omega_u = 0$

$\omega_u = \pm\sqrt{\dfrac{K_c+1}{3}}$ 인 경우 $\omega_u = \pm\sqrt{\dfrac{K_c+1}{3}}$

$2\left(\dfrac{K_c+1}{3}\right)^2 - 6\left(\dfrac{K_c+1}{3}\right) + K_c = 0$

$2K_c^2 - 5K_c - 16 = 0$

근의 공식에 의해

$K_c = \dfrac{5 \pm \sqrt{25+128}}{4} = 4.34, \ -1.84$

$\omega_u = \sqrt{\dfrac{4.34+1}{3}} = 1.33$

46 선형 제어계의 안정성을 판별하기 위한 특성방정식을 옳게 나타낸 것은? `출제율 40%`

① 1+ 닫힌 루프 전달함수 = 0

② 1− 닫힌 루프 전달함수 = 0

③ 1+ 열린 루프 전달함수 = 0

④ 1− 열린 루프 전달함수 = 0

`해설` 특성방정식의 안정성 판정
$1 + G_{OL} = 1 +$ 개루프 총괄전달함수 $= 0$
(특성방정식의 근 가운데 어느 하나라도 양 또는 양의 실수부를 갖는다면 불안정)

47 어떤 이차계의 특성방정식의 두 근이 다음과 같다고 할 때 단위계단입력에 대하여 감쇠하는 진동응답을 보이는 공정은? `출제율 20%`

① $1+3i, \ 1-3i$

② $-1, \ -2$

③ $2, \ 4$

④ $-1+2i, \ -1-2i$

`해설` 진동 ⇒ 허수부 존재
감쇠는 안정 즉, 실수부는 음수

48 $\dfrac{2}{10s+1}$ 로 표현되는 공정 A와 $\dfrac{4}{5s+1}$ 로 표현되는 공정 B가 있을 때 같은 크기의 계단 입력이 가해졌을 경우 옳은 것은? `출제율 20%`

① 공정 A가 더 빠르게 정상상태에 도달한다.

② 공정 B가 더 진동이 심한 응답을 보인다.

③ 공정 A가 더 진동이 심한 응답을 보인다.

④ 공정 B가 더 큰 최종응답변화 값을 가진다.

`해설` τ는 $\dfrac{2}{10s+1}$ 가 더 크므로 더 느리고 공정 B가 이들 K가 더 크므로 더 큰 최종값을 얻는다.

49 x_1과 x_2는 다음의 미분방정식을 만족할 때 x_1과 x_2에 대하여 $V = x_1^2 + x_2^2$ 는 시간에 따라 어떻게 되는가? `출제율 20%`

$$\dot{x_1} = x_2$$
$$\dot{x_2} = -x_1 - x_2$$

① 감소한다.

② 증가한다.

③ 진동한다.

④ 초기값에 따라 달라진다.

`해설` $\dfrac{dx_1}{dt} = x_2, \ \dfrac{dx_2}{dt} = -x_1 - x_2$

시간에 따른 V 변화

$\dfrac{dv}{dt} = 2x_1\dfrac{dx_1}{dt} + 2x_2\dfrac{dx_2}{dt}$

$\qquad = 2x_1x_2 + 2x_2(-x_1 - x_2)$

$\qquad = -2x_2^2$ (V는 시간에 따라 감소한다.)

50 공정에 대한 수학적 모델의 직접적 용도로 부적절한 것은? 출제율 20%

① 공정에 대한 이해의 향상
② 공정운전의 최적화
③ 제어시스템의 설계와 평가
④ 제품시장의 분석 및 평가

해설 공정제어 공정에서 선택된 변수들을 조절하여 공정을 원하는 상태로 유지시키는 것이 목적이다.

51 다음 중 앞먹임제어에서 사용되는 측정변수는 어느 것인가? 출제율 40%

① 공정상태변수
② 출력변수
③ 입력조작변수
④ 측정 가능한 외란

해설 Feedforward
외부교란을 측정하고 이 측정값을 이용하여 외부교란이 공정에 미치게 될 영향을 사전에 보정한다.

52 다음 중 캐스케이드 제어를 적용하기에 가장 적합한 동특성을 가진 경우는? 출제율 40%

① 부제어루프 공정 : $\dfrac{2}{10s+1}$

   주제어루프 공정 : $\dfrac{6}{2s+1}$

② 부제어루프 공정 : $\dfrac{6}{10s+1}$

   주제어루프 공정 : $\dfrac{2}{2s+1}$

③ 부제어루프 공정 : $\dfrac{2}{2s+1}$

   주제어루프 공정 : $\dfrac{6}{10s+1}$

④ 부제어루프 공정 : $\dfrac{2}{10s+1}$

   주제어루프 공정 : $\dfrac{6}{10s+1}$

해설 Cascade 공정에서 부제어루프의 동특성은 주제어루프보다 최소 3배 이상 빠르다.

53 $f(t)=1$의 Laplace 변환은? 출제율 80%

① S
② $\dfrac{1}{S}$
③ S^2
④ $\dfrac{1}{S^2}$

해설 $f(t)=1 \xrightarrow{\mathcal{L}\,(\text{라플라스 변환})} \mathcal{L}(s)=\dfrac{1}{S}$

54 다음 중 피드포워드제어기에 대한 설명으로 옳은 것은? 출제율 40%

① 설정점과 제어변수 간의 오차를 측정하여 제어기의 입력정보로 사용한다.
② 주로 PID 알고리즘을 사용한다.
③ 보상하고자 하는 외란을 측정할 수 있어야 한다.
④ 피드백제어기와 함께 사용하면 성능저하를 가져온다.

해설 Feedforward
외부교란을 측정할 수 있어야 한다.

55 Routh의 판별법에서 수열의 최좌열(最左列)이 다음과 같을 때 이 주어진 계의 특성방정식은 양의 근 또는 양의 실수부를 갖는 근이 몇 개 있는가? 출제율 80%

① 0개
② 1개
③ 2개
④ 3개

1
3
−1
3
2

해설 Routh 안정성
첫 번째 열의 성분들의 부호가 바뀌는 횟수는 허수축 우측에 존재하는 근의 개수와 같다.

56 어떤 계의 단위계단 응답이 $Y(t)=1-\left(1+\dfrac{t}{r}\right)e^{-\frac{t}{r}}$ 일 경우 이 계의 단위충격응답(impulse response)은? 출제율 80%

① $\left(\dfrac{t}{r}\right)e^{-\frac{t}{r}}$
② $\left(\dfrac{t}{r^2}\right)e^{-\frac{t}{r}}$
③ $\left(1+\dfrac{t}{r}\right)e^{-\frac{t}{r}}$
④ $\left(1-\dfrac{t}{r^2}\right)e^{-\frac{t}{r}}$

해설 $y(t) = 1 - \left(1 + \dfrac{t}{\tau}\right)e^{-\frac{t}{\tau}}$

$$y'(t) = \left(-\frac{1}{\tau}\right)e^{-\frac{t}{\tau}} + \frac{1}{\tau}\left(1 + \frac{t}{\tau}\right)e^{-\frac{t}{\tau}}$$

$$= \left(-\frac{1}{\tau}\right)e^{-\frac{t}{\tau}} + \left(\frac{1}{\tau}\right)e^{-\frac{t}{\tau}} + \left(\frac{t}{\tau^2}\right)e^{-\frac{t}{\tau}}$$

$$= \left(\frac{t}{\tau^2}\right)e^{-\frac{t}{\tau}}$$

57 다음 블록선도에서 $\dfrac{Y(s)}{X(s)}$를 구하면? [출제율 80%]

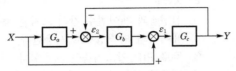

① $\dfrac{G_a G_b G_c + G_c}{1 + G_a G_b}$ ② $\dfrac{G_a G_b G_c + G_c}{1 + G_b G_c}$

③ $\dfrac{G_a G_b G_c + G_b}{1 + G_a G_b}$ ④ $\dfrac{G_a G_b G_c + G_b}{1 + G_b G_c}$

해설 $G(s) = \dfrac{Y(s)}{X(s)} = \dfrac{직진(직렬)}{1 + \text{feedback}} = \dfrac{G_a G_b G_c + G_c}{1 + G_b G_c}$

58 다음 중 Amplitude ratio가 항상 1인 계의 전달함수는? [출제율 40%]

① $\dfrac{1}{s+1}$ ② $\dfrac{1}{s-0.1}$

③ $e^{-0.2s}$ ④ $s+1$

해설 Amplitude ratio 진폭비
$G(s) = k$, $AR = k$, $\phi = 0$
$G(s) = e^{-\theta s}$, $AR = 1$, $\phi = -\theta\omega°$
$G(s) = s^n$, $AR = \omega^n$, $\phi = 90n°$

59 제어계를 조작하는 방법으로 몇 가지 방법이 있다. 부하(load)에 변화가 들어오고 설정치(set point)를 일정하게 유지하며 화학공장에서 흔히 나타나는 문제는? [출제율 20%]

① 서보 문제   ② 레귤레이터 문제
③ 혼합 문제   ④ 브라시우스 문제

해설 조정제어(Regulatory Control)
외부교란의 영향에도 불구하고 제어변수를 설정값으로 유지시키고자 하는 제어이다.

60 전달함수 $\dfrac{2(3s+1)}{(5s+1)(2s+1)}e^{-4s}$로 표현되는 공정에 단위계단입력이 들어왔을 때의 응답과 관련한 내용으로 틀린 것은? (단, 시간단위는 분이다.) [출제율 20%]

① 출력응답은 최종적으로 6만큼 변한다.
② 실제 출력변화는 4분 지난 후에 발생한다.
③ 역응답(inverse response)은 보이지 않는다.
④ 극점값이 실수이므로 진동응답은 발생하지 않는다.

해설 e^{-4s}이므로 실제 출력변화는 4분 지난 후 발생
$$G(s) = \dfrac{k(\tau_d s + 1)}{(\tau_1 s + 1)(\tau_2 s + 1)}$$
$\tau_d > \tau$: overshoot 발생
$0 < \tau_d \leq \tau$: 1차 공정과 유사한 응답
$\tau_d < 0$: 역응답

▶▶ 제4과목 ┃ 공업화학

61 다음 중 유리기(free radical) 연쇄반응으로 일어나는 반응은? [출제율 20%]

① $CH_2{=}CH_2 + H_2 \rightarrow CH_3{-}CH_3$
② $CH_4 + Cl_2 \rightarrow CH_3Cl + HCl$
③ $CH_2{=}CH_2 + Br_2 \rightarrow CH_2Br{-}CH_2Br$
④ $C_6H_6 {=} HNO_3 \xrightarrow{H_2SO_4} C_6H_5NO_2 + H_2O$

해설 자유라디칼 중합용 단량체
$CH_2 {=} CH_2 + H_2 \rightarrow CH_3 {-} CH_3$
$CH_4 + Cl_2 \rightarrow CH_3Cl + HCl$

62 같은 몰수의 두 종류의 단량체 사이에서 이루어지는 선형 축합중합체의 경우 전화율과 수평균 중합도 사이에는 Carothers 식에 의한 관계를 가정할 수 있다. 전화율이 99%인 경우, 얻어지는 축합고분자의 수평균 중합도는? [출제율 20%]

① 10
② 100
③ 1000
④ 10000

해설 수평균 중합도 $= \dfrac{1}{1-\text{전화율}}$

중량평균 중합도 $= \dfrac{1+\text{전화율}}{1-\text{전화율}}$

수평균 중합도 $= 100$

63 격막법에서 사용하는 식염수의 농도는 30g/100mL이다. 분해율은 50%일 때 전체 공정을 통한 염의 손실률이 5%이면 몇 m³의 식염수를 사용하여 NaOH 1ton을 생산할 수 있는가? (단, NaCl의 분자량은 58.5이고, NaOH 분자량은 40이다.) <출제율 40%>

① 10.26　　　② 20.26

③ 30.26　　　④ 40.26

해설 NaCl → NaOH

58.5 : 40

x : 1000kg

식염수(x)

$= \dfrac{58.5 \times 1000}{40} \times \dfrac{1}{0.95} \times \dfrac{1}{0.5} \times \dfrac{10\text{L}}{3\text{kg}} \times \dfrac{1\text{m}^3}{1000\text{L}}$

$= 10.26\,\text{m}^3$

64 다음 중 직접적으로 전자의 성능을 나타내는 것이 아닌 것은? <출제율 20%>

① 에너지 밀도　　② 충·방전 횟수

③ 자기방전율　　④ 전해질

해설 직접적 전자의 성능 표현

㉠ 에너지 밀도

㉡ 충·방전 횟수

㉢ 자기방전율

65 인산제조법 중 건식법에 대한 설명으로 틀린 것은? <출제율 40%>

① 전기로법과 용광로법이 있다.

② 철과 알루미늄 함량이 많은 저품위의 광석도 사용할 수 있다.

③ 인의 기화와 산화를 별도로 진행시킬 수 있다.

④ 철, 알루미늄, 칼슘의 일부가 인산 중에 함유되어 있어 순도가 낮다.

해설 • 습식법

㉠ 황산분해법

㉡ 질산분해법

㉢ 염산분해법

• 건식법

㉠ 용광로법

㉡ 전기로법(1단법, 2단법)

• 건식법은 철, 알루미늄, 칼슘의 일부가 인산 중에 함유되어 있어 순도가 높다.

66 폴리탄산에스테르 결합을 갖는 열가소성 수지로 비스페놀 A로부터 얻어지며 투명하고 자기소화성을 가지고 있으며, 뛰어난 내충격성, 내한성, 전기적인 성질을 균형 있게 갖추고 있는 엔지니어링 플라스틱은? <출제율 40%>

① 폴리프로필렌　　② 폴리아미드

③ 폴리이소프렌　　④ 폴리카보네이트

해설

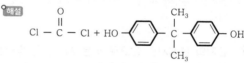

(포스겐)　　(비스페놀 A)

(폴리카보네이트)

폴리카보네이트는 열가소성 수지로 비스페놀 A로부터 얻어지고 투명하고 자기소화성, 내충격성, 내한성, 전기적인 성질을 균형 있게 갖추고 있는 엔지니어링 플라스틱이다.

67 반도체의 일반적인 성질에 대한 설명 중 틀린 것은? <출제율 20%>

① 4족 원소 가운데 에너지 갭의 크기 순서는 탄소>실리콘>게르마늄이다.

② 에너지 갭의 크기가 클수록 전기전도도는 감소한다.

③ 진성반도체의 전기전도도는 온도가 증가함에 따라 감소한다.

④ 절대온도 0K에서 전자가 존재하는 최상위 에너지준위를 페르미준위라고 한다.

해설 고유반도체(진성반도체)
원자가 전자가 모두 공유결합에 묶여 있어서 전기가
흐르지 않으며, 전기전도도는 온도가 증가함에 따라
증가한다.

68 다음 중 syndiotactic-폴리스타이렌의 합성에
관여하는 촉매로 가장 적합한 것은? 출제율 20%

① 메탈로센 촉매
② 메탈옥사이드 촉매
③ 린들러 촉매
④ 벤조일퍼록사이드

해설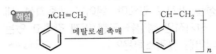

메탈로센 촉매는 두 개의 사이클로 펜타디엔 사이에
금속이 있는 구조로, 다양한 금속물질이 있어 금속
물질의 종류에 따라 고분자 합성반응을 변화할 수
있다.

69 유지의 분석시험 값으로 성분 지방산의 평균분
자량을 알 수 있는 것은? 출제율 20%

① Acid value(산 값)
② Rhodan value(로단 값)
③ Acetyl value(아세틸 값)
④ Saponification value(비누화 값)

해설 · 산 값
유지 1g 중에 포함되는 유리지방산을 중화하는 데
필요한 수산화칼륨 mg 수를 말한다.
· 비누화 값
유지 1g을 완전히 비누화하는 데 필요한 수산화칼
륨의 양을 mg으로 나타낸 수를 말한다.

70 다음 중 무수염산의 제조법이 아닌 것은 어느
것인가? 출제율 40%

① 직접 합성법
② 액중 연소법
③ 농염산의 증류법
④ 건조 흡·탈착법

해설 무수염산 제조법
㉠ 진한 염산 증류법(농염산 증류법)
㉡ 직접 합성법
㉢ 흡착법(건조 흡·탈착법)

71 가성소다를 제조할 때 격막식 전해조에서 양극
재료로 주로 사용되는 것은? 출제율 60%

① 수은
② 철
③ 흑연
④ 구리

해설 · (+)극 : 흑연, Cl_2↑
· (−)극 : 철망, H_2↑

72 염안 소다법에 의한 Na_2CO_3 제조 시 생성되는
부산물은? 출제율 40%

① NH_4Cl
② $NaCl$
③ CaO
④ $CaCl_2$

해설 염안 소다법
여액에 남아 있는 식염의 이용률을 높이고 탄산나트
륨과 염안(NH_4Cl)을 얻기 위한 방법이다.

73 다음 중 술폰산화가 되기 가장 쉬운 것은 어느
것인가? 출제율 40%

해설 술폰화
㉠ 황산을 작용시켜 술폰산기(−SO_3H)를 도입하는
반응이다.
㉡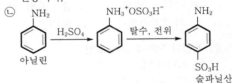

74 페놀의 공업적 제조방법 중에서 페놀과 부산물
로 아세톤이 생성되는 합성법은? 출제율 60%

① Raschig법
② Cumene법
③ Dow법
④ Toluene법

해설 쿠멘법(Cumene법)

75 칼륨 광물 실비나이트(Sylvinite) 중 KCl의 함량은? (단, 원자량은 K : 39.1, Na : 23, Cl : 35.5이다.) `출제율 40%`

① 36.05%
② 46.05%
③ 56.05%
④ 66.05%

해설 Sylvinite(KCl + NaCl ; 74.6, 58.5)

$$KCl의 함량 = \frac{74.6}{74.6 + 58.5} \times 100 = 56.05\%$$

76 다음 중 석유의 접촉분해 시 일어나는 반응으로 가장 거리가 먼 것은? `출제율 20%`

① 축합
② 탈수소
③ 고리화
④ 이성질화

해설 접촉분해
㉠ 이성질화
㉡ 탈수소
㉢ 고리화
㉣ 탈알킬

77 황산 제조방법 중 연실법에 있어서 장치의 능률을 높이고 경제적으로 조업하기 위하여 개량된 방법(또는 설비)인 것은? `출제율 40%`

① 소량 응축법
② Pertersen Tower법
③ Reynold법
④ Monsanto법

해설
• 연실식 : Glover → 연실 → GayLussac
• 탑식 : Glover → GayLussac
• 반탑식 : 연실 → Pertersen → GayLussac

78 암모니아 산화에 의한 질산 제조공정에서 사용되는 촉매에 대한 설명으로 틀린 것은 어느 것인가? `출제율 40%`

① 촉매로는 백금(Pt)에 Rh이나 Pd를 첨가하여 만든 백금계 촉매가 일반적으로 사용된다.
② 촉매는 단위중량에 대한 표면적이 큰 것이 유리하다.
③ 촉매 형상은 직경 0.2cm 이상의 선으로 망을 떠서 사용한다.
④ Rh은 가격이 비싸지만 강도, 촉매 활성, 촉매 손실을 개선하는 데 효과가 있다.

해설 암모니아 산화반응
$$4 NH_3 + 5O_2 \rightarrow 4 NO + 6 H_2O$$
촉매 형상은 표면적이 큰 것을 사용한다.

79 다음 중 아세틸렌과 작용하여 염화비닐을 생성하는 것은? `출제율 40%`

① Cl_2
② NaCl
③ NaClO
④ HCl

해설
$$CH \equiv CH + HCl \longrightarrow CH_2 = CH$$
$$| $$
$$Cl$$
(염화비닐)

80 수평균분자량이 100000인 어떤 고분자 시료 1g과 수평균분자량이 200000인 같은 고분자시료 2g을 서로 섞으면 혼합시료의 수평균분자량은? `출제율 60%`

① 0.5×10^5
② 0.667×10^5
③ 1.5×10^5
④ 1.667×10^5

해설 수평균분자량

$$\overline{M}_n = \frac{총\ 무게}{총\ 몰수} = \frac{W}{\sum N_i} = \frac{\sum M_i N_i}{\sum N_i}$$

$$100,000 = \frac{1}{\sum N_i}, \ \sum N_i = 10^{-5}$$

$$200,000 = \frac{2}{\sum N_i}, \ \sum N_i = 10^{-5}$$

$$\overline{M}_n = \frac{3}{2 \times 10^{-5}} = 1.5 \times 10^5$$

▶▶ 제5과목 ┃ 반응공학

81 가역적 소반응(기초반응) $A + B \rightleftarrows R + S$에서 $r_R = k_1 C_A C_B$이고 $-r_R = k_2 C_R C_S$일 때 다음 중 이 반응의 평형상수 k_c에 해당하는 것은 어느 것인가? `출제율 20%`

① $\dfrac{k_2}{k_1}$
② $\dfrac{k_1}{k_2}$
③ $\dfrac{1}{k_1 k_2}$
④ $k_1 k_2$

해설 평형
정반응속도 = 역반응속도
$$화학평형상수(k_c) = \frac{정반응의\ 속도상수}{역반응의\ 속도상수} = \frac{k_1}{k_2}$$

82 체적 0.212m³의 로켓 엔진에서 수소가 6kmol/s의 속도로 연소된다. 이때 수소의 반응속도는 약 몇 kmol/m³ · s인가? 출제율 20%

① 18.0   ② 28.3
③ 38.7   ④ 49.0

해설 반응속도 $= \dfrac{\text{속도}}{\text{체적}} = \dfrac{6\,\text{kmol/s}}{0.212\,\text{m}^3} = 28.3\,\text{kmol/m}^3 \cdot \text{s}$

83 액상 비가역 2차 반응 $A \rightarrow B$를 [그림]과 같이 순환비 R의 환류식 플러그흐름반응기에서 연속적으로 진행시키고자 한다. 이때 반응기 입구에서의 A의 농도 C_{Ai}를 옳게 표현한 식은 어느 것인가? 출제율 40%

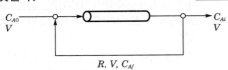

C_{A0} V C_{Ai} V

R, V, C_{Af}

① $C_{Ai} = \dfrac{RC_{Af} + C_{A0}}{R+1}$

② $C_{Ai} = \dfrac{C_{Af} + RC_{A0}}{R+1}$

③ $C_{Ai} = RC_{Af} + C_{A0}$

④ $C_{Ai} = C_{Af} + RC_{A0}$

해설 $F_{A0} + RF_{Af} = F_{Ai}$
$C_{A0} V + RC_{Af} \cdot V = C_{Ai} V_i = C_{Ai}(R+1) V$
$C_{Ai} = \dfrac{C_{A0} + RC_{Af}}{R+1}$

84 크기가 다른 2개의 혼합흐름반응기를 사용하여 1차 반응에 의해서 제품을 생산하려 한다. 다음 중 옳은 설명은? 출제율 40%

$\xrightarrow{C_{A0}}$ 혼합흐름반응기 τ_1 $\xrightarrow{C_{A1}}$ 혼합흐름반응기 τ_2 $\xrightarrow{C_{A2}}$

① 혼합흐름반응기의 순서는 전화율에 아무런 영향도 주지 않는다.
② 혼합속도가 느린 반응기를 먼저 설치해야 전화율이 크다.
③ 작은 혼합흐름반응기를 먼저 설치해야 전화율이 크다.
④ 큰 혼합흐름반응기를 먼저 설치해야 전화율이 크다.

해설 • $n=1$차 : 동일한 크기의 반응기가 최적
• $n>1$: 작은 반응기 → 큰 반응기
• $n<1$: 큰 반응기 → 작은 반응기

85 반응 전화율을 온도에 대하여 나타낸 직교좌표에서 반응기에 열을 가하면 기울기는 단열과정에서보다 어떻게 되는가? 출제율 40%

① 증가한다.
② 감소한다.
③ 일정하다.
④ 반응열의 크기에 따라 증가 또는 감소한다.

해설

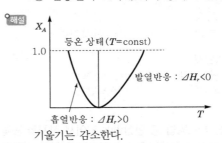

X_A

1.0   등온 상태(T=const)

                    발열반응 : $\Delta H, <0$

흡열반응 : $\Delta H, >0$ T

기울기는 감소한다.

86 다음은 Arrhenius 법칙에 의해 그림 활성화에너지(activation energy)에 대한 그래프이다. 이 그래프에 대한 설명으로 옳은 것은? 출제율 60%

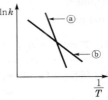

$\ln k$

@

ⓑ

$\dfrac{1}{T}$

① 직선 ⓑ보다 ⓐ가 활성화에너지가 크다.
② 직선 ⓐ보다 ⓑ가 활성화에너지가 크다.
③ 초기에는 직선 ⓐ의 활성화에너지가 크나, 후기에는 ⓑ가 크다.
④ 초기에는 직선 ⓑ의 활성화에너지가 크나, 후기에는 ⓐ가 크다.

해설 Arrhenius equation
$\ln k = \ln A - \dfrac{E_a}{RT}$
기울기가 클수록(직선 ⓐ가 직선 ⓑ보다 기울기가 큼) 활성화에너지(E_a)가 크다.

87 그림 A, B, C는 mixed flow reactor와 plug flow reactor를 각각 다르게 연결한 것이다. 1차 이상의 반응에서 (A)의 생성물의 양을 X_1로 하고 (B)의 생성물의 양을 X_2로 하며, (C)의 생성물의 양을 X_3로 하였을 때 옳은 것은 어느 것인가? 〔출제율 20%〕

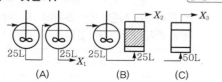

(A)   (B)   (C)

① $X_1 < X_3 < X_2$ ② $X_2 < X_1 < X_3$

③ $X_1 < X_2 < X_3$ ④ $X_3 < X_1 < X_2$

해설 PFR의 전화율 > MFR의 전화율
A, B, C의 V는 50L로 동일하므로
$X_1 < X_2 < X_3$

88 부피가 일정한 회분식 반응기에서 반응혼합물 A 기체의 최초압력을 479mmHg로 할 경우에 반감기가 80s였다고 한다. 만일 이 A 기체의 반응혼합물에 최초압력을 315mmHg로 하였을 때 반감기가 120s로 되었다면 반응의 차수는 몇 차 반응으로 예상할 수 있는가? (단, 반응물을 초기조성이 같고, 비가역반응이 일어난다.) 〔출제율 40%〕

① 1차 반응   ② 2차 반응
③ 3차 반응   ④ 4차 반응

해설 $A^n \rightarrow B$

$-\dfrac{d[A]}{dt} = k[A]^n$

$-\dfrac{d[A]}{[A]^n} = kdA$

$-\dfrac{1}{1-n}\left([A]^{-n+1} - [A]_0^{-n+1}\right) = kt$

$k \cdot t_{\frac{1}{2}} = \dfrac{1}{1-n}\left((2^{n-1}-1)[A]_0^{-n+1}\right)$

$k \times 120 = \dfrac{1}{1-n}\left((2^{n-1}-1)(315)^{-n+1}\right)$

$k \times 80 = \dfrac{1}{1-n}\left((2^{n-1}-1)(498)^{-n+1}\right)$

$\dfrac{3}{2} = \left(\dfrac{2}{3}\right)^{-n+1} = \left(\dfrac{3}{2}\right)^{n-1}$

$n-1 = 1$

$n = 2$

89 플러그흐름반응기(plug flow reactor)에서 반응이 진행된다. 그림의 빗금 친 부분은 무엇을 의미하는가? (단, ϕ는 반응 $A \rightarrow R$에 대해 이 반응기에서 R의 순간수율(instantaneous fractional yield)이다.) 〔출제율 40%〕

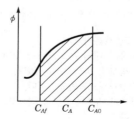

① 총괄수율
② 반응해서 없어진 반응물의 몰수
③ 생성되는 R의 최종농도
④ 그 순간의 반응물의 농도

해설 그래프의 면적은 반응기를 나오는 반응물의 농도의 농도이다.

$\phi = \dfrac{C_{R_f}}{-\Delta C_A}$

90 고체촉매반응에서 기공확산저항에 대한 설명 중 옳은 것은? 〔출제율 20%〕

① 유효인자(effectiveness factor)가 작을수록 실제 반응속도가 작아진다.
② 고체촉매반응에서 기공확산저항만이 율속단계가 될 수 있다.
③ 기공확산저항이 클수록 실제반응속도는 증가된다.
④ 기공확산저항은 항상 고체입자의 형태에는 무관하다.

해설 ② 고체촉매반응에서 기공확산저항만이 율속단계가 될 수 없다.
③ 기공확산저항이 클수록 실제반응속도는 감소한다.
④ 기공확산저항은 항상 고체입자의 형태에 따라 다르다.

보충 Tip

유효인자가 작을수록 실제반응속도가 작아진다.

유효인자 $= \dfrac{\text{실제반응속도}}{\text{이상반응속도}}$

91 이상적 반응기 중 완전교반흐름반응기에 대한 설명으로 틀린 것은? 출제율 20%
① 반응기 입구와 출구의 몰 속도가 같다.
② 정상상태흐름반응기이다.
③ 축방향의 농도구배가 없다.
④ 반응기 내의 온도구배가 없다.

해설 완전교반흐름반응기
㉠ 반응기 내의 온도구배가 없다.
㉡ 축방향의 농도구배가 없다.
㉢ 정상상태흐름반응기이다.
㉣ 반응기 내부와 출구농도는 같으나 유입농도는 다르다.

92 부피가 일정한 회분식(batch) 반응기에서 다음의 기초반응(elementary reaction)이 일어난다. 반응속도상수 $k=1.0\text{m}^3/(\text{s}\cdot\text{mol})$, 반응초기 A의 농도는 1.0mol/m^3이라면 A의 전화율이 75%일 때까지 걸리는 반응시간은? 출제율 60%

$$A+A \to D$$

① 1.4s ② 3.0s
③ 4.2s ④ 6.0s

해설 $k=1\text{m}^3/\text{mol}\cdot\text{s}$: 2차 반응
$$kt\,C_{A_0} = \frac{X_A}{1-X_A}$$
$$1\times t\times 1 = \frac{0.75}{1-0.75}$$
$$t=3\text{s}$$

93 그림은 단열조작에서 에너지수지식의 도식적 표현이다. 발열반응의 경우 불활성 물질을 증가시켰을 때 단열조작선은 어느 방향으로 이동하겠는가? (단, 실선은 불활성 물질이 없는 경우를 나타낸다.) 출제율 40%

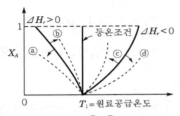

① ⓐ ② ⓑ
③ ⓒ ④ ⓓ

해설 발열반응이면 $(\Delta H_r < 0)$ 그래프에서 불활성 물질 증가 시 ⓒ, 감소 시 ⓓ이다.

94 체적이 일정한 회분식 반응기에서 다음과 같은 기체반응이 일어난다. 초기의 전압과 분압을 각각 P_0, P_{A0}, 나중의 전압을 P라 할 때 분압 P_A을 표시하는 식은? (단, 초기에 A, B는 양론비대로 존재하고 R은 없다.) 출제율 40%

$$aA+bB \to rR$$

① $P_A = P_{A0} - \left[\dfrac{a}{r+a+b}\right](P-P_0)$

② $P_A = P_{A0} - \left[\dfrac{a}{r-a-b}\right](P-P_0)$

③ $P_A = P_{A0} + \left[\dfrac{a}{r-a-b}\right](P-P_0)$

④ $P_A = P_{A0} + \left[\dfrac{a}{r+a+b}\right](P-P_0)$

해설

	aA	$+$	bB	$\to$	rR
초기	P_{A0}		P_{B0}		0
반응	$-ax$		$-bx$		rx
최종	$P_{A0}-ax$,		$P_{B0}-bx$,		rx

$P = P_{A0}-ax+P_{B0}-bx+rx$ $(P_0 = P_{A0}+P_{B0})$
$\quad = P_0 + (r-a-b)x$
$x = \dfrac{P-P_0}{r-a-b}$
$P_A = P_{A0}-ax = P_{A0} - \dfrac{a(P-P_0)}{(r-a-b)}$

95 불균질(heterogeneous) 반응속도에 대한 설명으로 가장 거리가 먼 것은? 출제율 20%
① 불균질반응에서 일반적으로 반응속도식은 화학반응항에 물질이동항이 포함된다.
② 어떤 단계가 비선형성을 띠면 이를 회피하지 말고 총괄속도식에 적용하여 문제를 해결해야 한다.
③ 여러 과정의 속도를 나타내는 단위가 서로 같으면 총괄속도식을 유도하기 편리하다.
④ 총괄속도식에는 중간체의 농도항이 제거되어야 한다.

해설 불균질반응의 경우 총괄속도식을 적용하기 어렵다.

96 0차 반응의 반응물 농도와 시간과의 관계를 옳게 나타낸 것은? `출제율 40%`

①

②

③

④

해설 $C_A - C_{A0} = -kt$

$C_A = -kt + C_{A0}$

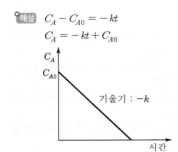

기울기 : $-k$

97 반감기가 50시간인 방사능 액체를 10L/h의 속도를 유지하며 직렬로 연결된 두 개의 혼합탱크 (각각 $v = 4000$L)에 통과시켜 처리한다. 이와 같이 처리시킬 때 방사능이 얼마나 감소하겠는가? `출제율 60%`

① 93.67% ② 95.67%

③ 97.67% ④ 99.67%

해설 반감기 일정 : 1차 반응

$\dfrac{\ln 2}{k} = 50\,\text{hr}, \quad k = 0.013863/\text{hr}$

$\tau = \dfrac{C_{A0}X_A}{kC_A} = \dfrac{C_{A0}X_A}{kC_{A0}(1-X_A)} = 400$

$\left(\tau = \dfrac{4000\,\text{L}}{10\,\text{L/h}} = 400\,\text{hr} \right)$

$X_A = 0.847$

전체 전화율 $= 1 - (1-0.847)^2$

$\qquad\qquad = 0.9767 \times 100 = 97.67\%$

98 다음 중 연속흐름반응기에서 물질수지식으로 옳은 것은? `출제율 20%`

① 입류량 = 출류량 − 소멸량 + 축적량

② 입류량 = 출류량 − 소멸량 − 축적량

③ 입류량 = 출류량 + 소멸량 + 축적량

④ 입류량 = 출류량 + 소멸량 − 축적량

해설 • 축적량 = 입류량 − 출류량 − 소멸량
• 입류량 = 축적량 + 출류량 + 소멸량

99 다음의 액상 병렬반응을 연속흐름반응기에서 진행시키고자 한다. 이때 같은 입류조건에 A의 전화율이 모두 0.9가 되도록 반응기를 설계한다면 어느 반응기를 사용하는 것이 R로의 전화율을 가장 크게 해 주겠는가? (단, $r_R = 20C_A$이고 $r_S = 5C_A{}^2$이다.) `출제율 40%`

① 플러그흐름반응기

② 혼합흐름반응기

③ 환류식 플러그흐름반응기

④ 다단식 혼합흐름반응기

해설 $\dfrac{r_R}{r_S} = \dfrac{20C_A}{5C_A{}^2} = \dfrac{4}{C_A}$

C_A를 낮게 유지하기 위해서는 CSTR이 유리하다.

100 양론식 $A + 3B \rightarrow 2R + S$가 2차 반응 $-r_A = k_1 C_A C_B$일 때 r_A, r_B와 r_R의 관계식으로 옳은 것은? `출제율 40%`

① $r_A = r_B = r_R$

② $-r_A = -r_B = r_R$

③ $-r_A = -\left(\dfrac{1}{3}\right)r_B = \left(\dfrac{1}{2}\right)r_R$

④ $-r_A = -3r_B = -2r_R$

해설 $aA + bB \xrightarrow{\ k\ } cC + dD$

$-\dfrac{r_A}{a} = \dfrac{-r_B}{b} = \dfrac{r_C}{c} = \dfrac{r_D}{d}$

$-r_A = -\dfrac{r_B}{3} = \dfrac{r_R}{2}$

▶▶ 제1과목 | 화공열역학

01 정압과정으로, 액체로부터 증기로 바뀌는 순수한 물질에 대한 깁스 자유에너지 G와 온도 T의 그래프를 옳게 나타낸 것은? `출제율 40%`

해설 상평형

$$dU^t + PdV^t - TdS^t \leq 0$$

$$d(U^t + PV^t - TS^t)_{T,P} \leq 0$$

$$(dG^t)_{T,P} \leq 0$$

즉, 깁스 에너지는 감소하는 방향으로 진행되며, 상평형 시 각 성분의 화학퍼텐셜이 같으므로 $G(l) = G(v)$이다.

02 줄-톰슨(Joule-Thomson) 팽창은 다음 중 어느 과정에 속하는가? `출제율 40%`

① 등엔탈피 과정
② 등엔트로피 과정
③ 정용 과정
④ 정압 과정

해설 Joule-Thomson 계수

$$\mu = \left(\frac{\partial T}{\partial P}\right)_H$$

엔탈피가 일정한 팽창을 Joule-Thomson 팽창이라고 한다.

03 혼합물이 기-액 상평형을 이루고 압력과 기상 조성이 주어졌을 때 온도와 액상 조성을 계산하는 방법을 무엇이라고 하는가? `출제율 20%`

① BUBL P
② BUBL T
③ DEW P
④ DEW T

해설 ① BUBL P : 주어진 액상조성과 온도로부터 기상조성과 압력 계산
② BUBL T : 주어진 액상조성과 압력으로부터 기상조성과 온도 계산
③ Dew P : 주어진 기상조성과 온도로부터 액상조성과 압력 계산
④ Dew T : 주어진 기상조성과 압력으로부터 액상조성과 온도 계산

04 다음 중 역행응축(逆行凝縮, retrograde condensation) 현상을 가장 유용하게 쓸 수 있는 경우는 어느 것인가? `출제율 20%`

① 천연가스 채굴 시 동력 없이 많은 양의 액화 천연가스를 얻는다.
② 기체를 임계점에서 응축시켜 순수성분을 분리시킨다.
③ 고체혼합물을 기체화시킨 후 다시 응축시켜 비휘발성 물질만을 얻는다.
④ 냉동의 효율을 높이고 냉동제의 증발잠열을 최대로 이용한다.

해설 역행응축
온도는 올라가는 데 응축하는 현상. 즉, 온도는 내려가는 데 증발하는 현상으로, 천연가스 채굴 시 이용된다.

05 실제기체의 조름공정(throttling process)을 전후해서 변하지 않는 성질은? `출제율 40%`

① 온도
② 엔탈피
③ 압력
④ 엔트로피

해설 **조름공정**
증기압축 사이클에서 응축된 액체가 압력 강하에 의
해 원래 압력으로 되돌아갈 경우 조름과정을 통해 이
루어진다. 즉, 조름과정은 일정엔탈피에서 이루어지
며, 실제기체에서 발생하고, $W=0$, $Q=0$이며, 비
가역이다.

06 $P-H$ 선도에서 등엔트로피선의 기울기 $(\partial P/\partial H)_S$
의 값은? 출제율 40%

① $(\partial P/\partial H)_S = V$

② $(\partial P/\partial H)_S = \dfrac{1}{V}$

③ $(\partial P/\partial H)_S = -V$

④ $(\partial P/\partial H)_S = -\dfrac{1}{V}$

해설 $dH = TdS + VdP$ (등엔트로피 : $dS=0$)

$dH = VdP$, $V = \left(\dfrac{\partial H}{\partial P}\right)_S$

$\dfrac{1}{V} = \left(\dfrac{\partial P}{\partial H}\right)_S$

07 다음 중 혼합물에서 성분 I의 화학퍼텐셜(chemical
potential)을 올바르게 나타낸 것은? (단, nA : 총
헬름홀츠 에너지, nG : 총 깁스 에너지, P : 압력,
T : 절대온도, n_i : 성분 i의 몰수, n_j : i번째 성
분 이외의 모든 몰수를 일정하게 유지한다는 뜻
이다.) 출제율 40%

① $\mu_i = \left(\dfrac{\partial(nA)}{\partial n_i}\right)_{P,T,n_j}$

② $\mu_i = \left(\dfrac{\partial(nA)}{\partial n_i}\right)_{P,V,n_j}$

③ $\mu_i = \left(\dfrac{\partial(nG)}{\partial n_i}\right)_{P,T,n_j}$

④ $\mu_i = \left(\dfrac{\partial(nG)}{\partial n_i}\right)_{P,V,n_j}$

해설 **화학퍼텐셜**

$\mu_i = \left(\dfrac{\partial(nU)}{\partial n_i}\right)_{nS,nV,nj} = \left(\dfrac{\partial(nH)}{\partial n_i}\right)_{nS,P,n_j}$

$= \left(\dfrac{\partial(nA)}{\partial n_i}\right)_{nV,T,n_j} = \left(\dfrac{\partial(nG)}{\partial n_i}\right)_{T,P,n_j}$

08 같은 몰수의 벤젠과 톨루엔의 액체혼합물이 303.15K
에서 증기와 기-액 상평형을 이루고 있다. 라울
의 법칙을 가정할 때 계의 총 압력과 벤젠의 증
기 조성은 얼마인가? (단, 303.15K에서 벤젠의
증기압은 15.9kPa이며, 톨루엔의 증기압은
4.9kPa이다.) 출제율 40%

① 전압=20.8kPa, 증기의 벤젠 조성=0.236

② 전압=20.8kPa, 증기의 벤젠 조성=0.764

③ 전압=10.4kPa, 증기의 벤젠 조성=0.236

④ 전압=10.4kPa, 증기의 벤젠 조성=0.764

해설 **라울의 법칙**
$P = p_A + p_B = P_A x_A + P_B(1-x_A)$
$= 15.9 \times 0.5 + 4.9 \times 0.5 = 10.4 \text{kPa}$
여기서, p_A, p_B : A, B의 증기분압
P_A, P_B : 각 성분의 순수한 상태의 증기압

$y_A = \dfrac{P_A x_A}{P} = \dfrac{15.9 \times 0.5}{10.4} = 0.764$

09 다음의 $P=H$ 선도에서 $H_2=H_1$의 값은 무엇에
해당하는가? 출제율 20%

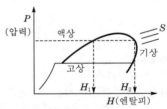

① 혼합열 ② 승화열
③ 증발열 ④ 융해열

해설 그래프 상 1지점은 액상 쪽, 2지점은 기상 쪽이므로
액상→ 기상 : 증발열

10 디젤(diesel) 엔진의 사이클 중 연소는 열역학적
으로 어느 과정에서 일어나는가? 출제율 40%

① 정용 과정 ② 등압 과정
③ 단열 과정 ④ 등엔탈피 과정

해설 **디젤기관**
디젤기관은 압축 후 온도가 충분히 높아 연소가 순
간적 발생한다. 즉, 연소가 등압 하에서 이루어지므
로 등압사이클이다.

11 열과 일 사이의 에너지 보존의 원리를 표현한 법칙은? [출제율 20%]

① 보일-샤를의 법칙

② 열역학 제1법칙

③ 열역학 제2법칙

④ 열역학 제3법칙

[해설] **열역학 법칙**

㉠ **열역학 제0법칙**

A와 B의 온도가 동일하고, B와 C의 온도가 동일하면 A와 C의 온도는 동일하다.

㉡ **열역학 제1법칙**

에너지 보존 법칙으로, 에너지 총량은 일정하다.

㉢ **열역학 제2법칙**

자발적 변화는 비가역변화이며, 엔트로피(무질서도)는 증가하는 방향으로 진행된다.

12 3개의 기체 화학종(chemical species) N_2, H_2, NH_3로 구성되어 다음의 화학반응이 일어나는 반응계의 자유도는? [출제율 60%]

$$N_2(g) + 3H_2(g) \rightarrow 2NH_3$$

① 0 ② 1

③ 2 ④ 3

[해설] **자유도(F)**

$F = 2 - P + C - r - s$

여기서, P : 상, C : 성분, r : 반응식

s : 제한조건(공비혼합물, 등몰기체 생성)

$F = 2 - 1 + 3 - 1 - 0 = 3$

13 다음 중 퓨가시티(fugacity) f_i 및 퓨가시티 계수 ϕ_i에 관한 설명으로 틀린 것은 어느 것인가?

$\left($ 단, $\phi_i = \dfrac{f_i}{P}$ 이다. $\right)$ [출제율 40%]

① 이상기체에 대한 $\dfrac{f_i}{P}$ 의 값은 1이 된다.

② 잔류 깁스(Gibbs) 에너지 G_i^R과 ϕ_i와의 관계는 $G_i^R = RT \ln \phi_i$로 표시된다.

③ 퓨가시티 계수 ϕ_i의 단위는 압력의 단위를 가진다.

④ 주어진 성분의 퓨가시티가 모든 상에서 동일할 때 접촉하고 있는 상들은 평형상태에 도달할 수 있다.

[해설] **퓨가시티**

$f = \phi P$

여기서, P : 이상기체 압력

f : 실제기체에 사용되는 압력

ϕ : 실제기체와 이상기체 압력 관계의 계수 (무차원)

14 컴퓨터를 이용한 이성분계 계산에 대한 설명 중 적합하지 않은 것은? [출제율 20%]

① 등온플래시 계산은 온도, 압력을 주고 기상, 액상의 몰 조성을 구하는 계산이다.

② 등온플래시 계산은 뉴턴의 방법 같은 반복계산을 통하여 계산된다.

③ 평형상수를 이용하면 반응의 속도를 정확히 알 수 있다.

④ 평형상수를 이용하며 반응 후 최종조성을 정확히 알 수 있다.

[해설] **Flash**

㉠ 기포점 압력 이상의 압력 하에 있는 액체가 압력이 감소되는 경우 부분적으로 증발되어 기-액 평형을 이룬다.

㉡ 라울의 법칙, K value 등을 이용하여 물질수지식을 세우고 각 물질의 양, 조성 등을 계산하는 것이 플래시 계산이다.

15 두 성분이 완전혼합되어 하나의 이상용액을 형성할 때 한 성분 i의 화학퍼텐셜 μ_i는 $\mu_i°(T, P) + RT \cdot \ln X_i$로 표시할 수 있다. 동일온도와 압력 하에서 한 성분 i의 순수한 화학퍼텐셜 μ^{Pure_i}는 어떻게 나타낼 수 있는가? (단, X_i는 성분의 몰분율, $\mu_i°(T, P)$는 같은 T와 P에 있는 이상용액 상태의 순수성분 i의 화학퍼텐셜이다.) [출제율 40%]

① $\mu^{Pure_i} = \mu_i°(T, P) + RT \cdot \ln X_i$

② $\mu^{Pure_i} = RT \ln X_i$

③ $\mu^{Pure_i} = \mu_i°(T, P) \cdot RT$

④ $\mu^{Pure_i} = \mu_i°(T, P)$

[해설] $\mu_i = \mu_i°(T, P) + RT \ln X_i$

순수성분의 몰분율 = 1이므로

$\ln X_i = \ln 1 = 0$

$\mu_i = \mu_i°(T, P)$

16 디젤기관(diesel cycle)과 오토기관(otto cycle)에 대한 설명으로 옳은 것은? _{출제율 20%}

① 두 기관 모두 효율은 압축비와 무관하게 결정된다.
② 디젤기관은 2개의 정용과정이 있다.
③ 같은 압축비에 대하여는 오토기관은 디젤기관보다 효율이 좋다.
④ 오토기관은 1개의 정용과정과 1개의 정압과정이 있다.

[해설] 디젤기관/오토기관
㉠ 압축비가 같으면 오토기관의 효율이 디젤기관보다 높다.
㉡ 디젤기관은 단열압축, 등압가열, 단열팽창, 등적방열 공정으로 구성되어 있다.
㉢ 오토기관은 2개의 단열과정과 2개의 등부피과정으로 구성된다.

[보충 Tip]

압축비가 동일하면 Otto 기관이 Diesel 기관보다 효율이 높다. 하지만 Otto 기관의 경우 미리 점화하므로 얻을 수 있는 압축비에 한계가 있다. 그러므로 Diesel 기관은 더 높은 압축비에서 운전되며, 더 높은 효율을 얻는다.

17 이성분 혼합용액에 관한 라울(Raoult)의 법칙으로 옳은 것은? (단, y_i, x_i는 기상 및 액상의 몰분율을 의미한다.) _{출제율 40%}

① $y_1 = \dfrac{x_1 P_1^{sat}}{P_2^{sat} + x_1(P_1^{sat} - P_2^{sat})}$

② $y_1 = \dfrac{x_2 P_2^{sat}}{P_2^{sat} + x_1(P_1^{sat} - P_2^{sat})}$

③ $y_1 = \dfrac{x_1 P_1^{sat}}{P_2^{sat} + x_1(P_2^{sat} - P_1^{sat})}$

④ $y_1 = \dfrac{x_2 P_2^{sat}}{P_2^{sat} + x_1(P_2^{sat} - P_1^{sat})}$

[해설] 라울의 법칙
$$y_1 = \frac{P_1}{P_t} = \frac{x_1 P_1^{sat}}{P}$$
$$P = P_2^{sat} + (P_1^{sat} - P_2^{sat})x_1$$
$$y_1 = \frac{x_1 P_1^{sat}}{P_2^{sat} + (P_1^{sat} - P_2^{sat})x_1}$$

18 60기압의 기체($\gamma = 1.33$)가 들어 있는 탱크에 수렴노즐(convergent nozzle)을 연결하여 이 기체를 다른 탱크로 뽑아내고자 할 때 가장 빨리 뽑아내기 위해서는 제2의 탱크 압력을 몇 기압으로 유지시켜야 하는가? (단, 기체는 이상기체, γ는 비열비이다.) _{출제율 20%}

① 3.24기압　　② 32.4기압
③ 4.51기압　　④ 45.1기압

[해설] 압력비 식
$$\frac{P^*}{P_0} = \left(\frac{2}{1+\gamma}\right)^{\frac{\gamma}{\gamma-1}}$$
$$\frac{x}{60} = \left(\frac{2}{1+1.33}\right)^{\frac{1.33}{1.33-1}}$$
$$x = 60 \times \left(\frac{2}{1+1.33}\right)^{\frac{1.33}{1.33-1}} = 32.4$$

19 $C_p / C_v = 1.4$인 공기 1m³를 5atm에서 20atm으로 단열압축 시 최종체적은 얼마인가? (단, 이상기체로 가정한다.) _{출제율 80%}

① 0.18m³　　② 0.37m³
③ 0.74m³　　④ 3.7m³

[해설] 이상기체 단열공정
$$\frac{C_P}{C_V} = \gamma\,(비열비) = 1.4$$
$$P_1 V_1^{\gamma} = P_2 V_2^{\gamma}, \quad \left(\frac{P_1}{P_2}\right) = \left(\frac{V_2}{V_1}\right)^{\gamma}$$
$$\frac{5}{20} = \left(\frac{V_2}{1}\right)^{1.4}$$
$$V_2 = 0.37\,m^3$$

20 다음 중 상태방정식에 대한 설명으로 틀린 것은? _{출제율 20%}

① 삼차 상태방정식은 압력을 온도와 부피의 항으로 표시한다.
② 삼차 상태방정식은 3개 또는 1개의 실근을 가진다.
③ 삼차 상태방정식을 이용하면 기체혼합물의 잔류물성(residual properties)을 계산할 수 있다.
④ 삼차 상태방정식을 이용하여 기준물성(H^0, C_p^0, S^0) 등을 계산할 수 있다.

해설 Van der Waals 상태방정식

$$P = \frac{RT}{V-b} - \frac{a(\tau)}{(V+\varepsilon b)(V+\sigma b)}$$

반 데르 발스 $P = \frac{RT}{V-b} - \frac{a}{V^2} \, (\varepsilon, \, \sigma = 0)$

이 상태방정식으로 특정상태에서의 내부에너지 등을 구할 수 없다.

▶ 제2과목 I 단위조작 및 화학공업양론

21 정상상태로 흐르는 유체가 유로의 확대된 부분을 흐를 때 변화하지 않는 것은? 출제율 20%

① 유량 ② 유속
③ 압력 ④ 유동단면적

해설 연속방정식

$Q = A_1 V_1 = A_2 V_2$

즉 단면이 변해도 유량은 일정하다.

22 25℃에서 10L의 이상기체를 1.5L까지 정온압축시켰을 때 주위로부터 2250cal의 일을 받았다면 이 이상기체는 몇 mol인가? 출제율 80%

① 0.5mol ② 1mol
③ 2mol ④ 3mol

해설 $Q = W = nRT \ln\frac{P_1}{P_2} = nRT \ln\frac{V_2}{V_1}$

$= -2250 \, \text{cal}$

$= n \times 1.987 \, \text{cal/mol} \cdot \text{K} \times 298 \text{K} \times \ln\frac{1.5}{10}$

$n = 2 \, \text{mol}$

23 이상기체 1몰이 300K에서 100kPa로부터 400kPa로 가역과정으로 등온 압축되었다. 이때 작용한 일의 크기를 옳게 나타낸 것은? 출제율 80%

① $(1)(8.314)(300) \ln\frac{400}{100} \text{J}$

② $(1)(8.314)\left(\frac{1}{300}\right) \ln\frac{400}{100} \text{J}$

③ $(1)\left(\frac{1}{8.314}\right)(300) \ln\frac{400}{100} \text{kJ}$

④ $(1)\left(\frac{1}{8.314}\right)\left(\frac{1}{300}\right) \ln\frac{400}{100} \text{kJ}$

해설 $Q = W = nRT \ln\frac{P_1}{P_2}$

$1 \, \text{mol} \times 8.314 \times 300 \text{K} \times \ln\frac{400}{100}$

24 톨루엔 속에 녹은 40%의 이염화에틸렌 용액이 매 시간 100mol씩 증류탑 중간으로 공급되고 탑 속의 축적량 없이 두 곳으로 나간다. 위로 올라가는 것을 증류물이라 하고 밑으로 나가는 것을 잔류물이라 한다. 증류물은 이염화에틸렌 95%를 가졌고, 잔류물은 이염화에틸렌 10%를 가졌다고 할 때 각 흐름의 속도는 약 몇 mol/h인가? 출제율 60%

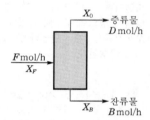

① $D = 0.35, \ B = 0.64$
② $D = 64.7, \ B = 35.3$
③ $D = 35.3, \ B = 64.7$
④ $D = 0.64, \ B = 0.35$

해설 $F = 100 \, \text{mol/h} = D + B$

$100 \times 0.4 = D \times 0.95 + (100 - D) \times 0.1$

연립방정식을 풀면

$D = 35.3 \, \text{mol/h}$

$B = 100 - 35.3 = 64.7 \, \text{mol/h}$

25 이상기체에서 단열공정(adiabatic process)에 대한 관계를 옳게 나타낸 것은? 출제율 60%

① $\frac{T_2}{T_1} = \left(\frac{P_2}{P_1}\right)^{\frac{1-K}{K}}$ ② $\frac{T_2}{T_1} = \left(\frac{P_2}{P_1}\right)^{K-1}$

③ $\frac{T_2}{T_1} = \left(\frac{P_2}{P_1}\right)^{\frac{K-1}{K}}$ ④ $\frac{T_2}{T_1} = \left(\frac{P_2}{P_1}\right)^{1-K}$

해설 이상기체 단열공정 관련식

$\frac{T_2}{T_1} = \left(\frac{V_1}{V_2}\right)^{\gamma-1} = \left(\frac{P_2}{P_1}\right)^{\frac{\gamma-1}{\gamma}}$

$\frac{P_2}{P_1} = \left(\frac{V_1}{V_2}\right)^{\gamma-1}$

26 대기압이 760mmHg이고 기온이 30℃인 공기의 밀도는 약 몇 kg/m³인가? 〔출제율 80%〕

① 1.167 ② 1.206
③ 1.513 ④ 1.825

해설 $PV = nRT = \dfrac{W}{M}RT$

$\rho = \dfrac{W}{V} = \dfrac{PM}{RT} = \dfrac{1\,\text{atm} \times 29\,\text{kg/kg mol}}{0.082\,\text{atm} \cdot \text{m}^3/\text{kmol} \cdot \text{K} \times 303\,\text{K}}$

$= 1.167\,\text{kg/m}^3$

27 다음 중 Hess의 법칙에 대한 설명으로 옳은 것은? 〔출제율 20%〕

① 정압 하의 열(Q_p)을 추산하는 데 무관한 법칙이다.
② 경로함수의 성질을 이용하는 법칙이다.
③ 상태함수의 변화치를 추산하는 데 이용할 수 없는 법칙이다.
④ 엔탈피 변화는 초기 및 최종상태에만 의존한다.

해설 ① 정압 하의 열(Q_P)을 추산하는 데 매우 밀접한 법칙이다.
② 상태함수의 성질을 이용하는 법칙이다.
③ 상태함수의 변화치를 추산하는 데 이용할 수 있는 법칙이다.

28 1atm, 25℃에서 상대습도가 50%인 공기 1m³ 중에 포함되어 있는 수증기의 양은? (단, 25℃에서 수증기압은 24mmHg이다.) 〔출제율 40%〕

① 11.6g ② 12.5g
③ 28.8g ④ 51.5g

해설 상대습도(H_R)

$H_R = \dfrac{\text{증기의 분압}(P_A)}{\text{포화증기압}(P_S)} \times 100$

증기의 분압 = 포화증기압 × 상대습도
$= 24 \times 0.5 = 12\,\text{mmHg}$

$PV = nRT$ n(공기 몰수)

$n = \dfrac{PV}{RT} = \dfrac{1\,\text{atm} \times 1000\,\text{L}}{0.082\,\text{atm} \cdot \text{L/mol} \cdot \text{K} \times 298\,\text{K}}$

$= 40.873\,\text{mol}$

수증기 양

$= 40.873 \times \dfrac{12}{760} = 0.645\,\text{mol} \times 18\,\text{g/mol}$

$= 11.62\,\text{g}$

29 혼합물인 공기의 조성은 질소(N_2) 79mol%, 산소(O_2) 21mol%이다. 공기를 이상기체로 가정했을 때 질소의 질량분율은 얼마인가? 〔출제율 80%〕

① 0.325 ② 0.531
③ 0.767 ④ 0.923

해설 평균분자량
$M_{av} = \sum x_i M_i = 0.79 \times 28 + 0.21 \times 32 = 28.84\,\text{g/mol}$

$x_{N_2} = \dfrac{28 \times 0.79}{28.84} = 0.767$

30 다음 중 가장 낮은 압력을 나타내는 것은 어느 것인가? 〔출제율 20%〕

① 760mmHg ② 101.3kPa
③ 14.2psi ④ 1bar

해설 단위환산
①, ② $760\,\text{mmHg} = 1\,\text{atm} = 14.7\,\text{psi} = 101.3\,\text{kPa}$
③ $14.2\,\text{psi} \times \dfrac{1\,\text{atm}}{14.7\,\text{psi}} = 0.966\,\text{atm}$
④ $1\,\text{bar} \times \dfrac{1\,\text{atm}}{1.01325\,\text{bar}} = 0.987\,\text{atm}$

31 Isotropic turbulent란? 〔출제율 20%〕

① 난류에서 x, y, z 세 방향의 편차속도의 자승의 평균값이 모두 다른 경우
② 난류에서 x, y, z 세 방향의 편차속도의 자승의 평균값이 모두 같은 경우
③ 난류의 편차속도가 x, y, z 세 방향에 대하여 서로 다른 경우
④ 난류의 편차속도가 x, y, z 세 방향에 대하여 서로 같은 경우

해설 Isotropic turbulent
등방성 난류로 난류에서 x, y, z 세 방향의 편차속도의 자승의 평균값이 모두 같은 경우를 말한다.

32 다음 중 건조 조작에서 재료의 임계(critical) 함수율이란? 〔출제율 40%〕

① 건조속도 0일 때 함수율
② 감률 건조가 끝나는 때의 함수율
③ 항률 단계에서 감률 단계로 바뀌는 함수율
④ 건조 조작이 끝나는 함수율

해설 임계 함수율 = 한계 함수율
항률 건조기간에서 감률 건조기간으로 변환되는 함수율을 말한다.

26.① 27.④ 28.① 29.③ 30.③ 31.② 32.③

33 그림은 충전흡수탑에서 기체가 유량변화에 따른 압력강하를 나타낸 것이다. 부하점(loading point)에 해당하는 곳은? 〔출제율 40%〕

① a   ② b
③ c   ④ d

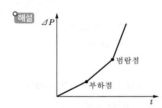

해설

범람점

부하점

34 기체흡수 설계에 있어서 평행선과 조작선이 직선일 경우 이동단위높이(HTU)와 이동단위수(NTU)에 대한 해석으로 옳지 않은 것은 어느 것인가? 〔출제율 20%〕

① HTU는 대수평균농도차(평균추진력)만큼의 농도변화가 일어나는 탑 높이이다.
② NTU는 전탑 내에서 농도변화를 대수평균농도차로 나눈 값이다.
③ HTU는 NTU로 전충전고를 나눈 값이다.
④ NTU는 평균 불활성 성분 조성의 역수이다.

해설 이동단위높이(HTU), 이동단위수(NTU)
㉠ 대수평균농도차는 평균추진력이라는 의미이다.
㉡ HTU는 대수평균농도차만큼 농도변화, 즉 대수평균농도차만큼의 농도변화가 일어나는 탑 높이이다.
㉢ NTU=전체농도변화/평균추진력

35 증류에 있어서 원료 흐름 중 기화된 증기의 분율을 f라 할 때 f에 대한 표현 중 틀린 것은 어느 것인가? 〔출제율 60%〕

① 원료가 포화액체일 때 $f=0$
② 원료가 포화증기일 때 $f=1$
③ 원료가 증기와 액체혼합물일 때 $0<f<1$
④ 원료가 과열증기일 때 $f<1$

해설 q선도는 액의 상태이므로 증기의 분율 f와 반대
• $q>1$(차가운 원액)   : $f<0$
• $q=1$(포화원액)   : $f=0$
• $0<q<1$(부분적 기화원액) : $0<f<1$
• $q=0$(포화증기)   : $f=1$
• $q<0$(과열증기)   : $f>1$

36 $p-$Xylene 40mol%, $o-$Xylene 60mol%인 혼합물을 비점으로 연속공급하여 탑정 중의 $p-$Xylene을 95mol%로 만들고자 한다. 비휘발도가 1.5라면 최소환류비는 얼마인가? 〔출제율 40%〕

① 1.5   ② 2.5
③ 3.5   ④ 4.5

해설 비휘발도를 이용하여 y_f를 구하면

$$y_f = \frac{\alpha x_f}{1+(\alpha-1)x_f}$$
$$= \frac{1.5 \times 0.4}{1+(1.5-1) \times 0.4} = 0.5$$

최소환류비$(R_{Dm}) = \dfrac{x_D - x_f}{y_f - x_f} = \dfrac{0.95 - 0.5}{0.5 - 0.4} = 4.5$

37 태양광선 중 최대강도를 갖는 파장이 6×10^{-5}cm라고 할 때 비인(Wien)의 변위법칙을 사용하여 태양의 표면온도를 구하면? (단, 상수값은 2.89×10^{-3}m·K이다.) 〔출제율 20%〕

① 약 4544℃   ② 약 5011℃
③ 약 5500℃   ④ 약 6010℃

해설 빈의 법칙(Wien's law)
$\lambda_{max} T = C = 2.89 \times 10^{-3}$m·K

$$T = \frac{2.89 \times 10^{-3} \text{m·K}}{6 \times 10^{-5} \times 10^{-2} \text{m}} = 4817\text{K} = 4544℃$$

38 다음 중 공비혼합물에 관한 설명으로 거리가 먼 것은? 〔출제율 40%〕

① 보통의 증류방법으로는 고순도의 제품을 얻을 수 없다.
② 비점 도표에서 극소 또는 극대점을 나타낼 수 있다.
③ 상대휘발도가 1이다.
④ 전압을 변화시켜도 공비혼합물의 조성과 비점이 변하지 않는다.

^{해설} 공비혼합물
- ㉠ 상대휘발도는 1이다.
- ㉡ 일반적인 증류로는 고순도제품을 얻을 수 없다.
- ㉢ 비점도표에서 극소점을 나타낼 때 최저공비혼합물, 극대점을 나타낼 때 최고공비혼합물
- ㉣ 압력에 의해 증류가 변한다.
- ㉤ 전압을 변화시켜도 공비 혼합물의 조성과 비점이 변한다.

39 2중관 열교환기를 사용하여 500kg/h의 기름을 240℃의 포화수증기를 써서 60℃에서 200℃까지 가열하고자 한다. 이때 총괄전열계수가 500kcal/m^2·h·℃, 기름의 정압비열은 1.0kcal/kg·℃이다. 필요한 가열면적은 몇 m^{2}인가? _{출제율 40%}

① 3.1   ② 2.4
③ 1.8   ④ 1.5

^{해설} $q = \dot{m} \times C_P \times (t_2 - t_1)$
$= 500\,kg/h \times 1\,kcal/kg·℃ \times (200-60)℃$
$= 70000\,kcal/h$

$\Delta t_L = \dfrac{150-40}{\ln 180/40} = 93.1$

$q = UA\Delta t_L$
$70000\,kcal/h = 500 \times A \times 93.1$
$A = 1.5\,m^2$

40 다음 중 고점도를 갖는 액체를 혼합하는 데 가장 적합한 교반기는? _{출제율 20%}

① 공기(air) 교반기
② 터빈(turbine) 교반기
③ 프로펠러(propeller) 교반기
④ 나선형 리본(helical-ribbon) 교반기

^{해설} 나선형-리본 교반기
점도가 큰 액체에 사용하며, 교반과 함께 운반도 한다.

⊙ 제3과목 | 공정제어

41 주제어기의 출력신호가 종속제어기의 목표값으로 사용되는 제어는? _{출제율 40%}

① 비율제어   ② 내부 모델제어
③ 예측제어   ④ 다단제어

^{해설} Cascade 제어(다단제어)
주제어기출력은 부제어 설정치 즉, 목표값으로 사용된다.

42 다음 공정에 PI 제어기($K_c = 0.5$, $\tau_I = 1$)가 연결되어 있을 때 설정값에 대한 출력의 닫힌 루프(closed-loop) 전달함수는? (단, 나머지 요소의 전달함수는 1이다.) _{출제율 40%}

$$G_p(s) = \frac{2}{2s+1}$$

① $\dfrac{Y(s)}{Y_{SP}(s)} = \dfrac{1}{2s^2+2s+1}$

② $\dfrac{Y(s)}{Y_{SP}(s)} = \dfrac{s+1}{2s^2+2s+1}$

③ $\dfrac{Y(s)}{Y_{SP}(s)} = \dfrac{1}{2s^2+s+1}$

④ $\dfrac{Y(s)}{Y_{SP}(s)} = \dfrac{s+1}{2s^2+s+1}$

^{해설} PI 제어기
$$G(s) = K_c\left(1+\frac{1}{\tau s}\right) = 0.5\left(1+\frac{1}{s}\right)$$

폐회로 전달함수 $G(s) = \dfrac{G_c G}{1+G_c G}$

$$G(s) = \frac{0.5\left(1+\frac{1}{s}\right)\left(\frac{2}{2s+1}\right)}{1+0.5\left(1+\frac{1}{s}\right)\left(\frac{2}{2s+1}\right)} = \frac{s+1}{2s^2+2s+1}$$

43 동일한 2개의 1차계가 상호작용 없이(non interacting) 직렬연결되어 있는 계는 다음 중 어느 경우의 2차계와 같아지는가? (단, ξ는 감쇠계수(damping coefficient)이다.) _{출제율 50%}

① $\xi > 1$ ② $\xi = 1$
③ $\xi < 1$ ④ $\xi = \infty$

^{해설} 1차계 : $\dfrac{1}{\tau s+1}$가 2개 직렬

$$\frac{1}{(\tau s+1)(\tau s+1)} = \frac{1}{\tau^2 s^2 + 2\tau s+1}$$

2차계의 기본식은 $\dfrac{1}{\tau^2 s^2 + 2\tau\zeta s+1}$이므로
$\zeta = 1$

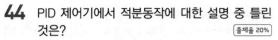

44 PID 제어기에서 적분동작에 대한 설명 중 틀린 것은? 출제율 20%

① 제어기의 입력신호의 절대값을 적분한다.
② 설정점과 제어변수 간의 오프셋을 제거해 준다.
③ 적분상수 τ_I가 클수록 적분동작이 줄어든다.
④ 제어기 이득 K_c가 클수록 적분동작이 커진다.

해설 PID 제어기 적분동작
오차시간을 시간에 대하여 적분한다.

45 일차계 전달함수 $G(s) = \dfrac{1}{s+1}$의 구석점 주파수(corner frequency)에서 이 일차계 2개가 직렬로 연결된 Goverall(s)의 위상각(phase angle)은 얼마인가? 출제율 40%

① $-\dfrac{\pi}{4}$ ② $-\dfrac{\pi}{2}$

③ $-\pi$ ④ $-\dfrac{3}{2}\pi$

해설 1차계 직렬 $G(s) = \dfrac{1}{s^2+2s+1}$

$\tau=1,\ \zeta=1$

$\phi = -\tan^{-1}\left(\dfrac{2\pi\zeta\omega}{1-\tau^2\omega^2}\right) = -\tan^{-1}\infty$

$= -\dfrac{\pi}{2}$

46 다음 블록선도로부터 서보문제(Servo problem)에 대한 총괄전달함수 C/R는? 출제율 40%

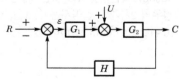

① $\dfrac{G_2}{1+G_1G_2H}$ ② $\dfrac{G_1}{1+G_1G_2H}$

③ $\dfrac{G_1G_2}{1+G_1G_2H}$ ④ $\dfrac{G_1G_2H}{1+G_1G_2H}$

해설 $\dfrac{C}{R} = \dfrac{직진}{1+\text{feedback}} = \dfrac{G_1G_2}{1+G_1G_2H}$

47 다음은 Parallel cascade 제어시스템의 한 예이다. $D(s)$와 $Y(s)$ 사이의 전달함수 $Y(s)/D(s)$는? 출제율 80%

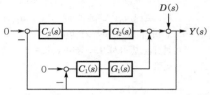

① $\dfrac{Y(s)}{D(s)} = \dfrac{1}{1+C_1(s)G_1(s)+C_2(s)G_2(s)}$

② $\dfrac{Y(s)}{D(s)} = \dfrac{C_2(s)G_2(s)}{1+C_1(s)G_1(s)}$

③ $\dfrac{Y(s)}{D(s)} = \dfrac{C_1(s)G_1(s)}{1+C_2(s)G_2(s)}$

④ $\dfrac{Y(s)}{D(s)} = \dfrac{C_1(s)G_1(s)+C_2(s)G_2(s)}{1+C_1(s)G_1(s)+C_2(s)G_2(s)}$

해설 $\dfrac{Y(s)}{D(s)} = \dfrac{직진}{1+\text{feedback}}$

$= \dfrac{1}{1+C_1(s)G_1(s)+C_2(s)G_2(s)}$

48 아날로그 계장의 경우, 센서전송기의 출력신호, 제어기의 출력신호는 흔히 4~20mA의 전류로 전송된다. 이에 대한 설명으로 틀린 것은 어느 것인가? 출제율 40%

① 전류신호는 전압신호에 비하여 장거리전송 시 전자기적 잡음에 덜 민감하다.
② 0%를 4mA로 설정한 이유는 신호선의 단락여부를 쉽게 판단하고, 0% 신호에서도 전자기적 잡음에 덜 민감하게 하기 위함이다.
③ 0~150℃ 범위를 측정하는 전송기의 이득은 150/16(℃/mA)이다.
④ 제어기 출력으로 ATC(Air-To-Close) 밸브를 동작시키는 경우, 8mA에서 밸브 열림도(valve position)가 0.75가 된다.

해설 전송기 이득 $= \dfrac{전환기\ 출력범위}{전환기\ 입력범위} = \dfrac{16}{150}$

49 다음과 같은 블록 다이어그램에서 총괄전달함수(overall transfer function)는? 출제율 80%

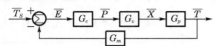

① $\dfrac{G_c G_v G_p G_m}{1 - G_c G_v G_p}$ ② $\dfrac{G_c G_v G_p G_m}{1 + G_c G_v G_p}$

③ $\dfrac{G_c G_v G_p}{1 - G_c G_v G_p G_m}$ ④ $\dfrac{G_c G_v G_p}{1 + G_c G_v G_p G_m}$

해설 총괄전달함수 $= \dfrac{직진(직렬)}{1 + feedback} = \dfrac{G_c G_v G_p}{1 + G_c G_v G_p G_m}$

50 다음 전달함수를 갖는 계 중 sin 응답에서 Phase lead를 나타내는 것은? 출제율 40%

① $\dfrac{1}{\tau s + 1}$ ② $e^{-\tau s}$

③ $1 + \dfrac{1}{\tau s}$ ④ $1 + \tau s$

해설 τ 가 분자에 있으면 Phase Lead, 분모에 있으면 Phase lag를 나타내며 비례미분제어기 $G(s) = k_c(1 + \tau_D s)$는 대표적인 위상앞섬(phase lead)를 나타낸다.

51 2차계에 단위계단입력이 가해져서 자연진동(진폭이 일정한 지속적 진동)을 할 때 이 계의 특징을 옳게 설명한 것은? 출제율 20%

① 제동비(damping ratio) 값이 0이다.
② 제동비(damping ratio) 값이 1이다.
③ 시간상수 값이 1이다.
④ 2차계는 자연진동할 수 없다.

해설 $\tan \phi = \dfrac{-2\zeta \tau \omega}{1 - \tau^2 \omega^2}$

위상각이 $-180°$이고 $K_c = K_{cu}$일 때
$\tan(-180°) = 0$, $\zeta = 0$일 때 식을 만족시킨다.

52 안정도 판정에 사용되는 열린 루프 전달함수가 $G(s)H(s) = \dfrac{K}{s(s+1)^2}$인 제어계에서 이득여유가 2.0이면 K 값은 얼마인가? 출제율 40%

① 1.0 ② 2.0
③ 5.0 ④ 10.0

해설 이득마진 $GM : \dfrac{1}{AR_C} = 2 \Rightarrow AR_C = \dfrac{1}{2}$, $s = j\omega$

$G(j\omega)H(j\omega) = \dfrac{k}{(j\omega)^3 + 2(j\omega)^2 + j\omega}$

$= \dfrac{k}{-2\omega^2 + j(\omega - \omega^3)}$

분모를 실수화

$G'(j\omega) = \dfrac{k\{-2\omega^2 - (\omega - \omega^3)j\}}{\omega^2(\omega^2 + 1)^2}$

실수부 $R = \dfrac{-2\omega^2 k}{\omega^2(\omega^2 + 1)}$, 허수부 $I = \dfrac{-(\omega - \omega^3)}{\omega^2(\omega^2+1)^2}k$

$\angle G'(j\omega) = \tan^{-1}\left(\dfrac{\tau}{R}\right) = \tan^{-1}\left(\dfrac{-(\omega - \omega^3)k}{-2\omega^2 k}\right)$

$\phi = -180°$, $\tan\phi = 0$, $\omega = \omega_{co} = 1$

$AR = |G'(j\omega)| = \sqrt{\dfrac{4\omega^4 k^2}{\{\omega^2(\omega^2+1)^2\}^2} + \dfrac{(\omega - \omega^3)^2 k^2}{\{\omega^2(\omega^2+1)^2\}^2}}$

$\omega = 1$, $AR = 0.5$

$AR_C = k\sqrt{\dfrac{4}{2^4}} = \dfrac{k}{2}$

$k = 1$

53 다음의 2차계들 중 어느 것이 1차계 2개를 직렬로 연결한 것과 같은가? 출제율 60%

① $\dfrac{1}{(s^2 + 3s + 2)}$ ② $\dfrac{1}{(s^2 + 0.9s + 0.7)}$

③ $\dfrac{1}{(s^2 + 5)}$ ④ $\dfrac{1}{(s^2 + s + 2)}$

해설 $G_1(s) \times G_2(s) = \dfrac{1}{s^2 + 3s + 2} = \dfrac{1}{s+1} \times \dfrac{1}{s+2}$

54 어떤 증류탑의 응축기에서 유입되는 증기의 유량은 V, 주성분의 몰분율은 y, 재순환되는 액체 유량은 R, 생성물로 얻어지는 유량은 D, 생성물의 주성분 몰분율은 x이다. 응축기 드럼 내의 액체량(hold-up)을 M이라 할 때 성분 수지식으로 맞는 것은? 출제율 20%

① $M\dfrac{dx}{dt} = Vy - Dx$

② $\dfrac{d}{dt}(Mx) = Vy - (R+D)x$

③ $x\dfrac{dM}{dt} = V - (R+D)x$

④ $\dfrac{dM}{dt} = V - (R+D)x$

해설 축적량 = 입량 − 출량(증류탑 성분 수지식)

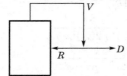

$$\frac{d}{dt}(Mx) = Vy - (R+D)x$$

55
다음 중 비례대가 거의 영에 가까운 제어동작은 어느 것인가? 출제율 20%

① PD 제어동작   ② PI 제어동작
③ PID 제어동작   ④ on−off 제어동작

해설 on−off 제어기(on−off 제어동작)
간단한 공정이나 실험용, 가정용 기기에 이용되며, 비례대가 거의 0에 가깝다.

56
사람이 원하는 속도, 원하는 방향으로 자동차를 운전할 때 일어나는 상황이 공정제어시스템과 비교될 때 연결이 잘못된 것은? 출제율 20%

① 눈 − 계측기
② 손 − 제어기
③ 발 − 최종제어요소
④ 공정 − 자동차

해설 손 − 최종제어요소

57
공정의 정상상태 이득(k), ultimate gain(K_{cu}) 그리고 ultimate period(P_u)를 실험으로 측정하였다. $k=2$, $K_{cu}=3$, $P_u=3.14$일 때, 이와 같은 결과를 주는 일차 시간지연 모델, $G(s)$ $\dfrac{ke^{-\theta s}}{\tau s+1}$의 시간상수 τ를 구하면? 출제율 40%

① 1.414   ② 2.958
③ 3.163   ④ 3.872

해설 $K_{cu} = \dfrac{1}{AR} = 3$, $AR = \dfrac{1}{3}$

$P_u = \dfrac{2\pi}{\omega} = 3.14$, $\omega = 2$

$AR = \dfrac{k}{\sqrt{\tau^2 \omega^2 + 1}} = \dfrac{2}{\sqrt{4\tau^2 + 1}} = \dfrac{1}{3}$

$\tau = 2.958$

58
다음 미분방정식을 라플라스 변환시킨 것으로 옳은 것은? 출제율 80%

$$2\frac{dy(t)}{dt} + y(t) = 3, \ y(0) = 1$$

① $Y(s) = \dfrac{3}{2s+1}$

② $Y(s) = \dfrac{2s+3}{s(2s+1)}$

③ $Y(s) = \dfrac{3}{s(2s+1)}$

④ $Y(s) = \dfrac{2}{2s+1}$

해설 $2sY(s) - 2y(0) + Y(s) = \dfrac{3}{s}$

$2sY(s) - 2 + Y(s) = \dfrac{3}{s}$

$(2s+1)Y(s) = \dfrac{3}{s} + 2 = \dfrac{2s+3}{s}$

$Y(s) = \dfrac{2s+3}{s(2s+1)}$

59
시간지연항의 성격에 대한 설명으로 옳지 않은 것은? 출제율 20%

① 공정의 측정지연, 이송지연을 표현하기도 하며, 또한 고차 전달함수를 간략하게 표현하기 위한 용도로도 사용된다.
② 어떤 전달함수 공정에 시간지연이 더해지면 더해지지 않을 때에 비하여 한계이득(ultimate gain)이 작아진다.
③ 어떤 전달함수 공정에 시간지연이 더해지면 더해지지 않을 때에 비하여 한계주파수(ultimate 혹은 crossover frequency)가 감소한다.
④ 주파수의 증가에 따라 위상각(phase angle)이 음의 방향으로 지수적으로 증가하기 때문에 피드백제어계에 좋지 않은 영향을 준다.

해설 $\phi = \tan^{-1}(-\tau\omega)$
여기서, ϕ : 위상각
      ω : 주파수
      τ : 시간상수
주파수의 증가에 따라 위상각이 음의 방향으로 지수적으로 증가하지 않는다.

60 다음 중 라플라스 변환의 주요 목적으로 옳은 것은? `출제율 20%`

① 비선형 대수방정식을 선형 대수방정식으로 변환
② 비선형 미분방정식을 선형 미분방정식으로 변환
③ 선형 미분방정식을 대수방정식으로 변환
④ 비선형 미분방정식을 대수방정식으로 변환

`해설` 라플라스 변환
선형 미분방정식을 대수방정식으로 변환

▶▶ 제4과목 | 공업화학

61 인광석에 의한 과인산석회 비료의 제조공정 화학반응식으로 옳은 것은? `출제율 40%`

① $CaH_4(PO_4)_2 + NH_3$
$\rightleftharpoons NH_4H_2PO_4 + CaHPO_4$
② $Ca_3(PO_4)_2 + 4H_3PO_4 + 3H_2O$
$\rightleftharpoons 3[CaH_4(PO_4)_2 \cdot H_2O]$
③ $Ca_3(PO_4)_2 + 2H_2SO_4 + 5H_2O$
$\rightleftharpoons CaH_4(PO_4)_2 \cdot H_2O + 2[CaSO_4 \cdot 2H_2O]$
④ $Ca_3(PO_4)_2 + 4HCl \rightleftharpoons CaH_4(PO_4)_2 + 2CaCl_2$

`해설` 과인산석회 : 인광석을 황산 분해시켜 제조
$Ca_3(PO_4)_2 + 2H_2SO_4 + 5H_2O$
$\rightleftharpoons CaH_4(PO_4)_2 \cdot H_2O + 2[CaSO_4 \cdot 2H_2O]$
$[3Ca_3(PO_4)_2 \cdot CaF_2] + 7H_2SO_4 + 3H_2O$
$\rightleftharpoons 3[Ca(H_2PO_4)_2 \cdot H_2O] + 7CaSO_4 + 2HF$

62 연실법 황산 제조공정에서는 질소산화물 공급을 위해 HNO_3를 사용할 수 있다. 36wt%의 HNO_3 용액 10kg으로부터 약 몇 kg의 NO가 발생할 수 있는가? `출제율 40%`

① 1.72 ② 3.43
③ 6.86 ④ 10.29

`해설` 36% HNO_3 10g 중 HNO_3의 양
$10\,kg \times 0.36 = 3.6\,kg$

$2HNO_3 \rightarrow H_2O + 2NO + \frac{3}{2}O_2$
$\quad 2 \times 63 \quad : \quad 2 \times 30$
$\quad\quad 3.6 \quad : \quad\quad x$
$x = 1.714\,kg$

63 페놀을 수소화한 후 질산으로 산화시킬 때 생성되는 주물질은 무엇인가? `출제율 40%`

① 프탈산 ② 아디프산
③ 시클로헥산올 ④ 말레산

`해설` 아디프산 제조

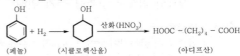

(페놀)　(시클로헥산올)　산화(HNO_3)　$HOOC - (CH_2)_4 - COOH$　(아디프산)

64 암모니아 산화법에 의하여 질산을 제조하면 상압에서 순도가 약 65% 내외가 되어 공업적으로 사용하기 힘들다. 이럴 경우 순도를 높이기 위해 일반적으로 어떻게 하는가? `출제율 60%`

① H_2SO_4의 흡수제를 첨가하여 3성분계를 만들어 농축한다.
② 온도를 높여 끓여서 물을 날려 보낸다.
③ 촉매를 첨가하여 부가반응을 시킨다.
④ 계면활성제를 사용하여 물을 제거한다.

`해설` $HNO_3 - H_2O$ 2성분계는 68% HNO_3에서 공비점이 발생하여 H_2SO_4 또는 $Mg(NO_3)_2$와 같은 탈수제를 가하여 공비점을 소멸시켜 3성분계를 만들어 농축한다.

65 다음 중 고분자의 결정구조를 분석할 수 있는 방법은? `출제율 20%`

① FT-IR
② X선 회절
③ NMR
④ UV-visible spectroscopy

`해설` 고분자의 결정구조를 분석할 수 있는 방법은 X선 회절법이다.

66 다음 중 아세트알데히드가 산화되어 생성되는 주요 물질은? `출제율 40%`

① 프탈산 ② 벤조산
③ 아세트산 ④ 피크르산

`해설` $CH_3CHO + \frac{1}{2}O_2 \rightarrow CH_3COOH$
(아세트알데히드)　　　(아세트산)

67 정유공정에서 감압증류법을 사용하여 유분을 감압하는 가장 큰 이유는 무엇인가? 출제율 40%

① 공정 압력손실을 줄이기 위해
② 석유의 열분해를 방지하기 위해
③ 고온에서 증류하여 수율을 증가시키기 위해
④ 제품의 점도를 낮추어 주기 위해

해설 감압증류
감압증류 시 끓는점이 낮아져 비교적 저온에서 증류가 가능하여 석유의 열분해 방지가 가능하다.

68 원유 정유공정에서 비점이 낮은 순으로부터 옳게 나열된 것은? 출제율 20%

① 가스 → 경유 → 중유 → 등유 → 나프타 → 아스팔트
② 가스 → 경유 → 등유 → 중유 → 아스팔트 → 나프타
③ 가스 → 나프타 → 등유 → 경유 → 중유 → 아스팔트
④ 가스 → 나프타 → 경유 → 등유 → 중유 → 아스팔트

해설 비점이 낮을수록 증류 빨리 일어난다.
가스→나프타→등유→경유→중유→아스팔트

69 200℃에서 활성탄 담체를 촉매로 아세틸렌에 아세트산을 작용시키면 생성되는 주물질은 어느 것인가? 출제율 40%

① 비닐에테르 ② 비닐카르복실산
③ 비닐아세테이트 ④ 비닐알코올

해설 초산비닐(비닐아세테이트)
$$CH \equiv CH + CH_3COOH \rightarrow CH_2 = CH$$
$$| \atop O\,COCH_3$$
(비닐아세테이트)

70 다음 물질 중 친전자적 치환반응이 일어나기 쉽게 하여 술폰화가 가장 용이하게 일어나는 것은 어느 것인가? 출제율 40%

① $C_6H_5NO_2$ ② $C_6H_5NH_2$
③ $C_6H_5SO_3H$ ④ $C_6H_4(NO_2)_2$

해설 술폰화는 황산에스테르기($-OSO_3H$)를 도입하는 반응으로, $C_6H_5NH_2$가 일어나기 쉽다. 이유는 NH_2와 황산 에스테르기가 반응하기 때문이다.

71 사슬중합(혹은 연쇄중합)에 대한 설명으로 옳은 것은? 출제율 20%

① 중합 말기의 매우 높은 전화율에서 고분자량의 고분자사슬이 생성된다.
② 주로 비닐단량체의 중합이 이에 해당한다.
③ 단량체의 농도는 단계중합에 비해 급격히 감소한다.
④ 단량체는 서로 반응할 수 있는 관능기를 가지고 있어야 한다.

해설 사슬중합(연쇄중합)
자유라디칼 중합반응으로, 주로 비닐단량체의 중합이 이에 해당한다.

72 다음 유기용매 중에서 물과 가장 섞이지 않는 것은? 출제율 40%

① CH_3COCH_3 ② CH_3COOH
③ C_2H_5OH ④ $C_2H_5OC_2H_5$

해설 $C_2H_5OC_2H_5$(에틸에테르)
완전대칭으로 물과 잘 섞이지 않음, 즉 물은 극성, 에틸에테르는 비극성이다.

73 질산 제조에서 암모니아 산화에 사용되는 촉매에 대한 설명 중 옳은 것은? 출제율 80%

① 가장 널리 사용되는 것은 Pt−Bi이다.
② Pt계의 일반적인 수명은 1개월 정도이다.
③ 공업적으로 Fe−Bi계는 작업범위가 가장 넓다.
④ 산화코발트의 조성은 Co_3O_4이다.

해설 암모니아 산화반응 촉매는 Pt−Rh(백금−로듐 촉매), 코발트산화물(Co_3O_4) 등이며, 최대산화율은 $O_2/NH_3 = 2.2 \sim 2.3$ 정도이다.

74 다음 반응식으로 공기를 이용한 산화반응을 하고자 한다. 공기와 NH_3의 혼합가스 중 NH_3 부피 백분율은? 출제율 40%

$$4NH_3 + 5O_2 \rightarrow 4NO + 6H_2O + 216.5kcal$$

① 44.4 ② 34.4
③ 24.4 ④ 14.4

해설 $4NH_3 + 5O_2 \rightarrow 4NO + 6H_2O$

$5\,mol\,O_2 \times \dfrac{100\,mol\,Air}{21\,mol\,O_2} = 23.81\,mol\,Air$

$NH_3 = \dfrac{4}{23.81 + 4} \times 100 = 14.4\%$

75 다음 중 무수염산의 제법에 속하지 않는 것은 어느 것인가? 출제율 40%

① 직접 합성법   ② 농염산 증류법
③ 염산 분해법   ④ 흡착법

해설 무수염산 제조방법
㉠ 진한염산 증류법(=농염산 증류법)
㉡ 직접 합성법
㉢ 흡착법

76 비료 중 P_2O_5이 많은 순서대로 열거된 것은 어느 것인가? 출제율 40%

① 과인산석회 > 용성인비 > 중과인산석회
② 용성인비 > 중과인산석회 > 과인산석회
③ 과인산석회 > 중과인산석회 > 용성인비
④ 중과인산석회 > 소성인비 > 과인산석회

해설 중과인산석회(P_2O_5 30~50%) > 소성인비(P_2O_5 40%)
> 과인산석회(P_2O_5 15~20%)

77 일반적인 성질이 열경화성 수지에 해당하지 않는 것은? 출제율 80%

① 페놀수지   ② 폴리우레탄
③ 요소수지   ④ 폴리프로필렌

해설 • 열경화성 수지
가열하면 연화되지만 계속 가열하면 경화되어 원상태로 되돌아가지 못하는 수지를 말한다.
• 종류
페놀수지, 요소수지, 멜라민수지, 우레탄수지, 에폭시수지, 알키드수지, 규소수지 등

78 다음 중 건식법 H_3PO_4 제조의 원료로서 적합한 것은? 출제율 20%

① 인광석, 규사, 코크스
② 인광석, 석회석, 규사
③ 석회석, 사문암, 코크스
④ 백운석, 황산, 규사

해설 건식법 H_3PO_4 제조의 원료는 인광석, 규사, 코크스 등이다.

79 제염 방법 중 해수를 가열하여 농축된 슬러리를 건조기로 보낸 후 소금을 얻는 방식으로서, 각종 미네랄 및 흡습 방지 성분이 포함되어 식탁염을 생산하는 것은? 출제율 20%

① 진공 증발법   ② 증기압축식 증발법
③ 액중 연소법   ④ 이온수지막법

해설 액중 연소법
해수를 가열하여 연소 증발장치를 사용하여 농축하고 생성한 슬러리를 증발건조하여 소금(식탁염)을 생산한다.

80 니트로화합물 중 트리니트로톨루엔에 관한 설명으로 틀린 것은? 출제율 20%

① 물에 매우 잘 녹는다.
② 톨루엔을 니트로화하여 제조할 수 있다.
③ 폭발물질로 많이 이용된다.
④ 공업용 제품은 담황색 결정형태이다.

해설 TNT(트리니트로톨루엔)
㉠ 물에 거의 녹지 않으나 벤젠, 에테르에는 녹는다.
㉡ TNT라 불리는 폭약물질로 많이 이용된다.
㉢ 톨루엔을 니트로화하여 제조할 수 있다.
㉣ 연한 노란색 막대모양의 결정형태이다.

▶▶ **제5과목 ┃ 반응공학**

81 A 분해반응의 1차 반응속도상수는 0.345/min이고 반응초기의 농도 C_{A0}가 2.4mol/L이다. 정용 회분식 반응기에서 A의 농도가 0.9mol/L 될 때까지의 시간은? 출제율 80%

① 1.84min   ② 2.84min
③ 3.84min   ④ 4.84min

해설 $-\ln \dfrac{C_A}{C_{A0}} = -\ln(1 - X_A) = kt$

$-\ln \dfrac{0.9}{2.4} = 0.345 \times t$

$t = 2.84\,min$

82 N_2 20%, H_2 80%로 구성된 혼합가스가 암모니아 합성반응기에 들어갈 때 체적변화율 ε_{N_2}는 얼마인가? 출제율 60%

① -0.4 　　② -0.5

③ 0.4 　　④ 0.5

$N_2 + 3H_2 \rightarrow 2NH_3$

$\delta = \dfrac{2-1-3}{1} = -2$

$\varepsilon_{N_2} = y_{N_2} \cdot \delta = 0.2 \times (-2) = -0.4$

83 다음과 같은 기상반응이 30L 정용 회분 반응기에서 등온적으로 일어난다. 초기 A가 30mol이 들어 있으며, 반응기는 완전혼합된다고 할 때 1차 반응인 경우 반응기 내 A의 몰수가 0.2mol로 줄어드는 데 필요한 시간은? 출제율 40%

$$A \rightarrow B, \quad -r_A = kC_A, \quad k = 0.865\,\text{min}$$

① 7.1min 　　② 8.0min

③ 6.3min 　　④ 5.8min

해설 $A \rightarrow B$

$-r_A = kC_A, \quad k = 0.865\,\text{min}$

$-\ln\dfrac{0.2}{30} = 0.865 \times t$

$t = 5.79\,\text{min}$

84 $A + B \rightarrow R$인 비가역 기상반응에 대해 다음과 같은 실험데이터를 얻었다. 반응속도식으로 옳은 것은? (단, $t_{1/2}$은 B의 반감기이고, P_A 및 P_B는 각각 A 및 B의 초기압력이다.) 출제율 20%

실험번호	1	2	3	4
P_A(mmHg)	500	125	250	250
P_B(mmHg)	10	15	10	20
$t_{1/2}$(min)	80	213	160	80

① $r = -\dfrac{dP_B}{dt} = k_P P_A P_B$

② $r = -\dfrac{dP_B}{dt} = k_P P_A{}^2 P_B$

③ $r = -\dfrac{dP_B}{dt} = k_P P_A P_B{}^2$

④ $r = -\dfrac{dP_B}{dt} = k_P P_A{}^2 P_B{}^2$

해설 $-\dfrac{dP_B}{dt} = k_P P_A{}^m \cdot P_B{}^n$

• P_A가 같은 실험(3, 4)

① $k_A P_A{}^m = k_A (\text{const})$

② $-\dfrac{dP_B}{dt} = k_A P_B{}^n, \quad -P_B{}^{-n} dP_B = k_A dt$

$\quad -\left\{ \dfrac{1}{1-n} (P_B{}^{1-n} - P_{B_0}{}^{1-n}) \right\} = k_A t$

③ $t = t_{1/2}, \quad P_B = \dfrac{1}{2} P_{B_0}$

$\quad -\dfrac{1}{1-n} \left(\dfrac{1}{2} P_{B_0}{}^{1-n} - P_{B_0}{}^{1-n} \right) = k_A t_{1/2}$

$\quad \dfrac{0.5}{1-n} P_{B_0}{}^{1-n} = k_A t_{1/2}$

④ 자료 3($P_{A_0} = 250, \ P_{B_0} = 10$)

$\quad \dfrac{0.5}{1-n} \times 10^{1-n} = 160 k_A$ ·················· ㉠

자료 4($P_{A_0} = 250, \ P_{B_0} = 20$)

$\quad \dfrac{0.5}{1-n} \times 20^{1-n} = 80 k_A$ ·················· ㉡

㉠÷㉡ 하면

$\quad \left(\dfrac{10}{20} \right)^{1-n} = \dfrac{160}{80}$

$\quad \left(\dfrac{1}{2} \right)^{1-n} = 2, \quad 2^{n-1} = 2, \quad n = 2$

• P_B가 같은 실험(1, 3)

① $k_P P_B{}^2 = k_B (\text{const})$

② $-\dfrac{dP_B}{dt} = k_B P_A{}^m$

$\quad P_A{}^m dt = -\dfrac{dP_B}{k_B}, \quad P_A{}^m t = -\dfrac{P_B}{k_B}$

③ $t = t_{1/2}, \quad P_B = \dfrac{1}{2} P_{B_0}$

$\quad P_A{}^m t_{1/2} = -\dfrac{0.5 P_{B_0}}{k_B}$

④ 자료 1($P_{A_0} = 500, \ P_{B_0} = 10, \ t_{1/2} = 80$)

$\quad 500^m \times 80 = -\dfrac{0.5}{k_B} \times 10$ ·················· ㉢

자료 3($P_{A_0} = 250, \ P_{B_0} = 10, \ t_{1/2} = 160$)

$\quad 250^m \times 160 = -\dfrac{0.5}{k_B} \times 10$ ·················· ㉣

㉢÷㉣ 하면

$\quad \left(\dfrac{500}{250} \right)^m \times \dfrac{80}{160} = 1$

$\quad 2^m = 2, \quad m = 1$

85 액체물질 A가 플러그흐름반응기 내에서 비가역 2차 반응속도식에 의하여 반응되어 95%의 전화율을 얻었다. 기존 반응기와 크기가 같은 반응기를 한 개 더 구입해서 같은 전화율을 얻기 위하여 두 반응기를 직렬로 연결한다면 공급속도 F_{A_0}는 몇 배로 증가시켜야 하는가? 출제율 20%

① 0.5 ② 1
③ 1.5 ④ 2

해설 PFR 직렬연결

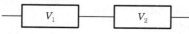

$V = V_1 + V_2$

직렬연결된 N개의 PFR은 부피가 V인 한 개의 PFR과 같다. 즉, 동일한 전화율을 의미하고 부피가 2배이므로 같은 전화율을 얻으려면 공급속도를 2배 증가시켜야 한다.

86 다음 반응이 기초반응(elementary reaction)이라고 가정하면 이 반응의 분자도(molecularity)는 얼마인가? 출제율 20%

$$2NO + O_2 \longrightarrow 2NO_2$$

① 1 ② 2
③ 3 ④ 0

해설 기초반응의 분자도란 반응에 관여하는 분자의 수로, $2NO + O_2$가 반응에 관여하므로 분자도는 3이다.

87 다음과 같은 1차 병렬반응이 일정한 온도의 회분식 반응기에서 진행되었다. 반응시간이 1000s일 때 반응물 A가 90% 분해되어 생성물은 R이 S의 10배로 생성되었다. 반응 초기에 R과 S의 농도를 0으로 할 때, k_1 및 k_1/k_2은 각각 얼마인가? 출제율 60%

$$A \rightarrow R \ , \ r_1 = k_1 C_A$$
$$A \rightarrow 2S, \ r_2 = k_2 C_A$$

① $k_1 = 0.131/\text{min}, \ k_1/k_2 = 20$
② $k_1 = 0.046/\text{min}, \ k_1/k_2 = 10$
③ $k_1 = 0.131/\text{min}, \ k_1/k_2 = 10$
④ $k_1 = 0.046/\text{min}, \ k_1/k_2 = 20$

해설
$$-\ln\frac{C_A}{C_{A0}} = (k_1 + k_2)t = -\ln(1 - X_A)$$
$$-\ln(1 - 0.9) = kt, \ k = 0.138/\text{min}$$
$$20k_2 + k_2 = 0.138, \ k_2 = 0.00657/\text{min}$$
$$k_1 = 20k_2 = 0.131/\text{min}$$

88 다음 그림에 해당되는 반응형태는? 출제율 40%

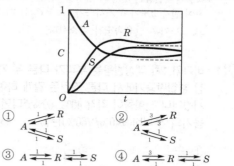

① $A \underset{1}{\overset{1}{\rightleftharpoons}} R$, $A \underset{1}{\overset{1}{\rightleftharpoons}} S$

② $A \underset{1}{\overset{3}{\rightleftharpoons}} R$, $A \underset{1}{\overset{1}{\rightleftharpoons}} S$

③ $A \underset{1}{\overset{1}{\rightleftharpoons}} R \underset{1}{\overset{1}{\rightleftharpoons}} S$

④ $A \underset{1}{\overset{3}{\rightleftharpoons}} R \underset{1}{\overset{1}{\rightleftharpoons}} S$

해설 시간이 경과함에 따라 A, R, S가 비슷해지나 R이 S보다 우선 생성되고, R의 생성량이 가장 많으며, A가 가장 적다. 또한 평형이 되는 농도가 다르므로 속도상수가 다르다.
$$A \underset{1}{\overset{3}{\rightleftharpoons}} R \underset{1}{\overset{1}{\rightleftharpoons}} S$$

89 다음과 같은 자동촉매반응에서 A가 분해되는 속도 $-r_A$와 A의 농도비 C_A/C_{A0}를 그래프로 그리면 어떤 형태가 되겠는가? (단, C_{A0} : A의 초기농도, C_A : A의 농도, C_R : R의 농도, k : 속도상수) 출제율 40%

$$A + R \xrightarrow{k} R + R, \ -r_A = kC_A C_B$$

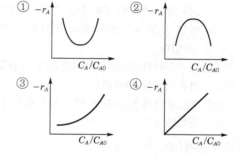

해설 자동촉매반응

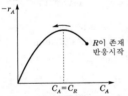

자동촉매반응은 반응의 생성물 자체가 촉매로 작용하여 반응속도가 증가하다가 $C_A = C_R$일 때 최대이고, 그 이후 반응속도가 감소한다.

90 비가역 1차 액상반응을 부피가 다른 두 개의 이상 혼합반응기에서 다른 조건은 같게 하여 반응시켰더니 전화율이 각각 40%, 60%였다면 두 반응기의 부피비(V40%/V60%)는? _{출제율 60%}

① $\dfrac{1}{3}$　　　　② $\dfrac{4}{9}$

③ $\dfrac{2}{3}$　　　　④ $\dfrac{3}{2}$

해설 CSTR 1차 : $k\tau = \dfrac{X_A}{1-X_A}$, $\tau = \dfrac{V}{\nu_0}$

$$\tau = \dfrac{X_A}{k(1-X_A)}$$

$$\dfrac{V_1}{\nu_0} = \dfrac{0.4}{k(1-0.4)} = \dfrac{4}{6k}$$

$$\dfrac{V_2}{\nu_0} = \dfrac{0.6}{k(1-0.6)} = \dfrac{6}{4k}$$

$$\dfrac{V_1}{V_2} = \dfrac{\frac{4}{6k}}{\frac{6}{4k}} = \dfrac{16k}{36k} = \dfrac{4}{9}$$

91 다음 중 공간시간이 5분일 때의 설명으로 옳은 것은? _{출제율 20%}

① 5분 안에 100% 전화율을 얻을 수 있다.
② 반응기 부피의 5배 되는 원료를 처리할 수 있다.
③ 매 5분마다 반응기 부피만큼의 공급물이 반응기에서 처리된다.
④ 5분 동안에 반응기 부피의 5배 원료를 도입한다.

해설 τ(공간시간)
반응기 부피만큼의 공급물 처리에 필요한 시간. 즉 원료가 반응기를 1번 통과할 때 필요한 시간을 말한다.

92 1차 비가역 액상반응이 일어나는 관형반응기에서 공간시간은 2min이고, 전화율이 40%였을 때 전화율을 90%로 하려면 공간시간은 얼마가 되어야 하는가? _{출제율 60%}

① 0.26min
② 0.39min
③ 5.59min
④ 9.02min

해설 $-\ln(1-X_A) = k\tau$
$-\ln(1-0.4) = k \times 2\,\text{min}$
$k = 0.255\,\text{min}^{-1}$
$-\ln(1-0.9) = 0.255 \times \tau$
$\tau = 9.03\,\text{min}$

93 자동촉매반응에서 최소부피의 반응기 선정에 관한 내용으로 가장 적당한 것은? _{출제율 20%}

① 혼합흐름반응기가 유리하다.
② 플러그흐름반응기가 유리하다.
③ 전화율에 따라 유리한 반응기가 다르다.
④ 전화율과 무관하게 어떤 반응기를 사용해도 된다.

해설 자동촉매반응
㉠ 전화율이 낮을 때는 혼합흐름반응기가 플러그흐름반응기보다 우수하다.
㉡ 전화율이 중간인 경우 어떤 반응이든 무관하다.
㉢ 전화율이 높을 때는 플러그흐름반응기가 더 우수하다.
㉣ 전화율에 따라 유리한 반응기가 다르다.

94 동일조업 조건, 일정밀도와 등온, 등압 하의 CSTR과 PFR에서 반응이 진행될 때 반응기 부피를 옳게 설명한 것은? _{출제율 40%}

① 반응차수가 0보다 크면 PFR 부피가 CSTR보다 크다.
② 반응차수가 0이면 두 반응기 부피가 같다.
③ 반응차수가 커지면 CSTR 부피는 PFR보다 작다.
④ 반응차수와 전화율은 반응기 부피에 무관하다.

90.② 91.③ 92.④ 93.③ 94.②

해설 ① 반응차수가 0보다 크면 CSTR 부피가 PFR보다
크다.
③ 반응차수가 커지면 CSTR 부피는 PFR보다 크다.
④ 반응차수와 전화율에 따라 반응기 부피가 변화
한다.

95 균일계 액상반응 $A \to R \to S$에서 1단계는
2차 반응, 2단계는 1차 반응으로 진행되고 R이
원하는 제품일 경우, 다음 설명 중 옳은 것은 어
느 것인가? 〔출제율 20%〕

① A의 농도를 높게 유지할수록 좋다.
② 반응온도를 높게 유지할수록 좋다.
③ 혼합반응기가 플러그반응기보다 성능이
더 좋다.
④ A의 농도는 R의 수율과 직접 관계가 없다.

해설 1단계 반응차수가 2단계 반응차수보다 높으므로 A
의 농도를 높게 유지할수록 유리하다. 즉, S 생성속
도보다 R 생성속도가 빨라진다.

96 크기가 같은 관형반응기와 혼합반응기에서 다
음과 같은 액상 1차 직렬반응이 일어날 때 관형
반응기에서의 R의 성분수율 ϕ_p와 혼합반응기
에서의 R의 성분수율 ϕ_m에 관한 설명으로 옳
은 것은 어느 것인가? 〔출제율 20%〕

$$A \to R \to S$$
$$(r_R = k_1 C_A, \ r_s = k_2 C_R)$$

① $k_1 = k_2$이면 $\phi_p = \phi_m$이다.
② $k_1 < k_2$이면 $\phi_p < \phi_m$이다.
③ ϕ_p는 항상 ϕ_m보다 크다.
④ ϕ_m는 항상 ϕ_p보다 크다.

해설 크기가 같은 반응기에서 PFR의 전화율은 CSTR보
다 항상 크므로 수율도 PFR이 R에서 CSTR보다 항
상 크다.

97 다음 중 Thiele 계수에 대한 설명으로 틀린 것은
어느 것인가? 〔출제율 20%〕

① Thiele 계수는 가속도와 속도의 비를 나
타내는 차원수이다.

② Thiele 계수가 클수록 입자 내 농도는 저
하된다.
③ 촉매입자 내 유효농도는 Thiele 계수의
값에 의존한다.
④ Thiele 계수는 촉매 표면과 내부의 효율
적 이용의 척도이다.

해설 Thile 계수 = $\dfrac{\text{실제 반응속도}}{\text{이상적인 반응속도}}$ (무차원수)
(유효인자)

98 다음 중 연속평행반응(series-parallel reac-
tion)은? 〔출제율 20%〕

① $A+B \to R$, $R+B \to S$
② $A \to R \to S$
③ $A \to R$, $A \to S$
④ $A \to R$, $B \to S$

해설 • 연속평행반응
$A+B \to R$
$R+B \to S$
• 평행반응

99 다음 중 기체-고체 반응에서 율속단계(rate-
determining)에 관한 설명으로 옳은 것은 어느
것인가? 〔출제율 20%〕

① 고체 표면반응단계가 항상 율속단계이다.
② 기체막에서의 물질전달단계가 항상 율속
단계이다.
③ 저항이 작은 단계가 율속단계이다.
④ 전체 반응속도를 지배하는 단계가 율속단
계이다.

해설 율속단계
가장 느린 단계로, 전체 반응속도를 지배하는 단계
를 말한다.

100 다음 반응에서 R이 요구하는 물질일 때 어떻게 반응시켜야 하는가? 출제율 60%

$$A + B \rightarrow R, \text{ desired}, \quad r_1 = k_1 C_A C_B^{\,2}$$
$$R + B \rightarrow S, \text{ unwanted}, \quad r_2 = k_2 C_R C_B$$

① A에 B를 한 방울씩 넣는다.
② B에 A를 한 방울씩 넣는다.
③ A와 B를 동시에 넣는다.
④ A와 B를 넣는 순서는 무관하다.

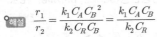 $\dfrac{r_1}{r_2} = \dfrac{k_1 C_A C_B^{\,2}}{k_2 C_R C_B} = \dfrac{k_1 C_A C_B}{k_2 C_R}$

R을 얻기 위해서는 A와 B를 동시에 넣는다.

▶▶ 제1과목 ▌화공열역학

01 어떤 과학자가 자기가 만든 열기관이 80℃와 10℃ 사이에서 작동하면서 100cal의 열을 받아 20cal의 유용한 일을 할 수 있다고 주장한다. 이 과학자의 주장에 대한 판단으로 옳은 것은 어느 것인가? _{출제율 40%}

① 열역학 제0법칙에 위배된다.
② 열역학 제1법칙에 위배된다.
③ 열역학 제2법칙에 위배된다.
④ 타당하다.

^{해설} Carnot cycle 열효율

$$\eta = \frac{T_h - T_c}{T_h} = \frac{W}{Q_h}$$

$$\frac{353 - 283}{353} = \frac{W}{100}$$

$W = 19.8\,cal$(이 사이클이 할 수 있는 최대일(19.8)이 20cal보다 작으므로 열역학 제2법칙에 위배)

02 다음 그림은 역카르노 사이클이다. 이 사이클의 성능계수는 어떻게 표시되는가? (단, T_1에서 열이 방출되고, T_2에서 열이 흡수된다.) _{출제율 60%}

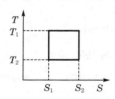

① $\dfrac{T_2}{T_1 - T_2}$ ② $\dfrac{T_1}{T_2 - T_1}$

③ $\dfrac{T_2 - T_1}{T_1}$ ④ $\dfrac{T_1 - T_2}{T_1}$

^{해설} Carnot cycle(역카르노 사이클)
역카르노 사이클 성능계수(COP)

$$= \frac{T_c}{T_n - T_c} = \frac{T_2}{T_1 - T_2}$$

03 이상기체의 거동을 따르는 산소와 질소를 0.21 대 0.79의 몰(mol) 비로 혼합할 때에 혼합 엔트로피 값은? _{출제율 40%}

① 0.443kcal/kmol · K
② 1.021kcal/kmol · K
③ 0.161kcal/kmol · K
④ 0.00kcal/kmol · K

^{해설} 이상기체 혼합물

$$\begin{aligned}
\Delta \bar{S}_M &= -R\sum y_i \ln y_i \\
&= -Ry_A \ln y_A - Ry_B \ln y_B \\
&= -1.987 \times 0.21 \times \ln 0.21 \\
&\quad + (-1.987 \times 0.79 \times \ln 0.79) \\
&= +0.65 + (+0.37) \\
&= 1.0212\,kcal/kmol \cdot K
\end{aligned}$$

04 비가역 과정에 있어서 다음 식 중 옳은 것은? (단, S는 엔트로피, Q는 열량, T는 절대온도이다.) _{출제율 40%}

① $\Delta S > \displaystyle\int \frac{dQ}{T}$

② $\Delta S = \displaystyle\int \frac{dQ}{T}$

③ $\Delta S < \displaystyle\int \frac{dQ}{T}$

④ $\Delta S = 0$

^{해설} 엔트로피
비가역 과정(자발적 과정)에서 엔트로피(무질서도)가 증가하는 방향으로 진행하므로

$$\Delta S > \int \frac{dQ}{T}$$

^{보충} Tip

가역 과정 : $\Delta S = \displaystyle\int \frac{dQ}{T}$

05 반 데르 발스 방정식 $\left(P + \dfrac{a}{V^2}\right)(V - b) = RT$에서 P는 atm, V는 L/mol 단위로 하면, 상수 a의 단위는?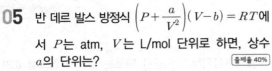

① $L^2 \cdot atm/mol^2$
② $atm \cdot mol^2/L^2$
③ $atm \cdot mol/L^2$
④ atm/L^2

해설 반 데르 발스 상태방정식
$$\left(P + \frac{a}{V^2}\right)(V - b) = RT$$
P와 $\dfrac{a}{V^2}$의 단위가 같아야 한다.
$$atm = \frac{a}{V_2}$$
$$a = atm \cdot V^2 = atm \times (L/mol)^2$$

06 벤젠과 톨루엔으로 이루어진 용액이 기상과 액상으로 평형을 이루고 있을 때, 이 계에 대한 자유도 수는? 출제율 80%

① 0 ② 1
③ 2 ④ 3

해설 자유도(F)
$$F = 2 - P + C$$
여기서, P(phase) : 상, C(component) : 성분
P : 2(기상 · 액상), C : 2(벤젠 · 톨루엔)
$$F = 2 - 2 + 2 = 2$$

07 25℃에서 1몰의 이상기체가 20atm에서 1atm로 단열 가역적으로 팽창하였을 때 최종온도는 약 몇 K인가? $\left(\text{단, 비열비 } \dfrac{C_P}{C_V} = \dfrac{5}{3}\right)$ 출제율 60%

① 100K ② 90K
③ 80K ④ 70K

해설 이상기체 단열 공정
$$\frac{T_2}{T_1} = \left(\frac{P_2}{P_1}\right)^{\frac{\gamma-1}{\gamma}}$$
$$\frac{T_2}{298} = \left(\frac{1}{20}\right)^{\frac{5/3-1}{5/3}}$$
$$T_2 = 298 \times \left(\frac{1}{20}\right)^{\frac{2/3}{5/3}} = 89.90\,K$$

08 다음은 이상용액의 혼합 특성을 나타내는 열역학적 함수이다. 옳지 않은 것은? (단, G, V, U, S, T는 각각 깁스(Gibbs) 자유에너지, 부피, 내부에너지, 엔트로피, 온도이며, R은 기체상수, X_i는 몰분율, 첨자 id는 이상용액 물성을 의미한다.) 출제율 40%

① $\Delta G^{id}/RT = \sum X_i \ln X_i$
② $\Delta V^{id} = 0$
③ $\Delta U^{id} = 0$
④ $\Delta S^{id}/R = 0$

해설 과잉 성질
$$\Delta G^{id} = RT\sum x_i \ln x_i$$
$$\Delta S^{id} = -R\sum x_i \ln x_i$$
$$\Delta V^{id} = 0$$
$$\Delta H^{id} = 0 \ (\Delta U^{id} = 0)$$

09 25℃에서 1몰의 이상기체를 실린더 속에 넣고 피스톤에 100bar의 압력을 가하였다. 이때 피스톤의 압력을 처음에 70bar, 다음엔 30bar, 마지막으로 10bar로 줄여서 실린더 속의 기체를 3단계 팽창시켰다. 이 과정이 등온 가역팽창인 경우 일의 크기는 얼마인가? 출제율 60%

① 712cal
② 826cal
③ 947cal
④ 1364cal

해설 이상기체 등온 공정
$$Q = -W = nRT \ln\frac{V_2}{V_1} = nRT \ln\frac{P_1}{P_2}$$
$$W = nRT \ln\frac{P_1}{P_2} + nRT \ln\frac{P_2}{P_3} + nRT \ln\frac{P_3}{P_4}$$
$$= nRT \ln\frac{P_1}{P_4}$$
$$= 1\,mol \times 1.987\,cal/mol \cdot K \times 298\,K \times \ln\frac{100}{10}$$
$$= 1363.42\,cal$$

10 액체상태의 물이 얼음 및 수증기와 평형을 이루고 있다. 이 계의 자유도 수를 구하면? 출제율 60%

① 0 ② 1
③ 2 ④ 3

해설 자유도(F)

$F = 2 - P + C$

여기서, P(phase) : 상, C(component) : 성분

P : 3(물, 얼음, 수증기), C : 1(물)

$F = 2 - 3 + 1 = 0$

11 공기표준 오토사이클에 대한 설명으로 옳은 것은? [출제율 40%]

① 2개의 단열과정과 2개의 정적과정으로 이루어진 불꽃점화기관의 이상 사이클이다.

② 정압, 정적, 단열과정으로 이루어진 압축점화기관의 이상 사이클이다.

③ 2개의 단열과정과 2개의 정압과정으로 이루어진 가스 터빈의 이상 사이클이다.

④ 2개의 정압과정과 2개의 정적과정으로 이루어진 증기원동기의 이상 사이클이다.

해설 Otto cycle

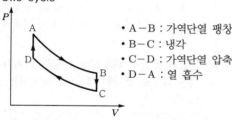

- A−B : 가역단열 팽창
- B−C : 냉각
- C−D : 가역단열 압축
- D−A : 열 흡수

2개의 단열과정, 2개의 정적과정으로 이루어진 불꽃점화기관의 이상사이클이다.

12 이상기체의 반 데르 발스(Van der Waals) 상태방정식을 만족시키는 각 기체에 대해 일정한 온도에서 내부에너지의 부피에 대한 변화율 즉, $\left(\dfrac{\partial U}{\partial V}\right)_T$ 를 나타낸 올바른 식은 다음 중 어느 것인가? (단, 반 데르 발스(Van der Waals) 상태방정식은 $P = \dfrac{RT}{V-b} - \dfrac{a}{V^2}$ 이다.) [출제율 40%]

① $RT/(V-b)$ ② a/V^2

③ a/V ④ $RT/(V-b)^2$

해설 $dU = TdS - PdV$ 식을 dV로 나누면 다음과 같다. ($T = \text{const}$)

$$\left(\frac{\partial U}{\partial V}\right)_T = T\left(\frac{\partial S}{\partial V}\right)_T - P$$

맥스웰 방정식 $\left(\dfrac{\partial P}{\partial T}\right)_V = \left(\dfrac{\partial S}{\partial V}\right)_T$

$$\left(\frac{\partial U}{\partial V}\right)_T = T\left(\frac{\partial P}{\partial T}\right)_V - P$$

$$P = \frac{RT}{V-b} - \frac{a}{V^2} \Rightarrow \left(\frac{\partial P}{\partial T}\right)_V = \frac{R}{V-b}$$

$$\left(\frac{\partial U}{\partial V}\right)_T = T\left(\frac{R}{V-b}\right) - \left(\frac{RT}{V-b} - \frac{a}{V^2}\right) = \frac{a}{V^2}$$

13 초기에 메탄, 물, 이산화탄소, 수소가 각각 1몰씩 존재하고 다음과 같은 반응이 이루어질 경우 물의 몰분율을 반응좌표 ε로 옳게 나타낸 것은 어느 것인가? [출제율 40%]

$$CH_4 + 2H_2O \rightarrow CO_2 + 4H_2$$

① $y_{H_2O} = \dfrac{1-2\varepsilon}{4+2\varepsilon}$ ② $y_{H_2O} = \dfrac{1+\varepsilon}{4-2\varepsilon}$

③ $y_{H_2O} = \dfrac{1+2\varepsilon}{4-\varepsilon}$ ④ $y_{H_2O} = \dfrac{1-2\varepsilon}{4+\varepsilon}$

해설 반응좌표

$$
\begin{array}{ccccc}
& CH_4 & +\,2H_2O & \rightarrow & CO_2 & +\,4H_2 \\
\text{초기}: & 1 & 1 & & 1 & 1 \\
\text{반응}: & -\varepsilon & -2\varepsilon & & +\varepsilon & +4\varepsilon \\
\hline
& (1-\varepsilon) & (1-2\varepsilon) & & (1+\varepsilon) & (1+4\varepsilon)
\end{array}
$$

$n_{H_2O} = 1 - 2\varepsilon$

$n_T = 1 - \varepsilon + 1 - 2\varepsilon + 1 + \varepsilon + 1 + 4\varepsilon = 4 + 2\varepsilon$

$y_{H_2O} = \dfrac{n_{H_2O}}{n_T} = \dfrac{1-2\varepsilon}{4+2\varepsilon}$

14 공기표준 오토사이클(otto cycle)에 해당하는 선도는? [출제율 40%]

①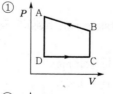

②

③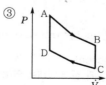

④

해설 공기표준 오토사이클

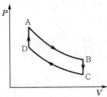

2개의 단열, 2개의 정적과정

15 다음 내연기관 사이클(cycle) 중 같은 조건에서 그 열역학적 효율이 가장 큰 것은? 출제율 60%

① 카르노 사이클(carnot cycle)
② 오토사이클(otto cycle)
③ 디젤 사이클(diesel cycle)
④ 사바테 사이클(sabathe cycle)

해설 Carnot cycle
같은 조건에서 카르노 엔진의 열효율은 온도의 높고 낮음에만 관계되므로 열역학적 효율이 가장 좋다.

16 기체가 초기상태에서 최종상태로 단열팽창을 할 경우 비가역과정에 의해 행한 일(W_{irr})과 가역과정에 의해 행한 일(W_{rev})의 크기를 옳게 비교한 것은? 출제율 20%

① $|W_{irr}| > |W_{rev}|$　② $|W_{irr}| < |W_{rev}|$
③ $|W_{irr}| = |W_{rev}|$　④ $|W_{irr}| \geq |W_{rev}|$

해설 단열팽창
가역 > 비가역
$|W_{rev}| > |W_{irr}|$

17 다음 중 상태변수(state variables)가 될 수 없는 것은? 출제율 40%

① 비부피(specific volume)
② 굴절률(refractive index)
③ 질량(mass)
④ 몰당 내부에너지(molar internal energy)

해설 • 상태함수(state function)
경로에 관계없이 시작과 끝의 상태에 의해서만 영향을 받는 함수(T, P, ρ, μ, U, H, S, G)
• 경로함수(path function)
경로에 따라 영향을 받는 함수(Q, W)

18 어떤 화학반응에서 평형상수의 온도에 대한 미분계수가 다음과 같이 표시된다. 이 반응에 대한 설명으로 옳은 것은? 출제율 60%

$$\left(\frac{\partial \ln K}{\partial T}\right)_P > 0$$

① 이 반응은 흡열반응이며, 온도상승에 따라 K값은 커진다.
② 이 반응은 흡열반응이며, 온도상승에 따라 K값은 작아진다.
③ 이 반응은 발열반응이며, 온도상승에 따라 K값은 커진다.
④ 이 반응은 발열반응이며, 온도상승에 따라 K값은 작아진다.

해설 평형상수와 온도 관계
$$\frac{d\ln K}{dT} = \frac{\Delta H^\circ}{RT^2}$$
$\Delta H^\circ < 0$(발열반응) : 온도 증가 시 평형상수 감소
$\Delta H^\circ > 0$(흡열반응) : 온도 증가 시 평형상수 증가

19 압력과 온도 변화에 따른 엔탈피 변화가 다음과 같은 식으로 표시될 때 □에 해당하는 것은 어느 것인가? 출제율 40%

$$dH = \square dP + C_P dT$$

① V　　② $\left(\dfrac{\partial V}{\partial T}\right)$
③ $T\left(\dfrac{\partial V}{\partial T}\right)_P$　　④ $V - T\left(\dfrac{\partial V}{\partial T}\right)_P$

해설 $H = f(T, P)$
$$dH = \left(\frac{\partial H}{\partial T}\right)_p dp + \left(\frac{\partial H}{\partial P}\right)_T dP$$
$$\left(\frac{\partial H}{\partial T}\right)_P = C_P$$
$dH = TdS + VdP \leftarrow \div dP(T = \text{const})$
$$\left(\frac{\partial H}{\partial P}\right)_T = T\left(\frac{\partial S}{\partial P}\right)_T + V$$
맥스웰 방정식에서 $\left(\dfrac{\partial S}{\partial P}\right)_T = -\left(\dfrac{\partial V}{\partial T}\right)_P$
$$= -T\left(\frac{\partial V}{\partial T}\right)_P + V$$

20 다음 중 줄-톰슨(Joule-Thomson) 팽창에 적합한 조건을 나타내는 것은? 출제율 40%

① $W=0$, $Q=0$, $H_2-H_1=0$

② $W\neq0$, $Q=0$, $H_2-H_1\neq0$

③ $W=0$, $Q\neq0$, $H_2-H_1\neq0$

④ $W\neq0$, $Q\neq0$, $H_2-H_1\neq0$

해설 Joule-Thomson 계수

$$\mu=\left(\frac{\partial T}{\partial P}\right)_H$$

엔탈피가 일정한 팽창($W=0$, $Q=0$)

● 제2과목 ┃ 단위조작 및 화학공업양론

21 1mol% 에탄을 함유한 기체가 20℃, 20atm에서 물과 접촉할 때 용해된 에탄의 몰분율은? (단, 탄수화물은 비교적 물에 녹지 않으며, 에탄의 헨리상수는 2.63×10^4atm/몰분율이다.) 출제율 20%

① 7.6×10^{-6}　　② 6.3×10^{-5}

③ 5.4×10^{-5}　　④ 4.6×10^{-6}

해설 Henry's Law

$P_A=Hx$

$20\,\text{atm}\times0.01=2.63\times10^4\,\text{atm/몰분율}\times x$

에탄의 몰분율$(x)=7.6\times10^{-6}$

22 C_2H_4 40kg을 연소시키기 위해 800kg의 공기를 공급하였다. 과잉공기 백분율은 약 몇 % 인가? 출제율 40%

① 45.2　　② 35.2

③ 25.2　　④ 12.2

해설 $C_2H_4+3O_2 \rightarrow 2CO_2+2H_2O$

28 : 3 kgmol

40 : x

$x=4.28\,\text{kgmol}$

$4.28\,\text{kgmol O}_2\times\dfrac{100\,\text{kgmol Air}}{21\,\text{kgmol O}_2}=20.4\,\text{kgmol Air}$

$800\,\text{kg Air}\times\dfrac{1\,\text{kgmol Air}}{29\,\text{kg Air}}=27.6\,\text{kgmol Air}$

과잉공기 백분율(%) = $\dfrac{\text{과잉공기량}}{\text{이론공기량}}\times100$

$=\dfrac{27.6-20.4}{20.4}\times100=35.2\%$

23 30℃, 1atm의 공기 중의 수증기 분압이 21.9 mmHg일 때 건조공기당 수증기 질량[kg(H_2O)/kg(dry air)]은 얼마인가? (단, 건조공기의 분자량은 29이다.) 출제율 40%

① 0.0272　　② 0.0184

③ 0.272　　④ 0.184

해설 절대습도(H)

$$H=\frac{18}{29}\times\frac{P_A}{P-P_A} \text{(여기서, } P_A : \text{증기의 분압)}$$

$$=\frac{18}{29}\times\frac{21.9}{760-21.9}$$

$$=0.0184\,\text{kg H}_2\text{O/kg 건조공기}$$

24 지하 240m 깊이에서부터 지하수를 양수하여 20m 높이에 가설된 물탱크에 15kg/s의 양으로 물을 올리고 있다. 이때 위치에너지(potential energy)의 증가분(ΔE_p)은 얼마인가? 출제율 20%

① 35280J/s　　② 3600J/s

③ 3250J/s　　④ 205J/s

해설 위치에너지(ΔE_P)

$\Delta E_P=mgh$

여기서, m : 질량

g : 중력가속도

h : 높이

$\Delta E_P=15\,\text{kg/s}\times9.8\,\text{m/s}^2\times240\,\text{m}=35280\,\text{J/s}$

25 공기의 O_2와 N_2의 몰%는 각각 21.0과 79.0이다. 산소와 질소의 질량비(O_2/N_2)는 약 얼마인가? 출제율 20%

① 0.102　　② 0.203

③ 0.303　　④ 0.401

해설 산소 21%, 질소 79%

$W_{O_2}=0.21\,\text{mol}\times32\,\text{g/mol}=6.72\,\text{g}$

$W_{N_2}=0.79\,\text{mol}\times28\,\text{g/mol}=22.12\,\text{g}$

$\dfrac{O_2}{N_2}=\dfrac{6.72}{22.12}=0.303$

26 다음 동력의 단위환산 값 중 1kW와 가장 거리가 먼 것은? 출제율 20%

① 10.97kgf · m/s　　② 0.239kcal/s

③ 0.948BTU/s　　④ 1000000mW

20.① 21.① 22.② 23.② 24.① 25.③ 26.①

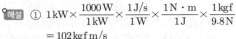

해설

① $1\,\mathrm{kW} \times \dfrac{1000\,\mathrm{W}}{1\,\mathrm{kW}} \times \dfrac{1\,\mathrm{J/s}}{1\,\mathrm{W}} \times \dfrac{1\,\mathrm{N \cdot m}}{1\,\mathrm{J}} \times \dfrac{1\,\mathrm{kgf}}{9.8\,\mathrm{N}}$

$= 102\,\mathrm{kgf\,m/s}$

② $1\,\mathrm{kW} \times \dfrac{1000\,\mathrm{W}}{1\,\mathrm{kW}} \times \dfrac{1\,\mathrm{J/s}}{1\,\mathrm{W}} \times \dfrac{1\,\mathrm{cal}}{4.184\,\mathrm{J}} \times \dfrac{1\,\mathrm{kcal}}{1000\,\mathrm{cal}}$

$= 0.239\,\mathrm{kcal/s}$

③ $1\,\mathrm{kW} \times \dfrac{1000\,\mathrm{W}}{1\,\mathrm{kW}} \times \dfrac{1\,\mathrm{J/s}}{1\,\mathrm{W}} \times \dfrac{1\,\mathrm{cal}}{4.184\,\mathrm{J}} \times \dfrac{1\,\mathrm{BTU}}{252\,\mathrm{cal}}$

$= 0.948\,\mathrm{BTU/s}$

④ $1\,\mathrm{kW} = 10^3\,\mathrm{W} = 10^3 \times 10^3\,\mathrm{mW} = 10^6\,\mathrm{mW}$

27 몰 조성이 79% N_2 및 21% O_2인 공기가 있다. 20℃, 740mmHg에서 이 공기의 밀도는 약 몇 g/L인가? [출제율 60%]

① 1.17
② 1.34
③ 3.21
④ 6.45

해설 $PV = nRT = \dfrac{W}{M}RT$

$\rho = \dfrac{W}{V} = \dfrac{PM}{RT}$

$= \dfrac{740\,\mathrm{mmHg} \times \dfrac{1\,\mathrm{atm}}{760\,\mathrm{mmHg}} \times 29\,\mathrm{g/mol}}{0.082\,\mathrm{atm \cdot L/mol \cdot K} \times 293\,\mathrm{K}}$

$= 1.17\,\mathrm{g/L}$

28 과열수증기가 190℃(과열), 10bar에서 매시간 2000kg/h로 터빈에 공급되고 있다. 증기는 1bar 포화증기로 배출되며 터빈은 이상적으로 가동된다. 수증기의 엔탈피가 다음과 같다고 할 때 터빈의 출력은 몇 kW인가? [출제율 40%]

$\hat{H}(10\mathrm{bar},\ 190℃) = 3201\,\mathrm{kJ/kg}$
$\hat{H}_{\mathrm{out}}(1\mathrm{bar},\ 포화증기) = 2675\,\mathrm{kJ/kg}$

① $W = -1200\,\mathrm{kW}$
② $W = -292\,\mathrm{kW}$
③ $W = -130\,\mathrm{kW}$
④ $W = -30\,\mathrm{kW}$

해설 Hess의 법칙

반응열은 처음과 마지막 상태에 의해서만 결정되며, 중간 경로와는 관계가 없다.

$\Delta H = 2675 - 3201$
$= -526\,\mathrm{kJ/kg} \times 2000\,\mathrm{kg/h} \times 1\,\mathrm{hr}/3600\,\mathrm{s}$
$= -292\,\mathrm{kW}$

보충 Tip

$\dfrac{190℃,\ 10\,\mathrm{bar}}{2000\,\mathrm{kg/h},\ 3201\,\mathrm{kJ/kg}} \rightarrow \boxed{\text{터빈}} \xrightarrow{\ 1\mathrm{bar}\ 포화증기\ }{2675\,\mathrm{kJ/kg}}$

29 100℃, 765mmHg에서 기체 혼합물의 분석값이 CO_2 8vol%, O_2 12vol%, N_2 80vol%이었다. 이때 CO_2 분압은 약 몇 mmHg인가? [출제율 20%]

① 14.1
② 31.1
③ 61.2
④ 107.5

해설 $P_{CO_2} = 765\,\mathrm{mmHg} \times 0.08 = 61.2\,\mathrm{mmHg}$

30 25wt%의 알코올 수용액 20g을 증류하여 95wt%의 알코올 용액 $x(\mathrm{g})$과 5wt%의 알코올 수용액 $y(\mathrm{g})$으로 분리한다고 할 때 x와 y는 각각 얼마인가? [출제율 60%]

① $x = 4.44,\ y = 15.56$
② $x = 15.56,\ y = 4.44$
③ $x = 6.56,\ y = 13.44$
④ $x = 13.44,\ y = 6.56$

해설

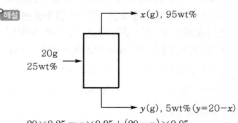

$20 \times 0.25 = x \times 0.95 + (20 - x) \times 0.05$
$x = 4.44\,\mathrm{g}$
$y = 20 - x = 20 - 4.44 = 15.56\,\mathrm{g}$

31 운동량 유속(momentum flux)에 대한 표현으로 옳지 않은 것은? [출제율 20%]

① 질량 유속(mass flux)과 선속도의 곱이다.
② 밀도와 질량 유속(mass flux)과의 곱이다.
③ 밀도와 선속도 자승의 곱이다.
④ 질량 유량(mass flow rate)과 선속도의 곱을 단면적으로 나눈 것이다.

해설 운동량 유속 $= \mathrm{kg/m \cdot s^2}$

운동량 유속(momentum flow)

$=$ 질량 유량(mass flux) $\times \dfrac{운동량}{질량}$

운동량 유속을 면적으로 나누면 운동량 flux이다.

보충 Tip

$$운동량\ 유속 = \dfrac{운동량}{시간 \times 면적}$$

32 펄프로 종이의 연속시트(sheet)를 만들 경우 다음 중 가장 적당한 건조기는? [출제율 20%]

① 터널 건조기(tunnel dryer)
② 회전 건조기(rotary dryer)
③ 상자 건조기(tray dryer)
④ 원통형 건조기(cylinder dryer)

해설 원통형 건조기
종이나 직물의 연속시트를 건조하는 데 가장 적당하다.

33 다음 중 정류 조작에서 최소환류비에 대한 올바른 표현은? [출제율 20%]

① 이론단수가 무한대일 때의 환류비이다.
② 이론단수가 최소일 때의 환류비이다.
③ 탑상 유출물이 제일 적을 때의 환류비이다.
④ 탑저 유출물이 제일 적을 때의 환류비이다.

해설 • 최소환류비
이론단수가 무한대일 때의 환류비이다.
• 전환류
이론단수가 최소일 때의 환류비이다.

34 막분리공정 중 역삼투법에서 물과 염류의 수송 메커니즘에 대한 설명으로 가장 거리가 먼 내용은? [출제율 20%]

① 물과 용질은 용액 확산 메커니즘에 의해 별도로 막을 통해 확산된다.
② 치밀층의 저압 쪽에서 1atm일 때 순수가 생성된다면 활동도는 사실상 1이다.
③ 물의 플럭스 및 선택도는 압력차에 의존하지 않으나, 염류의 훌럭스는 압력차에 따라 크게 증가한다.
④ 물 수송의 구동력은 활동도 차이이며, 이는 압력차에서 공급물과 생성물의 삼투압 차이를 뺀 값에 비례한다.

해설 • 역삼투압법
삼투압을 이용하여 해수 등에 녹아 있는 물질을 제거하고 물을 얻는 방법이다.
• 삼투압
삼투현상으로 물이 농도가 낮은 쪽에서 높은 쪽으로 이동할 때 생성되는 압력을 말한다.
• 물의 플럭스 및 선택도 등은 압력차와 매우 밀접한 관계가 있다.

35 추제(solvent)의 선택요인으로 옳은 것은 어느 것인가? [출제율 40%]

① 선택도가 작다. ② 회수가 용이하다.
③ 값이 비싸다. ④ 화학결합력이 크다.

해설 추제의 선택조건
㉠ 선택도가 커야 한다.
㉡ 회수가 용이해야 한다.
㉢ 값이 싸고 화학적으로 안정해야 한다.
㉣ 비점 및 응고점이 낮으며 부식성과 유동성이 적고 추질과의 비중차가 클수록 좋다.

36 원관 내 25℃의 물을 65℃까지 가열하기 위해서 100℃의 포화수증기를 관 외부로 도입하여 그 응축열을 이용하고, 100℃의 응축수가 나오도록 하였다. 대수평균 온도차는 몇 ℃인가? [출제율 40%]

① 0.56 ② 0.85
③ 52.5 ④ 55.5

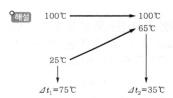

해설

대수평균 온도차$(\Delta t_L) = \dfrac{75-35}{\ln\dfrac{75}{35}} = 52.5℃$

37 흡수탑에서 전달단위 수(NTU)는 20이고 전달단위 높이(HTU)가 0.7m일 경우, 필요한 충전물의 높이는 몇 m인가? [출제율 20%]

① 1.4 ② 14
③ 2.8 ④ 28

해설 $Z = \text{HTU} \times \text{NTU} = 0.7\,\text{m} \times 20 = 14\,\text{m}$

38 Prandtl 수가 1보다 클 경우 다음 중 옳은 것은 어느 것인가? [출제율 20%]

① 운동량 경계층이 열 경계층보다 더 두껍다.
② 운동량 경계층이 열 경계층보다 더 얇다.
③ 운동량 경계층과 열 경계층의 두께가 같다.
④ 운동량 경계층과 열 경계층의 두께와는 관계가 없다.

32.④ 33.① 34.③ 35.② 36.③ 37.② 38.①

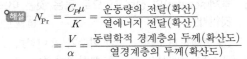

$\begin{aligned} N_{\text{Pr}} &= \dfrac{C_P \mu}{K} = \dfrac{\text{운동량의 전달(확산)}}{\text{열에너지 전달(확산)}} \\ &= \dfrac{V}{\alpha} = \dfrac{\text{동력학적 경계층의 두께(확산도)}}{\text{열경계층의 두께(확산도)}} \end{aligned}$

$N_{\text{Pr}} > 1$이면 동력학적 경계층의 두께가 열경계층의 두께보다 두껍다.

39 다음 면적이 0.25m²인 250℃ 상태의 물체가 있다. 50℃ 공기가 그 위에 있을 때 전열속도는 약 몇 kW인가? (단, 대류에 의한 열전달계수는 30W/m² · ℃이다.) <small>출제율 40%</small>

① 1.5   ② 1.875

③ 1500   ④ 1875

해설 $q = h \cdot A \cdot \Delta t$
$= 30\,\text{W/m}^2\,\text{℃} \times 0.25\text{m}^2 \times (250 - 50)\text{℃}$
$= 1500\,\text{W}$
$= 1.5\,\text{kW}$

40 내경 10cm 관을 통해 층류로 물이 흐르고 있다. 관의 중심유속이 2cm/s일 경우 관 벽에서 2cm 떨어진 곳의 유속은 약 몇 m/s인가? <small>출제율 40%</small>

① 0.42   ② 0.86

③ 1.28   ④ 1.68

해설 $\dfrac{U}{U_{\max}} = 1 - \left(\dfrac{r}{r_w}\right)^2$

$U = U_{\max} \times \left\{ 1 - \left(\dfrac{r}{r_w}\right)^2 \right\}$

$= 2\,\text{cm/s} \times \left\{ 1 - \left(\dfrac{3}{5}\right)^2 \right\}$

$= 1.28\,\text{cm/s}$

▶▶ 제3과목 ┃ 공정제어

41 과소감쇠 2차계(underdamped system)의 경우 decay ratio는 overshoot를 α라 할 때 어떤 관계가 있는가? <small>출제율 40%</small>

① α이다.   ② α^2이다.
③ α^3이다.   ④ α^4이다.

해설 $\zeta < 1$: 과소감쇠 공정
감쇠비(decay ratio) = (overshoot)^2 = α^2

42 개회로 전달함수(open-loop transfer function)

$G(s) = \dfrac{K_c}{(S+1)\left(\dfrac{1}{2}S+1\right)\left(\dfrac{1}{3}S+1\right)}$인 계(系)에

있어서 K_c가 4.41인 경우 다음 중 폐회로의 특성방정식은? <small>출제율 40%</small>

① $S^3 + 7S^2 + 14S + 76.5 = 0$

② $S^3 + 5S^2 + 12S + 4.4 = 0$

③ $S^3 + 4S^2 + 10S + 10.4 = 0$

④ $S^3 + 6S^2 + 11S + 32.5 = 0$

해설 $1 + G_{oL} = 0, \; 1 + G(s) = 0$

$(S+1)\left(\dfrac{1}{2}S+1\right)\left(\dfrac{1}{3}S+1\right) + K_c = 0$

$S^3 + 6S^2 + 11S + 6(1 + K_c) = 0$

$S^3 + 6S^2 + 11S + 32.5 = 0$

43 전달함수 $y(s) = (1 + 2s)e(s) + \dfrac{1.5}{s}e(s)$에 해당하는 시간영역에서의 표현으로 옳은 것은 어느 것인가? <small>출제율 60%</small>

① $y(t) = 1 + 2\dfrac{de(t)}{dt} + 1.5 \displaystyle\int_0^t e(t)dt$

② $y(t) = e(t) + 2\dfrac{de(t)}{dt} + 1.5 \displaystyle\int_0^t e(t)dt$

③ $y(t) = e(t) + 2\displaystyle\int_0^t e(t)dt + 1.5\dfrac{de(t)}{dt}$

④ $y(t) = 1 + 2\displaystyle\int_0^t e(t)dt + 1.5\dfrac{de(t)}{dt}$

해설 $y(s) = e(s) + 2se(s) + \dfrac{1.5}{s}e(s)$

역라플라스 변환

$y(t) = e(t) + 2\dfrac{de(t)}{dt} + 1.5 \displaystyle\int_0^t e(t)dt$

44 어떤 제어계의 총괄전달함수의 분모가 다음과 같이 나타날 때 그 계가 안정하게 유지되려면 K의 최대범위(upper bound)는 다음 중에서 어느 것이 되어야 하는가? <small>출제율 80%</small>

$$s^3 + 3s^2 + 2s + 1 + K$$

① $K < 5$ ② $K < 1$

③ $K < \dfrac{1}{2}$ ④ $K < \dfrac{1}{3}$

해설 Routh 안정성

$$s^3 + 3s^2 + 2s + 1 + k = 0$$

$$a_0 = 1, \ a_1 = 3, \ a_2 = 2, \ a_3 = 1 + k$$

	1	2
1	$a_0 = 1$	$a_2 = 2$
2	$a_1 = 3$	$a_3 = 1 + k$
3	$A_1 = \dfrac{a_1 a_2 - a_0 a_3}{a_1} = \dfrac{6 - (1+k)}{3} > 0$	

$$k < 5$$

45 다음 중 Servo problem에 대한 설명으로 가장 적절한 것은? 출제율 40%

① Set point value가 변하지 않는 경우이다.
② Load value가 변하는 경우이다.
③ Set point value는 변하고, Load value 는 변하지 않는 경우이다.
④ Feedback이 없는 경우이다.

해설 추적제어(servo control)
제어목적에 따라 분류되며, 설정값이 시간에 따라 변화할 때 제어변수가 설정값을 따르도록 조절변수 를 제어하는 것으로, 외부교란변수$(L) = 0$이다.

46 다음 중 $y(s) = \dfrac{w}{(s+a)^2 + w^2}$의 Laplace 역변환은? 출제율 80%

① $y(t) = \exp(-at)\sin(wt)$
② $y(t) = \sin(wt)$
③ $y(t) = \exp(at)\cos(wt)$
④ $y(t) = \exp(at)$

해설 $f(t) = e^{-at}\sin wt$

$$\downarrow \mathcal{L} \text{(라플라스 변환)}$$

$$F(s) = \frac{w^2}{(s+a)^2 + w^2}$$

47 다음 중 제어계의 피제어변수의 목표치를 나타내는 말은? 출제율 40%

① 부하(load)　　② 골(goal)
③ 설정치(set point)　④ 오차(error)

해설 설정치
제어계의 피제어변수의 목표치를 말한다.

48 전달함수가 다음과 같이 주어진 계가 역응답 (inverse response)을 갖기 위한 τ값으로 옳은 것은? 출제율 40%

$$G(s) = \frac{4}{2s+1} - \frac{1}{\tau s + 1}$$

① $\tau < 2$　　　　② $\tau > 2$
③ $\tau > \dfrac{1}{2}$　　　④ $\tau < \dfrac{1}{2}$

해설 역응답 : $\tau < 0$

$$G(s) = \frac{4(\tau s + 1) - (2s + 1)}{(2s+1)(\tau s + 1)}$$

$$= \frac{(4\tau - 2)s + 3}{(2s+1)(\tau s + 1)}$$

$$4\tau - 2 < 0$$

$$\therefore \tau < \frac{1}{2}$$

49 전달함수와 원하는 closed-loop 응답이 각각

$$G(s) = \frac{3}{(5s+1)(7s+1)}, \quad (C/R)_d = \frac{1}{6s+1}$$

일 때 얻어지는 제어기의 유형과 해당되는 제어 기의 파라미터를 옳게 나타낸 것은? 출제율 40%

① P 제어기, $K_c = \dfrac{1}{3}$

② PD 제어기, $K_c = \dfrac{2}{3}$, $\tau_D = \dfrac{35}{6}$

③ PI 제어기, $K_c = \dfrac{1}{3}$, $\tau_I = 12$

④ PID 제어기, $K_c = \dfrac{2}{3}$, $\tau_I = 12$, $\tau_D = \dfrac{35}{12}$

해설 $(C/R)_d = \dfrac{1}{6s+1}$: 폐회로의 전달함수

폐회로 총괄전달함수, $G(s) = \dfrac{3}{(5s+1)(7s+1)}$

$$G_c(s) = \frac{1}{G}\left[\frac{(C/R)_d}{1 - (C/R)_d}\right]$$

$$= \frac{35s^2 + 12s + 1}{3} \times \left[\frac{\dfrac{1}{6s+1}}{1 - \dfrac{1}{6s+1}}\right]$$

$$= \frac{2}{3}\left[1 + \frac{35}{12}s + \frac{1}{12s}\right]$$

$$K_c = \frac{2}{3}, \ \tau_I = 12, \ \tau_D = \frac{35}{12}, \text{ PID 제어기}$$

50 다음 공정과 제어기를 고려할 때 정상 상태 (steady state)에서 $\int_0^t (1 - y(\tau))d\tau$ 값은 얼마인가? [출제율 20%]

- 제어기
$$u(t) = 1.0(1.0 - y(t)) + \frac{1.0}{2.0}\int_0^t (1 - y(\tau))d\tau$$

- 공정
$$\frac{d^2 y(t)}{dt^2} + 2\frac{dy(t)}{dt} + y(t) = u(t - 0.1)$$

① 1   ② 2
③ 3   ④ 4

해설

$$U(s) = \frac{1}{s} - Y(s) + \frac{1}{2s^2} - \frac{Y(s)}{2s}$$

$$= \frac{1}{s} - Y(s) + \frac{1}{2}\mathcal{L}(1 - Y(\tau))$$

공정 → $s^2 Y(s) + 2sY(s) + Y(s) = U(s) \cdot e^{-0.1s}$

정리하면

$s^2 Y(s) \cdot e^{0.1s} + 2sY(s) \cdot e^{-0.1s} + Y(s) \cdot e^{-0.1s}$
$= U(s)$

$\dfrac{1}{s} - Y(s) + \dfrac{1}{2}\mathcal{L}(1 - Y(\tau))$

$= (s^2 e^{0.1s} + 2se^{0.1s} + e^{0.1s})Y(s)$

$\dfrac{1}{2}\mathcal{L}(1 - Y(\tau))$

$= (s^2 e^{0.1s} + 2se^{0.1s} + e^{0.1s} + 1)Y(s) - \dfrac{1}{s}$

$\mathcal{L}(1 - Y(\tau))$

$= 2(s^2 e^{0.1s} + 2se^{0.1s} + e^{0.1s} + 1)Y(s) - \dfrac{2}{s}$

$\lim\limits_{t \to \infty} y(t) = \lim\limits_{s \to 0} s\mathcal{L}(1 - Y(\tau)) = 1 \times (4 - 2) = 2$

보충 Tip

$$\lim_{s \to 0} sY(s) = \lim_{s \to 0}\frac{se^{-0.1s} + \dfrac{1}{2}e^{-0.1s}}{s^3 + 2s^2 + s + se^{-0.1s} + \dfrac{1}{2}e^{0.1s}} = 1$$

51 PID 제어기에서 미분동작에 대한 설명으로 옳은 것은? [출제율 20%]

① 제어에러의 변화율에 반비례하여 동작을 내보낸다.

② 미분동작이 너무 작으면 측정잡음에 민감하게 된다.

③ 오프셋을 제거해 준다.

④ 느린 동특성을 가지고 잡음이 적은 공정의 제어에 적합하다.

해설 PID 제어계 미분동작

㉠ 미분동작은 입력신호의 변화율에 비례해 동작한다.

㉡ 미분동작이 클수록 측정잡음이 민감하다.

㉢ 미분동작은 offset 제거가 안된다.

㉣ 시간상수가 크고 잡음이 적은 공정제어에 적합하다.

52 전달함수가 $G(s) = K\exp(-\theta s)/(\tau s + 1)$인 공정에 공정입력 $u(t) = \sin(\sqrt{2}t)$을 적용했을 때, 시간이 많이 흐른 후 공정출력 $y(t) = (2/\sqrt{2})\sin(\sqrt{2}t - \pi/2)$이었다. 또한, $u(t) = 1$을 적용하였을 때 시간이 많이 흐른 후 $y(t) = 2$이었다. K, θ, τ 값은 얼마인가? [출제율 40%]

① $K = 1$, $\tau = 1/\sqrt{2}$, $\theta = \pi/2\sqrt{2}$
② $K = 1$, $\tau = 1/\sqrt{2}$, $\theta = \pi/4\sqrt{2}$
③ $K = 2$, $\tau = 1/\sqrt{2}$, $\theta = \pi/4\sqrt{2}$
④ $K = 2$, $\tau = 1/\sqrt{2}$, $\theta = \pi/2\sqrt{2}$

해설 $u(t) = 1$, 최종값 정리 $\lim\limits_{s \to 0} s \cdot \dfrac{ke^{-\theta s}}{\tau s + 1} \cdot \dfrac{1}{s} = 2$

$G(s) = G_1(s)G_2(s)$

각각에 대해 진폭비 AR과 위상각 ϕ를 구하면

$$AR_1 = |G_1(jw)| = \frac{k\sqrt{1 + \tau^2 \omega^2}}{1 + \tau^2 \omega^2} = \frac{k}{\sqrt{1 + 2\tau^2}}$$

$\tan\phi_1 = -\tau\omega = -1$, $\phi_1 = -\dfrac{\pi}{4}$

$e^{-\theta\omega j} = i\sin(-\theta\omega) + \cos(-\theta\omega)$

$AR_2 = |G_2(jw)| = 1$, $\phi_2 = -\theta\omega = -\sqrt{2}\theta$

합치면 $AR = AR_1 \times AR_2 = \dfrac{2}{\sqrt{1 + 2\tau^2}}$

$\phi = \phi_1 + \phi_2 = -\dfrac{\pi}{4} - \sqrt{2}\theta$

$AR = \sqrt{2}$ 이므로

$\tau = 1/\sqrt{2}$, $\phi = -\dfrac{\pi}{2}$

$\theta = \dfrac{\pi}{4\sqrt{2}}$

50.② 51.④ 52.③

53 설정치(set point)는 일정하게 유지되고, 외부교란변수(disturbance)가 시간에 따라 변화할 때 피제어변수가 설정치를 따르도록 조절변수를 제어하는 것은? [출제율 40%]

① 조정(regulatory) 제어
② 서보(servo) 제어
③ 감시 제어
④ 예측 제어

해설 조정 제어(regulatory control)
외부교란의 영향에도 불구하고 제어변수를 설정값으로 유지시키고자 하는 제어를 말한다.

54 다음 블록선도에서 전달함수 $\dfrac{Y(s)}{X(s)}$ 는 어느 것인가? [출제율 80%]

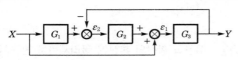

① $\dfrac{G_1G_2G_3+G_3}{1+G_2G_3}$ ② $\dfrac{G_1G_2G_3+G_3}{1+G_1G_3}$

③ $\dfrac{G_1G_2G_3+G_2}{1+G_1}$ ④ $\dfrac{G_1G_2G_3+G_3}{1+G_1}$

해설 $G(s) = \dfrac{\text{직진(직렬)}}{1+\text{feedback}} = \dfrac{G_1G_2G_3+G_3}{1+G_2G_3}$

55 다음 그림의 액체저장탱크에 대한 선형화된 모델식으로 옳은 것은? (단, 유출량 $q(\text{m}^3/\text{min})$는 $2\sqrt{h}$ 로 나타내어지며, 액위 h의 정상상태 값은 4m이고, 단면적은 $A(\text{m}^2)$이다.) [출제율 40%]

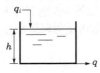

① $A\dfrac{dh}{dt} = q_i - \dfrac{h}{2} - 2$

② $A\dfrac{dh}{dt} = q_i - h + 2$

③ $A\dfrac{dh}{dt} = q_i - \dfrac{h}{2} + 2$

④ $A\dfrac{dh}{dt} = 2q_i - h + 2$

해설 액체저장탱크
$$A\dfrac{dh}{dt} = q_i - 2\sqrt{h}$$
선형화 : $\sqrt{h} \simeq \sqrt{h_s} + \dfrac{1}{2\sqrt{h_s}}(h - h_s)$
$$A\dfrac{dh}{dt} = q_i - 2\sqrt{h_s} - \dfrac{2}{2\sqrt{h_s}}(h - h_s)$$
$$A\dfrac{dh}{dt} = q_i - 2\sqrt{4} - \dfrac{2}{2\sqrt{4}}(h - 4)$$
$$A\dfrac{dh}{dt} = q_i - \dfrac{h}{2} - 2$$

56 전달함수 $\dfrac{(0.2s-1)(0.1s+1)}{(s+1)(2s+1)(3s+1)}$ 에 대해 잘못 설명한 것은? [출제율 20%]

① 극점(pole)은 -1, -0.5, $-1/3$이다.
② 영점(zero)은 $1/0.2$, $-1/0.1$이다.
③ 전달함수는 안정하다.
④ 전달함수가 안정하기 때문에 전달함수의 역함수도 안정하다.

해설 극점이 모두 허수축의 왼편이므로 안정하지만, 역함수는 안정하지 않다.

57 제어기를 설계할 때에 대한 설명으로 옳지 않은 것은? [출제율 20%]

① 일반적으로 제어기의 강인성(robustness)과 성능(performance)을 동시에 고려하여야 한다.
② 제어기의 튜닝은 잔류오차(offset)가 없고 부드럽고 빠르게 설정값에 접근하도록 이루어져야 한다.
③ 설정값 변화 공정에 최적인 튜닝값은 외란 변화 공정에도 최적이다.
④ 공정이 가진 시간지연이 길어지면 제어루프가 가질 수 있는 최대성능은 나빠진다.

해설 설정값 변화 공정에 최적인 튜닝값은 외란 변화 공정에 최적은 아니다.

58 다음의 식이 나타내는 이론은? <small>출제율 80%</small>

$$\lim_{s \to 0} s \cdot F(s) = \lim_{t \to \infty} f(t)$$

① 스토크스의 정리(Stokes theorem)
② 최종값 정리(final theorem)
③ 지글러 – 니콜스의 정리(Ziegle–Nichols theorem)
④ 테일러의 정리(Taylers theorem)

^{해설} • 초기값 정리
$$\lim_{t \to 0} f(t) = \lim_{s \to \infty} sF(s)$$
• 최종값 정리
$$\lim_{t \to \infty} f(t) = \lim_{s \to 0} sF(s)$$

59 Unstable 공정은 비례제어기로 먼저 안정화시키는 것이 운전에 중요하다. 공정 $G(s) = \dfrac{2e^{-s}}{s-1}$ 을 안정화시키는 비례이득 값의 아래 한계(lower bound)는? <small>출제율 40%</small>

① 0.5   ② 1
③ 2   ④ 5

^{해설} 폐회로 특성방정식
$$s - 1 + 2K_c e^{-s} = 0$$
$$s = 1 - 2K_c e^{-s}$$
$$K_c > \frac{1}{2}$$

60 다음 시스템이 안정하기 위한 조건은 다음 중 어느 것인가? <small>출제율 80%</small>

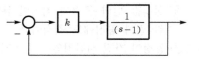

① $0 < k < 1$ ② $k > 1$
③ $k < 1$ ④ $k > 0$

^{해설}
$$1 + \frac{k}{s-1} = 0$$
$$s - 1 + k = 0$$
$$s + (k-1) = 0$$
$$k - 1 > 0, \quad k > 1$$

▶▶ **제4과목 Ⅰ 공업화학**

61 200kg의 인산(H_3PO_4) 제조 시 필요한 인광석의 양은 약 몇 kg인가? (단, 인광석 내에는 30%의 P_2O_5가 포함되어 있으며, P_2O_5의 분자량은 142 이다.) <small>출제율 40%</small>

① 241.5
② 362.3
③ 483.1
④ 603.8

^{해설} $P_2O_5 + 3H_2O \rightarrow 2H_3PO_4$
$$\begin{array}{ccc} 142 & : & 2 \times 98 \\ x & : & 200\text{kg} \end{array}$$
$x = 145\,\text{kg}$
인광석의 양 $\times 0.3 = 145$
인광석의 양 $= 483\,\text{kg}$

62 질산과 황산의 혼산에 글리세린을 반응시켜 만드는 물질로 비중이 약 1.6이고 다이너마이트를 제조할 때 사용되는 것은? <small>출제율 40%</small>

① 글리세릴 디니트레이트
② 글리세릴 모노니트레이트
③ 트리니트로톨루엔
④ 니트로글리세린

^{해설} $C_3H_8O_3 \xrightarrow[\text{H}_2\text{SO}_4]{\text{HNO}_3} C_3H_5N_3O_9 + 3H_2O$
(글리세린)   (니트로글리세린)

63 융점이 327℃이며, 이 온도 이하에서는 용매 가공이 불가능할 정도로 매우 우수한 내약품성을 지니고 있어 화학공정기계의 부식방지용 내식 재료로 많이 응용되고 있는 고분자 재료는 무엇인가? <small>출제율 20%</small>

① 폴리에틸렌
② 폴리테트라플로로에틸렌
③ 폴리카보네이트
④ 폴리이미드

^{해설} 폴리테트라플로로에틸렌
매우 안정된 화합물을 형성하며 부식방지용 내식재료로 많이 응용되고 있는 고분자 재료이다.

64 지하수 내에 Ca^{2+} 40mg/L, Mg^{2+} 24.3mg/L가 포함되어 있다. 지하수의 경도를 mg/L $CaCO_3$로 옳게 나타낸 것은? (단, 원자량은 Ca 40, Mg 24.3이다.) 출제율 20%

① 32.15 ② 64.3
③ 100   ④ 200

해설 Ca의 몰수 1mol, Mg의 몰수 1mol
$(1mol + 1mol) \times CaCO_3$ 분자량
$= 200mg/L\ CaCO_3$

 보충 Tip

Ca 경도 $= 40 \times \dfrac{50}{20} = 100$

Mg 경도 $= 24 \times \dfrac{50}{12} = 100$

$100 + 100 = 200mg/L\ CaCO_3$

65 윤활유의 성상에 대한 설명으로 가장 거리가 먼 것은? 출제율 20%

① 유막 강도가 커야 한다.
② 적당한 점도가 있어야 한다.
③ 안정도가 커야 한다.
④ 인화점이 낮아야 한다.

해설 윤활유 성상 특징
㉠ 사용온도에 적당한 점성이 있어야 한다.
㉡ 열과 산화에 대해 안정도가 커야 한다.
㉢ 일정 유막 형성 즉, 유막 강도가 커야 한다.
㉣ 인화점이 높아야 한다.

66 가성소다 제조에 있어 격막법과 수은법에 대한 설명 중 틀린 것은? 출제율 60%

① 전류밀도는 수은법이 격막법의 약 5~6배가 된다.
② 가성소다 제품의 품질은 수은법이 좋고 격막법은 약 1~1.5% 정도의 NaCl을 함유한다.
③ 격막법은 양극실과 음극실 액의 pH가 다르다.
④ 수은법은 고농도를 만들기 위해서 많은 증기가 필요하기 때문에 보일러용 연료가 필요하므로 대기오염의 문제가 없다.

해설

격막법	수은법
• 농축비가 많이 듦	• 순도가 높고 진한 NaOH 얻음
• 순도가 낮음	• 전력비가 많이 듦
• 양극실과 음극실의 PH가 다름	• 수은 사용으로 공해 원인
	• 이론 분해 전압이 큼
	• 대기오염의 문제가 있음
	• 전류밀도가 격막법의 5~6배

67 다음 중 Friedel-Crafts 반응에 쓰이는 대표적인 촉매는? 출제율 40%

① Al_2O_3
② H_2SO_4
③ P_2O_5
④ $AlCl_3$

해설 Friedel-crafts 반응(방향족 탄화수소의 아실화)

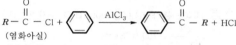

사용촉매 : $AlCl_3$, BF_3 등

68 생성된 입상 중합체를 직접 사용하여 연속적으로 교반하여 중합하며, 중합열의 제어가 용이하지만 안정제에 의한 오염이 발생하므로 세척, 건조가 필요한 중합법은? 출제율 20%

① 괴상중합
② 용액중합
③ 현탁중합
④ 축중합

해설 현탁중합(서스펜션중합)
단량체를 녹이지 않는 액체에 격렬한 연속적 교반으로 분산시켜 중합한다. 세정 및 건조공정을 필요로 하고 안정제에 의한 오염이 발생한다.

69 접촉식에 의한 황산의 제조공정에서 이산화황이 산화되어 삼산화황으로 전환하여 평형상태에 도달한다. 삼산화황 1몰을 생산하기 위해서 필요한 공기 최소량은 표준상태를 기준으로 약 몇 L인가? (단, 이상적인 반응을 가정한다.) 출제율 40%

① 53L   ② 40.3L
③ 20.16L ④ 10.26L

해설 $S + \dfrac{1}{2}O_2 \rightarrow SO_3$

$\dfrac{1}{2}\,mol \quad : \quad 1mol$

$\dfrac{1}{2}\,mol\,O_2 \times \dfrac{100\,mol\,Air}{21\,mol\,O_2} = 2.38\,mol\,Air$

$PV = nRT$

$V = \dfrac{nRT}{P} = \dfrac{2.38\,mol \times 0.082 \times 273\,K}{1\,atm} = 53.28\,L$

70 질산의 직접 합성반응이 다음과 같을 때 반응 후 응축하여 생성된 질산용액의 농도는 얼마인가? 출제율 40%

$$NH_3 + 2O_2 \rightleftharpoons HNO_3 + H_2O$$

① 68wt% ② 78wt%
③ 88wt% ④ 98wt%

해설 HNO_3 분자량 : $63\,g/mol$, H_2O 분자량 : $18\,g/mol$

$\dfrac{63}{63+18} \times 100 = 78\,wt\%$

보충 Tip

질산의 직접 합성법
고농도 질산을 얻기 위한 방법으로, 응축하면 78% HNO_3가 생성되므로 농축, 물 제거가 필요하다.

71 다음 중 디젤연료의 성능을 표시하는 하나의 척도는? 출제율 20%

① 옥탄가 ② 유동점
③ 세탄가 ④ 아닐린점

해설 세탄가
디젤기관의 착화성을 정량적으로 나타내는 데 이용되는 수치로, 세탄가가 클수록 착화성이 크고 디젤연료로 우수하다.

72 다음 중 수용성 인산 비료는? 출제율 40%

① Thomas 인비 ② 중과린산석회
③ 용성인비 ④ 소성인산3석회

해설 • 수용성 인산비료
  중과린산석회, 인산암모늄, 인산칼슘, 과린산석회
• 구용성 인산비료
  침강인산석회, 토마스인비, 소성인비

• 불용성 인산비료
  인회석, 골회

73 아닐린에 대한 설명으로 옳은 것은? 출제율 40%

① 무색 · 무취의 액체이다.
② 니트로벤젠은 아닐린으로 산화될 수 있다.
③ 비점이 약 184℃이다.
④ 알코올과 에테르에 녹지 않는다.

해설 아닐린

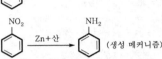

• 특유의 냄새, 무색, 비점 184℃
• 에테르, 에탄올, 벤젠에 용해된다.

74 다음의 과정에서 얻어지는 물질로 ( ) 안에 알맞은 것은? 출제율 20%

$$CH_2{=}CH_2 \xrightarrow[Ag]{O_2} CH_2{-}CH_2 \atop \diagdown O \diagup \xrightarrow{H_2O} (\quad)$$

① 에탄올 ② 에텐디올
③ 에틸렌글리콜 ④ 아세트알데히드

해설 산화에틸렌의 수화반응

$CH_2 - CH_2 + H_2O \longrightarrow\ CH_2 + CH_2$
$\quad\diagdown O \diagup \qquad\qquad\qquad\quad | \quad\ |$
$\qquad\qquad\qquad\qquad\qquad\qquad OH \quad OH$
(에틸렌옥사이드)　　　　(에틸렌글리콜)

75 반도체 제조공정 중 원하는 형태로 패턴이 형성된 표면에서 원하는 부분을 화학반응 또는 물리적 과정을 통해 제거하는 공정은? 출제율 20%

① 리소그래피 ② 에칭
③ 세정 ④ 이온주입공정

해설 에칭
노광후 PR로 보호되지 않는 부분을 제거하는 공정. 즉 반도체 제조공정 중 원하는 형태로 패턴이 형성된 표면에서 원하는 부분을 화학반응 또는 물리적 과정을 통해 제거하는 공정이다.

76 다음 중 암모니아 소다법의 핵심공정 반응식을 옳게 나타낸 것은? _{출제율 60%}

① $2NaCl + H_2SO_4 \rightarrow Na_2SO_4 + 2HCl$

② $2NaCl + SO_2 + H_2O + \dfrac{1}{2}O_2$
$\rightarrow Na_2SO_4 + 2HCl$

③ $NaCl + 2NH_3 + CO_2 \rightarrow NaCO_2NH_2 + NH_4Cl$

④ $NaCl + NH_3 + CO_2 + H_2O$
$\rightarrow NaHCO_3 + NH_4Cl$

해설 암모니아 소다법 반응식
- $NaCl + NH_3 + CO_2 + H_2O \rightarrow NaHCO_3 + NH_4Cl$
- $2NaHCO_3 \rightarrow Na_2CO_3 + H_2O + CO_2$
- $2NH_4Cl + Ca(OH)_2 \rightarrow CaCl_2 + 2H_2O + 2NH_3$

77 논농사보다는 밭농사를 주로 하는 지역에서 사용하는 흡습성이 강한 비료로서 Fauser 법으로 생산하는 것은? _{출제율 20%}

① NH_4Cl ② NH_4NO_3
③ NH_2CONH_2 ④ $(NH_4)_2SO_4$

해설 질산암모늄
질산을 암모니아 가스로 중화하여 제조하고, 흡습성이 강해 논농사에 부적합하며, 밭농사를 주로 하는 지역에서 사용한다.

78 고분자의 수평균분자량을 측정하는 방법으로 가장 거리가 먼 것은? _{출제율 20%}

① 광산란법   ② 삼투압법
③ 비등점상승법   ④ 빙점강하법

해설 고분자의 수평균분자량 측정방법
㉠ 끓는점오름법과 어는점내림법(비등점상승법과 빙점강하법)
㉡ 삼투압측정법
㉢ 광산란법
㉣ 겔투과 크로마토그래피법

79 부식전류가 크게 되는 원인으로 가장 거리가 먼 것은? _{출제율 20%}

① 용존 산소농도가 낮을 때
② 온도가 높을 때

③ 금속이 전도성이 큰 전해액과 접촉하고 있을 때
④ 금속 표면의 내부응력의 차가 클 때

해설 부식속도(부식전류)를 크게 하는 요소
㉠ 서로 다른 금속들이 접하고 있을 때
㉡ 금속이 전도성이 큰 전해액과 접촉하고 있을 때
㉢ 금속 표면의 내부 응력차가 클 때
㉣ 용존 산소농도가 높을 때
㉤ 온도가 높을 때

80 아세틸렌을 원료로 하여 합성되는 물질이 아닌 것은? _{출제율 40%}

① 아세트알데히드
② 염화비닐
③ 포름알데히드
④ 아세트산비닐

해설 아세틸렌을 원료로 하여 합성되는 물질
아세트알데히드, 초산비닐, 염화비닐, 트리클로로에틸렌, 아크릴로니트릴, 클로로프렌, n-부탄올

▶▶ 제5과목 ┃ 반응공학

81 공간시간과 평균체류시간에 대한 설명 중 틀린 것은? _{출제율 20%}

① 밀도가 일정한 반응계에서는 공간시간과 평균체류시간은 항상 같다.
② 부피가 팽창하는 기체반응의 경우 평균체류시간은 공간시간보다 작다.
③ 반응물의 부피가 전화율과 직선관계로 변하는 관형 반응기에서 평균체류시간은 반응속도와 무관하다.
④ 공간시간과 공간속도의 곱은 항상 1이다.

해설 단일이상반응기
㉠ 공간속도는 공간시간의 역수이다.
㉡ 밀도가 일정한 경우 부피유량이 변하지 않으므로 공간시간과 평균체류시간은 같다.
㉢ 부피 증가 시 '출구유량 > 입구유량'이므로 평균체류시간이 더 작다.

82 고체촉매에 의한 기상반응 $A+B=R$ 에 있어서 성분 A 와 B 가 같은 양이 존재할 때 성분 A 의 흡착과정이 율속인 경우의 초기반응속도와 전압의 관계는? (단, a, b 는 정수이고, p 는 전압이다.) [출제율 20%]

① $\gamma_0 = \dfrac{p}{a+bp}$　② $\gamma_0 = \dfrac{p}{(a+bp)^2}$

③ $\gamma_0 = \left(\dfrac{p}{a+bp}\right)^2$　④ $\gamma_0 = \dfrac{p^2}{a+bp}$

해설 Langmuir 흡착등온식
$A+B=R$ 이므로 흡착속도와 탈착속도가 같다고 하면,
흡착속도 $= k_a P_a \theta_0 = k_a P_A(1-\theta_A)$
여기서, θ_A : 표면 피복률
　　　 k_A : A 의 흡착속도 상수
탈착속도 $= k_d \theta_A$
$k_a P_A(1-\theta_A) = k_d \theta_A$
$\dfrac{V}{V_m} = \theta_A = \dfrac{k_A P_A}{1+k_A P_A}$
보기에서 ①번이 위와 유사하므로 정답은 ①번으로 한다.

83 물질 A 는 $A \rightarrow 5S$ 로 반응하고 A 와 S 가 모두 기체일 때, 이 반응의 부피변화율 ε_A 를 구하면 얼마인가? (단, 초기에는 A만 있다.) [출제율 60%]

① 1　　　　② 1.5
③ 4　　　　④ 5

해설 $A \rightarrow 5S$
$\varepsilon_A = y_{A0}\,\delta = 1 \times \dfrac{5-1}{1} = 4$

84 균일계 액상 병렬반응이 다음과 같을 때 R 의 순간수율 ϕ 값으로 옳은 것은? [출제율 40%]

$$A+B \xrightarrow{k_1} R,\ dC_R/dt = 1.0 C_A C_B^{0.5}$$
$$A+B \xrightarrow{k_2} S,\ dC_S/dt = 1.0 C_A^{0.5} C_B^{1.5}$$

① $\dfrac{1}{1+C_A^{-0.5}C_B}$

② $\dfrac{1}{1+C_A^{0.5}C_B^{-1}}$

③ $\dfrac{1}{C_A C_B^{0.5} + C_A^{0.5}C_B^{1.5}}$

④ $C_A^{0.5}C_B^{-1}$

해설 $\phi = \dfrac{\text{생성된 } R \text{의 몰수}}{\text{소비된 } A \text{의 몰수}}$

$= \dfrac{1.0 C_A C_B^{0.5}}{1.0 C_A C_B^{0.5} + 1.0 C_A^{0.5} C_B^{1.5}}$

$= \dfrac{1}{1+C_A^{-0.5}C_B}$

85 $\dfrac{V}{F_{A0}} = (R+1)\displaystyle\int_{\frac{R}{R+1}X_{Af}}^{X_{Af}} \dfrac{dX_A}{-r_A}$ 의 식에서 순환비 R 을 0으로 하면 다음 중 어떤 반응기에 적용되는 식이 되는가? (단, V : 반응기 부피, F_{A0} : 반응물 유입 몰속도, X_A : 전화율, $-r_A$: 반응속도) [출제율 20%]

① 회분식 반응기
② 플러그흐름반응기
③ 혼합흐름반응기
④ 다중효능반응기

해설 • $R=0$: PFR 반응기(플러그흐름반응기)
• $R \rightarrow \infty$: CSTR 반응기(혼합흐름반응기)

86 고체촉매의 고정층 반응기를 이용한 비압축성 유체의 반응에서 반응속도에 영향이 가장 적은 변수는? [출제율 20%]

① 반응온도　　　② 반응압력
③ 반응물 농도　　④ 촉매의 활성도

해설 비압축성 유체의 반응은 반응압력과 관련이 없다.

87 $A \rightarrow B \rightleftarrows R$ 인 복합반응의 회분조작에 대한 3성분계 조성도를 옳게 나타낸 것은? [출제율 20%]

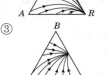

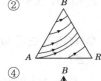

해설 $A \rightarrow B \rightleftarrows R$

시간이 지날수록 A는 없어지고 B와 R은 평형이 되므로 ③과 같아진다.

88 액상 1차 반응 $A \rightarrow R+S$가 혼합흐름반응기와 플러그흐름반응기가 직렬로 연결된 곳에서 일어난다. 다음 중 옳은 설명은? (단, 반응기의 크기는 동일하다.)   출제율 20%

① 전화율을 크게 하기 위해서는 혼합흐름반응기를 앞에 배치해야 한다.

② 전화율을 크게 하기 위해서는 플러그흐름반응기를 앞에 배치해야 한다.

③ 전화율을 크게 하기 위해, 낮은 전화율에서는 혼합흐름반응기를, 높은 전화율에서는 플러그흐름반응기를 앞에 배치해야 한다.

④ 반응기의 배치순서는 전화율에 영향을 미치지 않는다.

해설 1차 반응의 경우 동일한 크기의 반응기가 최적이며, 반응기의 배치순서는 전화율에 영향을 미치지 않는다.

89 액상 플러그흐름반응기의 일반적 물질수지를 나타내는 식은? (단, τ는 공간시간, C_{A0}는 초기농도, C_{Af}는 유출농도, $-r_A$는 반응속도, t는 반응시간을 나타낸다.) 출제율 40%

① $\tau = -\int_{C_{A0}}^{C_{Af}} \dfrac{dC_A}{-r_A}$

② $\tau = \dfrac{C_{A0} - C_A}{-r_A}$

③ $\tau = -\int_{C_{A0}}^{C_{Af}} r_A dC_A$

④ $t = -\int_{C_{A0}}^{C_{Af}} \dfrac{dC_A}{C_A}$

해설 • PFR 물질수지식 : $\tau = -\int_{C_A}^{C_{Af}} \dfrac{dC_A}{-r_A}$

• CSTR 물질수지식 : $\tau = -\dfrac{C_{A0} - C_A}{-r_A}$

90 $2A + B \rightarrow 2C$ 반응이 회분반응기에서 정압등온으로 진행된다. A, B가 양론비로 도입되며 불활성물이 없고 임의시간 전화율이 X_A일 때 초기 전몰수 N_{t_0}에 대한 전 몰수 N_t의 비(N_t / N_{t_0})를 옳게 나타낸 것은? 출제율 40%

① $1 - \dfrac{X_A}{3}$

② $1 + \dfrac{X_A}{4}$

③ $1 - \dfrac{X_A^2}{3}$

④ $1 + \dfrac{X_A^2}{4}$

해설 $N_{t0} = N_{A0} + N_{B0} = 2 + 1 = 3\,\text{mol}$

	$2A$	$+$	B	$\rightarrow$	$2C$
	2 mol		1 mol		0
	$-2X_A$		$-X_A$		$+2X_A$
	$(2-2X_A)$		$(1-X_A)$		$2X_A$

$N_t = (2 - 2X_A) + (1 - X_A) + 2X_A = 3 - X_A$

$\dfrac{N_t}{N_{t0}} = \dfrac{3 - X_A}{3} = 1 - \dfrac{X_A}{3}$

91 에틸아세트산의 가수분해반응은 1차 반응속도식에 따른다고 한다. 어떤 실험조건 하에서 정확히 20% 분해시키는 데 50분이 소요되었다면, 반감기는 몇 분이 걸리겠는가? 출제율 60%

① 145

② 155

③ 165

④ 175

해설 $-\ln(1 - X_A) = kt$: PFR 1차 반응식

$-\ln(1 - 0.2) = k \times 50\,\text{min}, \quad k = 4.46 \times 10^{-3}\,[\text{L/min}]$

$-\ln(1 - 0.5) = 4.46 \times 10^{-3} \times t$

$t = 155.4\,\text{min}$

92 다음과 같은 플러그흐름반응기에서의 반응시간에 따른 $C_B(t)$는 다음 중 어떤 관계로 주어지는가? (단, k는 각 경로에서의 속도상수, C_{A0}는 A의 초기농도, t는 시간이고, 초기에 A만 존재한다.) 출제율 40%

$$A \xrightarrow{k_1} B \xrightarrow{k_2} C$$
$$A \xrightarrow{k_3} D$$
$$k_2 = k_1 + k_3$$

① $k_3 C_{A0} t e^{-k_t t}$

② $k_1 C_{A0} t e^{-k_2 t}$

③ $k_1 C_{A0} e^{-k_3 t} + k_2 C_B$

④ $k_1 C_{A0} e^{-k_2 t} + k_2 C_B$

해설
$$\frac{dC_B}{dt} = k_1 C_A - k_2 C_B \quad\cdots\cdots\cdots\cdots\cdots ⑤$$

$$-\frac{dC_A}{dt} = (k_1 + k_3) C_A \times dt \text{ : 양변 적분하면}$$

$$C_A = C_{A0}\, e^{-(k_1+k_3)t} = C_{A0}\, e^{-kt}$$

이를 ⑤에 대입하면

$$\frac{dC_B}{dt} = k_1 C_{A0}\, e^{-kt} - k_2 C_B \text{ 라플라스 변환하면}$$

$$s\, C_B(s) = k_1 C_{A0} \frac{1}{s+k_2} - k_2 C_B(s)$$

$$C_B(s) = k_1 C_{A0} \frac{1}{(s+k_2)^2}$$

역라플라스 변환

$$C_B(t) = k_1 C_{A0} t\, e^{-kt}$$

93 평형전화율에 미치는 압력과 비활성 물질의 역할에 대한 설명으로 옳지 않은 것은? 출제율 20%

① 평형상수는 반응속도론에 영향을 받지 않는다.
② 평형상수는 압력에 무관하다.
③ 평형상수가 1보다 많이 크면 비가역반응이다.
④ 모든 반응에서 비활성 물질의 감소는 압력의 감소와 같다.

해설 모든 반응에서 불활성 물질의 감소는 기체반응에서 압력이 증가하는 것과 같은 작용을 한다.

94 다음 반응에서 $C_{Ao} = 1\,mol/L$, $C_{Ro} = C_{So} = 0$이고 속도상수 $k_1 = k_2 = 0.1\,min^{-1}$이며 100L/h의 원료 유입에서 R을 얻는다고 한다. 이때 성분 R의 수득률을 최대로 할 수 있는 플러그흐름반응기의 크기를 구하면 얼마인가? 출제율 40%

$$A \xrightarrow{k_1} R \xrightarrow{k_2} S$$

① 16.67L   ② 26.67L
③ 36.67L   ④ 46.67L

해설 k값이 동일한 경우, $\tau = k$의 역수 $= 10\,min$

$$\tau = \frac{V}{\nu_0}$$

$$V = \nu_0\tau = 10 \times (100/60)\,L/min = 16.67\,L$$

95 $A \xrightarrow{k} R$ 반응을, 2개의 같은 크기의 혼합 흐름 반응기(mixed flow reactor)를 직렬로 연결하여 반응시켰을 때, 최종 반응기 출구에서의 전화율은? (단, 이 반응은 기초반응이고, 각 반응기의 $k\tau = 2$이다.) 출제율 40%

① 0.111   ② 0.333
③ 0.667   ④ 0.889

해설
$$\frac{C_0}{C_1} = (1 + k\tau) = 1 + 2 = 3 = \frac{1}{1 - X_1}$$

$$X_1 = 0.667$$

$$\frac{C_0}{C_2} = \frac{1}{1 - X_2} = (1 + k\tau)^2 = (1 + 2)^2$$

$$X_2 = 0.889$$

96 화학평형에서 열역학에 의한 평형상수에 다음 중 가장 큰 영향을 미치는 것은? 출제율 60%

① 계의 온도
② 불활성 물질의 존재 여부
③ 반응속도론
④ 계의 압력

해설
$$\frac{d(\ln K)}{dT} = \frac{\Delta H_r}{RT^2}$$

평형상수에 가장 큰 영향을 미치는 것은 계의 온도이다.

97 크기가 다른 3개의 혼합흐름반응기(mixed flow reactor)를 사용하여 2차 반응에 의해서 제품을 생산하려 한다. 최대의 생산율을 얻기 위한 반응기의 설치순서로서 옳은 것은? (단, 반응기의 부피 크기는 A>B>C이다.) 출제율 40%

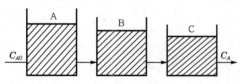

① A → B → C   ② B → A → C
③ C → B → A   ④ 순서에 무관

해설
• $n = 1$: 동일한 크기의 반응기가 최적
• $n > 1$: 작은 반응기 → 큰 반응기 순서
• $n < 1$: 큰 반응기 → 작은 반응기 순서
최대생산율을 얻으려면 혼합흐름반응기에서는 작은 것부터 배치하여야 한다.

98 다음 반응에서 전화율 X_A에 따르는 반응 후, 총 몰수를 구하면 얼마인가? (단, 반응초기에 B, C, D는 없고, n_{A0}는 초기 A 성분의 몰수, X_A는 A 성분의 전화율이다.) 출제율 60%

$$A \rightarrow B + C + D$$

① $n_{A0} + n_{A0}X_A$ ② $n_{A0} - n_{A0}X_A$

③ $n_{A0} + 2n_{A0}X_A$ ④ $n_{A0} - 2n_{A0}X_A$

 해설

$$
\begin{array}{ccccccc}
A & \rightarrow & B & + & C & + & D \\
N_{A0} & & 0 & & 0 & & 0 \\
-n_{A0}X_A & & n_{A0}X_A & & n_{A0}X_A & & n_{A0}X_A \\
\hline
n_{A0}-n_{A0}X_A & & & & 3n_{A0}X_A
\end{array}
$$

$n_t = n_{A0} - n_{A0}X_A + 3n_{A0}X_A$
$= n_{A0} + 2n_{A0}X_A$

99 어떤 반응에서 $-r_A = 0.05\,C_A(\mathrm{mol/cm^3 \cdot h})$일 때 농도를 mol/L, 그리고 시간을 min으로 나타낼 경우 속도상수의 값은? 출제율 40%

① 7.33×10^{-4} ② 8.33×10^{-4}

③ 9.33×10^{-4} ④ 10.33×10^{-4}

해설 $-r_A = 0.05C_A = kC_A$

$k = 0.05 \dfrac{1}{\mathrm{hr}} \times \dfrac{1\,\mathrm{hr}}{60\,\mathrm{min}} = 8.33 \times 10^{-4}/\mathrm{min}$

100 균일 2차 액상반응($A \rightarrow R$)이 혼합반응기에서 진행되어 50%의 전환을 얻었다. 다른 조건은 그대로 두고, 반응기만 같은 크기의 플러그흐름 반응기로 대체시켰을 때 전화율은 어떻게 되겠는가? 출제율 60%

① 47% ② 57%

③ 67% ④ 77%

 해설 $\dfrac{X_A}{(1-X_A)^2} = C_{A0}k\tau$

$\dfrac{0.5}{(1-0.5)^2} = C_{A0}k\tau = 2$

PFR $\rightarrow \dfrac{X_A}{1-X_A} = 2$

$X_A = 0.67 \times 100 = 67\%$

제1과목 ▮ 화공열역학

01 화학평형상태에서 CO, CO₂, H₂, H₂O 및 CH₄로 구성되는 기상계에서 자유도는? 〔출제율 40%〕

① 3
② 4
③ 5
④ 6

해설 자유도(F)

$F = 2 - P + C - r - s$

여기서, P(phase) : 상, C : 성분, r : 반응식
　　　S : 제한조건(공비혼합물, 등몰기체)

$C + \frac{1}{2}O_2 \rightarrow CO$ ················· ①

$C + O_2 \rightarrow CO_2$ ························· ②

$H_2 + \frac{1}{2}O_2 \rightarrow H_2O$ ·············· ③

$C + 2H_2 \rightarrow CH_4$ ·······················④

①+② $CO + \frac{1}{2}O_2 \rightarrow CO_2$ ··········· ⑤

②+④ $CH_4 + O_2 \rightarrow 2H_2 + CO_2$ ········· ⑥

③+⑤ $CO_2 + H_2 \rightarrow CO + H_2O$ ········· ⑦

③+⑥ $CH_4 + 2H_2O \rightarrow CO_2 + 4H_2$ ·········· ⑧

⑦, ⑧번은 독립된 반응식이므로
$r = 2$, $P = 1$(기체), $C = 5$(성분 5개)
$F = 2 - 1 + 5 - 2 = 4$

02 다음 중 이상기체에 대한 특성식과 관련이 없는 것은 어느 것인가? (단, Z : 압축인자, C_P : 정압비열, C_V : 정적비열, U : 내부에너지, R : 기체상수, P : 압력, V : 부피, T : 절대온도, n : 몰수) 〔출제율 40%〕

① $Z = 1$
② $C_P + C_V = R$
③ $\left(\frac{\partial U}{\partial V}\right)_T = 0$
④ $PV = nRT$

해설 C_V, C_P 관계

$C_V = \left(\frac{\partial U}{\partial T}\right)_V$

$C_P = \left(\frac{\partial H}{\partial T}\right)_P = \left(\frac{\partial U}{\partial T}\right)_P + P\left(\frac{\partial V}{\partial T}\right)_P$

$PV = RT$, $\left(\frac{\partial V}{\partial T}\right)_P = \frac{R}{P}$

$C_P = C_V + R$

03 다음 열역학 관계식 중 옳지 않은 것은 어느 것인가? 〔출제율 80%〕

① $\left(\frac{\partial T}{\partial V}\right)_S = -\left(\frac{\partial P}{\partial S}\right)_V$

② $\left(\frac{\partial T}{\partial P}\right)_S = \left(\frac{\partial V}{\partial S}\right)_P$

③ $\left(\frac{\partial P}{\partial T}\right)_V = \left(\frac{\partial S}{\partial V}\right)_T$

④ $\left(\frac{\partial V}{\partial T}\right)_P = \left(\frac{\partial S}{\partial P}\right)_T$

해설 맥스웰 방정식

① $dU = TdS - PdV \Rightarrow \left(\frac{\partial T}{\partial V}\right)_S = -\left(\frac{\partial P}{\partial S}\right)_V$

② $dH = TdS + VdP \Rightarrow \left(\frac{\partial T}{\partial P}\right)_S = \left(\frac{\partial V}{\partial S}\right)_P$

③ $dA = -SdT - PdV \Rightarrow \left(\frac{\partial S}{\partial V}\right)_T = \left(\frac{\partial P}{\partial T}\right)_V$

④ $dG = -SdT + VdP \Rightarrow -\left(\frac{\partial S}{\partial P}\right)_T = \left(\frac{\partial V}{\partial T}\right)_P$

04 "액체혼합물 중의 한 성분이 나타내는 증기압은 그 온도에 있어서 그 성분이 단독으로 존재할 때의 증기압에 그 성분의 몰분율을 곱한 값과 같다." 이것은 누구의 법칙인가? 〔출제율 40%〕

① 라울(Raoult)의 법칙
② 헨리(Henry)의 법칙
③ 픽(Fick)의 법칙
④ 푸리에(Fourier)의 법칙

해설 라울의 법칙
특정온도에서 혼합물 중 한 성분의 증기압은 그 성분의 몰분율에 같은 온도에서 그 성분의 순수한 상태의 증기압을 곱한 것과 같다.
$p_A = P_A x$, $p_B = P_B(1 - x)$
여기서, p_A, p_B : A, B의 증기분압
　　　x : A의 몰분율
　　　P_A, P_B : A, B의 순수한 상태의 증기압
$P = p_A + p_B = P_A x + P_B(1 - x)$

05 줄-톰슨(Joule-Thomson) 팽창과 엔트로피와의 관계를 옳게 설명한 것은? [출제율 40%]

① 엔트로피와 관련이 없다.
② 엔트로피가 일정해진다.
③ 엔트로피가 감소한다.
④ 엔트로피가 증가한다.

[해설] Joule-Thomson 계수

$$\mu = \left(\frac{\partial T}{\partial P}\right)_H \Rightarrow \text{엔탈피가 일정}$$

$$dH = TdS + VdP \rightarrow dS = -\frac{VdP}{T}$$

엔트로피는 증가한다.

06 27℃, 800atm 하에서 산소 1mol 부피는 몇 L인가? (단, 이때 압축계수는 1.50이다.) [출제율 60%]

① 0.46L
② 0.72L
③ 0.046L
④ 0.072L

[해설] 실제기체 상태방정식

$$PV = ZnRT$$

$$V = \frac{ZnRT}{P} = \frac{1.5 \times 1 \times 0.082 \times 300}{800} = 0.046\,\text{L}$$

07 어느 물질의 등압 부피팽창계수와 등온 부피압축계수를 나타내는 β와 k가 각각 $\beta = \frac{a}{V}$와 $k = \frac{b}{V}$로 표시될 때 이 물질에 대한 상태방정식으로 적합한 것은? [출제율 40%]

① $V = aT + bP + 상수$
② $V = aT - bP + 상수$
③ $V = -aT + bP + 상수$
④ $V = -aT - bP + 상수$

[해설] $V = V(T, P)$

$$dV = \left(\frac{\partial V}{\partial T}\right)_P dT + \left(\frac{\partial V}{\partial P}\right)_T dP$$

$$\beta(\text{부피팽창률}) = \frac{1}{V}\left(\frac{\partial V}{\partial T}\right)_P$$

$$k(\text{등온압축률}) = -\frac{1}{V}\left(\frac{\partial V}{\partial P}\right)_T$$

$$dV = V\beta dT - VkdP = adT - bdP$$

$$V = aT - bP + C$$

08 다음 그림은 1기압 하에서의 A, B 2성분계 용액에 대한 비점선도(boiling point diagram)이다. $X_A = 0.40$인 용액을 1기압 하에서 서서히 가열할 때 일어나는 현상을 설명한 내용으로 틀린 것은? (단, 처음 온도는 40℃이고, 마지막 온도는 70℃이다.) [출제율 20%]

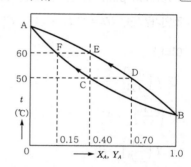

① 용액은 50℃에서 끓기 시작하여 60℃가 되는 순간 완전히 기화한다.
② 용액이 끓기 시작하자마자 생긴 최초의 증기 조성은 $Y_A = 0.70$이다.
③ 용액이 계속 증발함에 따라 남아 있는 용액의 조성은 곡선 DE를 따라 변한다.
④ 마지막 남은 한 방울의 조성은 $X_A = 0.15$이다.

[해설]

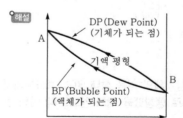

09 다음 중 역행응축(retrograde condensation) 현상을 가장 유용하게 쓸 수 있는 경우는 어느 것인가? [출제율 20%]

① 기체를 임계점에서 응축시켜 순수성분을 분리시킨다.
② 천연가스 채굴 시 동력 없이 액화천연가스를 얻는다.
③ 고체혼합물을 기체화시킨 후 다시 응축시켜 비휘발성 물질만을 얻는다.
④ 냉동의 효율을 높이고 냉동제의 증발잠열을 최대로 이용한다.

역행응축

온도가 증가하는데 응축하고 온도가 내려가는데 증발하는 현상으로, 천연가스 채굴 시 이용된다.

10 어떤 기체가 줄-톰슨 전환점(Joule-Thomson inversion point)이 될 수 있는 조건은 어느 것인가? (단, $dH = C_p dT + \left[V - T\left(\dfrac{\partial V}{\partial T}\right)_P\right]dP$ 이다.) 〔출제율 40%〕

① $T\left(\dfrac{\partial V}{\partial T}\right)_P = V$

② $\left(\dfrac{\partial V}{\partial T}\right)_P = V$

③ $T\left(\dfrac{\partial V}{\partial T}\right)_P = 0$

④ $\left(\dfrac{\partial V}{\partial T}\right)_P = \dfrac{1}{V}$

해설 Joule-Thomson 계수

$\mu = \left(\dfrac{\partial T}{\partial P}\right)_H$

이상기체의 경우 $\mu = 0$

$dH = C_p dT + \left[V - T\left(\dfrac{\partial V}{\partial T}\right)_P\right]dP$ 를 ∂P로 나누면

$\left(\dfrac{\partial H}{\partial P}\right)_T = V - T\left(\dfrac{\partial V}{\partial T}\right)_P = 0$

$V = T\left(\dfrac{\partial V}{\partial T}\right)_P$

11 1mol의 이상기체의 처음 상태 50℃, 10kPa에서 20℃, 1kPa로 팽창했을 때의 엔트로피(S)의 변화는? (단, $C_p = \dfrac{7}{2}R$이다.) 〔출제율 40%〕

① $-2.6435R$

② $2.6435R$

③ $-1.9616R$

④ $1.9616R$

해설 이상기체의 엔트로피 변화

$\Delta S = C_p \ln\dfrac{T_2}{T_1} - R\ln\dfrac{P_2}{P_1}$

(1mol, 50℃, 10kPa → 20℃, 1kPa)

$= \dfrac{7}{2}R\ln\dfrac{293}{323} + R\ln\dfrac{10}{1} = 1.9616R$

12 다음 중 루이스-랜덜 규칙(Lewis-Randall rule)의 옳은 표현은? (단, 실제용액에 적응할 수 있는 식, $\hat{f}_i$: 용액 중 i 성분의 퓨가시티(Fugacity), f_i : 순수성분 i의 퓨가시티, f_i^0 : 표준상태에서 순수성분 i의 퓨가시티, x_i : 성분 i의 액상 몰분율이다.) 〔출제율 40%〕

① $\lim\limits_{x_i \to 0}\dfrac{\hat{f}_i}{x_i} = f_i$

② $\lim\limits_{x_i \to 0}\dfrac{\hat{f}_i}{x_i} = f_i^0$

③ $\lim\limits_{x_i \to 1}\dfrac{\hat{f}_i}{x_i} = f_i$

④ $\lim\limits_{x_i \to 1}\dfrac{\hat{f}_i}{x_i} = f_i^0$

해설 Lewis-Randall's law

$\hat{f}_i^{\,id} = x_i f_i$

루이스-랜덜의 경우 순수성분의 경우 x_i가 1에 접근하는 성분에 대해 유효하다.

$\lim\limits_{x_i \to 1}\dfrac{\hat{f}_i}{x_i} = f_i$

13 물과 수증기와 얼음이 공존하는 삼중점에서 자유도의 수는? 〔출제율 80%〕

① 0   ② 1

③ 2   ④ 3

해설 자유도(F)

$F = 2 - P + C$

여기서, P(phase) : 상, C(component) : 성분

$P = 3$(삼중점), $C = 1$(물)

$F = 2 - 3 + 1 = 0$

14 질량 1500kg의 승용차가 40km/h의 속도로 달릴 때 운동에너지는 몇 N·m인가? 〔출제율 20%〕

① 1.20×10^6

② 9.26×10^5

③ 1.20×10^5

④ 9.26×10^4

해설 운동에너지

E_k(운동에너지) $= \dfrac{1}{2}mv^2$

$m = 1500\,\text{kg}, \ v = 40\,\text{km/h} = \dfrac{40000\,\text{m}}{3600\,\text{s}} = 11.11\,\text{m/s}$

$E_k = \dfrac{1}{2}mv^2 = \dfrac{1}{2} \times 1500\,\text{kg} \times (11.11\,\text{m/s})^2$

$= 92574\,\text{J}(\text{N}\cdot\text{m}) = 9.26 \times 10^4\,\text{N}\cdot\text{m}$

15 평형(equilibrium)에 대한 정의가 아닌 것은? (단, G는 깁스(Gibbs) 에너지, mix는 혼합에 의한 변화를 의미한다.) 출제율 40%

① 계(system) 내의 거시적 성질들이 시간에 따라 변하지 않는 경우
② 정반응의 속도와 역반응의 속도가 동일할 경우
③ $\Delta G_{T,P} = 0$
④ $\Delta V_{mix} = 0$

해설 **평형**
㉠ 변화가 없는 정적인 상태
㉡ 정반응 속도＝역반응 속도
㉢ $(dG^t)_{T,P} = 0$
$\Delta V_{mix} = 0$(이상용액 과잉물성)

16 성분 A와 B가 섞여 있는 2성분 혼합물이 서로 화학반응이 일어나지 않으며, 기-액 평형에서 라울의 법칙에 잘 따른다고 한다. 온도 T와 압력 P에서 A와 B의 증기압이 각각 P_A^0, P_B^0라 할 때, 액체와 평형상태에 있는 기체 혼합물 중 성분 A의 조성 y_A를 옳게 표현한 것은 어느 것인가? 출제율 20%

① $y_A = \left(\dfrac{P_A^0}{P}\right)\left(\dfrac{P - P_B^0}{P_A^0 - P_B^0}\right)$

② $y_A = \left(\dfrac{P_A^0}{P}\right)\left(\dfrac{P - P_A^0}{P_A^0 - P_B^0}\right)$

③ $y_A = \left(\dfrac{P - P_B^0}{P_A^0 - P_B^0}\right)$

④ $y_A = \left(\dfrac{P - P_A^0}{P_A^0 - P_B^0}\right)$

해설 **라울의 법칙**
$P = P_A^0 x_A + P_B^0 (1 - x_A)$
정리하면
$P - P_B^0 = (P_A - P_B)x_A$
$x_A = \dfrac{P - P_B^0}{P_A^0 - P_B^0}$
$y_A = \dfrac{x_A P_A^0}{P}$, $y_A P = x_A P_A^0$
$y_A = \dfrac{P_A^0}{P} \times \left(\dfrac{P - P_B^0}{P_A^0 - P_B^0}\right)$

17 벤젠(1) – 톨루엔(2)의 기-액 평형에서 라울의 법칙이 만족된다면 90℃, 1atm에서 기체의 조성 y_1은 얼마인가? (단, $P_1^{sat} = 1.5$atm, $P_2^{sat} = 0.5$atm이다.) 출제율 40%

① $\dfrac{1}{3}$ ② $\dfrac{1}{4}$

③ $\dfrac{1}{2}$ ④ $\dfrac{3}{4}$

해설 **라울의 법칙**
$P = p_A + p_B = P_A x + P_B(1 - x)$
여기서, p_A, p_B : A, B의 증기분압
  x : A의 몰분율
  P_A, P_B : A, B의 순수한 상태의 증기압
$1\text{atm} = 1.5x + 0.5(1 - x)$
$x = 0.5$
$y_i = \dfrac{P_A x_A}{P} = \dfrac{1.5 \times 0.5}{1} = 0.75 = \dfrac{3}{4}$

18 압축인자 $Z = 1 + BP/RT$일 때 퓨가시티 계수 ϕ는? 출제율 40%

① $\phi = \dfrac{BP}{RT}$ ② $\ln\phi = \dfrac{BP}{RT}$

③ $\phi = B$ ④ $\ln\phi = B$

해설 **퓨가시티**
$f = \phi P$, $Z = 1 + \dfrac{BP}{RT}$
$G_i - G_i^{ig} = G_i^R = RT\ln\dfrac{f_i}{P} = RT\ln\phi_i$
$\ln\phi_i = \displaystyle\int_0^P (Z_i - 1)\dfrac{dP}{P}$ ($T = $const)
$\ln\phi_i = \dfrac{BP}{RT}$

19 다음 중 열역학 기초에 관한 내용으로 옳은 것은? 출제율 20%

① 이상기체의 엔탈피는 온도만의 함수이다.
② 이상기체의 엔트로피는 온도만의 함수이다.
③ 일은 항상 $\displaystyle\int PdV$의 적분으로 구한다.
④ 열역학 제1법칙은 계의 총 에너지가 그 계의 내부에서 항상 보존된다는 것을 뜻한다.

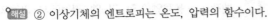
해설 ② 이상기체의 엔트로피는 온도, 압력의 함수이다.
③ 일은 등온공정의 경우만 $\int PdV$의 적분으로 구한다.
④ 열역학 제1법칙의 의미는 에너지 보존 법칙으로 에너지, 열 등이 계의 내 · 외부로 이동한다.

20 기상반응계에서 평형상수 K가 다음과 같이 표시되는 경우는? (단, ν_i는 성분 i의 양론계수이고, $\nu = \sum_i \nu_i$이다.) 출제율 40%

$$K = \left(\frac{P}{P^0}\right)^\nu \prod_i y_i^{\nu_i}$$

① 평형혼합물이 이상기체이다.
② 평형혼합물이 이상용액이다.
③ 반응에 따른 몰수 변화가 없다.
④ 반응열이 온도에 관계없이 일정하다.

해설 기상반응에서 평형상수와 조성관계
$$\prod_i (y_i \hat{\phi}_i)^{\nu_i} = \left(\frac{P}{P^\circ}\right)^{-\nu} K$$
주어진 식과 비교하면 $\hat{\phi}_i = 1$이 되므로 이상기체와 유사한 거동을 한다.

▶▶ **제2과목 ▎단위조작 및 화학공업양론**

21 어떤 장치의 압력계가 게이지압 26.7mmHg의 진공을 나타내었고, 이때의 대기압은 745mmHg였다. 이 장치의 절대압(mmHg)은? 출제율 20%

① 26.7
② 718.3
③ 771.7
④ 733.3

해설 절대압력 = 대기압 + 게이지압
진공도 = 대기압 − 절대압
문제에서 게이지압 26.7mmHg는 진공도를 의미하므로 26.7mmHg = 745mmHg − 절대압
절대압력 = 718.3mmHg

보충 Tip

진공도와 게이지압은 서로 다른 부호를 갖는다.

22 액체염소 40kg이 표준상태에서 증발했을 때 약 몇 m³의 Cl_2가스가 생성되는가? (단, Cl_2의 분자량은 70.9이다.) 출제율 80%

① 10.6
② 12.6
③ 10600
④ 12600

해설 $PV = nRT = \dfrac{W}{M} RT$

$V = \dfrac{WRT}{PM}$

$= \dfrac{40\,\text{kg} \times 0.082\,\text{atm} \cdot \text{L/kmol} \cdot \text{K} \times 273\text{K}}{1\,\text{atm} \times 70.9\,\text{kg/kmol}}$

$= 12.63\,\text{m}^3$

23 162g의 C, 22g의 H_2의 혼합연료를 연소하여 CO_2 11.1vol%, CO 2.4vol%, O_2 4.1vol%, N_2 82.4vol% 조성의 연소가스를 얻었다. 과잉 공기 %는 약 얼마인가? 출제율 40%

① 17.3
② 20.3
③ 15.3
④ 25.3

해설 162g의 탄소 : $162\,\text{g} \times \dfrac{1\,\text{mol}}{12\,\text{g}} = 13.5\,\text{mol}$

22g의 수소 : $22\,\text{g} \times \dfrac{1\,\text{mol}}{2\,\text{g}} = 11\,\text{mol}$

$\quad C + O_2 \rightarrow CO_2$
$\quad\ 1 : 1$
$\ 13.5 : x$
$x = 13.5\,\text{mol}$

$\quad H_2 + \dfrac{1}{2}O_2 \rightarrow H_2O$
$\quad\ 1 : 0.5$
$\quad 11 : y$
$y = 5.5\,\text{mol}$

필요산소량 $= (13.5 + 5.5)\,\text{mol} = 19\,\text{mol}$

필요공기량 $= 19\,\text{mol} \times \dfrac{1}{0.21} = 90.5\,\text{mol Air}$

여기서, 연소가스 100mol 중 N_2가 82.4%이므로 N_2는 82.4mol이므로 공기량은

$82.4\,\text{mol} \times \dfrac{1}{0.79\%} = 104.3\,\text{mol Air}$

과잉공기 $= \dfrac{\text{과잉량}}{\text{이론량}} \times 100$

$= \dfrac{\text{공급량} - \text{이론량}}{\text{이론량}} \times 100$

$= \dfrac{104.3 - 90.5}{90.5} \times 100$

$= 15.3\%$

24 전압 750mmHg, 수증기 분압 40mmHg일 때 절대 습도는 몇 kg H₂O/kg dry air인가? [출제율 40%]

① 35 ② 3.5
③ 0.35 ④ 0.035

해설 절대습도(H)

$$H = \frac{18}{29} \times \frac{P_A}{P - P_A}$$

P_A : 증기의 분압

$$= \frac{18}{29} \times \frac{40}{750 - 40} = 0.035 \, kg \, H_2O/kg \, Dry \, Air$$

25 200g의 CaCl₂가 다음의 반응식과 같이 공기 중의 수증기를 흡수할 경우 발생하는 열은 약 몇 kcal인가? (단, CaCl₂의 분자량 : 111) [출제율 20%]

$$CaCl_2(s) + 6H_2O(l)$$
$$\rightarrow CaCl_2 \cdot 6H_2O(s) + 22.63 \, kcal$$
$$H_2O(g) \rightarrow H_2O(l) + 10.5 \, kcal$$

① 164 ② 154
③ 60 ④ 41

해설 $CaCl_2(s) + 6H_2O(l) \rightarrow CaCl_2 \cdot 6H_2O(s) + 22.63 \, kcal$

$111 \quad : \quad 22.63 + 6 \times 10.5$
$200 \quad : \quad x$

$\therefore x = 154 \, kcal$

26 다음 25℃, 760mmHg에서 10000m³ 용기에 공기가 차 있을 때 산소가 차지하는 분용(partial volume)은 몇 m³인가? [출제율 20%]

① 2100 ② 2240
③ 2290 ④ 2450

해설 공기 중 산소는 21%이므로
$10000 \, m^3 \times 0.21 = 2100 \, m^3$

27 펄프를 건조기 속에 넣어 수분을 증발시키는 공정이 있다. 이때 펄프가 75wt%의 수분을 포함하고, 건조기에서 100kg의 수분을 증발시켜 수분 25wt% 펄프가 되었다면 원래의 펄프의 무게는 몇 kg인가? [출제율 40%]

① 125 ② 150
③ 175 ④ 200

해설

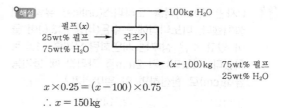

$x \times 0.25 = (x - 100) \times 0.75$
$\therefore x = 150 \, kg$

28 18℃, 1atm에서 H₂O(l)의 생성열은 −68.4kcal/mol이다. 18℃, 1atm에서 다음 반응의 반응열이 42kcal/mol이다. 이를 이용하여 18℃, 1atm에서의 CO(g) 생성열(kcal/mol)을 구하면? [출제율 40%]

$$C(s) + H_2O(l) \rightarrow CO(g) + H_2(g)$$

① +110.4 ② +26.4
③ −26.4 ④ −110.4

해설 표준반응열 = (∑생성열)₍생성물₎ − (∑생성열)₍반응물₎
$42 \, kcal/mol = H_{CO} - (-68.4 \, kcal/mol)$
$\therefore H_{CO} = -26.4 \, kcal/mol$

29 질소에 아세톤이 14.8vol% 포함되어 있다. 20℃, 745mmHg에서 이 혼합물의 상대 포화도는 약 몇 %인가? (단, 20℃에서 아세톤의 포화 증기압은 184.8mmHg이다.) [출제율 40%]

① 73 ② 60
③ 53 ④ 40

해설 상대포화도(H_R)

$$H_R = \frac{증기의 \, 분압(P_A)}{포화증기압(P_S)} \times 100 = \frac{745 \times 0.148}{184.8} \times 100$$
$$= 59.7\% (약 \, 60\%)$$

30 다음 중 3atm의 압력과 가장 가까운 값을 나타내는 것은? [출제율 20%]

① 309.9kgf/cm² ② 441psi
③ 22.8cmHg ④ 30.3975N/cm²

해설
- $3 \, atm \times \dfrac{1.0336 \, kgf/cm^2}{1 \, atm} = 3.1 \, kgf/cm^2$
- $3 \, atm \times \dfrac{14.7 \, psi}{1 \, atm} = 44.1 \, psi$
- $3 \, atm \times \dfrac{76 \, cmHg}{1 \, atm} = 228 \, cmHg$
- $3 \, atm \times \dfrac{101.3 \times 10^3 \, N/m^2}{1 \, atm} \times \dfrac{1 \, m^2}{100^2 \, cm^2} = 30.39 \, N/cm^2$

31 U자관 마노미터를 오리피스(orifice) 유량계에 설치했다. 마노미터에는 수은(비중 : 13.6)이 들어 있고 수은 상부는 사염화탄소(비중 : 1.6)로 차있다. 마노미터가 21cm를 가리킬 때 물기둥 높이(cm)로 환산하면 약 얼마인가? 〔출제율 20%〕

① 124 ② 142
③ 196 ④ 252

해설 U자관 마노미터에서 $\rho \cdot g \cdot h$만 같으면 되므로
$(13.6 - 1.6) \times 21 = 1 \times h$이므로
$h = 252\,cm\,H_2O$

32 두 물체가 열적 평형에 있을 때 전체 복사강도(w_1, w_2)와 흡수율(a_1, a_2)의 관계는? 〔출제율 20%〕

① $w_1 \times w_2 \times a_1 \times a_2 = 1$
② $a_1 \times w_2 = a_2 \times w_1$
③ $a_1 \times w_1 = a_2 \times w_2$
④ $w_1 \times w_2 = a_1 \times a_2$

해설 키르히호프(Kirchhoff) 법칙
온도가 평형에 있을 때, 어떤 물체에 대한 전체 복사력과 흡수능의 비는 그 물체의 온도에만 의존한다는 법칙이다.

복사력 W, 흡수능 α $\Rightarrow$ $\dfrac{W_1}{\alpha_1} = \dfrac{W_2}{\alpha_2} = \dfrac{W_b}{1}$

$\alpha_1 = \dfrac{W_1}{W_b} = \varepsilon_1$, $\alpha_2 = \dfrac{W_2}{W_b} = \varepsilon_2$

어떤 물체가 주위와 온도평형에 있으면 그 물체의 복사능과 흡수능은 같다.
$W_1 \alpha_2 = W_2 \alpha_1$
$\dfrac{W_1}{\alpha_1} = \dfrac{W_2}{\alpha_2}$

33 건조특성곡선에서 항률 건조기간에서 감률 건조기간으로 변하는 점은? 〔출제율 40%〕

① 자유(free) 함수율
② 평형(equilibrium) 함수율
③ 수축(shrink) 함수율
④ 한계(critical) 함수율

해설 한계 함수율(임계 함수율)
항률 건조기간에서 감률 건조기간으로 변환되는 점을 말한다.

34 다음 어떤 증류탑의 환류비가 2이고 환류량이 400kmol/h이다. 이 증류탑 상부에서 나오는 증기의 몰(mol) 잠열이 7800kcal/kmol이며 전축기로 들어가는 냉각수는 20℃에서 156000kg/h이다. 이 냉각수의 출구온도는? 〔출제율 40%〕

① 30℃
② 40℃
③ 50℃
④ 60℃

해설 환류비 $R = \dfrac{L}{D} = 2$

L(환류량) $= 400\,kmol/h$
$D = 200\,kmol/h$
$V = L + D = 600\,kmol/h$
$600\,mol/h \times 7800\,kcal/kmol = 156000\,kg/h \times 1 \times (t - 20)$
냉각수 온도(t) $= 50℃$

35 일정한 압력손실에서 유로의 면적변화로부터 유량을 알 수 있게 한 장치는? 〔출제율 20%〕

① 피토튜브(pitot tube)
② 로터미터(rota meter)
③ 오리피스미터(orifice meter)
④ 벤투리미터(venturi meter)

해설 로터미터(rotameter)
면적유량계를 말한다.

36 혼합조작에서 혼합 초기, 혼합 도중, 완전이상 혼합 시 각 균열도 지수의 값을 옳게 나타낸 것은 어느 것인가? (단, 균열도 지수는 $\dfrac{\sigma}{\sigma_0}$이며, σ는 혼합 도중의 표준편차, σ_0는 혼합 전의 최초의 표준편차이다.) 〔출제율 20%〕

① 혼합 초기 : 0, 혼합 도중 : 0에서 1 사이의 값, 완전이상혼합 : 1
② 혼합 초기 : 1, 혼합 도중 : 0에서 1 사이의 값, 완전이상혼합 : 0
③ 혼합 초기와 혼합 도중 : 0에서 1 사이의 값, 완전이상혼합 : 1
④ 혼합 초기 : 0, 혼합 도중 : 0, 완전이상혼합 : 1

해설 균일도 지수(I)

$$I = \frac{\sigma}{\sigma_0} = \sqrt{\sum_{i=1}^{n} (C_i - C_m)^2 /_n C_m (1 - C_m)}$$

여기서, C_i : 각 시료의 농도

C_m : 완전혼합된 경우 A의 평균농도

- 혼합 초기 $\sigma = \sigma_0$이므로 $I = 1$
- 완전혼합 $C_i = C_m$, $\sigma = 0$, $I = 0$
- 혼합이 진행되는 사이 $I = 0 \sim 1$

37 추출조작 시 추제(solvent)의 선택도에 대한 설명으로 옳지 않은 것은? 〔출제율 20%〕

① 선택도는 추질과 원용매의 분배계수로부터 구한다.

② 선택도가 1.0인 경우 분리효과를 최대로 얻을 수 있다.

③ 선택도가 클수록 분리효과가 작아진다.

④ 선택도가 클수록 보다 적은 양의 추제가 사용된다.

해설 선택도(β)

$$\beta = \frac{y_A / y_B}{x_A / x_B}$$

선택도가 클수록 분리가 잘 된다.

38 증발관의 능력을 크게 하기 위한 방법으로 적합하지 않은 것은? 〔출제율 20%〕

① 액의 속도를 빠르게 해 준다.

② 증발관을 열전도도가 큰 금속으로 만든다.

③ 장치 내의 압력을 낮춘다.

④ 증기측 격막계수를 감소시킨다.

해설 증발관의 능력을 증가시키는 방법

① 액의 속도를 증가시킨다.

② 증발관을 열전도도가 큰 금속으로 만든다.

③ 장치 내 압력을 낮춘다.

④ 증기측 격막 계수를 증가시킨다.

39 다음 중 직경이 15cm인 파이프에 비중이 0.7인 디젤유가 280ton/h의 유량으로 이송되고 있다. 1509m의 배관거리를 통과하는 데 걸리는 시간은 약 몇 분인가? 〔출제율 40%〕

① 1 　　② 2

③ 3 　　④ 4

해설 $\dot{m} = \rho v A$

$$280 \text{ton/h} \times \frac{1000 \text{kg}}{1 \text{ton}} \times \frac{1 \text{h}}{60 \text{min}}$$

$$= 700 \text{kg/m}^3 \times v \times \frac{\pi}{4} \times 0.15^2 \text{m}^2$$

$$v = 377.2 \text{m/min}$$

1509m의 배관 통과까지 걸리는 시간 t는

$$t = \frac{1509 \text{m}}{377.2 \text{m/min}} = 4 \text{min}$$

40 충전탑에서 기체의 속도가 매우 커서 액이 거의 흐르지 않고 넘치는 현상을 다음 중 무엇이라고 하는가? 〔출제율 40%〕

① 편류(channeling)

② 범람(flooding)

③ 공동화(cavitation)

④ 비말동반(entrainment)

해설 범람점

기체의 속도가 매우 커 액이 흐르지 않고 넘치는 점을 범람점이라고 한다.

(향류 조작 불가능)

▶▶ 제3과목 ┃ 공정제어

41 특성방정식이 $10s^3 + 17s^2 + 8s + 1 + K_c = 0$와 같을 때 시스템의 한계이득(ultimate gain, K_{cu})과 한계주기(ultimate period, T_u)를 구하면 얼마인가? 〔출제율 40%〕

① $K_{cu} = 12.6$, $T_u = 7.0248$

② $K_{cu} = 12.6$, $T_u = 0.8944$

③ $K_{cu} = 13.6$, $T_u = 7.0248$

④ $K_{cu} = 13.6$, $T_u = 0.8944$

해설 $10s^3 + 17s^2 + 8s + (1 + K_c) = 0$, s에 $i\omega$ 대입

$$10(i\omega)^3 + 17(i\omega)^2 + 8(i\omega) + (1 + K_c) = 0$$

$$-10\omega^3 i - 17\omega^2 + 8\omega i + (1 + K_c) = 0$$

실수부 : $-17\omega^2 + K_c + 1 = 0$

허수부 : $i(8\omega - 10\omega^3) = 0$

$$\omega_u = \omega = 0.894 \text{rad/min}$$

$$K_c = K_{cu} = 17\omega^2 - 1 = 12.6$$

$$T_u = \frac{2\pi}{\omega_u} = \frac{2\pi}{0.894} = 7.0248$$

42 다음 블록선도에서 전달함수 $G(s) = C(s)/R(s)$ 를 옳게 구한 것은? 출제율 80%

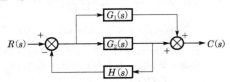

① $\dfrac{C}{R} = \dfrac{G_1(s) + G_2(s)}{1 + G_2(s)H(s)}$

② $\dfrac{C}{R} = \dfrac{G_1(s)G_2(s)}{1 + G_2(s)H(s)}$

③ $\dfrac{C}{R} = \dfrac{G_1(s)}{1 + G_2(s)H(s)}$

④ $\dfrac{C}{R} = \dfrac{G_1(s) - G_2(s)}{1 + G_1(s)H(s)}$

해설 $\dfrac{C}{R} = \dfrac{직진}{1 + feedback}$

$B = R - HA, \quad A = G_2 B, \quad C = A + G_1 B$

$B = R - HG_2 B \rightarrow B = \dfrac{R}{1 + G_2 H}$

$C = G_2 B + G_1 B = (G_1 + G_2)\dfrac{R}{1 + G_2 H}$

$\dfrac{C}{R} = \dfrac{G_1(s) + G_2(s)}{1 + G_2(s)H(s)}$

43 X_1에서 X_2로의 전달함수와 X_2에서 X_3로의 전달함수가 각각 다음과 같이 표현될 때 X_1에서 X_3로의 전달함수는? 출제율 40%

$$X_2 = \dfrac{2}{(2s+1)}X_1, \quad X_3 = \dfrac{1}{(3s+1)}X_2$$

① $\dfrac{2}{(2s+1)(3s+1)}$

② $\dfrac{2}{(2s+1)} + \dfrac{1}{(3s+1)}$

③ $2(2s+1)(3s+1)$

④ $\dfrac{(2s+1)}{2(3s+1)}$

해설 $X_3 = \dfrac{2}{(3s+1)(2s+1)}X_1$

$\dfrac{X_3}{X_1} = \dfrac{2}{(3s+1)(2s+1)}$

44 그림과 같은 지연시간 a인 단위계단함수의 Laplace 변환식은? 출제율 80%

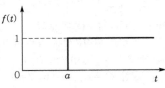

① $\dfrac{1}{S}$

② $\dfrac{a}{S}$

③ $\dfrac{e^{-as}}{S}$

④ $\dfrac{ae^{-as}}{S}$

해설 $f(t) = 1 \cdot u(t-a)$
라플라스 변환을 하면,

$F(s) = \dfrac{1}{S} \cdot e^{-as}$

45 다음 중 안정한 공정을 보여주는 폐루프 특성방정식은? 출제율 80%

① $s^4 + 5s^3 + s + 1$ ② $s^3 + 6s^2 + 11s + 10$

③ $3s^3 + 5s^2 + s - 1$ ④ $s^3 + 16s^2 + 5s + 170$

해설 Routh 안정성
$s^3 + 6s^2 + 11s + 10$: 안정

	1	2
1	1	11
2	6	10
3	$\dfrac{6 \times 11 - 10}{6} = 9.33 > 0$	
4	$\dfrac{9.33 \times 10 - 0}{9.33} > 0$	

46 다음 그림에서 피드백 제어계의 총괄전달함수는 어느 것인가? 출제율 80%

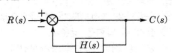

① $\dfrac{1}{-H(s)}$

② $\dfrac{1}{1 + H(s)}$

③ $\dfrac{1}{1 - H(s)}$

④ $\dfrac{1}{H(s)}$

해설 $C/R = \dfrac{R \rightarrow C \ 경로}{1 + 폐회로} = \dfrac{1}{1 + H(s)}$

47 제어계(control system)의 구성요소로 가장 거리가 먼 것은? 〔출제율 20%〕

① 전송부 ② 기획부
③ 검출부 ④ 조절부

〔해설〕 제어계의 구성요소
센서, 전송부, 검출부, 조절부, 전환기

48 PD 제어기에 다음과 같은 입력신호가 들어올 경우, 제어기 출력형태는? (단, K_c는 1이고, τ_D는 1이다.) 〔출제율 40%〕

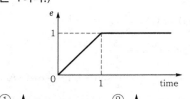

〔해설〕 $G(s) = K_c(1+\tau_D s) = 1+s$

$X(s) = \dfrac{1}{s^2}$ (시간 0 ~ 1)

$Y(s) = G(s) \cdot X(s) = \dfrac{1}{s^2}(s+1) = \dfrac{1}{s^2} + \dfrac{1}{s}$

$y(t) = t+1$ (시간 0 ~ 1)

$X(s) = \dfrac{1}{s}$ (시간 1 ~) $Y(s) = \dfrac{1}{s} + 1$

$y(t) = 1$ (시간 1 이후)

49 $\dfrac{5e^{-2s}}{10s+1}$ 를 근사화했을 때의 근사적 전달함수로 가장 거리가 먼 것은? 〔출제율 20%〕

① $\dfrac{5(-2s+1)}{10s+1}$

② $\dfrac{5}{(10s+1)(2s+1)}$

③ $\dfrac{5(-s+1)}{(10s+1)(s+1)}$

④ $\dfrac{5(-2s+1)}{(10s+1)(2s+1)}$

〔해설〕 Taylor 전개
$e^{-2s} \simeq 1-2s$

$e^{-2s} = \dfrac{1}{e^{2s}} \approx \dfrac{1}{1+2s}$

④번 근사시

$\dfrac{5(-2s+1)}{(10s+1)(2s+1)} = \dfrac{5e^{-2s} \cdot e^{-2s}}{10s+1} = \dfrac{5e^{-4s}}{10s+1}$

50 전달함수가 $G(s) = \dfrac{3}{s^2+3s+2}$ 와 같은 2차계의 단위계단(unit step)응답은? 〔출제율 40%〕

① $\dfrac{3}{2}e^{-t} + 3(1+e^{-2t})$

② $-3e^{-t} + \dfrac{3}{2}(1+e^{-2t})$

③ $3e^{-t} - 3(1+e^{-2t})$

④ $e^{-t} - 3(1+e^{-2t})$

〔해설〕 $G(s) = \dfrac{3}{s^2+3s+2}$

$Y(s) = G(s) \cdot \dfrac{1}{s} = \dfrac{3}{s^2+3s+2} \times \dfrac{1}{s} = \dfrac{3}{s(s+1)(s+2)}$

$= \dfrac{\frac{3}{2}}{s} - \dfrac{3}{s+1} + \dfrac{\frac{3}{2}}{s+2}$

$y(t) = \dfrac{3}{2}(1+e^{-2t}) - 3e^{-t}$

51 다음 중 PID 제어기 조율과 관련한 설명으로 옳은 것은? 〔출제율 20%〕

① offset을 제거하기 위해서는 적분동작을 넣어야 한다.
② 빠른 공정일수록 미분동작을 위주로 제어하도록 조율한다.
③ 측정잡음이 큰 공정일수록 미분동작을 위주로 제어하도록 조율한다.
④ 공정의 동특성 빠르기는 조율 시 고려사항이 아니다.

〔해설〕 ② 빠른 공정일수록 미분동작을 줄인다.
③ 측정잡음이 큰 공정일수록 미분동작을 줄인다.
④ 공정의 동특성 빠르기는 조율 시 고려사항이다.

〔보충Tip〕

적분동작
적분동작은 offset을 제거한다.

52 제어계의 응답 중 편차(offset)의 의미를 가장 잘 옳게 설명한 것은? 〔출제율 20%〕

① 정상상태에서 제어기 입력과 출력의 차
② 정상상태에서 공정 압력과 출력의 차
③ 정상상태에서 제어기 입력 공정 출력의 차
④ 정상상태에서 피제어변수 희망값과 실제 값의 차

해설 offset=정상상태 피제어변수의 희망값−실제값의 차이

53 다음 중 1차계의 시간상수 τ에 대한 설명으로 틀린 것은? 〔출제율 40%〕

① 계의 저항과 용량(capacitance)과의 곱과 같다.
② 입력이 계단함수일 때 응답이 최종변화치의 95%에 도달하는 데 걸리는 시간과 같다.
③ 시간상수가 큰 계일수록 출력함수의 응답이 느리다.
④ 시간의 단위를 갖는다.

해설 1차계 시간상수 τ
입력이 계단함수인 경우 응답이 63.2%에 도달하는 시간은 τ이고 3τ는 95%이다.
$$\tau = \frac{V}{\nu_0} = \frac{\text{m}^3}{\text{m}^3/\text{s}} = \text{s}$$

54 어떤 계의 단위계단응답이 다음과 같을 경우 이 계의 단위충격응답(impulse response)으로 옳은 것은? 〔출제율 60%〕

$$Y(t) = 1 - \left(1 + \frac{t}{\tau}\right)e^{-\frac{t}{\tau}}$$

① $\dfrac{t}{\tau}e^{-\frac{t}{\tau}}$ ② $\dfrac{t}{\tau^2}e^{-\frac{t}{\tau}}$

③ $\left(1+\dfrac{t}{\tau}\right)e^{-\frac{t}{\tau}}$ ④ $\left(1-\dfrac{t}{\tau}\right)e^{-\frac{t}{\tau}}$

해설
$$Y(t) = 1 - \left(1 + \frac{t}{\tau}\right)e^{-\frac{t}{\tau}}$$
$$Y'(t) = -\frac{1}{\tau}e^{-\frac{t}{\tau}} + \left(1 + \frac{t}{\tau}\right)\frac{1}{\tau}e^{-\frac{t}{\tau}}$$
$$= \frac{t}{\tau^2}e^{-\frac{t}{\tau}}$$

55 공정 $G(s) = \dfrac{\exp(-\theta s)}{s+1}$을 위하여 PI 제어기 $C(s) = 5\left(1 + \dfrac{1}{s}\right)$를 설치하였다. 이 폐루프가 안정성을 유지하는 불감시간(dead time) θ의 범위는? 〔출제율 40%〕

① $0 \leq \theta < 0.314$ ② $0 \leq \theta < 3.14$
③ $0 \leq \theta < 0.141$ ④ $0 \leq \theta < 1.41$

해설 Bode 안정성 판별법
위상각이 −180° 일 때 진폭비 AR이 1보다 작으면 안정
$$G(s) \cdot C(s) = \frac{5}{s} \cdot e^{-\theta s}$$
$$G(j\omega) \cdot C(j\omega) = \frac{5}{j\omega} \cdot e^{-\theta j\omega}$$
$$= \frac{5}{\omega}\sin(-\theta\omega) - \frac{5}{\omega}\cos(-\theta\omega)j$$
$$\tan(-180) = 0 \rightarrow \theta < \frac{\pi}{10}$$

보충 Tip

다른 풀이
$G(s) \cdot C(s) = \dfrac{5}{s} \cdot e^{-\theta s}$, $\dfrac{5}{s} = \dfrac{5}{i\omega} = \dfrac{-5i}{\omega}$
진폭비는 $\dfrac{5}{\omega}$이고 1보다 작으므로 $\omega > 5$, $\dfrac{5}{s}$의
위상각은 $\tan(\phi_1) = -\infty$, $\phi_1 = -\dfrac{\pi}{2}$
$\theta = \dfrac{\pi}{2\omega}$, $\omega > 5$이면 $\theta < \dfrac{\pi}{10}$

56 비례폭(proportional band)이 0에 가까운 값을 갖는 제어기는? 〔출제율 20%〕

① PI controller ② PD controller
③ PID controller ④ on−off controller

해설 on−off 제어기
on/off만 있으므로 비례폭은 0이다.

57 증류탑의 일반적인 제어에서 공정출력(피제어) 변수에 해당하지 않는 것은? 〔출제율 20%〕

① 탑정 생산물 조성
② 증류탑의 압력
③ 공급물 조성
④ 탑저 액위

해설 공급물의 조성은 공정입력변수이다.

58 자동차를 운전하는 것을 제어시스템의 가동으로 간주할 때 도로의 차선을 유지하며 자동차가 주행하는 경우 자동차의 핸들은 제어시스템을 구성하는 요소 중 어디에 해당하는가? 〔출제율 20%〕

① 감지기
② 조작변수
③ 구동기
④ 피제어변수

〔해설〕 조작변수
핸들을 조작하여 자동차 경로를 제어하므로 핸들은 조작변수가 된다.

59 $\dfrac{K}{(\tau^2 s^2 + 2\zeta\tau s + 1)}$ 인 2차계 공정에서 단위계단 입력에 대한 공정응답으로 옳은 것은 어느 것인가? (단, ζ, $\tau > 0$이다.) 〔출제율 20%〕

① ζ가 1보다 작을수록 overshoot이 작다.
② ζ가 1보다 작을수록 진동주기가 작다.
③ 진동주기는 K와 τ에는 무관하다.
④ K가 클수록 응답이 빨라진다.

〔해설〕 $\zeta < 1$, $\Rightarrow$ ζ가 작을수록 overshoot이 크다.
주기 $T = \dfrac{2\pi\tau}{\sqrt{1-\zeta^2}}$
여기서, τ : 시간상수, ζ : 감쇠계수

60 다음의 전달함수를 역변환하면 어떻게 되는가? 〔출제율 60%〕

$$F(s) = \frac{5}{s^2 + 3}$$

① $f(t) = \dfrac{5}{\sqrt{3}} \cos 3t$
② $f(t) = 5\sin \sqrt{3}\,t$
③ $f(t) = \dfrac{5}{\sqrt{3}} \sin \sqrt{3}\,t$
④ $f(t) = 5\cos \sqrt{3}\,t$

〔해설〕 $F(s) = \dfrac{5}{s^2+3} = \dfrac{\sqrt{3}}{s^2 + \sqrt{3}^2} \times \dfrac{5}{\sqrt{3}}$
$f(t) = \dfrac{5}{\sqrt{3}} \sin \sqrt{3}\,t$

▶▶ 제4과목 Ⅰ 공업화학

61 암모니아 소다법에서 암모니아 함수가 갖는 조성을 옳게 나타낸 것은? 〔출제율 40%〕

① 전염소 90g/L, 암모니아 160g/L
② 전염소 240g/L, 암모니아 45g/L
③ 전염소 40g/L, 암모니아 240g/L
④ 전염소 160g/L, 암모니아 90g/L

〔해설〕 $NaCl + NH_3 + CO_2 + H_2O \rightarrow NaHCO_3 + NH_4Cl$
암모니아 함수 조성(전염소 160g/L, 암모니아 90g/L)

62 다음 중 공업적으로 수소를 제조하는 방법이 아닌 것은? 〔출제율 60%〕

① 수성가스법
② 수증기개질법
③ 부분산화법
④ 공기액화분리법

〔해설〕 수소 제조방법
㉠ 물의 전기분해 : $2H_2O \rightarrow 2H_2 + O_2$
㉡ 수성가스제법 : 수증기가 코크스를 통과할 때 얻어지는 $CO + H_2$ 혼합가스를 워터가스(수성가스)라고 한다.
㉢ 수증기개질법 : 나프타에 수증기를 혼합 후 H_2와 CO를 생성한다.
㉣ 천연가스분해법 : 열개질법, 접촉개질법, 부분산화법, 기압개질법 등
㉤ 석유분해법

63 벤젠이 Ni 촉매 하에서 수소화반응을 하였을 때 생성되는 것은? 〔출제율 20%〕

① 시클로헥산
② 벤즈알데히드
③ BHC
④ 디히드로벤젠

〔해설〕

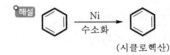

(시클로헥산)

〔보충 Tip〕

$C_6H_6 + 3H_2 \rightarrow$ 시클로헥산(C_6H_{12})

---

64 다음은 석유정제공업에서의 전화법에 대한 설명이다. 어떤 공정에 대한 설명인가? 출제율 40%

- 주로 고체산 촉매 또는 제올라이트 촉매 사용
- 카르보늄이온 반응기구
- 방향족 탄화수소가 많이 생성

① 접촉분해법　　② 열분해법
③ 수소화분해법　　④ 이성화법

[해설] 접촉분해법
　㉠ 실리카 알루미나, 합성 제올라이트(고체산 촉매) 등의 촉매 사용
　㉡ 방향족 탄화수소가 많이 생김. 카르보늄이온 생성 반응기구

65 실리콘 진성반도체의 전도대(conduction band)에 존재하는 전자 수가 $6.8 \times 10^{12}/m^3$이며, 전자 이동도(mobility)는 $0.19m^2/V \cdot s$, 가전자대(valence band)에 존재하는 정공(hole)의 이동도는 $0.0425m^2/V \cdot s$일 때, 전기전도도는? (단, 전자의 전하량은 1.6×10^{-19}Coulomb이다.) 출제율 20%

① $2.06 \times 10^{-7}ohm^{-1}m^{-1}$
② $2.53 \times 10^{-7}ohm^{-1}m^{-1}$
③ $2.89 \times 10^{-7}ohm^{-1}m^{-1}$
④ $1.09 \times 10^{-6}ohm^{-1}m^{-1}$

[해설] 전기전도도 = 전도대×이동도×전하량
$$= 6.8 \times 10^{12}/m^3$$
$$\times (0.19 + 0.0425)m^2/V \cdot s$$
$$\times 1.6 \times 10^{-19}C$$
$$= 2.53 \times 10^{-7}C/m \cdot V \cdot s$$
$$= 2.53 \times 10^{-7}\Omega^{-1}m^{-1}$$

66 건식법에 의한 인산 제조공정에 대한 설명 중 옳은 것은? 출제율 80%

① 인의 농도가 낮은 인광석을 원료로 사용할 수 있다.
② 고순도의 인산은 제조할 수 없다.
③ 전기로에서는 인의 기화와 산화가 동시에 일어난다.
④ 대표적인 건식법은 이수석고법이다.

[해설]

건식법	습식법
• 고순도, 고농도 인산 제조 • 저품위 인광석 처리 • 인의 기화·산화가 따로 일어남 • Slag는 시멘트 원료 • 인의 농도가 낮은 인광석을 원료로 사용 • 대표적 : 전기로법, 용광로법	• 순도가 낮고, 농도도 낮음 • 품질 좋은 인광석만 사용 • 주로 비료용 • 대표적 : 황산분해법, 염산분해법, 질산분해법

67 석유 중에 황화합물이 다량 들어 있을 때 발생되는 문제점으로 볼 수 없는 것은? 출제율 40%

① 장치 부식
② 환원작용
③ 공해 유발
④ 악취 발생

[해설] 환원작용은 산소를 잃거나 수소를 첨가하는 반응으로, 황화합물의 문제점은 장치 부식, 환경오염문제, 악취 발생이다.

68 격막식 전해조에서 전해액은 양극에 도입되어 격막을 통해 음극으로 흐르고, 음극실의 OH^-이 역류한다. 이때 격막실 전해조 양극의 재료는 어느 것인가? 출제율 60%

① 철망　　② Ni
③ Hg　　④ 흑연

[해설] • (+)극 : 흑연, Cl_2 발생
• (−)극 : 철, H_2 발생

69 인산비료에서 유효인산 또는 가용성 인산이란 무엇인가? 출제율 20%

① 수용성 인산만이 비효를 갖는 것
② 구용성 인산만이 비효를 갖는 것
③ 불용성 인산만이 비효를 갖는 것
④ 수용성 인산과 구용성 인산이 비효를 갖는 것

[해설] 가용성 인산(유효인산)
수용성 인산과 구용성 인산이 비효를 갖는 것을 말한다.

70 톨루엔의 중간체로 폴리우레탄 제조에 사용되는 TDI의 구조식은? 출제율 20%

①
CH₃
NCO

②
NCO
NCO

③
CH₃
NCO
NCO

④
CH₃
NH₂
H₂N

해설 TDI(톨루엔 디아소시아 네이트)의 구조식

CH₃
N=C=O
N=C=O

71 접촉식 황산 제조공정에서 전화기에 대한 설명 중 옳은 것은? 출제율 40%

① 전화기 조작에서 온도 조절이 좋지 않아서 온도가 지나치게 상승하면 전화율이 감소하므로 이에 대한 조절이 중요하다.
② 전화기는 SO_3 생성열을 제거시키며 동시에 미반응가스를 냉각시킨다.
③ 촉매의 온도는 200℃ 이하로 운전하는 것이 좋기 때문에 열교환기의 용량을 증대시킬 필요가 있다.
④ 전화기의 열교환방식은 최근에는 거의 내부 열교환방식을 채택하고 있다.

해설 접촉식 황산 제조공정의 전화반응에서 온도가 상승하면 $SO_2 → SO_3$의 전화율은 감소하나 SO_2와 O_2의 분압을 높이면 전화율이 증가한다.

72 고분자에서 열가소성과 열경화성의 일반적인 특징을 옳게 설명한 것은? 출제율 80%

① 열가소성 수지는 유기용매에 녹지 않는다.
② 열가소성 수지는 분자량이 커지면 용해도가 감소한다.
③ 열가소성 수지는 열에 잘 견디지 못한다.
④ 열가소성 수지는 가열하면 경화하다가 더욱 가열하면 연화한다.

해설 ・열가소성 수지
ㄱ 가열하면 연화되어 외력에 의해 쉽게 변형되고 성형 후 외력이 제거되더라도 성형된 상태를 유지하는 수지를 말한다.
ㄴ 유기용매에 녹으며 열에 잘 견디고 가열하면 연화하다가 더욱 가열하면 쉽게 변형된다.
ㄷ 분자량이 커지면 용해도가 감소한다.
・열경화성 수지
가열하면 일단 연화되지만 계속 가열하면 경화되어 원상태로 돌아오지 않는 수지를 말한다.

73 술(에탄올)을 마시고 나서 숙취의 원인이 되는 물질은? 출제율 20%

① 아세탈
② 아세틸코린
③ 아세틸에텔
④ 아세트알데히드

해설 아세트알데히드는 숙취의 원인물질이다.

74 염화비닐은 아세틸렌에 다음 중 어느 것을 작용시키면 생성되는가? 출제율 40%

① NaCl
② KCl
③ HCl
④ HOCl

해설
$$CH ≡ CH + HCl → CH_2 = CH$$
$$|$$
$$Cl$$
(염화비닐)

75 Fischer 에스테르화 반응에 대한 설명으로 틀린 것은? 출제율 40%

① 염기성 촉매 하에서의 카르복시산과 알코올의 반응을 의미한다.
② 가역반응이다.
③ 알코올이나 카르복시산을 과량 사용하여 에스테르의 생성을 촉진할 수 있다.
④ 반응물로부터 물을 제거하여 에스테르의 생성을 촉진할 수 있다.

해설
$$RCOOH + HOR \underset{\text{에스테르화}}{\rightleftharpoons} RCOOH + H_2O$$
진환 황산 촉매 하에서 카르복시산과 알코올의 반응을 의미한다.

76 연실법 황산 제조공정 중 glover 탑에서 질소산화물 공급에 HNO_3를 사용할 경우, 36wt%의 HNO_3 20kg으로 약 몇 kg의 NO를 발생시킬 수 있는가? 출제율 40%

① 0.8   ② 1.7

③ 2.2   ④ 3.4

해설
$HNO_3 \longrightarrow NO$
63kg : 30kg
20×0.36 : x
$NO(x) = 3.42kg$

77 NaOH 제조공정 중 식염수용액의 전해공정 종류가 아닌 것은? 출제율 40%

① 격막법

② 증발법

③ 수은법

④ 이온교환막법

해설

수산화나트륨 ┬ 가성화법 ┬ 석회법
                    └ 산화철법
          └ 식염전해법 ┬ 격막법
                       ├ 수은법
                       └ 종형전해법
                        (이온교환막법)

78 부타디엔에 무수말레인산을 부가하여 환상화합물을 얻는 반응은? 출제율 20%

① Diels-Alder 반응

② Wolff-Kishner 반응

③ Gattermann-Koch 반응

④ Fridel-Craft 반응

해설 ① Diels-Alder 반응
부타디엔 + 말레산 무수물 → 환상화합물
② Wolff-Kishner 반응
알데히드나 케톤의 카르보닐기를 메틸렌으로 환원하는 반응이다.
③ Gattermann-Koch 반응
벤젠 및 그 유도체에 염화알루미늄을 촉매로 CO와 HCl을 반응시켜 벤젠고리에 알데히드기를 도입하는 반응이다.
④ Friedel-Craft 반응
벤젠이 촉매인 염화알루미늄, 산염화물과 반응하여 케톤을 생성한다.

79 다음 중 다니엘 전지의 (−)극에서 일어나는 반응은? 출제율 20%

① $CO + CO_3^{2-} \longrightarrow 2CO_2 + 2e^-$

② $Zn \longrightarrow Zn^{2+} + 2e^-$

③ $Cu^{2+} + 2e^- \longrightarrow Cu$

④ $H_2 \longrightarrow 2H^+ + 2e^-$

해설 다니엘 전지
• (−)극 : $Zn \longrightarrow Zn^{2+} + 2e^-$
• (+)극 : $Cu^{2+} + 2e^- \longrightarrow Cu$
$Zn + Cu^{2+} \longrightarrow Zn^{2+} + Cu$

80 염화수소가스의 직접 합성 시 화학반응식이 다음과 같을 때 표준상태 기준으로 200L의 수소가스를 연소시키면 발생괴는 열량은 약 몇 kcal인가? 출제율 40%

$$H_2 + Cl_2 \longrightarrow 2HCl + 44.12kcal$$

① 365   ② 394

③ 407   ④ 603

해설 $PV = nRT$
$1\,atm \times 200\,L = n \times 0.082\,atm \cdot L/mol \cdot K \times 273\,K$
$n = 8.93\,mol$

$H_2 + Cl_2 \longrightarrow 2HCl + 44.12\,kcal$
1mol : 44.12cal
8.93mol : x
열량$(x) = 394\,kcal$

⏩ 제5과목 Ⅰ 반응공학

81 Arrhenius 법칙에 따라 반응속도상수 k의 온도 T에 대한 의존성을 옳게 나타낸 것은? (단, θ는 양수 값의 상수이다.) 출제율 80%

① $k \propto \exp(\theta T)$ ② $k \propto \exp(\theta / T)$

③ $k \propto \exp(-\theta T)$ ④ $k \propto \exp(-\theta / T)$

해설 온도에 의한 반응속도 관계
$k \propto T^m \cdot e^{-\frac{E_a}{RT}}$
$m = 0$: 아레니우스식

82 정용 회분식 반응기에서 단분자형 0차 비가역 반응에서의 반응이 지속되는 시간 t의 범위는? (단, C_{A0}는 A 성분의 초기 농도, k는 속도상수를 나타낸다.) 출제율 40%

① $t \leq \dfrac{C_{A0}}{k}$ ② $t \leq \dfrac{k}{C_{A0}}$

③ $t \leq k$ ④ $t \leq \dfrac{1}{k}$

해설 $-r_A = -\dfrac{dC_A}{dt} = kC_{A0} = k$

$C_A = -kt + C_{A0}$

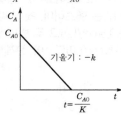

$t = C_{A0}$: C_{A0}에서 반응 완료

$t \geqq \dfrac{C_{A0}}{k}$: 반응 완료

$t < \dfrac{C_{A0}}{k}$: 반응 지속

83 회분식 반응기에서 반응시간이 t_F일 때 C_A/C_{A0}의 값을 F라 하면 반응차수 n과 t_F의 관계를 옳게 표현한 식은? (단, k는 반응속도상수이고, $n \neq 1$이다.) 출제율 40%

① $t_F = \dfrac{F^{1-n}-1}{k(1-n)} C_{A0}^{1-n}$

② $t_F = \dfrac{F^{n-1}-1}{k(1-n)} C_{A0}^{n-1}$

③ $t_F = \dfrac{F^{1-n}-1}{k(n-1)} C_{A0}^{1-n}$

④ $t_F = \dfrac{F^{n-1}-1}{k(n-1)} C_{A0}^{n-1}$

해설 $C_A^{1-n} - C_{A0}^{1-n} = k(n-1)t$

$t = \dfrac{C_{A0}^{1-n}}{k(n-1)} \left[\left(\dfrac{C_A}{C_{A0}} \right)^{1-n} - 1 \right]$

$t_F = \dfrac{C_{A0}^{1-n}}{k(n-1)} \left[(F)^{1-n} - 1 \right]$

84 불균일촉매반응에서 확산이 반응율속영역에 있는지를 알기 위한 식과 가장 거리가 먼 것은 어느 것인가? 출제율 20%

① Thiele modulus
② Weisz-Prater 식
③ Mears 식
④ Langmuir-Hishelwood 식

해설 Langmuir-Hishelwood 식은 Langmuir 흡착등온식이다.

85 단일반응 $A \rightarrow R$의 반응을 동일한 조건 하에서 촉매 A, B, C, D를 사용하여 적분반응기에서 실험하였을 때 다음과 같은 원료 성분 A의 전화율 X_A와 V/F_0(또는 W/F_0)를 얻었다. 다음 중 촉매 활성이 가장 큰 것은 어느 것인가? (단, V는 촉매 체적, W는 촉매 질량, F_0는 공급원료 mole수이다.) 출제율 20%

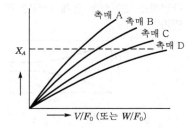

① 촉매 A ② 촉매 B
③ 촉매 C ④ 촉매 D

해설 가장 빠르게 전화율 X_A에 도달한 촉매 A의 활성이 가장 크다.

86 비가역액상반응에서 공간시간 τ가 일정할 때 전화율이 초기농도에 무관한 반응차수로 옳은 것은? 출제율 50%

① 0차 ② 1차
③ 2차 ④ 0차, 1차, 2차

해설 액상반응 : $\varepsilon_A = 0$, $V =$ 일정

$T = -\int_{C_{A0}}^{C_A} \dfrac{dC_A}{-r_A}$

0차 반응 : $k\tau = C_{A0} - C_A = C_{A0}X_A$

1차 반응 : $k\tau = -\ln(1 - X_A)$ (전화율은 k와 τ에 의해서만 결정)

87 부피유량 v가 일정한 관형반응기 내에서 1차 반응 $A \to B$가 일어난다. 부피유량이 10L/min, 반응속도상수 k가 0.23/min일 때 유출농도를 유입농도의 10%로 줄이는 데 필요한 반응기의 부피는? (단, 반응기의 입구 조건 $V = 0$일 때 $C_A = C_{A0}$이다.) [출제율 40%]

① 100L　　　　② 200L
③ 300L　　　　④ 400L

해설 PFR 1차 반응
$k\tau = -\ln(1 - X_A)$
$0.23\,\text{min}^{-1} \times \tau = -\ln(1 - 0.9), \quad \tau = 10\,\text{min}$
$\tau = \dfrac{V}{\nu_0}$
$10\,\text{min} = \dfrac{V}{10\,\text{L/min}}$
$\therefore V = 100\,\text{L}$

88 다음 그림은 농도-시간의 곡선이다. 이 곡선에 해당하는 반응식을 옳게 나타낸 것은 어느 것인가? [출제율 40%]

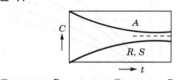

① $A \underset{S}{\overset{R}{\rightleftarrows}}$　　② $A \overset{R}{\underset{S}{\nearrow\searrow}}$

③ $A \overset{R}{\underset{S}{\nearrow\searrow}}$　　④ $A \rightleftarrows R \to S$

해설 시간이 지남에 따라 A와 R, S가 수렴(일정량)한다. 단, A가 감소함에 따라 R, S가 증가한다.

89 N_2O_2의 분해반응은 1차 반응이고 반감기가 20500s일 때 8시간 후 분해된 분율은 얼마인가? [출제율 80%]

① 0.422　　　　② 0.522
③ 0.622　　　　④ 0.722

해설 $-\ln(1 - X_A) = kt$
$-\ln(1 - 0.5) = k \times 20500\,\text{s} \Rightarrow k = 3.38 \times 10^{-5} \cdot \text{s}^{-1}$
$-\ln(1 - X_A) = 3.38 \times 10^{-5}\,\text{s}^{-1} \times 3600\,\text{s}/1\,\text{hr} \times 8\,\text{hr}$
$\qquad\qquad\quad = 0.974$
$1 - X_A = e^{-0.974} = 0.378$
$\therefore X_{Ae} = 0.622$

90 두 번째 반응기의 크기가 첫 번째 반응기 체적의 2배인 2개의 혼합반응기를 직렬로 연결하여 물질 A의 액상분해속도론을 연구한다. 정상상태에서 원료의 농도가 1mol/L이고, 첫 번째 반응기에서 평균체류시간은 96초이며, 첫 번째 반응기의 출구 농도는 0.5mol/L이고 두 번째 반응기의 출구농도는 0.25mol/L이다. 이 분해반응은 몇 차 반응인가? [출제율 50%]

① 0차　　　　② 1차
③ 2차　　　　④ 3차

해설 $k\tau C_{A0}^{n-1} = \dfrac{X_A}{(1 - X_A)^n}$
$k \times 96 \times 1 = \dfrac{0.5}{(1 - 0.5)^2}$
$k \times 192 \times 0.5^{n-1} = \dfrac{0.5}{(1 - 0.5)^n}$
$k \times 96 = k \times 192 \times 0.5^{n-1}$
$\therefore n = 2$차 반응

91 촉매반응의 경우 촉매의 역할을 잘 설명한 것은 어느 것인가? [출제율 20%]

① 평형상수 K값을 높여 준다.
② 평형상수 K값을 낮추어 준다.
③ 활성화에너지 E값을 높여 준다.
④ 활성화에너지 E값을 낮추어 준다.

해설 촉매
활성화에너지를 낮춰 반응속도를 증가시킨다.

92 회분식 반응기(batch reactor)에서 비가역 1차 액상반응인 반응물 A가 40% 전환되는 데 5분 걸렸다면 30% 전환되는 데는 약 몇 분이 걸리겠는가? [출제율 40%]

① 7분　　　　② 10분
③ 12분　　　　④ 16분

해설 $-\ln(1-X_A) = kt$

$-\ln(1-0.4) = k \times 5\,\text{min}$, $k = 0.102$

$-\ln(1-0.8) = 0.102 \times t$

$\therefore t = 15.8\,\text{min}$

93 어떤 반응의 온도를 24℃에서 34℃로 증가시켰더니 반응속도가 2.5배로 빨라졌다면, 이때의 활성화에너지는 몇 kcal인가? _{출제율 80%}

① 10.8
② 12.8
③ 16.6
④ 18.6

해설 $\ln\dfrac{k_2}{k_1} = \dfrac{E_a}{R}\left(\dfrac{1}{T_1} - \dfrac{1}{T_2}\right)$

$\ln 2.5 = \dfrac{E_a}{1.987}\left(\dfrac{1}{297} - \dfrac{1}{307}\right)$

$E_a = 16600\,\text{cal} = 16.6\,\text{kcal}$

94 플러그흐름반응기 또는 회분식 반응기에서 비가역직렬반응 $A \to R \to S$, $k_1 = 2\text{min}^{-1}$, $k_2 = 1\text{min}^{-1}$이 일어날 때 C_R이 최대가 되는 시간은 얼마인가? _{출제율 40%}

① 0.301
② 0.693
③ 1.443
④ 3.332

해설 $\dfrac{C_{R_{\max}}}{C_{A0}} = \left(\dfrac{k_1}{k_2}\right)^{k_2/(k_2-k_1)}$

$t_{\max} = \dfrac{1}{k_{\text{logmean}}} = \dfrac{\ln(k_2/k_1)}{k_2 - k_1}$

$= \dfrac{\ln\dfrac{1}{2}}{1-2} = 0.693$

95 $A \to R \to S(k_1, \ k_2)$인 반응에서 $k_1 = 100$, $k_2 = 1$이면 회분식 반응기에서 C_S/C_{A0}에 가장 가까운 식은 어느 것인가? (단, 두 반응은 모두 1차이다.) _{출제율 40%}

① e^{-100t}
② e^{-t}
③ $1 - e^{-100t}$
④ $1 - e^{-t}$

해설 $C_S = C_{A0}\left(1 + \dfrac{k_2}{k_1 - k_2}E^{-k_1 t} + \dfrac{k_1}{k_2 - k_1}e^{-k_2 t}\right)$

$k_1 \gg k_2$이므로 $(100 \gg 1)$

$C_S = C_{A0}\left(1 - e^{-k_2 t}\right)$

$\dfrac{C_S}{C_{A0}} = 1 - e^{-t}$

96 다음과 같은 효소발효반응이 플러그흐름반응기에서 $C_{A0} = 2\text{mol/L}$, $v = 25\text{L/min}$의 유입속도로 일어난다. 95% 전화율을 얻기 위한 반응기 체적은 약 몇 m³인가? _{출제율 50%}

$A \to R$, with enzyme,

$-r_A = 0.1C_A / (1 + 0.5C_A)\,\text{mol/L} \cdot \text{min}$

① 1
② 2
③ 3
④ 4

해설 $-r_A = -\dfrac{dC_A}{dt} = \dfrac{0.1C_A}{1+0.5C_A}$

$\dfrac{1+0.5C_A}{0.1C_A}dC_A = -dt$

적분하면,

$10\ln\dfrac{C_A}{C_{A0}} + 5(C_A - C_{A0}) = -t$

$t = 5C_{A0}X_A - 10\ln(1-X_A)$

$= 5 \times 2 \times 0.95 - 10\ln(1-0.95) = 39.457\,\text{min}$

$\tau = \dfrac{V}{\nu_0}$

$39.457\,\text{min} = \dfrac{V}{25\,\text{L/min}}$

$V = 986.43\,\text{L} \times \text{m}^3/1000\,\text{L} = 0.99\,\text{m}^3$

97 촉매반응일 때의 평형상수(K_{PC})와 같은 반응에서 촉매를 사용하지 않았을 때의 평형상수(K_P)와의 관계로 옳은 것은? _{출제율 30%}

① $K_P > K_{PC}$

② $K_P < K_{PC}$

③ $K_P = K_{PC}$

④ $K_P + K_{PC} = 0$

해설 촉매는 단지 반응속도만을 변화시키며, 평형에는 영향을 미치지 않는다.

98 화학반응의 온도의존성을 설명하는 이론 중 관계가 가장 먼 것은? _{출제율 20%}

① 아레니우스(Arrhenius) 법칙

② 전이상태 이론

③ 분자충돌 이론

④ 볼츠만(Boltzmann) 법칙

해설 온도에 의한 반응속도 관계

$k \propto T^m \, e^{-E_a/RT}$

$m = 0$: 아레니우스식

$m = \dfrac{1}{2}$: 충돌이온

$m = 1$: 전이이론

99 액상반응 $A \rightarrow R$, $-r_A = kC_A^2$이 혼합반응기 (mixed flow reactor)에서 진행되어 50%의 전화율을 얻었다. 만약 크기가 6배인 똑같은 성능의 반응기로 대치한다면 전화율은 어떻게 되겠는가? 출제율 40%

① 0.55   ② 0.65

③ 0.75   ④ 0.85

해설 $k\tau C_{A0} = \dfrac{X_A}{(1 - X_A)^2}$

$k\tau C_{A0} = \dfrac{0.5}{(1 - 0.5)^2} = 2$

크기 6배

$k \times 6\tau \times C_{A0} = \dfrac{X_A}{(1 - X_A)^2}$

$12 = \dfrac{X_A}{(1 - X_A)^2}$

$12X_A^2 - 25X_A + 12 = 0$

$X_A = \dfrac{25 \pm \sqrt{25^2 - 4 \times 12 \times 12}}{24} = 0.75$

100 $A \rightarrow R$, $r_R = k_1 C_A^{a_1}$, $A \rightarrow S$, $r_s = k_2 C_A^{a_2}$에서 R이 요구하는 물질일 때 옳은 것은 어느 것인가? 출제율 40%

① $a_1 > a_2$이면 반응물의 농도를 낮춘다.

② $a_1 < a_2$이면 반응물의 농도를 높인다.

③ $a_1 = a_2$이면 CSTR이나 PER에 관계없다.

④ a_1과 a_2에 관계없고, k_1과 k_2에만 관계된다.

해설

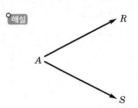

$r_R = k_1 C_A^{a_1}$

$r_S = k_2 C_A^{a_2}$

① $a_1 > a_2$이면 C_A의 농도를 높인다(Batch, PFR).

② $a_1 < a_2$이면 C_A의 농도를 낮춘다(CSTR).

③ $a_1 = a_2$이면 반응기 유형에는 무관하며, k_1/k_2에 의해 결정된다.

제1과목 | 화공열역학

01 어떤 연료의 발열량이 10000kcal/kg일 때 이 연료 1kg이 연소해서 30%가 유용한 일로 바뀔 수 있다면 500kg의 무게를 들어 올릴 수 있는 높이는 약 얼마인가? 출제율 20%

① 26m

② 260m

③ 2.6km

④ 26km

해설 단위환산

$10000\,\mathrm{kcal/kg} \times 1\,\mathrm{kg} \times 0.3(30\%\ 효율) = 3000\,\mathrm{kcal}$

$3000\,\mathrm{kcal} \times \dfrac{1000\,\mathrm{cal}}{1\,\mathrm{kcal}} \times \dfrac{4.184\,\mathrm{J}}{1\,\mathrm{cal}} = 1.26 \times 10^7\,\mathrm{J}$

위치에너지 $= mgh$ 적용

$1.26 \times 10^7\,\mathrm{J} = 500\,\mathrm{kg} \times 9.5\,\mathrm{m/s^2} \times h$

$\therefore\ h = 2.6\,\mathrm{km}$

02 플래시(flash) 계산에 대한 다음의 설명 중 틀린 것은? 출제율 20%

① 알려진 T, P 및 전체 조성에서 평형상태에 있는 2상계의 기상과 액상 조성을 계산한다.

② K 인자는 가벼움의 척도이다.

③ 라울의 법칙을 따르는 경우 K 인자는 액상과 기상 조성만의 함수이다.

④ 기포점 압력계산과 이슬점 압력계산으로 초기 조건을 얻을 수 있다.

해설 라울의 법칙

㉠ $K\,\mathrm{value} = \dfrac{y_i}{x_i}$ 는 온도, 압력, 조성의 함수이다.

㉡ flash 계산

라울의 법칙, $K\,\mathrm{value}$ 등을 이용하여 물질수지식을 세우고, 각 물질의 양, 조성 등을 계산하는 것을 말한다.

03 질량 40kg, 온도 427℃의 강철주물($C_P = 500\mathrm{J/kg \cdot ℃}$)을 온도 27℃, 200kg의 기름($C_P = 2500\,\mathrm{J/kg \cdot ℃}$) 속에서 급랭시킨다. 열손실이 없다면 전체 엔트로피(entropy) 변화는? 출제율 40%

① 6060J/K

② 7061J/K

③ 8060J/K

④ 9052J/K

해설 $Q = C \cdot m \cdot \Delta t$ 를 이용하여 나중 온도를 구한다.

$500\,\mathrm{J/kg \cdot ℃} \times 40\,\mathrm{kg} \times (427 - t)$

$= 2500\,\mathrm{J/kg \cdot ℃} \times 200\,\mathrm{kg} \times (t - 27)$

$t = 42.4\,℃\ (315.4\,\mathrm{K})$

$\Delta S = \displaystyle\int \dfrac{dQ}{T} = mC_P \ln \dfrac{T_2}{T_1}$ 이용

$\Delta S_{강철} = 40\,\mathrm{kg} \times 500\,\mathrm{J/kg \cdot K} \times \ln \dfrac{315.4}{700}$

$\quad\quad = -15945\,\mathrm{J/K}$

$\Delta S_{기름} = 200\,\mathrm{kg} \times 2500\,\mathrm{J/kg \cdot K} \times \ln \dfrac{315.4}{300}$

$\quad\quad = 25030\,\mathrm{J/K}$

$\Delta S_t = \Delta S_{강철} + \Delta S_{기름} = 9085\,\mathrm{J/K}$

04 150kPa, 300K에서 2몰의 이상기체 부피는 얼마인가? 출제율 60%

① 0.03326m³

② 0.3326m³

③ 3.326m³

④ 33.26m³

해설 이상기체 상태방정식 이용

$PV = nRT, \quad V = \dfrac{nRT}{P}$

$V = \dfrac{2\,\mathrm{mol} \times 8.314\,\mathrm{J/mol \cdot K} \times 300\,\mathrm{K}}{150\,\mathrm{kPa}} \times \dfrac{1\,\mathrm{Pa \cdot m^3}}{1\,\mathrm{J}}$

$\quad\quad \times \dfrac{1\,\mathrm{kPa}}{1000\,\mathrm{Pa}}$

$= 0.03326\,\mathrm{m^3}$

05 기체-액체 평형을 이루는 순수한 물에 대한 다음 설명 중 옳지 않은 것은? `출제율 40%`

① 자유도는 1이다.

② 같은 조건에서 기체의 내부에너지는 액체의 내부에너지보다 크다.

③ 같은 조건에서 기체의 엔트로피가 액체의 엔트로피보다 크다.

④ 같은 조건에서 기체의 깁스에너지가 액체의 깁스에너지보다 크다.

`해설` • $F = 2 - P + C = 2 - 2(기 \cdot 액) + 1(물) = 1$

• $G^l = G^v$ (순수한 물이 기-액 평형을 이루면 기체와 액체의 깁스에너지가 같다.)

06 다음의 반응식과 같이 NH_4Cl이 진공에서 부분적으로 분해할 때 자유도 수는? `출제율 80%`

$$NH_4Cl(s) \rightarrow NH_3(g) + HCl(g)$$

① 0   ② 1

③ 2   ④ 3

`해설` 자유도(F)

$F = 2 - P + C - r - s$

여기서, P : 상, C : 성분

     r : 반응식, s : 제한조건(고체 → 기체)

     P : 2(고체, 기체), C : 3(성분)

     r : 1(반응식), s : 1(고 → 기)

$F = 2 - 2 + 3 - 1 - 1 = 1$

07 기체의 퓨가시티 계수 계산을 위한 방법으로 가장 거리가 먼 것은? `출제율 20%`

① 포인팅(poynting) 방법

② 펭-로빈슨(Peng-Robinson) 방법

③ 비리얼(virial) 방정식

④ 일반화된 압축인자의 상관관계 도표

`해설` • Fugacity 계수(ϕ) 구하는 방법

   ① 비리얼방정식

   ② 3차 상태방정식(Van der waals, Redlich-kwong, Peng-Robinson 식 등)

   ③ 일반화된 압축인자의 상관도표

• Poynting 방법은 지수함수

$$f_i = \phi_i^{sat} P_i^{sat} \exp \frac{V_i^l (P - P_i^{sat})}{RT} = \frac{\hat{\phi_i}}{\phi_i^{sat}}$$

08 압력이 일정한 정지상태의 닫힌 계(closed system)가 흡수한 열은 다음 중 어느 것의 변화량과 같은가? `출제율 40%`

① 온도   ② 운동에너지

③ 내부에너지   ④ 엔탈피

`해설` 이상기체의 등압과정

$$\Delta H = Q = \int_{T_1}^{T_2} C_P dT = C_P (T_2 - T_1) = C_P \Delta T$$

09 유체의 등온압축률(isothermal compressibility, k)은 다음과 같이 정의된다. 이때 이상기체의 등온압축률을 옳게 나타낸 것은? `출제율 40%`

$$k = -\frac{1}{V} \left(\frac{\partial V}{\partial P} \right)_T$$

① $k = \dfrac{1}{T}$ ② $k = \dfrac{1}{P}$

③ $k = \dfrac{R}{T}$ ④ $k = \dfrac{R}{P}$

`해설` $k = -\dfrac{1}{V} \left(\dfrac{\partial V}{\partial P} \right)_T$, $PV = nRT$ 에서 $V = \dfrac{nRT}{P}$

$\left(\dfrac{\partial V}{\partial P} \right)_T = nRT \left(-\dfrac{1}{P^2} \right)$ 이므로 k에 대입하면

$k = -\dfrac{1}{V} \times nRT \left(-\dfrac{1}{P^2} \right) = -\dfrac{P}{nRT} \times nRT \times \left(-\dfrac{1}{P^2} \right)$

   $= \dfrac{1}{P}$

10 압력 240kPa에서 어떤 액체의 상태량이 V_f는 0.00177m³/kg, V_g는 0.105m³/kg, H_f는 181kJ/kg, H_g는 496kJ/kg이다. 이 때 이 압력에서의 U_{fg}는 약 몇 kJ/kg인가? (단, V는 비체적, U는 내부에너지, H는 엔탈피, 하첨자 f는 포화액, g는 건포화증기를 나타내고, U_{fg}는 $U_g - U_f$이다.) `출제율 60%`

① 24.8   ② 290.2

③ 315.0   ④ 339.8

`해설` $\Delta H = U + PV$

$\Delta U = \Delta H - PV$

     $= (496 - 181) - 240 \text{kPa}(0.105 - 0.00177) \text{m}^3/\text{kg}$

     $= 290.2 \text{kJ/kg}$

11 가역단열 공정이 진행될 때 올바른 표현식은 어느 것인가? 〔출제율 40%〕

① $\Delta H = 0$ ② $\Delta U = 0$

③ $\Delta A = 0$ ④ $\Delta S = 0$

해설 가역단열 공정

$dQ = 0$, $\Delta S = \dfrac{q}{T} = 0$이므로 $\Delta S = 0$이다. 따라서 등엔트로피 과정($S_1 = S_2$)이다.

12 이상기체의 내부에너지에 대한 설명으로 옳은 것은? 〔출제율 40%〕

① 온도 만의 함수이다.

② 압력 만의 함수이다.

③ 압력과 온도의 함수이다.

④ 압력이나 온도의 함수가 아니다.

해설 내부에너지 $dU = dQ - PdV$ ($dV = 0$)

$dU = dQ_V$ ($Q = Cm\Delta t$)

$C_V = \dfrac{dQ_V}{dT} = \dfrac{dU}{dT} = \left(\dfrac{\partial U}{\partial T}\right)_V$

내부에너지는 온도 만의 함수이다.

13 물이 증발할 때 엔트로피 변화는? 〔출제율 20%〕

① $\Delta S = 0$ ② $\Delta S < 0$

③ $\Delta S > 0$ ④ $\Delta S \geq 0$

해설 물 증발 ⇒ 무질서도 증가 ⇒ 엔트로피 증가

14 어떤 화학반응의 평형상수의 온도에 대한 미분계수가 0보다 작다고 한다. 즉 $\left(\dfrac{\partial \ln K}{\partial T}\right)_P < 0$ 이다. 이때에 대한 설명으로 옳은 것은 어느 것인가? 〔출제율 60%〕

① 이 반응은 흡열반응이며, 온도가 증가하면 K값은 커진다.

② 이 반응은 흡열반응이며, 온도가 증가하면 K값은 작아진다.

③ 이 반응은 발열반응이며, 온도가 증가하면 K값은 작아진다.

④ 이 반응은 발열반응이며, 온도가 증가하면 K값은 커진다.

해설 평형상수와 온도와의 관계

$\dfrac{d\ln K}{dT} = \dfrac{\Delta H^\circ}{RT^2}$

$\Delta H^\circ < 0$(발열반응) : 온도가 증가하면 평형상수 감소

$\Delta H^\circ > 0$(흡열반응) : 온도가 증가하면 평형상수 증가

15 랭킨 사이클로 작용하는 증기원동기에서 25kgf/cm², 400℃의 증기가 증기원동기소에 들어가고 배기압 0.04kgf/cm²로 배출될 때 펌프일을 구하면 약 몇 kgf·m/kg인가? (단, 0.04kgf/cm²에서 액체물의 비체적은 0.001m³/kg이다.) 〔출제율 40%〕

① 24.96

② 249.6

③ 49.96

④ 499.6

해설 $W = VdP$

$= 0.001\,\mathrm{m^3/kg} \times (25-4)\,\mathrm{kgf/cm^2} \times \dfrac{100^2\,\mathrm{cm^2}}{1\,\mathrm{m^2}}$

$= 249.6\,\mathrm{kgf \cdot m/kg}$

16 다음 중 오토기관(otto cycle)의 열효율을 옳게 나타낸 식은 어느 것인가? (단, r는 압축비, k는 비열비이다.) 〔출제율 60%〕

① $1 - \left(\dfrac{1}{r}\right)^{k-1}$ ② $1 - \left(\dfrac{1}{r}\right)^{k}$

③ $1 - \left(\dfrac{1}{r}\right)^{k+1}$ ④ $1 - \left(\dfrac{1}{r}\right)^{\frac{1}{k+1}}$

해설 Otto cycle 열효율

$\eta = 1 - \left(\dfrac{1}{r}\right)^{k-1}$

여기서, r : 압축비, k : 비열비

17 $P-H$ 선도에서 등엔트로피 선 기울기 $\left(\dfrac{\partial P}{\partial H}\right)_S$ 의 값은? 〔출제율 40%〕

① V ② T

③ $\dfrac{1}{V}$ ④ $\dfrac{1}{T}$

해설 $dH = TdS + VdP$에서 등엔트로피($dS = 0$)

$dH = VdP$, $\left(\dfrac{\partial P}{\partial H}\right)_S = \dfrac{1}{V}$

11.④ 12.① 13.③ 14.③ 15.② 16.① 17.③

18 카르노(carnot) 사이클의 열효율을 높이는 데 다음 중 가장 유효한 방법은? 〔출제율 60%〕

① 방열온도를 낮게 한다.
② 급열온도를 낮게 한다.
③ 동작물질의 양을 증가시킨다.
④ 밀도가 큰 동작물질을 사용한다.

해설 카르노 cycle 열효율

$\eta = \dfrac{T_h - T_c}{T_h}$ 이므로 T_c(방열온도)가 낮을수록 열효율을 높게 할 수 있다.

19 다음 중 디젤(diesel)기관에 관한 설명으로 틀린 것은? 〔출제율 20%〕

① 디젤(diesel)기관은 압축과정에서의 온도가 충분히 높아서 연소가 순간적으로 시작한다.
② 같은 압축비를 사용하면 오토(otto)기관이 디젤(diesel)기관보다 효율이 높다.
③ 디젤(diesel)기관은 오토(otto)기관보다 미리 점화하게 되므로 얻을 수 있는 압축비에 한계가 있다.
④ 디젤(diesel)기관은 연소공정이 거의 일정한 압력에서 일어날 수 있도록 서서히 연료를 주입한다.

해설 디젤기관/오토기관
㉠ Diesel 기관은 압축 후 온도가 충분히 높아 연소가 순간적으로 시작한다.
㉡ 등압사이클이다.(diesel)
㉢ 압축비가 같다면 Otto기관의 열효율이 Diesel기관보다 높다. 하지만 Otto기관에서는 미리 점화하는 현상때문에 얻을 수 있는 압축비에 한계가 있으므로 Diesel기관이 더 높은 압축비에서 운전되며 더 높은 효율을 얻는다.

20 물의 증발잠열 $\Delta\overline{H}$ 는 1기압, 100°C에서 539 cal/g이다. 만일 이 값이 온도와 기압에 따라 큰 변화가 없다면 압력이 635mmHg인 고산지대에서 물의 끓는 온도는 약 몇 °C인가? (단, 기체상수 $R = 1.987$cal/mol·K이다.) 〔출제율 60%〕

① 26.2　　　② 30
③ 95　　　④ 98

해설 $\dfrac{d\ln P}{dT} = \dfrac{\Delta H°}{RT^2}$ 에서

$\ln\dfrac{P_2}{P_1} = -\dfrac{\Delta H°}{R}\left(\dfrac{1}{T_1} - \dfrac{1}{T_2}\right)$: Clausius-Clapeyron 식

$\ln\dfrac{635}{760} = \dfrac{539\,\text{cal/g}\times 18\,\text{g/1mol}}{1.987\,\text{cal/mol}\cdot\text{K}}\left(\dfrac{1}{373} - \dfrac{1}{T_2}\right)$

$\therefore\ T_2 = 368\,\text{K}\,(95\,°C)$

제2과목 | 단위조작 및 화학공업양론

21 농도가 5%인 소금 수용액 1kg을 1%인 소금 수용액으로 희석하여 3%인 소금 수용액을 만들고자 할 때 필요한 1% 소금 수용액의 질량은 몇 kg인가? 〔출제율 40%〕

① 1.0　　　② 1.2
③ 1.4　　　④ 1.6

해설 농도 5% 소금 수용액 1kg + 1% 소금 수용액 x(kg) 희석

$\downarrow$

3% 소금 수용액 $(x+1)$kg

수지식을 만들면
$0.05\times 1\,\text{kg} + 0.01\,x = (x+1)\times 0.03$
$\therefore\ x = 1\,\text{kg}$

22 82°C에서 벤젠의 증기압은 811mmHg, 톨루엔의 증기압은 314mmHg이다. 같은 온도에서 벤젠과 톨루엔의 혼합용액을 증발시켰더니 증기 중 벤젠의 몰분율은 0.5이었다. 용액 중의 톨루엔의 몰분율은 약 얼마인가? (단, 이상기체이며, 라울의 법칙이 성립한다고 본다.) 〔출제율 40%〕

① 0.72　　　② 0.54
③ 0.46　　　④ 0.28

해설 라울의 법칙

$y_A = \dfrac{x_A P_A}{P}$, $P = P_A x_A + (1-x_A)P_B$

$y_A = 0.5$, $P = 811 x_A + (1-x_A)314$

$0.5 = \dfrac{811 x_A}{811 x_A + (1-x_A)314}$

$x_A = 0.28$

$x_B = 1 - x_A = 1 - 0.28 = 0.72$

23 40℃에서 벤젠과 톨루엔의 혼합물이 기액평형에 있다. Raoult의 법칙이 적용된다고 볼 때 다음 설명 중 옳지 않은 것은 어느 것인가? (단, 40℃에서의 증기압은 벤젠 180mmHg, 톨루엔 60mmHg이고, 액상의 조성은 벤젠 30mol%, 톨루엔 70mol%이다.) 출제율 40%

① 기상의 평형분압은 톨루엔 42mmHg이다.
② 기상의 평형분압은 벤젠 54mmHg이다.
③ 이 계의 평형전압은 240mmHg이다.
④ 기상의 평형조성은 벤젠 56.25mol%, 톨루엔 43.75mol%이다.

해설 라울의 법칙
- $P = P_A x_A + P_B x_B = 180 \times 0.3 + 60 \times 0.7$
  $= 96 \text{mmHg}$
- $y_A = \dfrac{P_A x_A}{P} = \dfrac{180 \times 0.3}{96} = 0.56, \; y_B = 0.44$
- $P_A = 180 \times 0.3 = 54 \text{mmHg}$
- $P_B = 60 \times 0.7 = 42 \text{mmHg}$

24 노점 12℃, 온도 22℃, 전압 760mmHg의 공기가 어떤 계에 들어가서 나올 때 노점 58℃, 전압이 740mmHg로 되었다. 계에 들어가는 건조공기 mole당 증가된 수분의 mole 수는 얼마인가? (단, 12℃와 58℃에서 포화 수증기압은 각각 10mmHg, 140mmHg이다.) 출제율 40%

① 0.02
② 0.12
③ 0.18
④ 0.22

해설 A의 Dew point : 12℃
　　　　　온도 : 22℃
　　　　　전압 : 760mmHg
　　　　　$P_{12}{}^{sat}$: 10mmHg

B의 Dew point : 58℃
　　　　　전압 : 740mmHg
　　　　　$P_{58}{}^{sat}$: 140mmHg

$$\text{몰습도}(H_m) = \frac{\text{증기의 분압}}{\text{건조기체의 분압}} = \frac{P_A}{P - P_A}$$

(여기서, P_A : 증기의 분압)

A의 몰습도 $= \dfrac{10}{760 - 10} = 0.0133$

B의 몰습도 $= \dfrac{140}{740 - 140} = 0.233$

증가된 수분의 몰수 $= B - A = 0.233 - 0.0133$
　　　　　　　　　 $=$ 약 0.22

25 염화칼슘의 용해도는 20℃에서 140.0g/100gH₂O, 80℃에서 160.0g/100gH₂O이다. 80℃에서의 염화칼슘 포화용액 70g을 20℃로 냉각시키면 약 몇 g의 결정이 석출되는가? 출제율 40%

① 4.61
② 5.39
③ 6.61
④ 7.39

해설 80℃ $CaCl_2$ 70g을 20℃로 냉각
80℃에서 $CaCl_2$ 용액 70g 중 $CaCl_2$를 구하면
$260 g : 160 g = 70 g : x, \; x = 43.1 g$
20℃에서
$100 g : 140 g = (70 - 43.1) g : y, \; y = 37.66 g$
석출량 $= 43.1 g - 37.66 g = 5.4 g$

26 순수한 CaC_2 1kg을 25℃, 1기압 하에서 물 1L 중에 투입하여 아세틸렌 가스를 발생시켰다. 이때 얻어지는 아세틸렌은 몇 L인가? (단, Ca의 원자량은 40이다.) 출제율 40%

① 350
② 368
③ 382
④ 393

해설 $CaC_2 + 2H_2O \longrightarrow C_2H_2 + Ca(OH)_2$
　　　64　　　　　　 : 　$22.4 \times \dfrac{298}{273} \text{m}^3$

　　1 kg　　　　　　 : 　x
아세틸렌$(x) = 0.382 \text{m}^3 = 382 \text{L} \; (1 \text{m}^3 = 1000 \text{L})$

27 다음 중 세기성질(intensive property)이 아닌 것은? 출제율 40%

① 온도
② 압력
③ 엔탈피
④ 화학퍼텐셜

해설
- 크기성질(시량변수)
  크기와 양에 의해 변하는 값
  $(V, \; m, \; U, \; H, \; A, \; G)$
- 세기성질(시강변수)
  물질의 양과 크기에 상관없는 물성
  $(T, \; P, \; d, \; \overline{U}, \; \overline{H}, \; \overline{V})$

28 끝이 열린 수은마노미터가 물탱크 내의 액체 표면 아래 10cm 지점에 부착되어 있을 때 마노미터의 눈금은 얼마인가? (단, 대기압은 1atm이다.) 출제율 20%

① 29.5cmHg
② 61.5cmHg
③ 73.5cmHg
④ 105.5cmHg

해설 단위환산

$10.33\,\mathrm{m\,H_2O} : 76\,\mathrm{cm\,Hg} = 10\,\mathrm{m\,H_2O} : x$

마노미터눈금$(x) = 73.57\,\mathrm{cm\,Hg}$

---

29 다음 그림과 같은 습윤공기의 흐름이 있다. A 공기 100kg당 B 공기 몇 kg을 섞어야 하겠는가? `출제율 60%`

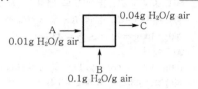

A → □ → C
0.01g H₂O/g air   0.04g H₂O/g air

B
0.1g H₂O/g air

① 200kg   ② 100kg
③ 60kg   ④ 50kg

해설 물질수지

$(100\,\mathrm{kg} \times 0.01\,\mathrm{g\,H_2O/g\,air}) + (B \times 0.1\,\mathrm{g\,H_2O/g\,air})$
$= (100 + B) \times 0.04\,\mathrm{g\,H_2O/g\,air}$
$\therefore B = 50\,\mathrm{kg}$

---

30 정압비열이 1cal/g · ℃인 물 100g/s을 20℃에서 40℃로 이중 열교환기를 통하여 가열하고자 한다. 사용되는 유체는 비열이 10cal/g · ℃이며 속도는 10g/s, 들어갈 때의 온도는 80℃이고, 나올 때의 온도는 60℃이다. 유체의 흐름이 병류라고 할 때 열교환기의 총괄열전달계수는 약 몇 cal/m² · s · ℃인가? (단, 이 열교환기의 전열면적은 10m²이다.) `출제율 60%`

① 5.5   ② 10.1
③ 50.0   ④ 100.5

해설

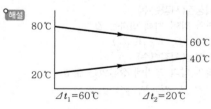

80℃ →→→ 60℃
 →→→ 40℃
20℃
$\Delta t_1 = 60℃$ $\Delta t_2 = 20℃$

$\Delta t_L = \dfrac{60 - 20}{\ln 60/20} = 36.4℃$

$Q = 100\,\mathrm{g/s} \times 1\,\mathrm{cal/g \cdot ℃} \times (40 - 20) = 2000\,\mathrm{cal/s}$

$q = UA\Delta t$

$2000\,\mathrm{cal/s} = U \times 10\,\mathrm{m^2} \times 36.4℃$

$U = 5.5\,\mathrm{cal/m^2 \cdot s \cdot ℃}$

---

31 같은 온도에서 같은 부피를 가진 수소와 산소의 무게의 측정값이 같았다. 수소의 압력이 4atm이라면 산소의 압력은 몇 atm인가? `출제율 80%`

① 4   ② 1
③ $\dfrac{1}{4}$ ④ $\dfrac{1}{8}$

해설 $PV = nRT$에 의해 나머지가 같다고 하면

$PV = \dfrac{W}{M}RT, \quad PM = \dfrac{WRT}{V}$ 이므로

$P_1 M_1 = P_2 M_2$

$4\,\mathrm{atm} \times 2 = P_2 \times 32$

$\therefore$ 산소의 압력$(P_2) = \dfrac{1}{4}\,\mathrm{atm}$

---

32 다음 중 나머지 셋과 서로 다른 단위를 갖는 것은 어느 것인가? `출제율 20%`

① 열전도도 ÷ 길이
② 총괄열전달계수
③ 열전달속도 ÷ 면적
④ 열유속(heat flux) ÷ 온도

해설

① $\dfrac{K}{L} = \mathrm{kcal/m^2 \cdot hr \cdot ℃}$

② $U = \mathrm{kcal/m^2 \cdot hr \cdot ℃}$

③ $\dfrac{q}{A} = \mathrm{kcal/m^2 \cdot hr}$

④ $\dfrac{q}{At} = \mathrm{kcal/m^2 \cdot hr \cdot ℃}$

---

33 다음 중 Fourier의 법칙에 대한 설명으로 옳은 것은? `출제율 20%`

① 전열속도는 온도차의 크기에 비례한다.
② 전열속도는 열전도도의 크기에 반비례한다.
③ 열플럭스는 전열면적의 크기에 반비례한다.
④ 열플럭스는 표면계수의 크기에 비례한다.

해설 Fourier's law

$q = \dfrac{dQ}{d\theta} = -KA\dfrac{dt}{dl}$

여기서, $q, \dfrac{dQ}{d\theta}$: 열전달속도

K : 열전도도(kcal/m · hr · ℃)
A : 열전달면적(m²)
dl : 미소거리(m)
dt : 온도차(℃)

34 수분을 함유하고 있는 비누와 같이 치밀한 고체를 건조시킬 때 감률건조기간에서의 건조속도와 고체의 함수율과의 관계를 옳게 나타낸 것은 어느 것인가? (출제율 40%)

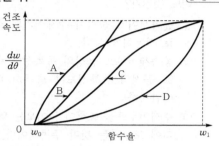

① A
② B
③ C
④ D

해설 건조특성곡선
- 오목형 : 비누, 치밀한 고체와 같은 물질이 건조할 때 일어나는 형태
- 블록형 : 섬유 재료의 수분이동이 모세관에서 일어남.
- 직선형 : 입상물질을 여과한 플레이크상 재료, 잎담배 등의 건조형태
- 직선형+오목형 : 감률건조 1단 + 감률건조 2단의 건조과정, 곡물 결정품

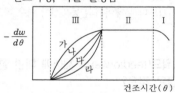

가 : 식물성 섬유 재료
나 : 여재, 플레이크
다 : 곡물, 결정품
라 : 치밀한 고체 내부의 수분

35 안지름 10cm의 수평관을 통하여 상온의 물을 수송한다. 관의 길이 100m, 유속 7m/s, 패닝 마찰계수(Fanning friction factor)가 0.005일 때 생기는 마찰손실 kgf · m/kg은? (출제율 40%)

① 5
② 25
③ 50
④ 250

해설 Fanning의 마찰계수
$$F = \frac{\Delta P}{\rho} = \frac{2fu^2L}{g_cD}$$
$$= \frac{2 \times 0.005 \times 7^2 \times 100}{9.8 \times 0.1} = 50\,\text{kgf} \cdot \text{m/kg}$$

36 농축조작선 방정식에서 환류비가 R일 때 조작선의 기울기를 옳게 나타낸 것은 어느 것인가? (단, X_W는 탑저 제품 몰분율이고, X_D는 탑상 제품 몰분율이다.) (출제율 40%)

① $\dfrac{1}{R+1}$
② $\dfrac{X_W}{R+1}$
③ $\dfrac{X_D}{R+1}$
④ $\dfrac{R}{R+1}$

해설 $y = \dfrac{R}{R+1}x + \dfrac{x_D}{R+1}$

기울기 $= \dfrac{R}{R+1}$

보충 Tip

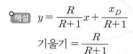

절편 : $\dfrac{x_D}{R+1}$

37 다음 중 분쇄에 대한 일반적인 설명으로 틀린 것은? (출제율 20%)

① 볼밀(ball mill)은 마찰분쇄 방식이다.
② 볼밀(ball mill)의 회전수는 지름이 클수록 커진다.
③ 롤분쇄기의 분쇄량은 분쇄기의 폭에 비례한다.
④ 일반 볼밀(ball mill)에 비해 쇠막대를 넣은 로드밀(rod mill)의 회전수는 대개 더 느리다.

해설 미분쇄기 중 Ball mill

최대회전수 $N(\text{rpm}) = \dfrac{42.3}{\sqrt{D}}$ (Ball mill 회전수는 지름이 클수록 작아진다.)

최적회전수 $= \dfrac{32}{\sqrt{D}}$

38 동점도(kinematic viscosity)의 설명으로 틀린 것은? (출제율 20%)

① 점도를 밀도로 나눈 것이다.
② 기체의 동점도는 압력의 변화나 밀도의 변화에 무관하다.
③ 차원은 $[L^2t^{-1}]$이다.
④ 스토크(stoke) 또는 센티스토크(centistoke)의 단위를 쓰기도 한다.

해설 기체의 동점도는 압력, 밀도에 따라 변한다.

39 그림과 같이 50wt%의 추질을 함유한 추료(F)에 추제(S)를 가하여 교반 후 정치하였더니 추출상(E)과 추잔상(R)으로 나뉘어졌다. 다음 중 틀린 것은? 출제율 40%

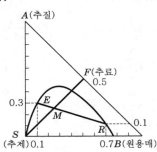

① E의 질량은 $\dfrac{(F+S)\overline{MR}}{\overline{ER}}$

② 추출률은 $\dfrac{(F+S)\overline{MR}\times 0.3}{\overline{ER}\times 0.5F}$

③ 분배계수는 3이다.

④ 선택도는 2.1이다.

해설

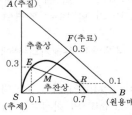

① E의 질량 $= (F+S)\times\dfrac{\overline{MR}}{\overline{ER}}$

② 추출률은 $\dfrac{\overline{MR}(0.3)\times(F+S)}{\overline{ER}\times 0.5F}$

③ 분배계수 $K=\dfrac{y(추출상)}{x(추잔상)}=\dfrac{0.3}{0.1}=3$

④ 선택도 $\beta=\dfrac{y_A/y_B}{x_A/x_B}=\dfrac{0.3/0.1}{0.1/0.7}=21$

40 어떤 촉매반응기의 공극률 ε가 0.4이다. 이 반응기 입구의 공탑 유속이 0.2m/s라면 촉매층 세공에서의 유속은 몇 m/s가 되겠는가? 출제율 20%

① 2.0 ② 1.0
③ 0.8 ④ 0.5

해설 평균유속 $\overline{V}=\dfrac{공탑\ 속도(\overline{v_0})}{공극률(\varepsilon)}=\dfrac{0.2\,\mathrm{m/s}}{0.4}=0.5\,\mathrm{m/s}$

⏩ 제3과목 I 공정제어

41 다음 중 다단제어에 대한 설명으로 옳은 것은 어느 것인가? 출제율 40%

① 종속제어기 출력이 주제어기의 설정점으로 작용하게 된다.

② 종속제어루프 공정의 동특성이 주제어루프 공정의 동특성보다 충분히 **빠를수록** 바람직하다.

③ 주제어루프를 통하여 들어오는 외란을 조기에 보상하는 것이 주목적이다.

④ 종속제어기는 빠른 보상을 위하여 피드포워드 제어알고리즘을 사용한다.

해설 ① 주제어기의 출력이 부제어기의 설정점으로 작용하게 된다.
③ 외란변수의 영향을 보정하는 것이 목적이다.
④ 피드백제어 알고리즘을 사용한다.

보충 Tip

> 다단제어(cascade 제어)
> feedback 제어기 외 2차 feedback 제어기를 추가시켜 교란변수의 영향을 소거한다.
> 주제어기보다 부제어기의 동특성이 매우 빠르다.

42 피드포워드(feedforward) 제어에 대한 설명 중 옳지 않은 것은? 출제율 20%

① 화학공정제어에서는 lead-lag 보상기로 피드포워드제어기를 설계하는 일이 많다.

② 피드포워드제어기는 폐루프제어시스템의 안정도(stability)에 주된 영향을 준다.

③ 일반적으로 제어계 설계 시 피드포워드제어는 피드백제어기와 함께 구성된다.

④ 피드포워드제어기의 설계는 공정의 정적 모델, 혹은 동적 모델에 근거하여 설계될 수 있다.

해설 Feedforward 제어
외부교란변수를 사전에 추정하여 제어에 이용함으로써 외부교란변수가 공정에 미치는 영향을 사전에 보정 제어하며, 제어시스템의 안정성은 feedback 제어기가 연관되어 있다.

43 어떤 압력측정장치의 측정범위는 0 ~ 400psig, 출력범위는 4 ~ 20mA로 조정되어 있다. 이 장치의 이득을 구하면 얼마인가? [출제율 40%]

① 25mA/psig ② 0.01mA/psig

③ 0.08mA/psig ④ 0.04mA/psig

🔑해설 $K(이득) = \dfrac{4-20}{0-400} = 0.04\,\text{mA/psig}$

44 다음 그림의 펄스 Laplace 변환은? [출제율 80%]

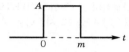

① $\dfrac{A}{s}(1-e^{-ms})$ ② $As(1-e^{-ms})$

③ $\dfrac{As}{1-e^{-ms}}$ ④ Ase^{-ms}

🔑해설 단위충격함수 · 시간지연함수

$F(s) = \dfrac{A}{s} \times (1-e^{-ms})$

45 비례 – 미분 제어장치의 전달함수의 형태를 옳게 나타낸 것은 어느 것인가? (단, K는 이득, τ는 시간정수이다.) [출제율 40%]

① $K\tau s$ ② $K\left(1+\dfrac{1}{\tau s}\right)$

③ $K(1+\tau s)$ ④ $K\left(1+\tau_1 s + \dfrac{1}{\tau_2 s}\right)$

🔑해설 • PD 제어기 : $G(s) = K(1+\tau s)$

• PID 제어기 : $G(s) = K\left(1+\tau s + \dfrac{1}{\tau_2 s}\right)$

46 전달함수가 $G(s) = 1/(2s+1)$인 1차계의 단위계단 응답은? [출제율 80%]

① $1+e^{-0.5t}$ ② $1-e^{-0.5t}$

③ $1+e^{0.5t}$ ④ $1-e^{0.5t}$

🔑해설 단위계단 입력 $X(s) = \dfrac{1}{s}$

$G(s) = \dfrac{1}{2s+1}$

$Y(s) = G(s) \cdot X(s) = \dfrac{1}{2s+1} \cdot \dfrac{1}{s} = \left(\dfrac{1}{s} - \dfrac{2}{2s+1}\right)$

$y(t) = 1 - e^{-\frac{1}{2}t}$

47 다음 블록선도에서 $Q(t)$의 변화만 있고, $T_i{'}(t) = 0$일 때 $\dfrac{T{'}(s)}{Q(s)}$의 전달함수로 옳은 것은 어느 것인가? [출제율 80%]

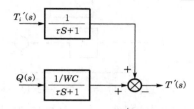

① $\dfrac{1}{\tau S+1}$ ② $\dfrac{1/WC}{\tau S+1}$

③ $\dfrac{1}{\tau S+1} + \dfrac{1/WC}{\tau S+1}$ ④ $\dfrac{1/WC}{(\tau S+1)^2}$

🔑해설 $T{'}(s) = \dfrac{1}{\tau S+1} T_i{'}(s) + \dfrac{1/WC}{\tau S+1} Q(s)$

$\dfrac{T{'}(s)}{Q(s)} = \dfrac{1/WC}{\tau S+1}$

48 다음 중 계단입력에 대한 공정출력이 가장 느리게 움직이는 것은? [출제율 20%]

① $\dfrac{1}{s+1}$ ② $\dfrac{1}{s+2}$

③ $\dfrac{2}{s+2}$ ④ $\dfrac{2}{s+3}$

🔑해설 τ가 클수록 출력이 느리다.

$\dfrac{1}{s+1}$은 τ가 1로 가장 크므로 출력이 느리고,

$\dfrac{2}{s+3}$가 $\tau = \dfrac{1}{3}$로 가장 빠르다.

49 함수 $f(t)$의 라플라스 변환은 다음과 같다. $\lim\limits_{t \to 0} f(t)$를 구하면? [출제율 80%]

$$f(s) = \dfrac{(s+1)(s+2)}{s(s+3)(s-4)}$$

① 1 ② 2

③ 3 ④ 4

🔑해설 초기값 정리

$\lim\limits_{t \to 0} f(t) = \lim\limits_{s \to \infty} sF(s)$

$= \lim\limits_{s \to \infty} \dfrac{(s+1)(s+2)}{(s+3)(s-4)} = \lim\limits_{s \to \infty} \dfrac{s^2+3s+2}{s^2-s-12} = 1$

50 다음 두 블록선도가 등가인 경우 A 요소의 전달함수를 구하면? 〔출제율 40%〕

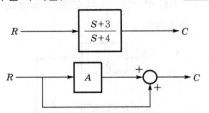

① $-1/(S+4)$ ② $-2/(S+4)$

③ $-3/(S+4)$ ④ $-4/(S+4)$

〔해설〕 $\dfrac{C}{R} = \dfrac{S+3}{S+4} = A+1$

$\xrightarrow{\text{정리}} \dfrac{S+3}{S+4} - 1 = A, \ \dfrac{S+3-S-4}{S+4} = A$

$A = \dfrac{-1}{S+4}$

51 전달함수가 $K_c\left(1 + \dfrac{1}{3}s + \dfrac{3}{s}\right)$인 PID 제어기에서 미분시간과 적분시간으로 옳은 것은 어느 것인가? 〔출제율 40%〕

① 미분시간 : 3, 적분시간 : 3

② 미분시간 : $\dfrac{1}{3}$, 적분시간 : 3

③ 미분시간 : 3, 적분시간 : $\dfrac{1}{3}$

④ 미분시간 : $\dfrac{1}{3}$, 적분시간 : $\dfrac{1}{3}$

〔해설〕 PID 제어기 전달함수

$G(s) = K_c\left(1 + \dfrac{1}{\tau_I s} + \tau_D s\right)$

$\tau_D = \dfrac{1}{3}, \quad \tau_I = \dfrac{1}{3}$

(미분)   (적분)

52 운전자의 눈을 가린 후 도로에 대한 자세한 정보를 주고 운전을 시킨다면 이는 어느 공정제어 기법이라고 볼 수 있는가? 〔출제율 40%〕

① 되먹임제어 ② 비례제어

③ 앞먹임제어 ④ 분산제어

〔해설〕 Feedforward

외부교란변수를 사전에 측정, 제어에 이용하여 외부교란변수가 공정에 미치는 영향을 사전에 보전하는 제어이다.

53 폐루프 특성방정식의 근에 대한 설명으로 옳은 것은? 〔출제율 40%〕

① 음의 실수근은 진동수렴응답을 의미한다.

② 양의 실수근은 진동발산응답을 의미한다.

③ 음의 실수부의 복소수근은 진동발산응답을 의미한다.

④ 양의 실수부의 복소수근은 진동발산응답을 의미한다.

〔해설〕 폐루프 feedback 제어시스템 안정성

특성방정식의 근 중 어느 하나라도 양 또는 양의 실수부를 갖는다면 그 시스템은 불안정하다.

54 그림과 같은 응답을 보이는 시간함수에 대한 라플라스 함수는? 〔출제율 60%〕

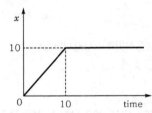

① $\dfrac{1}{s^2} + \dfrac{e^{-10s}}{s}$

② $\dfrac{10}{s^2} + \dfrac{e^{-10s}}{s}$

③ $\dfrac{(1 - e^{-10s})}{s^2}$

④ $\dfrac{(1 - e^{-10s})}{s^2} + 10\dfrac{e^{-10s}}{s}$

〔해설〕 그래프를 식으로 표현하면

$tu(t) - (t-10)u(t-10)$

$\xrightarrow{\mathcal{L}} \dfrac{1}{s^2} - \dfrac{e^{-10s}}{s^2} = \dfrac{1 - e^{-10s}}{s^2}$

55 다음 중 공정제어를 최적으로 하기 위한 조건으로 틀린 것은? 〔출제율 20%〕

① 제어편차 e가 최대일 것

② 응답의 진동이 작을 것

③ Overshoot이 작을 것

④ $\displaystyle\int_0^\infty t|e|dt$가 최소일 것

〔해설〕 제어편차가 적을수록 공정제어가 좋다.

56 다음 그림은 간단한 제어계 block 선도이다. 전체 제어계의 총괄전달함수(overall transfer function)에서 시상수(time constant)는 원래 process $\left(\dfrac{1}{2s+1}\right)$의 시상수에 비해서 어떠한가? (단, $K > 0$이다.) [출제율 20%]

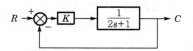

① 늘어난다.
② 줄어든다.
③ 불변이다.
④ 늘어날 수도 있고, 줄어들 수도 있다.

해설 $G(s) = \dfrac{\dfrac{1}{2s+1}}{1+\dfrac{k}{2s+1}} = \dfrac{1}{2s+1+k}$

$= \dfrac{\dfrac{1}{1+k}}{\dfrac{2}{1+k}s+1}$

$k > 0 \Rightarrow \tau$ 는 감소

57 다음의 적분공정에 비례제어기를 설치하였다. 계단형태의 외란 D_1과 D_2에 대하여 옳은 것은 어느 것인가? [출제율 20%]

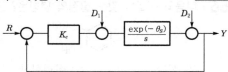

① 외란 D_1에 대한 offset은 없으나, 외란 D_2에 대한 offset은 있다.
② 외란 D_1에 대한 offset은 있으나, 외란 D_2에 대한 offset은 없다.
③ 외란 D_1 및 D_2에 대하여 모두 offset이 있다.
④ 외란 D_1 및 D_2에 대하여 모두 offset이 없다.

해설 적분공정 전 들어온 외란은 offset을 제거하기 어렵고, 적분공정 후 들어온 외란은 offset을 제거할 수 있다. 즉, D_2가 적분제어를 받으므로 D_2에서 offset은 없다.

58 제어계의 구성요소 중 제어오차(에러)를 계산하는 것은 어느 부분에 속하는가? [출제율 20%]

① 측정요소(센서)
② 공정
③ 제어기
④ 최종제어요소(액츄에이터)

해설 제어기
제어오차를 계산하는 부분이다.

59 다음 입력과 출력의 그림에서 나타내는 것은? (단, L은 이동거리(cm)이고, V는 이동속도(cm/s)이다.) [출제율 20%]

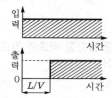

① CR회로의 동작 응답
② 용수철계의 응답
③ 데드타임의 공정 응답
④ 적분요소의 계단상 응답

해설 $\dfrac{L}{V}$ 만큼 시간지연(데드타임의 공정응답)

60 전달함수 $G(s) = \dfrac{10}{s^2+1.6s+4}$ 인 2차계의 시정수 τ와 damping factor ξ의 값은? [출제율 40%]

① $\tau = 0.5$, $\xi = 0.8$
② $\tau = 0.8$, $\xi = 0.4$
③ $\tau = 0.4$, $\xi = 0.5$
④ $\tau = 0.5$, $\xi = 0.4$

해설 $G(s) = \dfrac{10}{s^2+1.6s+4}$

$= \dfrac{2.5}{\dfrac{1}{4}s^2+0.4s+1}$

$\tau^2 = \dfrac{1}{4}$, $\tau = \dfrac{1}{2}$

$2\tau\zeta = 0.4 \rightarrow \therefore \zeta = 0.4$

56.② 57.② 58.③ 59.③ 60.④

▶▶ 제4과목 | 공업화학

61 아미노기는 물에서 이온화된다. 아미노기가 중성의 물에서 이온화되는 정도는? (단, 아미노기의 K_b 값은 10^{-5}이다.) 〔출제율 20%〕

① 90% ② 95%

③ 99% ④ 100%

해설 pOH가 7로 유지되는 완충용액의 $OH^- = 10^{-7}$

아민의 K_b가 10^{-5}이면 다음과 같다.

$OH^- \times NH_3^+/NH_2 = 10^{-5}$

$NH_3^+/NH_2 = 100$이므로

이온화 정도 $= \dfrac{100}{100+1} = $ 약 99%

62 다음 중 칼륨질 비료의 원료와 가장 거리가 먼 것은 어느 것인가? 〔출제율 40%〕

① 간수 ② 초목재

③ 고로더스트 ④ 칠레초석

해설 칼륨질 비료 원료

간수, 해조, 용광로(고로) 더스트, 초목재, 칼륨 광물, 시멘트 dust, 해수 등

63 옥탄가에 대한 설명으로 틀린 것은? 〔출제율 20%〕

① n-헵탄의 옥탄가를 100으로 하여 기준치로 삼는다.

② 가솔린의 안티노크성(antiknock property)을 표시하는 척도이다.

③ n-헵탄과 iso-옥탄의 비율에 따라 옥탄가를 구할 수 있다.

④ 탄화수소의 분자구조와 관계가 있다.

해설 옥탄가

㉠ 가솔린의 안티노크성을 수치로 표시하는 척도이다.

㉡ 이소옥탄의 옥탄가를 100, 노말헵탄의 옥탄가를 0 기준으로 이소옥탄의 %를 옥탄가라 한다.

㉢ n-파라핀에서 탄소 수가 증가할수록 옥탄가는 저하한다.

㉣ 탄화수소의 분자구조와 관계가 있다.

㉤ n-헵탄과 iso-옥탄의 비율에 따라 옥탄가를 구할 수 있다.

64 다음 화학반응 중 수소의 첨가반응으로 이루어질 수 없는 반응은? 〔출제율 20%〕

① ⬡-NH-NH-⬡ + H_2 → ⬡-N(H)-⬡ + NH_3

② ⬡-CH_2CH_3 + H_2 → ⬡ + CH_3CH_3

③ ⬡-⬡ + H_2 → 2⬡

④ $RCH_2OH + H_2 \rightleftharpoons RCH_3 + H_2O$

해설

①번은 수소 첨가 시 아닐린(⬡)을 2개 생성한다.

수소의 첨가반응은 이중결합 중 하나가 끊어지면서 그 자리에 수소가 들어가는 반응이다.

65 연실법 Glover 탑의 질산 환원공정에서 35wt% HNO_3 25kg으로부터 NO를 약 몇 kg 얻을 수 있는가? 〔출제율 40%〕

① 2.17kg ② 4.17kg

③ 6.17kg ④ 8.17kg

해설
HNO_3 : NO
63kg : 30kg
$25kg \times 0.35 : x$
$NO(x) = 4.17kg$

66 다음의 구조를 갖는 물질의 명칭은? 〔출제율 20%〕

① 석탄산 ② 살리실산

③ 톨루엔 ④ 피크르산

해설 ① 페놀(=석탄산) : ⬡-OH

② 살리실산 : ⬡(COOH)(OH)

③ 톨루엔 : ⬡-CH_3

④ 피크르산 : O_2N-⬡(OH)(NO_2)-NO_2

67 다음 중 나일론 66의 주된 원료가 되는 물질은 어느 것인가? _{출제율 60%}

① 헥사메틸렌테트라민
② 헥사메틸렌트리아민
③ 헥사메틸렌디아민
④ 카프로락탐

해설 나일론 6.6의 주된 원료
아디프산＋헥사메틸렌디아민의 축합중합에 의해 생성된다.

68 고도 표백분에서 이상적으로 차아염소산칼슘의 유효염소는 약 몇 %인가? (단, Cl의 원자량은 35.5이다.) _{출제율 20%}

① 24.8 ② 49.7
③ 99.3 ④ 114.2

해설 유효 염소량 $= \dfrac{4Cl}{Ca(ClO)_2} \times 100 =$ 약 99.3%

69 질산을 공업적으로 제조하기 위하여 이용하는 다음 암모니아 산화반응에 대한 설명으로 옳지 않은 것은? _{출제율 60%}

$$4\,NH_3 + 5O_2 \longrightarrow 4\,NO + 6\,H_2O$$

① 바나듐(V_2O_5) 촉매가 가장 많이 이용된다.
② 암모니아와 산소의 혼합가스는 폭발성이 있기 때문에 $[O_2]/[NH_3]=2.2\sim2.3$이 되도록 주의한다.
③ 산화율에 영향을 주는 인자 중 온도와 압력의 영향이 크다.
④ 반응온도가 지나치게 높아지면 산화율은 낮아진다.

해설 암모니아 산화반응(질산 제조)
① $Pt-Rh$ 촉매가 가장 많이 사용된다.
② 암모니아와 산소의 혼합가스는 폭발성이 있기 때문에 최대산화율 $O_2/NH_3 = 2.2\sim2.3$이 되도록 주의한다.
③ 산화율에 영향을 주는 인자 중 온도와 압력의 영향이 크다.
④ 반응온도가 지나치게 높아지면 산화율이 낮아진다.

70 Poly(vinyl alcohol)의 주원료 물질에 해당하는 것은? _{출제율 40%}

① 비닐알코올
② 염화비닐
③ 초산비닐
④ 플루오르화비닐

해설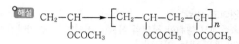

71 올레핀의 니트로화에 관한 설명 중 옳지 않은 것은? _{출제율 40%}

① 저급 올레핀의 반응시간은 일반적으로 느리다.
② 고급 올레핀의 반응속도가 저급 올레핀보다 빠르다.
③ 일반적으로 $-10\sim25\,℃$의 온도 범위에서 실시한다.
④ 이산화질소의 부가에 의하여 용이하게 이루어진다.

해설 고급 올레핀이 저급 올레핀보다 반응속도가 더 빠르게 니트로화하지만 반응시간이 빠른 것은 아니다. 즉 저급 올레핀의 반응시간이 일반적으로 빠르다.

72 소금을 전기분해하여 수산화나트륨을 제조하는 방법에 대한 설명 중 옳지 않은 것은 어느 것인가? _{출제율 80%}

① 이론분해전압은 격막법이 수은법보다 높다.
② 전류밀도는 수은법이 격막법보다 크다.
③ 격막법은 공정 중 염분이 남아 있게 된다.
④ 격막법은 양극실과 음극실 액의 pH가 다르다.

해설

격막법	수은법
• 농축비가 많이 듦 • 순도가 낮음 • 공정 중 염분이 남아 있음 • 양극실과 음극실 액의 pH가 다름	• 순도 높음 • 전력비가 많이 듦 • 수은 사용으로 공해의 원인이 됨 • 이론분해전압이 격막법보다 높음 • 전류밀도가 큼

73 청바지의 색을 내는 염료로 사용하는 청색 배트 염료에 해당하는 것은? 출제율 20%

① 매염아조 염료
② 나프톨 염료
③ 아세테이트용 아조 염료
④ 인디고 염료

해설 인디고 염료

쪽풀에서 채취한 청색의 식물성 천연염료로, 청바지의 색을 내는 염료이다.

74 다음 중 석유화학공정에 대한 설명으로 틀린 것은? 출제율 20%

① 비스브레이킹공정은 열분해법의 일종이다.
② 열분해란 고온 하에서 탄화수소 분자를 분해하는 방법이다.
③ 접촉분해공정은 촉매를 이용하지 않고 탄화수소의 구조를 바꾸어 옥탄가를 높이는 공정이다.
④ 크래킹은 비점이 높고 분자량이 큰 탄화수소를 분자량이 작은 저비점의 탄화수소로 전환하는 것이다.

해설 접촉분해법
• 등유나 경유를 촉매로 사용하여 분해하는 공정이다.
• 촉매는 $SiO_2-Al_2O_3$, 합성 제올라이트 같은 고체산 촉매를 사용한다.
• 카르보늄 이온이 생성된다.

75 다음 중 이론질소량이 가장 높은 질소질 비료는 어느 것인가? 출제율 40%

① 요소 ② 황산암모늄
③ 석회질소 ④ 질산칼슘

해설 이론질소량 $= \dfrac{\text{질소 함량}}{\text{화학식량}} \times 100\%$

① 요소 : $0.46 \left((NH_2)_2CO = \dfrac{28}{60} = 0.46 \right)$

② 황산암모늄 : $0.212 \left((NH_4)_2SO_4 = \dfrac{28}{132} = 0.212 \right)$

③ 석회질소 : $0.304 \left(CaCN_2 + C = \dfrac{28}{92} = 0.304 \right)$

④ 질산칼슘 : $0.17 \left(Ca(NO_3)_2 = \dfrac{28}{164} = 0.17 \right)$

76 일반적으로 윤활성능이 높은 탄화수소 순으로 옳게 나타낸 것은? 출제율 20%

① 파라핀계 > 나프텐계 > 방향족계
② 파라핀계 > 방향족계 > 나프텐계
③ 방향족계 > 나프텐계 > 파라핀계
④ 나프텐계 > 파라핀계 > 방향족계

해설 윤활성능 순서

파라핀계 > 나프텐계 > 방향족계

77 격막식 수산화나트륨 전해조에서 Cl_2가 발생하는 쪽의 전극재료로 사용하는 것은? 출제율 40%

① 흑연
② 철망
③ 니켈
④ 다공성 구리

해설 격막법
• (+)극 : 흑연, Cl_2 생성
• (−)극 : 철망, 다공성 철판 사용, H_2 생성

78 레페(Reppe) 합성반응을 크게 4가지로 분류할 때 해당하지 않는 것은? 출제율 40%

① 알킬화 반응
② 비닐화 반응
③ 고리화 반응
④ 카르보닐화 반응

해설 Rappe 합성반응 분류
㉠ 비닐화 반응
㉡ 에티닐화 반응
㉢ 카르보닐화 반응
㉣ 고리화 반응

79 인광석을 황산으로 분해하여 인산을 제조하는 습식법의 경우 생성되는 부산물은? 출제율 60%

① 석고 ② 탄산나트륨
③ 탄산칼슘 ④ 중탄산칼슘

해설 과린산석회 : 인광석을 황산 분해시켜 제조
$Ca_3(PO_4)_2 + 2H_2SO_4 + 5H_2O$
$\rightarrow CaH_4(PO_4)_2 \cdot H_2O + 2\underline{[CaSO_4 \cdot 2H_2O]}_{(석고)}$

80 소금의 전기분해에 의한 가성소다 제조공정 중 격막식 전해조의 전력원 단위를 향상시키기 위한 조치로서 옳지 않은 것은? 출제율 20%

① 공급하는 소금물을 양극액 온도와 같게 예열하여 공급한다.
② 동판 등 전해조 자체의 재료의 저항을 감소시킨다.
③ 전해조를 보온한다.
④ 공급하는 소금물의 망초(Na_2SO_4)의 함량을 2% 이상 유지한다.

해설 $NaCl + H_2O \xrightarrow{\text{전기분해}} 2Na^+ + OH^- + Cl_2 + H_2$

공급하는 소금물의 망초(Na_2SO_4) 함량이 적을수록 좋다.

▶ 제5과목 ┃ 반응공학

81 반응물 A의 농도를 C_A, 시간을 t라고 할 때 0차 반응의 경우 직선으로 나타나는 관계로 옳은 것은? 출제율 20%

① C_A vs t ② $\ln C_A$ vs t
③ $\dfrac{1}{C_A}$ vs t ④ $\dfrac{1}{\ln C_A}$ vs t

해설 0차 반응 : $C_{A0} - C_A = kt$, $C_A = C_{A0} - kt$

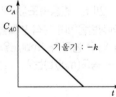

82 반응물질 A의 농도가 $[A_0]$에서 시작하여 t시간 후 $[A]$로 감소하는 액상반응에 대하여 반응속도상수 $k = \dfrac{[A_0] - [A]}{t}$ 로 표현된다. 이때 k를 옳게 나타낸 것은? 출제율 20%

① 0차 반응의 속도상수
② 1차 반응의 속도상수
③ 2차 반응의 속도상수
④ 3차 반응의 속도상수

해설 $k = \dfrac{A_0 - A}{t}$

$A_0 - A = kt$ (0차 반응)

83 반응물 A가 다음과 같은 병렬반응을 일으킨다. 두 반응의 차수 $n_1 = n_2$이면 생성물 분포비율 $\left(\dfrac{r_R}{r_S}\right)$ 은 어떻게 되는가? 출제율 20%

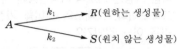

① A의 농도에 비례해서 커진다.
② A의 농도에 관계없다.
③ A의 농도에 비례해서 작아진다.
④ 속도상수에 관계없다.

해설 두 반응의 차수가 같으므로 A의 농도에 관계없다.

84 다음 반응에서 $-\ln(C_A/C_{A0})$를 t로 plot하여 직선을 얻었다. 이 직선의 기울기는? (단, 두 반응 모두 1차 비가역반응이다.) 출제율 40%

① k_1 ② k_2
③ k_1/k_2 ④ $k_1 + k_2$

해설 $-r_A = -\dfrac{dC_A}{dt} = k_1 C_A + k_2 C_A = (k_1 + k_2) C_A$

$-\dfrac{dC_A}{dt} = (k_1 + k_2) C_A$

$-\dfrac{dC_A}{dt} = (k_1 + k_2) dt$

$-\ln \dfrac{C_A}{C_{A0}} = (k_1 + k_2) t$

85 액상 가역 1차 반응 $A \rightleftharpoons R$을 등온 하에서 반응시켜 평형 전화율 X_{Ae}은 80%로 유지하고 싶다. 반응온도를 얼마로 해야 하는가? (단, 반응열은 온도에 관계없이 -10000cal/mol, 25℃에서의 평형상수는 300, $C_{R0} = 0$이다.) 출제율 80%

① 75℃   ② 127℃
③ 185℃   ④ 212℃

해설 평형상수 $k = \dfrac{X_{A_e}}{1-X_{A_e}} = \dfrac{0.8}{1-0.8} = 4$

$\ln \dfrac{k_2}{k_1} = -\dfrac{\Delta H}{R}\left(\dfrac{1}{T_2} - \dfrac{1}{T_1}\right)$

$\ln \dfrac{4}{300} = -\dfrac{10000}{1.987}\left(\dfrac{1}{T_2} - \dfrac{1}{298}\right)$

$T_2 = 400.35\,\mathrm{K}\,(127℃)$

86

다음 그림은 기초적 가역반응에 대한 농도 시간 그래프이다. 그래프의 의미를 가장 잘 나타낸 것은 어느 것인가? [출제율 40%]

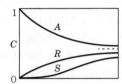

① $A \underset{1}{\overset{1}{\rightleftarrows}} R \underset{1}{\overset{1}{\rightleftarrows}} S$ ② $A \underset{1}{\overset{1}{\rightleftarrows}} R \overset{1}{\rightarrow} S$

해설 그래프에서 시간의 경과에 따라 농도가 일정해지고, 즉 A, R, S 모두 평형에 도달하고, R과 S의 최종 농도가 다르므로 $A \underset{1}{\overset{1}{\rightleftarrows}} R \underset{1}{\overset{1}{\rightleftarrows}} S$ 이다.

87

다음과 같은 반응 메커니즘의 촉매반응이 일어날 때 Langmuir 이론에 의한 A의 흡착반응속도 r_A를 옳게 나타낸 것은 어느 것인가? (단, k_a와 k_{-a}는 각 경로에서 흡착 및 탈착 속도상수, θ는 흡착분율, P_A는 A 성분의 분압이고, S는 활성점이다.) [출제율 20%]

$$A + S \rightleftarrows A - S$$
$$A - S \rightleftarrows B - S$$
$$B - S \rightleftarrows B + S$$

① $r_A = k_a P_A \theta_A \theta_B - k_{-a}\theta_B$
② $r_A = k_a P_A \theta_A \theta_B - k_{-a}\theta_A$
③ $r_A = k_a P_A (1 - \theta_A - \theta_B) - k_{-a}\theta_A$
④ $r_A = k_a P_A (1 - \theta_A) - k_{-a}\theta_B$

해설 Langmuir 흡착등온식

$A \rightleftarrows B$

- 흡착 : $A + S \underset{k_1'}{\overset{k_1}{\rightleftarrows}} A \cdot S$

- 표면반응 : $A \cdot S \underset{k_2'}{\overset{k_2}{\rightleftarrows}} B \cdot S$

- 탈착 : $B \cdot S \underset{k_3'}{\overset{k_3}{\rightleftarrows}} B + S$

A의 전 흡착속도$(r_A) = k_a P_A(1 - \theta_A - \theta_B) - k_a'\theta_A$

여기서, θ_A : A의 표면피복률

$\qquad k_a$: A의 흡착속도상수

88

기상 촉매반응의 유효인자(effectiveness factor)에 영향을 미치는 인자로 다음 중 가장 거리가 먼 것은? [출제율 20%]

① 촉매입자의 크기
② 촉매반응기의 크기
③ 반응기 내의 전체 압력
④ 반응기 내의 온도

해설 기상 촉매반응의 유효인자 효율에 영향을 미치는 인자

㉠ 촉매입자의 크기
㉡ 반응기 내의 전체 압력
㉢ 반응기 내의 온도

89

공간시간이 $\tau = 1\min$인 똑같은 혼합반응기 4개가 직렬로 연결되어 있다. 반응속도상수가 $k = 0.5\min^{-1}$인 1차 액상반응이며 용적 변화율은 0이다. 첫째 반응기의 입구 농도가 1mol/L일 때 네 번째 반응기의 출구 농도(mol/L)는? [출제율 40%]

① 0.098
② 0.125
③ 0.135
④ 0.198

해설 $\tau = 1\min$, $k = 0.5\min^{-1}$

$\dfrac{C_0}{C_N} = (1 + k\tau_i)^N$

$\dfrac{1\,\mathrm{mol/L}}{C_N} = (1 + 0.5 \times 1)^4$

$C_N = 0.198\,\mathrm{mol/L}$

90 어떤 반응을 "플러그흐름반응기 → 혼합반응기 → 플러그흐름반응기"의 순으로 직렬연결시켜 반응하고자 할 때 반응기 성능을 나타낸 것은 어느 것인가? [출제율 30%]

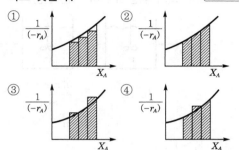

해설
- PFR : 적분 면적
- CSTR : 직사각형 면적

91 혼합흐름반응기에서 연속반응($A \to R \to S$, 각각의 속도상수는 k_1, k_2)이 일어날 때 중간생성물 R이 최대가 되는 시간은? [출제율 40%]

① k_1, k_2의 기하평균의 역수
② k_1, k_2의 산술평균의 역수
③ k_1, k_2의 대수평균의 역수
④ k_1, k_2에 관계없다.

해설 비가역 연속 1차 반응($A \to R \to S$)

PFR : $\tau_{p \cdot opt} = \dfrac{1}{k_{logmean}} = \dfrac{\ln(k_2/k_1)}{k_2+k_1}$

$\dfrac{C_{R_{max}}}{C_A} = \left(\dfrac{k_1}{k_2}\right)^{k_2/(k_2-k_1)}$

CSTR : $\tau_{m \cdot opt} = \dfrac{1}{\sqrt{k_1 k_2}}$

$\dfrac{C_{R_{max}}}{C_A} = \dfrac{1}{\left[(k_2/k_1)^{1/2}+1\right]^2}$

92 다음의 액상 균일반응을 순환비가 1인 순환식 반응기에서 반응시킨 결과 반응물 A의 전화율이 50%이었다. 이 경우 순환 pump를 중지시키면 이 반응기에서 A의 전화율은? [출제율 50%]

$$A \to B, \; r_A = -kC_A$$

① 45.6%
② 55.6%
③ 60.6%
④ 66.6%

해설
$\dfrac{\tau_P}{C_{A0}} = (R+1)\displaystyle\int_{X_{A_i}}^{X_{Af}} \dfrac{dX_A}{-r_A}$

$X_{A_i} = \dfrac{R}{R+1}X_{Af} = \dfrac{1}{1+1}\times 0.5 = 0.25$

$\dfrac{\tau_P}{C_{A0}} = 2\displaystyle\int_{X_{A_i}}^{X_{Af}} \dfrac{dX_A}{kC_{A0}(1-X_A)}$

$\tau_P = \dfrac{2}{k}\left[-\ln(1-X_A)\right]_{0.25}^{0.5}$

$k\tau_P = 2\left[-\ln\dfrac{1-0.5}{1-0.25}\right] = 0.811$

만일 순환류 폐쇄라고 하면,
$-\ln(1-X_A) = k\tau$
$-\ln(1-X_A) = 0.811$
$X_A = 0.556 \times 100 = 55.6\%$

93 비가역 1차 반응에서 속도정수가 $2.5\times 10^{-3}\,\text{s}^{-1}$이었다. 반응물의 농도가 $2.0\times 10^{-2}\,\text{mol/cm}^3$일 때의 반응속도는 몇 $\text{mol/cm}^3 \cdot \text{s}$인가? [출제율 40%]

① 0.4×10^{-1}
② 1.25×10^{-1}
③ 2.5×10^{-5}
④ 5.0×10^{-5}

해설 $k = 2.5\times 10^{-3} \cdot \text{s}^{-1}$
$C_A = 2.0\times 10^{-2}\,\text{mol/cm}^3$
$-r_A = kC_A$
$= (2.5\times 10^{-3})\text{s}^{-1}\times 2.0\times 10^{-2}\,\text{mol/cm}^3$
$= 5\times 10^{-5}\,\text{mol/cm}^3 \cdot \text{s}$

94 목적물이 R인 연속 반응 $A \to R \to S$에서 $A \to R$의 반응속도상수를 k_1이라 하고, $R \to S$의 반응속도상수를 k_2라 할 때 연속반응의 설계에 대한 다음 설명 중 틀린 것은? [출제율 20%]

① 목적하는 생성물 R의 최대농도를 얻는 데는 $k_1 = k_2$인 경우를 제외하면 혼합흐름반응기보다 플러그흐름반응기가 더 짧은 시간이 걸린다.
② 목적하는 생성물 R의 최대농도는 플러그흐름반응기에서 혼합흐름반응기보다 더 큰 값을 얻을 수 있다.
③ $\dfrac{k_2}{k_1} \ll 1$이면 반응물의 전화율을 높게 설계하는 것이 좋다.
④ $\dfrac{k_2}{k_1} > 1$이면 미반응물을 회수할 필요는 없다.

해설 $\dfrac{k_2}{k_1}>1$이면 A의 전화율을 낮게 설계하며, R의 분리와 미사용 반응물의 회수가 필요하다.

95 균일반응 $A+\dfrac{3}{2}B \to P$에서 반응속도가 옳게 표현된 것은? 출제율 40%

① $r_A = \dfrac{2}{3}r_B$

② $r_A = r_B$

③ $r_B = \dfrac{2}{3}r_A$

④ $r_B = r_P$

해설 $-r_A = \dfrac{-r_B}{\dfrac{3}{2}} = r_P$, $-r_A = -\dfrac{2}{3}r_B = r_P$

$r_A = \dfrac{2}{3}r_B$

96 다음 중 촉매의 기능에 관한 설명으로 옳지 않은 것은? 출제율 20%

① 촉매는 화학평형에 영향을 미치지 않는다.

② 촉매는 반응속도에 영향을 미친다.

③ 촉매는 화학반응의 활성화에너지를 변화시킨다.

④ 촉매는 화학반응의 양론식을 변화시킨다.

해설 촉매는 화학평형에 영향을 미치지 않으며, 활성화에너지를 변화시켜 반응속도에 영향을 미친다.

97 회분식 반응기에서 $A \to R$, $-r_A = 3C_A^{0.5}\,\text{mol/}$ $\text{L}\cdot\text{h}$, $C_{A0}=1\text{mol/L}$의 반응이 일어날 때 1시간 후의 전화율은? 출제율 60%

① 0

② $\dfrac{1}{2}$

③ $\dfrac{2}{3}$

④ 1

해설 $-r_A = 3C_A^{0.5}\,\text{mol/L}\cdot\text{h}$

$C_{A0} = 1\text{mol}$

$-r_A = -\dfrac{dC_A}{dt} = 3C_A^{0.5}$

98 그림과 같이 직렬로 연결된 혼합흐름반응기에서 액상 1차 반응이 진행될 때 입구의 농도가 C_0이고, 출구의 농도가 C_2일 때 총 부피가 최소로 되기 위한 조건이 아닌 것은? 출제율 40%

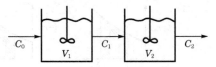

① $C_1 = \sqrt{C_0 C_2}$

② $\dfrac{d(\tau_1+\tau_2)}{dC_1} = 1$

③ $\tau_1 = \tau_2$

④ $V_1 = V_2$

해설 $V_1 = V_2$, $\tau_1 = \tau_2$

$\dfrac{C_0}{C_1} = 1+k\tau \to C_1 = \dfrac{C_0}{1+k\tau}$

$\dfrac{C_1}{C_2} = 1+k\tau \to C_1 = C_2(1+k\tau)$

$C_1^2 = C_0 C_2 \Rightarrow C_1 = \sqrt{C_0 C_2}$

99 다음의 반응에서 R이 목적생성물일 때 활성화에너지 E가 $E_1 < E_2$, $E_1 < E_3$이면 온도를 유지하는 가장 적절한 방법은? 출제율 20%

$$A \xrightarrow{1} R \xrightarrow{3} S$$
$$\searrow{2}\; U$$

① 저온에서 점차적으로 고온으로 전환한다.

② 온도를 높게 유지한다.

③ 온도를 낮게 유지한다.

④ 고온 → 저온 → 고온으로 전환을 반복한다.

해설 $E_1 < E_2$, $E_1 < E_3$일 경우 R을 얻기 위해서는 온도를 낮게 유지한다.

100 반응물질 A는 1L/mm 속도로 부피가 2L인 혼합반응기로 공급된다. 이때 A의 출구 농도 C_{Af}는 0.01mol/L이고 초기 농도 C_{A0}는 0.1mol/L일 때 A의 반응속도는 몇 mol/L·min인가? 출제율 40%

① 0.045

② 0.062

③ 0.082

④ 0.100

해설 $\tau = \dfrac{V}{\nu_0} = \dfrac{2\text{L}}{1\text{L/min}} = 2\text{min}$, $\tau = \dfrac{C_{A0}-C_A}{-r_A}$

$-r_A = \dfrac{C_{A0}-C_A}{\tau} = \dfrac{(0.1-0.01)\text{mol/L}}{2\text{min}}$

$= 0.045\,\text{mol/L}\cdot\text{min}$

🔷 제1과목 ▮ 화공열역학

01 열용량에 관한 설명으로 옳지 않은 것은 어느 것인가? `출제율 20%`

① 이상기체의 정용(定容)에서의 몰열용량은 내부에너지 관련 함수로 정의된다.

② 이상기체의 정압에서의 몰열용량은 엔탈피 관련 함수로 정의된다.

③ 이상기체의 정용(定容)에서의 몰열용량은 온도변화와 관계없다.

④ 이상기체의 정압에서의 몰열용량은 온도변화와 관계있다.

해설 $dU = C_V dT = dQ_V$

$dH = C_P dT = dQ_P$

02 이상기체의 단열과정에서 온도와 압력에 관계된 식이다. 옳게 나타낸 것은? (단, 열용량비 $\gamma = \dfrac{C_P}{C_V}$ 이다.) `출제율 60%`

① $\dfrac{T_2}{T_1} = \left(\dfrac{P_2}{P_1}\right)^{\frac{\gamma-1}{\gamma}}$

② $\dfrac{T_2}{T_1} = \left(\dfrac{P_1}{P_2}\right)^{\gamma}$

③ $\dfrac{T_1}{T_2} = \ln\left(\dfrac{P_1}{P_2}\right)$

④ $\dfrac{T_2}{T_1} = \left(\dfrac{P_2}{P_1}\right)$

해설 이상기체 단열공정

• $\dfrac{T_2}{T_1} = \left(\dfrac{V_1}{V_2}\right)^{\gamma-1}$

• $\dfrac{T_2}{T_1} = \left(\dfrac{P_2}{P_1}\right)^{\frac{\gamma-1}{\gamma}}$

• $\dfrac{P_2}{P_1} = \left(\dfrac{V_1}{V_2}\right)^{\gamma}$

03 액상과 기상이 서로 평형이 되어 있을 때에 대한 설명으로 틀린 것은? `출제율 40%`

① 두 상의 온도는 서로 같다.

② 두 상의 압력은 서로 같다.

③ 두 상의 엔트로피는 서로 같다.

④ 두 상의 화학퍼텐셜은 서로 같다.

해설 평형 조건

㉠ T, P 가 같다.

㉡ 같은 T, P 에서 여러 상의 화학퍼텐셜이 모든 상에서 같다.

04 부피 팽창성 β 와 등온 압축성 k 의 비 $\left(\dfrac{k}{\beta}\right)$ 를 옳게 표시한 것은? `출제율 40%`

① $\dfrac{1}{C_V}\left(\dfrac{\partial U}{\partial P}\right)_V$

② $\dfrac{1}{C_P}\left(\dfrac{\partial U}{\partial T}\right)_P$

③ $\dfrac{1}{C_P}\left(\dfrac{\partial H}{\partial T}\right)_P$

④ $\dfrac{1}{C_V}\left(\dfrac{\partial H}{\partial P}\right)_V$

해설 $\beta = \dfrac{1}{V}\left(\dfrac{\partial V}{\partial T}\right)_P$

$k = -\dfrac{1}{V}\left(\dfrac{\partial V}{\partial P}\right)_T$

$\dfrac{k}{\beta} = \dfrac{-\left(\dfrac{\partial V}{\partial P}\right)_T}{\left(\dfrac{\partial V}{\partial T}\right)_P}$ → Chain rule 이용

$\left(\dfrac{\partial y}{\partial z}\right)_x \left(\dfrac{\partial z}{\partial x}\right)_y \left(\dfrac{\partial x}{\partial y}\right)_z = -1$

$\left(\dfrac{\partial V}{\partial T}\right)_P \left(\dfrac{\partial T}{\partial P}\right)_V \left(\dfrac{\partial P}{\partial V}\right)_T = -1 \Rightarrow \dfrac{k}{\beta} = \left(\dfrac{\partial T}{\partial P}\right)_V$

$dU = C_V dT \rightarrow \left(\dfrac{\partial U}{\partial T}\right)_V = C_V, \left(\dfrac{\partial T}{\partial U}\right)_V = \dfrac{1}{C_V}$

$\left(\dfrac{\partial U}{\partial P}\right)_V \left(\dfrac{\partial T}{\partial U}\right)_V = \dfrac{1}{C_V}\left(\dfrac{\partial U}{\partial P}\right)_V$

05 600K의 열저장고로부터 열을 받아서 일을 하고 400K의 외계에 열을 방출하는 카르노(carnot)기관의 효율은? 출제율 80%

① 0.33　　② 0.40
③ 0.88　　④ 1.00

해설 Carnot cycle 열효율

$$\eta = \frac{W}{Q_h} = \frac{Q_h - Q_c}{Q_h} = \frac{T_h - T_c}{T_h} = \frac{600 - 400}{600} = 0.33$$

06 $C(s) + \frac{1}{2}O_2(g) \rightarrow CO(g)$의 반응열은 얼마인가? (단, 다음 반응식을 참고한다.) 출제율 40%

- $C(s) + O_2(g) \rightarrow CO_2(g)$
  $\Delta H_1 = -94,050 \text{kcal/kmol}$
- $CO(g) + \frac{1}{2}O_2(g) \rightarrow CO_2(g)$
  $\Delta H_2 = -67,640 \text{kcal/kmol}$

① -37025kcal/kmol
② -26410kcal/kmol
③ -74050kcal/kmol
④ $+26410 \text{kcal/kmol}$

해설 열효과

$$\begin{array}{l} C + O_2 \rightarrow CO_2 \qquad \Delta H_1 = -94050 \text{kcal/kmol} \\ + CO_2 \rightarrow CO + \frac{1}{2}O_2 \quad \Delta H_2 = +67640 \text{kcal/kmol} \\ = C + \frac{1}{2}O_2 \rightarrow CO \end{array}$$

$$\Delta H = \Delta H_1 + \Delta H_2 = -26410 \text{kcal/kmol}$$

07 몰리에 선도(Mollier diagram)는 어떤 성질들을 기준으로 만든 도표인가? 출제율 20%

① 압력과 부피
② 온도와 엔트로피
③ 엔탈피와 엔트로피
④ 부피와 엔트로피

해설 열역학적 선도
㉠ 열역학적 선도란 어떤 물질의 온도, 압력, 부피, 엔탈피, 엔트로피를 하나의 도표 상에 표현한 것이다.
㉡ $H - S$ 선도를 Molier 선도라고 한다.

08 2성분계 공비 혼합물에서 성분 A, B의 활동도 계수를 γ_A와 γ_B, 포화증기압을 P_A 및 P_B라 하고, 이 계의 전압을 P_t라 할 때 수정된 Raoult의 법칙을 적용하여 γ_B를 옳게 나타낸 것은 어느 것인가? (단, B 성분의 기상 및 액상에서의 몰분율은 y_B와 X_B이며, 퓨가시티 계수 $\hat{\phi}_B = 1$이라 가정한다.) 출제율 40%

① $\gamma_B = P_t / P_B$
② $\gamma_B = P_t / P_B(1 - X_A)$
③ $\gamma_B = P_t y_B / P_B$
④ $\gamma_B = P_t / P_B X_B$

해설 라울의 법칙
$$y_i P = x_i \gamma_i P_i$$
$$y_A P + y_B P = x_A \gamma_A P_A + x_B \gamma_B P_B = P_t$$
공비점 : 액체의 조성과 기체의 조성이 같은 점
$$x_B = y_B, \ y_B = \frac{\gamma_B x_B P_B}{P_t}, \ \phi = 1 = \frac{\gamma_B P_B}{P_t}$$
$$\gamma_B = \frac{P_t}{P_B}$$

09 엔트로피에 관한 설명 중 틀린 것은? 출제율 20%

① 엔트로피는 혼돈도(randomness)를 나타내는 함수이다.
② 융점에서 고체가 액화될 때의 엔트로피 변화는 $\Delta S = \frac{\Delta H_m}{T_m}$로 표시할 수 있다.
③ $T = 0$K에서 엔트로피 $S = 1$이다.
④ 엔트로피 감소는 질서도(orderliness)의 증가를 의미한다.

해설 열역학 제3법칙
절대온도 0K에서 완전한 결정상태를 유지하는 경우 엔트로피는 0이다.

10 다음 중 동력의 단위가 아닌 것은? 출제율 20%

① HP　　　　② kWh
③ $kgf \cdot m \cdot s^{-1}$　④ $BTU \cdot s^{-1}$

해설
- 동력 $= \dfrac{일}{시간}$ (1kW = 1000J/s, 1PS, 1HP, ...)
- 1HP = 76 kgf m/s
- kWh : 일의 단위

11 다음 중 비가역 과정에서의 관계식으로 옳은 것은? 〔출제율 20%〕

① $dS > 0$　　　② $dS < 0$
③ $dS = 0$　　　④ $dS = -1$

해설 비가역 과정(자발적 과정)에서 엔트로피는 증가하는 방향으로 진행된다.

$$dS = \frac{dQ}{T} > 0$$

12 두헴(Duhem)의 정리는 "초기에 미리 정해진 화학성분들의 주어진 질량으로 구성된 어떤 닫힌 계에 대해서도 임의의 두 개의 변수를 고정하면 평형상태는 완전히 결정된다."라고 표현할 수 있다. 다음 중 옳지 않은 것은? 〔출제율 20%〕

① 정해 주어야 하는 두 개의 독립변수는 세기변수일 수도 있고 크기변수일 수도 있다.
② 독립적인 크기변수의 수는 상률에 의해 결정된다.
③ $F=1$일 때 두 변수 중 하나는 크기변수가 되어야 한다.
④ $F=0$일 때는 둘 모두 크기변수가 되어야 한다.

해설 Duhem의 정리
㉠ Duhem의 정리는 초기에 미리 정해진 화학성분들의 주어진 질량으로 구성된 어떤 닫힌계에서 임의의 두 개의 변수를 고정하면 평형상태는 완전히 결정된다.
㉡ 2개의 독립변수는 세기변수나 크기변수일 수 있다.
㉢ $F=1$인 경우 두 변수 중 적어도 하나는 크기변수이어야 한다.
㉣ $F=0$인 경우 두 개 모두 크기변수이어야 한다.

13 25℃에서 산소기체가 50atm으로부터 500atm으로 압축되었을 때 깁스(Gibbs) 자유에너지 변화량의 크기는 약 얼마인가? (단, 산소는 이상기체로 가정한다.) 〔출제율 60%〕

① 1364cal/mol　　② 682cal/mol
③ 136cal/mol　　④ 68cal/mol

해설 $\Delta G = \Delta H - T\Delta S$
$\quad\quad = \Delta U + \Delta PV - q$
$\quad\quad = \Delta U - q$
$\quad\quad = -W$

$$W = nRT\ln\frac{P_2}{P_1} = 1.987\,\text{cal/mol} \times 298\,\text{K} \times \ln\frac{500}{50}$$
$$= 1363.4\,\text{cal/mol}$$

14 이상기체 3mol이 50℃에서 등온으로 10atm에서 1atm까지 팽창할 때 행해지는 일의 크기는 몇 J인가? 〔출제율 60%〕

① 4433　　　② 6183
③ 18550　　④ 21856

해설 이상기체 등온공정

$$Q = -W = nRT\ln\frac{V_2}{V_1} = nRT\ln\frac{P_1}{P_2}$$
$$W = nRT\ln\frac{P_1}{P_2}$$
$$= 3\,\text{mol} \times 8.314\,\text{J/mol} \cdot \text{K} \times 323\,\text{K} \times \ln\frac{10}{1}$$
$$= 18550\,\text{J}$$

15 크기가 동일한 3개의 상자 A, B, C에 상호작용이 없는 입자 10개가 각각 4개, 3개, 3개씩 분포되어 있고, 각 상자들은 막혀 있다. 상자들 사이의 경계를 모두 제거하여 입자가 고르게 분포되었다면 통계 열역학적인 개념의 엔트로피 식을 이용하여 경계를 제거하기 전후의 엔트로피 변화량은 약 얼마인가? (단, k는 Boltzmann 상수이다.) 〔출제율 20%〕

① $8.343k$　　② $15.324k$
③ $22.321k$　　④ $50.024k$

해설 Boltzmann 식
$S = k\ln\Omega$
$$\Omega = \frac{n!}{(n_1!)(n_2!)(n_3!)\cdots} = \frac{10!}{4!\,3!\,3!} = 4200$$
$S = k\ln 4200 = 8.343k$

16 다음 중에서 같은 환산온도와 환산압력에서 압축인자가 가장 비슷한 것끼리 짝지어진 것은 어느 것인가? 〔출제율 20%〕

① 아르곤 – 크립톤　② 산소 – 질소
③ 수소 – 헬륨　　　④ 메탄 – 프로판

해설 이심인자
단순유체(Ar, Kr, Xe)의 경우 같은 환산온도와 환산압력을 비교하면 대체로 거의 같은 압축인자를 가지며, 이상기체의 거동에서 벗어나는 정도도 비슷하나 다른 기체는 아니다.

17 이상기체 혼합물에 대한 설명 중 옳지 않은 것은 어느 것인가? (단, $\Gamma_i(T)$는 일정온도 T에서의 적분상수, y_i는 이상기체 혼합물 중 성분 i의 몰분율이다.) 〔출제율 20%〕

① 이상기체의 혼합에 의한 엔탈피 변화는 0이다.

② 이상기체의 혼합에 의한 엔트로피 변화는 0보다 크다.

③ 동일한 T, P에서 성분 i의 부분몰부피는 순수성분의 몰부피보다 작다.

④ 이상기체 혼합물의 깁스(Gibbs) 에너지는 $G^{ig} = \sum_i y_i \Gamma_i(T) + RT \sum_i y_i \ln(y_i P)$이다.

〔해설〕 이상기체 혼합물

$$H^{ig} = \sum_i y_i H_i^{ig}$$

$$S^{ig} = \sum_i y_i S_i^{ig} - R \sum_i y_i \ln y_i$$

$$G^{ig} = \sum_i y_i G_i^{ig} + RT \sum_i y_i \ln y_i$$

$$\overline{V_i^{ig}} = V_i^{ig} = V^{ig}$$

(주어진 T, P에서 이상기체에 대한 부분몰부피, 순수성분의 몰부피, 혼합물의 몰부피는 같다.)

18 상태함수에 대한 설명으로 옳은 것은? 〔출제율 20%〕

① 최초와 최후의 상태에 관계없이 경로의 영향으로만 정해지는 값이다.

② 점함수라고도 하며, 일에너지를 말한다.

③ 내부에너지만 정해지면 모든 상태를 나타낼 수 있는 함수를 말한다.

④ 내부에너지와 엔탈피는 상태함수이다.

〔해설〕 ① 최초와 최후의 상태에 관계없이 경로의 영향으로만 정해지는 값은 경로함수에 관한 내용이다.
② 점함수라고도 하며, 일에너지는 경로함수이다.
③ 내부에너지의 엔탈피 등 함수도 필요하다.

〔보충 Tip〕

• 상태함수
경로에 관계없이 시작점과 끝점의 상태에 의해서만 영향을 받는 함수 (T, P, ρ, μ, U, H, S, G)

• 경로함수
경로에 따라 영향을 받는 함수 (Q, W)

19 부피가 $1m^3$인 용기에 공기를 25℃의 온도와 100bar의 압력으로 저장하려 한다. 이 용기에 저장할 수 있는 공기의 질량은 약 얼마인가? (단, 공기의 평균분자량은 29이며, 이상기체로 간주한다.) 〔출제율 80%〕

① 107kg   ② 117kg
③ 127kg   ④ 137kg

〔해설〕 $PV = nRT = \dfrac{W}{M} RT$

$$W = \frac{MPV}{RT}$$

$$= \frac{(100\,\text{bar} \times \dfrac{1\,\text{atm}}{1.013\,\text{bar}}) \times 1\,\text{m}^3 \times 29\,\text{kg/kmol}}{0.082\,\text{atm} \cdot \text{m}^3/\text{kmol} \cdot \text{K} \times 298\,\text{K}}$$

$$= 117\,\text{kg}$$

20 상압 300K에서 2.0L인 이상기체 시료의 부피를 일정압력에서 $400cm^3$로 압축시켰을 때 온도는 얼마인가? 〔출제율 40%〕

① 60K   ② 300K
③ 600K   ④ 1500K

〔해설〕 보일 · 샤를의 법칙

$$\frac{P_1 V_1}{T_1} = \frac{P_2 V_2}{T_2} \quad (P = \text{const})$$

$$\frac{V_1}{T_1} = \frac{V_2}{T_2}$$

$$T_2 = T_1 \left(\frac{V_2}{V_1} \right) = 300\text{K} \times \frac{0.4}{2} = 60\text{K}$$

▶▶ 제2과목 Ⅰ 단위조작 및 화학공업양론

21 다음 중 시강특성치(intensive property)가 아닌 것은? 〔출제율 40%〕

① 비엔탈피   ② 밀도
③ 온도   ④ 내부에너지

〔해설〕 • 크기성질(시량변수)
물질의 양과 크기에 따라 변하는 물성 (V, m, U, H, A, G)

• 세기성질(시강변수)
물질의 양과 크기에 상관없음 (T, P, d, $\overline{U}$, $\overline{H}$, $\overline{V}$)

22 18℃, 1atm에서 $H_2O(l)$의 생성열은 -68.4 kcal/mol 이다. 다음 반응에서의 반응열이 42kcal/mol인 것을 이용하여 등온등압에서 $CO(g)$의 생성열을 구하면 몇 kcal/mol인가? 출제율 40%

$$C(s) + H_2O(l) \rightarrow CO(g) + H_2(g)$$

① 110.4
② -110.4
③ 26.4
④ -26.4

 해설

$$\begin{vmatrix} H_2 + \frac{1}{2}O_2 \rightarrow H_2O & \Delta H_1 = -68.4\,\text{kcal/mol} \\ C + H_2O \rightarrow CO + H_2 & \Delta H_2 = 42\,\text{kcal/mol} \end{vmatrix}$$

$$C + \frac{1}{2}O_2 \rightarrow CO \qquad \Delta H = -68.4 + 42$$
$$= -26.4\,\text{kcal/mol}$$

23 이상기체의 법칙이 적용된다고 가정할 때 용적 이 5.5m³인 용기에 질소 28kg을 넣고 가열하여 압력이 10atm이 될 때 도달하는 기체의 온도는 약 몇 ℃인가? 출제율 80%

① 698
② 498
③ 598
④ 398

해설 $PV = nRT = \dfrac{W}{M}RT$

$$T = \frac{PVM}{WR}$$

$$= \frac{1\,\text{atm} \times 55\,\text{m}^3 \times 28\,\text{kg/kmol}}{28\,\text{kg} \times 0.082\,\text{atm} \cdot \text{m}^3/\text{kmol} \cdot \text{K}}$$
$$= 671\,\text{K} - 273 = 398℃$$

24 질소에 벤젠이 10vol% 포함되어 있다. 온도 20℃, 압력 740mmHg일 때 이 혼합물의 상대포화도는 몇 %인가? (단, 20℃에서 순수한 벤젠의 증기압 은 80mmHg이다.) 출제율 40%

① 10.8%
② 80.0%
③ 92.5%
④ 100.0%

해설 상대습도(H_R)

벤젠 증기압(H_R) = $\dfrac{\text{증기의 분압}(P_A)}{\text{포화증기압}(P_S)} \times 100$

$$= \frac{740 \times 0.1}{80} \times 100$$
$$= 92.5\%$$

25 어떤 물질의 한 상태에서 온도가 dew point 온 도보다 높은 상태는 어떤 상태를 의미하는가? (단, 압력은 동일하다.) 출제율 20%

① 포화
② 과열
③ 과냉각
④ 임계

해설 과냉 → 포화액체(boiling point)

과열 ← 포화증기(dew point) ← 기-액

보충 Tip

> Dew point : 이슬이 맺히기 시작하는 온도

26 다음 중 비용(specific volume)의 차원으로 옳은 것은? (단, 길이(L), 질량(M), 힘(F), 시간(T)이다.) 출제율 20%

① $\dfrac{F}{L^2}$
② $\dfrac{L^3}{M}$
③ ML^2
④ $\dfrac{ML^2}{T^2}$

해설 비용 = $\dfrac{1}{밀도} = \dfrac{1}{\rho} = \dfrac{V}{M} = L^3/M(L^3 M^{-1})$

27 증류탑을 이용하여 에탄올 25wt%와 물 75wt% 의 혼합액 50kg/h을 증류하여 에탄올 85wt%의 조성을 가지는 상부액과 에탄올 3wt%의 조성 을 가지는 하부액으로 분리하고자 한다. 상부액 에 포함되는 에탄올은 초기에 공급되는 혼합액 에 함유된 에탄올 중의 몇 wt%에 해당하는 양 인가? 출제율 60%

① 85
② 88
③ 91
④ 93

해설

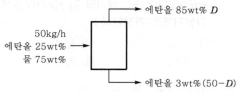

$50 \times 0.25 = D \times 0.85 + (50 - D) \times 0.03$
$D = 13.4\,\text{kg/h}$

$$\frac{\text{상부액 중 에탄올 양}}{\text{초기 공급된 에탄올 양}} \times 100 = \frac{13.4 \times 0.85}{50 \times 0.25} \times 100$$
$$= 91.12\%$$

28 어느 석회석 성분을 분석하니 $CaCO_3$ 92.89wt%, $MgCO_3$ 5.41wt%, 불용성분이 1.70wt%였다. 이 석회석 100kg에서 몇 kg의 CO_2를 회수할 수 있겠는가? (단, Ca의 분자량은 40, Mg의 분자량은 24.30이다.) 〔출제율 40%〕

① 43.7   ② 47.3
③ 54.8   ④ 58.2

해설 석회석 100kg ┬ $CaCO_3$ 92.89 kg
             ├ $MgCO_3$ 5.41 kg
             └ 불용성분 1.7 kg

$CaCO_3 \rightarrow CaO + CO_2$

100 kg : 44 kg
92.89 g : x
$x = 40.9$ kg

$MgCO_3 \rightarrow MgO + CO_2$

84.3   44 kg
5.41 y

$y = 2.8$ kg

CO_2 회수 양 $= x + y = 43.7$ kg

29 다음 중 에너지를 나타내지 않는 것은 어느 것인가? 〔출제율 20%〕

① 부피×압력
② 힘×거리
③ 몰수×기체상수×온도
④ 열용량×질량

해설 ① $m^3 \times N/m^2 = N \cdot m = J$
② $N \cdot m = J$
③ $mol \times J/mol\,K \times K = J$
④ $J/kg\,℃ \times kg = J/℃$

30 350K, 760mmHg에서의 공기의 밀도는 약 몇 kg/m^3인가? (단, 공기의 평균분자량은 29이며, 이상기체로 가정한다.) 〔출제율 80%〕

① 0.01   ② 1.01
③ 2.01   ④ 3.01

해설 $PV = nRT = \dfrac{W}{M}RT\left(\rho = \dfrac{m}{V}\right)$

$\rho = \dfrac{PM}{RT} = \dfrac{760\,mmHg \times \dfrac{1\,atm}{760\,mmHg} \times 29\,kg}{0.082\,atm \cdot L/kmol \cdot K \times 350\,K}$

$= 1.01\,kg/m^3$

31 이중 열교환기에 있어서 내부 관의 두께가 매우 얇고, 관벽 내부 경막 열전달계수 h_i가 외부 경막 열전달계수 h_o와 비교하여 대단히 클 경우 총괄 열전달계수 U에 대한 식으로 가장 적합한 것은 어느 것인가? 〔출제율 40%〕

① $U = h_i + h_o$ ② $U = h_i$
③ $U = h_o$ ④ $U = \dfrac{1}{\sqrt{1/h_i + 1/h_o}}$

해설 $U = \dfrac{1}{\dfrac{1}{h_1} + \dfrac{L_2}{k_2} + \dfrac{1}{h_3}}$ (접촉면이 일정한 경우)

한 유체의 경막계수 h_o의 값이 다른 값에 비해 매우 적을 경우 $\dfrac{1}{h_i}$이 지배저항이 되어 $U ≒ h_o$가 된다.

32 공급원료 1몰을 원료 공급단에 넣었을 때 그 중 증류탑의 탈거부(stripping section)로 내려가는 액체의 몰수를 q로 정의한다면, 공급원료가 과열증기일 때 q값은? 〔출제율 80%〕

① $q < 0$ ② $0 < q < 1$
③ $q = 0$ ④ $q = 1$

해설
• $q > 1$: 차가운 원액
• $q = 1$: 비등에 있는 원액(포화원액)
• $0 < q < 1$: 부분적으로 기화된 원액
• $q = 0$: 노점에 있는 원액(포화증기)
• $q < 0$: 과열증기 원액

33 그림은 전열장치에 있어서 장치의 길이와 온도분포의 관계를 나타낸 그림이다. 이에 해당하는 전열장치는? (단, T는 증기의 온도, t는 유체의 온도, Δt_1, Δt_2는 각각 입구 및 출구에서의 온도차이다.) 〔출제율 20%〕

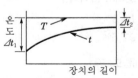

① 과열기   ② 응축기
③ 냉각기   ④ 가열기

해설 응축은 기체가 액체로 변하는 현상으로, 잠열로 인해 열을 주어 유체의 온도를 높인다. 그러므로 증기의 온도는 일정하지만 유체는 열을 받아 증가한다.

34 흡수탑의 충전물 선정 시 고려해야 할 조건으로 가장 거리가 먼 것은? _{출제율 20%}

① 기액 간의 접촉률이 좋아야 한다.
② 압력강하가 너무 크지 않고 기액 간의 유통이 잘 되어야 한다.
③ 탑 내의 기액 물질에 화학적으로 견딜 수 있는 것이어야 한다.
④ 규칙적인 배열을 할 수 있어야 하며, 공극률이 가능한 한 작아야 한다.

해설 편류현상 방지대책
㉠ 충전물을 불규칙적으로 충진한다.
㉡ 큰 자유부피를 가져야 한다(공극률이 클 것).

35 다음 중 관(pipe, tube)의 치수에 대한 설명으로 틀린 것은? _{출제율 20%}

① 파이프의 벽 두께는 Schedule Number로 표시할 수 있다.
② 튜브의 벽 두께는 BWG(Birmingham Wire Gauge) 번호로 표시할 수 있다.
③ 동일한 외경에서 Schedule Number가 클수록 벽 두께가 두껍다.
④ 동일한 외경에서 BWG가 클수록 벽 두께가 두껍다.

해설 같은 외경에서 BWG가 작을수록 관 벽이 두껍고, Schedule Number가 클수록 벽의 두께가 커진다.

보충 Tip

> Schedule Number가 커질수록 두께는 두껍다.

36 다음 단위조작 가운데 침출(leaching)에 속하는 것은? _{출제율 20%}

① 소금물 용액에서 소금 분리
② 식초산 수용액에서 식초산 회수
③ 금광석에서 금 회수
④ 물속에서 미량의 브롬 제거

해설 ① 소금물 용액에서 소금 분리 : 석출
② 식초산 수용액에서 식초산 회수 : 흡착
③ 금광석에서 금 회수 : 침출
④ 물속에서 미량의 브롬 제거 : 치환

37 총괄에너지수지식을 간단하게 나타내면 다음과 같을 때 α는 유체의 속도에 따라서 변한다. 유체가 층류일 때 다음 중 α에 가장 가까운 값은 어느 것인가? (단, H_i는 엔탈피, V_{iave}는 평균유속, Z는 높이, g는 중력가속도, Q는 열량, W_s는 일이다.) _{출제율 20%}

$$H_2 - H_1 + \frac{1}{2\alpha}(V_{2ave}^2 - V_{1ave}^2) + g(Z_2 - Z_1) = Q - W_s$$

① 0.5　　　　② 1
③ 1.5　　　　④ 2

해설 일반적인 에너지수지식

$$\Delta H + \frac{\Delta v^2}{2g_c} + \frac{g}{g_c}\Delta z = Q + W_S$$

여기서, H : 엔탈피, v : 유속
　　　　g : 중력가속도, z : 높이
　　　　Q : 열, W : 일

식에서 $\dfrac{\alpha(V_2^2 - V_1^2)}{2}$ 에서 층류일 경우 $\alpha = 2$이므로

$\dfrac{1}{\alpha} = 2$, $\alpha = 0.5$

38 오리피스미터(orifice meter)에 U자형 마노미터를 설치하였고 마노미터는 수은이 채워져 있으며 그 위의 액체는 물이다. 마노미터에서의 압력차가 15.44kPa이면 마노미터의 읽음은 약 몇 mm인가? (단, 수은의 비중 : 13.6) _{출제율 40%}

① 75　　　　② 100
③ 125　　　　④ 150

해설 $\Delta P = \dfrac{g}{g_c}(\rho_A - \rho_B)R$

$15.44\,\text{kPa} = 15440\,\text{N/m}^2$ 이므로
$15440\,\text{N/m}^2 = 9.8\,\text{m/s}^2 \times (13.6 - 1) \times 1000\,\text{kg/m}^3 \times R$
$R = 0.125\,\text{m} \times 1000\,\text{mm/m} = 125\,\text{mm}$

39 롤분쇄기에 상당직경 5cm의 원료를 도입하여 상당직경 1cm로 분쇄한다. 롤분쇄기와 원료 사이의 마찰계수가 0.34일 때 필요한 롤의 직경은 몇 cm인가? _{출제율 20%}

① 35.1　　　　② 50.0
③ 62.3　　　　④ 70.1

해설 롤분쇄기

$\mu = \tan\alpha$

여기서, α : 물림각, μ : 마찰계수

$0.34 = \tan\alpha$

$\alpha = 18.8$

$\cos\alpha = \dfrac{R+d}{R+r}$

여기서, R : 롤의 반경, r : 입자의 반경

d : 롤 사이 거리의 반

$= \dfrac{R+1/2}{R+5/2} = 0.947$

$R = 35.3\,\mathrm{cm}$ (반지름)

롤의 직경 $= 35.3 \times 2 = 70.6\,\mathrm{cm}$

40 가열된 평판 위로 Prandtl 수가 1보다 큰 액체가 흐를 때 수력학적 경계층 두께 δ_h와 열전달 경계층 두께 δ_T와의 관계로 옳은 것은? 출제율 20%

① $\delta_h > \delta_T$

② $\delta_h < \delta_T$

③ $\delta_h = \delta_T$

④ Prandtl 수만으로는 알 수 없다.

해설 $N_{\mathrm{Pr}} = \dfrac{C_P\mu}{K} = \dfrac{\nu}{\alpha} = \dfrac{\delta_h}{\delta_T}$

$= \dfrac{\text{동력학적 경계층의 두께}}{\text{열전달 경계층의 두께}} > 1$

$\delta_h > \delta_T$

▶ 제3과목 ┃ 공정제어

41 전달함수가 $G(s) = \dfrac{4}{s^2-4}$인 1차계의 단위임펄스 응답은? 출제율 60%

① $e^{2t} + e^{-2t}$ ② $1 - e^{-2t}$

③ $e^{2t} - e^{-2t}$ ④ $1 + e^{2t}$

해설 $G(s) = \dfrac{4}{s^2-4} = \dfrac{Y(s)}{X(s)}$

$Y(s) = \dfrac{4}{s^2-4} \cdot X(s) = \dfrac{4}{s^2-4} \times 1$

(위 식에서 1 : 단위충격함수의 라플라스 변환)

$Y(s) = \dfrac{4}{s^2-4} = \dfrac{1}{s-2} - \dfrac{1}{s+2}$

$y(t) = e^{2t} - e^{-2t}$

42 다음 중 Laplace 변환 등에 대한 설명으로 틀린 것은? 출제율 20%

① $y(t) = \sin(wt)$의 Laplace 변환은 $w/(s^2 + w^2)$이다.

② $y(t) = 1 - e^{-t/\tau}$의 Laplace 변환은 $1/(s(\tau s + 1))$이다.

③ 높이와 폭이 1인 사각펄스의 폭을 0에 가깝게 줄이면 단위임펄스와 같은 모양이 된다.

④ Laplace 변환은 선형변환으로 중첩의 원리 (superposition principle)가 적용된다.

해설 ③ 높이와 폭이 1인 사각펄스의 폭을 0에 가깝게 줄이더라도 단위임펄스 모양은 안된다.

단위충격함수(impulse function)

43 다음 block 선도로부터 전달함수 $Y(s)/X(s)$를 구하면? 출제율 80%

① $\dfrac{G_aG_bG_c}{1 + G_aG_bG_c}$

② $\dfrac{G_aG_bG_c}{1 + G_aG_b - G_bG_c}$

③ $\dfrac{G_bG_c}{1 + G_aG_bG_c}$

④ $\dfrac{G_aG_bG_c}{1 + G_aG_b + G_bG_c}$

해설 $G(s) = \dfrac{Y(s)}{X(s)} = \dfrac{G_aG_bG_c}{1 + G_aG_b - G_bG_c}$

44 다음 중 비선형계에 해당하는 것은? 출제율 20%

① 0차 반응이 일어나는 혼합반응기

② 1차 반응이 일어나는 혼합반응기

③ 2차 반응이 일어나는 혼합반응기

④ 화학반응이 일어나지 않는 혼합조

해설 2차 반응 이상에서는 비선형계이다.

45 어떤 제어계의 특성방정식은 $1 + \dfrac{K_c K}{\tau s + 1} = 0$ 으로 주어진다. 이 제어시스템이 안정하기 위한 조건은? (단, τ 는 양수이다.) [출제율 80%]

① $K_c K > -1$
② $K_c K < 0$
③ $\dfrac{K_c K}{\tau} > 1$
④ $K_c < 1$

해설 $\tau s + 1 + K_c K = 0$

$s = -\dfrac{1 + K_c K}{\tau} < 0$

$1 + K_c K > 0, \quad K_c K > -1$

46 1차계의 sin 응답에서 $\omega\tau$ 가 증가되었을 때 나타나는 영향을 옳게 설명한 것은? (단, ω 는 각주파수, τ 는 시간정수, AR은 진폭비, $|\phi|$ 는 위상각의 절대값이다.) [출제율 40%]

① AR은 증가하나, $|\phi|$ 는 감소한다.
② AR, $|\phi|$ 모두 증가한다.
③ AR은 감소하나, $|\phi|$ 는 증가한다.
④ AR, $|\phi|$ 모두 감소한다.

해설 1차계 sin 응답

$\mathrm{AR} = \dfrac{k}{\sqrt{\tau^2 \omega^2 + 1}}$

$\phi = -\tan(\tau\omega)$

AR은 감소, $|\phi|$ 는 증가

47 공정의 위상각(phase angle) 및 주파수에 대한 설명으로 틀린 것은? [출제율 20%]

① 물리적 공정은 항상 위상지연(음의 위상각)을 갖는다.
② 위상지연이 크다는 것은 폐루프의 안정성이 쉽게 보장될 수 있음을 의미한다.
③ FOPDT(First Order Plus Dead Time) 공정의 위상지연은 주파수 증가에 따라 지속적으로 증가한다.
④ 비례제어 시 critical 주파수와 ultimate 주파수는 일치한다.

해설 위상지연이 클수록 폐루프 안정성 보장이 어렵다.

48 다음 블록선도에서 C/R의 전달함수는 어느 것인가? [출제율 80%]

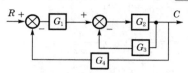

① $\dfrac{G_1 G_2}{1 + G_1 G_2 + G_3 G_4}$

② $\dfrac{G_1 G_2}{1 + G_2 G_3 + G_1 G_2 G_4}$

③ $\dfrac{G_3 G_4}{1 + G_1 G_2 G_3 G_4}$

④ $\dfrac{G_1 G_2}{1 + G_1 + G_3 + G_4}$

해설 $\dfrac{C}{R} = \dfrac{\text{직진(직렬)}}{1 + \text{feedback}} = \dfrac{G_1 G_2}{1 + G_1 G_2 G_4 + G_2 G_3}$

49 이차계 공정은 $\dfrac{K}{\tau^2 s^2 + 2\tau\zeta s + 1}$ 의 형태로 표현된다. $0 < \zeta < 1$ 이면 계단입력변화에 대하여 진동응답이 발생하는데, 이때 진동응답의 주기와 ζ, τ 와의 관계에 대한 설명으로 옳은 것은 어느 것인가? [출제율 20%]

① 진동주기는 ζ 가 클수록, τ 가 작을수록 커진다.
② 진동주기는 ζ 가 작을수록, τ 가 클수록 커진다.
③ 진동주기는 ζ 와 τ 가 작을수록 커진다.
④ 진동주기는 ζ 와 τ 가 클수록 커진다.

해설 진동주기 $T = \dfrac{2\pi\tau}{\sqrt{1 - \zeta^2}}$

T 는 τ 가 크고 ζ 가 클수록 커진다.

50 총괄전달함수가 $\dfrac{1}{(s+1)(s+2)}$ 인 계의 주파수 응답에 있어 주파수가 2rad/s일 때 진폭비는 얼마인가? [출제율 40%]

① $\dfrac{1}{\sqrt{10}}$

② $\dfrac{1}{2\sqrt{10}}$

③ $\dfrac{1}{5}$

④ $\dfrac{1}{10}$

해설 $\dfrac{1}{s^2+3s+2}=\dfrac{\dfrac{1}{2}}{\dfrac{1}{2}s^2+\dfrac{3}{2}s+1}$

$\tau^2=\dfrac{1}{2}$ 이므로 $\tau=\dfrac{1}{\sqrt{2}}$

$2\tau\zeta=\dfrac{3}{2}$ 이므로 $2\times\dfrac{1}{\sqrt{2}}\zeta=\dfrac{3}{2}$

$\zeta=\dfrac{3}{2\sqrt{2}}$

$K=\dfrac{1}{2}$

$\omega(\text{주파수})=2\text{rad/s}$

진폭비 $\mathrm{AR}=\dfrac{k}{\sqrt{(1-\tau^2\omega^2)^2+(2\tau\zeta\omega)^2}}=\dfrac{1}{2\sqrt{10}}$

51 PID 제어기를 이용한 설정치 변화에 대한 제어의 설명 중 옳지 않은 것은? 출제율 20%

① 일반적으로 비례이득을 증가시키고 적분시간의 역수를 증가시키면 응답이 빨라진다.

② P 제어기를 이용하면 모든 공정에 대해 항상 정상상태 잔류오차(steady-state off-set)가 생긴다.

③ 시간지연이 없는 1차 공정에 대해서는 비례이득을 매우 크게 증가시켜도 안정성에 문제가 없다.

④ 일반적으로 잡음이 없는 느린 공정의 경우 D 모드를 적절히 이용하면 응답이 빨라지고 안정성이 개선된다.

해설 적분공정이 없는 P 제어기(비례 제어기)는 정상상태에서 offset이 존재한다.

52 $Y(s)=4/(s^3+2s^2+4s)$ 식을 역라플라스 변환하여 $y(t)$ 값을 옳게 구한 것은? 출제율 40%

① $y(t)=e^{-t}\left(\cos\sqrt{3}\,t+\dfrac{1}{\sqrt{3}}\sin\sqrt{3}\,t\right)$

② $y(t)=1-e^{-t}\left(\cos\sqrt{3}\,t+\dfrac{1}{\sqrt{3}}\sin\sqrt{3}\,t\right)$

③ $y(t)=4-e^{-t}\left(\sin\sqrt{3}\,t+\dfrac{1}{\sqrt{3}}\cos\sqrt{3}\,t\right)$

④ $y(t)=1-e^{-t}\left(\sin\sqrt{3}\,t+\dfrac{1}{\sqrt{3}}\cos\sqrt{3}\,t\right)$

해설 $Y(s)=\dfrac{4}{s^3+2s^2+4s}=\dfrac{4}{s(s^2+2s+4)}$

$\quad\quad=\dfrac{1}{s}-\dfrac{s+2}{s^2+2s+4}$

$\quad\quad=\dfrac{1}{s}-\dfrac{(s+1)+1}{(s+1)^2+3}$

$\quad\quad=\dfrac{1}{s}-\dfrac{s+1}{(s+1)^2+(\sqrt{3})^2}-\dfrac{1}{(s+1)^2+(\sqrt{3})^2}$

$y(t)=1-e^{-t}\cos\sqrt{3}\,t-\dfrac{e^{-t}}{\sqrt{3}}\sin\sqrt{3}\,t$

$\quad\quad=1-e^{-t}\left(\cos\sqrt{3}\,t+\dfrac{1}{\sqrt{3}}\sin\sqrt{3}\,t\right)$

53 다음의 함수를 라플라스로 전환한 것으로 옳은 것은? 출제율 80%

$$f(t)=e^{2t}\sin2t$$

① $F(s)=\dfrac{\sqrt{2}}{(s+2)^2+2}$

② $F(s)=\dfrac{\sqrt{2}}{(s-2)^2+2}$

③ $F(s)=\dfrac{2}{(s-2)^2+4}$

④ $F(s)=\dfrac{2}{(s+2)^2+4}$

해설 $f(t)=e^{2t}\sin2t$

$\xrightarrow{\mathcal{L}\,(\text{라플라스 변환})}\ F(s)=\dfrac{2}{(s-2)^2+2^2}$

보충 Tip

〈공식〉

$\mathcal{L}\,[\sin\omega t]=\dfrac{\omega}{s^2+\omega^2}$

54 주파수 응답에서 위상앞섬(phase lead)을 나타내는 제어기는? 출제율 20%

① 비례제어기

② 비례 – 미분제어기

③ 비례 – 적분제어기

④ 제어기는 모두 위상의 지연을 나타낸다.

해설 위상앞섬(phase lead)
PD 제어기(비례-미분제어기)

55 공정이득(gain)이 2인 공정을 설정치(set point)가 1이고 비례이득(proportional gain)이 1/2인 비례(proportional) 제어기로 제어한다. 이때 오프셋은 얼마인가? 출제율 20%

① 0 　　　　　　② 1/2
③ 3/4 　　　　　④ 1

해설 $offset = R(\infty) - C(\infty) = 1 - \frac{1}{2} = \frac{1}{2}$

$offset = 설정치 - 출력$

56 발열이 있는 반응기의 온도제어를 위해 그림과 같이 냉각수를 이용한 열교환으로 제열을 수행하고 있다. 다음 중 옳은 설명은? 출제율 20%

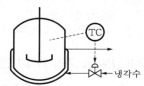

① 공압 구동부와 밸브형은 각각 ATO(Air-To-Open), 선형을 택하여야 한다.
② 공압 구동부와 밸브형은 각각 ATC(Air-To-Close), Equal Percentage(등비율)형을 택하여야 한다.
③ 공압 구동부와 밸브형은 각각 ATO(Air-To-Open), Equal Percentage(등비율)형을 택하여야 한다.
④ 공압 구동부는 ATC(Air-To-Close)를 택해야 하지만 밸브형은 이 정보만으로는 결정하기 어렵다.

해설 비상시 밸브가 open되어 있어야 냉각수를 공급하여 반응기의 냉각이 가능하다. 즉, 공기가 공급될 때 닫히고 끊겼을 때 열리도록 Fail to open, Air to close(ATC)로 공압 구동부는 선택하며 밸브는 추가 정보가 있어야 판단이 가능하다.

57 다음 중 비례-적분제어의 가장 중요한 장점은 어느 것인가? 출제율 40%

① 최대변위가 작다.
② 잔류편차(offset)가 없다.
③ 진동주기가 작다.
④ 정상상태에 빨리 도달한다.

해설 비례-적분제어
적분공정이 있으므로 offset이 없다.

58 가정의 주방용 전기오븐을 원하는 온도로 조절하고자 할 때 제어에 관한 설명으로 다음 중 가장 거리가 먼 것은? 출제율 20%

① 피제어변수는 오븐의 온도이다.
② 조절변수는 전류이다.
③ 오븐의 내용물은 외부교란변수(외란)이다.
④ 설정점(set point)는 전압이다.

해설 설정점(set point)은 오븐의 온도 즉, 설정점은 설정한 온도이다.

59 특성방정식이 $s^3 - 3s + 2 = 0$인 계에 대한 설명으로 옳은 것은? 출제율 40%

① 안정하다.
② 불안정하고, 양의 중근을 갖는다.
③ 불안정하고, 서로 다른 2개의 양의 근을 갖는다.
④ 불안정하고, 3개의 양의 근을 갖는다.

해설 $s^3 - 3s + 2 = 0$, $(s-1)(s+2)(s-1) = 0$
$s = -2, 1, 1$
특성방정식의 근 가운데 어느 하나라도 양 또는 양의 실수부를 갖는다면 그 시스템은 불안정하다.

60 다음 중 순수한 전달지연(transportation lag)에 대한 전달함수는? 출제율 80%

① $G(s) = e^{-\tau s}$ 　　② $G(s) = \tau e^{-\tau s}$
③ $G(s) = \dfrac{1}{\tau s + 1}$ 　④ $G(s) = \dfrac{e^{-\tau s}}{\tau s + 1}$

해설 시간지연
$\mathcal{L}\{f(t-\theta)\} = e^{-s\theta}$, $G(s) = e^{-\theta s}$

▶▶ 제4과목 ┃ 공업화학

61 석회질소 제조 시 촉매역할을 해서 탄화칼슘의 질소화반응을 촉진시키는 물질은? 출제율 20%

① $CaCO_3$ 　　　② CaO
③ CaF_2 　　　　④ C

해설 석회질소($CaCN_2$)

$$CaO + 3C \rightarrow CaC_2 + CO$$

$$CaC_2 + N_2 \xrightarrow{CaF_2} CaCN_2 + C$$

염화칼슘, 플루오르화 칼슘을 촉매로 질소를 흡수시켜 제조한다.

62 다음 중 에폭시수지의 합성과 관련이 없는 물질은 어느 것인가? 출제율 20%

① 비스페놀-에이
② 에피클로로하이드린
③ 톨루엔 디이소시아네이트
④ 멜라민

해설 • 에폭시수지
열경화성 수지 중 하나로 비스페놀A와 에피클로로하이드린의 축합물이다.
• 멜라민수지
에폭시수지와 같은 열경화성 수지의 한 종류이다.

63 다음 중 포름알데히드를 사용하는 축합형 수지가 아닌 것은? 출제율 20%

① 페놀수지   ② 멜라민수지
③ 요소수지   ④ 알키드수지

해설 ① 페놀수지 : 페놀+포름알데히드(축합형 수지)
② 멜라민수지 : 멜라민+포름알데히드(축합형 수지)
③ 요소수지 : 요소+포름알데히드(축합형 수지)
④ 알키드수지 : 지방산+무수프탈산+글리세린

64 H_2와 Cl_2를 직접 결합시키는 합성염화수소의 제법에서는 활성화된 분자가 연쇄를 이루기 때문에 반응이 폭발적으로 진행된다. 실제 조작에서는 폭발을 막기 위해서 다음 중 어떤 조치를 하는가? 출제율 80%

① 염소를 다소 과잉으로 넣는다.
② 수소를 다소 과잉으로 넣는다.
③ 수증기를 공급하여 준다.
④ 반응압력을 낮추어 준다.

해설 염산 제조 시 Cl_2와 H_2 가스에 의한 폭발을 방지하기 위해 $H_2 : Cl_2 = 1.2 : 1$로 넣는다. 즉, 수소를 다소 과잉으로 넣는다.

65 다음의 설명에 가장 잘 부합되는 연료전지는 어느 것인가? 출제율 20%

> • 전극으로는 세라믹 산화물이 사용된다.
> • 작동온도는 약 1000℃이다.
> • 수소나 수소/일산화탄소 혼합물을 사용할 수 있다.

① 인산형 연료전지(PAFC)
② 용융탄산염 연료전지(MCFC)
③ 고체 산화물형 연료전지(SOFC)
④ 알칼리연료전지(AFC)

해설 고체 산화물형 연료전지(SOFC)
㉠ 지르코니아(ZrO_2)와 같은 산화물 세라믹이 사용된다.
㉡ 약 1000℃에서 작동한다.
㉢ 수소, 수소/일산화탄소 혼합물을 사용할 수 있다.

66 석유의 성분으로 가장 거리가 먼 것은? 출제율 20%

① C_3H_8 ② C_2H_4
③ C_6H_6 ④ $C_2H_5OC_2H_5$

해설 탄소와 수소의 성분으로 이루어진다.

보충 Tip

> 석유 성분으로 질소산화물인 것은 C_5H_5N(피리딘)이다.

67 어떤 유지 2g 속에 들어 있는 유리지방산을 중화시키는 데 KOH가 200mg 사용되었다. 이 시료의 산가(acid value)는? 출제율 20%

① 0.1   ② 1
③ 10   ④ 100

해설 유지 1g 속에 들어 있는 유리지방산 중화에 필요한 것으로 2g을 중화시키는 데 200mg이 사용되었으므로 1g을 중화시키는 데 100mg이 필요하다.

68 질산공업에서 암모니아 산화반응은 촉매 존재하에서 일어난다. 이 반응에서 주반응에 해당하는 것은? 출제율 40%

① $2NH_3 \rightarrow N_2 + 3H_2$
② $2NO \rightarrow N_2 + O_2$
③ $4NH_3 + 3O_2 \rightarrow 2N_2 + 6H_2O$
④ $4NH_3 + 5O_2 \rightarrow 4NO + 6H_2O$

해설 암모니아 산화반응(주반응)

$4NH_3 + 5O_2 \rightarrow 4NO + 6H_2O$

(암모니아를 촉매 존재 하에서 산소와 산화시켜 NO 생성)

69 다음 중 비료의 3요소에 해당하는 것은 어느 것인가? <small>출제율 40%</small>

① N, P_2O_5, CO_2　② K_2O, P_2O_5, CO_2
③ N, K_2O, P_2O_5　④ N, P_2O_5, C

해설 비료의 3요소
질소(N), 인(P_2O_5), 칼륨(K_2O)

70 H_2와 Cl_2를 원료로 하여 염산을 제조하는 공정에 대한 설명 중 틀린 것은? <small>출제율 40%</small>

① HCl 합성반응기는 폭발의 위험성이 있으므로 강도가 높고 부식에 강한 순철 재질로 제조한다.
② 합성된 HCl은 무색투명한 기체로서 염산 용액의 농도는 기상 중의 HCl 농도에 영향을 받는다.
③ 일정온도에서 기상 중의 HCl 분압과 액상 중의 HCl 증기압이 같을 때 염산 농도는 최대치를 갖는다.
④ 고농도의 염산을 제조 시 HCl이 물에 대한 용해열로 인하여 온도가 상승하게 된다.

해설 HCl 합성관은 불침투성 탄소 합성관인 카베이트(Karbate)를 사용한다.

71 환원반응에 의해 알코올(alcohol)을 생성하지 않는 것은? <small>출제율 60%</small>

① 카르복시산　② 나프탈렌
③ 알데히드　④ 케톤

해설 1차 알코올 $\underset{환원}{\overset{산화}{\rightleftarrows}}$ 알데히드 $\underset{환원}{\overset{산화}{\rightleftarrows}}$ 카르복시산

2차 알코올 $\underset{환원}{\overset{산화}{\rightleftarrows}}$ 케톤

보충 Tip

나프탈렌은 $-\overset{\underset{\|}{O}}{C}-$ 의 작용기가 없다.

72 1000ppm의 처리제를 사용하여 반도체 폐수 1000m³/day를 처리하고자 할 때 하루에 필요한 처리제는 몇 kg인가? <small>출제율 20%</small>

① 1　② 10
③ 100　④ 1000

해설 $1000\,ppm = 100\,mg/L \times 10^3 L/m^2 = 10^6\,mg/m^3$

처리제 $= \dfrac{1000\,m^3}{day} \times \dfrac{10^6\,mg}{m^3} \times \dfrac{1\,g}{10^3\,mg} \times \dfrac{1\,kg}{10^3\,g}$

$= 1000\,kg/day$

73 다음 탄화수소 중 석유의 원유 성분에 가장 적은 양이 포함되어 있는 것은? <small>출제율 20%</small>

① 나프텐계 탄화수소
② 올레핀계 탄화수소
③ 방향족 탄화수소
④ 파라핀계 탄화수소

해설 석유의 주성분
㉠ 파라핀계, 나프텐계 탄화수소(80~90%)
㉡ 방향족 탄화수소(5~15%)
㉢ 올레핀계 탄화수소(4% 이하)

74 다음의 O_2 : NH_3의 비율 중 질산 제조공정에서 암모니아 산화율이 최대로 나타나는 것은 어느 것인가? (단, Pt 촉매를 사용하고 NH_3 농도가 9%인 경우이다.) <small>출제율 50%</small>

① 9 : 1　② 2.3 : 1
③ 1 : 9　④ 1 : 2.3

해설 질산공업의 촉매, 최대산화율
㉠ 촉매 : $Pt-Rh(10\%)$, 코발트 산화물(Co_3O_4)
㉡ 최대산화율 $O_2/NH_3 = 2.2 \sim 2.3 : 1$

75 다음 중 접촉개질반응으로부터 얻어지는 화합물은 어느 것인가? <small>출제율 20%</small>

① 벤젠
② 프로필렌
③ 가지화 C5 유분
④ 이소부틸렌

해설 접촉개질법
㉠ 옥탄가가 높은 가솔린 제조
㉡ 방향족 탄화수소의 생성
㉢ 이성질화, 고리화

69.③ 70.① 71.② 72.④ 73.② 74.② 75.①

76 비닐단량체(VCM)의 중합반응으로 생성되는 중합체 PVC가 분자량 425000로 형성되었다. Carothers에 의한 중합도(degree of polymerization)는 얼마인가? 출제율 40%

$$nCH_2 = CH \rightarrow -(CH_2-CH)_n-$$
$$\qquad\qquad | \qquad\qquad\qquad |$$
$$\qquad\qquad Cl \qquad\qquad\qquad Cl$$

① 2500
② 3580
③ 5780
④ 6800

해설 중합도 = $\dfrac{총 분자량}{분자량} = \dfrac{425000}{62.5} = 6800$

보충 Tip

분자량(CH_2CHCl)=62.5

77 벤젠을 산 촉매를 이용하여 프로필렌에 의해 알킬화함으로써 얻어지는 것은? 출제율 40%

① 프로필렌옥사이드
② 아크릴산
③ 아크롤레인
④ 쿠멘

해설 쿠멘 제조

(벤젠)　(프로필렌)　(쿠멘 : $(CH_3)_2CHC_6H_5$)

(페놀)　(아세톤)

78 솔베이법의 기본 공정에서 사용되는 물질로 가장 거리가 먼 것은? 출제율 50%

① $CaCO_3$
② NH_3
③ HNO_3
④ $NaCl$

해설 암모니아소다법(Solvay법)
• $NaCl + NH_3 + CO_2 + H_2O \rightarrow NaHCO_3 + NH_4Cl$
• $2NaHCO_3 \rightarrow Na_2CO_3 + H_2O + CO_2$
• $2NH_4Cl + Ca(OH)_2 \rightarrow CaCl_2 + 2H_2O + 2NH_3$

79 소금의 전기분해 공정에 있어 전해액은 양극에 도입되어 격막을 통해 음극으로 흐른다. 격막법 전해조의 양극 재료로서 구비하여야 할 조건 중 옳지 않은 것은? 출제율 40%

① 내식성이 우수하여야 한다.
② 염소 과전압이 높고 산소 과전압이 낮아야 한다.
③ 재료의 순도가 높은 것이 좋다.
④ 인조흑연을 사용하지만 금속전극도 사용할 수 있다.

해설 • 양극
염소 과전압이 적고 경제적인 흑연이 사용된다.
• 음극
수소 과전압이 낮은 철망, 다공철판 등이 이용된다.

80 다음 중 석유의 성분으로 질소화합물에 해당하는 것은? 출제율 20%

① 나프텐산
② 피리딘
③ 나프토티오펜
④ 벤조티오펜

해설 석유 성분 중 질소화합물
피리딘, 퀴놀린, 인돌, 피롤, 카르바졸

보충 Tip

피리딘

제5과목 ┃ 반응공학

81 $A \xrightarrow{k_1} R \xrightarrow{k_2} S$ 반응에서 R의 농도가 최대가 되는 점은? (단, $k_1 = k_2$이다.) 출제율 40%

① $C_A > C_R$
② $C_R = C_S$
③ $C_A = C_S$
④ $C_A = C_R$

해설 $\dfrac{dC_R}{dt} = 0$: R의 최대농도시간

$$\frac{dC_R}{dt} = k_1 C_A - k_2 C_R = 0$$

$$C_A = C_R$$

82 다음과 같은 경쟁반응에서 원하는 반응을 가장 좋게 하는 접촉방식은 다음 중 어느 것인가? (단, $n > P$, $m < Q$) 〔출제율 20%〕

$$A + B \begin{array}{c} \overset{k_1}{\nearrow} R + T\text{(원하는 반응)} \\ \underset{k_2}{\searrow} S + U \end{array}$$

$$dR/dt = k_1 C_A{}^n C_B{}^m, \quad dS/dt = k_2 C_A{}^P C_B{}^Q$$

① $A \longrightarrow \boxed{} \longrightarrow$ ② $B \longrightarrow \boxed{} \longrightarrow$
　$B\uparrow\uparrow\uparrow$ 　　　　　　　 　$A\uparrow\uparrow\uparrow$

③ $\genfrac{}{}{0pt}{}{A}{B} \longrightarrow \boxed{} \longrightarrow$ ④ $A \longrightarrow \boxed{\underset{}{}} \longleftarrow B$

해설 $\dfrac{dR}{ds} = \dfrac{k_1}{k_2} C_A{}^{n-P} C_B{}^{m-Q}$

$n - P$는 양수$(n > P)$, $m - Q$는 음수$(m < Q)$이므로 C_A의 농도는 높고, C_B의 농도는 낮아야 하므로 많은 양의 A에 B를 천천히 넣는다.

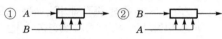

83 다음 반응식과 같이 A와 B가 반응하여 필요한 생성물 R과 불필요한 물질 S가 생길 때, R로의 전화율을 높이기 위해서 반응물질의 농도(C)를 어떻게 조정해야 하는가? (단, 반응 1은 A 및 B에 대하여 1차 반응이고, 반응 2도 1차 반응이다.) 〔출제율 40%〕

$$A + B \xrightarrow{\;1\;} R, \quad A \xrightarrow{\;2\;} S$$

① C_A의 값을 C_B의 2배로 한다.
② C_B의 값을 크게 한다.
③ C_A의 값을 크게 한다.
④ C_A와 C_B의 값을 같게 한다.

해설 $A + B \xrightarrow{\;1\;} R, \quad r_R = k_1 C_A C_B$

$A \xrightarrow{\;2\;} S, \quad r_S = k_2 C_A$

$$\frac{dC_R}{dC_S} = \frac{k_1 C_A C_B}{k_2 C_A} = \frac{k_1 C_B}{k_2}$$

R의 전화율을 크게 하기 위해서는 C_B를 크게 한다.

84 순환식 플러그흐름반응기에 대한 설명으로 옳은 것은? 〔출제율 20%〕

① 순환비는 $\dfrac{\text{계를 떠난 양}}{\text{환류량}}$ 으로 표현된다.

② 순환비 $= \infty$ 인 경우, 반응기 설계식은 혼합흐름식 반응기와 같게 된다.

③ 반응기 출구에서의 전화율과 반응기 입구에서의 전화율의 비는 용적 변화율 제곱에 비례한다.

④ 반응기 입구에서의 농도는 용적 변화율에 무관하다.

해설 ① 순환비 R
$= \dfrac{\text{반응기 입구로 되돌아 가는 유체의 부피}}{\text{계를 떠나는 부피}}$

③ $X_{A1} = \left(\dfrac{R}{R+1}\right) X_{Af}$

④ 반응기 입구에서의 농도는 용적 변화율과 관계있다.

85 다음과 같은 연속반응에서 각 반응이 기초반응이라고 할 때 R의 수율을 가장 높게 할 수 있는 반응계는? (단, 각 경우 전체 반응기의 부피는 같다.) 〔출제율 20%〕

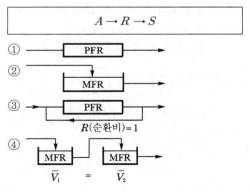

해설 PFR에서 R의 수율이 CSTR보다 항상 크다.

86 $A \rightarrow B$인 1차 반응에서 플러그흐름반응기의 공간시간(space time) τ를 옳게 나타낸 것은? (단, 밀도는 일정하고, X_A는 A의 전화율, k는 반응속도 상수이다.) 〈출제율 60%〉

① $\tau = \dfrac{X_A}{1-X_A}$

② $\tau = \dfrac{C_{A0}-C_A}{kC_A}$

③ $\tau = \dfrac{-\ln(1-X_A)}{k}$

④ $\tau = C_A + \ln(1-X_A)$

〈해설〉 비가역 1차 PFR 반응

$$-\ln\frac{C_A}{C_{A0}} = -\ln(1-X_A) = k\tau$$

$$\tau = \frac{-\ln(1-X_A)}{k}$$

87 기초반응 $A \underset{R}{\overset{S}{\diagdown\!\!\diagup}}$ 에서 R의 순간수율 $\phi(R/A)$를 C_A에 대해 그린 결과가 그림에 곡선으로 표시되어 있다. 원하는 물질 R의 총괄수율이 직사각형으로 표시되는 경우, 어떤 반응기를 사용하였는가? 〈출제율 40%〉

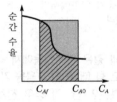

① plug flow reactor
② mixed-flow reactor와 plug flow reactor
③ mixed flow reactor
④ laminar flow reactor

〈해설〉 • PFR : 적분 면적 $\left(\displaystyle\int_{C_{A0}}^{C_A} r_A dC_A \right)$

• CSTR(MFR) : 직사각형 면적 $\left(\dfrac{r_A}{C_{A0}-C_A} \right)$

88 기상반응 $A \rightarrow 4R$이 흐름반응기에서 일어날 때 반응기 입구에서는 A가 50%, inert gas가 50% 포함되어 있다. 전화율이 100%일 때 반응기 입구에서 체적속도가 1이면 반응기 출구에서 체적속도는? (단, 반응기의 압력은 일정하다.) 〈출제율 60%〉

① 0.5 ② 1
③ 1.5 ④ 2.5

〈해설〉 체적 변화 $\varepsilon_0 = y_{A0} \cdot \delta = 0.5 \times \dfrac{4-1}{1} = 1.5$

$V = \nu_0(1+\varepsilon_A) = 1 \times (1+1.5) = 2.5$

89 $A \rightarrow C$의 촉매반응이 다음과 같은 단계로 이루어진다. 탈착반응이 율속단계일 때 Langmuir Hinshelwood 모델의 반응속도식으로 옳은 것은 어느 것인가? (단, A는 반응물, S는 활성점, AS와 CS는 흡착 중간체이며, k는 속도상수, K는 평형상수, S_0는 초기 활성점, [ ]는 농도를 나타낸다.) 〈출제율 20%〉

• 단계 1 : $A+S \xrightarrow{k_1} AS$ $\quad [AS] = K_1[S][A]$ • 단계 2 : $AS \xrightarrow{k_2} CS$ $\quad [CS] = K_2[AS] = K_2K_1[S][A]$ • 단계 3 : $CS \xrightarrow{k_3} C+S$

① $r_3 = \dfrac{[S_0]k_1K_1K_2[A]}{1+(K_1+K_2K_1)[A]}$

② $r_3 = \dfrac{[S_0]k_3K_1K_2[A]}{1+(K_1+K_2K_1)[A]}$

③ $r_3 = \dfrac{[S_0]k_1k_2K_1K_2[A]}{1+(K_1+K_2K_1)[A]}$

④ $r_3 = \dfrac{[S_0]k_1k_3K_1K_2[A]}{1+(K_1+K_2K_1)[A]}$

〈해설〉 $r_3 = k_3[CS] = k_3K_2K_1[S][A]$

$[S] = [S_0] - [CS] - [AS]$

$\quad = [S_0] - K_2K_1[S][A] - K_1[S][A]$

정리하면

$[S](1+K_2K_1[A] + K_1[A]) = [S_0]$

$[S] = \dfrac{[S_0]}{1+K_2K_1[A]+K_1[A]}$

$r_3 = \dfrac{[S_0]k_3K_2K_1[A]}{1+(K_1+K_1K_2)[A]}$

90 비가역 1차 액상반응 $A \to P$를 직렬로 연결된 2개의 CSTR에서 진행시킬 때 전체 반응기 부피를 최소화하기 위한 조건에 해당하는 것은? (단, 첫 번째와 두 번째 반응기의 부피는 각각 V_{c_1}, V_{c_2}이다.) <small>출제율 40%</small>

① $V_{c_1} = 2V_{c_2}$

② $2V_{c_1} = V_{c_2}$

③ $3V_{c_1} = V_{c_2}$

④ $V_{c_1} = V_{c_2}$

해설 부피가 상이한 CSTR 직렬연결 방법
- 1차 반응 : 동일한 부피의 반응기를 사용하는 것이 최적
- $n > 1$: 작은 반응기에서 큰 반응기 순서로 배열
- $n < 1$: 큰 반응기에서 작은 반응기 순서로 배열

91 비가역 0차 반응에서 전화율이 1로 반응이 완결되는 데 필요한 반응시간에 대한 설명으로 옳은 것은? <small>출제율 40%</small>

① 초기농도의 역수와 같다.

② 속도상수 k의 역수와 같다.

③ 초기농도를 속도상수로 나눈 값과 같다.

④ 초기농도에 속도상수를 곱한 값과 같다.

해설 $C_{A0}X_A = kt$

$t = \dfrac{C_{A0}}{k} \ (X_A = 1)$

92 체중 70kg, 체적 0.075m³인 사람이 포도당을 산화시키는 데 하루에 12.8mol의 산소를 소모한다고 할 때 이 사람의 반응속도를 mol $O_2/m^3 \cdot s$로 표시하면 약 얼마인가? <small>출제율 60%</small>

① 2×10^{-4} ② 5×10^{-4}

③ 1×10^{-3} ④ 2×10^{-3}

해설 반응속도 $= \dfrac{\Delta n O_2}{V \times t}$

$= 12.8 \, \mathrm{mol} \, O_2 \times \dfrac{1}{0.075 \, \mathrm{m}^3} \times \dfrac{1}{1 \, \mathrm{day}} \times \dfrac{1 \, \mathrm{day}}{24 \, \mathrm{h}} \times \dfrac{1 \, \mathrm{hr}}{3600 \, \mathrm{s}}$

$= 0.002 \, \mathrm{mol} \, O_2/\mathrm{m}^3 \cdot \mathrm{s}$

$= 2 \times 10^{-3} \, \mathrm{mol} \, O_2/\mathrm{m}^3 \cdot \mathrm{s}$

93 Arrhenius 법칙에서 속도상수 k와 반응온도 T의 관계를 옳게 설명한 것은? <small>출제율 80%</small>

① k와 T는 직선관계가 있다.

② $\ln k$와 $1/T$은 직선관계가 있다.

③ $\ln k$와 $\ln(1/T)$은 직선관계가 있다.

④ $\ln k$와 T는 직선관계가 있다.

해설 Arrhenius 법칙

$\ln K = \dfrac{-E_a}{RT}$

$\ln K$와 $\dfrac{1}{T}$ (직선 관계), 기울기 $\left(-\dfrac{E_a}{k} \right)$, 절편($\ln A$)

94 다음의 반응에서 반응속도상수 간의 관계는 $k_1 = k_{-1} = k_2 = k_{-2}$이며, 초기농도는 $C_{A0} = 1$, $C_{R0} = C_{S0} = 0$일 때 시간이 충분히 지난 뒤 농도 사이의 관계를 옳게 나타낸 것은? <small>출제율 20%</small>

$$A \underset{k_{-1}}{\overset{k_1}{\rightleftharpoons}} R \underset{k_{-2}}{\overset{k_2}{\rightleftharpoons}} S$$

① $C_A \ne C_R = C_S$ ② $C_A = C_R \ne C_S$

③ $C_A = C_R = C_S$ ④ $C_A \ne C_R \ne C_S$

해설 속도상수가 동일하므로 시간이 지나면 농도도 동일

$C_A = C_R = C_S$

95 $A \to R$인 액상반응이 부피가 0.1L인 플러그흐름반응기에서 $-r_A = 50 C_A^2$ mol/L · min으로 일어난다. A의 초기농도 C_{A0}는 0.1mol/L이고 공급속도가 0.05L/min일 때 전화율? <small>출제율 40%</small>

① 0.509

② 0.609

③ 0.809

④ 0.909

해설 $C_{A0} k\tau = \dfrac{X_A}{1 - X_A}$

$\tau = \dfrac{V}{\nu_0} = \dfrac{0.1 \, \mathrm{L}}{0.05 \, \mathrm{L/min}} = 2 \, \mathrm{min}$

$0.1 \, \mathrm{mol/L} \times 50 \, \mathrm{L/mol} \cdot \mathrm{min} \times 2 \, \mathrm{min} = \dfrac{X_A}{1 - X_A}$

$X_A = 0.909$

96 어떤 물질의 분해반응은 비가역 1차 반응으로 90%까지 분해하는 데 8123초가 소요되었다. 그러면 40% 분해하는 데 걸리는 시간은 약 몇 초인가? 출제율 60%

① 1802 ② 2012
③ 3267 ④ 4128

> **해설** $-\ln(1-X_A) = kt$
> $-\ln(1-0.9) = k \times 8123$, $k = 0.000283\,\mathrm{s}^{-1}$
> $-\ln(1-0.4) = 0.000283\,\mathrm{s}^{-1} \times t$
> $t = 1805\,\mathrm{s}$

97 $A \rightarrow R$인 1차 액상반응의 속도식이 $-r_A = kC_A$로 표시된다. 이 반응을 plug flow reactor에서 진행시킬 경우 체류시간(τ)과 전화율(X_A) 사이의 관계식은? 출제율 40%

① $k\tau = -\ln(1-X_A)$
② $k\tau = -C_{A0}\ln(1-X_A)$
③ $k\tau = X/(1-X_A)$
④ $k\tau = C_{A0}X_A/(1-X_A)$

> **해설** 비가역 1차 PFR 반응
> $-\ln\dfrac{C_A}{C_{A0}} = -\ln(1-X_A) = k\tau$
> $\tau = \dfrac{-\ln(1-X_A)}{k}$

98 자기촉매반응에서 목표 전화율이 반응속도가 최대가 되는 반응 전화율보다 낮을 때 사용하기에 유리한 반응기는? (단, 반응 생성물의 순환이 없는 경우이다.) 출제율 20%

① 혼합반응기
② 플러그반응기
③ 직렬연결한 혼합반응기와 플러그반응기
④ 병렬연결한 혼합반응기와 플러그반응기

> **해설** 자기촉매반응에서 목표 전화율이 반응속도가 최대가 되는 반응 전화율보다 낮은 전화율에서는 CSTR이, 높은 전화율에서는 PFR 반응기가 효과적이다.

99 다음 중 이상형 반응기의 대표적인 예가 아닌 것은 어느 것인가? 출제율 40%

① 회분식 반응기 ② 플러그흐름반응기
③ 혼합흐름반응기 ④ 촉매반응기

> **해설** 단일 이상형 반응기
> ㉠ 회분식 반응기
> ㉡ 플러그흐름반응기
> ㉢ 혼합흐름반응기

100 다음의 균일계 액상평행반응에서 S의 순간수율을 최대로 하는 C_A의 농도는? (단, $r_R = C_A$, $r_S = 2C_A{}^2$, $r_T = C_A{}^3$이다.) 출제율 40%

$$A \begin{matrix} \nearrow R \\ \rightarrow S \\ \searrow T \end{matrix}$$

① 0.25 ② 0.5
③ 0.75 ④ 1

> **해설** $\phi = \dfrac{\text{생성된 } S \text{의 몰수}}{\text{반응한 } A \text{의 몰수}}$
> $= \dfrac{dC_S}{dC_A + dC_S + dC_T}$
> $= \dfrac{2C_A{}^2}{C_A + 2C_A{}^2 + C_A{}^3} = \dfrac{2C_A}{1 + 2C_A + C_A{}^2}$
> $= \dfrac{2C_A}{(1+C_A)^2}$
> $\dfrac{d\phi}{dC_A} = \dfrac{d}{dC_A}\left\{ \dfrac{2C_A}{(1+C_A)^2} \right\} = 0$
> $C_A = 1$일 때 $\phi = 0.5$

▶▶ 제1과목 | 화공열역학

01 1kg의 질소가스가 2.3atm, 367K에서 압력이 2배로 증가하는데, $PV^{1.3} = $ const의 폴리트로픽 공정(polytropic process)에 따라 변화한다고 한다. 이때 질소가스의 최종온도는 약 얼마인가? [출제율 60%]

① 360K ② 400K
③ 430K ④ 730K

해설 이상기체 단열공정

$$\frac{T_2}{T_1} = \left(\frac{V_1}{V_2}\right)^{\gamma-1} = \left(\frac{P_2}{P_1}\right)^{\frac{\gamma-1}{\gamma}}$$

$$\frac{T_2}{367} = \left(\frac{4.6}{2.3}\right)^{\frac{1.3-1}{1.3}}$$

$$T_2 = 430.6\,\text{K}$$

02 그림의 2단 압축조작에서 각 단에서의 기체는 처음 온도로 냉각된다고 한다. 각 압력 사이에 어떤 관계가 성립할 때 압축에 소요되는 전 소요일(total work)량이 최소가 되겠는가? [출제율 20%]

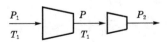

① $P^2 > P_2 P_1$ ② $(P_2)^2 = PP_1$
③ $(P_1)^2 = PP_2$ ④ $P^2 = P_2 P_1$

해설 다단압축에서 각 단의 압축비가 같을 경우 소요일이 최소가 된다.

$$\gamma = \frac{P}{P_1} = \frac{P_2}{P}, \quad P^2 = P_1 P_2$$

03 공기표준 디젤사이클의 구성요소로서 그 과정이 옳은 것은? [출제율 40%]

① 단열압축 → 정압가열 → 단열팽창 → 정적방열
② 단열압축 → 정적가열 → 단열팽창 → 정적방열
③ 단열압축 → 정적가열 → 단열팽창 → 정압방열
④ 단열압축 → 정압가열 → 단열팽창 → 정압방열

해설 공기표준 디젤사이클

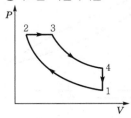

- 1-2 : 단열압축
- 2-3 : 등압가열(정압가열)
- 3-4 : 단열팽창
- 4-1 : 등적방열(정적방열)

04 비리얼 방정식(virial equation)이 $Z = 1 + BP$로 표시되는 어떤 기체를 가역적으로 등온압축시킬 때 필요한 일의 양은? (단, $Z = \frac{PV}{RT}$, B : 비리얼 계수) [출제율 40%]

① 이상기체의 경우와 같다.
② 이상기체의 경우보다 많다.
③ 이상기체의 경우보다 적다.
④ B값에 따라 다르다.

해설 $Z = 1 + BP = \frac{PV}{RT}$

$$P = \frac{RT}{V - BRT}$$

$$V - BRT = \frac{RT}{P}$$

$$W = \int_1^2 PdV$$
$$= \int_1^2 \frac{RT}{V - BRT} dV$$
$$= RT \ln \frac{V_2 - BRT}{V_1 - BRT}$$
$$= RT \ln \frac{RT/P_2}{RT/P_1}$$
$$= RT \ln \frac{P_1}{P_2}$$

05 다음 그림은 A, B-2성분계 용액에 대한 1기압 하에서의 온도-농도 간의 평형관계를 나타낸 것이다. A의 몰분율이 0.4인 용액을 1기압 하에서 가열할 경우, 이 용액의 끓는 온도는 몇 ℃인가? (단, X_A는 액상 몰분율이고, y_A는 기상 몰분율이다.) 〔출제율 20%〕

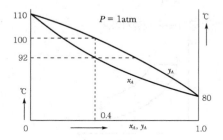

① 80℃
② 80℃부터 92℃까지
③ 92℃부터 100℃까지
④ 110℃

해설

끓는 온도는 액상선에서 기상선까지이다. 즉, 몰분율 $X = 0.4$에서 기상과 액상이 동시 존재하는 영역은 92℃부터 100℃까지이다.

06 열역학에 관한 설명으로 옳은 것은? 〔출제율 20%〕

① 일정한 압력과 온도에서 일어나는 모든 비가역과정은 깁스(Gibbs) 에너지를 증가시키는 방향으로 진행한다.
② 공비물의 공비 조성에서는 끓는 액체에서와 같은 조성을 갖는 기체가 만들어지며 액체의 조성은 증발하면서도 변화하지 않는다.
③ 압력이 일정한 단일상의 PVT 계에서 $\Delta H = \int_{T_1}^{T_2} C_v\, dT$ 이다.
④ 화학반응이 일어나면 생성물의 에너지는 구성원자들의 물리적 배열의 차이에만 의존하여 변한다.

해설 평형

① 일정 가역과정은 깁스(Gibbs) 에너지를 감소시키는 방향으로 진행한다.
③ 압력이 일정한 단일상의 PVT 계에서 $\Delta H = Q = \int_{T_1}^{T_2} C_p\, dT$ 이다.
④ 화학반응이 일어나면 생성물의 에너지는 구성원자들의 물리적 배열의 차이에만 의존하여 변하지 않는다.

07 화학평형상수에 미치는 온도의 영향을 옳게 나타낸 것은 어느 것인가? (단, $\Delta H°$는 표준반응엔탈피로서 온도에 무관하며, K_0는 온도 T_0에서의 평형상수, K는 온도 T에서의 평형상수이다.) 〔출제율 60%〕

① 발열반응이면 온도 증가에 따라 화학평형상수는 증가
② $\Delta H° = -RT \dfrac{d\ln K}{dT}$
③ $\ln \dfrac{K}{K_0} = -\dfrac{\Delta H°}{R}\left(\dfrac{1}{T} - \dfrac{1}{T_0} \right)$
④ $\dfrac{\Delta G°}{RT} = \ln K$

해설 평형상수와 온도와의 관계
$$\frac{d\ln K}{dT} = \frac{\Delta H°}{RT^2}$$
$$\ln \frac{K}{K_0} = -\frac{\Delta H°}{R}\left(\frac{1}{T} - \frac{1}{T_0} \right)$$

08 여름철에 집 안에 있는 부엌을 시원하게 하기 위하여 부엌의 문을 닫아 부엌을 열적으로 집 안의 다른 부분과 격리하고 부엌에 있는 전기냉장고의 문을 열어놓았다. 이 부엌의 온도는 어떻게 되는가? 〔출제율 20%〕

① 온도가 내려간다.
② 온도의 변화는 없다.
③ 온도가 내려갔다 올라갔다를 반복한다.
④ 온도는 올라간다.

해설 **열역학 제1법칙**

㉠ 열역학 제1법칙＝에너지 총량은 일정

㉡ 방이 단열이고 냉장고 문은 열어두어서 찬 바람이 나와 잠깐은 온도가 내려가나 냉장하기 위해 사용된 모터에서 시간이 흐른 후 열이 발생하므로 몇 시간 후 방의 온도는 증가한다.

09 다음 중 이심인자(acentric factor) 값이 가장 큰 것은? 출제율 20%

① 제논(Xe) ② 아르곤(Ar)
③ 산소(O_2) ④ 크립톤(Kr)

해설 **이심인자**

단순유체(Ar, Kr, Xe)의 경우 같은 환산온도·환산압력을 비교하면 대체로 거의 같은 압축인자를 가지며, 이상기체의 거동에서 벗어난 정도도 비슷하나 다른 기체는 크게 벗어난다.

10 열역학 제2법칙에 대한 설명 중 틀린 것은 어느 것인가? 출제율 20%

① 고립계로 생각되는 우주의 엔트로피는 증가한다.
② 어떤 순환공정도 계가 흡수한 열을 완전히 계에 의해 행하여지는 일로 변환시키지 못한다.
③ 열이 고온부로부터 저온부로 이동하는 현상은 자발적이다.
④ 열기관의 최대효율은 100%이다.

해설 **열역학 제2법칙**

㉠ 자발적 변화는 비가역 변화로 엔트로피는 증가한다.
㉡ 외부로부터 흡수한 열을 완전히 일로 전환시킬 수 있는 공정은 없다. 즉, 열에 의한 전화율이 100%가 되는 열기관은 존재하지 않는다.
㉢ 열은 저온에서 고온으로 이동하지 못한다.

11 다음 중에서 공기표준오토(air-standard otto) 엔진의 압력-부피 도표에서 사이클을 옳게 나타낸 것은? 출제율 60%

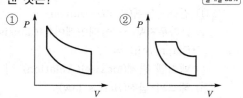

해설 **공기표준 Otto cycle**

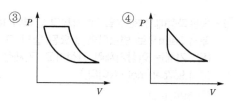

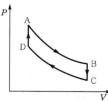

- A－B : 가역단열팽창
- B－C : 일정부피 냉각
- C－D : 가역단열압축
- D－A : 일정부피 열흡수

12 압축인자(compressibility factor)인 Z를 표현하는 비리얼 전개(virial expansion)는 다음과 같다. 이에 대한 설명으로 옳지 않은 것은? (단, B, C, D 등은 비리얼 계수이다.) 출제율 20%

$$Z = \frac{PV}{RT} = 1 + \frac{B}{V} + \frac{C}{V^2} + \frac{D}{V^3} + \cdots$$

① 비리얼 계수들은 실제기체의 분자 상호간의 작용때문에 나타나는 것이다.
② 비리얼 계수들은 주어진 기체에서 온도 및 압력에 관계없이 일정한 값을 나타낸다.
③ 이상기체의 경우 압축인자의 값은 항상 1이다.
④ $\frac{B}{V}$ 항은 $\frac{C}{V^2}$ 항에 비해 언제나 값이 크다.

해설 **실제기체 비리얼 방정식**

㉠ B, C, D는 비리얼 계수로 온도 만의 함수이다.
㉡ 비리얼 계수는 실제기체의 상호영향을 고려한다.
㉢ 이상기체의 압축인자 Z는 1이다.
㉣ 제1비리얼계수부터 차수가 증가할수록 기여도가 적다.

13 등온과정에서 300K일 때 기체의 압력이 10atm 에서 2atm으로 변했다면 소요된 일의 크기는? (단, 기체는 이상기체라 가정하고, 기체상수 R 은 1.987cal/mol · K이다.) 〔출제율 80%〕

① 596.1cal

② 959.4cal

③ 2494.2cal

④ 4014.3cal

해설 이상기체 등온공정

$$W = RT \ln \frac{V_2}{V_1}$$

$$= RT \ln \frac{P_1}{P_2}$$

$$= 1.987 \text{cal/mol} \cdot \text{K} \times 300 \text{K} \times \ln \frac{10}{2}$$

$$= 959.4 \text{cal/mol}$$

14 열역학 제1법칙에 대한 설명 중 틀린 것은 어느 것인가? 〔출제율 30%〕

① 에너지는 여러 가지 형태를 가질 수 있지 만 에너지의 총량은 일정하다.

② 계의 에너지 변화량과 외계의 에너지 변 화량의 합은 영(zero)이다.

③ 한 형태의 에너지가 없어지면 동시에 다 른 형태의 에너지로 나타난다.

④ 닫힌 계에서 내부에너지 변화량은 영(zero) 이다.

해설 열역학 제1법칙
열역학 제1법칙은 에너지 보존 법칙으로 에너지의 총량은 일정하다. 즉, 열과 일은 생성되거나 소멸되 지 않고 서로 전환한다(닫힌계라도 열출입은 가능하 므로 내부에너지 변화량은 0이 아니다).

15 진공에서 $CaCO_3(s)$가 $CaO(s)$와 $CO_2(g)$로 완 전분해하여 만들어진 계에 대해 자유도(degree of freedom) 수는? 〔출제율 80%〕

① 0   ② 1

③ 2   ④ 3

해설 자유도(F)

$$F = 2 - P + C - r - s$$

여기서, P : 상

C : 성분

r : 반응식

s : 제한조건(공비혼합물, 등몰기체)

P : 2(고체, 기체)

C : 2(완전분해 → CaO, CO_2만 있음.)

$F = 2 - 2 + 2 = 2$

16 평형상수의 온도에 따른 변화를 알기 위하여 필 요한 물성은 무엇인가? 〔출제율 60%〕

① 반응에 관여된 물질의 증기압

② 반응에 관여된 물질의 확산계수

③ 반응에 관여된 물질의 임계상수

④ 반응에 수반되는 엔탈피 변화량

해설 화학평형상수와 온도의 관계

$$\frac{d \ln K}{dT} = \frac{\Delta H°}{RT^2}$$

• $\Delta H° < 0$(발열반응) : 온도가 증가하면 화학평형 상수 감소

• $\Delta H° > 0$(흡열반응) : 온도가 증가하면 화학평형 상수 증가

17 1atm, 32℃의 공기를 0.8atm까지 가역단열 팽창 시키면 온도는 약 몇 ℃가 되겠는가? (단, 비열비 가 1.4인 이상기체라고 가정한다.) 〔출제율 40%〕

① 3.2℃   ② 13.2℃

③ 23.2℃   ④ 33.2℃

해설 이상기체 단열공정

$$\frac{T_2}{T_1} = \left(\frac{P_2}{P_1}\right)^{\frac{\gamma-1}{\gamma}}$$

$$\frac{T_2}{305} = \left(\frac{0.8}{1}\right)^{\frac{1.4-1}{1.4}}$$

$$T_2 = 286.2 \text{K} \quad (13.2℃)$$

18 다음 중 기-액 상평형 자료의 건전성을 검증하 기 위하여 사용하는 것으로 가장 옳은 것은 어 느 것인가? 〔출제율 20%〕

① 깁스-듀헴(Gibbs-Duhem) 식

② 클라우지우스-클레이페이론(Clausisus-Clapeyron) 식

③ 맥스웰 관계(Maxwell relation) 식

④ 헤스의 법칙(Hess's law)

해설 기-액 상평형 : Gibbs-Duhem 방정식

$$n_1 d\mu_1 + n_2 d\mu_2 = 0, \quad x_1 d\mu_1 + (1-x_1)d\mu_2 = 0$$

$$x_1\left(\frac{\partial \mu_1}{\partial x_1}\right)_{P,T} + (1-x_1)\left(\frac{\partial \mu_2}{\partial x_1}\right)_{P,T} = 0$$

$$x_1\left(\frac{\partial \ln f_1}{\partial x_1}\right)_{P,T} + (1-x_1)\left(\frac{\partial \ln f_2}{\partial x_1}\right)_{P,T} = 0$$

$$x_1\left(\frac{\partial \ln \gamma_1}{\partial x_1}\right)_{P,T} + (1-x_1)\left(\frac{\partial \ln \gamma_2}{\partial x_1}\right)_{P,T} = 0$$

19 오토(otto) 사이클의 효율(η)을 표시하는 식으로 옳은 것은? (단, K=비열비, r_v=압축비, r_f=팽창비이다.) **출제율 60%**

① $\eta = 1 - \left(\dfrac{1}{r_v}\right)^{K-1}$

② $\eta = 1 - \left(\dfrac{1}{r_v}\right)^{K}$

③ $\eta = 1 - \left(\dfrac{1}{r_v}\right)^{(K-1)/K}$

④ $\eta = 1 - \left(\dfrac{1}{r_v}\right)^{K-1} \cdot \dfrac{r_f^{K-1}}{K(r_f-1)}$

해설 Otto cycle 열효율

$$\eta = 1 - \left(\frac{1}{r}\right)^{\gamma-1}$$

여기서, r : 압축비, γ : 비열비

20 0℃, 1atm인 상태에 있는 100L의 헬륨을 밀폐된 용기에서 100℃로 가열하였을 때 ΔH를 구하면 약 몇 cal인가? (단, 헬륨은 $C_V = \dfrac{3}{2}R$인 이상기체로 가정하고, 기체상수 $R=1.987$cal/mol·K 이다.) **출제율 80%**

① 1477 ② 1772

③ 2018 ④ 2216

해설 이상기체 상태방정식

$$PV = nRT$$

$$n = \frac{PV}{RT} = \frac{1\,\text{atm} \times 100\,\text{L}}{0.082 \times 273} = 4.47\,\text{mol}$$

$$C_P = C_V + R = \frac{3}{2}R + R = \frac{5}{2}R$$

$$\Delta H = nC_P\Delta T = 4.47 \times \left(\frac{5}{2} \times 1.987\right) \times 100 = 2220\,\text{cal}$$

제2과목 | 단위조작 및 화학공업양론

21 산소 75vol%와 메탄 25vol%로 구성된 혼합가스의 평균분자량은? **출제율 40%**

① 14 ② 18

③ 28 ④ 30

해설 평균분자량

$$m_{av} = \sum x_i M_i = 32 \times 0.75 + 16 \times 0.25 = 28\,\text{g/mol}$$

22 500mL의 플라스크에 4g의 N_2O_4를 넣고 50℃에서 해리시켜 평형에 도달하였을 때 전압이 3.63atm이었다. 이때 해리도는 약 몇 %인가? (단, 반응식은 $N_2O_4 \rightarrow 2NO_2$이다.) **출제율 80%**

① 27.5 ② 37.5

③ 47.5 ④ 57.5

해설 $PV = nRT$, $P = \dfrac{nRT}{V} = \dfrac{(4/92) \times 0.082 \times 283}{0.5}$

$$= 2.3\,\text{atm}$$

기체반응이므로 x(atm)만큼 해리되었다고 하면

$$\begin{array}{l} (N_2O_4 \rightarrow 2NO_2) \\ 2.3\,\text{atm} \\ \underline{-x \quad\quad +2x} \end{array}$$

전체압 $= (2.3 - x) + 2x = 3.63$

$x = 1.33\,\text{atm}$

해리도 $= \dfrac{1.33}{2.3} \times 100 = 57.8\%$

23 다음 중 임계상태에 관련된 설명으로 옳지 않은 것은? **출제율 20%**

① 임계상태는 압력과 온도의 영향을 받아 기상거동과 액상거동이 동일한 상태이다.

② 임계온도 이하의 온도 및 임계압력 이상의 압력에서 기체는 응축하지 않는다.

③ 임계점에서의 온도를 임계온도, 그때의 압력을 임계압력이라고 한다.

④ 임계상태를 규정짓는 임계압력은 기상거동과 액상거동이 동일해지는 최저압력이다.

해설 임계점

임계온도 이상에서는 순수한 기체를 아무리 압축해도 액화가 불가능하며, 임계온도 이하, 임계압력 이상에서 기체는 응축한다.

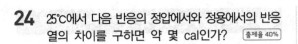

24 25℃에서 다음 반응의 정압에서와 정용에서의 반응열의 차이를 구하면 약 몇 cal인가? `출제율 40%`

$$C(s) + \frac{1}{2}O_2(g) \rightarrow CO(g)$$

① 29.6   ② 59.2
③ 296   ④ 592

`해설` $\Delta H = U\Delta + PV$
$\Delta H - U\Delta = PV = nRT$
$= \left(1 - \frac{1}{2}\right) \times 1.987 \times 298 = 296.063\,cal$

25 어떤 공업용수 내에 칼슘(Ca) 함량이 100ppm이면 무게백분율(wt%)로 환산하면 얼마인가? (단, 공업용수의 비중은 1.00이다.) `출제율 20%`

① 0.01%   ② 0.1%
③ 1%   ④ 10%

`해설` 무게백분율$(wt\%) = 100\,ppm \times \dfrac{\%}{10^4\,ppm} = 0.01\%$

26 보일러에 Na_2SO_3를 가하여 공급수 중의 산소를 제거한다. 보일러 공급수 200톤에 산소 함량이 2ppm일 때 이 산소를 제거하는 데 필요한 Na_2SO_3의 이론량은 얼마인가? `출제율 40%`

① 1.58kg   ② 3.15kg
③ 4.74kg   ④ 6.32kg

`해설` $2Na_2SO_3 + O_2 \rightarrow 2Na_2SO_4$
$2 \times 126 : 32$
$Na_2SO_3\,(kg) : 200 \times 10^3\,kg \times 2 \times 10^{-6}$
$Na_2SO_3 = 3.15\,kg$

27 300kg의 공기와 24kg의 탄소가 반응기 내에서 연소하고 있다. 연소하기 전 반응기 내에 있는 산소는 약 몇 kmol인가? `출제율 20%`

① 2   ② 2.18
③ 10.34   ④ 15.71

`해설` 연소 전 반응기 내 산소
$= 300\,kg\,Air \times \dfrac{23.3\,kg\,O_2}{100\,kg\,Air} \times \dfrac{1\,kmol\,O_2}{32\,kg\,O_2}$
$= 2.18\,kmol$

28 점도 0.05poise를 kg/m · s로 환산하면 얼마인가? `출제율 40%`

① 0.005
② 0.025
③ 0.05
④ 0.25

`해설` $0.05P = 0.05\,g/cm \cdot s \times \dfrac{1\,kg}{1000\,g} \times \dfrac{100\,cm}{1\,m}$
$= 0.005\,kg/m \cdot s$

29 30℃, 742mmHg에서 수증기로 포화된 H_2 가스가 2300cm³의 용기 속에 들어 있다. 30℃, 742mmHg에서 순 H_2 가스의 용적은 약 몇 cm³인가? (단, 30℃에서 포화수증기압은 32mmHg이다.) `출제율 20%`

① 2200   ② 2090
③ 1880   ④ 1170

`해설` $2300\,cm^2$의 용기 안에 수증기 일부와 수소가스 대부분이 있다는 의미이고, 수증기는 포화(수증기 포화 : $\dfrac{32}{742}$)이므로
수소 용적 $= 2300 \times \dfrac{742 - 32}{742} = 2200\,cm^3$

30 도관 내 흐름을 해석할 때 사용되는 베르누이식에 대한 설명으로 틀린 것은? `출제율 20%`

① 마찰손실이 압력손실 또는 속도수두 손실로 나타나는 흐름을 해석할 수 있는 식이다.
② 수평흐름이면 압력손실이 속도수두 증가로 나타나는 흐름을 해석할 수 있는 식이다.
③ 압력수두, 속도수두, 위치수두의 상관관계 변화를 예측할 수 있는 식이다.
④ 비점성, 비압축성, 정상상태, 유선을 따라 적용할 수 있다.

`해설` 베르누이 정리
속력과 압력, 높이의 관계를 규정한 식이며, 마찰손실은 압력손실을 나타내는 흐름을 해석할 수 없다.
$\dfrac{\Delta u^2}{2g_c} + \dfrac{g}{g_c}\Delta Z + \dfrac{\Delta P}{\rho} = $ 일정

31 반경이 R인 원형 파이프를 통하여 비압축성 유체가 층류로 흐를 때의 속도 분포는 다음 식과 같다. v는 파이프 중심으로부터 벽쪽으로의 수직거리 r에서의 속도이며, V_{max}는 중심에서의 최대속도이다. 파이프 내에서 유체의 평균속도는 최대속도의 몇 배인가? 〔출제율 20%〕

$$v = V_{max}(1 - r/R)$$

① 1/2
② 1/3
③ 1/4
④ 1/5

〔해설〕 $v = V_{max}(1 - r/R)$

$r = 0$에서 $v = V_{max}$

$r = R$에서 $v = 0$

각 지점에서의 속도 합

$$\iint V dA = \int_0^{2\pi}\int_0^R V_{max}\left(1 - \frac{r}{R}\right)r\,dr\,d\theta$$
$$= \int_0^{2\pi}\int_0^R V_{max}\left(1 - \frac{r^2}{R}\right)dr\,d\theta$$
$$= \int_0^{2\pi} V_{max}\left(\frac{1}{2}R^2 - \frac{1}{3}R^2\right)d\theta$$
$$= V_{max}$$

평균속도 $= \dfrac{V_{max} \times \dfrac{1}{3}\pi R^2}{\pi R^2} = \dfrac{1}{3}V_{max}$ (면적 : πR^2)

32 건조조작에서 임계 함수율(critical moisture content)을 옳게 설명한 것은? 〔출제율 40%〕

① 건조속도가 0일 때의 함수율이다.
② 감률 건조기간이 끝날 때의 함수율이다.
③ 항률 건조기간에서 감률 건조기간으로 바뀔 때의 함수율이다.
④ 건조조작이 끝날 때의 함수율이다.

〔해설〕 한계 함수율(임계 함수율)

㉠ 건조속도는 $-\dfrac{dW}{dt}$이다.

㉡ 감률 건조기간이 시작할 때의 함수율이다.

㉢ 건조 조작 중의 함수율이다.

〔보충 Tip〕

한계 함수율(임계 함수율)은 항률 건조기간에서 감률 건조기간으로 이동하는 점이다. 즉, 변경 시의 함수를 말한다.

33 전압이 1atm에서 n-헥산과 n-옥탄의 혼합물이 기-액 평형에 도달하였다. n-헥산과 n-옥탄의 순성분 증기압이 1025mmHg와 173mmHg이다. 라울의 법칙이 적용될 경우 n-헥산의 기상평형 조성은 약 얼마인가? 〔출제율 40%〕

① 0.93
② 0.69
③ 0.57
④ 0.49

〔해설〕 라울의 법칙

$760 = 1025\,x_A + 173(1 - x_A)$

$x_A = 0.689$

n-헥산 기상평형 조성(y_A)

$= \dfrac{P_A\,x_A}{P} = \dfrac{1025 \times 0.689}{760} = 0.93$

34 다음 중 상계점(plait point)에 대한 설명으로 틀린 것은? 〔출제율 40%〕

① 추출상과 추잔상의 조성이 같아지는 점
② 분배곡선과 용해도곡선과의 교점
③ 임계점(critical point)으로 불리기도 하는 점
④ 대응선(tie-line)의 길이가 0이 되는 점

〔해설〕 상계점

㉠ 추출상과 추잔상에서 추질의 조성이 같은 점

㉡ tie-line(대응선)의 길이가 0인 점

㉢ 균일상 대 불균일상으로 되는 경계점

㉣ 임계점으로 불리기도 하는 점

35 FPS 단위로 레이놀즈수를 계산하니 1000이었다. MKS 단위로 환산하여 레이놀즈수를 계산하면 그 값은 얼마로 예상할 수 있는가? 〔출제율 60%〕

① 10
② 136
③ 1000
④ 13600

〔해설〕 $Re = \dfrac{\rho u D}{\mu}$

무차원수이므로 MKS, FPS, CGS 모두 같은 레이놀즈수이다. 즉, 1000으로 같다.

36 공극률(porosity)이 0.3인 충전탑 내를 유체가 유효속도(superficial velocity) 0.9m/s로 흐르고 있을 때 충전탑 내의 평균속도(m/s)는? 출제율 20%

① 0.2

② 0.3

③ 2.0

④ 3.0

해설 평균속도 $= \dfrac{\text{유효속도}}{\text{공극률}} = \dfrac{0.9}{0.3} = 3\,\text{m/s}$

공극률이 0.3이면 유효단면적이 3/10, 선속도는 10/3만큼 빨라진다.

37 확산에 의한 물질전달현상을 나타낸 Fick의 법칙처럼 전달속도, 구동력 및 저항 사이의 관계식으로 일반화되는 점에서 유사성을 갖는 법칙은 다음 중 어느 것인가? 출제율 20%

① Stefan-Boltzman 법칙

② Henry 법칙

③ Fourier 법칙

④ Raoult 법칙

해설
• Fourier's 법칙 $\left(q = \dfrac{Q}{A} = -K\dfrac{dt}{dL} \right)$

• 운동량(Newton) $\left(\tau = \dfrac{F}{A} = -\mu\dfrac{du}{dy} \right)$

• 물질전달(Fick) $\left(N_A = \dfrac{dn_A}{d\theta} = -D_{AB}\dfrac{dC_A}{dx} \right)$

38 다음 중에서 Nusselt 수(N_{Nu})를 나타내는 것은? (단, h는 경막 열전달계수, D는 관의 직경, K는 열전도도이다.) 출제율 20%

① $K \cdot D \cdot h$

② $K \cdot D$

③ $\dfrac{D}{K \cdot h}$

④ $\dfrac{D \cdot h}{K}$

해설 Nusselt No

$N_{\text{Nu}} = \dfrac{\text{대류열전달}}{\text{전도열전달}} = \dfrac{\text{전도열저항}}{\text{대류열저항}} = \dfrac{hD}{K}$

39 혼합에 영향을 주는 물리적 조건에 대한 설명으로 옳지 않은 것은? 출제율 20%

① 섬유상의 형상을 가진 것은 혼합하기가 어렵다.

② 건조분말과 습한 것의 혼합은 한 쪽을 분할하여 혼합한다.

③ 밀도 차가 클 때는 밀도가 큰 것이 아래로 내려가므로 상하가 고르게 교환되도록 회전방법을 취한다.

④ 액체와 고체의 혼합 · 반죽에서는 습윤성이 적은 것이 혼합하기 쉽다.

해설 혼합 영향인자

㉠ 입도가 작을수록 혼합이 용이하다.

㉡ 섬유상은 혼합이 제한적이다.

㉢ 액체와 고체의 혼합 · 반죽에서 습윤성이 클수록 혼합이 좋다.

40 원심펌프의 장점에 대한 설명으로 가장 거리가 먼 것은? 출제율 20%

① 대량 유체 수송이 가능하다.

② 구조가 간단하다.

③ 처음 작동 시 priming 조작을 하면 더 좋은 양정을 얻는다.

④ 용량에 비해 값이 싸다.

해설 원심펌프

• 장점

㉠ 구조가 간단하고 용량이 같아도 소형이며 가볍고 값이 저렴하다.

㉡ 진흙과 펌프의 수송도 가능하며, 고장이 적다.

• 단점

㉠ 공기 바인딩 현상이 일어난다.

㉡ 공동화 현상이 일어난다.

▶▶ 제3과목 ┃ 공정제어

41 PI 제어기는 Bode diagram 상에서 어떤 특징을 갖는가? (단, τ_I은 PI 제어기의 적분시간을 나타낸다.) 출제율 20%

① $\omega\tau_I$가 1일 때 위상각이 $-45°$

② 위상각이 언제나 0

③ 위상앞섬(phase lead)

④ 진폭비가 언제나 1보다 작음

해설 PI 제어기 전달함수 $G(s) = K_c\left(1 + \dfrac{1}{\tau_I s}\right)$

$$G(j\omega) = K - \frac{1}{\tau_I \omega_j}$$

$$AR = |G(j\omega)| = K\sqrt{1 + \left(\frac{1}{\tau_I \omega}\right)}$$

$$\tan\phi = -\frac{1}{\tau_I \omega}$$

$\omega\tau_I$이 1일 때 위상각도는 $-45°(\tan 45° = 1)$

42 비례제어기를 이용하는 어떤 폐루프시스템의 특성방정식이 $1 + \dfrac{K_c}{(s+1)(2s+1)} = 0$과 같이 주어진다. 다음 중 진동응답이 예상되는 경우는 어느 것인가? [출제율 40%]

① $K_c = -1.25$
② $K_c = 0$
③ $K_c = 0.25$
④ K_c에 관계없이 진동이 발생된다.

해설 $2s^2 + 3s + 1 + K_c = 0$

$$s = \frac{-3 \pm \sqrt{9 - 8(1 + K_c)}}{4}$$

$$K_c > \frac{1}{8}(0.125)$$

43 어떤 1차계의 함수가 $6\dfrac{dY}{dt} = 2X - 3Y$일 때 이 계의 전달함수의 시정수(times constant)는? [출제율 40%]

① $\dfrac{2}{3}$ ② 3
③ $\dfrac{1}{2}$ ④ 2

해설 $6sY(s) = 2X(s) - 3Y(s)$

$(6s + 3)Y(s) = 2X(s)$

$$G(s) = \frac{Y(s)}{X(s)} = \frac{2}{6s + 3} = \frac{2/3}{2s + 1}$$

전달함수 시정수$(\tau) = 2$

44 앞먹임제어(feedforward control)의 특징으로 옳은 것은? [출제율 40%]

① 공정모델값과 측정값과의 차이를 제어에 이용
② 외부교란변수를 사전에 측정하여 제어에 이용

③ 설정점(set point)을 모델값과 비교하여 제어에 이용
④ 제어기 출력값은 이득(gain)에 비례

해설 앞먹임제어(feedforward)
외부교란변수를 사전에 측정제어에 이용하여 외부교란변수가 공정에 미치는 영향을 사전에 보정하는 제어이다.

45 다음 중 0이 아닌 잔류편차(offset)를 발생시키는 제어방식이며 최종값 도달시간을 가장 단축시킬 수 있는 것은? [출제율 40%]

① P형
② PI형
③ PD형
④ PID형

해설 PD 제어기
offset은 없어지지 않으나 최종값에 도달하는 시간은 단축된다.

46 센서는 선형이 되도록 설계되는 것에 반하여, 제어밸브는 Quick opening 혹은 Equal percentage 등으로 비선형 형태로 제작되기도 한다. 그 이유로 가장 타당한 것은? [출제율 20%]

① 높은 압력에 견디도록 하는 구조가 되기 때문
② 공정흐름과 결합하여 선형성이 좋아지기 때문
③ Stainless steal 등 부식에 강한 재료로 만들기가 쉽기 때문
④ 충격파를 방지하기 위하여

해설 Equal percentage(등비) 특성 밸브
밸브 Steam 변화에 따른 유량 변화의 정도가 일정한 비율로 가장 널리 사용되는 밸브를 말한다 (on-off 제어계에 주로 사용).

47 $y(s) = \dfrac{1}{s(s+1)^2}$일 때에 $y(t)$, $t \geq 0$ 값으로 옳은 것은? [출제율 80%]

① $1 + e^{-t} - e^t$ ② $1 - e^{-t} + e^t$
③ $1 - e^{-t} - te^{-t}$ ④ $1 - e^{-t} + te^{-t}$

[해설] $Y(s) = \dfrac{A}{s} + \dfrac{B}{s+1} + \dfrac{C}{(s+1)^2}$

$A = 1,\ B = 1,\ C = 1$

$Y(s) = \dfrac{1}{s} + \dfrac{1}{s+1} + \dfrac{1}{(s+1)^2}$

역플라스 변환

$y(t) = 1 - e^{-t} - te^{-t}$

48 50℃에서 150℃ 범위의 온도를 측정하여 4mA 에서 20mA의 신호로 변환해 주는 변환기 (transducer)에서의 영점(zero)과 변화폭(span) 은 각각 얼마인가? [출제율 40%]

① 영점＝0℃, 변화폭＝100℃
② 영점＝100℃, 변화폭＝150℃
③ 영점＝50℃, 변화폭＝150℃
④ 영점＝50℃, 변화폭＝100℃

[해설] • 영점 : 전환기 입력의 최저한계(50℃)
• 변화폭 : 150℃ - 50℃ = 100℃
• 출력 : 4 ~ 20mA

49 탑상에서 고순도 제품을 생산하는 증류탑의 탑 상 흐름의 조성을 온도로부터 추론(inferential) 제어하고자 한다. 이때 맨 위 단보다 몇 단 아래 의 온도를 측정하는 경우가 있는데, 다음 중 그 이유로 가장 타당한 것은? [출제율 20%]

① 응축기의 영향으로 맨 위 단에서는 다른 단 에 비하여 응축이 많이 일어나기 때문에
② 제품의 조성에 변화가 일어나도 맨 위 단 의 온도 변화는 다른 단에 비하여 매우 작기 때문에
③ 맨 위 단은 다른 단에 비하여 공정유체가 넘치거나(flooding) 방울져 떨어지기(weeping) 때문에
④ 운전조건의 변화 등에 의하여 맨 위 단은 다 른 단에 비하여 온도는 변동(fluctuation) 이 심하기 때문에

[해설] 증류탑 상부에서는 제품에 따른 온도 변화가 적어 몇단 아래의 온도를 측정한다.

50 단위 귀환(unit negative feedback)계의 개루 프 전달함수가 $G(s) = \dfrac{-(s-1)}{s^2 - 3s + 3}$ 이다. 이 제 어계의 폐회로 전달함수의 특성방정식의 근은 얼마인가? [출제율 40%]

① -2, +2
② -2(중근)
③ +2(중근)
④ ±3j(중근)

[해설] $1 + G_{oL} = 0$

$1 - \dfrac{s-1}{s^2 - 3s + 3} = 0$

$s^2 - 3s + 3 - s + 1 = 0$

$s^2 - 4s + 4 = 0$

$(s-2)^2 = 0$

$s = 2$(중근)

51 0~500℃ 범위의 온도를 4~20mA로 전환하도록 스팬 조정이 되어 있던 온도센서에 맞추어 조율 되었던 PID 제어기에 대하여, 0~250℃ 범위의 온도를 4~20mA로 전환하도록 온도센서의 스팬 을 재조정한 경우, 제어 성능을 유지하기 위하 여 PID 제어기의 조율은 어떻게 바뀌어야 하는 가? (단, PID 제어기의 피제어 변수는 4~20mA 전류이다.) [출제율 40%]

① 비례이득값을 2배로 늘린다.
② 비례이득값을 1/2로 줄인다.
③ 적분상수값을 1/2로 줄인다.
④ 제어기 조율을 바꿀 필요없다.

[해설] $0 \sim 500℃ \rightarrow 4 \sim 20mA$

즉, 0℃에서 4mA, 500℃에서 20mA

$0 \sim 250℃ \rightarrow 4 \sim 20mA$, 250℃에서 20mA이므로

PID 제어기의 조율은 비례이득값을 $\dfrac{1}{2}$ 로 줄인다.

52 다음 중 공정제어의 목적과 가장 거리가 먼 것은? [출제율 20%]

① 반응기의 온도를 최대 제한값 가까이에서 운전함으로써 반응속도를 올려 수익을 높 인다.
② 평형반응에서 최대의 수율이 되도록 반응 온도를 조절한다.
③ 안전을 고려하여 일정압력 이상이 되지 않 도록 반응속도를 조절한다.
④ 외부시장환경을 고려하여 이윤이 최대가 되도록 생산량을 조정한다.

해설 공정제어 목적
㉠ 경제적이고 안전한 방법으로 원하는 제품 생산
㉡ 제품의 품질을 원하는 수준으로 유지

53 전달함수가 $\dfrac{2}{(5s+1)}e^{-2s}$인 공정의 계단입력 $\dfrac{2}{s}$에 대한 응답형태는? 〔출제율 40%〕

①  ②

③ 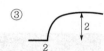 ④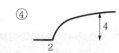

해설 $Y(s) = \dfrac{2e^{-2s}}{(5s+1)} \cdot \dfrac{2}{s} = \dfrac{4e^{-2s}}{s(5s+1)}$

$\lim_{t \to \infty} Y(s) = \lim_{s \to 0} sY(s) = \dfrac{4e^{-2s}}{5s+1} = 4$

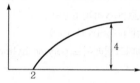

54 그래프의 함수와 그의 Laplace 변환된 형태의 함수가 옳게 되어 있는 항은? (단, $U(t)$는 단위 계단함수(unit step function)이다.) 〔출제율 40%〕

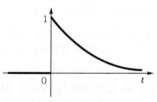

① $e^{-at}U(t)$, $\dfrac{1}{s+a}$

② $e^{-at}U(t)$, $\dfrac{a}{s}$

③ $e^{-t}U(t+a)$, $\dfrac{1}{s+a}$

④ $e^{-t}U(t+a)$, $\dfrac{a}{s}$

해설 $u(t)$의 단위계단함수 → $\dfrac{1}{s} = U(s)$

e^{-at}는 a만큼 평행이동 → $\dfrac{1}{s+a}$

55 다음 공정에 P 제어기가 연결된 닫힌 루프제어계가 안정하려면 비례이득 K_c의 범위는? (단, 나머지 요소의 전달함수는 1이다.) 〔출제율 80%〕

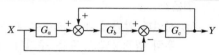

① $K_c < 1$ ② $K_c > 1$
③ $K_c < 2$ ④ $K_c > 2$

해설 $1 + \dfrac{K_c}{2s-1} = 0$
$2s - 1 + K_c = 0$
$s = \dfrac{1-K_c}{2} < 0$
Routh array에서 $K_c - 1 > 0$이므로 $K_c > 1$

56 블록선도(block diagram)가 다음과 같은 계의 전달함수를 구하면? 〔출제율 80%〕

① $\dfrac{(G_aG_b-1)G_c}{1-G_bG_c}$ ② $\dfrac{(G_aG_b-1)G_c}{1+G_bG_c}$
③ $\dfrac{(G_aG_b+1)G_c}{1-G_bG_c}$ ④ $\dfrac{(G_aG_b+1)G_c}{1-G_bG_c}$

해설 $G(s) = \dfrac{Y(s)}{X(s)} = \dfrac{직진(직렬)}{1+\text{feedback}}$
$= \dfrac{G_aG_bG_c - G_c}{1-G_bG_c} = \dfrac{G_c(G_aG_b-1)}{1-G_bG_c}$

57 다음 블록선도에서 전달함수 $G(s) = C(s)/R(s)$를 옳게 구한 것은? 〔출제율 80%〕

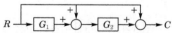

① $1 + G_1G_2$ ② $1 + G_2 + G_1G_2$
③ $\dfrac{G_1G_2}{1-G_1G_2}$ ④ $\dfrac{G_1G_2}{1-G_1-G_2}$

해설 $(RG_1 + R)G_2 + R = C$
$RG_1G_2 + RG_2 + R = C$
$R(G_1G_2 + G_2 + 1) = C$
$\dfrac{C}{R} = G_1G_2 + G_2 + 1$

58 복사에 의한 열전달 식은 $q = kcAT^4$으로 표현된다고 한다. 정상상태에서 $T = T_s$일 때 이 식을 선형화시키면? (단, k, c, A : 상수) [출제율 40%]

① $4kcAT_s^3(T - 0.75T_s)$

② $kcA(T - T_s)$

③ $3kcAT_s^3(T - T_s)$

④ $kcAT_s^4(T - T_s)$

[해설] Taylor 식

$$f(s) = f(x_s) + \frac{df}{dx}(x_s)(x - x_s)$$

$$q = K_cAT_s^4 + 4K_cAT_s^3(T - T_s)$$
$$= 4K_cAT_s^3 T - 3K_cAT_s^4$$
$$= 4K_cAT_s^3\left(T - \frac{3}{4}T_s\right)$$

59 안정한 2차계에 대한 공정응답 특성으로 옳은 것은? [출제율 20%]

① 사인파 압력에 대한 시간이 충분히 지난 후의 공정응답은 같은 주기의 사인파가 된다.

② 두 개의 1차계 공정이 직렬로 이루어진 2차계의 경우 큰 계단 입력에 대해 진동응답을 보인다.

③ 공정이득이 클수록 진동주기가 짧아진다.

④ 진동응답이 발생할 때의 진동주기는 감쇠계수 ζ에만 영향받는다.

[해설] ② sin 입력에 대해 진동응답을 보인다.
③ 공정이득은 진폭비에 관계한다.
④ 진동응답이 발생할 때의 진동주기는 감쇠계수 ζ와 시간상수에 영향을 받는다.

[보충 Tip]

사인파의 경우 다시 같은 주기의 사인파가 된다.

60 전달함수 $G(s)$가 다음과 같은 1차계에서 입력 $x(t)$가 단위충격(impulse)인 경우 출력 $y(t)$는? [출제율 40%]

$$G(s) = \frac{Y(s)}{X(s)} = \frac{K_p}{\tau s + 1}$$

① $\frac{1}{K_p}e^{-t/\tau}$

② $\frac{1}{\tau}e^{-K_p t/\tau}$

③ $\frac{\tau}{K_p}e^{-t/\tau}$

④ $\frac{K_p}{\tau}e^{-t/\tau}$

[해설] $Y(s) = \dfrac{K_p}{\tau s + 1} = \dfrac{K_p/\tau}{s + \dfrac{1}{\tau}}$

역라플라스 변환

$$y(t) = \frac{K_p}{\tau}e^{-\frac{t}{\tau}}$$

⊙ 제4과목 ┃ 공업화학

61 다음 중 축합(condensation) 중합반응으로 형성되는 고분자로서 알코올기와 이소시안산기의 결합으로 만들어진 것은? [출제율 20%]

① 폴리에틸렌(polyethylene)

② 폴리우레탄(polyurethane)

③ 폴리메틸메타크릴레이트(polymethylmetha-crylate)

④ 폴리아세트산비닐(polyvinyl acetate)

[해설] 폴리우레탄

$HO-R'-OH + O=C=N-R-N=C=O$

$$\longrightarrow \left[R'-O-\overset{\overset{O}{\|}}{C}-NH-R-NH-\overset{\overset{O}{\|}}{C}-O-O \right]_n$$

축합 중합반응으로 형성되는 고분자이며, 알코올기와 이소시안산기의 결합으로 생성된다.

62 다음 중 오산화바나듐(V_2O_5) 촉매 하에 나프탈렌을 공기 중 400℃에서 산화시켰을 때 생성물은 어느 것인가? [출제율 40%]

① 프탈산무수물   ② 초산무수물

③ 말레산무수물   ④ 푸마르산무수물

[해설]

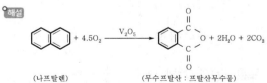

(나프탈렌)   (무수프탈산 : 프탈산무수물)

63 다음은 각 환원반응과 표준환원전위이다. 이것으로부터 예측한 다음의 현상 중 옳은 것은 어느 것인가? 출제율 20%

- $Fe^{2+} + 2e \rightarrow Fe$, $E° = -0.447\,V$
- $Sn^{2+} + 2e \rightarrow Sn$, $E° = -0.138\,V$
- $Zn^{2+} + 2e \rightarrow Zn$, $E° = -0.667\,V$
- $O_2 + 2H_2O + 4e \rightarrow 4OH^-$, $E° = 0.401\,V$

① 철은 공기 중에 노출 시 부식되지만 아연은 공기 중에서 부식되지 않는다.
② 철은 공기 중에 노출 시 부식되지만 주석은 공기 중에서 부식되지 않는다.
③ 주석과 아연이 접촉 시에 주석이 우선적으로 부식된다.
④ 철과 아연이 접촉 시에 아연이 우선적으로 부식된다.

해설 **표준환원전위**
표준상태에서 전기화학반응의 평형전위로 표준환원전위가 작을수록 먼저 부식된다. 즉, 표준환원전위(금속의 이온화경향)가 큰 철보다는 아연이 우선적으로 부식된다.

64 접촉식 황산 제조에서 SO_3 흡수탑에 사용하기에 적합한 황산의 농도와 그 이유를 바르게 나열한 것은? 출제율 40%

① 76.5%, 황산 중 수증기 분압이 가장 낮음
② 76.5%, 황산 중 수증기 분압이 가장 높음
③ 98.3%, 황산 중 수증기 분압이 가장 낮음
④ 98.3%, 황산 중 수증기 분압이 가장 높음

해설 접촉식 황산 제조법에서 98.3% 황산이 수증기 분압이 가장 낮아 SO_3 흡수탑에 사용하기에 적합하다.

65 다음 중 전도성 고분자가 아닌 것은? 출제율 20%

① 폴리아닐린   ② 폴리피롤
③ 폴리실록산   ④ 폴리티오펜

해설 **전도성 고분자**
㉠ 전기가 잘 통하는 플라스틱으로 반도체 이상의 높은 전도율을 가진다.
㉡ 종류
폴리아닐린, 폴리에틸렌, 폴리피롤, 폴리티오펜 등

66 다음 중 암모니아 합성용 수성가스(water gas)의 주성분은? 출제율 80%

① H_2O, CO   ② CO_2, H_2O
③ CO, H_2 ④ H_2O, N_2

해설 수증기가 코크스를 통과할 때 얻어지는 $CO + H_2$의 혼합가스를 워터가스 또는 수성가스라고 한다.

보충 Tip

$$C + H_2O \rightarrow CO + H_2$$
(수성가스)

67 수은법에 의한 NaOH 제조에 있어서 아말감 중 Na의 함유량이 많아지면 다음 중 어떤 결과를 가져오는가? 출제율 40%

① 아말감의 유독성이 좋아진다.
② 아말감의 분해속도가 느려진다.
③ 전해질 내에서 수소가스가 발생한다.
④ 불순물의 혼입이 많아진다.

해설 아말감 중의 Na 함량이 높으면 유동성이 저하되어 굳어지며 분해되어 전해질 내에서 수소가 생성된다.

68 다음 중 옥탄가가 가장 낮은 것은? 출제율 20%

① 2-Methyl heptane
② 1-Pentene
③ Toluene
④ Cyclohexane

해설 **옥탄가**
㉠ 옥탄가는 가솔린의 안티노킹성을 수치화한 것으로, n-파라핀에서 탄소 수가 증가할수록 옥탄가는 저하한다.
㉡ 순서
n-파라핀 < 올레핀 < 나프텐계 < 방향족

69 다음 중 CFC-113에 해당되는 것은? 출제율 20%

① $CFCl_3$ ② $CFCl_2CF_2Cl$
③ CF_3CHCl_2 ④ $CHClF_2$

해설 CFC-113
$C_2F_3Cl_3$($CFCl_2CF_2Cl$)의 분자로 오존층 파괴 물질이다.

70 암모니아 합성장치 중 고온전환로에 사용되는 재료로서 뜨임 취성의 경향이 적은 것은 어느 것인가? 〔출제율 20%〕

① 18-8 스테인리스강
② Cr-Mo강
③ 탄소강
④ Cr-Ni강

해설 뜨임 취성
담금질 뜨임 후 재료에 나타나는 취성으로, Ni-Cr 간에 나타나는 특이성으로 가장 적은 것은 Cr-Mo 강이다.

71 아세틸렌에 무엇을 작용시키면 염화비닐이 생성되는가? 〔출제율 60%〕

① HCl
② Cl_2
③ HOCl
④ NaCl

해설 $CH \equiv CH + HCl \rightarrow CH_2 = CH$
　　　(아세틸렌)　(염화수소)　　　　　|
　　　　　　　　　　　　　　　　　Cl
　　　　　　　　　　　　　　　(염화비닐)

72 용액중합반응의 일반적인 특징을 옳게 설명한 것은? 〔출제율 20%〕

① 유화제로는 계면활성제를 사용한다.
② 온도조절이 용이하다.
③ 높은 순도의 고분자물질을 얻을 수 있다.
④ 물을 안정제로 사용한다.

해설 용액중합 특징
㉠ 단량체와 개시체를 용매에 용해 후 중합시키는 방법이다.
㉡ 중합 후 용매의 완전제거가 어렵다.
㉢ 용매의 회수과정이 필요하다.
㉣ 국부적인 발열이나 급격한 발열을 피할 수 있다.
㉤ 온도조절이 용이하다.

73 분자량 1.0×10^4g/mol인 고분자 100g과 분자량 2.5×10^4g/mol인 고분자 50g, 그리고 분자량 1.0×10^5g/mol인 고분자 50g이 혼합되어 있다. 이 고분자 물질의 수평균분자량은? 〔출제율 80%〕

① 16000
② 28500
③ 36250
④ 57000

해설 수평균분자량$(\overline{M}_n) = \dfrac{\text{총 무게}}{\text{총 몰수}} = \dfrac{W}{\sum Ni}$

$$\overline{M}_n = \dfrac{100 + 50 + 50}{\dfrac{100}{1 \times 10^4} + \dfrac{50}{2.5 \times 10^4} + \dfrac{50}{1 \times 10^5}} = 16000$$

74 수(水)처리와 관련된 다음의 설명 중 옳은 것으로만 나열한 것은? 〔출제율 20%〕

┌─────────────────────────────┐
│ ㉠ 물의 경도가 높으면 관 또는 보일러의 벽에 스케일이 생성된다.
│ ㉡ 물의 경도는 석회소다법 및 이온교환법에 의하여 낮출 수 있다.
│ ㉢ COD는 화학적 산소요구량을 말한다.
│ ㉣ 물의 온도가 증가할 경우 용존산소의 양은 증가한다.
└─────────────────────────────┘

① ㉠, ㉡, ㉢
② ㉡, ㉢, ㉣
③ ㉠, ㉢, ㉣
④ ㉠, ㉡, ㉣

해설 용존산소는 온도가 증가하면 감소하고, 기압이 증가하면 증가한다.

75 석유화학공정에서 열분해와 비교한 접촉분해(catalytic cracking)에 대한 설명 중 옳지 않은 것은? 〔출제율 60%〕

① 분지지방족 $C_3 \sim C_6$ 파라핀계 탄화수소가 많다.
② 방향족 탄화수소가 적다.
③ 코크스, 타르의 석출이 적다.
④ 디올레핀의 생성이 적다.

해설

열분해	접촉분해
• 올레핀이 많으며, $C_1 \sim C_2$ 계의 가스가 많음	• $C_3 \sim C_6$ 계의 가지달린 지방족이 많이 생성
• 대부분 지방족(방향족 적음)	• 열분해보다 파라핀계 탄화수소 많음
• 코크스나 타르 석출 많음	• 방향족 탄화수소 많음
• 디올레핀이 비교적 많음	• 탄소질 물질(코크스, 타르) 석출 적음
• 라디칼 반응 메커니즘	• 디올레핀의 생성 적음
	• 이온 반응 메커니즘

76 20%의 HNO₃ 용액 1000kg을 55% 용액으로 농축하였다. 증발된 수분의 양은? 〔출제율 60%〕

① 550kg ② 800kg
③ 334kg ④ 636kg

해설

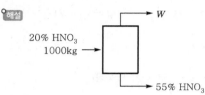

$$1000 \times 0.2 = (1000 - W) \times 0.55$$

증발된 수분 양$(W) = 636.4\,\text{kg}$

77 다음 중 염산의 생성과 가장 거리가 먼 것은 어느 것인가? 〔출제율 60%〕

① 직접 합성법
② NaCl의 황산 분해법
③ 칠레초석의 황산 분해법
④ 부생염산의 회수법

해설 염산 제조
㉠ 식염(NaCl)의 황산 분해법
㉡ 직접합성법
㉢ 부생염산의 회수법

78 순수 염화수소(HCl) 가스의 제법 중 흡착법에서 흡착제로 이용되지 않는 것은? 〔출제율 40%〕

① MgCl₂ ② CuSO₄
③ PbSO₄ ④ Fe₃(PO₄)₂

해설 흡착법의 흡착제
HCl 가스를 황산염 $CuSO_4$, $PbSO_4$, 인산염 $Fe_3(PO_4)_2$에 흡착 후 가열하여 제조한다.

79 $Na_2CO_3 \cdot 10H_2O$ 중에는 H_2O를 몇 % 함유하는가? 〔출제율 40%〕

① 48% ② 55%
③ 63% ④ 76%

해설 $NaCO_3 \cdot 10H_2O = 23 \times 2 + 12 + 16 \times 3 + 10 \times 18$
$\qquad\qquad\qquad = 286\,(\text{분자량})$

$H_2O = \dfrac{180}{286} \times 100 = 63\,\%$

80 다음 화합물 중 산성이 가장 강한 것은 어느 것인가? 〔출제율 20%〕

① $C_6H_5SO_3H$ ② C_6H_5OH
③ C_6H_5COOH ④ CH_3CH_2COOH

해설 산성이 강한 순서
$C_6H_5SO_3H > CH_3CH_2COOH > C_6H_5COOH$
$> C_6H_5OH$

보충 Tip

① $C_6H_5SO_3H$(벤젠술폰산) : 황산과 거의 비슷
② C_6H_5OH(페놀) : 약산성
③ C_6H_5COOH(벤조산) : H_2CO_3보다 강한 산성
④ CH_3CH_2COOH(프로피온산) : 카르복시산

▶ 제5과목 | 반응공학

81 90mol%의 A 45mol/L와 10mol%의 불순물 B 5mol/L와의 혼합물이 있다. A/B를 100/1 수준으로 품질을 유지하고자 한다. D는 A 또는 B와 다음과 같이 반응한다. 완전반응을 가정했을 때, 필요한 품질을 유지하기 위해서 얼마의 D를 첨가해야 되는가? 〔출제율 40%〕

$$A + D \rightarrow R, \ -r_A = C_A C_D$$
$$B + D \rightarrow S, \ -r_B = 7C_B C_D$$

① 19.7mol ② 29.7mol
③ 39.7mol ④ 49.7mol

해설 $-\dfrac{dC_A}{dt} = C_A \cdot C_D$, $\quad -\dfrac{dC_B}{dt} = 7C_A C_D$

$-C_D dt = \dfrac{dC_A}{C_A} = \dfrac{dC_D}{7C_B}$

적분하면,

$\ln \dfrac{C_A}{C_{A0}} = \dfrac{1}{7} \ln \dfrac{C_B}{C_{B0}}$

$C_{A0} = 45\,\text{mol/L}, \ C_{B0} = 5\,\text{mol/L}$

$45^7 \times C_B = 5 \times C_A{}^7 \ (100C_B = C_A)$

$C_A = 30.124, \ C_B = 0.301$

$C_{A0} + C_{B0} - C_{D0} = C_A + C_B$

$C_{D0} = 19.6\,\text{mol}$

82 반응장치 내에서 일어나는 열전달현상과 관련된 설명으로 틀린 것은? `출제율 20%`

① 발열반응의 경우 관형반응기 직경이 클수록 관 중심의 온도는 상승한다.

② 급격한 온도의 상승은 촉매의 활성을 저하시킨다.

③ 모든 반응에서 고온의 조건이 바람직하다.

④ 전열조건에 의해 반응의 전화율이 좌우된다.

해설 반응기에 따라 고온, 저온이 적합한 반응기가 있다.

83 순수한 액체 A의 분해반응이 25℃에서 아래와 같을 때, A의 초기농도가 2mol/L이고, 이 반응이 혼합반응기에서 S를 최대로 얻을 수 있는 조건 하에서 진행되었다면 S의 최대농도는 얼마인가? `출제율 40%`

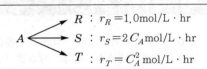

$$A \begin{cases} R : r_R = 1.0 \text{mol/L} \cdot \text{hr} \\ S : r_S = 2C_A \text{mol/L} \cdot \text{hr} \\ T : r_T = C_A^2 \text{mol/L} \cdot \text{hr} \end{cases}$$

① 0.33mol/L   ② 0.25mol/L

③ 0.50mol/L   ④ 0.67mol/L

해설 순간수율 $\phi = -\dfrac{dC_S}{dC_A}$

총괄수율 $\Phi = \dfrac{C_S}{C_{A0} - C_{Af}}$

CSTR에서 $\phi = \Phi$, $\phi = \dfrac{dC_S}{-dC_A} = \dfrac{2C_A}{(1+C_A)^2}$

$C_S = \Phi \times (C_{A0} - C_A)$

$\quad = \dfrac{2C_A}{(1+C_A)^2} \times (C_{A0} - C_A)$

$C_{A0} = 2$

$-\dfrac{dC_S}{dC_A} = -\dfrac{d}{dC_A}\left\{\left(\dfrac{2C_A}{(1+C_A)^2}\right) \times (2-C_A)\right\} = 0$

$= \dfrac{4(1-C_A) \times (1+C_A)^2 - (4C_A - 2C_A)^2 - 2(1+C_A)}{(1+C_A)^4}$

$4(1-C_A)(1+C_A) - 4(2C_A - C_A^2) = 0$

정리하면,

$C_A = \dfrac{1}{2}$

S의 최대농도$(C_S) = \dfrac{2C_A}{(1+C_A)^2}(C_{A0} - C_A) = \dfrac{2}{3}$

$\qquad = 0.67 \text{mol/L}$

84 어떤 반응에서 $1/C_A$을 시간 t로 플롯하여 기울기 1인 직선을 얻었다. 이 반응의 속도식은 어느 것인가? `출제율 40%`

① $-r_A = C_A$ ② $-r_A = 2C_A$

③ $-r_A = C_A^2$ ④ $-r_A = 2C_A^2$

해설 $\dfrac{1}{C_A} \propto t$

$\dfrac{1}{C_A} - \dfrac{1}{C_{A0}} = kt$ (2차 반응식)

$-r_A = C_A^2$

85 비가역 직렬반응 $A \to R \to S$에서 1단계는 2차 반응, 2단계는 1차 반응으로 진행되고 R이 원하는 제품일 경우 다음 설명 중 옳은 것은 어느 것인가? `출제율 20%`

① A의 농도를 높게 유지할수록 좋다.

② 반응온도를 높게 유지할수록 좋다.

③ 혼합흐름반응기가 플러그반응기보다 성능이 더 좋다.

④ A의 농도는 R의 수율과 직접 관계가 없다.

해설 $A \xrightarrow{\text{1단계}} \underset{\text{(원하는 물질)}}{R} \xrightarrow{\text{2단계}} S$

1단계 반응을 유도하고 2단계 반응을 막아야 하므로 A의 농도를 높게 유지하는 것이 1단계 반응에 유리하다.

86 밀도가 일정한 비가역 1차 반응 $A \to \text{product}$가 혼합흐름반응기(mixed flow reactor 또는 CSTR)에서 등온으로 진행될 때 정상상태 조건에서의 성능방정식(performance equation)으로 옳은 것은? (단, τ는 공간속도, K는 속도상수, C_{A0}는 초기농도, X_A는 전화율, C_{Af}는 유출농도이다.) `출제율 40%`

① $\dfrac{\tau}{KC_{A0}} = \ln\dfrac{X_A}{1-X_A}$

② $\tau KC_{A0} = C_{A0} - C_{Af}$

③ $K\tau C_{Af} = C_{A0} - C_{Af}$

④ $KC_{A0}\tau = \dfrac{C_{A0}}{C_{Af}} - 1$

해설 CSTR

- 0차 : $k\tau = C_{A0} - C_A$

- 1차 : $k\tau = \dfrac{X_A}{1-X_A} = \dfrac{C_{A0}-C_A}{C_A}$

  $k\tau C_A = C_{A0} - C_A$

- 2차 : $k\tau C_{A0} = \dfrac{X_A}{(1-X_A)^2}$

87 액상반응이 다음과 같이 병렬반응으로 진행될 때 R을 많이 얻고 S를 적게 얻으려면 A, B의 농도는 어떻게 되어야 하는가? 출제율 40%

$$A + B \xrightarrow{k_1} R, \ \gamma_R = k_1 C_A C_B^{0.5}$$

$$A + B \xrightarrow{k_2} S, \ \gamma_S = k_2 C_A^{0.5} C_B$$

① C_A는 크고, C_B도 커야 한다.

② C_A는 작고, C_B는 커야 한다.

③ C_A는 크고, C_B는 작아야 한다.

④ C_A는 작고, C_B도 작아야 한다.

해설 $\dfrac{C_R}{C_S} = \dfrac{k_1 C_A C_B^{0.5}}{k_2 C_A^{0.5} C_B} = \dfrac{k_1}{k_2} C_A^{0.5} \cdot \dfrac{1}{C_B^{0.5}}$

원하는 생성물 R을 얻기 위해 C_A는 크게 하고, C_B는 작게 한다.

88 회분식 반응기에서 일어나는 다음과 같은 1차 가역 반응에서 A만으로 시작하였을 때 A의 평형 전화율은 60%이다. 평형상수 K는 얼마인가? 출제율 40%

$$A \underset{k_1}{\overset{k_2}{\rightleftarrows}} P$$

① 1.5

② 2

③ 2.5

④ 3

해설 $k_e = \dfrac{M + X_{Ae}}{1 - X_{Ae}} = \dfrac{X_{Ae}}{1 - X_{Ae}} = \dfrac{0.6}{1 - 0.6} = 1.5$

89 다음은 n차$(n > 0)$이 단일반응에 대한 한 개의 혼합흐름반응기 및 플러그흐름반응기의 성능을 비교 설명한 내용이다. 옳지 않은 것은? (단, V_m은 혼합흐름반응기의 부피, V_p는 플러그흐름반응기의 부피를 나타낸다.) 출제율 40%

① V_m은 V_p보다 크다.

② V_m / V_p는 전화율이 증가에 따라 감소한다.

③ V_m / V_p는 반응차수에 따라 증가한다.

④ 부피 변화 분율이 증가하면 V_m / V_p가 증가한다.

해설 ① $n > 0$일 때 CSTR의 크기는 항상 PFR보다 크다.

② 전화율이 클수록 부피비가 급격히 증가하므로 V_m / V_p는 전화율 증가에 따라 증가한다.

③ 반응차수가 증가할수록 V_m / V_p이므로 V_m / V_p는 증가한다.

90 혼합반응기(CSTR)에서 균일액상반응 $A \rightarrow R$, $-r_A = k C_A^2$인 반응이 일어나 50%의 전화율을 얻었다. 이때 이 반응기의 다른 조건은 변하지 않고 반응기 크기만 6배로 증가한다면 전화율은 얼마인가? 출제율 60%

① 0.65

② 0.75

③ 0.85

④ 0.95

해설 2차 CSTR 반응

$k\tau C_{A0} = \dfrac{X_A}{(1-X_A)^2}$

$k\tau C_{A0} = \dfrac{0.5}{(1-0.5)^2} = 2$

반응기 크기 6배 : $k \times 6\tau \times C_{A0} = \dfrac{X_A}{(1-X_A)^2}$

$12 = \dfrac{X_A}{(1-X_A)^2}$

$12 X_A^2 - 25 X_A + 12 = 0$

$X_A = \dfrac{25 \pm \sqrt{25^2 - 4 \times 12 \times 12}}{24} = 0.75$

91 일반적인 반응 $A \to B$에서 생성되는 물질기준의 반응속도 표현을 옳게 나타낸 것은? (단, n은 몰수, V_R은 반응기의 부피이다.) 출제율 40%

① $r_B = \dfrac{1}{V_R} \cdot \dfrac{dn_B}{dt}$

② $r_B = -\dfrac{1}{V_R} \cdot \dfrac{dn_B}{dt}$

③ $r_A = \dfrac{2}{V_R} \cdot \dfrac{dn_A}{dt}$

④ $r_A = -\dfrac{2}{V_R} \cdot \dfrac{dn_A}{dt}$

해설 생성속도 $r_B = \dfrac{1}{V_R} \cdot \dfrac{dn_B}{dt}$

$$r_A = -\dfrac{1}{V_R} \cdot \dfrac{dn_A}{dt}$$

92 회분식 반응기에서 0.5차 반응을 10min 동안 수행하니 75%의 액체반응물 A가 생성물 R로 전화되었다. 같은 조건에서 15min간 반응을 시킨다면 전화율은 약 얼마인가? 출제율 60%

① 0.75   ② 0.85

③ 0.90   ④ 0.94

해설 회분식 반응기

$$-r_A = \dfrac{-dC_A}{dt} = kC_A{}^{0.5}$$

$$C_{A0} \dfrac{dX_A}{dt} = k\sqrt{C_{A0}}$$

$$\dfrac{dX_A}{\sqrt{1-X_A}} = \dfrac{k}{\sqrt{C_{A0}}} dt$$

$$\int_0^{0.75} \dfrac{dX_A}{\sqrt{1-X_A}} = \dfrac{k}{\sqrt{C_{A0}}} \times 10\,\mathrm{min}$$

$$-2\sqrt{1-X_A}\,\Big|_0^{0.75} = \dfrac{k}{\sqrt{C_{A0}}} \times 10$$

$$\dfrac{k}{\sqrt{C_{A0}}} = 0.1$$

$$-2\sqrt{1-X_A}\,\Big|_0^{X_A} = 0.1t = 0.1 \times 15\,\mathrm{min}$$

$$-2\sqrt{1-X_A} + 2 = 1.5$$

$$\sqrt{1-X_A} = 0.25$$

$$X_A = 0.94$$

93 부피 3.2L인 혼합흐름반응기에 기체반응물 A가 1L/s로 주입되고 있다. 반응기에서는 $A \to 2P$의 반응이 일어나며 A의 전화율은 60%이다. 반응물의 평균체류시간은? 출제율 60%

① 1초   ② 2초

③ 3초   ④ 4초

해설 $\varepsilon_A = y_{A0}\delta = \dfrac{2-1}{1} = 1$

$$\tau = \dfrac{V}{\nu_0} = \dfrac{3.2\mathrm{L}}{1\mathrm{L/s}} = 3.2\mathrm{s}$$

$$V = V_0(1 + \varepsilon_A X_A) = 1 + 1 \times 0.6 = 1.6$$

$$\bar{t}(\text{평균 체류시간}) = \dfrac{\text{공간속도}}{\text{부피}}$$

$$= \dfrac{C}{1 + \varepsilon_A X_A}$$

$$= \dfrac{1}{1.6} \times 3.2 = 2\mathrm{s}$$

94 $A + B \to R$인 2차 반응에서 C_{A0}와 C_{B0}의 값이 서로 다를 때 반응속도상수 k를 얻기 위한 방법은 어느 것인가? 출제율 20%

① $\ln \dfrac{C_B C_{A0}}{C_{B0} C_A}$와 t를 도시(plot)하여 원점을 지나는 직선을 얻는다.

② $\ln \dfrac{C_B}{C_A}$와 t를 도시(plot)하여 원점을 지나는 직선을 얻는다.

③ $\ln \dfrac{1-X_A}{1-X_B}$와 t를 도시(plot)하여 절편이 $\ln \dfrac{C_{A0}^2}{C_{B0}}$인 직선을 얻는다.

④ 기울기가 $1 + (C_{A0} - C_{B0})^2 k$인 직선을 얻는다.

해설 $\ln \dfrac{1-X_B}{1-X_A} = \ln \dfrac{M-X_A}{M(1-X_A)} = \ln \dfrac{C_B C_{A0}}{C_{B0} C_A}$

$$= \ln \dfrac{C_B}{MC_A} = C_{A0}(M-1)kt$$

$$= (C_{B0} - C_{A0})kt, \quad M \neq 1, \quad M = \dfrac{C_{B0}}{C_{A0}}$$

반응속도 k는 $\ln \dfrac{C_B C_{A0}}{C_{B0} C_A}$와 t를 도시하여 원점을 지나는 직선을 얻는다.

95 회분식 반응기 내에서의 균일계 액상 1차 반응 $A \rightarrow R$과 관계가 없는 것은? `출제율 20%`

① 반응속도는 반응물 A의 농도에 정비례한다.

② 전화율 X_A는 반응시간에 정비례한다.

③ $-\ln\dfrac{C_A}{C_{A0}}$와 반응시간과의 관계는 직선으로 나타난다.

④ 반응속도상수의 차원은 시간의 역수이다.

`해설` $-\ln(1-X_A) = \ln\dfrac{C_A}{C_{A0}} = kt$

반응률 X_A는 반응시간에 정비례하지 않는다.

96 다음 중 단일상 이상(理想) 반응기가 아닌 것은 어느 것인가? `출제율 20%`

① 회분식 반응기

② 플러그흐름반응기

③ 유동층반응기

④ 혼합흐름반응기

`해설` 단일 이상 반응기

㉠ 회분식 반응기(Batch)

㉡ 플러그흐름반응기(PFR)

㉢ 혼합흐름반응기(CSTR)

97 80%, 전화율을 얻는 데 필요한 공간시간이 4h인 혼합흐름반응기에서 3L/min을 처리하는 데 필요한 반응기 부피는 몇 L인가? `출제율 40%`

① 576

② 720

③ 900

④ 960

`해설` $\tau = \dfrac{V}{\nu_0}$

$\Delta h = \dfrac{V}{3\,\text{L/min} \times 60\,\text{min/1h}}$

$V = 720\,\text{L}$

98 직렬로 연결된 2개의 혼합흐름반응기에서 다음과 같은 액상반응이 진행될 때 두 반응기의 체적 V_1과 V_2의 합이 최소가 되는 체적비 V_1/V_2에 관한 설명으로 옳은 것은? (단, V_1은 앞에 설치된 반응기의 체적이다.) `출제율 40%`

$$A \rightarrow R \ (-r_A = kC_A{}^n)$$

① $0 < n < 1$이면 V_1/V_2는 항상 1보다 작다.

② $n = 1$이면 V_1/V_2는 항상 1이다.

③ $n > 1$이면 V_1/V_2는 항상 1보다 크다.

④ $n > 0$이면 V_1/V_2는 항상 1이다.

`해설` • 1차 반응 : 동일한 크기의 반응기가 최적
 ($V_1/V_2 =$ 항상 1)

• $n > 1$: 작은 반응기(V_1) → 큰 반응기(V_2) 순서
 (V_1/V_2는 1보다 작음)

• $n < 1$: 큰 반응기(V_1) → 작은 반응기(V_2) 순서
 (V_1/V_2는 1보다 큼)

99 $A \rightarrow R$로 표시되는 화학반응의 반응열이 $\Delta Hr = 1800\,\text{cal/mol} \cdot A$로 일정할 때 입구 온도 95℃인 단열반응기에서 A의 전화율이 50%이면, 반응기의 출구 온도는 몇 ℃인가? (단, A와 R의 열용량은 각각 10cal/mol · K이다.) `출제율 40%`

① 5

② 15

③ 25

④ 35

`해설` $A \Rightarrow 50\%, \ B \Rightarrow 50\%$

$10 \times (95-t) + 10 \times (95-t) = 1800$

$t = 5℃$

100 비가역 액상 0차 반응에서 반응이 완전히 완결되는 데 필요한 반응시간은? `출제율 40%`

① 초기농도의 역수와 같다.

② 속도상수의 역수와 같다.

③ 초기농도를 속도상수로 나눈 값과 같다.

④ 초기농도에 속도상수를 곱한 값과 같다.

`해설` 0차 반응식 : $C_{A0} - C_A = kt$

$C_A - C_{A0} = -kt$

$C_{A0}(1-X_A) - C_{A0} = -kt$

$C_{A0}X_A = kt$, $X_A = 1$일 때 반응 완결

$t = \dfrac{C_{A0}}{k}$ (초기농도를 속도상수로 나눔)

▶ 제1과목 ▌ 화공열역학

01 기-액상에서 두 성분이 한 가지의 독립된 반응을 하고 있다면, 이 계의 자유도는? 출제율 60%

① 0 　　　　② 1
③ 2 　　　　④ 3

해설 자유도(F)
$F = 2 - P + C - r - s$
여기서, P : 상, C : 성분, r : 반응식
　　　s : 제한조건(공비혼합물, 등몰기체)
P : 2(기 · 액), C : 2(2성분), r : 1(한 가지 반응)
$F = 2 - 2 + 2 - 1 = 1$

02 일정압력(3kgf/cm^2)에서 0.5m^3의 기체를 팽창시켜 $24000\text{kgf} \cdot \text{m}$의 일을 얻으려 한다. 기체의 체적을 얼마로 팽창해야 하는가? 출제율 20%

① 0.6m^3
② 1.0m^3
③ 1.3m^3
④ 1.5m^3

해설 $W = \int PdV = P(V_2 - V_1)$

압력 단위환산 : $3\,\text{kgf/cm}^2 \times \dfrac{100^2\,\text{cm}^2}{1\,\text{m}^2}$

$= 3 \times 10^4 \, \text{kgf/m}^2$
$= 3 \times 10^4 \, \text{kgf/m}^2 \times (V_2 - 0.5\,\text{m}^3) = 24000\,\text{kgf} \cdot \text{m}$
$V_2 = 1.3\,\text{m}^3$

03 다음 중 일의 단위가 아닌 것은? 출제율 20%

① $\text{N} \cdot \text{m}$
② $\text{W} \cdot \text{s}$
③ $\text{L} \cdot \text{atm}$
④ cal/s

해설 단위환산
- W의 단위 : cal, J, $\text{N} \cdot \text{m}$, $\text{W} \cdot \text{s}$, $\text{L} \cdot \text{atm}$, $\text{kgf} \cdot \text{m}$
- cal/s : 동력 단위

04 액상반응의 평형상수를 옳게 나타낸 것은? (단, v_i : 성분 i의 양론 수(stochiometric number), x_i : 성분 i의 액상 몰분율, y_i : 성분 i의 기상 몰분율, $\hat{a}_i = \dfrac{\hat{f}_i}{f_i^\circ}$, f_i° : 표준상태에서의 순수한 액체 i의 퓨가시티, $\hat{f}_i$: 순수한 액체 i의 퓨가시티이다.) 출제율 40%

① $K = P^{-v_i}$
② $K = RT \ln x_i$
③ $K = \prod_i y_i^{v_i}$
④ $K = \prod_i \hat{a}_i^{v_i}$

해설 평형상수와 조성관계(액상)
$\prod_i (\hat{f}_i/f_i^\circ)^{v_i} = K$, $a_i = \dfrac{\hat{f}_i}{f_i^\circ}$

$\prod_i (a_i)^{v_i} = K = \exp \dfrac{-\sum V_i G_i^\circ}{RT}$

05 그림과 같은 공기 표준 오토사이클의 효율을 옳게 나타낸 식은? (단, a는 압축비이고, γ는 비열비(C_P/C_V)이다.) 출제율 60%

① $1 - a^\gamma$
② $1 - a^{\gamma-1}$
③ $1 - \left(\dfrac{1}{a}\right)^\gamma$
④ $1 - \left(\dfrac{1}{a}\right)^{\gamma-1}$

해설 Otto cyle 열효율(η)
$\eta = 1 - \left(\dfrac{1}{r}\right)^{\gamma-1} = 1 - \left(\dfrac{1}{a}\right)^{\gamma-1}$
여기서, r : 압축비
　　　γ : 비열비
　　　a : 압축비

06 500K의 열저장소(heat reservoir)로부터 300K의 열저장소로 열이 이동한다. 이동한 열의 양이 100kJ이라고 할 때 전체 엔트로피 변화량은 얼마인가? 〔출제율 40%〕

① 50.0kJ/K

② 13.3kJ/K

③ 0.500kJ/K

④ 0.133kJ/K

해설

$$고온 \quad T_1 \xrightarrow{Q} \quad 저온 \quad T_2$$

고온 물체 $\Delta S_1 = \dfrac{-dQ}{T_1}$, 저온 물체 $\Delta S_2 = \dfrac{dQ}{T_2}$

$$\Delta S = \Delta S_1 + \Delta S_2 = \dfrac{-Q}{T_1} + \dfrac{Q}{T_2} = Q\left(\dfrac{T_1 - T_2}{T_1 T_2}\right)$$

$$S = 100\text{kJ}\left(\dfrac{500 - 300}{500 \times 300}\right) = 0.133\text{kJ/K}$$

07 공기 표준 디젤사이클의 $P-V$ 선도에 해당하는 것은? 〔출제율 40%〕

① ②

③ ④

해설 공기 표준 디젤사이클

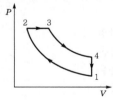

• 1−2 : 단열압축
• 2−3 : 등압가열
• 3−4 : 단열팽창
• 4−1 : 등적방열

08 다음 중 에너지의 출입은 가능하나 물질의 출입은 불가능한 계는? 〔출제율 20%〕

① 열린계(open system)

② 닫힌계(closed system)

③ 고립계(isolated system)

④ 가역계(reversible system)

해설 계(system)

㉠ 열린계 : 물질 이동 가능, 에너지 이동 가능
㉡ 닫힌계 : 물질 이동 불가, 에너지 이동 가능
㉢ 고립계 : 물질 이동 불가, 에너지 이동 불가
㉣ 단열계 : 열의 이동 불가

09 이상기체의 단열가역 변화에 대하여 옳은 것은? $\left(단, \ \gamma = \dfrac{C_P}{C_V} 이다.\right)$ 〔출제율 60%〕

① $P_2/P_1 = (V_2/V_1)^{\gamma}$

② $T_2/T_1 = (V_1/V_2)^{\gamma-1}$

③ $T_2/T_1 = (P_1/P_2)^{\frac{\gamma-1}{\gamma}}$

④ $P_2/P_1 = (V_1/V_2)^{\frac{\gamma-1}{\gamma}}$

해설 이상기체 단열공정

• $\dfrac{T_2}{T_1} = \left(\dfrac{V_1}{V_2}\right)^{\gamma-1}$

• $\dfrac{T_2}{T_1} = \left(\dfrac{P_2}{P_1}\right)^{\frac{\gamma-1}{\gamma}}$

• $\dfrac{P_2}{P_1} = \left(\dfrac{V_1}{V_2}\right)^{\gamma}$

10 G^E 가 다음과 같이 표시된다면 활동도 계수는? (단, G^E 는 과잉 깁스 에너지, B, C 는 상수, γ 는 활동도 계수, X_1, X_2 : 액상 성분 1, 2의 몰분율이다.) 〔출제율 40%〕

$$G^E/RT = BX_1 X_2 + C$$

① $\ln \gamma_1 = BX_2^2$ ② $\ln \gamma_1 = BX_2^2 + C$

③ $\ln \gamma_1 = BX_1^2 + C$ ④ $\ln \gamma_1 = BX_1^2$

해설

$$\dfrac{G^E}{RT} = BX_1 X_2 + C = B\dfrac{n_1 \times n_2}{n \times n} + C$$

$$\dfrac{nG^E}{RT} = B \times \dfrac{n_1 \times n_2}{n} + C = B \times \dfrac{n_1 \times n_2}{n_1 + n_2} + C$$

$$\dfrac{\partial \left(\dfrac{nG^E}{RT}\right)}{\partial n_1} = B\dfrac{n_2(n_1 + n_2) - n_1 n_2}{(n_1 + n_2)^2} = B\dfrac{n_2^2}{(n_1 + n_2)^2} + C$$

$$\ln \gamma_1 = B\dfrac{n_2^2}{(n_1 + n_2)^2} + C = BX_2^2 + C$$

06.④ 07.③ 08.② 09.② 10.②

11 다음의 반응에서 반응물과 생성물이 평형을 이루고 있다. 평형이동에 미치는 온도와 압력의 영향을 살펴보기 위하여, 온도를 올려보고 압력을 상승시키는 변화를 주었을 때 평형은 두 경우에 각각 어떻게 이동하겠는가? (단, 정반응이 흡열반응이다.) 출제율 20%

$$N_2O_4(g) \rightleftarrows 2NO_2(g),$$
표준반응 엔탈피 $\Delta H^0 > 0$

① 온도 상승 : 오른쪽, 압력 상승 : 오른쪽
② 온도 상승 : 오른쪽, 압력 상승 : 왼쪽
③ 온도 상승 : 왼쪽, 압력 상승 : 오른쪽
④ 온도 상승 : 왼쪽, 압력 상승 : 왼쪽

해설 르 샤틀리에 원리(새로운 화학평형상태는 주어진 변화를 상쇄시키는 방향으로 진행)
• 온도 상승 : 정반응(오른쪽)
• 압력 상승 : 역반응(왼쪽)

12 열역학 제3법칙은 무엇을 의미하는가? 출제율 20%

① 절대온도 0도에 대한 정의
② $\lim_{T \to 0} S = 1$
③ $\lim_{T \to 0} S = 0$
④ $\Delta S = R \ln 2$

해설 열역학 제3법칙
절대온도 0K에서 완전한 결정상태를 유지하는 경우 엔트로피는 0이다.
$\lim_{T \to 0} \Delta S = 0$ (Nernst 열정리)

13 일반적인 삼차 상태방정식(cubic equation of state)의 매개변수를 구하기 위한 조건을 옳게 표시한 것은? 출제율 20%

① $\left(\dfrac{\partial P}{\partial T}\right)_{V,\,criticalpoint} = \left(\dfrac{\partial^2 P}{\partial T^2}\right)_{V,\,criticalpoint} = 0$

② $\left(\dfrac{\partial V}{\partial T}\right)_{P,\,criticalpoint} = \left(\dfrac{\partial^2 V}{\partial T^2}\right)_{P,\,criticalpoint} = 0$

③ $\left(\dfrac{\partial P}{\partial V}\right)_{T,\,criticalpoint} = \left(\dfrac{\partial^2 P}{\partial V^2}\right)_{T,\,criticalpoint} = 0$

④ $\left(\dfrac{\partial T}{\partial V}\right)_{P,\,criticalpoint} = \left(\dfrac{\partial^2 T}{\partial V^2}\right)_{P,\,criticalpoint} = 0$

해설 임계점(critical point)
순수한 화합물질이 증기 · 액체 평형을 이룰 수 있는 최고의 온도, 압력
$\left(\dfrac{\partial P}{\partial V}\right)_{T_C} = 0, \quad \left(\dfrac{\partial^2 P}{\partial V^2}\right)_{T_C} = 0$

14 실제가스에 관한 설명 중 틀린 것은? 출제율 20%

① 압축인자는 항상 1보다 작거나 같다.
② 혼합가스의 2차 비리얼(virial) 계수는 온도와 조성의 함수이다.
③ 압력이 영(zero)에 접근하면 잔류(residual) 엔탈피나 엔트로피가 영(zero)으로 접근한다.
④ 조성이 주어지면 혼합물의 임계치(TC, PC, ZC)는 일정하다.

해설 실제기체
㉠ $PV = ZnRT$ (Z : 압축인자)
㉡ 압축인자(Z)가 1이면 이상기체이다(이상기체가 아닐 때는 $Z \neq 1$).
㉢ 비리얼 방정식
$Z = 1 + \dfrac{B}{V} + \dfrac{C}{V^2} + \dfrac{D}{V^3} + \cdots$

잔류성질 : $G^R = G - G^{ig}$
$P \to 0$이면 이상기체에 가까워진다.

15 1mol의 이상기체(단원자 분자)가 1기압 0℃에서 10기압으로 가역압축되었다. 다음 압축공정 중 압축 후의 온도가 높은 순으로 배열된 것은 어느 것인가? 출제율 40%

① 등온 > 정용 > 단열
② 정용 > 단열 > 등온
③ 단열 > 정용 > 등온
④ 단열 = 정용 > 등온

해설 • 정용 $\dfrac{P_1 V_1}{T_1} = \dfrac{P_2 V_2}{T_2}$

$\dfrac{1 \times 22.4}{273} = \dfrac{10 \times 22.4}{T_2}, \quad T_2 = 2730\,\text{K}$

• 단열 $\dfrac{T_2}{T_1} = \left(\dfrac{P_2}{P_1}\right)^{\frac{\gamma-1}{\gamma}}$

$T_2 = T_1 \times \left(\dfrac{P_2}{P_1}\right)^{\frac{\gamma-1}{\gamma}} = 273 \times \left(\dfrac{10}{1}\right)^{\frac{1.67-1}{1.67}} = 687.64\,\text{K}$

• 등온 $T_2 = 273\,\text{K}$

16 열역학 모델을 이용하여 상평형 계산을 수행하려고 할 때 응용계에 대한 모델의 조합이 적합하지 않은 것은? 〔출제율 20%〕

① 물속의 이산화탄소의 용해도 : 헨리의 법칙
② 메탄과 에탄의 고압 기·액 상평형 : SRK (Soave/Redlich/Kwong) 상태방정식
③ 에탄올과 이산화탄소의 고압 기·액 상평형 : Wilson 식
④ 메탄올과 헥산의 저압 기·액 상평형 : NRTL(Non-Random-Two-Liquid) 식

[해설] • Wilson 모델
국부조성 모델로 혼합물의 전체조성이 국부조성과 같지 않다는 개념이다.
• NRTL 모델
두 가지 이상의 물질이 혼합된 경우 라울의 법칙이 적용되는 이상용액으로부터 벗어나는 현상에 관한 모델이다.
• Soave Modified Redlich Kwong(SRK) 상태방정식
순수성분의 증기압 추산을 좀 더 개선하기 위해 편심인자에 관한 식을 제한한다.

17 2atm의 일정한 외압조건에 있는 1mol의 이상기체 온도를 10K만큼 상승시켰다면 이상기체가 외계에 대하여 한 최대 일의 크기는 몇 cal인가? (단, 기체상수 $R=1.987$cal/mol·K) 〔출제율 20%〕

① 14.90
② 19.87
③ 39.74
④ 43.35

[해설] $W=\Delta PV=\Delta nRT=nR\Delta T$
$\quad = 1\,\text{mol} \times 1.987\,\text{cal/mol·K} \times 10\,\text{K} = 19.87\,\text{cal}$

18 1atm, 357℃의 이상기체 1mol을 10atm으로 등온압축하였을 때의 엔트로피 변화량은 약 얼마인가? (단, 기체는 단원자 분자이며, 기체상수 $R=1.987$cal/mol·K이다.) 〔출제율 40%〕

① -4.6cal/mol·K
② 4.6cal/mol·K
③ -0.46cal/mol·K
④ 0.46cal/mol·K

[해설] 이상기체 엔트로피 변화

$$\Delta S = nC_P \ln\frac{T_2}{T_1} - nR\ln\frac{P_1}{P_2} \quad (T=\text{const})$$

$$= -1.987\,\text{cal/mol·K} \times 1\,\text{mol} \times \ln\frac{10}{1}$$

$$= 1.987\,\text{cal/mol·K} \times 1\,\text{mol} \times \ln\frac{1}{10}$$

$$= -4.58\,\text{cal/K}\,(1\,\text{mol}당은 -4.58\,\text{cal/kmol})$$

19 다음과 같은 반 데르 발스(Van der Waals) 식을 이용하여 실제기체의 $\left(\dfrac{\partial U}{\partial V}\right)_T$를 구한 결과로서 옳은 것은? 〔출제율 40%〕

$$P = \frac{RT}{V-b} - \frac{a}{V^2}$$

① $(\partial U/\partial V)_T = \dfrac{a}{V^2}$

② $(\partial U/\partial V)_T = \dfrac{a}{(V-b)^2}$

③ $(\partial U/\partial V)_T = \dfrac{b}{V^2}$

④ $(\partial U/\partial V)_T = \dfrac{b}{(V-b)^2}$

[해설] $dU = TdS - PdV$
dV로 나누면 $(T=\text{const})$

$$\left(\frac{\partial U}{\partial V}\right)_T = T\left(\frac{\partial S}{\partial V}\right)_T - P = T\left(\frac{\partial P}{\partial T}\right)_V - P$$

맥스웰 방정식 $\left(\dfrac{\partial P}{\partial T}\right)_V = \left(\dfrac{\partial S}{\partial V}\right)_T$

$$\left(\frac{\partial P}{\partial T}\right)_V = \frac{R}{V-b}$$

$$\left(\frac{\partial U}{\partial V}\right)_T = T\left(\frac{R}{V-b}\right) - \left(\frac{RT}{V-b} - \frac{a}{V^2}\right) = \frac{a}{V^2}$$

20 평형상태에 대한 설명 중 옳은 것은? 〔출제율 40%〕

① $(dG^t)_{T,P} > 0$가 성립한다.
② $(dG^t)_{T,P} < 0$가 성립한다.
③ $(dG^t)_{T,P} = 1$이 성립한다.
④ $(dG^t)_{T,P} = 0$이 성립한다.

[해설] 평형상태
$(dG^t)_{T,P} = 0$이 성립된다.

21 1mol의 NH_3를 다음과 같은 반응에서 산화시킬 때 O_2를 50% 과잉 사용하였다. 만일 반응의 완결도가 90%라 하면 남아 있는 산소(mol)는? 출제율 20%

$$NH_3 + 2O_2 \rightarrow HNO_3 + H_2O$$

① 0.6　　　　② 0.8
③ 1.0　　　　④ 1.2

해설 $NH_3 + 2O_2 \rightarrow HNO_3 + H_2O$
1 mol　2 mol
$2\,mol\,O_2 \times 1.5 = 3\,mol\,O_2$ 이므로
반응 완결도가 90%이므로 $2\,mol \times 0.9$만큼 소요되므로 $3\,mol - 2 \times 0.9\,mol = 1.2\,mol$이 남아 있게 된다.

22 이상기체의 정압 열용량(C_P)과 정용 열용량(C_V)에 대한 설명 중 틀린 것은? 출제율 20%

① C_V가 C_P보다 기체상수(R)만큼 작다.
② 정용계를 가열시키는 데 열량이 정압계보다 더 많이 소요된다.
③ C_P는 보통 개방계의 열출입을 결정하는 물리량이다.
④ C_V는 보통 폐쇄계의 열출입을 결정하는 물리량이다.

해설 $C_P = C_V + R$
정압 열용량이 정적 열용량보다 더 많이 소요된다.

23 밀도가 1.15g/cm³인 액체가 밑면의 넓이 930cm², 높이 0.75m인 원통 속에 가득 들어 있다. 이 액체의 질량은 약 몇 kg인가? 출제율 40%

① 8.0　　　　② 80.1
③ 186.2　　　④ 862.5

해설 밀도 $= \dfrac{질량}{부피}$

질량 = 부피 × 밀도

$= 930\,cm^2 \times \dfrac{1\,m^2}{100^2\,cm^2} \times 0.75\,m$
$\qquad \times (1.15 \times 1000)kg/m^3$
$= 80.2\,kg$

24 760mmHg 대기압에서 진공계가 100mmHg 진공을 표시하였다면 절대압력(atm)은? 출제율 20%

① 0.54
② 0.69
③ 0.87
④ 0.96

해설 진공도 = 대기압 - 절대압

$100\,mmHg \times \dfrac{1\,atm}{760\,mmHg} = 1\,atm - 절대압$

절대압 $= 0.87\,atm$

25 물질의 증발잠열(heat of vaporization)을 예측하는 데 사용되는 식은? 출제율 40%

① Raoult의 식
② Fick의 식
③ Clausius-Clapeyron의 식
④ Fourier의 식

해설 Clausius-Clapeyron 식

$$\ln\left(\dfrac{P_2}{P_1}\right) = \dfrac{\Delta H}{R}\left(\dfrac{1}{T_1} - \dfrac{1}{T_2}\right)$$

여기서, P : 압력
　　　　H : 엔탈피
　　　　R : 기체상수
　　　　T : 온도
물질의 증발잠열을 예측하는 데 사용한다.

26 25℃, 대기압 하에서 0.38mH₂O의 수두압으로 포화된 습윤공기 100m³가 있다. 이 공기 중의 수증기량은 약 몇 kg인가? (단, 대기압은 755mmHg이고, 1기압은 수두로 10.3mH₂O이다.) 출제율 40%

① 2.71　　　　② 12.2
③ 24.7　　　　④ 37.1

해설 $PV = nRT$

$755 \times \dfrac{1}{760} \times 100\,m^3 = n \times 0.082 \times 298$

$n = 4.065\,kmol$

$4.065\,kmol \times \dfrac{0.38\,mH_2O}{10.3\,mH_2O} = 0.15\,kmol\,H_2O$

공기 중 수증기량

$= 0.15\,kmol \times H_2O \times \dfrac{18\,kg}{1\,kmol} = 2.7\,kg$

27 실제기체의 압축인자(compressibility factor)를 나타내는 그림이다. 이들 기체 중에서 저온에서 분자 간 인력이 가장 큰 기체는? [출제율 20%]

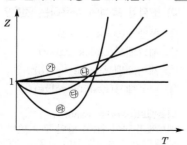

① ㉮　　　　　　② ㉯
③ ㉰　　　　　　④ ㉱

해설 압축인자(Z)
㉠ 실제기체가 이상기체에서 벗어난 정도를 나타내는 수치이다.
㉡ $PV = ZnRT$ ($Z=1$: 이상기체)
㉢ 온도가 증가함에 따라 $Z<1$인 경우 $Z = \dfrac{PV}{RT}$ 에서 T, P에서 V가 이상기체로 가정했을 때보다 더 적다. 이유는 기체분자 사이의 인력이 작용하기 때문이다.

28 25℃에서 벤젠이 bomb 열량계 속에서 연소되어 이산화탄소와 물이 될 때 방출된 열량을 실험으로 재어보니 벤젠 1mol당 780890cal였다. 25℃에서의 벤젠의 표준연소열은 약 몇 cal인가? (단, 반응식은 다음과 같으며, 이상기체로 가정한다.) [출제율 40%]

$$C_6H_6(l) + 7\frac{1}{2}O_2(g) \longrightarrow 3H_2O(l) + 6CO_2(g)$$

① −781778
② −781588
③ −781201
④ −780003

해설 $780890\,\text{cal} = Q_C + \Delta nRT$
$\qquad\qquad\qquad = Q_C + (6-7.5)\times 1.987 \times 298$
$Q_C = 781778\,\text{cal}$ 방출
$\Delta H_C = -781778\,\text{cal}$

29 이상기체 법칙이 적용된다고 가정할 경우 용적이 5.5m³인 용기에 질소 28kg을 넣고 가열하여 압력이 10atm이 될 때 도달하는 기체의 온도(℃)는? [출제율 80%]

① 81.51　　　　② 176.31
③ 287.31　　　　④ 397.31

해설 $PV = nRT = \dfrac{W}{M}RT$

$T = \dfrac{PVM}{WR} = \dfrac{10\,\text{atm}\times 5.5\,\text{m}^3 \times 28\,\text{kg/kmol}}{28\,\text{kg}\times 0.082\,\text{atm}\cdot\text{m}^3/\text{kmol}\cdot\text{K}}$
$\quad = 670.7\,\text{K} - 273 = 397.7℃$

30 0℃, 800atm에서 O_2의 압축계수는 1.50이다. 이 상태에서 산소의 밀도(g/L)는? [출제율 80%]

① 632　　　　② 762
③ 827　　　　④ 1715

해설 $PV = ZnRT = Z\dfrac{W}{M}RT$

$\rho = \dfrac{W}{V} = \dfrac{PM}{ZRT} = \dfrac{800\times 32}{1.5\times 0.082 \times 273} = 762.38\,\text{g/L}$

31 매우 넓은 2개의 평행한 회색체 평면이 있다. 평면 1과 2의 복사율은 각각 0.8, 0.6이고 온도는 각각 1000K, 600K이다. 평면 1에서 2까지의 순 복사량은 얼마인가? (단, Stefan-Boltzman 상수는 $5.67\times 10^{-8}\,\text{W/m}^2\cdot\text{K}^4$이다.) [출제율 40%]

① 12874W/m²　　② 25749W/m²
③ 33665W/m²　　④ 47871W/m²

해설 회색체의 열전달
$$F_{1.2} = \cfrac{1}{\dfrac{1}{F_{1.2}} + \left(\dfrac{1}{\varepsilon_1}-1\right) + \dfrac{A_1}{A_2}\left(\dfrac{1}{\varepsilon_2}-1\right)}$$

$\quad = \cfrac{1}{1 + \left(\dfrac{1}{0.8}-1\right) + \left(\dfrac{1}{0.6}-1\right)} = 0.522$

$q = \sigma A F_{1.2}(T_1{}^4 - T_2{}^4)$

$(A_1 \geqq A_2)\ \dfrac{q}{A} = \sigma A F_{1.2}(T_1{}^4 - T_2{}^4)$

$\dfrac{q}{A} = 5.67\times 10^{-8}\,\text{W/m}^2\text{K}^4 \times 0.522 \times (1000^4 - 600^4)$
$\quad = 25749\,\text{W/m}^2$

32 가로 30cm, 세로 60cm인 직사각형 단면을 갖는 도관에 세로 35cm까지 액체가 차서 흐르고 있다. 상당직경(equivalent diameter)은? 출제율 20%

① 62cm

② 52cm

③ 42cm

④ 32cm

해설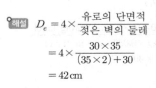
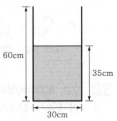

$$D_e = 4 \times \frac{\text{유로의 단면적}}{\text{젖은 벽의 둘레}}$$
$$= 4 \times \frac{30 \times 35}{(35 \times 2) + 30}$$
$$= 42\text{cm}$$

33 다음 그림과 같은 건조속도 곡선(X는 자유수분, R은 건조속도)을 나타내는 고체는 어느 것인가? (단, 건조는 A → B → C → D 순서로 일어난다.) 출제율 20%

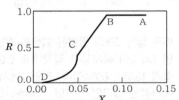

① 비누

② 소성점토

③ 목재

④ 다공성 촉매입자

해설 그림은 다공성 세라믹 판의 건조속도 자료이다.

34 분배의 법칙이 성립하는 영역은 어떤 경우인가? 출제율 20%

① 결합력이 상당히 큰 경우

② 용액의 농도가 묽을 경우

③ 용질의 분자량이 큰 경우

④ 화학적으로 반응할 경우

해설 분배율과 분배 법칙

• 분배율(k) = $\frac{y}{x}$ = $\frac{\text{추출상}}{\text{추잔상}}$

• 분배 법칙 : 용액의 농도가 낮을 경우 추출액 상에서의 용질의 농도와 추잔액 상의 용질의 농도비는 일정한 법칙을 말한다.

35 다음 중 디스크의 형상을 원뿔모양으로 바꾸어서 유체가 통과하는 단면이 극히 작은 구조로 되어 있기 때문에 고압 소유량의 유체를 누설없이 조절할 목적에 사용하는 것은? 출제율 20%

① 콕밸브(cock valve)

② 체크밸브(check valve)

③ 게이트밸브(gate valve)

④ 니들밸브(needle valve)

해설 니들밸브(needle valve)
밸브체의 끝이 원뿔모양인 구형 밸브 중의 한 종류로 유량이 적거나 고압인 경우 유량을 줄이면서 소량 조정에 적합하다.

36 단일효용증발기에서 10wt% 수용액을 50wt% 수용액으로 농축하려고 한다. 공급용액은 55000 kg/h, 증발기에서 용액의 비점이 52℃이고, 공급용액의 온도가 52℃일 때 증발된 물의 양은? 출제율 60%

① 11000kg/h ② 22000kg/h

③ 44000kg/h ④ 55000kg/h

해설

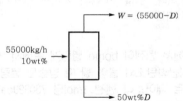

$$55000 \times 0.1 = D \times 0.5$$
$$D = 11000\,\text{kg} - \text{h}$$
증발된 물의 양(W) = $55000 - 11000 = 44000\,\text{kg/h}$

37 증류탑의 ideal stage(이상단)에 대한 설명으로 옳지 않은 것은? 출제율 20%

① stage(단)를 떠나는 두 stream(흐름)은 서로 평형관계를 이루고 있다.

② 재비기(reboiler)는 한 ideal stage로 계산한다.

③ 부분 응축기(partial condenser)는 한 ideal stage로 계산한다.

④ 전 응축기(total condenser)는 한 ideal stage로 계산한다.

해설 전 응축기는 이론단수로 계산할 수 없다.

38 교반기 중 점도가 높은 액체의 경우에는 적합하지 않으나 점도가 낮은 액체의 다량처리에 많이 사용되는 것은? _{출제율 20%}

① 프로펠러(propeller)형 교반기
② 리본(ribbon)형 교반기
③ 앵커(anchor)형 교반기
④ 나선형(screw)형 교반기

^{해설} • 프로펠러형 교반기
점도가 높은 액체나 무거운 고체가 섞인 액체의 교반에는 부적합하며, 점도가 낮은 액체의 다량 처리에 적합하다.
• 앵커형 교반기
점도가 높은 생산물이나 열전달 증가 목적의 교반기이다.
• 나선형/리본형
점도가 큰 액체의 사용, 교반, 운반 목적의 교반기이다.

39 비중이 1인 물이 흐르고 있는 관의 양단에 비중이 13.6인 수은으로 구성된 U자형 마노미터를 설치하여 수은의 높이차를 측정해 보니 약 33cm였다. 관 양단의 압력차(atm)는? _{출제율 40%}

① 0.2   ② 0.4
③ 0.6   ④ 0.8

^{해설} $\Delta P = \dfrac{g}{g_c}(\rho_A - \rho_B)R$

$= \dfrac{\mathrm{kgf}}{\mathrm{kg}}(13.6-1) \times 1000\,\mathrm{kg/m^3} \times 0.33\,\mathrm{m}$

$= 4158\,\mathrm{kgf/m^2} \times \dfrac{1\,\mathrm{m^2}}{100^2\,\mathrm{cm^2}}$

$= 0.4158\,\mathrm{kgf/cm^2}$

$= 0.4158\,\dfrac{\mathrm{kgf}}{\mathrm{cm^2}} \times \dfrac{1\,\mathrm{atm}}{1.0332\,\mathrm{kgf/cm^2}}$

$= 0.4\,\mathrm{atm}$

40 탑 내에서 기체 속도를 점차 증가시키면 탑 내 액 정체량(hold up)이 증가함과 동시에 압력손실도 급격히 증가하여 액체가 아래로 이동하는 것을 방해할 때의 속도를 다음 중 무엇이라고 하는가? _{출제율 40%}

① 평균속도   ② 부하속도
③ 초기속도   ④ 왕일속도

^{해설} 부하속도
기체속도 증가 시 탑 내 액체 유량이 증가하고 동시에 압력 손실도 급격하게 증가하는 점에서의 속도를 말한다.

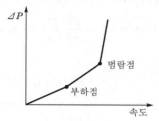

제3과목 | 공정제어

41 적분공정($G(s)=1/s$)을 제어하는 경우에 대한 설명으로 틀린 것은? _{출제율 40%}

① 비례제어만으로 설정값의 계단변화에 대한 잔류오차(offset)를 제거할 수 있다.
② 비례제어만으로 입력외란의 계단변화에 대한 잔류오차(offset)를 제거할 수 있다. (입력외란은 공정입력과 같은 지점으로 유입되는 외란)
③ 비례제어만으로 출력외란의 계단변화에 대한 잔류오차(offset)를 제거할 수 있다.(출력외란은 공정출력과 같은 지점으로 유입되는 외란)
④ 비례-적분제어를 수행하면 직선적으로 상승하는 설정값 변화에 대한 잔류오차(offset)를 제거할 수 있다.

^{해설} 적분공정은 자체적으로 적분제어 기능이 있다. 이는 적분공정 앞에 있는 외란에 대해서는 offset을 제거할 수 없고, 뒤에 있는 offset는 제거할 수 있다.

42 다음 중 제어밸브를 나타낸 것은? _{출제율 20%}

① ⟶⋈⟶   ②
③ ⟶▯⟶ FN   ④

^{해설} ① : 게이트밸브
② : 방향제어밸브
③ : 바닥배수구(flow drain)

43 다음 공정과 제어기를 고려할 때 정상상태 (steady-state)에서 $y(t)$값은? 출제율 20%

- 제어기
$$u(t) = 1.0(1.0 - y(t)) + \frac{1.0}{2.0}\int_0^t (1 - y(\tau))d\tau$$

- 공정
$$\frac{d^2 y(t)}{dt^2} + 2\frac{dy(t)}{dt} + y(t) = u(t - 0.1)$$

① 1   ② 2
③ 3   ④ 4

해설 $U(s) = \dfrac{1}{s} - Y(s) + \dfrac{1}{2}\left[\dfrac{1}{s^2} - \dfrac{1}{s}Y(s)\right]$

$\qquad = \dfrac{1}{s} - Y(s) + \dfrac{1}{2s^2} - \dfrac{1}{2s}Y(s)$

$\mathcal{L}\left[u(t - 0.1)\right]$

$\quad = \left[\dfrac{1}{s} - Y(s) + \dfrac{1}{2s^2} - \dfrac{1}{2s}Y(s)\right] \times e^{-0.1s}$

$s^2 Y(s) + 2Y(s) + Y(s) = \mathcal{L}\left[u(t - 0.1s)\right]$

$(s^2 + 2s + 1)Y(s) = \dfrac{1}{s}e^{-0.1s} - Y(s)e^{-0.1s}$

$\qquad\qquad\qquad + \dfrac{1}{2s^2}e^{-0.1s} - \dfrac{1}{2s}Y(s)e^{-0.1s}$

정리하면 $Y(s) = \dfrac{\dfrac{1}{s}e^{-0.1s} + \dfrac{1}{2s^2}e^{-0.1s}}{s^2 + 2s + 1 + e^{-0.1s} + \dfrac{1}{2s}e^{-0.1s}}$

$\qquad\qquad = \dfrac{e^{-0.1s} + \dfrac{1}{2s}e^{-0.1s}}{s^2 + 2s + 1 + e^{-0.1s} + \dfrac{1}{2s}e^{-0.1s}}$

분모와 분자에 s를 곱해서 정리하면

$\qquad\qquad = \dfrac{se^{-0.1s} + \dfrac{1}{2}e^{-0.1s}}{s^3 + 2s^2 + s + se^{-0.1s} + \dfrac{1}{2}e^{-0.1s}}$

최종값 정리에 의해
$$\lim_{t \to \infty} f(t) = \lim_{s \to 0} sY(s) = 1$$

44 다음 feedback 제어에 대한 설명 중 옳지 않은 것은? 출제율 20%

① 중요변수(CV)를 측정하여 이를 설정값 (SP)과 비교하여 제어동작을 계산한다.
② 외란(DV)을 측정할 수 없어도 Feedback 제어를 할 수 있다.

③ PID 제어기는 Feedback 제어기의 일종이다.
④ Feedback 제어는 Feedforward 제어에 비해 성능이 이론적으로 항상 우수하다.

해설
- Feedback 제어
외부교란에 의해 공정이 영향을 받고 이에 따른 제어변수가 변하면서 제어하는 공정이다.
- Feedforward 제어
외부교란을 사전에 측정하고 이 측정값을 이용, 외부교란이 공정에 미치게 될 영향을 사전에 보정하는 제어방식으로, Feedback 제어와 Feedforward는 우위를 가릴 것은 아니고 성격이 다르다.

45 입력과 출력 사이의 전달함수 정의로서 가장 적절한 것은? 출제율 40%

① $\dfrac{\text{출력의 라플라스 변환}}{\text{입력의 라플라스 변환}}$

② $\dfrac{\text{출력}}{\text{입력}}$

③ $\dfrac{\text{편차 형태로 나타낸 출력의 라플라스 변환}}{\text{편차 형태로 나타낸 입력의 라플라스 변환}}$

④ $\dfrac{\text{시간함수의 출력}}{\text{시간함수의 입력}}$

해설 $G(s) = \dfrac{Y(s)}{X(s)}$

$\qquad = \dfrac{\text{편차 형태로 나타낸 출력의 라플라스 변환}}{\text{편차 형태로 나타낸 입력의 라플라스 변환}}$

46 특성방정식이 $1 + \dfrac{G_c}{(2s+1)(5s+1)} = 0$과 같이 주어지는 시스템에서 제어기 G_c로 비례 제어기를 이용할 경우 진동응답이 예상되는 경우는? (단, K_c는 제어기의 비례이득이다.) 출제율 40%

① $K_c = 0$
② $K_c = 1$
③ $K_c = -1$
④ K_c에 관계없이 진동이 발생된다.

해설 $(2s+1)(5s+1) + K_c = 0$

$10s^2 + 7s + 1 + K_c = 0$

$s = \dfrac{-7 \pm \sqrt{49 - 40(1 + K_c)}}{10}$

진동응답이 되려면 $49 - 40(1 + K_c) < 0$
$K_c > 0.225$ (해당 정답 $K_c = 1$)

47 모델식이 다음과 같은 공정의 Laplace 전달함수로 옳은 것은? (단, y는 출력변수, x는 입력변수이며, $Y(s)$와 $X(s)$는 각각 y와 x의 Laplace 변환이다.) 〔출제율 80%〕

$$a_2 \frac{d^2y}{dt^2} + a_1 \frac{dy}{dt} + a_0 y = b_1 \frac{dx}{dt} + b_0 x$$
$$\frac{dy}{dt}(0) = y(0) = x(0) = 0$$

① $\dfrac{Y(s)}{X(s)} = \dfrac{a_2 s^2 + a_1 s + a_0}{b_1 s + b_0}$

② $\dfrac{Y(s)}{X(s)} = \dfrac{b_1 + b_0 s}{a_2 + a_1 s + a_0 s^2}$

③ $\dfrac{Y(s)}{X(s)} = \dfrac{b_1 s + b_0}{a_2 s^2 + a_1 s + a_0}$

④ $\dfrac{Y(s)}{X(s)} = \dfrac{b_1 + b_0 s}{a_2 s^2 + a_1 s + a_0}$

해설 미분식의 라플라스 변환

$\mathcal{L}\left\{\dfrac{df(t)}{dt}\right\} = sF(s) - f(0)$

$\mathcal{L}\left\{\dfrac{d^2f(t)}{dt^2}\right\} = s^2F(s) - sf(0) - f'(0)$

$a_2 s^2 Y(s) + a_1 s Y(s) + a_0 Y(s) = b_1 s X(s) + b_0 X(s)$

$\dfrac{Y(s)}{X(s)} = \dfrac{b_1 s + b_2}{a_2 s^2 + a_1 s + a_0}$

48 연속입출력흐름과 내부가열기가 있는 저장조의 온도제어 방법 중 공정제어 개념이라고 볼 수 없는 것은? 〔출제율 20%〕

① 유입되는 흐름의 유량을 측정하여 저장조의 가열량을 조절한다.

② 유입되는 흐름의 온도를 측정하여 저장조의 가열량을 조절한다.

③ 유출되는 흐름의 온도를 측정하여 저장조의 가열량을 조절한다.

④ 저장조의 크기를 증가시켜 유입되는 흐름의 온도 영향을 줄인다.

해설 공정제어
공정제어는 공정에서 선택된 변수들을 조절하여 공정을 원하는 상태로 유지시키는 데 수반되는 제반조작을 말한다.

49 PID 제어기의 전달함수 형태로 옳은 것은? (단, K_c는 비례이득, τ_I는 적분시간상수, τ_D는 미분시간상수를 나타낸다.) 〔출제율 40%〕

① $K_c\left(s + \dfrac{1}{\tau_I} + \dfrac{\tau_D}{s}\right)$

② $K_c\left(s + \dfrac{1}{\tau_I}\int s\,dt + \tau_D\dfrac{ds}{dt}\right)$

③ $K_c\left(1 + \dfrac{1}{\tau_I s} + \tau_D s\right)$

④ $K_c\left(1 + \tau_I s + \tau_D s^2\right)$

해설 제어기별 전달함수 형태
- 비례제어기 : $G_c(s) = K_c$
- 비례–적분제어기 : $G_c(s) = K_c\left(1 + \dfrac{1}{\tau_I s}\right)$
- 비례–미분–적분제어기 :
  $G_c(s) = K_c\left(1 + \dfrac{1}{\tau_I s} + \tau_D s\right)$

50 시간지연이 θ이고 시상수가 τ인 시간지연을 가진 1차계의 전달함수는? 〔출제율 40%〕

① $G(s) = \dfrac{e^{\theta s}}{s + \tau}$ ② $G(s) = \dfrac{e^{\theta s}}{\tau s + 1}$

③ $G(s) = \dfrac{e^{-\theta s}}{s + \tau}$ ④ $G(s) = \dfrac{e^{-\theta s}}{\tau s + 1}$

해설 • 1차계의 전달함수 $G(s) = \dfrac{k}{\tau s + 1}$
- 시간지연 존재 시 $G(s) = \dfrac{k}{\tau s + 1}e^{-\theta s}$

51 단위계단입력에 대한 응답 $y_S(t)$를 얻었다. 이것으로부터 크기가 1이고 폭이 a인 펄스 입력에 대한 응답 $y_P(t)$는? 〔출제율 60%〕

① $y_P(t) = y_S(t)$

② $y_P(t) = y_S(t-a)$

③ $y_P(t) = y_S(t) - y_S(t-a)$

④ $y_P(t) = y_S(t) + y_S(t-a)$

해설 폭이 a이고 크기가 1인 함수의 라플라스 변환은
$\dfrac{1}{s}\left[1 - e^{at}\right] = \dfrac{1}{s} - \dfrac{e^{-at}}{s}$
$y_p(t) = y_s(t) - y_s(t-a)$

52 다음 중 1차계의 시상수 τ에 대하여 잘못 설명한 것은? 〔출제율 20%〕

① 계의 저항과 용량(capacitance)과의 곱과 같다.

② 입력이 단위계단함수일 때 응답이 최종치의 85%에 도달하는 데 걸리는 시간과 같다.

③ 시상수가 큰 계일수록 출력함수의 응답이 느리다.

④ 시간의 단위를 갖는다.

〔해설〕 1차계의 시상수 τ
㉠ 시간의 단위를 갖는다.
㉡ 계의 저항×용량과 같다.
㉢ τ가 클수록 응답속도가 느려진다.
㉣ 입력이 단위계단함수일 때 최종치의 63.2%에 도달하는 데 걸리는 시간과 같다.

53 다음 공정에 단위계단입력이 가해졌을 때 최종치는? 〔출제율 80%〕

$$G(s) = \frac{2}{3s^2 + s + 2}$$

① 0　　　　② 1
③ 2　　　　④ 3

〔해설〕 $Y(s) = G(s) \times \dfrac{1}{s}$ (계단응답)

$$Y(s) = \frac{2}{3s^2 + s + 2} \times \frac{1}{s}$$

최종치를 정리하면

$$\lim_{t \to \infty} f(t) = \lim_{s \to 0} sF(s) = \lim_{s \to 0} \frac{2}{3s^2 + s + 2} = 1$$

54 선형계의 제어시스템의 안정성을 판별하는 방법이 아닌 것은? 〔출제율 40%〕

① Routh-Hurwitz 시험법 적용

② 특성방정식 근궤적 그리기

③ Bode나 Nyquist 선도 그리기

④ Laplace 변환 적용

〔해설〕 안정성 판별방법
㉠ Routh-Hurwitz 시험법
㉡ 특성방정식의 근궤적도
㉢ 직접 치환법
㉣ Bode, Nyquist 선도

55 어떤 액위 저장탱크로부터 펌프를 이용하여 일정한 유량으로 액체를 뽑아내고 있다. 이 탱크로는 지속적으로 일정량의 액체가 유입되고 있다. 탱크로 유입되는 액체의 유량이 기울기가 1인 1차 선형변화를 보인 경우 정상상태로부터의 액위의 변화 $H(t)$를 옳게 나타낸 것은? (단, 탱크의 단면적은 A이다.) 〔출제율 40%〕

① $\dfrac{1}{At^2}$　　　　② $\dfrac{At}{2}$

③ $\dfrac{t^2}{2A}$　　　　④ $\dfrac{1}{At^3}$

〔해설〕 $A\dfrac{dh}{dt} = q_i - q_0$

$$\frac{H(s)}{Q_i(s)} = \frac{1}{As}, \quad Q_i(s) = \frac{1}{s^2}$$

$$H(s) = \frac{1}{As^3}, \quad h(t) = \frac{t^2}{2A}$$

56 다음 그림은 외란의 단위계단변화에 대해 여러 형태의 제어기에 의해 얻어진 공정출력이다. 이때 A는 무엇을 나타내는가? 〔출제율 20%〕

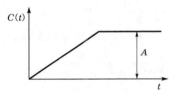

① phase lag　　　② phase lead
③ gain　　　　　④ off set

〔해설〕 외란의 변화에 따라 출력이 변한 것이므로 offset을 의미한다(offset이 없으면 x축에 수렴).

57 제어결과로 항상 Cycling이 나타나는 제어기는 어느 것인가? 〔출제율 20%〕

① 비례제어기

② 비례-미분제어기

③ 비례-적분제어기

④ On-Off 제어기

〔해설〕 On-Off 제어기
출력값이 2가지이므로 제어변수에 지속적인 Cycling과 최종제어요소의 빈번한 작동에 의한 마모가 단점이다.

58 개루프 전달함수가 $G(s) = \dfrac{K}{s^2 - s}$ 일 때 negative feedback 폐루프 전달함수를 구한 것은 어느 것인가? 〔출제율 40%〕

① $\dfrac{K}{s^2 + s + 1}$ ② $\dfrac{s + K}{s^2 + s}$

③ $\dfrac{s + K}{s^2 + s + 1}$ ④ $\dfrac{K}{s^2 - s + K}$

해설 $\dfrac{G}{1 + G} = \dfrac{\dfrac{k}{s^2 - s}}{1 + \dfrac{k}{s^2 - s}} = \dfrac{k}{s^2 - s + k}$

59 여름철 사용되는 일반적인 에어컨(air conditioner)의 동작에 대한 설명 중 틀린 것은 어느 것인가? 〔출제율 20%〕

① 온도조절을 위한 피드백 제어 기능이 있다.
② 희망온도가 피드백 제어의 설정값에 해당된다.
③ 냉각을 위하여 에어컨으로 흡입되는 공기의 온도변화가 외란에 해당된다.
④ on/off 제어가 주로 사용된다.

해설 에어컨
• Feedback 제어 기능이 있다.
• 희망온도는 set point 즉 희망온도가 feedback 제어의 설정값에 해당된다.
• 외란은 제어변수를 설정값으로 벗어나게 하는 요인이므로 외부온도가 외란에 해당된다.

60 $S^3 + 4S^2 + 2S + 6 = 0$으로 특성방정식이 주어지는 계의 Routh 판별을 수행할 때 다음 배열의 (a), (b)에 들어갈 숫자는? 〔출제율 80%〕

〈행〉

①	1	2
②	4	6
③	(a)	
④	(b)	

① (a) $\dfrac{1}{2}$, (b) 3   ② (a) $\dfrac{1}{2}$, (b) 6
③ (a) $-\dfrac{1}{2}$, (b) 3   ④ (a) $-\dfrac{1}{2}$, (b) 3

해설 (a) $A_1 = \dfrac{a_1 a_2 - a_0 a_3}{a_1} = \dfrac{4 \times 2 - 1 \times 6}{4} = \dfrac{1}{2}$

(b) $B_1 = \dfrac{A_1 a_3 - a_1 A_2}{A_1} = \dfrac{\dfrac{1}{2} \times 6 - 4 \times 0}{\dfrac{1}{2}} = 6$

▶▶ 제4과목 ▎공업화학

61 석유의 접촉개질(catalytic reforming)에 대한 설명으로 옳지 않은 것은? 〔출제율 20%〕

① 수소화 분해나 이성화를 최대한 억제한다.
② 가솔린 유분의 옥탄가를 높이기 위한 것이다.
③ 온도, 압력 등은 중요한 운전조건이다.
④ 방향족화(aromatization)가 일어난다.

해설 석유의 접촉개질
옥탄가 낮은 가솔린, 나프타 등을 촉매를 이용하여 방향족 탄화수소나 이소파라핀을 많이 함유하는 옥탄가가 높은 가솔린으로 전환하는 공정으로, 온도, 압력이 중요한 운전조건이며, 방향족화가 일어난다.

62 다음 중 고분자의 일반적인 물리적 성질에 관련된 설명으로 가장 거리가 먼 것은? 〔출제율 20%〕

① 중량평균분자량에 비해 수평균분자량이 크다.
② 분자량의 범위가 넓다.
③ 녹는점이 뚜렷하지 않아 분리정제가 용이하지 않다.
④ 녹슬지 않고, 잘 깨지지 않는다.

해설 고분자 물리적 성질
㉠ 분자량이 1만 이상인 큰 분자로, 중량평균분자량에 비해 수평균분자량이 작다.
㉡ 분자량의 범위가 넓고 분자량이 일정하지 않다. (녹는점, 끓는점이 일정하지 않음.)
㉢ 반응이 잘 일어나지 않아 안정적이며, 녹슬지 않고 잘 깨지지 않는다.
㉣ 녹는점이 뚜렷하지 않아 분리정제가 용이하지 않다.

63 벤젠으로부터 아닐린을 합성하는 단계를 순서 대로 옳게 나타낸 것은? `출제율 40%`

① 수소화, 니트로화 ② 암모니아화, 아민화
③ 니트로화, 수소화 ④ 아민화, 암모니아화

해설

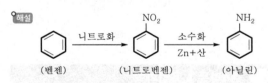

(벤젠)　　　　(니트로벤젠)　　　(아닐린)

64 소다회 제조법 중 거의 100%의 식염 이용이 가능한 것은? `출제율 60%`

① Solvay법 ② Le Blanc법
③ 염안소다법 ④ 가성화법

해설 염안소다법
여액에 남아 있는 식염의 이용률을 높이고 탄산나트륨과 염안을 얻기 위한 방법으로, 식염의 이용률을 100%까지 향상시킬 수 있다.

65 염화수소가스를 물 50kg에 용해시켜 20%의 염산용액을 만들려고 한다. 이때 필요한 염화수소는 약 몇 kg인가? `출제율 40%`

① 12.5 ② 13.0
③ 13.5 ④ 14.0

해설 $\dfrac{x}{x+50} \times 100 = 20$
염화수소$(x) = 12.5$kg

66 다음 고분자 중 T_g(glass transition temperature)가 가장 높은 것은? `출제율 20%`

① polycarbonate
② polystyrene
③ poly vinyl chloride
④ polyisoprene

해설 고분자의 유리전이온도(T_g)가 높은 순서
Poly carbonate > Polystyrene > Poly vinyl chloride > Polyisoprene

67 다음 중 가스 용어 LNG의 의미는? `출제율 20%`

① 액화석유가스 ② 액화천연가스
③ 고화천연가스 ④ 액화프로판가스

해설 • LPG : 액화석유가스
• LNG : 액화천연가스(도시가스, 발전용 연료)

68 HNO_3 14.5%, H_2SO_4 50.5%, $HNOSO_4$ 12.5%, H_2O 20.0%, nitrobody 2.5%의 조성을 가지는 혼산을 사용하여 toluene으로부터 mono nitro-toluene을 제조하려고 한다. 이때 1700kg의 toluene을 12000kg의 혼산으로 니트로화했다면 DVS(Dehydrating Value of Sulfuric acid)는 얼마인가? `출제율 80%`

① 1.87 ② 2.21
③ 3.04 ④ 3.52

해설 $DVS = \dfrac{\text{혼합산 중 황산의 양}}{\text{반응 후 혼합산 중 물의 양}}$

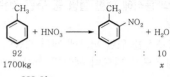

92 : : 10
1700kg x

$x = 332.6$kg

$DVS = \dfrac{12000 \times 0.505}{12000 \times 0.2 + 332.6} = 2.21$

69 합성 염산을 제조할 때는 폭발의 위험이 있으므로 주의해야 한다. 염산 합성 시 폭발을 방지하는 방법에 대한 설명으로 가장 거리가 먼 것은 어느 것인가? `출제율 60%`

① 불활성 가스를 주입하여 조업온도를 낮춘다.
② H_2를 과잉으로 주입하여 Cl_2가 미반응 상태로 남지 않도록 한다.
③ 반응완화촉매를 주입한다.
④ HCl의 생성속도를 빠르게 한다.

해설 염산 합성 시 폭발방지
㉠ $Cl_2 : H_2 = 1 : 1.2$의 비율로 한다.
㉡ 반응완화촉매를 주입한다.
㉢ 불활성 가스를 주입하여 Cl_2 희석, 조업온도를 낮춘다.
㉣ 연소 시 H_2를 먼저 점화 후 Cl_2와 연소한다.
㉤ H_2 과잉주입을 통한 Cl_2 미반응상태로 남지 않도록 한다.
㉥ HCl의 생성속도를 느리게 한다.

70 다음 중 1차 전지가 아닌 것은? 　출제율 20%

① 산화은전지　　② Ni-MH 전지
③ 망간전지　　　④ 수은전지

해설
- 1차 전지
  건전지, 망간전지, 알칼리전지, 산화은전지, 수은·아연전지, 리튬전지 등
- Ni-MH 전지는 2차 전지이다.

71 다음 중 석회질소 비료에 대한 설명으로 틀린 것은? 　출제율 20%

① 토양에 살균효과가 있다.
② 과린산석회, 암모늄염 등과의 배합비료로 적당하다.
③ 저장 중 이산화탄소, 물을 흡수하여 부피가 증가한다.
④ 분해 시 생성되는 디시안디아미드는 식물에 유해하다.

해설 석회질소 비료의 특징
㉠ 염기성 비료로 산성토양에 효과적이다.
㉡ 토양의 살균, 살충 효과가 있다.
㉢ 분해 시 독성 발생(분해 시 생성되는 디시안디아미드는 식물에 유해)
㉣ 배합비료에 부적합하다.
㉤ 질소비료, 시안화물을 만드는 데 주로 사용된다.
㉥ 저장 중 CO_2, H_2O를 흡수하여 부피가 증가한다.

보충Tip
> 과린산석회, 암모늄염 등과의 배합은 암모니아가 손실되는 결과를 가져온다.

72 산성토양이 된 곳에 알칼리성 비료를 사용하고자 할 때 다음 중 가장 적합한 비료는? 　출제율 20%

① 과린산석회　　② 염안
③ 석회질소　　　④ 요소

해설
- 알칼리성 비료 : 석회질소, 석회, 용성인비
- 산성 : 과린산석회, 중과린산석회
- 중성 : 황안, 염안, 요소, 염화칼륨

73 Acetylene을 주원료로 하여 수은염을 촉매로 물과 반응시키면 얻어지는 것은? 　출제율 40%

① Methanol　　② Stylene
③ Acetaldehyde　④ Acetophenone

해설 $$C_2H_2 + H_2O \xrightarrow[\text{수은염 촉매}]{HgSO_4} CH_3CHO$$
(아세틸렌)　　　　　　　　(아세트알데히드)

74 반도체 제조과정 중에서 식각공정 후 행해지는 세정공정에 사용되는 piranha 용액의 주원료에 해당하는 것은? 　출제율 20%

① 질산, 암모니아　② 불산, 염화나트륨
③ 에탄올, 벤젠　　④ 황산, 과산화수소

해설 Piranha 용액
식각공정 후 세척공정에서 사용되며, 주로 황산과 과산화수소를 섞어 만든 용액이다.

75 황산의 원료인 아황산가스를 황화철광(iron pyrite)을 공기로 완전연소하여 얻고자 한다. 황화철광의 10%가 불순물이라 할 때 황화철광 1톤을 완전연소하는 데 필요한 이론 공기량은 표준상태 기준으로 약 몇 m^3인가? (단, Fe의 원자량은 56이다.) 　출제율 40%

① 460　　　② 580
③ 2200　　④ 2480

해설 $$4FeS_2 + 11O_2 \rightarrow 2Fe_2O_3 + 8SO_2$$
$$4 \times (56 + 32 \times 2)kg : 11 \times 32\,kg = 1000\,kg \times 0.9 : x$$
$$x = 660\,kg\,O_2 \times \frac{1}{0.233} = 2832.6\,kg\,Air$$
이론공기량 $= 2832.6\,kg\,Air \times \dfrac{1\,kmol}{29\,kg} \times \dfrac{22.4\,m^3}{1\,kmol}$
$$= 2188\,m^3$$

76 공기 중에서 프로필렌을 산화시켜서 알코올과 작용시켰을 때 얻는 주생성물은? 　출제율 40%

① $CH_3 - R - COOH$
② $CH_3 - CH_2 - COOR$
③ $CH_2 = R - COOH$
④ $CH_2 = CH - COOR$

해설 프로필렌의 산화
$$CH_2 = CH - CH_3 \xrightarrow{O_2} CH_2 = CH - CHO$$
(프로필렌)　　　　　　　(아크롤레인)
$$\xrightarrow{\frac{1}{2}O_2} CH_2 = CH - COOH$$
　　　　　　(아크릴산)
$$\xrightarrow[C - H_2SO_4]{ROH} CH_2 = CH - COOR$$
　　　　　　　(아크릴산에스테르)

70.② 71.② 72.③ 73.③ 74.④ 75.③ 76.④

77 다음 중 선형 저밀도 폴리에틸렌에 관한 설명이 아닌 것은? 〔출제율 20%〕

① 촉매 없이 1-옥텐을 첨가하여 라디칼 중합법으로 제조한다.
② 규칙적인 가지를 포함하고 있다.
③ 낮은 밀도에서 높은 강도를 갖는 장점이 있다.
④ 저밀도 폴리에틸렌보다 강한 인장강도를 갖는다.

〔해설〕 선형 저밀도 폴리에틸렌
㉠ 무색무취(대체로)이다.
㉡ 상온에서 용매에 녹지 않는다.
㉢ 규칙적인 가지를 포함하고 있다.
㉣ 낮은 밀도에서 높은 강도를 갖는 장점이 있다.
㉤ 저밀도 폴리에틸렌에 비해 강한 인장강도를 갖는다.

78 다음 중 Fischer-Tropsch 반응을 옳게 표현한 것은? 〔출제율 40%〕

① $nCO + (2n+1)H_2 \rightarrow C_nH_{2n+2} + nH_2O$
② $C_nH_{2n+2} + H_2O \rightarrow CH_4 + CO_2$
③ $CH_3OH + H_2 \rightarrow HCHO + H_2O$
④ $CO_2 + H_2 \rightarrow CO + H_2O$

〔해설〕 Fischer-Tropsch 반응
CO와 H_2로부터 탄화수소 혼합물을 얻는 방법이다.
$nCO + (2n+1)H_2 \rightarrow C_nH_{2n+2} + nH_2O$

79 다음 중 접촉식 황산 제조법에서 주로 사용되는 촉매는? 〔출제율 60%〕

① Fe
② V_2O_5
③ KOH
④ Cr_2O_3

〔해설〕 접촉식 황산 제조법
V_2O_5 촉매를 많이 사용한다.

80 다음 중 소다회 제조법으로서 암모니아를 회수하는 것은? 〔출제율 80%〕

① 르블랑법
② 솔베이법
③ 수은법
④ 격막법

〔해설〕 Solvay법(암모니아 소다법)
암모니아를 회수하여 재이용하는 공정이다.

▶ **제5과목 | 반응공학**

81 혼합흐름반응기에서 반응속도식이 $-r_A = kC_A^2$ 인 반응에 대해 50% 전화율을 얻었다. 모든 조건을 동일하게 하고 반응기의 부피만 5배로 했을 경우 전화율은? 〔출제율 60%〕

① 0.6
② 0.73
③ 0.8
④ 0.93

〔해설〕 CSTR 2차 : $k\tau C_{A0} = \dfrac{X_A}{(1-X_A)^2}$

$k\tau C_{A0} = \dfrac{0.5}{(1-0.5)^2} = 2$

반응기 부피 5배 : 5τ

$k \times 5\tau \times C_{A0} = \dfrac{X_A}{(1-X_A)^2}$

$5 \times 2 = \dfrac{X_A}{(1-X_A)^2} \rightarrow 10X_A^2 - 21X_A + 10 = 0$

$X_A = \dfrac{21 \pm \sqrt{21^2 - 4 \times 10 \times 10}}{20} = 0.73$

82 1개의 혼합흐름반응기에 크기가 2배되는 반응기를 추가로 직렬로 연결하여 A 물질을 액상분해 반응시켰다. 정상상태에서 원료의 농도가 1mol/L이고, 제1반응기의 평균공간시간이 96초였으며 배출농도가 0.5mol/L였다. 제2반응기의 배출농도가 0.25mol/L일 경우 반응속도식으로 옳은 것은? 〔출제율 40%〕

① $1.25C_A^2 \text{mol/L} \cdot \text{min}$
② $3.0C_A^2 \text{mol/L} \cdot \text{min}$
③ $2.46C_A \text{mol/L} \cdot \text{min}$
④ $4.0C_A \text{mol/L} \cdot \text{min}$

〔해설〕 $k\tau C_{A0}^{n-1} = \dfrac{X_A}{(1-X_A)^n}$

$k \times 96 \times 1^{n-1} = \dfrac{0.5}{(1-0.5)^n}$

$k \times 192 \times (0.5)^{n-1} = \dfrac{0.5}{(1-0.5)^n}$

$k \times 96 \times 1 = k \times 192 \times 0.5^{n-1} \ (n = 2$차$)$

$-r_A = kC_A^2$

$k \times 96 \times 1 = \dfrac{0.5}{(1-0.5)^2}$

$k = 0.0208 \text{L/mol} \cdot \text{s} \times \dfrac{60\,\text{s}}{1\,\text{min}} = 1.25 \text{L/mol} \cdot \text{min}$

$-r_A = 1.25C_A^2 \text{mol/L} \cdot \text{min}$

83 다음 반응에서 R의 순간수율 $\left(\dfrac{\text{생성된 } R\text{의 몰수}}{\text{반응한 } A\text{의 몰수}}\right)$ 은 어느 것인가? 출제율 40%

$$A \underset{k_2}{\overset{k_1}{\nearrow\searrow}} \begin{matrix} R(\text{목적하는 생성물}) \\ S(\text{목적하지 않는 생성물}) \end{matrix}$$

① $\dfrac{dC_R}{-dC_A}$ ② $\dfrac{dC_S}{dC_R}$

③ $\dfrac{dC_S}{dC_A}$ ④ $\dfrac{dC_R}{-dC_S}$

해설 순간수율 $\phi = \dfrac{\text{생성된 } R\text{의 몰수}}{\text{반응한 } A\text{의 몰수}}$

$$= \dfrac{r_R}{-r_A} = \dfrac{\dfrac{dC_R}{dt}}{-\dfrac{dC_A}{dt}} = \dfrac{dC_R}{-dC_A}$$

84 다음의 액상반응에서 R이 요구하는 물질일 때에 대한 설명으로 가장 거리가 먼 것은? 출제율 40%

$$\begin{array}{ll} A+B \rightarrow R, & r_R = k_1 C_A C_B \\ R+B \rightarrow S, & r_S = k_2 C_R C_B \end{array}$$

① A에 B를 조금씩 넣는다.
② B에 A를 조금씩 넣는다.
③ A와 B를 빨리 혼합한다.
④ A의 농도가 균일하면 B의 농도는 관계없다.

해설 $\dfrac{r_R}{r_S} = \dfrac{k_1 C_A C_B}{k_2 C_R C_B} = \dfrac{k_1}{k_2}\dfrac{C_A}{C_R}$
C_B의 농도는 무관, C_A의 농도를 크게 한다(B에 A를 조금씩 넣는다).

85 다음 중 불균일 촉매반응에서 일어나는 속도결정단계(rate determining step)와 거리가 먼 것은 어느 것인가? 출제율 20%

① 표면반응 단계 ② 흡착 단계
③ 탈착 단계 ④ 촉매불활성화 단계

해설 촉매반응 단계(속도결정 단계)
흡착 단계 → 표면반응 단계 → 탈착 단계(촉매불활성화 단계는 무관)

86 회분식 반응기에서 아세트산에틸을 가수분해시키면 1차 반응속도식에 따른다고 한다. 만일 어떤 실험조건에서 아세트산에틸을 정확히 30% 분해시키는 데 40분이 소요되었을 경우에 반감기는 몇 분인가? 출제율 60%

① 58 ② 68
③ 78 ④ 88

해설 $t_{1/2}(\text{반감기}) = \dfrac{\ln 2}{k}$
1차 회분식 : $-\ln(1-X_A) = kt$
$-\ln(1-0.3) = k \times 40\,\text{min}, \; k = 0.00891$
$t_{1/2} = \dfrac{\ln 2}{0.00891} = 78\,\text{min}$

87 2차 액상반응, 2A → products가 혼합흐름반응기에서 60%의 전화율로 진행된다. 다른 조건은 그대로 두고 반응기의 크기만 두 배로 했을 경우 전화율은 얼마로 되는가? 출제율 40%

① 66.7% ② 69.5%
③ 75.0% ④ 91.0%

해설 CSTR 2차 반응식
$k\tau C_{A0} = \dfrac{X_A}{(1-X_A)^2}$
$k\tau C_{A0} = \dfrac{0.6}{(1-0.6)^2} = 3.75$
반응기 크기 2배(2τ)
$k \times 2\tau \times C_{A0} = \dfrac{X_A}{(1-X_A)^2} = 2 \times 3.75$
$\dfrac{X_A}{(1-X_A)^2} = 7.5$
$7.5X_A^2 - 16X_A + 7.5 = 0$
$X_A = \dfrac{16 \pm \sqrt{16^2 - 4 \times 7.5 \times 7.5}}{15} = 0.695 \times 100 = 69.5\%$

88 다음과 같은 반응에서 최초혼합물인 반응물 A가 25%, B가 25%인 것에 불활성 기체가 50% 혼합되었다고 한다. 반응이 완결되었을 때 용적변화율 ε_A는 얼마인가? 출제율 60%

$$2A + B \rightarrow 2C$$

① -0.125 ② -0.25
③ 0.5 ④ 0.875

해설 $\varepsilon_A = y_{A0}\delta = 0.25 \times \dfrac{2-2-1}{2} = -0.125$

89 매 3분마다 반응기 체적의 1/2에 해당하는 반응물이 반응기에 주입되는 연속흐름반응기(steady-state flow reactor)가 있다. 이때의 공간시간(τ : space time)과 공간속도(S : space velocity)는 얼마인가? 출제율 40%

① $\tau = 6$분, $S = 1$분$^{-1}$

② $\tau = \dfrac{1}{3}$분, $S = 3$분$^{-1}$

③ $\tau = 6$분, $S = \dfrac{1}{6}$분$^{-1}$

④ $\tau = 2$분, $S = \dfrac{1}{2}$분$^{-1}$

해설 τ = 반응기 부피만큼의 공급물 처리에 필요한 시간

$= \dfrac{3}{\dfrac{1}{2}} = 6$분

$s = \dfrac{1}{\tau} = \dfrac{1}{6}$분$^{-1}$

90 일반적으로 $A \to P$와 같은 반응에서 반응물의 농도가 $C = 1.0 \times 10$mol/L일 때 그 반응속도가 0.020mol/L·s이고 반응속도상수가 $K = 2 \times 10^{-4}$L/mol·s라고 하면 이 반응의 차수는? 출제율 40%

① 1차   ② 2차

③ 3차   ④ 4차

해설 $-r_A = kC_A{}^n$

k의 단위 $= (\text{mol/L})^{1-n} \cdot \text{s}^{-1}$

$n = 2 \to k = \text{L/mol} \cdot \text{s}$

$-r_A = kC_A{}^n$

$0.020 \text{mol/L} \cdot \text{s} = 2 \times 10^{-4} \text{L/mol} \cdot \text{s} \times 10^n \text{mol}^n/\text{L}^n$

$2 \times 10^{-2} \text{mol/L} \cdot \text{s} = 2 \times 10^{n-4} \text{mol}^{n-1}/\text{L}^{n-1} \cdot \text{s}$

$n = 2$차

91 650℃에서의 에탄의 열분해반응은 500℃에서보다 2790배 빨라진다. 이 분해 반응의 활성화에너지는? 출제율 80%

① 75000cal/mol   ② 34100cal/mol

③ 15000cal/mol   ④ 5600cal/mol

해설 $\ln \dfrac{k_2}{k_1} = \dfrac{E_a}{R} \left(\dfrac{1}{T_1} - \dfrac{1}{T_2} \right)$

$\ln 2790 = \dfrac{E_a}{1.987} \left(\dfrac{1}{773} - \dfrac{1}{923} \right)$

$E_a = 74984 \text{cal/mol}$

92 다음 중 CSTR에 대한 설명으로 옳지 않은 것은? 출제율 20%

① 비교적 온도 조절이 용이하다.

② 약한 교반이 요구될 때 사용된다.

③ 높은 전화율을 얻기 위해서 큰 반응기가 필요하다.

④ 반응기 부피당 반응물의 전화율은 흐름반응기들 중에서 가장 작다.

해설 CSTR(혼합흐름반응기)

㉠ 내용물이 잘 혼합되어 균일하다.

㉡ 강한 교반이 요구될 때 사용한다.

㉢ 온도 조절이 비교적 용이하다.

㉣ 흐름식 반응기 중 반응기 부피당 전화율은 흐름반응기 중에서 가장 작다.

㉤ 높은 전화율을 얻으려면 큰 반응기가 필요하다.

93 다음과 같은 연속(직렬)반응에서 A와 R의 반응속도가 $-\gamma_A = k_1 C_A$, $\gamma_R = k_1 C_A - k_2$일 때, 회분식 반응기에서 C_R / C_{A0}를 구하면? (단, 반응은 순수한 A만으로 시작한다.) 출제율 40%

$$A \to R \to S$$

① $1 + e^{-k_1 t} + \dfrac{k_2}{C_{A0}} t$

② $1 + e^{-k_1 t} - \dfrac{k_2}{C_{A0}} t$

③ $1 - e^{-k_1 t} + \dfrac{k_2}{C_{A0}} t$

④ $1 - e^{-k_1 t} - \dfrac{k_2}{C_{A0}} t$

해설 $-r_A = \dfrac{-dC_A}{dt} = k_1 C_A$

$-\ln \dfrac{C_A}{C_{A0}} = k_1 t$

$C_A = C_{A0} e^{-k_1 t}$

$r_R = \dfrac{dC_R}{dt} = k_1 C_A - k_2$

$\dfrac{dC_R}{dt} = k_1 C_{A0} e^{-k_1 t} - k_2$

$C_R = -C_{A0} e^{-k_1 t} |_0^t - k_2 t$

$C_R = -C_{A0} e^{-k_1 t} + C_{A0} - k_2 t$

$\dfrac{C_R}{C_{A0}} = -e^{-k_1 t} + 1 - \dfrac{k_2 t}{C_{A0}}$

94 A가 분해되는 정용 회분식 반응기에서 $C_{A0} = 4$mol/L이고, 8분 후의 A의 농도 C_A를 측정한 결과 2mol/L였다. 속도상수 k는 얼마인가?

$\left(\text{단, 속도식은 } -r_A = \dfrac{kC_A}{1+C_A} \text{ 이다.}\right)$ 〈출제율 40%〉

① 0.15min^{-1} ② 0.18min^{-1}

③ 0.21min^{-1} ④ 0.34min^{-1}

〈해설〉 $-r_A = \dfrac{-dC_A}{dt} = \dfrac{kC_A}{1+C_A}$

$-\displaystyle\int_{C_{A0}}^{C_A} \dfrac{1+C_A}{C_A} dC_A = \int_0^t k\,dt$

$-\left[\ln\dfrac{C_A}{C_{A0}} + (C_A - C_{A0})\right] = kt$

$-\ln\dfrac{2}{4} - (2-4) = k \times 8\text{min}$

$\therefore\ k = 0.34\text{min}^{-1}$

95 자동촉매반응(autocatalytic reaction)에 대한 설명으로 옳은 것은? 〈출제율 20%〉

① 전화율이 작을 때는 관형흐름반응기가 유리하다.

② 전화율이 작을 때는 혼합흐름반응기가 유리하다.

③ 전화율과 무관하게 혼합흐름반응기가 항상 유리하다.

④ 전화율과 무관하게 관형 흐름반응기가 항상 유리하다.

〈해설〉 자동촉매반응

㉠ 반응 생성물 중의 하나가 촉매로 작용

㉡ 전화율(X_A)이 작은 경우 혼합흐름반응기(CSTR)가 유리

㉢ 전화율(X_A)이 중간 경우 CSTR, PFR 선택

㉣ 전화율(X_A)이 클 경우 PFR가 유리

96 반응속도상수에 영향을 미치는 변수가 아닌 것은? 〈출제율 60%〉

① 반응물의 몰수

② 반응계의 온도

③ 반응 활성화에너지

④ 반응에 첨가된 촉매

〈해설〉 $\ln K = \ln A - \dfrac{E_a}{RT}$

반응속도상수(K)는 활성화에너지에 반비례, 절대온도와 촉매에 비례한다.

97 비가역 1차 액상반응 $A \to R$이 플러그흐름반응기에서 전화율이 50%로 반응된다. 동일조건에서 반응기의 크기만 2배로 하면 전화율은 몇 %가 되는가? 〈출제율 60%〉

① 67   ② 70

③ 75   ④ 100

〈해설〉 PFR 1차 : $-\ln(1-X_A) = k\tau$

$-\ln(1-0.5) = k\tau, \quad k\tau = 0.693$

$-\ln(1-X_A) = 2k\tau = 1.39$

$X_A = 0.75 \times 100 = 75\%$

98 회분식 반응기에서 A의 분해반응을 50℃ 등온 하에서 진행시켜 얻는 C_A와 반응시간 t 간의 그래프로부터 각 농도에서의 곡선에 대한 접선의 기울기를 다음과 같이 얻었다. 이 반응의 반응 속도식은? 〈출제율 20%〉

C_A (mol/L)	접선의 기울기(mol/L · min)
1.0	−0.50
2.0	−2.00
3.0	−4.50
4.0	−8.00

① $-\dfrac{dC_A}{dt} = 0.5C_A^2$ ② $-\dfrac{dC_A}{dt} = 0.5C_A$

③ $-\dfrac{dC_A}{dt} = 2.0C_A^2$ ④ $-\dfrac{dC_A}{dt} = 8.0C_A^2$

〈해설〉 $C_A = 1\text{mol/L} \cdot \dfrac{dC_A}{dt} = -0.5 \times 1^2 = -0.5$

$C_A = 2\text{mol/L} \cdot \dfrac{dC_A}{dt} = -0.5 \times 2^2 = -2$

$C_A = 3\text{mol/L} \cdot \dfrac{dC_A}{dt} = -0.5 \times 3^2 = -4.5$

$C_A = 4\text{mol/L} \cdot \dfrac{dC_A}{dt} = -0.5 \times 4^2 = -8$

$-\dfrac{dC_A}{dt} = 0.5C_A^2$

99 $A \xrightarrow{k_1} R$ 및 $A \xrightarrow{k_2} 2S$인 두 액상반응이 동시에 등온회분반응기에서 진행된다. 50분 후 A의 90%가 분해되어 생성물 비는 9.1mol R/1mol S 이다. 반응차수는 각각 1차일 때, 반응속도상수 k_2는 몇 min^{-1}인가?   출제율 40%

① 2.4×10^{-6} ② 2.4×10^{-5}
③ 2.4×10^{-4} ④ 2.4×10^{-3}

해설 비가역 평행반응

$-\ln \dfrac{C_A}{C_{A0}} = (k_1 + k_2)t = -r_A$

$\dfrac{9.1\,\text{mol}\,R}{1\,\text{mol}\,S} \rightarrow k_1 = 2 \times 9.1 k_2$

$-\ln \dfrac{C_A}{C_{A0}} = -\ln(1 - X_A) = (k_1 + k_2)t$

$-\ln(1 - 0.9) = (18.2 k_2 + k_2) \times 50\,\text{min}$

$k_2 = 0.0024 = 2.4 \times 10^{-3}$

$k_1 = 18.2 \times 0.0024 = 0.044$

100 회분식 반응기(batch reactor)에서 균일계 비가역 1차 직렬반응 $A \xrightarrow{k_1} R \xrightarrow{k_2} S$가 일어날 때 R 농도의 최대값은? (단, $k_1 = 1.5\text{min}^{-1}$, $k_2 = 3\text{min}^{-1}$이고, 각 물질의 초기농도는 $C_{A0} = 5\text{mol/L}$, $C_{R0} = 0$, $C_{S0} = 0$이다.)   출제율 40%

① 1.25mol/L ② 1.67mol/L
③ 2.5mol/L ④ 5.0mol/L

해설 회분식 반응기

$\dfrac{C_{R_{max}}}{C_{A0}} = \left(\dfrac{k_1}{k_2}\right)^{k_2/(k_2 - k_1)}$

$C_{R_{max}} = 5\,\text{mol/L} \cdot \left(\dfrac{1.5}{3}\right)^{3/(3-1.5)} = 1.25\,\text{mol/L}$

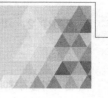

제1과목 ┃ 화공열역학

01 $Z = 1 + BP$와 같은 비리얼 방정식(virial equation)으로 표시할 수 있는 기체 1몰을 등온가역 과정으로 압력 P_1에서 P_2까지 변화시킬 때 필요한 일 W의 절대값을 옳게 나타낸 식은? (단, Z는 압축인자이고, B는 상수이다.) 출제율 40%

① $|W| = \left| RT \ln \dfrac{P_1}{P_2} \right|$

② $|W| = \left| RT \ln \dfrac{P_1}{P_2} + B \right|$

③ $|W| = \left| RT \ln \dfrac{P_1}{P_2} + BRT \right|$

④ $|W| = \left| 1 + RT \ln \dfrac{P_1}{P_2} \right|$

해설 $PV = ZRT$, $Z = \dfrac{PV}{RT} = 1 + BP$, $\dfrac{PV}{RT} - BP = 1$,

$P\left(\dfrac{V - BRT}{RT} \right) = 1$

$P = \dfrac{RT}{V - BRT}$

등온 과정

$W = \displaystyle\int_{V_1}^{V_2} P dV = \int_{V_1}^{V_2} \dfrac{RT}{V - BRT} dV$

$= RT \ln \left(\dfrac{V_2 - BRT}{V_1 - BRT} \right) = RT \ln \left(\dfrac{RT/P_2}{RT/P_1} \right)$

$= RT \ln P_1 / P_2$

02 다음 중 가역단열 과정에 해당하는 것은 어느 것인가? 출제율 40%

① 등엔탈피 과정
② 등엔트로피 과정
③ 등압 과정
④ 등온 과정

해설 가역단열 과정
$dS = 0$
$\Delta S = \dfrac{dQ}{T} = 0$ (등엔트로피 과정)

03 성분 i의 평형비 K_i를 $\dfrac{Y_i}{X_i}$로 정의할 때, 이상 용액이라면 K_i를 어떻게 나타낼 수 있는가? (단, X_i, Y_i는 각각 성분 i의 액상과 기상의 조성이다.) 출제율 40%

① $\dfrac{\text{기상 } i \text{ 성분의 분압}(P_i)}{\text{전압}(P)}$

② $\dfrac{\text{순수액체 } i \text{의 증기압}(P_i^{\text{sat}})}{\text{전압}(P)}$

③ $\dfrac{\text{전압}(P)}{\text{순수액체 } i \text{의 증기압}(P_i^{\text{sat}})}$

④ $\dfrac{\text{기상 } i \text{ 성분의 분압}(P_i)}{\text{순수액체 } i \text{의 증기압}(P_i^{\text{sat}})}$

해설 라울의 법칙

$K_i = \dfrac{y_i}{x_i}$

$y_i = \dfrac{x_i P_i}{P} \ \rightarrow \ \dfrac{y_i}{x_i} = \dfrac{P_i}{P}$

$\dfrac{P_i}{P} = \dfrac{\text{순수액체 } i \text{의 증기압}}{\text{전압}}$

04 단열된 상자가 같은 부피로 3등분되었는데, 2개의 상자에는 각각 아보가드로(Avogadro) 수의 이상기체 분자가 들어 있고 나머지 한 개에는 아무 분자도 들어 있지 않다고 한다. 모든 칸막이가 없어져서 기체가 전체 부피를 차지하게 되었다면 이때 엔트로피 변화값 기체 1몰당 ΔS에 해당하는 것은? 출제율 50%

① $\Delta S = R \ln(2/3)$
② $\Delta S = RT \ln(2/3)$
③ $\Delta S = R \ln(3/2)$
④ $\Delta S = RT \ln(3/2)$

해설 이상기체 엔트로피

$\Delta S = C_P \ln \dfrac{T_2}{T_1} - R \ln \dfrac{P_2}{P_1}$ (단열 : $T = \text{const}$)

$= -R \ln \dfrac{P_2}{P_1} = -R \ln \dfrac{2}{3} = R \ln \dfrac{3}{2}$

05 이상기체에 대하여 $C_p - C_v = nR$ 이 적용되는 조건은? 〔출제율 60%〕

① $\left(\dfrac{\partial V}{\partial T}\right)_P = 0$

② $\left(\dfrac{\partial C_v}{\partial V}\right)_T = R$

③ $\left(\dfrac{\partial H}{\partial V}\right)_T = R$

④ $\left(\dfrac{\partial U}{\partial V}\right)_T = 0$

〔해설〕 $dU = TdS - PdV$

dV로 나누면 ($T = \text{const}$)

$\left(\dfrac{\partial U}{\partial V}\right)_T = T\left(\dfrac{\partial S}{\partial V}\right)_T - P$

맥스웰 방정식 $\left(\dfrac{\partial S}{\partial V}\right)_T = \left(\dfrac{\partial P}{\partial T}\right)_V$

$= T\left(\dfrac{\partial P}{\partial T}\right)_V - P$

$= \dfrac{RT}{V} - P = P - P = 0$

〔보충 Tip〕

$$PV = RT \text{에서} \left(\dfrac{\partial P}{\partial T}\right)_V = \dfrac{R}{V}$$

06 에탄올-톨루엔 2성분계에 대한 기액평형상태를 결정하는 실험적 방법으로 다음과 같은 결과를 얻었다. 에탄올의 활동도 계수는? (단, X_1, Y_1 : 에탄올의 액상, 기상의 몰분율이다.) 〔출제율 40%〕

- $T = 45℃$, $P = 183\text{mmHg}$
- $X_1 = 0.3$, $Y_1 = 0.634$
- 45℃의 순수성분에 대한 포화증기압(에탄올) $= 173\text{mmHg}$

① 3.152 ② 2.936

③ 2.235 ④ 1.875

〔해설〕 라울의 법칙

$y_A = \dfrac{\gamma_A \, x_A \, P_A}{P}$

$0.634 = \dfrac{\gamma_A \times 173\text{mmHg} \times 0.3}{183\text{mmHg}}$

$\gamma_A = 2.235$

07 20℃, 1atm에서 아세톤에 대해 부피 팽창률 $\beta = 1.488 \times 10^{-3} (℃)^{-1}$, 등온 압축률 $k = 6.2 \times 10^{-5} (\text{atm})^{-1}$, $V = 1.287\text{cm}^3/\text{g}$이다. 정용 하에서 20℃, 1atm에서 30℃까지 가열한다면 그때 압력은 몇 atm인가? 〔출제율 40%〕

① 1 ② 5.17

③ 241 ④ 20.45

〔해설〕 $V = f(T, P)$

$dV = \left(\dfrac{\partial V}{\partial T}\right)_P dT + \left(\dfrac{\partial V}{\partial P}\right)_T dP$

V로 나누면

$\dfrac{dV}{V} = \dfrac{1}{V}\left(\dfrac{\partial V}{\partial T}\right)_P dT + \dfrac{1}{V}\left(\dfrac{\partial V}{\partial P}\right)_T dP$

$= \beta dT - k dP$

적분하면

$\ln \dfrac{V_2}{V_1} = \beta(T_2 - T_1) - k(P_2 - P_1)$

정적가열($\Delta V = 0$)이므로

$0 = \beta(T_2 - T_1) - k(P_2 - P_1)$

$P_2 = P_1 + \dfrac{\beta(T_2 - T_1)}{k}$

$= 1 + \dfrac{1.488 \times 10^{-3} ℃^{-1}(30 - 20)℃}{62 \times 10^{-6} \text{atm}^{-1}} = 241\,\text{atm}$

08 공기표준 Otto 사이클에 대한 설명으로 틀린 것은 어느 것인가? 〔출제율 60%〕

① 2개의 단열과정과 2개의 일정압력 과정으로 구성된다.

② 실제 내연기관과 동일한 성능을 나타내며 공기를 작동유체로 하는 순환기관이다.

③ 연소 과정은 대등한 열을 공기에 가하는 것으로 대체된다.

④ 효율 $\eta = 1 - \left(\dfrac{1}{r}\right)^{\gamma - 1}$ (여기서, r : 압축비, γ : C_P / C_V)이다.

〔해설〕 Otto cycle

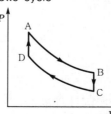

2개의 단열과정, 2개의 정적과정으로 구성된다.

09 1기압, 100℃에서 끓고 있는 수증기의 밀도(density)는 얼마인가? (단, 수증기는 이상기체로 본다.) 〔출제율 80%〕

① 22.4g/L ② 0.59g/L
③ 18.0g/L ④ 0.95g/L

> **해설** $PV = nRT = \dfrac{W}{M}RT$
>
> 밀도 $= \dfrac{W(질량)}{V(부피)} = \dfrac{PM}{RT}$
>
> $= \dfrac{1\,\text{atm} \times 18\,\text{g/mol}}{0.082\,\text{atm} \cdot \text{L/mol} \cdot \text{K} \times 373\,\text{K}}$
>
> $= 0.59\,\text{g/L}$

10 다음 중 열역학 제2법칙에 대한 설명이 아닌 것은 어느 것인가? 〔출제율 20%〕

① 가역공정에서 총 엔트로피 변화량은 0이 될 수 있다.
② 외부로부터 아무런 작용을 받지 않는다면 열은 저열원에서 고열원으로 이동할 수 없다.
③ 효율이 1인 열기관을 만들 수 있다.
④ 자연계의 엔트로피 총량은 증가한다.

> **해설** **열역학 제2법칙**
> ㉠ 외부로부터 흡수한 열을 완전히 일로 전환 가능한 공정은 없다(열에 의한 전환효율이 100%인 열기관은 없다).
> ㉡ 자발적 변화는 비가역 변화로, 엔트로피가 증가하는 방향으로 진행된다.
> ㉢ 열은 저온에서 고온으로 진행하지 못한다.

11 성분 A, B, C가 혼합되어 있는 계가 평형을 이룰 수 있는 조건으로 가장 거리가 먼 것은? (단, μ는 화학퍼텐셜, f는 퓨가시티, α, β, γ는 상, T^b는 비점을 나타낸다.) 〔출제율 30%〕

① $\mu_A^\alpha = \mu_A^\beta = \mu_A^\gamma$
② $T^\alpha = T^\beta = T^\gamma$
③ $T_A^b = T_B^b = T_C^b$
④ $\hat{f}_A^{\,\alpha} = \hat{f}_A^{\,\beta} = \hat{f}_A^{\,\gamma}$

> **해설** **상평형 조건**
> ① $\mu_A^\alpha = \mu_A^\beta = \mu_A^\gamma$
> ② $T^\alpha = T^\beta = T^\gamma$
> ③ $P^\alpha = P^\beta = P^\gamma$
> ④ $\hat{f}_A^{\,\alpha} = \hat{f}_A^{\,\beta} = \hat{f}_A^{\,\gamma}$

12 몰리에(Mollier) 선도를 나타낸 것은? 〔출제율 20%〕

① $P-V$ 선도 ② $T-S$ 선도
③ $H-S$ 선도 ④ $T-H$ 선도

> **해설** **열역학적 선도**
> 어떤 물질의 온도, 압력, 부피, 엔탈피, 엔트로피를 하나의 도표 상에 표현한 것으로, $H-S$ 선도를 Molier 선도라고 한다.

13 다음 중 화학평형에 대한 설명으로 옳지 않은 것은? 〔출제율 40%〕

① 화학평형 판정기준은 일정 T와 P에서 폐쇄계의 총 깁스(Gibbs) 에너지가 최소가 되는 상태를 말한다.
② 화학평형 판정기준은 일정 T와 P에서 수학적으로 표현하면 $\sum v_i \mu_i = 0$이다. (단, v_i : 성분 i의 양론수, μ_i : 성분 i의 화학퍼텐셜)
③ 화학반응의 표준 깁스(Gibbs) 에너지 변화(ΔG°)와 화학평형상수(K)의 관계는 $\Delta G^\circ = -R \cdot \ln K$이다.
④ 화학반응에서 평형전화율은 열역학적 계산으로 알 수 있다.

> **해설** **화학평형**
> • $(dG^t)_{T,P} = 0$
> • $\sum \nu_i \mu_i = 0$
> • $\ln K = \dfrac{-\Delta G^\circ}{RT}$

14 이상기체에 대하여 일(W)이 다음과 같은 식으로 나타나면 이 계는 어떤 과정으로 변화하였는가? (단, Q는 열, P_1은 초기압력, P_2는 최종압력, T는 온도이다.) 〔출제율 60%〕

$$Q = -W = RT \ln\left(\frac{P_1}{P_2}\right)$$

① 정온과정 ② 정용과정
③ 정압과정 ④ 단열과정

> **해설** **이상기체 등온(정온)공정**
> $$Q = -W = RT \ln\frac{V_2}{V_1} = RT \ln\frac{P_1}{P_2}$$
> 여기서, R : 기체상수, T : 온도, V : 부피, P : 압력

15 다음 중 상태함수에 해당하지 않는 것은 어느 것인가? 〔출제율 40%〕

① 비용적(specific volume)
② 몰 내부에너지(molar internal energy)
③ 일(work)
④ 몰 열용량(molar heat capacity)

해설 • 상태함수
경로에 상관없이 시작점과 끝점의 상태에 의해서만 영향을 받는 함수(T, P, ρ, μ, U, H, S, G)
• 경로함수
경로에 따라 영향을 받는 함수(Q, W)

16 다음은 이상기체일 때 퓨가시티(fugacity) f_i를 표시한 함수들이다. 틀린 것은? (단, $\hat{f}_i$: 용액 중 성분 i의 퓨가시티, f_i : 순수성분 i의 퓨가시티, x_i : 용액의 몰분율, P : 압력) 〔출제율 40%〕

① $f_i = x_i \hat{f}_i$ ② $f_i = cP(c=상수)$
③ $\hat{f}_i = x_i P$ ④ $\lim_{p \to 0} f_i / P = 1$

해설 이상기체의 퓨가시티
$\hat{f}_i = y_i P$
$\hat{f}_i^{\,id} = x_i f_i$ (루이스–랜덜의 법칙으로, 이상용액에 적합)

17 1mol의 이상기체가 그림과 같은 가역열기관 $a(1 \to 2 \to 3 \to 1)$, $b(4 \to 5 \to 6 \to 4)$에 있다. T_a, T_b 곡선은 등온선, 2-3, 5-6은 등압선이고, 3-1, 6-4는 정용(Isometric)선이면 열기관 a, b의 외부에 한 일(W) 및 열량(Q)의 각각의 관계는? 〔출제율 40%〕

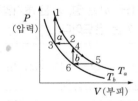

① $W_a = W_b$, $Q_a > Q_b$
② $W_a = W_b$, $Q_a = Q_b$
③ $W_a > W_b$, $Q_a = Q_b$
④ $W_a < W_b$, $Q_a = Q_b$

해설 • 가역열기관 ㉠

$1 \to 2$: 등온 $Q = W = RT_a \ln \dfrac{V_2}{V_1} = RT_a \ln \dfrac{P_1}{P_2}$

$2 \to 3$: 등압 $Q = C_P(T_b - T_a)$

$3 \to 1$: 정적 $Q = \displaystyle\int_{T_b}^{T_a} C_V dT = C_V(T_a - T_b)$

• 가역열기관 ㉡

$4 \to 5$: 등온 $Q = W = RT_a \ln \dfrac{V_5}{V_4} = RT_a \ln \dfrac{P_4}{P_5}$

$5 \to 6$: 등압 $Q = C_P(T_b - T_a)$

$6 \to 4$: 정적 $Q = \displaystyle\int_{T_b}^{T_a} C_V dT = C_V(T_a - T_b)$

• $P_1 V_1 = P_2 V_2 = P_4 V_4 = P_5 V_5 = RT_a$

∴ ㉠ = ㉡

18 다음 그림은 열기관 사이클이다. T_1에서 열을 받고 T_2에서 열을 방출할 때 이 사이클의 열효율은? 〔출제율 80%〕

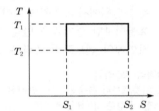

① $\dfrac{T_2}{T_1 - T_2}$ ② $\dfrac{T_1}{T_2 - T_1}$
③ $\dfrac{T_2 - T_1}{T_1}$ ④ $\dfrac{T_1 - T_2}{T_1}$

해설 Carnot cycle 열효율(η)
$\eta = \dfrac{T_h - T_c}{T_h}$ 이고, 그래프에서 T_1이 T_2보다 고온이므로
$\eta = \dfrac{T_1 - T_2}{T_1}$

19 온도가 323.15K인 경우 실린더에 충전되어 있는 기체 압력이 300kPa(계기압)이다. 이상기체로 간주할 때 273.15K에서의 계기 압력은 얼마인가? (단, 실린더의 부피는 일정하며, 대기압은 1atm이라 간주한다.) 〔출제율 40%〕

① 253.58kPa   ② 237.90kPa
③ 354.91kPa   ④ 339.23kPa

해설 보일-샤를의 법칙

$$\frac{P_1 V_1}{T_1} = \frac{P_2 V_2}{T_2}, \ \text{부피 일정}(V_1 = V_2)$$

$$\frac{(300+101.3)\,kPa}{323.15\,K} = \frac{P_2}{273.15\,K}$$

$P_2 = 339.21\,kPa$

$P_2 = P_g + P_{atm}$ (계기압 + 대기압)

$339.2\,kPa = P_g + 101.3\,kPa$

$P_g = 237.9\,kPa$

20 에너지에 관한 설명으로 옳은 것은? 출제율 20%

① 계의 최소 깁스(Gibbs) 에너지는 항상 계와 주위의 엔트로피 합의 최대에 해당한다.

② 계의 최소 헬름홀츠(Helmholtz) 에너지는 항상 계와 주위의 엔트로피 합의 최대에 해당한다.

③ 온도와 압력이 일정할 때 자발적 과정에서 깁스(Gibbs) 에너지는 감소한다.

④ 온도와 압력이 일정할 때 자발적 과정에서 헬름홀츠(Helmholtz) 에너지는 감소한다.

해설 ① $G = H - TS$

② $A = V - TS$

④ $dA = -SdT - PdV$ 이므로 일정 압력에서 헬름홀츠 에너지는 일정하다.

▶ 제2과목 ┃ 단위조작 및 화학공업양론

21 각 온도 단위에서의 온도 차이(Δ) 값의 관계를 옳게 나타낸 것은? 출제율 20%

① $\Delta 1℃ = \Delta 1K$, $\Delta 1.8℃ = \Delta 1℉$

② $\Delta 1℃ = \Delta 1.8℉$, $\Delta 1℃ = \Delta 1K$

③ $\Delta 1℉ = \Delta 1.8°R$, $\Delta 1.8℃ = \Delta 1℉$

④ $\Delta 1℃ = \Delta 1.8℉$, $\Delta 1℃ = \Delta 1.8K$

해설 온도 단위환산

• $℃ = 273 + K$ 이고 $\Delta 1℃ = \Delta 1K$

• $℃ = \frac{5}{9}[t(℉) - 32]$, $℉ = \frac{9}{5}℃ + 32$

$\Delta 1℃ = \Delta 1.8℉$

22 질량 조성이 N_2가 70%, H_2가 30%인 기체의 평균분자량은 얼마인가? 출제율 80%

① 4.7g/mol ② 5.7g/mol

③ 20.2g/mol ④ 30.2g/mol

해설 평균분자량 $M_{av} = \sum x_i M_i$

$n = \frac{W}{M}$, $N_2 + H_2 = 100g$ 가정하면

$N_2 = 70g$, $H_2 = 30g$

$n_{N_2} = \frac{70}{28} = 2.5$, $n_{H_2} = \frac{30}{2} = 15$

$x_{N_2} = \frac{2.5}{2.5 + 15} = 0.143$, $x_{H_2} = \frac{15}{2.5 + 15} = 0.857$

기체의 평균분자량
$= (28 \times 0.143) + (2 \times 0.857) = 5.7g/mol$

23 다음 중 건구온도와 습구온도에 대한 설명으로 틀린 것은? 출제율 20%

① 공기가 습할수록 건구온도와 습구온도 차는 작아진다.

② 공기가 건조할수록 건구온도가 증가한다.

③ 공기가 수증기로 포화될 때 건구온도와 습구온도는 같다.

④ 공기가 건조할수록 습구온도는 높아진다.

해설 • 건구온도
기체 혼합물의 처음 온도(대기 온도)

• 습구온도
대기와 평형상태에 있는 온도(액체 온도)
공기가 건조할수록 증발이 잘 되므로 습구온도는 낮아진다.

24 80wt% 수분을 함유하는 습윤펄프를 건조하여 처음 수분의 70%를 제거하였다. 완전건조펄프 1kg당 제거된 수분의 양은 얼마인가? 출제율 60%

① 1.2kg ② 1.5kg

③ 2.3kg ④ 2.8kg

해설

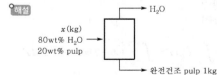

$x \times 0.2 = 1kg$, $x = 5kg$

$5 \times 0.8\,H_2O = 4kg\,H_2O$

처음 수분의 70% 제거 = $4kg \times 0.7 = 2.8kg$

25 H_2의 임계온도는 33K이고, 임계압력은 12.8atm 이다. Newton's 보정식을 이용하여 보정한 T_C 와 P_C는? 출제율 20%

① $T_C = 47K$, $P_C = 26.8atm$
② $T_C = 45K$, $P_C = 24.8atm$
③ $T_C = 41K$, $P_C = 20.8atm$
④ $T_C = 38K$, $P_C = 17.8atm$

해설 뉴턴 보정식(실험식)
온도$+8K$, 압력$+8atm$을 보정한다.

26 50mol% 에탄올 수용액을 밀폐용기에 넣고 가열하여 일정온도에서 평형이 되었다. 이때 용액은 에탄올 27mol%이고, 증기조성은 에탄올 57mol% 이었다. 원용액의 몇 %가 증발되었는가? 출제율 40%

① 23.46   ② 30.56
③ 76.66   ④ 89.76

해설 $0.5 \times F = 0.57V + 0.27(F - V)$
$0.23F = 0.3V$
$F = 100mol$인 경우 $V = 76.66mol$
$\dfrac{V}{F} \times 100 = \dfrac{76.66}{100} \times 100 = 76.66\%$

보충 Tip

원용액이 $100mol$이라고 가정하면
$(100 - x) \times 0.27 + (x \times 0.57) = 100 \times 50$
$x = 76.66\%$

27 이상기체 A의 정압 열용량을 다음 식으로 나타낸다고 할 때 1mol을 대기압 하에서 100℃에서 200℃까지 가열하는 데 필요한 열량은 약 몇 cal/mol인가? 출제율 40%

$$C_p(\text{cal/mol} \cdot K) = 6.6 + 0.96 \times 10^{-3}T$$

① 401   ② 501
③ 601   ④ 701

해설 $Q = \displaystyle\int_{T_1}^{T_2} C_p dT = \int_{373}^{473}(6.6 + 0.96 \times 10^{-3}T)dT$
$= \left[6.6\,T + \dfrac{1}{2} \times 0.96 \times 10^{-3}T^2\right]_{373}^{473}$
$= (6.6 \times 100) + 0.48 \times 10^{-3} \times (473^2 - 373^2)$
$= 700.6\,\text{cal/mol}$

28 다음 중 이상기체의 밀도를 옳게 설명한 것은 어느 것인가? 출제율 80%

① 온도에 비례한다.
② 압력에 비례한다.
③ 분자량에 반비례한다.
④ 이상기체 상수에 비례한다.

해설 $PV = nRT = \dfrac{W}{M}RT$
$\rho = \dfrac{W}{V} = \dfrac{PM}{RT}$
밀도는 압력과 분자량에 비례하고, 이상기체 상수 및 온도에 반비례한다.

29 에탄과 메탄으로 혼합된 연료가스가 산소와 질소 각각 50mol%씩 포함된 공기로 연소된다. 연소 후 연소가스 조성은 CO_2 25mol%, N_2 60mol%, O_2 15mol%이었다. 이때 연료가스 중 메탄의 mol%는? 출제율 40%

① 25.0
② 33.3
③ 50.0
④ 66.4

해설 $CH_4 + C_2H_6 \longrightarrow CO_2 + O_2 + N_2$
$\uparrow$ $\quad$ 25% 15% 60%
$O_2(50\%) + N_2(50\%)$
$CO_2 + O_2 + N_2 = 100mol$로 가정하고
공기의 양을 $A(mol)$이라고 하면
$N_2 : A \times 0.5 = 100 \times 0.6$
$A = 120mol : (O_2 : 60mol,\ N_2 : 60mol)$
$60mol\,O_2 - 15mol\,O_2 = 45mol\,O_2$ (반응에 이용)
$CH_4 + 2O_2 \rightarrow CO_2 + 2H_2O$
$\quad 1 : 2 : 1$
$\quad x : 2x : x$
$C_2H_6 + \dfrac{7}{2}O_2 \rightarrow 2CO_2 + 3H_2O$
$\quad 1 : \dfrac{7}{2} : 2$
$\quad y : \dfrac{7}{2}y : 2y$
$\left.\begin{array}{l} 2x + \dfrac{7}{2}y = 45 \\ x + 2y = 25 \end{array}\right\}\ x = 5,\ y = 10$
메탄$(mol\%) = \dfrac{x}{x+y} = \dfrac{5}{5+10} \times 100 = 33.3\%$

30 다음 열에 관한 용어의 설명 중 틀린 것은 어느 것인가? 출제율 20%

① 표준생성열은 표준조건에 있는 원소로부터 표준조건의 화합물로 생성될 때의 반응열이다.

② 표준연소열은 25℃, 1atm에 있는 어떤 물질과 산소분자와의 산화반응에서 생기는 반응열이다.

③ 표준반응열이란 25℃, 1atm 상태에서의 반응열을 말한다.

④ 진발열량이란 연소해서 생성된 물이 액체 상태일 때의 발열량이다.

해설 • 저위발열량 = 고위발열량 − 수증기잠열
• 진발열량 = 고발열량 − 수증기잠열
(진발열량 : 연소 생성물 H_2O가 수증기인 경우 발열량)

31 다음 중 캐비테이션(cavitation) 현상을 잘못 설명한 것은? 출제율 20%

① 공동화(空洞化) 현상을 뜻한다.

② 펌프 내의 증기압이 낮아져서 액의 일부가 증기화하여 펌프 내에 응축하는 현상이다.

③ 펌프의 성능이 나빠진다.

④ 임펠러 흡입부의 압력이 유체의 증기압보다 높아져 증기는 임펠러의 고압부로 이동하여 갑자기 응축한다.

해설 공동화(cavitation) 현상
㉠ 임펠러 흡입부의 압력이 낮아져 액체 내부에 증기 기포가 발생하는 현상을 말한다.
㉡ 증기 발생 시 부식 · 소음이 발생한다.

32 안지름 10cm의 원관에 비중 0.8, 점도 1.6cP인 유체가 흐르고 있다. 층류를 유지하는 최대평균유속은 얼마인가? 출제율 40%

① 2.2cm/s ② 4.2cm/s
③ 6.2cm/s ④ 8.2cm/s

해설 $N_{Re} = \dfrac{\rho v D}{\mu}$, 층류를 유지하는 최대의 N_{Re}은 2100이므로

$$2100 = \frac{10 \times v \times 0.8}{1.6 \times 0.01}$$

유속$(v) = 4.2\,cm/s$

33 "분쇄에 필요한 일은 분쇄 전후의 대표 입경의 비(D_{p1}/D_{p2})에 관계되며 이 비가 일정하면 일의 양도 일정하다."는 법칙은 무엇인가? 출제율 20%

① Sherwood 법칙
② Rittinger 법칙
③ Bond 법칙
④ Kick 법칙

해설 Lewis 식

$$\frac{dW}{dD_P} = -kD_P^{-n}$$

여기서, D_P : 분쇄원료의 대표직경
W : 분쇄에 필요한 일
$k,\ n$: 정수

$n=1$일 때 Lewis식을 적분하면 Kick의 법칙

$$W = k_K \ln \frac{D_{P_1}}{D_{P_2}}$$

여기서, k_K : 킥의 상수
D_{P_1} : 분쇄 원료의 지름
D_{P_2} : 분쇄물의 지름

34 냉각하는 벽에서 응축되는 증기의 형태는 막상응축(film type condensation)과 적상응축(drop wise condensation)으로 나눌 수 있다. 적상응축의 전열계수는 막상응축에 비하여 대략 몇 배가 되는가? 출제율 20%

① 1배
② 5~8배
③ 80~100배
④ 1000~2000배

해설 적상응축의 열전달속도는 막상응축의 2배 이상이 된다. 그러므로 전열을 좋게 하기 위해서는 적상응축으로 되게 하는 것이 좋다.

35 습한 재료 10kg을 건조한 후 고체의 무게를 측정하였더니 7kg이었다. 처음 재료의 함수율은? (단, 단위는 kg H_2O/kg 건조고체) 출제율 20%

① 약 0.43 ② 약 0.53
③ 약 0.62 ④ 약 0.70

해설 함수율 $= \dfrac{\text{수분\,kg}}{\text{건조고체\,kg}} = \dfrac{3}{7} = 0.43$

36 McCabe-Thiele의 최소이론단수를 구한다면, 정류부 조작선의 기울기는? `출제율 20%`

① 1.0 ② 0.5
③ 2.0 ④ 0

`해설` $R_D = \infty$(전환류)일 때 단수는 최소단수가 되고, 이때 기울기는 1이 되고, 조작선은 대각선과 같은 선이 된다. 또한, 탑상 유출물=0이며, 탑저 유출물은 급액량과 같다.

37 다음 중 기체 흡수탑에서 액체의 흐름을 원활히 하려면 어느 것을 넘지 않는 범위에서 조작해야 하는가? `출제율 40%`

① 부하점(loading point)
② 왕일점(flooding point)
③ 채널링(channeling)
④ 비말동반(entrainment)

`해설`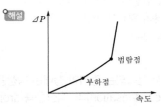

부하점 이내에서 운전해야 적정 압력손실 이내에서 운전이 가능하다.

38 전열에 관한 설명으로 틀린 것은? `출제율 20%`

① 자연대류에서의 열전달계수가 강제대류에서의 열전달계수보다 크다.
② 대류의 경우 전열속도는 벽과 유체의 온도 차이와 표면적에 비례한다.
③ 흑체란 이상적인 방열기로서 방출열은 물체의 절대온도의 4승에 비례한다.
④ 물체 표면에 있는 유체의 밀도 차이에 의해 자연적으로 열이 이동하는 것이 자연대류이다.

`해설` 강제대류 열전달 계수가 자연대류보다 크다.

39 다음 중 동점성 계수와 직접적인 관련이 없는 것은? `출제율 40%`

① m^2/s ② $kg/m \cdot s^2$
③ $\dfrac{\mu}{\rho}$ ④ stokes

`해설` $\nu = \dfrac{\mu}{\rho} = 1\,cm^2/s = 1\,stoke$

여기서, μ : 점도
ν : 동점도
ρ : 밀도

40 상계점(plait point)에 대한 설명으로 옳지 않은 것은? `출제율 40%`

① 추출상과 추잔상의 조성이 같아지는 점이다.
② 상계점에서 2상(相)이 1상(相)이 된다.
③ 추출상과 평형에 있는 추잔상의 대응선(tie line)의 길이가 가장 길어지는 점이다.
④ 추출상과 추잔상이 공존하는 점이다.

`해설` 상계점
㉠ 추출상과 추잔상의 조성이 같아지는 점을 말한다.
㉡ tie-line(대응선)의 길이가 0이 되는 점을 말한다.

▶▶ 제3과목 ┃ 공정제어

41 비례이득이 2, 적분시간이 1인 비례-적분(PI) 제어기로 도입되는 제어오차(error)에 단위계단 변화가 주어졌다. 제어기로부터의 출력 $m(t)$, $t \geq 0$ 를 구한 것으로 옳은 것은? (단, 정상상태에서 제어기의 출력은 0으로 간주한다.) `출제율 40%`

① $1 - 0.5t$ ② $2t$
③ $2(1+t)$ ④ $1 + 0.5t$

`해설` PI 제어기의 전달함수 $G(s) = K_c\left(1 + \dfrac{1}{\tau_I s}\right)$

$M(s) = K_c\left(1 + \dfrac{1}{\tau_I s}\right) \cdot \dfrac{1}{s} = K_c\left(\dfrac{1}{s} + \dfrac{1}{\tau_I s^2}\right)$

$m(t) = K_c\left(1 + \dfrac{t}{\tau_I}\right)$

$m(t) = 2(1+t)$

42 다음 중 가장 느린 응답을 보이는 공정은 어느 것인가? `출제율 40%`

① $\dfrac{1}{(2s+1)}$ ② $\dfrac{10}{(2s+1)}$
③ $\dfrac{1}{(10s+1)}$ ④ $\dfrac{1}{(s+10)}$

> **해설** 시간상수 τ가 클수록 느린 응답이다. 따라서 τ가 10 인 $\dfrac{1}{10s+1}$ 이 가장 느린 응답이다.

43 1차 공정의 계단응답의 특징 중 옳지 않은 것은 어느 것인가? [출제율 60%]

① $t=0$일 때 응답의 기울기는 0이 아니다.
② 최종응답 크기의 63.2%에 도달하는 시간은 시상수와 같다.
③ 응답의 형태에서 변곡점이 존재한다.
④ 응답이 98% 이상 완성되는 데 필요한 시간은 시상수의 4~5배 정도이다.

> **해설** $Y(s) = G(s) \cdot X(s) = \dfrac{k}{\tau s+1} \cdot \dfrac{A}{s}$
>
> $y(t) = KA(1-e^{-t/\tau})$

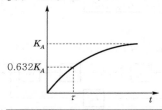

t	$Y(s)/KA$
0	0
τ	0.632
2τ	0.865
3τ	0.950
4τ	0.982
5τ	0.993
α	1.0

44 다음 함수의 Laplace 변환은? (단, $u(t)$는 단위 계단함수(unit step function)이다.) [출제율 80%]

$$f(t) = \frac{1}{h}\{u(t) - u(t-h)\}$$

① $\dfrac{1}{h}\left(\dfrac{1-e^{-h/s}}{s}\right)$ ② $\dfrac{1}{h}\left(\dfrac{1-e^{-hs}}{s}\right)$

③ $\dfrac{1}{h}\left(\dfrac{1+e^{-hs}}{s}\right)$ ④ $\dfrac{1}{h}\left(\dfrac{1+e^{-h/s}}{s}\right)$

> **해설** $f(t) = \dfrac{1}{h}\{u(t) - u(t-h)\}$
> 라플라스 변환
> $F(s) = \dfrac{1}{h} \cdot \dfrac{1}{s} - \dfrac{1}{h}\dfrac{e^{-hs}}{s}$
> $= \dfrac{1}{h}\left(\dfrac{1}{s} - \dfrac{e^{-hs}}{s}\right) = \dfrac{1}{h}\left(\dfrac{1-e^{-hs}}{s}\right)$

45 폭이 w이고, 높이가 h인 사각펄스의 Laplace 변환으로 옳은 것은? [출제율 80%]

① $\dfrac{h}{s}(1-e^{-ws})$ ② $\dfrac{h}{s}(1-e^{-s/w})$

③ $\dfrac{hw}{s}(1-e^{-ws})$ ④ $\dfrac{h}{ws}(1-e^{-s/w})$

> **해설**
>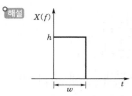
> $x(t) = hu(t) = hu(t-w)$
> 라플라스 변환
> $X(s) = \dfrac{h}{s} - \dfrac{h}{s}e^{-ws} = \dfrac{h}{s}(1-e^{-ws})$

46 다음 블록선도의 제어계에서 출력 C를 구한 것으로 옳은 것은? [출제율 80%]

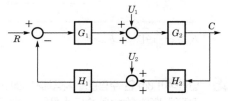

① $\dfrac{G_1 G_2 R + G_2 G_1 + G_1 G_2 H_1 H_2}{1 + G_1 G_2 H_1 H_2}$

② $\dfrac{G_1 G_2 R + G_2 U_1 - G_1 G_2 H_1 U_2}{1 + G_1 G_2 H_1 H_2}$

③ $\dfrac{G_1 G_2 R - G_2 U_1 + G_1 G_2 H_1 H_2}{1 + G_1 G_2 H_1 H_2}$

④ $\dfrac{G_1 G_2 R - G_2 U_1 + G_1 G_2 H_1 H_2}{1 - G_1 G_2 H_1 H_2}$

> **해설** $\{R-(CH_2+U_2)H_1\}G_1 + U_1\{G_2\} = C$
> 정리하면
> $C = \dfrac{G_1 G_2 R + G_2 U_1 - G_1 G_2 H_1 U_2}{1 + G_1 G_2 H_2 H_1}$

47 다음 그림에서와 같은 제어계에서 안정성을 갖기 위한 K_c의 범위(lower bound)를 가장 옳게 나타낸 것은? 〔출제율 80%〕

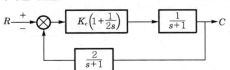

① $K_c > 0$ ② $K_c > \dfrac{1}{2}$

③ $K_c > \dfrac{2}{3}$ ④ $K_c > 2$

〔해설〕 $G_c = \dfrac{직진(직렬)}{1 + feedback}$

$$= \dfrac{K_c\left(1+\dfrac{1}{2s}\right)\left(\dfrac{1}{s+1}\right)}{1+K_c\left(1+\dfrac{1}{2s}\right)\left(\dfrac{1}{s+1}\right)\left(\dfrac{2}{s+1}\right)}$$

분모 $= 0 \rightarrow 1 + K_c\left(1+\dfrac{1}{2s}\right)\left(\dfrac{1}{s+1}\right)\left(\dfrac{2}{s+1}\right) = 0$

정리하면 $s^3 + 2s^2 + (1+2K_c)s + K_c = 0$

Routh 안정성

	1	2
1	1	$1+2K_c$
2	2	K_c
3	$\dfrac{2(1+K_c)-K_c}{2} > 0$	

$K_c > -\dfrac{2}{3}$ 이므로 $K_c > 0$

48 단면적이 3m²인 수평관을 사용해서 100m 떨어진 지점에 4000kg/min의 속도로 물을 공급하고 있다. 이 계의 수송지연(Transportation lag)은 몇 분인가? (단, 물의 밀도는 1000kg/m³이다.) 〔출제율 40%〕

① 25min
② 50min
③ 75min
④ 120min

〔해설〕 수송지연 $= \dfrac{volume}{flow\ rate}$

$$= \dfrac{300\,m^2 \times 1000\,kg/m^3}{4000\,kg/min}$$

$$= 75\,min$$

49 그림과 같은 블록 다이어그램으로 표시되는 제어계에서 R과 C 간의 관계를 하나의 블록으로 나타낸 것은 다음 중 어느 것인가? $\left(단,\ G_a = \dfrac{G_{C2}G_1}{1+G_{C2}G_1H_2}\ 이다.\right)$ 〔출제율 80%〕

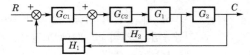

① $R \rightarrow \boxed{\dfrac{G_{C2}G_1G_2}{1+G_{C1}G_aG_2H_1}} \rightarrow C$

② $R \rightarrow \boxed{\dfrac{G_{C1}G_aG_2}{1+G_{C1}G_aG_2H_1}} \rightarrow C$

③ $R \rightarrow \boxed{\dfrac{G_{C1}G_aG_2}{1+G_{C1}G_{C2}G_1G_2H_1}} \rightarrow C$

④ $R \rightarrow \boxed{\dfrac{G_aG_2}{1+G_{C1}G_{C2}G_1G_2H_1}} \rightarrow C$

〔해설〕 $G_a = \dfrac{G_{C_2}G_1\,(직진)}{1+G_{C_2}G_1H_2\,(feedback)}$

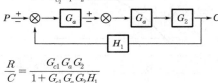

$\dfrac{R}{C} = \dfrac{G_{C1}G_aG_2}{1+G_{C1}G_aG_2H_1}$

50 강연회 같은 데서 간혹 일어나는 일로 마이크와 스피커가 방향이 맞으면 '삐' 하는 소리가 나게 된다. 마이크의 작은 신호가 스피커로 증폭되어 나오고 다시 이것이 마이크로 들어가 증폭되는 동작이 반복되어 매우 큰 소리로 되는 것이다. 이러한 현상을 설명하는 폐루프의 안정성 이론은 어느 것인가? 〔출제율 40%〕

① Routh Stability
② Unstable Pole
③ Lyapunov Stability
④ Bode Stability

〔해설〕 Bode 안정성
진폭비, 위상각을 이용하여 안정성을 판정하며, 개루프 전달함수의 AR값이 교차 주파수 상의 1보다 크다면 이 계는 불안정하다.

51 어떤 공정로 비례이득(gain)이 2인 비례제어기로 운전되고 있다. 이때 공정출력이 주기 3으로 계속 진동하고 있다면, 다음 설명 중 옳은 것은 어느 것인가? [출제율 20%]

① 이 공정의 임계이득(Ultimate gain)은 2이고 임계주파수(Ultimate frequency)는 3이다.

② 이 공정의 임계이득(Ultimate gain)은 2이고 임계주파수(Ultimate frequency)는 $\dfrac{2\pi}{3}$이다.

③ 이 공정의 임계이득(Ultimate gain)은 1/2이고 임계주파수(Ultimate frequency)는 3이다.

④ 이 공정의 임계이득(Ultimate gain)은 1/2이고 임계주파수(Ultimate frequency)는 $\dfrac{2\pi}{3}$이다.

해설 $P_u = \dfrac{2\pi}{\omega} = 3$, $K_c = 2$
여기서, P_u : 주기, ω : 주파수
$\omega = \dfrac{2}{3}\pi$

52 다음 그림은 외란의 단위계단 변화에 대해 잘 조율된 P, PI, PD, PID에 의한 제어계 응답을 보인 것이다. 이 중 PID 제어기에 의한 결과는 어떤 것인가? [출제율 40%]

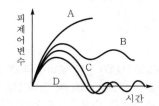

① A
② B
③ C
④ D

해설

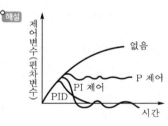

53 공정의 제어성능을 적절히 발휘하는 데에 장애가 되는 요소가 아닌 것은? [출제율 20%]

① 측정변수와 제어되는 변수의 일치
② 제어밸브의 무반응 영역
③ 공정 운전상의 제약
④ 공정의 지연시간

해설 측정변수와 제어되는 변수가 일치할 때 공정제어에 좋다.

54 이득이 1인 2차계에서 감쇠계수(damping factor) $\xi < 0.707$일 때 최대 진폭비 AR_{max}는? [출제율 40%]

① $\dfrac{1}{2\sqrt{1-\xi^2}}$
② $\sqrt{1-\xi^2}$
③ $\dfrac{1}{2\xi\sqrt{1-\xi^2}}$
④ $\dfrac{1}{\xi\sqrt{1-2\xi^2}}$

해설 진폭비 $AR = \dfrac{\text{출력변수의 진폭}}{\text{입력변수의 진폭}}$
$= \dfrac{K}{\sqrt{(1-\tau^2\omega^2)^2 + (2\tau\omega\zeta)^2}}$
정규 진폭비 $AR_N = \dfrac{AR}{K}$
AR_N이 최대이면 $\tau\omega = \sqrt{1-2\zeta^2}$
$AR_{N\cdot max} = \dfrac{1}{2\zeta\sqrt{1-\zeta^2}}$ $(\zeta < 0.707)$

55 공정변수 값을 측정하는 감지 시스템은 일반적으로 센서, 전송기로 구성된다. 다음 중 전송기에서 일어나는 문제점으로 가장 거리가 먼 것은 어느 것인가? [출제율 20%]

① 과도한 수송지연
② 잡음
③ 잘못된 보정
④ 낮은 해상도

해설 전송기 문제점
㉠ 잡음
㉡ 잘못된 보정
㉢ 낮은 해상도

56 $\cos h\omega t$의 Laplace 변환은? [출제율 80%]

① $\dfrac{s}{s^2 + \omega^2}$
② $\dfrac{\omega}{s^2 - \omega^2}$
③ $\dfrac{s}{s^2 - \omega^2}$
④ $\dfrac{\omega}{s^2 + \omega^2}$

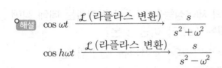

$\cos \omega t \xrightarrow{\mathcal{L}(\text{라플라스 변환})} \dfrac{s}{s^2+\omega^2}$

$\cos h\omega t \xrightarrow{\mathcal{L}(\text{라플라스 변환})} \dfrac{s}{s^2-\omega^2}$

57 다음 중에서 사인응답(Sinusoidal Response)이 위상앞섬(Phase lead)을 나타내는 것은 어느 것인가? 〔출제율 40%〕

① P 제어기
② PI 제어기
③ PD 제어기
④ 수송지연(Transportation lag)

> 〔해설〕 PD 제어기
> offset은 없어지지 않으나 최종값이 도달하는 시간은 단축된다(위상앞섬 : 미분, 위상지연 : 적분).

58 제어밸브 입출구 사이의 불평형 압력(unbalanced force)에 의하여 나타나는 밸브 위치의 오차, 히스테리시스 등이 문제가 될 때 이를 감소시키기 위하여 사용되는 방법과 관련이 가장 적은 것은 어느 것인가? 〔출제율 20%〕

① C_v가 큰 제어밸브를 사용한다.
② 면적이 넓은 공압구동기(pneumatic actuator)를 사용한다.
③ 밸브 포지셔너(positioner)를 제어밸브와 함께 사용한다.
④ 복좌형(double seated) 밸브를 사용한다.

> 〔해설〕 C_v(밸브 계수)
> ㉠ 1psi 압력차에서 밸브를 완전히 열었을 때 흐르는 물의 유량을 의미한다.
> ㉡ 제어밸브의 크기를 결정한다.
> ㉢ 제어밸브 입출구 사이의 불평형 압력에 의해 나타나는 문제일 경우 이를 감소시키기 위해 C_v가 작은 제어밸브를 사용한다.

59 어떤 반응기에 원료가 정상상태에서 100L/min의 유속으로 공급될 때 제어밸브의 최대유량을 정상상태 유량의 4배로 하고 I/P 변환기를 설정하였다면 정상상태에서 변환기에 공급된 표준전류신호는 몇 mA인가? (단, 제어밸브는 선형특성을 가진다.) 〔출제율 40%〕

① 4
② 8
③ 12
④ 16

> 〔해설〕
> • 표준전류신호 4~20mA
> • 전류신호 4에서 유량 0
> • 전류신호 20에서 유량 400L/min
> • 유량이 100일 때 8mA

60 다음 중 되먹임제어계가 불안정한 경우에 나타나는 특성은? 〔출제율 20%〕

① 이득여유(gain margin)가 1보다 작다.
② 위상여유(phase margin)가 0보다 크다.
③ 제어계의 전달함수가 1차 계로 주어진다.
④ 교차주파수(crossover frequency)에서 갖는 개루프 전달함수의 진폭비가 1보다 작다.

> 〔해설〕 이득여유(GM)가 1보다 작을 경우 불안정하며, GM이 1보다 크면 안정하다.

▶ 제4과목 I 공업화학

61 다음 중 석유의 전화법으로 거리가 먼 것은 어느 것인가? 〔출제율 20%〕

① 개질법
② 이성화법
③ 수소화법
④ 고리화법

> 〔해설〕 석유의 전화법
> ㉠ 분해(크래킹 : 열분해법, 접촉분해법, 수소화분해법)
> ㉡ 개질법(리포밍)
> ㉢ 알킬화법
> ㉣ 이성화법

62 N_2O_4와 H_2O가 같은 몰비로 존재하는 용액에 산소를 넣어 HNO_3 30kg을 만들고자 한다. 이때 필요한 산소의 양은 약 몇 kg인가? (단, 반응은 100% 일어난다고 가정한다.) 〔출제율 40%〕

① 3.5kg
② 3.8kg
③ 4.1kg
④ 4.5kg

> 〔해설〕 $N_2O_4 + H_2O + \dfrac{1}{2}O_2 \rightarrow 2HNO_3$
>
> $\dfrac{1}{2} \times 32\,\text{kg} : 2 \times 63\,\text{kg}$
>
> $x \quad : \quad 30\,\text{kg}$
>
> 산소$(x) = 3.8\,\text{kg}$

63 반도체 공정 중 노광 후 포토레지스트로 보호되지 않는 부분을 선택적으로 제거하는 공정을 무엇이라 하는가? [출제율 20%]

① 에칭　　　　② 조립
③ 박막 형성　　④ 리소그래피

해설 에칭
노광 후 PR(포토레지스트)로 보호되지 않는 부분을 선택적으로 제거하는 공정을 말한다.

64 암모니아 합성 공업에 있어서 1000℃ 이상의 고온에서 코크스에 수증기를 통할 때 주로 얻어지는 가스는? [출제율 80%]

① CO, H_2　　　② CO_2, H_2
③ CO, CO_2　　④ CH_4, H_2

해설 워터가스(수성가스) 제법
수증기가 코크스를 통과할 때 얻어지는 CO+H_2의 가스를 수성가스(워터가스)라고 한다.
$C + H_2O \rightarrow CO + H_2$

65 실용전지 제조에 있어서 작용물질의 조건으로 가장 거리가 먼 것은? [출제율 20%]

① 경량일 것
② 기전력이 안정하면서 낮을 것
③ 전기용량이 클 것
④ 자기방전이 적을 것

해설 기전력은 단위전하당 한 일로, 기전력이 안정하면서 클수록 좋다.

66 프로필렌, CO 및 H_2의 혼합가스를 촉매 하에서 고압으로 반응시켜 카르보닐 화합물을 제조하는 반응은? [출제율 40%]

① 옥소 반응
② 에스테르화 반응
③ 니트로화 반응
④ 스위트닝 반응

해설 Oxo 합성법(옥소 반응)
올레핀과 CO, H_2를 촉매가 있는 상태에서 반응시켜 탄소 수가 하나 더 증가된 알데히드화합물을 얻는 방법이다.

67 니트로벤젠을 환원시켜 아닐린을 얻고자 할 때 사용하는 것은? [출제율 60%]

① Fe, HCl　　② Ba, H_2O
③ C, NaOH　　④ S, NH_4Cl

해설
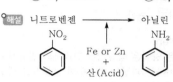
니트로벤젠 → 아닐린

68 다음 중 소다회의 사용 용도로 가장 거리가 먼 것은? [출제율 40%]

① 판유리　　　② 시멘트 주원료
③ 조미료, 식품　④ 유지 합성세제

해설 소다회 사용 용도
유리의 원료, 조미료 재료, 식품, 비누의 제조(유리 합성 세제), 염료·향료, 의약품, 농약, 종이·펄프 제조 등

69 하루 117ton의 NaCl을 전해하는 NaOH 제조공장에서 부생되는 H_2와 Cl_2를 합성하여 39wt% HCl을 제조할 경우 하루 약 몇 ton의 HCl이 생산되는가? (단, NaCl은 100%, H_2와 Cl_2는 99% 반응하는 것으로 가정한다.) [출제율 40%]

① 200　　　② 185
③ 156　　　④ 100

해설 $NaCl + H_2O \rightarrow NaOH + \dfrac{1}{2}Cl_2 + \dfrac{1}{2}H_2$

$117\,\text{ton} : x \times 0.39 = 58.5 : 36.5$
$x = 187.17$
$HCl = 187.17 \times 0.99 = 185\,\text{ton}$

70 다음 물질 중 감압증류로 얻는 것은? [출제율 40%]

① 등유, 가솔린
② 등유, 경유
③ 윤활유, 등유
④ 윤활유, 아스팔트

해설 원유의 증류
㉠ 상압증류 : 등유, 나프타, 경유, 찌꺼기유 등
㉡ 감압증류 : 윤활유, 아스팔트 등

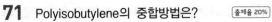

71 Polyisobutylene의 중합방법은? `출제율 20%`

① 양이온 중합
② 음이온 중합
③ 라디칼 중합
④ 지글러나타 중합

해설 Polyisobutylene
양이온 중합은 양이온 작용기가 단량체와 반응하고 말단으로 전이하는 과정을 반복하여 고분자를 생성하는 사슬성장 중합법이다.

72 다음 중 공업적인 HCl 제조방법에 해당하는 것은 어느 것인가? `출제율 40%`

① 부생 염산법
② Petersen Tower법
③ OPL법
④ Meyer법

해설 HCl 제조방법
㉠ 식염의 황산 분해법(LeBlanc법)
㉡ 합성 염산법($Cl_2 + H_2$)
㉢ 부생 염산법
㉣ 무수염산 제조법

73 황산 중에 들어 있는 비소산화물을 제거하는 데 이용되는 물질은? `출제율 40%`

① NaOH
② KOH
③ NH_3
④ H_2S

해설 질산식 황산 제조법의 정제
H_2S를 사용하여 황화물로 비소 산화물을 침전 제거한다.

74 소금물을 전기분해하여 공업적으로 가성소다를 제조할 때 다음 중 적합한 방법은? `출제율 60%`

① 격막법
② 침전법
③ 건식법
④ 중화법

해설 NaOH
├ 가성화법 ─┬ 석회법
│   └ 산화철법
└ 식염전해법 ─┬ 격막법
             ├ 수은법
             └ 종형전해법

$2Na^+ + 2Cl^- + 2H_2O \rightarrow 2Na^+ + 2OH^- + Cl_2 + H_2$

75 다음 중 열가소성 수지의 대표적인 종류가 아닌 것은? `출제율 80%`

① 에폭시수지
② 염화비닐수지
③ 폴리스티렌
④ 폴리에틸렌

해설
• 열가소성 수지
가열하면 연화되어 외력에 의해 쉽게 변형되나 성형 후 외력이 제거되어도 형상을 유지하는 수지로, 종류는 폴리염화비닐, 폴리스티렌, 아크릴수지, 불소수지 등이다.
• 열경화성 수지
가열하면 우선 연화되지만 계속 가열하면 나중에는 경화되어 원상태로 돌아오지 않는 수지로, 종류는 페놀수지, 요소수지, 멜라민수지, 우레탄수지, 에폭시수지, 알키드수지, 규소수지 등이다.

76 아크릴산에스테르의 공업적 제법과 가장 거리가 먼 것은? `출제율 40%`

① Reppe 고압법
② 프로필렌의 산화법
③ 에틸렌시안히드린법
④ 에틸알코올법

해설 에틸알코올(C_2H_5OH) → 알데히드 제조

1차 알코올 $\xrightarrow[\text{탈수소}]{\text{산화}}$ aldehyde 생성

77 황산 60%, 질산 24%, 물 16%의 혼산 100kg을 사용하여 벤젠을 니트로화할 때, 질산이 화학양론적으로 전량 벤젠과 반응하였다면 DVS 값은 얼마인가? `출제율 80%`

① 4.54
② 3.50
③ 2.63
④ 1.85

해설 $DVS = \dfrac{\text{혼합산 중 황산의 양}}{\text{반응 후 혼합산 중 물의 양}}$

벤젠 + HNO_3 ⟶ (벤젠고리)–NO_2 + H_2O

$63(HNO_3) : 18(H_2O) = 24(100kg \text{ 중 } HNO_3) : x$
$x = 6.86$

$DVS = \dfrac{60}{16 + 6.86} = 2.62$

78 아세트알데히드는 Höchst-Wacker법을 이용하여 에틸렌으로부터 얻어질 수 있다. 이때 사용되는 촉매에 해당하는 것은? 출제율 20%

① 제올라이트　　② NaOH

③ $PdCl_2$　　④ $FeCl_3$

해설 아세트알데히드 : Höchst-Wacker법

에틸렌에 촉매 $PdCl_2$와 $CuCl_2$를 염산용액 하에서 공기에 산화, 아세트알데히드를 생성한다.

$$CH_2 = CH_2 + \underset{(촉매)}{PdCl_2} + H_2O \rightarrow CH_3CHO + Pd + 2HCl$$

79 암모니아의 합성반응에 관한 설명으로 옳지 않은 것은? 출제율 40%

① 촉매를 사용하여 반응속도를 높일 수 있다.

② 암모니아 평형농도는 반응온도를 높일수록 증가한다.

③ 암모니아 평형농도는 압력을 높일수록 증가한다.

④ 불활성 가스의 양이 증가하면 암모니아 평형 농도는 낮아진다.

해설 암모니아 제조

$$N_2 + 3H_2 \rightleftarrows 2NH_3$$

㉠ 수소와 질소의 혼합비율이 3 : 1일 때 가장 좋다.

㉡ 불활성 가스의 양이 증가하면 NH_3의 평형농도가 낮아진다.

㉢ 암모니아의 평형농도는 반응온도를 낮출수록, 압력을 높일수록 증가한다.

㉣ 촉매를 사용하여 반응속도를 높일 수 있다.

80 벤젠을 400~500℃에서 V_2O_5 촉매상으로 접촉 기상 산화시킬 때의 주생성물은? 출제율 40%

① 나프텐산

② 푸마르산

③ 프탈산무수물

④ 말레산무수물

해설 말레산 무수물 제조

(벤젠)　　　　　　　　　　(말레산무수물)

🔷 제5과목 | 반응공학

81 $1A \leftrightarrow 1B + 1C$이 1bar에서 진행되는 기상반응이다. 1몰 A가 수증기 15몰로 희석되어 유입될 때 평형에서 반응물 A의 전화율은? (단, 평형상수 K_P는 100mbar이다.) 출제율 20%

① 0.65　　② 0.70

③ 0.86　　④ 0.91

해설 $A \leftrightarrow B + C$

$P = 1bar$

기상 반응($V = \nu_0(1 + \varepsilon \times A)$)

$\Rightarrow y_{A0} = \dfrac{1}{16}$, $\delta = 1$, $\varepsilon = \dfrac{1}{16} \left(y_{A0} = \dfrac{1}{1+15} = \dfrac{1}{16} \right)$

$P_{A0} = P \cdot y_{A0} = \dfrac{1}{16}$ bar

$PV = nRT$

→ 초기 상태

　$P_{A0} \cdot V_0 = \eta_{A0} RT$

　→ $P_{A0} = \dfrac{\eta_{A0}}{V_0} RT = C_{A0} RT$

→ 반응 후

　$P_A V = n_A RT$

　→ $P_A = \dfrac{n_A}{V} RT = \dfrac{n(1 - X_A)}{V_0(1 + \varepsilon X_A)} RT$

　　$= C_{A0} \cdot \dfrac{1 - X_A}{1 + \varepsilon X_A} RT$

　→ $P_B = P_C$

　$P_B \cdot V = n_B RT$

　→ $P_B = \dfrac{n_B}{V} RT = \dfrac{n_{A0} \cdot X_A}{V_0(1 + \varepsilon X_A)} RT$

　　$= C_{A0} \cdot \dfrac{X_A}{1 + \varepsilon X_A} RT$

$K_P = \dfrac{P_B P_C}{P_A} = \dfrac{\left(C_{A0} \left(\dfrac{X_A}{1 + \varepsilon X_A} \right) RT \right)^2}{C_{A0} \left(\dfrac{1 - X_A}{1 + \varepsilon X_A} \right) RT}$

　$= \dfrac{C_{A0} RT X_A^2}{(1 - X_A)(1 + \varepsilon X_A)}$, $(C_{A0} RT = P_{A0})$

$\therefore K_P = \dfrac{P_{A0} X_A^2}{(1 - X_A)(1 + \varepsilon X_A)}$

$K_P = \dfrac{1}{10}$ bar, $P_{A0} = \dfrac{1}{16}$ bar, $\varepsilon = \dfrac{1}{16}$

$\therefore X_A = 0.704$

82 다음 비가역 기초반응에 의하여 연간 2억kg 에틸렌을 생산하는 데 필요한 플러그흐름반응기의 부피는 몇 m^3인가? (단, 압력은 8atm, 온도는 1200K 등온이며, 압력강하는 무시하고 전화율 90%를 얻고자 한다.) [출제율 40%]

- $C_2H_6 \rightarrow C_2H_4 + H_2$
- 속도상수 $k_{(1200K)} = 4.07s^{-1}$

① 2.82 ② 28.2
③ 42.8 ④ 82.2

해설 변용 1차 PFR

$$k\tau = (1+\varepsilon_A)\ln\frac{1}{1-X_A} - \varepsilon_A X_A$$

$$\varepsilon_A = y_{A0} \cdot \delta = 1 \cdot \frac{2-1}{1} = 1, \ X_A = 0.9, \ k = 4.07s^{-1}$$

$$\tau = \frac{(1+1)\ln\dfrac{1}{1-0.9} - 0.9}{4.07} = 0.910361$$

$$\tau = \frac{C_{A0} V}{F_{A0}}$$

$$F_{Af} = F_{A0} X_A$$

$$F_{A0} = \frac{F_{Af}}{X_A} = \frac{0.226499}{0.9} = 0.25166$$

$F_{Af} =$ 연간 2억 kg 에틸렌 $= 2 \times 10^8$ kg/yr
$= 0.226499$ kmol/s

$$\frac{P}{RT} = \frac{n}{V} = C_{A0}$$

$$= \frac{8 \text{atm}}{0.082 \text{m}^3 \cdot \text{atm/kmol} \cdot \text{K} \times 1200 \text{K}}$$

$$= 0.081301 \text{kmol}$$

$$\frac{C_{A0} V}{F_{A0}} = \tau$$

$$V = \frac{F_{A0} \times \tau}{C_{A0}} = \frac{0.25166 \times 0.910361}{0.081301} = 2.81794 \text{m}^3$$

83 그림과 같은 기초적 반응에 대한 농도-시간 곡선을 가장 잘 표현하고 있는 반응형태는 다음 중 어느 것인가? [출제율 40%]

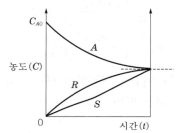

① $A \underset{1}{\overset{1}{\rightleftharpoons}} R \underset{1}{\overset{1}{\rightleftharpoons}} S$ ② $A \underset{1}{\overset{1}{\rightleftharpoons}} R \underset{10}{\overset{1}{\rightleftharpoons}} S$

③ $A \overset{1}{\rightarrow} R \underset{1}{\overset{1}{\rightleftharpoons}} S$ ④ $A \overset{1}{\rightarrow} R \underset{10}{\overset{1}{\rightleftharpoons}} S$

해설 A, R, S 가 거의 비슷하게 수렴하므로

$$A \underset{1}{\overset{1}{\rightleftharpoons}} R \underset{1}{\overset{1}{\rightleftharpoons}} S$$

84 정용회분식 반응기(batch reactor)에서 반응물 $A(C_{A0} = 1\text{mol/L})$가 80% 전환되는 데 8분 걸렸고, 90% 전환되는 데 18분이 걸렸다면 이 반응은 몇 차 반응인가? [출제율 60%]

① 0차 ② 2차
③ 2.5차 ④ 3차

해설
$$-r_A = -\frac{dC_A}{dt} = kC_A{}^n = kC_{A0}{}^n(1-X_A)^n$$

적분하면,
$$C_A{}^{1-n} - C_{A0}{}^{1-n} = k(n-1)t$$
$$C_{A0}{}^{1-n}(1-X_A)^{1-n} - C_{A0}{}^{1-n} = k(n-1)t$$
$$(1-X_A)^{1-n} - 1 = k(n-1)t \qquad (C_{A0} = 1\text{mol/L})$$
$$(1-0.8)^{1-n} - 1 = k(n-1) \times 8$$
$$(1-0.9)^{1-n} - 1 = k(n-1) \times 18$$
$$n = 2\text{차 반응}$$

85 다음 두 반응이 평행하게 동시에 진행되는 반응에 대해 목적물의 선택도를 높이기 위한 설명으로 옳은 것은? [출제율 40%]

$$A \xrightarrow{k_1} V\ (\text{목적물}, \ r_v = k_1 C_A^{a_1})$$
$$A \xrightarrow{k_2} W\ (\text{비목적물}, \ r_w = k_2 C_A^{a_2})$$

① a_1과 a_2가 같으면 혼합흐름반응기가 관형흐름반응기보다 훨씬 더 낫다.
② a_1이 a_2보다 작으면 관형흐름반응기가 적절하다.
③ a_1이 a_2보다 작으면 혼합흐름반응기가 적절하다.
④ a_1과 a_2가 같으면 관형흐름반응기가 혼합흐름반응기보다 훨씬 더 낫다.

해설 선택도 $= \dfrac{r_V}{r_W} = \dfrac{k_1 {C_A}^{a_1}}{k_2 {C_A}^{a_2}} = \dfrac{k_1}{k_2} {C_A}^{a_1 - a_2}$

- $a_1 > a_2$: PFR, batch
- $a_1 < a_2$: CSTR
- $a_1 = a_2$: 반응기 유형에 무관

86 A가 R이 되는 효소반응이 있다. 전체 효소 농도를 $[E_0]$, 미카엘리스(Michaelis) 상수를 [M] 이라고 할 때 이 반응의 특징에 대한 설명으로 틀린 것은 어느 것인가? 출제율 40%

① 반응속도가 전체 효소 농도 $[E_0]$에 비례한다.

② A의 농도가 낮을 때 반응속도는 A의 농도에 비례한다.

③ A의 농도가 높아지면서 0차 반응에 가까워진다.

④ 반응속도는 미카엘리스 상수 [M]에 비례한다.

해설 미카엘리스 반응속도

$-r_A = r_R = \dfrac{k[E_0][A]}{[M]+[A]}$

① $-r_A$는 E_0(효소 농도)에 비례한다.

② $[A]$가 낮을 때 반응속도는 A의 농도 $[A]$에 비례한다.

③ $[A]$가 높아지면 $[A]$에 무관하므로 0차 반응에 가까워진다.

④ 반응속도는 미카엘리수 상수 [M]에 반비례한다.

87 다음의 등온에서 병렬반응인 경우 S_{DU}(선택도)를 향상시킬 수 있는 조건 중 옳지 않은 것은? (단, 활성화에너지는 $E_1 < E_2$이다.) 출제율 40%

$$A + B \rightarrow D(\text{desired}), \quad r_D = k_1 {C_A}^2 {C_B}^3$$
$$A + B \rightarrow U(\text{undesired}), \quad r_U = k_2 C_A C_B$$

① 관형반응기   ② 높은 압력

③ 높은 온도   ④ 반응물의 고농도

해설 선택도 $= \dfrac{r_D}{r_U} = \dfrac{k_1 {C_A}^2 {C_B}^3}{k_2 C_A C_B} = \dfrac{k_1}{k_2} C_A {C_B}^2$

- $E_1 < E_2$: 온도 상승 시 k_1/k_2는 감소한다.
- 활성화에너지가 큰 반응이 온도에 더 예민하다.
- 활성화에너지가 크면 고온이 적합하고, 활성화에너지가 작으면 저온이 적합하다.

88 화학반응의 활성화에너지와 온도 의존성에 대한 설명 중 옳은 것은? 출제율 80%

① 활성화에너지는 고온일 때 온도에 더욱 민감하다.

② 낮은 활성화에너지를 갖는 반응은 온도에 더 민감하다.

③ Arrhenius 법칙에서 빈도 인자는 반응의 온도 민감성에 영향을 미치지 않는다.

④ 반응속도상수 K와 온도 $1/T$의 직선의 기울기가 클 때 낮은 활성화에너지를 갖는다.

해설 Arrhenius equation

$$k = Ae^{-E_a/RA}, \quad \ln K = \ln K_0 - \dfrac{E_a}{RT}$$

㉠ $\ln K$와 $\dfrac{1}{T}$은 직선관계이다.

㉡ 높은 활성화에너지를 갖는 반응은 온도에 매우 민감하고, 낮은 활성화에너지를 갖는 반응은 덜 민감하다.

㉢ 저온의 경우가 고온보다 민감하다.

㉣ 빈도인자는 반응의 온도 민감성에 영향을 받지 않는다.

89 다음은 어떤 가역반응의 단열조작선의 그림이다. 조작선의 기울기는 $\dfrac{C_p}{-\Delta H_r}$로 나타내는데 이 기울기가 큰 경우에는 어떤 형태의 반응기가 가장 좋겠는가? (단, C_p는 열용량, ΔH_r은 반응열을 나타낸다.) 출제율 40%

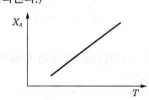

① 플러그흐름반응기

② 혼합흐름반응기

③ 교반형 반응기

④ 순환반응기

해설
- $C_p / -\Delta H_r$이 작은 경우 혼합흐름반응기가 가장 좋다.
- $C_p / -\Delta H_r$이 큰 경우 플러그흐름반응기가 가장 좋다.

90 공간속도(space velocity)가 $2.5s^{-1}$이고 원료의 공급률이 1초당 100L일 때의 반응기의 체적은 몇 L이겠는가? 출제율 40%

① 10   ② 20
③ 30   ④ 40

해설 $\tau = \dfrac{1}{s} = \dfrac{1}{2.5} = 0.4\,\text{s}$

$\tau = \dfrac{V}{\nu_0}$

$V = \tau\nu_0 = 0.4 \times 100\,\text{L/s} = 40\,\text{L}$

91 다음 그림은 균일계 비가역 병렬반응이 플러그 흐름반응기에서 진행될 때 순간수율 $\phi\left(\dfrac{R}{A}\right)$와 반응물의 농도($C_A$) 간의 관계를 나타낸 것이다. 빗금친 부분의 넓이가 뜻하는 것은? 출제율 40%

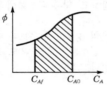

① 총괄수율 ϕ
② 반응하여 없어진 반응물의 몰수
③ 반응으로 생긴 R의 몰수
④ 반응기를 나오는 R의 농도

해설 $\displaystyle\int_{C_{Af}}^{C_{A0}} \phi\, dC_A = \int_{C_{Af}}^{C_{A0}} \dfrac{dC_R}{-dC_A} dC_A$

$\qquad = C_R(C_{Af}) - C_R(C_{A0}) = C_R$

92 HBr의 생성반응속도식이 다음과 같을 때 k_1의 단위는? 출제율 20%

$$r_{\text{HBr}} = \dfrac{k_1 [\text{H}_2][\text{Br}_2]^{1/2}}{k_2 + [\text{HBr}]/[\text{Br}_2]}$$

① $(\text{mol/m}^3)^{-1.5}(\text{s})^{-1}$ ② $(\text{mol/m}^3)^{-1}(\text{s})^{-1}$
③ $(\text{mol/m}^3)^{-0.5}(\text{s})^{-1}$ ④ $(\text{s})^{-1}$

해설 $k = [\text{mol/m}^3]^{1-n}[\text{s}]^{-1}$

$\quad = [\text{mol/m}^3]^{1-\frac{3}{2}}[\text{s}^{-1}]$

$\quad = [\text{mol/m}^3]^{0.5} \cdot \text{s}^{-1}$

보충Tip
식에서 $k_2 + [\text{HBr}]/[\text{Br}_2]$의 단위는 무차원

93 기초 2차 액상반응 $2A \rightarrow 2R$을 순환비가 2인 등온 플러그흐름반응기에서 반응시킨 결과 50%의 전화율을 얻었다. 동일반응에서 순환류를 폐쇄시킨다면 전화율은? 출제율 40%

① 0.6   ② 0.7
③ 0.8   ④ 0.9

해설 $X_{A1} = \left(\dfrac{R}{R+1}\right)X_{Af} = \left(\dfrac{2}{2+1}\right)\times 0.5 = 0.33$

$\dfrac{\tau_P}{C_{A0}} = \dfrac{V}{F_{A0}} = (R+1)\displaystyle\int_{X_{A1}}^{X_{Af}} \dfrac{dX_A}{-r_A}$

$\qquad = 3\displaystyle\int_{X_{A1}}^{X_{Af}} \dfrac{dX_A}{kC_{A0}^2(1-X_A)^2}$

$\qquad = \dfrac{3}{kC_{A0}^2}\displaystyle\int_{0.33}^{0.5} \dfrac{dX_A}{(1-X_A)^2}$

$\qquad = \dfrac{3}{kC_{A0}^2}\left[\dfrac{1}{1-X_A}\right]_{0.33}^{0.5} = \dfrac{3}{3C_{A0}^2}\left(\dfrac{1}{0.5} - \dfrac{1}{0.67}\right)$

순환류 폐쇄 $R \rightarrow 0$: PFR에 접근

$k\tau_P C_{A0} = 3\left(\dfrac{1}{0.5} - \dfrac{1}{0.67}\right) = 1.52$

2차 PFR

$k\tau_P C_{A0} = \dfrac{X_A}{1-X_A} = 1.52$

$X_A = 0.6$

94 다음 중 정용회분식 반응기에서 1차 반응의 반응속도식은? (단, $[A]$는 반응물 A의 농도, $[A_0]$는 반응물 A의 초기농도, k는 속도상수, t는 시간이다.) 출제율 60%

① $[A] = -kt + [A_0]$
② $\ln[A] = -kt + \ln[A_0]$
③ $\dfrac{1}{[A]} = kt + \dfrac{1}{[A_0]}$
④ $\dfrac{1}{\ln[A]} = kt + \dfrac{1}{\ln[A_0]}$

해설 $-\ln\dfrac{C_A}{C_{A0}} = kt$, $\ln\dfrac{C_A}{C_{A0}} = -kt$

$\ln C_A - \ln C_{A0} = -kt$

$\ln C_A = \ln C_{A0} - kt$

95 다음 중 촉매작용의 일반적인 특성으로 옳지 않은 것은? 출제율 20%

① 비교적 적은 양의 촉매로 다량의 생성물을 생성시킬 수 있다.

② 촉매는 근본적으로 선택성을 변경시킬 수 있다.

③ 활성화에너지가 촉매를 사용하지 않을 경우에 비해 낮아진다.

④ 평형 전화율을 촉매작용에 의하여 변경시킬 수 있다.

해설 촉매는 반응속도만을 변화시키며 평형에는 영향을 주지 않는다.

96 혼합흐름반응기에서 일어나는 액상 1차 반응의 전화율이 50%일 때 같은 크기의 혼합흐름반응기를 직렬로 하나 더 연결하고 유량을 같게 하면 최종 전화율은? 출제율 40%

① $\dfrac{2}{3}$ ② $\dfrac{3}{4}$

③ $\dfrac{4}{5}$ ④ $\dfrac{5}{6}$

해설 전화율 50%인 경우

초기농도 1일 때 반응기를 거치면 0.5

똑같은 반응기를 거치면 0.25

$$X_A = \frac{C_{A0} - C_A}{C_{A0}} = \frac{1 - 0.25}{1} = \frac{3}{4}$$

97 다음 반응에서 생성속도의 비를 표현한 식은? (단, a_1은 $A \rightarrow R$ 반응의 반응차수이며, a_2는 $A \rightarrow S$ 반응의 반응차수이다. k_1, k_2는 각각의 경로에서 속도상수이다.) 출제율 40%

$$A \underset{k_2}{\overset{k_1}{\displaystyle <}} \begin{matrix} R \\ S \end{matrix}$$

① $\dfrac{r_S}{r_R} = \dfrac{k_2}{k_1} C_A^{(a_2 - a_1)}$ ② $\dfrac{r_S}{r_R} = \dfrac{k_1}{k_2} C_A^{(a_2 - a_1)}$

③ $\dfrac{r_S}{r_R} = \dfrac{k_2}{k_1} C_A^{(a_1 - a_2)}$ ④ $\dfrac{r_S}{r_R} = \dfrac{k_1}{k_2} C_A^{(a_1 - a_2)}$

해설 $r_R = k_1 C_A^{\,a_1}$, $r_S = k_2 C_A^{\,a_2}$

$$\frac{r_S}{r_R} = \frac{k_2 C_A^{\,a_2}}{k_1 C_A^{\,a_1}} = \frac{k_2}{k_1} C_A^{\,a_2 - a_1}$$

98 다음과 같이 진행되는 반응은? 출제율 20%

Reactants → (Intermediates)*
→ (Intermediates)* → Products

① Non-chain reaction

② Chain reaction

③ Elementary reaction

④ Parallel reaction

해설 • 비연쇄반응

반응물 → 중간체*

중간체* → 반응물

• 연쇄반응

㉠ 개시단계 : 반응물 → 중간체

㉡ 전파단계 : 중간체+반응물 → 중간체+생성물

㉢ 정지단계 : 중간체 → 생성물

99 $A \rightarrow B$ 반응이 1차 반응일 때 속도상수가 $4 \times 10^{-3}\,s^{-1}$이고 반응속도가 $10 \times 10^{-5}\,mol/cm^3 \cdot s$라면 반응물의 농도는 몇 mol/cm^3인가? 출제율 40%

① 2×10^{-2} ② 2.5×10^{-2}

③ 3.0×10^{-2} ④ 3.5×10^{-2}

해설 $-r_A = k \cdot C_A$

$10 \times 10^{-5}\,mol/cm^3 \cdot s = 4 \times 10^{-3} \cdot s^{-1} \times C_A$

$C_A = 0.025\,mol/cm^3 = 2.5 \times 10^{-2}\,mol/cm^3$

100 부피가 100L이고 space time이 5min인 혼합흐름반응기에 대한 설명으로 옳은 것은 어느 것인가? 출제율 40%

① 이 반응기는 1분에 20L의 반응물을 처리할 능력이 있다.

② 이 반응기는 1분에 0.2L의 반응물을 처리할 능력이 있다.

③ 이 반응기는 1분에 5L의 반응물을 처리할 능력이 있다.

④ 이 반응기는 1분에 100L의 반응물을 처리할 능력이 있다.

해설 $\tau = \dfrac{V}{\nu_0}$

$$5\,min = \frac{100\,L}{\nu_0}$$

$$\nu_0 = \frac{100\,L}{5\,min} = 20\,L/min$$

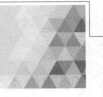
▶▶ 제1과목 ┃ 화공열역학

01 그림에서 동력 W 를 계산하는 식은 어느 것인가? [출제율 20%]

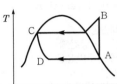

증기-압축 냉동 cycle

① $W = (H_B - H_C) - (H_A - H_D)$
② $W = (H_B - H_C) - (H_D - H_A)$
③ $W = (H_A - H_D) - (H_B - H_C)$
④ $W = (H_D - H_A) - (H_B - H_C)$

해설 주어진 그래프는 증기-압축 냉동 사이클
$Q_C = H_A - H_D$
$Q_H = H_B - H_C$
$W = Q_H - Q_C$
$\quad = (H_B - H_C) - (H_A - H_D)$
$\quad = H_B - H_A$

02 다음과 같은 반 데르 발스(Van der Waals) 상태방정식을 이용하여 실제기체의 $(\partial U / \partial V)_T$ 를 구한 결과로 옳은 것은? (단, V 는 부피, T 는 절대온도, a 는 상수, b 는 상수이다.) [출제율 40%]

$$P = \frac{R}{V-b}T - \frac{a}{V^2}$$

① $(\partial U / \partial V)_T = \dfrac{a}{V^2}$
② $(\partial U / \partial V)_T = \dfrac{a}{(V-b)^2}$
③ $(\partial U / \partial V)_T = \dfrac{b}{V^2}$
④ $(\partial U / \partial V)_T = \dfrac{b}{(V-b)^2}$

해설 $dU = TdS - PdV$
dV 로 나누면 ($T = $const)
$\left(\dfrac{\partial U}{\partial V}\right)_T = T\left(\dfrac{\partial S}{\partial V}\right)_T - P = T\left(\dfrac{\partial P}{\partial T}\right)_V - P$
맥스웰 방정식 $\left(\dfrac{\partial P}{\partial T}\right)_V = \left(\dfrac{\partial S}{\partial V}\right)_T$
$\left(\dfrac{\partial P}{\partial T}\right)_V = \dfrac{R}{V-b}$
$\left(\dfrac{\partial U}{\partial V}\right)_T = T\left(\dfrac{R}{V-b}\right) - \left(\dfrac{RT}{V-b} - \dfrac{a}{V^2}\right) = \dfrac{a}{V^2}$

03 어떤 화학반응이 평형상수에 대한 온도의 미분계수가 $\left(\dfrac{\partial \ln K}{\partial T}\right)_P > 0$ 로 표시된다. 이 반응에 대하여 옳게 설명한 것은? [출제율 60%]

① 흡열반응이며, 온도 상승에 따라 K 값은 커진다.
② 발열반응이며, 온도 상승에 따라 K 값은 커진다.
③ 흡열반응이며, 온도 상승에 따라 K 값은 작아진다.
④ 발열반응이며, 온도 상승에 따라 K 값은 작아진다.

해설 평형상수에 대한 온도의 영향
$\dfrac{d \ln K}{dT} = \dfrac{\Delta H^\circ}{RT^2}$
• $\Delta H^\circ < 0$(발열반응) : 온도가 증가하면 평형상수 감소
• $\Delta H^\circ > 0$(흡열반응) : 온도가 증가하면 평형상수 증가

04 물리량에 대한 단위가 틀린 것은? [출제율 20%]

① 힘 : $kg \cdot m/s^2$
② 일 : $kg \cdot m^2/s^2$
③ 기체상수 : $atm \cdot L/mol$
④ 압력 : N/m^2

해설 단위환산
① 힘 : $F = N = kg \cdot m/s^2$
② 일 : $W = J = N \cdot m = kg \cdot m^2/s^2$
③ 기체상수 : $atm \cdot L/mol \cdot K$
④ 압력 : $\dfrac{F}{A} = N/m^2$

05 다음 중 브레이튼(Brayton) 사이클은 어느 것인가? `출제율 20%`

①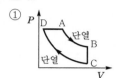
②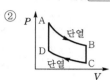
③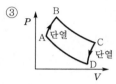
④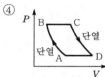

`해설` Brayton cycle

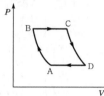

- A−B : 가역단열압축(등엔트로피)
- B−C : 일정압력
- C−D : 등엔트로피 팽창
- D−A : 정압냉각

06 열역학적 성질에 관한 설명 중 틀린 것은? (단, C_P는 정압 열용량, C_V는 정적 열용량, R은 기체상수이다.) `출제율 40%`

① 일은 상태함수가 아니다.
② 이상기체에 있어서 $C_P - C_V = R$의 식이 성립한다.
③ 크기 성질은 그 물질의 양과 관계가 있다.
④ 변화하려는 경향이 최대일 때 그 계는 평형에 도달하게 된다.

`해설`
- 상태함수 : $T,\ P,\ \rho,\ \mu,\ U,\ H,\ S,\ G$
- 경로함수 : $Q,\ W$
- 시강변수 : $T,\ P,\ \overline{U},\ \overline{V},\ d$
- 시량변수 : $V,\ m,\ n,\ U,\ H$

07 다음 중 정압 열용량 C_P를 옳게 나타낸 것은 어느 것인가? `출제율 40%`

① $C_P = \left(\dfrac{\partial V}{\partial T}\right)_P$
② $C_P = \left(\dfrac{\partial H}{\partial P}\right)_P$

③ $C_P = \left(\dfrac{\partial H}{\partial T}\right)_P$
④ $C_P = \left(\dfrac{\partial U}{\partial T}\right)_P$

`해설` $C_V = \left(\dfrac{\partial U}{\partial T}\right)_V,\quad C_P = \left(\dfrac{\partial H}{\partial T}\right)_P$

08 그림과 같이 상태 A로부터 상태 C로 변화하는데 A → B → C의 경로로 변하였다. 경로 B → C 과정에 해당하는 것은? `출제율 20%`

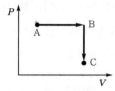

① 등온과정
② 정압과정
③ 정용과정
④ 단열과정

`해설`
- A → B : 등압과정
- B → C : 정적과정(정용과정)

09 이상기체의 단열변화를 나타내는 식 중 옳은 것은? (단, γ는 비열비이다.) `출제율 60%`

① $T_1 P_2^{\frac{\gamma-1}{1}} = $ 일정

② $T_1 P_2^{\frac{\gamma-1}{\gamma}} = T_2 P_1^{\frac{\gamma-1}{1}}$

③ $T P^{\frac{1}{1-\gamma}} = $ 일정

④ $P_1 T_1^{\frac{\gamma-1}{\gamma}} = P_2 T_2^{\frac{\gamma-1}{\gamma}}$

`해설` 이상기체 단열공정

$$\frac{T_2}{T_1} = \left(\frac{V_1}{V_2}\right)^{\gamma-1}$$

$$\frac{T_2}{T_1} = \left(\frac{P_2}{P_1}\right)^{\frac{\gamma-1}{\gamma}}$$

$$\frac{P_2}{P_1} = \left(\frac{V_1}{V_2}\right)^{\gamma}$$

10 실험실에서 부동액으로 30mol% 메탄올 수용액 4L를 만들려고 한다. 25℃에서 4L의 부동액을 만들기 위하여 25℃의 물과 메탄올을 각각 몇 L씩 섞어야 하는가? 〔출제율 40%〕

25℃	순수 성분	30mol%의 메탄올 수용액의 부분 mole 부피
메탄올	$40.727 \text{cm}^3/\text{g} \cdot \text{mol}$	$38.632 \text{cm}^3/\text{g} \cdot \text{mol}$
물	$18.068 \text{cm}^3/\text{g} \cdot \text{mol}$	$17.765 \text{cm}^3/\text{g} \cdot \text{mol}$

① 메탄올＝2.000L, 물＝2.000L
② 메탄올＝2.034L, 물＝2.106L
③ 메탄올＝2.064L, 물＝1.936L
④ 메탄올＝2.100L, 물＝1.900L

〔해설〕 메탄올 몰수＝x, 물 몰수＝y

$30 \text{mol}\%$ 메탄올 $= 0.3 = \dfrac{x}{x+y}$,

$0.3x + 0.3y = x$, $\quad 0.3y = 0.7x - 1$ ·················· ㉠

$30 \text{mol}\%$ 메탄올 수용액 부분 물 부피

$38.632x + 17.765y = 4000$ ·················· ㉡

㉠과 ㉡의 연립방정식 풀면

$x = 49.95$, $\quad y = 116.55 \text{mol}$

순수성분의 메탄올 $= 49.95 \text{mol} \times 40.727 \text{cm}^3/\text{mol}$
$\qquad\qquad\qquad\qquad = 2034 \text{cm}^3 = 2.034 \text{L}$

물 $= 116.55 \text{mol} \times 18.068 \text{cm}^3/\text{mol} = 2105.8 \text{cm}^3$
$\qquad = 2.106 \text{L}$

11 이상기체인 경우와 관계가 없는 것은? (단, Z는 압축인자이다.) 〔출제율 40%〕

① $Z = 1$이다.
② 내부에너지는 온도만의 함수이다.
③ $PV = RT$가 성립하는 경우이다.
④ 엔탈피는 압력과 온도의 함수이다.

〔해설〕 이상기체의 엔탈피 온도만의 함수

$H = U + PV \ (P = \text{const})$

$\Delta H = \Delta U + \Delta PV$

$dH = dU + d(PV) = dQ - dW + d(PV)$
$\qquad = dQ - PdV + PdV + VdP$
$\qquad = dQ + VdP$
$\qquad = dQ_P \ (P = \text{const})$

$dH = dQ_P$

12 맥스웰 관계식(Maxwell relation) 중에서 옳지 않은 것은? 〔출제율 80%〕

① $\left(\dfrac{\partial T}{\partial V}\right)_S = \left(\dfrac{\partial P}{\partial S}\right)_V$

② $\left(\dfrac{\partial T}{\partial P}\right)_S = \left(\dfrac{\partial V}{\partial S}\right)_P$

③ $\left(\dfrac{\partial P}{\partial T}\right)_V = \left(\dfrac{\partial S}{\partial V}\right)_T$

④ $\left(\dfrac{\partial V}{\partial T}\right)_P = -\left(\dfrac{\partial S}{\partial P}\right)_T$

〔해설〕 맥스웰 관계식

① $dU = TdS - PdV \rightarrow \left(\dfrac{\partial T}{\partial V}\right)_S = -\left(\dfrac{\partial P}{\partial S}\right)_V$

② $dH = TdS + VdP \rightarrow \left(\dfrac{\partial T}{\partial P}\right)_S = \left(\dfrac{\partial V}{\partial S}\right)_P$

③ $dA = -SdT - PdV \rightarrow \left(\dfrac{\partial S}{\partial V}\right)_T = \left(\dfrac{\partial P}{\partial T}\right)_V$

④ $dG = -SdT + VdP \rightarrow -\left(\dfrac{\partial S}{\partial P}\right)_T = \left(\dfrac{\partial V}{\partial T}\right)_P$

13 엔탈피 H에 관한 식이 다음과 같이 표현될 때 식에 관한 설명으로 옳은 것은? 〔출제율 40%〕

$$dH = \left(\frac{\partial H}{\partial T}\right)_P dT + \left(\frac{\partial H}{\partial P}\right)_T dP$$

① $\left(\dfrac{\partial H}{\partial T}\right)_P$는 P의 함수이고, $\left(\dfrac{\partial H}{\partial T}\right)_T$는 T의 함수이다.

② $\left(\dfrac{\partial H}{\partial T}\right)_P$, $\left(\dfrac{\partial H}{\partial T}\right)_T$ 모두 P의 함수이다.

③ $\left(\dfrac{\partial H}{\partial T}\right)_P$, $\left(\dfrac{\partial H}{\partial P}\right)_T$ 모두 T의 함수이다.

④ $\left(\dfrac{\partial H}{\partial T}\right)_P$는 T의 함수이고, $\left(\dfrac{\partial H}{\partial P}\right)_T$는 P의 함수이다.

〔해설〕 $H = f(T, P)$

$$dH = \underbrace{\left(\frac{\partial H}{\partial T}\right)_P dT}_{T\text{의 함수}} + \underbrace{\left(\frac{\partial H}{\partial P}\right)_T dP}_{P\text{의 함수}}$$

14 두 절대온도 T_1, $T_2(T_1 < T_2)$ 사이에서 운전하는 엔진의 효율에 관한 설명 중 틀린 것은 어느 것인가? 〔출제율 40%〕

① 가역과정인 경우 열효율이 최대가 된다.
② 가역과정인 경우 열효율은 $(T_2 - T_1)/T_2$ 이다.
③ 비가역과정인 경우 열효율은 $(T_2 - T_1)/T_2$ 보다 크다.
④ T_1이 0K인 경우 열효율은 100%가 된다.

【해설】 Carnot cycle 열효율(η)

$$\eta = \frac{T_h - T_c}{T_h} = \frac{T_2 - T_1}{T_2} \quad (T_2 > T_1)$$

(비가역 과정이면 열효율은 최대값보다 낮다.)

15 2몰의 이상기체 시료가 등온가역팽창하여 그 부피가 2배가 되었다면 이 과정에서 엔트로피 변화량은? 〔출제율 60%〕

① -5.763JK^{-1}
② -11.526JK^{-1}
③ 5.763JK^{-1}
④ 11.526JK^{-1}

【해설】 이상기체 엔트로피 변화

$$\Delta S = nC_P \ln\frac{T_2}{T_1} + nR\ln\frac{V_2}{V_1} \quad (T = \text{const})$$

$$= nR\ln\frac{V_2}{V_1}$$

$$= 2\,\text{mol} \times 8.314\,\text{J/mol}\cdot\text{K} \times \ln\frac{2}{1} = 11.526\,\text{J/K}$$

16 기체 상의 부피를 구하는 데 사용되는 식과 가장 거리가 먼 것은? 〔출제율 20%〕

① 반 데르 발스 방정식(Van der Waals equation)
② 래킷 방정식(Rackett Equation)
③ 펭-로빈슨 방정식(Peng-Robinson equation)
④ 베네딕트-웹-루빈 방정식(Bendict-Webb-Rubin equation)

【해설】 상태방정식 구하는 식
• Van der Waals equation
• Berthelot 상태방정식
• Benedict-Webb-Rubin 상태방정식
• Beattie-Bridgeman 상태방정식
• Redlich-Kwong 식
• Peng-Robinson equation

17 과잉특성과 혼합에 의한 특성치의 변화를 나타낸 상관식으로 옳지 않은 것은? (단, H : 엔탈피, V : 용적, M : 열역학 특성치, id : 이상용액이다.) 〔출제율 40%〕

① $H^E = \Delta H$
② $V^E = \Delta V$
③ $M^E = M - M^{id}$
④ $\Delta M^E = \Delta M$

【해설】 과잉물성

$$M^E = M - M^{id} = M^R - \sum x_i M_i^R$$

$$\Delta G^{id} = RT\sum x_i \ln x_i$$

$$\Delta S^{id} = -R\sum x_i \ln x_i$$

$$\Delta V^{id} = 0$$

$$\Delta H^{id} = 0$$

18 고체 $MgCO_3$가 부분적으로 분해되어 있는 계의 자유도는? 〔출제율 80%〕

① 1
② 2
③ 3
④ 4

【해설】 자유도(F)

$$F = 2 - P + C - r - s$$

여기서, P : 상, C : 성분, r : 반응식
　　　　s : 제한조건(공비혼합물, 등몰기체)

$$MgCO_3(s) \rightarrow MgO(s) + CO_2(g)$$

P : 3(고체2, 기1), C : 3($MgCO_3$, MgO, CO_2),
r : 1(반응식 1)

$$F = 2 - 3 + 3 + 1 = 1$$

19 아르곤(Ar)을 가역적으로 70℃에서 150℃로 단열팽창시켰을 때 이 기체가 한 일의 크기는 약 몇 cal/mol인가? (단, 아르곤은 이상기체이며, $C_p = \frac{5}{2}R$, 기체상수 $R = 1.987\text{cal/mol}\cdot\text{K}$ 이다.) 〔출제율 40%〕

① 240
② 300
③ 360
④ 400

【해설】 $U = Q + W$ (단열 : $Q = 0$)

$$W = C_V \Delta T = \frac{R\Delta T}{\gamma - 1}$$

$$\gamma = \frac{C_P}{C_V} = \frac{\frac{5}{2}R}{\frac{3}{2}R} = 1.67$$

$$W = \frac{1.987 \times (150 - 70)}{1.67 - 1} = 237.3\,\text{cal/mol}$$

20 일정온도 및 압력 하에서 반응좌표(reaction coordinate)에 따른 깁스(Gibbs) 에너지의 관계도에서 화학반응 평형점은? 출제율 40%

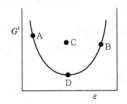

① A   ② B
③ C   ④ D

🔑해설 화학반응평형
$(dG^t)_{T,P} = 0$

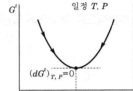

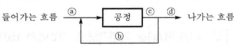

21 다음 조작에서 조성이 다른 흐름은? (단, 정상상태이다.) 출제율 60%

들어가는 흐름 ⓐ → 공정 → ⓒ ⓓ → 나가는 흐름
ⓑ

① ⓐ   ② ⓑ
③ ⓒ   ④ ⓓ

🔑해설 A = input, B = C = D ⇒ 나가는 흐름(조성)
－순환－
in → A B → 공정 → D E → out
F
$A \neq B \neq F$
$D = E = F$

22 온도는 일정하고 물질의 상이 바뀔 때 흡수하거나 방출하는 열을 무엇이라고 하는가? 출제율 20%

① 잠열   ② 현열
③ 반응열   ④ 흡수열

🔑해설 잠열
온도는 일정하고 물질의 상이 바뀔 때 흡수하거나 방출하는 열, 즉, 물질의 상태변화에 사용되는 열로 온도변화는 없다.

23 섭씨온도 단위를 대체하는 새로운 온도 단위를 정의하여 1기압 하에서 물이 어는 온도를 새로운 온도 단위에서는 10도로 선택하고 물이 끓는 온도를 130도로 정하였다. 섭씨 20도는 새로운 온도 단위로 환산하면 몇 도인가? 출제율 20%

① 30   ② 34
③ 38   ④ 42

🔑해설 기존 100℃ → 130℃
$$\frac{(130-10)℃}{100} = 1.2 \Rightarrow 눈금 \ 한 \ 간격(\Delta℃)$$
$t = 20 \times 1.2 + 10 = 34도$

24 어떤 여름날의 일기가 낮의 온도 32℃, 상대습도 80%, 대기압 738mmHg에서 밤의 온도 20℃, 대기압 745mmHg로 수분이 포화되어 있다. 낮의 수분 몇 %가 밤의 이슬로 변하였는가? (단, 32℃와 20℃에서 포화수증기압은 각각 36mmHg, 17.5mmHg이다.) 출제율 40%

① 39.3%
② 40.7%
③ 51.5%
④ 60.7%

🔑해설 낮의 온도(32℃)
$$H_R = \frac{증기의 \ 분압(P_A)}{포화증기압(P_S)} \times 100 = 80, \ \frac{P_A}{36} \times 100 = 80$$
$P_A = 28.8 \, \text{mmHg}$
$$H = \frac{18}{29} \times \frac{P_A}{P-P_A} = \frac{18}{29} \times \frac{28.8}{738-28.8}$$
$$= 0.025 \, \text{kg} \, H_2O/\text{kg Dry Air}$$
밤의 온도(20℃) : 포화수증기압
$P_A = P_S = 17.5 \, \text{mmHg}$
$$H = \frac{18}{29} \times \frac{17.5}{745-17.5} = 0.015 \, \text{kg} \, H_2O/\text{kg Dry Air}$$
낮과 밤의 차이 = $0.025 - 0.015 = 0.01 \, \text{kg} \, H_2O$
$$변환율 = \frac{0.01}{0.025} \times 100 = 40.7\%$$

25 29.5℃에서 물의 포화증기압은 0.04bar이다. 29.5℃, 1.0bar에서 공기의 상대습도가 70%일 때 절대습도를 구하는 식은? (단, 절대습도의 단위는 kg H₂O/kg 건조공기이며, 공기의 분자량은 29이다.) 출제율 40%

① $\dfrac{(0.028)(18)}{(1.0-0.028)(29)}$ ② $\dfrac{(1-0.028)(29)}{(0.028)(18)}$

③ $\dfrac{(0.028)(18)}{(1.0-0.04)(29)}$ ④ $\dfrac{(0.04)(29)}{(1.0-0.04)(18)}$

해설 $H_R = \dfrac{\text{증기의 분압}(P_A)}{\text{포화증기압}(P_S)} \times 100 = 70\%$

$\dfrac{P_A}{0.04} \times 100 = 70$

$P_A = 0.028\,\text{bar}$

절대습도 $H = \dfrac{18}{29}\dfrac{P_A}{P-P_A} = \dfrac{18}{29} \times \dfrac{0.028}{1-0.028} = 0.018$

26 이상기체상수 R의 단위를 $\dfrac{\text{mmHg} \cdot \text{L}}{\text{K} \cdot \text{mol}}$로 하였을 때 다음 중 R값에 가장 가까운 것은 어느 것인가? 출제율 20%

① 1.9   ② 62.3

③ 82.3   ④ 108.1

해설 이상기체상수(R)

$R = \dfrac{0.082\,\text{atm} \cdot \text{L}}{\text{mol} \cdot \text{K}} \times \dfrac{760\,\text{mmHg}}{1\,\text{atm}}$

$= 62.32\,\text{L} \cdot \text{mmHg/mol} \cdot \text{K}$

27 25wt%의 알코올 수용액 20g을 증류하여 95wt%의 알코올 용액 $x(\text{g})$과 5wt%의 알코올 수용액 $y(\text{g})$으로 분리한다면 x와 y는 각각 얼마인가? 출제율 40%

① $x = 4.44$, $y = 15.56$
② $x = 15.56$, $y = 4.44$
③ $x = 6.56$, $y = 13.44$
④ $x = 13.44$, $y = 6.56$

해설 $x + y = 20$

$x \times 0.95 + y \times 0.05 = 20 \times 0.25$

$19x + y = 100$, $y = 20 - x$

연립하여 풀면,

$x = 4.44\,\text{g}$, $y = 15.56\,\text{g}$

28 27℃, 8기압의 공기 1kg이 밀폐된 강철용기 내에 들어 있다. 이 용기 내에 공기 2kg을 추가로 집어넣었다. 이때 공기의 온도가 127℃였다면 이 용기 내의 압력은 몇 기압이 되는가? (단, 이상기체로 가정한다.) 출제율 40%

① 21   ② 32

③ 48   ④ 64

해설 $V_1 = V_2$, $PV = nRT$

$\dfrac{P_1 V_1}{n_1 T_1} = \dfrac{P_2 V_2}{n_2 T_2} = R$

$\dfrac{8\,\text{atm}}{\dfrac{1}{29} \times (273+27)} = \dfrac{P_2}{\left(\dfrac{1+2}{29}\right) \times (273+127)}$

$P_2 = 32\,\text{atm}$

29 다음 실험 데이터로부터 CO의 표준생성열(ΔH)을 구하면 몇 kcal/mol인가? 출제율 40%

- $C(s) + O_2(g) \rightarrow CO_2(g)$
  $\Delta H = -94.052\text{kcal/mol}$
- $CO(g) + 0.5O_2(g) \rightarrow CO_2(g)$
  $\Delta H = -67.636\text{kcal/mol}$

① -26.42 ② -41.22

③ 26.42   ④ 41.22

해설

$\begin{array}{l} C(s) + O_2(g) \rightarrow CO_2(g) \quad \Delta H = -94.052\,\text{kcal/mol} \\ CO_2(s) + \frac{1}{2}O_2(g) \rightarrow CO_2(g) \quad \Delta H = -67.636\,\text{kcal/mol} \\ \hline C(s) + \frac{1}{2}O_2(g) \rightarrow CO_2(g) \quad \Delta H = -26.416\,\text{kcal/mol} \end{array}$

30 N_{Nu}(Nusselt number)의 정의로서 옳은 것은? (단, N_{St}는 Stanton 수, N_{Pr}는 Prandtl 수, k는 열전도도, D는 지름, h는 개별 열전달계수, N_{Re}는 레이놀즈 수이다.) 출제율 20%

① $\dfrac{kD}{h}$

② $\dfrac{\text{전도저항}}{\text{대류저항}}$

③ $\dfrac{\text{전체의 온도구배}}{\text{표면에서의 온도구배}}$

④ $\dfrac{N_{St}}{N_{Re} \cdot N_{Pr}}$

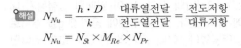

해설 $N_{Nu} = \dfrac{h \cdot D}{k} = \dfrac{\text{대류열전달}}{\text{전도열전달}} = \dfrac{\text{전도저항}}{\text{대류저항}}$

$N_{Nu} = N_{St} \times M_{Re} \times N_{Pr}$

31 10ppm SO_2을 %로 나타내면? 출제율 20%

① 0.0001%   ② 0.001%

③ 0.01%   ④ 0.1%

해설 $SO_2(\%) = 10\,\text{ppm} \times \dfrac{\%}{10^4\,\text{ppm}} = 0.001\,\%$

32 본드(Bond)의 파쇄법칙에서 매우 큰 원료로부터 입자크기 D_p의 입자들을 만드는 데 소요되는 일은 다음 중 무엇에 비례하는가? (단, s는 입자의 표면적(m^2), v는 입자의 부피(m^3)를 의미한다.) 출제율 20%

① 입자들의 부피에 대한 표면적비 : s/v
② 입자들의 부피에 대한 표면적비의 제곱근 : $\sqrt{s/v}$
③ 입자들의 표면적에 대한 부피비 : v/s
④ 입자들의 표면적에 대한 부피비의 제곱근 : $\sqrt{v/s}$

해설 Bond의 법칙

$W = 2k_B \left(\dfrac{1}{\sqrt{D_{P_2}}} - \dfrac{1}{\sqrt{D_{P_1}}} \right)$

$= \dfrac{k_B}{5} \dfrac{\sqrt{100}}{\sqrt{D_{P_2}}} \left(1 - \dfrac{\sqrt{D_{P_2}}}{\sqrt{D_{P_1}}} \right)$

여기서, D_{P_1} : 분쇄 원료의 지름
        D_{P_2} : 분쇄물의 지름

$W = \dfrac{1}{\sqrt{D_P}}$ 에 비례하고 $\dfrac{1}{\sqrt{D_P}} = \dfrac{1}{\sqrt{\dfrac{V}{S}}} = \sqrt{\dfrac{S}{V}}$

이므로 소요되는 일은 입자들의 부피에 대한 표면적비의 제곱근에 비례한다.

33 추출상은 초산 3.27wt%, 물 0.11wt%, 벤젠 96.62wt%이고 추잔상은 초산 29.0wt%, 물 70.6wt%, 벤젠 0.40wt%일 때 초산에 대한 벤젠의 선택도를 구하면? 출제율 40%

① 24.8   ② 51.2
③ 66.3   ④ 72.4

해설 선택도(β)

$\beta = \dfrac{y_A/y_B}{x_A/x_B} = \dfrac{3.27/0.11}{29/70.6} = 72.37$

34 액-액 추출에서 plait point(상계점)에 대한 설명 중 틀린 것은? 출제율 40%

① 임계점(critical point)이라고도 한다.
② 추출상과 추잔상에서 추질의 농도가 같아지는 점이다.
③ tie line의 길이는 0이 된다.
④ 이 점을 경계로 추제성분이 많은 쪽이 추잔상이다.

해설 상계점
㉠ 임계점이라고도 한다.
㉡ 추출상과 추잔상에서 추질의 조성이 같은 점이다.
㉢ tie-line(대응선)의 길이는 0이 된다.
㉣ 용해도 곡선과 공액선의 교점을 말한다.
㉤ 상계점을 중심으로 추제 성분이 많은 쪽이 추출상이다.

35 열풍에 의한 건조에서 항률 건조속도에 대한 설명으로 틀린 것은? 출제율 40%

① 총괄열전달계수에 비례한다.
② 열풍온도와 재료 표면온도의 차이에 비례한다.
③ 재료 표면온도에서의 증발잠열에 비례한다.
④ 건조면적에 반비례한다.

해설 항률 건조속도

$R_C = \left(\dfrac{W}{A} \right) \left(-\dfrac{dW}{d\theta} \right)_C = k_H (H_i - H) = \dfrac{h(t_G - t_i)}{\lambda_i}$

여기서, R_C : 항률 건조속도(kg/h · m^2)
        t : 온도(℃)
        H : 습도(kg수증기/kg건조공기)
        k_H : 물질전달계수(kg/hr · m^2 · ΔH)
        h : 총괄열전달계수(kcal/m^2 · hr · ℃)
        λ_i : ti에서의 증발잠열(kcal/kg)

항률 건조속도는 재료 표면온도에서의 증발잠열에 반비례한다.

36 흡수탑의 높이 18m, 전달단위 수 NTU(Nember of Transfer Unit) 3일 때 전달단위높이 HTU(Height of a Transfer Unit)는 몇 m인가? 출제율 40%

① 54   ② 6
③ 2   ④ 1/6

해설 $Z = \text{HTU} \times \text{NTU}$

여기서, HTU : 총괄 이동단위높이

NTU : 총괄 이동단위수

$18 = \text{HTU} \times 3$

$\text{HTU} = 6$

37 복사열전달에서 총괄교환인자 F_{12}가 다음과 같이 표현되는 경우는 다음 중 어느 것인가? (단, ε_1, ε_2는 복사율이다.) 출제율 40%

$$F_{12} = \cfrac{1}{\cfrac{1}{\varepsilon_1} + \cfrac{1}{\varepsilon_2} - 1}$$

① 두 면이 무한히 평행한 경우

② 한 면이 다른 면으로 완전히 포위된 경우

③ 한 점이 반구에 의하여 완전히 포위된 경우

④ 한 면은 무한 평면이고 다른 면은 한 점인 경우

해설 무한히 큰 두 평면에 서로 평행하게 있을 경우 $(A_1 \cong A_2)$

$$F_{1.2} = \cfrac{1}{1 + \left(\cfrac{1}{\varepsilon_1} - 1\right) + \cfrac{A_1}{A_2}\left(\cfrac{1}{\varepsilon_2} - 1\right)} = \cfrac{1}{\cfrac{1}{\varepsilon_1} + \cfrac{1}{\varepsilon_2} - 1}$$

여기서, F : 시각인자

ε : 복사능

38 다음 중 Fick의 법칙에 대한 설명으로 옳은 것은? 출제율 20%

① 확산속도는 농도구배 및 접촉면적에 반비례한다.

② 확산속도는 농도구배 및 접촉면적에 비례한다.

③ 확산속도는 농도구배에 반비례하고, 접촉면적에 비례한다.

④ 확산속도는 농도구배에 비례하고, 접촉면적에 반비례한다.

해설 Fick의 확산법칙

$$N_A = \frac{dn_A}{d\theta} = -D_G A \frac{dC_A}{dx} \,[\text{kmol/h}]$$

여기서, D_G : 분자 확산계수(m^2/h)

확산속도는 농도구배와 접촉면적에 비례한다.

39 공기를 왕복압축기를 사용하여 절대압력 1기압에서 64기압까지 3단(3stage)으로 압축할 때 각 단의 압축비는? 출제율 40%

① 3   ② 4

③ 21   ④ 64

해설 압축비 $= \sqrt[n]{\dfrac{P_2}{P_1}} = \sqrt[3]{\dfrac{64}{1}} = 4$

40 분자량이 296.5인 oil의 20℃에서의 점도를 측정하는 데 Ostwald 점도계를 사용했다. 이 온도에서 증류수의 통과시간이 10초이고, oil의 통과시간이 2.5분 걸렸다. 같은 온도에서 증류수의 밀도와 oil의 밀도가 각각 0.9982g/cm³, 0.879g/cm³라면 이 oil의 점도는? 출제율 20%

① 0.13poise   ② 0.17poise

③ 0.25poise   ④ 2.17poise

해설 $\dfrac{\mu_{\text{oil}}}{t_{\text{oil}} \cdot \rho_{\text{oil}}} = \dfrac{\mu_W}{t_W \rho_W}$

$\dfrac{\mu_{\text{oil}}}{150\,s \times 0.879} = \dfrac{0.01\,\text{poise}}{10s \times 0.9982}$

$\mu_{\text{oil}} = 0.13\,\text{poise}$

▶ 제3과목 ┃ 공정제어

41 라플라스 변환에 대한 것 중 옳지 않은 것은 어느 것인가? 출제율 40%

① $L[f(t)] = \displaystyle\int_0^\infty f(t)e^{-st}\,dt$

② $L[e^{at}] = \dfrac{1}{s-a}$

③ $L[a_1 f_1(t) f_2(t)] = a_1 L[f_1(t)] \cdot L[f_2(t)]$

④ $L[f(t+t_o)] = e^{st_o} L[f(t)]$

해설 $\mathcal{L}[a_1 f_1(t) f_2(t)] = a_1 \mathcal{L}[f_1(t) f_2(t)]$

42 Laplace 함수가 $X(s) = \dfrac{4}{s(s^3 + 3s^2 + 3s + 2)}$ 인 함수 $X(t)$의 final value는? 출제율 80%

① 1   ② 2

③ 4   ④ 4/9

 최종값 정리

$$\lim_{t \to \infty} f(t) = \lim_{s \to 0} sF(s)$$

$$\lim_{s \to 0} \frac{4}{s^3 + 3s^2 + 3s + 2} = 2$$

43 오버슈트 0.5인 공정의 감쇠비(decay ratio)는 얼마인가? 출제율 40%

① 0.15　　② 0.20

③ 0.25　　④ 0.30

해설 감쇠비 $= \exp\left(-\dfrac{2\pi\zeta}{\sqrt{1-\zeta^2}}\right) = (\text{overshoot})^2$

$\qquad = 0.5^2 = 0.25$

44 기초적인 되먹임제어(feedback control) 형태에서 발생되는 여러 가지 문제점들을 해결하기 위해서 사용되는 보다 진보된 제어방법 중 Smith Predictor는 어떤 문제점을 해결하기 위하여 채택된 방법인가? 출제율 40%

① 역응답　　② 지연시간

③ 비선형 요소　　④ 변수 간 상호간섭

해설 Smith predictor
사장시간보상기, 즉 지연시간을 보장하기 위해 채택되는 방법이다.

45 다음 중 ATO(Air-To-Open) 제어밸브가 사용되어야 하는 경우는? 출제율 20%

① 저장탱크 내 위험물질의 증발을 방지하기 위해 설치된 열교환기의 냉각수 유량제어용 제어밸브

② 저장탱크 내 물질의 응고를 방지하기 위해 설치된 열교환기의 온수 유량제어용 제어밸브

③ 반응기에 발열을 일으키는 반응원료의 유량제어용 제어밸브

④ 부반응 방지를 위하여 고온공정유체를 신속히 냉각시켜야 하는 열교환기의 냉각수 유량제어용 제어밸브

해설 ATO(Air-To-Open)
공기압 열림밸브로 공기압의 증가에 따라 열리는 밸브로, 발열반응에 의한 공기압이 증가할 때 이용된다.

46 전달함수가 다음과 같은 2차 공정에서 $\tau_1 > \tau_2$이다. 이 공정에 크기 A인 계단입력 변화가 야기되었을 때 역응답이 일어날 조건은? 출제율 40%

$$G(s) = \frac{Y(s)}{X(s)} = \frac{K(\tau_d s + 1)}{(\tau_1 s + 1)(\tau_2 s + 1)}$$

① $\tau_d > \tau_1$　　② $\tau_d < \tau_2$

③ $\tau_d > 0$　　④ $\tau_d < 0$

해설

τ_d의 크기	응답모양
$\tau_d > \tau_1$	overshoot가 나타남
$0 < \tau_d \le \tau_1$	1차 공정과 유사한 응답
$\tau_d < 0$	역응답

47 공정유체 10m³를 담고 있는 완전혼합이 일어나는 탱크에 성분 A를 포함한 공정유체가 1m³/hr로 유입되며 또한 동일한 유량으로 배출되고 있다. 공정유체와 함께 유입되는 성분 A의 농도가 1시간을 주기로 평균치를 중심으로 진폭 0.3mol/L로 진동하며 변한다고 할 때 배출되는 A의 농도변화의 진폭은 약 몇 mol/L인가? 출제율 20%

① 0.5

② 0.05

③ 0.005

④ 0.0005

해설 교반 공정의 $G(s) = \dfrac{1}{\tau s + 1} \rightarrow K = 1$

$V = 10\,\text{m}^3, \ \nu_0 = 1\,\text{m}^3/\text{hr} \rightarrow \tau = \dfrac{V}{\nu_0} = 10\text{h}$

입력함수 $x(t) = A\sin\omega t, \ x(s) = \dfrac{A\omega}{s^2 + \omega^2}$

$A = 0.3\,\text{mol/L}, \ T = \dfrac{2\pi}{\omega} = 1\text{hr} \rightarrow \omega = 2\pi$

1차 공정의 진동응답

$G(s) = \dfrac{K}{\tau s + 1}, \ X(s) = \dfrac{A\omega}{s^2 + \omega^2}$

$t \to \infty, \ y(t) = \dfrac{KA}{\sqrt{\tau^2\omega^2 + 1}}\sin(\omega t + \phi)$이고

진폭 $\text{AR} = \dfrac{KA}{\sqrt{\tau^2\omega^2 + 1}} = \dfrac{1 \times 0.3}{\sqrt{10^2 \cdot (2\pi)^2 + 1}}$

$\qquad = 4.8 \times 10^{-3} \fallingdotseq 0.005\,\text{mol/L}$

48 그림과 같은 보데 선도로 나타내어지는 시스템은? 출제율 20%

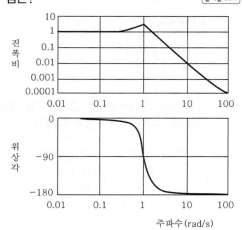

① 과소감쇠 2차계 시스템(underdamped second order system)
② 2개의 1차계 공정이 직렬연결된 시스템
③ 순수 적분 공정 시스템
④ 1차계 공정 시스템

해설 Bode 선도

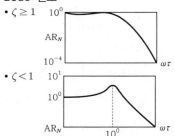

49 공정의 전달함수와 제어기의 전달함수 곱이 $G_{OL}(s)$ 이고 다음의 식이 성립한다. 이 제어시스템의 Gain Margin(GM)과 Phase Margin(PM)은 얼마인가? 출제율 40%

> • $G_{OL}(3i) = -0.25$
> • $G_{OL}(1i) = -\dfrac{1}{\sqrt{2}} - \dfrac{i}{\sqrt{2}}$

① GM=0.25, PM=$\pi/4$
② GM=0.25, PM=$3\pi/4$
③ GM=4, PM=$\pi/4$
④ GM=4, PM=$3\pi/4$

해설 $AR_C = |G(\omega i)| = |-0.25| = 0.25$

$$GM = \frac{1}{AR_C} = \frac{1}{0.25} = 4$$

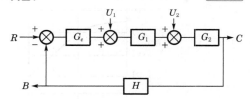

PM, $|AR_C| = 1$ 일 때 ϕ, $\pi + \phi = PM$

$$\phi = -\frac{5}{4}\pi = -\frac{3}{4}\pi$$

$$PM = \pi - \frac{3}{4}\pi = \frac{\pi}{4}$$

50 다음 그림과 같은 계에서 전달함수 $\dfrac{B}{U_2}$ 로 옳은 것은? 출제율 80%

① $\dfrac{B}{U_2} = \dfrac{G_c G_1}{1 + G_c G_1 G_2 H}$

② $\dfrac{B}{U_2} = \dfrac{G_1 G_2}{1 + G_c G_1 G_2 H}$

③ $\dfrac{B}{U_2} = \dfrac{G_2 H}{1 + G_c G_1 G_2 H}$

④ $\dfrac{B}{U_2} = \dfrac{G_c G_1 G_2 H}{1 + G_c G_1 G_2 H}$

해설 $\dfrac{B}{U_2} = \dfrac{직진(직렬)}{1 + feedback} = \dfrac{G_2 H}{1 + G_c G_1 G_2 H}$

51 차압전송기(differential pressure transmitter)의 가능한 용도가 아닌 것은? 출제율 20%

① 액체유량 측정　② 액위 측정
③ 기체분압 측정　④ 절대압 측정

해설 차압전송기 용도
㉠ 액체유량 측정(기체분압 측정 불가)
㉡ 액위 측정
㉢ 절대압 측정

52 다음 중 되먹임제어계가 안정하기 위한 필요충분조건은? `출제율 20%`

① 폐루프 특성방정식의 모든 근이 양의 실수부를 갖는다.
② 폐루프 특성방정식의 모든 근이 실수부만 갖는다.
③ 폐루프 특성방정식의 모든 근이 음의 실수부를 갖는다.
④ 폐루프 특성방정식의 모든 실수근이 양의 실수부를 갖는다.

 Feedback 제어시스템의 특성방정식 근 가운데 어느 하나라도 양 또는 양의 실수부를 갖는다면 그 시스템은 불안정하다.

53 다음 보데(Bode) 선도에서 위상각 여유(phase margin)는 몇 도인가? `출제율 20%`

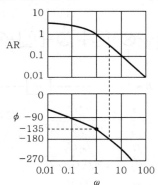

① 30°　　　　　② 45°
③ 90°　　　　　④ 135°

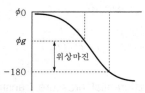

$$PM\,(위상마진) = 180° + \phi g = 180° - 135° = 45°$$

54 현대의 화학공정에서 공정제어 및 운전을 엄격하게 요구하는 주요 요인으로 가장 거리가 먼 것은? `출제율 20%`

① 공정 간의 통합화에 따른 외란의 고립화
② 엄격해지는 환경 및 안전 규제

③ 경쟁력 확보를 위한 생산공정의 대형화
④ 제품 질의 고급화 및 규격의 수시 변동

해설 **화학공정의 목적**
㉠ 제품의 안정성
㉡ 생산공정 대형
㉢ 제품질 향상

55 다음 공정과 제어기를 고려할 때 정상상태(steady-state)에서 y값은 얼마인가? `출제율 40%`

- 제어기 : $u(t) = 0.5(2.0 - y(t))$
- 공정 : $\dfrac{d^2 y(t)}{dt^2} + 2\dfrac{dy(t)}{dt} + y(t)$
  $$= 0.1\dfrac{du(t-1)}{dt} + u(t-1)$$

① 2/3　　　　　② 1/3
③ 1/4　　　　　④ 3/4

해설 $u(t) = 1 - \dfrac{1}{2}y(t)$

라플라스 변환
$$u(s) = \frac{1}{s} - \frac{1}{2}Y(s)$$

$$\mathcal{L}\left[u(t-1)\right] = \left(\frac{1}{s} - \frac{1}{2}Y(s)\right)e^{-s}$$

$$2^2 Y(s) + 2s\,Y(s) + Y(s)$$
$$= 0.1s\left[\frac{1}{s} - \frac{1}{2}Y(s)\right]e^{-s} + \left(\frac{1}{s} - \frac{1}{2}Y(s)\right)e^{-s}$$
$$= \frac{1}{10}e^{-s} - \frac{1}{20}s\,Y(s)e^{-s} + \frac{1}{s}e^{-s} - \frac{1}{2}Y(s)e^{-s}$$

$$\left[s^2 + 2s + 1 + \frac{1}{20}se^{-s} + \frac{1}{2}e^{-s}\right]Y(s)$$
$$= \frac{1}{10}e^{-s} + \frac{1}{s}e^{-s}$$

$$Y(s) = \frac{\dfrac{1}{10}e^{-s} + \dfrac{1}{s}e^{-s}}{s^2 + 2s + 1 + \dfrac{1}{20}se^{-s} + \dfrac{1}{2}e^{-s}}$$

최종값 정리 시
$$\lim_{t \to \infty} f(t) = \lim_{s \to 0} s\,Y(s)$$
$$= \lim_{s \to 0} \frac{\dfrac{1}{10}se^{-s} + e^{-s}}{s^2 + 2s + 1 + \dfrac{1}{20}se^{-s} + \dfrac{1}{2}e^{-s}}$$
$$= \frac{1}{1 + \dfrac{1}{2}} = \frac{2}{3}$$

56 다음 블록 선도에서 $\dfrac{Y(s)}{X(s)}$ 는?

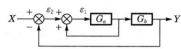

① $\dfrac{G_a G_b}{1 - G_a + G_a G_b}$ ② $\dfrac{G_a G_b}{1 + G_a + G_a G_b}$

③ $\dfrac{G_a G_b}{1 - G_b + G_a G_b}$ ④ $\dfrac{G_a G_b}{1 + G_b + G_a G_b}$

해설 $G(s) = \dfrac{Y(s)}{X(s)} = \dfrac{직진(직렬)}{1 + feedback} = \dfrac{G_a G_b}{1 - G_a + G_a G_b}$

57 영점(zero)이 없는 2차 공정의 Bode 선도가 보이는 특성을 잘못 설명한 것은? 출제율 20%

① Bode 선도 상의 모든 선은 주파수의 증가에 따라 단순 감소한다.
② 제동비(damping factor)가 1보다 큰 경우 정규화된 진폭비의 크기는 1보다 작다.
③ 위상각의 변화범위는 0도에서 −180도까지이다.
④ 제동비(damping factor)가 0.707보다 작은 경우 진폭비는 공명진동수에서 1보다 큰 최대값을 보인다.

해설 $\zeta < 1$(과소 감소)

〈진폭비〉　　〈위상각〉

58 다음 PID 제어기 조율에 대한 지침 중 잘못된 것은? 출제율 20%

① 적분시간은 미분시간보다 작게 주되 1/4 이하로는 줄이지 않는 것이 바람직하다.
② 공정이득(process gain)이 커지면 비례이득(proportional gain)은 대략 반비례의 관계로 줄인다.
③ 지연시간(dead time)/시상수(time constant) 비가 커질수록 비례이득을 줄인다.
④ 적분시간을 늘리면 응답 안정성이 커진다.

해설 PID 제어기는 비례제어기에 적분기능과 미분기능을 추가하여 적절하게 조율해야 오버슈트와 감쇠비가 유지된다.

59 반응속도상수는 다음의 아레니우스(Arrhenius) 식으로 표현될 수 있다. 여기서 조성 K_0와 E 및 R은 상수이며, T는 온도이다. 정상상태 온도 T_S에서 선형화시킨 K의 표현으로 타당한 것은 어느 것인가? 출제율 40%

$$K = K_0 \exp(-E/RT)$$

① $K = K_0 \exp\left(\dfrac{-E}{RT_S}\right) + (T - T_S)$
$\times K_0 \exp\left(\dfrac{-E}{RT_S}\right) \dfrac{E}{RT_S^2}$

② $K = K_0 \exp\left(\dfrac{-E}{RT_S}\right) + (T - T_S) \dfrac{E}{RT_S^2}$

③ $K = K_0 \exp\left(\dfrac{E}{RT_S}\right)$
$+ (T - T_S) K_0 \exp\left(\dfrac{-E}{RT_S}\right)$

④ $K = K_0 (T - T_S) \exp\left(\dfrac{-E}{RT_S}\right)$

해설 Taylor 식
$$f(s) \cong f(x_s) + \dfrac{df}{dx}(x_s)(x - x_s)$$
$$K = K_0 \exp(-E/RT)$$
$$K = K_0 \exp\left(\dfrac{-E}{RT_S}\right) + K_0 \exp\left(\dfrac{-E}{RT_S}\right)\left(\dfrac{E}{RT_S^2}\right) \times (T - T_S)$$

60 비례대(proportional band)의 정의로 옳은 것은? (단, K_c는 제어기 비례이득이다.) 출제율 20%

① K_c
② $100 K_c$
③ $\dfrac{1}{K_c}$
④ $\dfrac{100}{K_c}$

해설 비례대 $PB(\%) = \dfrac{100}{K_c}$ (K_c : 제어기 이득)

제4과목 Ⅰ 공업화학

61 수평균분자량이 100000인 어떤 고분자 시료 1g과 수평균분자량이 200000인 같은 고분자 시료 2g을 서로 섞었을 때 혼합시료의 수평균분자량은? [출제율 80%]

① 0.5×10^5
② 0.667×10^5
③ 1.5×10^5
④ 1.667×10^5

해설 수평균분자량$(\overline{M_n}) = \dfrac{W}{\sum N_i} = \dfrac{1+2}{\dfrac{1}{100000} + \dfrac{2}{200000}}$
$= 150000 = 1.5 \times 10^5$

62 삼산화황과 디메틸에테르를 반응시킬 때 주생성물은? [출제율 20%]

① $(CH_3)_3SO_3$
② $(CH_3)_2SO_4$
③ CH_3-OSO_3H
④ $CH_3-SO_2-CH_3$

해설 $\underset{\text{(삼산화황)}}{SO_3} + \underset{\text{(디메틸에테르)}}{CH_3OCH_3} \longrightarrow \underset{\text{(디메틸설파이드)}}{(CH_3)_2SO_4}$

63 고분자 전해질 연료전지에 대한 설명 중 틀린 것은 어느 것인가? [출제율 20%]

① 전기화학반응을 이용하여 전기에너지를 생산하는 전지이다.
② 전지 전해질은 수소이온 전도성 고분자를 주로 사용한다.
③ 전극 촉매로는 백금과 백금계 합금이 주로 사용된다.
④ 방전 시 전기화학반응을 시작하기 위해 전기충전이 필요하다.

해설 고분자 전해질형 연료전지
㉠ 전기화학반응을 이용하여 전기에너지를 생산하는 전지이다.
㉡ 전지 전해질은 수소이온 전도성 고분자를 주로 사용한다.
㉢ 전극 촉매로는 백금과 백금계 합금이 주로 사용된다.
㉣ 상온 운전이 가능하고, 출력밀도가 높으며, 적용분야가 다양하다. 작동온도가 낮아 보다 간단히 적층할 수 있다.

64 다음 중 테레프탈산 합성을 위한 공업적 원료로 가장 거리가 먼 것은? [출제율 20%]

① p-크실렌
② 톨루엔
③ 벤젠
④ 무수프탈산

해설
· p-크실렌의 질산산화법(테레프탈산 합성법)
p-크실렌 → Toluic Acid → 테레프탈산

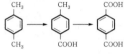

· Henkel법(프탈산 무수물) : o-크실렌의 산화

o-크실렌 $\xrightarrow{V_2O_5}$ [구조식] $+ 4 \cdot \frac{1}{2}O$

[구조식] $\xrightarrow{V_2O_5}$ [구조식] $O + 2CO_2 + 2H_2O$

65 첨가축합에 의해 주로 생성되는 수지가 아닌 것은? [출제율 80%]

① 요소
② 페놀
③ 멜라민
④ 폴리에스테르

해설 · 축합중합에 의해 생성되는 수지 : 폴리에스테르
· 첨가 중합 : 요소, 페놀, 멜라민 등

66 황산 제조 시 원료로 FeS_2나 금속 제련 가스를 사용할 때 H_2S를 사용하여 제거시키는 불순물에 해당하는 것은? [출제율 40%]

① Mn
② Al
③ Fe
④ As

해설 질산식 황산 제조법의 정제
As(비소), Se(셀레늄)을 H_2S를 통해 황화합물로 침전 제거한다. 즉 H_2S를 사용하여 황화합물로 비소산화물을 침전 제거한다.

67 LPG에 대한 설명 중 틀린 것은? [출제율 20%]

① C_3, C_4의 탄화수소가 주성분이다.
② 상온, 상압에서는 기체이다.
③ 그 자체로 매우 심한 독한 냄새가 난다.
④ 가압 또는 냉각시킴으로써 액화한다.

해설 LPG
㉠ C_3, C_4의 탄화수소가 주성분이다.
㉡ 상온, 상압에서 기체이므로 가압하거나 냉각시켜 액화시킨다.
㉢ 무색·무취이다.

68 커플링(coupling)은 다음 중 어떤 반응을 의미하는가? (출제율 40%)
① 아조화합물의 생성반응
② 탄화수소의 합성반응
③ 안료의 착색반응
④ 에스테르의 축합반응

해설 Coupling
디아조늄염은 페놀류, 방향족 아민과 같은 화합물과 반응하여 새로운 아조화합물이 생성된다.

69 다음의 인산칼슘 중 수용성 성질을 가지는 것은 어느 것인가? (출제율 20%)
① 인산1칼슘   ② 인산2칼슘
③ 인산3칼슘   ④ 인산4칼슘

해설
• 일차인산칼슘(인산이수소칼슘)
  수용성 성질을 갖는다.
• 이차인산칼슘(인산수소칼슘)
  묽은염산, 묽은아세트산에 녹는다.
• 삼차인산칼슘(인산삼칼슘)
  물에 잘 녹지 않고 강산에 녹는다.

70 중질유와 같이 끓는점이 높고 고온에서 분해하기 쉬우며 물과 섞이지 않는 경우에 적당한 증류방법은? (출제율 40%)
① 수증기 증류   ② 가압 증류
③ 공비 증류   ④ 추출 증류

해설 수증기 증류
끓는점이 높고 고온에서 분해하기 쉬운 물질로, 물과 섞이지 않는 물질의 증류방법이다.

71 Sylvinite 중에 NaCl의 함량은 약 몇 wt%인가? (출제율 20%)
① 40%   ② 44%
③ 56%   ④ 60%

해설 Sylvinite
KCl과 NaCl이 혼합된 비료 원광으로, 그 중 NaCl 함량이 약 44%이다.

보충 Tip
$$Sylvinite(KCl, NaCl) = \frac{58.5}{74.6 + 58.5} \times 100$$
$$= 44\%$$

72 수산화나트륨을 제조하기 위해서 식염을 전기분해할 때 격막법보다 수은법을 사용하는 이유로 가장 타당한 것은? (출제율 80%)
① 저순도의 제품을 생산하지만 Cl_2와 H_2가 접촉해서 HCl이 되는 것을 막기 위해서
② 흑연, 다공철판 등과 같은 경제적으로 유리한 전극을 사용할 수 있기 때문에
③ 순도가 높으며, 비교적 고농도의 NaOH를 얻을 수 있기 때문에
④ NaCl을 포함하여 대기오염 문제가 있지만 전해 시 전력이 훨씬 적게 소모되기 때문에

해설

격막법	수은법
• NaOH의 농도가 낮다. • 농축비가 많이 든다. • 순도가 낮다.	• 순도가 높다. • 고농도의 NaOH를 얻을 수 있다. • 수은 사용은 공해의 원인이다. • 불순물이 적다. • 이론 분해전압이 높다. (전력비 多)

73 염화수소가스 42.3kg을 물 83kg에 흡수시켜 염산을 제조할 때 염산의 농도 백분율(wt%)은? (단, 염화수소가스는 전량 물에 흡수된 것으로 한다.) (출제율 40%)
① 13.76%   ② 23.76%
③ 33.76%   ④ 43.76%

해설 염산의 농도(wt%) $= \dfrac{42.3}{42.3 + 83} \times 100\% = 33.76\%$

74 다음 중 암모니아 산화반응 시 촉매로 주로 쓰이는 것은? (출제율 40%)
① Nd－Mo   ② Ra
③ Pt－Rh   ④ Al_2O_3

[해설] 암모니아 산화반응

$$4NH_3 + 5O_2 \xrightarrow{\text{Pt} - \text{Rh}} 4NO + 6H_2O$$

$\text{Pt} - \text{Rh}(10\%)$ 촉매가 가장 많이 사용된다.

75 다음 접촉식 황산 제조법에 대한 설명 중 틀린 것은? [출제율 20%]

① 일정온도에서 이산화황 산화반응의 평형 전화율은 압력의 증가에 따라 증가한다.
② 일정압력에서 이산화황 산화반응의 평형 전화율은 온도의 증가에 따라 증가한다.
③ 삼산화황을 흡수 시 진한 황산을 이용한다.
④ 이산화황 산화반응 시 산화바나듐(V_2O_5)을 촉매로 사용할 수 있다.

[해설] 발열반응이므로 저온에서 반응속도가 느려져 저온에서 반응속도를 크게 하기 위해 촉매를 사용한다.

76 파장이 600nm인 빛의 주파수는? [출제율 20%]

① $3 \times 10^{10} Hz$ ② $3 \times 10^{14} Hz$
③ $5 \times 10^{10} Hz$ ④ $5 \times 10^{14} Hz$

[해설] $\lambda(\text{파장}) = \dfrac{c(\text{속도})}{f(\text{진동수, 주파수})}$

$600 \times 10^{-9} m = \dfrac{3 \times 10^8 m/s}{f}$

$f = 5 \times 10^{14} Hz(1/s)$

77 다음 중 유화중합반응과 관계없는 것은 어느 것인가? [출제율 20%]

① 비누(soap) 등을 유화제로 사용한다.
② 개시제는 수용액에 녹아 있다.
③ 사슬이동으로 낮은 분자량의 고분자가 얻어진다.
④ 반응온도를 조절할 수 있다.

[해설] 유화중합(=에멀션중합)
㉠ 유화제(비누, 세제 성분)를 사용하여 단량체를 분산매 중에 분산, 수용성 개시제를 이용하여 중합하는 방법이다.
㉡ 개시제는 수용액에 녹아 있고 반응온도를 조절할 수 있다.
㉢ 중합열의 분산, 대량생산이 용이하며, 세정, 건조가 필요하다.
㉣ 사슬이동으로 높은 분자량의 고분자가 얻어진다.

78 석유화학에서 방향족 탄화수소의 정제방법 중 용제 추출법에 있어서 추출용제가 갖추어야 할 요건으로 옳은 것은? [출제율 40%]

① 방향족 탄화수소에 대한 용해도가 낮을 것
② 추출용제와 원료유의 비중차가 작을 것
③ 추출용제와 방향족 탄화수소의 선택성이 높을 것
④ 추출용제와 추출해야 할 방향족 탄화수소의 비점차가 작을 것

[해설] 추출용제의 조건
㉠ 방향족 탄화수소에 대한 용해도가 클 것
㉡ 추출용제와 원료유의 비중차가 클 것
㉢ 선택도가 높아야 하고 열과 화학적으로 안정할 것
㉣ 추출용제와 추출해야 할 방향족 탄화수소의 비점차가 클 것

79 다음 중 암모니아 소다법의 주된 단점에 해당하는 것은? [출제율 60%]

① 원료 및 중간과정에서의 물질을 재사용하는 것이 불가능하다.
② Na 변화율이 20% 미만으로 매우 낮다.
③ 염소의 회수가 어렵다.
④ 암모니아의 회수가 불가능하다.

[해설] 암모니아 소다법(Solvay법)
• 증조 생성
$NaCl + NH_3 + CO_2 + H_2O$
$\rightarrow NaHCO_3 (\text{증조}) + NH_4Cl$
• 증조의 침전 분리
$2NaHCO_3 \rightarrow Na_2CO_3 + H_2O + CO_2$
(가소반응)
• 증류
$2NH_4Cl + Ca(OH)_2 \rightarrow CaCl_2 + 2H_2O + 2NH_3$
암모니아 소다법의 단점은 염소의 회수가 어렵다는 것이다.

80 페놀수지에 대한 설명 중 틀린 것은? [출제율 80%]

① 열가소성 수지이다.
② 우수한 기계적 성질을 갖는다.
③ 전기적 절연성, 내약품성이 강하다.
④ 알칼리에 약한 결점이 있다.

해설 페놀수지
- ⊙ 열경화성 수지이다.
- ⓛ 페놀+포름알데히드
- ⓒ 염기촉매 축합 생성물은 레졸, 산촉매 하에서는 노볼락을 생성물로 얻는다.
- ② 우수한 기계적 성질을 가지며, 전기적 절연성, 내약품성이 강하다.
- ⑩ 알칼리에 약한 결점이 있다.

▶▶ 제5과목 Ⅰ 반응공학

81 $A \to 4R$인 기상반응에 대해 50% A와 50% 불활성 기체 조성으로 원료를 공급할 때 부피팽창계수(ε_A)는 얼마인가? (단, 반응은 완전히 진행된다.) [출제율 60%]

① 1 ② 1.5
③ 3 ④ 4

해설 $\varepsilon_A = y_{A0} \cdot \delta = \dfrac{1}{2} \cdot \dfrac{4-1}{1} = 1.5$

82 $A \to P$ 1차 액상반응이 부피가 같은 N개의 직렬연결된 완전혼합 흐름반응기에서 진행될 때 생성물의 농도변화를 옳게 설명한 것은 어느 것인가? [출제율 20%]

① N이 증가하면 생성물의 농도가 점진적으로 감소하다 다시 증가한다.
② N이 작으면 체적 합과 같은 관형반응기 출구의 생성물 농도에 접근한다.
③ N은 체적 합과 같은 관형반응기 출구의 생성물 농도에 무관하다.
④ N이 크면 체적 합과 같은 관형반응기 출구의 생성물 농도에 접근한다.

해설 ① N이 증가하면 생성물의 농도가 점진적으로 감소한다.
② N이 크면 체적 합과 같은 관형반응기 출구의 생성물 농도에 접근한다.
③ N은 체적 합과 같은 관형반응기 출구의 생성물 농도에 무관하지 않다 $\left(C_N = \dfrac{C_0}{(1+k\tau)^N}\right)$.

보충 Tip

> 부피가 같은 N개의 직렬연결된 완전혼합흐름반응기에서 진행될 때 N이 크면 체적합과 같은 관형반응기 출구의 생성물 농도에 근접한다.

83 1atm, 610K에서 다음과 같은 가역 기초반응이 진행될 때 평형상수 K_P와 정반응 속도식 $k_{P_1}P_A{}^2$의 속도상수 k_{P_1}이 각각 0.5atm^{-1}과 10mol/L·atm^2·h일 때 농도 항으로 표시되는 역반응속도상수는? (단, 이상기체로 가정한다.) [출제율 40%]

$$2A \rightleftharpoons B$$

① 1000h^{-1} ② 100h^{-1}
③ 10h^{-1} ④ 0.1h^{-1}

해설 $k_P = \dfrac{k_{P_1}}{k_{P_2}} = \dfrac{10}{k_{P_2}} = 0.5$

$k_{P_2} = 20$

$k_{C_2} = k_{P_2} \times RT$

$= 20 \times 0.082 \times 610 = 1000 \, \text{hr}^{-1}$

84 직렬반응 $A \to R \to S$의 각 단계에서 반응속도상수가 같으면 회분식 반응기 내의 각 물질의 농도는 반응시간에 따라서 어느 그래프처럼 변화하는가? [출제율 40%]

①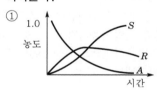

②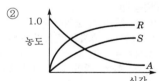

③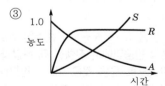

④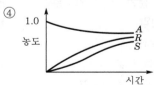

해설 각 단계에서 반응속도상수가 같다면 $A \to R \to S$에서 A는 소멸, 가장 많은 것은 S이므로 ①번과 같다.

81.② 82.④ 83.① 84.①

85 액상 비가역반응 $A \to R$의 반응속도식은 $-r_A = kC_A$로 표시된다. 농도 20kmol/m³의 반응물 A를 정용 회분반응기에 넣고 반응을 진행시킨 지 4시간만에 A의 농도가 2.7kmol/m³로 되었다면 k값은 몇 h⁻¹인가? 출제율 60%

① 0.5   ② 1
③ 2   ④ 4

해설 비가역 1차 반응식

$$-\ln\frac{C_A}{C_{A0}} = kt$$

$$-\ln\frac{2.7}{20} = k \times 4$$

$$k = 0.5\,\mathrm{h}^{-1}$$

86 이상적 혼합반응기(ideal mixed flow reactor)에 대한 설명으로 옳지 않은 것은? 출제율 20%

① 반응기 내의 농도와 출구의 농도가 같다.
② 무한 개의 이상적 혼합반응기를 직렬로 연결하면 이상적 관형반응기(plug flow reactor)가 된다.
③ 1차 반응에서의 전화율은 이상적 관형반응기보다 혼합반응기가 항상 못하다.
④ 회분식 반응기(batch reactor)와 같은 특성을 나타낸다.

해설 CSTR(혼합반응기)
㉠ 내용물이 잘 혼합되어 균일하다.
㉡ 반응기에서 나가는 흐름은 반응기 내의 유체와 동일한 조성이다.
㉢ MFR이라고도 하며, 강한 교반 시 사용한다.
㉣ 회분식 반응기와 특성이 같지 않다.

87 이상기체 반응 $A \to R + S$가 순수한 A로부터 정용 회분식 반응기에서 진행될 때 분압과 전압 간의 상관식으로 옳은 것은 어느 것인가? (단, P_A : A의 분압, P_R : R의 분압, π_0 : 초기 전압, π : 전압) 출제율 20%

① $P_A = 2\pi_0 - \pi$
② $P_A = 2\pi - \pi_0$
③ $P_A^2 = 2(\pi_0 - \pi) + P_R$
④ $P_A^2 = 2(\pi - \pi_0) - P_R$

해설

$$\begin{array}{cccc} & A & \to R & + S \\ \text{초기} & \pi_0 & 0 & 0 \\ \text{반응} & -P_R & P_R & P_R \\ \hline & P_A & P_R & P_R \end{array}$$

$$\pi = P_A + 2P_R, \quad P_R = \pi_0 - P_A$$

$$P_A = \pi_0 - P_R, \quad P_R = (\pi - P_A)\frac{1}{2}$$

$$\pi_0 - P_A = \frac{\pi}{2} - \frac{P_A}{2}$$

$$2\pi_0 - 2P_A = \pi - P_A$$

$$-P_A = \pi - 2\pi_0$$

$$P_A = 2\pi_0 - \pi$$

88 회분식 반응기에서 속도론적 데이터를 해석하는 방법 중 옳지 않은 것은? 출제율 20%

① 정용 회분 반응기의 미분식에서 기울기가 반응차수이다.
② 농도를 표시하는 도함수의 결정은 보통 도시적 미분법, 수치 미분법 등을 사용한다.
③ 적분 해석법에서는 반응차수를 구하기 위해서 시행 착오법을 사용한다.
④ 비가역반응일 경우 농도-시간 자료를 수치적으로 미분하여 반응차수와 반응속도 상수를 구별할 수 있다.

해설 정용 회분 반응기의 미분식에서 기울기가 반응속도이다.

89 다음 반응에서 원하는 생성물을 많이 얻기 위해서 반응온도를 높게 유지하였다. 반응속도상수 k_1, k_2, k_3의 활성화에너지 E_1, E_2, E_3를 옳게 나타낸 것은? 출제율 40%

$$A \xrightarrow[k_2]{k_1} R\,(\text{원하는 생성물}) \xrightarrow{k_3} S$$
$$\searrow T$$

① $E_1 < E_2, \ E_1 < E_3$
② $E_1 > E_2, \ E_1 < E_3$
③ $E_1 > E_2, \ E_1 > E_3$
④ $E_1 < E_2, \ E_1 > E_3$

해설 • R을 얻기 위해 온도를 증가시키면
$E_1 > E_2, \ E_1 > E_3$
• R을 얻기 위해 온도를 감소시키면
$E_1 < E_2, \ E_1 < E_3$

90 다음과 같은 1차 병렬반응이 일정한 온도의 회분식 반응기에서 진행되었다. 반응시간이 1000s일 때 반응물 A가 90% 분해되어 생성물은 R이 S의 10배로 생성되었다. 반응 초기에 R과 S의 농도를 0으로 할 때, k_1 및 k_1/k_2은 각각 얼마인가? 출제율 40%

$$A \rightarrow R, \ r_1 = k_1 C_A$$
$$A \rightarrow 2R, \ r_2 = k_2 C_A$$

① $k_1 = 0.131/min, \ k_1/k_2 = 20$
② $k_1 = 0.046/min, \ k_1/k_2 = 10$
③ $k_1 = 0.131/min, \ k_1/k_2 = 10$
④ $k_1 = 0.046/min, \ k_1/k_2 = 20$

해설

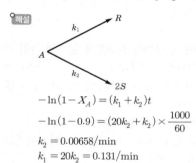

$$-\ln(1 - X_A) = (k_1 + k_2)t$$
$$-\ln(1 - 0.9) = (20k_2 + k_2) \times \frac{1000}{60}$$
$$k_2 = 0.00658/min$$
$$k_1 = 20k_2 = 0.131/min$$

91 다단 완전 혼합류 조작에 있어서 1차 반응에 대한 체류시간을 옳게 나타낸 것은? (단, k는 반응속도 정수, t는 각 단의 용적이 같을 때 한 단에서의 체류시간, X_{An}는 n단 직렬인 경우의 최종단 출구에서의 A의 전화율, n은 단수이다.) 출제율 40%

① $kt = (1 - X_{An})^{1/n} - 1$
② $\dfrac{t}{k} = (1 - X_{An})^{1/n} - 1$
③ $kt = (1 - X_{An})^{-1/n} - 1$
④ $\dfrac{t}{k} = (1 - X_{An})^{-1/n} - 1$

해설 $kt_n = N\left[\left(\dfrac{C_0}{C_N}\right)^{1/N} - 1\right]$

$\dfrac{C_0}{C_N} = (1 + kt)^N, \ C_N = C_0(1 - X_{AN})$

$kt_N = N\left[\left(\dfrac{1}{1 - X_{AN}}\right)^{1/N} - 1\right], \ t_N = Nt$

$kt = \left[\left(\dfrac{1}{1 - X_{AN}}\right)^{1/N} - 1\right]$

92 0차 균질반응이 $-r_A = 10^{-3} \text{mol/L} \cdot \text{s}$로 플러그 흐름반응기에서 일어난다. A의 전화율이 0.9이고 $C_{A_0} = 1.5\text{mol/L}$일 때 공간시간은 몇 초인가? (단, 이때 용적 변화율은 일정하다.) 출제율 60%

① 1300
② 1350
③ 1450
④ 1500

해설 $\tau = C_{A0} \displaystyle\int_0^{X_{Af}} \dfrac{dX_A}{-r_A}$

$= 1.5 \text{mol/L} \times \dfrac{0.9}{10^{-3} \text{mol/L} \cdot \text{s}} = 1350\text{s}$

93 일반적으로 암모니아(ammonia)의 상업적 합성 반응은 어느 화학반응에 속하는가? 출제율 20%

① 균일(homogeneous) 비촉매 반응
② 불균일(heterogeneous) 비촉매 반응
③ 균일 촉매(homogeneous catalytic) 반응
④ 불균일 촉매(heterogeneous catalytic) 반응

해설 불균일 촉매 반응
㉠ NH_3 합성
㉡ 암모니아 산화 : 질산 제조
㉢ 원유의 cracking

94 반응기에 유입되는 물질량의 체류시간에 대한 설명으로 옳지 않은 것은? 출제율 20%

① 반응물의 부피가 변하면 체류시간이 변한다.
② 기상반응물이 실제의 부피 유량으로 흘러 들어가면 체류시간이 달라진다.
③ 액상반응이면 공간시간과 체류시간이 같다.
④ 기상반응이면 공간시간과 체류시간이 같다.

해설 • τ (공간시간)
반응기 부피만큼의 공급물 처리에 필요한 시간
• $\bar{t}$ (체류시간)
흐르는 물질의 반응기에서 체류시간
• 액상반응
$\tau = \bar{t}$
• 기상반응$(\tau \neq \bar{t})$
$\tau = \dfrac{V}{\nu_0} = \dfrac{C_{A0}V}{F_{A0}} = C_{A0}\displaystyle\int_0^{X_A}\dfrac{dX_A}{-r_A}$
$\bar{t} = C_{A0}\displaystyle\int_0^{X_A}\dfrac{dX_A}{-r_A(1 + \varepsilon_A X_A)}$

95 $A \to R$인 반응의 속도식이 $-r_A = 1\text{mol/L} \cdot \text{s}$ 로 표현된다. 순환식 반응기에서 순환비를 3으로 반응시켰더니 출구 농도 C_{Af}가 5mol/L로 되었다. 원래 공급물에서의 A 농도가 10mol/L, 반응물 공급속도가 10mol/s라면 반응기의 체적은 얼마인가? 〔출제율 60%〕

① 3.0L   ② 4.0L

③ 5.0L   ④ 6.0L

해설 순환비 $R = 3$

$$X_{A1} = \left(\frac{R}{R+1}\right) X_{Af}$$

$$V = F_{A0}(R+1)\int_{X_{A1}}^{C_{Af}} \frac{dX_A}{-r_A}$$

$\varepsilon = 0$인 경우

$$V = -\frac{F_{A0}}{C_{A0}}(R+1)\int_{\frac{C_{A0}+RC_{Af}}{R+1}}^{C_{Af}} \frac{dC_A}{-r_A}$$

$$V = -\frac{10\,\text{mol/s}}{10\,\text{mol/L}}(3+1)\int_{\frac{10+3\times5}{3+1}}^{5} \frac{dC_A}{1\,\text{mol/L}\cdot\text{s}}$$

$$= -4(5-6.25) = 5\text{L}$$

96 다음의 병행반응에서 A가 반응물질, R이 요구하는 물질일 때 순간수율(instantaneous fractional yield)은? 〔출제율 60%〕

① $dC_R/(-dC_A)$ ② dC_R/dC_A

③ $dC_S/(-dC_A)$ ④ dC_S/dC_A

해설 수율 $\phi\left(\dfrac{R}{A}\right) = \dfrac{\text{생성된 } R \text{의 몰수}}{\text{소비된 } A \text{의 몰수}} = \dfrac{dC_R}{-dC_A}$

97 반응물 A와 B의 농도가 각각 $2.2 \times 10^{-2}\text{mol/L}$와 $8.0 \times 10^{-3}\text{mol/L}$이며 반응속도상수가 $1.0 \times 10^{-2}\text{mol/L} \cdot \text{s}$일 때 반응속도는 몇 mol/L · s이겠는가? (단, 반응차수는 A와 B에 대해 각각 1차이다.) 〔출제율 60%〕

① 2.41×10^{-5} ② 2.41×10^{-6}

③ 1.76×10^{-5} ④ 1.76×10^{-6}

해설 $-r_A = kC_A C_B$
$= (1.0 \times 10^{-2}) \times (2.2 \times 10^{-2}) \times (8.0 \times 10^{-3})$
$= 1.76 \times 10^{-6}\,\text{mol/L} \cdot \text{s}$

98 다음 중 Arrhenius 법칙이 성립할 경우에 대한 설명으로 옳은 것은? (단, k는 반응속도 상수이다.) 〔출제율 80%〕

① k와 T는 직선관계에 있다.

② $\ln k$와 $\dfrac{1}{T}$은 직선관계에 있다.

③ $\dfrac{1}{k}$과 $\dfrac{1}{T}$은 직선관계에 있다.

④ $\ln k$와 $\ln T^{-1}$은 직선관계에 있다.

해설 Arrhenius 법칙
$$\ln K = \ln A - \frac{E_A}{RT}$$
㉠ $\ln K$와 $\dfrac{1}{T}$은 직선관계이다.
㉡ $\ln K$를 y로 하고 $\dfrac{1}{T}$을 x로 할 때 기울기는 $-E_a/R$이다.

99 체류시간분포 함수가 정규분포 함수에 가장 가깝게 표시되는 반응기는? 〔출제율 20%〕

① 플러그흐름(plug flow)이 이루어지는 관형반응기

② 분산이 작은 관형반응기

③ 완전혼합(perfect mixing)이 이루어지는 하나의 혼합반응기

④ 3개가 직렬로 연결된 혼합반응기

해설 분산이 작은 관형반응기는 반응기 내 체류시간이 동일하다.

100 다음 중 반응이 진행되는 동안 반응기 내의 반응물과 생성물의 농도가 같을 때 반응속도가 가장 빠르게 되는 경우가 발생하는 반응은 어느 것인가? 〔출제율 20%〕

① 연속반응(series reaction)

② 자동촉매반응(autocatalytic reaction)

③ 균일촉매반응(homogeneous reaction)

④ 가역반응(reversible reaction)

해설 자동촉매반응

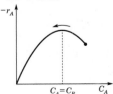

제4회 화공기사 (2019. 9. 21. 시행)

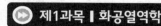

제1과목 | 화공열역학

01 기상반응계에서 평형상수가 $K = P^\nu \prod_i (y_i)^{\nu_i}$로 표시될 경우는? (단, ν_i는 성분 i의 양론 수, $\nu = \sum \nu_i$ 및 $\prod_i$는 모든 화학종 i의 곱을 나타낸다.) 〔출제율 40%〕

① 평형혼합물이 이상기체와 같은 거동을 할 때
② 평형혼합물이 이상용액과 같은 거동을 할 때
③ 반응에 따른 몰수 변화가 없을 때
④ 반응열이 온도에 관계없이 일정할 때

해설 평형상수와 조성 관계(기상반응)

$K = \prod_i \left(\dfrac{\hat{f}_i}{P^\circ}\right)^{\nu_i}$, 평형상수 K는 온도만의 함수

$\hat{f}_i = \hat{\phi}_i\, y_i\, P \rightarrow \dfrac{\hat{f}_i}{P^\circ} = \hat{\phi}_i y_i \dfrac{P}{P^\circ}$

$\prod_i (y_i \hat{\phi}_i)^{\nu_i} = \left(\dfrac{P}{P^\circ}\right)^{-\nu} K$

이상기체 $\hat{\phi}_i = 1$, $P^\circ = 1\,\text{bar}$ 이므로 $K = P^\nu \prod_i (y_i)^{\nu_i}$

02 다음 중 경로함수(path property)에 해당하는 것은? 〔출제율 40%〕

① 내부에너지(J/mol)
② 위치에너지(J/mol)
③ 열(J/mol)
④ 엔트로피(J/mol · K)

해설
• 상태함수
경로에 관계없이 시작점과 끝점의 상태에 의해서만 영향을 받는 함수($T, P, \rho, \mu, U, H, S, G$)
• 경로함수
경로에 따라 영향을 받는 함수(Q, W)

03 카르노 사이클(carnot cycle)의 가역 과정 순서를 옳게 나타낸 것은? 〔출제율 20%〕

① 단열압축 → 단열팽창 → 등온팽창 → 등온압축
② 등온팽창 → 등온압축 → 단열팽창 → 등온압축
③ 단열팽창 → 등온팽창 → 단열압축 → 등온압축
④ 단열압축 → 등온팽창 → 단열팽창 → 등온압축

해설 Carnot cycle

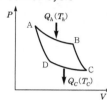

• A → B : 등온팽창(제1과정)
• B → C : 단열팽창(제2과정)
• C → D : 등온압축(제3과정)
• D → A : 단열압축(제4과정)
단열압축 → 등온팽창 → 단열팽창 → 등온압축

04 다음 중 등엔트로피 과정(Isentropic process)은 어느 것인가? 〔출제율 40%〕

① 줄-톰슨 팽창 과정
② 가역등온 과정
③ 가역등압 과정
④ 가역단열 과정

해설 등엔트로피 과정
가역단열 과정, $dq = 0$

$\Delta S = \dfrac{q_{\text{rev}}}{T} = 0$

05 이상용액의 활동도 계수 γ는? 〔출제율 40%〕

① $\gamma > 1$ ② $\gamma < 1$
③ $\gamma = 0$ ④ $\gamma = 1$

해설 활동도 계수(γ_i)

활동도 $\alpha_i = \dfrac{f_i}{f_i^\circ}$

$\gamma_i = \dfrac{\alpha_i}{n_i/\Sigma n_i} = \dfrac{f_i}{f_i^\circ n_i / \Sigma n_i}$

이상적인 혼합물에서 $\dfrac{f_i}{f_i^\circ} = x_1$

활동도 계수(γ_i) $= 1$

01.① 02.③ 03.④ 04.④ 05.④

06 내연기관 중 자동차에 사용되는 것으로 흡입행정은 거의 정압에서 일어나며, 단열압축 과정 후 전기점화에 의해 단열팽창하는 사이클은 어느 것인가? 출제율 20%

① 오토(otto)

② 디젤(diesel)

③ 카르노(carnot)

④ 랭킨(rankin)

해설 Otto cycle

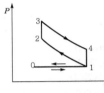

- 0→1 : 일정 압력, 흡입행정
- 1→2 : 단열 압축
- 2→3 : 점화, 일정 부피, 압력 상승
- 3→4 : 단열 팽창
- 4→1 : 방출 밸브 오픈, 압력 감소

07 순환법칙 $\left(\dfrac{\partial P}{\partial T}\right)_V \left(\dfrac{\partial T}{\partial V}\right)_P \left(\dfrac{\partial V}{\partial P}\right)_T = -1$ 에서 얻을 수 있는 최종 식은? (단, β는 **부피팽창률**(volume expansivity), k는 **등온압축률**(isothermal compressibility)이다.) 출제율 40%

① $(\partial P/\partial T)_V = -\dfrac{k}{\beta}$

② $(\partial P/\partial T)_V = \dfrac{k}{\beta}$

③ $(\partial P/\partial T)_V = \dfrac{\beta}{k}$

④ $(\partial P/\partial T)_V = -\dfrac{\beta}{k}$

해설 부피팽창률 $\beta = \dfrac{1}{V}\left(\dfrac{\partial V}{\partial T}\right)_P$

등온압축률 $k = -\dfrac{1}{V}\left(\dfrac{\partial V}{\partial P}\right)_T$

$\left(\dfrac{\partial P}{\partial T}\right)_V \left(\dfrac{\partial T}{\partial V}\right)_P \left(\dfrac{\partial V}{\partial P}\right)_T = -1$

$\left(\dfrac{\partial P}{\partial T}\right)_V = -\dfrac{1}{\left(\dfrac{\partial T}{\partial V}\right)_P \left(\dfrac{\partial V}{\partial P}\right)_T} = \dfrac{\left(\dfrac{\partial V}{\partial T}\right)_P}{-\left(\dfrac{\partial V}{\partial P}\right)_T} = \dfrac{\beta}{k}$

08 어떤 가스(gas) 1g의 정압비열(C_P)이 온도의 함수로서 다음 식으로 주어질 때 계의 온도를 0℃에서 100℃로 변화시켰다면 이때 계에 가해진 열량(cal)은? (단, $C_P = 0.2 + \dfrac{10}{t+100}$, C_P는 cal/g · ℃, t는 ℃이며, 계의 압력은 일정하고 주어진 온도 범위에서 가스의 상변화는 없다.) 출제율 40%

① 20.05　　② 22.31

③ 24.71　　④ 26.93

해설 $Q = C \cdot m \cdot \Delta t$

$Q = \int_{T_1}^{T_2} C_P dT = \int_0^{100} \left(0.2 + \dfrac{10}{t+100}\right) dt$

$= 0.2(100-0) + 10\left[\ln\left(\dfrac{100+100}{0+100}\right)\right] = 26.93\,\text{cal}$

09 실제 기체의 압력이 0에 접근할 때, 잔류(residual) 특성에 대한 설명으로 옳은 것은? (단, 온도는 일정하다.) 출제율 40%

① 잔류 엔탈피는 무한대에 접근하고 잔류 엔트로피는 0에 접근한다.

② 잔류 엔탈피와 잔류 엔트로피 모두 무한대에 접근한다.

③ 잔류 엔탈피와 잔류 엔트로피 모두 0에 접근한다.

④ 잔류 엔탈피는 0에 접근하고 잔류 엔트로피는 무한대에 접근한다.

해설 잔류 성질

$M^R = M - M^{ig}$

여기서, $M = V,\ U,\ H,\ S,\ G$ (M=실제값)

M^{ig} =이상기체 값

실제기체의 압력이 0에 접근하면 실제기체는 이상기체에 가까워지므로(즉 이상기체 압력 0) 잔류 성질은 0에 가까워진다.

10 흐름열량계(flow calorimeter)를 이용하여 엔탈피 변화량을 측정하고자 한다. 열량계에서 측정된 열량이 2000W라면, 입력흐름과 출력흐름의 비엔탈피(Specific Enthalpy)의 차이는 몇 J/g인가? (단, 흐름열량계의 입력흐름에서는 0℃의 물이 5g/s의 속도로 들어가며, 출력흐름에서는 3기압, 300℃의 수증기가 배출된다.) 출제율 40%

① 400　　② 2000

③ 10000　　④ 12000

해설 비엔탈피 차이 $= \dfrac{2000\,\mathrm{W}}{5\,\mathrm{g/s}} = \dfrac{2000\,\mathrm{J/s}}{5\,\mathrm{g/s}} = 400\,\mathrm{J/g}$

11 반 데르 발스(Van der Waals) 식에 맞는 실제 기체를 등온가역 팽창시켰을 때 행한 일(work)의 크기는? (단, $P = \dfrac{RT}{V-b} - \dfrac{a}{V^2}$ 이며, V_1은 초기부피, V_2는 최종부피이다.) 출제율 60%

① $W = RT\ln\dfrac{V_2-b}{V_1-b} - a\left(\dfrac{1}{V_1} - \dfrac{1}{V_2}\right)$

② $W = RT\ln\dfrac{P_2-b}{P_1-b} - a\left(\dfrac{1}{P_1} - \dfrac{1}{P_2}\right)$

③ $W = RT\ln\dfrac{V_2-a}{V_1-a} - b\left(\dfrac{1}{V_1} - \dfrac{1}{V_2}\right)$

④ $W = RT\ln\dfrac{V_2-b}{V_1-b} - a\left(\dfrac{1}{V_2} - \dfrac{1}{V_1}\right)$

해설 $W = \displaystyle\int_{V_1}^{V_2} P\,dV = \int_{V_1}^{V_2}\left(\dfrac{RT}{V-b} - \dfrac{a}{V^2}\right)dV$

$\qquad = RT\ln\dfrac{V_2-b}{V_1-b} + \dfrac{a}{V_2} - \dfrac{a}{V_1}$

$\qquad = RT\ln\dfrac{V_2-b}{V_1-b} - a\left(\dfrac{1}{V_1} - \dfrac{1}{V_2}\right)$

12 용액 내에서 한 성분의 퓨가시티 계수를 표시한 것은? (단, ϕ_i는 퓨가시티 계수, $\hat{\phi}_i$는 용액 중의 성분 i의 퓨가시티 계수, f_i는 순수 성분 i의 퓨가시티, $\hat{f}_i$는 용액 중의 성분 i의 퓨가시티, x_i는 용액의 몰분율이다.) 출제율 40%

① $\hat{\phi}_i = f_i P$

② $\hat{\phi}_i = \dfrac{f_i}{P}$

③ $\hat{\phi}_i = \dfrac{\hat{f}_i}{x_i P}$

④ $\hat{\phi}_i = \dfrac{P\hat{f}_i}{x_i}$

해설 퓨가시티 계수

$\phi_i = \dfrac{f_i}{P}$ (순수)

이상용액 $\Rightarrow \hat{\phi}_i = \dfrac{\hat{f}_i}{x_i P}$

13 평형에 대한 다음의 조건 중 틀린 것은? (단, ϕ_i는 순수성분의 퓨가시티 계수, $\hat{\phi}_i$는 혼합물에서 성분 i의 퓨가시티 계수, $\hat{f}_i$는 혼합물에서 성분 i의 퓨가시티 계수, γ_i는 활동도 계수이며, x_i는 액상에서 성분 i의 조성을 나타내며, 상첨자 V는 기상, L은 액상, S는 고상, Ⅰ과 Ⅱ는 두 액상을 나타낸다.) 출제율 40%

① 순수성분의 기-액 평형 : $\phi_i^V = \phi_i^L$

② 2성분 혼합물의 기-액 평형 : $\hat{\phi}_i^{\,V} = \hat{\phi}_i^{\,L}$

③ 2성분 혼합물의 액-액 평형 : $x_i^{\,\mathrm{I}}\gamma_i^{\,\mathrm{I}} = x_i^{\,\mathrm{II}}\gamma_i^{\,\mathrm{II}}$

④ 2성분 혼합물의 고-기 평형 : $\hat{f}_i^{\,V} = f_i^{\,S}$

해설 기-액 평형

$\hat{f}_i^{\,v} = \hat{f}_i^{\,l}$, $y_i\hat{\phi}_i^{\,v} = x_i\hat{\phi}_i^{\,l}$

순수한 성분에 대한 기-액 평형

$\phi_i^{\,v} = \phi_i^{\,l} = \phi_i^{\,\mathrm{sat}}$

14 다음 중 평형의 조건이 되는 열역학적 물성이 아닌 것은? 출제율 40%

① 퓨가시티(fugacity)

② 깁스 자유에너지(Gibbs free energy)

③ 화학퍼텐셜(chemical potential)

④ 엔탈피(enthalpy)

해설 평형의 조건

$(dG^t)_{T,P} = 0$

$\sum \nu_i \mu_i = 0$

여기서, ν_i : 양론 수, μ_i : 화학퍼텐셜

$\mu_i = \overline{G_i} = RT\ln\hat{f}_i + \Gamma_i(T)$

15 3성분계의 기-액 상평형 계산을 위하여 필요한 최소의 변수의 수는 몇 개인가? (단, 반응이 없는 계로 가정한다.) 출제율 80%

① 1개　　　　② 2개

③ 3개　　　　④ 4개

해설 $F = 2 - P + C - r - s$

$\quad = 2 - 2 + 3 = 3$

여기서, P : 상, C : 성분, r : 반응식

$\qquad s$: 제한조건(공비혼합물, 등몰기체)

P : 2(기-체), C : 3(3성분)

16 부피를 온도와 압력의 함수로 나타낼 때 부피팽창률(β)과 등온압축률(k)의 관계를 나타낸 식으로 옳은 것은? 출제율 40%

① $\dfrac{dV}{V} = (\beta)dT - (k)dP$

② $\dfrac{dV}{V} = (\beta)dT + (k)dP$

③ $\dfrac{dV}{V} = (\beta)dP - (k)dT$

④ $\dfrac{dV}{V} = (\beta)dP + (k)dT$

해설 $V = f(T, P)$

$dV = \left(\dfrac{\partial V}{\partial T}\right)_P dT + \left(\dfrac{\partial V}{\partial P}\right)_T dP$

V로 나누면

$\dfrac{dV}{V} = \dfrac{1}{V}\left(\dfrac{\partial V}{\partial T}\right)_P dT + \dfrac{1}{V}\left(\dfrac{\partial V}{\partial P}\right)dP$

$\beta = \dfrac{1}{V}\left(\dfrac{\partial V}{\partial T}\right)_P$, $k = -\dfrac{1}{V}\left(\dfrac{\partial V}{\partial P}\right)_T$

$\dfrac{\partial V}{V} = \beta dT - k dP$

17 $C_P = 5\,\text{cal/mol·K}$인 이상기체를 25℃, 1기압으로부터 단열, 가역 과정을 통해 10기압까지 압축시킬 경우, 기체의 최종온도는 약 몇 ℃가 되겠는가? 출제율 60%

① 60   ② 470

③ 745   ④ 1170

해설 $C_P = C_V + R$

$\gamma = \dfrac{C_P}{C_V} = \dfrac{5}{5 - 1.987} = 1.66$

$\dfrac{T_2}{T_1} = \left(\dfrac{P_2}{P_1}\right)^{\frac{\gamma - 1}{\gamma}}$

$\dfrac{T_2}{273 + 25} = \left(\dfrac{10}{1}\right)^{\frac{1.66 - 1}{1.66}}$

$T_2 = 744\,\text{K} = 471℃$

18 0℃, 1atm의 물 1kg이 100℃, 1atm의 물로 변하였을 때 엔트로피 변화는 몇 kcal/K인가? (단, 물의 비열은 1.0cal/g·K이다.) 출제율 60%

① 100   ② 1.366

③ 0.312   ④ 0.136

해설 이상기체 엔트로피 변화

$\Delta S = mC_P \ln\dfrac{T_2}{T_1} + mR\ln\dfrac{P_1}{P_2}$ (압력 일정)

$= mC_P \ln\dfrac{T_2}{T_1} = 1\,\text{kg} \times 1\,\text{kcal/kg·K} \times \ln\dfrac{373}{273}$

$= 0.312\,\text{kcal/K}$

19 설탕물을 만들다가 설탕을 너무 많이 넣어 아무리 저어도 컵 바닥에 설탕이 여전히 남아 있을 때의 자유도는 얼마인가? (단, 물의 증발은 무시한다.) 출제율 80%

① 1

② 2

③ 3

④ 4

해설 $F = 2 - P + C - r - s$

$= 2 - 2 + 2 = 2$

여기서, P : 상

C : 성분

r : 반응식

s : 제한조건(공비혼합물, 등몰기체 등)

P : 2(액체, 고체), C : 2(설탕, 물)

20 이상기체가 P_1, V_1, T_1의 상태에서 P_2, V_2, T_2까지 가역적으로 단열팽창되었다. 상관관계로 옳지 않은 것은 어느 것인가? (단, γ는 비열비이다.) 출제율 60%

① $T_1 P_1^{\left(\frac{1-\gamma}{\gamma}\right)} = T_2 P_2^{\left(\frac{1-\gamma}{\gamma}\right)}$

② $T_1 V_1^{\gamma} = T_2 V_2^{\gamma}$

③ $\dfrac{V_2}{V_1} = \left(\dfrac{P_2}{P_1}\right)^{-\frac{1}{\gamma}}$

④ $\dfrac{T_2}{T_1} = \left(\dfrac{V_1}{V_2}\right)^{\gamma - 1}$

해설 이상기체 단열 공정

• $\dfrac{T_2}{T_1} = \left(\dfrac{V_1}{V_2}\right)^{\gamma - 1}$

• $\dfrac{T_2}{T_1} = \left(\dfrac{P_2}{P_1}\right)^{\frac{\gamma - 1}{\gamma}}$

• $P_1 V_1^{\gamma} = P_2 V_2^{\gamma} = \cdots PV^{\gamma} = $ 일정

▶▶ 제2과목 | 단위조작 및 화학공업양론

21 0℃, 0.5atm 하에 있는 질소가 있다. 이 기체를 같은 압력 하에서 20℃ 가열하였다면 처음 체적의 몇 %가 증가하였는가? [출제율 80%]

① 0.54　　　　　② 3.66
③ 7.33　　　　　④ 103.66

[해설] $PV = nRT$, $V = \dfrac{nRT}{P}$

초기

$V = \dfrac{RT}{P} = \dfrac{0.082\,\text{atm} \cdot \text{L/mol} \cdot \text{K} \times 273\,\text{K}}{0.5\,\text{atm}} = 44.8\,\text{L}$

20℃ 증가 후

$V = \dfrac{RT}{P} = \dfrac{0.082 \times (273 + 20)}{0.5} = 48.05\,\text{L}$

$\dfrac{48.05 - 44.8}{44.8} \times 100 = 7.3\%$ 증가

22 CO_2 25vol%와 NH_3 75vol%의 기체혼합물 중 NH_3의 일부가 산에 흡수되어 제거된다. 이 흡수탑을 떠나는 기체가 37.5vol%의 NH_3를 가질 때 처음에 들어 있던 NH_3의 몇 %가 제거되었는가? (단, CO_2의 양은 변하지 않는다고 하며, 산용액은 조금도 증발하지 않는다고 한다.) [출제율 60%]

① 85%　　　　　② 80%
③ 75%　　　　　④ 65%

[해설]

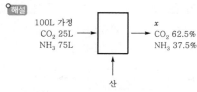

$25\,\text{L} = x \times 0.625$

$x = 40\,\text{L}$

흡수탑에서 배출되는 $NH_3 = 40 \times 0.375 = 15\,\text{L}$

제거되는 $NH_3 = 75 - 15\,\text{L} = 60\,\text{L}$

제거된 $NH_3\,(\%) = \dfrac{65}{75} \times 100 = 80\%$

23 정상상태로 흐르는 유체가 유로의 확대된 부분을 흐를 때 변화하지 않는 것은? [출제율 20%]

① 유량　　　　　② 유속
③ 압력　　　　　④ 유동단면적

[해설] 연속방정식(질량보존의 법칙)

$Q = A_1 V_1 = A_2 V_2$

유량은 일정하다.

24 습한 쓰레기에 71wt% 수분이 포함되어 있었다. 최초 수분의 60%를 증발시키면 증발 후 쓰레기 내 수분의 조성은 몇 %인가? [출제율 40%]

① 40.5　　　　　② 49.5
③ 50.5　　　　　④ 59.5

[해설] 증발 후 쓰레기 조성이므로 증발된 수분량 후 쓰레기량을 구하면

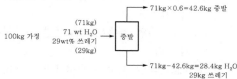

증발 후 쓰레기 내 수분 조성

$= \dfrac{28.4}{28.4 + 29} \times 100 = 49.5\%$

25 1.5wt% NaOH 수용액을 10wt% NaOH 수용액으로 농축하기 위해 농축 증발관으로 1.5wt% NaOH 수용액을 1000kg/h로 공급하면 시간당 증발되는 수분의 양은 몇 kg인가? [출제율 60%]

① 450　　　　　② 650
③ 750　　　　　④ 850

[해설]

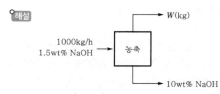

$W = F\left(1 - \dfrac{a}{b}\right)$

여기서, a : 초기 물질(%), b : 농축 후 물질(%)

$= 1000\,\text{kg/h} \times \left(1 - \dfrac{1.5}{10}\right) = 850\,\text{kg/h}$

26 37wt% HNO_3 용액의 노르말(N) 농도는? (단, 이 용액의 비중은 1.227이다.) [출제율 20%]

① 6　　　　　② 7.2
③ 12.4　　　　④ 15

해설 37wt%, HNO_3

1000g을 가정하면 (NH_3 370g, H_2O 630g)

$370g\ HNO_3 \times \dfrac{1\,mol}{63g(HNO_3\ 분자량)} = 5.87\,mol$

용액 1000g 부피 $= \dfrac{1000g}{1.227g/cm^3 \times \dfrac{1000cm^3}{1L}} = 0.815L$

$N = \dfrac{용질의\ g당량수}{용액의\ 부피} = \dfrac{5.87\,mol}{0.815L} = 7.2N$

27 실제기체의 거동을 예측하는 비리얼상태식에 대한 설명으로 옳은 것은? 〔출제율 20%〕

① 제1비리얼 계수는 압력에만 의존하는 상수이다.

② 제2비리얼 계수는 조성에만 의존하는 상수이다.

③ 제3비리얼 계수는 체적에만 의존하는 상수이다.

④ 제4비리얼 계수는 온도에만 의존하는 상수이다.

해설 비리얼 계수

$Z = \dfrac{PV}{RT}$, $Z = 1 + B'P + C'P^2 + D'P^3 + \cdots$

$Z = 1 + \dfrac{B}{V} + \dfrac{C}{V^2} + \dfrac{D}{V^3} + \cdots$

$B' = \dfrac{B}{RT}$, $C' = \dfrac{C-B^2}{(RT)^2}$, $D' = \dfrac{D-3BC+2B^3}{(RT)^3}$

제1 비리얼 계수는 1이며, 나머지 비리얼 계수는 온도에만 의존하는 상수이다.

28 Ethylene glycol의 열용량 값이 다음과 같은 온도의 함수일 때, 0~100℃ 사이의 온도 범위 내에서 열용량의 평균값(cal/g · ℃)은? 〔출제율 40%〕

$$C_P(cal/g \cdot ℃) = 0.55 + 0.001T$$

① 0.60 ② 0.65
③ 0.70 ④ 0.75

해설 $C_P = \displaystyle\int_0^{100℃} (0.55 + 0.001T)$

$= 0.55(100-0) + \dfrac{0.001}{2}(100^2 - 0^2)$

$= 60\,cal/g \cdot ℃$

평균 C_P이므로 $\dfrac{60\,cal/g \cdot ℃}{100} = 0.6\,cal/g \cdot ℃$

29 반대수(semi-log) 좌표계에서 직선을 얻을 수 있는 식은? (단, F와 y는 종속변수이고, t와 x는 독립변수이며, a와 b는 상수이다.) 〔출제율 20%〕

① $F(t) = at^b$ ② $F(t) = ae^{bt}$
③ $y(x) = ax^2 + b$ ④ $y(x) = ax$

해설 ① $F(t) = at^b \rightarrow \log F(t) = \log a + b\log t$

② $F(t) = ae^{bt} \rightarrow \log F(t) = \log a + bt\log e$
$= \log a + \dfrac{b}{2.3}t$

③ $y - b = ax^2 \rightarrow \log(y-b) = \log a + 2\log x$

④ $y = ax$: 일반

30 30kg의 공기를 20℃에서 120℃까지 가열하는데 필요한 열량은 몇 kcal인가? (단, 공기의 평균정압비열은 0.24kcal/kg · ℃이다.) 〔출제율 40%〕

① 720 ② 820
③ 920 ④ 980

해설 $Q = Cm\Delta t$
$= 0.24\,kcal/kg \cdot ℃ \times 30kg \times (120-20)℃$
$= 720\,kcal$

31 정압비열 0.24kcal/kg · ℃의 공기가 수평관 속을 흐르고 있다. 입구에서 공기 온도가 21℃, 유속이 90m/s이고, 출구에서 유속은 150m/s이며, 외부와 열교환이 전혀 없다고 보면 출구에서의 공기 온도는? 〔출제율 20%〕

① 10.2℃ ② 13.8℃
③ 28.2℃ ④ 31.8℃

해설
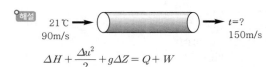

$\Delta H + \dfrac{\Delta u^2}{2} + g\Delta Z = Q + W$

$(Z=0,\ Q=0,\ W=0)$

$\Delta H = 0.24\,kcal/kg \cdot ℃ \times (t-21)℃$

$0.24(t-21) + \dfrac{150^2 - 90^2}{2} = 0$

$0.24(t-21)\dfrac{kcal}{kg} + \dfrac{150^2 - 90^2}{2}\dfrac{J}{kg} \times \dfrac{1cal}{4.184J}$
$\times \dfrac{1kcal}{1000cal} = 0$

$0.24(t-21) + 1.72 = 0$

출구 공기 온도$(t) = 13.8℃$

32 다음 중 국부속도(local velocity) 측정에 가장 적합한 것은? 출제율 20%

① 오리피스미터
② 피토관
③ 벤투리미터
④ 로터미터

해설 • 피토관 : 국부속도 측정
• 로터미터 : 면적유량계
• 오리피스미터, 벤투리미터 : 차압유량계

33 다음 중 온도에 민감하여 증발하는 동안 손상되기 쉬운 의약품을 농축하는 방법으로 적절한 것은? 출제율 20%

① 가열시간을 늘린다.
② 증기공간의 절대압력을 낮춘다.
③ 가열온도를 높인다.
④ 열전도도가 높은 재질을 쓴다.

해설 진공증발
과즙, 젤라틴과 같은 열에 민감한 물질을 처리하는 데 주로 사용되며, 증발관 내 감압상태로 유지한다.

34 고체건조의 항률 건조단계(constant rate period)에 대한 설명으로 틀린 것은? 출제율 40%

① 항률 건조단계에서 복사나 전도에 의한 열전달이 없는 경우 고체온도는 공기의 습구온도와 동일하다.
② 항률 건조단계에서 고체의 건조속도는 고체의 수분 함량과 관계가 없다.
③ 항률 건조속도는 열전달식이나 물질전달식을 이용하여 계산할 수 있다.
④ 주로 고체의 임계 함수량(critical moisture content) 이하에서 항률 건조를 할 수 있다.

해설 • 임계 함수율
항률 건조기간에서 감률 건조기간으로 이동하는 점에서의 함수율을 말한다.
• 항률 건조기간
㉠ 재료 온도가 일정한 기간을 말한다.
㉡ 재료의 함수율이 직선적으로 감소한다.
㉢ 주로 고체의 임계 함수량 이상에서 항률 건조를 할 수 있다.

35 추출에서 추료(feed)에 추제(extracting solvent)를 가하여 잘 접촉시키면 2상으로 분리된다. 이 중 불활성 물질이 많이 남아 있는 상을 무엇이라고 하는가? 출제율 20%

① 추출상(extract)
② 추잔상(raffinate)
③ 추질(solute)
④ 슬러지(sludge)

해설 • 추잔상
불활성 물질이 풍부한 상, 또한 원용매가 풍부한 상을 말한다.
• 추출상
추제가 풍부한 상을 말한다.

36 흡수 충전탑에서 조작선(operating line)의 기울기를 $\dfrac{L}{V}$이라 할 때 틀린 것은? 출제율 40%

① $\dfrac{L}{V}$의 값이 커지면 탑의 높이는 낮아진다.

② $\dfrac{L}{V}$의 값이 작아지면 탑의 높이는 높아진다.

③ $\dfrac{L}{V}$의 값은 흡수탑의 경제적인 운전과 관계가 있다.

④ $\dfrac{L}{V}$의 최소값은 흡수탑 하부에서 기-액 간의 농도차가 가장 클 때의 값이다.

해설

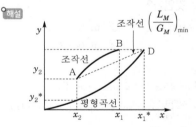

조작선의 경사 : $\dfrac{dy}{dx} = \dfrac{L_M{}'(1-y)}{G_M{}'(1-x)}$

• 조작선이 클수록 흡수 추진력이 커져 탑의 높이는 낮아지고, 반대의 경우 탑이 높아진다.
• 흡수탑의 크기에 영향을 미치는 조작선은 경제적 운전과 관계된다.
• $\dfrac{L}{V}$의 최소 시 평형에 근접하며, 기-액 농도차가 작아진다.

37 증류에서 일정한 비휘발도의 값으로 2를 가지는 2성분 혼합물을 90mol%인 탑 위 제품과 10mol%인 탑 밑 제품으로 분리하고자 한다. 이때 필요한 최소이론단수는? [출제율 20%]

① 3 ② 4
③ 6 ④ 7

해설 Fenske 식

$$N_{min} + 1 = \log\left(\frac{x_D}{1-x_D} \cdot \frac{1-x_W}{x_W}\right) / \log\alpha_{av}$$

α_{av} : 평균 비휘발도

$$= \log\left(\frac{0.9}{1-0.9} \times \frac{1.01}{0.1}\right) / \log 2 = 6.3$$

$N_{min} = 5.3$이므로 약 6단

38 노즐 흐름에서 충격파에 대한 설명으로 옳은 것은? [출제율 20%]

① 급격한 단면적 증가로 생긴다.
② 급격한 속도 감소로 생긴다.
③ 급격한 압력 감소로 생긴다.
④ 급격한 밀도 증가로 생긴다.

해설 노즐의 흐름
노즐 흐름 시 유체를 분출시킬 때 압력에너지가 속도에너지로 바뀜. 즉, 급격한 압력의 감소는 급격한 속도의 증가를 유발한다.

39 다음 중 운동점도(kinematic viscosity)의 단위는 어느 것인가? [출제율 20%]

① $N \cdot s/m^2$ ② m^2/s
③ cP ④ $m^2/s \cdot N$

해설 μ : 점도
ν : 동점도(점도를 밀도 ρ로 나눈 값)

$$\nu = \frac{\mu}{\rho} = \frac{g/cm \cdot s}{g/cm^3} = cm^2/s = m^2/s \text{(Stokes 단위)}$$

40 롤 분쇄기에 상당직경 4cm인 원료를 도입하여 상당직경 1cm로 분쇄한다. 분쇄 원료와 롤 사이의 마찰계수가 $\frac{1}{\sqrt{3}}$일 때 롤 지름은 약 몇 cm인가? [출제율 20%]

① 6.6 ② 9.2
③ 15.3 ④ 18.4

해설 롤 분쇄기
• $\mu = \tan\alpha$
여기서, μ : 마찰계수, α : 물림각

• $\cos\alpha = \dfrac{R+d}{R+r}$
여기서, R : 롤의 반경, r : 입자의 반경
d : 롤 사이 거리의 반

$$\cos 30 = \frac{R+\frac{1}{2}}{R+4/2} = 0.866$$

$R = 9.2$
롤 지름(D) $= 2 \times R = 2 \times 9.2 = 18.4$ cm

▶▶ 제3과목 | 공정제어

41 전류식 비례제어기가 20℃에서 100℃까지의 범위로 온도를 제어하는 데 사용된다. 제어기는 출력전류가 4mA에서 20mA까지 도달하도록 조정되어 있다면 제어기의 이득(mA/℃)은? [출제율 40%]

① 5 ② 0.2
③ 1 ④ 10

해설 $K = \dfrac{\text{전환기의 출력범위}}{\text{전환기의 입력범위}}$

$$= \frac{(20-4)mA}{(100-20)℃} = 0.2 \, mA/℃$$

42 PD 제어기에 다음과 같은 입력신호가 들어올 경우, 제어기 출력형태는? (단, K_c는 1이고, τ_D는 1이다.) [출제율 40%]

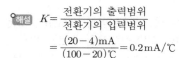

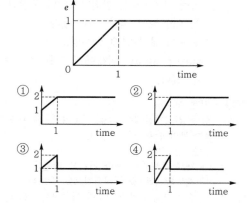

[해설] $G(s) = K_c(1+\tau_D s) = 1+s$

$X(s) = \dfrac{1}{s^2}$ (시간 0~1)

$Y(s) = G(s) \cdot X(s) = \dfrac{1}{s^2}(1+s) = \dfrac{1}{s^2} + \dfrac{1}{s}$

$y(t) = t+1$ (시간 0~1)

$X(s) = \dfrac{1}{s}$ (시간 1 이후)

$y(t) = 1$

43 Anti Reset Windup에 관한 설명으로 가장 거리가 먼 것은? [출제율 40%]

① 제어기 출력이 공정입력 한계에 걸렸을 때 작동한다.
② 적분동작에 부과된다.
③ 큰 설정치 변화에 공정 출력이 크게 흔들리는 것을 방지한다.
④ Offset을 없애는 동작이다.

[해설] Reset Windup

㉠ Reset Windup은 적분제어 작용에서 나타나는데, 이 현상을 방지하는 기술을 Anti Reset Windup이라 한다.
㉡ 적분동작에 부과된다.
㉢ $e(t)$의 적분값 증가 시 적분작용이 중지된다(제어기 출력한계 시).
㉣ 제어기의 최대허용치에서 $e(t)$의 적분값이 계속 증가하는 현상이다.

44 다음과 같은 2차계의 주파수 응답에서 감쇠계수 값에 관계없이 위상의 지연이 90°가 되는 경우는 다음 중 어느 것인가? (단, τ는 시정수이고, ω는 주파수이다.) [출제율 40%]

$$G(s) = \dfrac{K}{(\tau s)^2 + 2\xi \tau s + 1}$$

① $\omega\tau = 1$일 때 　② $\omega = \tau$일 때
③ $\omega\tau = \sqrt{2}$ 일 때 　④ $\omega = \tau^2$일 때

[해설] $\phi = -\tan^{-1}\left(\dfrac{2\tau\zeta\omega}{1-\tau^2\omega^2}\right)$

$\omega = \dfrac{1}{\tau}$이면, $AR = \dfrac{K}{2\zeta}$

$\phi = -\tan^{-1}(\infty) = -90°$, $\tau\omega = 1$

45 $\dfrac{Y(s)}{X(s)} = \dfrac{10}{s^2 + 1.6s + 4}$, $X(s) = \dfrac{4}{s}$ 인 계에서 $y(t)$의 최종값(ultimate value)은? [출제율 80%]

① 10 　② 2.5
③ 2 　④ 1

[해설] 최종값 정리

$\displaystyle \lim_{t \to \infty} f(t) = \lim_{s \to 0} sF(s)$

$Y(s) = \dfrac{10}{s^2 + 1.6s + 4} \cdot \dfrac{4}{s}$

$\displaystyle \lim_{s \to 0} s Y(s) = \dfrac{40}{s^2 + 1.6s + 4} = 10$

46 동적계(dynamic system)를 전달함수로 표현하는 경우를 옳게 설명한 것은? [출제율 20%]

① 선형계의 동특성을 전달함수로 표현할 수 없다.
② 비선형계를 선형화하고 전달함수로 표현하면 비선형 동특성을 근사할 수 있다.
③ 비선형계를 선형화하고 전달함수로 표현하면 비선형 동특성을 정확히 표현할 수 있다.
④ 비선형계의 동특성을 선형화하지 않아도 전달함수로 표현할 수 있다.

[해설] 편차변수나 Taylor 방정식등을 통해 선형화한다면 근사하게 표현할 수 있다.

47 다음 그림과 같은 제어계의 전달함수 $\dfrac{Y(s)}{X(s)}$ 로 옳은 것은? [출제율 80%]

① $\dfrac{Y(s)}{X(s)} = \dfrac{G_c(1+G_a G_b)}{1+G_a G_b G_c}$

② $\dfrac{Y(s)}{X(s)} = \dfrac{G_a G_b G_c}{1+G_b G_c}$

③ $\dfrac{Y(s)}{X(s)} = \dfrac{G_a G_b G_c}{1+G_a G_b G_c}$

④ $\dfrac{Y(s)}{X(s)} = \dfrac{G_c(1+G_a G_b)}{1+G_b G_c}$

해설
$$G(s) = \frac{Y(s)}{X(s)} = \frac{직진}{1 + \text{feedback}} = \frac{G_a G_b G_c + G_c}{1 + G_b G_c}$$
$$= \frac{(G_a G_b + 1)G_c}{1 + G_b G_c}$$

48 다음 그림과 같은 액위제어계에서 제어밸브는 ATO(Air-To-Open)형이 사용된다고 가정할 때에 대한 설명으로 옳은 것은 다음 중 어느 것인가? (단, Direct는 공정출력이 상승할 때 제어출력이 상승함을, Reverse는 제어출력이 하강함을 의미한다.) <출제율 20%>

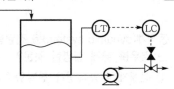

① 제어기 이득의 부호에 관계없이 제어기의 동작방향은 Reverse이어야 한다.
② 제어기의 동작방향은 Direct, 즉 제어기 이득이 음수이어야 한다.
③ 제어기의 동작방향은 Direct, 즉 제어기 이득이 양수이어야 한다.
④ 제어기의 동작방향은 Reverse, 즉 제어기 이득이 음수이어야 한다.

해설 ATO
공기압의 증가에 따라 열리는 밸브. 즉, 공기가 가해지면 열리며, (LT)에서 (LC)가 커질수록 밸브로 가는 공기가 커지므로 제어기 동작방향은 direct이고, 제어기는 음수이어야 한다.

49 다음과 같은 특성식(characteristic equation)을 갖는 계가 있다면 이 계는 Routh 시험법에 의하여 다음의 어느 경우에 해당하는가? <출제율 80%>

$$s^4 + 3s^3 + 5s^2 + 4s + 2 = 0$$

① 안정(stable)하다.
② 불안정(unstable)하다.
③ 모든 근(root)이 허수축의 우측 반면에 존재한다.
④ 감쇠진동을 일으킨다.

해설 Routh 안정성

	1	2	3
1	1	5	2
2	3	4	
3	$\frac{3 \times 5 - 1 \times 4}{3}$ $= 3.67$	$\frac{3 \times 2 - 1 \times 0}{3}$ $= 2$	
4	$\frac{3.67 \times 4 - 3 \times 2}{3.67} = 2.36$		

Routh 배열상 첫 번째 열이 모두 양이므로 안정하다.

50 온도 측정장치인 열전대를 반응기 탱크에 삽입한 접전의 온도를 T_m, 유체와 접점 사이의 총 열전달계수(overall heat transfer coefficient)를 U, 접점의 표면적을 A, 탱크의 온도를 T, 접점의 질량을 m, 접점의 비열을 C_m이라고 하였을 때 접점의 에너지수지식은? (단, 열전대의 시간상수(τ) $= \frac{m C_m}{UA}$이다.) <출제율 40%>

① $\tau \dfrac{dT_m}{dt} = T - T_m$

② $\tau \dfrac{dT}{dt} = T - T_m$

③ $\tau \dfrac{dT_m}{dt} = T_m - T$

④ $\tau \dfrac{dT}{dt} = T_m - T$

해설
$$\frac{dQ}{dt} = UA(T - T_m), \ dQ = mC_m dT_m$$
$$\frac{mC_m dT_m}{dt} = UA(T - T_m)$$
$$\frac{mC_m}{UA} \frac{dT_m}{dt} = T - T_m$$
$$\tau \frac{dT_m}{dt} = T - T_m$$

51 1차계의 단위계단응답에서 시간 t가 2τ일 때 퍼센트응답은 약 얼마인가? (단, τ는 1차계의 시간상수이다.) <출제율 60%>

① 50%
② 63.2%
③ 86.5%
④ 95%

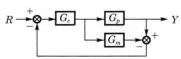

t	$T(t)/A$
0	0 (0%)
τ	0.632 (63.2%)
2τ	0.865 (86.5%)
3τ	0.950 (95.0%)

52 다음 블록선도의 닫힌 루프 전달함수는 어느 것인가? 〔출제율 80%〕

① $\dfrac{Y}{R} = \dfrac{G_c G_p}{1 + G_c G_p G_m}$

② $\dfrac{Y}{R} = \dfrac{G_c G_p}{1 + G_c(G_p - G_m)}$

③ $\dfrac{Y}{R} = \dfrac{1 - G_c G_p}{1 + G_c(G_p - G_m)}$

④ $\dfrac{Y}{R} = \dfrac{G_m G_c G_p}{1 + G_c(G_p - G_m)}$

해설 $\dfrac{Y}{R} = \dfrac{\text{직진(직렬)}}{1 + \text{feedback}} = \dfrac{G_c G_p}{1 + G_c G'}$

$\qquad = \dfrac{G_c G_p}{1 + G_c(G_p - G_m)}$

53 다음 중 $Y = P_1 X \pm P_2 X$의 블록선도로 옳지 않은 것은? 〔출제율 80%〕

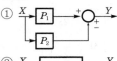

① $X \to P_1, P_2 \to Y$

② $X \to P_1 \pm P_2 \to Y$

③ $X \to P_2 \to \dfrac{P_1}{P_2} \to Y$

④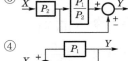

해설 ④의 블록선도

$Y = \dfrac{P_1 X}{1 \mp P_1 P_2}$

54 어떤 2차계의 damping ratio(ξ)가 1.2일 때 unit step response는? 〔출제율 40%〕

① 무감쇠진동응답 ② 진동응답
③ 무진동감쇠응답 ④ 임계감쇠응답

해설 2차계의 동특성
• $\zeta < 1$: 과소감쇠한 시스템
• $\zeta = 1$: 임계감쇠
• $\zeta > 1$: 과도감쇠

55 아날로그 계장의 경우 센서전송기의 출력신호, 제어기의 출력신호는 흔히 4~20mA의 전류로 전송된다. 이에 대한 설명으로 틀린 것은 어느 것인가? 〔출제율 40%〕

① 전류신호는 전압신호에 비하여 장거리 전송 시 전자기적 잡음에 덜 민감하다.

② 0%를 4mA로 설정한 이유는 신호선의 단락 여부를 쉽게 판단하고, 0% 신호에서도 전자기적 잡음에 덜 민감하게 하기 위함이다.

③ 0~150℃ 범위를 측정하는 전송기의 이득은 $\dfrac{20}{150}$ mA/℃이다.

④ 제어기 출력으로 ATC(Air-To-Close) 밸브를 동작시키는 경우 8mA에서 밸브 열림도(valve position)는 0.75가 된다.

해설 $K = \dfrac{\text{전환기의 출력범위}}{\text{전환기의 입력범위}}$

$\qquad = \dfrac{(20-4)\text{mA}}{(150-0)℃} = \dfrac{16}{150}\,\text{mA/℃}$

56 다음과 같은 블록선도에서 정치제어(regulatory control)일 때 옳은 상관식은? 〔출제율 40%〕

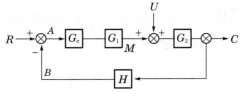

① $C = G_c G_1 G_2 A$
② $M = (R + B)G_c G_1$
③ $C = G_c G_1 G_2(-B)$
④ $M = G_c G_1(-B)$

조정기 제어
설정값은 일정하게 유지하며($R=0$), 외부교란변수의 변화만 발생한다.

- $\dfrac{C}{U} = \dfrac{G_2}{1 + G_c G_1 G_2 H}$

- $C = G_2 U + G_c G_1 G_2 R - G_c G_1 G_2 HC$

$$C = \dfrac{G_2 U}{1 + G_c G_1 G_2 H} \ (R=0)$$

- $C = G_2 U + G_c G_1 G_2 A$

$$= G_2 U + G_c G_1 G_2 (R-B) = G_2 U - G_c G_1 G_2 B$$

- $M = A G_c G_1$

$$= (R-B) G_c G_1 \text{에서 } R=0$$

$$= -B G_c G_1$$

57 어떤 공정에 대하여 수동모드에서 제어기 출력을 10% 계단 증가시켰을 때 제어변수가 초기에 5%만큼 증가하다가 최종적으로는 원래 값보다 10%만큼 줄어들었다. 이에 대한 설명으로 옳은 것은? (단, 공정입력의 상승이 공정출력의 상승을 초래하면 정동작 공정이고, 공정출력의 상승이 제어출력의 상승을 초래하면 정동작 제어기이다.) `출제율 20%`

① 공정이 정동작 공정이므로 PID 제어기는 역동작으로 설정해야 한다.

② 공정이 정동작 공정이므로 PID 제어기는 정동작으로 설정해야 한다.

③ 공정 이득값은 제어변수 과도응답 변화폭을 기준하여 -1.5이다.

④ 공정 이득값은 과도응답 최대치를 기준하여 0.5이다.

 문제 요인에 따라 공정이 역동작 공정이다. 따라서 제어기는 정동작으로 설정해야 한다.

58 $F(s) = \dfrac{4(s+2)}{s(s+1)(s+4)}$ 인 신호의 최종값(final value)은? `출제율 80%`

① 2   ② ∞

③ 0   ④ 1

 최종값 정리

$$\lim_{t \to \infty} f(t) = \lim_{s \to 0} s F(s)$$

$$= \lim_{s \to 0} \dfrac{4(s+2)}{(s+1)(s+4)} = \dfrac{8}{4} = 2$$

59 다음 함수를 Laplace 변환할 때 올바른 것은 어느 것인가? `출제율 80%`

$$\dfrac{d^2 X}{dt^2} + 2\dfrac{dX}{dt} + 2X = 2, \quad X(0) = X'(0) = 0$$

① $\dfrac{2}{s(s^2 + 2s + 3)}$

② $\dfrac{2}{s(s^2 + 2s + 2)}$

③ $\dfrac{3}{s(s^2 + 2s + 1)}$

④ $\dfrac{2}{s(s^2 + s + 2)}$

 미분식의 라플라스 변환

$$s^2 X(s) + 2s X(s) + 2X(s) = \dfrac{2}{s}$$

$$(s^2 + 2s + 2)X(s) = \dfrac{2}{s}$$

$$X(s) = \dfrac{2}{s(s^2 + 2s + 2)}$$

60 다음 중 캐스케이드 제어를 적용하기에 가장 적합한 동특성을 가진 경우는? `출제율 40%`

① 부제어 루프 공정 : $\dfrac{2}{10s+1}$

      주제어 루프 공정 : $\dfrac{6}{2s+1}$

② 부제어 루프 공정 : $\dfrac{6}{10s+1}$

      주제어 루프 공정 : $\dfrac{2}{2s+1}$

③ 부제어 루프 공정 : $\dfrac{2}{2s+1}$

      주제어 루프 공정 : $\dfrac{6}{10s+1}$

④ 부제어 루프 공정 : $\dfrac{2}{10s+1}$

      주제어 루프 공정 : $\dfrac{6}{10s+1}$

 Cascade 제어
주제어기보다 부제어기의 응답이 더 빠르지 않으면 cascade 구조의 이점은 없다.

▶ 제4과목 Ⅰ 공업화학

61 NaOH 제조에 사용하는 격막법과 수은법을 옳게 비교한 것은? 출제율 80%

① 전류밀도는 수은법이 크고, 제품의 품질은 격막법이 좋다.
② 전류밀도는 격막법이 크고, 제품의 품질은 수은법이 좋다.
③ 전류밀도는 격막법이 크고, 제품의 품질은 격막법이 좋다.
④ 전류밀도는 수은법이 크고, 제품의 품질은 수은법이 좋다.

[해설]

격막법	수은법
• NaOH의 농도가 낮음 • 농축비가 많이 듦 • 순도가 낮음	• 순도가 높음 • 농후한 NaOH를 얻음 • 수은 사용으로 공해 원인 • 불순물이 적음 • 이론 분해전압이 높음 (전력비 상승) • 전류밀도가 크고, 제품의 품질도 좋음

62 무기화합물과 비교한 유기화합물의 일반적인 특성으로 옳은 것은? 출제율 20%

① 가연성이 있고, 물에 쉽게 용해되지 않는다.
② 가연성이 없고, 물에 쉽게 용해되지 않는다.
③ 가연성이 없고, 물에 쉽게 용해된다.
④ 가연성이 있고, 물에 쉽게 용해된다.

[해설] 유기화합물은 주로 C, H, O로 구성되어 있고, 가연성이 있고 유기용매(알코올, 에테르, 벤젠) 등에 잘 용해되며, 물에 쉽게 용해되지 않는다.

63 다음 중 카프로락탐에 관한 설명으로 옳은 것은 어느 것인가? 출제율 40%

① 나일론 6,6의 원료이다.
② cyclohexanone oxime을 황산 처리하면 생성된다.
③ cyclohexanone과 암모니아의 반응으로 생성된다.
④ cyclohexane 및 초산과 아민의 반응으로 생성된다.

[해설] 카프로락탐

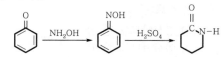

(사이클로헥사논)　　　　　　　　　(ε-카프로락탐)

카프로락탐은 나일론 6의 원료이며, 사이클로헥사논옥심을 출발물질로 사용한다.

64 석유정제에 사용되는 용제가 갖추어야 하는 조건이 아닌 것은? 출제율 40%

① 선택성이 높아야 한다.
② 추출할 성분에 대한 용해도가 높아야 한다.
③ 용제의 비점과 추출 성분의 비점의 차이가 적어야 한다.
④ 독성이나 장치에 대한 부식성이 적어야 한다.

[해설] 용제의 조건
㉠ 선택성이 높아야 한다.
㉡ 추출 성분에 대한 용해도가 높아야 한다.
㉢ 열, 화학적으로 안정 및 회수가 용이해야 한다.
㉣ 용제의 비점과 추출 성분의 비점 차이가 커야 한다.
㉤ 독성이나 장치에 대한 부식성이 적어야 한다.

65 암모니아 산화법에 의하여 질산을 제조하면 상압에서 순도가 약 65% 내외가 되어 공업적으로 사용하기 힘들다. 이럴 경우 순도를 높이기 위한 일반적인 방법으로 옳은 것은 다음 중 어느 것인가? 출제율 20%

① H_2SO_4의 흡수제를 첨가하여 3성분계를 만들어 농축한다.
② 온도를 높여 끓여서 물을 날려 보낸다.
③ 촉매를 첨가하여 부가반응을 일으킨다.
④ 계면활성제를 사용하여 물을 제거한다.

[해설] 진한 질산 제조
• Pauling : C-H_2SO_4를 이용하여 증류
• Maggie : $Mg(NO_3)_2$를 사용하여 탈수농축
암모니아 산화법에서 순도를 높이기 위해서는 H_2SO_4 흡수제를 첨가하여 3성분계를 만들어 농축한다.

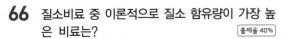

66 질소비료 중 이론적으로 질소 함유량이 가장 높은 비료는? [출제율 40%]

① 황산암모늄(황안)
② 염화암모늄(염안)
③ 질산암모늄(질안)
④ 요소

해설 질소 함유량 $= \dfrac{\text{질소 분자량}}{\text{총 분자량}} \times 100$

① 황산암모늄 : $0.21 \left(\dfrac{N_2}{(NH_4)_2SO_4} = \dfrac{28}{132} = 0.21 \right)$

② 염화암모늄 : $0.26 \left(\dfrac{N}{NH_4Cl} = \dfrac{14}{53.5} = 0.26 \right)$

③ 질산암모늄 : $0.35 \left(\dfrac{N_2}{NH_4NO_3} = \dfrac{28}{80} = 0.35 \right)$

④ 요소 : $0.47 \left(\dfrac{N_2}{(NH_2)_2CO} = \dfrac{28}{60} = 0.47 \right)$

67 일반적으로 고분자의 합성은 단계성장중합(축합중합)과 사슬성장중합(부가중합) 반응으로 분리될 수 있다. 이에 대한 설명으로 옳지 않은 것은? [출제율 20%]

① 단계성장중합은 작용기를 가진 분자들 사이의 반응으로 일어난다.
② 단계성장중합은 우간에 반응이 중지될 수 없고, 중간체도 사슬성장중합과 마찬가지로 분리될 수 없다.
③ 사슬성장중합은 중합 중에 일시적이지만 분리될 수 없는 중간체를 가진다.
④ 사슬성장중합은 탄소–탄소 이중결합을 포함한 단량체를 기본으로 하여 중합이 이루어진다.

해설 • 단계성장중합
ⓐ 두 개 이상의 작용기를 포함하는 단량체들이 서로 반응하여 이량체, 삼량체, 다량체로 성장한다.
ⓑ 우간에 반응이 중지될 수 있고, 중간체도 사슬 모양 중합과 마찬가지로 분리될 수 있다.
• 사슬성장중합
ⓐ 고분자 사슬에 단량체가 첨가반응하는 과정을 반복하여 고분자를 생성한다.
ⓑ 중합 중에 일시적이지만 분리될 수 없는 중간체를 가지며, 탄소–탄소 이중결합을 포함한 단량체를 기본으로 하여 중합이 이루어진다.

68 가성소다 전해법 중 수은법에 대한 설명으로 틀린 것은? [출제율 40%]

① 양극은 흑연, 음극은 수은을 사용한다.
② Na^+는 수은에 녹아 엷은 아말감을 형성한다.
③ 아말감을 물과 반응시켜 $NaOH$와 H_2를 생성한다.
④ 아말감 중 Na 함량이 높으면 분해속도가 느려지므로 전해실 내에서 H_2가 제거된다.

해설 식염 전해법(수은법)
ⓐ 전해실에서 수소 생성으로 Cl_2 가스 중에 혼입되는 원인으로 아말감 중 Na의 함량이 높을 경우, 유동성이 저하되어 굳어지며 분해되어 수소가 발생한다.
ⓑ 양극은 흑연을, 음극은 수은을 사용하고, Na^+은 수은에 녹아 엷은 아말감을 형성한다.
ⓒ 아말감을 물과 반응시켜 $NaOH$와 H_2를 생성한다.

69 분자량이 5000, 10000, 15000, 20000, 25000 g/mol로 이루어진 다섯 개의 고분자가 각각 50, 100, 150, 200, 250kg이 있다. 이 고분자의 다분산도(polydispersity)는? [출제율 80%]

① 0.8
② 1.0
③ 1.2
④ 1.4

해설 수평균분자량 $(\overline{M}_n) = \dfrac{W}{\sum N_i}$

$= \dfrac{50+100+150+200+250}{\dfrac{50}{5000}+\dfrac{100}{10000}+\dfrac{150}{15000}+\dfrac{200}{20000}+\dfrac{250}{25000}}$

$= 15000\,\text{kg/kmol}$

중량평균분자량 $(\overline{M}_{av}) = \dfrac{\sum M_i^2 N_i}{\sum M_i N_i}$

$= \dfrac{5000\times50+10000\times100+15000\times150+20000\times200+25000\times250}{50+100+150+200+250}$

$= 18333\,\text{kg/kmol}$

다분산도 $= \dfrac{\overline{M}_w}{\overline{M}_n} = \dfrac{18333}{15000} = 1.2$

70 프로필렌($CH_2=CH-CH_3$)에서 쿠멘( )을 합성하는 유기합성반응으로 옳은 것은 다음 중 어느 것인가? [출제율 40%]

① 산화반응
② 알킬화반응
③ 수화공정
④ 중합공정

해설 Fridel-Craft 알킬화반응(촉매 : $AlCl_3$, BF_3, H_3PO_4)

$$\underset{(벤젠)}{\bigcirc} + CH_2 = CH - CH_3 \xrightarrow{\text{알킬화}} \underset{(쿠멘)}{\overset{CH(CH_3)_2}{\bigcirc}}$$

71 감압증류 공정을 거치지 않고 생산된 석유화학 제품으로 옳은 것은? 출제율 20%

① 윤활유   ② 아스팔트
③ 나프타   ④ 벙커C유

해설
• 상압증류
  등유, 나프타, 경유, 찌꺼기유 등
• 감압증류
  윤활유, 아스팔트, 벙커C유, 잔유 등

72 부식전류가 커지는 원인이 아닌 것은? 출제율 20%

① 용존산소 농도가 낮을 때
② 온도가 높을 때
③ 금속이 전도성이 큰 전해액과 접촉하고 있을 때
④ 금속 표면의 내부 응력의 차가 클 때

해설 부식전류가 커지는 요소
㉠ 서로 다른 금속이 접할 때
㉡ 금속이 전도성이 큰 전해액과 접할 때
㉢ 금속 표면의 내부응력차가 클 때

73 다음 중 에폭시수지에 대한 설명으로 틀린 것은 어느 것인가? 출제율 60%

① 접착제, 도료 또는 주형용 수지로 만들어지며 금속 표면에 잘 접착한다.
② 일반적으로 비스페놀A와 에피클로로히드린의 반응으로 제조한다.
③ 열에는 안정하지만 강도가 좋지 않은 단점이 있다.
④ 에폭시수지 중 hydroxy기도 epoxy기와 비교하여 가교 결합을 형성할 수 있다.

해설 에폭시수지
㉠ 비스페놀A와 에피클로로히드린을 결합시켜 제조하며, 열에는 불안정하지만 강도가 좋고, 부식에 대한 저항이 강하다.
㉡ 접착제, 도료 또는 주형용 수지로 만들어지며, 금속 표면에 잘 접착한다.

74 황산 제조방법 중 연실법에서 장치의 능률을 높이고 경제적으로 조업하기 위하여 개량된 방법 또는 설비는? 출제율 20%

① 소량 응축법
② Pertersen Tower법
③ Reynold법
④ Monsanto법

해설 Pertersen Tower법
연실 대신 탑을 이용하는 Petersen식과 반탑식을 거쳐 탑식으로 개량한 제법이 있다.

75 화학비료를 토양 시비 시 토양이 산성화가 되는 주된 원인으로 옳은 것은? 출제율 40%

① 암모늄이온(종)   ② 토양콜로이드
③ 황산이온(종)   ④ 질산화미생물

해설 황산암모늄($(NH_4)_2SO_4$)
질소비료의 한 종류로, 토양을 산성화시키는 단점이 있다.

76 인 31g을 완전연소시키기 위한 산소의 부피는 표준상태에서 몇 L인가? (단, P의 원자량은 31이다.) 출제율 40%

① 11.2   ② 22.4
③ 28   ④ 31

해설 $4P + 5O_2 \longrightarrow 2P_2O_5$
$4 \times 31 : 5 \times 22.4L$
$31 : x$
산소 부피(x) = 28L

77 일반적으로 니트로화반응을 이용하여 벤젠을 니트로벤젠으로 합성할 때 많이 사용하는 것은 어느 것인가? 출제율 60%

① $AlCl_3 + HCl$
② $H_2SO_4 + HNO_3$
③ $(CH_3CO)_2O_2 + HNO_3$
④ $HCl + HNO_3$

해설
• 니트로화 : NO_2 도입
• 니트로화제 : $HNO_3 + H_2SO_4$의 혼합산제
$$C_6H_6 + HNO_3 \xrightarrow{H_2SO_4} C_6H_5NO_2 + H_2O$$

71.③ 72.① 73.③ 74.② 75.③ 76.③ 77.②

78 인광석을 산분해하여 인산을 제조하는 방식 중 습식법에 해당하지 않는 것은 다음 중 어느 것인가? `출제율 60%`

① 황산 분해법
② 염산 분해법
③ 질산 분해법
④ 아세트산 분해법

해설 인산 제법 ┬ 습식법 ┬ 황산 분해법
　　　　　　　│　　　　├ 질산 분해법
　　　　　　　│　　　　└ 염산 분해법
　　　　　　　└ 건식법 ┬ 용광로법
　　　　　　　　　　　　└ 전기로법(전기가마법)

79 다음 중 Ⅲ-Ⅴ화합물 반도체로만 나열된 것은 어느 것인가? `출제율 20%`

① SiC, SiGe
② AlAs, AlSb
③ CdS, CdSe
④ PbS, PbTe

해설
• 원자가전자 3개 : 13족 원소
　① B(붕소), Al(알루미늄), Ga(갈륨), In(인듐)
　② 전자가 비어 있는 상태
• 원자가전자 5개 : 15족 원소
　① P(인), As(비소), Sb(안티몬)
　② 전자가 1개 남아 잉여전자가 생김

80 일반적인 공정에서 에틸렌으로부터 얻는 제품이 아닌 것은? `출제율 40%`

① 에틸벤젠
② 아세트알데히드
③ 에탄올
④ 염화알릴

해설 에틸렌 제품
㉠ 폴리에틸렌
㉡ 아세트알데히드
㉢ 산화에틸렌 → 에틸렌글리콜
㉣ 에틸렌클로로히드린
㉤ 에틸벤젠 → 스티렌
㉥ 에탄올
㉦ 염화에틸렌 → 염화비닐 → 염화비닐리덴

81 다음과 같은 평행반응이 진행되고 있을 때 원하는 생성물이 S라면 반응물의 농도는 어떻게 조절해 주어야 하는가? `출제율 40%`

$$A+B \xrightarrow{k_1} R, \quad \frac{dC_R}{dt} = k_1 C_A^{0.5} C_B^{1.8}$$

$$A+B \xrightarrow{k_2} S, \quad \frac{dC_s}{dt} = k_2 C_A C_B^{0.3}$$

① C_A를 높게, C_B를 낮게
② C_A를 낮게, C_B를 높게
③ C_A와 C_B를 높게
④ C_A와 C_B를 낮게

해설 선택도 = $\dfrac{\text{원하는 생성물이 형성된 몰수}}{\text{원하지 않는 생성물이 형성된 몰수}}$

$$= \frac{dC_S/dt}{dC_R/dt} = \frac{k_2 C_A C_B^{0.3}}{k_1 C_A^{0.5} C_B^{1.8}}$$

$$= \frac{k_2}{k_1} C_A^{0.5} \times C_B^{-1.5}$$

C_A의 농도는 높고, C_B의 농도는 낮게 한다.

82 평균체류시간이 같은 관형반응기와 혼합흐름 반응기에서 $A \rightarrow R$로 표시되는 화학반응이 일어날 때 전화율이 서로 같다면 이 반응의 차수는? `출제율 50%`

① 0차 　　　　② $\dfrac{1}{2}$차
③ 1차 　　　　④ 2차

해설
• PFR 0차
　$k\tau = C_{A0} - C_A = C_{A0} X_A$
• CSTR 0차
　$k\tau = C_{A0} - C_A = C_{A0} X_A$
0차 반응일 때 PFR, CSTR 전화율이 같다.

83 어느 조건에서 Space time이 3초이고, 같은 조건 하에서 원료의 공급률이 초당 300L일 때 반응기의 체적은 몇 L인가? `출제율 40%`

① 100 　　　　② 300
③ 600 　　　　④ 900

해설 $\tau = 3s$, $\nu_0 = 300 \text{L/s}$

$$\tau = \frac{\text{반응기 부피}}{\text{공급물 부피유량}} = \frac{V}{\nu_0}$$

$$V = \nu_0 \times \tau = 300\,\text{L/s} \times 3\text{s} = 900\,\text{L}$$

84 $A + B \rightarrow R$인 비가역 기상반응에 대해 다음과 같은 실험 데이터를 얻었다. 반응속도식으로 옳은 것은 어느 것인가? (단, $t_{1/2}$은 B의 반감기이고 P_A 및 P_B는 각각 A 및 B의 초기압력이다.)

출제율 20%

실험 번호	1	2	3	4
P_A(mmHg)	500	125	250	250
P_B(mmHg)	10	15	10	20
$t_{1/2}$(min)	80	213	160	80

① $r = -\dfrac{dP_B}{dt} = k_P P_A P_B$

② $r = -\dfrac{dP_B}{dt} = k_P P_A^2 P_B$

③ $r = -\dfrac{dP_B}{dt} = k_P P_A P_B^2$

④ $r = -\dfrac{dP_B}{dt} = k_P P_A^2 P_B^2$

해설 $-\dfrac{dP_B}{dt} = k_P P_A^m \cdot P_B^n$

• P_A가 같은 실험(3, 4)

$k_A P_A^M = k_A (\text{const})$

$-\dfrac{dP_B}{dt} = k_A P_B^n$, $-P_B^{-n} dP_B = k_A dt$

$-\left\{ \dfrac{1}{1-n}(P_B^{1-n} - P_{B0}^{1-n}) \right\} = k_A t$

$t_{1/2}$, $P_B = \dfrac{1}{2} P_{B0}$

$-\dfrac{1}{1-n}\left(\dfrac{1}{2} P_{B0}^{1-n} - P_{B0}^{1-n} \right) = k_A t_{1/2}$

$\dfrac{0.5}{1-n} P_{B0}^{1-n} = k_A t_{1/2}$

자료 3($P_{A0} = 250$, $P_{B_0} = 10$)

$\dfrac{0.5}{1-n} \times 10^{1-n} = 160 k_A$ ⋯⋯⋯⋯⋯⋯⋯ ㉠

자료 4($P_{A0} = 250$, $P_{B0} = 20$)

$\dfrac{0.5}{1-n} \times 20^{1-n} = 80 k_A$ ⋯⋯⋯⋯⋯⋯⋯ ㉡

㉠÷㉡

$\left(\dfrac{10}{20} \right)^{1-n} = \dfrac{160}{80}$, $n = 2$

• P_B가 같은 실험(1, 3)

$k_P P_B^2 = k_B (\text{const})$

$-\dfrac{dP_B}{dt} = k_B P_A^m \rightarrow P_A^m dt = -\dfrac{dP_B}{k_B}$

$\Rightarrow P_A^m t = -\dfrac{P_B}{k_B}$

$t = t_{1/2}$, $P_B = \dfrac{1}{2} P_{B0}$

$P_A^m + 1/2 = -\dfrac{0.5 P_{B0}}{k_B}$

자료 1($P_{A0} = 500$, $P_{B0} = 10$, $t_{1/2} = 80$)

$500^m \times 80 = -\dfrac{0.5}{k_B} \times 10$ ⋯⋯⋯⋯⋯⋯⋯ ㉢

자료 3($P_{A0} = 250$, $P_{B0} = 10$, $t_{1/2} = 160$)

$250^m \times 160 = -\dfrac{0.5}{k_B} \times 10$ ⋯⋯⋯⋯⋯⋯⋯ ㉣

㉢÷㉣

$\left(\dfrac{500}{250} \right)^m \times \dfrac{80}{160} = 1$

$2^m = 2$, $m = 1$

85 크기가 같은 Plug Flow 반응기(PFR)와 Mixed Flow 반응기(MFR)를 서로 연결하여 다음의 2차 반응을 실행하고자 한다. 반응물 A의 전화율이 가장 큰 경우는?

출제율 40%

$$A \rightarrow B, \ r_A = -kC_A^2$$

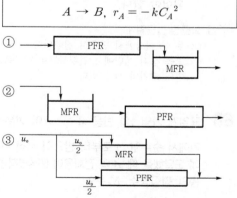

④ 전화율은 반응기의 연결방법, 순서와 상관없이 동일하다.

해설 • $n > 1$: PFR → 작은 CSTR → 큰 CSTR

• $n < 1$: 큰 CSTR → 작은 CSTR → PFR 순

84.③ 85.①

86 회분계에서 반응물 A의 전화율 X_A를 옳게 나타낸 것은? (단, N_A는 A의 몰수, N_{A0}는 초기 A의 몰수이다.) <small>출제율 20%</small>

① $X_A = \dfrac{N_{A0} - N_A}{N_A}$

② $X_A = \dfrac{N_A - N_{A0}}{N_A}$

③ $X_A = \dfrac{N_A - N_{A0}}{N_{A0}}$

④ $X_A = \dfrac{N_{A0} - N_A}{N_{A0}}$

해설 $X_A = \dfrac{\text{반응한 } A \text{의 몰수}}{\text{초기에 공급한 } A \text{의 몰수}} = \dfrac{N_{A0} - N_A}{N_{A0}}$

87 불균질(heterogeneous) 반응속도에 대한 설명으로 가장 거리가 먼 것은? <small>출제율 20%</small>

① 불균질반응에서 일반적으로 반응속도식은 화학반응 항에 물질이동 항이 포함된다.

② 어떤 단계가 비선형성을 띠면 이를 회피하지 말고 총괄속도식에 적용하여 문제를 해결해야 한다.

③ 여러 과정의 속도를 나타내는 단위가 서로 같으면 총괄속도식을 유도하기 편리하다.

④ 총괄속도식에는 중간체의 농도 항이 제거되어야 한다.

해설 불균질(불균일계)
㉠ 두 상 이상에서 반응이 진행된다.
㉡ 보통 상의 계면에서 진행하므로 반응속도는 계면의 크기와 관계 있다.

88 균일계 가역 1차 반응 $A \underset{k_2}{\overset{k_1}{\rightleftarrows}} R$이 회분식 반응기에서 순수한 A로부터 반응이 시작하여 평형에 도달했을 때 A의 전화율이 85%였다면 이 반응의 평형상수 K_C는? <small>출제율 40%</small>

① 0.18

② 0.85

③ 5.67

④ 12.3

해설 1차 가역반응
$X_{Ae} = 0.85$

$k_e = \dfrac{k_1}{k_2} = \dfrac{C_{Re}}{C_{Ae}} = \dfrac{C_{R0} + C_{A0} X_{Ae}}{C_{A0}(1 - X_{Ae})}$

$\quad = \dfrac{X_{Ae}}{1 - X_{Ae}} = \dfrac{0.85}{1 - 0.85} = 5.67$

89 촉매작용의 일반적인 특성에 대한 설명으로 옳지 않은 것은? <small>출제율 20%</small>

① 활성화에너지가 촉매를 사용하지 않을 경우에 비해 낮아진다.

② 촉매작용에 의하여 평형 조성을 변화시킬 수 있다.

③ 촉매는 여러 반응에 대한 선택성이 높다.

④ 비교적 적은 양의 촉매로도 다량의 생성물을 생성시킬 수 있다.

해설 촉매
㉠ 생성물의 생성속도를 빠르거나 느리게 조절이 가능하다.
㉡ 단지 반응속도에만 영향을 주고, 평형에는 영향 주지 않는다. 즉, 촉매작용으로 평형 조성을 변화시킬 수 없다.

90 $A + B \rightarrow R$, $r_R = 1.0\,C_A^{1.5} C_B^{0.3}$과 $A + B \rightarrow S$, $r_S = 1.0\,C_A^{0.5} C_B^{1.3}$에서 R이 요구하는 물질일 때 A의 전화율이 90%이면 혼합흐름반응기에서 R의 총괄수율(overall fractional yield)은 얼마인가? (단, A와 B의 농도는 각각 20mol/L이며 같은 속도로 들어간다.) <small>출제율 40%</small>

① 0.225

② 0.45

③ 0.675

④ 0.9

해설 $\phi\left(\dfrac{R}{A}\right) = \dfrac{C_A^{1.5} C_B^{0.3}}{C_A^{1.5} C_B^{0.3} + C_A^{0.5} C_B^{1.3}}$

$\quad = \dfrac{C_A}{C_A + C_B} = 0.5$

(CSTR의 순간수율 = 총괄수율)
$C_{Af} = C_{Bf} = 2$, $C_{Rf} + C_{Sf} = 18$
$C_{Rf} = 18 \times 0.5 = 9\,\text{mol/L}$

총괄수율$(\Phi) = \dfrac{R}{A} = \dfrac{9\,\text{mol/L}}{20\,\text{mol/L}} \times 100 = 45\,\%\,(0.45)$

91 다음 반응이 회분식 반응기에서 일어날 때 반응시간이 t이고 처음에 순수한 A로 시작하는 경우, 가역 1차 반응을 옳게 나타낸 식은? (단, A와 B의 농도는 C_A, C_B이고, C_{Aeq}는 평형상태에서 A의 농도이다.) 〔출제율 40%〕

$$A \underset{k_2}{\overset{k_1}{\rightleftharpoons}} B$$

① $(C_A - C_{Aeq})/(C_{A0} - C_{Aeq}) = e^{-(k_1+k_2)t}$

② $(C_A - C_{Aeq})/(C_{A0} - C_{Aeq}) = e^{(k_1-k_2)t}$

③ $(C_{A0} - C_{Aeq})/(C_A - C_{Aeq}) = e^{-(k_1+k_2)t}$

④ $(C_{A0} - C_{Aeq})/(C_A - C_{Aeq}) = e^{(k_1-k_2)t}$

〔해설〕 $A \underset{k_2}{\overset{k_1}{\rightleftharpoons}} B$, $C_B = 0$

$$-\frac{dC_A}{dt} = C_{A0}\frac{dX_A}{dt} = k_1 C_A - k_2 C_B$$
$$= k_1 C_{A0}(1-X_A) - k_2 C_{A0} X_A$$

$$\frac{dX_A}{dt} = k_1\left(1 - \frac{X_A}{X_{Ae}}\right) = \frac{k_1}{X_{Ae}}(X_{Ae} - X_A)$$

$$-\ln\left(1 - \frac{X_A}{X_{Ae}}\right) = -\ln\frac{C_A - C_{A0}}{C_{A0} - C_{Ae}} = \frac{k_1}{X_{Ae}}t$$

$$k_C = \frac{k_1}{k_2} = \frac{X_{Ae}}{1 - X_{Ae}}$$

$$X_{Ae} = \frac{k_1}{k_1 + k_2}$$

$$\frac{C_A - C_{A0}}{C_{A0} - C_{Ae}} = e^{-\frac{k_1 t}{X_{Ae}}} = e^{-(k_1+k_2)t}$$

92 1차 반응인 $A \rightarrow R$, 2차 반응(desired)인 $A \rightarrow S$, 3차 반응인 $A \rightarrow T$에서 S가 요구하는 물질일 경우에 다음 중 옳은 것은? 〔출제율 20%〕

① 플러그흐름반응기를 쓰고 전화율을 낮게 한다.

② 혼합흐름반응기를 쓰고, 전화율을 낮게 한다.

③ 중간수준의 A농도에서 혼합흐름반응기를 쓴다.

④ 혼합흐름반응기를 쓰고 전화율을 높게 한다.

〔해설〕 $\phi = \frac{k_2 C_A^2}{k_1 C_A + k_2 C_A^2 + k_3 C_A^3} = \frac{k_2 C_A}{k_1 + k_2 C_A + k_3 C_A^2}$

원하는 생성물이 S이므로 C_A의 농도가 너무 크거나 낮으면 안 되므로 중간농도에서 CSTR을 이용한다.

93 $C_6H_5CH_3 + H_2 \rightarrow C_6H_6 + CH_4$의 톨루엔과 수소의 반응은 매우 빠른 반응이며 생성물은 평형상태로 존재한다. 톨루엔의 초기농도가 2mol/L, 수소의 초기농도가 4mol/L이고 반응을 900K에서 진행시켰을 때 반응 후 수소의 농도는 약 몇 mol/L인가? (단, 900K에서 평형상수 $K_P = 227$이다.) 〔출제율 40%〕

① 1.89 ② 1.95

③ 2.01 ④ 4.04

〔해설〕

$C_6H_5CH_3$	$+ H_2$	$\rightarrow$	C_6H_6	$+ CH_4$
2mol/L	4mol/L		0	0
$-x$	$-x$		$+x$	$+x$
$(2-x)$	$(4-x)$		x	x

$$k = \frac{x^2}{(2-x)(4-x)} = 227$$

$$226x^2 = 1362x + 1816 = 0$$

$$x = 2\,\text{mol/L}$$

94 반응물 A는 1차 반응 $A \rightarrow R$에 의해 분해된다. 서로 다른 2개의 플러그흐름반응기에 다음과 같이 반응물의 주입량을 달리하여 분해실험을 하였다. 두 반응기로부터 동일한 전화율 80%를 얻었을 경우 두 반응기의 부피비 V_2/V_1은 얼마인가? (단, F_{A0}는 공급몰 속도이고 C_{A0}는 초기 농도이다.) 〔출제율 40%〕

- 반응기 1 : $F_{A0} = 1$, $C_{A0} = 1$
- 반응기 2 : $F_{A0} = 2$, $C_{A0} = 1$

① 0.5 ② 1

③ 1.5 ④ 2

〔해설〕 $\tau = \frac{C_{A0}V}{F_{A0}}$

$$\frac{V_2}{V_1} = \frac{(F_{A0}\tau/C_{A0})_2}{(F_{A0}\tau/C_{A0})_1} = \frac{2\tau/2}{1\tau/1} = 2$$

95 그림에 해당되는 반응형태는? `출제율 40%`

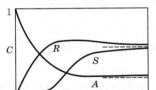

① $A \overset{1}{\underset{1}{\rightleftharpoons}} R$, $A \overset{1}{\underset{1}{\rightleftharpoons}} S$ ② $A \overset{3}{\underset{3}{\rightleftharpoons}} R$, $A \overset{1}{\underset{1}{\rightleftharpoons}} S$

③ $A \overset{1}{\underset{1}{\rightleftharpoons}} R \overset{1}{\underset{1}{\rightleftharpoons}} S$ ④ $A \overset{3}{\underset{1}{\rightleftharpoons}} R \overset{1}{\underset{1}{\rightleftharpoons}} S$

해설 A 감소에 따라 R이 가장 많이 생성되고, S 생성보다 A가 가장 낮아진다.

$$A \overset{3}{\underset{1}{\rightleftharpoons}} R \overset{1}{\underset{1}{\rightleftharpoons}} S$$

96 온도가 27℃에서 37℃로 될 때 반응속도가 2배로 빨라진다면 활성화에너지는 약 몇 cal/mol인가? `출제율 80%`

① 1281 ② 1376
③ 12810 ④ 13760

해설 $\ln \dfrac{k_2}{k_1} = \dfrac{E}{R}\left(\dfrac{1}{T_1} - \dfrac{1}{T_2}\right)$

$\ln 2 = \dfrac{E}{1.987}\left(\dfrac{1}{300} - \dfrac{1}{310}\right)$

$E = 12809\,\text{cal/mol}$

97 플러그흐름반응기를 다음과 같이 연결할 때 D와 E에서 같은 전화율을 얻기 위해서는 D쪽으로의 공급속도 분율 D/T 값은 어떻게 되어야 하는가? `출제율 40%`

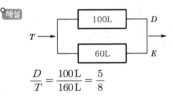

① 2/8 ② 1/3
③ 5/8 ④ 2/3

해설

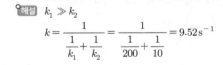

$$\dfrac{D}{T} = \dfrac{100\,\text{L}}{160\,\text{L}} = \dfrac{5}{8}$$

98 다음 중 Thiele 계수에 대한 설명으로 틀린 것은? `출제율 20%`

① Thiele 계수는 가속도와 속도의 비를 나타내는 차원수이다.
② Thiele 계수가 클수록 입자 내 농도는 저하된다.
③ 촉매입자 내 유효농도는 Thiele 계수의 값에 의존한다.
④ Thiele 계수는 촉매표본과 내부의 효율적 이용의 척도이다.

해설 Thiele 계수
㉠ 기체가 기공 내부 이동 시 농도 감소 현상을 표현하는 계수이다.
㉡ 유효인자 $\varepsilon = \dfrac{\text{actual rate}}{\text{ideal rate}} = \dfrac{\tan mL}{mL}$

$m = \sqrt{\dfrac{K}{D}}$, L : 세공 길이

㉢ $mL < 0.4$, $\varepsilon = 1$
기공확산에 의한 반응에의 저항을 무시한다.
㉣ $mL > 0.4$, $\varepsilon = \dfrac{1}{mL}$
기공확산에 의한 반응에의 저항이 크다.

99 우유를 저온살균할 때 63℃에서 30분이 걸리고, 74℃에서는 15 초가 걸렸다. 이때 활성화에너지는 약 몇 kJ/mol인가? `출제율 80%`

① 365 ② 401
③ 422 ④ 450

해설 $\ln \dfrac{k_2}{k_1} = \dfrac{E}{R}\left(\dfrac{1}{T_1} - \dfrac{1}{T_2}\right)$

$\ln \dfrac{15}{30 \times 60} = \dfrac{E}{8.314\,\text{J/mol} \cdot \text{K}}\left(\dfrac{1}{336} - \dfrac{1}{347}\right)$

$E = 422\,\text{kJ/mol}$

100 1차 직렬반응이 $A \xrightarrow{k_1} R \xrightarrow{k_2} S$, $k_1 = 200\,\text{s}^{-1}$, $k_2 = 10\,\text{s}^{-1}$일 경우 $A \xrightarrow{k} S$로 볼 수 있다. 이때 k의 값은? `출제율 40%`

① $11.00\,\text{s}^{-1}$ ② $9.52\,\text{s}^{-1}$
③ $0.11\,\text{s}^{-1}$ ④ $0.09\,\text{s}^{-1}$

해설 $k_1 \gg k_2$

$k = \dfrac{1}{\dfrac{1}{k_1} + \dfrac{1}{k_2}} = \dfrac{1}{\dfrac{1}{200} + \dfrac{1}{10}} = 9.52\,\text{s}^{-1}$

제1과목 | 화공열역학

01 반 데르 발스(Van der Waals) 식에 적용되는 실제기체에 대하여 $\left(\dfrac{\partial U}{\partial V}\right)_T$ 의 값을 옳게 표현한 것은? （출제율 40%）

$$\left(P+\frac{a}{V^2}\right)(V-b)=RT$$

① $\dfrac{a}{P}$

② $\dfrac{a}{T}$

③ $\dfrac{a}{V^2}$

④ $\dfrac{a}{PT}$

해설 $dU=TdS-PdV\div dV\ (T=\mathrm{const})$

$\left(\dfrac{\partial U}{\partial V}\right)_T=T\left(\dfrac{\partial S}{\partial V}\right)_T-P$

$P=\dfrac{R}{V-b}T-\dfrac{a}{V^2}\ \Rightarrow\ \left(\dfrac{\partial P}{\partial T}\right)_V=\dfrac{R}{V-b}$

$\left(\dfrac{\partial U}{\partial V}\right)_T=T\left(\dfrac{\partial P}{\partial T}\right)_V-P$

맥스웰 식 이용

$\left(\dfrac{\partial P}{\partial T}\right)_V=\left(\dfrac{\partial S}{\partial V}\right)_T$

$\left(\dfrac{\partial U}{\partial V}\right)_T=T\dfrac{R}{V-b}-\left(\dfrac{RT}{V-b}-\dfrac{a}{V^2}\right)=\dfrac{a}{V^2}$

02 이상기체가 가역공정을 거칠 때, 내부에너지의 변화와 엔탈피의 변화가 항상 같은 공정은 다음 중 어느 것인가? （출제율 20%）

① 정적공정
② 등온공정
③ 등압공정
④ 단열공정

해설 이상기체 등온공정
$T=\mathrm{const},\ dU=0,\ \Delta H=0$

03 물이 얼음 및 수증기와 평형을 이루고 있을 때, 이 계의 자유도는? （출제율 40%）

① 0
② 1
③ 2
④ 3

해설 $F=$자유도
$F=2-P+C-r-s$
여기서, P : 상, C : 성분, r : 반응식
$\qquad s$: 제한조건(공비혼합물, 등몰기체)
P : 3(물, 얼음, 수증기), C : 1(H_2O)
$F=2-3+1=0$

04 단열계에서 비가역팽창이 일어난 경우의 설명으로 가장 옳은 것은? （출제율 20%）

① 엔탈피가 증가되었다.
② 온도가 내려갔다.
③ 일이 행해졌다.
④ 엔트로피가 증가되었다.

해설 열역학 제2법칙
자발적 변화는 비가역변화이고, 엔트로피가 증가하는 방향으로 진행된다.

05 C_P 에 대한 압력 의존성을 설명하기 위해 정압 하에서 온도에 대해 미분해야 하는 식으로 옳은 것은? (단, C_P : 정압 열용량, μ : Joule-Thomson coefficient이다.) （출제율 40%）

① $-\mu C_P$

② C_P/μ

③ $C_P-\mu$

④ $C_P+\mu$

해설 Jouls-Thomson 계수

$\mu=\left(\dfrac{\partial T}{\partial P}\right)_H=-\dfrac{\left(\dfrac{\partial H}{\partial P}\right)_T}{\left(\dfrac{\partial H}{\partial T}\right)_P}=-\dfrac{1}{C_P}\left(\dfrac{\partial H}{\partial P}\right)_T$

$-\mu C_P=\left(\dfrac{\partial H}{\partial P}\right)_T$

06 내부에너지의 관계식이 다음과 같을 때 괄호 안에 들어갈 식으로 옳은 것은? (단, 닫힌계이며, U : 내부에너지, S : 엔트로피, T : 절도온도이다.) [출제율 40%]

$$dU = TdS + (\quad)$$

① PdV ② $-PdV$

③ VdP ④ $-VdP$

해설 $dU = dQ - dW$
$\qquad = TdS - PdV$

07 다음 계에서 열효율(η)의 표현으로 옳은 것은? (단, Q_H : 외계로부터 전달받은 열, Q_C : 계로부터 전달된 열, W : 순 일) [출제율 60%]

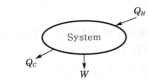

① $\eta = \dfrac{W}{Q_C}$ ② $\eta = -\dfrac{W}{Q_H}$

③ $\eta = \dfrac{Q_C}{Q_H - W}$ ④ $\eta = \dfrac{Q_C + W}{Q_H}$

해설 Carnot cycle 열효율(η)
$$\eta = \frac{|W|}{|Q_h|} = \frac{|Q_h| - |Q_c|}{|Q_h|} = 1 - \frac{|Q_c|}{|Q_h|} = \frac{T_h - T_c}{T_h}$$

08 이상기체에 대하여 일(W)이 다음과 같은 식으로 표현될 때, 이 계의 변화과정은? (단, Q 는 열, V_1은 초기부피, V_2는 최종부피이다.) [출제율 60%]

$$W = -Q = -RT \ln \frac{V_2}{V_1}$$

① 단열과정   ② 등압과정

③ 등온과정   ④ 정용과정

해설 이상기체 등온공정
$\Delta U = 0, \ \Delta H = 0$
$dU = dQ + dW = 0$
$$Q = -dW = \int_1^2 PdV = \int_1^2 RT \frac{dV}{V} = RT \ln \frac{V_2}{V_1}$$

09 32℃의 방에서 운전되는 냉장고를 −12℃로 유지한다. 냉장고로부터 2300cal의 열량을 얻기 위하여 필요한 최소일량(J)은? [출제율 60%]

① 1272   ② 1443

③ 1547   ④ 1621

해설 냉동기 성능계수
$$w = \frac{Q_C}{W} = \frac{T_C}{T_H - T_C} = \frac{261}{305 - 261} = 5.93$$

$$\frac{2300 \, \text{cal}}{W} = 5.93$$

$$W = 387.86 \, \text{cal} \times \frac{4.18 \, \text{J}}{1 \, \text{cal}} = 1621 \, \text{J}$$

10 일산화탄소가스의 산화반응의 반응열이 −68000 cal/mol일 때, 500℃에서 평형상수는 e^{28}이었다. 동일한 반응이 350℃에서 진행되었을 때의 평형상수는? (단, 위의 온도범위에서 반응열은 일정하다.) [출제율 80%]

① $e^{38.7}$ ② $e^{48.7}$

③ $e^{98.7}$ ④ e^{120}

해설 아레니우스 식
$$\ln \frac{e^x}{e^{28}} = \frac{-68000 \, \text{cal/mol}}{1.987} \left(\frac{1}{773} - \frac{1}{623} \right)$$
$$\therefore \ e^{38.7}$$

보충 Tip

> 아레니우스 식
> $K = A \exp(-E_a / RT)$
> 여기서, K : 반응상수, E_a : 반응열(활성화에너지)
> $\qquad\quad T$: 온도, R : 기체상수

11 열역학 제1법칙에 대한 설명과 가장 거리가 먼 것은? [출제율 20%]

① 받은 열량을 모두 일로 전환하는 기관을 제작하는 것은 불가능하다.

② 에너지의 형태는 변할 수 있으나 총량은 불변한다.

③ 열량은 상태량이 아니지만 내부에너지는 상태량이다.

④ 계가 외부에서 흡수한 열량 중 일을 하고 난 나머지는 내부에너지를 증가시킨다.

해설 열역학 제2법칙

열을 완전히 일로 전환시킬 수 있는 공정은 없다.

12 $1m^3$의 공기를 20atm으로부터 100atm으로 등엔트로피 공정으로 압축했을 때, 최종상태의 용적(m^3)은? (단, $C_P/C_V=1.40$ 이며, 공기는 이상기체라 가정한다.) 출제율 60%

① 0.40   ② 0.32

③ 0.20   ④ 0.16

해설 이상기체 단열공정

$$\frac{T_2}{T_1}=\left(\frac{V_1}{V_2}\right)^{\gamma-1}=\left(\frac{P_2}{P_1}\right)^{\frac{\gamma-1}{\gamma}}$$

$$\left(\frac{100}{20}\right)^{\frac{0.4}{1.4}}=\left(\frac{1}{x}\right)^{0.4}$$

$$x=0.32$$

13 다음 사이클(cycle)이 나타내는 내연기관은 어느 것인가? 출제율 40%

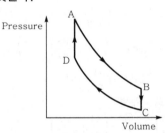

① 공기표준 오토엔진
② 공기표준 디젤엔진
③ 가스터빈
④ 제트엔진

해설 Otto cycle

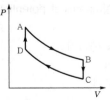

• A – B : 가역 · 단열 · 팽창
• B – C : 일정부피냉각
• C – D : 가역 · 단열 · 압축
• D – A : 일정부피 열흡수

14 40℃, 20atm에서 혼합가스의 성분이 아래의 표와 같을 때, 각 성분의 퓨가시티 계수(ϕ)로 옳은 것은? 출제율 20%

구분	조성(mol%)	퓨가시티(f)
Methane	70	13.3
Ethane	20	3.64
Propane	10	1.64

① Methane : 0.95, Ethane : 0.93,
     Propane : 0.91
② Methane : 0.93, Ethane : 0.91,
     Propane : 0.82
③ Methane : 0.95, Ethane : 0.91,
     Propane : 0.82
④ Methane : 0.98, Ethane : 0.93,
     Propane : 0.82

해설 $$\hat{\phi_i}=\frac{f_i}{y_iP}$$

메탄 $=\dfrac{13.3}{0.7\times20}=0.95$

에탄 $=\dfrac{3.64}{0.2\times20}=0.91$

프로판 $=\dfrac{1.64}{0.1\times20}=0.82$

15 Joule-Thomson coefficient(μ)에 관한 설명 중 틀린 것은? 출제율 40%

① $\mu\equiv\left(\dfrac{\partial T}{\partial P}\right)_H$ 로 정의된다.

② 일정 엔탈피에서 발생되는 변화에 대한 값이다.

③ 이상기체의 점도에 비례한다.

④ 실제기체에서도 그 값이 0이 될 수 있다.

해설 Joule-Thomson 계수

$$\mu=\left(\frac{\partial T}{\partial P}\right)_H$$

엔탈피가 일정한 팽창을 Joule-Thomson 팽창이라고 한다.

$$\mu=\left(\frac{\partial T}{\partial P}\right)_H=\frac{T\left(\dfrac{\partial V}{\partial T}\right)_P-V}{C_P}$$

이상기체의 경우 $T\left(\dfrac{\partial V}{\partial T}\right)_P=\dfrac{RT}{P}=V$ 이므로 $\mu=0$

16 다음은 평형조건들 중 $T' = T''$, $P' = P''$ 조건을 제외한 평형관계식 중 실제물질의 거동과 가장 관련이 없는 것은? (단, X, Y는 액체, 기체의 몰분율이며, $\hat{\phi}_i$는 i성분의 퓨가시티 계수, $\overline{G}_i$는 몰당 Gibbs 자유에너지이다.) 출제율 40%

① 기액평형: $\overline{G}_i' = \overline{G}_i''$

② 기액평형: $\hat{\phi}_i' Y_i' = \hat{\phi}_i'' X_i''$

③ 기액평형: $Y_i' P = X_i' P_i^{\text{sat}}$

④ 액액평형: $\hat{\phi}_i' X_i' = \hat{\phi}_i'' X_i''$

해설 라울의 법칙

$$y_i = \frac{x_i P_i^{\text{sat}}}{P}$$

여기서, y_i : 기체의 분율, x_i : 액체의 분율

P : 기체의 압력, P_i^{sat} : 액체의 증기압

17 정압공정에서 80℃의 물 2kg과 10℃의 물 3kg을 단열된 용기에서 혼합하였을 때 발생한 총 엔트로피 변화(kJ/K)는? (단, 물의 열용량은 $C_P = 4.184$kJ/kg · K으로 일정) 출제율 40%

① 0.134   ② 0.124

③ 0.114   ④ 0.104

해설 $Q = C_m \Delta T$

$2 \times (80 - t) = 3 \times (t - 10)$

$t = 38℃$

정압공정 엔트로피 → $dS = C_P \ln \frac{T_2}{T_1}$

$dS = 2 \times 4.184 \times \ln \frac{311}{355} + 3 \times 4.184 \times \ln \frac{311}{283}$

$\quad = 0.124\text{kJ/K}$

18 다음 중 열역학적 지표에 대한 설명으로 틀린 것은 어느 것인가? 출제율 20%

① 이상기체의 엔탈피는 온도 만의 함수이다.

② 일은 항상 $\int P dV$로 계산된다.

③ 고립계의 에너지는 일정해야만 한다.

④ 계의 상태가 가역단열적으로 진행될 때 계의 엔트로피는 변하지 않는다.

해설 일은 $W = -\int P dV$ 또는 0이 될 수도 있다.

19 다음의 관계식을 이용하여 기체의 정압 열용량(C_P)과 정적 열용량(C_V) 사이의 일반식을 유도하였을 때 옳은 것은? 출제율 40%

$$dS = \left(\frac{C_P}{T}\right) dT - \left(\frac{\partial V}{\partial T}\right)_P dP$$

① $C_P - C_V = \left(\frac{\partial T}{\partial T}\right)_P \left(\frac{\partial T}{\partial P}\right)_V$

② $C_P - C_V = T \left(\frac{\partial T}{\partial V}\right)_P \left(\frac{\partial T}{\partial P}\right)_V$

③ $C_P - C_V = \left(\frac{\partial V}{\partial T}\right)_P \left(\frac{\partial T}{\partial P}\right)_V$

④ $C_P - C_V = T \left(\frac{\partial V}{\partial T}\right)_P \left(\frac{\partial P}{\partial T}\right)_V$

해설 맥스웰 식 이용

$$dS = \left(\frac{\partial S}{\partial T}\right)_V dT + \left(\frac{\partial S}{\partial V}\right)_T dV = \frac{C_V}{T} dT + \left(\frac{\partial S}{\partial V}\right)_T dV$$

맥스웰 식 $\Rightarrow A = -S dT - P dV$, $\left(\frac{\partial S}{\partial V}\right)_T = \left(\frac{\partial P}{\partial T}\right)_V$

$$dS = \frac{C_V}{T} dT + \left(\frac{\partial P}{\partial T}\right)_V dV$$

$$\quad = \frac{C_V}{T} dT + \frac{R}{V} dV, \left(\frac{\partial S}{\partial T}\right)_V = \frac{C_V}{T}$$

$$dS = \frac{C_V}{T} dT - \left(\frac{\partial V}{\partial T}\right)_P dP$$

∂T로 나누면

$$\left(\frac{\partial S}{\partial T}\right)_V = \frac{C_P}{T} - \left(\frac{\partial V}{\partial T}\right)_P \left(\frac{\partial P}{\partial T}\right)_V$$

$$\frac{C_V}{T} = \frac{C_P}{T} - \left(\frac{\partial V}{\partial T}\right)_P \left(\frac{\partial P}{\partial T}\right)_V$$

$$C_P - C_V = T \left(\frac{\partial V}{\partial T}\right)_P \left(\frac{\partial P}{\partial T}\right)_V$$

20 다음 중 화학퍼텐셜(chemical potential)과 같은 것은? 출제율 40%

① 부분 몰 Gibbs 에너지

② 부분 몰 엔탈피

③ 부분 몰 엔트로피

④ 부분 몰 용적

해설 화학퍼텐셜

$$\mu_i = \left[\frac{\partial(nG)}{\partial n_i}\right]_{P, T, n_j}$$

화학퍼텐셜＝부분 몰 깁스 에너지

▶▶ 제2과목 l 단위조작 및 화학공업양론

21 SI 기본단위가 아닌 것은? 출제율 20%

① A(ampere)　　② J(joule)
③ cm(centimeter)　④ kg(kilogram)

해설 SI 단위
길이＝m, 질량＝kg, 전류＝A, 일＝J

22 가역적인 일정압력의 닫힌계에서 전달되는 열의 양과 같은 값은? 출제율 40%

① 깁스 자유에너지 변화
② 엔트로피 변화
③ 내부에너지 변화
④ 엔탈피 변화

해설 이상기체 등압공정
$\Delta H = C_P dT \ (W = 0)$
$dH = dQ_P$

23 다음 중 라울의 법칙에 대한 설명으로 틀린 것은 어느 것인가? 출제율 40%

① 벤젠과 톨루엔의 혼합액과 같은 이상용액에서 기−액 평형의 정도를 추산하는 법칙이다.
② 용질의 용해도가 높아 액상에서 한 성분의 몰분율이 거의 1에 접근할 때 잘 맞는 법칙이다.
③ 기−액 평형 시 기상에서 한 성분의 압력(P_A)은 동일온도에서의 순수한 액체성분의 증기압(P_A^*)과 액상에서 한 액체성분의 몰분율(X_A)의 식으로 나타나는 법칙이다.
④ 순수한 액체성분의 증기압(P_A^*)은 대체적으로 물질 특성에 따른 압력 만의 함수이다.

해설 라울의 법칙
용액 중 한 성분의 증기압은 용액과 같은 온도에서 2성분의 순수증기압과 액조성의 곱과 같다.
$P = p_a + p_b = P_A x + P_B (1-x)$
$y_A = \dfrac{P_A x_A}{P}$

24 수소와 질소의 혼합물의 전압이 500atm이고, 질소의 분압이 250atm이라면 이 혼합기체의 평균분자량은? 출제율 40%

① 3.0　　② 8.5
③ 9.4　　④ 15.0

해설 평균분자량
$P_T = P_A + P_B = 250 \times y_A + 250 \times y_B$
$= 250 \times \dfrac{28}{x} + 250 \times \dfrac{2}{x}$
$x = 15$

25 메탄가스를 20vol% 과잉산소를 사용하여 연소시킨다. 초기 공급된 메탄가스의 50%가 연소될 때, 연소 후 이산화탄소의 습량기준(wet basis) 함량(vol%)은? 출제율 60%

① 14.7　　② 16.3
③ 23.2　　④ 30.2

해설

$$CH_4 + 2O_2 \ \rightarrow \ CO_2 + 2H_2O$$

기본 →	1	: 2		1	: 2
20% 과잉 →	1	: 2.4		1	: 2
50% 반응 →	0.5	: 1		0.5	: 1
	0.5	1.4		0.5	1

CO_2의 습가스량 기준
$= \dfrac{CO_2 \ 몰수}{남은 \ 기체} = \dfrac{0.5}{0.5 + 1.4 + 0.5 + 1} \times 100 = 14.7\%$

26 다음 중 임계상태에 대한 설명으로 옳은 것은 어느 것인가? 출제율 20%

① 임계온도 이하의 기체는 압력을 아무리 높여도 액체로 변화시킬 수 없다.
② 임계압력 이하의 기체는 온도를 아무리 낮추어도 액체로 변화시킬 수 없다.
③ 임계점에서 체적에 대한 압력의 미분값이 존재하지 않는다.
④ 증발잠열이 0이 되는 상태이다.

해설 ① 임계온도 이하에서 기체에 압력을 가하면 액체로 변화할 수 있다.
② 임계온도 이하에서 온도를 낮추면 액화가 가능하다.
③ 임계점에서 체적에 대한 압력의 미분값이 존재한다.

보충 Tip

임계점
㉠ 임계점은 순수한 화학물질이 증기와 액체 평형을 이룰 수 있는 최고의 온도, 압력으로 증발잠열은 0이 된다.
㉡ 임계온도 이상에서는 순수한 기체를 아무리 압축해도 액화시킬 수 없다.

27 A와 B 혼합물의 구성비가 각각 30wt%, 70wt%일 때, 혼합물에서의 A의 몰분율은? (단, 분자량 A : 60g/mol, B : 140g/mol이다.) 출제율 40%

① 0.3　　　　② 0.4
③ 0.5　　　　④ 0.6

해설 전체 $A + B = 200 g/mol$

$A = \dfrac{60}{200} = 0.3$이므로 A의 몰분율은

$$n_A = \frac{W_A}{M_A} \Rightarrow \frac{\dfrac{W_A}{60}}{\dfrac{W_A}{60} + \dfrac{W_B}{140}} = \frac{1}{1+1} = 0.5$$

28 18℃에서 액체 A의 엔탈피를 0이라 가정하면, 150℃에서 증기 A의 엔탈피(cal/g)는 얼마인가? (단, 액체 A의 비열 : 0.44cal/g·℃, 증기 A의 비열 : 0.32cal/g·℃, 100℃의 증발열 : 86.5cal/g 이다.) 출제율 60%

① 70　　　　② 139
③ 200　　　　④ 280

해설 $Q = Cm\Delta t$

$\Big|$ 18℃ → 100℃ : 0.44 cal/g·℃ × (100−18)℃
$\Big|$ 100℃ 증발잠열 : 86.5 cal/g·℃
$+$ 100℃ → 150℃ : 0.32 cal/g·℃ × (150−100)℃
$= 139 cal/g$

29 다음 중 양대수좌표(log-log graph)에서 직선이 되는 식은? 출제율 20%

① $Y = bX^a$　　　　② $Y = be^{ax}$
③ $Y = bX + a$　　　　④ $\log Y = \log b + aX$

해설 **양대수좌표 직선**
양변에 $\log$를 취하면 직선
$$y = b\,x^a \xrightarrow{\;\log\;} \log y = \log b + a\log x$$

30 F_1, F_2가 다음과 같을 때, $F_1 + F_2$의 값으로 옳은 것은? 출제율 60%

- F_1 : 물과 수증기가 평형상태에 있을 때의 자유도
- F_2 : 소금의 결정과 포화수용액이 평형상태에 있을 때의 자유도

① 2　　　　② 3
③ 4　　　　④ 5

해설 $F = 2 - P + C - r - s$
여기서, P : 상, C : 성분, r : 반응식, s : 제한조건 (공비혼합물, 등몰기체)
$F_1 = 2 - 2(\text{액} \cdot \text{기}) + 1(H_2O) = 1$
$F_2 = 2 - 2(\text{고} \cdot \text{액}) + 3(\text{소금, 물, 소금물}) - 1(\text{평형})$
$\quad = 2$

31 다음 중 상접점(plait point)의 설명으로 틀린 것은? 출제율 40%

① 균일상에서 불균일상으로 되는 경계점
② 액액 평형선 즉, tie-line의 길이가 0인 점
③ 용해도 곡선(binodal curve) 내부에 존재하는 한 점
④ 추출상과 추출잔류상의 조성이 같아지는 점

해설 **상계점(plait point)**
㉠ 추출상과 추잔상에서 추질의 조성이 같은 점
㉡ tie-line(대응선)의 길이가 0이 되는 점
㉢ 균일상과 불균일상의 경계점

32 메탄올 40mol%, 물 60mol%의 혼합액을 정류하여 메탄올 95mol%의 유출액과 5mol%의 관출액으로 분리한다. 유출액 100kmol/h를 얻기 위한 공급액의 양(kmol/h)은? 출제율 60%

① 257　　　　② 226
③ 190　　　　④ 175

해설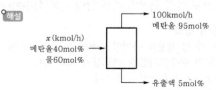

$0.4x = 0.95 \times 100 + 0.05(100 - x)$
$x = 257 \, kmol/h$

33 불포화상태 공기의 상대습도(relative humidity)를 H_R, 비교습도(percentage humidity)를 H_P로 표시할 때 그 관계를 옳게 나타낸 것은 어느 것인가? (단, 습도가 0% 또는 100%인 경우는 제외한다.) 〔출제율 40%〕

① $H_P = H_R$ ② $H_P > H_R$
③ $H_P < H_R$ ④ $H_P + H_R = 0$

[해설] 비교습도(H_P) = 상대습도$(H_R) \times \dfrac{P - P_S}{P - P_A}$

여기서, P_A : 증기의 분압
P_S : 포화증기압
$H_P < H_R$

34 열전달은 3가지의 기본인 전도, 대류, 복사로 구성된다. 다음 중 열전달 메커니즘이 다른 하나는 어느 것인가? 〔출제율 20%〕

① 자동차의 라디에이터가 팬에 의해 공기를 순환시켜 열을 손실하는 것
② 용기에서 음식을 조리할 때 젓는 것
③ 뜨거운 커피잔의 표면에 바람을 불어 식히는 것
④ 전자레인지에 의해 찬 음식물을 데우는 것

[해설] 열의 이동방법
㉠ 복사 : 매질없이 전자기파를 통한 열의 이동이다.
㉡ 전도 : 매질을 통해 열이 전달된다.
㉢ 대류 : 물질이 직접 움직이면서 열을 전달하는 방법이다.

35 경사 마노미터를 사용하여 측정한 두 파이프 내 기체의 압력차는? 〔출제율 20%〕

① 경사각의 sin값에 반비례한다.
② 경사각의 sin값에 비례한다.
③ 경사각의 cos값에 반비례한다.
④ 경사각의 cos값에 비례한다.

[해설] 경사 마노미터
$R = R_1 \sin \alpha$

$\Delta P = P_1 - P_2 = R_1 \sin \alpha (\rho_A \rho_B)\dfrac{g}{g_c}$

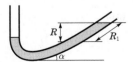

36 기본단위에서 길이를 L, 질량을 M, 시간을 T로 표시할 때 다음 중 차원의 표현이 틀린 것은 어느 것인가? 〔출제율 20%〕

① 힘 : MLT^{-2}
② 압력 : $ML^{-2}T^{-2}$
③ 점도 : $ML^{-1}T^{-1}$
④ 일 : ML^2T^{-2}

[해설] 압력(P)
$P = N/m^2 = kgf/cm^2 = M/L^2$

37 다음 중 기계적 분리조작과 가장 거리가 먼 것은 어느 것인가? 〔출제율 40%〕

① 여과   ② 침강
③ 집진   ④ 분쇄

[해설] 단위조작 중 분리
유체 중 입자 제거 목적
① 여과 : 여과지 등을 이용하여 입자를 유체로부터 분리
② 침강 : 유체 중 입자를 중력 등의 힘으로 낙하
③ 집진 : 관성력, 중력 등을 이용하여 유체로부터 입자 분리
④ 분쇄 : 고체를 기계적인 힘을 이용하여 잘게 부수는 것

38 2성분 혼합물의 증류에서 휘발성이 큰 A 성분에 대한 정류부의 조작선이 $y = \dfrac{R}{R+1}x + \dfrac{x_D}{R+1}$로 표현될 때, 최소환류비에 대한 설명으로 옳은 것은 어느 것인가? (단, y는 $n+1$단을 떠나는 증기 중 A성분의 몰분율, x는 n단을 떠나는 액체 중 A성분의 몰분율, R은 탑정 제품에 대한 환류의 몰비, x_D는 탑정 제품 중 A 성분의 몰분율이다.) 〔출제율 40%〕

① R은 ∞이다.   ② R은 0이다.
③ 단수는 ∞이다.   ④ 최소단수를 갖는다.

[해설] 환류비
• $R_D = \infty$(전환류)
최소단수가 되고, 탑상 유출물은 0이며, 탑저 유출물은 급액량과 같다.
• $R_D = 0$
이론단수가 최대이다.

39 40%의 수분을 포함하고 있는 고체 1000kg을 10%의 수분을 가질 때까지 건조할 때 제거된 수분량(kg)은? 〔출제율 40%〕

① 333　　　　　② 450
③ 550　　　　　④ 667

해설 40% 수분 고체 1000kg
(400kg 수분, 600kg 고체)

$$1000kg \atop 40\% \, H_2O \quad \to \quad \boxed{건조} \quad \to \quad 0.1\% \, H_2O \atop (1000-x)kg$$
(400kg 수분)
$$\downarrow \, xH_2O$$

$400kg - x = (1000-x) \times 0.1$
$0.9x = 300$
$x = 333.333$

40 단면이 가로 5cm, 세로 20cm인 직사각형 관로의 상당직경(cm)은? 〔출제율 20%〕

① 16　　　　　② 12
③ 8　　　　　④ 4

해설 $상당직경 = 4 \times \dfrac{유체\,단면적}{유체가\,접한\,총\,길이}$

$= 4 \times \dfrac{5 \times 20}{2(5+20)} = 8$

▶▶ 제3과목 ▌공정제어

41 조작변수와 제어변수와의 전달함수가 $\dfrac{2e^{-3s}}{5s+1}$, 외란과 제어변수와의 전달함수가 $\dfrac{-4e^{-4s}}{10s+1}$ 로 표현되는 공정에 대하여 가장 완벽한 외란보상을 위한 피드포워드제어기 형태는? 〔출제율 20%〕

① $\dfrac{-8}{(10s+1)(5s+1)}e^{-7s}$

② $\dfrac{10s+1}{2(5s+1)}e^{-\frac{3}{4}s}$

③ $\dfrac{-2(5s+1)}{10s+1}e^{-s}$

④ $\dfrac{2(5s+1)}{10s+1}e^{-s}$

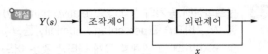

해설

$$Y(s) \to \boxed{조작제어} \to \boxed{외란제어} \to$$
$$\qquad\qquad\qquad\qquad x$$

우리가 취할 것 : x

$$G = \underbrace{\dfrac{2e^{-3s}}{5s+1} \times x}_{\substack{(feedforward)}} + \underbrace{\dfrac{-4e^{-4s}}{10s+1}}_{\substack{(G(s)와 \\ 외란과의 \\ 제어변수와의 \\ 전달함수)}} + \underbrace{\dfrac{2e^{-3s}}{5s+1}}_{\substack{(G(s),\ 외란이 \\ 없을\ 때 \\ 조작변수와 \\ 제어변수와의 \\ 전달함수)}}$$

외란보상 : 피드포워드제어기로 외란제어 즉, 외란과 제어변수와의 전달함수들이 0이다.

$$\dfrac{2e^{-3s}}{5s+1} \times x + \dfrac{-4e^{-4s}}{10s+1} = 0$$

$$x = \dfrac{\dfrac{+4e^{-4s}}{10s+1}}{\dfrac{2e^{-3s}}{5s+1}}$$

$$\therefore x = \dfrac{2(5s+1)}{10s+1}e^{-s}$$

42 PI 제어기가 반응기 온도 제어루프에 사용되고 있다. 다음의 변화에 대하여 계의 안정성 한계에 영향을 주지 않는 것은? 〔출제율 20%〕

① 온도전송기의 span 변화
② 온도전송기의 영점 변화
③ 밸브의 trim 변화
④ 반응기의 원료 조성 변화

해설 영점의 변화는 안정성과 관계 없다.

43 다음과 같은 $f(t)$에 대응하는 라플라스 함수는 어느 것인가? 〔출제율 80%〕

$$f(t) = e^{-at}\cos \omega t$$

① $\dfrac{\omega}{(s+a)^2 + \omega^2}$　　② $\dfrac{s+a}{(s+a)^2 + \omega^2}$

③ $\dfrac{s}{s^2 + \omega^2}$　　④ $\dfrac{1}{(s+a)^2 + \omega^2}$

해설 $f(t) = e^{-at}\cos \omega t$
라플라스 변환을 하면,
$$\dfrac{s+a}{(s+a)^2 + \omega^2}$$

44 Closed-loop 전달함수의 특성방정식이 $10s^3 + 17s^2 + 8s + 1 + K_c = 0$일 때 이 시스템이 안정할 K_c의 범위는? 〔출제율 80%〕

① $K_c > 1$ ② $-1 < K_c < 12.6$

③ $1 < K_c < 12.6$ ④ $K_c > 12.6$

〔해설〕 Routh 안정성

$a_0 = 10$, $a_1 = 17$, $a_2 = 8$, $a_3 = 1 + K_c$

	1	2
1	10	8
2	17	$1 + K_c > 0$
3	$\dfrac{17 \times 8 - 10 - 10K}{17} > 0 \rightarrow K_c < 12.6$	

$-1 < K_c < 12.6$

45 다음 중 열전대(thermocouple)와 관계있는 효과는 어느 것인가? 〔출제율 20%〕

① Thomson–Peltier 효과

② Piezo–electric 효과

③ Joule–Thomson 효과

④ Van der Waals 효과

〔해설〕 열전대 원리

㉠ Seebeck 효과

㉡ Peltier 효과

㉢ Thomson 효과

46 다음 중 안정도 판정을 위한 개회로 전달함수가 $\dfrac{2K(1+\tau S)}{S(1+2S)(1+3S)}$ 인 피드백 제어계가 안정할 수 있는 K와 τ의 관계로 옳은 것은 어느 것인가? 〔출제율 80%〕

① $12K < (5 + 2\tau K)$ ② $12K < (5 + 10\tau K)$

③ $12K > (5 + 10\tau K)$ ④ $12K > (5 + 2\tau)$

〔해설〕 $s(6s^2 + 5s + 1) + 2K + 2K\tau s$

$= 6s^3 + 5s^2 + s(1 + 2K\tau) + 2K$

	1	2
1	6	$1 + 2K_c$
2	5	$2K$
3	$\dfrac{5(1 + 2K\tau) - 12K}{5} > 0$	

$12K < 10K\tau + 5$

47 PID 제어기의 적분제어 동작에 관한 설명 중 잘못된 것은? 〔출제율 40%〕

① 일정한 값의 설정치와 외란에 대한 잔류 오차(offset)를 제거해 준다.

② 적분시간(integral time)을 길게 주면 적분동작이 약해진다.

③ 일반적으로 강한 적분동작이 약한 적분동작보다 폐루프(closed loop)의 안정성을 향상시킨다.

④ 공정변수에 혼입되는 잡음의 영향을 필터링하여 약화시키는 효과가 있다.

〔해설〕 • PID는 offset 제거, reset 시간 단축, 진동 제거 시 이용된다.
• 공정의 안정성 : 제한된 범위를 갖는 입력변수의 변동에 대해 출력변수가 제한된 범위 내 존재 시 공정이 안정된다.

48 다음 그림과 같은 시스템의 안정도에 대해 옳은 것은? 〔출제율 80%〕

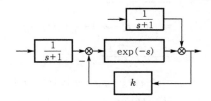

① $-1 < k < 0$이면, 이 공정은 안정하다.

② $k > 3$이면, 이 공정은 안정하다.

③ $0 < k < 1$이면, 이 공정은 안정하다.

④ $k > 1$이면, 이 공정은 안정하다.

〔해설〕 • 그림의 특성방정식 $1 + Ke^{-s} = 0$
특성방정식의 근이 모두 음수이면 안정하므로
$e^{-s} = \dfrac{-1}{K} \xrightarrow{\log} -s = \ln(-1/K) = -\ln(-K)$
$s = \ln(-K) < 0 \rightarrow -1 < K < 0 \, (s = 음수)$
• s가 복소수
$1 + Ke^{-s} = 0$에 $s = \omega i$ 대입
$1 + Ke^{-\omega i} = 0$, $e^{-\omega i} = \cos\omega - i\sin\omega$를 이용
$1 + K\cos\omega - iK\sin\omega = 0$, $\sin\omega = 0$일 때
$\cos\omega = 1, -1$
$K = -1$ or 1
$-1 < K < 1$에서 안정

49 전달함수가 $G(s) = \dfrac{4}{s^2 + 2s + 4}$ 인 시스템에 대한 계단응답의 특징은? `출제율 40%`

① 2차 과소감쇠(underdamped)
② 2차 과도감쇠(overdamped)
③ 2차 임계감쇠(critically damped)
④ 1차 비진동

`해설` $G(s) = \dfrac{4}{s^2 + 2s + 4} = \dfrac{1}{\frac{1}{4}s^2 + \frac{1}{2}s + 1}$

$\tau = \dfrac{1}{2}, \quad 2\tau\zeta = \dfrac{1}{2} \ \rightarrow \ \zeta = \dfrac{1}{2}$

$\zeta < 1$(과소감쇠)

50 다음 비선형공정을 정상상태의 데이터 y_s, u_s에 대해 선형화한 것은? `출제율 40%`

$$\frac{dy(t)}{dt} = y(t) + y(t)u(t)$$

① $\dfrac{d(y(t) - y_s)}{dt}$
$= u_s(u(t) - u_s) + y_s(y(t) - y_s)$

② $\dfrac{d(y(t) - y_s)}{dt}$
$= u_s(y(t) - y_s) + y_s(u(t) - u_s)$

③ $\dfrac{d(y(t) - y_s)}{dt}$
$= (1 + u_s)(u(t) - u_s) + y_s(y(t) - y_s)$

④ $\dfrac{d(y(t) - y_s)}{dt}$
$= (1 + u_s)(y(t) - y_s) + y_s(u(t) - u_s)$

`해설` 선형화
$\sqrt{h} \cong \sqrt{h_s} + \dfrac{1}{2\sqrt{h_s}}(h - h_s)$

$\dfrac{d(y(t) - y_s)}{dt} = (1 + u_c)(y(t) - y_s) + y_s(u(t) - u_s)$

51 단면적이 3ft²인 액체저장탱크에서 유출유량은 $8\sqrt{h-2}$로 주어진다. 정상상태 액위(h_s)가 9ft² 일 때, 이 계의 시간상수(τ ; 분)는? `출제율 20%`

① 5
② 4
③ 3
④ 2

`해설` $A\dfrac{dh}{dt} = q_i - q = q_i - 8\sqrt{h-2}$

선형화 : $\sqrt{h-2} \simeq \sqrt{h_s - 2} + \dfrac{1}{2\sqrt{h_s - 2}}(h - h_s)$

$A\dfrac{dh}{dt} = q_i - 8\left(\sqrt{h_s - 2} + \dfrac{1}{2\sqrt{h_s - 2}}(h - h_s) \right)$

$A\dfrac{dh_s}{dt} = q_{is} - q_s = q_{is} - 8\sqrt{h_s - 2}$

$A\dfrac{d(h - h_s)}{dt} = (q_i - q_{is}) - \dfrac{4}{\sqrt{h_s - 2}}(h - h_s)$

$ASH(s) = Q(s) - \dfrac{4}{\sqrt{7}}H(s)$

$\left(AS + \dfrac{4}{\sqrt{7}} \right)H(s) = Q(s)$

$\dfrac{H(s)}{Q(s)} = \dfrac{1}{3s + \dfrac{4}{\sqrt{7}}} = \dfrac{\dfrac{\sqrt{7}}{4}}{\dfrac{\sqrt{7}}{4} \times 3s + 1}$

$\tau = 3 \times \dfrac{\sqrt{7}}{4} = 약 \ 2$

52 $G(s) = \dfrac{1}{0.1S + 1}$인 계에 $X(t) = 2\sin(20t)$인 입력을 가했을 경우 출력의 진폭(amplitude)은? `출제율 40%`

① $\dfrac{2}{5}$
② $\dfrac{\sqrt{2}}{5}$
③ $\dfrac{5}{2}$
④ $\dfrac{2}{\sqrt{5}}$

`해설` $G(s) = \dfrac{1}{0.1s + 1} \ \rightarrow \ \tau = 0.1, \ K = 1$

$X(t) = 2\sin(20t) \ \rightarrow \ 진폭 = 2, \ \omega = 20, \ A = 2$

진폭비 $= \dfrac{KA}{\sqrt{1 + \tau^2\omega^2}} = \dfrac{2}{\sqrt{5}}$

53 그림과 같이 표시되는 함수의 Laplace 변환으로 옳은 것은? `출제율 80%`

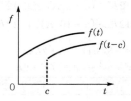

① $e^{-cs}L[f]$
② $e^{cs}L[f]$
③ $L[f(s-c)]$
④ $L[s(s+c)]$

`해설` 시간지연
$\mathcal{L}\{f(t-\theta)u(t-\theta)\} = e^{-s\theta}F(s)$

54 다음 공정에 PI 제어기(K_c=0.5, τ_I=3)가 연결되어 있는 닫힌루프 제어공정에서 특성방정식은 어느 것인가? (단, 나머지 요소의 전달함수는 1이다.) <small>출제율 40%</small>

$$G_p(s) = \frac{2}{2s+1}$$

① $2s+1=0$ ② $2s^2+s=0$

③ $6s^2+6s+1=0$ ④ $6s^2+3s+2=0$

^{해설} PI 제어기의 $G_c = K_c\left(1+\dfrac{1}{\tau_I s}\right) = 0.5\left(1+\dfrac{1}{3s}\right)$

닫힌루프 $1+G_p(s)\times G_c$

$= 1 + \left(\dfrac{2}{2s+1}\right)\times 0.5 \times \left(\dfrac{3s+1}{3s}\right)$

$= 1 + \dfrac{3s+1}{6s^2+3s} \xrightarrow{\text{정리}} 6s^2+6s+1=0$

55 $Q(H) = C\sqrt{H}$로 나타나는 식을 정상상태(H_S) 근처에서 선형화했을 때 옳은 것은? (단, C는 비례정수이다.) <small>출제율 20%</small>

① $Q \cong C\sqrt{H_S} + \dfrac{C(H-H_S)}{2\sqrt{H_S}}$

② $Q \cong C\sqrt{Hs} + C(H-H_S)2\sqrt{H_S}$

③ $Q \cong C\sqrt{H_S} + \dfrac{C(H-H_S)}{\sqrt{H_S}}$

④ $Q \cong C\sqrt{H_S} + C\sqrt{H_S}(H_S-H)$

^{해설} $q = C\sqrt{H}$의 선형화

$Q \simeq C\sqrt{H_s} + \dfrac{C}{2\sqrt{H_s}}(H-H_s)$

56 증류탑의 응축기와 재비기에 수은기둥 온도계를 설치하고 운전하면서 한 시간마다 온도를 읽어 다음 그림과 같은 데이터를 얻었다. 이 데이터와 수은기둥 온도 값 각각의 성질로 옳은 것은? <small>출제율 20%</small>

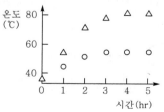

① 연속(continuous), 아날로그

② 연속(continuous), 디지털

③ 이산시간(discrete-time), 아날로그

④ 이산시간(discrete-time), 디지털

^{해설} • 이산시간 : 연속적이지 않음
• 수은온도계 : 아날로그 방식

57 다음 중 순수한 적분공정에 대한 설명으로 옳은 것은? <small>출제율 20%</small>

① 진폭비(amplitude ratio)는 주파수에 비례한다.

② 입력으로 단위임펄스가 들어오면 출력은 계단형 신호가 된다.

③ 작은 구멍이 뚫린 저장탱크의 높이와 입력흐름의 관계는 적분공정이다.

④ 이송지연(transportation lag) 공정이라고 부르기도 한다.

^{해설} ① 진폭비는 주파수에 반비례한다.
③ 작은 구멍이 뚫린 저장탱크의 높이와 압력흐름의 관계는 적분공정이다(비례제어기).
④ 이송지연 공정과는 무관하다.

^{보충 Tip}

입력으로 단위임펄스의 경우 1차 적분공정 시 단위계단 신호로 나온다.

58 제어기 설계를 위한 공정 모델과 관련된 설명으로 틀린 것은? <small>출제율 20%</small>

① PID 제어기를 Ziegler-Nichols 방법으로 조율하기 위해서는 먼저 공정의 전달함수를 구하는 과정이 필수로 요구된다.

② 제어기 설계에 필요한 모델은 수지식으로 표현되는 물리적 원리를 이용하여 수립될 수 있다.

③ 제어기 설계에 필요한 모델은 공정의 입출력 신호만을 분석하여 경험적 형태로 수립될 수 있다.

④ 제어기 설계에 필요한 모델은 물리적 모델과 경험적 모델을 혼합한 형태로 수립될 수 있다.

^{해설} Ziegler-Nichols 제어기 조정방법은 열린루프의 계단입력 시험만 필요하다.

59 Offset은 없어지지 않으나 최종값(final value)에 도달하는 시간이 가장 많이 단축되는 제어기(controller)는? 〔출제율 40%〕

① PI controller

② P controller

③ D controller

④ PID controller

해설 P제어기는 Offset은 있으나 시간단축이 크다.

60 개루프 전달함수가 $G(s) = \dfrac{s+2}{s(s+1)}$ 일 때, 다음과 같은 negative 되먹임의 폐루프 전달함수(C/R)는? 〔출제율 80%〕

① $\dfrac{s+2}{s^2+s}$ ② $\dfrac{s+2}{s^2+s+2}$

③ $\dfrac{s+2}{s^2+2s+2}$ ④ $\dfrac{2}{s^2+2s+2}$

해설 폐루프 전달함수

$$\frac{직진}{1+\text{feedback}} = \frac{\dfrac{s+2}{s^2+s}}{1+\dfrac{s+2}{s^2+s}} = \frac{s+2}{s^2+2s+2}$$

▶▶ 제4과목 ┃ 공업화학

61 다음 중 염화수소가스의 합성에 있어서 폭발이 일어나지 않도록 주의하여야 할 사항이 아닌 것은? 〔출제율 80%〕

① 공기와 같은 불활성 가스로 염소가스를 묽게 한다.

② 석영괘, 자기괘 등 반응완화 촉매를 사용한다.

③ 생성된 염화수소가스를 냉각시킨다.

④ 수소가스를 과잉으로 사용하여 염소가스를 미반응상태가 안되도록 한다.

해설 염산 합성법 시 H_2와 Cl_2에 의한 폭발을 방지하기 위해 Cl_2와 H_2 원료의 몰비를 $1:1.2$로 주입한다.

62 니트릴이온(NO_2^+)을 생성하는 중요인자로 밝혀진 것과 가장 거리가 먼 것은? 〔출제율 40%〕

① $C_2H_5ONO_2$

② N_2O_4

③ HNO_3

④ N_2O_5

해설 니트로화 반응에 의해 NO_2기 도입

니트로화제 : 질산, N_2O_4, N_2O_5, KNO_3 등

63 고분자 합성에 의하여 생성되는 범용 수지 중 부가반응에 의하여 얻는 수지가 아닌 것은 어느 것인가? 〔출제율 20%〕

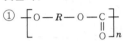

①

②

③

④

해설 부가반응=첨가반응

첨가중합체

① $H_2C=CH_2$: 에틸렌

② $H_2C=CHCl$: 염화비닐

③ $H_2C=CH$: 스티렌

④ $H_2C=CHCH_3$: 프로필렌

64 다음 중 아닐린을 $Na_2Cr_2O_7$의 산화제로 황산용액 중에서 저온(5℃)에서 산화시켜 얻을 수 있는 생성물은? 〔출제율 20%〕

① 벤조퀴논 ② 아조벤젠

③ 니트로벤젠 ④ 니트로페놀

해설

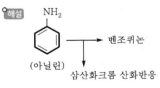

(아닐린) → 벤조퀴논

삼산화크롬 산화반응

65 25wt% HCl 가스를 물에 흡수시켜 35wt% HCl 용액 1ton을 제조하고자 한다. 배출가스 중 미반응 HCl 가스가 0.012wt% 포함된다면 실제 사용된 25wt% HCl 가스의 양(ton)은? [출제율 40%]

① 0.35
② 1.40
③ 3.51
④ 7.55

해설 $35wt\% HCl = 350kg(0.35ton)$
$0.35ton = 25wt\%$ x에 $0.012wt\%$ x 포함
실제량 $= (25 - 0.012)wt\% \times x$
$0.35t = (24.988wt\%) \times x$
$\therefore x = 1.4ton$

66 솔베이법에서 암모니아는 증류탑에서 회수된다. 이때 쓰이는 조작 중 옳은 것은? [출제율 40%]

① $Ca(OH)_2$를 가한다.
② $Ba(OH)_2$를 가한다.
③ 가열조작만 한다.
④ NaCl을 가한다.

해설 암모니아 회수
㉠ 가열부에서의 반응
NH_4OH
NH_4HCO_3 ⎤ ⟹ NH_3 분리 회수
$(NH_4)_2CO_3$ ⎦
㉡ 증류부에서 반응
석회유 $Ca(OH)_2$ 도입
㉢ 회수 암모니아는 암모니아 흡수탑으로 순환 사용한다.

67 다음 중 고옥탄가의 가솔린을 제조하기 위한 공정은 어느 것인가? [출제율 40%]

① 접촉개질
② 알킬화반응
③ 수증기분해
④ 중합반응

해설 알킬화
유기화합물에 알킬기를 치환 또는 첨가 반응으로 olefin, paraffin 첨가를 통해 고옥탄가를 생성한다.

68 95.6% 황산 100g을 40% 발연황산을 이용하여 100% 황산을 만들려고 한다. 이론적으로 필요한 발연황산의 무게(g)는? [출제율 40%]

① 42.4
② 48.9
③ 53.6
④ 60.2

해설 95.6% H_2SO_4, 4.4% H_2O
⟹ 95.6g H_2SO_4, 4.4g H_2O
4.4g H_2O가 SO_3(발연황산 중)와 반응하기 위한 양
$4.4g(H_2O : 18) + 0.4x(SO_3 : 80)$
$4.4 : 0.4x = 18 : 80$
$0.4x = 19.55$, $x = 48.9$

69 가성소다(NaOH)를 만드는 방법 중 격막법과 수은법을 비교한 것으로 옳은 것은? [출제율 80%]

① 격막법에서는 막이 파손될 때에 폭발이 일어날 위험이 없다.
② 제품의 가성소다 품질은 격막법보다 수은법이 좋다.
③ 수은법에서는 고농도를 만들기 위해서 많은 증기가 필요하기 때문에 보일러용 연료가 많이 필요하다.
④ 전류밀도에 있어서 격막법은 수은법의 5~6배가 된다.

해설

격막법	수은법
• NaOH의 농도가 낮음	• 제품의 순도가 높으며, 진한 NaOH를 얻음
• 농축비가 많이 듦	• 전력비가 많이 듦
• 순도가 낮음(제품 중 염화물 함유)	• 수은을 사용하므로 공해의 원인이 됨

70 다음 중 격막법 전해조에서 양극과 음극 용액을 다공성의 격막으로 분리하는 주된 이유로 옳은 것은? [출제율 40%]

① 설치비용을 절감하기 위해
② 전류저항을 높이기 위해
③ 부반응을 작게 하기 위해
④ 전해속도를 증가시키기 위해

해설 생성된 수산화나트륨의 식염으로의 반응을 방지하기 위함이다(부반응을 작게 하기 위함).

71 에스테르화(esterification) 반응을 할 수 있는 반응물로 옳게 짝지어진 것은? [출제율 40%]

① $CH_3COOC_2H_5$, CH_3OH
② C_2H_2, CH_3COOH
③ CH_3COOH, C_2H_5OH
④ C_2H_5OH, CH_3CONH_2

65.② 66.① 67.② 68.② 69.② 70.③ 71.③

해설 Ester화 : 산 + 알코올 $\rightleftarrows$ Ester + H$_2$O

$$RCOOH + HOR' \rightleftarrows RCOOR' + H_2O$$

72 융점이 327℃이며, 이 온도 이하에서는 용매가 공이 불가능할 정도로 매우 우수한 내약품성을 지니고 있어 화학공정기계의 부식방지용 내식 재료로 많이 응용되고 있는 고분자 재료는 어느 것인가? <small>출제율 20%</small>

① 폴리테트라 플로로에틸렌
② 폴리카보네이트
③ 폴리이미드
④ 폴리에틸렌

해설
$$CF_2 = CF_2 \rightarrow \left[CF_2 - CF_2 \right]$$
$$\quad\text{(TFE)} \qquad\quad \text{(PTFE)}$$
매우 안정하며, 부식 방지용 내식 재료이다.

73 다음 중 접촉식 황산 제조와 관계가 먼 것은 어느 것인가? <small>출제율 60%</small>

① 백금 촉매 사용
② V$_2$O$_5$ 촉매 사용
③ SO$_3$ 가스를 황산에 흡수시킴
④ SO$_3$ 가스를 물에 흡수시킴

해설 Pt, V$_2$O$_5$를 통해 SO$_2$ → SO$_3$ 후 냉각하여 SO$_3$ 가스를 H$_2$SO$_4$에 흡수시켜 발연황산을 제조한다.

74 고체 MgCO$_3$가 부분적으로 분해되어진 계의 자유도는 어느 것인가? <small>출제율 80%</small>

① 1 　　　　② 2
③ 3 　　　　④ 4

해설 $F = 2 - P + C - r - s$
여기서, P : 상, C : 성분, r : 반응식, s : 제한조건
$$MgCO_3(s) \rightarrow MgO(s) + CO_2(g)$$
$P = 3$, $C = 3$, $r = 1$
$F = 2 - 3 + 3 - 1 = 1$

75 석유의 증류공정 중 원유에 다량의 황화합물이 포함되어 있을 경우 발생되는 문제점이 아닌 것은 어느 것인가? <small>출제율 20%</small>

① 장치 부식 　　　② 공해 유발
③ 촉매 환원 　　　④ 악취 발생

해설 황화합물 문제점
㉠ 장치 부식 유발 　　㉡ 대기오염물질(SO$_x$)
㉢ 촉매독 작용 　　　㉣ 악취 발생(H$_2$S)

76 질산과 황산의 혼산에 글리세린을 반응시켜 만드는 물질로 비중이 약 1.60이고 다이너마이트를 제조할 때 사용되는 것은? <small>출제율 20%</small>

① 글리세릴 디니트레이트
② 글리세릴 모노니트레이트
③ 트리니트로톨루엔
④ 니트로글리세린

해설 니트로글리세린(C$_3$H$_5$N$_3$O$_9$)
다이너마이트를 제조하는 데 이용된다.

77 아래와 같은 장/단점을 갖는 중합반응공정으로 옳은 것은? <small>출제율 20%</small>

> [장점]
> • 반응열 조절이 용이하다.
> • 중합속도가 빠르면서 중합도가 큰 것을 얻을 수 있다.
> • 다른 방법으로 제조하기 힘든 공중합체를 만들 수 있다.
> [단점]
> • 첨가제에 의한 제품오염의 문제점이 있다.

① 괴상중합 　　　② 용액중합
③ 현탁중합 　　　④ 유화중합

해설 유화중합(에멀션 중합)
중합속도가 빠르고, 대량생산에 적합하며, 유화제에 의한 오염이 발생한다.

78 수성가스로부터 인조석유를 만드는 합성법으로 옳은 것은? <small>출제율 40%</small>

① Williamson법
② Kolbe−Schmitt법
③ Fischer−Tropsch법
④ Hoffman법

해설 Fischer−Tropsch 반응
일산화탄소와 수소로부터 탄화수소혼합물을 얻는 방법이다.

79 진성반도체(intrinsic semiconductor)에 대한 설명 중 틀린 것은? 〔출제율 20%〕

① 전자와 hole쌍에 의해서만 전도가 일어난다.

② Fermi 준위가 band gap 내의 valence band 부근에 형성된다.

③ 결정 내에 불순물이나 결함이 거의 없는 화학양론적 도체를 이룬다.

④ 낮은 온도에서는 부도체와 같지만, 높은 온도에서는 도체와 같이 거동한다.

〔해설〕 진성반도체는 어떠한 도핑도 하지 않은 반도체를 의미하는 것으로 전자와 정공이 같은 농도를 가지고 있기 때문에 Conduction band와 Valence band 중앙에 위치한다.

80 다음 염의 수용액을 전기분해할 때 음극에서 금속을 얻을 수 있는 것은? 〔출제율 20%〕

① KOH

② K_2SO_4

③ NaCl

④ $CuSO_4$

〔해설〕 전해질 수용액의 전기분해

(−)극 : 양이온과 H_2O 간의 환원경쟁을 하며 Cu^{2+}과 Ag^{2+}이 석출되므로 $CuSO_4$을 얻을 수 있다.

▶▶ 제5과목 ┃ 반응공학

81 공간시간(space time)에 대한 설명으로 옳은 것은 어느 것인가? 〔출제율 20%〕

① 한 반응기 부피만큼의 반응물을 처리하는 데 필요한 시간을 말한다.

② 반응물이 단위부피의 반응기를 통과하는 데 필요한 시간을 말한다.

③ 단위시간에 처리할 수 있는 원료의 몰수를 말한다.

④ 단위시간에 처리할 수 있는 원료의 반응기 부피의 배수를 말한다.

〔해설〕 공간시간(τ)은 반응기 부피만큼의 공급물 처리에 필요한 시간을 말한다.

82 다음 중 화학반응에서 $\ln K$와 $\frac{1}{T}$ 사이의 관계를 옳게 나타낸 그래프는 어느 것인가? (단, K : 반응속도 상수, T : 온도를 나타내며, 활성화에너지는 양수이다.) 〔출제율 80%〕

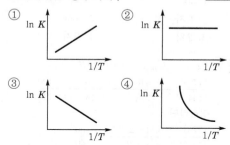

〔해설〕 $\ln K = \ln A - \dfrac{E_a}{RT}$

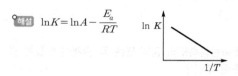

83 반응물 A가 단일 혼합흐름반응기에서 1차 반응으로 80%의 전화율을 얻고 있다. 기존의 반응기와 동일한 크기의 반응기를 직렬로 하나 더 연결하고자 한다. 현재의 처리속도와 동일하게 유지할 때 추가되는 반응기로 인해 변화되는 반응물의 전화율은? 〔출제율 60%〕

① 0.90

② 0.93

③ 0.96

④ 0.99

〔해설〕 CSTR 1차

$$\tau = \frac{C_{A0}X_A}{kC_{A0}(1-X_A)} \rightarrow k\tau = \frac{0.8}{0.2} = 4$$

직렬연결 $\dfrac{C_0}{C_N} = (1+k\tau)^N$

$$\frac{C_N}{C_0} = (1+k\tau)^{-N}$$

$$\frac{C_A}{C_{A0}} = \frac{C_{A0}(1-X_A)}{C_{A0}} = (1+4)^{-2}$$

$k\tau = 4$, $N = 2$ (2개 직렬)

$$1 - X_A = \frac{1}{25}$$

$$\therefore X_A = 0.96$$

84 어떤 기체 A가 분해되는 단일 성분의 비가역반응에서 A의 초기농도가 340mol/L인 경우 반감기가 100초이고, A 기체의 초기농도가 288mol/L인 경우 반감기가 140초라면 이 반응의 반응차수는? 〔출제율 40%〕

① 0차 　　　　② 1차
③ 2차 　　　　④ 3차

해설 $C_A{}^{1-n} - C_{A0}{}^{1-n} = k(n-1)t$

$$\frac{(170)^{1-n} - (340)^{1-n} = k(n-1) \times 100}{(144)^{1-n} - (288)^{1-n} = k(n-1) \times 140}$$

정리하면,

$$\frac{(170)^{1-n} \times (1-2^{1-n})}{(144)^{1-n} \times (1-2^{1-n})} = \frac{100}{140}$$

$n = 3$

85 화학반응속도의 정의 또는 각 관계식의 표현 중 틀린 것은? 〔출제율 20%〕

① 단위시간과 유체의 단위체적(V)당 생성된 물질의 몰수(r_i)
② 단위시간과 고체의 단위질량(W)당 생성된 물질의 몰수(r_i)
③ 단위시간과 고체의 단위표면적(S)당 생성된 물질의 몰수(r_i)
④ $r_i / V = r_i / W = r_i / S$

해설 $r_B = \dfrac{d(n_B / V_R)}{dt} = \dfrac{dC_B}{dt}$

86 정용회분식 반응기에서 비가역 0차 반응이 완결되는 데 필요한 반응시간에 대한 설명으로 옳은 것은? 〔출제율 60%〕

① 초기농도의 역수와 같다.
② 반응속도 정수의 역수와 같다.
③ 초기농도를 반응속도 정수로 나눈 값과 같다.
④ 초기농도에 반응속도 정수를 곱한 값과 같다.

해설 $C_{A0} X_A = kt$, 반응 완결 $X_A = 1$

$t = \dfrac{C_{A0}}{k}$

87 액상 반응물 A가 다음과 같이 반응할 때 원하는 물질 R의 순간수율$\left(\phi\left(\dfrac{R}{A}\right)\right)$을 옳게 나타낸 것은 어느 것인가? 〔출제율 40%〕

$$A \xrightarrow{k_1} R, \ r_R = k_1 C_A$$
$$2A \xrightarrow{k_2} S, \ r_S = k_2 C_A{}^2$$

① $\dfrac{1}{1 + (k_2/k_1) C_A}$ 　　② $\dfrac{1}{1 + (k_1/k_2) C_A}$

③ $\dfrac{1}{1 + (2k_1/k_2) C_A}$ 　　④ $\dfrac{1}{1 + (2k_2/k_1) C_A}$

해설 순간수율 $= \dfrac{k_1 C_A}{k_1 C_A + 2k_2 C_A{}^2}$

$= \dfrac{1}{1 + \dfrac{2k_2 C_A{}^2}{k_1 C_A}} = \dfrac{1}{1 + 2(k_2/k_1) \times C_A}$

88 다음과 같은 균일계 액상 등온반응을 혼합반응기에서 A의 전화율 90%, R의 총괄수율 0.75로 진행시켰다면, 반응기를 나오는 R의 농도(mol/L)는? (단, 초기농도는 $C_{A0} = 10$mol/L, $C_{R0} = C_{S0} = 0$이다.) 〔출제율 40%〕

① 0.675 　　　　② 0.75
③ 6.75 　　　　④ 7.50

해설 $\phi = \dfrac{dC_R}{-dC_A} = \dfrac{dC_R}{C_{A0} \times 0.9}$

$0.75 = \dfrac{dC_R}{9}$

$dC_R = 6.75$

89 $A \to 2R$인 기체상 반응은 기초반응(elementary reaction)이다. 이 반응이 순수한 A로 채워진 부피가 일정한 회분식 반응기에서 일어날 때 10분 반응 후 전화율이 80%였다. 이 반응을 순수한 A를 사용하며 공간시간이 10분인 혼합흐름반응기에서 일으킬 경우 A의 전화율은? 〔출제율 60%〕

① 91.5% 　　　　② 80.5%
③ 65.5% 　　　　④ 61.6%

해설 1차 반응 Batch reactor

$-\ln(1-X_A)=kt$

$-\ln(1-0.8)=k\times10,\ k=0.161$

CSTR 1차

$k\tau=\dfrac{X_A}{1-X_A}$

$0.161\times10=\dfrac{X_A}{1-X_A}$

$X_A=61.6\%$

90 압력이 일정하게 유지되는 회분식 반응기에서 초기에 A 물질 80%를 포함하는 반응혼합물의 체적이 3분 동안에 20% 감소한다고 한다. 이 기상반응이 $2A\to R$ 형태의 1차 반응으로 될 때 A 물질의 소멸에 대한 속도상수(min^{-1})는 얼마인가? 〔출제율 60%〕

① -0.135 ② 0.135

③ 0.323 ④ 0.231

해설 $\varepsilon_A=y_{A0}\delta$

$y_{A0}=0.8,\ \delta=\dfrac{1-2}{2}=-0.5$

$\Delta V=0.8V_0-V_0=-0.2V_0$

$-\ln\left(1-\dfrac{-0.2V_0}{V_0\times0.8\times(-0.5)}\right)=kt\ \ (t=3\,\mathrm{min})$

$k=0.231$

91 순환비가 $R=4$인 순환식 반응기가 있다. 순수한 공급물에서의 초기 전화율이 0일 때, 반응기 출구의 전화율이 0.9이다. 이때 반응기 입구에서의 전화율은? 〔출제율 40%〕

① 0.72   ② 0.77

③ 0.80   ④ 0.82

해설 $\left(\dfrac{R}{R+1}\right)X_{Af}=\left(\dfrac{4}{4+1}\right)\times0.9=0.72$

92 어떤 반응의 속도상수가 25℃일 때 $3.46\times10^{-5}\mathrm{s}^{-1}$이고, 65℃일 때 $4.87\times10^{-3}\mathrm{s}^{-1}$이다. 이 반응의 활성화에너지(kcal/mol)는? 〔출제율 80%〕

① 10.75   ② 24.75

③ 213   ④ 399

해설 $\ln\dfrac{4.87\times10^{-3}}{3.46\times10^{-5}}=-\dfrac{E_a}{1.987}\left(\dfrac{1}{298}-\dfrac{1}{338}\right)$

$E_a=24.75$

93 어떤 단일 성분 물질의 분해반응은 1차 반응이며, 정용회분식 반응기에서 99%까지 분해하는 데 6646초가 소요되었을 때, 30%까지 분해하는 데 소요되는 시간(s)은? 〔출제율 40%〕

① 515   ② 540

③ 720   ④ 813

해설 $-\ln(1-X_A)=kt$

$-\ln(1-0.99)=k\times6646,\ k=0.000692$

$-\ln(1-0.3)=0.000692\times t$

$t=515\mathrm{s}$

94 $A\rightleftarrows R$인 액상반응에 대한 25℃에서의 평형상수(K_{298})는 300이고 반응열(ΔH_r)은 -18000cal/mol일 때, 75℃에서 평형 전화율은? 〔출제율 80%〕

① 55%   ② 69%

③ 79%   ④ 93%

해설 $\ln\dfrac{K_{348}}{300}=\dfrac{-18000}{1.987}\left(\dfrac{1}{298}-\dfrac{1}{348}\right)$

$K_{348}=3.83$

$K_e=\dfrac{300}{K_{348}}=78.23\%$

95 $C_{A0}=1,\ C_{R0}=C_{S0}=0,\ A\to R\leftrightarrow S,\ k_1=k_2=k_{-2}$ 일 때, 시간이 충분히 지나 반응이 평형에 이르렀을 때 농도의 관계로 옳은 것은 어느 것인가? 〔출제율 40%〕

① $C_A=C_R$ ② $C_A=C_S$

③ $C_R=C_S$ ④ $C_A\neq C_R\neq C_S$

해설 R에서 A로 가지 않으므로 시간이 충분히 지나면 $C_R=C_S$이다.

96 반응차수가 1차인 반응의 반응물 A를 공간시간(space time)이 같은 보기의 반응기에서 반응을 진행시킬 때, 반응기 부피 관점에서 가장 유리한 반응기는? 〔출제율 20%〕

① 혼합흐름반응기

② 플러그흐름반응기

③ 플러그흐름반응기와 혼합흐름반응기의 직렬연결

④ 전화율에 따라 다르다.

해설 $V_{CSTR} > V_{PFR}$ 이므로 부피 관점에서 작을수록 유리한 PFR이 유리하다.

97 어떤 반응의 반응속도와 전화율의 상관관계가 아래의 그래프와 같다. 이 반응을 상업화한다고 할 때 더 경제적인 반응기는 다음 중 어느 것인가? (단, 반응기의 유지보수 비용은 같으며, 설치비를 포함한 가격은 반응기 부피에만 의존한다고 가정한다.) 〔출제율 20%〕

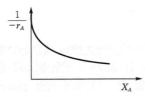

① 플러그흐름반응기
② 혼합흐름반응기
③ 어느 것이나 상관 없음
④ 플러그흐름반응기와 혼합흐름반응기를 연속으로 연결

해설 $V_{CSTR} > V_{PFR}$ 이다.

98 다음과 같은 두 1차 병렬반응이 일정한 온도의 회분식 반응기에서 진행되었다. 반응시간이 1000초일 때 반응물 A가 90% 분해되어 생성물은 R이 S보다 10배 생성되었다. 반응 초기에 R과 S의 농도를 0으로 할 때, k_1, k_2 k_1/k_2로 옳은 것은? 〔출제율 40%〕

$$A \to R, \ r_{A_1} = k_1 C_A$$
$$A \to 2S, \ r_{A_2} = k_2 C_A$$

① $k_1 = 0.131/min$, $k_2 = 6.57 \times 10^{-3}/min$, $k_1/k_2 = 20$

② $k_1 = 0.046/min$, $k_2 = 2.19 \times 10^{-3}/min$, $k_1/k_2 = 21$

③ $k_1 = 0.131/min$, $k_2 = 11.9 \times 10^{-3}/min$, $k_1/k_2 = 11$

④ $k_1 = 0.046/min$, $k_2 = 4.18 \times 10^{-3}/min$, $k_1/k_2 = 11$

해설 $-\ln(1 - X_A) = (k_1 + k_2)t$

$-\ln(1 - 0.9) = (20 k_2 + k_2) \times \dfrac{1000}{60}$

$k_2 = 0.00658/min$

$k_1 = 20 k_2 = 0.131 \cdot min^{-1}$

99 적당한 조건에서 A는 다음과 같이 분해되고 원료 A의 유입속도가 100L/h일 때 R의 농도를 최대로 하는 플러그흐름반응기의 부피(L)는? (단, $k_1 = 0.2/min$, $k_2 = 0.2/min$, $C_{A0} = 1mol/L$, $C_{R0} = C_{S0} = 0$이다.) 〔출제율 40%〕

$$A \xrightarrow{k_1} R \xrightarrow{k_2} S$$

① 5.33   ② 6.33
③ 7.33   ④ 8.33

해설 $k_1 = k_2$

$\tau_{p \cdot opt} = \dfrac{\ln(k_2/k_1)}{k_2 - k_1}$, $\tau_{p \cdot opt} = \dfrac{1}{k}$

$\tau = \dfrac{V}{\nu_0}$

$V = \tau \nu_0 = 100 L/h \times \dfrac{1}{0.2 min^{-1}} = 8.33 L$

100 회분반응기(batch reactor)의 일반적인 특성에 대한 설명으로 가장 거리가 먼 것은 어느 것인가? 〔출제율 20%〕

① 일반적으로 소량생산에 적합하다.
② 단위생산량당 인건비와 취급비가 적게 드는 장점이 있다.
③ 연속조작이 용이하지 않은 공정에 사용된다.
④ 하나의 장치에서 여러 종류의 제품을 생산하는 데 적합하다.

해설 회분식 반응기
㉠ 반응물을 용기에 채우고 일정시간 반응시킨다.
㉡ 시간에 따라 조성이 변하는 비정상상태이다.
㉢ 인건비가 비싸고 취급비가 많이 든다.

제1과목 | 화공열역학

01 다음 중 이상기체의 열용량에 대한 설명으로 옳은 것은? _{출제율 20%}

① 이상기체의 열용량은 상태함수이다.
② 이상기체의 열용량은 온도에 무관하다.
③ 이상기체의 열용량은 압력에 무관하다.
④ 모든 이상기체는 같은 값의 열용량을 갖는다.

해설 ① 이상기체의 열용량은 경로함수이다.
② 이상기체의 열용량은 온도를 이용하여 계산한다.
④ 이상기체 각각의 열용량은 다르다.

보충 Tip

> 이상기체 열용량
> ㉠ 경로함수
> ㉡ 온도에 영향 있다.
> ㉢ 모든 이상기체는 열용량이 다르다.
> ㉣ $Q = Cm\Delta t$
> ㉤ 압력에 무관

02 일정온도 80℃에서 라울(Raoult)의 법칙에 근사적으로 일치하는 아세톤과 니트로메탄 이성분계가 기액평형을 이루고 있다. 아세톤의 액상 몰분율이 0.4일 때 아세톤의 기체상 몰분율은? (단, 80℃에서 순수 아세톤과 니트로메탄의 증기압은 195.75kPa, 50.32kPa이다.) _{출제율 40%}

① 0.85
② 0.72
③ 0.28
④ 0.15

해설 라울의 법칙
$$P = p_A + p_B = P_A X_A + P_B(1 - X_A)$$
$$= 195.75 \times 0.4 + 50.32 \times 0.6 = 108.49 \text{L}$$
$$y_i = \frac{x_i P_i^{\text{sat}}}{P} = \frac{0.4 \times 195.78}{108.492} = 0.72$$

03 372℃, 100atm에서의 수증기 부피(L/mol)는? (단, 수증기는 이상기체라 가정한다.) _{출제율 80%}

① 0.229
② 0.329
③ 0.429
④ 0.529

해설 이상기체 상태방정식
$$PV = nRT$$
$$\frac{V}{n} = \frac{RT}{P} = \frac{0.082 \times (372 + 273)}{100} = 0.529 \text{L/mol}$$

04 이상기체에 대한 설명 중 틀린 것은? (단, U : 내부에너지, R : 기체상수, C_P : 정압 열용량, C_V : 정적 열용량이다.) _{출제율 60%}

① 이상기체의 등온가역 과정에서는 PV값은 일정하다.
② 이상기체의 경우 $C_P - C_V = R$이다.
③ 이상기체의 단열가역 과정에서는 TV값은 일정하다.
④ 이상기체의 경우 $\left(\frac{\partial U}{\partial V}\right)_T = 0$이다.

해설 이상기체 단열공정
$$\frac{T_2}{T_1} = \left(\frac{V_1}{V_2}\right)^{\gamma - 1} = \left(\frac{P_2}{P_1}\right)^{\frac{\gamma - 1}{\gamma}}$$
$$P_1 V_1^{\gamma} = P_2 V_2^{\gamma} = \cdots PV^{\gamma} = 일정$$

05 360℃ 고온 열저장고와 120℃ 저온 열저장고 사이에서 작동하는 열기관이 60kW의 동력을 생산한다면 고온 열저장고로부터 열기관으로 유입되는 열량(Q_H ; kW)은? _{출제율 80%}

① 20
② 85.7
③ 90
④ 158.3

해설 Carnot cycle 열효율(η)
$$\eta = \frac{W}{Q_H} = \frac{T_h - T_c}{T_h}$$
$$\frac{W}{Q_H} = \frac{633 - 393}{633} = \frac{240}{633}$$
$$Q_H = W \times \frac{633}{240} = 60 \times \frac{633}{240} = 158.3 \text{kW}$$

06 Joule–Thomson coefficient를 옳게 나타낸 것은? (단, C_P : 정압 열용량, V : 부피, P : 압력, T : 온도를 의미한다.) 출제율 40%

① $\left(\dfrac{\partial T}{\partial P}\right)_H = \dfrac{1}{C_P}\left[V - T\left(\dfrac{\partial V}{\partial T}\right)_P\right]$

② $\left(\dfrac{\partial T}{\partial P}\right)_H = -\dfrac{1}{C_P}\left[V - T\left(\dfrac{\partial V}{\partial T}\right)_P\right]$

③ $\left(\dfrac{\partial T}{\partial P}\right)_H = \dfrac{1}{C_P}\left[V - T\left(\dfrac{\partial T}{\partial V}\right)_P\right]$

④ $\left(\dfrac{\partial T}{\partial P}\right)_H = -C_P\left[V - T\left(\dfrac{\partial V}{\partial T}\right)_P\right]$

해설 Joule–Thomson 계수

$$\mu = \left(\frac{\partial T}{\partial P}\right)_H = -\frac{\left(\dfrac{\partial H}{\partial P}\right)_T}{\left(\dfrac{\partial H}{\partial T}\right)_P} = -\frac{1}{C_P}\left(\frac{\partial H}{\partial P}\right)_T$$

$$= \frac{T\left(\dfrac{\partial V}{\partial T}\right)_P - V}{C_P} = -\frac{1}{C_P}\left[V - T\left(\frac{\partial V}{\partial T}\right)_P\right]$$

07 다음 중 "에너지 보존의 법칙"으로 불리는 것은 어느 것인가? 출제율 20%

① 열역학 제0법칙
② 열역학 제1법칙
③ 열역학 제2법칙
④ 열역학 제3법칙

해설 열역학 제1법칙=에너지 보존의 법칙

08 다음 그래프가 나타내는 과정으로 옳은 것은 어느 것인가? (단, T 는 절대온도, S 는 엔트로피이다.) 출제율 20%

① 등엔트로피 과정(isentropic process)
② 등온 과정(isothermal process)
③ 정용 과정(isometric process)
④ 등압 과정(isobaric process)

해설 그래프상 ΔT → 일정 S(엔트로피)
등엔트로피 과정

09 다음 중 상태함수가 아닌 것은? 출제율 40%

① 일
② 몰 엔탈피
③ 몰 엔트로피
④ 몰 내부에너지

해설 • 상태함수
경로에 관계없이 시작과 끝의 상태에 의해서만 영향을 받는 함수(T, P, ρ, μ, U, H, S, G)
• 경로함수
경로에 따라 영향을 받는 함수(Q, W)

10 $CO_2 + H_2 \rightarrow CO + H_2O$ 반응이 760℃, 1기압에서 일어난다. 반응한 CO_2의 몰분율을 x라 하면 이때 평형상수 K_P를 구하는 식으로 옳은 것은? (단, 초기에 CO_2 와 H_2 는 각각 1몰씩이며, 초기의 CO와 H_2O는 없다고 가정한다.) 출제율 40%

① $\dfrac{x^2}{1-x^2}$

② $\dfrac{x^2}{(1-x)^2}$

③ $\dfrac{x}{1-x}$

④ $\dfrac{1-x}{x}$

해설 화학반응 평형에 의한 몰분율 계산

$$CO_2(g) + H_2(g) \rightarrow CO(g) + H_2O(g)$$

초기: 　　　1　:　1　　　　0　:　0
평형상태: $1-x$: $1-x$　　　x　:　x
평형상수의 계산은 $aA + bB \rightarrow cC + dD$ 에서

$$K = \frac{a_C^c\, a_D^d}{a_A^a\, a_B^b}$$

$$K_P = \frac{CO \cdot H_2O}{CO_2 \cdot H_2} = \frac{x^2}{(1-x)^2}$$

11 수증기와 질소의 혼합기체가 물과 평형에 있을 때 자유도는? 출제율 40%

① 0
② 1
③ 2
④ 3

해설 자유도 $(F) = 2 - P + C - r - s$
여기서, P : 상, C : 성분, r : 반응식
　　　　s : 제한조건(공비혼합물, 등몰기체)
P : 2(기·액), C : 2(물, 질소)
$F = 2 - 2 + 2 = 2$

12 어떤 가역 열기관이 500℃에서 1000cal의 열을 받아 일을 생산하고 나머지의 열을 100℃의 열소(heat sink)에 버린다. 열소의 엔트로피 변화(cal/K)는? _{출제율 60%}

① 1000   ② 417
③ 41.7   ④ 1.29

해설 열역학 제2법칙

$$\eta = \frac{T_h - T_c}{T_h} = \frac{773 - 373}{773} = 0.5175 = \frac{W}{Q_h}$$

$W = 517.5\,cal$, $Q_2 = 1000 - 517.5 = 482.5\,cal$
($W = Q_h \times \eta$)

$$\Delta S = \frac{dQ}{T} = \frac{482.5}{373} = 1.2936\,cal/K$$

13 화학반응의 평형상수 K의 정의로부터 다음의 관계식을 얻을 수 있을 때, 이 관계식에 대한 설명 중 틀린 것은? _{출제율 60%}

$$\frac{d\ln K}{dT} = \frac{\Delta H°}{RT^2}$$

① 온도에 대한 평형상수의 변화를 나타낸다.
② 발열반응에서는 온도가 증가하면 평형상수가 감소함을 보여준다.
③ 주어진 온도구간에서 $\Delta H°$가 일정하면 $\ln K$를 T의 함수로 표시했을 때 직선의 기울기가 $\frac{\Delta H°}{R^2}$이다.
④ 화학반응의 $\Delta H°$를 구하는 데 사용할 수 있다.

해설 평형상수에 대한 온도의 영향

$$\frac{d\ln K}{dT} = \frac{\Delta H°}{RT^2}, \quad \ln\frac{K}{K_1} = -\frac{\Delta H°}{R}\left(\frac{1}{T} - \frac{1}{T_1}\right)$$

기울기 $= \frac{\Delta H}{R}$

$\Delta H° < 0$(발열반응) : 온도가 증가하면 평형상수 감소
$\Delta H° > 0$(흡열반응) : 온도가 증가하면 평형상수 증가

14 화학반응에서 정방향으로 반응이 계속 일어나는 경우는? (단, ΔG : 깁스 자유에너지 변화량, K : 평형상수이다.) _{출제율 40%}

① $\Delta G = K$ ② $\Delta G = 0$
③ $\Delta G > 0$ ④ $\Delta G < 0$

해설 화학반응평형
• $\Delta G < 0$: 자발적인 반응 (발열)
• $\Delta G > 0$: 비자발적 반응 (흡열)
• $\Delta G = 0$: $\mu_A = \mu_B$ (평형)

15 카르노 사이클(carnot-cycle)에 대한 설명으로 틀린 것은? _{출제율 40%}

① 가역 사이클이다.
② 효율은 엔진이 사용하는 작동물질에 무관하다.
③ 효율은 두 열원의 온도에 의하여 결정한다.
④ 비가역 열기관의 열효율은 예외적으로 가역기관의 열효율보다 클 수 있다.

해설 열역학 제2법칙
㉠ 외부로부터 흡수한 열을 완전히 일로 전환시킬 수 있는 공정은 없다. 즉, 열에 의한 전화율이 100%가 되는 열기관은 존재하지 않는다.
㉡ 자발적 변화는 비가역 변화로 엔트로피는 증가하는 방향으로 진행한다.
㉢ 열은 저온에서 고온으로 흐르지 못한다.

16 반 데르 발스(Van der Waals)의 상태식에 따르는 n(mol)의 기체가 초기 용적(v_1)에서 나중 용적(v_2)으로 정온 가역적으로 팽창할 때 행한 일의 크기를 나타낸 식으로 옳은 것은? _{출제율 20%}

① $W = nRT\ln\left(\frac{v_1 - nb}{v_2 - nb}\right) - n^2a\left(\frac{1}{v_1} - \frac{1}{v_2}\right)$

② $W = nRT\ln\left(\frac{v_2 - nb}{v_1 - nb}\right) - n^2a\left(\frac{1}{v_1} + \frac{1}{v_2}\right)$

③ $W = nRT\ln\left(\frac{v_2 - nb}{v_1 - nb}\right) + n^2a\left(\frac{1}{v_2} - \frac{1}{v_1}\right)$

④ $W = nRT\ln\left(\frac{v_2 - nb}{v_1 - nb}\right) + n^2a\left(\frac{1}{v_1} + \frac{1}{v_2}\right)$

해설 $W = \int_{v_1}^{v_2} P dv = \int_{v_1}^{v_2}\left(\frac{RT}{v-b} - \frac{a}{v^2}\right)dv$

여기서, n(mol)이므로

$\left(P + \frac{n^2a}{v^2}\right)(v - nb) = nRT$

$W = \int_{v_1}^{v_2}\left(\frac{RT}{v-nb} - \frac{n^2a}{v^2}\right)dv$

$= nRT\ln\left(\frac{v_2 - nb}{v_1 - nb}\right) + n^2a\left(\frac{1}{v_2} - \frac{1}{v_1}\right)$

17 비압축성 유체의 성질이 아닌 것은? [출제율 60%]

① $\left(\dfrac{\partial H}{\partial P}\right)_T = 0$　　② $\left(\dfrac{\partial V}{\partial T}\right)_P = 0$

③ $\left(\dfrac{\partial V}{\partial P}\right)_T = 0$　　④ $\left(\dfrac{\partial U}{\partial P}\right)_T = 0$

[해설] $\beta = \dfrac{1}{V}\left(\dfrac{\partial V}{\partial T}\right)_P$

$k = -\dfrac{1}{V}\left(\dfrac{\partial V}{\partial P}\right)_T$

$\left(\dfrac{\partial H}{\partial P}\right)_T = V - T\left(\cancel{\dfrac{\partial V}{\partial T}}\right)_P^{\,0} = (1-\cancel{\beta}T)^0\,V = V$

18 오토(otto) 사이클의 효율(η)을 표시하는 식으로 옳은 것은? (단, γ : 비열비, r_v : 압축비, r_f : 팽창비이다.) [출제율 60%]

① $\eta = 1 - \left(\dfrac{1}{r_v}\right)^{\gamma-1}$

② $\eta = 1 - \left(\dfrac{1}{r_v}\right)^{\gamma}$

③ $\eta = 1 - \left(\dfrac{1}{r_v}\right)^{\frac{\gamma-1}{\gamma}}$

④ $\eta = 1 - \left(\dfrac{1}{r_v}\right)^{\gamma-1} \cdot \dfrac{r_f^{\gamma-1}}{\gamma(r_f-1)}$

[해설] Otto cycle 열효율(η)

$\eta = 1 - \left(\dfrac{1}{r}\right)^{\gamma-1}$

여기서, r : 압축비, γ : 비열비

19 열전도가 없는 수평 파이프 속에 이상기체가 정상상태로 흐른다. 이상기체의 유속이 점점 증가할 때 이상기체의 온도 변화로 옳은 것은 어느 것인가? [출제율 20%]

① 높아진다.
② 낮아진다.
③ 일정하다.
④ 높아졌다 낮아짐을 반복한다.

[해설] 열역학 제1법칙 : 에너지 총량은 일정
유속 증가 → 운동 에너지 증가
즉, 이만큼 내부에너지는 감소하고, 온도는 낮아진다.

20 2.0atm의 압력과 25℃의 온도에 있는 2.0몰의 수소가 동일조건에 있는 3.0몰의 암모니아와 이상적으로 혼합될 때 깁스 자유에너지 변화량(ΔG ; kJ)은? [출제율 40%]

① -8.34
② -5.58
③ 8.34
④ 5.58

[해설] $\Delta G^{id} = nRT\sum x_i \ln x_i$
　　　$= 5 \times 1.987 \times 298(0.4\ln 0.4 + 0.6\ln 0.6)$
　　　$= -8.34\text{kJ}(1\,\text{cal} = 4.184\text{J}$ 이용)

▶▶ 제2과목 ┃ 단위조작 및 화학공업양론

21 표준상태에서 일산화탄소의 완전연소 반응열 (kcal/gmol)은? (단, 일산화탄소와 이산화탄소의 표준 생성 엔탈피는 아래와 같다.) [출제율 40%]

> • $C(s) + \dfrac{1}{2}O_2(g) \to CO(g)$
>
> 　$\Delta H = -26.4157\text{kcal/gmol}$
>
> • $C(s) + O_2(g) \to CO_2(g)$
>
> 　$\Delta H = -94.0518\text{kcal/gmol}$

① -67.6361　　② 63.6361
③ 94.0518　　④ -94.0518

[해설] $C(s) + \dfrac{1}{2}O_2(g) \to CO(g)$

$\Delta H = -26.457\text{kcal/gmol}$
　　　역으로 취하면

$\begin{array}{l} | \ CO(g) \to C(s) + \dfrac{1}{2}O_2(g)\ \ \Delta H = +26.457\,\text{kcal/gmol} \\ + \ | \ C(g) + O_2(s) \to CO_2(g)\ \ \Delta H = -94.0518\,\text{kcal/gmol} \\ \hline \ \ \ CO + \dfrac{1}{2}O_2 \to CO_2 \ \ \ \ \ \ \ \ \Delta H = -67.6361\,\text{kcal/gmol} \end{array}$

22 30℃, 760mmHg에서 공기의 수증기압이 25mmHg이고 같은 온도에서 포화수증기압이 0.0433kgf/cm² 일 때, 상대습도(%)는? [출제율 40%]

① 48.6　　② 52.7
③ 58.4　　④ 78.5

해설 상대습도(H_R)

$$H_R = \frac{증기의\ 분압(P_A)}{포화증기압(P_S)} \times 100$$

$$= \frac{25\,\text{mmHg}}{0.0433\,\text{kgf/cm}^2} \times \frac{1.0332\,\text{kgf/cm}^2}{760\,\text{mmHg}} \times 100$$

$$= 78.5\%$$

23 25℃에서 10L의 이상기체를 1.5L까지 정온 압축시켰을 때 주위로부터 2250cal의 일을 받았다면 압축한 이상기체의 몰수(mol)는? [출제율 60%]

① 0.5   ② 1

③ 2   ④ 3

해설 이상기체 등온공정

$$Q = -W = nRT \ln \frac{V_2}{V_1}$$

$$W = 2250 = -n \times 1.987 \times 298 \times \ln \frac{1.5}{10}$$

$$n = 2$$

24 질소 280kg과 수소 64kg이 반응기에서 500℃, 300atm 조건으로 반응되어 평형점에서 전체 몰수를 측정하였더니 26kmol이었다. 반응기에서 생성된 암모니아(kg)는? [출제율 40%]

① 272   ② 160

③ 136   ④ 80

해설

$$N_2 + 3H_2 \quad \longrightarrow \quad 2NH_3$$

$$1 \quad : \quad 3 \quad : \quad 2$$

$$x \quad : \quad 3x \quad : \quad 2x$$

$$10N_2 + 32H_2 \longrightarrow \quad NH_3$$

$$10 - x + 32 - 3x + 2x = 26$$

$$x = 8 \text{이므로}$$

NH_3의 무게는 $16\,\text{mol} \times 17(NH_3$ 분자량$) = 272\,\text{kg}$

25 다음 대응상태원리에 대한 설명 중 틀린 것은 어느 것인가? [출제율 20%]

① 물질의 극성, 비극성 구조의 효과를 고려하지 않은 원리이다.

② 환산상태가 동일해도 압력이 다르면 두 물질의 압축계수는 다르다.

③ 단순구조의 한정된 물질에 적용 가능한 원리이다.

④ 환산상태가 동일하면 압력이 달라도 두 물질의 압축계수는 유사하다.

해설 대응상태의 원리

대응상태의 원리를 이용하여 Z값을 동일한 Tr, Pr에서 구하면 같은 Z값을 얻을 수 있다. 즉, 환산변수를 사용하면 모든 물질은 같은 상태방정식을 만족한다.

26 기화잠열을 추산하는 방법에 대한 설명 중 틀린 것은 어느 것인가? [출제율 20%]

① 포화압력의 대수값과 온도역수의 도시로부터 잠열을 추산하는 공식은 Clausius-Clapeyron equation이다.

② 기화잠열과 임계온도가 일정비율을 가지고 있다고 추론하는 방법은 Trouton's rule이다.

③ 환산온도와 기화열로부터 잠열을 구하는 공식은 Watson's equation이다.

④ 정상비등온도와 임계온도·압력을 이용하여 잠열을 구하는 공식은 Riedel's equation이다.

해설 Trouton's rule

액체 1mol에 관한 증발열과 그 액체의 끓는점 사이의 관계를 나타낸다.

27 다음 중 원유의 비중을 나타내는 지표로 사용되는 것은? [출제율 20%]

① Baume   ② Twaddell

③ API   ④ Sour

해설 API

석유의 비중 표시방법을 말한다.

28 20℃, 740mmHg에서 N_2 79mol%, O_2 21mol% 공기의 밀도(g/L)는? [출제율 80%]

① 1.17   ② 1.23

③ 1.35   ④ 1.42

해설

$$PV = nRT = \frac{W}{M}RT$$

$$\rho = \frac{W}{V} = \frac{PM}{RT} = \frac{\frac{740}{760} \times 28.84}{0.082 \times 293} = 1.17$$

($M_{av} = 28 \times 0.79 + 32 \times 0.21 = 28.84$ (공기 평균분자량))

23.③ 24.① 25.② 26.② 27.③ 28.①

29 $CO(g)$를 활용하기 위해 162g의 C, 22g의 H_2의 혼합연료를 연소하여 CO_2 11.1vol%, CO 2.4 vol%, O_2 4.1vol%, N_2 82.4vol% 조성의 연소가스를 얻었다. CO의 완전연소를 고려하지 않은 공기의 과잉공급률(%)은? (단, 공기의 조성은 O_2 21vol%, N_2 79vol%이다.) 〔출제율 40%〕

① 15.3
② 17.3
③ 20.3
④ 23.0

〔해설〕

$$C + O_2 \rightarrow CO_2, \qquad 2C + O_2 \rightarrow 2CO,$$
$$1 \ : \ 1 \ : \ 1 \qquad\qquad 2 \ : \ 1 \ : \ 2$$
$$-11.1 \ -11.1 \ \ 11.1 \qquad -2.4 \ -1.2 \ +2.4$$

$$2H_2 + O_2 \rightarrow 2H_2O$$
$$2 \ : \ 1 \ : \ 2$$
$$-11 \ \ -5.5 \ \ +11$$
$$(H_2 : 22g \Rightarrow 11mol)$$
$$O_2 = x - 11.1 - 1.2 - 5.5 = 4.1$$

실제 $O_2(x) = 21.9$
이론 $O_2 = 17.8(21.9 - 4.1)$

공기 공급량 $= 21.9 \, Air \, O_2 \times \dfrac{100 \, Air}{21 \, O_2} = 104.3$

이론 공기량 $= 17.8 \, Air \, O_2 \times \dfrac{100 \, Air}{21 \, O_2} = 84.8$

과잉 $= \dfrac{104.3 - 84.8}{84.8} \times 100 = 23\%$

30 상, 상평형 및 임계온도에 대한 다음 설명 중 틀린 것은? 〔출제율 20%〕

① 순성분의 기액평형 압력은 그때의 증기압과 같다.
② 3중점에 있는 계의 자유도는 0이다.
③ 평형온도보다 높은 온도의 증기는 과열증기이다.
④ 임계온도는 그 성분의 기상과 액상이 공존할 수 있는 최저온도이다.

〔해설〕 임계온도(임계점)
㉠ 순수한 화학물질이 증기·액체 평형을 이룰 수 있는 최고의 온도를 말한다.
㉡ 임계온도 이상에서는 순수한 기체를 아무리 압축하여도 액화시킬 수 없다.

31 다음 중 벤젠과 톨루엔의 2성분계 정류조작의 자유도(degrees of freedom)는? 〔출제율 80%〕

① 0
② 1
③ 2
④ 3

〔해설〕 자유도(F)
$$F = 2 - P + C - r - s$$
여기서, P : 상
$\quad\quad\quad C$: 성분
$\quad\quad\quad r$: 반응식
$\quad\quad\quad s$: 제한조건(공비혼합물, 등몰기체)
$P = 2$(기·액) : 정류조작은 기-액 평형
$C = 2$(벤젠, 톨루엔)
$\quad = 2 - 2 + 2 = 2$

32 완전흑체에서 복사에너지에 관한 설명으로 옳은 것은 어느 것인가? 〔출제율 20%〕

① 복사면적에 반비례하고, 절대온도에 비례
② 복사면적에 비례하고, 절대온도에 비례
③ 복사면적에 반비례하고, 절대온도의 4승에 비례
④ 복사면적에 비례하고, 절대온도의 4승에 비례

〔해설〕 슈테판-볼츠만 법칙
슈테판-볼츠만 법칙에 따라 완전흑체에서 복사에너지는 절대온도의 4승에 비례하고 열전달면적에 비례한다.

33 중력가속도가 지구와 다른 행성에서 물이 흐르는 오리피스의 압력차를 측정하기 위해 U자관 수은압력계(manometer)를 사용하였더니 압력계의 읽음이 10cm이고 이때의 압력차가 0.05 kgf/cm^2였다. 같은 오리피스에 기름을 흘려보내고 압력차를 측정하니 압력계의 읽음이 15cm라고 할 때 오리피스에서의 압력차(kgf/cm^2)는? (단, 액체의 밀도는 지구와 동일하며, 수은과 기름의 비중은 각각 13.5, 0.80이다.) 〔출제율 40%〕

① 0.0750
② 0.0762
③ 0.0938
④ 0.1000

〔해설〕
$$10 : 0.05 \times 12.5 = x : 15 \times 12.7$$
$$\quad\quad (13.5 - 1) \quad\quad (13.5 - 0.8)$$
$$\text{물의 비중 제외} \ \ \text{기름의 비중 제외}$$
$$x = 0.0762$$

34 1atm, 건구온도 65℃, 습구온도 32℃인 습윤공기의 절대습도$\left(\dfrac{\text{kg}_{H_2O}}{\text{kg}_{건조공기}}\right)$는? (단, 습구온도 32℃의 상대습도는 0.031, 기화잠열은 580kcal/kg, 습구계수는 0.227kg·kcal/℃이다.) 출제율 20%

① 0.012 ② 0.018
③ 0.024 ④ 0.030

해설 $H_S - H = \dfrac{C_H}{\lambda_S}(t_G - t_S)$

여기서, C_H : 습구계수, λ_S : 기화잠열
t_G : 건구온도, t_S : 습구온도
H_S : 포화습도(32℃에서 0.031)

$0.031 - H = \dfrac{0.227}{580}(65 - 32)$

$H = 0.031 - 0.01291552 = 0.018$

35 막분리 공정 중 역삼투법에서 물과 염류의 수송 메커니즘에 대한 설명으로 가장 거리가 먼 것은 어느 것인가? 출제율 20%

① 물과 용질은 용액 확산 메커니즘에 의해 별도로 막을 통해 확산된다.
② 치밀층의 저압 쪽에서 1atm일 때 순수가 생성된다면 활동도는 사실상 1이다.
③ 물의 플럭스 및 선택도는 압력차에 의존하지 않으나 염류의 플럭스는 압력차에 따라 크게 증가한다.
④ 물 수송의 구동력은 활동도 차이이며, 이는 압력차에서 공급물과 생성물의 삼투압 차이를 뺀 값에 비례한다.

해설 • 역삼투압법
삼투압을 이용하여 해수 등에 녹아 있는 물질을 제거하고 물을 얻는 방법을 말한다.
• 삼투압
삼투현상으로 물이 농도가 낮은 쪽에서 높은 쪽으로 이동할 때 생성되는 압력을 말한다.
• 물의 플럭스, 선택도 등은 압력과 매우 밀접한 관계가 있다.

36 비중이 1.2, 운동점도가 0.254St인 어떤 유체가 안지름이 1inch인 관을 0.25m/s의 속도로 흐를 때, Reynolds 수는? 출제율 40%

① 2.5 ② 95
③ 250 ④ 300

해설 $N_{Re} = \dfrac{\rho u D}{\mu}, \ \nu = \dfrac{\mu}{\rho}$

$= \dfrac{vD}{\nu} = \dfrac{0.25\,\text{m/s} \times 2.54\,\text{cm}}{0.254\,\text{St}(\text{cm}^2/\text{s})} = 250$

37 성분 A, B가 각각 50mol%인 혼합물을 flash 증류하여 feed의 50%를 유출시켰을 때 관출물의 A 조성($X_{W.A}$)은? (단, 혼합물의 비휘발도(α_{AB})는 2이다.) 출제율 60%

① $X_{W.A} = 0.31$
② $X_{W.A} = 0.41$
③ $X_{W.A} = 0.59$
④ $X_{W.A} = 0.85$

해설 $\alpha_{AB} = 2 = \dfrac{y_A/y_B}{x_A/x_B}$

100 가정
A 50mol% → 증류 → 50mol y_A, y_B
B 50mol%
→ 5mol x_A, x_B

$50 = 50y_A + 50x_A$

$1 = y_A + x_A$

$2 = \dfrac{y_A/1-y_A}{x_A/1-x_A} = \dfrac{(1-x_A)/x_A}{x_A/1-x_A} = \dfrac{(1-x_A)^2}{x_A^2}$

$x_A{}^2 - 2x_A + 1 = 2x_A{}^2$

$x_A{}^2 + 2x_A - 1 = 0$

$x = \dfrac{-2 \pm \sqrt{2^2 + 4}}{2} = 0.41$

38 추출조작에 이용하는 용매의 성질로서 옳지 않은 것은? 출제율 40%

① 선택도가 클 것
② 값이 저렴하고 환경친화적일 것
③ 화학 결합력이 클 것
④ 회수가 용이할 것

해설 추출 용매의 특징
㉠ 회수가 용이하다.
㉡ 선택도가 커야 한다.
㉢ 화학적으로 안정하다.
㉣ 비용이 저렴해야 한다.

39 열교환기에 사용되는 전열튜브(tube)의 두께를 Birmingham Wire Gauge(BWG)로 표시하는데 다음 중 튜브의 두께가 가장 두꺼운 것은 어느 것인가? 출제율 20%

① BWG 12
② BWG 14
③ BWG 16
④ BWG 18

〔해설〕 BWG
응축기, 열교환기 등에 사용되는 것으로, BWG가 작을수록 관 벽이 두껍다.

40 다음 중 기체 수송장치가 아닌 것은? 출제율 20%

① 선풍기(fan)
② 회전펌프(rotary pump)
③ 송풍기(blower)
④ 압축기(compressor)

〔해설〕 회전펌프
액체의 이동을 목적으로 한다.

▶▶ 제3과목 ┃ 공정제어

41 PID 제어기에서 미분동작에 대한 설명으로 옳은 것은? 출제율 20%

① 제어에러의 변화율에 반비례하여 동작을 내보낸다.
② 미분동작이 너무 작으면 측정잡음에 민감하게 된다.
③ 오프셋을 제거해 준다.
④ 느린 동특성을 가지고 잡음이 적은 공정의 제어에 적합하다.

〔해설〕 ① 제어 에러는 적분동작이다.
② 미분동작이 작으면 측정잡음에 민감하지 않다.
③ 오프셋 제거는 적분동작이다.

〔보충 Tip〕

PID 제어기
㉠ offset 제거(진동도 제거)
㉡ Reset 시간 단축
㉢ 느린 동특성
㉣ 잡음이 적은 공정제어 적합

42 그림과 같은 음의 피드백(negative feedback)에 대한 설명으로 틀린 것은? (단, 비례상수 K는 상수이다.) 출제율 20%

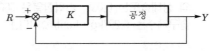

① 불안정한 공정을 안정화시킬 수 있다.
② 안정한 공정을 불안정하게 만들 수 있다.
③ 설정치(R) 변화에 대해 offset이 발생한다.
④ K값에 상관없이 R값 변화에 따른 응답(Y)에 진동이 발생하지 않는다.

〔해설〕 K값의 변화에 따라 진동이 발생한다.

43 다음 블록선도로부터 서보문제(servo problem)에 대한 총괄전달함수 C/R는? 출제율 80%

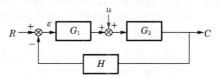

① $\dfrac{G_2}{1+G_1G_2H}$
② $\dfrac{G_1}{1+G_1G_2H}$
③ $\dfrac{G_1G_2}{1+G_1G_2H}$
④ $\dfrac{G_1G_2H}{1+G_1G_2H}$

〔해설〕 Servo Problem
외부교란 변수는 없고 설정값만 변하는 경우
$$\frac{C}{R}=\frac{G_1G_2}{1+G_1G_2H}$$

44 Routh-Hurwitz 안전성 판정이 가장 정확하게 적용되는 공정은? (단, 불감시간은 dead time을 뜻한다.) 출제율 40%

① 선형이고 불감시간이 있는 공정
② 선형이고 불감시간이 없는 공정
③ 비선형이고 불감시간이 있는 공정
④ 비선형이고 불감시간이 없는 공정

〔해설〕 Routh-Hurwitz 안정성
㉠ 특성방정식의 모든 근이 음의 실수부
　Routh 배열의 첫 번째 열의 모든 원소가 양수이다.
㉡ 선형, dead time 없는 공정에 적합하다.

45 다음 중 $G(s) = \dfrac{1}{s^2(s+1)}$ 인 계의 unit impulse 응답은?

출제율 80%

① $t - 1 + e^{-t}$ ② $t + 1 + e^{-t}$
③ $t - 1 - e^{-t}$ ④ $t + 1 - e^{-t}$

해설 $\dfrac{1}{s^2(s+1)} = \dfrac{1}{s} + \dfrac{1}{s+1} + \dfrac{1}{s^2}$

라플라스 변환

$y(t) = t - 1 + e^{-t}$

46 Laplace 변환에 대한 설명 중 틀린 것은 어느 것인가?

출제율 20%

① 모든 시간의 함수는 해당되는 Laplace 변환을 갖는다.
② Laplace 변환을 통해 함수의 주파수 영역에서의 특성을 알 수 있다.
③ 상미분방정식을 Laplace 변환하면 대수 방정식으로 바뀐다.
④ Laplace 변환은 선형 변환이다.

해설 라플라스 변환

선형 조작, 주파수 영역에서의 특성을 파악할 수 있으며, 모든 시간의 함수가 라플라스 변환을 갖는 것은 아니다.

47 비례적분(PI) 제어계에 단위계단 변화의 오차가 인가되었을 때 비례이득(K_c) 또는 적분시간(τ_I)을 응답으로부터 구하는 방법이 타당한 것은 어느 것인가?

출제율 40%

① 절편으로부터 적분시간을 구한다.
② 절편으로부터 비례이득을 구한다.
③ 적분시간과 무관하게 기울기에서 비례이득을 구한다.
④ 적분시간은 구할 수 없다.

해설 제어기의 이득 $K = \dfrac{\text{출력범위}}{\text{입력범위}}$

절편으로부터 비례이득을 구한다.

48 다음 중 Amplitude ratio가 항상 1인 계의 전달함수는 어느 것인가?

출제율 40%

① $\dfrac{1}{s+1}$ ② $\dfrac{1}{s-0.1}$
③ $e^{-0.2s}$ ④ $s+1$

해설 Amplitude ratio(진폭비)

$G(s) = K$, $\text{AR} = K$, $\phi = 0$
$G(s) = e^{-\theta s}$, $\text{AR} = 1$, $\phi = -\theta \omega$
$G(s) = s^n$, $\text{AR} = \omega^n$, $\phi = 90n°$

49 열교환기에서 유출물의 온도를 제어하려고 한다. 열교환기는 공정이득 1, 시간상수 10을 갖는 1차계 공정의 특성을 나타내는 것으로 파악되었다. 온도감지기는 시간상수 1을 갖는 1차계 공정 특성을 나타낸다. 온도제어를 위하여 비례제어기를 사용하여 되먹임 제어시스템을 채택할 경우, 제어시스템이 임계감쇠계(critically damped system) 특성을 나타낼 경우의 제어기 이득(K_C) 값은 얼마인가? (단, 구동기의 전달함수는 1로 가정한다.)

출제율 40%

① 1.013 ② 2.025
③ 4.050 ④ 8.100

해설

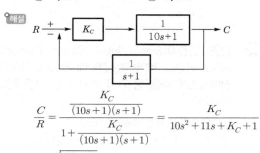

$$\frac{C}{R} = \frac{\dfrac{K_C}{(10s+1)(s+1)}}{1 + \dfrac{K_C}{(10s+1)(s+1)}} = \frac{K_C}{10s^2 + 11s + K_C + 1}$$

$$\tau = \sqrt{\frac{10+a}{K_C+1}}$$

$$\frac{11}{K_C+1} = 2\tau\zeta = 2\tau \ (\text{임계감쇠에서 } \zeta = 1)$$

$$\frac{11}{K_C+1} = 2 \times \sqrt{\frac{10}{K_C+1}}$$

$$\frac{121}{(K_C+1)^2} = 4 \times \frac{10}{K_C+1}$$

$$K_C = 2.025$$

50 자동차를 운전하는 것을 제어시스템의 가동으로 간주할 때 도로의 차선을 유지하며 자동차가 주행하는 경우 자동차의 핸들은 제어시스템을 구성하는 요소 중 어디에 해당하는가?

출제율 20%

① 감지기 ② 조작변수
③ 구동기 ④ 피제어변수

해설 조작변수
차를 움직이거나 방향전환을 위해 핸들을 이용한다.

51 $G(s) = \dfrac{4}{(s+1)^2}$ 인 공정에 피드백 제어계(unit feedback system)를 구성할 때, 폐회로(closed-loop) 전체의 전달함수가 $G_d(s) = \dfrac{1}{(0.5s+1)^2}$ 이 되게 하는 제어기는? 출제율 40%

① $\dfrac{1}{4}\left(1 + \dfrac{1}{2s} + \dfrac{1}{2}s\right)$ ② $\dfrac{1}{2}\left(1 + \dfrac{1}{s} + \dfrac{1}{4}s\right)$

③ $\dfrac{1}{4}\left(1 + \dfrac{1}{s} + \dfrac{1}{4}s\right)$ ④ $\dfrac{(s+1)^2}{s(s+4)}$

해설 $\dfrac{G_c G}{1 + G_c G} = \dfrac{1}{(0.5s+1)^2} = \dfrac{1}{0.25s^2 + s + 1}$

$GG_c = \dfrac{1}{0.25s^2 + S} = \dfrac{1}{s(0.25s+1)}$

$G_c = \dfrac{1}{s(0.25s+1)} \times \dfrac{(s+1)^2}{4} = \dfrac{(s+1)^2}{s(s+4)}$

52 단일 입출력(Single Input Single Output; SISO) 공정을 제어하는 경우에 있어서, 제어의 장애요소로 다음 중 가장 거리가 먼 것은 어느 것인가? 출제율 20%

① 공정지연시간(dead time)
② 밸브 무반응 영역(valve deadband)
③ 공정변수 간의 상호작용(interaction)
④ 공정운전상의 한계

해설 공정변수 간의 상호작용
출력을 얻기 위한 과정(올바른 출력)이다.

53 2차계 시스템에서 시간의 변화에 따른 응답곡선이 아래와 같을 때 Overshoot은? 출제율 20%

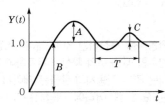

① $\dfrac{A}{B}$ ② $\dfrac{C}{B}$

③ $\dfrac{C}{A}$ ④ $\dfrac{C}{T}$

해설

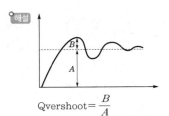

$\text{Qvershoot} = \dfrac{B}{A}$

54 $Y(s) = \dfrac{1}{s^2(s^2 + 5s + 6)}$ 함수의 역Laplace 변환으로 옳은 것은? 출제율 80%

① $-\dfrac{5}{36} + \dfrac{1}{4}e^{-2t} - \dfrac{1}{9}e^{-3t}$

② $\dfrac{1}{6} + \dfrac{1}{4}e^{-2t} - \dfrac{1}{9}e^{-3t}$

③ $\dfrac{1}{6}t - \dfrac{5}{36}\left(\dfrac{1}{4}e^{-2t} - \dfrac{1}{9}e^{-3t}\right)$

④ $-\dfrac{5}{36} + \dfrac{1}{6}t + \dfrac{1}{4}e^{-2t} - \dfrac{1}{9}e^{-3t}$

해설 $Y(s) = \dfrac{1}{s^2(s^2 + 5s + 6)} = \dfrac{A}{s} + \dfrac{B}{s^2} + \dfrac{C}{s+2} + \dfrac{D}{s+3}$

정리하면

$As(s+2)(s+3) + B(s+2)(s+3) + Cs^2(s+3)$
$\quad + Ds^2(s+2) = 1$

$A = -\dfrac{5}{36},\ B = \dfrac{1}{6},\ C = \dfrac{1}{4},\ D = -\dfrac{1}{9}$

$Y(s) = \dfrac{-\dfrac{5}{36}}{s} + \dfrac{\dfrac{1}{6}}{s^2} + \dfrac{\dfrac{1}{4}}{s+2} + \dfrac{-\dfrac{1}{9}}{s+1}$

역라플라스 변환을 하면,

$y(t) = -\dfrac{5}{36} + \dfrac{1}{6}t + \dfrac{1}{4}e^{-2t} - \dfrac{1}{9}e^{-3t}$

55 다음은 열교환기에서의 온도를 제어하기 위한 제어시스템을 나타낸 것이다. 제어목적을 달성하기 위한 조절변수는? 출제율 20%

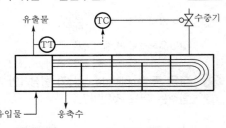

① 유출물 온도 ② 수증기 유량
③ 응축수 유량 ④ 유입물 온도

해설 조절변수(조작변수)

공정을 제어하기 위해 조작하는 변수이다.

56 비례제어기에서 비례제어 상수를 선형계가 안정되도록 결정하기 위해 비례제어 상수를 0으로 놓고 특성방정식을 푼 결과 서로 다른 세 개의 음수의 실근이 구해졌다. 비례제어 상수를 점점 크게 할 때 나타나는 현상을 옳게 설명한 것은 어느 것인가? *출제율 20%*

① 특성방정식은 비례제어 상수와 관계없으므로 세 개의 실근값은 변화가 없으며 계는 계속 안정하다.

② 비례제어 상수가 커짐에 따라 세 개의 실근값 중 하나는 양수의 실근으로 가게 되므로 계가 불안정해진다.

③ 비례제어 상수가 커짐에 따라 세 개의 실근값 중 두 개는 음수의 실수값을 갖는 켤레 복소수 근으로 갖게 되므로 계의 안정성은 유지된다.

④ 비례제어 상수가 커짐에 따라 세 개의 실근값 중 두 개는 양수의 실수값을 갖는 켤레 복소수 근으로 갖게 되므로 계가 불안정해진다.

해설 특성방정식의 근이 모두 음의 실수부를 가지면 안정하나 K_c가 커짐에 따라 근들이 켤레 복소수 근을 갖게 되므로 계가 불안정해진다.

57 다음 중 제어계 설계에서 위상각 여유(phase margin)는 어느 범위일 때 가장 강인(robust)한가? *출제율 40%*

① 5~10°   ② 10~20°

③ 20~30°   ④ 30~40°

해설 제어기는 GM이 대략 1.7~20, PM이 대략 30~45° 범위이다.

58 어떤 계의 unit impulse 응답이 e^{-2t}였다. 이 계의 전달함수(transfer function)는? *출제율 80%*

① $\dfrac{1}{s-2}$ ② $\dfrac{s}{s-2}$

③ $\dfrac{s}{s+2}$ ④ $\dfrac{1}{s+2}$

해설 $e^{-at} \xrightarrow{\mathcal{L}\,(\text{라플라스 변환})} \dfrac{1}{s+a}$

$e^{-2t} \xrightarrow{\mathcal{L}\,(\text{라플라스 변환})} \dfrac{1}{s+2}$

59 위상지연이 180°인 주파수는? *출제율 40%*

① 고유 주파수

② 공명(resonant) 주파수

③ 구석(corner) 주파수

④ 교차(crossover) 주파수

해설 위상지연 180° : 교차 주파수

$\omega = \dfrac{1}{\tau_p}$: 코너 주파수

$\tau_\omega = \sqrt{1-2\zeta^2}$: 공명 주파수

60 PID 제어기의 비례 및 적분 동작에 의한 제어기 출력 특성 중 옳은 것은? *출제율 40%*

① 비례동작은 오차가 일정하게 유지될 때 출력값은 0이 된다.

② 적분동작은 오차가 일정하게 유지될 때 출력값이 일정하게 유지된다.

③ 비례동작은 오차가 없어지면 출력값이 일정하게 유지된다.

④ 적분동작은 오차가 없어지면 출력값이 일정하게 유지된다.

해설 적분동작

offset 제거, 출력값이 일정하다.

▶▶ 제4과목 ┃ 공업화학

61 다음 중 1차 전지가 아닌 것은? *출제율 20%*

① 수은 전지

② 알칼리망간 전지

③ Leclanche 전지

④ 니켈-카드뮴 전지

해설 • 1차 전지

건전지, 산화은, 망간 전지 등

• 2차 전지

Ni-Cd, Ni-MH 등

62 암모니아소다법에서 암모니아와 함께 생성되는 부산물에 해당하는 것은? 〔출제율 60%〕

① H_2SO_4　　　② $NaCl$
③ NH_4Cl　　　④ $CaCl_2$

해설 암모니아소다법(solvay법)

$NaCl + NH_3 + CO_2 + H_2O \rightarrow NaHCO_3 + NH_4Cl$
　　　　　　　　　　　　　　　　　　　(부산물)
$2NaHCO_3 \rightarrow Na_2CO_3 + H_2O + CO_2$
$2NH_4Cl + Ca(OH)_2 \rightarrow CaCl_2 + 2H_2O + 2NH_3$
(부산물)

63 Nylon 6의 원료 중 Caprolactam의 화학식에 해당하는 것은? 〔출제율 60%〕

① $C_6H_{11}NO_2$
② $C_6H_{11}NO$
③ C_6H_7NO
④ $C_6H_7NO_2$

해설 나일론 6
카프로락탐의 개환중합반응

(카프로락탐)

64 일반적인 성질이 열경화성 수지에 해당하지 않는 것은? 〔출제율 80%〕

① 페놀수지
② 폴리우레탄
③ 요소수지
④ 폴리프로필렌

해설 • **열가소성 수지**
　가열하면 연화되어 외력을 가할 때 쉽게 변형되고 성형 후 외력이 제거되어도 성형된 상태를 유지하는 수지로, 폴리프로필렌, 폴리에틸렌 등이 있다.
• **열경화성 수지**
　가열하면 일단 연화되지만 계속 가열하면 경화되어 원상태로 되돌아가지 않는 수지로, 페놀수지, 요소수지, 폴리우레탄, 에폭시수지 등이 있다.

65 다음 중 수용액 상태에서 산성을 나타내는 것은 어느 것인가? 〔출제율 40%〕

① 페놀　　　② 아닐린
③ 수산화칼슘　　　④ 암모니아

해설 페놀

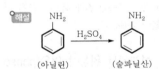 ⇒ 약산성

66 방향족 아민에 1당량의 황산을 가했을 때의 생성물에 해당하는 것은? 〔출제율 40%〕

① NH₂ + H₂SO₄ → NHSO₃H

② NH₂ + H₂SO₄ → (나프탈렌, NH₂ / SO₃H)

③ NH₂ + H₂SO₄ → NH₂ / SO₃H

④ NH₂ + H₂SO₄ → NH₂ / SO₃H SO₃H

해설

NH₂ →(H₂SO₄)→ NH₂
(아닐린)　　　　(술파닐산)

67 솔베이법과 염안소다법을 이용한 소다회 제조 과정에 대한 비교 설명 중 틀린 것은 어느 것인가? 〔출제율 60%〕

① 솔베이법의 나트륨 이용률은 염안소다법보다 높다.
② 솔베이법이 염안소다법에 비하여 암모니아 사용량이 적다.
③ 솔베이법의 경우 CO_2를 얻기 위하여 석회석 소성을 필요로 한다.
④ 염안소다법의 경우 원료인 $NaCl$을 정제한 고체상태로 반응계에 도입한다.

해설 염안소다법
식염(Na) 이용률을 100%까지 향상시키며, 염소는 염화암모늄을 부생시켜 비료로 이용된다.

68 Aramid 섬유의 한 종류인 Kevlar 섬유의 제조에 필요한 단량체는? 〔출제율 20%〕

① terephthaloyl chloride+1,4-phenylene-diamine
② isophthaloyl chloride+1,4-phenylene-diamine
③ terephthaloyl chloride+1,3-phenylene-diamine
④ isophthaloyl chloride+1,3-phenylene-diamine

해설 • 아라미드(Aramid) 섬유
고분자화합물로 알려진 폴리아라미드를 이용해 제작된 고강도 섬유이다.
• Kevlar 섬유
terephthaloyl chloride+1,4-phenylene-diamine

69 다음 탄화수소의 분해에 대한 설명 중 틀린 것은? 〔출제율 40%〕

① 열분해는 자유라디칼에 의한 연쇄반응이다.
② 열분해는 접촉분해에 비해 방향족과 이소파라핀이 많이 생성된다.
③ 접촉분해에서는 촉매를 사용하여 열분해보다 낮은 온도에서 분해시킬 수 있다.
④ 접촉분해에서는 방향족이 올레핀보다 반응성이 낮다.

해설 • 열분해법
에틸렌을 분해물로 얻는다.
• 접촉분해법
방향족 탄화수소가 많이 생긴다.

70 에틸렌과 프로필렌을 공이량화(codimerization)시킨 후 탈수소시켰을 때 생성되는 주물질은 어느 것인가? 〔출제율 40%〕

① 이소프렌   ② 클로로프렌
③ n-펜탄   ④ n-헥센

해설 에틸렌+프로필렌 $\longrightarrow$ 이소프렌(C_5H_8)
                    ↓
               공이량화, 탈수소

71 접촉식 황산 제조법에 사용하는 바나듐 촉매의 특성이 아닌 것은? 〔출제율 60%〕

① 촉매 수명이 길다.
② 촉매독 작용이 적다.
③ 전화율이 상당히 낮다.
④ 가격이 비교적 저렴하다.

해설 V_2O_5 촉매의 특성
㉠ 촉매독 물질에 대한 저항이 크다.
㉡ 10년 이상 사용하며, 고온에 안정하고, 내산성이 있다.
㉢ 다공성이며 비표면적이 크다.

72 아세틸렌으로 염화비닐을 생성할 때 아세틸렌과 반응하는 물질로 옳은 것은? 〔출제율 60%〕

① HCl   ② NaCl
③ H_2SO_4 ④ HOCl

해설 $CH \equiv CH + HCl \rightarrow CH_2 = CH$
$\quad\quad\quad\quad\quad\quad\quad\quad\quad\quad |$
$\quad\quad\quad\quad\quad\quad\quad\quad\quad\quad Cl$

73 수분 14wt%, NH₄HCO₃ 3.5wt%가 포함된 NaHCO₃ 케이크 1000kg에서 NaHCO₃가 단독으로 열분해되어 생기는 물의 질량(kg)은? (단, NaHCO₃의 열분해는 100% 진행된다.) 〔출제율 40%〕

① 68.65   ② 88.39
③ 98.46   ④ 108.25

해설 $2NaHCO_3 \rightarrow Na_2CO_3 + CO_2 + H_2O$

$mol 수 = \dfrac{825}{84(분자량)} = 9.8214\,mol$

생성되는 H_2O의 몰수는 $\dfrac{9.8214}{2}$ 이고, 이를 H_2O 분자량 18과 곱하면 약 88.39kg

74 석유화학공업에서 분해에 의해 에틸렌 및 프로필렌 등의 제조의 주된 공업연료로 이용되고 있는 것은? 〔출제율 20%〕

① 경유   ② 나프타
③ 등유   ④ 중유

해설 나프타(Naphtha)
탄화수소의 혼합체로, 에틸렌 및 프로필렌 등의 제조원료로 사용된다.

68.① 69.② 70.① 71.③ 72.① 73.② 74.②

75 SO_2가 SO_3로 산화될 때의 반응열(ΔH ; kcal/mol)은? (단, SO_2의 ΔH_f : -70.96kcal/mol, SO_3의 ΔH_f : -94.45kcal/mol이다.) 출제율 40%

① 165
② 24
③ -165
④ -23

해설 $SO_2 \xrightarrow{\text{산화}} SO_3$

SO_3의 $\Delta H_f - SO_3$의 ΔH_f
$= -94.45 - (-70.96) = 약 -23$

76 암모니아 합성용 수성가스 제조 시 Blow 반응에 해당하는 것은? 출제율 40%

① $C + H_2O \rightleftarrows CO + H_2 - 29400cal$
② $C + 2H_2O \rightleftarrows CO_2 + 2H_2 - 19000cal$
③ $C + O_2 \rightleftarrows CO_2 + 96630cal$
④ $1/2O_2 \rightleftarrows O + 67410cal$

해설 $C + O_2 \rightarrow CO_2 + 97.6kcal$: Blow 조작
$C + \dfrac{1}{2}O_2 \rightarrow CO + 67.410kcal$: Blow-run

77 다음 반도체 공정에 대한 설명 중 틀린 것은 어느 것인가? 출제율 20%

① 감광반응되지 않은 부분을 제거하는 공정을 에칭이라 하며, 건식과 습식으로 구분할 수 있다.
② 감광성 고분자를 이용하여 실리콘웨이퍼에 회로패턴을 전사하는 공정을 리소그래피(lithography)라고 한다.
③ 화학기상증착법 등을 이용하여 3족 또는 6족의 불순물을 실리콘웨이퍼 내로 도입하는 공정을 이온주입이라 한다.
④ 웨이퍼 처리공정 중 잔류물과 오염물을 제거하는 공정을 세정이라 하며, 건식과 습식으로 구분할 수 있다.

해설 화학기상증착
CVD 공정은 형성하고자 하는 증착막 재료의 원소가스를 기판 표면 위에 화학반응시켜 원하는 박막을 형성시킨다.

78 다음 중 35wt% HCl 용액 1000kg에서 HCl의 몰질량(kmol)은? 출제율 40%

① 6.59
② 7.59
③ 8.59
④ 9.59

해설 $35\omega t\%$ HCl : 350kg
HCl의 분자량 $= 36.5$
몰질량 kmol $= \dfrac{350}{36.5} \fallingdotseq 9.59$ kmol

79 다음 중 복합비료에 대한 설명으로 틀린 것은 어느 것인가? 출제율 40%

① 비료 3요소 중 2종 이상을 하나의 화합물 상태로 함유하도록 만든 비료를 화성비료라 한다.
② 화성비료는 비료 성분의 총량에 따라서 저농도 화성비료와 고농도 화성비료로 구분할 수 있다.
③ 배합비료는 주로 산성과 염기성의 혼합을 사용하는 것이 좋다.
④ 질소, 인산 또는 칼륨을 포함하는 단일비료를 2종 이상 혼합하여 2성분 이상의 비료요소를 조정해서 만든 비료를 배합비료라 한다.

해설 복합비료
산성과 산성, 산성과 중성, 중성과 중성 등의 혼합은 괜찮으나 산성과 염기성의 혼합은 화학반응을 일으키므로 좋지 않다.

80 Witt의 발색단설에 의한 분류에서 조색단 기능성기로 옳은 것은? 출제율 20%

① $-N=N-$
② $-NO_2$
③ $>C=O$
④ $-SO_3H$

해설 발색단설
유기화합물이 발색하기 위해서는 잠재적으로 발색의 원인이 되는 구조를 가진 관능기가 분자 내에 몇 개 있어야 된다.
• 발색단 : $-NO_2$, $-N=N-$, $>C=O$
• 조색단 : $-OH$, $-NH_2$, $-NHCH$, $-SO_3H$

제5과목 ┃ 반응공학

81 촉매반응의 경우 촉매의 역할을 잘 설명한 것은 어느 것인가? `출제율 40%`

① 평형상수(K)를 높여 준다.
② 평형상수(K)를 낮추어 준다.
③ 활성화에너지(E)를 높여 준다.
④ 활성화에너지(E)를 낮추어 준다.

해설 촉매로 활성화에너지를 조정하여 반응속도를 조절하며, 일반적으로 활성화에너지를 낮추어 준다.

82 A와 B를 공급물로 하는 아래 반응에서 R이 목적 생성물일 때, 목적 생성물의 선택도를 높일 수 방법은? `출제율 40%`

$$A + B \rightarrow R(\text{desired}), \quad r_1 = k_1 C_A C_B{}^2$$
$$R + B \rightarrow S(\text{unwanted}), \quad r_2 = k_2 C_R C_B$$

① A에 B를 한 방울씩 넣는다.
② B에 A를 한 방울씩 넣는다.
③ A와 B를 동시에 넣는다.
④ A와 B의 농도를 낮게 유지한다.

해설 $S = \dfrac{r_1}{r_2} = \dfrac{k_1 C_A C_B{}^2}{k_2 C_R C_B} = \dfrac{k_1}{k_2} \dfrac{C_A C_B}{C_R}$

A와 B를 동시에 넣는다.

83 HBr의 생성반응속도식이 다음과 같을 때 k_2의 단위에 대한 설명으로 옳은 것은? `출제율 20%`

$$r_{\text{HBr}} = \dfrac{k_1 [\text{H}_2][\text{Br}_2]^{\frac{1}{2}}}{k_2 + [\text{HBr}]/[\text{Br}_2]}$$

① 단위는 $[\text{m}^3 \cdot \text{s/mol}]$이다.
② 단위는 $[\text{mol/m}^3 \cdot \text{s}]$이다.
③ 단위는 $[(\text{mol/m}^3)^{-0.5}(\text{s})^{-1}]$이다.
④ 단위는 무차원(dimensionless)이다.

해설 $\dfrac{\text{HBr}}{\text{Br}_2}$는 무차원 수이고, k_2도 무차원 수이다.

84 균일계 액상반응($A \rightarrow R$)이 회분식 반응기에서 1차 반응으로 진행된다. A의 40%가 반응하는 데 5분이 걸린다면, A의 60%가 반응하는 데 걸리는 시간(min)은? `출제율 60%`

① 5   ② 9
③ 12   ④ 15

해설 $-\ln(1 - 0.4) = 5k, \quad k = 0.1$
$-\ln(1 - 0.6) = 0.1 \times t$
$t = $ 약 9min

85 균일촉매반응이 다음과 같이 진행될 때 평형상수와 반응속도상수의 관계식으로 옳은 것은 어느 것인가? `출제율 40%`

$$A + C \underset{k_2}{\overset{k_1}{\rightleftharpoons}} \times \underset{k_4}{\overset{k_3}{\rightleftharpoons}} B + C$$

① $K_{eg} = \dfrac{k_1 k_3}{k_2 k_4}$ ② $K_{eg} = \dfrac{k_2 k_4}{k_1 k_3}$

③ $K_{eg} = \dfrac{k_2 k_3}{k_1 k_4}$ ④ $K_{eg} = \dfrac{k_1 k_4}{k_2 k_3}$

해설 $k_{eq} = \dfrac{\text{정반응 속도상수}}{\text{역반응의 속도상수}} = \dfrac{k_1 k_3}{k_2 k_4}$

86 공간시간과 평균체류시간에 대한 설명 중 틀린 것은 어느 것인가? `출제율 20%`

① 밀도가 일정한 반응계에서는 공간시간과 평균체류시간은 항상 같다.
② 부피가 팽창하는 기체반응의 경우 평균체류시간은 공간시간보다 작다.
③ 반응물의 부피가 전화율과 직선관계로 변하는 관형반응기에서 평균체류시간은 반응속도와 무관하다.
④ 공간시간과 공간속도의 곱은 항상 1이다.

해설 단일이상반응기
㉠ 공간속도는 공간시간의 역수이다.
㉡ 밀도가 일정한 경우 부피유량이 변하지 않으므로 공간시간과 평균체류시간 같다.
㉢ 부피 증가 시 '출구유량 > 입구유량'이므로 평균체류시간이 더 적다.

87 어떤 반응의 전화율과 반응속도가 아래의 표와 같다. 혼합흐름반응기(CSTR)와 플러그흐름반응기(PFR)를 직렬 연결하여 CSTR에서 전화율을 40%까지, PFR에서 60%까지 반응시키려 할 때, 각 반응기의 부피 합(L)은? (단, 유입 몰유량은 15mol/s이다.) 출제율 20%

전화율(X)	반응속도(mol/L · s)
0.0	0.0053
0.1	0.0052
0.2	0.0050
0.3	0.0045
0.4	0.0040
0.5	0.0033
0.6	0.0025

① 1066
② 1996
③ 2148
④ 2442

해설
$$V_{CSTR} = \frac{F_{A0}X_A}{-r_A} = \frac{15 \times 0.4}{0.0040} = 1500\,L$$

$$V_{PFR} = F_{A0} \int_{0.4}^{0.6} \frac{dX}{-r_A}$$

$$= F_{A0} \times \frac{X_2 - X_1}{6} \times \left\{ \frac{1}{r_{0.4}} + 4f\left(\frac{X_1 + X_2}{2}\right) + \frac{1}{r_{0.6}} \right\}$$

$$= F_{A0} \times \frac{0.6 - 0.4}{6} \times \left\{ \frac{1}{0.004} + 4 \times \frac{1}{0.0033} + \frac{1}{0.0025} \right\}$$

$$= 약\ 931$$

$$V_{total} = V_{PFR} + V_{CSTR} = 2431\,기압$$

88 $A + R \rightarrow R + R$인 자동촉매반응이 회분식 반응기에서 일어날 때 반응속도가 가장 빠를 때는? (단, 초기 반응기 내에는 A가 대부분이고 소량의 R이 존재한다.) 출제율 20%

① 반응 초기
② 반응 말기
③ A과 R의 농도가 서로 같을 때
④ A의 농도가 R의 농도의 2배일 때

해설 $A + R \rightarrow R + R$

89 플러그흐름반응기에서 아래와 같은 반응이 진행될 때, 빗금 친 부분이 의미하는 것은? (단, ϕ는 반응 $A \rightarrow R$에 대한 R의 순간수율(instantaneous fractional yield)이다.) 출제율 40%

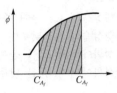

① 총괄수율
② 반응해서 없어진 반응물의 몰수
③ 생성되는 R의 최종농도
④ 그 순간의 반응물의 농도

해설 $\int_{C_{Af}}^{C_{Ai}} \frac{dC_R}{-dC_A} dC_A = C_R(C_{Af}) - C_R(C_{A0}) = C_R$

90 1차 기본반응의 속도상수가 $1.5 \times 10^{-3} s^{-1}$일 때, 이 반응의 반감기(s)는? 출제율 60%

① 162
② 262
③ 362
④ 462

해설 $t_{1/2} = \frac{\ln 2}{k}$, $k = 462$

91 Arrhenius law에 따라 작도한 다음 그림 중에서 평행반응(parallel reaction)에 가장 가까운 그림은? 출제율 80%

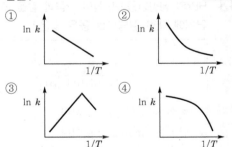

해설 평행반응

92 균일반응($A+1.5B \rightarrow P$)의 반응속도 관계로 옳은 것은? `출제율 40%`

① $r_A = \dfrac{2}{3}r_B$ 　　② $r_A = r_B$

③ $r_B = \dfrac{2}{3}r_A$ 　　④ $r_B = r_P$

해설 속도 법칙

$aA + bB \xrightarrow{k} cC + dD$

$-\dfrac{r_A}{a} = -\dfrac{r_B}{b} = \dfrac{r_C}{c} = \dfrac{r_D}{d}$

$A + 1.5B \rightarrow P$

$-r_A = -\dfrac{r_B}{1.5} = r_P$

$r_A = \dfrac{2}{3}r_B$

93 다음과 같은 기초반응이 동시에 진행될 때 R의 생성에 가장 유리한 반응조건은? `출제율 40%`

$$A + B \rightarrow R,\ A \rightarrow S,\ B \rightarrow T$$

① A와 B의 농도를 높인다.
② A와 B의 농도를 낮춘다.
③ A의 농도는 높이고, B의 농도는 낮춘다.
④ A의 농도는 낮추고, B의 농도는 높인다.

해설 $-r_R = k_1 C_A C_B,\ -r_S = k_2 C_A$

$-r_T = k_3 C_B$

$S = \dfrac{k_1 C_A C_B}{k_2 C_A + k_3 C_B}$ 　(A와 B의 농도 증가)

94 $A \rightarrow R$ 액상반응이 부피가 0.1L인 플러그흐름 반응기에서 $-r_A = 50C_A{}^2 \text{mol/L} \cdot \text{min}$으로 일어난다. A의 초기농도는 0.1mol/L이고 공급속도가 0.05L/min일 때 전화율은? `출제율 60%`

① 0.509　　② 0.609
③ 0.809　　④ 0.909

해설 $k\tau C_{A0} = \dfrac{X_A}{1-X_A},\ k=50$

$\tau = \dfrac{0.1}{0.05} = 2$

$50 \times 2 \times 0.1\,\text{mol/L} = \dfrac{X_A}{1-X_A}$

$X_A = 0.909$

95 불균일촉매 반응에서 확산이 반응 율속 영역에 있는지를 알기 위한 식과 가장 거리가 먼 것은 어느 것인가? `출제율 20%`

① Thiele modulus
② Weisz−Prater 식
③ Mears 식
④ Langmuir−Hishelwood 식

해설 Langmuir−Hishelwood 식(흡착식)

96 $A \rightarrow R \rightarrow S$로 진행하는 연속 1차 반응에서 각 농도별 시간의 곡선을 옳게 나타낸 것은 어느 것인가? (단, C_A, C_R, C_S는 각각 A, R, S의 농도이다.) `출제율 40%`

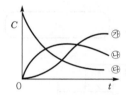

① ㉮−C_S, ㉯−C_R, ㉰−C_A
② ㉮−C_S, ㉯−C_A, ㉰−C_R
③ ㉮−C_R, ㉯−C_A, ㉰−C_S
④ ㉮−C_A, ㉯−C_R, ㉰−C_S

해설 A는 거의 소모이므로 ㉰ $= A$, 최종 생성물은 S이므로 ㉮ $= S$, R은 중간에 생성되나 S 생성을 위해 감소하므로 ㉯ $= R$이다.

97 $A \rightarrow R$ 액상 기초반응을 부피가 2.5L인 혼합흐름반응기 2개를 직렬로 연결해 반응시킬 때의 전화율(%)은? (단, 반응상수는 0.253min^{-1}, 공급물은 순수한 A이며, 공급속도는 400cm^3/min이다.) `출제율 60%`

① 73%　　② 78%
③ 80%　　④ 85%

해설 $\tau = \dfrac{2.5\text{L}}{400\text{cm}^3/\text{min}} = 6.25\,\text{min}$

$\tau = \dfrac{C_{A0} X_A}{k C_{A0}(1-X_A)},\ \tau k = \dfrac{X_A}{1-X_A}$

$1.5812 = \dfrac{X_A}{1-X_A},\ X_A = 0.612$

$1 - (1-0.612)^2 = 1 - 0.15 = 0.85 \times 100 = 85\%$

98 균일계 병렬반응이 다음과 같을 때 R을 최대로 얻을 수 있는 반응방식은? 출제율 40%

$$A + B \xrightarrow{k_1} R, \quad \frac{dC_R}{dt} = k_1 C_A^{0.5} C_B^{1.5}$$

$$A + B \xrightarrow{k_2} S, \quad \frac{dC_S}{dt} = k_2 C_A C_B^{0.5}$$

①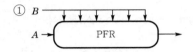

②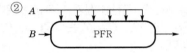

③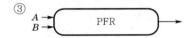

④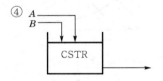

해설 $S = \dfrac{dC_R}{dC_S} = \dfrac{k_1 C_A^{0.5} C_B^{1.5}}{k_2 C_A C_B^{0.5}} = \dfrac{k_1}{k_2} \dfrac{C_B^{1}}{C_A^{0.5}}$

많은 양의 B에 적은 양의 A를 투입한다.

99 반감기가 50시간인 방사능 액체를 10L/h의 속도를 유지하며 직렬로 연결된 두 개의 혼합탱크(각 4,000L)에 통과시켜 처리할 때 감소되는 방사능의 비율(%)은? (단, 방사능 붕괴는 1차 반응으로 가정한다.) 출제율 60%

① 93.67   ② 95.67
③ 97.67   ④ 99.67

해설 $\dfrac{\ln 2}{k} = 50 \, \text{hr}, \quad k = 0.013863 / \text{hr}$

$\tau = \dfrac{4000 \text{L}}{10 \text{L/hr}} = 400 \, \text{hr}$

$\tau = \dfrac{C_{A0} X_A}{k C_A} = \dfrac{C_{A0} X_A}{k C_{A0}(1 - X_A)} = 400$

$X_A = 0.847$

$1 - (1 - 0.847)^2 = 0.9767 \times 100 = 97.67\%$

100 아래와 같은 경쟁반응에서 R을 더 많이 생기게 하기 위한 조건으로 적절한 것은? (단, 농도 그래프의 R과 S의 농도는 경향을 의미하며, E_1은 1번 반응의 활성화에너지, E_2는 2번 반응의 활성화에너지이다.) 출제율 40%

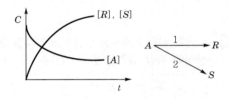

① $E_1 > E_2$이면 저온 조작
② $E_1 > E_2$이면 고온 조작
③ $E_1 = E_2$이면 저온 조작
④ $E_1 = E_2$이면 고온 조작

해설 $E_1 > E_2$이면 고온 조작이 유리하다.

제1과목 ▎화공열역학

01 2성분계 용액(binary solution)이 그 증기와 평형 상태 하에 놓여 있을 경우 그 계 안에서 독립적인 반응이 1개 있을 때, 평형상태를 결정하는 데 필요한 독립변수의 수는? 〔출제율 60%〕

① 1
② 2
③ 3
④ 4

해설 자유도$(F) = 2 - P + C - r - s$
여기서, P : 상, C : 성분, r : 반응식
      s : 제한조건(공비혼합물, 등몰기체)
P : 2(액체·기체 평형), C : 2(2성분),
r : 1(반응 1개)
$F = 2 - 2 + 2 - 1 = 1$

02 줄-톰슨(Joule-Thomson) 팽창에 해당되는 열역학적 과정은? 〔출제율 40%〕

① 정용 과정
② 정압 과정
③ 등엔탈피 과정
④ 등엔트로피 과정

해설 Joule-Thomson
$\mu = \left(\dfrac{\partial T}{\partial P}\right)_H$: 줄-톰슨 계수
엔탈피가 일정한 팽창

03 1기압, 103℃의 수증기가 103℃의 물(액체)로 변하는 과정이 있다. 이 과정에서의 깁스(Gibbs) 자유에너지와 엔트로피 변화량의 부호가 올바르게 짝지어진 것은? 〔출제율 40%〕

① $\Delta G > 0,\ \Delta S > 0$
② $\Delta G > 0,\ \Delta S < 0$
③ $\Delta G < 0,\ \Delta S > 0$
④ $\Delta G < 0,\ \Delta S < 0$

해설 • 엔트로피는 무질서도를 나타낸 것으로, 기체→ 액체 시 무질서도가 감소하므로 $\Delta S < 0$
• 기체→액체는 흡열반응이므로 $\Delta G > 0$
  (발열반응의 $\Delta G < 0$, 평형 $\Delta G = 0$)

04 어떤 평형계의 성분의 수는 1, 상의 수는 3이다. 그 계의 자유도는? (단, 반응이 수반되지 않는 계이다.) 〔출제율 80%〕

① 0
② 1
③ 2
④ 3

해설 자유도(F)
$F = 2 - P + C$
여기서, P : 상, C : 성분
$F = 2 - 3 + 1 = 0$

05 다음 맥스웰(Maxwell) 관계식의 부호가 옳게 표시된 것은? 〔출제율 80%〕

$$\left(\frac{\partial S}{\partial V}\right)_T = (\text{a})\left(\frac{\partial P}{\partial T}\right)_V$$
$$\left(\frac{\partial S}{\partial P}\right)_T = (\text{b})\left(\frac{\partial V}{\partial T}\right)_P$$

① a : (+), b : (+)
② a : (+), b : (−)
③ a : (−), b : (−)
④ a : (−), b : (+)

해설 맥스웰 방정식
• $dU = TdS - PdV \Rightarrow \left(\dfrac{\partial T}{\partial V}\right)_S = -\left(\dfrac{\partial P}{\partial S}\right)_V$
• $dH = TdS + VdP \Rightarrow \left(\dfrac{\partial T}{\partial P}\right)_S = \left(\dfrac{\partial V}{\partial S}\right)_P$
• $dA = -SdT - PdV \Rightarrow \left(\dfrac{\partial S}{\partial V}\right)_T = \left(\dfrac{\partial P}{\partial T}\right)_V$
• $dG = -SdT + VdP \Rightarrow -\left(\dfrac{\partial S}{\partial P}\right)_T = \left(\dfrac{\partial V}{\partial T}\right)_P$

06 비리얼 방정식(Virial equation)이 $Z = 1 + BP$ 로 표시되는 어떤 기체를 가역적으로 등온압축 시킬 때 필요한 일의 양에 대한 설명으로 옳은 것은? (단, $Z = \dfrac{PV}{RT}$, B는 비리얼 계수를 나타 낸다.) 출제율 20%

① B값에 따라 다르다.
② 이상기체의 경우와 같다.
③ 이상기체의 경우보다 많다.
④ 이상기체의 경우보다 적다.

해설 압축인자 Z＝실제기체가 이상기체에서 벗어난 정도 이고, 비리얼 계수는 온도만의 함수이므로 가역등온 압축(T＝일정)에서 일의 양은 이상기체와 같다.

07 비리얼 계수에 대한 설명 중 옳은 것을 모두 나 열한 것은? 출제율 20%

> A. 단일기체의 비리얼 계수는 온도만의 함수 이다.
> B. 혼합기체의 비리얼 계수는 온도 및 조성 의 함수이다.

① A   ② B
③ A, B   ④ 모두 틀림

해설 비리얼 계수
• 비리얼 계수는 온도 만의 함수이다.
• 혼합기체의 조성
$B_{mix} = y_1{}^2 B_{11} + 2y_1 y_2 B_{12} + y_2{}^2 B_{22}$
(혼합기체의 비리얼 계수는 온도 및 조성의 합)

08 100℃에서 증기압이 각각 1atm, 2atm인 두 물질 이 0.5mol씩 들어 있는 기상혼합물의 이슬점에 서의 전압력(atm)은? (단, 두 물질은 모두 Raoult의 법칙을 따른다고 가정한다.) 출제율 40%

① 0.25   ② 0.50
③ 1.33   ④ 2.00

해설 라울의 법칙
$P_A x_a = P_B (1 - x_a)$
문제에서 $P_A = 1\,\text{atm}$, $P_B = 2\,\text{atm}$이므로
$x_A = 2(1 - x_a)$, $x_A = \dfrac{2}{3}$
$P = 1 \times \dfrac{2}{3} + 2\left(1 - \dfrac{2}{3}\right) = \dfrac{4}{3} = 1.33$

09 다음의 $P - H$선도에서 $H_2 - H_1$ 값이 의미하는 것은? 출제율 20%

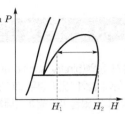

① 혼합열   ② 승화열
③ 증발열   ④ 융해열

해설 $P - H$ 선도

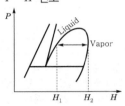

$H_1 - H_2$ ＝증발열

10 열의 일당량을 옳게 나타낸 것은? 출제율 20%

① $427\,\text{kgf} \cdot \text{m/kcal}$
② $\dfrac{1}{427}\,\text{kgf} \cdot \text{m/kcal}$
③ $427\,\text{kcal} \cdot \text{m/kgf}$
④ $\dfrac{1}{427}\,\text{kcal} \cdot \text{m/kgf}$

해설 열 : $1\,\text{kcal} = 427\,\text{kgf} \cdot \text{m}$
열의 일당량은 1kcal의 열이 얼마만큼의 일을 하는 지 나타낸 것으로, $427\,\text{kgf} \cdot \text{m/kcal}$이다.

11 외부와 단열된 탱크 내에 0℃, 1기압의 산소와 질소가 칸막이에 의해 분리되어 있다. 초기 몰수 가 각각 1mol에서 칸막이를 서서히 제거하여 산 소와 질소가 확산되어 평형에 도달하였다. 이상 용액인 경우 계의 성질이 변하는 것은? (단, 정용 열용량(C_V)은 일정하다.) 출제율 20%

① 부피   ② 온도
③ 엔탈피   ④ 엔트로피

해설 엔트로피
자발적 변화는 비가역 변화로, 엔트로피가 증가하는 방향으로 진행한다. 즉, 무질서도는 증가된다.

12 이상적인 기체 터빈 동력장치의 압력비는 6이고 압축기로 들어가는 온도는 27℃이며 터빈의 최대허용온도는 816℃일 때, 가역조작으로 진행되는 이 장치의 효율은 얼마인가? (단, 비열비는 1.4이다.) 출제율 40%

① 20% ② 30%
③ 40% ④ 50%

해설 $\eta = 1 - \left(\dfrac{P_A}{P_B}\right)^{\frac{\gamma-1}{\gamma}} = 1 - \left(\dfrac{1}{6}\right)^{\frac{1.4-1}{1.4}} = $ 약 40%

13 다음 에너지 보존식이 성립하기 위한 조건이 아닌 것은? 출제율 20%

$$\Delta H + \frac{\Delta U^2}{2} + g\Delta z = Q + W_S$$

① 열린계(open system)
② 등온계(isothermal system)
③ 정상상태(steady state)로 흐르는 계
④ 각 항은 유체단위질량당 에너지를 나타냄

해설 열역학 제1법칙(에너지 보존 법칙)
㉠ 에너지 총량은 일정. 즉, 열과 일은 생성되거나 소멸되는 것이 아니고 서로 전환된 계를 통해 교환 가능
㉡ 각 항은 내부에너지, 위치에너지 등
㉢ 정상상태에서 적용할 수 있다.
㉣ 엔탈피 변화가 있으므로 등온계가 아니다.

14 아래와 같은 반응이 일어나는 계에서 초기에 CH_4 2mol, H_2O 1mol, CO 1mol, H_2 4mol이 있었다고 한다. 평형 몰분율 y_i를 반응좌표 ε의 함수로 표시하려고 할 때 총 몰수($\sum n_i$)를 ε의 함수로 옳게 나타낸 것은? 출제율 40%

$$CH_4 + H_2O \rightleftharpoons CO + 3H_2$$

① $\sum n_i = 2\varepsilon$ ② $\sum n_i = 2 + \varepsilon$
③ $\sum n_i = 4 + 3\varepsilon$ ④ $\sum n_i = 8 + 2\varepsilon$

해설 $CH_4 + H_2O \rightleftharpoons CO + 3H_2$
$n_{i0} = 2 + 1 + 1 + 4 = 8\,mol$
$\gamma_i = -1 - 1 + 1 + 3 = 2$
$n_i = n_{i0} + \nu_i \varepsilon = 8 + 2\varepsilon$

15 25℃에서 프로판 기체의 표준연소열(J/mol)은? (단, 프로판, 이산화탄소, 물$_{(L)}$의 표준 생성 엔탈피는 각각, −104680J/mol, −393509J/mol, −285830J/mol이다.) 출제율 40%

① 574659 ② −574659
③ 1253998 ④ −2219167

해설 $C_3H_8 + 5O_2 \rightarrow 3CO_2 + 4H_2O$
$3 \times CO_2$ 생성열$+4 \times H_2O$ 생성열$-$(프로판 생성열)
$= -2219.67\,J/mol$

16 다음 중 열과 일 사이의 에너지 보존의 원리를 표현한 것은 어느 것인가? 출제율 20%

① 열역학 제0법칙 ② 열역학 제1법칙
③ 열역학 제2법칙 ④ 열역학 제3법칙

해설 열역학 제1법칙(에너지 보존 법칙)
에너지 총량은 일정. 즉, 열과 일은 생성되거나 소멸되는 것이 아닌 서로 전환된다.

17 Carnot 냉동기가 −5℃의 저열원에서 10000kcal/h의 열량을 흡수하여 20℃의 고열원에서 방출할 때 버려야 할 최소열량(kcal/h)은? 출제율 80%

① 7760 ② 8880
③ 10932 ④ 12242

해설 Carnot 냉동기
$W = |Q_H| - |Q_C|$
$\dfrac{W}{|Q_c|} = \dfrac{T_h - T_c}{T_c} \rightarrow \dfrac{W}{10000} = \dfrac{293 - 268}{268}$
$W = 932.83 = |Q_H| - 10000$
$Q_H = 10932\,kcal/h$

18 역학적으로 가역인 비흐름 과정에 대하여 이상기체의 폴리트로픽 과정(polytropic process)은 PV^n이 일정하게 유지되는 과정이다. 이때 n값이 열용량비(또는 비열비)라면 어떤 과정인가? 출제율 80%

① 단열과정(Adiabatic process)
② 정온과정(Isothermal process)
③ 가역과정(Reversible process)
④ 정압과정(Isobaric process)

해설 폴리트로픽 공정

$PV^\delta = $ 일정

- $\delta = 0$: 정압과정
- $\delta = 1$: 등온과정
- $\delta = \gamma$: 단열과정
- $\delta = \infty$: 정용과정

19 2성분계 공비혼합물에서 성분 A, B의 활동도 계수를 γ_A와 γ_B, 포화증기압을 P_A 및 P_B라 하고, 이 계의 전압을 P_t라 할 때 수정된 Raoult의 법칙을 적용하여 γ_B를 옳게 나타낸 것은? (단, B성분의 기상 및 액상에서의 몰분율은 y_B와 x_B이며, 퓨가시티 계수는 1이라 가정한다.) 출제율 40%

① $\gamma_B = P_t/P_B$
② $\gamma_B = P_t/P_B(1-X_A)$
③ $\gamma_B = P_t y_B/P_B$
④ $\gamma_B = P_t/P_B X_B$

해설 $\gamma_i = \dfrac{y_i P}{x_i f_i} = \dfrac{y_i P}{x_i P_i^{\,sat}}$ (여기서, γ : 활동도 계수)

$y_i P = \gamma_i x_i P_i^{\,sat}$

$y_A P + y_B P = \gamma_A x_A P_A^{\,sat} + \gamma_B x_B P_B^{\,sat}$

$y_A P = \gamma_A x_A P_A^{\,sat}$, $y_B P = \gamma_B x_B P_B^{\,sat}$

공비혼합물 : 액상, 기상 조성 동일 $\Rightarrow \gamma_B = \dfrac{P}{P_B^{\,sat}}$

(공비혼합물 : 두 성분 이상의 혼합액과 평형상태에 있는 증기의 성분비가 혼합액의 성분비와 같을 때의 혼합액)

20 다음 중 초임계 유체에 대한 설명으로 틀린 것은 어느 것인가? 출제율 20%

① 비등현상이 없다.
② 액상과 기상의 구분이 없다.
③ 열을 가하면 온도와 체적이 증가한다.
④ 온도가 임계온도보다 높고, 압력은 임계압력보다 낮은 범위이다.

해설 초임계 유체
임계온도와 임계압력을 넘은 액체와 기체 구분이 어려운 유체로 비등현상이 없고, 온도가 증가할 때 부피가 증가하며, 압축해도 액화가 불가능하다.

제2과목 | 단위조작 및 화학공업양론

21 이산화탄소 20vol%와 암모니아 80vol%의 기체 혼합물이 흡수탑에 들어가서 암모니아의 일부가 산에 흡수되어 탑 하부로 떠나고, 기체 혼합물은 탑 상부로 떠난다. 상부 기체 혼합물의 암모니아 체적분율이 35%일 때 암모니아 제거율(vol%)은? (단, 산 용액의 증발이 무시되고, 이산화탄소의 양은 일정하다.) 출제율 60%

① 75.73
② 81.26
③ 86.54
④ 90.12

해설

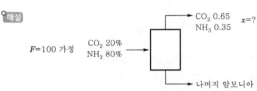

$CO_2 : 100 \times 0.2 = x \times 0.65$

$x = 30.7692$

나머지 암모니아 $= 100 - 30.76923077 = $ 약 69.23

제거율 $= \dfrac{69.23}{80} \times 100 = $ 약 86.5%

22 깁스의 상률 법칙에 대한 설명 중 틀린 것은 어느 것인가? 출제율 20%

① 열역학적 평형계를 규정짓기 위한 자유도는 상의 수와 화학종의 수에 의해 결정된다.
② 자유도는 화학종의 수에서 상의 수를 뺀 후 2를 더하여 결정한다.
③ 반응이 있는 열역학적 평형계에서도 적용이 가능하다.
④ 자유도를 결정할 때 화학종 간의 반응이 독립적인지 또는 종속적인지를 고려해야 한다.

해설 상률 법칙
$F = 2 - P + C - r - s$
여기서, P : 상, C : 성분
r : 반응식
s : 제한조건(공비혼합물, 등몰기체)
닫힌 평형계에 적용한다.

23 어떤 공기의 조성이 N_2 79mol%, O_2 21mol%일 때, N_2의 질량분율은? 출제율 40%

① 0.325   ② 0.531
③ 0.767   ④ 0.923

해설 N_2 분자량 = 28, O_2 분자량 = 32

N_2 질량분율 = $\dfrac{28 \times 0.79}{28 \times 0.79 + 32 \times 0.21} = 0.767$

24 탄소 70mol%, 수소 15mol% 및 기타 회분 등의 연소할 수 없는 물질로 구성된 석탄을 연소하여 얻은 연소가스의 조성이 CO_2 15mol%, O_2 4mol% 및 N_2 81mol%일 때 과잉공기의 백분율은? (단, 공급되는 공기의 조성은 N_2 79mol%, O_2 21mol%이다.) 출제율 40%

① 4.9%   ② 9.3%
③ 16.2%   ④ 22.8%

해설 과잉공기량 = 실제공기량 − 이론공기량
연소 후 가스량 중 산소가 4 mol%
연소가스 중 산소가 21이므로 과잉공기비(m)는 다음식으로 구하면

$m = \dfrac{21}{21 - O_2} = \dfrac{21}{21 - 4} = 1.23$

과잉공기백분율 $= \dfrac{\text{과잉공기량} - \text{이론공기량}}{\text{이론공기량}}$

$\quad\quad\quad = \dfrac{m \cdot \text{이론공기량} - \text{이론공기량}}{\text{이론공기량}}$

$\quad\quad\quad = \dfrac{(m-1)\text{이론공기량}}{\text{이론공기량}} \times 100$

$\quad\quad\quad = (1.23 - 1) \times 100$

$\quad\quad\quad = 약 23\%$

25 25℃에서 용액 3L에 500g의 NaCl을 포함한 수용액에서 NaCl의 몰분율은? (단, 25℃ 수용액의 밀도는 1.15g/cm³이다.) 출제율 40%

① 0.050   ② 0.070
③ 0.090   ④ 0.110

해설 $3L \times 1.15\,g/cm^3 \times \dfrac{10^3\,cm^3}{1\,L} = 3450\,g$ 수용액

NaCl 500g, H_2O 2950g이므로 몰수는

$NaCl = \dfrac{500\,g}{58.5} = 8.54\,mol$, $H_2O = \dfrac{2950}{18} = 163.8\,mol$

몰분율 $= \dfrac{8.54}{8.54 + 163.8} = 0.05$

26 20wt% NaCl 수용액을 mol%로 옳게 나타낸 것은? 출제율 40%

① 1   ② 3
③ 5   ④ 7

해설 NaCl 20wt%이면 100g 기준으로
NaCl 20g, H_2O는 80g
NaCl의 분자량 = 58.5, H_2O의 분자량 = 18

$NaCl = \dfrac{20}{58.5} = 0.342\,mol$

$H_2O = \dfrac{80}{18} = 4.4\,mol$

$mol\% = \dfrac{0.342}{0.342 + 4.4} \times 100 = 7\%$

27 0℃, 1atm에서 22.4m³의 혼합가스에 3000kcal의 열을 정압하에서 가열하였을 때, 가열 후 가스의 온도(℃)는? (단, 혼합가스는 이상기체로 가정하고, 혼합가스의 평균 분자 열용량은 4.5kcal/kmol·℃이다.) 출제율 60%

① 500.0   ② 555.6
③ 666.7   ④ 700.0

해설 $Q = Cm\Delta T$, $m = 1$ 가정
$3000\,kcal = 4.5\,kcal/kmol \cdot ℃ \times (T_2 - 0℃)$
$T_2 = 666.7℃$

28 100℃에서 내부에너지 100kcal/kg을 가진 공기 2kg이 밀폐된 용기 속에 있다. 이 공기를 가열하여 내부에너지가 130kcal/kg이 되었을 때 공기에 전달되는 열량(kcal)은? 출제율 20%

① 55   ② 60
③ 75   ④ 80

해설 100℃ 내부에너지 100kcal/kg(2kg 공기)
가열하여 130kcal/kg이므로
$(130 - 100) \times 2\,kg = 60\,kcal$

29 다음 중 증기압을 추산(推算)하는 식은 어느 것인가? 출제율 40%

① Clausius-Clapeyron 식
② Bernoulli 식
③ Redlich-Kwong 식
④ Kirchhoff 식

23.③ 24.④ 25.① 26.④ 27.③ 28.② 29.①

 Clausius−Clapeyron 방정식

$$\ln \frac{P_2}{P_1} = \frac{\Delta H}{R}\left(\frac{1}{T_1} - \frac{1}{T_2}\right)$$

$$\Delta H = T\Delta V \frac{dP^{sat}}{dT}$$

여기서, ΔH : 잠열
ΔT : 상변화 시 부피 변화
P^{sat} : 증기압

어떤 물질의 두 상이 평형을 이룬 계에서 그 물질의 압력과 온도의 관계를 나타내는 방정식을 말한다.

30 다음 기체 흡수에 대한 설명 중 옳은 것은 어느 것인가? 출제율 40%

① 기체의 속도가 일정하고 액 유속이 줄어 들면 조작선의 기울기는 증가한다.

② 액체와 기체의 몰 유량비(L/V)가 크면 조작선과 평형곡선의 거리가 줄어들어 흡수탑의 길이를 길게 하여야 한다.

③ 액체와 기체의 몰 유량비(L/V)는 맞흐름 탑에서 흡수의 경제성에 미치는 영향이 크다.

④ 물질전달에 대한 구동력은 조작선과 평형선 간의 수직거리에 반비례한다.

 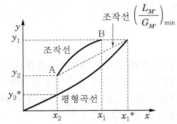

① 기체속도 일정, 액유속 감소 시 기울기가 감소한다.

② 조작선과 평형곡선의 간극이 클수록 흡수추진력이 커져 흡수탑의 높이는 작아도 된다.

③ 액체와 기체의 몰 유량비는 흡수탑 경제성에 미치는 영향이 크다.

④ 조작선과 평형곡선의 간극이 클수록 구동력이 커지므로 흡수탑의 높이가 작아도 된다.

31 20℃, 1atm 공기 중 수증기 분압이 20mmHg일 때, 이 공기의 습도($kg_{수증기}/kg_{건조공기}$)는? (단, 공기의 분자량은 30g/mol로 한다.) 출제율 40%

① 0.016 ② 0.032
③ 0.048 ④ 0.064

해설 H=건조공기 1kg에 존재하는 증기의 양

$$= \frac{18}{29} \times \frac{P_V}{P - P_V} = \frac{18}{29} \times \frac{20}{760 - 20} = 0.016$$

32 특정성분의 질량분율이 X_A인 수용액 L[kg]과 X_B인 수용액 N[kg]을 혼합하여 X_M의 질량분율을 갖는 수용액을 얻으려고 한다. L과 N의 비를 옳게 나타낸 것은? 출제율 20%

① $\dfrac{L}{N} = \dfrac{X_B - X_A}{X_M - X_A}$ ② $\dfrac{L}{N} = \dfrac{X_A - X_M}{X_B - X_M}$

③ $\dfrac{L}{N} = \dfrac{X_A - X_B}{X_M - X_B}$ ④ $\dfrac{L}{N} = \dfrac{X_M - X_B}{X_A - X_M}$

해설 $LX_A + NX_B = X_M(L+N)$

$LX_A + NX_B = LX_M + NX_M$

$LX_A - LX_M = NX_M - NX_B$

$L(X_A - X_M) = N(X_M - X_B)$

$$\frac{L}{N} = \frac{X_M - X_B}{X_A - X_M}$$

33 다음 중 상접점(plait point)에 대한 설명으로 옳은 것은? 출제율 40%

① 추출상과 평형에 있는 추잔상의 점을 잇는 선의 중간점을 말한다.

② 상접점에서는 추출상과 추잔상의 조성이 같다.

③ 추출상과 추잔상 사이에 유일한 상접점이 존재한다.

④ 상접점은 추출을 할 수 있는 최적의 조건이다.

해설 상계점
㉠ 추출상과 추잔상에서 추질의 조성이 같은 점을 말한다.
㉡ 대응선의 길이가 0이 된다.

34 같은 용적, 같은 압력 하에 있는 같은 온도의 두 이상기체 A와 B의 몰수 관계로 옳은 것은? (단, 분자량은 A>B이다.) 출제율 20%

① 주어진 조건으로는 알 수 없다.
② A>B
③ A<B
④ A=B

해설 아보가드로 법칙에 의해 온도와 압력이 일정하면 모든 기체는 같은 부피 속에 같은 수의 분자가 있다.
$A = B$

35 다음 중 다중효용관에 대한 설명으로 틀린 것은 어느 것인가? 출제율 20%

① 마지막 효용관의 증기공간 압력이 가장 높다.

② 첫 번째 효용관에는 생수증기(raw steam)가 공급된다.

③ 수증기와 응축기 사이의 압력차는 다중효용관에서 두 개 또는 그 이상의 효용관에 걸쳐 분산된다.

④ 다중효용관 설계에 있어서 보통 원하는 결과는 소모된 수증기량, 소요 가열 면적, 여러 효용관에서 근사적 온도, 마지막 효용관을 떠나는 증기량 등이다.

해설 • 다중효용관
증기가 여러 증발관을 통과하도록 만든 것을 말한다.
• 특징
㉠ 증발 열효율 증가
㉡ 증기의 양 감소 가능
㉢ 마지막 효용관의 압력이 가장 낮다.

36 다음 중 왕복식 펌프는? 출제율 20%

① 기어펌프(gear pump)

② 벌류트펌프(volute pump)

③ 플런저펌프(plunger pump)

④ 터빈펌프(turbine pump)

해설 왕복펌프
㉠ 왕복운동으로 액체를 수송하여 고압을 얻을 수 있다.
㉡ 피스톤펌프, 플런저펌프 등이 있다.

37 압력용기에 연결된 지름이 일정한 관(pipe)을 통하여 대기로 기체가 흐를 경우에 대한 설명으로 옳은 것은? 출제율 20%

① 무제한 빠른 속도로 흐를 수 있다.

② 빛의 속도에 근접한 속도로 흐를 수 있다.

③ 초음속으로 흐를 수 없다.

④ 종류에 따라서 초음속으로 흐를 수 있다.

해설 ① 무제한 빠른 속도로 이동이 불가능하다(마찰로 인한).
② 빛의 속도로 흐를 수 없다.
④ 불가능하다.

보충 Tip

유체가 관을 이송 시 마찰응력, 압력손실 등에 의해 방해를 받아 초음속으로 흐를 수 없다.

38 다음 중 초미분쇄기(ultrafine grinder)인 유체-에너지 밀(mill)의 분쇄원리로 가장 거리가 먼 것은? 출제율 20%

① 입자 간 마멸

② 입자와 기벽 간 충돌

③ 입자와 기벽 간 마찰

④ 입자와 기벽 간 열전달

해설 초미분쇄기
크기를 200mesh 이하로 미분쇄하는 것으로, 분쇄는 기계적으로 잘게 부수는 것으로 열전달과는 관계가 없다.

39 2중 효용관 증발기에서 비점 상승이 무시되는 액체를 농축하고 있다. 제1증발관에 들어가는 수증기의 온도는 110℃이고 제2증발관에서 용액 비점은 82℃이다. 제1, 2증발관의 총괄열전달계수는 각각 300W/m² · ℃, 100W/m² · ℃일 경우 제1증발관 액체의 비점(℃)은? 출제율 40%

① 110   ② 103

③ 96   ④ 89

해설 $q = UA\Delta T$

$U_1 A(T_S - T_{D_1}) = U_2 A(T_{b1} - T_{b_2})$

여기서, T_S : 증기 온도, T_b : 비점

$300 \times (110 - T_{b1}) = 100 \times (T_{b1} - 82)$

$T_{b1} = 103℃$

40 원통관 내에서 레이놀즈(Reynolds) 수가 1600인 상태로 흐르는 유체의 Fanning 마찰계수로 옳은 것은? 출제율 60%

① 0.01   ② 0.02

③ 0.03   ④ 0.04

해설 $f(마찰계수) = \dfrac{16}{N_{Re}} = \dfrac{16}{1600} = 0.01$

▶▶ 제3과목 ┃ 공정제어

41 유체가 유입부를 통하여 유입되고 있고, 펌프가 설치된 유출부를 통하여 유출되고 있는 드럼이 있다. 이때 드럼의 액위를 유출부에 설치된 제어밸브의 개폐 정도를 조절하여 제어하고자 할 때, 다음 설명 중 옳은 것은? 〔출제율 40%〕

① 유입유량의 변화가 없다면 비례동작 만으로도 설정점 변화에 대하여 오프셋 없는 제어가 가능하다.

② 설정점 변화가 없다면 유입유량의 변화에 대하여 비례동작만으로도 오프셋 없는 제어가 가능하다.

③ 유입유량이 일정할 때 유출유량을 계단으로 변화시키면 액위는 시간이 지난 다음 어느 일정수준을 유지하게 된다.

④ 유출유량이 일정할 때 유입유량이 계단으로 변화되면 액위는 시간이 지난 다음 어느 일정수준을 유지하게 된다.

〔해설〕 ② 설정점 변화가 없다면 유입유량의 변화에 대하여 적분동작이 있어야 오프셋 제어가 가능하다.
③ 유입유량이 일정할 때 유출유량을 계단으로 변화시키면 액위는 감소한다.
④ 유출유량이 일정할 때 유출유량을 계단으로 변화시키면 액위는 증가한다.

〔보충 Tip〕

> P제어기
> 출력신호와 set point와 측정된 변수값으로 오차에 비례하는 제어기이므로 유입유량의 변화가 없다면 offset 없는 제어가 가능하다.
> (제어오차 = 설정값 – 제어되는 변수의 측정값)

42 편차(offset)는 제거할 수 있으나 미래의 에러(error)를 반영할 수 없어 제어성능 향상에 한계를 가지는 제어기는? (단, 모든 제어기들이 튜닝이 잘 되었을 경우로 가정한다.) 〔출제율 40%〕

① P형
② PD형
③ PI형
④ PID형

〔해설〕 • PI제어기
잔류편차는 없앨 수 있으나 진동성이 증가된다.
• PID
잔류편차도 제거하고 예측도 가능하여 예상제어라고도 한다.

43 다음 블록선도에서 서보문제(servo problem)의 전달함수는? 〔출제율 40%〕

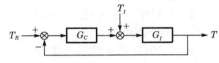

① $\dfrac{G_C G_I}{1 + G_C G_I}$ ② $\dfrac{G_C}{1 + G_C G_I}$

③ $\dfrac{G_C G_I}{1 + G_C}$ ④ $\dfrac{G_I}{1 + G_C C_I}$

〔해설〕 Servo problem
외부교란 변수는 없고 설정값만 변하는 경우
$$G(s) = \frac{G_C G_I}{1 + G_C G_I}$$

44 다음 전달함수를 갖는 계(system) 중 sin 응답에서 phase lead를 나타내는 것은? 〔출제율 60%〕

① $\dfrac{1}{\tau s + 1}$ ② $e^{-\tau s}$

③ $1 + \dfrac{1}{\tau s}$ ④ $1 + \tau s$

〔해설〕 Phase lead(위상앞섬)
PD 제어기(비례−미분제어기)는 phase lead를 나타낸다.
$G_c(s) = K_c(1 + \tau_D s)$ 형태이므로
$1 + \tau s$가 phase lead이다.

45 다음 중 가능한 한 커야 하는 계측기의 특성은 어느 것인가? 〔출제율 20%〕

① 감도(sensitivity)
② 시간상수(time constant)
③ 응답시간(response time)
④ 수송지연(transportation lag)

〔해설〕 감도가 클수록 계측기가 좋고 시간상수, 응답시간, 수송지연이 클수록 응답받는 데 오랜시간이 걸린다.

46 어떤 계의 단위계단응답이 다음과 같을 경우, 이 계의 단위충격응답(impulse response)은 어느 것인가? [출제율 80%]

$$Y(t) = 1 - \left(1 + \frac{t}{\tau}\right)e^{-\frac{t}{\tau}}$$

① $\frac{t}{\tau}e^{-\frac{t}{\tau}}$　　② $\left(1 + \frac{t}{\tau}\right)e^{-\frac{t}{\tau}}$

③ $\frac{t}{\tau^2}e^{-\frac{t}{\tau}}$　　④ $\left(1 - \frac{t}{\tau^2}\right)e^{-\frac{t}{\tau}}$

해설 단위계단응답을 미분하면 단위충격응답

$Y(t) = 1 - \left(1 + \frac{t}{\tau}\right)e^{-\frac{t}{\tau}}$ 을 미분

$y'(t) = \frac{t}{\tau^2}e^{-\frac{t}{\tau}}$ (단위충격응답)

47 전달함수의 극(pole)과 영(zero)에 관한 설명 중 옳지 않은 것은? [출제율 40%]

① 순수한 허수 pole은 일정한 진폭을 가지고 진동이 지속되는 응답모드에 대응된다.

② 양의 zero는 전달함수가 불안정함을 의미한다.

③ 양의 zero는 계단입력에 대해 역응답을 유발할 수 있다.

④ 물리적 공정에서는 pole의 수가 zero의 수보다 항상 같거나 많다.

해설 $G(s) = \frac{Q(s)}{P(s)}$ ($G(s)$의 근에 따라 안정성 판별이 가능하다.)

• $Q(s)$의 근 : 전달함수의 영점(zero)
• $P(s)$의 근 : 전달함수의 극점(pole)

48 다음 중 1차계의 시간상수에 대한 설명이 아닌 것은? [출제율 60%]

① 시간의 단위를 갖는 계의 특정상수이다.

② 그 계의 용량과 저항의 곱과 같은 값을 갖는다.

③ 직선관계로 나타나는 입력함수와 출력함수 사이의 비례상수이다.

④ 단위계단 변화 시 최종치의 63%에 도달하는 데 소요되는 시간과 같다.

해설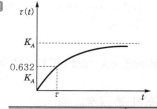

t	$Y(s)/K_A$
0	0
τ	0.632
2τ	0.865
3τ	0.950

⇒ 직선관계가 아님

49 다음 블록선도의 총괄전달함수(C/R)로 옳은 것은? [출제율 80%]

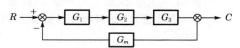

① $\frac{G_1 G_2 G_3}{1 + G_m}$　　② $\frac{G_m G_1 G_2 G_3}{G_1 G_2 G_3}$

③ $\frac{1 + G_m G_1 G_2 G_3}{G_1 G_2 G_3}$　　④ $\frac{G_1 G_2 G_3}{1 + G_m G_1 G_2 G_3}$

해설 $\frac{C}{R} = \frac{직진}{1 + \text{feedback}} = \frac{G_1 G_2 G_3}{1 + G_m G_1 G_2 G_3}$

50 사람이 원하는 속도, 원하는 방향으로 자동차를 운전할 때 일어나는 상황이 공정제어시스템과 비교될 때 연결이 잘못된 것은? [출제율 20%]

① 눈－계측기　　② 손－제어기
③ 발－최종제어요소　　④ 자동차－공정

해설 • 제어기 : 핸들, 엑셀이 해당
• 손 : 제어요소

51 제어계가 안정하려면 특성방정식의 모든 근이 s평면 상의 다음 중 어느 영역에 있어야 하는가? [출제율 40%]

① 실수부(+), 허수부(−)
② 실수부(−)
③ 허수부(−)
④ 근이 존재하지 않아야 함

해설 특성방정식의 근이 하나라도 양 또는 양의 실수부를
갖는다면 불안정하다.

52 되먹임제어(feedback control)가 가장 용이한
공정은? 출제율 20%

① 시간지연이 큰 공정
② 역응답이 큰 공정
③ 응답속도가 빠른 공정
④ 비선형성이 큰 공정

해설 Feedback 제어기
되먹임제어기로 응답속도가 빠를수록 feedback을
받으므로 응답속도가 빠른 공정에 유리하다.

53 어떤 공정의 전달함수가 $G(s)$이고 $G(2i) = -1-i$
일 때, 공정입력으로 $u(t) = 2\sin(2t)$를 입력하
면 시간이 많이 지난 후에 $y(t)$로 옳은 것은 어느
것인가? 출제율 20%

① $y(t) = \sqrt{2}\sin(2t)$
② $y(t) = -\sqrt{2}\sin(2t + \pi/4)$
③ $y(t) = 2\sqrt{2}\sin(2t - \pi/4)$
④ $y(t) = 2\sqrt{2}\sin(2t - 3\pi/4)$

해설 $G(2i) = -1-i$에서
실수부 $R = -1$, 허수부 $I = -1$
진폭비 $AR = \dfrac{\text{출력변수 진폭}}{\text{입력변수 진폭}} = \dfrac{x}{2} = |G(i\omega)|$
$\quad\quad = \sqrt{(-1)^2 + (-1)^2}$
$x = 2\sqrt{2}$
위상각 $\phi = -\tan^{-1}(\tau\omega = \tan^{-1}(I/R)) = \dfrac{\pi}{4}$
$y(t) = 2\sqrt{2}\sin\left(2t + \dfrac{\pi}{4}\right) = 2\sqrt{2}\sin\left(2t - \dfrac{3}{4}\pi\right)$

54 폐회로의 응답이 다음 식과 같이 주어진 제어계
의 설정점(set point)에 단위계단변화(unit step
change)가 일어났을 때 잔류편차(offset)는?
(단, $y(s)$: 출력, $R(s)$: 설정점이다.) 출제율 40%

$$y(s) = \frac{0.2}{3s+1}R(s)$$

① -0.8 ② -0.2
③ 0.2 ④ 0.8

해설 $\text{offset} = R(\infty) - C(\infty)$
$Y(s) = \dfrac{0.2}{3s+1} \cdot \dfrac{1}{s} = \dfrac{-0.6}{3s+1} + \dfrac{0.2}{s} = \dfrac{-0.2}{s+\dfrac{1}{3}} + \dfrac{0.2}{s}$

정리하면,
$0.2\left(\dfrac{1}{s} - \dfrac{1}{s+\dfrac{1}{3}}\right),\ y(\infty) = 0.2$

$\text{offset} = 1 - 0.2 = 0.8$

55 다음과 같은 보드선도(bode plot)로 표시되는
제어기는? 출제율 20%

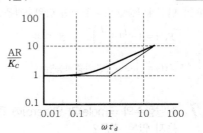

① 비례 제어기
② 비례－적분 제어기
③ 비례－미분 제어기
④ 적분－미분 제어기

해설 비례－미분 제어기 Bode 선도

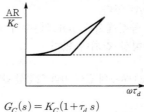

$G_C(s) = K_C(1 + \tau_d s)$

56 연속입출력흐름과 내부 전기가열기가 있는 저
장조의 온도를 설정값으로 유지하기 위해 들어
오는 입력흐름의 유량과 내부 가열기에 공급전
력을 조작하여 출력 흐름의 온도와 유량을 제어
하고자 하는 시스템의 분류로 적절한 것은 어느
것인가? 출제율 20%

① 다중입력 － 다중출력 시스템
② 다중입력 － 단일출력 시스템
③ 단일입력 － 단일출력 시스템
④ 단일입력 － 다중출력 시스템

해설 연속입출력흐름

다중입력 – 다중출력 시스템

57 전달함수가 $G(s) = \dfrac{2}{s^2 + 2s + 2}$ 인 2차계의 단위계단응답은? <small>출제율 60%</small>

① $1 - e^{-t}(\cos t + \sin t)$

② $1 + e^{-t}(\cos t + \sin t)$

③ $1 - e^{-t}(\cos t - \sin t)$

④ $1 - e^{t}(\cos t + \sin t)$

해설 $G(s) = \dfrac{2}{s^2 + 2s + 2} \cdot \dfrac{1}{s}$ $\left(\dfrac{1}{s} : \text{단위계단}\right)$

$\quad = \dfrac{-(s+2)}{s^2 + 2s + 2} + \dfrac{1}{s} = \dfrac{-(s+1)-1}{(s+1)^2 + 1^2} + \dfrac{1}{s}$

역라플라스 변환을 하면,

$Y(t) = 1 - e^{-t}\sin t - e^{-t}\cos t$

$\qquad = 1 - e^{-t}(\sin t + \cos t)$

58 다음 중 함수 $f(t)(t \geq 0)$의 라플라스 변환 (laplace transform)을 $F(s)$라 할 때, 다음 설명 중 틀린 것은? <small>출제율 40%</small>

① 모든 연속함수 $f(t)$가 이에 대응하는 $F(s)$를 갖는 것은 아니다.

② $g(t)(t \geq 0)$의 라플라스 변환을 $G(s)$라 할 때, $f(t)g(t)$의 라플라스 변환은 $F(s)G(s)$이다.

③ $g(t)(t \geq 0)$의 라플라스 변환을 $G(s)$라 할 때, $f(t) + g(t)$의 라플라스 변환은 $F(s) + G(s)$이다.

④ $d^2 f(t)/dt^2$의 라플라스 변환은 $s^2 F(s) - sf(0) - df(0)/dt$이다.

해설 라플라스 변환

$F(s) = \mathcal{L}\{f(t)\} = \displaystyle\int_0^\infty f(t)e^{-st}dt$

미분식의 라플라스 변환

$\mathcal{L}\left\{\dfrac{df(t)}{dt}\right\} = sF(s) - f(0)$

$\mathcal{L}\left\{\dfrac{d^2 f(t)}{dt^2}\right\} = s^2 F(s) - sf(0) - f'(0)$

59 Routh array에 의한 안정성 판별법 중 옳지 않은 것은? <small>출제율 80%</small>

① 특성방정식의 계수가 다른 부호를 가지면 불안정하다.

② Routh array의 첫 번째 컬럼의 부호가 바뀌면 불안정하다.

③ Routh array test를 통해 불안정한 Pole의 개수도 알 수 있다.

④ Routh array의 첫 번째 컬럼에 0이 존재하면 불안정하다.

해설 Routh 안정성

㉠ Routh 배열의 첫 번째 열의 모든 원소들이 (+)이어야 안정하다.

㉡ 첫 번째 열 중 일부가 음수라면 양의 실수부를 가지는 근의 개수는 첫 번째 열 원소에서의 부호 변환 횟수와 같고 불안정하다.

60 PID 제어기의 조율방법에 대한 설명으로 가장 올바른 것은? <small>출제율 40%</small>

① 공정의 이득이 클수록 제어기 이득 값도 크게 설정해 준다.

② 공정의 시상수가 클수록 적분시간 값을 크게 설정해 준다.

③ 안정성을 위해 공정의 시간지연이 클수록 제어기 이득 값을 크게 설정해 준다.

④ 빠른 폐루프 응답을 위하여 제어기 이득 값을 작게 설정해 준다.

해설 ① 공정의 이득이 커도 제어기 이동은 작게 된다.

③ 작게 설정해야 시간지연이 감소한다.

④ 미분동작을 추가한다.

보충 Tip

> PID 제어기
>
> $G_c(s) = K_c\left[1 + \dfrac{1}{\tau_I s} + \tau_D s\right]$
>
> 공정의 시상수가 클수록 적분시간 값을 크게 한다.

제4과목 | 공업화학

61 암모니아 합성방법과 사용되는 압력(atm)을 짝 지어 놓은 것 중 옳은 것은? _{출제율 60%}

① Casale법 – 약 300atm
② Fauser법 – 약 600atm
③ Claude법 – 약 1000atm
④ Haber–Bosch법 – 약 500atm

해설 암모니아 합성방법
① 하버보쉬법(300atm)
② Claude법(1000atm)
③ Casale법
④ Fauser법

62 니트로벤젠을 환원시켜 아닐린을 얻을 때 다음 중 가장 적합한 환원제는? _{출제율 60%}

① Zn+Water ② Zn+Acid
③ Alkaline Sulfide ④ Zn+Alkali

해설
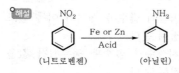
(니트로벤젠) (아닐린)

63 Leblanc법 소다회 제조공정이 오늘날 전적으로 폐기된 이유로 옳은 것은? _{출제율 40%}

① 수동적인 공정(batch process)
② 원료인 Na_2SO_4의 공급난
③ 고순도 석탄의 수요 증가
④ NaS 등 부산물의 수요 감소

해설 LeBlanc법
수동적 방법의 단점으로 황산나트륨과 염산 제조법, 가성화법의 일부로 이용되며, 소다회 제조에는 이용되지 않는다.

64 다음 원유 및 석유 성분 중 질소화합물에 해당하는 것은? _{출제율 20%}

① 나프텐산 ② 피리딘
③ 나프토티오펜 ④ 벤조티오펜

해설 피리딘 : C_5H_5N

65 염화수소가스의 직접 합성 시 화학반응식이 다음과 같을 때 표준상태 기준으로 200L의 수소가스를 연소시킬 때 발생되는 열량은 몇 kcal인가? _{출제율 80%}

$$H_2(g)+Cl_2(g) \longrightarrow 2HCl(g)+44.12kcal$$

① 365 ② 394
③ 407 ④ 603

해설 $PV=nRT$

$$n = \frac{PV}{RT} = \frac{1\,atm \cdot 200\,L}{0.082\,atm \cdot L/mol \cdot K \times 273\,K}$$
$$= 8.93\,mol$$

열량 $= 8.93 \times 44.12 = 394\,kcal$

66 전화공정 중 아래의 설명에 부합하는 것은 어느 것인가? _{출제율 40%}

- 수소화/탈수소화 및 탄소 양이온 형상 촉진의 이원기능 촉매 사용
- Platforming, Ultraforming 등의 공정이 있음
- 생성물을 가솔린으로 사용 시 벤젠의 분리가 반드시 필요함

① 열분해법
② 이성화법
③ 접촉분해법
④ 수소화분해법

해설 접촉분해법
등유나 경유를 촉매로 사용하며, 이성질화, 탈수소, 고리화, 탈알킬 반응이 분해와 함께 발생한다.

67 정상상태의 라디칼 중합에서 모노머가 2000개 소모되었다. 이 반응은 2개의 라디칼에 의하여 개시·성장되었고, 재결합에 의하여 정지반응이 이루어졌을 때 생성된 고분자의 동역학적 사슬길이 ⓐ와 중합도 ⓑ는? _{출제율 20%}

① ⓐ : 1000, ⓑ : 1000
② ⓐ : 1000, ⓑ : 2000
③ ⓐ : 1000, ⓑ : 4000
④ ⓐ : 2000, ⓑ : 4000

해설 모노머

고분자 화합물의 단위가 되는 분자량이 작은 물질을 말한다.

$$\text{사슬 길이} = \frac{2000개}{2개} = 1000$$

$$\text{중합도} = \frac{\text{총 분자량}}{\text{분자량}} = 2000$$

68 디메틸테레프탈레이트와 에틸렌글리콜을 축중합하여 얻어지는 것은? [출제율 20%]

① 아크릴 섬유
② 폴리아미드 섬유
③ 폴리에스테르 섬유
④ 폴리비닐알코올 섬유

해설 테레프탈산+에틸렌글리콜 → 폴리에스테르

69 소금물의 전기분해에 의한 가성소다 제조공정 중 격막식 전해조의 전력원단위를 향상시키기 위한 조치로서 옳지 않은 것은? [출제율 20%]

① 공급하는 소금물을 양극액 온도와 같게 예열하여 공급한다.
② 동판 등 전해조 자체의 재료의 저항을 감소시킨다.
③ 전해조를 보온한다.
④ 공급하는 소금물의 망초(Na_2SO_4) 함량을 2% 이상 유지한다.

해설 함수 중 불순물이 있으면 전력원단위가 감소된다.

70 다음 중 설폰화 반응이 가장 일어나기 쉬운 화합물은 어느 것인가? [출제율 60%]

① NO₂

② SO₃H

③ NH₂

④ NR₃

해설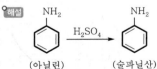

(아닐린)   (술파닐산)

71 부식반응에 대한 구동력(electromotive force) E로 옳은 것은? (단, ΔG는 깁스 자유에너지, n은 금속 1몰당 전자의 몰수, F는 패러데이 상수이다.) [출제율 20%]

① $E = -nF$
② $E = -nF/\Delta G$
③ $E = -nF\Delta G$
④ $E = -\Delta G/nF$

해설 부식의 구동력

$\Delta G < 0$

$$E = \frac{-\Delta G}{nF}$$

여기서, n : 금속 1몰당 전자의 몰수
　　　　F : 패러데이 상수

72 양이온 중합에서 공개시제(coinitiator)로 사용되는 것은? [출제율 20%]

① Lewis 산
② Lewis 염기
③ 유기금속염기
④ Sodium amide

해설 양이온 중합 개시제 : 양이온 촉매
㉠ 강산류 : H_2SO_4, $HClO_4$, HCl 등
㉡ Lewis산 : BF_3, $AlCl_3$ 등

73 반도체에서 Si의 건식 식각에 사용하는 기체가 아닌 것은? [출제율 20%]

① CF_4
② HBr
③ C_6H_6
④ $CClF$

해설 건식 식각
에칭(PR로 보호되지 않는 부분 제거)
CF_4, HBr, $CClF$ 등을 사용한다.

74 다음 중 Friedel-Crafts 반응에 사용하지 않는 것은? [출제율 60%]

① CH_3COCH_3
② $(CH_3CO)_2O$
③ $CH_3CH=CH_2$
④ CH_3CH_2Cl

해설 Friedel-Craft 알킬화 반응
㉠ 할로겐화 알킬에 의한 알킬화 반응이다.
㉡ $AlCl_3$ 촉매가 가장 많이 사용한다.
㉢ 케톤($CH_3-CO-CH_3$)은 프리델-크래프트 반응에 사용하지 않는다.

75 석유 정제공정에서 사용되는 증류법 중 중질유의 비점이 강하되어 가장 낮은 온도에서 고비점 유분을 유출시키는 증류법은? 〔출제율 40%〕

① 가압 증류법　　② 상압 증류법
③ 공비 증류법　　④ 수증기 증류법

〔해설〕 수증기 증류법
끓는점이 높고 물에 녹지 않는 유기화합물에 수증기를 불어 넣어 그 물질의 끓는점보다 낮은 온도에서 수증기와 함께 유출되어 나오는 물질의 증기를 냉각하여 증류하는 것으로 유류에 적용한다.

76 인산 제조법 중 건식법에 대한 설명으로 틀린 것은? 〔출제율 40%〕

① 전기로법과 용광로법이 있다.
② 철과 알루미늄 함량이 많은 저품위의 광석도 사용할 수 있다.
③ 인의 기화와 산화를 별도로 진행시킬 수 있다.
④ 철, 알루미늄, 칼슘의 일부가 인산 중에 함유되어 있어 순도가 낮다.

〔해설〕 인산 제조법(건식법)
㉠ 용광로법과 전기로법이 있다.
㉡ 고순도·고농도 인산 제조법이다.
㉢ 저품위 인광석 처리가 가능하다.
㉣ 인의 기화와 산화를 분리하여 할 수 있다.
㉤ Slag는 시멘트 원료로 사용 가능할 수 있다.

77 접촉식 황산 제조공정에서 이산화황이 산화되어 삼산화황으로 전환하여 평형상태에 도달한다. 삼산화황 1kmol을 생산하기 위해 필요한 공기의 최소량(Sm^3)은? 〔출제율 40%〕

① 53.3　　② 40.8
③ 22.4　　④ 11.2

〔해설〕

$$SO_2 + \frac{1}{2}O_2 \rightarrow SO_3$$

$$1 \quad : \quad \frac{1}{2} \quad : \quad 1$$

$$22.4m^3 \quad 11.2m^3 \quad 22.4m^3$$

이론공기량 = 이론산소량 × $\frac{1}{0.21}$ = 11.2 × $\frac{1}{0.21}$

$$= 53.3m^3$$

78 모노글리세라이드에 대한 설명으로 가장 옳은 것은? 〔출제율 20%〕

① 양쪽성 계면활성제이다.
② 비이온 계면활성제이다.
③ 양이온 계면활성제이다.
④ 음이온 계면활성제이다.

〔해설〕 • 계면활성제
물과 기름을 섞이게 해 준다.
• 모노글리세라이드
비이온 계면활성제(물에 용해되지 않음)

79 암모니아와 산소를 이용하여 질산을 합성할 때, 생성되는 질산 용액의 농도(wt%)는? 〔출제율 40%〕

① 68　　② 78
③ 88　　④ 98

〔해설〕 $NH_3 + 2O_2 \rightarrow HNO_3 + H_2O$
HNO_3 분자량 63, H_2O 18

$$\frac{63}{63+18} \times 100 = 약 \ 78 wt\%$$

80 다음 중 칼륨 비료의 원료가 아닌 것은 어느 것인가? 〔출제율 40%〕

① 칼륨 광물　　② 초목재
③ 간수　　　　④ 골분

〔해설〕 칼륨 비료의 원료
간수, 해초, 초목재, 칼륨 광물 등

▶▶ **제5과목 ┃ 반응공학**

81 다음 그림은 이상적 반응기의 설계 방정식의 반응시간을 결정하는 그림이다. 회분반응기의 반응시간에 해당하는 면적으로 옳은 것은? (단, 그림에서 점 D의 C_A 값은 반응 끝 시간의 값을 나타낸다.) 〔출제율 40%〕

① ▢ ABCD
② ◺ ABE
③ ◿ BCDE
④ $\frac{1}{2}$ ▢ ABCD

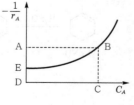

해설 $-r_A V = N_{A0}\dfrac{dX_A}{dt}$

$t = N_{A0}\displaystyle\int_0^{X_A}\dfrac{dX_A}{(-r_A)V} = C_{A0}\displaystyle\int_0^{X_A}\dfrac{dX_A}{-r_A}$

회분식 반응기 반응 시간＝면적BCDE

82 플러그흐름반응기에서 0차 반응($A \to R$)이 반응속도가 10mol/L·h로 반응하고 있을 때, 요구되는 반응기의 부피(L)는? (단, 반응물의 초기공급속도는 1000mol/h, 반응물의 초기농도는 10mol/L, 반응물의 출구농도는 5mol/L이다.) 〔출제율 40%〕

① 10
② 50
③ 100
④ 150

해설 $\dfrac{V}{F_{A0}} = -\dfrac{1}{C_{A0}}\displaystyle\int_{C_{A0}}^{C_A}\dfrac{dC_A}{-r_A}$

$V = 1000 \times \dfrac{1}{10} \times \dfrac{5}{10} = 50\,\text{L}$

83 자동촉매반응에서 낮은 전화율의 생성물을 원할 때 옳은 것은? 〔출제율 20%〕

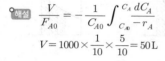

① 플러그흐름반응기로 반응시키는 것이 더 효과적이다.
② 혼합흐름반응기로 반응시키는 것이 더 효과적이다.
③ 반응기의 종류와 상관없이 동일하다.
④ 온도에 따라 효과적인 반응기가 다르다.

해설 CSTR이 전화율이 낮으므로 혼합흐름반응기로 반응시키는 것이 더 유리하다.

84 메탄의 열분해 반응($CH_4 \to 2H_2 + C_{(s)}$)의 활성화 에너지가 7500cal/mol이라 할 때, 위의 열분해 반응이 546℃에서 일어날 때 273℃보다 몇 배 빠른가? 〔출제율 80%〕

① 2.3
② 5.0
③ 7.5
④ 10.0

해설 $\ln\dfrac{k_1}{k_2} = -\dfrac{E_1}{R}\left(\dfrac{1}{T_1} - \dfrac{1}{T_2}\right)$

$\ln\dfrac{k_1}{k_2} = -\dfrac{7500\,\text{cal/mol}}{1.987\,\text{cal/mol}\cdot\text{K}} \times \left(\dfrac{1}{819} - \dfrac{6}{546}\right)$

$\ln\dfrac{k_1}{k_2} = 약\ 2.3,\quad \dfrac{k_1}{k_2} = e^{2.3} = 9.97$

546℃에서 273℃ 보다 10배 빠르다.

85 CH_3CHO 증기를 정용 회분식 반응기에서 518℃로 열분해한 결과 반감기는 초기압력이 363mHg일 때 410s, 169mmHg일 때 880s였다면, 이 반응의 반응차수는? 〔출제율 40%〕

① 0차
② 1차
③ 2차
④ 3차

해설 $t(반감기) = \dfrac{2^{n-1}-1}{k(n-1)}C_{A0}^{1-n}$

$n = 1 - \dfrac{\ln(t_2/t_1)}{\ln(p_2/p_1)} = 1 - \dfrac{\ln(880/410)}{\ln(169/363)}$

$= 약\ 1.99\,(n = 2차\ 반응)$

86 R이 목적 생산물인 반응($A \to R \to S$)의 활성화에너지가 $E_1 < E_2$일 경우, 반응에 대한 설명으로 옳은 것은? 〔출제율 60%〕

① 공간시간이(τ)이 상관없다면 가능한 한 최저온도에서 반응시킨다.
② 등온반응에서 공간시간(τ) 값이 주어지면 가능한 한 최고온도에서 반응시킨다.
③ 온도 변화가 가능하다면 초기에는 낮은 온도에서, 반응이 진행됨에 따라 높은 온도에서 반응시킨다.
④ 온도 변화가 가능하더라도 등온조작이 가장 유리하다.

해설 $A \xrightarrow{1} R \xrightarrow{2} S$

$E_1 < E_2$: 저온
$E_1 > E_2$: 고온

87 A의 3가지 병렬반응이 아래와 같을 때, S의 수율(S/A)을 최대로 하기 위한 조치로 옳은 것은 다음 중 어느 것인가? (단, 각각의 반응속도 상수는 동일하다.) 〔출제율 40%〕

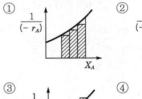

① 혼합흐름반응기를 쓰고, 전화율을 낮게 한다.
② 혼합흐름반응기를 쓰고, 전화율을 높게 한다.
③ 플러그흐름반응기를 쓰고, 전화율을 낮게 한다.
④ 플러그흐름반응기를 쓰고, 전화율을 높게 한다.

〔해설〕 PFR의 수율이 CSTR보다 높으므로 PFR을 쓰고, 전화율이 낮을수록 3차 반응이 유리하다.

88 반응 전화율을 온도에 대하여 나타낸 직교좌표에서 반응기에 열을 가하면 기울기는 단열과정보다 어떻게 되는가? 〔출제율 40%〕

① 반응열의 크기에 따라 증가하거나 감소한다.
② 증가한다.
③ 일정한다.
④ 감소한다.

〔해설〕

기울기는 감소한다.

89 기체 반응물 A가 2L/s의 속도로 부피 1L인 반응기에 유입될 때, 공간시간(s)은? (단, 반응은 A → 3B이며, 전화율(X)은 50%이다.) 〔출제율 40%〕

① 0.5 ② 1
③ 1.5 ④ 2

〔해설〕 $\tau = \dfrac{V}{\nu_0} = \dfrac{1\text{L}}{2\text{L/s}} = \dfrac{1}{2} = 0.5$

90 어떤 반응을 '플러그흐름반응기 → 혼합흐름반응기 → 플러그흐름반응기'의 순으로 직렬 연결시켜 반응하고자 할 때 반응기 성능을 나타낸 것으로 옳은 것은? 〔출제율 40%〕

① 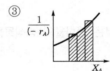   ②

③   ④

〔해설〕
• PFR : 적분 면적
• CSTR : 직사각형 면적

적분 면적 ─ 직사각형 면적

91 효소발효반응($A \rightarrow R$)이 플러그흐름반응기에서 일어날 때, 95%의 전화율을 얻기 위한 반응기의 부피(m^3)는? (단, A의 초기농도(C_{A0})는 2mol/L, 유량(v)은 25L/min이며, 효소발효반응의 속도식은 $-r_A = \dfrac{0.1 C_A}{1 + 0.5 C_A}$ [mol/L · min] 이다.) 〔출제율 60%〕

① 1 ② 2
③ 3 ④ 4

해설

$$\frac{V}{\nu_0} = C_{A0}\int_0^{X_{Af}}\frac{dX_A}{-r_A}, \quad -\frac{1}{r_A} = \frac{1+0.5C_A}{0.1C_A}$$

$$= C_{A0}\int_0^{X_{Af}}\frac{1+0.5C_A}{0.1C_A}dX_A$$

$$= C_{A0}\int_0^{X_{Af}}\frac{1}{0.1C_A}+5dX_A$$

$$= C_{A0}\left\{\int_0^{X_{Af}}\frac{1}{0.1C_{A0}(1-X_A)}+5dX_A\right\}$$

$$= C_{A0}\left\{\int_0^{X_{Af}}\frac{1}{0.1C_{A0}(1-X_A)}+\int_0^{X_{Af}}5dX_A\right\}$$

$$= \left\{C_{A0}\int_0^{X_{Af}}\frac{1}{0.1C_{A0}(1-X_A)}dX_A+\int_0^{X_{Af}}5dX_A\right\}$$

$$= C_{A0}\left\{5\ln|1-x_A|_0^{0.95}+5\times(0.95-0)\right\}$$

$$= C_{A0}\times19.78$$

$$\frac{V}{25\,\text{L/mol}} = C_{A_0}\times19.78$$

$$V = 25\times2\times19.78 = 989\,\text{L}\times\text{m}^3/1000\,\text{L} = 0.99\,\text{m}^3$$

92 성분 A의 비가역반응에 대한 혼합흐름반응기의 설계식으로 옳은 것은? (단, N_A : A 성분의 몰수, V : 반응기 부피, t : 시간, F_{A0} : A의 초기 유입유량, F_A : A의 출구 몰유량, r_A : 반응속도를 의미한다.) 출제율 20%

① $\dfrac{dN_A}{dt^2} = r_A V$ ② $V = \dfrac{F_{A0}-F_A}{-r_A}$

③ $\dfrac{dF_A}{dV} = r_A$ ④ $-\dfrac{dN_A}{dt} = -r_A V$

해설 $F_{A0}X_A = -r_A V$

$$V = \frac{F_{A0}X_A}{-r_A}, \quad V = \frac{F_{A0}-F_A}{-r_A}$$

93 물리적 흡착에 대한 설명으로 가장 거리가 먼 것은? 출제율 20%

① 다분자층 흡착이 가능하다.
② 활성화에너지가 작다.
③ 가역성이 낮다.
④ 고체 표면에서 일어난다.

해설 물리적 흡착
① 다분자층 흡착이다.
② 낮은 활성화에너지를 갖는다.
③ 가역성이 높다.
④ 고체 표면에 흡착이 이루어진다.

94 플러그흐름반응기에서의 반응이 아래와 같을 때, 반응시간에 따른 C_B의 관계식으로 옳은 것은? (단, 반응초기에는 A만 존재하며, 각각의 기호는 C_{A0} : A의 초기농도, t : 시간, k : 속도상수이며, $k_2 = k_1 + k_3$를 만족한다.) 출제율 40%

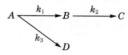

① $k_3 C_{A0} t e^{-k_1 t}$

② $k_1 C_{A0} t e^{-k_2 t}$

③ $k_1 C_{A0} e^{-k_3 t} + k_2 C_B$

④ $k_1 C_{A0} e^{-k_2 t} + k_2 C_B$

해설 $r_B = k_1 C_A - k_2 C_B$

$$-r_A = k_1 C_A + k_3 C_A = k_2 C_A \quad (k_2 = k_1 + k_3)$$

$$-\frac{dC_A}{dt} = k_2 C_A \rightarrow \frac{1}{C_A}dC_A = -k_2 dt$$

$$\ln\frac{C_A}{C_{A0}} = -k_2 t \rightarrow C_A = C_{A0}\,e^{-k_2 t}$$

$$r_B = \frac{dC_B}{dt} = k_1 C_{A0}\,e^{-k_2 t} - k_2 C_B$$

라플라스 변환

$$S\widetilde{C}_B(s) = k_1 C_{A0}\frac{1}{S+k_2} - k_2\widetilde{C}_B(s) \quad (C_B = C_{B0} = 0)$$

$$(S+k_2)\widetilde{C}_B(s) = k_1 C_{A0}\frac{1}{S+k_2}$$

$$\widetilde{C}_B(s) = k_1 C_{A0}\frac{1}{(S+k_2)^2}$$

$$C_B = k_1 C_{A0}\,t\,e^{-k_2 t}$$

95 어떤 반응의 속도상수가 25℃에서 $3.46\times10^{-5}\text{s}^{-1}$이며 65℃에서는 $4.91\times10^{-3}\text{s}^{-1}$이었다면, 이 반응의 활성화에너지(kcal/mol)는? 출제율 80%

① 49.6 ② 37.2
③ 24.8 ④ 12.4

해설
$$\ln\frac{k_1}{k_2} = -\frac{E_a}{R}\left(\frac{1}{T_1}-\frac{1}{T_2}\right)$$

$$\ln\frac{3.46\times10^{-5}}{4.91\times10^{-3}} = -\frac{E_a}{1.987}\left(\frac{1}{293}-\frac{1}{338}\right)$$

$$E_a = 24.8\,\text{kcal/mol}$$

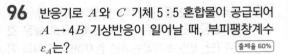

96 반응기로 A와 C 기체 5 : 5 혼합물이 공급되어 $A \rightarrow 4B$ 기상반응이 일어날 때, 부피팽창계수 ε_A는? <small>출제율 60%</small>

① 0 ② 0.5
③ 1.0 ④ 1.5

<small>해설</small> $\varepsilon_A = y_{A0} \cdot \delta = \dfrac{1}{2} \times \dfrac{4-1}{1} = \dfrac{3}{2} = 1.5$

97 혼합흐름반응기에 3L/hr로 반응물을 유입시켜서 75%가 전환될 때의 반응기 부피(L)는? (단, 반응은 비가역적이며, 반응속도상수(k)는 0.0207/min, 용적 변화율(ε)은 0이다.) <small>출제율 40%</small>

① 7.25 ② 12.7
③ 32.7 ④ 42.7

<small>해설</small> 반응속도상수 $= \min^{-1}$: 1차 반응

1차 CSTR : $k\tau = \dfrac{X_A}{1-X_A}$

$\tau = \dfrac{1}{k} \times \dfrac{X_A}{1-X_A}$

$\tau = \dfrac{V}{\nu_0}$

$V = \tau \times \nu_0 = \dfrac{1}{k} \times \dfrac{X_A}{1-X_A} \times \nu_0$

$= \dfrac{1}{0.0207/\min} \times \dfrac{0.75}{1-0.75} \times 3\,\text{L/hr} \times \dfrac{1\,\text{hr}}{60\,\text{min}}$

$= 7.25$

98 기상 1차 촉매반응 $A \rightarrow R$에서 유효인자가 0.8 이면 촉매 기공 내의 평균농도 $\overline{C_A}$와 촉매 표면 농도 C_{AS}의 농도비$\left(\dfrac{\overline{C_A}}{C_{AS}}\right)$로 옳은 것은 어느 것 인가? <small>출제율 20%</small>

① $\tan h(1.25)$ ② 1.25
③ $\tan h(0.2)$ ④ 0.8

<small>해설</small> 유효인자 $\varepsilon = \dfrac{\text{촉매 기공 내의 평균농도}(\overline{C_A})}{\text{촉매 표면에서 평균농도}(C_{As})} = 0.8$

99 액상 1차 가역반응($A \rightleftarrows R$)을 등온반응시켜 80%의 평형 전화율(X_{Ae})을 얻으려 할 때, 적절 한 반응온도(℃)는 얼마인가? (단, 반응열은 온 도에 관계없이 -10000cal/mol로 일정하고, 2 5℃에서의 평형상수는 300, R의 초기 농도는 0 이다.) <small>출제율 80%</small>

① 75 ② 127
③ 185 ④ 212

<small>해설</small> $X_{Ae} = 0.8 \rightarrow k_C = \dfrac{X_{Ae}}{1-X_{Ae}} = \dfrac{0.8}{1-0.8} = 4$

반트호프 식

$\ln \dfrac{k_C}{k} = -\dfrac{\Delta H}{R}\left(\dfrac{1}{T_2} - \dfrac{1}{T_1}\right)$

$\ln \dfrac{4}{300} = -\dfrac{-10000}{1.987}\left(\dfrac{1}{T_2} - \dfrac{1}{25+273}\right)$

$T_2 = 400.349\,\text{K} - 273 = 127.35℃$

100 균질계 비가역 1차 직렬반응 $A \rightarrow R \rightarrow S$가 회분식 반응기에서 일어날 때, 반응시간에 따르 는 A의 농도변화를 바르게 나타낸 식은 어느 것인가? <small>출제율 40%</small>

① $C_A = C_{A0}\,e^{-k_1 t}$

② $C_A = C_{A0}\,e^{-k_2 t}$

③ $C_A = C_{A0}\,e^{-(k_1 + k_2)t}$

④ $C_A = C_{A0}\left(\dfrac{k_1}{k_2 - k_1}\right)e^{-k_1 t}$

<small>해설</small> $A \xrightarrow{k_1} R \xrightarrow{k_2} S$

$-r_A = -\dfrac{dC_A}{dt} = k_1 C_A$

$\ln \dfrac{C_A}{C_{A0}} = k_1 t$

$C_A = C_{A0}\,e^{-k_1 t}$

▶▶ 제1과목 ┃ 화공열역학

01 다음 중 온도와 증기압의 관계를 나타내는 식은 어느 것인가? 출제율 20%

① Gibbs-Duhem equation

② Antoine equation

③ Van Laar equation

④ Van der Waals equation

해설 Antoine equation

$$\ln P^{sat} = A - \frac{T}{T+C}$$

여기서, A, B, C : 물질에 따른 상수

$\quad\quad\quad T$: 온도

02 460K, 15atm n-Butane 기체의 퓨가시티 계수는? (단, n-Butane의 환산온도(T_r)는 1.08, 환산압력(P_r)은 0.40, 제1, 2 비리얼 계수는 각각 −0.29, 0.014, 이심인자(acentric factor ; w)는 0.193이다.) 출제율 40%

① 0.9

② 0.8

③ 0.7

④ 0.6

해설 퓨가시티 계수

실제기체의 압력과 이상기체의 압력의 비

실제기체의 압력을 구하기 위해

$$Z = \frac{B_{ii}P}{RT} + 1 = 1.005$$

실제기체의 압력 $= \dfrac{1.005 \times 0.082 \times \dfrac{460}{1.08}}{V}$

$V = \dfrac{nRT}{P}$ (일정 가정)

실제기체의 압력 $= \dfrac{1.005 \times 15}{1.08}$

$\therefore \phi = \dfrac{1.005 \times 15}{1.08 \times 15} = \dfrac{1.005}{1.08}$, 약 0.9

03 두 성분이 완전혼합되어 하나의 이상용액을 형성할 때 i 성분의 화학퍼텐셜(μ_i)은 아래와 같이 표현된다. 동일 온도와 압력 하에서 i 성분의 순수한 화학퍼텐셜(μ_i^{Pure})의 표현으로 옳은 것은 어느 것인가? (단, x_i는 i 성분의 몰분율, $\mu(T, P)$는 해당 온도와 압력에서의 화학퍼텐셜을 의미한다.) 출제율 40%

$$\mu(T, P) = \mu_i^{Pure}(T, P) + RT \ln x_i$$

① $\mu_i^{Pure}(T, P) + RT + \ln x_i$

② $\mu_i^{Pure}(T, P) + RT$

③ $\mu_i^{Pure}(T, P)$

④ $RT \ln x_i$

해설 상평형

$$\mu_i^\alpha = \mu_i^\beta$$

$$\therefore \mu_i^{Pure}(T, P)$$

04 100000kW를 생산하는 발전소에서 600K에서 스팀을 생산하여 발전기를 작동시킨 후 잔열을 300K에서 방출한다. 이 발전소의 발전효율이 이론적 최대효율의 60%라고 할 때, 300K에 방출하는 열량(kW)은? 출제율 40%

① 100000

② 166667

③ 233333

④ 333333

해설 $\dfrac{600-30}{600} = 0.5 \Rightarrow 50\%$ 효율

최대효율이 60%이므로 실제 0.3

$$0.3 = \frac{w}{q} = \frac{100000}{q}$$

$\therefore q = 333333.33$

버려지는 열이므로

$333333 - 100000 = 233333$

05 C_P가 $3.5R$(R ; ideal gas constant)인 1몰의 이상기체가 10bar, 0.005m³에서 1bar로 가역정용과정을 거쳐 변화할 때, 내부에너지 변화(ΔU ; J)와 엔탈피 변화(ΔH ; J)는? (출제율 40%)

① $\Delta U = -11250$, $\Delta H = -15750$

② $\Delta U = -11250$, $\Delta H = -9750$

③ $\Delta U = -7250$, $\Delta H = -15750$

④ $\Delta U = -7250$, $\Delta H = -9750$

해설 $\Delta U = nC_V \Delta T$, $\Delta H = nC_P \Delta T$

$PV = nRT$, $T = \dfrac{PV}{nR}$

$T_1 = \dfrac{1000000\,\text{N/m}^2 \times 0.005\,\text{m}^3}{8.314\,\text{J/mol} \cdot \text{K}} = 601.4\text{K}$

$T_2 = \dfrac{100000\,\text{N/m}^2 \times 0.005\,\text{m}^3}{8.314\,\text{J/mol} \cdot \text{K}} = 60.14\text{K}$

$\Delta V = \dfrac{5}{2} \times 8.314\,\text{J/mol} \cdot \text{K} \times (60.14 - 601.4)$

$\quad = -11250\text{J}$

$\Delta H = \dfrac{7}{2} \times 8.314\,\text{J/mol} \cdot \text{K} \times (60.14 - 601.4)$

$\quad = -15750\text{J}$

06 주위(surrounding)가 매우 큰 전체 계에서 일손실(lost work)의 열역학적 표현으로 옳은 것은? (단, 하첨자 total, sys, sur, 0은 각각 전체, 계, 주위, 초기를 의미한다.) (출제율 20%)

① $T_0 \Delta S_{\text{sys}}$ ② $T_0 \Delta S_{\text{total}}$

③ $T_{\text{sur}} \Delta S_{\text{sur}}$ ④ $T_{\text{sys}} \Delta S_{\text{sys}}$

해설 열역학 제1법칙에 의해 열과 일은 소멸되는 것이 아니라 서로 전환된다. 따라서 일손실을 열손실로 파악한다. 카르노 엔진의 완전한 사이클의 경우 $dS_{\text{total}} = \dfrac{dQ}{T}$ 이므로

$dQ = TdS_{\text{total}} \Rightarrow Q = T_0 \Delta S_{\text{total}}$

07 다음 중 상태함수(state function)가 아닌 것은 어느 것인가? (출제율 40%)

① 내부에너지   ② 자유에너지

③ 엔트로피   ④ 일

해설 • 상태함수
경로에 관계없이 시작점과 끝점에 의해 영향을 받는 함수(T, P, ρ, μ, V, H, …)

• 경로함수
경로에 따라 영향을 받는 함수(Q, W)

08 화학반응의 평형상수(K)에 관한 내용 중 틀린 것은? (단, a_i, v_i는 각각 i 성분의 활동도와 양론수이며, ΔG^0는 표준 깁스(Gibbs) 자유에너지 변화량이다.) (출제율 40%)

① $K = \Pi\left(\widehat{a_i}\right)^{\nu_i}$

② $\ln K = -\dfrac{\Delta G^0}{RT^2}$

③ K는 무차원이다.

④ K는 온도에 의존하는 함수이다.

해설 화학반응 평형상수

• 평형상수 K는 온도 만의 함수

• $\prod_i \left(\dfrac{\hat{f}_i}{f_i^{\circ}}\right)^{\nu_i} = \prod_i (\hat{a}_i)^{\nu_i} = K$

• $\ln K = \dfrac{-\Delta G^{\circ}}{RT}$

• 무차원 수

09 압력이 매우 작은 상태의 계에서 제2 비리얼 계수에 관한 식으로 옳은 것은? (단, B는 제2 비리얼 계수, Z는 압축인자를 의미한다.) (출제율 40%)

① $B = RT \lim_{P \to 0}\left(\dfrac{P}{Z-1}\right)$

② $B = R \lim_{P \to 0}\left(\dfrac{P}{Z-1}\right)$

③ $B = RT \lim_{P \to 0}\left(\dfrac{Z-1}{P}\right)$

④ $B = R \lim_{P \to 0}\left(\dfrac{Z-1}{P}\right)$

해설 $Z - 1 = \dfrac{B_{ii}P}{RT} \xrightarrow{} B_{ii} = RT \lim_{P \to 0}\left(\dfrac{Z-1}{P}\right)$

압력이 매우 작음

10 SI 단위계의 유도단위와 차원의 연결이 틀린 것은? (단, 차원의 표기법은 시간 : t, 길이 : L, 질량 : M, 온도 : T, 전류 : I이다.) (출제율 20%)

① Hz(hertz) : t^{-1}

② C(coulomb) : $I \times t^{-1}$

③ J(joule) : $M \times L^2 \times t^{-2}$

④ rad(radian) : (무차원)

해설 Coulomb : 전하의 단위(A · s)

암페어 초

11 어떤 실제기체의 부피를 이상기체로 가정하여 계산하였을 때는 $100cm^3/mol$이고 잔류부피가 $10cm^3/mol$일 때, 실제기체의 압축인자는 얼마인가? <출제율 40%>

① 0.1   ② 0.9
③ 1.0   ④ 1.1

해설 $100\,cm^3/mol = \dfrac{RT}{P}$ 에서

잔류부피가 $10\,cm^3/mol$ 이므로

실제기체의 부피는 $110\,cm^3/mol$

$110\,cm^3/mol = \dfrac{ZRT}{P} = Z \times 100\,cm^3/mol$

$\therefore Z = 1.1$

12 어떤 가역 열기관이 300℃에서 400kcal의 열을 흡수하여 일을 하고 50℃에서 열을 방출한다. 이때 낮은 열원의 엔트로피 변화량(kcal/K)의 절대값은? <출제율 60%>

① 0.698   ② 0.798
③ 0.898   ④ 0.998

해설 Carnot cycle에 의해

$\dfrac{T_h - T_c}{T_h} = \dfrac{573 - 323}{573} = \dfrac{Q_h - Q_c}{Q_h} = \dfrac{400 - Q_c}{400}$

$Q_c = 225.5\,kcal$

$\Delta S = \dfrac{Q}{T} = \dfrac{225.5\,kcal}{323K} = 0.698\,kcal/K$

13 어떤 기체 50kg을 300K의 온도에서 부피가 $0.15m^3$인 용기에 저장할 때 필요한 압력(bar)은? (단, 기체의 분자량은 30g/mol이며, 300K에서 비리얼 계수는 $-136.6cm^3/mol$이다.) <출제율 60%>

① 90   ② 100
③ 110   ④ 120

해설 $Z = \dfrac{PV}{RT} = 1 + \dfrac{BP}{RT}$

$PV = RT + BP$

$P(V - B) = RT$

$P = \dfrac{RT}{V - B}$

$= \dfrac{83.14\,bar \cdot cm^3/mol \cdot K \times 300\,K}{\left(\dfrac{150000\,cm^3}{50000\,g} \times \dfrac{30\,g}{1\,mol}\right) - (-136.6\,cm^3/mol)}$

$= 110\,bar$

14 0℃, 1atm 이상기체 1mol을 10atm으로 가역등온 압축할 때, 계가 받은 일(cal)은? (단, C_P와 C_V는 각각 5, 3cal/mol · K이다.) <출제율 60%>

① 1.987   ② 22.40
③ 273   ④ 1249

해설 $W = -RT\ln\dfrac{P_1}{P_2}$

$= -1.987\,cal/mol \cdot K \times 273K \times \ln\dfrac{1}{10}$

$= 1249\,cal$

15 질량보존의 법칙이 성립하는 정상상태의 흐름과정을 표시하는 연속방정식은? (단, A는 단면적, U는 속도, ρ는 유체 밀도, V는 유체 비부피를 의미한다.) <출제율 20%>

① $\Delta(UA\rho) = 0$ ② $\Delta(UA/\rho) = 0$
③ $\Delta(U\rho/A) = 0$ ④ $\Delta(UAV) = 0$

해설 연속방정식
질량보존의 법칙에 의해 관 속을 지나는 어떤 물질의 질량은 어느 점에서나 같다.
$U_1 A_1 \rho = U_2 A_2 \rho$
$\therefore \Delta(UA\rho) = 0$

16 액상과 기상이 서로 평형이 되어 있을 때에 대한 설명으로 틀린 것은? <출제율 40%>

① 두 상의 온도는 서로 같다.
② 두 상의 압력은 서로 같다.
③ 두 상의 엔트로피는 서로 같다.
④ 두 상의 화학퍼텐셜은 서로 같다.

해설 상평형
• $T, P = const$
• $\mu_\alpha = \mu_\beta$

17 일정한 온도와 압력의 닫힌계가 평형상태에 도달하는 조건에 해당하는 것은? <출제율 40%>

① $(dG^t)_{T, P} < 0$ ② $(dG^t)_{T, P} = 0$
③ $(dG^t)_{T, P} > 0$ ④ $(dG^t)_{T, P} = 1$

해설 화학반응 평형
$(dG^t)_{T, P} = 0$

18 부피팽창률(β)과 등온압축률(k)의 비$\left(\dfrac{k}{\beta}\right)$를 옳게 표시한 것은? <small>출제율 60%</small>

① $\dfrac{1}{C_V}\left(\dfrac{\partial U}{\partial P}\right)_V$ ② $\dfrac{1}{C_P}\left(\dfrac{\partial U}{\partial T}\right)_P$

③ $\dfrac{1}{C_P}\left(\dfrac{\partial H}{\partial T}\right)_P$ ④ $\dfrac{1}{C_V}\left(\dfrac{\partial H}{\partial P}\right)_V$

<small>해설</small> 부피팽창률 $\beta = \dfrac{1}{V}\left(\dfrac{\partial V}{\partial T}\right)_P$

등온압축률 $K = -\dfrac{1}{V}\left(\dfrac{\partial V}{\partial P}\right)_T$

$\dfrac{K}{\beta} = \left(\dfrac{\partial T}{\partial P}\right)_V = \dfrac{1}{C_V}\left(\dfrac{\partial U}{\partial T}\right)_V$

$\Delta U = C_V\,\Delta T$ ($V = \text{const}$)

19 코크스의 불완전연소로 인해 생성된 500℃ 건조가스의 자유도는? (단, 연소를 위해 공급된 공기는 질소와 산소만을 포함하며, 건조가스는 미연소 코크스, 과잉공급 산소가 포함되어 있으며, 건조가스의 추가연소 및 질소산화물의 생성은 없다고 가정한다.) <small>출제율 60%</small>

① 2
② 3
③ 4
④ 5

<small>해설</small> $F = 2 - P + C + r - s$ 온도 고정이므로
$F = 1 - P + C + r - s$
여기서, P : 기체, 고체
　　　 C : 질소, 산소, CO_2, 코크스, CO
　　　 r : 반응 1개
　　　 s : 0
∴ $F = 1 - 2 + 5 + 1 = 5$

20 다음 중 증기압축식 냉동사이클의 냉매 순환경로는? <small>출제율 20%</small>

① 압축기 → 팽창밸브 → 증발기 → 응축기
② 압축기 → 응축기 → 증발기 → 팽창밸브
③ 응축기 → 압축기 → 팽창밸브 → 증발기
④ 압축기 → 응축기 → 팽창밸브 → 증발기

<small>해설</small> 증기압축 냉동사이클
압축기 → 응축기 → 팽창밸브 → 증발기
　　　　　　　 (조름밸브)

제2과목 | 단위조작 및 화학공업양론

21 어떤 기체의 열용량 관계식이 아래와 같을 때, 영국 표준단위계로 환산하였을 때의 관계식으로 옳은 것은 어느 것인가? (단, 열량 단위는 Btu, 질량 단위는 Pound, 온도 단위는 Fahrenheit을 사용한다.) <small>출제율 20%</small>

$$C_P\,[\text{cal/gmol} \cdot \text{K}] = 5 + 0.01\,T\,[\text{K}]$$

① $C_P = 16.189 + 0.0583\,T$
② $C_P = 7.551 + 0.0309\,T$
③ $C_P = 4.996 + 0.0056\,T$
④ $C_P = 1.544 + 1.5223\,T$

<small>해설</small> $1\,\text{cal/g} \cdot \text{℃} = 1\,\text{Btu/lb} \cdot \text{℉}$이고, K과 ℉는 $\dfrac{5}{9}$의 비율

∴ $C_P = 4.996 + 0.01 \times \dfrac{5}{9}$

　　 $= 4.996 + 0.0056\,T$

22 82℃ 벤젠 20mol%, 톨루엔 80mol% 혼합용액을 증발시켰을 때 증기 중 벤젠의 몰분율은? (단, 벤젠과 톨루엔의 혼합용액은 이상용액의 거동을 보인다고 가정하고, 82℃에서 벤젠과 톨루엔의 포화증기압은 각각 811mmHg와 314mmHg이다.) <small>출제율 40%</small>

① 0.360 ② 0.392
③ 0.721 ④ 0.785

<small>해설</small> $P_{\text{total}} = P_B x_B + P_T x_T = 811 \times 0.2 + 314 \times 0.8$

∴ $y = \dfrac{P_B x_B}{P_{\text{total}}} = \dfrac{811 \times 0.2}{413.4} = 0.392$

23 이상기체 혼합물일 때 참인 등식은? <small>출제율 20%</small>

① 몰% = 분압% = 부피%
② 몰% = 부피% = 중량%
③ 몰% = 중량% = 분압%
④ 몰% = 부피% = 질량%

<small>해설</small> 이상기체 혼합물 ⇒ 분자 상호인력 무시, 분자 자체 부피 무시
Dalton의 분압, Amgat 분용에 의해 몰% = 부피% = 분압%

24 염화칼슘의 용해도 데이터가 아래와 같다면, 80℃ 염화칼슘 포화용액 70g을 20℃로 냉각시켰을 때 석출되는 염화칼슘 결정의 무게(g)는 얼마인가? [출제율 40%]

[용해도 데이터]
- 20℃ 140.0g/100g H_2O
- 80℃ 160.0g/100g H_2O

① 4.61
② 5.39
③ 6.61
④ 7.39

해설 80℃ 기준 260 : 160 = 70 : x
x = 녹은 용질의 양 = 43.07g
20℃ 기준 (70 − x) : y = 100 : 140
(70 − 43.07) : y = 100 : 140
y = 37.702
x − y = 석출량 = 43.07 − 37.702 = 약 5.39

25 다음 중 세기 성질(intensive property)이 아닌 것은? [출제율 40%]

① 온도
② 압력
③ 엔탈피
④ 화학퍼텐셜

해설 • 크기 성질 : 물질의 양과 크기에 따라 변함
$(V, m, U, H, A, G, \cdots)$
• 세기 성질 : 물질의 양과 크기에 상관없는 물성
$(T, P, d, \overline{U}, \overline{H}, \overline{V})$

26 분자량이 103인 화합물을 분석해서 아래와 같은 데이터를 얻었다. 이 화합물의 분자식으로 옳은 것은? [출제율 20%]

C : 81.5, H : 4.9, N : 13.6 (unit : wt%)

① $C_{82}H_5H_{14}$
② $C_{16}HN_7$
③ C_9H_3N
④ C_7H_5N

해설 C = 12, H = 1, N = 14
약 C 7개, H 5개, N 1개
∴ C_7H_5N

27 25℃에서 71g의 Na_2SO_4를 증류수 200g에서 녹여 만든 용액의 증기압(mmHg)은? (단, Na_2SO_4의 분자량은 142g/mol이고, 25℃ 순수한 물의 증기압은 25mmHg이다.) [출제율 40%]

① 23.9
② 22.0
③ 20.1
④ 18.5

해설 $71\,Na_2SO_4 \times \dfrac{1\,mol}{142\,g} = 0.5\,mol$

$200g물 \times \dfrac{1\,mol}{18\,g} = 11.1\,mol$

$P_a = P \times x_a$

(여기서, x_a : 용매의 몰분율, P : 순수한 물의 증기압)

$Na_2SO_4 = 2Na + SO_4{}^{2-}$ 이므로

$x_A = \dfrac{11.1}{3 \times 0.5 + 11.1} = 0.881$

$\therefore P_A = 25 \times 0.881 = 22\,mmHg$

28 CO_2 25vol%와 NH_3 75vol%의 기체 혼합물 중 NH_3의 일부가 흡수탑에서 산에 흡수되어 제거된다. 흡수탑을 떠나는 기체 중 NH_3 함량이 37.5vol%일 때, NH_3의 제거율은? (단, CO_2의 양은 변하지 않으며, 산 용액은 증발하지 않는다고 가정한다.) [출제율 60%]

① 15%
② 20%
③ 62.5%
④ 80%

해설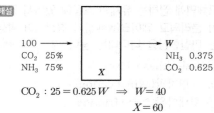

$CO_2 : 25 = 0.625W \Rightarrow W = 40$
$X = 60$

$\therefore \dfrac{60}{75} = 80\%$ 제거

29 1mol당 0.1mol의 증기가 있는 습윤공기의 절대습도는? [출제율 40%]

① 0.069
② 0.1
③ 0.191
④ 0.2

해설 절대습도 = 건조공기 1kg에 존재하는 증기의 양

$H = \dfrac{18}{29} \times \dfrac{0.1}{0.9} = 약 \ 0.069$

30 충전탑의 높이가 2m이고, 이론단수가 5일 때, 이론단의 상당높이(HETP ; m)는? [출제율 20%]

① 0.4
② 0.8
③ 2.5
④ 10

해설 $HETP = \dfrac{충전탑\ 높이}{N_P(이론단수)} = \dfrac{2}{5} = 0.4$

31 70℉, 750mmHg 질소 79vol%, 산소 21vol%로 이루어진 공기의 밀도(g/L)는? _{출제율 40%}

① 1.10　　　　② 1.14
③ 1.18　　　　④ 1.22

해설 $N_2 \times 0.79 + O_2 \times 0.21 = 28 \times 0.79 + 32 \times 0.21$
$= 28.84g$

밀도 $= \dfrac{질량}{부피} = \dfrac{28.84}{22.4L} \times \dfrac{750}{760} \times \dfrac{273}{273+21}$ (70℉ = 21℃)
$= 약\ 1.18$

32 FPS 단위로부터 레이놀즈 수를 계산한 결과가 3522였을 때, MKS 단위로 환산하여 구한 레이놀즈 수는? (단, 1ft는 3.2808m, 1kg은 2.20462lb 이다.) _{출제율 20%}

① 2.839×10^{-4}　　② 2367
③ 3522　　　　④ 5241

해설 레이놀즈 수는 무차원 수이므로 3522이다.

33 고체면에 접하는 유체의 흐름에 있어서 경계층이 분리되고 웨이크(wake)가 형성되어 발생하는 마찰현상을 나타내는 용어는? _{출제율 20%}

① 두손실(head loss)
② 표면마찰(skin friction)
③ 형태마찰(form friction)
④ 자유난류(free turbulent)

해설 형태마찰
유로가 변할 때 생기는 마찰

34 교반 임펠러에 있어서 Froude number(N_{Fr})는? (단, n은 회전속도, D_a는 임펠러의 직경, ρ는 액체의 밀도, μ는 액체의 점도이다.) _{출제율 40%}

① $\dfrac{nD_a^2\rho}{\mu}$　　② $\dfrac{D_a\mu\rho}{\mu}$
③ $\dfrac{n^3 D_a\rho}{g}$　　④ $\dfrac{n^2 D_a}{g}$

해설 교반에서의 Froude 수
$N_{Fr} = \dfrac{D \cdot N^2}{g}$
여기서, D : 날개의 지름(임펠러 직경)
$\qquad\quad N$: 교반기의 날개속도(회전속도)

35 관(pipe, tube)의 치수에 대한 설명 중 틀린 것은? _{출제율 20%}

① 파이프의 벽 두께는 Schedule Number로 표시할 수 있다.
② 튜브의 벽 두께는 BWG 번호로 표시할 수 있다.
③ 동일한 외경에서 Schedule Number가 클수록 벽 두께가 두껍다.
④ 동일한 외경에서 BWG가 클수록 벽 두께가 두껍다.

해설 • Schedule No는 번호가 클수록 두께가 커진다.
• BWG 값이 작을수록 관 벽이 두껍다.

36 침수식 방법에 의한 수직관식 증발관이 수평관식 증발관보다 좋은 이유가 아닌 것은? _{출제율 20%}

① 열전달계수가 크다.
② 관석이 생기는 물질의 증발에 적합하다.
③ 증기 중의 비응축 기체의 탈기효율이 좋다.
④ 증발효과가 좋다.

해설

수평관식	수직관식
• 액층이 깊지 않아 비점 상승도가 작다.	• 액의 순환이 좋아 열전달계수가 커서 증발효과가 크다.
• 비응축 기체의 탈기효율이 우수하다.	• 관석 생성 시 가열관을 청소하기 쉽다.
• 관석 생성 우려가 없을 경우 사용한다.	

37 액액 추출의 추제 선택 시 고려해야 할 사항으로 가장 거리가 먼 것은? _{출제율 40%}

① 선택도가 큰 것을 선택한다.
② 추질과의 비중차가 적은 것을 선택한다.
③ 비점이 낮은 것을 선택한다.
④ 원용매를 잘 녹이지 않는 것을 선택한다.

해설 추제의 선택
㉠ 선택도가 커야 한다.
㉡ 회수하기 용이해야 한다.
㉢ 저렴하고 화학적으로 안정해야 한다.
㉣ 추질과의 비중차가 커야 한다.
㉤ 원용매를 녹이지 않아야 한다.

38 3층의 벽돌로 쌓은 노벽의 두께가 내부부터 차례로 100, 150, 200mm, 열전도도는 0.1, 0.05, 1.0kcal/m·h·℃이다. 내부온도가 800℃, 외벽의 온도는 40℃일 때, 외벽과 중간벽이 만나는 곳의 온도(℃)는? `출제율 60%`

① 76 　　② 97
③ 106 　　④ 117

 해설

내부 800℃	① 0.1m $K_1=0.1$	② 0.15m $K_2=0.05$	③ 0.2m $K_3=1.0$	외벽 40℃

① $= \dfrac{L_1}{K_1} = 1\,m^2 \cdot h \cdot ℃/kcal$

② $= \dfrac{L_2}{K_2} = 3\,m^2 \cdot h \cdot ℃/kcal$

③ $= \dfrac{L_3}{K_3} = 0.2\,m^2 \cdot h \cdot ℃/kcal$

$R = R_1 + R_2 + R_3 = 4.2\,m^2 \cdot h \cdot ℃/kcal$

$\Rightarrow Q = \dfrac{\Delta T}{R} = \dfrac{800 - 40}{4.2} = 180.95$

외벽과 중간벽이 만나는 온도

$\dfrac{T - 40}{0.2} = 180.95\,kcal/m^2 \cdot h$

$T - 40 = 180.95 \times 0.2 = 36.19$

$\therefore T = 76.19℃$

39 다음 중 슬러지나 용액을 미세한 입자의 형태로 가열하여 기체 중에 분산시켜서 건조시키는 건조기는 어느 것인가? `출제율 20%`

① 분무건조기 　　② 원통건조기
③ 회전건조기 　　④ 유동층건조기

해설 **분무건조기**
용액, 슬러리를 미세한 입자의 형태로 가열하여 기체 중으로 분산시켜 건조시키는 방식으로, 건조시간이 매우 짧아 열에 예민한 물질에 효과적이다.

40 벤젠 40mol%와 톨루엔 60mol%의 혼합물을 100kmol/h의 속도로 정류탑에 비점의 액체 상태로 공급하여 증류한다. 유출액 중의 벤젠 농도는 95mol%, 관출액 중의 농도는 5mol%일 때, 최소 환류비는? (단, 벤젠과 톨루엔의 순성분 증기압은 각각 1016, 405mmHg이다.) `출제율 40%`

① 0.63 　　② 1.43
③ 2.51 　　④ 3.42

해설 $y = \dfrac{\alpha x}{1 + (\alpha - 1)x}$, $\alpha = \dfrac{1016}{405} = 2.5$

$y = \dfrac{2.5 \times 0.4}{1 + (2.5 - 1)0.4} = 0.625$

$R_{Dm} = \dfrac{x_D - x_f}{y_f - x_f} = \dfrac{0.95 - 0.625}{0.625 - 0.4} = 1.44$

▶▶ 제3과목 ▮ 공정제어

41 제어시스템을 구성하는 주요 요소로 가장 거리가 먼 것은? `출제율 20%`

① 제어기
② 제어밸브
③ 측정장치
④ 외부교란 변수

해설 **외부교란 변수**
제어시스템의 구성요소가 아닌 외부에서 시스템에 영향을 미치는 요소

42 폐루프 특성방정식이 다음과 같을 때 계가 안정하기 위한 K_c의 필요충분조건은? `출제율 80%`

$$20s^3 + 32s^2 + (13 - 4.8K_c)s + 1 + 4.8K_c$$

① $-0.21 < K_c < 1.59$
② $-0.21 < K_c < 2.71$
③ $0 < K_c < 2.71$
④ $-0.21 < K_c < 0.21$

해설 **Routh 안정성**
$1 + 4.8K_c > 0 \rightarrow K_c > -0.21$

	1	2
1	20	$13 - 4.8K_c$
2	32	$1 + 4.8K_c$
3	A_1	

$A_1 = \dfrac{32(13 - 4.8K_c) - 20(1 + 4.8K_c)}{13 - 4.8K_c} > 0$

$32(13 - 4.8K_c) - 20(1 + 4.8K_c) > 0$

$K_c < 1.586$

$\therefore -0.21 < K_c < 1.586$

43 다음 중 열교환기에서 외부교란 변수로 볼 수 없는 것은? `출제율 20%`

① 유입액 온도
② 유입액 유량
③ 유출액 온도
④ 사용된 수증기의 성질

`해설` 유출액 온도
시스템을 거친 최종값

44 $G(s) = \dfrac{10}{(s+1)^2}$인 공정에 대한 설명 중 틀린 것은? `출제율 40%`

① P 제어를 하는 경우 모든 양의 비례이득값에 대해 제어계가 안정하다.
② PI 제어를 하는 경우 모든 양의 비례이득 및 적분시간에 대해 제어계가 안정하다.
③ PD 제어를 하는 경우 모든 양의 비례이득 및 미분시간에 대해 제어계가 안정하다.
④ 한계이득, 한계주파수를 찾을 수 없다.

`해설` PI 제어기
적분값 제어가 어려운 Reset windup 발생

45 근의 궤적(root locus)은 특성방정식에서 제어기의 비례이득 K_c가 0으로부터 ∞까지 변할 때, 이 K_c에 대응하는 특성방정식의 무엇을 s 평면 상에 점철하는 것인가? `출제율 20%`

① 근   ② 이득
③ 감쇠   ④ 시정수

`해설` 특성방정식의 근이 복소평면(s-평면) 상에서 허수축을 기준으로 왼쪽 평면 상에 있으면 제어시스템은 안정, 오른쪽에 있으면 불안정

46 다음 식으로 나타낼 수 있는 이론은? `출제율 80%`

$$\lim_{s \to 0} s \cdot F(s) = \lim_{t \to \infty} f(t)$$

① Final Theorem
② Stokes Theorem
③ Taylers Theorem
④ Ziegle-Nichols Theorem

`해설` • 초기값 정리
$$\lim_{t \to 0} f(t) = \lim_{s \to \infty} sF(s)$$
• 최종값 정리
$$\lim_{t \to \infty} f(t) = \lim_{s \to 0} sF(s)$$

47 주파수 응답에서 위상 앞섬(phase lead)을 나타내는 제어기는? `출제율 40%`

① P 제어기
② PI 제어기
③ PD 제어기
④ 제어기는 모두 위상의 지연을 나타낸다.

`해설` PD 제어기
Offset은 없어지지 않으나 최종값에 도달하는 시간은 단축된다.

48 동특성이 매우 빠르고 측정잡음이 큰 유량루프의 제어에 관한 내용 중 틀린 것은? `출제율 40%`

① PID 제어기의 미분동작을 강화하여 제어 성능을 향상시킨다.
② 공정의 전체 동특성은 주로 밸브의 동특성에 의하여 결정된다.
③ 비례동작보다는 적분동작 위주로 PID 제어기를 조율한다.
④ 공정의 시상수가 작고 시간지연이 없어 상대적으로 빠른 제어가 가능하다.

`해설` PID 제어기
㉠ 가장 널리 이용
㉡ Offset을 없애주고 Reset 시간도 단축시켜 주는 가장 이상적인 제어방법
㉢ 오차가 변하는 추세에 오차의 누적 양까지 감안

49 제어계의 응답 중 편차(offset)의 의미를 가장 옳게 설명한 것은? `출제율 40%`

① 정상상태에서 제어기 입력과 출력의 차
② 정상상태에서 공정 입력과 출력의 차
③ 정상상태에서 제어기 입력과 공정 출력의 차
④ 정상상태에서 피제어 변수의 희망값과 실제값의 차

해설 Offset(잔류편차)

정상상태에서 피제어 변수의 희망값과 실제값의 차이를 의미한다(원하는 값이 100인데 실제 120이면 잔류편차는 20이다).

50 그림과 같은 단면적이 3m²인 액위계(liquid level system)에서 $q_0 = 8\sqrt{h}$ m³/min이고 평균 조작수위($\overline{h}$)는 4m일 때, 시간상수(time constant; min)는? 출제율 20%

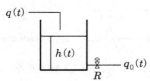

① $\dfrac{4}{9}$ ② $\dfrac{3\sqrt{3}}{4}$

③ $\dfrac{3}{4}$ ④ $\dfrac{3}{2}$

해설 $q_0\big|_{h=4\mathrm{m}} = 8\sqrt{4} = 16$

$\dfrac{dq_0}{dt}\bigg|_{h=4\mathrm{m}} = \dfrac{4}{\sqrt{h}} = \dfrac{4}{\sqrt{4}} = 2$

$\therefore q_0 = 16 + 2(h-4) = 2h + 8$

물질수지 $q - q_0 = q - (2h+8) = A\dfrac{dh}{dt}$ ············ ①

정상상태 물질수지 $q_s - (2h_s + 8) = A\dfrac{dh_s}{dt}$ ······ ②

①-②, $(q - q_s) - 2(h - h_s) = A\dfrac{d(h - h_s)}{dt}$

$\underset{Q'}{\qquad} \underset{H'}{\qquad}$

$Q' - 2H' = A\dfrac{dH'}{dt}$

$\rightarrow Q'(s) - 2H'(s) = ASH'(s) - h'(0) = 0$

$Q'(s) = (As + 2)H'(s)$

$\Rightarrow \dfrac{H'(s)}{Q'(s)} = \dfrac{1}{As+2} = \dfrac{1}{3s+2} = \dfrac{1}{\frac{3}{2}s+1}$

$\therefore \tau = \dfrac{3}{2}$

51 전달함수 $G(s)$의 단위계단(unit step) 입력에 대한 응답을 y_s, 단위충격(unit impulse) 입력에 대한 응답을 y_I라 할 때 y_s와 y_I의 관계로 옳은 것은? 출제율 20%

① $\dfrac{dy_I}{dt} = y_s$ ② $\dfrac{dy_s}{dt} = y_I$

③ $\dfrac{d^2y_I}{dt^2} = y_s$ ④ $\dfrac{d^2y_s}{dt^2} = y_I$

해설 단위계단 입력은 미분하면 단위충격 응답

$\therefore \dfrac{dy_s}{dt} = y_I$

52 다음 블록선도에서 C/R의 전달함수는 어느 것인가? 출제율 80%

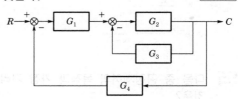

① $\dfrac{G_1 G_2}{1 + G_1 G_2 + G_3 G_4}$ ② $\dfrac{G_1 G_2}{1 + G_2 G_3 + G_1 G_2 G_4}$

③ $\dfrac{G_3 G_4}{1 + G_1 G_2 G_3 G_4}$ ④ $\dfrac{G_1 G_2}{1 + G_1 + G_3 + G_4}$

해설 $\dfrac{직진}{1 + \text{feedback}} = \dfrac{G_1 G_2}{1 + G_2 G_3 + G_1 G_2 G_4}$

53 저장탱크에서 나가는 유량(F_0)을 일정하게 하기 위한 아래 3개의 P&ID 공정도의 제어방식을 옳게 설명한 것은? 출제율 20%

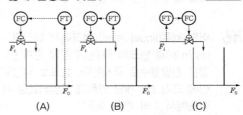

(A) (B) (C)

① (A), (B), (C) 모두 앞먹임(feedforward) 제어

② (A)와 (B)는 앞먹임(feedforward) 제어이고, (C)는 되먹임(feedback) 제어

③ (A)와 (B)는 되먹임(feedback) 제어, (C)는 앞먹임(feedforward) 제어

④ (A)는 되먹임(feedback) 제어, (B)와 (C)는 앞먹임(feedforward) 제어

해설 (A), (B)는 feedback ⇒ (A), (B)는 입력 후 보정

(C)는 feedforward ⇒ (C)는 입력 전 보정

54 함수 e^{-bt}의 라플라스 변환 함수는? [출제율 80%]

① $\dfrac{1}{(s-b)}$ ② e^{-bs}

③ $\dfrac{1}{(s+b)}$ ④ $s+b$

해설 $e^{-at} \xrightarrow{\mathcal{L}} \dfrac{1}{s+a}$

$\therefore e^{-bt} \xrightarrow{\mathcal{L}} \dfrac{1}{s+b}$

55 다음 중 공정제어의 목적과 가장 거리가 먼 것은? [출제율 20%]

① 반응기의 온도를 최대 제한값 가까이에서 운전함으로 반응속도를 올려 수익을 높인다.
② 평형반응에서 최대의 수율이 되도록 반응 온도를 조절한다.
③ 안전을 고려하여 일정 압력 이상이 되지 않도록 반응속도를 조절한다.
④ 외부 시장환경을 고려하여 이윤이 최대가 되도록 생산량을 조정한다.

해설 공정제어의 목적
가장 경제적이면서도 안전한 방법으로 제품 생산

56 어떤 액위(liquid level) 탱크에서 유입되는 유량(m^3/min)과 탱크의 액위(h) 간의 관계는 다음과 같은 전달함수로 표시된다. 탱크로 유입되는 유량에 크기 1인 계단 변화가 도입되었을 때 정상상태에서 h의 변화 폭은? [출제율 60%]

$$\frac{H(s)}{Q(s)} = \frac{1}{2s+1}$$

① 6 ② 3
③ 2 ④ 1

해설 크기 1인 계단입력 변화 $= \dfrac{1}{s} = Q(s)$

$H(s) = Q(s) \cdot \dfrac{1}{2s+1} = \dfrac{1}{s(2s+1)} = \dfrac{a}{s} + \dfrac{b}{2s+1}$

$a(2s+1)+bs=1$이므로 $a=1,\ b=-2$

$H(s) = \dfrac{1}{s} - \dfrac{2}{2s+1} \Rightarrow h(1) = 1+e^{-\frac{1}{2}t}$

$\displaystyle \lim_{t \to \infty} h(t) = 1$

57 시간지연(delay)이 포함되고 공정이득이 1인 1차 공정에 비례제어기가 연결되어 있다. 교차주파수(crossover frequency)에서의 각속도(ω)가 0.5rad/min일 때 이득여유가 1.7이 되려면 비례제어 상수(K_c)는 얼마여야 하는가? (단, 시간상수는 2분이다.) [출제율 40%]

① 0.83 ② 1.41
③ 1.70 ④ 2.0

해설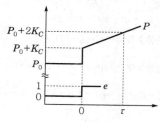

$G(s) = \dfrac{k}{\tau s+1} e^{-\theta s}, \quad Y(s) = \dfrac{1}{2s+1} e^{-\theta s} \cdot K_c$

$AR = \dfrac{K_c}{\sqrt{\tau^2 \omega^2 + 1}}, \quad \omega = 0.5 \text{rad/min}$

이득여유 $\dfrac{1}{AR} = 1.7, \quad AR = 0.59$

$\therefore 0.59 = \dfrac{K_c}{\sqrt{2^2 \times 0.5^2 + 1}}$

$K_c = 0.83$

58 Error(e)에 단위계단 변화(unit step change)가 있었을 때 다음과 같은 제어기 출력 응답(response ; P)을 보이는 제어기는? [출제율 40%]

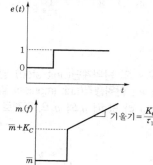

① PID ② PD
③ PI ④ P

해설 PI 제어기의 계단응답

59 $\dfrac{s+a}{(s+a)^2+\omega^2}$ 의 라플라스 역변환은? [출제율 80%]

① $t\cos\omega t$ ② $e^{-at}\cos\omega t$

③ $t\sin\omega t$ ④ $e^{at}\cos\omega t$

●해설 $e^{-at}\cos\omega t \xrightarrow{\quad\mathcal{L}\quad} \dfrac{s+a}{(s+a)^2+\omega^2}$

60 다음 중 2차계의 주파수 응답에서 정규화된 진폭비 $\left(\dfrac{AR}{k}\right)$의 최대값에 대한 설명으로 옳은 것은? [출제율 40%]

① 감쇠계수(damping factor)가 $\sqrt{2}/2$보다 작으면 1이다.

② 감쇠계수(damping factor)가 $\sqrt{2}/2$보다 크면 1이다.

③ 감쇠계수(damping factor)가 $\sqrt{2}/2$보다 작으면 $1/2\tau$이다.

④ 감쇠계수(damping factor)가 $\sqrt{2}/2$보다 크면 $1/2\tau$이다.

●해설 AR_N이 최대일 경우 $\tau\omega=\sqrt{1-2\zeta}$

$AR_{N\cdot\max}=\dfrac{1}{2\zeta\sqrt{1-\zeta^2}}$

$\therefore\ 0<\zeta<0.707$이며 감쇠계수가 $\dfrac{\sqrt{2}}{2}$ 보다 크면

진폭비 $\dfrac{AR}{K}=1$이다.

▶ 제4과목 ▌ 공업화학

61 유지 성분의 공업적 분리방법으로 다음 중 가장 거리가 먼 것은? [출제율 20%]

① 분별결정법 ② 원심분리법

③ 감압증류법 ④ 분자증류법

●해설 원유의 증류
㉠ 분별증류
㉡ 감압증류
㉢ 스트리핑
㉣ 분자증류
※ 원심분리법 ⇒ 농축우라늄 제조법

62 다음 중 황산 제조에서 연실의 주된 작용이 아닌 것은? [출제율 60%]

① 반응열을 발산시킨다.

② 생성된 산무의 응축을 위한 공간을 부여한다.

③ Glover탑에서 나오는 SO_2 가스를 산화시키기 위한 시간과 공간을 부여한다.

④ 가스 중의 질소산화물을 H_2SO_4에 흡수시켜 회수하여 함질황산을 공급한다.

●해설 연실
㉠ 반응열 발산
㉡ 산무의 응축을 위한 공간 부여
㉢ 글로버탑에서 오는 가스를 혼합, SO_2를 산화시키기 위한 공간
※ 게이뤼삭탑 : 질소산화물 회수

63 인광석에 의한 과린산석회 비료의 제조공정 화학반응식으로 옳은 것은? [출제율 60%]

① $CaH_4(PO_4)_2 + NH_3$
   $\rightleftarrows NH_4H_2PO_4 + CaHPO_4$

② $Ca_3(PO_4)_2 + 4H_3PO_4 + 3H_2O$
   $\rightleftarrows 3[CaH_4(PO_4)_2 \cdot H_2O]$

③ $Ca_3(PO_4)_2 + 2H_3SO_4 + 5H_2O$
   $\rightleftarrows CaH_4(PO_4)_2 \cdot H_2O + 2(CaSO_4 \cdot 2H_2O)$

④ $Ca_3(PO_4)_2 + 4HCl$
   $\rightleftarrows CaH_4(PO_4)_2 + 2CaCl_2$

●해설 인광석을 황산 분해하여 과린산석회 제조
$Ca_3(PO_4)_2 + 2H_2SO_4 + 5H_2O$
$\rightleftarrows CaH_4(PO_4)_2 \cdot H_2O + 2(CaSO_4 \cdot 2H_2O)$

64 다음 중 산화에틸렌의 수화반응으로 생성되는 물질은? [출제율 40%]

① 에틸알코올

② 아세트알데히드

③ 메틸알코올

④ 에틸렌글리콜

●해설 산화에틸렌의 수화반응 → 에틸렌글리콜 생성

$\begin{array}{ccc} CH_2-CH_2 & + H_2O\,(과량) \rightarrow & CH_2-CH_2 \\ \diagdown\ \ \diagup & & |\quad\ \ | \\ O & & OH\quad OH \end{array}$

65 다음 반응의 주생성물 A는? [출제율 20%]

① NHCOOR

② NHCOR

③ NH_2 / OR

④ NH_2 / COOR

해설

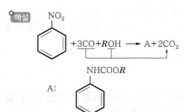

A:

---

66 암모니아소다법에서 탄산화과정의 중화탑이 하는 주된 작용은? [출제율 40%]

① 암모니아 함수의 부분 탄산화
② 알칼리성을 강산성으로 변화
③ 침전탑에 도입되는 하소로 가스와 암모니아의 완만한 반응 유도
④ 온도 상승을 억제

해설 암모니아소다법에서 중화탑은 암모니아 함수의 부분 탄산화를 시킨다.

---

67 식염수를 전기분해하여 1ton의 NaOH를 제조하고자 할 때 필요한 NaCl의 이론량(kg)은? (단, Na와 Cl의 원자량은 각각 23g/mol과 35.5g/mol이다.) [출제율 40%]

$$2NaCl + 2H_2O \longrightarrow 2NaOH + Cl_2 + H_2$$

① 1463
② 1520
③ 2042
④ 3211

해설 $58.5 : 40 = x : 1000\,kg$
∴ $x = 1463\,kg$

---

68 음성감광제와 양성감광제를 비교한 것 중 틀린 것은? [출제율 20%]

① 음성감광제가 양성감광제보다 노출속도가 빠르다.
② 음성감광제가 양성감광제보다 분해능이 좋다.
③ 음성감광제가 양성감광제보다 공정상태에 민감하다.
④ 음성감광제가 양성감광제보다 접착성이 좋다.

해설

양성	음성
• 분해능이 좋다. • 광분해	• 노출속도가 빠르다. • 용제로 크실렌을 사용한다. • 고분자화 • 공정상태에 민감하다. • 접착성이 좋다.

---

69 다음 석유화학 공정 중 전화(conversion)와 정제로 구분할 때 전화 공정에 해당하지 않는 것은 어느 것인가? [출제율 60%]

① 분해(cracking)
② 개질(reforming)
③ 알킬화(alkylation)
④ 스위트닝(sweetening)

해설 스위트닝(정제)
부식성과 악취 등 황화수소, 황을 산화하여 이황화물로 만들어 정제하는 방법

---

70 건전지에 대한 설명 중 틀린 것은? [출제율 20%]

① 용량을 결정하는 원료는 이산화망간이다.
② 아연의 자기방전을 방지하기 위하여 전해액을 중성으로 한다.
③ 전해액에 부식을 방지하기 위하여 소량의 $ZnCl_2$을 첨가한다.
④ 아연은 양극에서 염소이온과 반응하여 $ZnCl_2$이 된다.

해설 아연은 양극에서 산화 $Zn(s) \rightarrow Zn^{2+}(aq) + 2e^-$

71 다음 중 순수 HCl 가스(무수염산)를 제조하는 방법은? (출제율 60%)

① 질산 분해법　　② 흡착법
③ Hargreaves법　④ Deacon법

해설 순수 HCl 제조 방법
흡착법, 진한 염산 증류법, 직접 합성법

72 열분산이 용이하고 반응혼합물의 점도를 줄일 수 있으나 연쇄이동반응으로 저분자량의 고분자가 얻어지는 단점이 있는 중합방법은? (출제율 40%)

① 용액 중합　　② 괴상 중합
③ 현탁 중합　　④ 유화 중합

해설 용액 중합
㉠ 중화열 제거 용이
㉡ 중합속도와 분자량이 작음
㉢ 중합 후 용매의 완전제거가 어려움
㉣ 연쇄이동반응으로 저분자량의 고분자가 얻어짐

73 다음의 반응식으로 질산이 제조될 때 전체 생성물 중 질산의 질량%는? (출제율 40%)

$$NH_3 + 2O_2 \longrightarrow HNO_3 + H_2O$$

① 58　　　　② 68
③ 78　　　　④ 88

해설 $HNO_3 = 63$, $H_2O = 18$
$$\frac{63}{63+18} = 0.78$$

74 다음 중 환경친화적인 생분해성 고분자가 아닌 것은? (출제율 20%)

① 지방족 폴리에스테르
② 폴리카프로락톤
③ 폴리이소프렌
④ 전분

해설 폴리이소프렌(＝합성천연고무)
기계적 특성과 내마모성이 우수하며 생분해가 안 됨.
※ 생분해성 고분자 : 이용 후 화학적 분해 가능
(지방족 폴리에스테르, 폴리카프로락톤, 전분 등)

75 다음 중 아세틸렌과 반응하여 염화비닐을 만드는 물질은? (출제율 60%)

① NaCl　　　② KCl
③ HCl　　　④ HOCl

해설
$$CH \equiv CH + HCl \longrightarrow CH_2 = CH$$
아세틸렌　　　　　　　　　|
　　　　　　　　　　　　　Cl
　　　　　　　　　　　염화비닐

76 암모니아 합성공정에 있어서 촉매 1m²당 1시간에 통과하는 원료가스의 m³ 수를 나타내는 용어는? (단, 가스의 부피는 0℃, 1atm 상태로 환산한다.) (출제율 40%)

① 순간속도
② 공시득량
③ 공간속도
④ 원단위

해설 공간속도
촉매 1m³당 매시간 통과하는 원료가스(0℃, 1atm)의 m³수

77 폴리아미드계인 nylon 6.6이 이용되는 분야에 대한 설명으로 가장 거리가 먼 것은? (출제율 60%)

① 용융방사한 것은 직물로 사용된다.
② 고온의 전열기구용 재료로 이용된다.
③ 로프 제작에 이용된다.
④ 사출성형에 이용된다.

해설 나일론 6.6
헥사메틸렌디아민과 아디프산의 축합 생성물로 섬유, 로프, 타이어, 벨트, 천 등에 사용

78 아미노화 반응 공정에 대한 설명 중 틀린 것은 어느 것인가? (출제율 40%)

① 암모니아의 수소원자를 알킬기나 알릴기로 치환하는 공정이다.
② 암모니아의 수소원자 1개가 아실, 술포닐기로 치환된 것을 1개 아미드라고 한다.
③ 아미노화 공정에는 환원에 의한 방법과 암모니아 분해에 의한 방법 등이 있다.
④ Bechamp method는 철과 산을 사용하는 환원 아미노화 방법이다.

해설 아미노화 반응
㉠ 아미노기($-NH_2$)를 도입시켜 아민을 만드는 반응
㉡ 암모니아에 의한 암모놀리시스와 환원에 의한 아미노화합물을 만드는 방법이 있다.

71.② 72.① 73.③ 74.③ 75.③ 76.③ 77.② 78.②

79 가수분해에 관한 설명 중 틀린 것은? 〔출제율 40%〕

① 무기화합물의 가수분해는 산·염기 중화 반응의 역반응을 의미한다.

② 니트릴(nitrile)은 알칼리환경에서 가수분해되어 유기산을 생성한다.

③ 화합물이 물과 반응하여 분리되는 반응이다.

④ 알켄(Alkene)은 알칼리 환경에서 가수분해된다.

〔해설〕 가수분해
알켄의 가수분해는 알켄에 황산을 반응시켜 중간체를 거쳐 가수분해된다.

80 염산 제조에 있어서 단위시간에 흡수되는 HCl 가스량(G)을 나타낸 식은? (단, K는 HCl 가스 흡수계수, A는 기상-액상의 접촉면적, ΔP는 기상-액상과의 HCl 분압차이다.) 〔출제율 20%〕

① $G = K^2 A$

② $G = K\Delta P$

③ $G = \dfrac{K}{A}\Delta P$

④ $G = KA\Delta P$

〔해설〕 HCl 가스의 흡수

흡수속도 $\dfrac{dw}{d\theta} = KA\Delta P$

여기서, $\dfrac{dw}{d\theta}$: 단위시간에 흡수되는 HCl 가스의 무게

K : HCl 가스의 흡수계수

A : HCl 가스와 흡수액 사이의 접촉면적

ΔP : 기상과 액상 간 HCl 가스의 분압차

▶▶ 제5과목 ┃ 반응공학

81 연속반응 $A \rightarrow R \rightarrow S \rightarrow T \rightarrow U$에서 각 성분의 농도를 시간의 함수로 도시(plot)할 때 다음 설명 중 틀린 것은? (단, 초기에는 A만 존재한다.) 〔출제율 20%〕

① C_R 곡선은 원점에서의 기울기가 양수(+)값이다.

② C_S, C_T, C_U 곡선은 원점에서의 기울기가 0이다.

③ C_S가 최대일 때 C_T 곡선의 기울기가 최소이다.

④ C_A는 단조감소함수, C_U는 단조증가함수이다.

〔해설〕 시간이 지나면서 R, S, T, U 농도는 증가한다. C_S의 농도가 최대인 경우 C_T 곡선의 기울기는 최대이다.

82 기체 반응물 $A(C_{A0} = 1\text{mol/L})$를 혼합흐름반응기 ($V = 0.1\text{L}$)에 넣어서 반응시킨다. 반응식이 $2A \rightarrow R$이고, 실험결과가 다음 표와 같을 때, 이 반응의 속도식($-r_A$; mol/L · h)은? 〔출제율 20%〕

u_0[L/h]	C_{Af}[mol/L]	u_0[L/h]	C_{Af}[mol/L]
1.5	0.334	9.0	0.667
3.6	0.500	30.0	0.857

① $-r_A = (30\text{h}^{-1}) C_A$

② $-r_A = (36\text{h}^{-1}) C_A$

③ $-r_A = (100\text{L/mol} \cdot \text{h}) C_A^2$

④ $-r_A = (150\text{L/mol} \cdot \text{h}) C_A^2$

〔해설〕 기체 반응물이므로 용적 변화

$\varepsilon_A = y_{A0}\delta = \dfrac{1-2}{2} = -\dfrac{1}{2}$

C_{Af}값으로부터 전화율을 구하면

$C_A = C_{A0}\left(\dfrac{1-X_A}{1+\varepsilon_A X_A}\right)$

$0.5 = 1 \times \left(\dfrac{1-X_A}{1-\dfrac{1}{2}X_A}\right)$ $\Rightarrow$ $X_A = \dfrac{2}{3}$

이를 $\tau K C_{A0}^{n-1} = \dfrac{X_A(1+\varepsilon_A X_A)^n}{(1-X_A)^n}$ 에 대입하면

$\tau = \dfrac{V}{v_0} = \dfrac{0.1}{3.6}$ 이고, $C_{A0} = 1$

$K = \dfrac{3.6}{0.1} \times 1 \times 1 \times \dfrac{\dfrac{2}{3}\times\left(1-\dfrac{1}{2}\times\dfrac{2}{3}\right)^2}{\left(1-\dfrac{2}{3}\right)^2} =$ 약 95.61

$\therefore -r_A = (100\text{L/mol} \cdot \text{h}) \times C_A^2$

83 부반응이 있는 어떤 액상반응이 아래와 같을 때, 부반응을 적게 하는 반응기 구조는 다음 중 어느 것인가? (단, $k_1 = 3k_2$, $r_R = k_1 C_A^2 C_B$, $r_U = k_2 C_A C_B^3$이고, 부반응은 S와 U를 생성하는 반응이다.) 출제율 40%

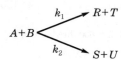

①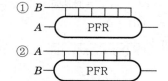

②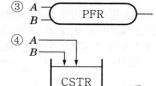

③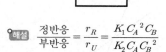

④
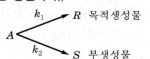

해설 $\dfrac{정반응}{부반응} = \dfrac{r_R}{r_U} = \dfrac{K_1 C_A^2 C_B}{K_2 C_A C_B^2}$

C_A의 농도는 높게, C_B의 농도는 낮게 해야 하므로 ①번이 정답이다.

84 병렬반응하는 A의 속도상수와 반응식이 아래와 같을 때, 생성물 분포비율$\left(\dfrac{r_R}{r_S}\right)$은? (단, 두 반응의 차수는 동일하다.) 출제율 40%

$$A \xrightarrow{k_1} R \text{ 목적생성물}$$
$$A \xrightarrow{k_2} S \text{ 부생성물}$$

① 속도상수에 관계없다.
② A의 농도에 관계없다.
③ A의 농도에 비례해서 커진다.
④ A의 농도에 비례해서 작아진다.

해설 두 반응의 차수가 동일하므로 A의 농도에 관계없다.

85 다음과 같이 반응물과 생성물의 에너지상태가 주어졌을 때 반응열 관계로서 옳은 것은? 출제율 40%

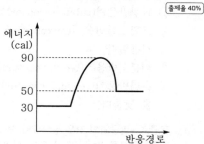

① 발열반응이며, 발열량은 20cal이다.
② 발열반응이며, 발열량은 40cal이다.
③ 흡열반응이며, 흡열량은 20cal이다.
④ 흡열반응이며, 흡열량은 40cal이다.

해설
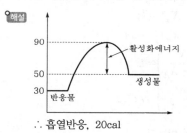

∴ 흡열반응, 20cal

86 $A \to R$ 반응이 회분식 반응기에서 일어날 때 1시간 후의 전화율은? (단, $-r_A = 3C_A^{0.5}$mol/L·h, $C_{A0} = 1$mol/L이다.) 출제율 60%

① 0 ② 1/2
③ 2/3 ④ 1

해설 $-\dfrac{dC_A}{dt} = 3C_A^{0.5}$

$-\dfrac{dC_A}{C_A^{0.5}} = 3dt$ 이를 적분하면

$-2\left[C_A^{\frac{1}{2}} - C_{A0}^{\frac{1}{2}}\right] = 3t$

$2\left[C_{A0}^{\frac{1}{2}} - C_A^{\frac{1}{2}}\right] = 3t$

$2\left[C_{A0}^{\frac{1}{2}} - C_{A0}^{\frac{1}{2}}(1-X_A)^{\frac{1}{2}}\right] = 3t$

$2\left[(1-X_A)^{\frac{1}{2}}\right] = 3t$

$X_A = 0.99$, $t = \dfrac{2}{3}$시간

즉, 1시간 뒤에는 이미 반응이 끝이므로 전화율은 1이다.

87 다음 중 반응물질의 농도를 낮추는 방법은 어느 것인가? 출제율 20%

① 관형반응기(tubular reator)를 사용한다.
② 혼합흐름반응기(mixed flow reactor)를 사용한다.
③ 회분식반응기(batch reactor)를 사용한다.
④ 순환반응기(recycle reactor)에서 순환비를 낮춘다.

해설 혼합흐름반응기의 경우 정상상태, 반응기 내에서 완전혼합하므로 반응물의 농도가 낮아진다.

88 균일계 1차 액상반응이 회분반응기에서 일어날 때 전화율과 반응시간의 관계를 옳게 나타낸 것은? 출제율 60%

① $\ln(1-X_A) = kt$
② $\ln(1-X_A) = -kt$
③ $\ln\left(\dfrac{X_A}{1-X_A}\right) = kt$
④ $\ln\left(\dfrac{1}{1-X_A}\right) = kC_{A0}t$

해설 1차 회분식 반응기

$-\ln = \dfrac{C_A}{C_{A0}} = kt$, $C_A = C_{A0}(1-X_A)$이므로

$\ln(1-X_A) = -kt$

89 액상 1차 직렬반응이 관형반응기(PFD)와 혼합반응기(CSTR)에서 일어날 때 R 성분의 농도가 최대가 되는 PFR의 공간시간(τ_P)과 CSTR의 공간시간(τ_C)에 관한 식으로 옳은 것은? 출제율 40%

$$A \xrightarrow{k} R \xrightarrow{2k} S$$
$$r_R = k_1 C_A, \; r_S = k_2 C_R$$

① $\tau_C/\tau_P > 1$
② $\tau_C/\tau_P < 1$
③ $\tau_C/\tau_P = 1$
④ $\tau_C/\tau_P = k$

해설 $n > 0$인 경우 혼합흐름반응기의 크기는 항상 플러그 흐름반응기보다 크고, 공간시간은 반응기 부피만큼의 공급물 처리에 필요한 시간이므로 $\tau_c/\tau_p > 1$이다.

90 1차 비가역 액상반응을 관형반응기에서 반응시켰을 때 공간속도가 6000h^{-1}이었으며 전화율은 40%였다. 같은 반응기에서 전화율이 90%가 되게 하는 공간속도(h^{-1})는? 출제율 60%

① 1221
② 1331
③ 1441
④ 1551

해설 공간속도 $= 6000\,\mathrm{hr}^{-1} \rightarrow$ 공간시간 $= \dfrac{1}{6000}$

$K\tau = -\ln(1-X_A)$

$K \times \dfrac{1}{6000} = -\ln 0.6 \Rightarrow K = 3064.95$

$3064.95 \times \tau = -\ln(1-0.9)$

$\tau = 7.51 \times 10^{-4}$ 공간속도 $\dfrac{1}{7.51 \times 10^{-4}}$

$= 1331$

91 다음은 Arrhenius 법칙에 의해 도시(plot)한 활성화에너지(activation energy)에 대한 그래프이다. 이 그래프에 대한 설명으로 옳은 것은 다음 중 어느 것인가? 출제율 80%

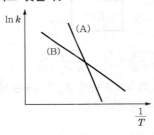

① 직선 (B)보다 (A)의 활성화에너지가 크다.
② 직선 (A)보다 (B)의 활성화에너지가 크다.
③ 초기에는 직선 (A)의 활성화에너지가 크나 후기에는 (B)가 크다.
④ 초기에는 직선 (B)의 활성화에너지가 크나 후기에는 (A)가 크다.

해설

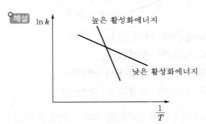

• $\dfrac{1}{T}$이 클수록 k의 변화가 크다.
• 높은 온도보다 낮은 온도에서 예민하다.

92 300J/mol의 활성화에너지를 갖는 반응의 650K의 반응속도는 500K에서의 반응속도보다 몇 배 빨라지는가? 출제율 80%

① 1.02   ② 2.02
③ 3.02   ④ 4.02

해설 $\ln\dfrac{K_1}{K_2} = -\dfrac{300J/mol}{8.314J/mol \cdot K} \times \left(\dfrac{1}{650} - \dfrac{1}{500}\right)$

$\ln\dfrac{K_1}{K_2} = $ 약 0.016

$\dfrac{K_1}{K_2} = e^{0.016} = $ 약 1.02

∴ 반응속도는 약 1.02배 빨라진다.

93 반응기의 체적이 2000L인 혼합반응기에서 원료가 1000mol/min씩 공급되어서 80%가 전화될 때, 원료 A의 소멸속도(mol/L·min)는? 출제율 40%

① 0.1   ② 0.2
③ 0.3   ④ 0.4

해설 CSTR
$F_{A0} X_A = -r_{A0} V$
문제에서 $F_{A0} = 1000 \, mol/min$, $V = 2000 \, L$
$X_A = 80\%$
$1000 \, mol/min \times 0.8 = 2000 \, L \times r_A$
∴ $r_A = 0.4 \, mol/L \cdot min$

94 유효계수(η)에 대한 설명 중 틀린 것은? (단, h는 thiele modulus이다.) 출제율 20%

① η는 기공확산에 의해 느려지지 않았을 때의 속도분의 기공 내 실제 평균반응속도로 정의된다.
② $h > 10$일 때 $\eta = \infty$이다.
③ $h < 0.1$일 때 $\eta \cong 1$이다.
④ η는 h만의 함수이다.

해설 유효인자 $\varepsilon(\eta) = \dfrac{\text{actual rate}}{\text{ideal rate}}$

$\eta = \dfrac{\tan h\phi}{\phi}$ (여기서 ϕ : thiele modulus)

문제에서는 thiele modulus는 h
$\phi(h) \ll 1$, $\eta = 1$(기공확산 저항 없음)
$\phi(h) = 1$, $\eta = 0.762$(어느 정도 저항)
$\phi(h) \gg 1$, $\eta = 1/\phi$(강한 기공확산 저항)

95 화학반응의 온도 의존성을 설명하는 것과 관계가 가장 먼 것은? 출제율 20%

① 볼츠만 상수(Boltzmann constant)
② 분자충돌 이론(Collision theory)
③ 아레니우스식(Arrhenius equation)
④ 랭뮤어 힌셜우드 속도론(Langmuir-Hin-shelwood kinetics)

해설 Langmuir 속도식은 촉매반응과 관계가 있다.

96 순환반응기에서 반응기 출구 전화율이 입구 전화율의 2배일 때 순환비는? 출제율 40%

① 0   ② 0.5
③ 1.0   ④ 2.0

해설 $X_{A1} = \left(\dfrac{R}{R+1}\right) X_{Af}$

$X_{A1} = \left(\dfrac{R}{R+1}\right) 2 X_{A1}$

$1 = \dfrac{2R}{R+1} \rightarrow 2R = R+1$ ∴ $R = 1$

97 반응물 A가 회분반응기에서 비가역 2차 액상반응으로 분해하는 데 5분 동안에 50%가 전화된다고 한다. 이때 75% 전화에 걸리는 시간(min)은? 출제율 60%

① 5.0   ② 7.5
③ 15.0   ④ 20.0

해설 $t_{1/2} = \dfrac{1}{kC_{A0}} \rightarrow 5 \, min = \dfrac{1}{KC_{A0}}$, $K = \dfrac{1}{5C_{A0}}$

$\dfrac{1}{C_{A0}} \dfrac{X_A}{(1-X_A)} = Kt$ 에서 $0.75 = X_A$ 대입

$\dfrac{0.75}{C_{A0}(1-0.75)} = \dfrac{t}{5C_{A0}}$

∴ $3 = \dfrac{t}{5}$ 이므로 $t = 15 \, min$

98 액상 2차 반응에서 A의 농도가 1mol/L일 때 반응속도가 0.1mol/L·s라고 하면 A의 농도가 5mol/L일 때 반응속도(mol/L·s)는? (단, 온도 변화는 없다고 가정한다.) 출제율 40%

① 1.5   ② 2.0
③ 2.5   ④ 3.0

해설 $-r_A = KC_A^2$에서 $0.1 \, \text{mol/L} \cdot \text{s} = K(1 \, \text{mol/L})^2$
$K = 0.1 \, \text{L/mol} \cdot \text{s}$
$r_A = 0.1 \, \text{L/mol} \cdot \text{s} \times (5 \, \text{mol/L})^2$
$\quad = 2.5 \, \text{mol/L} \cdot \text{s}$

99 다음과 같은 반응을 통해 목적생성물(R)과 그 밖의 생성물(S)이 생긴다. 목적생성물의 생성을 높이기 위한 반응물 농도 조건은? (단, C_x는 x 물질의 농도를 의미한다.) 출제율 40%

$$A + B \xrightarrow{k_1} R \qquad A \xrightarrow{k_2} S$$

① C_B를 크게 한다.
② C_A를 크게 한다.
③ C_A를 작게 한다.
④ C_A, C_B와 무관하다.

해설 $C_R = K_1 C_A C_B$
$C_S = K_2 C_A$
$\Rightarrow \dfrac{C_R}{C_S} = \dfrac{K_1 C_A C_B}{K_2 C_A} = \dfrac{K_1}{K_2} C_B$
$\therefore C_B$의 농도를 크게 한다.

100 어떤 공장에서 아래와 같은 조건을 만족하는 공정을 가동한다고 할 때 첨가해야 하는 D의 양 (mol)은? (단, 반응은 완전히 반응한다고 가정한다.) 출제율 40%

- 혼합공정 반응
    $A + D \rightarrow R, \quad -r_A = C_A C_D$
    $B + D \rightarrow S, \quad -r_B = 7 C_B C_D$
- 원료 투입량 : 50mol/L
- 원료 성분 : A 90mol%
    $\qquad\qquad B$ 10mol%
- 공정 품질기준
    $A : B = 100 : 1$

① 19.6 ② 29.6
③ 39.6 ④ 49.6

해설 $-r_A = C_A C_D \qquad A : B = 100 : 1$
$-r_B = 7 C_A C_D \qquad C_A = 100 C_B$
$A = 45 \, \text{mol} = C_{A0}$
$B = 5 \, \text{mol} = C_{B0}$
$-r_A = \dfrac{-dC_A}{dt} = C_A C_D, \quad -r_B = \dfrac{-dC_B}{dt} = 7 C_B C_D$
$\dfrac{r_A}{r_B} = \dfrac{\dfrac{dC_A}{dt}}{\dfrac{dC_B}{dt}} = \dfrac{C_A}{7 C_B} \Rightarrow \dfrac{dC_A}{C_A} = \dfrac{dC_B}{7 C_B}$

적분하면, $\ln \dfrac{C_A}{C_{A0}} = \dfrac{1}{7} \ln \dfrac{C_B}{C_{B0}} \Rightarrow \dfrac{C_A}{45} = \left(\dfrac{C_B}{5} \right)^{\frac{1}{7}}$

$\left(\dfrac{100 C_A}{45} \right)^7 = \dfrac{C_B}{5} \Rightarrow \dfrac{10^{14} C_A^7}{45^7} = \dfrac{C_B}{5}$

$\Rightarrow C_B = 0.3012, \quad C_A = 30.12$

$A + D \rightarrow R$	$B + D \rightarrow S$
45 $\quad k$	5 $\quad k$
$-x \quad -x$	$-y \quad -y \quad +y$
30.12 $\quad k-x \quad x$	0.3012 $\quad k-y \quad y$

$\therefore x = 14.88 \qquad 5 - y = 0.3012$
$\qquad\qquad\qquad \Rightarrow y = 4.6988$

따라서 D는 $14.88 + 4.6988 = 19.5788$

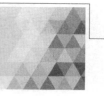

▶▶ 제1과목 Ⅰ 화공열역학

01 벤젠과 톨루엔으로 이루어진 용액이 기상과 액상으로 평형을 이루고 있을 때 이 계에 대한 자유도는? <small>출제율 60%</small>

① 0
② 1
③ 2
④ 3

해설 자유도
$F = 2 - P + C$
여기서, P(phase) : 상
C(component) : 성분
벤젠·톨루엔 ⇒ 2성분, 기체·액체 2개의 상
∴ $F = 2 - P + C = 2 - 2 + 2 = 2$

02 어떤 화학반응에서 평형상수 K의 온도에 대한 미분계수가 다음과 같이 표시된다. 이 반응에 대한 설명으로 옳은 것은? <small>출제율 60%</small>

$$\frac{d\ln K}{dT} < 0$$

① 흡열반응이며, 온도상승에 따라 K의 값이 커진다.
② 흡열반응이며, 온도상승에 따라 K의 값이 작아진다.
③ 발열반응이며, 온도상승에 따라 K의 값이 커진다.
④ 발열반응이며, 온도상승에 따라 K의 값이 작아진다.

해설 평형상수와 온도의 영향
$$\frac{d\ln K}{dT} = \frac{\Delta H°}{RT^2}$$
• ΔH^2가 음수(발열반응)이면 온도가 증가하면서 평형상수 감소
• ΔH^2가 양수(흡열반응)이면 온도가 증가하면서 평형상수 증가

03 다음 설명 중 맞는 표현은? (단, 하첨자 $i(_i)$: i성분, 상첨자 sat$(^{sat})$: 포화, Hat$(\hat{\ })$: 혼합물, f : 퓨가시티, ϕ : 퓨가시티 계수, P : 증기압, x : 용액의 몰분율을 의미한다.) <small>출제율 20%</small>

① 증기가 이상기체라면 $\phi_i^{sat} = 1$이다.
② 이상용액인 경우 $\hat{\phi} = \dfrac{x_i f_i}{P}$이다.
③ 루이스-랜달(Lewis-Randall)의 법칙에서 $\hat{f}_i = \dfrac{f_i^{sat}}{P}$이다.
④ 라울의 법칙은 $y_i = \dfrac{P_i^{sat}}{P}$이다.

해설 기액 평형, 라울의 법칙
① 증기가 이상기체인 경우 $\hat{\phi}_i^{sat} = 1$이다.
② 이상용액인 경우 $\hat{\phi_i^l} = \dfrac{\hat{f}_i^l}{x_i P}$이다.
③ Lewis-Randall 법칙에서 $f_i^l = f_i^{sat}$이다.
④ 라울의 법칙은 $y_i = \dfrac{x_i P_i^{sat}}{P}$이다.

04 냉동 용량이 18000Btu/hr인 냉동기의 성능계수 (coefficient of performance ; ω)가 4.5일 때 응축기에서 방출되는 열량(Btu/hr)은? <small>출제율 60%</small>

① 4000
② 22000
③ 63000
④ 81000

해설 $w = \dfrac{흡수열(저온)}{알짜일} = \dfrac{\theta c}{w}$
$45 = \dfrac{\theta c}{w} = \dfrac{18000\,\text{Btu/hr}}{W}$ 이므로
$W = \dfrac{18000}{4.5} = 4000$
$w = \theta_H - \theta_c$ 이므로 $4000 = \theta_H - 18000$
따라서 $\theta_H = 22000\,\text{Btu/hr}$ 이다.

05 2성분계 혼합물이 기-액 상평형을 이루고 압력과 기상 조성이 주어졌을 때 압력과 액상 조성을 계산하는 방법을 "DEW P"라 정의할 때, DEW P에 포함될 필요가 없는 식은? (단, A, B, C는 상수이다.) 〔출제율 40%〕

① $P = P_2^{sat} + x_1 P_1^{sat}$

② $\ln P_i^{sat} = A_i - \dfrac{B_i}{T + C_i}$

③ $x_1 = \dfrac{P - P_2^{sat}}{P_1^{sat} - P_2^{sat}}$

④ $\dfrac{1}{y_1/P_1^{sat} + y_2/P_2^{sat}}$

해설 라울의 법칙을 이용한 이슬점 및 기포점 계산

㉠ $P = \sum_i x_i P_i^{sat}$

㉡ $x_2 = 1 - x_1$인 2성분계에서
$P = P_2^{sat} + \left(P_1^{sat} - P_2^{sat}\right)x_1$

㉢ Antoine 식 $\ln P^{sat} = A - \dfrac{B}{T + C}$

㉣ ㉡번 식을 정리하면, $x_1 = \dfrac{P - P_2^{sat}}{P_1^{sat} - P_2^{sat}}$

㉤ $P = \dfrac{1}{\sum_i y_i/p_i^{sat}} = \dfrac{1}{y_1/P_1^{sat} + y_2/P_2^{sat}}$

06 초임계 유체(supercritical fluid) 영역의 특징으로 틀린 것은? 〔출제율 20%〕

① 초임계 유체 영역에서는 가열해도 온도는 증가하지 않는다.

② 초임계 유체 영역에서는 액상이 존재하지 않는다.

③ 초임계 유체 영역에서는 액체와 증기의 구분이 없다.

④ 임계점에서는 액체의 밀도와 증기의 밀도가 같아진다.

해설 임계점, 초임계 유체

㉠ 임계온도 이상인 초임계 유체 영역에서도 가열 시 온도 증가

㉡ 임계온도 이상에서는 순수한 기체를 아무리 압축하여도 액화 불가

㉢ $T_c \cdot P_c$ 이상에서는 상경계선이 나타나지 않는다. 즉, 액체의 밀도와 기체의 밀도가 같아진다.

07 다음 중 등엔트로피 과정이라고 할 수 있는 것은? 〔출제율 40%〕

① 가역단열 과정   ② 가역 과정

③ 단열 과정   ④ 비가역단열 과정

해설 등엔트로피 과정

단열 과정에서 $dq = 0$

따라서 $\Delta S = \dfrac{q_{rev}}{T} = 0$이므로 $S_1 = S_2$인 등엔트로피 과정이다.

08 반 데르 발스(Van der Waals) 식으로 해석할 수 있는 실제기체에 대하여 $\left(\dfrac{\partial U}{\partial V}\right)_T$의 값으로 옳은 것은? 〔출제율 40%〕

① $\dfrac{a}{P}$ ② $\dfrac{a}{T}$

③ $\dfrac{a}{V^2}$ ④ $\dfrac{a}{PT}$

해설 $\partial V = T\partial S - P\partial U$ ($T = $const)를 ∂V로 나누면

$\left(\dfrac{\partial U}{\partial V}\right)_T = T\left(\dfrac{\partial S}{\partial V}\right) - P$ ·········· ㉠

㉠ 식에 Maxwell 방정식 $\left(\dfrac{\partial S}{\partial V}\right)_T = \left(\dfrac{\partial P}{\partial T}\right)_V$ 적용

$\left(\dfrac{\partial U}{\partial V}\right)_T = T\left(\dfrac{\partial P}{\partial T}\right)_V - P$

$\left(P + \dfrac{a}{V^2}\right)(V - b) = RT$에서

$P = \dfrac{RT}{V - b} - \dfrac{a}{V^2}$ ·········· ㉡

㉡ 식을 $\left(\dfrac{\partial P}{\partial T}\right)_V$로 표현하면

$\left(\dfrac{\partial P}{\partial T}\right)_V = \dfrac{R}{V - b}$

따라서 $\left(\dfrac{\partial U}{\partial V}\right) = T \times \dfrac{R}{V - b} - \left(\dfrac{RT}{V - b} - \dfrac{a}{V^2}\right) = \dfrac{a}{V^2}$

09 어떤 물질의 정압비열이 아래와 같다. 이 물질 1kg이 1atm의 일정한 압력 하에 0℃에서 200℃로 될 때 필요한 열량(kcal)은? (단, 이상기체이고 가역적이라 가정한다.) 〔출제율 20%〕

$$C_P = 0.2 + \dfrac{57}{t + 73}\,[\text{kcal/kg} \cdot \text{℃}], \ (t : \text{℃})$$

① 24.9   ② 37.4

③ 47.5   ④ 56.8

^{해설} 등압 과정

$$\Delta H = Q = \int_{T_1}^{T_2} C_p\, dT$$

$$\left(\text{문제에서 } C_p = 0.2 + \frac{5.7}{t+73}\right)$$

$$= \int_{T_1}^{T_2} 0.2 + \frac{5.7}{t+73}$$

$$= 0.2(T_2 - T_1) + 5.7\ln|t+73|_0^{200}$$

$$= 0.2 \times 200 + \{5.7\ln(273) - 5.7\ln(73)\}$$

$$= 47.5$$

10 다음 중 오토기관(otto cycle)의 열효율을 옳게 나타낸 식은 어느 것인가? (단, r는 압축비, γ는 비열비이다.) [출제율 60%]

① $1 - \left(\dfrac{1}{r}\right)^{\gamma}$ ② $1 - \left(\dfrac{1}{r}\right)^{\gamma+1}$

③ $1 - \left(\dfrac{1}{r}\right)^{\gamma-1}$ ④ $1 - \left(\dfrac{1}{r}\right)^{\frac{1}{\gamma-1}}$

^{해설} 오토기관의 열효율

$$n = 1 - \left(\frac{1}{r}\right)^{\gamma-1}$$

여기서, r : 압축비, γ : 비열비

11 공기표준디젤사이클의 $P-V$ 선도는? [출제율 40%]

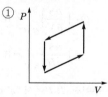
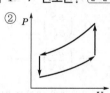
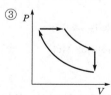
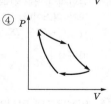

^{해설} 공기표준사이클의 $P-V$ 선도

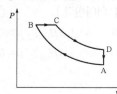

- A→B : 단열압축
- B→C : 등압가열
- C→D : 단열팽창
- D→A : 등적방열

12 이성분 혼합물에 대한 깁스 두헴(Gibbs-Duhem) 식에 속하지 않는 것은? (단, γ는 활성도 계수 (activity coefficient), μ는 화학퍼텐셜, x는 몰분율이고, 온도와 압력은 일정하다.) [출제율 20%]

① $x_1\left(\dfrac{\partial \ln \gamma_1}{\partial x_1}\right) + (1-x_1)\left(\dfrac{\partial \ln \gamma_2}{\partial x_1}\right) = 0$

② $x_1\left(\dfrac{\partial \mu_1}{\partial x_1}\right) + (1-x_1)\left(\dfrac{\partial \mu_2}{\partial x_1}\right) = 0$

③ $x_1 d\mu_1 + x_2 d\mu_2 = 0$

④ $(\gamma_1 + \gamma_2)\, dx_1 = 0$

^{해설} Gibbs-Duhem 방정식

① $x_1\left(\dfrac{\partial \mu_1}{\partial x_1}\right)_{P,\,T} + (1-x_1)\left(\dfrac{\partial \mu_2}{\partial x_1}\right)_{P,\,T} = 0$

② $x_1\left(\dfrac{\partial \ln f_1}{\partial x_1}\right)_{P,\,T} + (1-x_1)\left(\dfrac{\partial \ln f_2}{\partial x_1}\right)_{P,\,T} = 0$

③ $x_1\left(\dfrac{\partial \ln \gamma_1}{\partial x_1}\right)_{P,\,T} + (1-x_1)\left(\dfrac{\partial \ln \gamma_2}{\partial x_1}\right)_{P,\,T} = 0$

13 어떤 이상기체의 정적 열용량이 $1.5R$일 때, 정압 열용량은? [출제율 20%]

① $0.67R$ ② $0.5R$

③ $1.5R$ ④ $2.5R$

^{해설} $C_p(\text{정압 열용량}) = C_v(\text{정적 열용량}) + R$
$C_p = 1.5R + R = 2.5R$

14 기체 1mol이 0℃, 1atm에서 10atm으로 가역압축되었다. 압축공정 중 압축 후의 온도가 높은 순으로 배열된 것은? (단, 이 기체는 단원자 분자이며, 이상기체로 가정한다.) [출제율 40%]

① 등온>정용>단열
② 정용>단열>등온
③ 단열>정용>등온
④ 단열=정용>등온

^{해설}
- 등온공정은 온도가 일정하므로 가역압축 시 온도가 일정하다.
- 단열공정은 계와 주위의 사이 열 이동이 없고,

$$\frac{T_2}{T_1} = \left(\frac{P_2}{P_1}\right)^{\frac{\gamma-1}{\gamma}}\text{이다.}$$

- 정적과정에서 $\Delta U = C_V \Delta T$인 내부에너지는 온도만의 함수이다. 따라서 '정용>단열>등온'이다.

15 다음 중 열역학 기초에 관한 내용으로 옳은 것은 어느 것인가? 〔출제율 20%〕

① 일은 항상 압력과 부피의 곱으로 구한다.
② 이상기체의 엔탈피는 온도만의 함수이다.
③ 이상기체의 엔트로피는 온도만의 함수이다.
④ 열역학 제1법칙은 계의 총 에너지가 그 계의 내부에서 항상 보존된다는 것을 뜻한다.

〔해설〕 ① 일은 유체의 부피변화가 수반된 경우에만 압력과 부피의 곱이다.
② 이상기체의 엔탈피는 온도만의 함수이다.
③ 이상기체의 엔트로피는 온도와 압력의 함수이다.
④ 열역학 제1법칙은 에너지 보존의 법칙으로, 에너지의 총량은 일정하다는 의미이다.

16 800kPa, 240℃에서 과열수증기가 노즐을 통하여 150kPa까지 가역적으로 단열팽창될 때, 노즐 출구에서의 상태로 옳은 것은? (단, 800kPa, 240℃에서 과열수증기의 엔트로피는 6.9979kJ/kg · K이고 150kPa에서 포화액체(물)와 포화수증기의 엔트로피는 각각 1.4336kJ/kg · K과 7.2234kJ/kg · K이다.) 〔출제율 60%〕

① 과열수증기
② 포화수증기
③ 증기와 액체혼합물
④ 과냉각액체

〔해설〕 포화수증기 기준 $\left(\Delta S = C_p \ln\dfrac{T_2}{T_1} - R \ln\dfrac{P_2}{P_1} \text{ 이온}\right)$

$\Delta S = 7.2234 \text{kJ/kg} \cdot \text{K} - 6.9976 = 0.2258$

$0.2258 = 4.184 \text{kJ/kg} \cdot \text{K} \times \ln\dfrac{T_2}{513}$

$\qquad - 461.888 \text{J/kg} \cdot \text{K} \times \ln\dfrac{150}{800}$

$0.2258 = 4.184 \times \ln\dfrac{T_2}{513} + 0.773$

$-0.5472 = 4.184 \times \ln\dfrac{T_2}{513} \Rightarrow T_2 = 296.8 \text{K}$

약 23℃이므로 수증기와 액체의 혼합 존재

17 열역학 제2법칙의 수학적 표현은? 〔출제율 40%〕

① $dU = dQ - PdV$ ② $dH = TdS + VdP$

③ $\dfrac{|Q_H|}{|Q_C|} = \dfrac{T_H}{T_C}$ ④ $\Delta S_{\text{total}} \geq 0$

〔해설〕 열역학 제2법칙
$\Delta S_{\text{total}} \geq 0$

18 기체에 대한 설명 중 옳은 것은? 〔출제율 20%〕

① 기체의 압축인자는 항상 1보다 작거나 같다.
② 임계점에서는 포화증기의 밀도와 포화액의 밀도가 같다.
③ 기체혼합물의 비리얼 계수(virial coefficient)는 온도와 무관한 상수이다.
④ 압력이 0으로 접근하면 모든 기체의 잔류부피(residual volume)는 항상 0으로 접근한다.

〔해설〕 ① 기체의 압축인자는 이상기체의 경우 1이고, 실제 기체의 경우 $Z \neq 1$이다.
③ 비리얼 계수는 온도 만의 함수이다.
④ $P \rightarrow 0$일 때 등온선의 기울기와 같아지고 0이 아니다.

19 고립계의 평형조건을 나타내는 식으로 옳은 것은? (단, 기호는 각각 G : 깁스(Gibbs) 에너지, N : 몰수, H : 엔탈피, S : 엔트로피, U : 내부에너지, V : 부피를 의미한다.) 〔출제율 20%〕

① $\left(\dfrac{\partial S}{\partial U}\right)_{V,N} = 0$ ② $\left(\dfrac{\partial S}{\partial V}\right)_{G,V} = 0$

③ $\left(\dfrac{\partial S}{\partial N}\right)_{H,N} = 0$ ④ $\left(\dfrac{\partial S}{\partial H}\right)_{N,V} = 0$

〔해설〕 닫힌계의 평형상태는 주어진 T, P에서 Gibbs 에너지가 최소이다.
$G = U + PV - TS$, $(dG)_{T,P} \leq 0$

따라서 $\left(\dfrac{\partial S}{\partial U}\right)_{V,N} = 0$이어야 한다.

20 일정온도와 일정압력에서 일어나는 화학반응의 평형 판정기준을 옳게 표현한 식은? (단, 하첨자 tot는 총 변화량을 의미한다.) 〔출제율 40%〕

① $(\Delta G_{\text{tot}})_{T,P} = 0$ ② $(\Delta H_{\text{tot}})_{T,P} > 0$

③ $(\Delta G_{\text{tot}})_{T,P} < 0$ ④ $(\Delta H_{\text{tot}})_{T,P} = 0$

〔해설〕 화학반응의 평형
$(dG^t)_{T,P} = 0$

▶ 제2과목 ┃ 단위조작 및 화학공업양론

21 다음 중 차원이 다른 하나는? 출제율 20%

① 일
② 열
③ 에너지
④ 엔트로피

해설
- 일, 열, 에너지 : J
- 엔트로피 : kcal/K

22 미분수지(differential balabce)의 개념에 대한 설명으로 가장 옳은 것은? 출제율 20%

① 어떤 한 시점에서 계의 물질 출입 관계를 나타낸 것이다.
② 계에서의 물질 출입 관계를 성분 및 시간과 무관한 양으로 나타낸 것이다.
③ 계로 특정성분이 유출과 관계없이 투입되는 총 누적 양을 나타낸 것이다.
④ 계에서의 물질 출입 관계를 어느 두 질량 기준 간격 사이에 일어난 양으로 나타낸 것이다.

해설 미분수지
시간에 대한 미분방정식으로 표시한 수지식으로, 어떤 한 시점에서 계의 물질의 input, output 관계를 나타낸다.

23 결정화시키는 방법이 아닌 것은? 출제율 20%

① 압력을 높이는 방법
② 온도를 낮추는 방법
③ 염을 첨가시키는 방법
④ 용매를 제거시키는 방법

해설 결정화 유형
㉠ 냉각
㉡ 첨가(열 첨가)
㉢ 용매 제거 또는 증발
㉣ 반응

24 25℃에서 정용 반응열(ΔH_v)이 -326.1kcal일 때 같은 온도에서 정압 반응열(ΔH_p)은 몇 kcal인가? 출제율 40%

$$C_2H_5OH(l) + 3O_2 \rightarrow 3H_2O(l) + 2CO_2(g)$$

① 325.5
② -325.5
③ 326.7
④ -326.7

해설
$H_v = -326.1$, $C_p = C_v + R$
정압 반응열=정용 반응열+ R 반응열
R 반응열 $= 1.987\,cal/mol \cdot K \times 298 = 592.126\,cal$
$= -0.592126\,kcal$ (반응열이므로 음수)
$\therefore$ 정압 반응열(H_p) $= -326.1 - 0.592$
$=$ 약 -326.7

25 어떤 기체의 임계압력이 2.9atm이고, 반응기 내의 계기압력이 30psig였다면 환산압력은 얼마인가? 출제율 40%

① 0.727
② 1.049
③ 0.990
④ 1.112

해설
$1\,atm = 14.7\,psig$
$P_c = 2.9\,atm$, P(절대압력)=게이지압+대기압
$= 30\,psig \times \dfrac{1\,atm}{14.7\,pisg} + 1\,atm$
$= 3.041\,atm$
$P_r = \dfrac{P}{P_c} = \dfrac{3.041\,atm}{2.9\,atm} = 1.049$

26 어떤 실린더 내에 기체 Ⅰ, Ⅱ, Ⅲ, Ⅳ가 각각 1mol씩 들어 있다. 각 기체의 Van der Waals $[(P+a/V^2)(V-b)=RT]$ 상수 a와 b가 다음 표와 같고, 각 기체에서의 기체분자 자체의 부피에 의한 영향 차이는 미미하다고 할 때, 80℃에서 분압이 가장 작은 기체는 어느 것인가? (단, a의 단위는 atm · (cm³/mol)²이고, b의 단위는 cm³/ mol이다.) 출제율 20%

구분	a	b
Ⅰ	0.254×10^6	26.6
Ⅱ	1.36×10^6	31.9
Ⅲ	5.48×10^6	30.6
Ⅳ	2.25×10^6	42.8

① Ⅰ
② Ⅱ
③ Ⅲ
④ Ⅳ

해설 $\left(P + \dfrac{a}{V^2}\right)(V-b) = RT$인 반 데르 발스 상태방정식 $(n=1)$

$\dfrac{a}{V^2}$ 는 분자 간 인력, b는 분자 자체 크기 고려
문제에서 기체 분자 자체의 부피에 의한 영향 차이가 적으므로 b는 무시하며, 식전 개시 $P = \dfrac{RT}{V-b} - \dfrac{a}{V^2}$
이므로 a가 클수록 b가 작으므로 Ⅲ 조건에서 분압이 가장 작다.

27 탄산칼슘 200kg을 완전히 하소(煆燒; calcination)시켜 생성된 건조 탄산가스의 25℃, 740mmHg에서의 용적(m³)은? (단, 탄산칼슘의 분자량은 100g/mol이고, 이상기체로 간주한다.) 출제율 80%

① 14.81　　② 25.11
③ 50.22　　④ 87.31

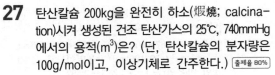

해설 탄산칼슘

$$200\,kg = 2000\,mol\left(200\,kg \div 100\,g/mol \times \frac{1000\,g}{1\,kg}\right)$$

$$P = 740\,mmHg = 740 \times \frac{1\,atm}{760\,mmHg}$$

$P_V = nRT$ 에서

$$V = \frac{nRT}{P}$$

$$= \frac{20000\,mol \times 298\,K \times 0.082\,atm \cdot l/mol \cdot K}{740 \times \frac{10\,atm}{760\,mmHg}}$$

$$= 50192.86486\,L$$

m³로 환산$(1\,m^3 = 1000\,L)$

$$\therefore V = 50.1928\,m^3$$

28 포도당($C_6H_{12}O_6$) 4.5g이 녹아 있는 용액 1L와 소금물을 반투막을 사이에 두고 방치해 두었더니 두 용액의 농도변화가 일어나지 않았다. 이때 소금의 L당 용해량(g)은? (단, 소금물의 소금은 완전히 전리했다.) 출제율 40%

① 0.0731　　② 0.146
③ 0.731　　④ 1.462

해설 포도당의 몰 농도는 45g/180g/mol
소금(NaCl) 몰 농도는 $2x\,g/58.5g/mol$
($2x$인 이유는 NaCl이 완전히 전리하여
Na^+, Cl^-가 됨)

그러므로 $\dfrac{4.5}{180} = \dfrac{2x}{58.5}$

$\therefore x = 0.93125g$

29 25℃, 1atm 벤젠 1mol의 완전연소 시 생성된 물질이 다시 25℃, 1atm으로 되돌아올 때 3241kJ/mol의 열을 방출한다. 이때, 벤젠 3mol의 표준생성열(kJ)은? (단, 이산화탄소와 물의 표준 생성 엔탈피는 각각 -394, -284kJ/mol이다.) 출제율 40%

① 19371　　② 6457
③ 75　　④ 24

해설 벤젠의 연소

$$C_6H_6 + \frac{15}{2}O_2 \rightarrow 6CO_2 + 3H_2O$$

CO_2 생성 엔탈피 $= 6 \times -394$
H_2O 생성 엔탈피 $= 3 \times (-284)$
벤젠의 생성열 $= 3241\,kJ/mol + 6 \times (-394) + 3 \times (-284)$
$\qquad = 25\,kJ/mol$
따라서 3mol 벤젠의 표준 생성열
$= 25 \times 3 = 75\,kJ/mol$
되돌아올 때 $3241\,kJ/mol$이므로
생성 시 $-3241\,kJ/mol$
생성열 $=$ 생성물$-$반응물
$\qquad = 6 \times (-394) + 3 \times (-284) - (-3241)$
$\qquad = 25\,kJ/mol$

30 500mL 용액에 10g NaOH가 들어 있을 때 N 농도는? 출제율 40%

① 0.25　　② 0.5
③ 1.0　　④ 2.0

해설 NaOH 10g의 몰수는 10g/40g/mol = 0.25mol
몰 농도는 0.25mol/0.5L = 0.5M
NaOH의 당량 수는 1eq/mol이므로
0.5M = 0.5N이다.

31 어떤 증발관에 1wt%의 용질을 가진 70℃ 용액을 20000kg/h로 공급하여 용질의 농도를 4wt%까지 농축하려 할 때 증발관이 증발시켜야 할 용매의 증기량(kg/h)은? 출제율 40%

① 5000　　② 10000
③ 15000　　④ 20000

해설 $w = \left(1 - \dfrac{a}{b}\right)F$
$\quad = \left(1 - \dfrac{1}{4}\right)20000\,kg/h$
$\quad = 15000\,kg/h$

32 건조특성곡선에서 항률 건조기간으로부터 감률 건조기간으로 바뀔 때의 함수율은? 출제율 40%

① 전(total) 함수율
② 자유(free) 함수율
③ 임계(critical) 함수율
④ 평형(equilibrium) 함수율

해설 한계 함수율(=임계 함수율)
항률 건조기간에서 감률 건조기간으로 이동하는 점

33 어느 공장의 폐가스는 공기 1L당 0.08g의 SO_2를 포함한다. SO_2의 함량을 줄이고자 공기 1L에 대하여 순수한 물 2kg의 비율로 연속 향류 접촉(continuous counter current contact)시켰더니 SO_2의 함량이 1/10로 감소하였다. 이때 물에 흡수된 SO_2 함량은? 〔출제율 20%〕

① 물 1kg당 SO_2 0.072g
② 물 1kg당 SO_2 0.036g
③ 물 1kg당 SO_2 0.018g
④ 물 1kg당 SO_2 0.009g

해설 1L 0.08g의 SO_2가 0.0088 수준으로 낮춰졌다.
즉, 0.072g의 SO_2가 물 2kg을 통해 제거된다.
따라서 물 1kg당 0.036g의 SO_2가 제거된다.

34 2성분 혼합물의 액·액 추출에서 평형관계를 나타내는 데 필요한 자유도의 수는? 〔출제율 80%〕

① 2
② 3
③ 4
④ 5

해설 $F = 2 - P + C$
여기서, P(phase) : 상
C(componewt) : 성분
$P : 1$, $C : 2$
$F = 2 - 1 + 2 = 3$

35 열전도도에 관한 설명 중 틀린 것은? 〔출제율 20%〕

① 기체의 열전도도는 온도에 따라 다르다.
② 물질에 따라 다르며, 단위는 W/m·℃이다.
③ 물체 안으로 열이 얼마나 빨리 흐르는가를 나타내 준다.
④ 단위면적당 전열속도는 길이에 비례하는 비례상수이다.

해설 Fourier's law에서 $q = -KA\dfrac{dt}{dl}$ 이므로 전열속도는 길이에 반비례한다.

36 1기압, 300℃에서 과열수증기의 엔탈피(kcal/kg)는? (단, 1기압에서 증발잠열은 539kcal/kg, 수증기의 평균비열은 0.45kcal/kg·℃이다.) 〔출제율 60%〕

① 190
② 250
③ 629
④ 729

해설 0℃ → 300℃
0℃ → 100℃ : $Q = 1 \times 1 \times 100 = 100$kcal
100℃ 증발잠열 : $Q = 539$kcal/kg
100℃ → 300℃ : $Q = 0.45 \times 200 = 90$
따라서 $100 + 539 + 90 = 729$

37 다음 중 일반적으로 교반조작의 목적이 될 수 없는 것은? 〔출제율 20%〕

① 물질전달속도의 증대
② 화학반응의 촉진
③ 교반성분의 균일화 촉진
④ 열전달 저항의 증대

해설 교반의 목적
㉠ 성분 균일화
㉡ 물질전달속도의 증대
㉢ 열전달속도의 증진
㉣ 물리적 변화 촉진
㉤ 화학반응 촉진

38 벤젠과 톨루엔의 혼합물을 비점, 액상으로 증류탑에 공급한다. 공급, 탑상, 탑저의 벤젠 농도가 각각 45, 92, 10w%, 증류탑의 환류비가 2.2이고 탑상 제품이 23688.38kg/h로 생산될 때 탑 상부에서 나오는 증기의 양(kmol/h)은? 〔출제율 40%〕

① 360
② 660
③ 960
④ 990

해설 벤젠의 증기압은 120mmHg, 톨루엔의 증기압은 40mmHg이므로 상부로 벤젠 증발
탑상 제품 23688.38kg/h이므로
$R = 2.2 = \dfrac{L}{D} = \dfrac{L}{23688.38}$
$L = 25114.436$
탑상부 총 양
$23688.38 + 52114.436 = 75802.816$ kg/h
이 중 92% 벤젠, 8% 톨루엔이므로
$75802.81 \times 0.92 \div 78.11$ g/mol (벤젠 분자량)
$+ 75802.81 \times 0.08 \div 92.14$ g/mol (톨루엔 분자량)
$= 958.64$

39 비중이 0.7인 액체를 0.2m³/s의 속도로 수송하기 위해 기계적 일이 5.2kgf · m/kg만큼 액체에 주어지기 위한 펌프의 필요동력(HP)은? (단, 전효율은 0.7이다.) <small>출제율 20%</small>

① 6.70   ② 12.7
③ 13.7   ④ 49.8

해설 이론소요동력 $P = W \times w$
여기서, W : 1kg을 수송하는 데 한 일(kgf · m/kg)
w : 유체의 질량유량(kg/sec)

$$P = \frac{5.2 \text{kgf} \cdot \text{m/kg} \times 0.2\text{m}^3/\text{s} \times 0.7\text{kg/L} \times \dfrac{1000\text{L}}{1\text{m}^3}}{76}$$

$= 9.578$
여기서, 전효율이 0.7이므로
$9.578 \times 0.7 = $ 약 6.7

40 다음 중 나머지 셋과 서로 다른 단위를 갖는 것은? <small>출제율 20%</small>

① 열전도도÷길이
② 총괄열전달계수
③ 열전달속도÷면적
④ 열유속(heat flux)÷온도

해설 ① kcal/m · hr · ℃ ÷m = kcal/m² · hr · ℃
② kcal/hr = U · m² · ℃ ⇒ U = kcal/m² · hr · ℃
③ kcal/hr ÷ m² = kcal/m² · hr
④ $\dfrac{q}{A}$ = kcal/hr · m² ÷온도 = kcal/m² · hr · ℃

▶▶ 제3과목 ┃ 공정제어

41 피드백 제어계의 총괄 전달함수는? <small>출제율 80%</small>

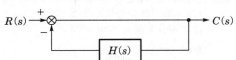

① $\dfrac{1}{-H(s)}$ ② $\dfrac{1}{1+H(s)}$
③ $\dfrac{1}{H(s)}$ ④ $\dfrac{1}{1-H(s)}$

해설 총괄 전달함수 = $\dfrac{직진}{1+\text{feedback}} = \dfrac{1}{1+H(s)}$

42 2차계 공정의 동특성을 가지는 공정에 계단입력이 가해졌을 때 응답 특성에 대한 설명 중 옳은 것은 어느 것인가? <small>출제율 20%</small>

① 입력의 크기가 커질수록 진동응답 즉 과소감쇠응답이 나타날 가능성이 커진다.
② 과소감쇠응답 발생 시 진동주기는 공정이득에 비례하여 커진다.
③ 과소감쇠응답 발생 시 진동주기는 공정이득에 비례하여 작아진다.
④ 출력의 진동 발생 여부는 감쇠계수 값에 의하여 결정된다.

해설 ① 입력의 크기와 무관하다
②, ③ 진동 주기는 감쇠계수와 관계 있다.

43 다음의 공정 중 임펄스 입력이 가해졌을 때 진동특성을 가지며 불안정한 출력을 가지는 것은 어느 것인가? <small>출제율 40%</small>

① $G(s) = \dfrac{1}{s^2 - 2s + 2}$
② $G(s) = \dfrac{1}{s^2 - 2s - 3}$
③ $G(s) = \dfrac{1}{s^2 + 3s + 3}$
④ $G(s) = \dfrac{1}{s^2 + 3s + 4}$

해설 특성방정식에서 어느 하나라도 양 또는 양의 실수부 존재 시 불안정
①번의 $G(s) = \dfrac{1}{s^2 - 2s + 2} \Rightarrow \dfrac{1}{\frac{1}{2}s^2 - s + 1}$

$\tau = \sqrt{\dfrac{1}{2}}, \ \xi = -\dfrac{\sqrt{2}}{2}$

$\tau = \dfrac{-\dfrac{1}{\sqrt{2}} \times \left(-\dfrac{\sqrt{2}}{2}\right) \pm \sqrt{\dfrac{1}{2} \times \dfrac{2}{4} - \dfrac{1}{2}}}{\dfrac{1}{2}} = \dfrac{\dfrac{1}{2} \pm \sqrt{\dfrac{1}{4}}\, i}{\dfrac{1}{2}}$

여기서 $\dfrac{1}{2}$의 양의 실수부를 가지므로 불안정

44 비례-미분제어장치의 전달함수 형태를 옳게 나타낸 것은? (단, K는 이득, τ는 시간정수이다.) <small>출제율 40%</small>

① $K\tau s$ ② $K\left(1 + \dfrac{1}{\tau s}\right)$
③ $K(1 + \tau s)$ ④ $K\left(1 + \tau_1 s + \dfrac{1}{\tau_2 s}\right)$

해설 비례-미분제어장치는 $G_c(s) = \dfrac{M(s)}{E(s)} = K_c(1+\tau_D s)$ 의 형태이다.

45 시정수가 0.1분이며 이득이 1인 1차 공정의 특성을 지닌 온도계가 90℃로 정상상태에 있다. 특정시간($t=0$)에 이 온도계를 100℃인 곳에 옮겼을 때, 온도계가 98℃를 가리키는 데 걸리는 시간(분)은? (단, 온도계는 단위계단응답을 보인다고 가정한다.) [출제율 40%]

① 0.161
② 0.230
③ 0.303
④ 0.404

해설 $y(t) = A(1-e^{-t/\tau})$
$\tau = 0.1\min$, $A = 10℃$, $y(t) = 8℃$ (98℃ 가리킬 때)
$8 = 10(1-e^{-t}/0.1)$
이를 풀면, $t = $ 약 $0.161\min$

46 다음 중 Reset windup 현상에 대한 설명으로 옳은 것은? [출제율 40%]

① PID 제어기의 미분동작과 관련된 것으로 일정한 값의 제어오차를 미분하면 0으로 reset되어 제어동작에 반영되지 않는 것을 의미한다.

② PID 제어기의 미분동작과 관련된 것으로 잡음을 함유한 제어오차신호를 미분하면 잡음이 크게 증폭되며 실제 제어오차 미분값은 상대적으로 매우 작아지는(reset되는) 것을 의미한다.

③ PID 제어기의 적분동작과 관련된 것으로 잡음을 함유한 제어오차신호를 적분하면 잡음이 상쇄되어 그 영향이 reset되는 것을 의미한다.

④ PID 제어기의 적분동작과 관련된 것으로 공정의 제약으로 인해 제어오차가 빨리 제거될 수 없을 때 제어기의 적분값이 필요 이상으로 커지는 것을 의미한다.

해설 Reset windup
적분제어 작용에서 나타나는 현상으로, 적분값이 시간이 지남에 따라 점점 커지는 것을 의미한다.

47 다음 공정의 단위 임펄스 응답은? [출제율 80%]

$$G_P(s) = \frac{4s^2+5s-3}{s^3+2s^2-s-2}$$

① $y(t) = 2e^t + e^{-t} + e^{-2t}$
② $y(t) = 2e^t + 2e^{-t} + e^{-2t}$
③ $y(t) = e^t + 2e^{-t} + e^{-2t}$
④ $y(t) = e^t + e^{-t} + 2e^{-2t}$

해설 $\dfrac{A}{s+2} + \dfrac{B}{s+1} + \dfrac{C}{s-1} = \dfrac{4s^2+5s-3}{s^3+2s^2-s-2}$
$A(s+1)(s-1) + B(s+2)(s-1) + C(s+2)(s+1)$
$= 4s^2+5s-3$
구하면 $A=1$, $B=2$, $C=1$
$y(s) = \dfrac{1}{s+2} + \dfrac{2}{s+1} + \dfrac{1}{s-1}$
$\downarrow$
$y(t) = e^{-2t} + 2e^{-t} + e^t$

48 어떤 제어계의 Nyquist 선도가 아래와 같을 때, 이 제어계의 이득여유(gain margin)를 1.7로 할 경우 비례이득은? [출제율 40%]

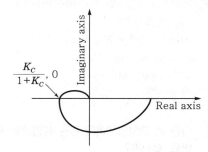

① 0.43
② 1.43
③ 2.33
④ 2.43

해설 나이퀴스트 선도에서
$\dfrac{K_C}{1+K_C} = \dfrac{1}{\text{이득이유}} = \dfrac{1}{GM} = \dfrac{1}{1.7}$
$1.7K_C = 1+K_C$
$0.7K_C = 1$
$\therefore K_C = 1.43$

49 $f(s) = \dfrac{s^4 - 6s^2 + 9s - 8}{s(s-2)(s^3 + 2s^2 - s - 2)}$ 의 라플라스

변환을 갖는 함수 $f(t)$에 대하여 $f(0)$를 구하는 데 이용할 수 있는 이론과 $f(0)$의 값으로 옳은 것은? 출제율 80%

① 초기값 정리(initial value theorem), 1
② 최종값 정리(final value theorem), -2
③ 함수의 변이 이론(translation theorem of function), 1
④ 로피탈 정리 이론(L'Hôpital's theorem), -2

해설
• 초기값 정리 : $\lim\limits_{t \to 0} f(t) = \lim\limits_{s \to \infty} s F(s)$
• 최종값 정리 : $\lim\limits_{t \to 0} f(t) = \lim\limits_{s \to 0} s F(s)$
문제에서 $f(t)$에 대하여 $f(0)$이므로 초기값 정리이며,
$$\lim\limits_{s \to \infty} s F(s) = \lim\limits_{s \to 0} s \times \dfrac{s^4 - 6s^2 + 9s - 8}{s(s-2)(s^3 + 2s^2 - s - 2)} = 1$$
이다.

50 주파수 응답의 위상각이 0°와 90° 사이인 제어기는? 출제율 40%

① 비례제어기
② 비례–미분제어기
③ 비례–적분제어기
④ 비례–미분–적분제어기

해설 제어기의 진동응답에서 비례–미분제어기의 경우
$G_c(s) = K_c(1 + \tau_D s)$
$\text{AR} = |G_c(iw)| = K_c \sqrt{1 + \tau_D^2 w^2}$ 이고
$\phi = \angle G_c(iw) = \tan^{-1}(\tau_D w)$
w가 ∞이면 $\text{AR} \to \infty$
즉 $\phi = 90°$

51 다음 중 되먹임제어에 관한 설명으로 옳은 것은 어느 것인가? 출제율 20%

① 제어변수를 측정하여 외란을 조절한다.
② 외란정보를 이용하여 제어기 출력을 결정한다.
③ 제어변수를 측정하여 조작변수값을 결정한다.
④ 외란이 미치는 영향을 선(先) 보상해 주는 원리이다.

해설 피드백제어
외란이 영향을 미친 후 직접 중요 변수를 측정하는 제어계. 즉, 제어변수값을 측정하여 조작변수값 결정

52 전달함수가 $Ke^{\frac{-\theta s}{\tau s + 1}}$인 공정에 대한 결과가 아래와 같을 때, K, τ, θ의 값은? 출제율 40%

> • 공정입력 $\sin(\sqrt{2}\,t)$ 적용 후 충분한 시간이 흐른 후의 공정출력 $\dfrac{2}{\sqrt{2}} \sin\!\left(\sqrt{2}\,t - \dfrac{\pi}{2}\right)$
> • 공정입력 1 적용 후 충분한 시간이 흐른 후의 공정출력 2

① $K = 1$, $\tau = \dfrac{1}{\sqrt{2}}$, $\theta = \dfrac{\pi}{2\sqrt{2}}$
② $K = 1$, $\tau = \dfrac{1}{\sqrt{2}}$, $\theta = \dfrac{\pi}{4\sqrt{2}}$
③ $K = 2$, $\tau = \dfrac{1}{\sqrt{2}}$, $\theta = \dfrac{\pi}{2\sqrt{2}}$
④ $K = 2$, $\tau = \dfrac{1}{\sqrt{2}}$, $\theta = \dfrac{\pi}{4\sqrt{2}}$

해설 $\text{AR} = \dfrac{2}{\sqrt{2}}$, $w = \sqrt{2}$, $\phi = -\dfrac{\pi}{2}$
$\text{AR} = \dfrac{K}{\sqrt{1 + \tau^2 w^2}} = \dfrac{K}{\sqrt{1 + 2\tau^2}} = \dfrac{2}{\sqrt{2}}$ 에서
$K = 2$, $\tau = \dfrac{1}{\sqrt{2}}$ 이고
$\phi = \tan^{-1}(\tau w) - \theta w = -\dfrac{\pi}{2}$
$\sqrt{2}\,\theta = -\tan^{-1}(\tau w) + \dfrac{\pi}{2}$
$\quad = -\tan^{-1}\!\left(\sqrt{2} \times \dfrac{1}{\sqrt{2}}\right) + \dfrac{\pi}{2} = -\dfrac{\pi}{4} + \dfrac{\pi}{2} = \dfrac{\pi}{4}$
$\theta = \dfrac{\pi}{4\sqrt{2}}$

53 다음 중 블록선도 (a)와 (b)가 등가이기 위한 m의 값은? 출제율 40%

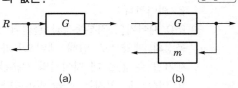

(a)　　　　　　　(b)

① G ② $1/G$
③ G^2 ④ $1 - G$

해설 (a) $\dfrac{C}{R} = \dfrac{G}{1+1} = \dfrac{G}{2}$ (b) $\dfrac{C}{R} = \dfrac{G}{1+Gm}$

$2 = 1 + Gm$

$1 = Gm$이므로 $m = \dfrac{1}{G}$

54 $\dfrac{d^2y}{dt^2} + 3\dfrac{dy}{dt} + y = u$를 상태함수 형태 $\dfrac{dx}{dt} = Ax + Bu$로 나타낼 경우 A와 B는? 출제율 20%

① $A = \begin{bmatrix} 0 & 1 \\ 1 & 3 \end{bmatrix}$, $B = \begin{bmatrix} 1 \\ 1 \end{bmatrix}$

② $A = \begin{bmatrix} 0 & 1 \\ -1 & -3 \end{bmatrix}$, $B = \begin{bmatrix} 0 \\ 1 \end{bmatrix}$

③ $A = \begin{bmatrix} 0 & -1 \\ 1 & 3 \end{bmatrix}$, $B = \begin{bmatrix} 1 \\ -1 \end{bmatrix}$

④ $A = \begin{bmatrix} 0 & 1 \\ -1 & 3 \end{bmatrix}$, $B = \begin{bmatrix} 1 \\ -1 \end{bmatrix}$

해설 선형법에 의해 정리하면

$y_2 + 3y_1 + y = u$

$y' = y_1$

$y_1{}' = y_2 = -3y_1 - y + u$이다.

$\dfrac{dx}{dt} = \begin{bmatrix} 0 & 1 \\ -1 & -3 \end{bmatrix} x + \begin{bmatrix} 0 \\ 1 \end{bmatrix} y$이므로

$A = \begin{bmatrix} 0 & 1 \\ -1 & -3 \end{bmatrix}$, $B = \begin{bmatrix} 0 \\ 1 \end{bmatrix}$

55 특성방정식이 $1 + \dfrac{G_c}{(2s+1)(5s+1)} = 0$과 같이 주어지는 시스템에서 제어기($G_c$)로 비례제어기를 이용할 경우 진동응답이 예상되는 경우는 어느 것인가? 출제율 60%

① $K_c = -1$

② $K_c = 0$

③ $K_c = 1$

④ K_c에 관계없이 진동이 발생된다.

해설 특성방정식을 정리하면, $10s^2 + 7s + 1 + G = 0$

$s = \dfrac{-7 \pm \sqrt{49 - 40(1+G)}}{20}$

· $49 - 40(1+G) < 0$이면 $G > 0.225$이면 허근, 실수부는 음이므로 안정

· s가 음의 실근이라면 $49 - 40(1+G) \geq 0$
$\sqrt{49 - 40(1+G)} < 7$이므로 $-1 < G \leq 0.225$이어야 안정, G_c가 1이면 진동

56 아래와 같은 블록다이어그램의 총괄전달함수 (overall transfer function)는? 출제율 80%

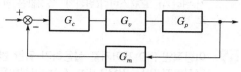

① $\dfrac{G_c G_v G_p G_m}{1 - G_c G_v G_p}$ ② $\dfrac{G_c G_v G_p G_m}{1 + G_c G_v G_p}$

③ $\dfrac{G_c G_v G_p}{1 - G_c G_v G_p G_m}$ ④ $\dfrac{G_c G_v G_p}{1 + G_c G_v G_p G_m}$

해설 $\dfrac{C}{R} = \dfrac{\text{직진}}{1 + \text{feedback}} = \dfrac{G_c G_v G_p}{1 + G_c G_v G_p G_m}$

57 Routh법에 의한 제어계의 안정성 판별 조건과 관계없는 것은? 출제율 60%

① Routh array의 첫 번째 열에 전부 양(+)의 숫자만 있어야 안정하다.

② 특성방정식이 S에 대해 n차 다항식으로 나타나야 한다.

③ 제어계에 수송지연이 존재하면 Routh법은 쓸 수 없다.

④ 특성방정식의 어느 근이든 복소수축의 오른쪽에 위치할 때는 계가 안정하다.

해설 ④번 보기는 특성방정식의 근의 위치에 따른 안정성 판별 방법이다.

58 제어루프를 구성하는 기본 hardware를 주요 기능별로 분류하면? 출제율 20%

① 센서, 트랜스듀서, 트랜스미터, 제어기, 최종제어요소, 공정

② 변압기, 제어기, 트랜스미터, 최종제어요소, 공정, 컴퓨터

③ 센서, 차압기, 트랜스미터, 제어기, 최종제어요소, 공정

④ 샘플링기, 제어기, 차압기, 밸브, 반응기, 펌프

> 해설 **제어계의 구성요소**
> 센서, 전환기, 제어기, 최종제어요소, 공정, 트랜스듀서(변환기), 트랜스미터(변환기, 측정값을 전기신호로 변경)

59 이상적인 PID 제어기를 실용하기 위한 변형 중 적절하지 않은 것은? (단, K_c는 비례이득, τ는 시간상수를 의미하며, 하첨자 $_I$와 $_D$는 각각 적분과 미분제어기를 의미한다.) 〈출제율 20%〉

① 설정치의 일부만을 비례동작에 반영 :
$$K_c E(s) = K_c(R(s) - Y(s))$$
$$\downarrow$$
$$K_c E(s) = K_c(\alpha R(s) - Y(s)), \ 0 \le \alpha \le 1$$

② 설정치의 일부만을 적분동작에 반영 :
$$\frac{1}{\tau_I s} E(s) = \frac{1}{\tau_I s}(R(s) - Y(s))$$
$$\downarrow$$
$$\frac{1}{\tau_I s} E(s) = \frac{1}{\tau_I s}(\alpha R(s) - Y(s)),$$
$$0 \le \alpha \le 1$$

③ 설정치를 미분하지 않음 :
$$\tau_D s E(s) = \tau_D s(R(s) - Y(s))$$
$$\downarrow$$
$$\tau_D s E(s) = -\tau_D s Y(s)$$

④ 미분동작의 잡음에 대한 민감성을 완화시키기 위한 filtered 미분동작 :
$$\tau_D s$$
$$\downarrow$$
$$\frac{\tau_D s}{as + 1}$$

> 해설 **PID 제어기의 변형**
> $$G_c(s) = K_c'\left(1 + \frac{1}{\tau_I s}\right)\left(\frac{\tau_D' s + 1}{\alpha \tau_D' s + 1}\right)$$
> $\alpha = 0.05 \sim 0.2$이고, 보통 0.1이며, 적분동작에 적용하지 않는다.

60 적분공정($G(s) = \dfrac{1}{s(\tau s + 1)}$)을 P형 제어기로 제어한다. 공정운전에 따라 양수 τ는 바뀐다고 할 때, 어떠한 τ에 대하여도 안정을 유지하는 P형 제어기 이득(K_c)의 범위는? 〈출제율 80%〉

① $0 < K_c < \infty$　　② $0 \le K_c < \infty$
③ $0 < K_c < 1$　　④ $0 \le K_c < 1$

> 해설 P형 제어기 $\dfrac{1}{s}$
> $G(s) = \dfrac{1}{s(\tau s + 1)}$에 P 제어기이면 $\dfrac{1}{s^2(\tau s + 1)}$
> Routh 안정성 판별에 의해 $\tau s^3 + s^2$
> τ는 양수이므로 양의 모든 수가 가능하므로 $0 < \tau < \infty$
>
> | | 1 | 2 |
> |---|---|---|
> | 1 | τ | 0 |
> | 2 | 1 | 0 |
> | 3 | 0 | |
> | 4 | $\vdots$ | |

제4과목 ┃ 공업화학

61 포화식염수에 직류를 통과시켜 수산화나트륨을 제조할 때 환원이 일어나는 음극에서 생성되는 기체는? 〈출제율 40%〉

① 염화수소
② 산소
③ 염소
④ 수소

> 해설 **식염전태법**
> • 양극 반응 : $2Cl^- \rightarrow Cl_2 \uparrow + 2e^-$ 　(산화반응)
> • 음극 반응 : $2H_2O + 2e^- \rightarrow H_2 + 2OH^-$ (환원반응)

62 벤젠 유도체 중 니트로화 과정에서 meta 배향성을 갖는 것은? 〈출제율 20%〉

① 벤조산
② 브로모벤젠
③ 톨루엔
④ 바이페닐

> 해설 벤조산의 경우 니트로화 시 meta 자리에 반응
>

63 다음 중 양쪽성 물질에 대한 설명으로 옳은 것은? (출제율 20%)

① 동일한 조건에서 여러 가지 축합반응을 일으키는 물질
② 수계 및 유계에서 계면활성제로 작용하는 물질
③ pKa 값이 7 이하인 물질
④ 반응조건에 따라 산으로도 작용하고 염기로도 작용하는 물질

[해설] 양쪽성 물질
물질 중 산과도 반응하고 염기성과도 반응하는 물질

64 다니엘 전지(daniel cell)를 사용하여 전자기기를 작동시킬 때 측정한 전압(방전전압)과 충전 시 전지에 인가하는 전압(충전전압)에 대한 관계와 그 설명으로 옳은 것은? (출제율 20%)

① 충전전압은 방전전압보다 크다. 이는 각 전극에서의 반응과 용액의 저항 때문이며, 전극의 면적과는 관계가 없다.
② 충전전압은 방전전압보다 크다. 이는 각 전극에서의 반응과 용액의 저항 때문이며, 전극의 면적이 클수록 그 차이는 증가한다.
③ 충전전압은 방전전압보다 작다. 이는 각 전극에서의 반응과 용액의 저항 때문이며, 전극의 면적과는 관계가 없다.
④ 충전전압은 방전전압보다 작다. 이는 각 전극에서의 반응과 용액의 저항 때문이며, 전극의 면적이 클수록 그 차이는 증가한다.

[해설] 다니엘 전지
• (−) : $Zn(s) \rightarrow Zn^{2+} + 2e^-$ (산화반응)
• (+) : $Cu^{2+} + 2e^- \rightarrow Cu$ (환원반응)
각 전극에서 반응과 용액의 저항 때문에 충전전압이 방전전압보다 크다(면적 관계 없음).

65 다음 중 질소와 수소를 원료로 암모니아를 합성하는 반응에서 암모니아의 생성을 방해하는 조건은 어느 것인가? (출제율 60%)

① 온도를 낮춘다.
② 압력을 낮춘다.
③ 생성된 암모니아를 제거한다.

④ 평형반응이므로 생성을 방해하는 조건은 없다.

[해설] 암모니아 합성반응
$3H_2 + N_2 \rightleftarrows 2NH_3 + 22kcal$
㉠ 암모니아의 평형농도는 온도가 낮고, 압력이 높을수록 증가
㉡ 수소 : 질소가 3 : 1일 때
㉢ 촉매 추가
㉣ 불활성 가스 증가 시 NH_3 평형농도가 낮아진다.

66 H_2와 Cl_2를 직접 결합시키는 합성 염화수소의 제법에서는 활성화된 분자가 연쇄를 이루기 때문에 반응이 폭발적으로 진행된다. 실제 조작에서 폭발을 막기 위해 행하는 조치는? (출제율 80%)

① 반응압력을 낮추어 준다.
② 수증기를 공급하여 준다.
③ 수소를 다소 과잉으로 넣는다.
④ 염소를 다소 과잉으로 넣는다.

[해설] 염산 제조 시 폭발
Cl_2와 H_2 원료의 몰비를 1 : 1.2로 주입

67 황산 제조 공업에서의 바나듐 촉매 작용기구로서 가장 거리가 먼 것은? (출제율 20%)

① 원자가의 변화
② 3단계에 의한 회복
③ 산성의 피로인산염 생성
④ 화학변화에 의한 중간생성물의 생성

[해설] 바나듐 촉매 작용기구
㉠ 원자가의 변화
㉡ 화학변화에 의한 중간생성물 생성
㉢ 흡수작용

68 다음 중 불순물을 제거하는 석유정제 공정이 아닌 것은? (출제율 40%)

① 코킹법　② 백토처리
③ 메록스법　④ 용제추출법

[해설] 정제 방법
㉠ 스위트닝(Merox법)
㉡ 용제추출법
㉢ 흡착법(백토 처리)
코킹법은 석유의 열분해 방법이다.

69 공업적으로 인산을 제조하는 방법 중 인광석의 산분해법에 주로 사용되는 산은? `출제율 40%`

① 염산　　　　② 질산
③ 초산　　　　④ 황산

^{해설} 산분해법
인광석을 황산으로 분해

70 열가소성 수지에 해당하는 것은? `출제율 80%`

① 폴리비닐알코올　② 페놀수지
③ 요소수지　　　　④ 멜라민수지

^{해설} 열가소성 수지
가열하면 연화되어 쉽게 변형되어 성형 가공 후 냉각하면 외력을 없애도 변형된 상태를 유지하는 수지 (폴리염화비닐, 폴리에틸렌수지, 폴리스티렌 등)

71 반도체 제조공정 중 원하는 형태로 패턴이 형성된 표면에서 원하는 부분을 화학반응 또는 물리적 과정을 통해 제거하는 공정은? `출제율 20%`

① 세정　　　　　② 에칭
③ 리소그래피　　④ 이온주입 공정

^{해설} 에칭
노광 후 포토레지스트(PR)로 보호되지 않는 부분을 제거하는 공정

72 순도 77% 아염소산나트륨(NaClO$_2$) 제품 중 당량 유효 염소 함량(%)은? (단, Na, Cl의 원자량은 각각 23, 35.5g/mol이다.) `출제율 40%`

① 92.82　　　　② 112.12
③ 120.82　　　④ 222.25

^{해설} $\dfrac{4\,Cl}{NaClO_2}\times 0.77 = \dfrac{4\times 35.5}{90.5}\times 0.77 = 1.2082$
약 120.82%

73 다음 중 옥탄가가 가장 낮은 것은? `출제율 20%`

① Butane　　　② 1-Pentene
③ Toluene　　　④ Cyclohexane

^{해설} 옥탄가는 가솔린의 안티노크성을 수치로 표현한 것
n-파라핀＜올레핀＜나프텐계＜방향족

74 폴리카보네이트의 합성 방법은? `출제율 40%`

① 비스페놀A와 포스겐의 축합반응
② 비스페놀A와 포름알데히드의 축합반응
③ 하이드로퀴논과 포스겐의 축합반응
④ 하이드로퀴논과 포름알데히드의 축합반응

^{해설} 폴리카보네이트는 비스페놀A와 포스겐의 연쇄구조로 이루어진 열가소성 중합체이다.

75 1기압에서의 HCl, HNO$_3$, H$_2$O의 Ternary plot과 공비점 및 용액 A와 B가 아래와 같을 때 틀린 설명은? `출제율 20%`

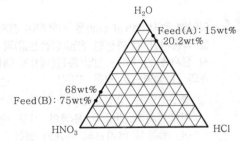

① 황산을 이용하여 A 용액을 20.2wt% 이상으로 농축할 수 있다.
② 황산을 이용하여 B 용액을 75wt% 이상으로 농축할 수 있다.
③ A 용액을 가열 시 최고 20.2wt%로 농축할 수 있다.
④ B 용액을 가열 시 최고 80wt%까지 농축할 수 있다.

^{해설} • 황산과의 반응이 의미 없다(A 용액).
• 68% 이상의 질산을 얻으려면 황산을 탈수제로 공비점을 소멸하여 얻을 수 있다.

76 다음 중 석유 유분을 냉각하였을 때 파라핀 왁스 등이 석출되기 시작하는 온도를 나타내는 용어는? `출제율 20%`

① Solidifying point
② Cloud point
③ Nodal point
④ Aniline point

^{해설} 운점(cloud point)
연료 중의 n-paraffin이 온도가 저하됨에 따라 wax 형태로 석출되어 육안으로 관찰되기 시작하는 온도

77 아미드(amide)를 이루는 핵심결합은? 출제율 60%

① −NH−NH−CO−　② −NH−CO−
③ −NH−N=CO　④ −N=N−CO

해설 **아미드 결합**
−Co−NH− 결합으로 연결

78 다음 중 페놀(phenol)의 공업적 합성법이 아닌 것은? 출제율 60%

① Cumene법　② Raschig법
③ Dow법　④ Esso법

해설 **페놀 제법**
㉠ 황산화법
㉡ 염소화법(Dow법)
㉢ Raschig법
㉣ 쿠멘법

79 어떤 유지 2g 속에 들어 있는 유리지방산을 중화시키는 데 KOH가 200mg 사용되었다. 이 시료의 산가 (acid value)는? 출제율 20%

① 0.1　② 1
③ 10　④ 100

해설 **산값**
시료 1g 속에 들어 있는 유리지방산을 중화시키는 데 필요한 KOH의 수로, 2g에 200mg KOH를 사용하므로 100이다.

80 요소비료를 합성하는 데 필요한 CO_2의 원료로 석회석(탄산칼슘 함량 85wt%)을 사용하고자 한다. 요소비료 1ton을 합성하기 위해 필요한 석회석의 양(ton)은? (단, Ca의 원자량은 40g/mol이다.) 출제율 40%

① 0.96　② 1.96
③ 2.96　④ 3.96

해설 $2NH_3 + CO_2 \rightarrow CO(NH_2)_2 + H_2O$

$$
\begin{array}{ccc}
x & : & 1 \\
44 & : & 60
\end{array}
$$

$x = 0.733$ 필요
$CaCO_3 \rightarrow CaO + CO_2$

$$
\begin{array}{ccc}
100 & : & 44 \\
y & : & 0.733
\end{array}
$$

$y = 1.66$ ton임
여기에서 탄산칼슘 함량이 85%이므로
$1.66 \div 0.85 = 1.96$ ton 필요하다.

▶▶ **제5과목 | 반응공학**

81 부피가 2L인 액상혼합반응기로 농도가 0.1mol/L인 반응물이 1L/min 속도로 공급된다. 공급한 반응물의 출구농도가 0.01mol/L일 때, 반응물 기준 반응속도(mol/L · min)는? 출제율 60%

① 0.045　② 0.062
③ 0.082　④ 0.100

해설 $$\tau = \frac{V}{\nu_0} = \frac{C_{A0} - C_A}{-r_A}$$

$$\tau = \frac{2L}{1\,L/min} = 2\,min$$

$$\frac{C_{A0} - C_A}{-r_A} = \frac{0.1 - 0.01}{-r_A} = \frac{0.09}{-r_A}$$

$$2\,min = \frac{0.09}{-r_A} \qquad \therefore -r_A = 0.045$$

82 일정한 온도로 조작되고 있는 순환비가 3인 순환 플러그흐름반응기에서 1차 액체반응($A \rightarrow R$)이 40%까지 전화되었다. 만일 반응계의 순환류를 폐쇄시켰을 경우 변경되는 전화율(%)은? (단, 다른 조건은 그대로 유지한다.) 출제율 40%

① 0.26　② 0.36
③ 0.46　④ 0.56

해설 $$V = F_{A0}(R+1)\int_{X_{Ai}}^{X_{Af}} \frac{dX_A}{-r_A}$$

$$-r_A = KC_{A0}(1 - X_A)$$

$$X_{Ai} = \left(\frac{R}{R+1}\right)X_{Af} = \frac{3}{4}X_{Af}$$

$$r = 4F_{A0}\int_{\frac{3}{4}X_{Af}}^{X_{Af}} \frac{dX_A}{KC_{A0}(1 - X_p)}$$

$$= \frac{4F_{A0}}{KC_{A0}}\int_{\frac{3}{4}X_{Af}}^{X_{Af}} \frac{dX_A}{1 - X_A}$$

$$\frac{C_{A0}r}{F_A} = \tau = \frac{4}{K}\left[-\ln(1 - X_A)\right]_{\frac{3}{4}X_{Af}}^{X_{Af}}$$

$$K\tau = 4\left[-\ln\frac{1 - X_{Af}}{1 - \frac{3}{4}X_{Af}}\right] \quad X_{Af} = 0.4$$

$$K\tau = 4\left[-\ln\frac{0.6}{0.7}\right] = 0.617$$

순환류 폐쇄 ($R = 0 \Rightarrow$ PFR)
$$K\tau = -\ln(1 - X_{Af}) = 0.617$$
$$\therefore X_{Af} = 0.46$$

83 비가역반응($A+B \longrightarrow AB$)의 반응속도식이 아래와 같을 때, 이 반응의 예상되는 메커니즘은? (단, k_-는 역반응 속도상수이고 '*' 표시는 중간체를 의미한다.) 출제율 20%

$$r_{AB} = k_1 C_B^2$$

① $A+A \underset{k_{-1}}{\overset{k_1}{\rightleftharpoons}} A^*, \quad A^*+B \overset{k_2}{\longrightarrow} A+AB$

② $A+A \underset{k_{-1}}{\overset{k_1}{\rightleftharpoons}} A^*, \quad A^*+B \underset{k_{-2}}{\overset{k_2}{\rightleftharpoons}} A+AB$

③ $B+B \overset{k_1}{\longrightarrow} B^*, \quad A+B^* \underset{k_{-2}}{\overset{k_2}{\rightleftharpoons}} AB+B$

④ $B+B \underset{k_{-1}}{\overset{k_1}{\rightleftharpoons}} B^*, \quad A+B^* \underset{k_{-2}}{\overset{k_2}{\rightleftharpoons}} AB+B$

🔑해설 $r_A = K_1 C_B^2 \Rightarrow$ 반응속도는 B의 농도에만 의존

$B+B \xrightarrow[\text{비가역}]{k_1} B_2^*$(중간생성물) : 속도 결정 단계

$A+B_2^* \underset{k_{-2}}{\overset{k_2}{\rightleftharpoons}} AB+B$: 평형

84 다음 그림은 기초적 가역반응에 대한 농도-시간 그래프이다. 그래프의 의미를 가장 잘 나타낸 것은? (단, 반응방향 위 숫자는 상대적 반응속도 비율을 의미한다.) 출제율 40%

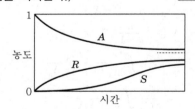

① $A \underset{1}{\overset{1}{\rightleftharpoons}} R \underset{1}{\overset{1}{\rightleftharpoons}} S$ ② $A \underset{1}{\overset{1}{\rightleftharpoons}} R \overset{1}{\rightarrow} S$

③ $A \underset{1}{\overset{1}{\rightleftharpoons}} R, A \underset{1}{\overset{1}{\rightleftharpoons}} S$ ④ $A \underset{1}{\overset{1}{\rightleftharpoons}} R, A \underset{10}{\overset{10}{\rightleftharpoons}} S$

🔑해설 시간이 지남에 따라 A, R, S가 일정해지므로

$A \underset{1}{\overset{1}{\rightleftharpoons}} R \underset{1}{\overset{1}{\rightleftharpoons}} S$ 이다.

85 반응속도가 $0.005 C_A^2 \text{mol/cm}^3 \cdot \text{min}$으로 주어진 어떤 반응의 속도상수(L/mol · h)는? 출제율 20%

① 300 ② 2.0×10^{-4}

③ 200 ④ 3.0×10^{-4}

🔑해설 $0.005 \times \dfrac{\text{cm}^3}{\text{mol} \cdot \text{min}} \times \dfrac{1\text{m}^3}{10^6 \text{cm}^3} \times \dfrac{1000\text{L}}{1\text{m}^3} \times \dfrac{60\text{min}}{1\text{hr}}$

$= 0.3 \times 10^{-3} = 3 \times 10^{-4}$

86 다음 중 Michaelis-Menten 반응($S \rightarrow P$, 효소 반응)의 속도식은 어느 것인가? (단, E_0은 효소, '[ ]'은 각 성분의 농도, k_m는 Michaelis-Menten 상수, $V_{\max}$는 효소농도에 대한 최대반응속도를 의미한다.) 출제율 20%

① $r_R = \dfrac{V_{\max}[S]}{k_m + [S]}$

② $r_R = \dfrac{k_m[E_0]}{[E_0] + [S]}$

③ $r_R = \dfrac{k_m[E_0]}{V_{\max}[E_0] + [S]}$

④ $r_R = \dfrac{k[S][P]}{[E_0] - V_{\max}[S]}$

🔑해설 효소 촉매반응

$r_R = \dfrac{K[A] \cdot [E_0]}{[M] + [A]} = \dfrac{V_{\max}[S]}{K_m + [S]}$

여기서, M : 미카엘리스 상수

E_0 : 효소 농도

A : A 농도

87 평형전화율에 미치는 압력과 비활성 물질의 역할에 대한 설명으로 옳지 않은 것은? 출제율 20%

① 평형상수는 반응속도론에 영향을 받지 않는다.

② 평형상수는 압력에 무관하다.

③ 평형상수가 1보다 많이 크면 비가역반응이다.

④ 모든 반응에서 비활성 물질의 감소는 압력의 감소와 같다.

🔑해설 평형전화율에서 불활성 물질의 감소는 기체반응에서 압력이 증가하는 것과 같은 작용을 한다.

88 $(CH_3)_2O \rightarrow CH_4 + CO + H_2$ 기상반응이 1atm, 550℃의 CSTR에서 진행될 때 $(CH_3)_2O$의 전화율이 20%될 때의 공간시간(s)은? (단, 속도상수는 $4.50 \times 10^{-3}s^{-1}$이다.) [출제율 50%]

① 87.78
② 77.78
③ 67.78
④ 57.78

[해설] $K\tau = \dfrac{X_A}{1-X_A}(1+\varepsilon_A X_A)$

$\varepsilon_A = Y_{A0} \cdot \delta = 1 \times \dfrac{3-1}{1} = 2$

$4.5 \times 10^{-3} \times \tau = \dfrac{0.2}{1-0.2}(1+2 \times 0.2)$

$\tau = 77.78s$

89 액상 순환반응($A \rightarrow P$, 1차)의 순환율이 ∞일 때 총괄전화율의 변화 경향으로 옳은 것은 어느 것인가? [출제율 20%]

① 관형흐름반응기의 전화율보다 크다.
② 완전혼합흐름반응기의 전화율보다 크다.
③ 완전혼합흐름반응기의 전화율과 같다.
④ 관형흐름반응기의 전화율과 같다.

[해설] 플러그흐름반응기에서 순환율이 ∞일 경우 혼합흐름반응기와 같아지며, 이때 전화율도 혼합흐름반응기의 전화율과 같다.

90 순수한 기체 반응물 A가 2L/s의 속도로 등온 혼합반응기에 유입되어 분해반응($A \rightarrow 3B$)이 일어나고 있다. 반응기의 부피는 1L이고 전화율은 50%이며, 반응기로부터 유출되는 반응물의 속도는 4L/s일 때, 반응물의 평균체류시간(s)은? [출제율 60%]

① 0.25초
② 0.5초
③ 1초
④ 2초

[해설] 체적 변화
$\varepsilon_A = (3-1)/1 = 2$
$v = v_0(1+\varepsilon_A X_A) = v_0(1+2 \times 0.5) = 2v_0$

$\tau = \dfrac{v}{v_0} = \dfrac{\text{반응기 부피}}{\text{입구 유속}} = \dfrac{1}{2}$

체류시간 $= \dfrac{\text{반응기 부피}}{\text{출구 유속}} = \dfrac{1}{4} = 0.25$초

91 공간시간이 5min으로 같은 혼합흐름반응기(MFR)와 플러그흐름반응기(PFR)를 그림과 같이 직렬로 연결시켜 반응물 A를 분해시킨다. A 물질의 액상 분해반응속도식이 아래와 같고 첫 번째 반응기로 들어가는 A의 농도가 1mol/L이면 반응 후 둘째 반응기에서 나가는 A 물질의 농도(mol/L)는 얼마인가? [출제율 40%]

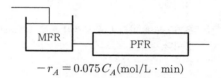

$$-r_A = 0.075\,C_A\,(\text{mol/L} \cdot \text{min})$$

① 0.25
② 0.50
③ 0.75
④ 0.80

[해설] CSTR에서 $K\tau = \dfrac{X_A}{1-X_A}$

$0.075 \times 5\,\text{min} = \dfrac{X_A}{1-X_A}$에서 $X_A = 0.272$이므로

MFR 반응기 후 농도는 0.728이다.
0.728이 PFR로 유입
PFR에서 $K\tau = -\ln(1-X_A)$
$5 \times 0.075 = \ln(1-X_A)$
$X_A = 0.313$
PFR의 $C_{A0} = 0.728$에서 $X_A = 0.313$이므로
$C_A = C_{A0}(1-0.313)$
$C_A = 0.728(1-0.313) = 0.5$

92 비가역 1차 반응($A \rightarrow P$)에서 A의 전화율(X_A)에 관한 식으로 옳은 것은? (단, C, F, N은 각각 농도, 유량, 몰수를, 하첨자 $0(_0)$은 초기 상태를 의미한다.) [출제율 20%]

① $X_A = 1 - \dfrac{F_{A0}}{F_A}$

② $X_A = \dfrac{C_{A0}}{C_A} - 1$

③ $N_A = N_{A0}(1-X_A)$

④ $dX_A = \dfrac{dC_A}{C_{A0}}$

전화율

$$N_A = N_{A0}(1 - X_A)$$

$$X_A = \frac{\text{반응한 } A \text{ 몰수}}{\text{초기 } A \text{의 몰수}} = \frac{N_{A0} - N_A}{N_{A0}}$$

93 균일계 액상반응이 회분식 반응기에서 등온으로 진행되고, 반응물의 20%가 반응하여 없어지는 데 필요한 시간이 초기농도 0.2mol/L, 0.4mol/L, 0.8mol/L일 때 모두 25분이었다면, 이 반응의 차수는? 출제율 20%

① 0차   ② 1차

③ 2차   ④ 3차

해설 초기농도에 따라 반응시간이 모두 같으므로 1차 반응이다.

94 단일 이상형 반응기(single ideal reactor)에 해당하지 않는 것은? 출제율 20%

① 플러그흐름반응기(plug flow reactor)
② 회분식 반응기(batch reactor)
③ 매크로유체반응기(macro fluid reactor)
④ 혼합흐름반응기(mixed flow reactor)

해설 단일 이상형 반응기
㉠ 혼합흐름반응기
㉡ 회분식 반응기
㉢ 플러그흐름반응기

95 액상반응이 아래와 같이 병렬반응으로 진행될 때, R을 많이 얻고 S를 적게 얻기 위한 A와 B의 농도는? 출제율 40%

$$A + B \xrightarrow{k_1} R, \ r_R = k_1 C_A C_B^{0.5}$$
$$A + B \xrightarrow{k_2} S, \ r_S = k_2 C_A^{0.5} C_B$$

① C_A는 크고, C_B도 커야 한다.
② C_A는 작고, C_B도 커야 한다.
③ C_A는 크고, C_B도 작아야 한다.
④ C_A는 작고, C_B도 작아야 한다.

해설 $\dfrac{r_R}{r_S} = \dfrac{K_1 C_A C_B^{0.5}}{K_2 C_A^{0.5} C_B} = \dfrac{K_1}{K_2} C_A^{0.5} C_B^{0.5}$

이므로 C_A의 농도는 크고, C_B는 작아야 한다.

96 $A \rightarrow R$인 액상반응의 속도식이 아래와 같을 때, 이 반응을 순환비가 2인 순환반응기에서 A의 출구 농도가 0.5mol/L가 되도록 운영하기 위한 순환반응기의 공간시간(τ ; h)은? (단, A는 1mol/L로 공급된다.) 출제율 60%

$$-r_A = 0.1 C_A (\text{mol/L} \cdot \text{h})$$

① 3.5   ② 8.6
③ 18.5   ④ 133.5

해설 $\tau = \dfrac{C_{A0} V}{F_{A0}} \Rightarrow \dfrac{\tau}{C_{A0}} = \dfrac{V}{F_{A0}}$

$= -(R+1) \displaystyle\int_{\left(\frac{2}{2+1}\right)0.5}^{0.5} \dfrac{1}{0.1 C_A} dX_A$

$= -(2+1) \displaystyle\int_{\frac{1}{3}}^{\frac{1}{2}} 10 \times \dfrac{1}{C_{A0}(1 - X_A)} dX_A$

$= -3 \displaystyle\int_{\frac{1}{3}}^{\frac{1}{2}} \dfrac{10}{1 - X_A} dX_A$

$= -30 \left[\ln(1 - X_A) \right]_{\frac{1}{3}}^{\frac{1}{2}} = 8.63$

따라서 $\dfrac{\tau}{C_{A0}} = 8.63 \ (C_{A0} = 1\text{mol/L})$

$\tau = 8.65 \times 1 = 8.63$

97 밀도 변화가 없는 균일계 비가역 0차 반응($A \rightarrow R$)이 어떤 혼합반응기에서 전화율 90%로 진행될 때, A의 공급속도를 2배로 증가시켰을 때의 결과로 옳은 것은? 출제율 40%

① R의 생산량은 변함이 없다.
② R의 생산량은 2배로 증가한다.
③ R의 생산량은 1/2배로 증가한다.
④ R의 생산량은 50% 증가한다.

해설 R의 생산량은 전화율과 관계 있고 공급속도와는 무관하다.

98 A와 B의 기상 등온반응이 아래와 같이 병렬반응일 경우 D에 대한 선택도를 향상시킬 수 있는 조건이 아닌 것은? [출제율 40%]

$$A + B \rightarrow D, \quad r_D = k_1 C_A^2 C_B^3$$
$$A + B \rightarrow U, \quad r_U = k_2 C_A C_B$$

① 관형반응기 사용
② 회분반응기 사용
③ 반응물의 고농도 유지
④ 반응기의 낮은 반응압력 유지

해설 $\dfrac{r_D}{r_u} = \dfrac{k_1}{k_2} C_A C_B^2$ 이므로 반응물은 고농도로 유지, 공급물 불활성 물질 제거 즉, 압력증가가 필요하다.

99 플러그흐름반응기에서 순수한 A가 공급되어 아래와 같은 비가역 병렬액상반응이 A의 전화율 90%로 진행된다. A의 초기농도가 10mol/L일 경우 반응기를 나오는 R의 농도(mol/L)는 얼마인가? [출제율 50%]

$$A \rightarrow R, \quad dC_R/dt = 100 C_A$$
$$A \rightarrow S, \quad dC_S/dt = 100 C_A^2$$

① 0.19   ② 1.7
③ 1.9   ④ 5.0

해설 PFR의 총괄수율

$$\Phi_{\text{PFR}} = \int_{C_{A0}}^{C_{Af}} \phi \, dc_A = \int_{10}^{1} -\frac{1}{(1+C_A)} dC_A$$
$$= -\left[\ln(1+C_A)\right]_{10}^{1} = -[\ln 2 - \ln 1] = 1.7$$

100 회분식 반응기에서 A의 분해반응을 50℃ 등온으로 진행시켜 얻는 데이터가 아래와 같을 때, 이 반응의 반응속도식은? (단, C_A는 A 물질의 농도, t는 반응시간을 의미한다.) [출제율 20%]

C_A (mol/L)	$C_A - t$ 기울기 (mol/L · min)
1.0	− 0.50
2.0	− 2.00
3.0	− 4.50
4.0	− 8.00

① $-\dfrac{dC_A}{dt} = 0.5 C_A^2$ ② $-\dfrac{dC_A}{dt} = 0.5 C_A$

③ $-\dfrac{dC_A}{dt} = 2.0 C_A^2$ ④ $-\dfrac{dC_A}{dt} = 8.0 C_A^2$

해설 $-\dfrac{dC_A}{dt} = K C_A^n$ 을 대입하면

$-(-0.5) = K \cdot 1^n$ 이므로 $k = 0.5$

따라서 $-\dfrac{dC_A}{dt} = 0.5 C_A^n$ 이고

$-(-2) = 0.5 \times (2)^n$ 에서 $n = 2$이므로,

$-\dfrac{dC_A}{dt} = 0.5 C_A^2$

▶▶ 제1과목 ┃ 화공열역학

01 역카르노 사이클에 대한 그래프이다. 이 사이클의 성능계수를 표시한 것으로 옳은 것은 어느 것인가? (단, T_1에서 열이 방출되고 T_2에서 열이 흡수된다.) 출제율 40%

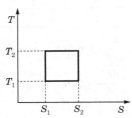

① $\dfrac{T_2}{T_1 - T_2}$ ② $\dfrac{T_1}{T_2 - T_1}$

③ $\dfrac{T_2 - T_1}{T_1}$ ④ $\dfrac{T_1 - T_2}{T_1}$

해설 카르노 사이클 열효율 $\eta = \dfrac{\text{생산된 순일}}{\text{공급된 열}} = \dfrac{T_h - T_c}{T_h}$

역카르노 사이클의 경우 열효율 $\eta =$냉동기의 이상적인 형태

냉동기의 $w = \dfrac{T_c}{T_h - T_c}$ 이고, 문제에서 T_1이 고온이므로, $n = \dfrac{T_2}{T_1 - T_2}$

02 액체로부터 증기로 바뀌는 정압 경로를 밟는 순수한 물질에 대한 깁스 자유에너지(G)와 절대온도(T)의 그래프가 옳게 표시된 것은 어느 것인가? 출제율 20%

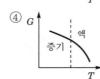

해설
$$dU^t + PdU^t - TdS^t \leq 0$$
$$d(U^t + PV^t - TS^t)_{T,P} \leq 0$$
$$(dG^t)_{T,P} \leq 0$$

즉, 깁스 에너지는 감소하는 방향으로 진행되며 상평형 시 각 성분의 화학퍼텐셜이 같으므로 $G(l) = G(v)$ 이다.

03 1atm, 90℃, 2성분계(벤젠-톨루엔) 기액평형에서 액상 벤젠의 조성은? (단, 벤젠, 톨루엔의 포화증기압은 각각 1.34, 0.53atm이다.) 출제율 40%

① 1.34
② 0.58
③ 0.53
④ 0.42

해설 벤젠의 조성을 x라고 하면,
$1 = x \times 1.34 + (1-x) \times 0.53$
정리하면, $x = 0.58$

04 두 절대온도 T_1, T_2($T_1 < T_2$)사이에서 운전하는 엔진의 효율에 관한 설명 중 틀린 것은 어느 것인가? 출제율 50%

① 가역과정인 경우 열효율이 최대가 된다.
② 가역과정인 경우 열효율은 $(T_2 - T_1)/T_2$ 이다.
③ 비가역과정인 경우 열효율은 $(T_2 - T_1)/T_2$ 보다 크다.
④ T_1이 0K인 경우 열효율은 100%가 된다.

해설 카르노 사이클 열효율 $n = \dfrac{T_h - T_c}{T_h}$

비가역과정은 엔트로피가 증가하므로 열효율은 $\dfrac{T_2 - T_1}{T_2}$ 보다 낮다.

05 다음 중 열역학적 성질에 대한 설명으로 옳지 않은 것은? _{출제율 20%}

① 순수한 물질의 임계점보다 높은 온도와 압력에서는 한 개의 상을 이루게 된다.

② 동일한 이심인자를 갖는 모든 유체는 같은 온도, 같은 압력에서 거의 동일한 Z 값을 가진다.

③ 비리얼(virial) 상태방정식의 순수한 물질에 대한 비리얼 계수는 온도만의 함수이다.

④ 반 데르 발스(Van der Waals) 상태방정식은 기/액 평형상태에서 임계점을 제외하고 3개의 부피 해를 가진다.

해설 동일한 이심인자 값을 갖는 모든 유체는 같은 환산온도(T_r), 같은 환산압력(P_r)에서 거의 동일한 Z값을 가지며 이상기체의 거동에서 벗어나는 정도도 거의 같다.

06 과잉 깁스 에너지 모델 중에서 국부조성(local composition) 개념에 기초한 모델이 아닌 것은 어느 것인가? _{출제율 20%}

① 윌슨(Wilson) 모델

② 반 라르(van Laar) 모델

③ NRTL(Non-Random-Two-Liquid) 모델

④ UNIQUAC(UNIversal QUAsi-Chemical) 모델

해설 과잉 깁스 에너지 모델(국부조성 개념)
→ NRTL 모델, 윌슨 모델, UNIQUAC 모델

① 윌슨 모델 : 혼합물의 전체조성이 국부조성과 같지 않다는 국부조성의 개념

② 반 라르 모델 : 깁스 에너지의 변화량은 상태함수이므로 적분경로와 무관한 개념

③ NRTL 모델 : 두 가지 이상의 물질이 혼합된 경우 라울의 법칙이 적용되는 이상용액으로부터 벗어나는 현상에 관한 모델(Wilson식 단점 개선)

④ UNIQUAC 모델 : Wilson식의 단점을 극복하기 위한 모델

07 평형상수에 대한 편도함수가 $\left(\dfrac{\partial \ln K}{\partial T}\right)_P > 0$로 표시되는 화학반응에 대한 설명으로 다음 중 옳은 것은? _{출제율 60%}

① 흡열반응이며, 온도 상승에 따라 K값은 커진다.

② 발열반응이며, 온도 상승에 따라 K값은 커진다.

③ 흡열반응이며, 온도 상승에 따라 K값은 작아진다.

④ 발열반응이며, 온도 상승에 따라 K값은 작아진다.

해설 평형상수에 대한 온도 영향

$$\frac{d\ln k}{dT} = \frac{\Delta H^0}{RT^2}$$

① 발열반응($\Delta H^0 < 0$)의 경우 온도 증가 시 평형상수 감소

② 흡열반응($\Delta H^0 > 0$)의 경우 온도 증가 시 평형상수 증가

08 과잉 깁스 에너지(G^E)가 아래와 같이 표시된다면 활동도 계수(γ)에 대한 표현으로 옳은 것은? (단, R은 이상기체 상수, T는 온도, B, C는 상수, x는 액상 몰분율, 하첨자는 성분 1과 2에 대한 값임을 의미한다.) _{출제율 40%}

$$G^E/RT = Bx_1 x_2 + C$$

① $\ln \gamma_1 = B x_1^2$ ② $\ln \gamma_1 = B x_2^2$

③ $\ln \gamma_1 = B x_1^2 + C$ ④ $\ln \gamma_1 = B x_2^2 + C$

해설
$$\frac{G^E}{RT} = Bx_1 x_2 + C = B\frac{n_1 \times n_2}{n \times n} + C$$

$$\frac{nG^E}{RT} = B \times \frac{n_1 \times n_2}{n} + C = B \times \frac{n_1 \times n_2}{n_1 + n_2} + C$$

$$\frac{\partial\left(\dfrac{nG^E}{RT}\right)}{\partial n_1} = B \times \frac{n_2(n_1 + n_2) - n_1 n_2}{(n_1 + n_2)^2}$$

$$= B\frac{n_2^2}{(n_1 + n_2)^2} + C$$

$$\ln \gamma_1 = B\frac{n_2^2}{(n_1 + n_2)^2} + C = Bx_2^2 + C$$

09 압축 또는 팽창에 대해 가장 올바르게 표현한 내용은? (단, 하첨자 S는 등엔트로피를 의미한다.) 〔출제율 20%〕

① 압축기의 효율은 $\eta = \dfrac{(\Delta H)_S}{\Delta H}$ 로 나타낸다.

② 노즐에서 에너지수지 식은 $W_S = -\Delta H$이다.

③ 터빈에서 에너지수지 식은 $W_S = -\displaystyle\int u du$ 이다.

④ 조름공정에서 에너지수지 식은 $dH = -u du$ 이다.

〔해설〕 노즐, 터빈의 경우 $\Delta H = W$
조름공정 $\Delta H = 0$

10 다음 중 어떤 실제기체의 실제상태에서 가지는 열역학적 특성치와 이상상태에서 가지는 열역학적 특성치의 차이를 나타내는 용어는 어느 것인가? 〔출제율 40%〕

① 부분성질(partial property)
② 과잉성질(excess property)
③ 시강성질(intensive property)
④ 잔류성질(residual property)

〔해설〕 잔류성질은 같은 온도, 압력 조건에서 실제기체와 이상기체의 차이이며, 식으로는 $M^R \equiv M - M^{ig}$ 로 표현할 수 있다($M = V,\ U,\ H,\ S,\ G$와 같은 시량 열역학적 성질 1몰 값).

11 닫힌계에서 엔탈피에 대한 설명 중 잘못된 것은? (단, H는 엔탈피, U는 내부에너지, P는 압력, T는 온도, V는 부피이다.) 〔출제율 20%〕

① $H = U + PV$ 로 정의된다.
② 경로에 무관한 특성치이다.
③ 정적과정에서는 엔탈피의 변화로 열량을 나타낸다.
④ 압력이 일정할 때, $dH = C_p dT$로 표현된다.

〔해설〕 정적과정의 경우 내부에너지는 온도 만의 함수이다.
$dV = C_V dT$

12 1540℉와 440℉ 사이에서 작동하고 있는 카르노 사이클 열기관(carnot cycle heat engine)의 효율은? 〔출제율 60%〕

① 29%   ② 35%
③ 45%   ④ 55%

〔해설〕 $℃ = \dfrac{5}{9}(℉ - 32)$
1540℉ = 약 837.7℃ = 1110.7K
440℉ = 약 226℃ = 499K
$\eta = \dfrac{T_h - T_c}{T_h} = \dfrac{1110.7 - 499}{1110.7} = 0.55$
카르노 사이클 열기관의 효율은 약 55%이다.

13 엔트로피에 관한 설명 중 틀린 것은? 〔출제율 20%〕

① 엔트로피는 혼돈도(ramdomness)를 나타내는 함수이다.
② 융점에서 고체가 액화될 때의 엔트로피 변화는 $\Delta S = \dfrac{\Delta H_m}{T_m}$ 로 표시할 수 있다.
③ $T = 0$K에서의 엔트로피는 1이다.
④ 엔트로피 감소는 질서도(orderliness)의 증가를 의미한다.

〔해설〕 **열역학 제3법칙**
$T = 0$K에서 완전한 결정상태를 유지하는 경우 엔트로피는 0이다.

14 이상기체와 관계가 없는 것은? (단, Z는 압축인자이다.) 〔출제율 40%〕

① $Z = 1$이다.
② 내부에너지는 온도 만의 함수이다.
③ $PV = RT$ 가 성립한다.
④ 엔탈피는 압력과 온도의 함수이다.

〔해설〕 이상기체는 엔탈피 온도만의 함수
$H = U + PV$ ($P =$ 일정)
$\Delta H = \Delta U + \Delta PV$
$dH = dU + d(PV) = dQ - dW + d(PV)$
$\quad = dQ - PdV + PdV + VdP$
$\quad = dQ + VdP$
$\quad = dQ$ ($P =$ 일정)
$\therefore dH = dQ_P$

15 100atm, 40℃의 기체가 조름공정으로 1atm까지 급격하게 팽창하였을 때, 이 기체의 온도(K)는? (단, Joule-Thomson coefficient(μ ; K/atm)는 다음 식으로 표시된다고 한다.) 출제율 60%

$$\mu = -0.0011P\,[atm] + 0.245$$

① 426   ② 331

③ 294   ④ 250

해설 100atm, 40℃에서,

$K=313K$, $\mu=\left(\dfrac{\partial T}{\partial P}\right)_H = -0.0011P+0.245$

이를 P에 대해 적분하여 100atm→1atm 변화량으로 나타내면,

$\left[-0.0011P^2\times\dfrac{1}{2}+0.245P\right]_1^{100}$ 에서

약 -19 변화가 나오므로

313K−19K=294K

16 240kPa에서 어떤 액체의 상태량이 V_f는 0.00177 m^3/kg, V_g는 0.105m^3/kg, H_f는 181kJ/kg, H_g는 496kJ/kg일 때, 이 압력에서의 U_{fg}(kJ/kg)는? (단, V는 비체적, U는 내부에너지, H는 엔탈피, 하첨자 f는 포화액, g는 건포화증기를 나타내고 있는 U_{fg}는 $U_g - U_f$를 의미한다.) 출제율 20%

① 24.8   ② 290.2

③ 315.0   ④ 339.8

해설 $H=U+PV$, $U=H-PV$

$U_g=H_g-PV=496\,kJ/kg-0.105\,m^3/kg\times240\,kPa$

$U_f=H_f-PV=181\,kJ/kg-0.00177\,m^3/kg\times240\,kPa$

$U_{fg}=U_g-U_f=$약 290.2

17 27℃, 1atm의 질소 14g을 일정체적에서 압력이 2배가 되도록 가역적으로 가열했을 때 엔트로피 변화(ΔS ; cal/K)는? (단, 질소를 이상기체라 가정하고, C_P는 7cal/mol·K이다.) 출제율 80%

① 1.74   ② 3.48

③ −1.74   ④ −3.48

해설 $\Delta S = nCp\ln\dfrac{T_2}{T_1} - nR\ln\dfrac{P_2}{P_1}$

$= 0.5\times7\times\ln2 - 0.5\times1.987\times\ln2$

$= 1.74$

18 실제기체가 이상기체 상태에 가장 가까울 때의 압력, 온도 조건은? 출제율 20%

① 고압저온

② 고압고온

③ 저압저온

④ 저압고온

해설 실제기체의 압력이 낮고 온도가 높을수록 이상기체에 가깝다.

19 다음 중 세기 성질(intensive property)이 아닌 것은? 출제율 40%

① 일(work)

② 비용적(specific volume)

③ 몰 열용량(molar heat capacity)

④ 몰 내부에너지(molar internal energy)

해설 • 세기 성질(시강 변수)

물질의 양과 크기에 따라 변화하지 않는 물성 (T, P, $\overline{U}$, $\overline{V}$, d)

• 크기 성질(시량 변수)

물질의 양과 크기에 따라 변화하는 물성 (v, m, n, V, H)

20 액상반응의 평형상수(K)를 옳게 나타낸 것은? (단, P는 압력, ν_i는 성분 i의 양론 수(stoichiometric number), R은 이상기체 상수, T는 온도, x_i는 성분 i의 액상 몰분율, y_i는 성분 i의 기상 몰분율, $f_i°$는 표준상태에서의 순수한 액체 i의 퓨가시티, $\hat{f}_i$는 용액 중 성분 i의 퓨가시티이다.) 출제율 40%

① $K = P^{-\nu_i}$

② $K = RT\ln x_i$

③ $K = \prod\limits_i y_i^{\nu_i}$

④ $K = \prod\limits_i \left(\dfrac{\hat{f}_i}{f_i°}\right)^{\nu_i}$

해설 평형상수와 조성 관계(액상)

$\prod\limits_i (\hat{f}_i/\hat{f}_i°)^{\nu_i}=k$, $a_i=\dfrac{\hat{f}_i}{f_i°}$

$\therefore \prod\limits_i (a_i)^{\nu_i}=k$

15.③ 16.② 17.① 18.④ 19.① 20.④

제2과목 | 단위조작 및 화학공업양론

21 동일한 압력에서 어떤 물질의 온도가 dew point 보다 높은 상태를 나타내는 것은? 출제율 20%

① 포화
② 과열
③ 관 냉각
④ 임계

해설 과냉 ──────→ 포화액체(Boiling point)
⠀⠀⠀⠀⠀⠀⠀⠀⠀⠀⠀⠀⠀⠀⠀⠀⠀⠀⠀↓
과열 ←──── 포화증기 ←─ 기·액
⠀⠀⠀⠀⠀⠀(dew point)
⠀⠀⠀이슬이 맺히기 시작하는 온도

22 몰 증발잠열을 구할 수 있는 방법 중 2가지 물질의 증기압을 동일온도에서 비교하여 대수좌표에 나타낸 것은? 출제율 20%

① Cox 선도
② Duhring 도표
③ Othmer 도표
④ Watson 도표

해설 • Duhring 도표
⠀⠀일정농도에서 용액이 비점과 용매의 비점을 plot 하여 동일직선
⠀⠀• Othmer 도표
⠀⠀임의의 액체 증기압과 그것과 동일한 온도에서 기준물질의 증기압을 양 로그 좌표에 plot하여 직선으로 나타낸 증기압 선도

23 어떤 기체혼합물의 성분 분석결과가 아래와 같을 때, 기체의 평균분자량은? 출제율 40%

CH_4 80mol%, C_2H_6 12mol%, N_2 8mol%

① 18.6
② 17.4
③ 7.4
④ 6.0

해설 CH_4 분자량 : 16, C_2H_6 분자량 : 30,
N_2 분자량 : 28
$M_{av} = 16 \times 0.8 + 30 \times 0.12 + 28 \times 0.08$
⠀⠀⠀⠀$= 18.64$

24 그림과 같은 공정에서 물질수지도를 작성하기 위해 측정해야 할 최소한의 변수는? (단, A, B, C는 성분을 나타내고, F와 P는 3성분계, W는 2성분계이다.) 출제율 20%

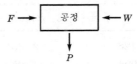

흐름량	몰분율		
	성분 A	성분 B	성분 C
F	$X_{F,A}$	$X_{F,B}$	$X_{F,C}$
W	$X_{W,A}$	$X_{W,B}$	–
P	$X_{P,A}$	$X_{P,B}$	$X_{P,C}$

① 3
② 4
③ 5
④ 6

해설 흐름량을 알기 위해 성분별 양 3개의 변수가 필요하고, 몰분율 3개 중 2개를 알면 풀 수 있으므로 총 5개 변수를 알면 된다.

25 표준대기압에서 압력게이지로 압력을 측정하였을 때 20psi였다면 절대압(psi)은? 출제율 20%

① 14.7
② 34.7
③ 55.7
④ 65.7

해설 절대압 = 대기압 + 게이지압
⠀⠀⠀⠀⠀= 14.7 + 20
⠀⠀⠀⠀⠀= 34.7

26 Methyl acetate가 다음 반응식과 같이 고압촉매반응에 의하여 합성될 때, 이 반응의 표준반응열(kcal/mol)은? (단, 표준연소열은 $CO(g)$: –67.6 kcal/mol, $CH_3COOCH_3(g)$: –397.5kcal/mol, $CH_3OCH_3(g)$: –348.8kcal/mol) 출제율 40%

$CH_3OCH_3(g) + CO(g) \rightarrow CH_3COOCH_3(g)$

① 814
② 28.9
③ –614
④ –18.9

해설 반응열 = 반응물의 연소열 − 생성물의 연소열
⠀⠀⠀⠀= −67.6 − 348.8 − (−397.5)
⠀⠀⠀⠀= −18.9

27 20wt% 메탄올 수용액에 10wt% 메탄올 수용액을 섞어 17wt% 메탄올 수용액을 만들었다. 이때 20wt% 메탄올 수용액에 대한 17wt% 메탄올 수용액의 질량비는? `출제율 40%`

① 1.43   ② 2.72

③ 3.85   ④ 4.86

해설 $0.2 \times 32 \times x + 0.1 \times 32 \times (1-x) = 0.17 \times 32$

$x = 0.7$(20wt 메탄올 수용액 %)

20wt%. 메탄올 수용액에 대한 17wt%. 메탄올 수용액 질량비 $= 1/0.7 = 1.43$

28 다음 중 석유제품에서 많이 사용되는 비중단위로 많은 석유제품이 $10 \sim 70°$ 범위에 들도록 설계된 것은? `출제율 20%`

① Baume   ② API

③ Twaddell도   ④ 표준비중

해설 API(American Petroleum Institute)

API도가 높을수록 경질유, API가 낮으면 중질유

29 20L/min의 물이 그림과 같은 원관에 흐를 때 ⓐ 지점에서 요구되는 압력(kPa)은? (단, 마찰손실은 무시하며, D는 관의 내경, P는 압력, h는 높이를 의미한다.) `출제율 40%`

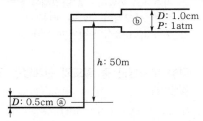

① 45   ② 202

③ 456   ④ 742

해설 베르누이 정리를 이용하면,

$$\frac{\Delta P}{\rho} + \frac{1}{2}\Delta V^2 + g\Delta Z = 0$$

$$\frac{\Delta P}{\rho} = -\frac{1}{2}\Delta V^2 - g\Delta Z$$

$Q = AV$를 이용하여 V_1, V_2를 구하면

$$Q = 20\,\text{L/min} = \frac{1000}{3}\,\text{cm}^3/\text{s} = AV_1 = \frac{\pi}{16}V_1$$

$V_1 =$약 16.9m/s

$$Q = \frac{1000}{3}\,\text{cm}^3/\text{s} = AV_2 = \frac{\pi}{4}V_2, \quad V_2 = 4.2\,\text{m/s}$$

관의 확대로 확대손실계수 $k_e = \left(1 - \frac{A_1}{A_2}\right)^2$

$$\frac{\Delta P}{\rho} = (0.75)^2 \times \left(-\frac{1}{2}\right) \times 16.9^2 + \frac{1}{2} \times 4.2^2 - 490\,\text{m}^2/\text{s}^2$$

$$\frac{\Delta P}{\rho} = -561.48\,\text{m}^2/\text{s}^2$$

$$\Delta P = -561.48\,\text{m}^2/\text{s}^2 \times 1000\,\text{kg/m}^3$$

$$= 561480\,\text{N/m}^2 = -561480\,\text{Pa} = -561.48\,\text{kPa}$$

ⓐ $-1\,\text{atm} = -561.48\,\text{kPa}$, ⓐ $= 460.48\,\text{kPa}$

30 반 데르 발스(Van der Waals) 상태방정식의 상수 a, b와 임계온도(T_c) 및 임계압력(P_c)와의 관계를 잘못 표현한 것은 어느 것인가? (단, R는 기체상수이다.) `출제율 40%`

① $P_c = \dfrac{a}{27b^2}$ ② $T_c = \dfrac{8a}{27Rb}$

③ $a = 27R^2T_c$ ④ $b = \dfrac{RT_c}{8P_c}$

해설 Van der Waals 식

$$\left(P + \frac{a}{V^2}\right)(V - b) = RT$$

$$P_c = \frac{RT_s}{V_c - b} - \frac{a}{V_c^2}$$

$$\left(\frac{\partial P}{\partial V}\right)_{T_c} = 0 = \frac{-RT_c}{(V_c - b)^2} + \frac{2a}{V_c^3}$$

$$\left(\frac{\partial^2 P}{\partial V^2}\right)_{T_c} = 0 = \frac{2RT_c}{(V_c - b)^3} - \frac{6a}{V_c^4}$$

$$V_c = 3b, \quad P_c = \frac{a}{27b^2}, \quad T_c = \frac{8a}{27bR}$$

$$a = 3P_cV_c^2 = \frac{27}{64}\frac{R^2T_c^2}{P_c}$$

$$b = \frac{1}{8}\frac{RT_c}{P_c} = \frac{1}{3}V_c$$

31 다음 중 액체와 비교한 초임계 유체의 성질로서 틀린 것은? `출제율 20%`

① 밀도가 크다.

② 점도가 낮다.

③ 고압이 필요하다.

④ 용질의 확산도가 높다.

해설 액체상의 경우 열팽창으로 밀도가 감소하므로 초임계 유체 밀도는 낮다.

32 유체가 난류($Re > 30000$)로 흐르고 있는 오리피스 유량계에 사염화탄소(비중 1.6) 마노미터를 설치하여 50cm의 읽음값을 얻었다. 유체의 비중이 0.8일 때, 오리피스를 통과하는 유체의 유속(m/s)은 얼마인가? (단, 오리피스 계수는 0.61이다.) 출제율 20%

① 1.91

② 4.25

③ 12.1

④ 15.2

해설 $U_0 = \dfrac{C_0}{\sqrt{1-m^2}}\sqrt{\dfrac{2g(\rho_A - \rho_B)R}{\rho_B}}$ (m/s)

문제에서 m(개구비)이 주어지지 않았으니 0으로 가정

C_0 = 오리피스 계수

R = 마노미터 읽음(m)

$V_0 = 0.61\sqrt{\dfrac{2 \times 9.8(1.6-0.8) \times 0.5}{0.8}} = 1.91$

33 다음 중 용액의 증기압 곡선을 나타낸 도표에 대한 설명으로 틀린 것은? (단, γ는 활동도 계수이다.) 출제율 40%

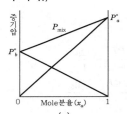 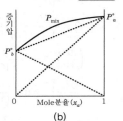

　　　(a)　　　　　　　　　(b)

① (a)는 $\gamma_a = \gamma_b = 1$로서 휘발도는 정규상태이다.

② (b)는 $\gamma_a < 1$, $\gamma_b < 1$로서 휘발도가 정규상태보다 비정상적으로 낮다.

③ (a)는 벤젠-톨루엔계 및 메탄-에탄계와 같이 두 물질의 구조가 비슷하여 동종분자 간 인력이 이종분자 간 인력과 비슷할 경우에 나타난다.

④ (b)는 물-에탄올계, 에탄올-벤젠계 및 아세톤-CS₂계가 이에 속한다.

해설 라울의 법칙으로부터

• 이상용액 : $\gamma_A = \gamma_B = 1$

• 휘발도가 이상적으로 낮은 경우 : $\gamma_A < 1$, $\gamma_B < 1$

• 휘발도가 이상적으로 높은 경우 : $\gamma_A > 1$, $\gamma_B > 1$

34 분쇄에 대한 설명으로 틀린 것은? 출제율 40%

① 최종입자의 크기가 중요하다.

② 최초입자의 크기는 무관하다.

③ 파쇄물질의 종류도 분쇄동력의 계산에 관계된다.

④ 파쇄기 소요일량은 분쇄되어 생성되는 표면적에 비례한다.

해설 최초입자의 크기에 따라 소요일을 판단한다.

Lewis 식

$$\frac{dw}{dDp} = -kDp^{-n}$$

여기서 D_p : 분쇄 원료의 대표직경(m)

w : 분쇄에 필요한 일(kgf · m/kg)

k, n : 정수

35 추제(solvent)의 성질 중 틀린 것은? 출제율 40%

① 선택도가 클 것

② 회수가 용이할 것

③ 화학 결합력이 클 것

④ 가격이 저렴할 것

해설 추제

㉠ 선택도가 커야 한다.

㉡ 회수가 용이해야 한다.

㉢ 저렴하고 화학적으로 안정해야 한다.

㉣ 비점, 응고점이 낮아야 한다.

㉤ 부식성, 유동성이 작아야 한다.

36 다음 무차원군 중 밀도와 관계없는 것은 어느 것인가? 출제율 40%

① 그라스호프(Grashof) 수

② 레이놀즈(Reynolds) 수

③ 슈미트(Schmidt) 수

④ 누셀트(Nusselt) 수

해설 누셀트 수(Nusselt No)

$Nu = \dfrac{hD}{k} = \dfrac{\text{대류 열전달}}{\text{전도 열전달}}$

① Grashof No $= \dfrac{gD^3\rho^2\beta\Delta t}{\mu^2}$

② Reynold No $= \dfrac{\rho u D}{\mu}$

③ Schmidt No $= \dfrac{\mu}{\rho D_{AB}}$

37 흡수용액으로부터 기체를 탈거(stripping)하는 일반적인 방법에 대한 설명으로 틀린 것은 어느 것인가? 〔출제율 20%〕

① 좋은 조건을 위해 온도와 압력을 높여야 한다.

② 액체와 기체가 맞흐름을 갖는 탑에서 이루어진다.

③ 탈거매체로는 수증기나 불활성 기체를 이용할 수 있다.

④ 용질의 제거율을 높이기 위해서는 여러 단을 사용한다.

〔해설〕 탈거(stripping) 또는 탈착(desorption)은 흡수와 같은 원리지만 액체의 특정 성분을 기체에 녹여 빼내는 것으로, 압력이 낮아야 효과가 좋다.

38 벽의 두께가 100mm인 물질의 양 표면의 온도가 각각 $t_1 = 300℃$, $t_2 = 30℃$일 때, 이 벽을 통한 열손실(flux ; kcal/m² · h)은? (단, 벽의 평균 열전도도는 0.02kcal/m · h · ℃이다.) 〔출제율 20%〕

① 29 　　 ② 54

③ 81 　　 ④ 108

〔해설〕 열플럭스(Heat flux)

$$\frac{q}{A} = k \cdot \frac{t_1 - t_2}{l} = 0.02 \times \frac{270℃}{0.1\,m} = 54\,kcal/m^2 \cdot h$$

39 다음 중 건조특성곡선 상 정속기간이 끝나는 점은? 〔출제율 40%〕

① 수축(shrink) 함수율

② 자유(free) 함수율

③ 임계(critical) 함수율

④ 평형(equilibrium) 함수율

〔해설〕 한계 함수율(임계 함수율)
항률 건조기간에서 감률 건조기간으로 이동하는 점

40 낮은 온도에서 증발이 가능해서 증기의 경제적 이용이 가능하고 과즙, 젤라틴 등과 같이 열에 민감한 물질을 처리하는 데 주로 사용되는 것은 다음 중 어느 것인가? 〔출제율 20%〕

① 다중효용증발 　　 ② 고압증발

③ 진공증발 　　 ④ 압축증발

〔해설〕 진공증발
낮은 압력에서 경제적으로 증발이 가능하고, 과즙이나 젤라틴과 같이 열에 예민한 물질을 증발할 때 진공증발을 이용하여 저온에서 증발시키고 열에 의한 변질을 방지할 수 있다.

▶▶ 제3과목 ┃ 공정제어

41 Bode 선도를 이용한 안정성 판별법 중 틀린 것은? 〔출제율 40%〕

① 위상 크로스오버 주파수(phase cross-over frequency)에서 AR은 1보다 작아야 안정하다.

② 이득여유(gain margin)는 위상 크로스오버 주파수에서 AR의 역수이다.

③ 이득여유가 클수록 이득 크로스오버 주파수(Gain crossover frequency)에서 위상각은 −180도에 접근한다.

④ 이득 크로스오버 주파수(Gain crossover frequency)에서 위상각은 −180도보다 커야 안정하다.

〔해설〕 Bode 안정성 판별

• $GM = \dfrac{1}{AR}$

• 개루프 전달함수의 AR 값이 교차주파수 상의 1보다 크면 불안정하다.

• 이득 크로스오버 주파수에서 위상각이 −180° 보다 커야 안정하다.

42 시간상수가 1min이고 이득(gain)이 1인 1차계의 단위응답이 최종치의 10%로부터 최종치의 90%에 도달할 때까지 걸린 시간(rise time ; t_r, min)은? 〔출제율 40%〕

① 2.20

② 1.01

③ 0.83

④ 0.21

> **해설** 1차 공정의 전달함수 : $\dfrac{k}{\tau s+1}$

$\tau=1$, $k=1$이므로 $\dfrac{1}{S+1}$에 단위응답이면

$Y(S)=G(S)\times X(S)=\dfrac{1}{S+1}\cdot\dfrac{1}{S}$

라플라스 변환을 하면,

$y(t)=1-e^{-t}$

10%인 경우 $0.1=1-e^{-t}\rightarrow t=0.105$

90%인 경우 $0.9=1-e^{-t}\rightarrow t=2.302$초

따라서 10%에서 90%까지 $2.302-0.105=$약 2.2초

43 아래와 같은 제어계에서 블록선도에서 $T_R{}'(s)$가 1/s일 때, 서보(servo) 문제의 정상상태 잔류편차(offset)는? [출제율 40%]

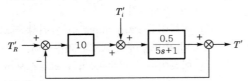

① 0.133
② 0.167
③ 0.189
④ 0.213

> **해설** $\dfrac{T'}{T_R}=\dfrac{10\times\dfrac{0.5}{5s+1}}{1+10\times\dfrac{0.5}{5s+1}}=\dfrac{5}{5s+6}\left(T_R=\dfrac{1}{s}\right)$
>
> $T'=\dfrac{5}{s(5s+6)}$
>
> 최종값을 정리하면, $C(\infty)=\dfrac{5}{6}$
>
> $\text{offset}=1-\dfrac{5}{6}=\dfrac{1}{6}=0.167$
>
> (servo 문제 : 외란 $T_i{}'$ 무시)

44 비선형계에 해당하는 것은? [출제율 20%]

① 0차 반응이 일어나는 혼합반응기
② 1차 반응이 일어나는 혼합반응기
③ 2차 반응이 일어나는 혼합반응기
④ 화학반응이 일어나지 않는 혼합조

> **해설** 2차 반응 이상에서는 비선형계이다.

45 다음 중 제어 결과로 항상 cycling이 나타나는 제어기는? [출제율 20%]

① 비례 제어기
② 비례-미분 제어기
③ 비례-적분 제어기
④ On-Off 제어기

> **해설** On-Off 제어기
> 출력값이 2가지이므로 제어변수에 지속적인 cycling과 최종제어요소의 빈번한 작동에 의한 마모가 단점이다.

46 사람이 차를 운전하는 경우 신호등을 보고 우회전하는 것을 공정제어계와 비교해 볼 때 최종조작변수에 해당된다고 볼 수 있는 것은? [출제율 20%]

① 사람의 손
② 사람의 눈
③ 사람의 두뇌
④ 사람의 가슴

> **해설** 조작변수
> 제어계에서 제어량 조작을 위하여 제어대상에 가하는 양으로, 문제에서 조작변수는 사람의 손이 된다 (최종조작변수).

47 2차계의 전달함수가 아래와 같을 때 시간상수(τ)와 제동계수(damping ratio ; ζ)는? [출제율 60%]

$$\frac{Y(s)}{X(s)}=\frac{4}{9s^2+10.8s+9}$$

① $\tau=1$, $\zeta=0.4$
② $\tau=1$, $\zeta=0.6$
③ $\tau=3$, $\zeta=0.4$
④ $\tau=3$, $\zeta=0.6$

> **해설** 2차 공정 $G(S)=\dfrac{K}{\tau^2s^2+2\tau\xi s+1}$
>
> 문제 $\dfrac{Y(S)}{X(S)}=G(S)=\dfrac{4}{9s^2+10.8s+9}$
>
> $=\dfrac{\dfrac{4}{9}}{s^2+1.2s+1}$
>
> $\therefore \tau=1$, $\xi=0.6$

48 임계진동 시 공정입력이 $u(t)=\sin(\pi t)$, 공정출력이 $y(t)=-6\sin(\pi t)$인 어떤 PID 제어계에 Ziegler-Nichols 튜닝룰을 적용할 때, 제어기의 비례이득(K_C), 적분시간(τ_I), 미분시간(τ_D)은? (단, K_u와 P_u는 각각 최대이득과 최종주기를 의미하며, Ziegler-Nichols 튜닝룰에서 비례이득(K_C)$=0.6K_u$, 적분시간(τ_I)$=P_u/2$, 미분시간(τ_D)$=P_u/8$이다.) [출제율 40%]

① $K_C=3.6$, $\tau_I=1$, $\tau_D=0.25$
② $K_C=0.1$, $\tau_I=1$, $\tau_D=0.25$
③ $K_C=3.6$, $\tau_I=1$, $\tau_D=\pi/8$
④ $K_C=0.1$, $\tau_I=1$, $\tau_D=\pi/8$

해설 $K_u = \dfrac{1}{M}$ 에서 M은 진폭비이므로 진폭비는 공정입력, 출력을 비교할 때 6이므로 $K_u = \dfrac{1}{6}$

$\therefore K_C = 0.6 \times K_u = 0.1$

$P_u = \dfrac{2\pi}{W_{CO}} = \dfrac{2\pi}{\pi} = 2$

$\therefore \tau_I = \dfrac{2}{2} = 1,$

$\tau_D = \dfrac{2}{8} = \dfrac{1}{4} = 0.25$

49 PID 제어기의 작동 식이 아래와 같을 때 다음 중 틀린 설명은? 출제율 20%

$$p = K_C \varepsilon + \dfrac{K_C}{\tau_I} \int_0^t \varepsilon\, dt + K_C \tau_D \dfrac{d\varepsilon}{dt} + p_s$$

① p_s값은 수동모드에서 자동모드로 변환되는 시점에서의 제어기 출력값이다.

② 적분동작에서 적분은 수동모드에서 자동모드로 변환될 때 시작된다.

③ 적분동작에서 적분은 자동모드에서 수동모드로 전환될 때 중지된다.

④ 오차 절대값이 증가하다 감소하면 적분동작 절대값도 증가하다 감소하게 된다.

해설 $P = \underset{\text{(비례동작)}}{K_c \varepsilon} + \underset{\text{(적분동작)}}{\dfrac{K_c}{C_I} \int_0^t \varepsilon dt} + \underset{\text{(미분동작)}}{K_c \tau_D \dfrac{d\varepsilon}{dt}} + \underset{\text{(자동변환)}}{P_s}$

① p_s는 수동에서 자동변환

② PID 제어기는 오차의 크기뿐 아니라 오차 변화 추세, 오차의 누적 양까지 감안

③ 적분동작에서 적분은 자동모드로 진입하면 시작되고, 수동모드로 전환하면 정지된다.

④ τ_I는 적분시간으로 오차의 절대값이 증가하다 감소하면 적분시간이 감소한다.

50 탑상에서 고순도 제품을 생산하는 증류탑의 탑상흐름이 조성을 온도로부터 추론(inferential) 제어하고자 한다. 이때 맨 위 단보다 몇 단 아래의 온도를 측정하는 경우가 있는데, 그 이유로 가장 타당한 것은? 출제율 20%

① 응축기의 영향으로 맨 위 단에서는 다른 단에 비하여 응축이 많이 일어나기 때문에

② 제품의 조성에 변화가 일어나도 맨 위 단의 온도 변화는 다른 단에 비하여 매우 작기 때문에

③ 맨 위 단은 다른 단에 비하여 공정 유체가 넘치거나(flooding) 방울져 떨어지기(weeping) 때문에

④ 운전 조건의 변화 등에 의하여 맨 위 단은 다른 단에 비하여 온도는 변동(fluctuation)이 심하기 때문에

해설 증류탑 상부에서는 제품에 따른 온도 변화가 적어 몇단 아래의 온도를 측정한다.

51 1차 공정의 Nyquist 선도에 대한 설명으로 틀린 것은? 출제율 40%

① Nyquist 선도는 반원을 형성한다.

② 출발점 좌표의 실수값은 공정의 정상상태 이득과 같다.

③ 주파수의 증가에 따라 시계반대방향으로 진행한다.

④ 원점에서 Nyquist선 상의 각 점까지의 거리는 진폭비(Amplitude ratio)와 같다.

해설 1차 공정의 Nyquist 선도는 주파수 증가에 따라 시계방향으로 회전한다.

52 $G(s) = \dfrac{e^{-3s}}{(s-1)(s+2)}$ 의 계단응답(step response)에 대해 옳게 설명한 것은? 출제율 40%

① 계단입력을 적용하자 곧바로 출력이 초기값에서 움직이기 시작하여 1로 진동하면서 수렴한다.

② 계단입력을 적용하자 곧바로 출력이 초기값에서 움직이기 시작하여 진동하지 않으면서 발산한다.

③ 계단입력에 대해 시간이 3만큼 지난 후 진동하지 않고 발산한다.

④ 계단입력에 대해 진동하면서 발산한다.

해설 $G(s) = e^{-3s}\left(\dfrac{1}{s-1} + \dfrac{1}{s+2}\right)$

$G(t) = \dfrac{1}{s+3}(e^t + e^{-2t})$

즉, 계단입력에 대해 시간이 3만큼 지난 후 진동하지 않고 발산한다.

53 아래의 제어계와 동일한 총괄전달함수를 갖는 블록선도는? [출제율 80%]

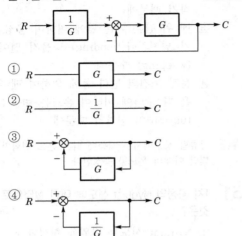

$\textcircled{1}$ $R \longrightarrow \boxed{G} \longrightarrow C$

$\textcircled{2}$ $R \longrightarrow \boxed{\dfrac{1}{G}} \longrightarrow C$

$\textcircled{3}$

$\textcircled{4}$

해설 $G(s) = \dfrac{직진}{1 + feedback}$

문제 $G(s) = \dfrac{\dfrac{1}{G} \times G}{1 + G} = \dfrac{1}{1 + G}$

문제의 ③번과 동일하다.

54 블록함수의 전달함수$\left(\dfrac{Y(s)}{X(s)} \right)$는? [출제율 80%]

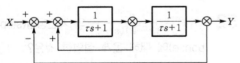

$\textcircled{1}$ $\dfrac{1}{\tau s + 1}$ $\textcircled{2}$ $\dfrac{1}{(\tau s + 1)^2}$

$\textcircled{3}$ $\dfrac{1}{\tau s^2 + \tau s + 1}$ $\textcircled{4}$ $\dfrac{1}{\tau^2 s^2 + \tau s + 1}$

해설 $G(s) = \dfrac{Y(s)}{X(s)} = \dfrac{\dfrac{1}{(\tau s + 1)^2}}{1 - \dfrac{1}{\tau s + 1} + \dfrac{1}{(\tau s + 1)^2}}$

$= \dfrac{\dfrac{1}{(\tau s + 1)^2}}{\dfrac{(\tau s + 1)^2 - (\tau s + 1) + 1}{(\tau s + 1)^2}}$

$= \dfrac{1}{\tau^2 s^2 + \tau s + 1}$

55 과소감쇠진동공정(underdamped process)의 전달함수를 나타낸 것은? [출제율 40%]

$\textcircled{1}$ $G(s) = \dfrac{s}{(s+1)(s+3)}$

$\textcircled{2}$ $G(s) = \dfrac{(s+2)}{(s+1)(s+3)}$

$\textcircled{3}$ $G(s) = \dfrac{1}{(s^2 + 0.5s + 1)(s+5)}$

$\textcircled{4}$ $G(s) = \dfrac{1}{(s^2 + 5.0s + 1)(s+1)}$

해설 $G(s) = \dfrac{Y(s)}{X(s)}$ 에서 ③번 보기의

$Y(s) = \dfrac{1}{s^2 + 0.5s + 1}$ 에서 $\tau = 1$, $\xi = 0.1$

$r = \dfrac{-\xi + \sqrt{\xi^2 - 1}}{\tau} = \dfrac{-0.1 + \sqrt{0.1^2 - 1}}{1}$ 인 허근이고

$\xi < 1$이므로 과소감쇠시스템이다.

56 전달함수 $\dfrac{(0.2s - 1)(0.1s + 1)}{(s+1)(2s+1)(3s+1)}$ 에 대해 잘못 설명한 것은? [출제율 40%]

$\textcircled{1}$ 극점(pole)은 -1, -0.5, $-1/3$이다.

$\textcircled{2}$ 영점(zero)은 $1/0.2$, $-1/0.1$이다.

$\textcircled{3}$ 전달함수는 안정하다.

$\textcircled{4}$ 전달함수의 역수 전달함수는 안정하다.

해설 특성방정식의 근 가운데 어느 하나라도 양 또는 양의 실수부를 가질 경우, 그 시스템은 불안정하다. 즉, 역수를 취하면 양의 실수부가 나오므로 불안정하다.

57 $G(j\omega) = \dfrac{10(j\omega + 5)}{j\omega(j\omega + 1)(j\omega + 2)}$ 에서 ω가 아주 작을 때 즉, $\omega \to 0$일 때의 위상각은? [출제율 40%]

$\textcircled{1}$ $-90°$ $\textcircled{2}$ $0°$

$\textcircled{3}$ $+90°$ $\textcircled{4}$ $+180°$

해설 $G(j\omega) = (a + jb)/jd$

ω가 아주 작을 때 $\theta = \angle G(j\omega) = \tan^{-1} \dfrac{b}{a} - 90°$

$G(j\omega) = \dfrac{50}{2j\omega}$ 이므로

$\theta = \angle G(j\omega) = \tan^{-1} \dfrac{0}{50} - 90 = 0 - 90° = -90°$

58 물리적으로 실현 불가능한 계는? (단, x는 입력변수, y는 출력변수이고, $\theta > 0$이다.) 출제율 20%

① $y = \dfrac{dx}{dt} + x$ ② $\dfrac{dy}{dt} = x(t-\theta)$

③ $\dfrac{dy}{dt} + y = x$ ④ $\dfrac{d^2y}{dt^2} + y = x$

해설 ①번의 경우 $\dfrac{dx}{dt}$가 미분식의 라플라스 변환 불가

②, ③, ④는 미분식의 라플라스 변환 가능

59 현장에서 PI 제어기를 시행착오를 통하여 결정하는 방법이 아래와 같다. 이 방법을 $G(s) = \dfrac{1}{(s+1)^3}$인 공정에 적용하여 1단계 수행결과 제어기 이득이 4일 때, 폐루프가 불안정해지기 시작하는 적분상수는? 출제율 40%

> • 1단계 : 적분상수를 최대값으로 하여 적분동작을 없애고 제어기 이득의 안정한 최대값을 실험을 통하여 구한 후 이 최대값의 반을 제어기 이득으로 한다.
> • 2단계 : 앞의 제어기 이득을 사용한 상태에서 안정한 적분상수의 최소값을 실험을 통하여 구한 후 이것의 3배를 적분상수로 한다.

① 0.17 ② 0.56

③ 2 ④ 2.4

해설 $G(s) = \dfrac{1}{(s+1)^3}$, PI 제어기 $= k_c\left(1 + \dfrac{1}{\tau_I s}\right)$

$1 + \dfrac{1}{(s+1)^3} \times k_c\left(1 + \dfrac{1}{\tau_I s}\right)$

$= \tau_I s^4 + 3\tau_I s^3 + 3\tau_I s^2 + 5\tau_I s + 4$

라우드 안정성

	1	2	3
1	τ_I	$3\tau_I$	2
2	$3\tau_I$	$5\tau_I$	
3	A_1	A_2	
4	B_1		

$A_1 = \dfrac{a_1 a_2 - a_0 a_3}{a_1} = \dfrac{4}{3}\tau_I$

$A_2 = \dfrac{a_1 a_4 - a_0 a_5}{a_1} = 4$

$B_1 = \dfrac{A_1 a_3 - a_1 A_2}{A_1} = \dfrac{\dfrac{20}{3}\tau_I^2 - 12\tau_I}{\dfrac{4}{3}\tau_I}$

$B_1 = \dfrac{\dfrac{20\tau_I - 36}{3}}{\dfrac{4}{3}} > 0$

즉, $20\tau_I - 36 > 0$, $\tau_I > 0.56$이어야 안정. 즉, τ_I가 0.56부터 불안정해진다.

60 전달함수가 $\dfrac{5s+1}{2s+1}$인 장치에 크기가 2인 계단입력이 들어 왔을 때의 시간에 따른 응답으로 옳은 것은? 출제율 80%

① $2 - 3e^{\frac{-t}{2}}$ ② $2 + 3e^{\frac{-t}{2}}$

③ $2 + 3e^{-2t}$ ④ $2 - 3e^{-2t}$

해설 $\dfrac{5s+1}{2s+1} \cdot \dfrac{2}{s} = \dfrac{A}{2s+1} - \dfrac{B}{s}$

$As - 2Bs - B = 10s + 2$

$B = -2$, $A + 4 = 10$, $A = 6$

$G(s) = \dfrac{6}{2s+1} - \dfrac{-2}{s} = \dfrac{3}{s+\dfrac{1}{2}} + \dfrac{2}{s} = 2 + 3e^{-\frac{t}{2}}$

▶ 제4과목 | 공업화학

61 중과린산석회의 합성반응은? 출제율 60%

① $Ca_3(PO_4)_2 + 2H_2SO_4 + 5H_2O$
  $\rightleftharpoons CaH_4(PO_4)_2 \cdot H_2O + 2[CaSO_4 \cdot 2H_2O]$

② $Ca_3(PO_4)_2 + 4H_3PO_4 + 3H_2O$
  $\rightleftharpoons 3[CaH_4(PO_4)_2 \cdot H_2O]$

③ $Ca_3(PO_4)_2 + 4HCl \rightleftharpoons CaH_4(PO_4)_2 + 2CaCl_2$

④ $CaH_4(PO_4)_2 + NH_3 \rightleftharpoons NH_4H_2PO_4 + CaHPO_4$

해설 중과린산 석회(P_2O_5)
인광석을 인산분해하여 제조
• $Ca_2(PO_4) + 4H_3PO_4 + 3H_2O$
  $\rightarrow 3[CaH_4(PO_4)_2H_2O]$
• $Ca_5(PO_4)_3F + 7H_3PO_4 + 5H_2O$
  $\rightarrow 5[Ca(H_2PO_4)_2H_2O] + HF$

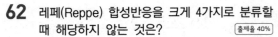

62 레페(Reppe) 합성반응을 크게 4가지로 분류할 때 해당하지 않는 것은? 〔출제율 40%〕

① 알킬화 반응　② 비닐화 반응
③ 고리화 반응　④ 카르보닐화 반응

해설 Reppe 반응
㉠ 비닐화　　㉡ 에티닐화
㉢ 카르보닐화　㉣ 고리화

63 HCl 가스를 합성할 때 H_2 가스를 이론량보다 과잉으로 넣어 반응시키는 주된 목적은? 〔출제율 80%〕

① Cl_2 가스의 손실 억제
② 장치 부식 억제
③ 반응열 조절
④ 폭발 방지

해설 염산 합성법에서 H_2와 Cl_2가 가열 또는 빛에 의해 폭발적으로 반응하므로 이를 방지하기 위해 Cl_2와 H_2 원료의 몰비를 $1:1.2$로 주입한다.

64 다음 중 용액 중합에 대한 설명으로 옳지 않은 것은? 〔출제율 40%〕

① 용매 회수, 모노머 분리 등의 설비가 필요하다.
② 용매가 생장 라디칼을 정지시킬 수 있다.
③ 유화중합에 비해 중합속도가 빠르고 고분자량의 폴리머가 얻어진다.
④ 괴상중합에 비해 반응온도 조절이 용이하고 균일하게 반응을 시킬 수 있다.

해설 용액 중합
㉠ 중화열 제거 용이
㉡ 중합속도와 분자량이 작음
㉢ 중합 후 용매의 완전제거가 어려움
㉣ 용매의 회수과정 필요

65 98wt% H_2SO_4 용액 중 SO_3의 비율(wt%)은 얼마인가? 〔출제율 40%〕

① 55　　　　② 60
③ 75　　　　④ 80

해설 H_2SO_4 분자량 : 98
SO_3 분자량 : 80
$$\frac{80 \times 0.98}{98 \times 0.98 + 18 \times 0.02} = 약 \, 80\,wt\%$$

66 소다회(Na_2CO_3) 제조방법 중 NH_3를 회수하는 제조법은? 〔출제율 60%〕

① 산화철법　　② 가성화법
③ Solvay법　　④ Leblanc법

해설 Solvay법(암모니아소다법)
$2NH_4Cl + Ca(OH)_2 \rightarrow CaCl_2 + 2H_2O + 2NH_3$ (암모니아 회수)
중조를 여과한 모액에 석회유($Ca(OH_2)$) 용액을 가하고 증류하면 암모니아를 회수할 수 있다.

67 열경화성 수지와 열가소성 수지로 구분할 때 다음 중 나머지 셋과 분류가 다른 하나는 어느 것인가? 〔출제율 80%〕

① 요소수지　　② 폴리에틸렌
③ 염화비닐　　④ 나일론

해설 • 열가소성 수지
폴리염화비닐, 폴리에틸렌수지, 폴리프로필렌수지, 염화비닐, 나일론
• 열경화성 수지
페놀수지, 요소수지, 멜라민수지, 에폭시수지, 알키드수지, 규소수지

68 $Cu \mid CuSO_4(0.05M), HgSO_4(s) \mid Hg$ 전지의 기전력은 25℃에서 0.418V이다. 이 전지의 자유에너지(kcal) 변화량은? 〔출제율 20%〕

① -9.65　　② -19.3
③ 9.65　　　④ 19.3

해설 부식의 구동력 이용
$\Delta G = -nFE$
$$= -2mol \times 9648\,C/mol \times 0.418\,J/s \times \frac{1\,cal}{4.184\,J}$$
$$= -19278\,cal = -19.3\,kcal$$

69 방향족 니트로화합물의 특성에 대한 설명 중 틀린 것은? 〔출제율 40%〕

① $-NO_2$가 많이 결합할수록 끓는점이 낮아진다.
② 일반적으로 니트로기가 많을수록 폭발성이 강하다.
③ 환원되어 아민이 된다.
④ 의약품 생산에 응용된다.

해설 니트로화 반응
㉠ $-NO_2$ 기를 도입하는 반응이다.
㉡ 환원되어 아민이 된다.
㉢ 의약품, 용매, 폭약에 사용한다.
㉣ 중간체로 주로 사용된다.
㉤ 비교적 열이나 충격에 둔감하다.

70 나프타를 열분해(thermal cracking)시킬 때 주로 생성되는 물질로 거리가 먼 것은? 출제율 40%

① 에틸렌   ② 벤젠
③ 프로필렌   ④ 메탄

해설 • 나프타
   석유화학의 기초원료
• 열분해 생성물
   에틸렌, 프로필렌, 부타디엔, 메탄

71 석유류의 불순물인 황, 질소, 산소 제거에 사용되는 방법은? 출제율 20%

① Coking process
② Visbreaking process
③ Hydrorefining process
④ Isomerization process

해설 수소화 정제법
황(S), 질소(N), 산소(O), 할로겐 등의 불순물을 제거, 디올레핀을 올레핀으로 만든다.

72 암모니아 함수의 탄산화 공정에서 주로 생성되는 물질? 출제율 60%

① NaCl   ② $NaHCO_3$
③ Na_2CO_3 ④ NH_4HCO_3

해설 암모니아 소다법(Solvay법)
$NaCl + NH_3 + CO_2 + H_2O \rightarrow NaHCO_3 + NH_4Cl$
반응에서 중조($NaHCO_3$)가 주로 생성된다.

73 합성염산 제조 시 원료기체인 H_2와 Cl_2는 어떻게 제조하여 사용하는가? 출제율 40%

① 공기의 액화   ② 소금물의 전해
③ 염화물의 치환법   ④ 공기의 아크방전법

해설 소금물의 전기분해에 의해 생성
• 양극 : $2Cl^- \rightarrow Cl_2 + 2e^-$
• 음극 : $2Na^+ + 2H_2O + 2e^- \rightarrow 2NaOH + H_2$

74 20wt%의 HNO_3 용액 1000kg을 55wt% 용액으로 농축하였다. 이때 증발된 수분의 양(kg)은? 출제율 40%

① 334   ② 550
③ 636   ④ 800

해설 $0.2 \times 1000 = 0.55 \times x$
$x = 363.6$이므로 증발량 $= 1000 - 363.6 = 636$

75 요소비료 제조방법 중 카바메이트 순환방식의 제조방법으로 약 210℃, 400atm의 비교적 고온, 고압에서 반응시키는 것은? 출제율 20%

① IG법   ② Inventa법
③ Du Pont법   ④ CCC법

해설 Du pont 공정
요소비료 제조공정 중 하나로, 카바민산 암모늄을 암모니아성 수용액으로 회수, 순환시키는 방식이다.

76 다음 중 n형 반도체만으로 구성되어 있는 것은 어느 것인가? 출제율 20%

① Cu_2O, CoO   ② TiO_2, Ag_2O
③ Ag_2O, SnO_2 ④ SnO_2, CuO

해설 • P형 반도체
   실리콘 결정에 원자가전자가 3개인 13족 원소인 붕소(B), 알루미늄(Al), 갈륨(Ga), 인듐(In)을 첨가한 반도체
• N형 반도체
   15족 원소인 인(P), 비소(As), 안티몬(Sb)을 첨가한 반도체

77 페놀의 공업적 제조 방법 중에서 페놀과 부산물로 아세톤이 생성되는 합성법은? 출제율 40%

① Raschig법   ② Cumene법
③ Dow법   ④ Toluene법

해설 쿠멘법(Cumene법)

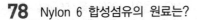
78 Nylon 6 합성섬유의 원료는? `출제율 60%`

① Caprolactam

② Hexamethylene diamine

③ Hexamethylene triamine

④ Hexamethylene tetraamine

해설
- Nylon 6.6 : 헥사메틸렌디아민 + 아디프산 축합
- Nylon 6 : 카프로락탐의 개환 중합반응

79 다음 중 에폭시수지의 합성과 관련이 없는 물질은 어느 것인가? `출제율 40%`

① Melamine

② Bisphenol A

③ Epichlorohydrin

④ Toluene diisocyanate

해설
- 에폭시수지

  열경화성 수지 중 하나로, 비스페놀 A와 에피클로로히드린을 이용하여 만든다.
- 멜라민

  에폭시수지와 같은 열경화성 수지의 한 종류이다.

80 공업적 접촉개질 프로세스 중 $MoO_3 - Al_2O_3$계 촉매를 사용하는 것은? `출제율 20%`

① Platforming ② Houdriforming

③ Ultraforming ④ Hydroforming

해설 리포밍(개질)

ⓝ 옥탄가가 낮은 가솔린, 나프타 등을 촉매로 방향족 탄화수소나 이소파라핀을 많이 함유하는 옥탄가가 높은 가솔린으로 전환시키는 것이다.

ⓛ Hydro forming에 $MoO_3 - Al_2O_3$ 촉매를 이용한다.

제5과목 ┃ 반응공학

81 균일 액상 반응($A \rightarrow R$, $-r_A = kC_A^2$)이 혼합흐름반응기에서 50%가 전환된다. 같은 반응을 크기가 같은 플러그흐름반응기로 대치시킬 때 전화율은? `출제율 60%`

① 0.67 ② 0.75

③ 0.50 ④ 0.60

해설 $\dfrac{X_A}{(1-X_A)^2} = C_{A0}K\tau$, $\dfrac{0.5}{(1-0.5)^2} = C_{A0}K\tau = 2$

PFR : $\dfrac{X_A}{1-X_A} = 2$, $X_A = 0.67(67\%)$

82 반응기 중 체류시간 분포가 가장 좁게 나타난 것은? `출제율 20%`

① 완전혼합형 반응기

② Recycle 혼합형 반응기

③ Recycle 미분형 반응기(plug type)

④ 미분형 반응기(plug type)

해설 PFR

ⓝ 부피당 전화율이 가장 크다.

ⓛ 체류시간 분포가 가장 좁다.

ⓒ 온도 조절이 어렵다.

83 반응속도 식은 아래와 같은 $A \rightarrow R$ 기초반응을 플러그흐름반응기에서 반응시킨다. 반응기로 유입되는 A 물질의 초기농도가 10mol/L이고, 출구농도가 5mol/L일 때, 이 반응기의 공간시간(hr)은? `출제율 40%`

$$-r_A = 0.1 C_A[\text{mol/L} \cdot \text{hr}]$$

① 8.6 ② 6.9

③ 5.2 ④ 4.3

해설 PFR 1차 반응식 : $K\tau = -\ln(1-X_A)$

문제 $-r_A = 0.1 C_A$ 에서 $K = 0.1$이고 출구농도가 입구농도의 절반이므로 전화율 $X_A = 0.5$

$0.1\tau = -\ln(1-0.5)$, $\tau = 6.9$

84 순환비가 1로 유지되고 있는 등온의 플러그흐름반응기에서 아래의 액상반응이 0.5의 전화율(X_A)로 진행되고 있을 때 순환류를 폐쇄하면 전화율(X_A)은? `출제율 40%`

$$A \rightarrow R, \quad -r_A = kC_A$$

① $\dfrac{5}{9}$ ② $\dfrac{4}{5}$

③ $\dfrac{2}{3}$ ④ $\dfrac{3}{4}$

해설
$$V = F_{A0}(R+1) \int_{X_{A_i}}^{X_{Af}} \frac{dX_A}{-r_A}$$

$$-r_A = kC_{A0}(rX_A), \quad X_{A_i} = \left(\frac{R}{R+1}\right)X_{Af} = \frac{1}{2}X_{Af}$$

$$V = 2F_{A0} \int_{\frac{1}{2}X_{Af}}^{X_{Af}} \frac{dX_A}{kC_{A0}(rX_A)} = \frac{4F_{A0}}{kC_{A0}} \int_{\frac{1}{2}X_{Af}}^{X_{Af}} \frac{dX_A}{1-X_A}$$

$$\frac{C_{A0}V}{F_{A0}} = \tau = \frac{2}{k}\left[-\ln(1-X_A)\right]_{\frac{1}{2}X_{Af}}^{X_{Af}}$$

$$k\tau = 2\left[-\ln\frac{1-X_{Af}}{1-\frac{1}{2}X_{Af}}\right]_{X_{Af}} = 0.5$$

$$= 2\left[-\ln\frac{1-0.5}{1-0.25}\right] = 0.810$$

순환류 폐쇄 : $R=0 \rightarrow$ PFR
$$k\tau = -\ln(1-X_{Af}) = 0.617$$
$$X_{Af} = \frac{5}{9} = 0.56$$

85 n차$(n>0)$ 단일반응에 대한 혼합 및 플러그흐름반응기 성능을 비교 설명한 내용 중 틀린 것은? (단, V_m은 혼합흐름반응기 부피를 V_P는 플러그흐름반응기 부피를 나타낸다.) 출제율 40%

① V_m은 V_P보다 크다.
② V_m/V_p는 전화율의 증가에 따라 감소한다.
③ V_m/V_p는 반응차수에 따라 증가한다.
④ 부피변화 분율이 증가하면 V_m/V_p가 증가한다.

해설 $n>0$일 때 CSTR의 크기는 항상 PFR보다 크다. 전화율이 클수록 부피비가 급격히 증가한다.

86 액상 병렬반응을 연속흐름반응기에서 진행시키고자 한다. 같은 입류 조건에 A의 전화율이 모두 0.9가 되도록 반응기를 설계한다면 어느 반응기를 사용하는 것이 R로의 전화율을 가장 크게 해 주겠는가? 출제율 20%

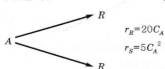
$$r_R = 20C_A$$
$$r_S = 5C_A^2$$

① 플러그흐름반응기
② 혼합흐름반응기
③ 환류식 플러그흐름반응기
④ 다단식 혼합흐름반응기

해설
$$\frac{r_A}{r_S} = \frac{20C_A}{5C_A^2} = \frac{4}{C_A}$$

C_A를 낮게 유지하기 위해서는 CSTR을 사용한다.

87 순환식 플러그흐름반응기에 대한 설명으로 옳은 것은? 출제율 40%

① 순환비는 (계를 떠난 양)/(환류량)으로 표현된다.
② 순환비가 무한인 경우, 반응기 설계식은 혼합흐름식 반응기와 같게 된다.
③ 반응기 출구에서의 전화율과 반응기 입구에서의 전화율의 비는 용적 변화율에 무관하다.
④ 반응기 입구에서의 농도는 용적 변화율에 무관하다.

해설 순환비 R
$$= \frac{\text{반응기 입구로 되돌아가는 유체의 부피}}{\text{계를 떠나는 부피}}$$

$R=0$: PFR, $R=\infty$: CSTR

$$X_{A1} = \left(\frac{R}{R+1}\right)X_{Af}$$

$$C_{A1} = C_{A0}\left(\frac{1+R-RX_{Af}}{1+R+R\varepsilon_A X_A}\right)$$

88 어떤 반응의 속도식이 아래와 같이 주어졌을 때, 속도상수(k)의 단위와 값은? 출제율 60%

$$r = 0.05\,C_A^2 \text{mol/cm}^3 \cdot \text{min}$$

① 20/hr
② 5×10^{-2} mol/L · hr
③ 3×10^{-3} L/mol · hr
④ 5×10^{-2} L/mol · hr

해설 $r = 0.05C_A^2[\text{mol/cm}^3 \cdot \text{min}]$

C_A의 단위는 mol/L

2차 반응 속도상수는 L/mol · min

$$0.05\,\text{mol/L} \cdot \text{min} \times \frac{60\,\text{min}}{1\,\text{hr}} \times \frac{1000\,\text{L}}{1\,\text{m}^3} \times \frac{1\,\text{m}^3}{10^6\,\text{cm}^3}$$

$$k = 3 \times 10^{-3}\,\text{L/mol} \cdot \text{hr}$$

89 반응식이 $0.5A + B \rightarrow R + 0.5S$인 어떤 반응의 속도식은 $r_A = -2C_A^{0.5}C_B$로 알려져 있다. 만약 이 반응식을 정수로 표현하기 위해 $A + 2B \rightarrow 2R + S$로 표현하였을 때의 반응속도식으로 옳은 것은? [출제율 20%]

① $r_A = -2C_AC_B$

② $r_A = -2C_AC_B^2$

③ $r_A = -2C_A^2C_B$

④ $r_A = -2C_A^{0.5}C_B$

해설 반응식의 차수가 변해도 반응속도 식은 같다.

90 PSSH(Pseudo Steady State Hypothesis) 설정은 어떤 가정을 근거로 하는가? [출제율 20%]

① 반응속도가 균일하다.

② 반응기 내의 온도가 일정하다.

③ 반응기의 물질수지 식에서 축적항이 없다.

④ 중간 생성물의 생성속도와 소멸속도가 같다.

해설 PSSH
유사 정상상태 가설로 중간생성물의 생성속도와 소멸속도가 같다는 가정이다. 즉, 활성중간체 형성의 알짜 생성속도는 0이다.

91 반응물 A가 동시반응에 의하여 분해되어 아래와 같은 두 가지 생성물을 만든다. 이때, 비목적 생성물(U)의 생성을 최소화하기 위한 조건으로 틀린 것은? [출제율 80%]

$$A \rightarrow D, \quad \tau_D = 0.002 e^{4500\left(\frac{1}{300[\text{K}]} - \frac{1}{T}\right)}C_A$$

$$A \rightarrow U, \quad \tau_U = 0.004 e^{2500\left(\frac{1}{300[\text{K}]} - \frac{1}{T}\right)}C_A^2$$

① 불활성 가스의 혼합사용

② 저온반응

③ 낮은 C_A

④ CSTR 반응기 사용

해설
$$\frac{r_p}{r_u} = \frac{0.002 e^{4500\left(\frac{1}{300\,\text{K}} - \frac{1}{T}\right)}C_A}{0.004 e^{2500\left(\frac{1}{300\,\text{K}} - \frac{1}{T}\right)}C_A^2}$$

비목적 생산물의 분모에 C_A가 있으므로 C_A를 낮게 해야 한다.

C_A를 낮게 하기 위한 조건
㉠ CSTR 사용
㉡ X_A를 높게 유지
㉢ 공급물에서 불활성 물질 증가
㉣ 기상계 압력 감소

92 A와 B가 반응하여 필요한 생성물 R과 불필요한 물질 S가 생길 때, R의 전화율을 높이기 위해 취하는 조치로 적절한 것은 어느 것인가? (단, C는 하첨자 물질의 농도를 의미하며, 각 반응은 기초반응이다.) [출제율 40%]

$$A + B \xrightarrow{k_1} R, \quad A \xrightarrow{k_2} S, \quad 2k_1 = k_2$$

① C_A와 C_B를 같게 한다.

② C_A를 되도록 크게 한다.

③ C_B를 되도록 크게 한다.

④ C_A를 C_B의 2배로 한다.

해설 k_2의 반응 억제를 위해서는 C_A보다 C_B 농도를 크게 하면 된다.

93 A의 분해반응이 아래와 같을 때, 등온 플러그흐름반응기에서 얻을 수 있는 T의 최대농도는? (단, $C_{A0} = 1$이다.) [출제율 60%]

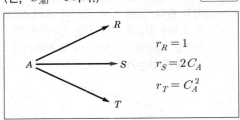

① 0.051

② 0.114

③ 0.235

④ 0.391

[해설] $r_A = -\dfrac{dC_A}{dt}$, $r_T = \dfrac{dC_T}{dt}$

$$\frac{r_T}{r_A} = \frac{\dfrac{dC_T}{dt}}{-\dfrac{dC_A}{dt}} = \frac{dC_T}{-dC_A} = \frac{C_A{}^2}{1 + 2C_A + C_A{}^2}$$

$$\left(r_A = 1 + 2C_A + C_A{}^2,\ r_T = C_A{}^2 \right)$$

$$\int_{C_{A0}=1}^{C_A=0} -\frac{C_A{}^2}{(1+C_A)^2} dC_A = \int_{C_{T_0}}^{C_{T_{\max}}} dC_T$$

$C_A = 0$일 때 $X = 1$이고 → C_T가 최대

$$-\int_1^0 \frac{C_A{}^2}{(1+C_A)^2} dC_A = \int_0^{C_T} dC_T$$

$1 + C_A = k$(치환), $C_A = k-1$

$dC_A = dk$

$C_A = 1,\ k = 2$

$C_A = 0,\ k = 1$

$$-\int_2^1 \left(\frac{k-1}{k} \right)^2 dk = C_T$$

$$+\int_1^2 \left(1 - \frac{1}{k} \right)^2 dk = \int_1^2 \left(1 - \frac{2}{k} + k^{-2} \right) dk$$

$$= \left[k - 2\ln K - \frac{1}{k} \right]_1^2$$

$$= 2 - 2\ln 2 - \frac{1}{2} - [1 - 2\ln 1 - 1]$$

$$= \frac{3}{2} - 2\ln 2 - C_T = 0.114$$

94 포스핀의 기상 분해반응이 아래와 같을 때, 포스핀 만으로 반응을 시작한 경우 이 반응계의 부피 변화율은? 〔출제율 60%〕

$$4PH_{3(g)} \longrightarrow P_{4(g)} + 6H_{2(g)}$$

① $\varepsilon_{PH_3} = 1.75$ ② $\varepsilon_{PH_3} = 1.50$

③ $\varepsilon_{PH_3} = 0.75$ ④ $\varepsilon_{PH_3} = 0.50$

[해설] $\varepsilon_{PH_3} = y_{A0}\delta = \dfrac{7-4}{4} = 0.75$

95 Batch reactor의 일반적인 특성을 설명한 것으로 가장 거리가 먼 것은? 〔출제율 20%〕

① 설비가 적게 든다.

② 노동력이 많이 든다.

③ 운전비가 적게 든다.

④ 쉽게 작동할 수 있다.

[해설] Batch reaotor

㉠ 장치비가 적으나 운전비용이 많이 든다.

㉡ 설치비가 적다.

㉢ 쉽게 운전할 수 있으나 제품의 품질관리가 어렵다.

㉣ 인건비가 많이 든다.

㉤ 운전 정지시간이 길다.

96 비기초반응의 반응속도론을 설명하기 위해 자유라디칼, 이온과 극성물질, 분자, 전이착제의 중간체를 포함하여 반응을 크게 2가지 유형으로 구분하여 해석할 때, 다음과 같이 진행되는 반응은? 〔출제율 20%〕

> Reactants → (Intermediates)*
> (Intermediates)* → Products

① Chain reaction

② Parallel reaction

③ Elementary reaction

④ Non-chain reaction

[해설] 비연쇄반응

반응물 → (중간체)*

(중간체)* → 생성물

97 그림과 같은 반응물과 생성물의 에너지상태가 주어졌을 때 반응열 관계로 옳은 것은 다음 중 어느 것인가? 〔출제율 40%〕

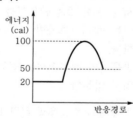

① 발열반응이며, 발열량은 20cal이다.

② 발열반응이며, 발열량은 50cal이다.

③ 흡열반응이며, 발열량은 30cal이다.

④ 흡열반응이며, 발열량은 50cal이다.

[해설]

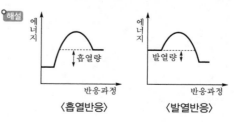

〈흡열반응〉 〈발열반응〉

98 충돌이론(collision theory)에 의한 아래 반응의 반응속도식($-r_A$)은? (단, C는 하첨자 물질의 농도를 의미하며, U는 빈도인자이다.) 〔출제율 80%〕

$$A + B \rightarrow C + D$$

① $-r_A = UT^{-1}e^{-E/RT}C_AC_B$

② $-r_A = Ue^{-E/RT}C_AC_B$

③ $-r_A = UTe^{-E/RT}C_AC_B$

④ $-r_A = UT^2e^{-E/RT}C_AC_B$

〔해설〕 아레나우스 식에 의해
속도상수 $k = Ae^{-Ea/RT}$, A : 빈도인자
문제에서 U가 빈도인자이므로
$-r_A = U \cdot e^{-E/RT} \cdot C_A \cdot C_B$

99 액상 1차 반응($A \rightarrow R + S$)이 혼합흐름반응기와 플러그흐름반응기를 직렬로 연결하여 반응시킬 때에 대한 설명 중 옳은 것은? (단, 각 반응기의 크기는 동일하다.) 〔출제율 20%〕

① 전화율을 크게 하기 위해서는 혼합흐름반응기를 앞에 배치해야 한다.

② 전화율을 크게 하기 위해서는 플러그흐름반응기를 앞에 배치해야 한다.

③ 전화율을 크게 하기 위해, 낮은 전화율에서는 혼합 흐름반응기를, 높은 전화율에서는 플러그흐름반응기를 앞에 배치해야 한다.

④ 반응기의 배치순서는 전화율에 영향을 미치지 않는다.

〔해설〕 1차 반응의 경우 동일한 크기의 반응기가 최적이며, 반응기의 배치순서는 전화율에 영향을 미치지 않는다.

100 A 물질 분해반응의 반응속도상수는 $0.345\,\text{min}^{-1}$이고 A의 초기농도는 $2.4\,\text{mol/L}$일 때, 정용 회분식 반응기에서 A의 농도가 $0.9\,\text{mol/L}$될 때까지 필요한 시간(min)? 〔출제율 50%〕

① 1.84

② 2.84

③ 3.84

④ 4.84

〔해설〕 $-\ln\dfrac{C_A}{C_{A0}} = -\ln(1 - X_A) = kt$

$-\ln\dfrac{0.9}{2.4} = 0.345 \times t$

$t = 2.84\,\text{min}$

제1과목 ┃ 공업합성

01 다음 중 기하이성질체를 나타내는 고분자가 아닌 것은? <small>출제율 20%</small>

① 폴리부타디엔
② 폴리클로로프렌
③ 폴리이소프렌
④ 폴리비닐알코올

해설 기하이성질체는 원자들이 결합된 상태는 같지만 공간 상의 배열이 달라서 생기는 입체이성질체로 이중결합을 하고 있으나, 폴리비닐알코올은 기하이성질체가 아니다.

02 다음 중 양쪽성 물질에 대한 설명으로 옳은 것은 어느 것인가? <small>출제율 20%</small>

① 동일한 조건에서 여러 가지 축합반응을 일으키는 물질
② 수계 및 유계에서 계면활성제로 작용하는 물질
③ pKa 값이 7 이하인 물질
④ 반응조건에 따라 산으로도 작용하고 염기로도 작용하는 물질

해설 양쪽성 물질
물질 중 산과도 반응하고 염기와도 반응하는 물질

03 염화물의 에스테르화 반응에서 Schotten-Bauman법에 해당하는 것은? <small>출제율 20%</small>

① $RC_6H_4NH_2 + RC_6H_4Cl$

$\xrightarrow[K_2CO_3]{Cu} RC_6H_4NHC_6H_4R + HCl$

② $R_2NH + 2HC \equiv CH$

$\xrightarrow{Cu_2C_2} R_2NCH(CH_3)C \equiv CH$

③ $RRNH + HC \equiv CH$

$\xrightarrow{KOH} RRNCH = CH_2$

④ $RNH_2 + R'COCl \xrightarrow{NaOH} RNHCOR'$

해설 Schotten-Bauman법
알칼리 존재 하에 산염화물에 의해 -OH, -NH$_2$가 아실화되는 반응. 즉 NaOH(10~25%) 수용액에 페놀이나 알코올을 용해시킨 후 강하게 교반하면서 산염화물을 가하면 에스테르가 순간적으로 생성되는 반응이다.

04 질산의 직접 합성 반응식이 아래와 같을 때, 반응 후 응축하여 생성된 질산용액의 농도(wt%)는? <small>출제율 50%</small>

$$NH_3 + 2O_2 \rightleftarrows HNO_3 + H_2O$$

① 68 ② 78
③ 88 ④ 98

해설 질산의 직접 합성법
고농도 질산을 얻기 위한 방법으로 응축하면 78% HNO$_3$가 생성되므로 농축, 물 제거가 필요하다.

보충 Tip

HNO$_3$ 분자량 : 63 g/mol, H$_2$O 분자량 : 18 g/mol

$\dfrac{63}{63+18} \times 100 = 78 \, wt\%$

05 가성소다공업에서 전해액의 저항을 낮추기 위해서 수행하는 조작은? <small>출제율 40%</small>

① 전해액 중의 기포가 증가되도록 한다.
② 두 전극 간의 거리를 증가시킨다.
③ 전해액의 온도 및 NaCl의 농도를 높여 준다.
④ 전해액의 온도를 저온으로 유지시켜 준다.

해설 전해액의 저항을 낮추는 방법
㉠ 양극과 음극 간의 거리를 좁혀 준다.
㉡ 기포 발생을 줄여 준다.
㉢ 온도를 높여 준다.
㉣ NaCl의 농도를 높여 준다.

06 다음 중 합성염산의 원료 기체를 제조하는 방법은? <small>출제율 80%</small>

① 공기의 액화 ② 공기의 아크방전법
③ 소금물의 전해 ④ 염화물의 치환법

해설 염산의 원료
염소와 수소는 소금을 전기분해하여 얻는다.
- +극 : $2Cl^- \rightarrow Cl_2\uparrow +2e^-$
- −극 : $2Na^+ +2H_2O+2e^- \rightarrow 2NaOH+H_2\uparrow$

07 옥탄가가 낮은 나프타를 고옥탄가의 가솔린으로 변화시키는 공정은? 〔출제율 40%〕
① 스위트닝 공정
② MTG 공정
③ 가스화 공정
④ 개질 공정

해설 개질
옥탄가가 낮은 가솔린, 나프타 등을 촉매로 이용하여 방향족 탄화수소나 이소파라핀을 많이 함유하는 옥탄가가 높은 가솔린으로 전환

08 칼륨 비료에 속하는 것은? 〔출제율 40%〕
① 유안
② 요소
③ 볏짚재
④ 초안

해설 • 칼륨 비료 : 염화칼륨, 황산칼륨, 볏짚재
• 질소 비료 : 유안, 요소, 초안

09 아래의 구조를 갖는 물질의 명칭은? 〔출제율 40%〕

① 석탄산　　　② 살리실산
③ 톨루엔　　　④ 피크르산

해설 ① 페놀(=석탄산) : OH
② 살리실산 : COOH / OH
③ 톨루엔 : CH_3
④ 피크르산 : O_2N OH NO_2 / NO_2

10 환원반응에 의해 알코올(alcohol)을 생성하지 않는 것은? 〔출제율 60%〕
① 카르복시산
② 나프탈렌
③ 알데히드
④ 케톤

해설 • 1차 알코올 $\underset{환원}{\overset{산화}{\rightleftharpoons}}$ 알데히드 $\underset{환원}{\overset{산화}{\rightleftharpoons}}$ 카르복시산
• 2차 알코올 $\underset{환원}{\overset{산화}{\rightleftharpoons}}$ 케톤

보충 Tip

나프탈렌은 $-\overset{\overset{O}{\|}}{C}-$ 의 작용기가 없다.

11 석유의 접촉분해 시 일어나는 반응으로 가장 거리가 먼 것은? 〔출제율 40%〕
① 축합
② 탈수소
③ 고리화
④ 이성질화

해설 접촉분해
㉠ 이성질화
㉡ 탈수소
㉢ 고리화
㉣ 탈알킬

12 나프타의 열분해반응은 감압 하에 하는 것이 유리하나 실제로는 수증기를 도입하여 탄화수소의 분압을 내리고 평형을 유지하게 한다. 이러한 조건으로 하는 이유가 아닌 것은? 〔출제율 20%〕
① 진공가스펌프의 에너지 효율을 높인다.
② 중합 등의 부반응을 억제한다.
③ 수성가스반응에 의한 탄소 석출을 방지한다.
④ 농축에 의해 생성물과의 분류가 용이하다.

해설 이유
㉠ 중합 등의 부반응 억제
㉡ 수성가스반응에 의한 탄소 석출 방지
㉢ 농축에 의해 생성물과의 분류 용이

13 격막식 전해조에서 전해액은 양극에 도입되어 격막을 통해 음극으로 흐르고, 음극식의 OH⁻ 이온이 역류한다. 이때 격막 전해조 양극의 재료는? 출제율 80%

① 철망   ② Ni
③ Hg   ④ 흑연

해설
- (+)극 : 흑연, Cl_2 발생
- (−)극 : 철, H_2 발생

14 천연고무와 가장 관계가 깊은 것은? 출제율 40%

① Propane   ② Ethylene
③ Isoprene   ④ Isobutene

해설 천연고무의 구조
이소프렌(cis-1,4-iso prene)

$$\left[\begin{matrix} CH_2 & & CH_2 \\ & C = C & \\ CH_3 & & H \end{matrix}\right]_n$$

15 다음 중 아래와 같은 특성을 가지고 있는 연료전지는? 출제율 20%

> - 전극으로는 세라믹산화물이 사용된다.
> - 작동온도는 약 1000℃이다.
> - 수소나 수소/일산화탄소 혼합물을 사용할 수 있다.

① 인산형 연료전지(PAFC)
② 용융탄산염 연료전지(MCFC)
③ 고체산화물형 연료전지(SOFC)
④ 알칼리 연료전지(AFC)

해설 고체산화물 연료전지(SOFC)
㉠ 1000℃ 고온에서 운전한다.
㉡ 지르코니아 같은 세라믹산화물 사용한다.
㉢ 50% 이상의 전기적 효율을 얻을 수 있다.
㉣ 수소나 수소/일산화탄소 혼합물 사용이 가능하다.

16 HCl가스를 합성할 때 H_2가스를 이론량보다 과잉으로 넣어 반응시키는 이유로 가장 거리가 먼 것은? 출제율 80%

① 폭발 방지   ② 반응열 조절
③ 장치부식 억제   ④ Cl_2가스의 농축

해설 염산 합성법 주의사항
H_2와 Cl_2 합성 시 폭발 방지를 위해 Cl_2와 H_2 원료의 몰비를 1:1.2로 주입한다.

17 황산의 원료인 아황산가스를 황화철광(iron pyrite)을 공기로 완전연소하여 얻고자 한다. 황화철광의 10%가 불순물이라 할 때 황화철광 1톤을 완전연소하는 데 필요한 이론공기량(Sm³)은? (단, S와 Fe의 원자량은 각각 32amu와 56amu) 출제율 60%

① 460
② 580
③ 2200
④ 2480

해설
$$4FeS_2 + 11O_2 \rightarrow 2Fe_2O_3 + 8SO_2$$
$$1000kg \times 0.9 \ : \ x$$
$$4 \times 120 \ : \ 11 \times 32$$
$$x = 660kg$$
$$PV = \frac{W}{M}RT$$
$$V = \frac{WRT}{PM} = \frac{660 \times 0.082 \times 273}{1 \times 32} = 462\,m^3$$
$$\therefore \text{이론공기량} = 462\,m^3 O_2 \times \frac{100\,m^3\,Air}{21\,m^3\,O_2} = 2200\,Sm^3$$

18 석회질소비료 제조 시 반응되고 남은 카바이드는 수분과 반응하여 아세틸렌가스를 생성한다. 1kg 석회질소비료에서 아세틸렌가스가 200L 발생하였을 때, 비료 중 카바이드의 함량(wt%)은? (단, Ca의 원자량은 40amu이고, 아세틸렌가스의 부피 측정은 20℃, 760mmHg에서 진행하였다.) 출제율 40%

① 53.2%   ② 63.5%
③ 78.8%   ④ 83.9%

해설 아세틸렌 200L(CH≡CH)
$$n = \frac{PV}{RT} = 1atm \times 200L \times \frac{mol \cdot K}{0.082atm \cdot L} \times \frac{1}{293K}$$
$$= 8.32mol$$
카바이드 1kg(CaC_2)
$$1kgCaC_2 \times \frac{1mol}{64kg} = 15.6mol(CaC_2)$$
$$CaC_2 \rightarrow C_2H_2 \text{이므로}$$
$$\therefore \frac{8.32mol}{15.6mol} \times 100 = 53.2\%$$

19 p형 반도체를 제조하기 위한 실리콘에 소량 첨가하는 물질은? 〔출제율 20%〕

① 인듐
② 비소
③ 안티몬
④ 비스무스

해설 • p형 반도체
B, Al, Ga, In이 첨가되고, 전자가 비어 있는 상태인 정공 발생
• n형 반도체
P, As, Sb이 첨가되고, 원자 1개당 한 개씩의 잉여 전자 발생

20 Syndiotactic polystyrene의 합성에 관여하는 촉매로 가장 적합한 것은? 〔출제율 20%〕

① 메탈로센 촉매
② 메탈옥사이드 촉매
③ 린들러 촉매
④ 벤조일퍼옥사이드

해설 메탈로센 촉매를 이용하여 Syndiotatic polystyrene을 합성한다.

제2과목 ▮ 반응운전

21 화학반응의 평형상수(K)에 관한 내용 중 틀린 것은? (단, a_i, ν_i는 각각 i성분의 활동도와 양론수이며, $\Delta G°$는 표준 깁스(Gibbs) 자유에너지 변화이다.) 〔출제율 40%〕

① $K = \prod_i (\widehat{a_i})^{\nu_i}$

② $\ln K = -\dfrac{\Delta G°}{RT^2}$

③ K는 온도에 의존하는 함수이다.
④ K는 무차원이다.

해설 평형상수

$$\ln K = -\frac{\Delta G°}{RT}$$

여기서, K : 온도만의 함수
$\Delta G°$: 반응의 표준 Gibbs 에너지 변화

22 수증기 1L를 1기압에서 5기압으로 등온압축했을 때 부피 감소량(cm^3)은? (단, 등온압축률은 $4.53 \times 10^{-5} atm^{-1}$이다.) 〔출제율 40%〕

① 0.181
② 0.225
③ 1.81
④ 2.25

해설 $\ln \dfrac{V_2}{V_1} = \beta(T_2 - T_1) - K(P_2 - P_1)$

등온, $1L = 1000cm^3$이므로

$\ln \dfrac{V_2}{1000} = -4.53 \times 10^{-5} \times (5-1)$

$V_2 = 999.8188164$

$\therefore V_1 - V_2 = 1000 - 999.8188164 = 0.1811836$

23 어떤 산 정상에서 질량(mass)이 600kg인 물체를 10m 높이까지 들어올리는 데 필요한 일(kgf · m)은? (단, 지표면과 산 정상에서의 중력가속도는 각각 $9.8m/s^2$, $9.4m/s^2$이다.) 〔출제율 20%〕

① 600
② 1255
③ 3400
④ 5755

해설 $W = m \times \dfrac{g}{g_c} \times H$

$= 600kg \times \dfrac{9.4}{9.8} \times 10 = 5755$

24 C와 O_2, CO_2의 임의의 양이 500℃ 근처에서 혼합된 2상계의 자유도는? 〔출제율 80%〕

① 1   ② 2
③ 3   ④ 4

해설 $F = 2 - P + C - r - s$
여기서, P : 상
C : 성분
r : 반응
s : 제한조건
문제에서 상(P)은 2개, 성분(C)은 3개, C와 O_2가 반응하므로 반응(r)은 1
$\therefore F = 2 - 2 + 3 - 1 = 2$

25 혼합물의 융해, 기화, 승화 시 변하지 않는 열역학적 성질에 해당하는 것은? `출제율 40%`

① 엔트로피
② 내부에너지
③ 화학퍼텐셜
④ 엔탈피

`해설` **상평형**

T, P가 같아야 하고, 같은 T, P에 있는 여러 상은 각 성분의 화학퍼텐셜이 모든 상에서 같으며, 엔트로피, 내부에너지, 엔탈피는 증가한다.

26 열용량이 일정한 이상기체의 PV 도표에서 일정 엔트로피곡선과 일정온도곡선에 대한 설명 중 옳은 것은? `출제율 40%`

① 두 곡선 모두 양(positive)의 기울기를 갖는다.
② 두 곡선 모두 음(negative)의 기울기를 갖는다.
③ 일정엔트로피곡선은 음의 기울기를, 일정온도곡선은 양의 기울기를 갖는다.
④ 일정엔트로피곡선은 양의 기울기를, 일정온도곡선은 음의 기울기를 갖는다.

`해설` **엔트로피**

$S = \dfrac{Q}{T}$를 이용하여 PV 도표를 나타내면 다음과 같다.

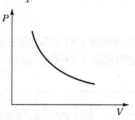

〈일정온도곡선($PV = T =$일정)〉

PV 도표에서 일정엔트로피곡선과 일정온도곡선은 음의 기울기이다.

`보충 Tip`

일정엔트로피곡선
기체가 압축 또는 팽창되는 과정에서 엔트로피의 변화가 없는 경우 열교환도 없다. : 푸아송의 법칙

27 활동도계수(activity coefficient)에 관한 식으로 옳게 표시된 것은? (단, G^E는 혼합물 1mol에 대한 과잉 깁스 에너지이며, γ_i는 i성분의 활동도계수, n은 전체 몰수, n_i는 i성분의 몰수, n_j는 i성분 이외의 몰수를 나타낸다.) `출제율 40%`

① $\ln\gamma_i = \left[\dfrac{\partial(G^E/R)}{\partial n_i} \right]_{T, P, n_j}$

② $\ln\gamma_i = \left[\dfrac{\partial(nG^E/RT)}{\partial n_i} \right]_{T, n_j}$

③ $\ln\gamma_i = \left[\dfrac{\partial(nG^E/RT)}{\partial n_i} \right]_{P, n_j}$

④ $\ln\gamma_i = \left[\dfrac{\partial(nG^E/RT)}{\partial n_i} \right]_{T, P, n_j}$

`해설` **과잉 물성**
과잉 깁스 에너지
$$G^E = \overline{G} - \overline{G}^{id} \Rightarrow \overline{G}_i^E = \overline{G}_i - \overline{G}_i^{id}$$
루이스 랜달의 법칙(Lewis Randall's Law)에 따라
$$\hat{f}_i^{id} = x_i f_i, \quad \dfrac{\hat{f}_i^{id}}{x_i P} = \dfrac{f_i}{P}$$
$$\overline{G}_i^E = RT\ln\dfrac{\hat{f}_i}{P} = RT\ln\dfrac{\hat{f}_i^{id}}{x_i f_i} = RT\ln\gamma_i$$
$$\ln\gamma_i = \dfrac{\overline{G}^E}{RT}$$
$$\therefore \ln\gamma_i = \left[\dfrac{\partial(nG^E/RT)}{\partial n_i} \right]_{T, P, n_j}$$

28 정상상태로 흐르는 유체가 노즐을 통과할 때의 일반적인 에너지수지식은? (단, H는 엔탈피, U는 내부에너지, KE는 운동에너지, PE는 위치에너지, Q는 열, W는 일을 나타낸다.) `출제율 40%`

① $\Delta H = 0$ ② $\Delta H + \Delta KE = 0$
③ $\Delta H + \Delta PE = 0$ ④ $\Delta U = Q - W$

`해설` 에너지수지식에 의해
$$\dfrac{U_2^2 - U_1^2}{2g_c} + \dfrac{g}{g_c}(z_2 - z_1) + P_2 V_2 - P_1 V_1 + \Delta V = 0$$
엔탈피 $= H + PV$이므로
$$\dfrac{U_2^2 - U_1^2}{2g_c} + \dfrac{g}{g_c}(z_2 - z_1) + H = 0$$
노즐에서의 위치에너지가 없으므로
$$\Delta H + \Delta KE = 0$$

25.③ 26.② 27.④ 28.②

29 여름철 실내온도를 26℃로 유지하기 위해 열펌프의 실내측 방열판의 온도를 5℃, 실외측 방열판의 온도를 18℃로 유지하여야 할 때, 이 열펌프의 성능계수는? <small>출제율 60%</small>

① 21.40   ② 19.98
③ 15.56   ④ 8.33

해설 냉동기 성능계수

$$W = \frac{T_C}{T_H - T_C}$$

$T_H = 291K, \quad T_C = 278K$

$$\therefore W = \frac{278}{291K - 278K} = 21.3846$$

30 가역과정(reversible process)에 관한 설명 중 틀린 것은? <small>출제율 20%</small>

① 연속적으로 일련의 평형상태들을 거친다.
② 가역과정을 일으키는 계와 외부와의 퍼텐셜 차는 무한소이다.
③ 폐쇄계에서 부피가 일정한 경우 내부에너지 변화는 온도와 엔트로피 변화의 곱이다.
④ 자연상태에서 일어나는 실제 과정이다.

해설 가역과정
㉠ 마찰이 없다.
㉡ 평형으로부터 미소한 폭 이상 벗어나지 않는다.
㉢ 연속적으로 일련의 평형상태이다.
㉣ 자연상태에서 일어날 수 없는 공정이다. 즉, 가역과정은 이상적인 과정이다.

31 혼합흐름반응기에서 $A + R \rightarrow R + R$인 자동촉매반응으로 99mol% A와 1mol% R인 반응물질을 전환시켜서 10mol% A와 90mol% R인 생성물을 얻고자 할 때, 반응기의 체류시간(min)은? (단, 혼합반응물의 초기농도는 1mol/L이고, 반응상수는 1L/mol · min이다.) <small>출제율 80%</small>

① 6.89   ② 7.89
③ 8.89   ④ 9.89

해설 $\tau = \dfrac{C_{A0} X_A}{-r_A}$

자동촉매반응 $-r_A = kC_A(C_0 - C_A)$
$C_0 = C_{A0} + C_{R0} = 1\text{mol/L}$

$$C = \frac{C_{A0} X_A}{kC_A(C_0 - C_A)}$$

$$= \frac{C_{A0} X_A}{kC_{A0}(1 - X_A)(C_0 - C_{A0}(1 - X_A))}$$

$X_A = \dfrac{0.99 - 0.1}{0.99} = 0.898989899, \quad C_{A0} = 0.99\text{mol/L}$

$\tau = \dfrac{0.99 \times 0.898989899}{1 \times 0.99(1 - 0.898989899)(1 - 0.99(1 - 0.898989899))}$

$= 9.88888 ≒ 9.89$

32 자동촉매반응(autocatalytic reaction)에 대한 설명으로 옳은 것은? <small>출제율 20%</small>

① 전화율이 작을 때는 플러그흐름반응기가 유리하다.
② 전화율이 작을 때는 혼합흐름반응기가 유리하다.
③ 전화율과 무관하게 혼합흐름반응기가 항상 유리하다.
④ 전화율과 무관하게 플러그흐름반응기가 항상 유리하다.

해설 PFR : 적분 면적, CSTR : 직사각형 면적
전화율이 작을 때는 사각 면적인 혼합흐름반응기가 유리하다.

보충 Tip

전화율(X_A)이 클 경우에는 적분 면적으로 구하면 이는 관형반응기가 유리하다.

33 1차 직렬반응을 아래와 같이 단일반응으로 간주하려 할 때, 단일반응의 반응속도상수(k ; s⁻¹)는? <small>출제율 40%</small>

$$A \xrightarrow{k_1} R \xrightarrow{k_2} S \cdots k_1 = 200\text{s}^{-1}, \ k_2 = 10\text{s}^{-1}$$

$$A \xrightarrow{\quad k \quad} S$$

① 11.00   ② 9.52
③ 0.11   ④ 0.09

해설 $\dfrac{1}{k_1} + \dfrac{1}{k_2} = \dfrac{1}{k}$

$$\frac{1}{200} + \frac{1}{10} = \frac{21}{100} = \frac{1}{k}$$

$$\therefore k = \frac{200}{21} = 9.52$$

34 반응물 A와 B가 R과 S로 반응하는 아래와 같은 경쟁반응이 혼합흐름반응기(CSTR)에서 일어날 때, A의 전화율이 80%일 때 생성물 흐름 중 S의 함량(mol%)은? (단, 반응기로 유입되는 A와 B의 농도는 각각 20mol/L이다.) 〔출제율 60%〕

$$A+B \rightarrow R \cdots\cdots\cdots\cdots dC_R/dt = C_A C_B^{0.3}$$
$$A+B \rightarrow S \cdots\cdots\cdots\cdots dC_S/dt = C_A^{0.5} C_B^{1.8}$$

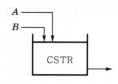

① 33.3 ② 44.4
③ 55.5 ④ 66.6

해설 R의 순간수율

$$\phi = \frac{r_R}{r_R + r_S} = \frac{C_A C_B^{0.3}}{C_A C_B^{0.3} + C_A^{0.5} C_B^{1.8}}$$

$$\phi_R = \frac{1}{1 + C_A^{-0.5} C_B^{1.5}} \ (C_A = C_B 이므로)$$

$$= \frac{1}{1 + C_A}$$

$C_A = C_{A0}(1-X) = 20 \times (1-0.8) = 4$,

$\phi_R = \dfrac{1}{5}$, $\phi_S = \dfrac{4}{5}$

R의 함량 $= \phi_R(C_{A0} - C_A) = \dfrac{1}{5} \times (20-4) = \dfrac{16}{5}$

s의 함량 $= \phi_s(C_{A0} - C_A) = \dfrac{4}{5} \times (20-4) = \dfrac{64}{5}$

Total S 함량 $= \dfrac{C_s}{C_A + C_B + C_R + C_s}$

$$= \frac{\dfrac{64}{5}}{4 + 4 + \dfrac{16}{5} + \dfrac{64}{5}}$$

$$= 53.3$$

35 크기가 다른 두 혼합흐름반응기를 직렬로 연결한 반응계에 대하여, 정해진 유량과 온도 및 최종 전화율 조건 하에서 두 반응기의 부피 합이 최소가 되는 경우에 대한 설명으로 옳지 않은 것은 어느 것인가? (단, n은 반응차수를 의미한다.) 〔출제율 40%〕

① $n = 1$인 반응에서는 크기가 다른 반응기를 연결하는 것이 이상적이다.

② $n > 1$인 반응에서는 작은 반응기가 먼저 와야 한다.

③ $n < 1$인 반응에서는 큰 반응기가 먼저 와야 한다.

④ 두 반응기의 크기 비는 일반적으로 반응속도와 전화율에 따른다.

해설 • 1차 반응 : 동일한 크기의 반응기가 최적
• $n > 1$: 작은 반응기에서 큰 반응기 순서가 적합
• $n < 1$: 큰 반응기에서 작은 반응기 순서가 적합

36 A와 B에 각각 1차인 A + B → C인 반응이 아래의 조건에서 일어날 때, 반응속도(mol/L · s)로 옳은 것은? 〔출제율 40%〕

반응물	농도
A	2.2×10^{-2} mol/L
B	8.0×10^{-3} mol/L

반응속도상수	1.0×10^{-2} L/mol · s

① 2.41×10^{-6} ② 2.41×10^{-5}
③ 1.76×10^{-6} ④ 1.76×10^{-5}

해설 $-r_A = k C_A C_B = 1.0 \times 10^{-2} \times 2.2 \times 10^{-2} \times 8 \times 10^{-3}$
$\qquad = 17.6 \times 10^{-7}$
$\qquad = 1.76 \times 10^{-6}$

37 A가 R을 거쳐 S로 반응하는 연속반응과 A와 R의 소모 및 생성 속도가 아래와 같을 때, 이 반응을 회분식 반응기에서 반응시켰을 때의 C_R / C_{A0}는? (단, 반응 시작 시 회분식 반응기에는 순수한 A만을 공급하여 반응을 시작한다.) 〔출제율 60%〕

$$A \rightarrow R \rightarrow S \qquad \begin{array}{l} -r_A = k_1 C_A \\ r_R = k_1 C_A - k_2 \end{array}$$

① $1 + e^{-k_1 t} - \dfrac{k_2}{C_{A0}} t$

② $1 + e^{-k_1 t} + \dfrac{k_2}{C_{A0}} t$

③ $1 - e^{-k_1 t} - \dfrac{k_2}{C_{A0}} t$

④ $1 - e^{-k_1 t} + \dfrac{k_2}{C_{A0}} t$

해설 $-r_A = k_1 C_A$, $r_R = k_1 C_A - k_2$

$-r_A = -\dfrac{dC_A}{dt} = k_1 C_A$, $\ln \dfrac{C_A}{C_{A0}} = -k_1 t$ 이므로

$C_A = C_{A0} e^{-k_1 t}$

$-r_A = \dfrac{dC_R}{dA} = k_1 C_A - k_2 = k_1 C_{A0} e^{-k_1 t} - k_2$

이를 적분하면

$C_R = \displaystyle\int_0^t k_1 C_{A0} e^{-k_1 t} \, dt - k_2 \int_0^t dt$

$= -\dfrac{k_1}{k_1} C_{A0} e^{-k_1 t} \big|_0^t - k_2 t$

$= -C_{A0} e^{-k_1 t} + C_{A0} - k_2 t$

$\therefore \dfrac{C_R}{C_{A0}} = -e^{-k_1 t} + 1 - \dfrac{k_2 t}{C_{A0}} = 1 - e^{-k_1 t} - \dfrac{k_2}{C_{A0}} t$

38 2A + B → 2C인 기상반응에서 초기 혼합반응물의 몰비가 아래와 같을 때, 반응이 완료되었을 때 A의 부피 변화율(ε_A)로 옳은 것은? (단, 반응이 진행되는 동안 압력은 일정하게 유지된다고 가정한다.) 출제율 60%

A : B : Inert gas = 3 : 2 : 5

① −0.200 ② −0.300
③ −0.167 ④ −0.150

해설 $\varepsilon_A = y_{A0} \cdot \delta$

$y_{A0} = \dfrac{\text{반응물 A의 처음 몰수}}{\text{반응물 전체의 몰수}} = \dfrac{3}{10} = 0.3$

$\delta = \dfrac{\text{생성물의 몰수} - \text{반응물의 몰수}}{\text{반응물 A의 몰수}} = \dfrac{2-3}{2} = -\dfrac{1}{2}$

$\therefore \varepsilon_A = 0.3 \times -\dfrac{1}{2} = -0.15$

39 반응물 A의 농도를 C_A, 시간을 t라고 할 때 0차 반응의 경우 직선으로 나타나는 관계는 다음 중 어느 것인가? 출제율 40%

① C_A vs t
② $\ln C_A$ vs t
③ C_A^{-1} vs t
④ $(\ln C_A)^{-1}$ vs t

해설 0차 반응
$C_{A0} - C_A = kt$, $C_A = C_{A0} - kt$

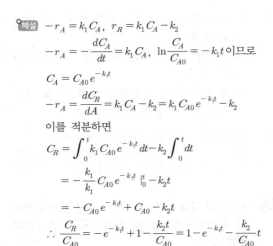

기울기 : $-k$

40 공간속도(space velocity)가 2.5s^{-1}이고 원료 공급속도가 1초당 100L일 때 반응기의 체적(L)은? 출제율 60%

① 10 ② 20
③ 30 ④ 40

해설 $\tau = \dfrac{1}{s} = \dfrac{1}{2.5} = 0.4\text{s}$

$\tau = \dfrac{V}{v_0}$

$V = \tau v_0 = 0.4 \times 100\text{L/s} = 40\text{L}$

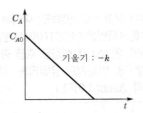

▶▶ **제3과목 | 단위공정관리**

41 같은 질량을 갖는 2개의 구가 공기 중에서 낙하한다. 두 구의 직경비(D_1/D_2)가 3일 때 입자 레이놀즈수($N_{Re,\,p}$)는 $N_{Re,\,p} < 1.0$이라면 종단속도의 비(V_1/V_2)는? 출제율 20%

① 9 ② 9^{-1}
③ 3 ④ 3^{-1}

해설 종단속도는 질량에 비례, 직경에 반비례, 질량이 동일하므로 직경이 큰 D_1이 D_2에 비해 3배 가량 느리므로 $\dfrac{V_1}{V_2} = 3^{-1}$

42 다음 중 물질전달 조작에서 확산현상이 동반되며 물질자체의 분자운동에 의하여 일어나는 확산은? 출제율 20%

① 분자 확산 ② 난류 확산
③ 상호 확산 ④ 단일 확산

해설 분자 확산
유체 내 분자의 임의이동(물질, 자신의 분자운동에 의해 일어남)

43 유량 측정기구 중 부자 또는 부표(float)라고 하는 부품에 의해 유량을 측정하는 기구는 어느 것인가? 출제율 20%

① 로터미터(rotameter)
② 벤투리미터(venturi meter)
③ 오리피스미터(orifice meter)
④ 초음파유량계(ultrasonic meter)

해설 로터미터
면적유량계라고도 하며, 유체를 밑에서 위로 올려보내면서 부자를 띄워 유체의 부자 중력과 부자의 상하압력차에 의해 유량을 측정하는 기구

44 충전 흡수탑에서 플러딩(flooding)이 일어나지 않게 하기 위한 조건은? 출제율 40%

① 탑의 높이를 높게 한다.
② 탑의 높이를 낮게 한다.
③ 탑의 직경을 크게 한다.
④ 탑의 직경을 작게 한다.

해설 Flooding 방지를 위해 탑의 직경을 크게 하여 속도를 낮춰준다.

45 분쇄에 대한 설명으로 틀린 것은? 출제율 20%

① 최종입자가 중요하다.
② 최초의 입자는 무관하다.
③ 파쇄물질의 종류도 분쇄동력의 계산에 관계된다.
④ 파쇄기 소요일량은 분쇄되어 생성되는 표면적에 비례한다.

해설 최초의 입자 크기도 중요하다.

46 다음 중 건조장치 선정에서 가장 중요한 사항은 어느 것인가? 출제율 20%

① 습윤상태
② 화학퍼텐셜
③ 선택도
④ 반응속도

해설 건조장치 선정 시 원하는 형태의 제품 생산을 위해서는 습윤상태가 중요하다.

47 정류탑에서 50mol%의 벤젠-톨루엔 혼합액을 비등액체상태로 1000kg/h의 속도로 공급한다. 탑상의 유출액은 벤젠 99mol% 순도이고 탑저제품은 톨루엔 98mol%를 얻고자 한다. 벤젠의 액 조성이 0.5일 때 평형증기의 조성은 0.72이다. 실제환류비는? (단, 실제환류비는 최소환류비의 3배이다.) 출제율 40%

① 0.82
② 1.23
③ 2.73
④ 3.68

해설 실제환류비
$R = R_{min} \times 3$
$R_{min} = \dfrac{x_D - y_f}{y_f - x_f} = \dfrac{0.99 - 0.72}{0.72 - 0.5} = 1.2272$
$R = 1.2272 \times 3 = 3.68$

48 열전도도가 0.15kcal/m·h·℃인 100mm 두께의 평면벽 양쪽 표면 온도차가 100℃일 때, 이 벽의 1m² 당 전열량(kcal/h)은? 출제율 60%

① 15
② 67
③ 150
④ 670

해설 $q = \dfrac{\Delta t}{\dfrac{l}{kA}} = \dfrac{100}{\dfrac{0.1}{0.15 \times 1}} = 150$

49 무차원 항이 밀도와 관계없는 것은? 출제율 20%

① 그라스호프(Grashof)수
② 레이놀즈(Reynolds)수
③ 슈미트(Schmidt)수
④ 누셀트(Nusselt)수

해설 누셀트수$(N_u) = \dfrac{hD}{k} = \dfrac{대류 열전달}{전도 열전달}$

50 낮은 온도에서 증발이 가능해서 증기의 경제적 이용이 가능하고 과즙, 젤라틴 등과 같이 열에 민감한 물질을 처리하는 데 주로 사용되는 것은 어느 것인가? 출제율 40%

① 다중효용증발
② 고압증발
③ 진공증발
④ 압축증발

해설 **진공증발**
ㄱ 저압에서의 증발을 의미하며, 경제적인 사용이 주목적이다.
ㄴ 과즙이나 젤라틴과 같이 열에 예민한 물질이 증발할 경우 진공증발을 이용하여 저온에서 증발이 가능하므로 열에 의한 변질을 방지할 수 있다.

51 25℃에서 벤젠이 Bomb 열량계 속에서 연소되어 이산화탄소와 물이 될 때 방출된 열량을 실험으로 재어보니 벤젠 1mol당 780890cal였다. 이때 25℃에서의 벤젠의 표준연소열(cal)은? (단, 반응식은 다음과 같으며, 이상기체로 가정한다.) `출제율 40%`

$$C_6H_6(L) + 7.5O_2(g)$$
$$\rightarrow 3H_2O(L) + 6CO_2(g)$$

① -781778 ② -781588
③ -781201 ④ -780003

해설 $\Delta H = Q + PV = Q + nRT$
$Q = -780890\,\text{cal}$
$nRT = \left(6 - \dfrac{15}{2}\right) \times 1.987 \times 298 = -888.2\,\text{cal}$
$\Delta H_C = -780890 - 888.2\,\text{cal} = -781778\,\text{cal}$

52 101kPa에서 물 1mol을 80℃에서 120℃까지 가열할 때 엔탈피 변화(kJ)는? (단, 물의 비열은 75.0J/mol · K, 물의 기화열은 47.3kJ/mol, 수증기의 비열은 35.4J/mol · K이다.) `출제율 60%`

① 40.1 ② 46.0
③ 49.5 ④ 52.1

해설 **정압과정**
$\Delta H = Q = C \cdot m \cdot \Delta t$
80℃(353K) → 120℃(393K)
• 물 : $Q = Cm\Delta t = 1\text{mol} \times 75 \times 20 = 1500\text{J}$
• 기화열 : 47.3kJ/mol × 1mol = 47.3kJ
• 수증기 : $Q = Cm\Delta t = 1\text{mol} \times 35.4 \times 20 = 708\text{J}$
∴ 엔탈피 변화 = 49.5kJ

53 다음 중 Hess의 법칙과 가장 관련이 있는 함수는 어느 것인가? `출제율 40%`

① 비열 ② 열용량
③ 엔트로피 ④ 반응열

해설 **Hess의 법칙**
반응열은 처음과 마지막 상태에 의해서만 결정되며 중간의 경로에는 무관하다. 즉, 반응경로와는 관계없이 출입하는 총 열량은 같다.
$(\Delta H = \Delta H_1 + \Delta H_2 + \Delta H_3)$

54 1atm에서 포름알데히드 증기의 내부에너지(U ; J/mol)가 아래와 같이 온도(t ; ℃)의 함수로 표시된다. 이때 0℃에서 정용열용량(J/mol · ℃)은? `출제율 40%`

$$U = 25.96\,t + 0.02134\,t^2$$

① 13.38 ② 17.64
③ 21.42 ④ 25.96

해설 **정용열용량**
$C_V = \left(\dfrac{\partial U}{\partial T}\right)_V$
U를 미분하면 $U' = 25.96 + 2 \times 0.02134t$
0℃이므로 정용열용량 = 25.96

55 터빈을 운전하기 위해 2kg/s의 증기가 5atm, 300℃에서 50m/s로 터빈에 들어가고 300m/s 속도로 대기에 방출된다. 이 과정에서 터빈은 400kW의 축일을 하고 100kJ/s의 열을 방출하였다고 할 때, 엔탈피 변화(kW)는? `출제율 40%`

① 212.5 ② -387.5
③ 412.5 ④ -587.5

해설 $\Delta H + \dfrac{1}{2}m\Delta v^2 + \overset{0}{\cancel{\Delta z}} = Q + W$
$\Delta H = Q - W_S - \dfrac{1}{2}m\Delta v^2$
$dH = -100\text{kW}(\text{열 방출}) - 400\text{kW}(\text{외부}) - \dfrac{1}{2}$
$\qquad \times 2\text{kg/s} \times (300^2 - 50^2)\text{m}^2/\text{s}^2$
$\quad = -587.5\text{kW}$

56 압력이 1atm인 화학변화계의 체적이 2L 증가하였을 때 한 일(J)은? `출제율 20%`

① 202.65 ② 2026.5
③ 20265 ④ 202650

해설 $1\text{J} = 1\text{Pa} \cdot \text{m}^3$
$w = \displaystyle\int_{v_1}^{v_2} Pdv = 2\text{atm} \cdot \text{L}$
$2\text{atm} \cdot \text{L} \times \dfrac{101.325 \times 10^3 \text{Pa}}{\text{atm}} \times \dfrac{1\text{m}^3}{1000\text{L}} = 202.6$

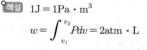

57 40mol% $C_2H_4Cl_2$ 톨루엔 혼합용액이 100mol/h로 증류탑에 공급되어 아래와 같은 조성으로 분리될 때, 각 흐름의 속도(mol/h)는? 〔출제율 60%〕

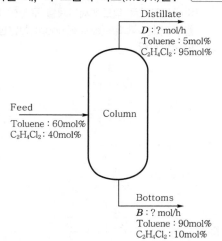

Distillate
D : ? mol/h
Toluene : 5mol%
$C_2H_4Cl_2$: 95mol%

Feed
Toluene : 60mol%
$C_2H_4Cl_2$: 40mol%

Column

Bottoms
B : ? mol/h
Toluene : 90mol%
$C_2H_4Cl_2$: 10mol%

① $D = 0.35$, $B = 0.64$
② $D = 64.7$, $B = 35.3$
③ $D = 35.3$, $B = 64.7$
④ $D = 0.64$, $B = 0.35$

〔해설〕 물질수지 이용
$60 = 0.05D + 0.9B$
$40 = 0.95D + 0.1B$
$\therefore D = 35.3$, $B = 64.7$

58 가스분석기를 사용하여 사염화탄소를 분석하고자 하는데 한쪽에서는 순수 질소가 유입되고 다른 쪽에서는 가스 1L당 280mg의 CCl_4를 함유하는 질소가 0.2L/min의 유속으로 혼합기에 유입되어 혼합된다. 혼합가스가 대기압 하에서 10L/min의 유량으로 가스분석기에 보내질 때 온도가 24℃로 일정하다면 혼합기 내 혼합가스의 CCl_4 농도(mg/L)는? (단, 혼합기의 게이지압은 8cmH₂O이다.) 〔출제율 20%〕

① 3.74   ② 5.64
③ 7.28   ④ 9.14

〔해설〕 1L당 280mg, 0.2L/min
$\Rightarrow$ 56mg/min, 유량 10L/min
농도 $= \dfrac{56\text{mg/min}}{10\text{L/min}} \times \dfrac{10.41\text{mH}_2\text{O}}{10.33\text{mH}_2\text{O}} = 5.64\text{mg/L}$

59 주어진 계에서 기체분자들이 반응하여 새로운 분자가 생성되었을 때 원자백분율 조성에 대한 설명으로 옳은 것은? 〔출제율 20%〕

① 그 계의 압력 변화에 따라 변화한다.
② 그 계의 온도 변화에 따라 변화한다.
③ 그 계 내에서 화학반응이 일어날 때 변화한다.
④ 그 계 내에서 화학반응에 관계없이 일정하다.

〔해설〕 화학반응, 온도, 압력이 변하더라도 계 내에서 일정하다.

60 수분이 60wt%인 어묵을 500kg/h의 속도로 건조하여 수분을 20wt%로 만들 때 수분의 증발속도(kg/h)는? 〔출제율 40%〕

① 200
② 220
③ 240
④ 250

〔해설〕 $500 \times 0.6 = 300$(수분), 200(건조)
증발하므로 수분 양만 고려하며
$0.2 = \dfrac{300 - x}{300 - x + 200}$ (여기서, x : 증발속도)
$0.2 \times (500 - x) = 300 - x$
$\therefore x = 250\text{kg/h}$

▶▶ 제4과목 ┃ 화공계측제어

61 비례-적분-미분(PID) 제어기가 제어하고 있는 제어시스템에서 정상상태에서의 제어기 출력 순변화가 2라 할 때 정상상태에서의 제어기의 비례 $P = k_c(y_s - y)$, 적분 $I = \dfrac{k_c}{\tau_i} \displaystyle\int_0^t (y_s - y)\,dt$, 미분 $D = k_c\tau_d \dfrac{d(y_s - y)}{dt}$ 항 각각의 크기는? 〔출제율 20%〕

① $P : 0$, $I : 0$, $D : 0$
② $P : 0$, $I : 2$, $D : 0$
③ $P : 2$, $I : 0$, $D : 0$
④ $P : 0$, $I : 0$, $D : 2$

[해설] 순출력 변화가 2이므로 비례동작은 변화 없고 PID 제어에서 0이 아닌 일정한 오차를 갖는 응답에 대해서도 $de/dt = 0$이므로 미분동작을 하지 않는 결정을 가지고 있다. 또한 미분동작은 오차를 미리 예견하여 오차의 변화율에 비례하는 제어동작을 사용한다. 따라서 $P = 0$, $I = 2$, $D = 0$이다.

62 서보(servo)제어에 대한 설명 중 옳은 것은 어느 것인가? [출제율 20%]

① 설정점의 변화와 조작변수와의 동작관계이다.

② 부하와 조작변수와의 동작관계이다.

③ 부하와 설정점의 동시변화에 대한 조작변수와의 동작관계이다.

④ 설정점의 변화와 부하와의 동작관계이다.

[해설] Servo control
외부교란 변수는 없고 설정값 변화에 따른 조작변수와의 동작관계

63 특성방정식이 $1 + \dfrac{K_c}{(s+1)(s+2)} = 0$으로 표현되는 선형 제어계에 대하여 Routh-Hurwitz의 안정 판정에 의한 K_c의 범위는? [출제율 80%]

① $K_c < -1$

② $K_c > -1$

③ $K_c > -2$

④ $K_c < -2$

[해설] 특성방정식 $1 + \dfrac{K_c}{(s+1)(s+2)} = 0$을 정리하면

$s^2 + 3s + 2 + K_c = 0$

Routh 안정성

	1	2
1	1	$2 + K_c$
2	3	0
3	$\dfrac{3(2+K_c)}{3} > 0$	

$2 + K_c > 0$이므로 $K_c > -2$

64 밸브, 센서, 공정의 전달함수가 각각 $G_v(s) = G_m(s) = 1$, $G_p(s) = \dfrac{3}{2s+1}$인 공정시스템에 비례제어기로 피드백제어계를 구성할 때, 성취될 수 있는 폐회로(closed-loop) 전달함수는 어느 것인가? [출제율 60%]

① $G(s) = \dfrac{3}{(2s+1)^2}$

② $G(s) = \dfrac{3}{(2s+4)^2}$

③ $G(s) = \dfrac{3}{2s+4}$

④ $G(s) = \dfrac{3}{2s+1}$

[해설] $\dfrac{G_{oL}}{1+G_{oL}} = \dfrac{\dfrac{3}{2s+1}}{1+\dfrac{3}{2s+1}} = \dfrac{\dfrac{3}{2s+1}}{\dfrac{2s+4}{2s+1}} = \dfrac{3}{2s+4}$

65 아래의 비선형계를 선형화하여 편차변수 $y' = y - y_{ss}$, $u' = u - u_{ss}$로 표현한 것은 다음 중 어느 것인가? [출제율 40%]

$$4\frac{dy}{dt} + 2y^2 = u(t)$$
$$\text{정상상태} : y_{ss} = 1, \ u_{ss} = 2$$

① $4\dfrac{dy'}{dt} + 2y' = u'(t)$

② $4\dfrac{dy'}{dt} + \dfrac{1}{2}y' = u'(t)$

③ $4\dfrac{dy'}{dt} + 4y' = u'(t)$

④ $4\dfrac{dy'}{dt} + 4y' = 0$

[해설] 편차변수를 도입하여 선형화, Taylor 급수 전개

$f(s) \cong f(x_s) + \dfrac{df}{dx}(x_s)(x - x_s)$

$4\dfrac{d(y-y_{ss})}{dt} + 4(y-y_{ss}) = U - U_{ss}$

$4\dfrac{dy'}{dt} + 4y' = u'(t)$

66 다음 중 2차계에서 Overshoot를 가장 크게 하는 제동비(damping factor ; ξ)는? `출제율 40%`

① 0.1   ② 0.5

③ 1   ④ 10

`해설` • 제동비(damping factor, ξ)는 작을수록 과소 감쇠 시스템이며 진동의 폭이 커진다.

• Overshoot : 응답이 정상상태값을 초과하는 정도를 나타내는 양이며, 다음 식과 같다.

$$\text{Overshoot} = \exp\left(-\frac{\pi\xi}{\sqrt{1-\xi^2}}\right)$$

67 개방회로 전달함수가 $\dfrac{K_c}{(s+1)^3}$ 인 제어계에서 이득여유가 2.0이 되는 K_c는? `출제율 60%`

① 2   ② 4

③ 6   ④ 8

`해설` 특성방정식 $\dfrac{K_c}{(s+1)^3}+1=0$, s에 wi로 치환

$-iw^3 - 3w^2 + 3wi + K_c + 1 = 0$

$(-3w^2 + 1 + K_c) + (-w^3 + 3w)i = 0$

허수부를 0으로 만들면

$w = \pm\sqrt{3}$, w를 허수부에 대입하면 0이 된다.

$$\frac{K_c}{(wi+1)^3} = \frac{K_c}{(1-3w^2)+(3w-w^3)i}$$

이득여유의 역수가 진폭비이므로

$$\frac{K_c}{|1-3w^2|} = \frac{K_c}{8} = \frac{1}{2}$$

$\therefore K_c = 4$

68 교반탱크에 100L의 물이 들어있고 여기에 10%의 소금용액이 5L/min으로 공급되며 혼합액이 같은 유속으로 배출될 때 이 탱크의 소금농도식의 Laplace 변환은? `출제율 40%`

① $Y(s) = 0.05\left(\dfrac{1}{s} - \dfrac{1}{s+0.05}\right)$

② $Y(s) = 0.05\left(\dfrac{1}{s} - \dfrac{1}{s+0.1}\right)$

③ $Y(s) = 0.1\left(\dfrac{1}{s} - \dfrac{1}{s+0.05}\right)$

④ $Y(s) = 0.1\left(\dfrac{1}{s} - \dfrac{1}{s+0.1}\right)$

`해설` 소금농도식에서 공급 5L/min(10% 소금용액)=혼합액 5L/min

$$\frac{dY(t)}{dt} = 0.5 - 0.05\,Y(t)$$

$$\left(\text{100 중 5L가 나가니 } \frac{5}{100} = 0.05\right)$$

↓ $\mathcal{L}$ 라플라스 변환

$sY(s) - y(0) = \dfrac{0.5}{s} - 0.05\,Y(s)$, $y(0) = 0$

$(s+0.05)\,Y(s) = \dfrac{0.5}{s}$

$Y(s) = \dfrac{0.5}{s(s+0.05)} = \dfrac{10}{s} - \dfrac{10}{s+0.05}$

물의 양(100)으로 나누면

$Y(s) = 0.1\left(\dfrac{1}{s} - \dfrac{1}{s+0.05}\right)$

69 어떤 1차계의 전달함수는 $1/(2s+1)$로 주어진다. 크기 1, 지속시간 1인 펄스 입력변수가 도입되었을 때 출력은? (단, 정상상태에서의 입력과 출력은 모두 0이다.) `출제율 20%`

① $1 - te^{-t/2}u(t-1)$

② $1 - e^{-(t-1)/2}u(t-1)$

③ $1 - \{e^{-t/2} + e^{-(t-1)/2}\}u(t-1)$

④ $1 - e^{-t/2} - \{1 - e^{-(t-1)/2}\}u(t-1)$

`해설` $G(s) = \dfrac{1}{2s+1}$

크기 1, 지속시간 1인 펄스 입력변수

$f(t) = u(t) - u(t-1)$

라플라스 변환 : $f(s) = \dfrac{1}{s} - \dfrac{e^{-s}}{s}$

$G(s) = \dfrac{Y(s)}{F(s)}$

$Y(s) = F(s)\cdot G(s) = \dfrac{1}{2s+1}\left(\dfrac{1}{s} - \dfrac{e^{-s}}{s}\right)$

$= \dfrac{1}{s}\cdot\dfrac{1}{2s+1} - \dfrac{1}{s}\cdot\dfrac{1}{2s+1}e^{-s}$

$= \dfrac{1}{s} - \dfrac{2}{2s+1} - \left(\dfrac{1}{s} - \dfrac{2}{2s+1}\right)e^{-s}$

$= \dfrac{1}{s} - \dfrac{1}{s+\frac{1}{2}} - \left(\dfrac{1}{s} - \dfrac{1}{s+\frac{1}{2}}\right)e^{-s}$

라플라스 역변환을 하면

$y(t) = 1 - e^{-t/2} - \{1 - e^{-(t-1)/2}\}u(t-1)$

`보충 Tip`

$$f(t-a)u(t-a) \leftrightarrow \mathcal{L}(l) = e^{-as}\mathcal{L}\{f(t)\}$$

70 다음 함수의 Laplace 변환은? (단, $u(t)$는 단위 계단함수이다.) 출제율 60%

$$f(t) = h\{u(t-A) - u(t-B)\}$$

① $F(s) = \dfrac{h}{s}(e^{-As} - e^{-Bs})$

② $F(s) = \dfrac{h}{s}\{1 - e^{-(B-A)s}\}$

③ $F(s) = \dfrac{h}{s}\{1 - e^{(B-A)s}\}$

④ $F(s) = \dfrac{h}{s}(e^{-As} - e^{Bs})$

해설 $f(t) = h\{u(t-A) - u(t-B)\}$
라플라스 변환

$$F(s) = h \cdot \dfrac{e^{-As}}{s} - h\dfrac{e^{-Bs}}{s} = \dfrac{h}{s}(e^{-As} - e^{-Bs})$$

71 어떤 공정의 열교환망 설계를 위한 핀치방법이 아래와 같을 때 틀린 설명은? 출제율 20%

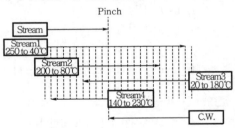

① 최소 열교환 온도차는 10℃이다.
② 핀치 상부의 흐름은 5개이다.
③ 핀치의 온도는 고온흐름기준 140℃이다.
④ 유틸리티로 냉각수와 수증기를 모두 사용한다고 할 때 핀치방법으로 필요한 최소 열교환장치는 7개이다.

해설 핀치의 온도는 고온흐름기준 160℃이다.

72 발열이 있는 반응기의 온도제어를 위해 그림과 같이 냉각수를 이용한 열교환으로 제열을 수행하고 있다. 다음 중 옳은 설명은? 출제율 40%

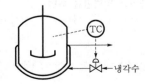

① 공압 구동부와 밸브형은 각각 ATO(Air-To-Open), 선형을 택해야 한다.
② 공압 구동부와 밸브형은 각각 ATC(Air-To-Close), Equal Percentage(등비율)형을 택해야 한다.
③ 공압 구동부와 밸브형은 각각 ATO(Air-To-Open), Equal Percentage(등비율)형을 택해야 한다.
④ 공압 구동부는 ATC(Air-To-Close)를 택해야 하지만 밸브형은 이 정보만으로는 결정하기 어렵다.

해설 비상시 밸브가 open되어 있어야 냉각수를 공급하여 반응기의 냉각이 가능하다.

73 제어계의 구성요소 중 제어오차(에러)를 계산하는 부분은? 출제율 40%

① 센서
② 공정
③ 최종제어요소
④ 피드백제어기

해설 제어기
제어오차를 계산하는 부분이다.

74 어떤 제어계의 특성방정식이 다음과 같을 때 한계주기(ultimate period)는? 출제율 60%

$$s^3 + 6s^2 + 9s + 1 + K_c = 0$$

① $\dfrac{\pi}{2}$ ② $\dfrac{2}{3}\pi$

③ π ④ $\dfrac{3}{2}\pi$

해설 $s^3 + 6s^2 + 9s + 1 + K_c = 0$에 $s = iw_u$ 대입
$-iw_u^3 - 6w_u^2 + 9iw_u + 1 + K_c = 0$
실수부 : $-6w_u^2 + 1 + K_c = 0$
허수부 : $i(9w_u - w_u^3) = 0 \rightarrow w_u = 0, w_u = \pm 3$
$w_u = 0$이면 $K_c = -1$
$w_u = \pm 3$이면 $K_c = 53$
$-1 < K_c < 53$
임계주기 $T_u = \dfrac{2\pi}{w_u} = \dfrac{2\pi}{3}$

75 4~20mA를 출력으로 내어주는 온도변환기의 측정폭을 0℃에서 100℃ 범위로 설정하였을 때 25℃에서 발생한 표준전류신호(mA)는? 출제율 40%

① 4 　　　　② 8
③ 12 　　　　④ 16

해설 제어기 이득 $= \dfrac{\text{전환기의 출력범위}}{\text{전환기의 입력범위}} = \dfrac{16}{100} = 0.16$

$0.16 \times 25℃ = 4$이므로
표준전류신호는 $4 + 4 = 8$

76 수송지연(transportation lag)의 전달함수가 $G(s) = e^{-\tau_a s}$일 때, 위상각(phase angle ; ϕ)은? (단, ω는 각속도를 의미한다.) 출제율 20%

① $\phi = -\omega\tau_a$ 　　② $\phi = \dfrac{1}{\omega\tau_a}$

③ $\phi = \dfrac{1}{1+\omega\tau_a}$ 　　④ $\phi = \dfrac{1}{\sqrt{1+\omega\tau_a}}$

해설 $\phi = -\tau\omega$

77 $\dfrac{Y(s)}{U(s)} = \dfrac{1}{s^2+5s+6}$의 전달함수를 갖는 계에서 $y_1 = y$, $y_2 = \dfrac{dy}{dt}$라고 할 때, 상태함수를 $\begin{bmatrix} \dot{y_1} \\ \dot{y_2} \end{bmatrix} = A\begin{bmatrix} y_1 \\ y_2 \end{bmatrix} + Bu$로 나타낼 수 있다. 이때, 행렬 A와 B는? (단, 문자 위 점 " $\cdot$ "은 시간에 대한 미분을 의미한다.) 출제율 20%

① $A = \begin{bmatrix} 0 & 1 \\ -2 & -3 \end{bmatrix}$, $B = \begin{bmatrix} 1 \\ 1 \end{bmatrix}$

② $A = \begin{bmatrix} 0 & 1 \\ 2 & 3 \end{bmatrix}$, $B = \begin{bmatrix} 0 \\ 1 \end{bmatrix}$

③ $A = \begin{bmatrix} 0 & 1 \\ -6 & -5 \end{bmatrix}$, $B = \begin{bmatrix} 0 \\ 1 \end{bmatrix}$

④ $A = \begin{bmatrix} 0 & 1 \\ -5 & -6 \end{bmatrix}$, $B = \begin{bmatrix} 1 \\ 0 \end{bmatrix}$

해설 $(s^2+5s+6)Y(s) = U(s)$, $y_2 = \dfrac{dy}{dt} = \dfrac{\dot{y_1}}{dt}$

$\dfrac{d^2y}{dt^2} + s\dfrac{dy}{dt} + 6y = U(t)$

↓

$\dfrac{dy_2}{dt} + sy_2 + 6y_1 = U(t)$

$\dfrac{\dot{y_1}}{dt} = y_2$

$\dfrac{\dot{y_2}}{dt} = -6y_1 - sy_2 + U(t)$

$\begin{bmatrix} \dot{y_1} \\ \dot{y_2} \end{bmatrix} = \begin{bmatrix} 0 & 1 \\ -6 & -5 \end{bmatrix}\begin{bmatrix} y_1 \\ y_2 \end{bmatrix} + \begin{bmatrix} 0 \\ 1 \end{bmatrix}U$

$A = \begin{bmatrix} 0 & 1 \\ -6 & -5 \end{bmatrix}$, $B = \begin{bmatrix} 0 \\ 1 \end{bmatrix}$

78 $F(s) = \dfrac{5}{s^2+3}$의 라플라스 역변환은? 출제율 50%

① $f(t) = 5\sin\sqrt{3}\,t$

② $f(t) = \dfrac{5}{\sqrt{3}}\cos 3t$

③ $f(t) = 5\cos\sqrt{3}\,t$

④ $f(t) = \dfrac{5}{\sqrt{3}}\sin\sqrt{3}\,t$

해설 $\sin wt = \dfrac{w}{s^2+w^2}$

$F(s) = \dfrac{5}{s^2+3} = \dfrac{\sqrt{3}\times\dfrac{5}{\sqrt{3}}}{s^2+\sqrt{3^2}}$

역변환하면 $\dfrac{5}{\sqrt{3}}\sin\sqrt{3}\,t$

79 배관계장도(P & ID)에서 공기 신호(pneumatic signal)와 유압 신호(hydraulic signal)를 나타내는 선이 순서대로 옳게 나열된 것은 어느 것인가? 출제율 20%

① ─○─○─ , ─╫─╫─
② ─×─×─ , ─L─L─
③ ─╫─╫─ , ─L─L─
④ ─○─○─ , ─○─○─

해설
• 공기 신호 : ─╫─╫─
• 유압 신호 : ─L─L─ (일본)
　　　　　　 ─/─/─
• 전기배선 : ─ ─ ─ ─ ─
• 배관 : ─────
• 전자파, 방사선 : ∿∿∿
• 세관 : ─×─×─×─

80 공장에서 배출되는 이산화탄소를 아민류로 포집하는 시설을 공정설계 시뮬레이터를 사용하여 모사한다고 할 때 적합한 열역학적 물성 모델은? 출제율 20%

① UNIFAC

② Ion-NRTL

③ Peng-Robinson

④ Ideal gas law

해설 NRTL 모델

두 가지 이상의 물질이 혼합된 경우 라울의 법칙이 적용되는 이상용액으로부터 벗어나는 현상에 관한 모델로 공장에서 배출되는 다양한 종류의 배출가스 모사 시 적합하다.

제1과목 ┃ 공업합성

01 다음 중 중과린산석회의 제법으로 가장 옳은 설명은? 〔출제율 40%〕

① 인산을 암모니아로 처리한다.
② 과린산석회를 암모니아로 처리한다.
③ 칠레초석을 황산으로 처리한다.
④ 인광석을 인산으로 처리한다.

해설 중과린산석회(P_2O_5)
인광석을 인산분해하여 제조
$Ca_3(PO_4)_2 + 4H_3PO_4 + 3H_2O$
$\rightarrow 3[CaH_4(PO_4)_2 \cdot H_2O]$
$Ca_3(PO_4)_3F_1 + 7H_3PO_4 + 5H_2O$
$\rightarrow 5[Ca(H_2PO_4)_2 \cdot H_2O] + HF$

02 다음 중 공업적인 HCl 제조방법에 해당하는 것은? 〔출제율 40%〕

① 부생 염산법　　② Petersen Tower법
③ OPL법　　　　④ Meyer법

해설 HCl 제조방법
㉠ 식염의 황산 분해법(LeBlanc법)
㉡ 합성 염산법($Cl_2 + H_2$)
㉢ 부생 염산법
㉣ 무수염산 제조법

03 석회질소 비료에 대한 설명 중 틀린 것은 어느 것인가? 〔출제율 40%〕

① 토양의 살균효과가 있다.
② 과린산석회, 암모늄염 등과의 배합비료로 적당하다.
③ 저장 중 이산화탄소, 물을 흡수하여 부피가 증가한다.
④ 분해 시 생성되는 디시안디아미드는 식물에 유해하다.

해설 석회질소 비료의 특징
㉠ 염기성 비료로 산성 토양에 효과적이다.
㉡ 토양의 살균, 살충 효과가 있다.
㉢ 분해 시 독성이 발생한다(분해 시 생성되는 디시안디아미드는 식물에 유해).
㉣ 배합비료에 부적합하다.
㉤ 질소비료, 시안화물을 만드는 데 주로 사용된다.
㉥ 저장 중 CO_2, H_2O를 흡수하여 부피가 증가한다.

보충 Tip

> 과린산석회, 암모늄염 등과의 배합은 암모니아가 손실되는 결과를 가져온다.

04 석유정제에 사용되는 용제가 갖추어야 하는 조건이 아닌 것은? 〔출제율 50%〕

① 선택성이 높아야 한다.
② 추출할 성분에 대한 용해도가 높아야 한다.
③ 용제의 비점과 추출성분의 비점의 차이가 적어야 한다.
④ 독성이나 장치에 대한 부식성이 적어야 한다.

해설 용제의 조건
㉠ 선택성이 높아야 한다.
㉡ 추출 성분에 대한 용해도가 높아야 한다.
㉢ 열, 화학적으로 안정 및 회수가 용이해야 한다.
㉣ 용제의 비점과 추출 성분의 비점 차이가 커야 한다.
㉤ 독성이나 장치에 대한 부식성이 적어야 한다.

05 말레산 무수물을 벤젠의 공기산화법으로 제조하고자 할 때 사용되는 촉매는 다음 중 어느 것인가? 〔출제율 40%〕

① V_2O_5
② $PdCl_2$
③ LiH_2PO_4
④ $Si-Al_2O_3$ 담체로 한 Nickel

해설 말레산 무수물(벤젠의 공기산화법)

$$\bigcirc + 4.5O_2 \xrightarrow[400\sim500℃]{V_2O_5 \ 촉매} \begin{array}{c} CH-CO \\ \| \\ CH-CO \end{array}\Big\rangle O + 2H_2O + 2CO_2$$

06 전류효율이 90%인 전해조에서 소금물을 전기분해하면 수산화나트륨과 염소, 수소가 만들어진다. 매일 17.75ton의 염소가 부산물로 나온다면 수산화나트륨의 생산량(ton/day)은? 출제율 40%

① 16
② 18
③ 20
④ 22

해설 $2NaCl + 2H_2O \rightarrow 2NaOH + H_2 + Cl_2$

$$2 \times 40 \quad : \quad 71$$
$$x \quad : \quad 17.75 ton/day$$

$\therefore x = 20 ton/day$

07 초산과 에탄올을 산 촉매 하에서 반응시켜 에스테르와 물을 생성할 때, 물분자의 산소원자의 출처는? 출제율 40%

① 초산의 C=O
② 초산의 OH
③ 에탄올의 OH
④ 촉매에서 산소 도입

해설 에스테르화 반응은 산과 알코올이 축합반응으로 분자 내 에스테르기(-COO-)를 도입하는 반응으로 물이 생성되는 경우는 산의 히드록시기와 알코올의 수소원자와의 결합으로 생성된다.

$$CH_3COOH + HOC_2H_5 \underset{\text{에스테르화}}{\overset{H_2SO_4}{\rightleftharpoons}} CH_3COOC_2H_5 + H_2O$$

아세트산(초산)　　에탄올　　　　　　에틸아세데이트

08 암모니아 산화에 의한 질산 제조공정에서 사용되는 촉매에 대한 설명으로 틀린 것은? 출제율 60%

① 촉매로는 Pt에 Rh이나 Pd를 첨가하여 만든 백금계 촉매가 일반적으로 사용된다.
② 촉매는 단위중량에 대한 표면적이 큰 것이 유리하다.
③ 촉매 형상은 직경 0.2cm 이상의 선으로 망을 떠서 사용한다.
④ Rh은 가격이 비싸지만, 강도, 촉매 활성, 촉매 손실을 개선하는 데 효과가 있다.

해설 암모니아 산화반응
$4NH_3 + 5O_2 \rightarrow 4NO + 6H_2O$
촉매 형상은 표면적이 큰 것을 사용한다.

09 다음 중 옥탄가가 가장 낮은 가솔린은 어느 것인가? 출제율 20%

① 접촉개질 가솔린
② 알킬화 가솔린
③ 접촉분해 가솔린
④ 직류 가솔린

해설 ① 개질 가솔린 : 직류 가솔린을 리포밍하여 얻어지는 가솔린
② 알킬화 가솔린 : 가치가 낮은 석유 유분을 알킬화를 통해 전화한 가솔린
③ 분해 가솔린 : 옥탄가가 높은 가솔린
④ 직류 가솔린 : 석유를 증류하여 얻어지는 나프타로 옥탄가가 낮음

10 열가소성 플라스틱에 해당하는 것은? 출제율 80%

① ABS수지
② 규소수지
③ 에폭시수지
④ 알키드수지

해설 • 열가소성 수지 : 폴리에틸렌수지, 폴리프로필렌수지, ABS수지, 폴리염화비닐수지 등
• 열경화성 수지 : 페놀수지, 요소수지, 에폭시수지, 알키드수지, 규소수지 등

11 다음 중 황산 제조에 사용되는 원료가 아닌 것은? 출제율 60%

① 황화철광
② 자류철광
③ 염화암모늄
④ 금속제련 폐가스

해설 황산 제조 원료
㉠ 황
㉡ 황화철강
㉢ 자류철광(자황화철광)
㉣ 금속제련 폐가스

12 650℃에서 작동하며, 수소 또는 일산화탄소를 음극연료로 사용하는 연료전지는? 출제율 40%

① 인산형 연료전지(PAFC)
② 알칼리형 연료전지(AFC)
③ 고체산화물 연료전지(SOFC)
④ 용융탄산염 연료전지(MCFC)

해설 용융탄산염형 연료전지
650℃ 고온에서 수소와 일산화탄소의 혼합가스를 직접 연료로 사용

13 반도체 제조과정 중에서 식각공정 후 행해지는 세정공정에 사용되는 Piranha 용액의 주원료에 해당하는 것은? `출제율 20%`

① 질산, 암모니아
② 불산, 염화나트륨
③ 에탄올, 벤젠
④ 황산, 과산화수소

`해설` Piranha 용액
식각공정 후 세척공정에서 사용되며, 주로 황산과 과산화수소를 섞어 만든 용액이다.

14 폐수 내에 녹아있는 중금속이온을 제거하는 방법이 아닌 것은? `출제율 20%`

① 열분해
② 이온교환수지를 이용하여 제거
③ pH를 조절하여 수산화물 형태로 침전 제거
④ 전기화학적 방법을 이용한 전해 회수

`해설` 중금속 제거방법
㉠ 이온교환수지법
㉡ 전기분해법
㉢ 침전법
㉣ 흡착법

15 르블랑(LeBlanc)법으로 100% HCl 3000kg을 제조하기 위한 85% 소금의 이론량(kg)은? (단, 각 원자의 원자량은 Na은 23amu, Cl은 35.5amu이다.) `출제율 40%`

① 3636   ② 4646
③ 5657   ④ 6667

`해설` $NaCl + H_2SO_4 \rightarrow NaHSO_4 + HCl$

58.5	:		36.5
x	:		3000kg

$58.5 : 36.5 = x : 3000\,kg$
소금의 양$(x) = 4080.219$

85% 소금의 이론량 $= \dfrac{4808.219\,kg}{0.85} = 5656.73\,kg$

16 레페(Reppe) 합성반응을 크게 4가지로 분류할 때 해당하지 않는 것은? `출제율 40%`

① 알킬화 반응   ② 비닐화 반응
③ 고리화 반응   ④ 카르보닐화 반응

`해설` Reppe 합성반응 분류
㉠ 비닐화 반응
㉡ 에티닐화 반응
㉢ 카르보닐화 반응
㉣ 고리화 반응

17 환경친화적인 생분해성 고분자로 가장 거리가 먼 것은? `출제율 20%`

① 전분
② 폴리이소프렌
③ 폴리카프로락톤
④ 지방족 폴리에스테르

`해설` 폴리이소프렌(＝합성천연고무)
기계적 특성과 내마모성이 우수하며, 생분해가 안 된다.
* 생분해성 고분자 : 이용 후 화학적 분해 가능
 (지방족 폴리에스테르, 폴리카프로락톤, 전분 등)

18 염화수소 가스 42.3kg을 물 83kg에 흡수시켜 염산을 제조할 때 염산의 농도(wt%)는? (단, 염화수소 가스는 전량 물에 흡수된 것으로 한다.) `출제율 40%`

① 13.76
② 23.76
③ 33.76
④ 43.76

`해설` 염산의 농도$(wt\%) = \dfrac{42.3}{42.3 + 83} \times 100 = 33.76\%$

19 일반적인 공정에서 에틸렌으로부터 얻는 제품이 아닌 것은? `출제율 40%`

① 에틸벤젠
② 아세트알데히드
③ 에탄올
④ 염화알릴

`해설` 에틸렌 제품
㉠ 폴리에틸렌
㉡ 아세트알데히드
㉢ 산화에틸렌 → 에틸렌글리콜
㉣ 에틸렌클로로히드린
㉤ 에틸벤젠 → 스티렌
㉥ 에탄올
㉦ 염화에틸렌 → 염화비닐 → 염화비닐리덴

13. ④ 14. ① 15. ③ 16. ① 17. ② 18. ③ 19. ④

20 A(g)+B(g) $\rightleftarrows$ C(g)+2kcal 반응에 대한 설명 중 틀린 것은? 〔출제율 20%〕

① 발열반응이다.
② 압력을 높이면 반응이 정방향으로 진행한다.
③ 온도를 높이면 반응이 정방향으로 진행한다.
④ 가역반응이다.

〔해설〕 발열반응에서 온도 증가 시 반응은 역방향으로 진행한다.

제2과목 ▌반응운전

21 평형상태에 대한 설명 중 옳은 것은? 〔출제율 40%〕

① $(dG^t)_{T,\,P}=1$이 성립한다.
② $(dG^t)_{T,\,P}>0$가 성립한다.
③ $(dG^t)_{T,\,P}=0$이 성립한다.
④ $(dG^t)_{T,\,P}<0$가 성립한다.

〔해설〕 화학반응 평형
$(dG^t)_{T,\,P}=0$

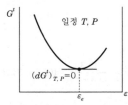

평형상태일 때 자유에너지 변화는 0이다(엔트로피 변화는 최대).

22 질소가 200atm, 250K으로 채워져 있는 10L 기체 저장탱크에 5L 진공용기를 두 탱크의 압력이 같아질 때까지 연결하였을 때, 기체 저장탱크(T_{1f})와 진공용기(T_{2f})의 온도(K)는? (단, 질소는 이상기체이고, 탱크 밖으로 질소 또는 열의 손실을 완전히 무시할 수 있다고 가정하며, 질소의 정압 열용량은 7cal/mol · K이다.) 〔출제율 20%〕

① $T_{1f}=222.8,\ T_{2f}=330.6$
② $T_{1f}=222.8,\ T_{2f}=133.3$
③ $T_{1f}=133.3,\ T_{2f}=330.6$
④ $T_{1f}=133.3,\ T_{2f}=222.8$

〔해설〕 진공팽창 $\rightarrow W=0$, 단열 $\rightarrow Q=0$,
$\Delta U=Q+W=0$
$n_0=\dfrac{RV}{RT}=\dfrac{200\times10}{0.082\times250}=97.56,\ n_0=n_1+n_2$
$\Delta U=n_1 C_V(T_{1f}-250)+n_2 C_V(T_{2f}-250)=0$
$n_1T_{1f}+n_2T_{2f}=(n_1+n_2)250=97.56\times250$
$\qquad\qquad\qquad\qquad=24390.2$
$n_1T_{1f}=\dfrac{P_1\cdot10}{R},\ n_2T_{2f}=\dfrac{R_2\cdot5}{R},\ P_1=P_2$
$n_1T_{1f}=2n_2T_{2f}$
$n_2T_{2f}=8130.08$
$n_1T_{1f}=16260.16\rightarrow n_1=\dfrac{16260.16}{T_{1f}}$
$n_1=\dfrac{P_110}{RT_{1f}}=\dfrac{16260.16}{T_{1f}}\rightarrow\dfrac{10P_1}{R}=16260.16$
$\rightarrow\dfrac{10P_1}{0.082}=16260.16$
$P_1=133.43\text{atm}=P_2$
단열이므로
$T\cdot P^{\frac{1-\gamma}{\gamma}}=$일정, $\gamma=\dfrac{C_P}{C_V}=\dfrac{7}{7-1.987}=1.396$
$T_0P_0^{\frac{1-\gamma}{\gamma}}=T_{1f}P_1^{\frac{1-\gamma}{\gamma}}$
$250\cdot200^{\frac{1-1.396}{1.396}}=T_{1f}\cdot133.43^{\frac{1-1.396}{1.396}}$
$\therefore T_{1f}=222.88$
$n_1=\dfrac{16260.16}{T_{1f}}=72.95,\ n_2=n_0-n_1=24.61$
$\therefore T_{2f}=\dfrac{8130.08}{24.61}=330.36$

23 3개의 기체 화학종(N_2, H_2, NH_3)으로 구성된 계에서 아래의 화학반응이 일어날 때 반응계의 자유도는? 〔출제율 80%〕

$$N_{2(g)}+3H_{2(g)}\rightarrow2NH_{3(g)}$$

① 0 ② 1
③ 2 ④ 3

〔해설〕 자유도(F)
$F=2-P+C-r-s$
　여기서, P : 상
　　　　C : 성분
　　　　r : 반응식
　　　　s : 제한조건(공비혼합물, 등몰기체 생성)
$=2-1+3-1-0$
$=3$

24 기체의 평균열용량($< C_P >$)과 온도에 대한 2차 함수로 주어지는 열용량(C_P)과의 관계식으로 옳은 것은? (단, 열용량은 $\alpha + \beta T + \gamma T^2$으로 주어지며, T_0는 초기온도, T는 최종온도, α, β, γ는 물질의 고유상수를 의미한다.) 〔출제율 40%〕

① $\int_{T_0}^{T} \dfrac{C_P}{R} dT = (T - T_0) < C_P >$

② $\int_{T_0}^{T} \dfrac{C_P}{R} dT = (T + T_0) < C_P >$

③ $\int_{T_0}^{T} \dfrac{C_P}{R} dT = \dfrac{< C_P >}{T + T_0}$

④ $\int_{T_0}^{T} \dfrac{C_P}{R} dT = \dfrac{< C_P >}{T - T_0}$

〔해설〕 이상기체의 열용량

$dH = C_p dT$, $\dfrac{C_P}{R} = \alpha + \beta T + \gamma T^2$

$\int_{T_0}^{T} \dfrac{C_P}{R} dT = < C_P > (T - T_0)$

25 에탄올과 톨루엔의 65℃에서의 P_x 선도는 선형성으로부터 충분히 큰 양(+)의 편차를 나타낸다. 이렇게 상당한 양의 편차를 지닐 때 분자간의 인력을 옳게 나타낸 것은? 〔출제율 40%〕

① 같은 종류의 분자간의 인력 > 다른 종류의 분자간의 인력
② 같은 종류의 분자간의 인력 < 다른 종류의 분자간의 인력
③ 같은 종류의 분자간의 인력 = 다른 종류의 분자간의 인력
④ 같은 종류의 분자간의 인력 + 다른 종류의 분자간의 인력 = 0

〔해설〕 휘발도
• 휘발도가 이상적으로 큰 경우
  ㉠ 최저공비혼합물
  ㉡ 같은 종류의 분자간의 인력 > 다른 종류의 분자간의 인력
• 휘발도가 이상적으로 낮은 경우
  ㉠ 최고공비혼합물
  ㉡ 같은 종류의 분자간의 인력 < 다른 종류의 분자간의 인력

26 다음 중 공기표준 오토사이클의 효율을 옳게 나타낸 식은 어느 것인가? (단, a는 압축비, γ는 비열비(C_P / C_V)이다.) 〔출제율 60%〕

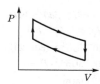

① $1 - \left(\dfrac{1}{a}\right)^{\gamma}$ 　　② $1 - a^{\gamma}$

③ $1 - \left(\dfrac{1}{a}\right)^{\gamma - 1}$ 　　④ $1 - a^{\gamma - 1}$

〔해설〕 Otto cyle 열효율(η)

$\eta = 1 - \left(\dfrac{1}{r}\right)^{\gamma - 1} = 1 - \left(\dfrac{1}{a}\right)^{\gamma - 1}$

여기서, r : 압축비, γ : 비열비, a : 압축비

27 열역학적 성질에 대한 설명 중 옳지 않은 것은 어느 것인가? 〔출제율 40%〕

① 순수한 물질의 임계점보다 높은 온도와 압력에서는 상의 계면이 없어지며 한 개의 상을 이루게 된다.
② 동일한 이심인자를 갖는 모든 유체는 같은 온도, 같은 압력에서 거의 동일한 Z값을 가진다.
③ 비리얼(virial) 상태방정식의 순수한 물질에 대한 비리얼 계수는 온도만의 함수이다.
④ 반 데르 발스(Van der Waals) 상태방정식은 기/액 평형상태에서 3개의 부피 해를 가진다.

〔해설〕 동일한 이심인자 값을 갖는 모든 유체는 같은 환산온도(T_r), 같은 환산압력(P_r)에서 거의 동일한 Z값을 가지며 이상기체의 거동에서 벗어나는 정도도 거의 같다.

28 아세톤의 부피팽창계수(β)는 $1.487 \times 10^{-3} ℃^{-1}$, 등온 압축계수($k$)는 $62 \times 10^{-6} atm^{-1}$일 때, 아세톤을 정적하에서 20℃, 1atm부터 30℃까지 가열하였을 때 압력(atm)은? (단, β와 k의 값은 항상 일정하다고 가정한다.) 〔출제율 50%〕

① 12.1 　　② 24.1
③ 121 　　④ 241

해설 $\dfrac{dV}{V} = \beta dT - kdP$

정용상태 20℃, 1atm $\xrightarrow{\text{가열}}$ 30℃, P_2는?

$0 = \beta dT - kdP,\ \beta dT = kdP$

$\beta(T_2 - T_1) = k(P_2 - P_1)$

$1.487 \times 10^{-3}℃^{-1} \times (30 - 20)$

$= 62 \times 10^{-6} \text{atm}^{-1} (P_2 - 1)$

$P_2 - 1 = 240\text{atm}$

$\therefore P_2 = 241\text{atm}$

29 i성분의 부분 몰 성질(partial molar property ; $\overline{M_i}$)을 바르게 나타낸 것은? (단, M은 열역학적 용량변수의 단위몰당 값, n_i는 i성분의 몰수, n_j는 i성분 이외의 모든 몰수를 일정하게 유지한다는 것을 의미한다.) 〔출제율 40%〕

① $\overline{M_i} = \left[\dfrac{\partial(nM)}{\partial n_i}\right]_{nS,\ nP,\ n_j}$

② $\overline{M_i} = \left[\dfrac{\partial(nM)}{\partial n_i}\right]_{T,\ P,\ n_j}$

③ $\overline{M_i} = \left[\dfrac{\partial(nM)}{\partial n_i}\right]_{P,\ nV,\ n_j}$

④ $\overline{M_i} = \left[\dfrac{\partial(nM)}{\partial n_i}\right]_{T,\ nS,\ n_j}$

해설 부분성질

$\overline{M_i} = \left[\dfrac{\partial(nM)}{\partial n_i}\right]_{T,\ P,\ n_j}$

30 다음 중 퓨가시티(fugacity)에 관한 설명으로 틀린 것은? 〔출제율 40%〕

① 일종의 세기(intensive properties) 성질이다.

② 이상기체 압력에 대응하는 실제기체의 상태량이다.

③ 순수기체의 경우 이상기체 압력에 퓨가시티 계수를 곱하면 퓨가시티가 된다.

④ 퓨가시티는 압력만의 함수이다.

해설 퓨가시티(fugacity)

$f = \phi_i P$

여기서, ϕ_i : 실제기체와 이상기체 압력의 관계를 나타내는 계수(퓨가시티 계수)

f : 실제기체에 사용하는 압력

순수한 성분의 퓨가시티 계수는 상태방정식으로 계산

$Z_i - 1 = \dfrac{B_{ii} P}{RT}$

$\ln \phi_i = \dfrac{B_{ii}}{RT} \displaystyle\int_0^P dP\ (T = \text{const})$

$\ln \phi_i = \dfrac{B_{ii} P}{RT}$

퓨가시티는 온도, 압력, 조성의 함수이다.

31 반응물 A가 아래와 같이 반응하고, 이 반응이 회분식 반응기에서 진행될 때, R물질의 최대농도(mol/L)는? (단, 반응기에 A물질만 1.0mol/L로 공급하였다.) 〔출제율 20%〕

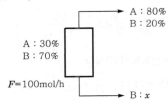

① 0.111 ② 0.222

③ 0.333 ④ 0.444

해설 $K_1 = 6$

$K_2 = 1 + 3 = 4$

$\dfrac{C_{R\max}}{C_{A0}} = \left(\dfrac{K_1}{K_2}\right)^{K_2/(K_2 - K_1)}$

$= \left(\dfrac{6}{4}\right)^{4/(4-6)} = 0.444$

32 $A \to P$ 비가역 1차 반응에서 A의 전화율 관련 식을 옳게 나타낸 것은? 〔출제율 60%〕

① $1 - \dfrac{N_{A0}}{N_A} = X_A$

② $1 - \dfrac{C_{A0}}{C_A} = X_A$

③ $N_A = N_{A0}(1 - X_A)$

④ $dX_A = \dfrac{dC_A}{C_{A0}}$

해설 전화율

$X_A = \dfrac{N_{A0} - N_A}{N_{A0}},\ N_A = N_{A0}(1 - X_A)$

여기서, N_A : 시간 t에 존재하는 몰수

N_{A0} : 시간 $t = 0$에서 반응기 내 초기몰수

33 $A \rightarrow R \rightarrow S$인 균일계 액상반응에서 1단계는 2차 반응, 2단계는 1차 반응으로 진행된다. 이 반응의 목적생성물이 R일 때, 다음 설명 중 옳은 것은? _{출제율 40%}

① A의 농도를 높게 유지할수록 좋다.

② 반응온도를 높게 유지할수록 좋다.

③ A의 농도는 R의 수율과 직접 관계가 없다.

④ 혼합흐름반응기가 플러그흐름반응기보다 더 좋다.

해설 $A \xrightarrow{\text{1단계}} R \xrightarrow{\text{2단계}} S$
$\quad\quad\quad\quad$ (원하는 물질)

1단계 반응을 유도하고 2단계 반응을 막아야 하므로 A의 농도를 높게 유지하는 것이 1단계 반응에 유리하다.

34 이상기체인 A와 B가 일정한 부피 및 온도의 반응기에서 반응이 일어날 때 반응물 A의 반응속도식($-r_A$)으로 옳은 것은? (단, P_A는 A의 분압을 의미한다.) _{출제율 20%}

① $-r_A = -RT\dfrac{dP_A}{dt}$

② $-r_A = -\dfrac{1}{RT}\dfrac{dP_A}{dt}$

③ $-r_A = -\dfrac{V}{RT}\dfrac{dP_A}{dt}$

④ $-r_A = -\dfrac{RT}{V}\dfrac{dP_A}{dt}$

해설 $PV = nRT$, $P_A = C_A RT$

$-r_A = -\dfrac{dC_A}{dt} = -\dfrac{1}{RT}\dfrac{dP_A}{dt}$

35 반응물 A의 전화율(X_A)과 온도(T)에 대한 데이터가 아래와 같을 때 이 반응에 대한 설명으로 옳은 것은 어느 것인가? (단, 반응은 단열상태에서 진행되었으며, H_R은 반응의 엔탈피를 의미한다.) _{출제율 60%}

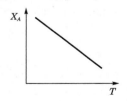

① 흡열반응, $\Delta H_R < 0$

② 발열반응, $\Delta H_R < 0$

③ 흡열반응, $\Delta H_R > 0$

④ 발열반응, $\Delta H_R > 0$

해설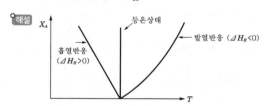

36 다음 비가역 기초반응에 의하여 연간 2억kg의 에틸렌을 생산하는 데 필요한 플러그흐름반응기의 부피(m^3)는 얼마인가? (단, 공장은 24시간 가동하며, 압력은 8atm, 온도는 1200K으로 등온이며, 압력강하는 무시하고, 전화율 90%로 반응한다.) _{출제율 60%}

$$C_2H_6 \rightarrow C_2H_4 + H_2, \quad k_{(1200K)} = 4.07s^{-1}$$

① 2.84 　　　　② 28.4

③ 42.8 　　　　④ 82.2

해설 변용 1차 PFR

$k\tau = (1+\varepsilon_A)\ln\dfrac{1}{1-X_A} - \varepsilon_A X_A$

$\varepsilon_A = y_{A0} \cdot \delta = 1 \cdot \dfrac{2-1}{1} = 1$

$X_A = 0.9, \quad k = 4.07s^{-1}$

$\tau = \dfrac{(1+1)\ln\dfrac{1}{1-0.9} - 0.9}{4.07} = 0.910361$

$\tau = \dfrac{C_{A0} V}{F_{A0}}$

$F_{Af} = F_{A0} X_A$

$F_{A0} = \dfrac{F_{Af}}{X_A} = \dfrac{0.226499}{0.9} = 0.25166$

$F_{Af} = $ 연간 2억kg 에틸렌
$\quad\quad = 2 \times 10^8 \, kg/yr$
$\quad\quad = 0.226499 \, kmol/s$

$\dfrac{P}{RT} = \dfrac{n}{V} = C_{A0} = \dfrac{8\,atm}{0.082\,m^3 \cdot atm/kmol \cdot K \times 1200\,K}$
$\quad\quad\quad = 0.081301 \, kmol$

$\dfrac{C_{A0} V}{F_{A0}} = \tau$

$V = \dfrac{F_{A0} \times \tau}{C_{A0}} = \dfrac{0.25166 \times 0.910361}{0.081301} = 2.81794\,m^3$

37 반응물 A의 경쟁반응이 아래와 같을 때, 생성물 R의 순간수율(ϕ_R)은? [출제율 40%]

$$A \rightarrow R$$
$$A \rightarrow S$$

① $\phi_R = \dfrac{dC_R}{-dC_A}$ ② $\phi_R = \dfrac{dC_S}{dC_R}$

③ $\phi_R = \dfrac{dC_S}{dC_A}$ ④ $\phi_R = \dfrac{dC_R}{-dC_S}$

해설 순간수율 $\phi = \dfrac{\text{생성된 } R\text{의 몰수}}{\text{반응한 } A\text{의 몰수}} = \dfrac{dC_R}{-dC_A}$

38 플러그흐름반응기에서 비가역 2차 반응에 의해 액체의 원료 A를 95%의 전화율로 반응시키고 있을 때, 동일한 반응기 1개를 추가로 직렬연결하여 동일한 전화율을 얻기 위한 원료의 공급속도(F_{A0}')와 직렬연결 전 공급속도(F_{A0})의 관계식으로 옳은 것은? [출제율 20%]

① $F_{A0}' = 0.5F_{A0}$ ② $F_{A0}' = F_{A0}$

③ $F_{A0}' = \ln 2 F_{A0}$ ④ $F_{A0}' = 2F_{A0}$

해설 PFR 직렬연결

$V = V_1 + V_2$

직렬연결된 N개의 PFR은 부피가 V인 한 개의 PFR과 같다. 즉, 동일한 전화율을 의미하고 부피가 2배이므로 같은 전화율을 얻으려면 공급속도를 2배 증가시켜야 한다.

39 A와 B의 병렬반응에서 목적생성물의 선택도를 향상시킬 수 있는 조건이 아닌 것은? (단, 반응은 등온에서 일어나며, 각 반응의 활성화에너지는 $E_1 < E_2$이다.) [출제율 60%]

$$A+B \rightarrow D(\text{desired}) \cdots r_D = k_1 C_A^{\ 2} C_B^{\ 3}$$
$$A+B \rightarrow U \cdots\cdots\cdots\cdots r_U = k_2 C_A C_B$$

① 높은 압력
② 높은 온도
③ 관형 반응기
④ 반응물의 고농도

해설 선택도 $= \dfrac{r_D}{r_U} = \dfrac{k_1 C_A^{\ 2} C_B^{\ 3}}{k_2 C_A C_B} = \dfrac{k_1}{k_2} C_A C_B^{\ 2}$

• $E_1 < E_2$: 온도 상승 시 k_1/k_2은 감소한다.
• 활성화에너지가 큰 반응이 온도에 더 예민하다.
• 활성화에너지가 크면 고온이 적합하고, 활성화에너지가 작으면 저온이 적합하다.

40 혼합흐름반응기의 다중 정상상태에 대한 설명 중 틀린 것은? (단, 반응은 1차 반응이며, $R(T)$와 $G(T)$는 각각 온도에 따른 제거된 열과 생성된 열을 의미한다.) [출제율 20%]

① $R(T)$의 그래프는 직선으로 나타낸다.
② 점화 – 소화곡선에서 도약이 일어나는 온도를 점화온도라 한다.
③ 유입온도가 점화온도 이상일 경우 상부 정상상태에서 운전이 가능하다.
④ 아주 높은 온도에서는 공식을 $G(T) = -\Delta H_{RX}°\tau A e^{-\frac{E}{RT}}$ 로 축소해서 생성된 열을 구할 수 있다.

해설 아주 낮은 온도에서 1차 반응의 경우 발생열은 다음과 같다.
$$G(T) = -\Delta H_{RX}°\tau A e^{-E/RT}$$

▶▶ 제3과목 ┃ 단위공정관리

41 2개의 관을 연결할 때 사용되는 관 부속품이 아닌 것은? [출제율 40%]

① 유니언(union)
② 니플(nipple)
③ 소켓(socket)
④ 플러그(plug)

해설 • 유로를 차단하는 부속품 : 플러그, 캡, 밸브
• 두 개의 관을 연결할 때 사용하는 부속품 : 플랜지, 유니언, 니플, 커플링, 소켓

42 절대습도가 0.02인 공기를 매분 50kg씩 건조기에 불어 넣어 젖은 목재를 건조시키려 한다. 건조기를 나오는 공기의 절대습도가 0.05일 때 목재에서 60kg의 수분을 제거하기 위한 건조시간(min)은? 〈출제율 40%〉

① 20.0
② 20.4
③ 40.0
④ 40.8

해설 건조공기 중 포함된 수분 a는

$0.02 = \dfrac{a}{50-a}$, $a = 0.98$

젖은 목재에서 나오는 수분의 절대습도는
$0.05 - 0.02 = 0.03$

$0.03 = \dfrac{수분량}{건조공기} = \dfrac{x}{50\text{kg/min} - 0.98\text{kg/min}}$

$x = 1.47\text{kg/min}$

$1.47\text{kg/min} \times 시간(t) = 60\text{kg}$

$시간(t) = \dfrac{60}{1.47} = 40.8\text{min}$

43 8% NaOH 용액을 18%로 농축하기 위해서 21℃ 원액을 내부압이 417mmHg인 증발기로 4540kg/h 질량 유속으로 보낼 때, 증발기의 총괄열전달계수(kcal/m²·h·℃)는? (단, 증발기의 유효전열면적은 37.2㎡, 8% NaOH 용액의 417mmHg에서 비점은 88℃, 88℃에서의 물의 증발잠열은 547kcal/kg, 가열증기온도는 110℃이며, 액체의 비열은 0.92 kcal/kg·℃로 일정하다고 가정하고, 비점 상승은 무시한다.) 〈출제율 20%〉

① 860
② 1120
③ 1560
④ 2027

해설 $q = F_1 C(t_2 - t_1) + r\lambda$

$= 4540 \times 0.92 \times (88-21) + 2522\text{kg/h} \times 547$

$= 1659379.6\text{kcal/hr}$

$q = UA\Delta t$

$U = \dfrac{q}{A\Delta t} = \dfrac{1659379.6}{37.2^2 \times (110-88)} = 2027$

44 건조장치 선정에서 고려할 사항 중 가장 중요한 사항은? 〈출제율 20%〉

① 습윤상태
② 화학퍼텐셜
③ 엔탈피
④ 반응속도

해설 건조장치 선정 시 원하는 형태의 제품 생산을 위해서는 습윤상태가 중요하다.

45 분자량이 296.5인 어떤 유체 A의 20℃에서의 점도를 측정하기 위해 Ostwald 점도계를 사용하여 측정한 결과가 아래와 같을 때, A 유체의 점도(P)는? 〈출제율 20%〉

〈측정결과〉

유체 종류	통과시간	밀도(g/cm³)
증류수	10s	0.9982
A	2.5min	0.8790

① 0.13
② 0.17
③ 0.25
④ 2.17

해설

$\dfrac{\mu_{\text{oil}}}{t_{\text{oil}} \cdot \rho_{\text{oil}}} = \dfrac{\mu_W}{t_W \rho_W}$

$\dfrac{\mu_{\text{oil}}}{150\,s \times 0.879} = \dfrac{0.01\,\text{poise}}{10\,s \times 0.9982}$

$\mu_{\text{oil}} = 0.13\,\text{poise}$

46 다음 중 HETP에 대한 설명으로 가장 거리가 먼 것은? 〈출제율 20%〉

① Height Equivalent to a Theoretical Plate를 말한다.
② HETP의 값이 1m보다 클 때 단의 효율이 좋다.
③ (충전탑의 높이 : Z)/(이론단위수 : N)이다.
④ 탑의 한 이상단과 똑같은 작용을 하는 충전탑의 높이이다.

해설 HETP = 등이론단 높이

$= Z/N_P$

여기서, Z : 충전탑의 높이
N_P : 이론단위수

= 작을수록 효율이 좋다. 즉, HETP값이 1m보다 작을 때 단의 효율이 좋다.

= 탑의 한 이상단(1단)과 똑같은 작용을 하는 충전탑의 높이

47 1atm에서 물이 끓을 때 온도구배(ΔT)와 열전달계수(h)와의 관계를 표시한 아래의 그래프에서 핵비등(nucleate boiling)에 해당하는 구간은 어느 것인가? 출제율 20%

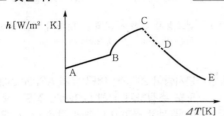

① A-B   ② A-C
③ B-C   ④ D-E

해설 위의 그림에서
- A-B : 대류열전달 영역
- B-C : 핵비등 영역
- C-D : 부분막비등 영역
- D-E : 막비등 영역

48 확산에 의한 분리조작이 아닌 것은? 출제율 20%
① 증류
② 추출
③ 건조
④ 여과

해설 여과 : 다공질 여재에 충돌하여 분리하는 조작

49 레이놀즈수가 300인 유체가 흐르고 있는 내경이 2.5cm 관에 마노미터를 설치하고자 할 때, 관 입구로부터 마노미터까지의 최소적정거리(m)는? 출제율 40%
① 0.158   ② 0.375
③ 1.58   ④ 3.75

해설 층류의 경우 전이길이
$$L_t = 0/05 N_{Re} \cdot D$$
$$= 0.05 \times 300 \times 0.025\text{m}$$
$$= 0.375$$

50 다음 중 증류에 대한 설명으로 가장 거리가 먼 것은? (단, q는 공급원료 1몰을 원료 공급단에 넣었을 때 그 중 탈거부로 내려가는 액체의 몰수이다.) 출제율 60%

① 최소환류비일 경우 이론단수는 무한대로 된다.
② 포종(bubble-cap)을 사용하면 기액접촉의 효과가 좋다.
③ McCabe-Thiele법에서 q값은 증기원료일 때 0보다 크다.
④ Ponchon-Savarit법은 엔탈피-농도 도표와 관계가 있다.

해설 McCabe-Thiele법에서 과열증기의 경우 $q < 0$이다.

51 Methyl acetate가 아래의 반응식과 같이 고압 촉매반응에 의하여 합성될 때 이 반응의 표준반응열(kcal/mol)은? (단, 표준연소열은 CO(g) -67.6kcal/mol, CH_3OCH_3(g) -348.8kcal/mol, CH_3COOCH_3(g) -397.5kcal/mol이다.) 출제율 60%

$$CH_3OCH_3(g) + CO(g) \rightarrow CH_3COOCH_3(g)$$

① -18.9   ② +28.9
③ -614   ④ +814

해설 반응열 = 반응물의 연소열 - 생성물의 연소열
$$= -67.6 - 348.8 - (-397.5)$$
$$= -18.9$$

52 기체 A 30vol%와 기체 B 70vol%의 기체혼합물에서 기체 B의 일부가 흡수탑에서 산에 흡수되어 제거된다. 이 흡수탑을 나가는 기체혼합물 조성에서 기체 A가 80vol%이고 흡수탑을 들어가는 혼합기체가 100mol/h이라 할 때, 기체 B의 흡수량(mol/h)은? 출제율 60%
① 52.5   ② 62.5
③ 72.5   ④ 82.5

해설
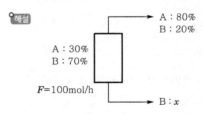
$$100 \times 70 = (100 - x) \times 20 + 100x$$
$$5000 = 80x$$
$$\therefore x = 62.5$$

53 각기 반대방향의 시속 90km로 운전 중인 질량이 10ton인 트럭과 2.5ton인 승용차가 정면으로 충돌하여 두 차가 모두 정지하였을 때, 충돌로 인한 운동에너지의 변화량(J)은? _{출제율 40%}

① 0   ② 3.9×10^6
③ 4.3×10^6 ④ 5.1×10^6

해설 운동에너지 $= \dfrac{1}{2}mV^2$ 이용

$\dfrac{1}{2} \times 12.5\text{ton} \times \dfrac{1000\text{kg}}{1\text{ton}} \times (90\text{km/h})^2 \times \dfrac{(1000\text{m})^2}{\text{km}^2}$

$\times \dfrac{\text{hr}^2}{(3600\text{s})^2} = 3906250$

$\therefore$ 약 3.9×10^6

54 순환(recycle)과 우회(bypass)에 대한 설명 중 틀린 것은? _{출제율 20%}

① 순환은 공정을 거쳐 나온 흐름의 일부를 원료로 함께 공정에 공급한다.
② 우회는 원료의 일부를 공정을 거치지 않고 그 공정에서 나오는 흐름과 합류시킨다.
③ 순환과 우회 조작은 연속적인 공정에서 행한다.
④ 우회와 순환 조작에 의한 조성의 변화는 같다.

해설 우회와 순환 조작에 의한 조성 변화는 다르다.

55 일산화탄소 분자의 온도에 대한 열용량(C_P)이 아래와 같을 때, 500℃와 1000℃ 사이의 평균열용량(cal/mol·℃)은? _{출제율 40%}

$$C_P = 6.935 + 6.77 \times 10^{-4} T + 1.3 \times^{-7} T^2$$
$$(\text{단위} - C_P : \text{cal/mol} \cdot ℃, \ T : ℃)$$

① 0.7518   ② 7.518
③ 37.59   ④ 375.9

해설 $\displaystyle\int_{T_0}^{T} C_P dT = \overline{C_P}(T - T_0)$

$C_P = \alpha + \beta T + \gamma T$

$\overline{C_P} = \alpha + \dfrac{\beta}{2}(T + T_0) + \dfrac{\gamma}{3}(T^2 + TT_0 + T_0^2)$

단위가 ℃이므로

$\overline{C_P} = 6.935 + \dfrac{6.77 \times 10^{-4}}{2}(1000 + 500)$

$\qquad + \dfrac{1.3 \times 10^{-7}}{3}(1000^2 + 500 \times 1000 + 500^2)$

$\qquad = 7.518$

56 60℃에서 NaHCO₃ 포화수용액 10000kg을 20℃로 냉각할 때 석출되는 NaHCO₃의 양(kg)은? (단, NaHCO₃의 용해도는 60℃에서 16.4gNaHCO₃/100gH₂O이고, 20℃에서 9.6gNaHCO₃/100gH₂O이다.) _{출제율 40%}

① 682   ② 584
③ 485   ④ 276

해설 • 60℃ 기준
$10000 : 1640, \ x = 1408.9$
$10000 - x : x, \ 10000 - x = 8591$
• 20℃ 기준
$10000 : 960, \ y = 824$
$8591 : y$
$\therefore$ 석출량 = $1408 - 824 = 584$

57 다음 그림과 같은 공정에서 물질수지도를 작성하려면 측정해야 할 최소한의 변수(자유도)는? (단, A, B, C는 성분을 나타내고, F흐름은 3성분계, W흐름은 2성분계, P흐름은 3성분계이다.) _{출제율 20%}

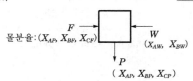

① 3   ② 4
③ 5   ④ 6

해설 흐름량을 알기 위해 성분별 양 3가지 변수가 필요하고 몰분율 3개 중 2개를 알면 풀 수 있으므로 총 5가지 변수를 알면 된다.

58 질소와 산소의 반응과 반응열이 아래와 같을 때, NO 1mol의 분해열(kcal)은? _{출제율 60%}

$$N_2 + O_2 \rightleftarrows 2NO, \ \Delta H = -43\text{kcal}$$

① −21.5   ② −43
③ +43   ④ +21.5

해설 $N_2 + O_2 \rightleftarrows 2NO$, $\Delta H = -43kcal$

반대방향 1mol NO이므로 $+21.5kcal$

59 연료를 완전연소시키기 위해 이론상 필요한 공기량을 A_0, 실제 공급한 공기량을 A라고 할 때, 과잉공기(%)를 옳게 나타낸 것은? 출제율 20%

① $\dfrac{A_0}{A} \times 100$ ② $\dfrac{A}{A_0} \times 100$

③ $\dfrac{A - A_0}{A} \times 100$ ④ $\dfrac{A - A_0}{A_0} \times 100$

해설 과잉공기 $= \dfrac{\text{실제공기량} - \text{이론공기량}}{\text{이론공기량}} \times 100$

$= \dfrac{A - A_0}{A_0} \times 100$

60 지하 220m 깊이에서부터 지하수를 양수하여 20m 높이에 가설된 물탱크에 15kg/s의 양으로 물을 올리려고 한다. 이때 위치에너지의 증가량 (J/s)은? 출제율 20%

① 35280   ② 3600

③ 3250   ④ 205

해설 위치에너지(ΔE_P)

$\Delta E_P = m \cdot g \cdot h$

여기서, m : 질량

g : 중력가속도

h : 높이

$= 15kg/s \times 9.8m/s^2 \times 240m$

$= 35280J/s$

▶▶ 제4과목 ┃ 화공계측제어

61 공정 $G(s) = \dfrac{1}{(s+1)^4}$ 에 대한 PI제어기를 Ziegler –Nichols법으로 튜닝한 것은? 출제율 20%

① $K_C = 0.5$, $\tau_I = 2.8$

② $K_C = 1.8$, $\tau_I = 5.2$

③ $K_C = 2.5$, $\tau_I = 6.8$

④ $K_C = 2.5$, $\tau_I = 2.8$

해설 $G(s) = \dfrac{1}{(s+1)^4} = \dfrac{1}{s^4 + 4s^3 + 6s^2 + 4s + 1}$

$\Rightarrow G(iw)$로 정리

$G(iw) = \dfrac{1}{w^4 - 6w^2 + 1 - 4iw^3 + 4iw}$

허수부가 0이 되는 $w = 1$

$w = 1$인 경우 $AR = \dfrac{1}{4}$, $K_w = \dfrac{1}{AR} = 4$

지글러–니콜스에 의해 $K_C = K_w / 2.2 = 4/2.2 = 1.8$

$P_w = \dfrac{2\pi}{w} = \dfrac{2 \times 3.14}{1} = 6.24$

$\tau_I = \dfrac{6.2y}{1.2} = 5.2$

62 $\dfrac{2}{10s + 1}$ 로 표현되는 공정 A와 $\dfrac{4}{5s+1}$ 로 표현되는 공정 B에 같은 크기의 계단입력이 가해졌을 때 다음 설명 중 옳은 것은? 출제율 20%

① 공정 A가 더 빠르게 정상상태에 도달한다.

② 공정 B가 더 진동이 심한 응답을 보인다.

③ 공정 A가 더 진동이 심한 응답을 보인다.

④ 공정 B가 더 큰 최종응답 변화값을 가진다.

해설 ① A공정의 τ가 더 크므로 늦게 정상상태에 도달한다.

② 알 수 없다.

③ 알 수 없다.

④ B의 이득이 4로 더 크므로 더 큰 최종응답 변화값을 가진다.

63 연속 입출력 흐름과 내부 가열기가 있는 저장조의 온도제어 방법 중 공정제어 개념이라고 볼 수 없는 것은? 출제율 40%

① 유입되는 흐름의 유량을 측정하여 저장조의 가열량을 조절한다.

② 유입되는 흐름의 온도를 측정하여 저장조의 가열량을 조절한다.

③ 유출되는 흐름의 온도를 측정하여 저장조의 가열량을 조절한다.

④ 저장조의 크기를 증가시켜 유입되는 흐름의 온도 영향을 줄인다.

해설 공정제어는 선택된 변수들을 조절하여 공정을 원하는 상태로 유지시키는 것으로 ④는 맞지 않다.

64 다음과 같은 블록선도에서 Bode 시스템 안정도 판단에 사용되는 개방회로 전달함수는? 출제율 80%

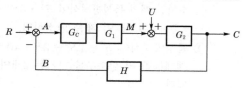

① $\dfrac{C}{R}$ ② $\dfrac{C}{U}$

③ $G_1 G_2 U$ ④ $G_C G_1 G_2 H$

해설 Bode 선도 열린루프 전달함수 $G_{OL} = G_C G_1 G_2 H$

65 Smith predictor는 어떠한 공정문제를 보상하기 위하여 사용되는가? 출제율 40%

① 역응답 ② 공정의 비선형
③ 지연시간 ④ 공정의 상호간섭

해설 Smith predictor
사장시간 보상기, 지연시간을 보상하기 위함

66 동일한 2개의 1차계가 상호작용 없이(non inter-acting) 직접연결되어 있는 계는 다음 중 어느 경우의 2차계와 같아지는가? (단, ξ는 감쇠계수(damping coefficient)이다.) 출제율 40%

① $\xi > 1$ ② $\xi = 1$
③ $\xi < 1$ ④ $\xi = \infty$

해설 1차계 $\dfrac{1}{\tau s+1}$ 가 2개 직렬

$$\frac{1}{(\tau s+1)(\tau s+1)} = \frac{1}{\tau^2 s^2 + 2\tau s + 1}$$

2차계의 기본식은 $\dfrac{1}{\tau^2 s^2 + 2\tau \zeta s + 1}$ 이므로

$\therefore \zeta = 1$

67 특성방정식의 근 중 하나가 복소평면의 우측반평면에 존재하면 이 계의 안정성은? 출제율 60%

① 안정하다.
② 불안정하다.
③ 초기는 불안정하다 점진적으로 안정해진다.
④ 주어진 조건으로는 판단할 수 없다.

해설 특성방정식의 근이 복소평면 상에서 허수축을 기준으로 왼쪽 평면상에 존재하면 제어시스템은 안정하며, 오른쪽 평면상에 존재하면 제어시스템은 불안정하다.

68 블록선도에서 Servo problem인 경우 Proportional control($G_c = K_c$)의 offset은? (단, $T_R(t) = U(t)$인 단위계단신호이다.) 출제율 40%

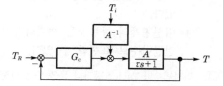

① 0 ② $\dfrac{1}{1 - AK_c}$

③ $-\dfrac{1}{1 + AK_c}$ ④ $\dfrac{1}{1 + AK_c}$

해설
$$\frac{T(s)}{T_R(s)} = \frac{\dfrac{K_c A}{\tau s+1}}{1 + \dfrac{K_c A}{\tau s+1}} = \frac{K_c A}{\tau s+1+K_c A}$$

$$T_R(t) = U(t) \;\rightarrow\; T_R(s) = \frac{1}{s}$$

$$T(s) = \frac{K_c A}{s(\tau s+1+K_c A)}$$

$$C(\infty) = \lim_{t \to \infty} t(t) = \lim_{s \to 0} s\,T(s) = \frac{K_c A}{1+K_c A}$$

$$\text{offset} = R(\infty) - C(\infty) = 1 - \frac{K_c A}{1+K_c A} = \frac{1}{1+K_c A}$$

69 운전자의 눈을 가린 후 도로에 대한 자세한 정보를 주고 운전을 시킨다면 이는 어느 공정제어 기법이라고 볼 수 있는가? 출제율 40%

① 앞먹임제어
② 비례제어
③ 되먹임제어
④ 분산제어

해설 Feed forward 제어(앞먹임제어)
외부교란을 측정하고 이 측정값을 이용하여 외부교란이 공정에 미치게 될 영향을 사전에 보정시키는 제어방법

70 동적계(dynamic system)를 전달함수로 표현하는 경우를 옳게 설명한 것은? 〔출제율 40%〕

① 선형계의 동특성을 전달함수로 표현할 수 없다.
② 비선형계를 선형화하고 전달함수로 표현하면 비선형 동특성을 근사할 수 있다.
③ 비선형계를 선형화하고 전달함수로 표현하면 비선형 동특성을 정확히 표현할 수 있다.
④ 비선형계의 동특성을 선형화하지 않아도 전달함수로 표현할 수 있다.

〔해설〕 편차변수나 Taylor 방정식 등을 통해 선형화한다면 근사하게 표현이 가능하다.

71 어떤 계의 단위계단응답이 아래와 같을 때, 이 계의 단위충격응답(impulse response)으로 옳은 것은? 〔출제율 20%〕

$$Y(t) = 1 - \left(1 + \frac{t}{\tau}\right)e^{-\frac{t}{\tau}}$$

① $\dfrac{t}{\tau}e^{-\frac{t}{\tau}}$ ② $\dfrac{t}{\tau^2}e^{-\frac{t}{\tau}}$

③ $\left(1 + \dfrac{t}{\tau}\right)e^{-\frac{t}{\tau}}$ ④ $\left(1 - \dfrac{t}{\tau}\right)e^{-\frac{t}{\tau}}$

〔해설〕 $y(t) = 1 - \left(1 + \dfrac{t}{c}\right)e^{-\frac{t}{\tau}}$

$y'(t) = -\dfrac{1}{\tau}e^{-\frac{t}{\tau}} + \dfrac{1}{\tau}\left(1 + \dfrac{t}{\tau}\right)e^{-\frac{t}{\tau}}$

$\quad = -\dfrac{1}{\tau}e^{-\frac{t}{\tau}} + \dfrac{1}{\tau}e^{-\frac{t}{\tau}} + \dfrac{t}{\tau^2}e^{-\frac{t}{\tau}}$

$\quad = \dfrac{t}{\tau^2}e^{-\frac{t}{\tau}}$

72 다음 특성방정식에 대한 설명 중 틀린 것은 어느 것인가? 〔출제율 80%〕

① 주어진 계의 특성방정식의 근이 모두 복소평면의 왼쪽 반평면에 놓이면 계는 안정하다.
② Routh test에서 주어진 계의 특성방정식이 Routh array의 처음 열의 모든 요소

가 0이 아닌 양의 값이면 주어진 계는 안정하다.
③ 주어진 계의 특성방정식이 $S^4 + 3S^2 - 4S^2 + 7 = 0$일 때 이 계는 안정하다.
④ 특성방정식이 $S^3 + 2S^2 + 2S + 40 = 0$인 계에는 양의 실수부를 가지는 2개의 근이 있다.

〔해설〕 ③번 보기 Routh 방식에 의한 안정도 판별 시 $A_1 < 0$이므로 불안정하다.
$S^4 + 3S^2 - 4S^2 + 7 = 0$

	1	2	3
1	1	−4	
2	3	0	
3	$\dfrac{-12}{3} < 0$		

73 초기상태 공정입출력이 0이고 정상상태일 때, 어떤 선형 공정에 계단입력 $u(t) = 1$을 입력했더니 출력 $y(t)$는 각각 $y(1) = 0.1$, $y(2) = 0.2$, $y(3) = 0.4$였다. 입력 $u(t) = 0.5$를 입력할 때 각각의 출력은? 〔출제율 40%〕

① $y(1) = 0.1$, $y(2) = 0.2$, $y(3) = 0.4$
② $y(1) = 0.05$, $y(2) = 0.1$, $y(3) = 0.2$
③ $y(1) = 0.1$, $y(2) = 0.3$, $y(3) = 0.7$
④ $y(1) = 0.2$, $y(2) = 0.4$, $y(3) = 0.8$

〔해설〕 계단입력이 $\dfrac{1}{2}$로 감소하면 출력도 $\dfrac{1}{2}$ 감소한다.
$y(1) = 0.05$, $y(2) = 0.1$, $y(3) = 0.2$

74 $\mathcal{L}[f(t)] = F(s)$일 때, 최종값 정리를 옳게 나타낸 것은? 〔출제율 80%〕

① $\lim\limits_{t \to \infty} f(t) = \lim\limits_{s \to 0} \cdot F(s)$
② $\lim\limits_{t \to 0} f(t) = \lim\limits_{s \to \infty} s \cdot F(s)$
③ $\lim\limits_{t \to \infty} f(t) = \lim\limits_{s \to \infty} s \cdot F(s)$
④ $\lim\limits_{t \to 0} f(t) = \lim\limits_{s \to 0} s \cdot F(s)$

〔해설〕 최종값 정리
$\lim\limits_{t \to \infty} f(t) = \lim\limits_{s \to 0} \cdot F(s)$

75 다음 중 ATO(Air-To-Open) 제어밸브가 사용 되어야 하는 경우는? 〔출제율 40%〕

① 저장탱크 내 위험물질의 증발을 방지하기 위해 설치된 열교환기의 냉각수 유량 제어용 제어밸브

② 저장탱크 내 물질의 응고를 방지하기 위해 설치된 열교환기의 온수 유량제어용 제어밸브

③ 반응기에 발열을 일으키는 반응원료의 유량제어용 제어밸브

④ 부반응 방지를 위하여 고온공정 유체를 신속히 냉각시켜야 하는 열교환기의 냉각수 유량제어용 제어밸브

〔해설〕 ATO(Air-To-Open)
공기압 열림밸브로 공기압의 증가에 따라 열리는 밸브(발열반응에 의한 공기압 증가 시 이용)

76 복사에 의한 열전달 식은 $q = \sigma A T^4$으로 표현된다. 정상상태에서 $T = T_s$일 때 이 식을 선형화하면? (단, σ와 A는 상수이다.) 〔출제율 40%〕

① $\sigma A(T - T_s)$

② $\sigma A T_s^4(T - T_s)$

③ $3\sigma A T_s^3(T - T_s)^2$

④ $4\sigma A T_s^3(T - 0.75 T_s)$

〔해설〕 Taylor 식

$$f(s) = f(x_s) + \frac{df}{dx}(x_s)(x - x_s)$$

$$q = \sigma A T_s^4 + 4\sigma A T_s^3(T - T_s)$$
$$= 4\sigma A T_s^3 T - 3\sigma A T_s^4$$
$$= 4\sigma A T_s^3\left(T - \frac{3}{4}T_s\right)$$

77 비례제어기를 사용하는 어떤 제어계의 폐루프 전달함수는 $\dfrac{Y(s)}{X(s)} = \dfrac{0.6}{0.2s + 1}$이다. 이 계의 설정치 X에 단위계단 변화를 주었을 때 offset은 얼마인가? 〔출제율 50%〕

① 0.4　　② 0.5

③ 0.6　　④ 0.8

〔해설〕
$$\text{offset} = R(\infty) - C(\infty)$$
$$R = 1$$
$$Y(s) = \frac{0.6}{0.2s + 1} \cdot \frac{1}{s} = \frac{3}{s(s + 5)} = \frac{3}{5}\left(\frac{1}{s} - \frac{1}{s + 5}\right)$$
$$c(t) = y(t) = \frac{3}{5}(1 - e^{-5t})$$
$$t \to \infty, \ y(\infty) = \frac{3}{5} = 0.6$$
$$\text{offset} = 1 - 0.6 = 0.4$$

78 나뉘어 운영되고 있던 두 공정을 하나의 구역으로 통합하는 경우와 따로 운영하는 경우 필요한 유틸리티 양을 계산하면? (단, $\Delta T_{min} = 20℃$ 이다.) 〔출제율 20%〕

〈Area A〉

Stream	T_s(℃)	T_t(℃)	C_p(kW/K)
1	190	110	2.5
2	90	170	2.0

〈Area B〉

Stream	T_s(℃)	T_t(℃)	C_p(kW/K)
3	140	50	20
4	30	120	10

① 따로 유지하기 위해 300kW Hot utility와 100kW Cold utility 필요

② 따로 유지하기 위해 100kW Hot utility와 300kW Cold utility 필요

③ 통합하기 위해 300kW Hot utility와 100kW Cold utility 필요

④ 통합하기 위해 100kW Hot utility와 300kW Cold utility 필요

〔해설〕 • A구역

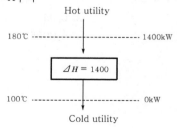

75.③ 76.④ 77.① 78.③

• B구역

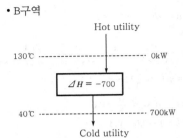

• A와 B 통합

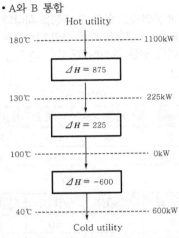

따라서 두 구역을 따로 유지하기 위해 추가적인 유틸리티 양은 1400−1100 = 300kW의 Hot utility와 700−600 = 100kW의 Cold utility이다.

79 공정유체 10m³를 담고 있는 완전혼합이 일어나는 탱크에 성분 A를 포함한 공정유체가 1m³/h로 유입되며 또한 동일한 유량으로 배출되고 있다. 공정유체와 함께 유입되는 성분 A의 농도가 1시간을 주기로 평균치를 중심으로 진폭 0.3mol/L로 진동하며 변한다고 할 때 배출되는 A의 농도 변화 진폭(mol/L)은? 출제율 40%

① 0.5 ② 0.05

③ 0.005 ④ 0.0005

해설 교반공정의 $G(s) = \dfrac{1}{\tau s + 1}$ → $K = 1$

$V = 10\,\mathrm{m^3}$, $\nu_0 = 1\,\mathrm{m^3/h}$ → $\tau = \dfrac{V}{\nu_0} = 10\mathrm{h}$

입력함수 $x(t) = A\sin wt$, $x(s) = \dfrac{Aw}{s^2 + w^2}$

$A = 0.3\,\mathrm{mol/L}$, $T = \dfrac{2\pi}{w} = 1\mathrm{h}$ → $w = 2\pi$

1차 공정의 진동응답

$G(s) = \dfrac{K}{\tau s + 1}$, $X(s) = \dfrac{Aw}{s^2 + w^2}$

$t \to \infty$, $y(t) = \dfrac{KA}{\sqrt{\tau^2 w^2 + 1}} \sin(wt + \phi)$ 이고

진폭 $\mathrm{AR} = \dfrac{KA}{\sqrt{\tau^2 w^2 + 1}} = \dfrac{1 \times 0.3}{\sqrt{10^2 \cdot (2\pi)^2 + 1}}$

$= 4.8 \times 10^{-3}$

$\fallingdotseq 0.005\,\mathrm{mol/L}$

80 다음 중 제어밸브(control valve)를 나타낸 것은? 출제율 20%

①  ②

③   ④

해설

① ⟶ ⋈ ⟶ : 일반밸브

② ⟶ : 체크밸브

③ ⟶ : 글로브밸브

▶▶ 제1과목 ┃ 공업합성

01 다음 중 니트로화제로 주로 공업적으로 사용되는 혼산은? 출제율 40%

① 염산+인산
② 질산+염산
③ 질산+황산
④ 황산+염산

해설 **니트로화제**
질산, 초산, 인산, N_2O_4, N_2O_5, KNO_3, $NaNO_3$
⇒ $H_2SO_4 + HNO_3$의 혼산

02 N_2O_4와 H_2O가 같은 몰비로 존재하는 용액에 산소를 넣어 HNO_3 30kg을 만들고자 한다. 이때 필요한 산소의 양은 약 몇 kg인가? (단, 반응은 100% 일어난다고 가정한다.) 출제율 60%

① 3.5
② 3.8
③ 4.1
④ 4.5

해설 $N_2O_4 + H_2O + \dfrac{1}{2}O_2 \rightarrow 2HNO_3$

$2N_2O_4 + 2H_2O + O_2 \rightarrow 4HNO_3$

$$32kg \quad : \quad 4 \times 63$$
$$x \quad : \quad 30kg$$

$32 : 4 \times 63 = x : 30$
$\therefore x ≒ 3.8kg$

03 Solvay법과 LeBlanc법에서 같이 사용되는 원료는? 출제율 60%

① NaCl
② H_2SO_4
③ CH_4
④ NH_3

해설 **Solvay법**
• $NaCl + NH_4HCO_3 \rightarrow NaHCO_3 + NH_4Cl$
• $2NaHCO_3 \rightarrow Na_2CO_3 + H_2O + CO_2$

LeBlanc법
• $NaCl + H_2SO_4 \rightarrow NaHSO_4 + HCl$
• $NaCl + NaHSO_4 \rightarrow Na_2SO_4 + HCl$

04 아세트알데히드의 제조방법으로 가장 거리가 먼 것은? 출제율 60%

① 아세틸렌+물
② 에탄올+산소
③ 에틸렌+산소
④ 메탄올+초산

해설 **아세트알데히드 제조방법**

$$CH \equiv CH + H_2O \xrightarrow[H_2SO_4]{HgSO_4} CH_3CHO$$

$$CH_3CHO + \dfrac{1}{2}O_2 \rightarrow CH_3COOH$$

05 다음 중 열가소성 수지인 것은? 출제율 80%

① 우레아수지
② 페놀수지
③ 폴리에틸렌수지
④ 에폭시수지

해설 **열가소성 수지**
가열 시 연화되어 외력을 가할 시 쉽게 변형되고, 성형 후 냉각 시 외력의 제거에도 불구하고 성형된 상태를 유지(폴리에틸렌, 폴리프로필렌, 폴리염화비닐, 폴리스티렌, 아크릴수지, 불소수지, 폴리비닐아세테이트)

06 반도체 제조과정 중에서 식각공정 후 행해지는 세정공정에 사용되는 Piranha 용액의 주원료에 해당하는 것은? 출제율 20%

① 질산, 암모니아
② 불산, 염화나트륨
③ 에탄올, 벤젠
④ 황산, 과산화수소

해설 **Piranha 용액**
식각공정 후 세척공정에서 사용되며, 주로 황산과 과산화수소를 섞어 만든 용액이다.

07 다음 중 접촉식 황산 제조법에서 주로 사용되는 촉매는? 출제율 40%

① Fe
② V_2O_5
③ KOH
④ Cr_2O_3

해설 **접촉식 황산 제조법**
V_2O_5 촉매를 많이 사용

08 암모니아 합성 공업에 있어서 1000℃ 이상의 고온에서 코크스에 수증기를 통할 때 주로 얻어지는 가스는? 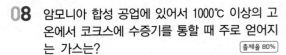 `출제율 80%`

① CO, H_2
② CO_2, H_2
③ CO, CO_2
④ CH_4, H_2

`해설` 워터가스(수성가스) 제법
수증기가 코크스를 통과할 때 얻어지는 CO+H_2의 가스를 수성가스(워터가스)라고 한다.
C+H_2O → CO+H_2

09 석유 정제에 사용되는 용제가 갖추어야 하는 조건이 아닌 것은? `출제율 40%`

① 선택성이 높아야 한다.
② 추출할 성분에 대한 용해도가 높아야 한다.
③ 용제의 비점과 추출 성분의 비점의 차이가 적어야 한다.
④ 독성이나 장치에 대한 부식성이 작아야 한다.

`해설` 용제의 조건
㉠ 비중차가 커야 한다.
㉡ 끓는점 차가 커야 한다.
㉢ 증류로써 회수가 쉬워야 한다.
㉣ 열, 화학적으로 안정하고, 추출성분에 대한 용해도가 커야 한다.
㉤ 선택성이 크고, 값이 저렴해야 한다.

10 산과 알코올이 어떤 반응을 일으켜 에스테르가 생성되는가? `출제율 20%`

① 검화   ② 환원
③ 축합   ④ 중화

`해설` 축합중합체(축합반응에 의해 생성)
폴리에스테르, 나일론 6.6, 페놀수지, 요소수지

11 질소비료 중 암모니아를 원료로 하지 않는 비료는? `출제율 40%`

① 황산암모늄   ② 요소
③ 질산암모늄   ④ 석회질소

`해설` ① 황산암모늄 : $(NH_4)_2SO_4$
② 요소 : $CO(NH_2)_2$
③ 질산암모늄 : NH_4NO_3
④ 석회질소 : $CaCN_2$

12 암모니아 소다법에서 탄산화과정의 중화탑이 하는 주된 작용은? `출제율 40%`

① 암모니아 함수의 부분탄산화
② 알칼리성을 강산성으로 변화
③ 침전탑에 도입되는 하소로 가스와 암모니아의 완만한 반응 유도
④ 온도 상승을 억제

`해설` 탄산화과정의 중화탑은 탄산화탑이라고 하며, 암모니아 함수의 부분탄산화가 주된 작용이다.

13 일반적으로 니트로화반응을 이용하여 벤젠을 니트로벤젠으로 합성할 때 많이 사용하는 것은 어느 것인가? `출제율 40%`

① $AlCl_3$+HCl
② H_2SO_4+HNO_3
③ $(CH_3CO)_2O_2$+HNO_3
④ HCl+HNO_3

`해설` • 니트로화 : NO_2 도입
• 니트로화제 : HNO_3+H_2SO_4의 혼합산제
$$C_6H_6 + HNO_3 \xrightarrow{H_2SO_4} C_6H_5NO_2 + H_2O$$

14 수산화나트륨을 제조하기 위해서 식염을 전기분해할 때 격막법보다 수은법을 사용하는 이유로 가장 타당한 것은? `출제율 80%`

① 저순도의 제품을 생산하지만 Cl_2와 H_2가 접촉해서 HCl이 되는 것을 막기 위해서
② 흑연, 다공철판 등과 같은 경제적으로 유리한 전극을 사용할 수 있기 때문에
③ 순도가 높으며, 비교적 고농도의 NaOH를 얻을 수 있기 때문에
④ NaCl을 포함하여 대기오염문제가 있지만 전해 시 전력이 훨씬 적게 소모되기 때문에

격막법	수은법
• NaOH의 농도가 낮다. • 농축비가 많이 든다. • 순도가 낮다.	• 순도가 높다. • 고농도의 NaOH를 얻을 수 있다. • 수은 사용은 공해의 원인이다. • 불순물이 적다. • 이론 분해전압이 높다. (전력비 多)

15 고분자 전해질 연료전지에 대한 설명 중 틀린 것은 어느 것인가? 〔출제율 40%〕

① 전기화학반응을 이용하여 전기에너지를 생산하는 전지이다.
② 전지 전해질은 수소이온 전도성 고분자를 주로 사용한다.
③ 전극 촉매로는 백금과 백금계 합금이 주로 사용된다.
④ 방전 시 전기화학반응을 시작하기 위해 전기충전이 필요하다.

해설 고분자 전해질형 연료전지
㉠ 전기화학반응을 이용하여 전기에너지를 생산하는 전지이다.
㉡ 전지 전해질은 수소이온 전도성 고분자를 주로 사용한다.
㉢ 전극 촉매로는 백금과 백금계 합금이 주로 사용된다.
㉣ 상온 운전이 가능하고, 출력밀도가 높으며, 적용 분야가 다양하다. 작동온도가 낮아 보다 간단히 적층할 수 있다.

16 수평균 분자량이 100000인 어떤 고분자 시료 1g과 수평균 분자량이 200000인 같은 고분자 시료 2g을 서로 섞으면 이때 혼합시료의 수평균 분자량은? 〔출제율 80%〕

① 0.5×10^5
② 0.667×10^5
③ 1.5×10^5
④ 1.667×10^5

해설 수평균 분자량($\overline{M_n}$)
$$= \frac{w}{\sum N_i} = \frac{1+2}{\dfrac{1}{100000} + \dfrac{2}{200000}}$$
$$= 150000 = 1.5 \times 10^5$$

17 질산의 직접 합성반응이 다음과 같을 때 반응 후 응축하여 생성된 질산 용액의 농도는 얼마인가? 〔출제율 40%〕

$$NH_3 + 2O_2 \rightleftarrows HNO_3 + H_2O$$

① 68%
② 78%
③ 88%
④ 98%

해설 질산공업의 직접 합성법
응축하면 78% HNO_3가 생성되므로 농축하거나 물 제거가 필요하다.

18 소다회를 이용하거나 또는 조중조의 현탁액을 수증기로 열분해하여 Na_2CO_3 용액을 제조 후 석회유를 가하여 가성소다(NaOH)를 제조하는 방법은? 〔출제율 60%〕

① 가성화법
② 암모니아 소다법
③ 솔베이법
④ 르블랑법

해설 가성화법(가성소다 제조방법)
$$2NaHCO_3 \xrightarrow{\text{수증기}} Na_2CO_3 + H_2O + CO_2$$
$$Na_2CO_3 + \underset{\text{(석회)}}{Ca(OH)_2} \rightarrow CaCO_3 + 2NaOH$$

19 다음 중 유기화합물 $R-COOH$에 해당하는 것은? 〔출제율 20%〕

① 아민
② 카르복시산
③ 에스테르
④ 알데히드

해설 카르복시산 ⇒ $R-COOH$

20 합성염산 제조에 있어 식염용액의 전해로 생성되는 염소와 수소를 서로 반응 합성할 때 수소를 과잉으로 넣어 반응시키는 이유는? 〔출제율 80%〕

① 반응을 정량적으로 진행시키기 위하여
② 반응열의 일부를 수소가스 가열로 소모시키기 위하여
③ 반응장치의 부식을 방지하기 위하여
④ 폭발을 방지하기 위하여

해설 염산 제법(합성법) 시 주의
H_2와 Cl_2가 폭발할 우려가 있으므로 이를 방지하기 위해 Cl_2와 H_2의 몰비를 1 : 1.2로 주입한다. 즉, 폭발을 방지하기 위하여 수소를 과잉으로 넣어 반응시킨다.

제2과목 ┃ 반응운전

21 어떤 화학반응의 평형상수에 대한 온도의 미분 계수가 $\left(\dfrac{\partial \ln k}{\partial T}\right)_P > 0$으로 표시된다. 이 반응에 대하여 옳게 설명한 것은? 〔출제율 60%〕

① 흡열반응이며, 온도상승에 따라 k값은 커진다.

② 발열반응이며, 온도상승에 따라 k값은 커진다.

③ 흡열반응이며, 온도상승에 따라 k값은 작아진다.

④ 발열반응이며, 온도상승에 따라 k값은 작아진다.

[해설] $k = \exp\left(\dfrac{\Delta G^\circ}{RT}\right)$

$\ln k = -\dfrac{\Delta G^\circ}{RT}$

$\left(\dfrac{\partial \ln k}{\partial T}\right)_P = \dfrac{\Delta G^\circ}{RT^2} - \dfrac{1}{RT}\left(\dfrac{\partial G^\circ}{\partial T}\right)_P$

$dP = 0$

$\rightarrow dG^\circ = VdP - SdT, \ dG^\circ = -SdT, \ \dfrac{dG^\circ}{dT} = -S$

$= \dfrac{\Delta G^\circ}{RT^2} + \dfrac{\Delta S}{RT} = \dfrac{\Delta G^\circ + TS}{RT^2} = \dfrac{\Delta H^\circ}{RT^2} > 0$

$\Delta H > 0$은 흡열반응이며, 온도가 증가하면 평형상수 k값은 커진다.

22 액체상태의 물이 얼음 및 수증기와 평형을 이루고 있다. 이 계의 자유도 수를 구하면 얼마인가? 〔출제율 80%〕

① 0

② 1

③ 2

④ 3

[해설] 자유도(F)

$F = 2 - P + C$

여기서, P(phase) : 상

C(component) : 성분

P : 3(물, 얼음, 수증기), C : 1(물)

$F = 2 - 3 + 1 = 0$

23 등온과정에서 이상기체의 초기압력이 1atm이고, 최종압력이 10atm이면 엔트로피의 변화는? (단, 1mol) 〔출제율 40%〕

① $\Delta S = R$

② $\Delta S = -2.303R$

③ $\Delta S = 4.606R$

④ $\Delta S = R \cdot \ln 5$

[해설] $\Delta S = \displaystyle\int \dfrac{dQ}{T} = \int \dfrac{dV - dW}{T} = \int \dfrac{C_V dT}{T} + \int \dfrac{PdV}{T}$

등온과정의 경우 $dT = 0$이므로

$\Delta S = \displaystyle\int \dfrac{PdV}{T} = \int \dfrac{nR}{V}dV$

$= nR\ln\dfrac{V_2}{V_1} = nR\ln\dfrac{P_1}{P_2}$

$= nR\ln\dfrac{1}{10} = -2.30R$

24 다음과 같은 반 데르 발스(Van der Waals) 상태방정식을 이용하여 실제기체의 $(\partial U/\partial V)_T$를 구한 결과로 옳은 것은? (단, V는 부피, T는 절대온도, a, b는 상수이다.) 〔출제율 40%〕

$$P = \frac{R}{V-b}T - \frac{a}{V^2}$$

① $(\partial U/\partial V)_T = \dfrac{a}{V^2}$

② $(\partial U/\partial V)_T = \dfrac{a}{(V-b)^2}$

③ $(\partial U/\partial V)_T = \dfrac{b}{V^2}$

④ $(\partial U/\partial V)_T = \dfrac{b}{(V-b)^2}$

[해설] $dU = TdS - PdV$

dV로 나누면 ($T = $ const)

$\left(\dfrac{dU}{dV}\right)_T = T\left(\dfrac{\partial S}{\partial V}\right)_T - P = T\left(\dfrac{\partial P}{\partial V}\right)_V - P$

맥스웰 방정식 $\left(\dfrac{\partial P}{\partial T}\right)_V = \left(\dfrac{\partial S}{\partial V}\right)_T$

$\left(\dfrac{\partial P}{\partial T}\right)_V = \dfrac{R}{V-b}$

$\therefore \left(\dfrac{\partial U}{\partial V}\right)_T = T\left(\dfrac{R}{V-b}\right) - \left(\dfrac{RT}{V-b} - \dfrac{a}{V^2}\right) = \dfrac{a}{V^2}$

25 오토(otto) 사이클의 효율(η)을 표시하는 식으로 옳은 것은? (단, K=비열비, r_v =압축비, r_f = 팽창비이다.) 〔출제율 60%〕

① $\eta = 1 - \left(\dfrac{1}{r_v}\right)^{K-1}$

② $\eta = 1 - \left(\dfrac{1}{r_v}\right)^{K}$

③ $\eta = 1 - \left(\dfrac{1}{r_v}\right)^{(K-1)/K}$

④ $\eta = 1 - \left(\dfrac{1}{r_v}\right)^{K-1} \cdot \dfrac{r_f^{K-1}}{K(r_f-1)}$

해설 Otto cycle 열효율

$\eta = 1 - \left(\dfrac{1}{r}\right)^{\gamma-1}$

여기서, r : 압축비, γ : 비열비

26 1kg-mol의 이상기체를 P_1 = 15atm, V_1 = 4.72L 에서 정용변화과정을 통하여 P_2 = 1atm까지 가역변화를 시켰다. 이때 엔탈피 변화는 얼마인가? (단, C_P = 5kcal/kg-mol · K, C_V = 3kcal/kg-mol · K) 〔출제율 20%〕

① -3.027kcal   ② -4.027kcal

③ $+3.027$kcal   ④ $+4.027$kcal

해설 $P_1 = 15$atm, $V_1 = 4.72$L, $PV = nRT$ 이용

$T_1 = \dfrac{P_1 V_1}{nR} = \dfrac{15\text{atm} \times 4.72\text{L}}{1000\text{mol} \times 0.082\,\text{atm} \cdot \text{L/mol} \cdot \text{K}}$

$\qquad = 0.863$K

$P_2 = 1$atm, $V_1 = 4.72$L

$T_2 = \dfrac{P_2 V_2}{nR} = \dfrac{1\text{atm} \times 4.72\text{L}}{1000\text{mol} \times 0.082\,\text{atm} \text{L/mol} \cdot \text{K}}$

$\qquad = 0.0575$K

$\Delta H = C_P \Delta T$

$\qquad = 5\text{kcal/kg} \cdot \text{mol} \cdot \text{K} \times 1\text{kmol}$

$\qquad\quad \times (0.0575 - 0.863)\text{K}$

$\qquad = -4.0275$kcal

27 다음 중 맥스웰(Maxwell)의 관계식으로 틀린 것은? 〔출제율 80%〕

① $\left(\dfrac{\partial T}{\partial V}\right)_S = -\left(\dfrac{\partial P}{\partial S}\right)_V$

② $\left(\dfrac{\partial T}{\partial P}\right)_S = -\left(\dfrac{\partial P}{\partial S}\right)_V$

③ $\left(\dfrac{\partial S}{\partial V}\right)_T = \left(\dfrac{\partial P}{\partial T}\right)_V$

④ $-\left(\dfrac{\partial S}{\partial P}\right)_T = \left(\dfrac{\partial V}{\partial T}\right)_P$

해설 맥스웰(Maxwell) 관계식

㉠ $\left(\dfrac{\partial T}{\partial V}\right)_S = -\left(\dfrac{\partial P}{\partial S}\right)_V$

㉡ $\left(\dfrac{\partial T}{\partial P}\right)_S = \left(\dfrac{\partial V}{\partial S}\right)_P$

㉢ $\left(\dfrac{\partial S}{\partial V}\right)_T = \left(\dfrac{\partial P}{\partial T}\right)_V$

㉣ $-\left(\dfrac{\partial S}{\partial P}\right)_T = \left(\dfrac{\partial V}{\partial T}\right)_P$

28 가역단열 과정은 다음 중 어느 과정과 같은 가? 〔출제율 40%〕

① 등엔탈피 과정

② 등엔트로피 과정

③ 등압 과정

④ 등온 과정

해설 가역단열=등엔트로피

$dq = 0 \Rightarrow \Delta S = 0$

29 벤젠과 톨루엔은 이상용액에 가까운 용액을 만든다. 80℃에서 벤젠의 증기압은 753mmHg, 톨루엔의 증기압은 290mmHg이다. 벤젠과 톨루엔의 몰비율이 1 : 1인 혼합용액의 80℃에서의 증기의 전압은 약 몇 mmHg인가? 〔출제율 40%〕

① 700

② 500

③ 300

④ 100

해설 라울의 법칙

$p_a = P_A x$, $p_b = P_B(1-x)$

여기서, p_a, p_b : A, B의 증기분압

$\qquad\quad x$: A의 몰분율

$\qquad\quad P_A$, P_B : 각 성분의 순수한 상태의 증기압

$P_T = p_a + p_b$

$\quad = P_A x + P_B(1-x)$

$\quad = 753 \times 0.5 + 290(1-0.5)$

$\quad = 521.5$mmHg

30 380℃ 고온의 열저장고와 120℃ 저온의 열저장고 사이에서 작동하는 열기관이 60kW의 동력을 생산한다면 고온의 열저장고로부터 열기관으로 유입되는 열량(Q_H)은? 출제율 60%

① 24.9kW
② 82.7kW
③ 123.2kW
④ 150.7kW

해설 $\eta = 1 - \dfrac{T_C}{T_H}$

$= 1 - \dfrac{(120+273)\mathrm{K}}{(380+273)\mathrm{K}} = 1 - \dfrac{393\mathrm{K}}{653\mathrm{K}} = 0.4$

$\eta = 0.4Q_H$

$\therefore Q_H = \dfrac{\eta}{0.4} = \dfrac{60\mathrm{kW}}{0.4} = 150\mathrm{kW}$

31 $\dfrac{1}{2}$차 반응을 수행하였더니 액체반응물질이 10분간에 75%가 분해되었다. 같은 조건 하에서 이 반응을 연결하는 데 시간은 몇 분이나 걸리겠는가? 출제율 60%

① 20
② 25
③ 30
④ 35

해설 $C_A^{1-n} - C_{A0}^{1-n} = k(n-1)t$

$C_A^{\frac{1}{2}} - C_{A0}^{\frac{1}{2}} = -\dfrac{1}{2}kt$

$C_{A0}^{\frac{1}{2}}(1-X_A)^{\frac{1}{2}} - C_{A0}^{\frac{1}{2}} = -\dfrac{1}{2}kt$

$C_{A0}^{\frac{1}{2}}(1-0.75)^{\frac{1}{2}} - C_{A0}^{\frac{1}{2}} = -\dfrac{1}{2}k \times 10$

$0.5 C_{A0}^{\frac{1}{2}} - C_{A0}^{\frac{1}{2}} = -5k$

$-0.5 C_{A0}^{\frac{1}{2}} = -5k \; : \; k = 0.1 C_{A0}^{\frac{1}{2}}$

$C_{A0}^{\frac{1}{2}}(1-X)^{\frac{1}{2}} - C_{A0}^{\frac{1}{2}} = -\dfrac{1}{2} \times 0.1 \times C_{A0}^{\frac{1}{2}} \times t$

$\therefore t = 20\mathrm{min}$

32 정압반응에서 처음에 80%의 A를 포함하는(나머지 20%는 불활성 물질) 반응혼합물의 부피가 2min에 20% 감소한다면 기체반응 $2A \rightarrow R$에서 A의 소모에 대한 1차 반응속도상수는 약 얼마인가? 출제율 60%

① 0.147min^{-1}
② 0.247min^{-1}
③ 0.347min^{-1}
④ 0.447min^{-1}

해설 $\varepsilon_A = y_{A0} \cdot \delta = 0.8 \times \dfrac{1-2}{2} = -0.4$

$2A \rightarrow R$

$V = V_0(1 + \varepsilon_A X_A)$

$2\mathrm{min}$, 20% 감소

$80 = 100(1 - 0.4X_A)$

$X_A = 0.5$

1차 반응식 이용

$-kt = \ln(1 - X_A)$

$-k \times 2 = \ln(1 - 0.5)$

$\therefore k = 0.3471\mathrm{min}^{-1}$

33 공간시간이 1.62분이고 $C_{A0} = 4\mathrm{mol/L}$이며, 원료가 1분에 1000mol로 공급되는 흐름반응기의 최소체적은? 출제율 40%

① 105
② 205
③ 305
④ 405

해설 $C_{A0} = 4\mathrm{mol/L}$

$F_{A0} = 1000\mathrm{mol/min}$

$\nu_0 = \dfrac{F_{A0}}{C_{A0}} = \dfrac{1000\mathrm{mol/min}}{4\mathrm{mol/L}} = 250\mathrm{L/mol}$

$\tau = \dfrac{V}{\nu_0}$ 이므로

$V = \nu_0 \times \tau = 250\mathrm{L/min} \times 1.62\mathrm{min} = 405\mathrm{L}$

34 2번째 반응기의 크기가 1번째 반응기 체적의 2배인 2개의 혼합반응기를 직렬로 연결하여 물질 A의 액상분해속도론을 연구한다. 정상상태에서 원료의 농도가 1mol/L이고, 1번째 반응기에서 평균체류시간은 96초이며, 1번째 반응기의 출구 농도는 0.5mol/L이고 2번째 반응기의 출구 농도는 0.25mol/L이다. 이 분해반응은 몇 차 반응인가? 출제율 60%

① 0차
② 1차
③ 2차
④ 3차

해설 $k\tau C_{A0}^{n-1} = \dfrac{X_A}{(1-X_A)^n}$

$k \times 96 \times 1 = \dfrac{0.5}{(1-0.5)^2}$

$k \times 192 \times 0.5^{n-1} = \dfrac{0.5}{(1-0.5)^n}$

$k \times 96 = k \times 192 \times 0.5^{n-1}$

$\therefore n = 2$차 반응

35 $A \xrightarrow{k} R$ 반응을, 2개의 같은 크기의 혼합흐름반응기(mixed flow reactor)를 직렬로 연결하여 반응시켰을 때, 최종 반응기 출구에서의 전화율은? (단, 이 반응은 기초반응이고, 각 반응기의 $k\tau = 2$이다.) 〔출제율 40%〕

① 0.111   ② 0.333
③ 0.667   ④ 0.889

해설
$$\frac{C_0}{C_1} = (1+k\tau) = 1+2 = 3 = \frac{1}{1-X_1}$$
$$X_1 = 0.667$$
$$\frac{C_0}{C_2} = \frac{1}{1-X_2} = (1+k\tau)^2 = (1+2)^2$$
$$\therefore X_2 = 0.889$$

36 다음 식에서 C_R을 크게 하려면 어느 반응기를 사용해야 좋은가? 〔출제율 20%〕

$$\cdot A + B \underset{}{\overset{k_1}{\longrightarrow}} R \qquad \cdot A \underset{}{\overset{k_1}{\longrightarrow}} S$$

① 플러그반응기   ② 혼합반응기
③ 회분식 반응기   ④ 알 수 없다.

해설
$$\frac{dC_R}{dC_S} = \frac{k_1 C_A C_B}{k_2 C_A} = \frac{k_1}{k_2} C_B$$
즉, C_R의 농도를 크게 하기 위해선 PFR 사용

37 N_2O_5의 1차 반응속도상수가 0.345/min이고 반응 초기의 농도 C_{A0}가 2.4mol/L이다. 이때 N_2O_5의 농도가 0.9mol/L가 될 때까지의 시간은? 〔출제율 20%〕

① 1.84min   ② 2.84min
③ 3.84min   ④ 4.84min

해설
$$-r_A = -\frac{dC_A}{dt} = kC_A$$
$$\frac{1}{C_A} dC_A = -kdt$$
$$\ln\frac{C_A}{C_{A0}} = -kt$$
$$k = 0.345/\text{min}, \ C_{A0} = 2.4\text{mol/L}$$
$C_A = 0.9\text{mol/L}$에서의 t
$$t = -\frac{1}{0.345/\text{min}} \times \ln\frac{0.9\text{mol/L}}{2.4\text{mol/L}} = 2.84\text{min}$$

38 1atm, 610K에서 다음과 같은 가역 기초반응이 진행될 때 평형상수 K_P와 정반응속도식 $k_{P_1}P_A^{\ 2}$의 속도상수 k_{P_1}이 각각 0.5atm^{-1}과 10mol/L · atm^2 · hr일 때 농도 항으로 표시되는 역반응속도상수는? (단, 이상기체로 가정한다.) 〔출제율 40%〕

$$2A \rightleftarrows B$$

① 1000hr^{-1} ② 100hr^{-1}
③ 10hr^{-1} ④ 0.1hr^{-1}

해설
$$k_P = \frac{k_{P_1}}{k_{P_2}} = \frac{10}{k_{P_2}} = 0.5$$
$$k_{P_2} = 20$$
$$k_{C_2} = k_{P_2} \times RT$$
$$= 20 \times 0.082 \times 610 = 1000\text{hr}^{-1}$$

39 다음 중 Arrhenius 법칙이 성립할 경우에 대한 설명으로 옳은 것은 어느 것인가? (단, K는 반응속도상수이다.) 〔출제율 80%〕

① K와 T는 직선관계에 있다.
② $\ln K$와 $\frac{1}{T}$은 직선관계에 있다.
③ $\frac{1}{K}$과 $\frac{1}{T}$은 직선관계에 있다.
④ $\ln K$와 $\ln T^{-1}$은 직선관계에 있다.

해설 Arrhenius 법칙
$$\ln K = \ln A - \frac{E_A}{RT}$$
㉠ $\ln K$와 $\frac{1}{T}$은 직선관계이다.
㉡ $\ln K$를 y로 하고 $\frac{1}{T}$을 x로 할 때 기울기는 $-E_a/R$이다.

40 반응식이 $2A + B \rightarrow R$일 때 각 성분에 대한 반응속도식의 관계로 옳은 것은? 〔출제율 40%〕

① $-r_A = -r_B = r_R$
② $-r_A = -2r_B = 2r_R$
③ $-r_A = -r_B = 2r_R$
④ $-r_A = -\frac{1}{2}r_B = \frac{1}{2}r_R$

해설
$$\frac{r_A}{-2} = \frac{r_B}{-1} = \frac{r_R}{1}$$
$$-r_A = -2r_B = 2r_R$$

제3과목 | 단위공정관리

41 25℃에서 71g의 Na_2SO_4(분자량=142)를 물 200g에 녹여 만든 용액의 증기압은? (단, 25℃에서 순수한 물의 증기압은 25mmHg이고, 라울(Raoult)의 법칙을 이용한다.) <small>출제율 40%</small>

① 23.9mmHg   ② 22.0mmHg

③ 20.1mmHg   ④ 18.5mmHg

해설 라울의 법칙

$$Na_2SO_4 (71g) \times \frac{1\,mol}{142\,g} = 0.5\,mol$$

$$200g \, 물 \times \frac{1\,mol}{18\,g} = 11.1\,mol$$

P_a (용액의 증기압) $= P \times x_a$

여기서, x_a : 용매의 몰분율

P : 순수한 물의 증기압

$Na_2SO_4 = 2Na + SO_4^{2-}$ 이므로

$$x_A = \frac{11.1}{3 \times 0.5 + 11.1} = 0.881$$

$$\therefore \ P_a = 25 \times 0.881 = 22\,mmHg$$

42 관의 방향을 바꾸는 관 부속품은? <small>출제율 20%</small>

① 엘보   ② 유니언

③ 커플링   ④ 플랜지

해설 관의 방향을 바꿀 때

엘보, Y자관, 티 엘보, 십자 등

43 18℃, 700mmHg에서 상대습도 50%의 공기의 몰습도는 약 몇 kmol · H_2O/kmol 건조공기인가? (단, 18℃의 포화수증기압은 15.477mmHg이다.) <small>출제율 40%</small>

① 0.001   ② 0.011

③ 0.022   ④ 0.033

해설 습도

$$상대습도(H_R) = \frac{증기의 \ 분압(P_a)}{포화증기압(P_S)} \times 100$$

$$50 = \frac{P_a}{15.477} \times 100, \ P_a = 7.74\,mmHg$$

$$몰습도(H_m) = \frac{증기의 \ 분압}{건조기체의 \ 분압} = \frac{P_a}{P - P_a}$$

$$= \frac{7.74}{700 - 7.74} = 0.011$$

44 지름이 10cm인 파이프 속에서 기름의 유속이 10cm/s일 때 지름이 2cm인 파이프 속에서의 유속은 몇 cm/s인가? <small>출제율 40%</small>

① 50   ② 100

③ 250   ④ 500

해설 질량보존의 법칙

$$Q = U_1 A_1 = U_2 A_2$$

$$U_2 = U_1 \times \frac{A_1}{A_2} = U_1 \times \left(\frac{D_1^{\ 2}}{D_2^{\ 2}} \right)$$

$$= 10\,cm/s \times \left(\frac{10^2}{2^2} \right) = 250\,cm/s$$

45 노 벽의 두께가 200mm이고, 그 외측은 75mm의 석면판으로 보온되어 있다. 노 벽의 내부온도가 400℃이고, 외측온도가 38℃일 경우 노 벽의 면적이 10m^2라면 열손실은 약 몇 kcal/h인가? (단, 노 벽과 석면판의 평균 열전도도는 각각 3.3, 0.13kcal/m · h · ℃이다.) <small>출제율 60%</small>

① 3070   ② 5678

③ 15300   ④ 30600

해설 여러 층 열전도

$$q = \frac{t_1 - t_2}{\dfrac{l_1}{K_1 A_1} + \dfrac{l_2}{K_2 A_2}} = \frac{400 - 38}{\dfrac{0.2}{3.3 \times 10} + \dfrac{0.075}{0.13 \times 10}}$$

$$= 5678\,kcal/h$$

46 기체흡수 설계에 있어서 평행선과 조작선이 직선일 경우 이동단위높이(HTU)와 이동단위수(NTU)에 대한 해석으로 옳지 않은 것은 어느 것인가? <small>출제율 40%</small>

① HTU는 대수평균농도차(평균추진력)만큼의 농도변화가 일어나는 탑 높이이다.

② NTU는 전탑 내에서 농도변화를 대수평균농도차로 나눈 값이다.

③ HTU는 NTU로 전충전고를 나눈 값이다.

④ NTU는 평균 불활성 성분 조성의 역수이다.

해설 이동단위높이(HTU), 이동단위수(NTU)

㉠ 대수평균농도차는 평균추진력이라는 의미이다.

㉡ HTU는 대수평균농도차만큼 농도변화, 즉 대수평균농도차만큼의 농도변화가 일어나는 탑 높이이다.

㉢ NTU=전체 농도변화/평균추진력

47 저온에서 증발하여 열에 의한 변질을 막는 방법은? 〔출제율 20%〕

① 진공증발 ② 저온증발
③ 저압증발 ④ 다중효용증발

해설 진공증발
진공펌프를 이용하여 과즙, 젤라틴과 같은 열에 의한 변질 예방 목적으로 사용

48 향류 다단추출에서 추제비를 3, 단수를 4로 조작할 때 추출률은? 〔출제율 20%〕

① 0.9917 ② 0.9171
③ 0.9936 ④ 0.9951

해설 추출률 = 1 − 추잔율

$$= 1 - \frac{\alpha - 1}{\alpha^{\rho+1} - 1} = 1 - \frac{3 - 1}{3^{4+1} - 1}$$

$$= 0.99174$$

49 이동단위높이가 3m, 단위수 11일 경우 충전층의 높이는? 〔출제율 20%〕

① 30 ② 33
③ 14 ④ 20

해설 충전층의 높이 = 이동단위높이 × 단위수
$$= 3 \times 11$$
$$= 33$$

50 CO_2 25vol%와 NH_3 75vol%의 기체혼합물 중 NH_3의 일부가 산에 흡수되어 제거된다. 이 흡수탑을 떠나는 기체가 37.5vol%의 NH_3를 가질 때 처음에 들어 있던 NH_3의 몇 %가 제거되었는가? (단, CO_2의 양은 변하지 않는다고 하며, 산용액은 조금도 증발하지 않는다고 한다.) 〔출제율 60%〕

① 85% ② 80%
③ 75% ④ 65%

해설

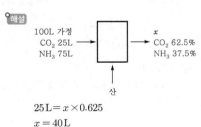

$$25\,L = x \times 0.625$$
$$x = 40\,L$$

흡수탑에서 배출되는 $NH_3 = 40 \times 0.375 = 15\,L$
제거되는 $NH_3 = 75 - 15\,L = 60\,L$

∴ 제거된 $NH_3(\%) = \frac{65}{75} \times 100 = 80\%$

51 37wt% HNO_3 용액의 노르말(N) 농도는? (단, 이 용액의 비중은 1.227이다.) 〔출제율 40%〕

① 6 ② 7.2
③ 12.4 ④ 15

해설 37wt%, HNO_3
1000g을 가정하면 (NH_3 370g, H_2O 630g)

$$370\,g\ HNO_3 \times \frac{1\,mol}{63\,g(HNO_3\ 분자량)} = 5.87\,mol$$

$$용액\ 1000\,g\ 부피 = \frac{1000\,g}{1.227\,g/cm^3 \times \frac{1000\,cm^3}{1\,L}}$$

$$= 0.815\,L$$

$$\therefore N = \frac{용질의\ g당량수}{용액의\ 부피} = \frac{5.87\,mol}{0.815\,L} = 7.2\,N$$

52 비중이 1인 물이 흐르고 있는 관의 양단에 비중이 13.6인 수은으로 구성된 U자형 마노미터를 설치하여 수은의 높이차를 측정해 보니 약 33cm였다. 관 양단의 압력차는 약 몇 atm인가? 〔출제율 40%〕

① 0.2 ② 0.4
③ 0.6 ④ 0.8

해설
$$\Delta P = \frac{g}{g_c}(\rho_A - \rho_B)R$$

$$= \frac{kgf}{kg}(13.6 - 1) \times 1000\,kg/m^3 \times 0.33\,m$$

$$= 4158\,kgf/m^2 \times \frac{1\,m^2}{100^2\,cm^2}$$

$$= 0.4158\,kgf/cm^2$$

$$= 0.4158\,\frac{kgf}{cm^2} \times \frac{1\,atm}{1.0332\,kgf/cm^2}$$

$$= 0.4\,atm$$

53 상계점(plait point)에 대한 설명 중 틀린 것은 어느 것인가? 〔출제율 40%〕

① 추출상과 추잔상의 조성이 같아지는 점
② 분배곡선과 용해도곡선과의 교점
③ 임계점(critical point)으로 불리기도 하는 점
④ 대응선(tie-line)의 길이가 0이 되는 점

해설 상계점

㉠ 추출상과 추잔상에서 추질의 조성이 같은 점
㉡ tie-line(대응선)의 길이가 0인 점
㉢ 균일상 대 불균일상으로 되는 경계점
㉣ 임계점으로 불리기도 하는 점

54 젖은 고체 20kg을 건조했더니 11.2kg이 되었다. 처음 재료의 수분은 몇 %인가? 출제율 20%

① 7%
② 17%
③ 27%
④ 44%

해설 $\dfrac{20-11.2}{20} \times 100 = 44\%$

55 어떤 증류탑의 단 효율이 50%이고 McCabe-Thiele법으로 구한 이론단수가 10일 때 설계해야 할 단수는? 출제율 20%

① 10
② 15
③ 20
④ 25

해설 실제단수 $=\dfrac{\text{이론단수}}{\text{효율}}=\dfrac{15}{0.6}=25$

56 건조 조작에서 임계 함수율(critical moisture content)을 옳게 설명한 것은? 출제율 40%

① 건조속도가 0일 때의 함수율이다.
② 감률 건조기간이 끝날 때의 함수율이다.
③ 항률 건조기간에서 감률 건조기간으로 바뀔 때의 함수율이다.
④ 건조 조작이 끝날 때의 함수율이다.

해설 한계 함수율(임계 함수율)

㉠ 건조속도는 $-\dfrac{dW}{dt}$이다.
㉡ 감률 건조기간이 시작할 때의 함수율이다.
㉢ 건조 조작 중의 함수율이다.

보충 Tip

한계 함수율(임계 함수율)은 항률 건조기간에서 감률 건조기간으로 이동하는 점이다. 즉, 변경 시의 함수를 말한다.

57 760mmHg 대기압에서 진공계가 200mmHg 진공을 표시하였다. 절대압력(atm)은? 출제율 20%

① 0.54
② 0.64
③ 0.74
④ 0.84

해설 진공도 = 대기압 − 절대압
$200\text{mmHg} = 760\text{mmHg} - P$
$P = 560\text{mmHg} \times \dfrac{1\text{atm}}{760\text{mmHg}} = 0.736$
$= 0.74\text{atm}$

58 각 물질의 생성열이 다음과 같다고 할 때 $CH_4(g) + 2O_2(g) \rightarrow CO_2(g) + 2H_2O(l)$의 반응열은 몇 kcal/mol인가? 출제율 40%

- $CH_4(g)$의 생성열 : -17.9kcal/mol
- $CO_2(g)$의 생성열 : -94kcal/mol
- $H_2O(l)$의 생성열 : -68.4kcal/mol

① -144.5
② -180.3
③ -212.9
④ -284.7

해설 반응열 = 생성물의 생성열 − 반응물의 생성열
$= [-94 + 2 \times (-68.4)] - (17.9)$
$= -212.9\text{kcal/mol}$

59 확산계수의 차원으로 옳은 것은? 출제율 20%

① L^2/T
② L/T
③ L/T^2
④ L^3/T

해설 Fick's law
$$N_a = \dfrac{dn_A}{d\theta} = -D_G A \dfrac{dC_A}{dx}$$
여기서, D_G : 분자확산계수(m^2/hr)

60 어떤 가스의 조성이 부피비로 CO_2 40%, C_2H_4 20%, H_2 40%라고 할 때 이 가스의 평균분자량은? 출제율 60%

① 23
② 24
③ 25
④ 26

해설 평균분자량 $= \sum x_i M_i$
$= 0.4 \times 44 + 0.2 \times 28 + 0.4 \times 2$
$= 24$

제4과목 ┃ 화공계측제어

61 다음 식을 풀이하면 $f(t)$는? 〔출제율 80%〕

$$\frac{df(t)}{dt} + f(t) = 1 \cdot f(0) = 0$$

① $\dfrac{1}{t} - e^{-t}$ ② $\dfrac{1}{t} - \dfrac{1}{t+1}$

③ $t - e^t$ ④ $1 - e^{-t}$

해설 미분식의 라플라스 변화

$\mathcal{L}\left\{\dfrac{df(t)}{dt}\right\} = sF(s) - f(0)$

$\mathcal{L}\{f(t)\} = F(s)$

$\dfrac{df(t)}{dt} + f(t) = 1 \xrightarrow{\mathcal{L}} sF(s) - f(0) + F(s) = \dfrac{1}{s}$

$(s+1)F(s) = \dfrac{1}{s} \rightarrow F(s) = \dfrac{1}{s(s+1)} = \dfrac{1}{s} - \dfrac{1}{s+1}$

$F(s)$를 역라플라스 하면 $f(t) = 1 - e^{-t}$

62 다음 블록선도에서 서보문제(servo problem)의 전달함수는? 〔출제율 40%〕

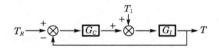

① $\dfrac{G_C G_I}{1 + G_C G_I}$ ② $\dfrac{G_C}{1 + G_C G_I}$

③ $\dfrac{G_C G_I}{1 + G_C}$ ④ $\dfrac{G_I}{1 + G_C G_I}$

해설 • Servo Control Problem(서보문제)
외부교란 변수는 없고, 설정값만 변하는 경우
$\dfrac{T}{T_R} = \dfrac{G_C G_I}{1 + G_C G_I}$ (T_1은 고려하지 않음)

• Regulator Control(조정기제어)
설정값은 일정하게 유지($R = 0$)되고, 외부교란 변수만 일어나는 경우
$\dfrac{T}{T_1} = \dfrac{G_I}{1 + G_C G_I}$

63 다음 함수의 라플라스 역변환은? 〔출제율 80%〕

$$F(s) = \frac{a}{(s+b)^2}$$

① ate^{-bt} ② ate^t

③ $\dfrac{a}{2}te^{bt}$ ④ $\dfrac{a}{2}te^{\frac{b}{2}t}$

해설 $\dfrac{a}{s^2} \xrightarrow{\mathcal{L}^{-1}} at$

$\dfrac{a}{(s+b)^2} \xrightarrow{\mathcal{L}^{-1}} ate^{-bt}$

64 다음 중 off-set 제거가 가능하나 제어시간이 오래 걸리는 제어기는? 〔출제율 20%〕

① P형 제어기
② PI형 제어기
③ PID형 제어기
④ PD형 제어기

해설 PI형 제어기는 off-set(잔류편차) 제거가 가능하나 제어시간이 오래 걸리는 단점이 있다.

65 전류식 비례제어기가 20℃에서 100℃까지의 범위로 온도를 제어하는 데 사용된다. 제어기는 출력전류가 4mA에서 20mA까지 도달하도록 조정되어 있다면 제어기의 이득(mA/℃)은? 〔출제율 40%〕

① 5   ② 0.2
③ 1   ④ 10

해설 $K = \dfrac{\text{전환기의 출력범위}}{\text{전환기의 입력범위}}$

$= \dfrac{(20-4)\text{mA}}{(100-20)\text{℃}}$

$= 0.2\,\text{mA/℃}$

66 다음과 같은 특성식(characteristic equation)을 갖는 계가 있다면 이 계는 Routh 시험법에 의해 다음의 어느 경우에 해당하는가? 〔출제율 80%〕

$$s^4 + 3s^3 + 5s^2 + 4s + 2 = 0$$

① 안정(stable)하다.
② 불안정(unstable)하다.
③ 모든 근(root)이 허수축의 우측 반면에 존재한다.
④ 감쇠진동을 일으킨다.

[해설] Routh 안정성

	1	2	3
1	1	5	2
2	3	4	
3	$\dfrac{3\times5-1\times4}{3}$ $=3.67$	$\dfrac{3\times2-1\times0}{3}$ $=2$	
4	$\dfrac{3.67\times4-3\times2}{3.67}=2.36$		

Routh 배열상 첫 번째 열이 모두 양이므로 안정하다.

67 다음 그림과 같은 제어계의 전달함수 $\dfrac{Y(s)}{X(s)}$ 로 옳은 것은? [출제율 80%]

$$X \rightarrow \boxed{G_a} \rightarrow \otimes \rightarrow \boxed{G_b} \rightarrow \otimes \rightarrow \boxed{G_c} \rightarrow Y$$

① $\dfrac{Y(s)}{X(s)} = \dfrac{G_c(1+G_aG_b)}{1+G_aG_bG_c}$

② $\dfrac{Y(s)}{X(s)} = \dfrac{G_aG_bG_c}{1+G_bG_c}$

③ $\dfrac{Y(s)}{X(s)} = \dfrac{G_aG_bG_c}{1+G_aG_bG_c}$

④ $\dfrac{Y(s)}{X(s)} = \dfrac{G_c(1+G_aG_b)}{1+G_bG_c}$

[해설] $G(s) = \dfrac{Y(s)}{X(s)} = \dfrac{직진}{1+feedback}$

$= \dfrac{G_aG_bG_c + G_c}{1+G_bG_c}$

$= \dfrac{(G_aG_b+1)G_c}{1+G_bG_c}$

68 다음 중 캐스케이드 제어를 적용하기에 가장 적합한 동특성을 가진 경우는? [출제율 40%]

① 부제어 루프 공정 : $\dfrac{2}{10s+1}$

　　주제어 루프 공정 : $\dfrac{6}{2s+1}$

② 부제어 루프 공정 : $\dfrac{6}{10s+1}$

　　주제어 루프 공정 : $\dfrac{2}{2s+1}$

③ 부제어 루프 공정 : $\dfrac{2}{2s+1}$

　　주제어 루프 공정 : $\dfrac{6}{10s+1}$

④ 부제어 루프 공정 : $\dfrac{2}{10s+1}$

　　주제어 루프 공정 : $\dfrac{6}{10s+1}$

[해설] Cascade 제어
주제어기보다 부제어기의 응답이 더 빠르지 않으면 cascade 구조의 이점은 없다.

69 전달함수 $G(s) = \dfrac{10}{s^2+0.8s+4}$ 인 2차계의 시정수 τ와 ξ(damping ratio)의 값은? [출제율 20%]

① $\tau = 0.5$, $\xi = 0.1$

② $\tau = 0.5$, $\xi = 0.2$

③ $\tau = 0.25$, $\xi = 0.1$

④ $\tau = 0.25$, $\xi = 0.2$

[해설] $G(s) = \dfrac{10}{s^2+0.8s+4}$

$= \dfrac{\dfrac{10}{4}}{\dfrac{1}{4}s^2+0.2s+1} = \dfrac{K_c}{\tau^2 s^2+2\tau\xi s+1}$

$\tau^2 = \dfrac{1}{4}$, $2\tau\xi = 0.2$, $K_c = \dfrac{10}{4} = 2.5$

$\therefore \tau = \dfrac{1}{2} = 0.5$, $\xi = 0.2$

70 다음 공정에 P제어기가 연결된 닫힌 루프제어계가 안정하려면 비례이득 K_c의 범위는? (단, 나머지 요소의 전달함수는 1이다.) [출제율 80%]

$$G_P(s) = \dfrac{1}{2s-1}$$

① $K_c < 1$　　　② $K_c > 1$

③ $K_c < 2$　　　④ $K_c > 2$

[해설] $1 + \dfrac{K_c}{2s-1} = 0$, $2s-1+K_c = 0$

$s = \dfrac{1-K_c}{2} < 0$

Routh array에서 $K_c - 1 > 0$이므로 $K_c > 1$

71 다음 $f(t)$의 최종값은 어느 것인가? [출제율 80%]

$$F(s) = \frac{4s+6}{s^2+2s^2+2s}$$

① 2   ② 3
③ 4   ④ 5

해설 최종값 정리에 의해
$$\lim_{t \to \infty} f(t) = \lim_{s \to 0} sF(s)$$
$$= \lim_{s \to 0} s \cdot \frac{3s+10}{s(s^2+2s+5)} = \frac{10}{5} = 2$$

72 1차 지연요소에서 시정수는 최대출력이 몇 %에 이를 때까지의 시간인가? [출제율 40%]

① 52%
② 63%
③ 95%
④ 99%

해설 시정수(time constant)란 1차 지연요소에서 출력이 최대출력의 63%에 도달할 때까지의 시간

73 다음 공정과 제어기를 고려할 때 정상상태 (steady-state)에서 $y(t)$값은? [출제율 40%]

- 제어기
$$u(t) = 1.0(1.0 - y(t)) + \frac{1.0}{2.0}\int_0^t (1 - y(\tau))d\tau$$
- 공정
$$\frac{d^2y(t)}{dt^2} + 2\frac{dy(t)}{dt} + y(t) = u(t - 0.1)$$

① 1   ② 2
③ 3   ④ 4

해설 $U(s) = \frac{1}{s} - Y(s) + \frac{1}{2}\left[\frac{1}{s^2} - \frac{1}{s}Y(s)\right]$
$$= \frac{1}{s} - Y(s) + \frac{1}{2s^2} - \frac{1}{2s}Y(s)$$
$$\mathcal{L}[u(t-0.1)]$$
$$= \left[\frac{1}{s} - Y(s) + \frac{1}{2s^2} - \frac{1}{2s}Y(s)\right] \times e^{-0.1s}$$
$$s^2Y(s) + 2Y(s) + Y(s) = \mathcal{L}[u(t-0.1s)]$$
$$(s^2 + 2s + 1)Y(s) = \frac{1}{s}e^{-0.1s} - Y(s)e^{-0.1s}$$
$$+ \frac{1}{2s^2}e^{-0.1s} - \frac{1}{2s}Y(s)e^{-0.1s}$$

정리하면 $Y(s) = \dfrac{\dfrac{1}{s}e^{-0.1s} + \dfrac{1}{2s^2}e^{-0.1s}}{s^2 + 2s + 1 + e^{-0.1s} + \dfrac{1}{2s}e^{-0.1s}}$

$$= \frac{e^{-0.1s} + \dfrac{1}{2s}e^{-0.1s}}{s^2 + 2s + 1 + e^{-0.1s} + \dfrac{1}{2s}e^{-0.1s}}$$

분모와 분자에 s를 곱해서 정리하면
$$= \frac{se^{-0.1s} + \dfrac{1}{2}e^{-0.1s}}{s^3 + 2s^2 + s + se^{-0.1s} + \dfrac{1}{2}e^{-0.1s}}$$

최종값 정리에 의해
$$\lim_{t \to \infty} f(t) = \lim_{s \to 0} sY(s) = 1$$

74 어떤 액위 저장탱크로부터 펌프를 이용하여 일정한 유량으로 액체를 뽑아내고 있다. 이 탱크로는 지속적으로 일정량의 액체가 유입되고 있다. 탱크로 유입되는 액체의 유량이 기울기가 1인 1차 선형변화를 보인 경우 정상상태로부터의 액위의 변화 $H(t)$를 옳게 나타낸 것은? (단, 탱크의 단면적은 A이다.) [출제율 40%]

① $\dfrac{1}{At^2}$ ② $\dfrac{At}{2}$
③ $\dfrac{t^2}{2A}$ ④ $\dfrac{1}{At^3}$

해설 $A\dfrac{dh}{dt} = q_i - q_0$
$$\frac{H(s)}{Q_i(s)} = \frac{1}{As}, \quad Q_i(s) = \frac{1}{s^2}$$
$$H(s) = \frac{1}{As^3}, \quad h(t) = \frac{t^2}{2A}$$

75 ZN 튜닝룰은 $k_c = 0.6k_{cu}$, $\tau_i = P_u/2$, $\tau_d = P_u/8$ 이다. k_{cu}, P_u는 임계이득과 임계주기이고, k_c, τ_i, τ_d는 PID제어기의 비례이득, 적분시간, 미분시간이다. 공정에 공정입력 $u(t) = \sin(\pi t)$를 적용할 때 공정출력은 $y(t) = -6\sin(\pi t)$가 되었다. ZN 튜닝룰을 사용할 때, 이 공정에 대한 PID제어기의 파라미터는 얼마인가? [출제율 40%]

① $k_c = 3.6$, $\tau_i = 1$, $\tau_d = 0.25$
② $k_c = 0.1$, $\tau_i = 1$, $\tau_d = 0.25$
③ $k_c = 3.6$, $\tau_i = \pi/2$, $\tau_d = \pi/8$
④ $k_c = 0.1$, $\tau_i = \pi/2$, $\tau_d = \pi/8$

71.① 72.② 73.① 74.③ 75.②

[해설] $k_{cu} = \dfrac{1}{AR}$

$y(t) = 6\sin(\pi t - \pi)$, $\omega_c = \pi$

$AR_C = 6$, $k_{cu} = \dfrac{1}{6}$, $k_c = \dfrac{1}{6} \times 0.6 = 0.1$

$P_u = \dfrac{2\pi}{\omega_u} = \dfrac{2\pi}{\pi} = 2$, $\tau_i = \dfrac{P_u}{2} = 1$

$\tau_d = \dfrac{P_u}{8} = \dfrac{2}{8} = 0.25$

76 다음 중 2차계에서 Over damped는? [출제율 20%]

① $\xi = 0$ ② $\xi = 1$

③ $\xi > 1$ ④ $\xi < 1$

[해설] • $\xi = 1$(임계감쇠응답, critical damped)

• $\xi > 1$(과도감쇠응답, over damped)

• $\xi < 1$(부족감쇠응답, under damped)

77 어떤 계의 전달함수는 $\dfrac{1}{\tau s + 1}$ 이며, 이때 $\tau = 0.1$ 분이다. 이 계에 Unit step change가 주어졌을 때 0.1분 후의 응답은? [출제율 40%]

① $Y(t) = 0.39$

② $Y(t) = 0.63$

③ $Y(t) = 0.78$

④ $Y(t) = 0.86$

[해설] 1차 공정의 전달함수 $G(s) = \dfrac{Y(s)}{X(s)} = \dfrac{1}{\tau s + 1}$,

계단입력 $X(s) = \dfrac{1}{s}$ 이면

$Y(s) = G(s) \cdot X(s) = \dfrac{1}{s(\tau s + 1)} = \dfrac{1}{s} - \dfrac{\tau}{\tau s + 1}$

역라플라스

$Y(t) = 1 - e^{-\frac{t}{\tau}}$

여기서, $\tau = 0.1$, $t = 0.1$이므로

$Y(0.1) = 1 - e^{-0.1/0.1} = 0.632$

78 다음 공정에 PI제어기($K_c = 0.5$, $\tau_I = 1$)가 연결되어 있을 때 설정값에 대한 출력의 닫힌 루프(closed-loop) 전달함수는? (단, 나머지 요소의 전달함수는 1이다.) [출제율 40%]

$$G_p(s) = \dfrac{2}{2s + 1}$$

① $\dfrac{Y(s)}{Y_{SP}(s)} = \dfrac{1}{2s^2 + 2s + 1}$

② $\dfrac{Y(s)}{Y_{SP}(s)} = \dfrac{s+1}{2s^2 + 2s + 1}$

③ $\dfrac{Y(s)}{Y_{SP}(s)} = \dfrac{1}{2s^2 + s + 1}$

④ $\dfrac{Y(s)}{Y_{SP}(s)} = \dfrac{s+1}{2s^2 + s + 1}$

[해설] PI제어기

$G(s) = K_c\left(1 + \dfrac{1}{\tau s}\right) = 0.5\left(1 + \dfrac{1}{s}\right)$

폐회로 전달함수 $G(s) = \dfrac{G_c G}{1 + G_c G}$

$G(s) = \dfrac{0.5\left(1 + \dfrac{1}{s}\right)\left(\dfrac{2}{2s+1}\right)}{1 + 0.5\left(1 + \dfrac{1}{s}\right)\left(\dfrac{2}{2s+1}\right)} = \dfrac{s+1}{2s^2 + 2s + 1}$

79 $G(s) = \dfrac{5}{s + 50}$ 인 계의 시상수는? [출제율 20%]

① $\dfrac{1}{5}$ ② 1

③ $\dfrac{1}{50}$ ④ 10

[해설] $G(s) = \dfrac{50}{s + 50} = \dfrac{1}{\frac{1}{50}s + 1}$, $\tau = \dfrac{1}{50}$

80 개회로 전달함수(open-loop transfer function)

$G(s) = \dfrac{K_c}{(S+1)\left(\frac{1}{2}S + 1\right)\left(\frac{1}{3}S + 1\right)}$ 인 계(系)에

있어서 K_c가 4.41인 경우 다음 중 폐회로의 특성 방정식은? [출제율 40%]

① $S^3 + 7S^2 + 14S + 76.5 = 0$

② $S^3 + 5S^2 + 12S + 4.4 = 0$

③ $S^3 + 4S^2 + 10S + 10.4 = 0$

④ $S^3 + 6S^2 + 11S + 32.5 = 0$

[해설] $1 + G_{oL} = 0$, $1 + G(s) = 0$

$(S+1)\left(\dfrac{1}{2}S + 1\right)\left(\dfrac{1}{3}S + 1\right) + K_c = 0$

$S^3 + 6S^2 + 11S + 6(1 + K_c) = 0$

$S^3 + 6S^2 + 11S + 32.5 = 0$

화공기사 (2023. 3. 1. 시행 CBT복원문제)

제1과목 | 공업합성

01 헥산(C_6H_{14})의 구조 이성질체 수는? 출제율 40%

① 4개   ② 5개
③ 6개   ④ 7개

해설 이성질체

분자식은 같으나 분자 내 배열이 다른 것을 말한다.

① C-C-C-C-C-C

②
```
      C
      |
C-C-C-C
      |
      C
```

③
```
C-C-C-C-C
    |
    C
```

④
```
C-C-C-C-C
      |
      C
```

⑤
```
      C
      |
C-C-C-C
      |
      C
```

02 다음 유기용매 중 물과 섞이지 않는 것은?

① CH_3OCH_3
② CH_3COOH
③ C_2H_5OH
④ $C_2H_5OC_2H_5$

해설 $C_2H_5OC_2H_5$는 디에틸에테르로 전신마취제로 쓰이며, 지용성을 띠고 있어 물에 녹지 않는다.

03 열가소성 수지와 열경화성 수지로 구분할 때 다음 중 나머지 셋과 분류가 다른 하나는 어느 것인가? 출제율 80%

① 요소수지   ② 폴리에틸렌
③ 염화비닐   ④ 나일론

해설 • 열가소성 수지
  ㉠ 가열하면 연화되어 외력에 의해 쉽게 변형된 상태로 가공하여 외력이 제거되어도 성형된 상태를 유지하도록 하는 수지이다.
  ㉡ 종류 : 폴리에틸렌, 폴리프로필렌, 폴리염화비닐, 폴리스티렌, 아크릴수지, 불소수지, 폴리비닐아세테이트, ABS수지, 폴리비닐알코올, 나일론 등

• 열경화성 수지
  ㉠ 가열하면 우선 연화되지만 계속 가열하면 더 이상 연화되지 않고 경화되면 원상태로 되돌아가지 않는 수지이다.
  ㉡ 종류 : 페놀수지, 요소수지, 멜라민수지, 폴리우레탄수지, 에폭시수지, 알키드수지, 규소수지 등

04 HNO_3 14.5%, H_2SO_4 50.5%, $HNOSO_4$ 12.5%, H_2O 20.0%, Nitrobody 2.5%의 조성을 가지는 혼산을 사용하여 Foluene으로부터 Mono nitro-toluene을 제조하려고 한다. 이때 1700kg의 toluene을 12000kg의 혼산으로 니트로화했다면 DVS(Dehydrating Value of Sulfuric acid)는 얼마인가? 출제율 60%

① 1.87   ② 2.21
③ 3.04   ④ 3.52

해설

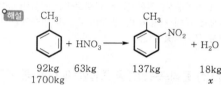

92kg   63kg   137kg   18kg
1700kg x

$92 : 18 = 1700 : x \rightarrow x = 332.6\text{kg}$
혼산 12000kg 중 H_2SO_4 $12000 \times 0.505 = 6060\text{kg}$
               H_2O $12000 \times 0.2 = 2400\text{kg}$

$$DVS = \frac{\text{혼합산 중 황산의 양}}{\text{반응 후 혼합산 중 물의 양}}$$

$$= \frac{6060}{2400 + 332.6} = 2.218$$

05 실용전지 제조에 있어서 작용물질의 조건으로 가장 거리가 먼 것은? 출제율 20%

① 경량일 것
② 기전력이 안정하면서 낮을 것
③ 전기용량이 클 것
④ 자기방전이 적을 것

해설 실용전지 조건
㉠ 두 전극에서의 과전압이 작아야 한다.
㉡ 방전할 때 시간에 따른 전압의 변화가 작아야 한다.
㉢ 기전력이 안정하면서 높아야 한다.
㉣ 단위중량, 단위용량당 방전용량이 커야 한다.
㉤ 원재료 가격이 저렴하고 안정적이어야 한다.
㉥ 자기방전이 적어야 한다.

06 다음 중 중량 평균분자량 측정법에 해당하는 것은 어느 것인가? (출제율 40%)

① 말단기 분석법
② 분리막 삼투압법
③ 광산란법
④ 비점 상승법

해설 분자량 측정방법
㉠ 끓는점 오름법과 어는점 내림법
㉡ 삼투압 측정법
㉢ 광산란법
㉣ 겔투과 크로마토그래피법

07 다음 중 벤젠의 술폰화 반응에 사용되는 물질로 가장 적합한 것은?

① 묽은 염산   ② 클로로술폰산
③ 진한 초산   ④ 발연황산

해설 술폰화 반응에 쓰이는 술폰화제에는 반응의 목적에 따라 발연황산, 진한 황산, 클로로술폰산 등이 공업적으로 많이 사용되며, 벤젠의 술폰화 반응에는 발연황산이 사용된다.

08 결정성 폴리프로필렌을 중합할 때 다음 중 가장 적합한 중합방법은? (출제율 20%)

① 양이온 중합
② 음이온 중합
③ 라디칼 중합
④ 지글러-나타 중합

해설 지글러-나타 중합
㉠ 에틸렌이나 결정성 프로필렌의 중합으로 폴리에틸렌, 폴리프로필렌을 만든다.
㉡ 다중활성점
㉢ 반응메커니즘이 정확하지 않다.

09 박막 형성 기체 중에서 SiO_2막에 사용되는 기체로 가장 거리가 먼 것은? (출제율 20%)

① SiH_4 ② O_2
③ N_2O ④ PH_3

해설 박막 형성 공정
형성하고자 하는 증착막 재료의 원소가스를 기판 표면 위에 화학반응시켜 원하는 박막을 형성하며, 사용되는 기체는 SiH_4, O_2, N_2O 등이다.

10 CuO 존재 하에 염화벤젠에 NH_3를 첨가하고 가압하면 생성되는 주요물질은? (출제율 40%)

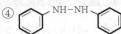

해설
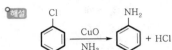

11 수(水)처리와 관련된 다음의 설명 중 옳은 것으로만 나열한 것은? (출제율 20%)

㉠ 물의 경도가 높으면 관 또는 보일러의 벽에 스케일이 생성된다.
㉡ 물의 경도는 석회소다법 및 이온교환법에 의하여 낮출 수 있다.
㉢ COD는 화학적 산소요구량을 말한다.
㉣ 물의 온도가 증가할 경우 용존산소의 양은 증가한다.

① ㉠, ㉡, ㉢   ② ㉡, ㉢, ㉣
③ ㉠, ㉢, ㉣   ④ ㉠, ㉡, ㉣

해설 용존산소는 온도가 증가하면 감소하고, 기압이 증가하면 증가한다.

12 다음 중 지방산의 일반적인 식은?

① $R-CO-R$ ② $RCOOH$
③ ROH ④ $R-COO-R'$

해설 ① $R-CO-R$: 케톤
② $R-COOH$: 카르복시산(지방산)
③ $R-OH$: 알코올
④ $R-COO-R'$: 에스테르

13 다음 중 일반적으로 에틸렌으로부터 얻는 제품으로 가장 거리가 먼 것은?

① 에틸벤젠   ② 아세트알데히드
③ 에탄올   ④ 염화알릴

해설 에틸렌으로부터의 유도체에는 아세트알데히드, 산화에틸렌, 염화비닐, 에탄올, 초산비닐, 에틸벤젠 등이 있다.

14 접촉식에 의한 황산의 제조공정에서 이산화황이 산화되어 삼산화황으로 전환하여 평형상태에 도달한다. 삼산화황 1몰을 생산하기 위해서 필요한 공기 최소량은 표준상태를 기준으로 약 몇 L인가? (단, 이상적인 반응을 가정한다.) 출제율 40%

① 53L
② 40.3L
③ 20.16L
④ 10.26L

해설 $S + \frac{1}{2}O_2 \rightarrow SO_3$

$\frac{1}{2}$ mol : 1mol

$\frac{1}{2}$ mol $O_2 \times \frac{100\,mol\,Air}{21\,mol\,O_2} = 2.38\,mol\,Air$

$PV = nRT$

$V = \frac{nRT}{P} = \frac{2.38\,mol \times 0.082 \times 273\,K}{1\,atm} = 53.28\,L$

15 원유의 증류 시 탄화수소의 열분해를 방지하기 위하여 사용되는 증류법은? 출제율 20%

① 상압증류
② 감압증류
③ 가압증류
④ 추출증류

해설 ① 상압증류 : 비점차에 의한 등유, 나프타, 경유 등으로 분류한다.
② 감압증류 : 비점이 높은 유분을 얻을 때 사용하며, 비교적 저온에서 증류할 수 있으므로 열분해의 방지가 가능하다.
③ 가압증류 : 대기압보다 높은 압력에서 증류, 중유 또는 경유를 가압증류법으로 분해하여 가솔린을 제조하는 방법이다.
④ 추출증류 : 공비혼합물을 분류하기 위해 액·액 추출+증류를 같이 이용한다. 혼합된 두 성분보다 비점이 높은 제3성분을 가하여 두 성분 간의 비휘발도가 커지는 것을 이용한다.

16 벤젠 유도체 중 니트로화 과정에서 Meta 배향성을 갖는 것은? 출제율 20%

① 벤조산
② 브로모벤젠
③ 톨루엔
④ 바이페닐

해설 벤조산의 경우 니트로화 시 Meta 자리에 반응한다.

17 다음 석유화학 공정 중 전화(conversion)와 정제로 구분할 때 전화 공정에 해당하지 않는 것은 어느 것인가? 출제율 50%

① 분해(cracking)
② 개질(reforming)
③ 알킬화(alkylation)
④ 스위트닝(sweetening)

해설 스위트닝(정제)
부식성과 악취 등 황화수소, 황을 산화하여 이황화물로 만들어 정제하는 방법이다.

18 다음 중 요소의 제법에 대한 설명으로 옳지 않은 것은?

① 순환법은 CO_2와 NH_3의 배합비가 정확하여야 한다.
② 비순환법에서는 황산암모늄이 부산물로 생긴다.
③ 순환법에서는 황산암모늄의 부산물이 생기지 않는다.
④ 반순환법은 순환법과 비순환법의 이론을 모두 적용한 것이다.

해설 순환법은 미반응가스를 재순환시켜 사용하는 방법으로, C.C.C법, Inventa 공정, Du pont 공정, Pechiney 공정이 있으며, CO_2와 NH_3의 배합비가 정확하지 않아도 가능하다.

19 융점이 327℃이며, 이 온도 이하에서는 용매 가공이 불가능할 정도로 매우 우수한 내약품성을 지니고 있어 화학공정기계의 부식방지용 내식 재료로 많이 응용되고 있는 고분자 재료는 무엇인가? 출제율 20%

① 폴리에틸렌
② 폴리테트라플로로에틸렌
③ 폴리카보네이트
④ 폴리이미드

해설 폴리테트라플로로에틸렌
매우 안정된 화합물을 형성하며, 부식방지용 내식 재료로 많이 응용되고 있는 고분자 재료이다.

20 다음 중 암모니아 산화반응 시 촉매로 주로 쓰이는 것은? 출제율 40%

① $Nd-Mo$
② Ra
③ $Pt-Rh$
④ Al_2O_3

^{해설} 암모니아 산화반응
$4NH_3 + 5O_2 \rightarrow 4NO + 6H_2O$의 촉매는 $Pt-Rh$, 코발트산화물(CO_3O_4) 등이다.

▶ 제2과목 ┃ 반응운전

21 다음 맥스웰(Maxwell) 관계식의 부호가 옳게 표시된 것은? 출제율 80%

$$\left(\frac{\partial S}{\partial V}\right)_T = (a)\left(\frac{\partial P}{\partial T}\right)_V$$

$$\left(\frac{\partial S}{\partial P}\right)_T = (b)\left(\frac{\partial V}{\partial T}\right)_P$$

① a : (+), b : (+)
② a : (+), b : (−)
③ a : (−), b : (−)
④ a : (−), b : (+)

^{해설} 맥스웰 방정식

• $dU = TdS - PdV \Rightarrow \left(\frac{\partial T}{\partial V}\right)_S = -\left(\frac{\partial P}{\partial S}\right)_V$

• $dH = TdS + VdP \Rightarrow \left(\frac{\partial T}{\partial P}\right)_S = \left(\frac{\partial V}{\partial S}\right)_P$

• $dA = -SdT - PdV \Rightarrow \left(\frac{\partial S}{\partial V}\right)_T = \left(\frac{\partial P}{\partial T}\right)_V$

• $dG = -SdT + VdP \Rightarrow -\left(\frac{\partial S}{\partial P}\right)_T = \left(\frac{\partial V}{\partial T}\right)_P$

22 등온과정에서 300K일 때 기체의 압력이 10atm에서 1atm으로 변했다면 소요된 일의 크기는? (단, 기체는 이상기체라 가정하고, 기체상수 R은 1.987cal/mol · K이다.) 출제율 40%

① 413.2
② 826.4
③ 959.4
④ 1372.6

^{해설} 이상기체 등온공정

$$W = RT\ln\frac{V_2}{V_1} = RT\ln\frac{P_1}{P_2}$$

$$= 1.987\text{cal/mol} \cdot \text{K} \times 300\text{K} \times \ln\frac{10}{1} = 1372.57$$

23 다음 중 열역학적 성질에 대한 설명으로 옳지 않은 것은? 출제율 20%

① 순수한 물질의 임계점보다 높은 온도와 압력에서는 상의 계면이 없어지며, 한 개의 상을 이루게 된다.
② 동일한 이심인자를 갖는 모든 유체는 같은 온도, 같은 압력에서 거의 동일한 Z값을 가진다.
③ 비리얼(virial) 상태방정식의 순수한 물질에 대한 비리얼 계수는 온도만의 함수이다.
④ 반 데르 발스(Van der Waals) 상태방정식은 기/액 평형상태에서 3개의 부피 해를 가진다.

^{해설} 대응상태의 원리
대응상태의 원리를 이용 Z값을 동일한 T_r, P_r에서 구하면 기체의 종류에 관계없이 거의 같은 Z값을 가진다(환산온도와 환산압력이 같을 때에는 동일한 Z를 가진다).

^{보충 Tip}

> **이심인자(acentric factor)**
> 모든 유체에 같은 환산온도와 환산압력을 비교하면 대체로 거의 같은 압축인자를 가지며 이상기체 거동에서 벗어나는 정도도 거의 비슷하다(단순유체인 Ar, Kr, Xe에 대해 거의 정확하나 복잡한 유체의 경우 구조적인 편차가 있다).

24 50mol% 메탄과 50mol% n-헥산의 증기혼합물의 제2 비리얼 계수(B)는 50℃에서 −517cm³/mol이다. 같은 온도에서 메탄 25mol%, n-헥산 75mol%가 들어 있는 혼합물에 대한 제2 비리얼 계수(B)는 약 몇 cm³/mol인가? (단, 50℃에서 메탄에 대하여 B_1은 −33cm³/mol이고, n-헥산에 대하여 B_2는 −1512cm³/mol이다.) 출제율 40%

① −1530
② −1320
③ −1110
④ −950

^{해설} 혼합물의 비리얼 계수 식 이용
혼합물의 비리얼 계수 $= \sum_i \sum_j y_i y_j B_{ij}$

여기서, $y_i y_j$: 기체혼합물 중의 몰분율
B_{ij} : 비리얼 계수

B(2성분계 혼합물)

$= y_1 y_1 B_{11} + y_1 y_2 B_{12} + y_2 y_1 B_{21} + y_2 y_2 B_{22}$

$= y_1^2 B_{11} + 2 y_1 y_2 B_{12} + y_2^2 B_{22}$

- 50mol% 메탄과 50mol% n-헥산 혼합물, 제2 비리얼 계수 $= -517 \, cm^2/mol$

$-517 \, cm^2/mol = 0.5^2 \times (-33 \, cm^3/mol)$
$\quad + 2 \times 0.5^2 B_{12} + 0.5^2 \times (-1512 \, cm^3/mol)$

$B_{12} = -261.5 \, cm^3/mol$

- 25mol% 메탄, 75mol% n-헥산 혼합물, 제2 비리얼 계수는

$B = (0.25)^2 \times (-33 \, cm^3/mol) + 2 \times 0.25 \times 0.75 \times$
$\quad (-261.5 \, cm^3/mol) + (0.75)^2$
$\quad \times (-1512 \, cm^3/mol)$
$= -950.6 \, cm^3/mol$

25 30℃에서 산소기체가 50atm으로부터 250atm으로 압축되었을 때 깁스(Gibbs) 자유에너지 변화량의 크기는 약 얼마인가? (단, 산소는 이상기체로 가정한다.)

① 1390.2　　② 1386.3

③ 1384.1　　④ 1380.4

해설 $\Delta G = H - T\Delta S = \Delta U + \Delta PU - q = \Delta U - q = -W$

$W = nRT \ln \dfrac{P_2}{P_1}$

$= 1.987 \, cal/mol \times 303K \times \ln \dfrac{500}{50}$

$= 1386.3 \, cal/mol$

26 크기가 동일한 3개의 상자 A, B, C에 상호작용이 없는 입자 10개가 각각 4개, 3개, 3개씩 분포되어 있고, 각 상자들은 막혀 있다. 상자들 사이의 경계를 모두 제거하여 입자가 고르게 분포되었다면 통계 열역학적인 개념의 엔트로피 식을 이용하여 경계를 제거하기 전후의 엔트로피 변화량은 약 얼마인가? (단, k는 Boltzmann 상수이다.) 출제율 20%

① $8.343k$　　② $15.324k$

③ $22.321k$　　④ $50.024k$

해설 Boltzmann 식

$S = k \ln \Omega$

$\Omega = \dfrac{n!}{(n_1!)(n_2!)(n_3!)\cdots} = \dfrac{10!}{4! \, 3! \, 3!} = 4200$

$S = k \ln 4200 = 8.343 k$

27 어떤 이상기체의 정적 열용량이 3.5R일 때, 정압 열용량은?

① $0.76R$　　② $3.5R$

③ $2.5R$　　④ $4.5R$

해설 C_P(정압 열용량) $= C_V$(정적 열용량)$+ R$

$C_P = 3.5R + R = 4.5R$

28 2.0atm의 압력과 25℃의 온도에 있는 2.0몰의 수소가 동일조건에 있는 3.0몰의 암모니아와 이상적으로 혼합될 때 깁스 자유에너지 변화량(ΔG ; kJ)은? 출제율 40%

① -8.34　　② -5.58

③ 8.34　　④ 5.58

해설 $\Delta G^{id} = nRT \sum x_i \ln x_i$

$= 5 \times 1.987 \times 298 (0.4 \ln 0.4 + 0.6 \ln 0.6)$

$= -8.34 \, kJ \, (1 \, cal = 4.184 J \, 이용)$

29 480℃ 고온 열저장고와 120℃ 저온 열저장고 사이에서 작동하는 열기관이 80kW의 동력을 생산한다면 고온 열저장고로부터 열기관으로 유입되는 열량(Q_H : kW)은?

① 127.3　　② 147.3

③ 167.3　　④ 187.3

해설 Carnot cycle 열효율(η)

$\eta = \dfrac{W}{Q_H} = \dfrac{T_h - T_c}{T_h}$

$\dfrac{W}{Q_H} = \dfrac{753 - 393}{753} = \dfrac{360}{753}$

$Q_H = W \times \dfrac{753}{360} = 80 \times \dfrac{753}{360} = 167.3 \, kW$

30 다음 중 열역학 제2법칙에 대한 설명이 아닌 것은 어느 것인가? 출제율 20%

① 가역공정에서 총 엔트로피 변화량은 0이 될 수 있다.

② 외부로부터 아무런 작용을 받지 않는다면 열은 저열원에서 고열원으로 이동할 수 없다.

③ 효율이 1인 열기관을 만들 수 있다.

④ 자연계의 엔트로피 총량은 증가한다.

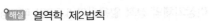

해설 열역학 제2법칙

㉠ 외부로부터 흡수한 열을 완전히 일로 전환 가능한 공정은 없다(열에 의한 전환효율이 100%인 열기관은 없다).

㉡ 자발적 변화는 비가역 변화로, 엔트로피가 증가하는 방향으로 진행된다.

㉢ 열은 저온에서 고온으로 진행하지 못한다.

31 액상에서 운전되는 회분식 반응기에서 시간에 따른 농도변화를 측정하여 $\dfrac{1}{C_A}$ 과 t를 도시(plot)하였을 때 직선이 되는 반응은? 출제율 80%

① 0차 반응 　② $\dfrac{1}{2}$차 반응

③ 1차 반응 　④ 2차 반응

해설 회분식 2차 반응

$$\frac{1}{C_A} - \frac{1}{C_{A0}} = kt$$

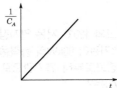

32 2차 반응에 반응속도 상수가 5×10^{-7}L/mol · sec 이고, 초기농도가 0.2mol/L일 때 초기속도는 얼마인가?

① 2×10^{-6}mol/L · sec

② 2×10^{-7}mol/L · sec

③ 2×10^{-8}mol/L · sec

④ 2×10^{-9}mol/L · sec

해설 2차 반응식 $-r_A = KC_{A0}^2$

$-r_A = 5 \times 10^{-7}$L/mol · sec $\times (0.2$mol/L$)^2$

$\quad = 2 \times 10^{-8}$mol/L · sec

33 균일계 액상 병렬반응이 다음과 같을 때 R의 순간수율 ϕ값으로 옳은 것은? 출제율 40%

$$A + B \xrightarrow{k_1} R, \ dC_R/dt = 1.0 C_A C_B^{0.5}$$

$$A + B \xrightarrow{k_2} S, \ dC_S/dt = 1.0 C_A^{0.5} C_B^{1.5}$$

① $\dfrac{1}{1 + C_A^{-0.5} C_B}$

② $\dfrac{1}{1 + C_A^{0.5} C_B^{-1}}$

③ $\dfrac{1}{C_A C_B^{0.5} + C_A^{0.5} C_B^{1.5}}$

④ $C_A^{0.5} C_B^{-1}$

해설 $\phi = \dfrac{\text{생성된 } R \text{의 몰수}}{\text{소비된 } A \text{의 몰수}}$

$\quad = \dfrac{1.0 C_A C_B^{0.5}}{1.0 C_A C_B^{0.5} + 1.0 C_A^{0.5} C_B^{1.5}}$

$\quad = \dfrac{1}{1 + C_A^{-0.5} C_B}$

34 기초 2차 액상반응 $2A \rightarrow 2R$을 순환비가 2인 등온 플러그흐름반응기에서 반응시킨 결과 50%의 전화율을 얻었다. 동일반응에서 순환류를 폐쇄시킨다면 전화율은? 출제율 40%

① 0.6

② 0.7

③ 0.8

④ 0.9

해설 $X_{A1} = \left(\dfrac{R}{R+1}\right) X_{Af} = \left(\dfrac{2}{2+1}\right) \times 0.5 = 0.33$

$\dfrac{\tau_P}{C_{A0}} = \dfrac{V}{F_{A0}} = (R+1) \displaystyle\int_{X_{A1}}^{X_{Af}} \dfrac{dX_A}{-r_A}$

$\quad = 3 \displaystyle\int_{X_{A1}}^{X_{Af}} \dfrac{dX_A}{kC_{A0}^2 (1 - X_A)^2}$

$\quad = \dfrac{3}{kC_{A0}^2} \displaystyle\int_{0.33}^{0.5} \dfrac{dX_A}{(1 - X_A)^2}$

$\quad = \dfrac{3}{kC_{A0}^2} \left[\dfrac{1}{1 - X_A}\right]_{0.33}^{0.5}$

$\quad = \dfrac{3}{3C_{A0}^2} \left(\dfrac{1}{0.5} - \dfrac{1}{0.67}\right)$

순환류 폐쇄 $R \rightarrow 0$: PFR에 접근

$k\tau_P C_{A0} = 3\left(\dfrac{1}{0.5} - \dfrac{1}{0.67}\right) = 1.52$

2차 PFR

$k\tau_P C_{A0} = \dfrac{X_A}{1 - X_A} = 1.52$

$X_A = 0.6$

35 액상 플러그흐름반응기의 일반적 물질수지를 나타내는 식은? (단, τ는 공간시간, C_{A0}는 초기농도, C_{Af}는 유출농도, $-r_A$는 반응속도, t는 반응시간을 나타낸다.) [출제율 80%]

① $\tau = -\int_{C_{A0}}^{C_{Af}} \dfrac{dC_A}{-r_A}$

② $\tau = \dfrac{C_{A0} - C_A}{-r_A}$

③ $\tau = -\int_{C_{A0}}^{C_{Af}} r_A dC_A$

④ $t = -\int_{C_{A0}}^{C_{Af}} \dfrac{dC_A}{C_A}$

해설 액상 플러그흐름반응기(PRF)

$C_{A0} - C_{Af} = C_{A0}x$ 를 미분

$-dC_{Af} = C_{A0}dx$

$dx = -\dfrac{dC_A}{C_{Af}}$

$\tau = C_{A0}\int_{C_{A0}}^{C_{Af}} \dfrac{1}{-r_A}\left(-\dfrac{dC_A}{C_{A0}}\right)$

$= -\int_{C_{A0}}^{C_{Af}} \dfrac{dC_A}{-r_A}$

36 다음과 같은 연속반응에서 각 반응이 기초반응이라고 할 때 R의 수율을 가장 높게 할 수 있는 반응계는? (단, 각 경우 전체 반응기의 부피는 같다.) [출제율 20%]

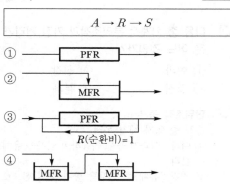

해설 PFR에서 R의 수율이 CSTR보다 항상 크다.

37 $\begin{aligned} A &\to R \\ A &\to S \end{aligned}$ 인 반응에서 R의 순간수율(ϕ)이란?

① $\dfrac{\text{생성한 } R\text{의 몰수}}{\text{생성한 } S\text{의 몰수}}$

② $\dfrac{dC_R}{-dC_A}$

③ $\dfrac{\text{반응한 } A\text{의 몰수}}{\text{생성한 } R\text{의 몰수}}$

④ $\dfrac{dC_R}{dC_A}$

해설 순간수율$(\phi) = \dfrac{dC_R}{-dC_A} = \dfrac{\text{생성한 } R\text{의 몰수}}{\text{반응한 } A\text{의 몰수}}$

38 다음 ( ) 안에 알맞은 것을 바르게 짝지은 것은?

> 보통 반응에서 $\dfrac{\tau_m}{\tau_p}$은 항상 ( )보다 크며, ( )차 반응일 때 $\dfrac{\tau_m}{\tau_p} = 1$이다.

① 0, 1   ② 0.5, 1

③ 1, 0   ④ 0, 2

해설 V=일정할 때 PFR과 CSTR의 크기를 비교하면

$$\dfrac{\tau_m k C_{A0}{}^{n-1}}{\tau_p k C_{A0}{}^{n-1}} = \dfrac{\left[\dfrac{X_A}{(1-X_A)^n}\right]_m}{\dfrac{1}{n-1}\left[(1-X_A)^{1-n}-1\right]_p}$$

$n=0$인 경우 위 식을 이용하여 계산하면 $\dfrac{\tau_m}{\tau_p}=0$이다.

39 기체 반응물 $A(C_{A0} = 1\text{mol/L})$를 혼합흐름반응기($V = 0.1$L)에 넣어서 반응시킨다. 반응식이 $2A \to R$이고, 실험결과가 다음 표와 같을 때, 이 반응의 속도식($-r_A$; mol/L·h)은? [출제율 20%]

ν_0[L/h]	C_{Af}[mol/L]	ν_0[L/h]	C_{Af}[mol/L]
1.5	0.334	9.0	0.667
3.6	0.500	30.0	0.857

① $-r_A = (30\text{h}^{-1})C_A$

② $-r_A = (36\text{h}^{-1})C_A$

③ $-r_A = (100\text{L/mol·h})C_A^2$

④ $-r_A = (150\text{L/mol·h})C_A^2$

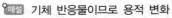

해설 기체 반응물이므로 용적 변화

$$\varepsilon_A = y_{A0}\delta = \frac{1-2}{2} = -\frac{1}{2}$$

C_{Af}값으로부터 전화율을 구하면

$$C_A = C_{A0}\left(\frac{1-X_A}{1+\varepsilon_A X_A}\right)$$

$$0.5 = 1 \times \left(\frac{1-X_A}{1-\frac{1}{2}X_A}\right) \Rightarrow X_A = \frac{2}{3}$$

이를 $\tau K C_{A0}{}^{n-1} = \dfrac{X_A(1+\varepsilon_A X_A)^n}{(1-X_A)^n}$ 에 대입하면

$$\tau = \frac{V}{\nu_0} = \frac{0.1}{3.6} \text{이고, } C_{A0} = 1$$

$$K = \frac{3.6}{0.1} \times 1 \times 1 \times \frac{\frac{2}{3} \times \left(1 - \frac{1}{2} \times \frac{2}{3}\right)^2}{\left(1 - \frac{2}{3}\right)^2}$$

$$= 약 \ 95.61$$

$$\therefore -r_A = (100\text{L/mol} \cdot \text{h}) \times C_A{}^2$$

40 $A \to R \to S$로 진행하는 연속 1차 반응에서 각 농도별 시간의 곡선을 옳게 나타낸 것은 어느 것인가? (단, C_A, C_R, C_S는 각각 A, R, S의 농도이다.) 출제율 40%

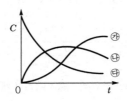

① ㉮ $- C_S$, ㉯ $- C_R$, ㉰ $- C_A$
② ㉮ $- C_S$, ㉯ $- C_A$, ㉰ $- C_R$
③ ㉮ $- C_R$, ㉯ $- C_A$, ㉰ $- C_S$
④ ㉮ $- C_A$, ㉯ $- C_R$, ㉰ $- C_S$

해설 A는 거의 소모이므로 ㉰ $= A$, 최종 생성물은 S이므로 ㉮ $= S$, R은 중간에 생성되나 S 생성을 위해 감소하므로 ㉯ $= R$이다.

⏵⏵ 제3과목 ❘ 단위공정관리

41 다음 중 캐비테이션(cavitation) 현상을 잘못 설명한 것은? 출제율 20%

① 공동화(空洞化) 현상을 뜻한다.
② 펌프 내의 증기압이 낮아져서 액의 일부가 증기화하여 펌프 내에 응축하는 현상이다.
③ 펌프의 성능이 나빠진다.
④ 임펠러 흡입부의 압력이 유체의 증기압보다 높아져 증기는 임펠러의 고압부로 이동하여 갑자기 응축한다.

해설 공동화(cavitation) 현상
㉠ 임펠러 흡입부의 압력이 낮아져 액체 내부에 증기 기포가 발생하는 현상을 말한다.
㉡ 증기 발생 시 부식 · 소음이 발생한다.

42 50mol% 에탄올 수용액을 밀폐용기에 넣고 가열하여 일정온도에서 평형이 되었다. 이때 용액은 에탄올 30mol%이고, 증기 조성은 에탄올 54mol%였다. 원용액의 몇 %가 증발되었는가?

① 29.33
② 47.66
③ 68.44
④ 83.33

해설 $0.5 \times F = 0.54V + 0.3(F-V)$
$0.2F = 0.24V$
$F = 100\text{mol}$인 경우 $V = 83.33\text{mol}$
$$\frac{V}{F} \times 100 = \frac{83.33}{100} \times 100 = 83.33\%$$

43 다음 중 기계적 분리조작과 가장 거리가 먼 것은 어느 것인가? 출제율 40%

① 여과
② 침강
③ 집진
④ 분쇄

해설 단위조작 중 분리
유체 중 입자 제거 목적
① 여과 : 여과지 등을 이용하여 입자를 유체로부터 분리
② 침강 : 유체 중 입자를 중력 등의 힘으로 낙하
③ 집진 : 관성력, 중력 등을 이용하여 유체로부터 입자 분리
④ 분쇄 : 고체를 기계적인 힘을 이용하여 잘게 부수는 것

44 다음 중 열전도도의 단위로 맞는 것은 어느 것인가?

① $Btu/ft^2 \cdot hr$　　② $kcal/m \cdot hr \cdot ℃$

③ $kcal/m^2 \cdot hr \cdot ℃$　④ $cal/gr \cdot ℃$

> **해설** 열전도도$(k) = Btu/ft \cdot hr$ 또는 $kcal/m \cdot hr \cdot ℃$

45 3중 효용관의 첫 증발관에 들어가는 수증기의 온도는 110℃이고 맨 끝 효용관에서 용액의 비점은 53℃이다. 각 효용관의 총괄열전달계수 $(W/m^2 \cdot ℃)$가 2500, 2000, 1000일 때 2효용관 액의 끓는점은 약 몇 ℃인가? (단, 비점 상승이 매우 작은 액체를 농축하는 경우이다.) [출제율 60%]

① 73　　　　　　　② 83

③ 93　　　　　　　④ 103

> **해설** $R = \dfrac{1}{2500} + \dfrac{1}{2000} + \dfrac{1}{1000} = 1.9 \times 10^{-3}$
>
> $\Delta t : \Delta t_1 : \Delta t_2 = R : R_1 : R_2$
>
> $57℃ : \Delta t_1 = 1.9 \times 10^{-3} : 4 \times 10^{-4}(R_1)$
>
> $\Delta t_1 = 110 - t_2 = 12, \quad t_2 = 98℃$
>
> $\Delta t_1 : \Delta t_2 = R_1 : R_2$
>
> $12℃ : \Delta t_2 = 4 \times 10^{-4} : 5 \times 10^{-4}, \quad \Delta t_2 = 15℃$
>
> $\Delta t_2 = 98℃ - t_3 = 15℃$
>
> $t_3 = 83℃$

46 25℃에서 벤젠이 Bomb 열량계 속에서 연소되어 이산화탄소와 물이 될 때 방출된 열량을 실험으로 재어보니 벤젠 1mol당 780890cal였다. 25℃에서의 벤젠의 표준연소열은 약 몇 cal인가? (단, 반응식은 다음과 같으며, 이상기체로 가정한다.) [출제율 40%]

$$C_6H_6(l) + 7\frac{1}{2}O_2(g)$$
$$\rightarrow 3H_2O(l) + 6CO_2(g)$$

① -781778　　　② -781588

③ -781201　　　④ -780003

> **해설** $\Delta H = Q + PV = Q + nRT$
>
> $Q = -780890\,cal$
>
> $nRT = \left(6 - \dfrac{15}{2}\right) \times 1.987 \times 298 = -888.2\,cal$
>
> $\Delta H_C = -780890 - 888.2 = -781778\,cal$

47 82℃에서 벤젠의 증기압은 811mmHg이고, 톨루엔의 증기압은 314mmHg이다. 벤젠과 톨루엔의 혼합용액이 이상용액이라면 벤젠 20mol%와 톨루엔 80mol%를 포함하는 용액을 증발시켰을 때 증기 중 벤젠의 몰분율은? [출제율 60%]

① 0.362　　　　　② 0.372

③ 0.382　　　　　④ 0.392

> **해설** 라울의 법칙
>
> $P = P_B \times x_B + P_T x_T$
>
> 여기서, P_B : 벤젠의 증기압
>
> 　　　　P_T : 톨루엔의 증기압
>
> 　　　　x_B : 벤젠 조성
>
> 　　　　x_T : 톨루엔 조성
>
> $P = 811 \times 0.2 + 314 \times 0.8 = 413.4$
>
> 벤젠 몰분율$(y_B) = \dfrac{x_B P_B^*}{P} = \dfrac{811 \times 0.2}{413.4} = 0.392$

48 그림은 전열장치에 있어서 장치의 길이와 온도 분포의 관계를 나타낸 것이다. 이에 해당하는 전열장치는? (단, T는 증기의 온도, t는 유체의 온도, Δt_1, Δt_2는 각각 입구 및 출구에서의 온도차이다.) [출제율 20%]

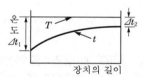

① 과열기　　　　　② 응축기

③ 냉각기　　　　　④ 가열기

> **해설** 응축은 기체가 액체로 변하는 현상으로, 잠열로 인해 열을 주어 유체의 온도를 높인다. 그러므로 증기의 온도는 일정하지만 유체는 열을 받아 증가하는 전열장치에는 응축기가 있다.

49 18℃에서 액체 A의 엔탈피가 0이라 가정하면, 200℃에서 증기 A의 엔탈피(cal/g)는 얼마인가? (단, 액체 A의 비열은 0.44cal/g · ℃, 증기 A의 비열은 0.32cal/g · ℃, 100℃의 증발열은 86cal/g이다.)

① 154.1　　　　　② 160.2

③ 171.4　　　　　④ 175.9

해설 $Q = Cm\Delta t$

$\begin{vmatrix} 18℃ \rightarrow 100℃ : 0.44cal/g \cdot ℃ \times (100-18)℃ = 36.08 \\ 100℃의 증발잠열 : 86cal/g \cdot ℃ \\ 100℃ \rightarrow 200℃ : 0.32cal/g \cdot ℃ \times (200-100)℃ = 32 \end{vmatrix}$
$+$
$= 154.08cal/g$

50 롤 분쇄기에 상당직경 4cm인 원료를 도입하여 상당직경 1cm로 분쇄한다. 분쇄 원료와 롤 사이의 마찰계수가 $\dfrac{1}{\sqrt{3}}$일 때 롤 지름은 약 몇 cm인가? 출제율 20%

① 6.6   ② 9.2
③ 15.3   ④ 18.4

해설 롤 분쇄기
- $\mu = \tan\alpha$
  여기서, μ : 마찰계수, α : 물림각
- $\cos\alpha = \dfrac{R+d}{R+r}$
  여기서, R : 롤의 반경, r : 입자의 반경
  d : 롤 사이 거리의 반
$\cos 30 = \dfrac{R+\dfrac{1}{2}}{R+4/2} = 0.866$
$R = 9.2$
롤 지름$(D) = 2 \times R = 2 \times 9.2 = 18.4cm$

51 FPS 단위로 레이놀즈수를 계산하니 1000이었다. MKS 단위로 환산하여 레이놀즈수를 계산하면 그 값은 얼마로 예상할 수 있는가? 출제율 60%

① 10   ② 136
③ 1000   ④ 13600

해설 $Re = \dfrac{\rho u D}{\mu}$
무차원수이므로 MKS, FPS, CGS 모두 같은 레이놀즈수이다. 즉, 1000으로 같다.

52 일정한 압력손실에서 유로의 면적변화로부터 유량을 알 수 있게 한 장치는? 출제율 20%

① 피토튜브(pitot tube)
② 로터미터(rota meter)
③ 오리피스미터(orifice meter)
④ 벤투리미터(venturi meter)

해설 로터미터(rotameter)
면적유량계를 말한다.

53 400kg의 공기와 24kg의 탄소가 반응기 내에서 연소하고 있다. 연소하기 전 반응기 내에 있는 산소는 약 몇 kmol인가?

① 1.5   ② 2.91
③ 10.43   ④ 17.51

해설 연소 전 반응기 내 산소
$= 400kg\,Air \times \dfrac{23.3kg\,O_2}{100kg\,Air} \times \dfrac{1kmol\,O_2}{32kg\,O_2}$
$= 2.91kmol$

54 0.5kcal/hr · m · ℃의 열전도도를 가진 25cm 두께의 벽돌로 만들어진 가열로의 내벽 온도가 800℃, 외벽 온도가 50℃일 때 단위면적 m²당 열손실은 몇 kcal/hr · m²인가?

① 4500   ② 2500
③ 1500   ④ 1000

해설 $\dfrac{q}{A} = K\dfrac{\Delta T}{\Delta x}$
$= \dfrac{0.5kcal}{hr \cdot m \cdot ℃} \times \dfrac{1}{25cm} \times \dfrac{100cm}{1m} \times (800-50)℃$
$= 1500kcal/hr \cdot m^2$

55 다음 중 관(pipe, tube)의 치수에 대한 설명으로 틀린 것은? 출제율 20%

① 파이프의 벽 두께는 Schedule Number로 표시할 수 있다.
② 튜브의 벽 두께는 BWG(Birmingham Wire Gauge) 번호로 표시할 수 있다.
③ 동일한 외경에서 Schedule Number가 클수록 벽 두께가 두껍다.
④ 동일한 외경에서 BWG가 클수록 벽 두께가 두껍다.

해설 같은 외경에서 BWG가 작을수록 관 벽이 두껍고, Schedule Number가 클수록 벽의 두께가 커진다.

보충 **Tip**

| Schedule Number가 커질수록 두께는 두껍다. |

56 충전탑에서 기체의 속도가 매우 커서 액이 거의 흐르지 않고 넘치는 현상을 다음 중 무엇이라고 하는가? 출제율 40%

① 편류(channeling)
② 범람(flooding)
③ 공동화(cavitation)
④ 비말동반(entrainment)

해설 범람점
기체의 속도가 매우 커서 액이 흐르지 않고 넘치는 점을 범람점이라고 한다.
(향류 조작 불가능)

57 증류에 대한 설명으로 옳지 않은 것은?

① 환류비가 커질수록 단수 N도 많아진다.
② 비점이 비슷한 혼합물을 분리하는 데 이용된다.
③ 환류액량과 유출액량의 비를 환류비라 한다.
④ 환류비를 크게 하면 제품의 순도는 높아진다.

해설 환류비
$$R_D(환류비) = \frac{L}{D}$$

여기서, L : 환류량
D : 증류량

㉠ 탑 하부의 액체량이 증가하기 때문에 탑의 직경을 크게 하거나 재비기(reboiler)의 용량을 크게 하여 빠르게 증류시켜 탑 하부 액체의 수위를 낮추어야 한다.
㉡ 환류비 증가 → 단수 감소
㉢ 환류비 감소 → 단수 증가

58 추제(solvent)의 선택 요인으로 옳은 것은 어느 것인가? 출제율 40%

① 선택도가 작다.
② 회수가 용이하다.
③ 값이 비싸다.
④ 화학결합력이 크다.

해설 추제의 선택 조건
㉠ 선택도가 커야 한다.
㉡ 회수가 용이해야 한다.

㉢ 값이 싸고 화학적으로 안정해야 한다.
㉣ 비점 및 응고점이 낮으며 부식성과 유동성이 적고 추질과의 비중차가 클수록 좋다.

59 미분수지(differential balance)의 개념에 대한 설명으로 가장 옳은 것은? 출제율 20%

① 계에서의 물질 출입관계를 어느 두 질량 기준 간격 사이에 일어난 양으로 나타낸 것이다.
② 계에서의 물질 출입관계를 성분 및 시간과 무관한 양으로 나타낸 것이다.
③ 어떤 한 시점에서 계의 물질 출입관계를 나타낸 것이다.
④ 계로 특정성분이 유출과 관계없이 투입되는 총 누적 양을 나타낸 것이다.

해설 미분수지는 어떤 특정 시점에서 계의 물질 출입관계를 나타낸 것이다. 즉, 수지식이 미분방정식의 형태로 주어진 경우에 해당한다.

60 공급원료 1몰을 원료공급단에 넣었을 때 그 중 증류탑의 탈거부(stripping section)로 내려가는 액체의 몰수를 q로 정의한다면, 공급원료가 차가운 액체일 때 q값은? 출제율 80%

① $q > 1$
② $0 < q < 1$
③ $-1 < q < 0$
④ $q < -1$

해설 $$y = \frac{q}{q-1}x - \frac{x_f}{q-1}$$

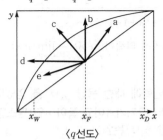

〈q선도〉

• a : $q > 1$ - 차가운 액체
• b : $q = 1$ - 비등에 있는 원액(포화원액)
• c : $0 < q < 1$ - 부분적으로 기화된 원액
• d : $q = 0$ - 노점에 있는 원액(포화증기)
• e : $q < 0$ - 과열증기 원액

제4과목 | 화공계측제어

61 공정과 제어기를 고려할 때 정상상태(steady-state)에서 $y(t)$값은 얼마인가? [출제율 60%]

- 제어기
$$u(t) = 1.0[1.0 - y(t)] + \frac{1.0}{2.0}\int_0^t [1 - y(\tau)]d\tau$$
- 공정
$$\frac{d^2 y(t)}{dt^2} + 2\frac{dy(t)}{dt} + y(t) = u(t - 0.1)$$

① 1 ② 2
③ 3 ④ 4

해설 라플라스 변환
$$U(s) = \frac{1}{s} - Y(s) + \frac{1}{2}\left[\frac{1}{s^2} - \frac{Y(s)}{s}\right]$$
$$= \frac{1}{s} - Y(s) + \frac{1}{2s^2} - \frac{Y(s)}{2s}$$
$$U(t-1) = \left[\frac{1}{s} - Y(s) + \frac{1}{2s^2} - \frac{Y(s)}{2s}\right] \times e^{-0.1s}$$
$$\frac{d^2 y(t)}{dt^2} + 2\frac{dy(t)}{dt} + y(t)$$
$$= s^2 Y(s) - sy(0) - y'(0) + 2[sY(s) - y(0)] + Y(s)$$
$$= \frac{1}{s}e^{-0.1s} - Y(s)e^{-0.1s} + \frac{1}{2s^2}e^{-0.1s} - \frac{Y(s)}{2s}e^{-0.1s}$$
위 식을 정리하면
$$\left(s^2 + 2s + 1 + e^{-0.1s} + \frac{e^{-0.1s}}{2s}\right)Y(s)$$
$$= \frac{1}{s}e^{-0.1s} + \frac{1}{2s^2}e^{-0.1s}$$
$$Y(s) = \frac{\dfrac{1}{s}e^{-0.1s} + \dfrac{e^{-0.1s}}{2s^2}}{s^2 + 2s + 1 + e^{-0.1s} + \dfrac{e^{-0.1s}}{2s}}$$
최종값 정리에 의해 $\lim_{t \to \infty} y(t) = \lim_{s \to 0} sy(s) = 1$

62 단위계단입력에 대한 응답 $y_s(t)$를 얻었다. 이것으로부터 크기가 1이고 폭이 a인 펄스입력에 대한 응답 $y_p(t)$는? [출제율 40%]

① $y_p(t) = y_s(t)$
② $y_p(t) = y_s(t-a)$
③ $y_p(t) = y_s(t) - y_s(t-a)$
④ $y_p(t) = y_s(t) + y_s(t-a)$

해설

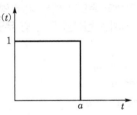

$$X_p(s) = \frac{1}{s}\left[1 - e^{as}\right]$$
$$X_s(s) = \frac{1}{s} \text{ 일 때 } y_s(t)\text{이므로}$$
$$y_p(t) = y_s(t) - y_s(t-a)$$

63 다음 그림에서와 같은 제어계에서 안정성을 갖기 위한 K_c의 범위(lower bound)를 가장 옳게 나타낸 것은? [출제율 80%]

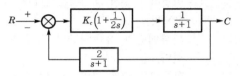

① $K_c > 0$ ② $K_c > \frac{1}{2}$
③ $K_c > \frac{2}{3}$ ④ $K_c > 2$

해설 Routh 안정성
$$\text{특성방정식} = 1 + K_c\left(1 + \frac{1}{2s}\right)\left(\frac{1}{s+1}\right)\left(\frac{2}{s+1}\right) = 0$$
정리하면
$$s^3 + 2s^2 + (1 + 2K_c)s + K_c = 0$$
판별법

행 \ 열	1	2
1	$a_0 = 1$	$a_2 = 1 + 2K_c$
2	$a_1 = 2$	$a_3 = K_c$
3	$A_1 = \dfrac{a_1 a_2 - a_0 a_3}{a_1} = \dfrac{2(1 + 2K_c) - K_c}{2} > 0$	

$$\frac{2 + 4K_c - K_c}{2} > 0, \quad K_c > -\frac{2}{3}$$
(첫 번째 열이 음수이면 불안정)

64 편차의 크기와 지속시간에 비례하여 응답하는 제어동작은 다음 중 어느 것인가?

① P제어기 ② I제어기
③ on-off제어기 ④ PID제어기

해설 적분제어기(I제어기)는 편차의 크기와 지속시간에 비례하여 응답하는데, 제어동작으로 잔류편차를 남기지 않는 장점이 있지만 제어의 안정성이 떨어지며 진동하는 경향이 있다.

65 어떤 계의 전달함수 $G(s) = \dfrac{2}{8s^2 + 2s + 2}$ 일 때 감쇠계수(damping factor)는?

① 0.25
② 0.3
③ 0.35
④ 0.4

해설 $G(s) = \dfrac{Y(s)}{X(s)} = \dfrac{K}{\tau^2 s^2 + 2\tau\xi s + 1}$

$G(s) = \dfrac{2}{8s^2 + 2s + 2}$ 를 정리하면

$G(s) = \dfrac{1}{4s^2 + s + 1}$

$\tau^2 = 4$, $2\tau\xi = 1$이므로 $\tau = 2$

$2 \times 2 \times \xi = 1$

damping factor$(\xi) = \dfrac{1}{4} = 0.25$

66 근사적으로 다음 보데(Bode) 선도와 같은 주파수 응답을 보이는 전달함수는? (단, AR은 진폭비, ω는 각주파수이다.) 〔출제율 40%〕

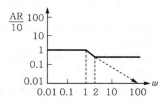

① $G(s) = \dfrac{5(s+2)}{s+1}$

② $G(s) = \dfrac{10(2s+2)}{s+1}$

③ $G(s) = \dfrac{0.5s+2}{s+1}$

④ $G(s) = \dfrac{10(s+2)}{s+1}$

해설 $s = j\omega$, $\omega = 0$이면 $s = 0$이므로 그래프상 AR = 10 이다.

AR = $|G(j\omega)|$, $s = 0$일 때 $|G(j\omega)| = 10$

$G(s) = \dfrac{5(s+2)}{s+1}$

67 공정제어(process control)의 범주에 들지 않는 것은? 〔출제율 20%〕

① 전력량을 조절하여 가열로의 온도를 원하는 온도로 유지시킨다.
② 폐수처리장의 미생물의 양을 조절함으로써 유출수의 독성을 격감시킨다.
③ 증류탑(distillation column)의 탑상 농도(top concentration)를 원하는 값으로 유지시키기 위하여 무엇을 조절할 것인가를 결정한다.
④ 열효율을 극대화시키기 위해 열교환기의 배치를 다시 한다.

해설 공정제어
선택된 변수를 조절하여 공정을 원하는 상태로 유지하는 것을 말한다.

68 공정의 동적거동 형태 중 역응답(inverse response)이란?

① 입력에 대해 진동응답을 보일 때
② 입력에 대해 일정시간이 경과한 후 응답이 나올 때
③ 양의 단위입력에 대해 정상상태에서 음의 출력을 보일 때
④ 초기 공정응답의 방향이 시간이 많이 지난 후의 공정응답의 방향과 반대일 때

해설 역응답은 초기 응답은 말기 응답과는 상관되는 방향을 갖는 것으로 계가 역응답을 가질 때 그 전달함수는 하나의 양수인 영점을 갖는다.

69 이득이 1이고 시간상수가 τ인 1차계의 Bode 선도에서 corner frequency $W_C = \dfrac{1}{\tau}$일 경우 진폭비 AR의 값은?

① $\sqrt{2}$
② 1
③ 0
④ $\dfrac{1}{\sqrt{2}}$

해설 $G(s) = \dfrac{1}{s+1}$

$G(j\omega) = \dfrac{1}{j\omega + 1}$, $|G(j\omega)| = $ AR $= \dfrac{1}{\sqrt{1 + \tau^2 \omega^2}}$

$W_C = \dfrac{1}{\tau} = 1$이면 AR $= \dfrac{1}{\sqrt{1+1}} = \dfrac{1}{\sqrt{2}}$

70 다음 중 공정제어의 목적과 가장 거리가 먼 것은? (출제율 20%)

① 반응기의 온도를 최대 제한값 가까이에서 운전함으로써 반응속도를 올려 수익을 높인다.

② 평형반응에서 최대의 수율이 되도록 반응온도를 조절한다.

③ 안전을 고려하여 일정압력 이상이 되지 않도록 반응속도를 조절한다.

④ 외부시장환경을 고려하여 이윤이 최대가 되도록 생산량을 조정한다.

해설 공정제어 목적
㉠ 경제적이고 안전한 방법으로 원하는 제품 생산
㉡ 제품의 품질을 원하는 수준으로 유지

71 다음 블록선도의 제어계에서 출력 C를 구한 것으로 옳은 것은? (출제율 80%)

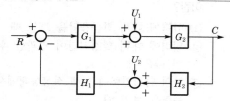

① $\dfrac{G_1 G_2 R + G_2 G_1 + G_1 G_2 H_1 H_2}{1 + G_1 G_2 H_1 H_2}$

② $\dfrac{G_1 G_2 R + G_2 U_1 - G_1 G_2 H_1 U_2}{1 + G_1 G_2 H_1 H_2}$

③ $\dfrac{G_1 G_2 R - G_2 U_1 + G_1 G_2 H_1 H_2}{1 + G_1 G_2 H_1 H_2}$

④ $\dfrac{G_1 G_2 R - G_2 U_1 + G_1 G_2 H_1 H_2}{1 - G_1 G_2 H_1 H_2}$

해설 $\{R - (CH_2 + U_2)H_1\}G_1 + U_1\{G_2\} = C$
정리하면
$C = \dfrac{G_1 G_2 R + G_2 U_1 - G_1 G_2 H_1 U_2}{1 + G_1 G_2 H_1 H_2}$

72 전달함수가 $K_c\left(1 + \dfrac{1}{4}s + \dfrac{4}{s}\right)$인 PID제어기에서 미분시간과 적분시간으로 옳은 것은?

① 미분시간 : 4, 적분시간 : 4

② 미분시간 : $\dfrac{1}{4}$, 적분시간 : 4

③ 미분시간 : 4, 적분시간 : $\dfrac{1}{4}$

④ 미분시간 : $\dfrac{1}{4}$, 적분시간 : $\dfrac{1}{4}$

해설 PID제어기 전달함수
$G(s) = K_c\left(1 + \dfrac{1}{\tau_I} + \tau_D s\right)$
$\tau_D(\text{미분}) = \dfrac{1}{4}, \quad \tau_I(\text{적분}) = \dfrac{1}{4}$

73 직렬로 연결된 일차계(first-order system)의 수가 증가함에 따라서 전체 시스템의 계단응답(step response)은 어떻게 되는가?

① 변화하지 않는다.
② 직선적으로 빨라진다.
③ 늦어진다.
④ 지수함수적으로 빨라진다.

해설 N개의 용량(1차계) 비상관관계의 경우
$G_o(s) = G_1(s)G_2(s)\cdots G_N(s)$
$= \dfrac{K_1 K_2 \cdots K_N}{(\tau_1 s + 1)(\tau_2 s + 1)\cdots(\tau_N s + 1)}$

㉠ 응답은 과도감쇠계 특성을 가지고 s자 형태이며 완만해진다.
㉡ 직렬인 용량들의 수량이 증가할수록 응답은 늦어진다. 즉, 직렬인 N개의 용량을 갖고 있는 공정은 최종출력을 목표치로 유지할 뿐 아니라 계의 응답속도 개선을 위한 제어기가 꼭 필요하다.

74 다음 중 $\cos h\omega t$의 Laplace 변환으로 옳은 것은 어느 것인가? (출제율 80%)

① $\dfrac{s}{s^2 + \omega^2}$

② $\dfrac{\omega}{s^2 - \omega^2}$

③ $\dfrac{s}{s^2 - \omega^2}$

④ $\dfrac{\omega}{s^2 + \omega^2}$

해설 $\cos \omega t \xrightarrow{\mathcal{L}(\text{라플라스 변환})} \dfrac{s}{s^2 + \omega^2}$

$\cos h\omega t \xrightarrow{\mathcal{L}(\text{라플라스 변환})} \dfrac{s}{s^2 - \omega^2}$

75 다음 그림과 같은 액위제어계에서 제어밸브는 ATO(Air-To-Open)형이 사용된다고 가정할 때에 대한 설명으로 옳은 것은 다음 중 어느 것인가? (단, Direct는 공정출력이 상승할 때 제어출력이 상승함을, Reverse는 제어출력이 하강함을 의미한다.) [출제율 20%]

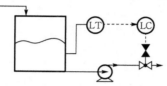

① 제어기 이득의 부호에 관계없이 제어기의 동작방향은 Reverse여야 한다.
② 제어기의 동작방향은 Direct, 즉 제어기 이득이 음수이어야 한다.
③ 제어기의 동작방향은 Direct, 즉 제어기 이득이 양수이어야 한다.
④ 제어기의 동작방향은 Reverse, 즉 제어기 이득이 음수이어야 한다.

해설 ATO
공기압의 증가에 따라 열리는 밸브로 즉, 공기가 가해지면 열리며, (LT) 에서 (LC) 가 커질수록 밸브로 가는 공기가 커지므로 제어기 동작방향은 direct이고 제어기는 음수여야 한다.

76 특성방정식이 $s^3 - 3s + 2 = 0$인 계에 대한 설명으로 옳은 것은? [출제율 40%]

① 안정하다.
② 불안정하고, 양의 중근을 갖는다.
③ 불안정하고, 서로 다른 2개의 양의 근을 갖는다.
④ 불안정하고, 3개의 양의 근을 갖는다.

해설 $s^3 - 3s + 2 = 0$, $(s-1)(s+2)(s-1) = 0$
$s = -2, 1, 1$
특성방정식의 근 가운데 어느 하나라도 양 또는 양의 실수부를 갖는다면 그 시스템은 불안정하다.

77 $\dfrac{Y(s)}{X(s)} = \dfrac{5}{s^2 + 3s + 2.25}$ 일 때 단위계단응답에 해당하는 것은? [출제율 20%]

① 자연진동
② 무진동감쇠
③ 무감쇠진동
④ 임계감쇠

해설 $\dfrac{Y(s)}{X(s)} = \dfrac{5}{s^2 + 3s + 2.25} = \dfrac{5}{s^2 + 3s + \dfrac{9}{4}}$

분모와 분자에 $\dfrac{4}{9}$를 곱하면 $\dfrac{Y(s)}{X(s)} = \dfrac{\dfrac{20}{9}}{\dfrac{4}{9}s^2 + \dfrac{4}{3} + 1}$

$\tau^2 = \dfrac{4}{9}$이므로 $\tau = \dfrac{2}{3}$

$2\tau\xi = \dfrac{4}{3}$, $2 \times \dfrac{2}{3} \times \xi = \dfrac{4}{3}$

$\xi = 1$이므로 임계감쇠이다.

78 $\dfrac{d^2y}{dt^2} + 3\dfrac{dy}{dt} + y = u$를 상태함수 형태 $\dfrac{dx}{dt} = Ax + Bu$로 나타낼 경우 A와 B는? [출제율 20%]

① $A = \begin{bmatrix} 0 & 1 \\ 1 & 3 \end{bmatrix}$, $B = \begin{bmatrix} 1 \\ 1 \end{bmatrix}$

② $A = \begin{bmatrix} 0 & 1 \\ -1 & -3 \end{bmatrix}$, $B = \begin{bmatrix} 0 \\ 1 \end{bmatrix}$

③ $A = \begin{bmatrix} 0 & -1 \\ 1 & 3 \end{bmatrix}$, $B = \begin{bmatrix} 1 \\ -1 \end{bmatrix}$

④ $A = \begin{bmatrix} 0 & 1 \\ -1 & 3 \end{bmatrix}$, $B = \begin{bmatrix} 1 \\ -1 \end{bmatrix}$

해설 선형법에 의해 정리하면
$y_2 + 3y_1 + y = u$
$y' = y_1$
$y_1' = y_2 = -3y_1 - y + u$이다.
$\dfrac{dx}{dt} = \begin{bmatrix} 0 & 1 \\ -1 & -3 \end{bmatrix} x + \begin{bmatrix} 0 \\ 1 \end{bmatrix} y$이므로
$A = \begin{bmatrix} 0 & 1 \\ -1 & -3 \end{bmatrix}$, $B = \begin{bmatrix} 0 \\ 1 \end{bmatrix}$

79 다음 중 Servo problem에 대한 설명으로 가장 적절한 것은? [출제율 40%]

① Set point value가 변하지 않는 경우이다.
② Load value가 변하는 경우이다.
③ Set point value는 변하고, Load value는 변하지 않는 경우이다.
④ Feedback이 없는 경우이다.

해설 추적제어(servo control)
제어목적에 따라 분류되며, 설정값이 시간에 따라 변화할 때 제어변수가 설정값을 따르도록 조절변수를 제어하는 것으로, 외부교란변수(L) = 0이다.

80 전달함수가 $G(s) = \dfrac{3}{s^2+3s+2}$ 와 같은 2차계

의 단위계단(unit step)응답은? 출제율 40%

① $\dfrac{3}{2}e^{-t} + 3(1+e^{-2t})$

② $-3e^{-t} + \dfrac{3}{2}(1+e^{-2t})$

③ $3e^{-t} - 3(1+e^{-2t})$

④ $e^{-t} - 3(1+e^{-2t})$

해설 $G(s) = \dfrac{3}{s^2+3s+2}$

$Y(s) = G(s) \cdot \dfrac{1}{s} = \dfrac{3}{s^2+3s+2} \times \dfrac{1}{s}$

$\quad = \dfrac{3}{s(s+1)(s+2)}$

$\quad = \dfrac{\dfrac{3}{2}}{s} - \dfrac{3}{s+1} + \dfrac{\dfrac{3}{2}}{s+2}$

$y(t) = -3e^{-t}\dfrac{3}{2}(1+e^{-2t})$

제1과목 | 공업합성

01 N_2O_4와 H_2O가 같은 몰비로 존재하는 용액에 산소를 넣어 HNO_3 30kg을 만들고자 한다. 이때 필요한 산소의 양은 약 몇 kg인가? (단, 반응은 100% 일어난다고 가정한다.) [출제율 60%]

① 3.5 ② 3.8
③ 4.1 ④ 4.5

[해설] $N_2O_4 + H_2O + \dfrac{1}{2}O_2 \rightarrow 2HNO_3$

$2N_2O_4 + 2H_2O + O_2 \rightarrow 4HNO_3$

$\quad\quad\quad 32kg : 4 \times 63$
$\quad\quad\quad\quad x : 30kg$

$32 : 4 \times 63 = x : 30$

$\therefore x ≒ 3.8kg$

02 수성가스로부터 인조석유를 만드는 합성법을 무엇이라 하는가? [출제율 40%]

① Williamson법
② Kolb-Smith법
③ Fischer-Tropsch법
④ Hoffman법

[해설] Fischer-Tropsch법
$CO + H_2$의 수성가스로부터 액체상태의 탄화수소, 즉 인조석유를 합성하는 방법이다.

03 다음 중 석유의 전화법에 해당하지 않는 것은?

① 접촉분해 ② 이성질화
③ 원심분리 ④ 열분해

[해설] 원심분리는 회전에 의한 원심력을 이용해서 액체나 기체 중의 고체 입자와 액체의 작은 방울을 분리하는 조작으로 석유의 전화법에 해당하지 않는다.

04 반도체 제조공정에서 감광제를 구성하는 주요 기본요소가 아닌 것은? [출제율 20%]

① 고분자 ② 용매
③ 광감응제 ④ 현상액

[해설] • PR(감광제)
빛, 방사선에 의해 화학반응을 일으켜 용해도가 변하게 되는 고분자 재료를 말한다.
• 감광제의 구성요소
　㉠ 고분자
　㉡ 용매
　㉢ 광감응제

05 말레산무수물을 벤젠의 공기산화법으로 제조하고자 한다. 이때 사용되는 촉매는? [출제율 20%]

① 바나듐펜톡사이드(오산화바나듐)
② $Si-Al_2O_3$ 담체로 한 Nickel
③ $PdCl_2$
④ LiH_2PO_4

[해설] 말레산무수물(벤젠의 공기산화법)

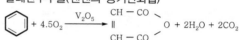

사용촉매 : V_2O_5 (오산화바나듐, 바나듐펜톡사이드)

06 Ni/Cd 전지에서 음극의 수소 발생을 억제하기 위해 음극에 과량을 첨가하는 물질은? [출제율 20%]

① $Cd(OH)_2$ ② KOH
③ MnO_2 ④ $Ni(OH)_2$

[해설] Ni-Cd 전지
• 환원전극
$NiOOH(s) + H_2O + e^-$
$\underset{\text{충전}}{\overset{\text{방전}}{\rightleftharpoons}} Ni(OH)_2(s) + OH^-(aq)$
• 산화전극
$Cd(s) + 2OH^-(aq) \rightleftharpoons Cd(OH)_2(s) + 2e^-$
음극에서 수소 발생을 억제하기 위해 $Cd(OH)_2$를 과량으로 첨가한다.

07 일반적으로 많이 사용하고 있는 페놀의 공업적 제조방법으로 페놀과 아세톤을 동시에 합성할 수 있는 것은?

① Raschig법 ② Cumene법
③ Dow법 ④ Toluen법

해설 Cumene법

08 다음 중 기하이성질체를 갖는 것은? 출제율 20%

① HOOCCH=CHBr
② CCl₂=C(COOH)₂
③ BrCH=C(NH₂)₂
④ CH₂=CHCl

해설 기하이성질체
두 탄소원자가 이중결합으로 연결될 때 탄소에 결합된 원자나 원자단의 상대적 위치 차이로 생기는 이성질체를 말한다.

$$C=C \quad\quad C=C$$
cis   trans

09 암모니아 합성용 수성가스 제조 시 blow 반응에 해당하는 것은? 출제율 40%

① $C+H_2O \rightleftarrows CO + H_2 - 29400cal$
② $C+2H_2O \rightleftarrows CO_2 + 2H_2 - 19000cal$
③ $C+O_2 \rightleftarrows CO_2 + 96630cal$
④ $1/2O_2 \rightleftarrows O + 67410cal$

해설 암모니아 합성용 수성가스 제법
(수성가스 : $CO+H_2$)
㉠ Run 조작 : $CO+H_2O \rightarrow CO+H_2$
㉡ Blow 조작 : $C+O_2 \rightarrow CO_2$

10 다음 중 순수 HCl 가스를 제조하는 방법은 어느 것인가? 출제율 40%

① 질산 분해법
② 흡착법
③ Hargreaves법
④ Deacon법

해설 무수염산 제조
㉠ 진한 염산 증류법(스트립법, 농염산 증류법)
㉡ 직접 합성법
㉢ 흡착법(건조)

11 다음 중 Le Blanc법과 관계가 없는 것은 어느 것인가? 출제율 60%

① 망초(황산나트륨)
② 흑회(black ash)
③ 녹액(green liquor)
④ 암모니아 함수

해설 • Le Blanc법
$$NaCl + H_2SO_4 \xrightarrow{150℃} NaHSO_4 + HCl$$
$$NaHSO_4 + NaCl \xrightarrow{800℃} Na_2SO_4 + HCl$$

• NaCl을 황산분해하여 망초를 얻고, 이를 석탄, 석회석으로 복분해하여 소다회를 제조한다.
• 환원생성물은 흑회(이를 통해 NaOH 제조)이다.
• 흑회를 온수로 추출하여 얻은 침출액인 녹액을 가성화하여 NaOH를 제조한다.

12 열가소성(thermoplastic) 고분자에 대한 설명으로 틀린 것은? 출제율 80%

① 망상구조의 고분자가 갖고 있는 특징이다.
② 비결정성 플라스틱의 경우는 일반적으로 투명하다.
③ 고체상태의 고분자물질이 많다.
④ PVC 같은 고분자가 이에 속한다.

해설 열가소성 고분자는 가열 시 연화되어 쉽게 변형되나 성형 후 외력이 없어도 성형된 상태를 유지하는 수지로 선모양의 구조를 갖는다.

13 비닐고분자의 일종으로 비닐단량체(VCM)의 중합으로 형성되는 폴리염화비닐에 해당하는 것은? 출제율 ??%

① 선상공중합체   ② 축중합체
③ 환상중합체   ④ 부가중합체

해설 폴리염화비닐은 열가소성 수지 중의 하나로 부가중합반응에 의해 생성된다.

14 부타디엔에 무수말레인산을 부가하여 환상화합물을 얻는 반응은? 출제율 20%

① Diels-Alder 반응
② Wolff-Kishner 반응
③ Gattermann-Koch 반응
④ Fridel-Craft 반응

해설 ① Diels–Alder 반응
부타디엔+말레산 무수물 → 환상화합물
② Wolff–Kishner 반응
알데히드나 케톤의 카르보닐기를 메틸렌으로 환원하는 반응이다.
③ Gattermann–Koch 반응
벤젠 및 그 유도체에 염화알루미늄을 촉매로 CO와 HCl을 반응시켜 벤젠고리에 알데히드기를 도입하는 반응이다.
④ Friedel–Craft 반응
벤젠이 촉매인 염화알루미늄, 산염화물과 반응하여 케톤을 생성한다.

15 Fischer 에스테르화 반응에 대한 설명으로 틀린 것은? 출제율 40%

① 염기성 촉매 하에서의 카르복시산과 알코올의 반응을 의미한다.
② 가역반응이다.
③ 알코올이나 카르복시산을 과량 사용하여 에스테르의 생성을 촉진할 수 있다.
④ 반응물로부터 물을 제거하여 에스테르의 생성을 촉진할 수 있다.

해설 $RCOOH + HOR \underset{\text{에스테르화}}{\overset{}{\rightleftharpoons}} RCOOH + H_2O$
진환 황산 촉매하에서 카르복시산과 알코올의 반응을 의미한다.

16 고도 표백분에서 이상적으로 차아염소산칼슘의 유효 염소는 약 몇 %인가? (단, Cl의 원자량은 35.5이다.) 출제율 20%

① 24.8
② 49.7
③ 99.3
④ 114.2

해설 유효 염소량 $= \dfrac{4Cl}{Ca(ClO)_2} \times 100 =$ 약 99.3%

17 비스브레이킹(visbreaking)에 관한 설명 중 옳지 않은 것은?

① 접촉분해 시 코크스화하는 것을 억제하는 전처리이다.

② 약 480℃ 수십기압하에서 실시된다.
③ 고체상태로 실시하는 완만한 열분해법이다.
④ 접촉분해로 원료유의 점도를 저하시킨다.

해설 비스브레이킹
㉠ 접촉분해 시 코크스화하는 것을 억제하는 전처리 공정
㉡ 점도가 높은 찌꺼기유에서 경유나 점도가 낮은 중질경유를 얻는 것이 목적
㉢ 480℃ 수십기압하에서 실시
㉣ 액체상태에서 실시하는 완만한 방법

18 석유류의 불순물인 황, 질소, 산소 제거에 사용되는 방법은? 출제율 20%

① Coking process
② Visbreaking process
③ Hydrorefining process
④ Isomerization process

해설 수소화 정제법
황(S), 질소(N), 산소(O), 할로겐 등의 불순물을 제거, 디올레핀을 올레핀으로 만든다.

19 1000ppm의 처리제를 사용하여 반도체 폐수 1000m^3/day를 처리하고자 할 때 하루에 필요한 처리제는 몇 kg인가? 출제율 20%

① 1 ② 10
③ 100 ④ 1000

해설 $1000\,ppm = 100\,mg/L \times 10^3\,L/m^2 = 10^6\,mg/m^3$

처리제 $= \dfrac{1000\,m^3}{day} \times \dfrac{10^6\,mg}{m^3} \times \dfrac{1\,g}{10^3\,mg} \times \dfrac{1\,kg}{10^3\,g}$
$= 1000\,kg/day$

20 석유의 성분으로 가장 거리가 먼 것은? 출제율 20%

① C_3H_8
② C_2H_4
③ C_6H_6
④ $C_2H_5OC_2H_5$

해설 탄소와 수소의 성분으로 이루어진다.

보충

석유 성분으로 질소산화물인 것은 C_5H_5N(피리딘)이다.

21 부피 팽창성 β와 등온 압축성 k의 비$\left(\dfrac{k}{\beta}\right)$를 옳게 표시한 것은? 출제율 40%

① $\dfrac{1}{C_V}\left(\dfrac{\partial U}{\partial P}\right)_V$

② $\dfrac{1}{C_P}\left(\dfrac{\partial U}{\partial T}\right)_P$

③ $\dfrac{1}{C_P}\left(\dfrac{\partial H}{\partial T}\right)_P$

④ $\dfrac{1}{C_V}\left(\dfrac{\partial H}{\partial P}\right)_V$

해설 $\beta = \dfrac{1}{V}\left(\dfrac{\partial V}{\partial T}\right)_P$

$k = -\dfrac{1}{V}\left(\dfrac{\partial V}{\partial P}\right)_T$

$\dfrac{k}{\beta} = \dfrac{-\left(\dfrac{\partial V}{\partial P}\right)_T}{\left(\dfrac{\partial V}{\partial T}\right)_P} \rightarrow$ Chain rule 이용

$\left(\dfrac{\partial y}{\partial z}\right)_x\left(\dfrac{\partial z}{\partial x}\right)_y\left(\dfrac{\partial x}{\partial y}\right)_z = -1$

$\left(\dfrac{\partial V}{\partial T}\right)_P\left(\dfrac{\partial T}{\partial P}\right)_V\left(\dfrac{\partial P}{\partial V}\right)_T = -1 \Rightarrow \dfrac{k}{\beta} = \left(\dfrac{\partial T}{\partial P}\right)_V$

$dU = C_V\,dT \rightarrow \left(\dfrac{\partial U}{\partial T}\right)_V = C_V,\ \left(\dfrac{\partial T}{\partial U}\right)_V = \dfrac{1}{C_V}$

$\left(\dfrac{\partial U}{\partial P}\right)_V\left(\dfrac{\partial T}{\partial U}\right)_V = \dfrac{1}{C_V}\left(\dfrac{\partial U}{\partial P}\right)_V$

22 공기표준 오토사이클(otto cycle)에 해당하는 선도는? 출제율 40%

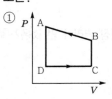

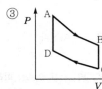

해설 공기표준 오토사이클

2개의 단열, 2개의 정적과정

23 기체에 사용하는 노즐(nozzle)에 관한 설명으로 가장 타당한 것은?

① 흐름의 단면적이 변해서 생기는 유체의 운동에너지와 내부에너지의 상호변화를 일으키는 장치이다.

② 동작부분 없이 유체를 수송할 수 있는 제트엔진, 확산기 같은 장치로서 내부에너지의 변화는 거의 없다.

③ 압축성 유체에 잘 적용되는 것으로 엔탈피 변화를 가급적 줄여 흐름속도를 빠르게 해 주는 장치이다.

④ 목의 압력이 충분히 낮다면 압력비에 관계없이 수렴/발산 노즐의 목에서 초음속에 도달한다.

해설 노즐은 단면적의 변화에 의해 흐르는 유체의 운동에너지와 내부에너지 간의 상호변화를 일으키는 장치이다.

24 $P-H$ 선도에서 등엔트로피선의 기울기$(\partial P/\partial H)_S$의 값은? 출제율 40%

① $(\partial P/\partial H)_S = V$

② $(\partial P/\partial H)_S = \dfrac{1}{V}$

③ $(\partial P/\partial H)_S = -V$

④ $(\partial P/\partial H)_S = -\dfrac{1}{V}$

해설 $dH = TdS + VdP$ (등엔트로피 : $dS = 0$)

$dH = VdP,\ V = \left(\dfrac{\partial H}{\partial P}\right)_S$

$\dfrac{1}{V} = \left(\dfrac{\partial P}{\partial H}\right)_S$

25 다음 중 비리얼(virial) 식으로부터 유도된 옳은 식은 어느 것인가? (단, B : 제2 비리얼계수, Z : 압축계수) _{출제율 40%}

① $B = R \lim\limits_{P \to 0} \left(\dfrac{P}{Z-1} \right)$

② $B = R \cdot T \lim\limits_{P \to 0} \left(\dfrac{P}{Z-1} \right)$

③ $B = R \lim\limits_{P \to 0} \left(\dfrac{Z-1}{P} \right)$

④ $B = R \cdot T \lim\limits_{P \to 0} \left(\dfrac{Z-1}{P} \right)$

해설 Virial 방정식

$Z = 1 + \dfrac{BP}{RT}$

$\dfrac{PV}{RT} = 1 + \dfrac{BP}{RT}$

$PV = RT + BP$

$B = V - RTP$

$B = RT(Z-1)P$

$B = RT \lim\limits_{P \to 0} \dfrac{Z-1}{P}$

26 피셔–트롭시(Fischer–Tropsch) 합성반응의 수소원은 메탄가스의 열분해에 의한 cer H₂이다. 다음에서 메탄의 분해열을 구하면 몇 kcal/mol 인가?

- $C(s) + O_2(g) \rightarrow CO_2(g)$

  $\Delta H = -94.0 \text{kcal}$
- $H_2(g) + \dfrac{1}{2}O_2(g) \rightarrow H_2O(l)$

  $\Delta H = -68.3 \text{kcal}$
- $CH_4(g) + 2O_2(g) \rightarrow CO_2(g) + 2H_2O(l)$

  $\Delta H = -212.8 \text{kcal}$
---

① -50.5　　　　② 17.8

③ 176　　　　　④ 442.9

해설

$$
\begin{aligned}
& CO_2(g) \rightarrow C(s) + O_2(g), \quad \Delta H = 94 \text{kcal} \\
& 2H_2O(l) \rightarrow 2H_2(g) + O_2(g), \quad \Delta H = 2 \times 68.3 \text{kcal} \\
+\ & CH_4(g) + 2O_2(g) \rightarrow CO_2(g) + 2H_2O(l), \\
& \hspace{4cm} \Delta H = -212.8 \text{kcal} \\
\hline
& CH_4(g) \rightarrow C(s) + 2H_2(g), \quad \Delta H = 17.8 \text{kcal}
\end{aligned}
$$

27 과열상태의 증기가 150psia, 500℉에서 노즐을 통하여 30psia로 팽창한다. 이 과정이 단열, 가역적으로 진행하여 평형을 유지한다고 할 때 노즐의 출구에서의 증기상태는 어떠한지 알고자 한다. 다음 설명 중 틀린 것은? _{출제율 20%}

① 엔트로피 변화는 없다.

② 수증기표(steam table)를 이용한다.

③ 몰리에 선도를 이용한다.

④ 기체인지 액체인지는 알 수 없다.

해설
- 단열 : $dQ = 0$, $dS = 0$
- 과열증기 이용 : 수증기표 가능
- 몰리에 선도는 $H-S$ 선도 이용 가능
- 과열상태의 증기가 단열, 가역 평형이므로 노즐 출구에서는 기체상태
  - ㉠ $dS = 0$이므로 기체가 액체로 변화하지 않는다.
  - ㉡ 초기온도와 압력, 나중압력도 주어졌으므로 나중온도와 압력을 파악하면 액체, 기체 구분이 가능하다.

28 1atm, 100℃ 포화수증기의 엔탈피(H)와 엔트로피(S)는 각각 얼마인가? (단, 0℃ 포화수증기의 $S = 0$, $H = 0$, 0℃에 100℃까지 물의 평균비열은 1.0kcal/kg · ℃, 100℃에 대한 증발잠열은 538.9 kcal/kg이다.) _{출제율 20%}

① $H = 538.9 \text{kcal/kg}$, $S = 1.756 \text{kcal/kg} \cdot \text{K}$

② $H = 638.9 \text{kcal/kg}$, $S = 1.443 \text{kcal/kg} \cdot \text{K}$

③ $H = 638.9 \text{kcal/kg}$, $S = 1.756 \text{kcal/kg} \cdot \text{K}$

④ $H = 100 \text{kcal/kg}$, $S = 0.312 \text{kcal/kg} \cdot \text{K}$

해설 100℃ 포화수증기의 엔탈피와 엔트로피

$H = $ 증발잠열 $+ C_P \Delta T$

$\quad = 538.9 \text{kcal/kg} + (1 \text{kcal/kg} \cdot ℃) \times 100 ℃$

$\quad = 638.9 \text{kcal/kg}$

$\Delta S = 1 \sim 100 ℃ \Delta S +$ 증발잠열 ΔS

$\quad = C_P \ln \dfrac{T_2}{T_1} + \dfrac{\Delta Q}{T}$

$\quad = 1 \text{kcal/kg} \cdot ℃ \times \ln \dfrac{373}{273} + \dfrac{538.9 \text{kcal/kg}}{373 \text{K}}$

$\quad = 0.312 + 1.44$

$\quad = 1.756 \text{kcal/kg} \cdot \text{K}$

29 깁스-두헴(Gibbs-Duhem)의 식에 대한 올바른 표현은 어느 것인가? (단, M : 몰당 용액의 성질, $\overline{M_i}$: 용액 내 i 성분의 부분몰 성질, x_i : 몰분율) 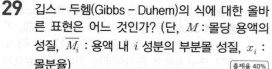 출제율 40%

① $\left(\dfrac{\partial M}{\partial P}\right)_{T,X} dP + \left(\dfrac{\partial M}{\partial T}\right)_{P,X} dT + \sum_i x_i d\overline{M_i} = 0$

② $\left(\dfrac{\partial M}{\partial P}\right)_{T,X} dP - \left(\dfrac{\partial M}{\partial T}\right)_{P,X} dT + \sum_i x_i d\overline{M_i} = 0$

③ $\left(\dfrac{\partial M}{\partial P}\right)_{T,X} dP + \left(\dfrac{\partial M}{\partial T}\right)_{P,X} dT - \sum_i x_i d\overline{M_i} = 0$

④ $\left(\dfrac{\partial M}{\partial P}\right)_{T,X} dP - \left(\dfrac{\partial M}{\partial T}\right)_{P,X} dT - \sum_i x_i d\overline{M_i} = 0$

해설 Gibbs-Duhem 식

$dM = \left(\dfrac{\partial M}{\partial P}\right)_{T,x} dP + \left(\dfrac{\partial M}{\partial P}\right)_{P,x} dT + \sum \overline{M_i} dx_i$

$dM = \sum x_i d\overline{M_i} + \sum \overline{M_i} dx_i$

$\left(\dfrac{\partial M}{\partial P}\right)_{T,x} dP + \left(\dfrac{\partial M}{\partial P}\right)_{P,x} dT - \sum x_i d\overline{M_i} = 0$

30 어떤 화학반응이 평형상수에 대한 온도의 미분계수가 $\left(\dfrac{\partial \ln K}{\partial T}\right)_P > 0$로 표시된다. 이 반응에 대하여 옳게 설명한 것은? 출제율 60%

① 이 반응은 흡열반응이며, 온도 상승에 따라 K값은 커진다.

② 이 반응은 발열반응이며, 온도 상승에 따라 K값은 커진다.

③ 이 반응은 흡열반응이며, 온도 상승에 따라 K값은 작아진다.

④ 이 반응은 발열반응이며, 온도 상승에 따라 K값은 작아진다.

해설 평형상수와 온도와의 관계

$\dfrac{d \ln K}{dT} = \dfrac{\Delta H^\circ}{RT^2} > 0$; 흡열반응

여기서, K : 평형상수

ΔH° : 엔탈피

R : 기체상수

T : 온도

• $\Delta H^\circ < 0$(발열반응) : 온도가 증가하면 평형상수(K)가 감소한다.

• $\Delta H^\circ > 0$(흡열반응) : 온도가 증가하면 평형상수(K)가 증가한다.

31 어떤 액상반응 $A \rightarrow R$이 1차 비가역으로 batch reactor에서 일어나 A의 50%가 전환되는 데 5분이 걸린다. 75%가 전환되는 데에는 약 몇 분이 걸리겠는가? 출제율 60%

① 7.5분   ② 10분

③ 12.5분   ④ 15분

해설 회분식 1차 액상반응 $\Rightarrow \varepsilon_A = 0$

$kt = -\ln \dfrac{C_A}{C_{A0}} = -\ln(1 - X_A)$

$k \times 5\,\text{min} = -\ln(1 - 0.5)$

$\qquad k = 0.1386$

$0.1386 \times t = -\ln(1 - 0.75)$

$\therefore t = 10\,\text{min}$

32 $A \rightarrow R$인 액상반응에 대한 25°C에서의 평형상수 K_{298}는 300이고, 반응열 $\Delta Hr_{298} = -18000\,\text{cal/mol}$이다. 75°C에서 평형전화율은?

① 55   ② 69

③ 79   ④ 93

해설 $K(348\text{K}) = K(298\text{K}) \exp\left[\dfrac{\Delta H}{R}\left(\dfrac{1}{298} - \dfrac{1}{348}\right)\right]$

$\qquad = 300 \times \exp\left[\dfrac{-18000}{1.987}\left(\dfrac{1}{298} - \dfrac{1}{348}\right)\right] = 3.8$

$\rightarrow K(348\text{K}) = \dfrac{C_R}{C_A} = \dfrac{C_{A0}X}{C_{A0}(1-X)} = \dfrac{X}{1-X} = 3.8$

$\therefore X_{Ae} = 0.792$

33 $A \rightleftarrows B + C$ 평형반응이 1bar, 560°C에서 진행될 때 평형상수 $K_P = P_B P_C / P_A$가 100mbar이다. 평형에서 반응물 A의 전화율은? 출제율 60%

① 0.12   ② 0.27

③ 0.33   ④ 0.48

해설 $K_P = \dfrac{P_B \cdot P_C}{P_A} = 100\,\text{mbar}$

$P_{A0} = 1\,\text{bar}, \ P_{B0} = P_{C0} = 0$

$K_P = \dfrac{(P_{B0} + P_{A0}X_{Ae}) \times (P_{C0} + P_{A0}X_{Ae})}{P_{A0}(1 - X_{Ae})}$

$\quad = \dfrac{P_{A0}X_{Ae}^2}{1 - X_{Ae}} = 100\,\text{mbar}$

$\dfrac{X_{Ae}^2}{1 - X_{Ae}} = 0.1\,\text{bar}$

$\therefore$ 전화율(X_{Ae}) = 0.27

34 다음 그림은 균일계 비가역 병렬반응이 플러그 흐름반응기에서 진행될 때 순간수율 $\phi\left(\dfrac{R}{A}\right)$와 반응물의 농도($C_A$) 간의 관계를 나타낸 것이다. 빗금친 부분의 넓이가 뜻하는 것은? 출제율 20%

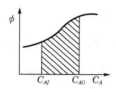

① 총괄수율 ϕ
② 반응하여 없어진 반응물의 몰수
③ 반응으로 생긴 R의 몰수
④ 반응기를 나오는 R의 농도

해설 순간수율 $\phi\left(\dfrac{R}{A}\right) = \dfrac{dC_R}{-dC_A}$

빗금친 부분의 면적 $= \displaystyle\int_{C_{Af}}^{C_{A0}} (-dC_R)$
$= C_R(C_{Af}) - C_R(C_{A0})$
$= C_R$ (반응기를 나오는 R의 농도)

35 다음 두 액상반응이 동시에 진행될 때 어떻게 반응시켜야 부반응을 억제할 수 있는가? 출제율 40%

- $A + B \xrightarrow{k_1} R + T$ (원하는 반응)

  $dC_R / dt = k_1 C_A{}^{0.3} C_B$

- $A + B \xrightarrow{k_2} S + U$ (원하지 않는 반응, 부반응)

  $dC_S / dt = k_2 C_A{}^{1.8} C_B{}^{0.5}$

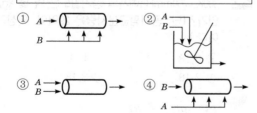

해설 선택도 $= \dfrac{dC_R}{dC_S} = \dfrac{k_1 C_A{}^{0.3} C_B}{k_2 C_A{}^{1.8} C_B{}^{0.5}} = \dfrac{k_1}{k_2} C_A{}^{-1.5} C_B{}^{0.5}$

목적하는 쪽으로 한 성분이라도 +지수가 있다면 관형흐름반응기를 선택한다.
많은 양의 B에 A를 소량 공급한다.

36 이상기체 반응물 A가 1L/s의 속도로 체적 1L의 혼합흐름반응기에 공급되어 50%가 반응된다. 반응식이 $A \rightarrow 3R$일 때 일정한 온도와 압력 하에서 반응물 A의 평균 체류시간(mean residence time)은 몇 초인가? 출제율 40%

① 0.5 ② 1.0
③ 1.5 ④ 2.0

해설 $V = \nu_0(1 + \varepsilon_A X_A) = 2\text{L/s} \ \ (\nu_0 = 1\text{L/s})$

체류시간 $= \dfrac{\text{반응기 부피}}{\text{반응기 출구 유속}} = \dfrac{1\text{L}}{2\text{L/s}} = 0.5\text{s}$

37 기상 2차 반응 $2A \xrightarrow{k} R$을 혼합흐름반응기에서 반응시킬 때 $X_{AF} = 0.8$이다. $kC_{A0}\tau$의 값은?

① 1.81
② 7.2
③ 18.10
④ 39.2

해설 $\varepsilon_A = Y_{A0}8 = 1 \times (1-2) \times \dfrac{1}{2} = -0.5$

$C_A = C_{A0}\left(\dfrac{1 - X_A}{1 + \varepsilon_A X_A}\right)$

혼합흐름반응기 $\tau_m = \dfrac{V_m}{\nu_0} = \dfrac{C_{A0} \cdot X_{AF}}{-r_A}$
$= \dfrac{C_{A0} \cdot X_{AF}(1 + \varepsilon_A X_A)^2}{kC_{A0}{}^2(1 - X_{AF})^2}$

$kC_{A0}\tau_m = \dfrac{X_{AF}(1 + \varepsilon_A X_{AF})^2}{(1 - X_{AF})^2}$
$= \dfrac{0.8(1 - 0.5 \times 0.8)^2}{(1 - 0.8)^2}$
$= 7.2$

38 체적 0.212m^{3}의 로켓 엔진에서 수소가 6kmol/s의 속도로 연소된다. 이때 수소의 반응속도는 약 몇 kmol/m^3 · s인가? 출제율 20%

① 18.0 ② 28.3
③ 38.7 ④ 49.0

해설 반응속도 $= \dfrac{\text{속도}}{\text{체적}}$
$= \dfrac{6\text{kmol/s}}{0.212\text{m}^3}$
$= 28.3\text{kmol/m}^3 \cdot \text{s}$

34.④ 35.④ 36.① 37.② 38.②

39 $A \to C$의 촉매반응이 다음과 같은 단계로 이루어진다. 탈착반응이 율속단계일 때 Langmuir Hinshelwood 모델의 반응속도식으로 옳은 것은 어느 것인가? (단, A는 반응물, S는 활성점, AS와 CS는 흡착 중간체이며, k는 속도상수, K는 평형상수, S_0는 초기 활성점, [ ]는 농도를 나타낸다.) `출제율 20%`

> • 단계 1 : $A + S \xrightarrow{k_1} AS$
> $$[AS] = K_1[S][A]$$
> • 단계 2 : $AS \xrightarrow{k_2} CS$
> $$[CS] = K_2[AS] = K_2K_1[S][A]$$
> • 단계 3 : $CS \xrightarrow{k_3} C + S$

① $r_3 = \dfrac{[S_0]k_1K_1K_2[A]}{1 + (K_1 + K_2K_1)[A]}$

② $r_3 = \dfrac{[S_0]k_3K_1K_2[A]}{1 + (K_1 + K_2K_1)[A]}$

③ $r_3 = \dfrac{[S_0]k_1k_2K_1K_2[A]}{1 + (K_1 + K_2K_1)[A]}$

④ $r_3 = \dfrac{[S_0]k_1k_3K_1K_2[A]}{1 + (K_1 + K_2K_1)[A]}$

`해설` $r_3 = k_3[CS] = k_3K_2K_1[S][A]$
$[S] = [S_0] - [CS] - [AS]$
$\quad = [S_0] - K_2K_1[S][A] - K_1[S][A]$
정리하면
$[S](1 + K_2K_1[A] + K_1[A]) = [S_0]$
$[S] = \dfrac{[S_0]}{1 + K_2K_1[A] + K_1[A]}$
$r_3 = \dfrac{[S_0]k_3K_2K_1[A]}{1 + (K_1 + K_1K_2)[A]}$

40 반응물 A가 단일 혼합흐름반응기에서 1차 반응으로 80%의 전화율을 얻고 있다. 기존의 반응기와 동일한 크기의 반응기를 직렬로 하나 더 연결하고자 한다. 현재의 처리속도와 동일하게 유지할 때 추가되는 반응기로 인해 변화되는 반응물의 전화율은? `출제율 60%`

① 0.90 ② 0.93
③ 0.96 ④ 0.99

`해설` CSTR 1차
$\tau = \dfrac{C_{A0}X_A}{kC_{A0}(1 - X_A)} \to k\tau = \dfrac{0.8}{0.2} = 4$
직렬연결 $\dfrac{C_0}{C_N} = (1 + k\tau)^N$
$\dfrac{C_N}{C_0} = (1 + k\tau)^{-N}$
$\dfrac{C_A}{C_{A0}} = \dfrac{C_{A0}(1 - X_A)}{C_{A0}} = (1 + 4)^{-2}$
$k\tau = 4$, $N = 2$ (2개 직렬)
$1 - X_A = \dfrac{1}{25}$
$\therefore X_A = 0.96$

▶▶ 제3과목 | 단위공정관리

41 염화칼슘의 용해도는 20℃에서 140.0g/100gH₂O, 80℃에서 160.0g/100g H₂O이다. 80℃에서의 염화칼슘 포화용액 50g을 20℃로 냉각시키면 약 몇 g의 결정이 석출되는가? `출제율 60%`

① 3.85 ② 5.95
③ 7.05 ④ 9.05

`해설` • 80℃ 염화칼슘 포화용액 50g 중 염화칼슘 양
$260\,\text{g} : 160\,\text{g} = 50\,\text{g} : x$
$x = 30.77\,\text{g}$, 물 $= 19.23\,\text{g}$
• 냉각
$100 : 140\,\text{g} = $ 물 $19.23\,\text{g} : x$
$x = 26.92\,\text{g}$
20℃에서 석출 $CaCl_2(\text{g}) = 30.7 - 26.92 = 3.85\,\text{g}$

42 300K, 760mmHg에서의 공기밀도는 약 몇 kg/m³인가? (단, 공기평균분자량은 29이며, 이상기체이다.)

① 0.18 ② 1.18
③ 2.18 ④ 3.18

`해설` $PV = nRT = \dfrac{w}{m}RT$
$\dfrac{m}{V} = \dfrac{PM}{RT}$
$= \dfrac{1\text{atm} \times 29\text{g} \times 10^3\text{L}}{0.682\text{atm} \cdot \text{L/mol} \cdot \text{K} \times 300\text{K} \times 1\text{m}^3} \times \dfrac{1\text{kg}}{10^3\text{g}}$
$= 1.178\text{kg/m}^3$

43 노 벽이 두께 25mm, 열전도도 0.1kcal/m · h · ℃인 내화벽돌과 두께 20mm, 열전도도 0.2kcal/m · h · ℃인 내화벽돌로 이루어져 있다. 노 벽의 내면온도는 1000℃이고, 외면온도는 60℃이다. 두 내화벽돌 사이에서의 온도는 약 얼마인가? 〔출제율 80%〕

① 228.6℃
② 328.6℃
③ 428.6℃
④ 528.6℃

해설 여러 층의 열전도

$$q = q_1 + q_2 = \frac{\Delta t}{R_1 + R_2}$$

$$= \frac{1000 - 60}{\frac{0.025}{0.1} + \frac{0.02}{0.2}}$$

$$= \frac{940}{0.25 + 0.1} = 2685.71$$

$\Delta t : \Delta t_1 = R : R_1$

$940 : \Delta t_1 = 0.35 : 0.25$

$\Delta t_1 = 671$

$\Delta t_1 = 1000 - t_1$

$671 = 1000 - t_1$

$\therefore t_1 = 329℃$

44 그림은 어떤 회분 추출공정의 조성 변화를 보여주고 있다. 평형에 있는 추출 및 추잔상의 조성이 E와 R인 계에 추제를 더 추가하면 M점은 그림 a, b, c, d 중 어느 쪽으로 이동하겠는가? (단, F는 원료의 조성이다.) 〔출제율 40%〕

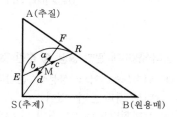

① a ② b
③ c ④ d

해설 그래프 상의 E/R에서 E는 추제가 많고, R는 원용매가 많은 평형상태이다. 여기서 추제를 더 첨가하면 S(추제)쪽으로 이동하므로 d방향으로 이동한다.

45 40mol% 벤젠과 60mol% 톨루엔 혼합물을 시간당 100mol씩 증류탑에 공급한다. 탑 상부에서는 97mol%의 벤젠이 생성되고 탑 하부에서는 98mol%의 톨루엔이 생성될 경우, 탑 상부의 제품 유량은? 〔출제율 60%〕

① 40mol/hr
② 50mol/hr
③ 60mol/hr
④ 70mol/hr

해설 물질수지

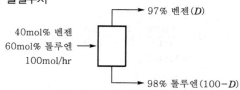

$0.4 \times 100 = D \times 0.97 + (100 - D) \times 0.02$

$\therefore$ 제품 유량$(D) = 40\,\text{mol/hr}$

46 2중관 열교환기를 사용하여 500kg/hr의 기름을 240℃의 포화수증기를 써서 60℃에서 200℃까지 가열하고자 한다. 이때 총괄전열계수 500kcal/m² · hr · ℃, 기름의 정압비열은 1.0kcal/kg · ℃이다. 필요한 가열면적은 몇 m²인가? 〔출제율 60%〕

① 3.1
② 2.4
③ 1.8
④ 1.5

해설

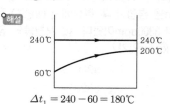

$\Delta t_1 = 240 - 60 = 180℃$

$\Delta t_2 = 240 - 200 = 40℃$

$\overline{\Delta t} = \frac{180 - 40}{\ln 180/40} = 93.1℃$

$Q = Cm\Delta t = 500\,\text{kg/hr} \times 1\,\text{kcal/kg} \cdot ℃ \times (200 - 60)℃$
$\qquad = 70000\,\text{kcal/hr}$

$Q = UA\Delta t$

$70000\,\text{kcal/hr} = 500\,\text{kcal/m}^2 \cdot \text{hr} \cdot ℃ \times A \times 93.1℃$

$\therefore A = 1.5\,\text{m}^2$

47 14.8vol%의 아세톤을 함유하는 질소혼합기체가 20℃, 745mmHg 하에 있다. 비교습도는 약 얼마인가? (단, 20℃에서 아세톤의 포화증기압은 184.8mmHg이다.) [출제율 40%]

① 92% ② 88%
③ 53% ④ 20%

해설 비교습도(H_P)

$$= \frac{P_A}{P_S}(H_R) \times \frac{P-P_S}{P-P_A} \times 100\%$$

여기서, $P_A = 745\,\text{mmHg} \times 0.148 = 110.26\,\text{mmHg}$

P_S : 포화증기압

$$H_P = \frac{110.26}{184.8} \times \frac{745-184.8}{745-110.26} \times 100$$

$$= 52.66\%$$

48 습량 기준으로 27wt% 수분, 60wt% C, 13wt% N_2로 된 혼합물에서 건량 기준으로 N_2의 wt%는 얼마인가?

① 17.8 ② 21.2
③ 23.5 ④ 31.7

해설 건량 기준은 수분을 빼고 난 후 기준을 의미하므로

건량 기준의 $N_2 = \frac{13(질소)}{100-27(수분)} \times 100 = 17.8\%$

49 개천의 유량을 측정하기 위해 Dilution method를 사용하였다. 처음 개천물을 분석하였더니 Na_2SO_4의 농도가 180ppm이었다. 1시간에 걸쳐 Na_2SO_4 10kg을 혼합한 후 하류에서 Na_2SO_4를 측정하였더니 3300ppm이었다. 이 개천물의 유량은 약 몇 kg/hr인가? [출제율 20%]

① 3195 ② 3250
③ 3345 ④ 3395

해설 개천물 유량 $= x(\text{kg/hr})$

$m_1 = 180 \times 10^{-6}\,\text{kg} \times x\,Na_2SO_4\,\text{kg/hr (초기)}$

$m_2 = 10\,\text{kg} + 180 \times 10^{-6}\,\text{kg} \times x\,Na_2SO_4\,\text{kg/hr}$

$= 3300 \times 10^{-6} \times (x+10)$ (1시간 후)

$180x \times 10^{-6} + 10 = (x+10) \times 3300 \times 10^{-6}$

$\frac{180 \times 10^{-6}x + 10}{x+10} = 3300 \times 10^{-6}$

$\therefore x = 3194.55\,\text{kg/hr}$

50 고체 내부의 수분이 건조되는 단계로 재료의 건조특성이 단적으로 표시되는 기간은? [출제율 40%]

① 재료 예열기간
② 감률 건조기간
③ 항률 건조기간
④ 항률 건조 제2기간

해설 건조속도

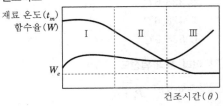

• 재료 예열기관(I)
재료 예열, 함수율이 서서히 감소하는 기간
• 항률 건조기간(II)
재료 함수율이 직선적으로 감소, 재료 온도가 일정한 기간(잠열)
• 감률 건조기간(III)
함수율의 감소율이 느리게 되어 평형에 도달까지 시간. 즉, 재료의 건조특성이 단적으로 표시되는 기간

51 안지름이 10cm인 관에서 레이놀즈 수가 1000일 때, 관 입구로부터 최종속도 분포가 완성되기까지의 전이길이는 약 몇 m인가?

① 5.5 ② 1.5
③ 4.5 ④ 5

해설 층류 전이길이(L_t) $= 0.05N_{Re} \cdot D$

$= 0.05 \times 1000 \times 0.1$

$= 5$

52 상대휘발도에 관한 설명 중 틀린 것은? [출제율 20%]

① 휘발도는 어느 성분의 분압과 몰분율의 비로 나타낼 수 있다.
② 상대휘발도는 2물질의 순수성분 증기압의 비와 같다.
③ 상대휘발도가 클수록 증류에 의한 분리가 용이하다.
④ 상대휘발도는 액상과 기상의 조성에는 무관하다.

해설 상대휘발도(비휘발도)

$$= \alpha_{AB} = \frac{y_A/y_B (\text{증기 조성})}{x_A/x_B (\text{액 조성})} = \frac{y_A/(1-y_A)}{x_A/(1-x_A)}$$

액상과 평형상태에 있는 증기상에 대하여 성분 B에 대한 성분 A의 비휘발도 α_{AB}

53 다음 중 무차원 항이 밀도와 관계 없는 것은 어느 것인가? `출제율 20%`

① 레이놀즈(Reynolds) 수
② 누셀트(Nusselt) 수
③ 슈미트(Schmidt) 수
④ 그라쇼프(Grashof) 수

해설
① $N_{Re} = \dfrac{\rho u D}{\mu}$

② $N_u = \dfrac{h D}{K}$

③ $N_{Sc} = \dfrac{\mu}{\rho D G}$

④ $N_{Gr} = \dfrac{g D^3 \rho^2 \beta \Delta t}{\mu^2}$

54 기–액 평형의 원리를 이용하는 분리공정에 해당하는 것은? `출제율 20%`

① 증류(distillation)
② 액체 추출(liquid extraction)
③ 흡착(adsorption)
④ 침출(leaching)

해설 증류
기–액 평형의 원리를 이용하여 혼합액을 분리시키는 대표적인 조작이다.

55 2개의 관을 연결할 때 사용되는 관 부속품이 아닌 것은? `출제율 20%`

① 유니언(union)
② 니플(nipple)
③ 소켓(socket)
④ 플러그(plug)

해설
• 2개의 관 연결 관 부속품
 플랜지, 유니언, 니플, 커플링, 소켓
• 유로차단 관 부속품
 플러그, 캡, 밸브

56 젖은 고체 10kg을 완전히 건조하였더니 8.8kg이 되었다. 처음 재료의 수분(%)은?

① 10
② 12
③ 14
④ 16

해설 수분 = $\dfrac{1.2\text{kg}}{10\text{kg}} \times 100 = 1.2\%$

(젖은 고체 : 10kg, 수분 : 10−8.8=1.2kg)

57 안지름 10cm의 수평관을 통하여 상온의 물을 수송한다. 관의 길이 100m, 유속 7m/s, 패닝 마찰계수(Fanning friction factor)가 0.005일 때 생기는 마찰손실 kgf · m/kg은? `출제율 40%`

① 5
② 25
③ 50
④ 250

해설 Fanning의 마찰계수
$$F = \frac{\Delta P}{\rho} = \frac{2 f u^2 L}{g_c D} = \frac{2 \times 0.005 \times 7^2 \times 100}{9.8 \times 0.1}$$
$$= 50 \, \text{kgf} \cdot \text{m/kg}$$

58 성분 A, B가 각각 50mol%인 혼합물을 flash 증류하여 feed의 50%를 유출시켰을 때 관출물의 A 조성($X_{W.A}$)은? (단, 혼합물의 비휘발도(α_{AB})는 2이다.) `출제율 60%`

① $X_{W.A} = 0.31$
② $X_{W.A} = 0.41$
③ $X_{W.A} = 0.59$
④ $X_{W.A} = 0.85$

해설 $\alpha_{AB} = 2 = \dfrac{y_A/y_B}{x_A/x_B}$

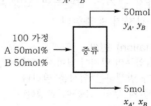

$50 = 50 y_A + 50 x_A$

$1 = y_A + x_A$

$2 = \dfrac{y_A/1-y_A}{x_A/1-x_A} = \dfrac{(1-x_A)/x_A}{x_A/1-x_A} = \dfrac{(1-x_A)^2}{x_A^2}$

$x_A^2 - 2x_A + 1 = 2x_A^2$

$x_A^2 + 2x_A - 1 = 0$

$x = \dfrac{-2 \pm \sqrt{2^2 + 4}}{2} = 0.41$

59 정압비열 0.24kcal/kg · ℃의 공기가 수평관 속을 흐르고 있다. 입구에서 공기 온도가 21℃, 유속이 90m/s이고, 출구에서 유속은 150m/s이며, 외부와 열교환이 전혀 없다고 보면 출구에서의 공기 온도는? 출제율 20%

① 10.2℃ ② 13.8℃
③ 28.2℃ ④ 31.8℃

해설
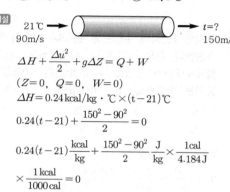

21℃ → 90m/s   → $t=?$ 150m/s

$\Delta H + \dfrac{\Delta u^2}{2} + g\Delta Z = Q + W$

$(Z=0,\ Q=0,\ W=0)$

$\Delta H = 0.24 \,\text{kcal/kg} \cdot ℃ \times (t-21)℃$

$0.24(t-21) + \dfrac{150^2 - 90^2}{2} = 0$

$0.24(t-21)\dfrac{\text{kcal}}{\text{kg}} + \dfrac{150^2 - 90^2}{2}\dfrac{\text{J}}{\text{kg}} \times \dfrac{1\text{cal}}{4.184\text{J}}$

$\times \dfrac{1\,\text{kcal}}{1000\,\text{cal}} = 0$

$0.24(t-21) + 1.72 = 0$

∴ 출구 공기 온도(t) $= 13.8℃$

60 다음 중 캐비테이션(cavitation) 현상을 잘못 설명한 것은? 출제율 20%

① 공동화(空洞化) 현상을 뜻한다.
② 펌프 내의 증기압이 낮아져서 액의 일부가 증기화하여 펌프 내에 응축하는 현상이다.
③ 펌프의 성능이 나빠진다.
④ 임펠러 흡입부의 압력이 유체의 증기압보다 높아져 증기는 임펠러의 고압부로 이동하여 갑자기 응축한다.

해설 공동화(cavitation) 현상
㉠ 임펠러 흡입부의 압력이 낮아져 액체 내부에 증기 기포가 발생하는 현상을 말한다.
㉡ 증기 발생 시 부식·소음이 발생한다.

▶▶ 제4과목 | 화공계측제어

61 오버슈트 0.3인 공정의 감쇠비는 얼마인가? 출제율 %

① 0.09 ② 0.19
③ 0.29 ④ 0.39

해설 감쇠비 $= \exp\left(-\dfrac{2\pi\xi}{\sqrt{1-\xi^2}}\right) = (\text{overshoot})^2$

$= 0.3^2 = 0.09$

62 다음 함수의 Laplace 변환은? (단, $u(t)$는 단위계단함수(unit step function)이다.) 출제율 80%

$$f(t) = \frac{1}{h}\{u(t) - u(t-h)\}$$

① $\dfrac{1}{h}\left(\dfrac{1-e^{-h/s}}{s}\right)$ ② $\dfrac{1}{h}\left(\dfrac{1-e^{-hs}}{s}\right)$

③ $\dfrac{1}{h}\left(\dfrac{1+e^{-hs}}{s}\right)$ ④ $\dfrac{1}{h}\left(\dfrac{1+e^{-h/s}}{s}\right)$

해설 $f(t) = \dfrac{1}{h}\{u(t) - u(t-h)\}$
라플라스 변환

$F(s) = \dfrac{1}{h} \cdot \dfrac{1}{s} - \dfrac{1}{h}\dfrac{e^{-hs}}{s}$

$= \dfrac{1}{h}\left(\dfrac{1}{s} - \dfrac{e^{-hs}}{s}\right)$

$= \dfrac{1}{h}\left(\dfrac{1-e^{-hs}}{s}\right)$

63 다음 그림과 같은 계에서 전달함수 $\dfrac{B}{U_2}$로 옳은 것은? 출제율 80%

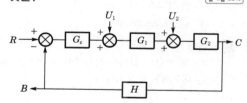

① $\dfrac{B}{U_2} = \dfrac{G_cG_1}{1+G_cG_1G_2H}$

② $\dfrac{B}{U_2} = \dfrac{G_1G_2}{1+G_cG_1G_2H}$

③ $\dfrac{B}{U_2} = \dfrac{G_2H}{1+G_cG_1G_2H}$

④ $\dfrac{B}{U_2} = \dfrac{G_cG_1G_2H}{1+G_cG_1G_2H}$

해설 $\dfrac{B}{U_2} = \dfrac{\text{직진(직렬)}}{1+\text{feedback}} = \dfrac{G_2H}{1+G_cG_1G_2H}$

64 공정유체 10m³를 담고 있는 완전혼합이 일어나는 탱크에 성분 A를 포함한 공정유체가 1m³/hr로 유입되며 또한 동일한 유량으로 배출되고 있다. 공정유체와 함께 유입되는 성분 A의 농도가 1시간을 주기로 평균치를 중심으로 진폭 0.3mol/L로 진동하며 변한다고 할 때 배출되는 A의 농도변화의 진폭은 약 몇 mol/L인가? 〔출제율 20%〕

① 0.5 　　　　② 0.05
③ 0.005 　　　④ 0.0005

해설 교반 공정의 $G(s) = \dfrac{1}{\tau s + 1} \rightarrow K = 1$

$V = 10\,\mathrm{m}^3,\ \nu_0 = 1\,\mathrm{m}^3/\mathrm{h} \rightarrow \tau = \dfrac{V}{\nu_0} = 10\,\mathrm{hr}$

입력함수 $x(t) = A\sin\omega t,\ x(s) = \dfrac{A\omega}{s^2 + \omega^2}$

$A = 0.3\,\mathrm{mol/L},\ T = \dfrac{2\pi}{\omega} = 1\,\mathrm{hr} \rightarrow \omega = 2\pi$

1차 공정의 진동응답

$G(s) = \dfrac{K}{\tau s + 1},\ X(s) = \dfrac{A\omega}{s^2 + \omega^2}$

$t \rightarrow \infty,\ y(t) = \dfrac{KA}{\sqrt{\tau^2\omega^2 + 1}}\sin(\omega t + \phi)$ 이고

진폭 $\mathrm{AR} = \dfrac{KA}{\sqrt{\tau^2\omega^2 + 1}}$

$\quad = \dfrac{1 \times 0.3}{\sqrt{10^2 \cdot (2\pi)^2 + 1}}$

$\quad = 4.8 \times 10^{-3}$

$\quad \fallingdotseq 0.005\,\mathrm{mol/L}$

65 다음 함수를 Laplace 변환할 때 올바른 것은 어느 것인가?

$$\dfrac{d^2 X}{dt^2} + 3\dfrac{dX}{dt} + 2X = 2,\ X(0) - X'(0) = 0$$

① $\dfrac{2}{s(s^2 + 2s + 2)}$

② $\dfrac{2}{s(s^2 + 3s + 1)}$

③ $\dfrac{2}{s(s^2 + 3s + 3)}$

④ $\dfrac{2}{s(s^2 + 3s + 2)}$

해설 미분식의 라플라스 변환

$s^2 X(s) + 2s X(s) + 2X(s) = \dfrac{2}{s}$

$(s^2 + 3s + 2)X(s) = \dfrac{2}{s}$

$X(s) = \dfrac{2}{s(s^2 + 3s + 2)}$

66 다음과 같은 특성식(characteristic equation)을 갖는 계가 있다면 이 계는 Routh 시험법에 의하여 다음의 어느 경우에 해당하는가? 〔출제율 80%〕

$$s^4 + 3s^3 + 5s^2 + 4s + 2 = 0$$

① 안정(stable)하다.
② 불안정(unstable)하다.
③ 모든 근(root)이 허수축의 우측 반면에 존재한다.
④ 감쇠진동을 일으킨다.

해설 Routh 안정성

	1	2	3
1	1	5	2
2	3	4	
3	$\dfrac{3 \times 5 - 1 \times 4}{3}$ $= 3.67$	$\dfrac{3 \times 2 - 1 \times 0}{3}$ $= 2$	
4	$\dfrac{3.67 \times 4 - 3 \times 2}{3.67} = 2.36$		

Routh 배열상 첫 번째 열이 모두 양이므로 안정하다.

67 전달함수가 다음과 같이 주어진 계가 역응답 (inverse response)을 갖기 위한 τ값으로 옳은 것은? 〔출제율 40%〕

$$G(s) = \dfrac{4}{2s + 1} - \dfrac{1}{\tau s + 1}$$

① $\tau < 2$ 　　　② $\tau > 2$
③ $\tau > \dfrac{1}{2}$ 　　④ $\tau < \dfrac{1}{2}$

해설 역응답 : $\tau < 0$

$G(s) = \dfrac{4(\tau s + 1) - (2s + 1)}{(2s + 1)(\tau s + 1)} = \dfrac{(4\tau - 2)s + 3}{(2s + 1)(\tau s + 1)}$

$4\tau - 2 < 0 \quad \therefore \tau < \dfrac{1}{2}$

68 공정 $G(s) = \dfrac{\exp(-\theta s)}{s+1}$ 을 위하여 PI 제어기 $C(s) = 5\left(1+\dfrac{1}{s}\right)$ 를 설치하였다. 이 폐루프가 안정성을 유지하는 불감시간(dead time) θ의 범위는? [출제율 40%]

① $0 \le \theta < 0.314$ ② $0 \le \theta < 3.14$

③ $0 \le \theta < 0.141$ ④ $0 \le \theta < 1.41$

해설 Bode 안정성 판별법

위상각이 $-180°$ 일 때 진폭비 AR이 1보다 작으면 안정

$$G(s) \cdot C(s) = \frac{5}{s} \cdot e^{-\theta s}$$

$$G(j\omega) \cdot C(j\omega) = \frac{5}{j\omega} \cdot e^{-\theta j\omega}$$

$$= \frac{5}{\omega}\sin(-\theta\omega) - \frac{5}{\omega}\cos(-\theta\omega)j$$

$$\tan(-180) = 0 \;\rightarrow\; \theta < \frac{\pi}{10}$$

$$\theta < \frac{3.14}{10}, \quad \theta < 0.314$$

보충 Tip

다른 풀이

$$G(s) \cdot C(s) = \frac{5}{s} \cdot e^{-\theta s}, \quad \frac{5}{s} = \frac{5}{i\omega} = \frac{-5i}{\omega}$$

진폭비는 $\dfrac{5}{\omega}$이고 1보다 작으므로 $\omega > 5$, $\dfrac{5}{s}$의 위상각은 $\tan(\phi_1) = -\infty$, $\phi_1 = -\dfrac{\pi}{2}$

$$\theta = \frac{\pi}{2\omega}, \quad \omega > 5$$이면 $$\theta < \frac{\pi}{10}$$

69 다음의 공정과 제어기를 고려할 때 정상상태 (steady state)에서 $\displaystyle\int_0^t (1-y(\tau))d\tau$ 값은 얼마인가? [출제율 20%]

- 제어기

$$u(t) = 1.0(1.0 - y(t)) + \frac{1.0}{2.0}\int_0^t (1 - y(\tau))d\tau$$

- 공정

$$\frac{d^2 y(t)}{dt^2} + 2\frac{dy(t)}{dt} + y(t) = u(t-0.1)$$

① 1   ② 2

③ 3   ④ 4

해설

$$U(s) = \frac{1}{s} - Y(s) + \frac{1}{2s^2} - \frac{Y(s)}{2s}$$

$$= \frac{1}{s} - Y(s) + \frac{1}{2}\mathcal{L}(1-Y(\tau))$$

공정 $\rightarrow s^2 Y(s) + 2s Y(s) + Y(s) = U(s) \cdot e^{-0.1s}$

정리하면

$$s^2 Y(s) \cdot e^{0.1s} + 2s Y(s) \cdot e^{-0.1s} + Y(s) \cdot e^{-0.1s} = U(s)$$

$$\frac{1}{s} - Y(s) + \frac{1}{2}\mathcal{L}(1-Y(\tau))$$

$$= (s^2 e^{0.1s} + 2s e^{0.1s} + e^{0.1s})Y(s)$$

$$\frac{1}{2}\mathcal{L}(1-Y(\tau))$$

$$= (s^2 e^{0.1s} + 2s e^{0.1s} + e^{0.1s} + 1)Y(s) - \frac{1}{s}$$

$$\mathcal{L}(1-Y(\tau))$$

$$= 2(s^2 e^{0.1s} + 2s e^{0.1s} + e^{0.1s} + 1)Y(s) - \frac{2}{s}$$

$$\lim_{t\to\infty} y(t) = \lim_{s\to 0} s\mathcal{L}(1-Y(\tau)) = 1 \times (4-2) = 2$$

보충 Tip

$$\lim_{s\to 0} s Y(s) = \lim_{s\to 0} \frac{se^{-0.1s} + \frac{1}{2}e^{-0.1s}}{s^3 + 2s^2 + s + se^{-0.1s} + \frac{1}{2}e^{0.1s}} = 1$$

70 $Y(s) = \dfrac{1}{s^2(s+1)}$ 일 때 $y(t)$, $t \ge 0$의 값은?

① $e^{-t} + 1$ ② $e^{-t} + t - 1$

③ $e^{-t} + t + 1$ ④ $e^{-t} - 1$

해설

$$\frac{1}{s^2(s+1)} = \frac{1}{s^2} - \frac{1}{s} + \frac{1}{s+1}$$

$$y(t) = t - 1 + e^{-t}$$

71 정상상태에서의 x와 y의 값을 각각 0, 2라 할 때 함수 $f(x, y) = e^x + y^2 - 5$ 를 주어진 정상상태에서 선형화하면? [출제율 40%]

① $x + 4y - 8$ ② $x + 4y - 5$

③ $x + 2y - 8$ ④ $x + 2y - 5$

해설 Taylor 정리

$$f(x,y) \simeq (e^x + y_s^2 - 5) + e^x(x - x_x) + 2y_s(y - y_2)$$

$$x_s = 0, \; y_s = 2$$

$$f(x,y) \simeq 1 + 4 - 5 + x + 4y - 8$$

$$= x + 4y - 8$$

72 다음 Block diagram(블록선도)에서 C/R을 옳게 나타낸 것은?　출제율 80%

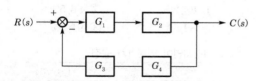

① $\dfrac{G_1 + G_2}{1 + G_1 G_2 G_3 G_4}$　② $\dfrac{G_3 + G_4}{1 + G_1 G_2 G_3 G_4}$

③ $\dfrac{G_1 + G_2}{1 + G_1 G_2 + G_3 G_4}$　④ $\dfrac{G_1 G_2}{1 + G_1 G_2 G_3 G_4}$

해설 $\dfrac{C}{R} = \dfrac{직진}{1 + \text{feedback}} = \dfrac{G_1 G_2}{1 + G_1 G_2 G_3 G_4}$

73 다음 중 공정제어의 일반적인 기능에 관한 설명으로 가장 거리가 먼 것은?　출제율 20%

① 외란의 영향을 극복하며 공정을 원하는 상태에 유지시킨다.
② 불안정한 공정을 안정화시킨다.
③ 공정의 최적 운전조건을 스스로 찾아 준다.
④ 공정의 시운전 시 짧은 시간 안에 원하는 운전상태에 도달할 수 있도록 한다.

해설 공정의 최적운전조건은 조작자가 찾는다.

74 다음 중 주파수 응답을 이용한 3차계의 안정성을 판정하기 위한 이득여유에 관한 설명으로 옳은 것은?　출제율 20%

① 계가 안정하기 위해서는 Bode 선도 중 위상각이 $-180°$일 때의 진폭비가 1보다 작아야 하므로 이득여유는 1에서 이때 진폭비를 뺀 값이 된다.
② 계가 안정하기 위해서는 Bode 선도 중 위상각이 $-180°$일 때의 진폭비가 1보다 작아야 하지만 로그좌표를 사용하므로 이득여유는 이때 진폭비의 역수가 된다.
③ 계가 안정하기 위해서는 Bode 선도 중 위상각이 $-180°$일 때의 진폭비가 1보다 커야 하므로 이득여유는 이때의 진폭비에서 1을 뺀 값이 된다.

④ 계가 안정하기 위해서는 Bode 선도 중 위상각이 $-180°$일 때의 진폭비가 1보다 커야 하지만 로그좌표를 사용하므로 이득여유는 이때 진폭비가 된다.

해설 Bode 안정성 판정
계가 안정하기 위해서는 개루프 전달함수의 위상각이 $-180°$일 때 진폭비가 1보다 작아야 하고, 이때 이득여유는 진폭비의 역수이다.

75 다음 중 열전대(thermocouple)와 관계있는 효과는?　출제율 20%

① Thomson–Peltier 효과
② Piezo–electric 효과
③ Joule–Thomson 효과
④ van der Waals 효과

해설 열전 효과
㉠ 제베크 효과
㉡ 펠티에 효과
㉢ 톰슨 효과

76 시간지연(delay)이 포함되고 공정이득이 1인 1차 공정에 비례제어기가 연결되어 있다. 임계주파수에서의 각속도 ω의 값이 0.5rad/min일 때 이득여유가 1.7이 되려면 비례제어상수(K_c)는? (단, 시상수는 2분이다.)　출제율 40%

① 0.83
② 1.41
③ 1.70
④ 2.0

해설 $G(s) = \dfrac{k}{\tau s + 1} e^{-\theta s}$

$Y(s) = \dfrac{1}{2s + 1} e^{-\theta s} K_c$

$\text{AR} = \dfrac{K_c}{\sqrt{\tau^2 \omega^2 + 1}}$

$\omega = 0.5\,\text{rad/min}$

이득여유 $\dfrac{1}{\text{AR}} = 1.7$

$\text{AR} = 0.59$

$0.59 = \dfrac{K_c}{\sqrt{2^2 \times 0.5^2 + 1}}$

$\therefore\ K_c = 0.59 \times \sqrt{2} = 0.83$

77 제어밸브 입·출구 사이의 불평형 압력(un-balanced force)에 의하여 나타나는 밸브 위치의 오차, 히스테리시스 등이 문제가 될 때 이를 감소시키기 위하여 사용되는 방법으로 가장 거리가 먼 것은? [출제율 20%]

① C_v가 큰 제어밸브를 사용한다.

② 면적이 넓은 공압구동기(pneumatic actuator)를 사용한다.

③ 밸브 포지셔너(positioner)를 제어밸브와 함께 사용한다.

④ 복좌형(double seated) 밸브를 사용한다.

해설 C_v (밸브계수)

㉠ 제어밸브의 크기와 형태를 결정하는 요소이며, 유체의 특성을 나타낸다.

㉡ 밸브계수 C_v는 1psi의 압력차에서 밸브를 완전히 열었을 때 흐르는 물의 유량이며, 제어밸브 입·출구 사이의 불평형 압력에 의해 나타나는 밸브 위치의 오차 히스테리시스 등의 문제가 발생할 때 C_v가 작은 제어밸브를 사용한다.

78 1차계에 사인파 함수가 입력될 때 위상지연(phase lag)은 주파수가 증가함에 따라서 어떻게 변하는가? [출제율 20%]

① 증가한다.

② 감소한다.

③ 무관하다.

④ $1/\sqrt{\tau^2\omega^2 + 1}$ 만큼 늦어진다.

해설 $\phi = \tan(-\tau\omega)$

여기서, ϕ : 위상지연

ω : 주파수

즉, 주파수가 증가할수록 위상지연도 증가한다.

79 안정한 1차계의 계단응답에서 시간이 시정수의 2배가 되면 응답은 최대값의 몇 %에 도달되는가?

① 83.2% ② 86.5%

③ 89.5% ④ 91.2%

해설 시간지연이 있는 1차 공정

t	$Y(s)/KA$
0	0(0%)
τ	0.632(63.2%)
2τ	0.865(86.5%)
3τ	0.950(95%)

80 다음 중 폐회로 응답에서 PD제어보다는 Overshoot이 크지만 다른 양식보다는 작고, 잔류편차가 완전히 제거되는 제어 양식은? [출제율 40%]

① P방식제어 ② PI방식제어

③ PID방식제어 ④ I방식제어

해설 PID제어기

㉠ PID형은 offset을 없애주고, reset 시간도 단축시켜 주므로 가장 이상적인 제어방법이다.

㉡ 적분제어가 추가되어 overshoot(응답이 정상값을 초과하는 정도)이 증가한다.

㉢ 가장 널리 사용된다.

㉣ 진동이 제거되어야 한다면 PID제어기를 선택한다.

제1과목 | 공업합성

01 아세트알데히드의 제조방법으로 가장 거리가 먼 것은? 출제율 20%

① 아세틸렌+물
② 에탄올+산소
③ 에틸렌+산소
④ 메탄올+초산

해설 아세트알데히드 제조방법
㉠ 아세틸렌+물
㉡ 에탄올+산소
㉢ 에틸렌+산소

02 파장이 90nm인 빛의 주파수는? 출제율 20%

① $\frac{1}{3} \times 10^{14} Hz$
② $\frac{1}{3} \times 10^{15} Hz$
③ $\frac{1}{3} \times 10^{16} Hz$
④ $\frac{1}{3} \times 10^{17} Hz$

해설 파장 $=900nm$
빛의 속력 $V = \lambda(파장) \times f(주파수)$
(빛의 속력 $= 3 \times 10^8 m/s$)
$3 \times 10^8 m/s = 900nm \times f = 900 \times 10^{-9} m \times f$
$\therefore$ 주파수 $f = \frac{3 \times 10^8}{9 \times 10^{-7}} = \frac{1}{3} \times 10^{15} Hz$

03 염산 제조에 있어서 단위시간에 흡수되는 HCl 가스량(G)을 나타낸 식으로 옳은 것은 어느 것인가? (단, K : HCl가스 흡수계수, A : 기상 – 액상의 접촉면적, ΔP : 기상 – 액상과의 HCl 분압차이다.) 출제율 20%

① $G = K^2 A$
② $G = K\Delta P$
③ $G = \frac{K}{A}\Delta P$
④ $G = KA\Delta P$

해설 흡수속도 $= \frac{d\omega}{d\theta} = KA\Delta P$

여기서, $\frac{d\omega}{d\theta}$: 단위시간에 흡수되는 HCl가스의 무게
K : HCl가스의 흡수계수
A : HCl가스와 흡수액 사이의 접촉면적
ΔP : 기상과 액상 간 HCl가스의 분압차

04 순도가 80%인 아염소산나트륨의 유효염소는 몇 %인가? 출제율 20%

① 105
② 115
③ 125
④ 135

해설 $NaClO_2 + 4HCl \rightarrow NaCl + 2H_2O + 4Cl$
(아염소산나트륨 : $NaClO_2$)
유효염소 $= \frac{4 \times Cl \text{ 이온 분자량}}{원하는 \text{ 물질 분자량}} \times 100\%$
$= \frac{4 \times 35.3}{(23 + 35.5 + 16 \times 2) \div 0.8(순도)} \times 100\%$
$= \frac{141.2}{113.125} \times 100\%$
$= 124.8\% = 125\%$

05 소금의 전기분해 공정에 있어 전해액은 양극에 도입되어 격막을 통해 음극으로 흐른다. 격막법 전해조의 양극 재료로서 구비하여야 할 조건 중 옳지 않은 것은? 출제율 40%

① 내식성이 우수하여야 한다.
② 염소 과전압이 높고 산소 과전압이 낮아야 한다.
③ 재료의 순도가 높은 것이 좋다.
④ 인조흑연을 사용하지만 금속전극도 사용할 수 있다.

해설 • 양극
염소 과전압이 적고 경제적인 흑연이 사용된다.
• 음극
수소 과전압이 낮은 철망, 다공철판 등이 이용된다.

06 어떤 유지 2g 속에 들어 있는 유리지방산을 중화시키는 데 KOH가 200mg 사용되었다. 이 시료의 산가(acid value)는? 출제율 20%

① 0.1
② 1
③ 10
④ 100

해설 유지 1g 속에 들어 있는 유리지방산 중화에 필요한 것으로 2g을 중화시키는 데 200mg이 사용되었으므로 1g을 중화시키는 데에는 100mg이 필요하다.

07 석유화학에서 방향족 탄화수소의 정제방법 중 용제 추출법에 있어서 추출용제가 갖추어야 할 요건으로 옳은 것은? 출제율 40%

① 방향족 탄화수소에 대한 용해도가 낮을 것
② 추출용제와 원료유의 비중차가 작을 것
③ 추출용제와 방향족 탄화수소의 선택성이 높을 것
④ 추출용제와 추출해야 할 방향족 탄화수소의 비점차가 작을 것

해설 추출용제의 조건
㉠ 방향족 탄화수소에 대한 용해도가 클 것
㉡ 추출용제와 원료유의 비중차가 클 것
㉢ 선택도가 높아야 하고, 열과 화학적으로 안정할 것
㉣ 추출용제와 추출해야 할 방향족 탄화수소의 비점차가 클 것

08 페놀수지에 대한 설명 중 틀린 것은? 출제율 80%

① 열가소성 수지이다.
② 우수한 기계적 성질을 갖는다.
③ 전기적 절연성, 내약품성이 강하다.
④ 알칼리에 약한 결점이 있다.

해설 페놀수지
㉠ 열경화성 수지이다.
㉡ 페놀+포름알데히드
㉢ 염기촉매 축합 생성물은 레졸, 산촉매 하에서는 노볼락을 생성물로 얻는다.
㉣ 우수한 기계적 성질을 가지며, 전기적 절연성, 내약품성이 강하다.
㉤ 알칼리에 약한 결점이 있다.

09 아미노기는 물에서 이온화된다. 아미노기가 중성의 물에서 이온화되는 정도는? (단, 아미노기의 K_b 값은 10^{-5}이다.) 출제율 20%

① 90%   ② 95%
③ 99%   ④ 100%

해설 pOH가 7로 유지되는 완충용액의 $OH^- = 10^{-7}$이며, 아민의 K_b가 10^{-5}이면 다음과 같다.

$OH^- \times NH_3^+ / NH_2 = 10^{-5}$

$NH_3^+ / NH_2 = 100$이므로

이온화 정도 $= \dfrac{100}{100+1} =$ 약 99%

10 소금의 전기분해에 의한 가성소다 제조공정 중 격막식 전해조의 전력원 단위를 향상시키기 위한 조치로서 옳지 않은 것은? 출제율 20%

① 공급하는 소금물을 양극액 온도와 같게 예열하여 공급한다.
② 동판 등 전해조 자체의 재료의 저항을 감소시킨다.
③ 전해조를 보온한다.
④ 공급하는 소금물의 망초(Na_2SO_4)의 함량을 2% 이상 유지한다.

해설 $NaCl + H_2O \xrightarrow{\text{전기분해}} 2Na^+ + OH^- + Cl_2 + H_2$

공급하는 소금물의 망초(Na_2SO_4) 함량이 적을수록 좋다.

11 연실법 Glover 탑의 질산환원공정에서 35wt% HNO_3 20kg으로부터 NO를 약 몇 kg 얻을 수 있는가? 출제율 40%

① 2.3   ② 3.3
③ 4.3   ④ 5.3

해설 $HNO_3 : NO$
$63kg : 30$
$20 \times 0.35 : x$
$NO(x) = 3.3kg$

12 산과 알코올이 어떤 반응을 일으켜 에스테르가 생성되는가? 출제율 40%

① 검화   ② 환원
③ 축합   ④ 중화

해설 • 축합중합체(축합반응에 의해 생성)
폴리에스테르, 나일론 6.6, 페놀수지, 요소수지
• $R-COOH + R'-OH$
$\xrightleftharpoons[\text{가수분해}]{\text{에스테르화}} R-COO-R' + H_2O$

13 전지 $Cu \mid CuSO_4(0.05M)$, $HgSO_4(s) \mid Hg$의 기전력은 25℃에서 약 0.418V이다. 이 전지의 자유에너지 변화는? 출제율 20%

① $-9.65kcal$ ② $-19.3kcal$
③ $-96kcal$ ④ $-193kcal$

해설 부식의 구동력 이용

$\Delta G = -nFE$

$= -2\,mol \times 9648\,C/mol \times 0.418\,J/s \times \dfrac{1\,cal}{4.184\,J}$

$= -19278\,cal \times kcal/1000cal$

$= -19.28\,kcal$

14 다음 고분자 중 T_g(glass transition temperature)가 가장 높은 것은? <small>출제율 40%</small>

① Polycarbonate
② Polystyrene
③ Polyvinyl chloride
④ Polyisoprene

해설 유리전이온도(T_g)

㉠ 용융된 중합체 냉각 시 고체상에서 액체상으로 상변화를 거치기 전에 변화를 보이는 시점의 온도를 말하며, 폴리카보네이트 T_g는 약 240℃이다.
㉡ T_g가 높은 순서 : ① > ② > ③ > ④

15 다음 중 반도체에 대한 일반적인 설명으로 옳은 것은? <small>출제율 20%</small>

① 진성 반도체의 경우 온도가 증가함에 따라 전기전도도가 감소한다.
② P형 반도체는 Si에 V족 원소가 첨가된 것이다.
③ 불순물 원소를 첨가함에 따라 저항이 감소한다.
④ LED(Light Emitting Diode)는 N형 반도체만을 이용한 전자소자이다.

해설 불순물 반도체

실리콘 결정에 미량의 불순물을 첨가하여 반도체 성질을 부여한 것으로, 불순물을 첨가하면 저항이 감소한다.
① 진성 반도체의 경우 온도가 감소함에 따라 전기전도도가 감소한다.
③ P형 반도체는 Ge, Si 등의 결정 중에 B, Ga과 같은 원자가 3가인 원소가 첨가된 것이다.
④ LED는 다이오드와 유사한 PN반도체를 접합한 구조로 되어 있다.

16 1기압에서의 HCl, HNO₃, H₂O의 Ternary plot과 공비점 및 용액 A와 B가 아래와 같을 때 틀린 설명은? <small>출제율 20%</small>

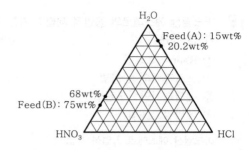

① 황산을 이용하여 A 용액을 20.2wt% 이상으로 농축할 수 있다.
② 황산을 이용하여 B 용액을 75wt% 이상으로 농축할 수 있다.
③ A 용액을 가열 시 최고 20.2wt%로 농축할 수 있다.
④ B 용액을 가열 시 최고 80wt%까지 농축할 수 있다.

해설 • 황산과의 반응이 의미 없다(A 용액).
• 68% 이상의 질산을 얻으려면 황산을 탈수제로 공비점을 소멸하여 얻을 수 있다.

17 다음 중 에폭시수지의 합성과 관련이 없는 물질은 어느 것인가? <small>출제율 40%</small>

① Melamine
② Bisphenol A
③ Epichlorohydrin
④ Toluene diisocyanate

해설 • 에폭시수지
열경화성 수지 중 하나로, 비스페놀 A와 에피클로로히드린을 이용하여 만든다.
• 멜라민
에폭시수지와 같은 열경화성 수지의 한 종류이다.

18 다음 중 환경친화적인 생분해성 고분자가 아닌 것은? <small>출제율 20%</small>

① 지방족 폴리에스테르
② 폴리카프로락톤
③ 폴리이소프렌
④ 전분

해설 폴리이소프렌(=합성천연고무)
기계적 특성과 내마모성이 우수하며, 생분해가 안 된다.
※ 생분해성 고분자 : 이용 후 화학적 분해 가능
(지방족 폴리에스테르, 폴리카프로락톤, 전분 등)

19 아크릴산 에스테르의 공업적 제법과 가장 거리가 먼 것은? 출제율 40%

① Reppe 고압법
② 프로필렌의 산화법
③ 에틸렌시안히드린법
④ 에틸알코올법

해설 아크릴산 에스테르 공업적 제법
㉠ Reppe 고압법
㉡ 프로필렌의 산화법
㉢ 에틸렌시안히드린법

20 분자량 1.0×10^4 g/mol인 고분자 100g과 분자량 2.5×10^4 g/mol인 고분자 50g, 그리고 분자량 1.0×10^5 g/mol인 고분자 50g이 혼합되어 있다. 이 고분자물질의 수평균분자량(g/mol)은? 출제율 40%

① 16000
② 28500
③ 36250
④ 57000

해설 수평균분자량 $= \dfrac{W}{\sum N_i} = \dfrac{\sum M_i N_i}{\sum N_i}$

$$= \dfrac{200\,g}{\dfrac{100\,g}{1 \times 10^4\,g/mol} + \dfrac{50\,g}{2.5 \times 10^4\,g/mol} + \dfrac{50\,g}{1 \times 10^5\,g/mol}}$$

$= 16000\,g/mol$

▶▶ 제2과목 ┃ 반응운전

21 과잉특성과 혼합에 의한 특성치의 변화를 나타낸 상관식으로 옳지 않은 것은? (단, H : 엔탈피, V : 용적, M : 열역학특성치, id : 이상용액이다.) 출제율 60%

① $H^E = \Delta H$
② $V^E = \Delta V$
③ $M^E = M - M^{id}$
④ $\Delta M^E = \Delta M$

해설 과잉물성의 표현
① $H^E = H - \sum_i x_i H_i = \Delta H$
② $V^E = V - \sum_i x_i V_i = \Delta V$
③ $M^E = M - M^{id}$
④ $\Delta M = M - \sum_i x_i M_i$

22 어떤 연료의 발열량이 10000kcal/kg일 때 이 연료 1kg이 연소하여 40%가 유용한 일로 바뀔 수 있다면, 1000kg의 무게를 들어올릴 수 있는 높이(m)는 약 얼마인가? 출제율 20%

① 1.71
② 1.72
③ 1.73
④ 1.74

해설 위치에너지, 열량을 일로 전환
$1kg \times 10000 kcal/kg \times 0.4 \times \dfrac{1000 cal}{1 kcal} \times \dfrac{4.184 J}{1 cal}$

$= 16736000 J$
위치에너지 $E_P = mgh$
$16736000 = 1000 kg \times 9.8 m/s^2 \times h$
$\therefore\ h = 1708 m = 1.71 m$

23 열역학에 관한 설명으로 옳은 것은? 출제율 30%

① 일정가역과정은 깁스(Gibbs) 에너지를 증가시키는 한 압력과 온도에서 일어나는 모든 방향으로 진행한다.
② 공비물의 공비 조성에서는 끓는 액체에서 같은 조성을 갖는 기체가 만들어지며, 액체의 조성은 증발하면서도 변화하지 않는다.
③ 압력이 일정한 단일상의 PVT 계에서 $\Delta H = \int_{T_1}^{T_2} C_v dT$ 이다.
④ 화학반응이 일어나면 생성물의 에너지는 구성원자들의 물리적 배열의 차이에만 의존하여 변한다.

해설 평형
㉠ 일정가역과정은 깁스(Gibbs) 에너지를 감소시키는 방향으로 진행한다.
㉡ 압력이 일정한 단일상의 PVT 계에서 $\Delta H = Q = \int_{T_1}^{T_2} C_P dT$ 이다.
㉢ 화학반응이 일어나면 생성물의 에너지는 구성원자들의 물리적 배열의 차이에만 의존하여 변하지 않는다.

24 다음 중 다성분 상평형에 대한 설명으로 옳지 않은 것은? 출제율 20%

① 각 성분의 화학퍼텐셜이 모든 상에서 같다.
② 각 성분의 퓨가시티가 모든 상에서 동일하다.
③ 시간에 따라 열역학적 특성이 변하지 않는다.
④ 엔트로피가 최소이다.

해설 • 상평형
ⓒ 각 상의 온도, 압력이 같고, 각 성분의 화학퍼텐셜이 모든 상에서 같아야 한다.
ⓒ 각 성분의 퓨가시티가 모든 상에서 동일하다.
ⓒ 평형이란 어떤 물질이 시간에 따라 변하지 않는 것을 말한다.
• 엔트로피
자발적 변화는 비가역 변화이며, 엔트로피는 증가하는 방향으로 진행한다.

25 반 데르 발스(van der Waals) 식에 맞는 실제 기체를 등온가역 팽창시켰을 때 행한 일(work)의 크기는? (단, $P = \dfrac{RT}{V-b} - \dfrac{a}{V^2}$ 이며, V_1은 초기부피, V_2는 최종부피이다.) 출제율 60%

① $W = RT \ln \dfrac{V_2 - b}{V_1 - b} - a\left(\dfrac{1}{V_1} - \dfrac{1}{V_2}\right)$

② $W = RT \ln \dfrac{P_2 - b}{P_1 - b} - a\left(\dfrac{1}{P_1} - \dfrac{1}{P_2}\right)$

③ $W = RT \ln \dfrac{V_2 - a}{V_1 - a} - b\left(\dfrac{1}{V_1} - \dfrac{1}{V_2}\right)$

④ $W = RT \ln \dfrac{V_2 - b}{V_1 - b} - a\left(\dfrac{1}{V_2} - \dfrac{1}{V_1}\right)$

해설
$$W = \int_{V_1}^{V_2} P dV$$
$$= \int_{V_1}^{V_2} \left(\dfrac{RT}{V-b} - \dfrac{a}{V^2}\right) dV$$
$$= RT \ln \dfrac{V_2 - b}{V_1 - b} + \dfrac{a}{V_2} - \dfrac{a}{V_1}$$
$$= RT \ln \dfrac{V_2 - b}{V_1 - b} - a\left(\dfrac{1}{V_1} - \dfrac{1}{V_2}\right)$$

26 기체 1mol이 0℃, 1atm에서 10atm으로 가역압축되었다. 압축 공정 중 압축 후의 온도가 높은 순으로 배열된 것은? (단, 이 기체는 단원자 분자이며, 이상기체로 가정한다.) 출제율 40%

① 등온>정용>단열
② 정용>단열>등온
③ 단열>정용>등온
④ 단열=정용>등온

해설 • 등온공정은 온도가 일정하므로 가역압축 시 온도가 일정하다.
• 단열공정은 계와 주위의 사이 열 이동이 없고,
$$\dfrac{T_2}{T_1} = \left(\dfrac{P_2}{P_1}\right)^{\frac{\gamma-1}{\gamma}} \text{이다.}$$
• 정적과정에서 $\Delta U = C_V \Delta T$인 내부에너지는 온도만의 함수이다. 따라서 '정용>단열>등온'이다.

27 공기가 10Pa, 100m³에서 일정압력 조건에서 냉각된 후 일정부피 하에서 가열되어 30Pa, 50m³가 되었다. 이 공정이 가역적이라고 할 때 계에 공급된 일의 양은 얼마인가? 출제율 40%

① 100J
② 500J
③ 1000J
④ 2000J

해설
$$W = \int P dv = P \times \Delta V$$
$$= 10\text{Pa} \times 50\text{m}^3 = 500\text{Pa} \cdot \text{m}^3$$
$$= 500\text{N/m}^2 \cdot \text{m}^3 = 500\text{N} \cdot \text{m} = 500\text{J}$$
※ $\text{Pa} = \text{N/m}^2$, $\text{J} = \text{N} \cdot \text{m}$

28 다음 중 이상기체의 줄-톰슨 계수(Joule-Thomson coefficient)의 값은? 출제율 40%

① 0
② 0.5
③ 1
④ ∞

해설 이상기체의 줄-톰슨 계수
$$\mu = \left(\dfrac{\partial T}{\partial P}\right)_H = \dfrac{T\left(\dfrac{\partial V}{\partial T}\right)_P - V}{C_P}$$
이상기체의 경우 $T\left(\dfrac{\partial V}{\partial T}\right) = \dfrac{RT}{P} = V$
줄-톰슨 계수는 0이다($\mu = 0$).

29 다음 중 맥스웰(Maxwell)의 관계식으로 틀린 것은 어느 것인가? 출제율 80%

① $\left(\dfrac{\partial T}{\partial V}\right)_S = -\left(\dfrac{\partial P}{\partial S}\right)_V$

② $\left(\dfrac{\partial T}{\partial P}\right)_S = -\left(\dfrac{\partial P}{\partial S}\right)_V$

③ $\left(\dfrac{\partial S}{\partial V}\right)_T = \left(\dfrac{\partial P}{\partial T}\right)_V$

④ $-\left(\dfrac{\partial S}{\partial P}\right)_T = \left(\dfrac{\partial V}{\partial T}\right)_P$

25.① 26.② 27.② 28.① 29.②

해설 맥스웰(Maxwell) 관계식

① $\left(\dfrac{\partial T}{\partial V}\right)_S = -\left(\dfrac{\partial P}{\partial S}\right)_V$

② $\left(\dfrac{\partial T}{\partial P}\right)_S = \left(\dfrac{\partial V}{\partial S}\right)_P$

③ $\left(\dfrac{\partial S}{\partial V}\right)_T = \left(\dfrac{\partial P}{\partial T}\right)_V$

④ $-\left(\dfrac{\partial S}{\partial P}\right)_T = \left(\dfrac{\partial V}{\partial T}\right)_P$

30 압축인자(compressibility factor)인 Z를 표현하는 비리얼 전개(virial expansion)는 다음과 같다. 이에 대한 설명으로 옳지 않은 것은? (단, B, C, D 등은 비리얼 계수이다.) 출제율 20%

$$Z = \frac{PV}{RT} = 1 + \frac{B}{V} + \frac{C}{V^2} + \frac{D}{V^3} + \cdots$$

① 비리얼 계수들은 실제기체의 분자 상호간의 작용때문에 나타나는 것이다.

② 비리얼 계수들은 주어진 기체에서 온도 및 압력에 관계없이 일정한 값을 나타낸다.

③ 이상기체의 경우 압축인자의 값은 항상 1이다.

④ $\dfrac{B}{V}$ 항은 $\dfrac{C}{V^2}$ 항에 비해 언제나 값이 크다.

해설 실제기체의 비리얼 방정식

㉠ B, C, D 는 비리얼 계수로 온도만의 함수이다.

㉡ 비리얼 계수는 실제기체의 상호영향을 고려한다.

㉢ 이상기체의 압축인자 Z 는 1이다.

㉣ 제1비리얼계수부터 차수가 증가할수록 기여도가 적다.

31 다음 중 미분법에 의한 미분속도 해석법이 아닌 것은? 출제율 20%

① 도식적 방법

② 수치해석법

③ 다항식 맞춤법

④ 반감기법

해설 반감기법, 최소자승법은 미분법, 적분법이 정확하지 않을 경우 생성물의 농도가 거의 0에 가까울 때 사용된다.

32 정압반응에서 처음에 80%의 A를 포함하는(나머지 20%는 불활성 물질) 반응혼합물의 부피가 2min에 20% 감소한다면, 기체반응 $2A \rightarrow R$ 에서 A의 소모에 대한 1차 반응속도상수는 약 얼마인가? 출제율 60%

① 0.147min^{-1}

② 0.247min^{-1}

③ 0.347min^{-1}

④ 0.447min^{-1}

해설 $\varepsilon_A = y_{A0} \cdot \delta = 0.8 \times \dfrac{1-2}{2} = -0.4$

$2A \rightarrow R$

$V = V_0(1 + \varepsilon_A X_A)$

2min, 20% 감소

$80 = 100(1 - 0.4X_A)$, $X_A = 0.5$

1차 반응식 이용

$-kt = \ln(1 - X_A)$

$-k \times 2 = \ln(1 - 0.5)$

$\therefore k = 0.3471\text{min}^{-1}$

33 그림과 같은 기초적 반응에 대한 농도 – 시간 곡선을 가장 잘 표현하고 있는 반응형태는 다음 중 어느 것인가? 출제율 50%

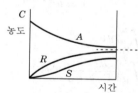

① $A \underset{1}{\overset{1}{\rightleftharpoons}} R \underset{1}{\overset{1}{\rightleftharpoons}} S$

② $A \underset{10}{\overset{1}{\rightleftharpoons}} R \underset{1}{\overset{1}{\rightleftharpoons}} S$

③ $A \underset{1}{\overset{1}{\rightleftharpoons}} R \underset{1}{\overset{1}{\rightleftharpoons}} S$

④ $A \underset{1}{\overset{1}{\rightleftharpoons}} R \underset{10}{\overset{1}{\rightleftharpoons}} S$

해설 $A \cdot R \cdot S$ 가 수렴하므로

$A \underset{1}{\overset{1}{\rightleftharpoons}} R \underset{1}{\overset{1}{\rightleftharpoons}} S$

A, R, S 모두 시간이 지나면서 평형에 도달하는 가역반응이고, 생성물 S는 R보다 작은 농도를 유지하면서 R과 같은 평형농도에 도달한다.

34 다음의 액체상 1차 반응이 Plug Flow 반응기(PFR)와 Mixed Flow 반응기(MFR)에서 각각 일어난다. 반응물 A의 전화율을 똑같이 90%로 할 경우 필요한 MFR의 부피는 PFR 부피의 약 몇 배인가? _{출제율 60%}

$$A \to R, \ r_R = -kC_A$$

① 3.01   ② 3.31
③ 3.61   ④ 3.91

해설 CSTR : $\tau = \dfrac{C_{A0} - C_A}{-r_A} = \dfrac{C_{A0} X}{kC_{A0}(1-X)}$

$k\tau = \dfrac{X}{1-X} \to k\tau = 9(X=0.9)$

PFR : $k\tau = -\ln(1-x)$
$\qquad = -\ln(1-0.9) = -\ln 0.1$
$\qquad = 2.3$

$\therefore$ 부피비 $= \dfrac{9}{2.3} = 3.91$

35 Arrhenius law에 따라 작도한 다음 그림 중에서 평행반응(parallel reaction)에 가장 가까운 그림은? _{출제율 80%}

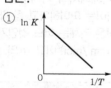 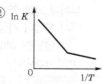
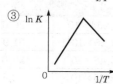 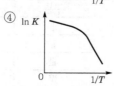

해설 $K = Ae^{\frac{-E_a}{RT}}$

$\ln K = \ln A - \dfrac{E_a}{RT}$

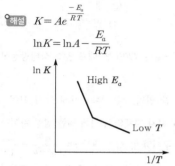

36 순환식 플러그흐름반응기에 대한 설명으로 옳은 것은? _{출제율 20%}

① 순환비는 $\dfrac{\text{계를 떠난 양}}{\text{환류량}}$ 으로 표현된다.

② 순환비 = ∞인 경우, 반응기 설계식은 혼합흐름식 반응기와 같게 된다.

③ 반응기 출구에서의 전화율과 반응기 입구에서의 전화율의 비는 용적 변화율 제곱에 비례한다.

④ 반응기 입구에서의 농도는 용적 변화율에 무관하다.

해설 ① 순환비 R
$= \dfrac{\text{반응기 입구로 되돌아 가는 유체의 부피}}{\text{계를 떠나는 부피}}$

③ $X_{A1} = \left(\dfrac{R}{R+1}\right)X_{Af}$

④ 반응기 입구에서의 농도는 용적 변화율과 관계있다.

37 A가 분해되는 정용 회분식 반응기에서 $C_{A0} = 4 mol/L$이고, 8분 후의 A의 농도 C_A를 측정한 결과 2mol/L였다. 속도상수 k는 얼마인가? (단, 속도식은 $-r_A = \dfrac{kC_A}{1+C_A}$ 이다.) _{출제율 40%}

① $0.15 min^{-1}$ ② $0.18 min^{-1}$
③ $0.21 min^{-1}$ ④ $0.34 min^{-1}$

해설 $-r_A = \dfrac{-dC_A}{dt} = \dfrac{kC_A}{1+C_A}$

$-\int_{C_{A0}}^{C_A} \dfrac{1+C_A}{C_A} dC_A = \int_0^t k\,dt$

$-\left[\ln\dfrac{C_A}{C_{A0}} + (C_A - C_{A0})\right] = kt$

$-\ln\dfrac{2}{4} - (2-4) = k \times 8\,min$

$\therefore \ k = 0.34 min^{-1}$

38 $1A \leftrightarrow 1B + 1C$는 1bar에서 진행되는 기상반응이다. 1몰 A가 수증기 15몰로 희석되어 유입될 때 평형에서 반응물 A의 전화율은? (단, 평형상수 K_P는 100mbar이다.) _{출제율 20%}

① 0.65   ② 0.70
③ 0.86   ④ 0.91

해설 $A \leftrightarrow B + C$

$P = 1\text{bar}$

기상 반응($V = \nu_0(1 + \varepsilon \times A)$)

$\Rightarrow y_{A0} = \dfrac{1}{16}$, $\delta = 1$, $\varepsilon = \dfrac{1}{16}\left(y_{A0} = \dfrac{1}{1+15} = \dfrac{1}{16}\right)$

$P_{A0} = P \cdot y_{A0} = \dfrac{1}{16}\text{bar}$

$PV = nRT$

→ 초기 상태

$\quad P_{A0} \cdot V_0 = \eta_{A0}RT$

$\quad \rightarrow P_{A0} = \dfrac{\eta_{A0}}{V_0}RT = C_{A0}RT$

→ 반응 후

$\quad P_A V = n_A RT$

$\quad \rightarrow P_A = \dfrac{n_A}{V}RT = \dfrac{n(1-X_A)}{V_0(1+\varepsilon X_A)}RT$

$\quad\quad = C_{A0} \cdot \dfrac{1-X_A}{1+\varepsilon X_A}RT$

$\quad \rightarrow P_B = P_C$

$\quad P_B \cdot V = n_B RT$

$\quad \rightarrow P_B = \dfrac{n_B}{V}RT = \dfrac{n_{A0} \cdot X_A}{V_0(1+\varepsilon X_A)}RT$

$\quad\quad = C_{A0} \cdot \dfrac{X_A}{1+\varepsilon X_A}RT$

$K_P = \dfrac{P_B P_C}{P_A} = \dfrac{\left(C_{A0}\left(\dfrac{X_A}{1+\varepsilon X_A}\right)RT\right)^2}{C_{A0}\left(\dfrac{1-X_A}{1+\varepsilon X_A}\right)RT}$

$\quad = \dfrac{C_{A0}RTX_A^2}{(1-X_A)(1+\varepsilon X_A)}$, $(C_{A0}RT = P_{A0})$

$\rightarrow K_P = \dfrac{P_{A0}X_A^2}{(1-X_A)(1+\varepsilon X_A)}$

$K_P = \dfrac{1}{10}\text{bar}$, $P_{A0} = \dfrac{1}{16}\text{bar}$, $\varepsilon = \dfrac{1}{16}$

$\therefore X_A = 0.704$

39 A분해반응의 1차 반응속도상수는 0.35/min이고, 반응초기농도 C_{A0}는 2mol/L이다. 정용 회분식 반응기에서 A의 농도가 0.8mol/L가 될 때까지의 시간은? 〔출제율 20%〕

① 2.4　　　　② 2.5

③ 2.6　　　　④ 2.7

해설 $-\ln\dfrac{C_A}{C_{A0}} = -\ln(1-X_A) = kt$

$-\ln\dfrac{0.8}{2} = 0.35 \times t$

$\therefore t = 2.617 = 2.6\text{min}$

40 동일조업 조건, 일정밀도와 등온, 등압 하의 CSTR과 PFR에서 반응이 진행될 때 반응기 부피를 옳게 설명한 것은? 〔출제율 40%〕

① 반응차수가 0보다 크면 PFR 부피가 CSTR보다 크다.

② 반응차수가 0이면 두 반응기 부피가 같다.

③ 반응차수가 커지면 CSTR 부피는 PFR보다 작다.

④ 반응차수와 전화율은 반응기 부피에 무관하다.

해설 ① 반응차수가 0보다 크면 CSTR 부피가 PFR보다 크다.

③ 반응차수가 커지면 CSTR 부피는 PFR보다 크다.

④ 반응차수와 전화율에 따라 반응기 부피가 변화한다.

▶▶ 제3과목 ┃ 단위공정관리

41 어떤 실린더 내에 기체 Ⅰ, Ⅱ, Ⅲ, Ⅳ가 각각 1mol씩 들어 있다. 각 기체의 van der Waals $[(P + a/V^2)(V - b) = RT]$ 상수 a와 b가 다음 표와 같고, 각 기체에서의 기체분자 자체의 부피에 의한 영향 차이는 미미하다고 할 때, 80℃에서 분압이 가장 작은 기체는 어느 것인가? (단, a의 단위는 atm·(cm³/mol)²이고, b의 단위는 cm³/ mol이다.) 〔출제율 20%〕

구분	a	b
Ⅰ	0.254×10^6	26.6
Ⅱ	1.36×10^6	31.9
Ⅲ	5.48×10^6	30.6
Ⅳ	2.25×10^6	42.8

① Ⅰ　　　　② Ⅱ

③ Ⅲ　　　　④ Ⅳ

해설 $\left(P + \dfrac{a}{V^2}\right)(V - b) = RT$인 반 데르 발스 상태방정식 $(n = 1)$

$\dfrac{a}{V^2}$는 분자 간 인력, b는 분자 자체 크기 고려

문제에서 기체 분자 자체의 부피에 의한 영향 차이가 적으므로 b는 무시하며, 식전 개시 $P = \dfrac{RT}{V-b} - \dfrac{a}{V^2}$ 이므로 a가 클수록 b가 작으므로 Ⅲ 조건에서 분압이 가장 작다.

42 어떤 증발관에 1wt%의 용질을 가진 75℃ 용액을 20000kg/hr로 공급하여 용질의 농도를 5wt%까지 농축하려 할 때 증발관이 증발시켜야 할 용매의 증기량(kg/hr)은? _{출제율 20%}

① 14000   ② 16000

③ 18000   ④ 20000

해설 $w = \left(1 - \dfrac{a}{b}\right)F$

$= \left(1 - \dfrac{1}{5}\right) \times 20000 \text{kg/hr} = 16000 \text{kg/hr}$

43 전압을 738mmHg로 일정하게 유지하고 6.0kg의 C_2H_5OH을 완전히 증발시키는 데 필요한 20℃, 738mmHg에서 건조공기의 최소량은? (단, 20℃에서 C_2H_5OH의 증기압은 44.5mmHg이다.) _{출제율 40%}

① 30.3m^3 ② 40.3m^3

③ 50.3m^3 ④ 60.3m^3

해설 습도

$\dfrac{W_A}{W_B} = \dfrac{M_A n_A}{M_B n_B} = \dfrac{\text{분자량}}{29} \times \dfrac{P_a}{P - P_a}$

$\dfrac{W_{\text{EtOH}}}{W_{\text{Dry air}}} = \dfrac{46 \times 445}{29 \times (738 - 44.5)}$

$= 0.1018 \, \text{kg}_{\text{EtOH}}/\text{kg}_{\text{Dry air}}$

$6 \, \text{kg}_{\text{EtOH}} \times \dfrac{1 \, \text{kg}_{\text{Dry air}}}{0.1018 \, \text{kg}_{\text{EtOH}}} = 58.94 \, \text{kg}_{\text{Dry air}}$

건조공기 부피(k_P)

$= 58.94 \, \text{kg}_{\text{Dry air}} \times \dfrac{1}{29} \times \dfrac{22.4 \, \text{m}^3}{\text{kg mol}} \times \dfrac{760}{738} \times \dfrac{293}{273}$

$= 50.3 \, \text{m}^3$

44 동력의 단위환산 값 중 1kW와 가장 거리가 먼 것은? _{출제율 20%}

① $10.97 \text{kgf} \cdot \text{m/s}$ ② 0.239kcal/s

③ 0.948BTU/s ④ 1000000mW

해설 단위환산

① $1 \text{kW} = 1000 \text{W} (\text{J/s}) = 102 \text{kgf} \cdot \text{m/s}$

② $1 \text{kW} = 1000 \text{W} (\text{J/s}) \times \dfrac{1 \text{cal}}{4.184 \text{J}} \times \dfrac{1 \text{kcal}}{1000 \text{cal}}$

$= 0.239 \text{kcal/s}$

③ $1 \text{kW} = 1000 \text{W} (\text{J/s}) \times \dfrac{1 \text{cal}}{4.184 \text{J}} \times \dfrac{1 \text{BTU}}{252 \text{cal}}$

$= 0.948 \text{BTU/s}$

④ $1 \text{kW} = 10^6 \text{mW}$

45 다음 실험 데이터로부터 CO의 표준생성열(ΔH)을 구하면 몇 kcal/mol인가? _{출제율 40%}

> - $C(s) + O_2(g) \rightarrow CO_2(g)$
> $\Delta H = -94.052 \text{kcal/mol}$
> - $CO(g) + 0.5O_2(g) \rightarrow CO_2(g)$
> $\Delta H = -67.636 \text{kcal/mol}$

① -26.42 ② -41.22

③ 26.42 ④ 41.22

해설 $\begin{array}{l} C(s) + O_2(g) \rightarrow CO_2(g) \quad \Delta H = -94.052 \, \text{kcal/mol} \\ + \quad CO_2(g) + \frac{1}{2}O_2(g) \rightarrow CO_2(g) \quad \Delta H = -67.636 \, \text{kcal/mol} \\ \hline C(s) + \frac{1}{2}O_2(g) \rightarrow CO_2(g) \quad \Delta H = -26.416 \, \text{kcal/mol} \end{array}$

46 100℃의 물 1500g과 20℃의 물 2500g을 혼합하였을 때의 온도는 몇 ℃인가? _{출제율 40%}

① 20   ② 30

③ 40   ④ 50

해설 $Q = Cm\Delta t$ 이용

100℃ 물에서 잃은 열 = 20℃ 물에서 얻은 열

$1500 \times 1(\text{물 비열}) \times (100 - t) = 2500 \times 1 \times (t - 20)$

(여기서, t : 혼합 시 온도)

$150000 - 1500t = 2500t - 50000$

$4000t = 200000$

$\therefore t = 50℃$

47 어떤 가스의 조성이 부피비율로 CO_2 30%, C_2H_2 20%, H_2 50%라고 할 때 이 가스의 평균분자량은 얼마인가? _{출제율 40%}

① 19.8   ② 20

③ 20.8   ④ 21

해설 평균분자량 $= \sum x_i M_i$

$= 0.3 \times 44 + 0.2 \times 28 + 0.5 \times 2$

$= 19.8$

48 15℃에서 포화된 NaCl 수용액 100kg을 65℃로 가열하였을 때 이 용액에 추가로 용해시킬 수 있는 NaCl은 약 몇 kg인가? (단, 15℃에서 NaCl의 용해도 : 6.12kmol/1000kg H_2O, 65℃에서 NaCl의 용해도 : 6.37kmol/1000kg H_2O) _{출제율 40%}

① 1.1   ② 2.1

③ 3.1   ④ 4.1

해설 • 15℃ 일 때

$$6.12\,\text{kmol} \times \frac{58.5\,\text{kg}}{1\,\text{kmol}} = 358\,\text{kg} \ NaCl/1000\,\text{kg} \ H_2O$$

$$1358 : 358 = 1000 : x$$

$$x = 26.37\,NaCl, \ 73.64\,\text{kg} \ H_2O$$

• 65℃ 일 때

$$6.37\,\text{kmol} \times \frac{58.5\,\text{kg}}{1\,\text{kmol}} = 372.6\,\text{kg}$$

$$1000 : 372.6\,\text{kg} = 73.64\,\text{kg} : y$$

$$y = 27.44\,\text{kg} \ NaCl$$

$$\therefore \ 27.44 - 26.37 = 1.08\,\text{kg} \ \text{더 용해될 수 있다.}$$

49 건식법으로 전기로를 써서 인광석을 환원 및 증발시키는 공정에서 배출가스가 지름 26cm의 강관을 통해 152.4cm/s의 속도로 노에서 나간다. 이 가스의 밀도가 0.0012g/cm³일 때 1일 배출가스량은 약 얼마인가? 출제율 20%

① 5.4ton/day

② 6.4ton/day

③ 7.4ton/day

④ 8.4ton/day

해설 $Q = A \cdot V$

$$= \frac{\pi}{4} D^2 \times V$$

$$= \frac{\pi}{4} \times (26\,\text{cm})^2 \times 152.4\,\text{cm/s}$$

$$= 80913.6\,\text{cm}^3/\text{s}$$

질량유량$(W) = \rho \cdot Q$

$$= 0.0012\,\text{g/cm}^3 \times 80913.6\,\text{cm}^3/\text{s}$$

$$= 97\,\text{g/s}$$

단위환산 : $\dfrac{97\,\text{g}}{\text{s}} \times \dfrac{3600}{1\,\text{hr}} \times \dfrac{24\,\text{hr}}{1\,\text{day}} \times \dfrac{1\,\text{kg}}{1000\,\text{g}} \times \dfrac{1\,\text{ton}}{1000\,\text{kg}}$

$$= 8.4\,\text{ton/day}$$

50 3층의 벽돌로 된 노 벽이 있다. 내부로부터 각 벽돌의 두께는 각각 10cm, 8cm, 30cm이고 열전도도는 각각 0.10kcal/m · hr · ℃, 0.05kcal/m · hr · ℃, 1.5kcal/m · hr · ℃이다. 노 벽의 내면온도는 1000℃이고 외면온도는 40℃일 때, 단위면적당의 열손실은 약 얼마인가? (단, 벽돌 간의 접촉저항은 무시한다.) 출제율 40%

① 343kcal/m² · hr ② 533kcal/m² · hr

③ 694kcal/m² · hr ④ 830kcal/m² · hr

해설 3층의 노 벽 도식

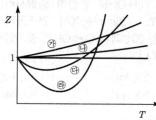

$$\frac{q}{A} = \frac{\Delta t}{\dfrac{L_1}{K_1} + \dfrac{L_2}{K_2} + \dfrac{L_3}{K_3}} = \frac{(1000-40)℃}{\dfrac{0.1}{0.1} + \dfrac{0.08}{0.05} + \dfrac{0.3}{1.5}}$$

$$= 343\,\text{kcal/m}^2 \cdot \text{hr}$$

51 실제기체의 압축인자(compressibility factor)를 나타내는 그림이다. 이들 기체 중에서 저온에서 분자 간 인력이 가장 큰 기체는? 출제율 20%

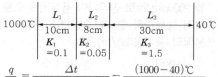

① ㉮ ② ㉯

③ ㉰ ④ ㉱

해설 압축인자(Z)

㉠ 실제기체가 이상기체에서 벗어난 정도를 나타내는 수치이다.

㉡ $PV = ZnRT$ ($Z = 1$: 이상기체)

㉢ 온도가 증가함에 따라 $Z < 1$인 경우 $Z = \dfrac{PV}{RT}$에서 T, P에서 V가 이상기체로 가정했을 때보다 더 적다. 이유는 기체분자 사이의 인력이 작용하기 때문이다.

52 가로 30cm, 세로 60cm인 직사각형 단면을 갖는 도관에 세로 35cm까지 액체가 차서 흐르고 있다. 상당직경(equivalent diameter)은? 출제율 20%

① 62cm ② 52cm

③ 42cm ④ 32cm

해설 $D_e = 4 \times \dfrac{\text{유로의 단면적}}{\text{젖은 벽의 둘레}}$

$$= 4 \times \frac{30 \times 35}{(35 \times 2) + 30}$$

$$= 42\,\text{cm}$$

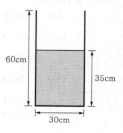

53 흡수용액으로부터 기체를 탈거(stripping)하는 일반적인 방법에 대한 설명으로 틀린 것은 어느 것인가? 출제율 20%

① 좋은 조건을 위해 온도와 압력을 높여야 한다.
② 액체와 기체가 맞흐름을 갖는 탑에서 이루어진다.
③ 탈거매체로는 수증기나 불활성 기체를 이용할 수 있다.
④ 용질의 제거율을 높이기 위해서는 여러 단을 사용한다.

해설 탈거(stripping) 또는 탈착(desorption)은 흡수와 같은 원리지만 액체의 특정 성분을 기체에 녹여 빼내는 것으로, 압력이 낮아야 효과가 좋다.

54 동일한 압력에서 어떤 물질의 온도가 dew point 보다 높은 상태를 나타내는 것은? 출제율 20%

① 포화
② 과열
③ 관 냉각
④ 임계

해설
과냉 ──────→ 포화액체(boiling point)
                              ↓
과열 ←── 포화증기 ←── 기·액
        (dew point)
이슬이 맺히기 시작하는 온도

55 어느 공장의 폐가스는 공기 1L당 0.08g의 SO_2를 포함한다. SO_2의 함량을 줄이고자 공기 1L에 대하여 순수한 물 2kg의 비율로 연속 향류 접촉 (continuous counter current contact)시켰더니 SO_2의 함량이 1/10로 감소하였다. 이때 물에 흡수된 SO_2 함량은? 출제율 20%

① 물 1kg당 SO_2 0.072g
② 물 1kg당 SO_2 0.036g
③ 물 1kg당 SO_2 0.018g
④ 물 1kg당 SO_2 0.009g

해설 1L 0.08g의 SO_2가 0.0088 수준으로 낮춰졌다. 즉, 0.072g의 SO_2가 물 2kg을 통해 제거된다. 따라서 물 1kg당 0.036g의 SO_2가 제거된다.

56 침수식 방법에 의한 수직관식 증발관이 수평관식 증발관보다 좋은 이유가 아닌 것은? 출제율 20%

① 열전달계수가 크다.
② 관석이 생기는 물질의 증발에 적합하다.
③ 증기 중의 비응축 기체의 탈기효율이 좋다.
④ 증발효과가 좋다.

해설

수평관식	수직관식
• 액층이 깊지 않아 비점 상승도가 작다. • 비응축 기체의 탈기효율이 우수하다. • 관석 생성 우려가 없을 경우 사용한다.	• 액의 순환이 좋아 열전달계수가 커서 증발효과가 크다. • 관석 생성 시 가열관을 청소하기 쉽다.

57 성분 A, B가 각각 50mol%인 혼합물을 flash 증류하여 feed의 50%를 유출시켰을 때 관출물의 A 조성($X_{W,A}$)은? (단, 혼합물의 비휘발도(α_{AB})는 2이다.) 출제율 60%

① $X_{W,A}=0.31$
② $X_{W,A}=0.41$
③ $X_{W,A}=0.59$
④ $X_{W,A}=0.85$

해설 $\alpha_{AB}=2=\dfrac{y_A/y_B}{x_A/x_B}$

$$50=50y_A+50x_A$$
$$1=y_A+x_A$$
$$2=\frac{y_A/1-y_A}{x_A/1-x_A}=\frac{(1-x_A)/x_A}{x_A/1-x_A}=\frac{(1-x_A)^2}{x_A^2}$$
$$x_A{}^2-2x_A+1=2x_A{}^2$$
$$x_A{}^2+2x_A-1=0$$
$$\therefore x=\frac{-2\pm\sqrt{2^2+4}}{2}=0.41$$

58 질소 280kg과 수소 64kg이 반응기에서 500℃, 300atm인 조건으로 반응되어 평형점에서 전체 몰수를 측정하였더니 28kmol이었다. 반응기에서 생성된 암모니아는 몇 kg인가? [출제율 20%]

① 238   ② 248
③ 258   ④ 268

[해설] $N_2 + 3H_2 \rightarrow 2NH_3$

$\quad 1 : 3 \quad : \quad 2$
$\quad x : 3x \quad : \quad 2x$
$10N_2 + 32H_2 \rightarrow NH_3$
$10 - x + 32 - 3x + 2x = 28$
$-2x = -14, \quad x = 7kg$
NH_3의 무게는 $14mol \times 17(NH_3$ 분자량$) = 238kg$

59 순수한 석회석 10kg에서 이론적으로 생성될 수 있는 CO_2의 부피는 100℃, 1atm에서 얼마인가? (단, Ca의 원자량은 40이다.) [출제율 40%]

① $8.8m^3$ ② $4.65m^3$
③ $3.06m^3$ ④ $1m^3$

[해설]
$$CaCO_3 \rightarrow CaO + CO_2$$
분자량 $100 \qquad\qquad : \quad 44$
$\qquad\qquad 10 \qquad\qquad : \quad x$
$100 : 44 = 10 : x, \quad x = 4.4$
$PV = nRT$
$$V = \frac{nRT}{P} = \frac{4.4/44 \times 0.082 \times 373}{1} = 3.06\,m^3$$

60 자유표면이 있는 액체가 경사면을 흘러가고 있다. 속도구배가 완전히 발달한 층류로 층의 두께가 일정할 때 층의 두께는 1mm이다. 액체 부하를 포함하여 다른 조건이 동일하고 유체의 밀도만 2배될 때 층의 두께는 약 얼마인가? [출제율 20%]

① 0.53mm   ② 0.63mm
③ 1.59mm   ④ 2.59mm

[해설] $\mu = \bar{u} \times A \times \rho = \dfrac{\rho g \delta^2 \cos\theta}{3\mu} \times (\delta \times \omega) \times \rho$

$\quad = \dfrac{\rho^2 g \delta^3 \omega \cos\theta}{3\mu}$

밀도를 제외한 다른 조건 동일
$\delta \propto \dfrac{1}{\rho^{\frac{2}{3}}} \propto \rho^{-\frac{2}{3}}, \quad \delta = 2^{-\frac{2}{3}} = 0.63\,mm$

⏩ 제4과목 | 화공계측제어

61 시간상수 τ가 3초이고, 이득 K_P가 1이며, 1차 공정의 특성을 지닌 온도계가 초기에 20℃를 유지하고 있다. 이 온도계를 100℃의 물속에 넣었을 때 3초 후의 온도계 읽음은? [출제율 60%]

① 68.4℃   ② 70.6℃
③ 72.3℃   ④ 81.9℃

[해설] $\tau = 3, \quad K_p = 1 \rightarrow G(s) = \dfrac{1}{3s + 1}$

$x(t) = 80 \rightarrow X(s) = \dfrac{80}{s}$

$Y(s) = G(s) \cdot X(s) = \dfrac{1}{3s+1} \times \dfrac{80}{s}$

$\quad = 80\left(\dfrac{1}{s} - \dfrac{3}{3s+1}\right)$

$\quad = \dfrac{80}{s} - \dfrac{80}{s + 1/3}$

$y(t) = 80 - 80e^{-\frac{1}{3}t}$

$y(3) = 80 - 80e^{-1} = 50.6℃$

∴ 최종값(최종온도) $= 20℃ + 50.6℃ = 70.6℃$

62 $S^3 + 5S^2 + 3S + 8 = 0$로 특성방정식이 주어지는 계의 Routh 판별을 수행할 때, 다음 배열의 (a), (b)에 들어갈 숫자는? [출제율 20%]

S^3	1	3
S^2	5	8
S^1	(a)	
S^0	(b)	

① (a) $\dfrac{7}{5}$, (b) 8   ② (a) $\dfrac{7}{5}$, (b) 3
③ (a) $\dfrac{5}{7}$, (b) 8   ④ (a) $\dfrac{5}{7}$, (b) 3

[해설] Routh 안정성 판별법

(a) $= \dfrac{a_1 a_2 - a_0 a_3}{a_1} = \dfrac{5 \times 3 - 8 \times 1}{5} = \dfrac{7}{5}$

(b) $= \dfrac{A_1 a_3 - a_1 A_3}{A_1} = \dfrac{\dfrac{7}{5} \times 8 - 5 \times 0}{\dfrac{7}{5}} = 8$

63 다음 중 ATO(Air-To-Open) 제어밸브가 사용되어야 하는 경우는? 출제율 40%

① 저장탱크 내 위험물질의 증발을 방지하기 위해 설치된 열교환기의 냉각수 유량 제어용 제어밸브

② 저장탱크 내 물질의 응고를 방지하기 위해 설치된 열교환기의 온수 유량 제어용 제어밸브

③ 반응기에 발열을 일으키는 반응 원료의 유량 제어용 제어밸브

④ 부반응 방지를 위하여 고온 공정 유체를 신속히 냉각시켜야 하는 열교환기의 냉각수 유량 제어용 제어밸브

해설 ATO(Air-To-Open)
공기압의 증가에 따라 열리는 공기압 열림 밸브로, 반응기의 발열을 일으키는 반응 원료의 유량 제어용 제어밸브(발열로 공기압 증가)이다.

64 다음 전달함수를 역변환한 것은? 출제율 40%

$$F(s) = \frac{5}{(s-4)^3}$$

① $5t^2 \cdot e^{3t}$ ② $\frac{5}{2}t^2 \cdot e^{3t}$

③ $5t^2 \cdot e^{4t}$ ④ $\frac{5}{2}t^2 \cdot e^{4t}$

해설 $f(t) = \frac{t^{n-1} \cdot e^{-at}}{(n-1)!} \xrightarrow{\mathcal{L}} \frac{1}{(s+a)^n}$

$F(s) = \frac{5}{(s-4)^3} \xrightarrow{\text{역}\mathcal{L}} f(t) = \frac{5}{2}t^2 \cdot e^{4t}$

65 이상적인 PID제어기 $K_c\left(1 + \frac{1}{\tau_I s} + \tau_D s\right)$이 실용적인 PID제어기가 되기 위해서는 여러 변형이 가해진다. 이 중 옳지 않은 것은? 출제율 20%

① 설정치의 일부만을 비례동작에 반영
: $K_c E(s) = K_c(R(s) - Y(s))$
$\Rightarrow K_c(\alpha R(s) - Y(s)),\ 0 \le \alpha \le 1$

② 설정치의 일부만을 적분동작에 반영
: $\frac{1}{\tau_I s}E(s) = \frac{1}{\tau_I s}(R(s) - Y(s))$
$\Rightarrow \frac{1}{\tau_I s}(\alpha R(s) - Y(s)),\ 0 \le \alpha \le 1$

③ 설정치를 미분하지 않음
: $\tau_D s E(s) = \tau_D s(R(s) - Y(s))$
$\Rightarrow -\tau_D s Y(s)$

④ 미분동작의 잡음에 대한 민감성을 완화시키기 위한 Filtered 미분동작
: $\tau_D s \Rightarrow \frac{\tau_D s}{as + 1}$

해설 적분동작의 한계극복은 인테그랄 Windup 제거가 목적이며, 설정치에 가중치를 부여하는 것은 비례항의 한계극복이다.

66 다음 그림은 교반되는 탱크를 나타낸 것이다. 용액의 온도는 T이고, 주위 온도는 T_1이다. 주위로의 열손실을 나타내는 열전달저항을 R이라 하고 탱크 내 액체의 총괄열용량을 C라 할 때, 이 시스템을 나타낸 블록 다이어그램으로 적합한 것은? (단, 열전달의 크기는 온도 차이/R이다.) 출제율 20%

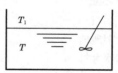

① $T_1 \rightarrow \boxed{1 + \frac{1}{RC_S}} \rightarrow T$

② $T_1 \rightarrow \boxed{\frac{1}{1 + RC_S}} \rightarrow T$

③ $T_1 \rightarrow \boxed{\frac{RC}{1 + RC_S}} \rightarrow T$

④ $T_1 \rightarrow \boxed{\frac{RS}{1 + RC_S}} \rightarrow T$

해설 액체 교반 탱크
$C\frac{dT}{dt} = \frac{T_i - T}{R}$
$RC_S\,T(s) = T_1(s) - T(s)$
정리하면 $(RC_S + 1)T(s) = T_1(s)$
입력과 출력의 차원이 같다(분자는 1).
$\frac{T(s)}{T_1(s)} = \frac{1}{1 + RC_S}$

63.③ 64.④ 65.② 66.②

67 다음은 Parallel cascade 제어시스템의 한 예이다. $D(s)$와 $Y(s)$ 사이의 전달함수 $Y(s)/D(s)$는? (출제율 60%)

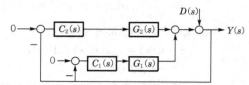

① $\dfrac{Y(s)}{D(s)} = \dfrac{1}{1 + C_1(s)\,G_1(s) + C_2(s)\,G_2(s)}$

② $\dfrac{Y(s)}{D(s)} = \dfrac{G_2(s)\,G_2(s)}{1 + C_1(s)\,G_1(s)}$

③ $\dfrac{Y(s)}{D(s)} = \dfrac{C_1(s)\,G_1(s)}{1 + C_2(s)\,G_2(s)}$

④ $\dfrac{Y(s)}{D(s)} = \dfrac{C_1(s)\,G_1(s) + C_2(s)\,G_2(s)}{1 + C_1(s)\,G_1(s) + C_2(s)\,G_2(s)}$

〔해설〕 $D(s) \rightarrow Y(s) = 1$

$$\frac{Y(s)}{D(s)} = \frac{1}{1 + C_1(s)G_1(s) + C_2(s)G_2(s)}$$

68 제어시스템을 구성하는 주요 요소로 가장 거리가 먼 것은? (출제율 20%)

① 제어기
② 제어밸브
③ 측정장치
④ 외부교란 변수

〔해설〕 외부교란 변수
제어시스템의 구성요소가 아닌 외부에서 시스템에 영향을 미치는 요소

69 근의 궤적(root locus)은 특성방정식에서 제어기의 비례이득 K_c가 0으로부터 ∞까지 변할 때, 이 K_c에 대응하는 특성방정식의 무엇을 s평면상에 점철하는 것인가? (출제율 20%)

① 근 ② 이득
③ 감쇠 ④ 시정수

〔해설〕 특성방정식의 근이 복소평면(s-평면) 상에서 허수축을 기준으로 왼쪽 평면 상에 있으면 제어시스템은 안정, 오른쪽에 있으면 불안정

70 다음 중 Amplitude ratio가 항상 1인 계의 전달함수는 어느 것인가? (출제율 40%)

① $\dfrac{1}{s+1}$ ② $\dfrac{1}{s-0.1}$

③ $e^{-0.2s}$ ④ $s+1$

〔해설〕 Amplitude ratio(진폭비)
$G(s) = K$, $\mathrm{AR} = K$, $\phi = 0$
$G(s) = e^{-\theta s}$, $\mathrm{AR} = 1$, $\phi = -\theta \omega$
$G(s) = s^n$, $\mathrm{AR} = \omega^n$, $\phi = 90 n°$

71 열교환기에서 유출물의 온도를 제어하려고 한다. 열교환기는 공정이득 1, 시간상수 10을 갖는 1차계 공정의 특성을 나타내는 것으로 파악되었다. 온도감지기는 시간상수 1을 갖는 1차계 공정 특성을 나타낸다. 온도제어를 위하여 비례제어기를 사용하여 되먹임 제어시스템을 채택할 경우, 제어시스템이 임계감쇠계(critically damped system) 특성을 나타낼 경우의 제어기 이득(K_C) 값은 얼마인가? (단, 구동기의 전달함수는 1로 가정한다.) (출제율 40%)

① 1.013 ② 2.025
③ 4.050 ④ 8.100

〔해설〕

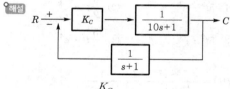

$$\frac{C}{R} = \frac{\dfrac{K_C}{(10s+1)(s+1)}}{1 + \dfrac{K_C}{(10s+1)(s+1)}} = \frac{K_C}{10s^2 + 11s + K_C + 1}$$

$$\tau = \sqrt{\frac{10+a}{K_C+1}}$$

$$\frac{11}{K_C+1} = 2\zeta = 2\tau \ (\text{임계감쇠에서 } \zeta = 1)$$

$$\frac{11}{K_C+1} = 2 \times \sqrt{\frac{10}{K_C+1}}$$

$$\frac{121}{(K_C+1)^2} = 4 \times \frac{10}{K_C+1}$$

$$\therefore K_C = 2.025$$

72 다음과 같은 2차계의 주파수 응답에서 감쇠계수 값에 관계없이 위상의 지연이 90°가 되는 경우는 다음 중 어느 것인가? (단, τ는 시정수이고, ω는 주파수이다.) [출제율 40%]

$$G(s) = \frac{K}{(\tau s)^2 + 2\xi\tau s + 1}$$

① $\omega\tau = 1$일 때 　② $\omega = \tau$일 때
③ $\omega\tau = \sqrt{2}$일 때 　④ $\omega = \tau^2$일 때

해설 $\phi = -\tan^{-1}\left(\dfrac{2\tau\zeta\omega}{1 - \tau^2\omega^2}\right)$

$\omega = \dfrac{1}{\tau}$이면, $AR = \dfrac{K}{2\zeta}$

$\phi = -\tan^{-1}(\infty) = -90°, \ \tau\omega = 1$

73 반응속도상수는 다음의 아레니우스(Arrhenius) 식으로 표현될 수 있다. 여기서 조성 K_0와 E 및 R은 상수이며, T는 온도이다. 정상상태 온도 T_S에서 선형화시킨 K의 표현으로 타당한 것은 어느 것인가? [출제율 40%]

$$K = K_0 \exp(-E/RT)$$

① $K = K_0\exp\left(\dfrac{-E}{RT_S}\right) + (T - T_S)$
　　$\times K_0\exp\left(\dfrac{-E}{RT_S}\right)\dfrac{E}{RT_S^2}$

② $K = K_0\exp\left(\dfrac{-E}{RT_S}\right) + (T - T_S)\dfrac{E}{RT_S^2}$

③ $K = K_0\exp\left(\dfrac{E}{RT_S}\right)$
　　$+ (T - T_S)K_0\exp\left(\dfrac{-E}{RT_S}\right)$

④ $K = K_0(T - T_S)\exp\left(\dfrac{-E}{RT_S}\right)$

해설 Taylor 식

$f(s) \cong f(x_s) + \dfrac{df}{dx}(x_s)(x - x_s)$

$K = K_0\exp(-E/RT)$

$K = K_0\exp\left(\dfrac{-E}{RT_S}\right) + K_0\exp\left(\dfrac{-E}{RT_S}\right)\left(\dfrac{E}{RT_S^2}\right) \times (T - T_S)$

74 이득이 1인 2차계에서 감쇠계수(damping factor) $\xi < 0.707$일 때 최대 진폭비 AR_{max}는? [출제율 40%]

① $\dfrac{1}{2\sqrt{1 - \xi^2}}$ 　② $\sqrt{1 - \xi^2}$
③ $\dfrac{1}{2\xi\sqrt{1 - \xi^2}}$ 　④ $\dfrac{1}{\xi\sqrt{1 - 2\xi^2}}$

해설 진폭비 $AR = \dfrac{\text{출력변수의 진폭}}{\text{입력변수의 진폭}}$

$\qquad = \dfrac{K}{\sqrt{(1 - \tau^2\omega^2)^2 + (2\tau\omega\zeta)^2}}$

정규 진폭비 $AR_N = \dfrac{AR}{K}$

AR_N이 최대이면 $\tau\omega = \sqrt{1 - 2\zeta^2}$

$AR_{N \cdot max} = \dfrac{1}{2\zeta\sqrt{1 - \zeta^2}}$ 　$(\zeta < 0.707)$

75 다음 중 2차계에서 overshoot을 가장 작게 하는 제동비(damping ratio)는? [출제율 20%]

① 0.2 　　　② 0.4
③ 0.6 　　　④ 0.8

해설 2차계에서 과소감소 $\xi < 1$일 때 제동비(damping ratio)가 클수록 진동이 작아지므로 제동비가 클 때 overshoot이 가장 작다.

76 어떤 제어계의 Nyquist 선도가 아래와 같을 때, 이 제어계의 이득여유(gain margin)를 1.7로 할 경우 비례이득은? [출제율 40%]

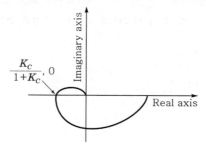

① 0.43 　　　② 1.43
③ 2.33 　　　④ 2.43

해설 나이퀴스트 선도에서

$\dfrac{K_C}{1 + K_C} = \dfrac{1}{\text{이득여유}} = \dfrac{1}{GM} = \dfrac{1}{1.7}$

$1.7K_C = 1 + K_C$

$0.7K_C = 1$

$\therefore K_C = 1.43$

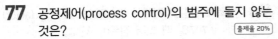
77 공정제어(process control)의 범주에 들지 않는 것은? `출제율 20%`

① 전력량을 조절하여 가열로의 온도를 원하는 온도로 유지시킨다.
② 폐수처리장의 미생물의 양을 조절함으로써 유출수의 독성을 격감시킨다.
③ 증류탑(distillation column)의 탑상 농도(top concentration)를 원하는 값으로 유지시키기 위하여 무엇을 조절할 것인가를 결정한다.
④ 열효율을 극대화시키기 위해 열교환기의 배치를 다시 한다.

해설 공정제어
선택된 변수를 조절하여 공정을 원하는 상태로 유지하는 것을 말한다.

78 $\dfrac{2}{10s+1}$ 로 표현되는 공정 A와 $\dfrac{4}{5s+1}$ 로 표현되는 공정 B가 있을 때, 같은 크기의 계단 입력이 가해졌을 경우 옳은 것은? `출제율 20%`

① 공정 A가 더 빠르게 정상상태에 도달한다.
② 공정 B가 더 진동이 심한 응답을 보인다.
③ 공정 A가 더 진동이 심한 응답을 보인다.
④ 공정 B가 더 큰 최종응답변화값을 가진다.

해설 τ 는 $\dfrac{2}{10s+1}$ 가 더 크므로 더 느리고, 공정 B가 이들 K 가 더 크므로 더 큰 최종값을 얻는다.

79 일차계 전달함수 $G(s) = \dfrac{1}{s+1}$ 의 구석점 주파수(corner frequency)에서 이 일차계 2개가 직렬로 연결된 Goverall(s)의 위상각(phase angle)은 얼마인가? `출제율 40%`

① $-\dfrac{\pi}{4}$ ② $-\dfrac{\pi}{2}$

③ $-\pi$ ④ $-\dfrac{3}{2}\pi$

해설 1차계 직렬 $G(s) = \dfrac{1}{s^2+2s+1}$
$\tau = 1,\ \zeta = 1$
$\phi = -\tan^{-1}\left(\dfrac{2\pi\zeta\omega}{1-\tau^2\omega^2}\right) = -\tan^{-1}\infty = -\dfrac{\pi}{2}$

80 전달함수 $y(s) = (1+2s)e(s) + \dfrac{1.5}{s}e(s)$ 에 해당하는 시간영역에서의 표현으로 옳은 것은 어느 것인가? `출제율 60%`

① $y(t) = 1 + 2\dfrac{de(t)}{dt} + 1.5\displaystyle\int_0^t e(t)dt$

② $y(t) = e(t) + 2\dfrac{de(t)}{dt} + 1.5\displaystyle\int_0^t e(t)dt$

③ $y(t) = e(t) + 2\displaystyle\int_0^t e(t)dt + 1.5\dfrac{de(t)}{dt}$

④ $y(t) = 1 + 2\displaystyle\int_0^t e(t)dt + 1.5\dfrac{de(t)}{dt}$

해설 $y(s) = e(s) + 2se(s) + \dfrac{1.5}{s}e(s)$
역라플라스 변환
$y(t) = e(t) + 2\dfrac{de(t)}{dt} + 1.5\displaystyle\int_0^t e(t)dt$

▶▶ 제1과목 ┃ 공업합성

01 Lewis 산 촉매를 사용하는 Friedel-Craft 반응과 유사하게 방향족에 일산화탄소, 염산을 반응시켜 알데히드를 도입하는 반응은? 〔출제율 40%〕

① Canizzaro 반응
② Hofmann 반응
③ Sandmeyer 반응
④ Gattermann-koch 반응

〔해설〕 Gattermann-Koch 반응
염화알루미늄 촉매 존재 하에 벤젠 및 그 유도체를 일산화탄소와 염화수소를 반응시켜 벤젠고리에 알데하이드기를 도입하는 반응이다.

02 에텐의 부가반응에 의한 생성물은? 〔출제율 20%〕

① HCHO
② CH_3OH
③ $CH_2=CHCl$
④ CH_3CH_2OH

〔해설〕 ① HCHO는 에텐이 떨어져 나감
② CH_3OH는 치환반응
③ $CH_2=CHCl$도 치환반응에 의해 생성

03 암모니아 합성공업에 있어서 1000℃ 이상의 고온에서 코크스에 수증기를 통할 때 주로 얻어지는 가스는? 〔출제율 60%〕

① CO, H_2
② CO_2, H_2
③ CO, CO_2
④ CH_4, H_2

〔해설〕 수성가스(=워터가스)
수증기가 코크스를 통과할 때 얻어지는 $CO+H_2$의 혼합가스를 말한다.
($C+H_2O \rightarrow CO+H_2$)

04 방향족 탄화수소를 SO_3계의 술폰화제로 술폰화 반응을 하는 데 있어서 반응속도에 영향을 미치는 인자가 아닌 것은? 〔출제율 40%〕

① SO_3 농도
② 압력
③ 온도
④ 촉매

〔해설〕 발연황산은 삼산화황(SO_3)을 포함하는 황산으로 이는 SO_3의 생성속도가 아주 빨라 반응속도를 빠르게 하고 SO_3의 농도는 반응속도에 영향을 미친다. 또한 온도, 촉매는 반응속도의 원리에 따라 영향을 미치지만 압력은 영향을 미치지 않는다.

05 CuO 존재 하에 염화벤젠에 NH_3를 첨가하고 가압하면 생성되는 주요물질은? 〔출제율 40%〕

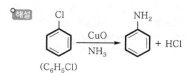

〔해설〕

Cl $\xrightarrow[NH_3]{CuO}$ NH_2 + HCl

(C_6H_5Cl)

06 Ni/Cd 전지에서 음극의 수소 발생을 억제하기 위해 음극에 과량을 첨가하는 물질은? 〔출제율 20%〕

① $Cd(OH)_2$
② KOH
③ MnO_2
④ $Ni(OH)_2$

〔해설〕 Ni-Cd 전지
• 환원전극
$NiOOH(s)+H_2O+e^- \underset{충전}{\overset{방전}{\rightleftharpoons}} Ni(OH)_2(s)+OH^-(aq)$
• 산화전극
$Cd(s)+2OH^-(aq) \rightleftharpoons Cd(OH)_2(s)+2e^-$
음극에서 수소 발생을 억제하기 위해 $Cd(OH)_2$를 과량으로 첨가한다.

07 다음 중 중량평균 분자량 측정법에 해당하는 것은? 〔출제율 20%〕

① 광산란법
② 삼투압법
③ 끓는점오름법
④ 말단기분석법

〔해설〕 광산란법은 빛이 용매를 통해 진행할 때 그 에너지의 일부는 흡수 또는 산란되거나 열에너지로 전환되어 손실되는 방법으로 중량평균 분자량을 측정하는 방법으로 이용된다.

08 다음 탄화수소의 분해에 대한 설명 중 옳지 않은 것은? `출제율 40%`

① 열분해는 자유라디칼에 의한 연쇄반응이다.
② 열분해는 접촉분해에 비해 방향족과 이소 파라핀이 많이 생성된다.
③ 접촉분해에서는 촉매를 사용하여 열분해보다 낮은 온도에서 분해시킬 수 있다.
④ 접촉분해에서는 방향족이 올레핀보다 반응성이 낮다.

`해설`

열분해	접촉분해
• 올레핀이 많으며, C_1~C_2계 가스가 주성분	• C_3~C_6계가 주성분
• 대부분 지방족	• 파라핀계 탄화수소 많음
• 코크스, 타르 석출 많음	• 방향족 탄화수소 많음
• 디올레핀 비교적 많음	• 탄소질 물질 석출 적음
• 라디칼 반응	• 디올레핀 거의 생성 없음
	• 이온 반응

09 비료공업에서 인산은 황산분해법과 같은 습식법을 주로 이용하여 얻고 있는데 대표적인 습식법이 아닌 것은? `출제율 20%`

① Dorr법
② Prayon법
③ Chemico법
④ Leblanc법

`해설` 인산 제조방법은 크게 습식법과 건식법으로 나눌 수 있다. 습식법 중 순환되는 묽은 인산과 슬러리를 혼합한 인광석 가루를 분해탱크에서 묽은 황산과 반응시키는 이수염법이 있는데 대표적인 방법으로 Dorr 공정, Chemico 공정, Prayon 공정 등이 있다. Leblanc법은 소다회 제조방법이다.

10 다음 중 Friedel-Crafts 반응에 쓰이는 대표적인 촉매는? `출제율 40%`

① Al_2O_3
② H_2SO_4
③ P_2O_5
④ $AlCl_3$

`해설` Friedel-crafts 반응(방향족 탄화수소의 아실화)

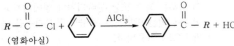

사용촉매 : $AlCl_3$, BF_3 등

11 다음의 과정에서 얻어지는 물질로 ( ) 안에 알맞은 것은? `출제율 20%`

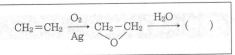

① 에탄올
② 에텐디올
③ 에틸렌글리콜
④ 아세트알데히드

`해설` 산화에틸렌의 수화반응

$$CH_2 - CH_2 + H_2O \longrightarrow +CH_2 + CH_2$$
$$\backslash \quad / \qquad\qquad\qquad |\qquad |$$
$$O \qquad\qquad\qquad\qquad OH \quad OH$$

(에틸렌옥사이드)　　　　　(에틸렌글리콜)

12 30wt% HCl 가스를 물에 흡수시켜 40wt% HCl 용액 1ton을 제조하고자 한다. 배출가스 중 미반응 HCl가스가 0.01wt% 포함된다면 실제 사용된 30wt% HCl 가스의 양(ton)은? `출제율 20%`

① 0.35
② 1.2
③ 1.6
④ 3.7

`해설` 40wt% HCl=400kg(0.4ton)
0.4ton=30wt% x에 0.01wt% x 포함
실제량=(30-0.01)wt%×x
0.4ton=(29.99)wt%×x
∴ x=1.6ton

13 다음 탄화수소 중 석유의 원유 성분에 가장 적은 양이 포함되어 있는 것은? `출제율 20%`

① 나프텐계 탄화수소
② 올레핀계 탄화수소
③ 방향족 탄화수소
④ 파라핀계 탄화수소

`해설` 석유의 주성분
㉠ 파라핀계, 나프텐계 탄화수소(80~90%)
㉡ 방향족 탄화수소(5~15%)
㉢ 올레핀계 탄화수소(4% 이하)

14 석유의 불순물로서 원유 중에 약 0.1~4% 정도 포함되어 있으며, 공해문제와 장치 부식 등 장애의 원인이 되는 것은? `출제율 20%`

① 산소화합물
② 황화합물
③ 탄소화합물
④ 수소화합물

해설 원유의 원소 비율은 탄소 약 82% 이상, 수소 약 12% 이상, 나머지 황, 질소 등으로 구성되어 있는데, 그 중 황화합물은 4% 이하 정도 함유되어 있으며 대기로 배출 시 산성비의 원인 또는 대기 중 SO_2 농도 증가를 유발하여 공해문제가 된다.

15 다음 중 1차 전지가 아닌 것은? 출제율 20%

① 산화은전지　　② Ni-MH 전지
③ 망간전지　　　④ 수은전지

해설 • 1차 전지
건전지, 망간전지, 알칼리전지, 산화은전지, 수은·아연전지, 리튬전지 등
• Ni-MH 전지는 2차 전지이다.

16 다음 중 반도체 박막형성 기술이 아닌 것은 어느 것인가? 출제율 40%

① CVD법　　　② PVD법
③ LDE법　　　④ 플라스마법

해설 반도체 박막형성 기술에는 CVD(화학기상증착법), PVD(열분해법), LDE(액상에피택시법) 등이 있으며, 플라즈마는 전하입자 중 중성상태로 구성되어 집단적인 거동을 보이는 준중성 기체로 고체, 액체, 기체와 다른 물질인 제4상태 물질이다.

17 고분자에서 열가소성과 열경화성의 일반적인 특징을 옳게 설명한 것은? 출제율 80%

① 열가소성 수지는 유기용매에 녹지 않는다.
② 열가소성 수지는 분자량이 커지면 용해도가 감소한다.
③ 열가소성 수지는 열에 잘 견디지 못한다.
④ 열가소성 수지는 가열하면 경화하다가 더욱 가열하면 연화한다.

해설 • 열가소성 수지
㉠ 가열하면 연화되어 외력에 의해 쉽게 변형되고 성형 후 외력이 제거되더라도 성형된 상태를 유지하는 수지를 말한다.
㉡ 유기용매에 녹으며 열에 잘 견디고 가열하면 연화하다가 더욱 가열하면 쉽게 변형된다.
㉢ 분자량이 커지면 용해도가 감소한다.
• 열경화성 수지
가열하면 일단 연화되지만 계속 가열하면 경화되어 원상태로 돌아오지 않는 수지를 말한다.

18 말레산무수물을 벤젠의 공기산화법으로 제조하고자 한다. 이때 사용되는 촉매는 다음 중 어느 것인가? 출제율 20%

① 바나듐펜톡사이드(오산화바나듐)
② Si-Al₂O₃ 담체로 한 Nickel
③ PdCl₂
④ LiH₂PO₄

해설 말레산무수물(벤젠의 공기산화법)

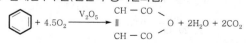

사용촉매 : V_2O_5(오산화바나듐, 바나듐펜톡사이드)

19 암모니아 생성 평형에 있어서 압력, 온도에 대한 Tour의 실험결과와 일치하는 것은 어느 것인가? 출제율 40%

① 원료기체의 몰 조성이 $N_2 : H_2 = 3 : 1$일 때 암모니아 평형농도는 최대가 된다.
② 촉매의 농도가 증가하면 암모니아의 평형 농도는 증가한다.
③ 암모니아 평형농도는 반응온도가 높을수록 증가한다.
④ 암모니아 평형농도는 압력이 높을수록 증가한다.

해설 암모니아의 합성반응
$3H_2 + N_2 \rightleftarrows 2NH_3$
㉠ 암모니아의 평형농도는 반응압력이 크고 온도가 낮을수록 증가한다.
㉡ 수소와 질소 혼합비율이 3 : 1일 때 가장 좋다.
㉢ 불활성가스의 양이 증가하면 NH_3의 평형농도가 낮아진다.
㉣ 촉매 이용 시 반응속도가 빨라진다.

20 연실식 황산 제조에서 Gay-Lussac 탑의 주된 기능은 무엇인가? 출제율 40%

① 황산의 생성
② 질산의 환원
③ 질소산화물의 회수
④ 니트로실황산의 분해

해설 게이뤼삭 탑의 주된 기능은 산화질소 회수가 목적이다.

15.② 16.④ 17.② 18.① 19.④ 20.③

▶▶ 제2과목 Ⅰ 반응운전

21 어떤 1차 비가역반응의 반감기는 20분이다. 이 반응의 속도상수(min^{-1})를 구하면? 〔출제율 80%〕

① 0.0347

② 0.1346

③ 0.2346

④ 0.3460

〔해설〕 $-\ln(1-X_A) = kt$

$\ln 2 = k \times t_{1/2}$

$k = \dfrac{\ln 2}{20\,min} = 0.0347\,min^{-1}$

22 A 분해반응의 1차 반응속도상수는 0.45/min이고, 반응초기의 농도 C_{A0} 가 3.6mol/L이다. 정용회분식 반응에서 A의 농도가 0.9mol/L가 될 때까지의 시간은? 〔출제율 40%〕

① 2.08min

② 3.08min

③ 4.08min

④ 5.08min

〔해설〕 $-\ln \dfrac{C_A}{C_{A0}} = -\ln(1-X_A) = kt$

$-\ln \dfrac{0.9}{3.6} = 0.45 \times t$

$\therefore \ t = 3.08min$

23 $A + B \rightarrow R$인 비가역 기상반응에 대해 다음과 같은 실험데이터를 얻었다. 반응속도식으로 옳은 것은? (단, $t_{1/2}$은 B의 반감기이고, P_A 및 P_B는 각각 A 및 B의 초기압력이다.) 〔출제율 20%〕

실험번호	1	2	3	4
P_A(mmHg)	500	125	250	250
P_B(mmHg)	10	15	10	20
$t_{1/2}$(min)	80	213	160	80

① $r = -\dfrac{dP_B}{dt} = k_P P_A P_B$

② $r = -\dfrac{dP_B}{dt} = k_P P_A^2 P_B$

③ $r = -\dfrac{dP_B}{dt} = k_P P_A P_B^2$

④ $r = -\dfrac{dP_B}{dt} = k_P P_A^2 P_B^2$

〔해설〕 $-\dfrac{dP_B}{dt} = k_P P_A^m \cdot P_B^n$

• P_A가 같은 실험(3, 4)

① $k_A P_A^m = k_A (\text{const})$

② $-\dfrac{dP_B}{dt} = k_A P_B^n, \ -P_B^{-n} dP_B = k_A dt$

$-\left\{ \dfrac{1}{1-n}(P_B^{1-n} - P_{B0}^{1-n}) \right\} = k_A t$

③ $t = t_{1/2}, \ P_B = \dfrac{1}{2} P_{B0}$

$-\dfrac{1}{1-n}\left(\dfrac{1}{2}P_{B0}^{1-n} - P_{B0}^{1-n} \right) = k_A t_{1/2}$

$\dfrac{0.5}{1-n}P_{B0}^{1-n} = k_A t_{1/2}$

④ 자료 3($P_{A0} = 250, \ P_{B0} = 10$)

$\dfrac{0.5}{1-n} \times 10^{1-n} = 160 k_A$ ·················· ㉠

자료 4($P_{A0} = 250, \ P_{B0} = 20$)

$\dfrac{0.5}{1-n} \times 20^{1-n} = 80 k_A$ ·················· ㉡

㉠÷㉡ 하면

$\left(\dfrac{10}{20} \right)^{1-n} = \dfrac{160}{80}$

$\left(\dfrac{1}{2} \right)^{1-n} = 2, \ 2^{n-1} = 2, \ n = 2$

• P_B가 같은 실험(1, 3)

① $k_P P_B^2 = k_B (\text{const})$

② $-\dfrac{dP_B}{dt} = k_B P_A^m$

$P_A^m dt = -\dfrac{dP_B}{k_B}, \ P_A^m t = -\dfrac{P_B}{k_B}$

③ $t = t_{1/2}, \ P_B = \dfrac{1}{2} P_{B0}$

$P_A^m t_{1/2} = -\dfrac{0.5 P_{B0}}{k_B}$

④ 자료 1($P_{A0} = 500, \ P_{B0} = 10, \ t_{1/2} = 80$)

$500^m \times 80 = -\dfrac{0.5}{k_B} \times 10$ ·················· ㉢

자료 3($P_{A0} = 250, \ P_{B0} = 10, \ t_{1/2} = 160$)

$250^m \times 160 = -\dfrac{0.5}{k_B} \times 10$ ·················· ㉣

㉢÷㉣ 하면

$\left(\dfrac{500}{250} \right)^m \times \dfrac{80}{160} = 1$

$2^m = 2, \ m = 1$

24 액상반응 A → B(생성물)인 1차 반응에서 $kt=4$이면 전환율 X_A는 몇인가? 출제율 40%

① 0.88　　　　② 0.92
③ 0.95　　　　④ 0.98

해설 액상반응이므로 부피 V=일정하다.

1차 반응 $-\dfrac{dC_A}{dt}=kC_A$, $t=\dfrac{1}{k}\ln\dfrac{1}{1-X_A}$

따라서, $X_A=1-\exp(-kt)=1-\exp(-4)=0.981$

25 적당한 조건에서 A는 다음과 같이 분해되고 원료 A의 유입속도가 100L/h일 때 R의 농도를 최대로 하는 플러그흐름반응기의 크기는? (단, $k_1=0.2$/min, $k_2=0.2$/min이고 $C_{A0}=1$mol/L, $C_{R0}=C_{S0}=0$이다.) 출제율 40%

$$A \xrightarrow{k_1} R \xrightarrow{k_2} S$$

① 5.33L　　　　② 6.33L
③ 7.33L　　　　④ 8.33L

해설 $k_1=k_2$

$\tau_{p \cdot opt}=\dfrac{\ln k_2/k_1}{k_2-k_1} \Rightarrow$ 일반식

$k_1=k_2=k \Rightarrow \tau_{p \cdot opt}=\dfrac{1}{k}$

$\tau=\dfrac{V}{\nu_0}$

$V=\tau\nu_0=\dfrac{1}{k_1}\cdot\nu_0=\dfrac{100\text{L/h}}{0.2\text{min}^{-1}}≒8.33\text{L}$

26 $A \to R$인 반응이 부피가 0.2L인 플러그 흐름 반응기에서 $-r_A=50C_A{}^2$mol/L·min으로 일어난다. A의 초기농도 C_{A0}는 0.1mol/L이고 공급 속도가 0.05L/min일 때, 전환율은? 출제율 40%

① 0.95　　　　② 0.85
③ 0.75　　　　④ 0.65

해설 $\tau=\dfrac{V}{\nu_0}=\dfrac{0.2\text{L}}{0.05\text{L/min}}=4\text{min}$

$k\cdot\tau C_{A0}=\dfrac{x}{1-x}$

$50\times4\times0.1=\dfrac{x}{1-x}=20$

$20-20x=x$, $21x=20$ $\therefore x=\dfrac{20}{21}=0.95$

27 1차 반응에서 반응속도가 5×10^{-5}mol/cm³·s 이고 반응물의 농도가 4×10^{-2}mol/cm³이면 속도상수는 몇 s⁻¹이 되겠는가? 출제율 20%

① 2×10^{-3}/s
② 2×10^{-4}/s
③ 1.25×10^{-3}/s
④ 1.25×10^{-4}/s

해설 $-r_A=kC_A$

$k=\dfrac{-r_A}{C_A}=\dfrac{5\times10^{-5}\text{mol/cm}^3\cdot\text{s}}{4\times10^{-2}\text{mol/cm}^3}=1.25\times10^{-3}\text{/s}$

28 기상 2차 반응에 관한 속도식을 $-\dfrac{dP_A}{dt}=k_pP_A{}^2$ (atm/h)로 표시할 때 k_p의 단위로 옳은 것은 어느 것인가? 출제율 40%

① $\text{atm}^{-1}\cdot\text{h}$
② h^{-1}
③ $\text{atm}\cdot\text{h}$
④ $\text{atm}^{-1}\cdot\text{h}^{-1}$

해설 $\text{atm/h}=k_p(\text{atm})^2$

$k_p=\text{atm}^{-1}\cdot\text{h}^{-1}$

29 그림과 같이 직렬로 연결된 혼합흐름반응기에서 액상 1차 반응이 진행될 때 입구의 농도가 C_0이고, 출구의 농도가 C_2일 때 총 부피가 최소로 되기 위한 조건이 아닌 것은? 출제율 40%

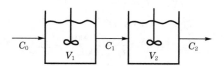

① $C_1=\sqrt{C_0C_2}$　　② $\dfrac{d(\tau_1+\tau_2)}{dC_1}=1$
③ $\tau_1=\tau_2$　　　　④ $V_1=V_2$

해설 $V_1=V_2$, $\tau_1=\tau_2$

$\dfrac{C_0}{C_1}=1+k\tau \to C_1=\dfrac{C_0}{1+k\tau}$

$\dfrac{C_1}{C_2}=1+k\tau \to C_1=C_2(1+k\tau)$

$C_1{}^2=C_0C_2 \Rightarrow C_1=\sqrt{C_0C_2}$

30 어떤 물질의 분해반응은 비가역 1차 반응으로 80%까지 분해하는 데 8100초가 소요되었다면, 50%까지 분해하는 데 걸리는 시간은 약 몇 초인가? _{출제율 60%}

① 2422초 ② 3488초

③ 4122초 ④ 5612초

[해설] $X_1 = 0.8$, $t_1 = 8100$초

$X_2 = 0.5$, $t_2 = ?$

$\dfrac{t_2}{t_1} = \dfrac{-\ln(1-X_2)}{-\ln(1-X_1)}$ 이므로

$t_2 = t_1 \times \dfrac{\ln(1-X_2)}{\ln(1-X_1)}$

$= 8100 \times \dfrac{\ln(1-0.5)}{\ln(1-0.8)} = 3488$초

31 반감기가 20h인 어떤 방사성 유체를 200L/h의 속도로 각각 용적이 40000L인 2개의 직렬교반조를 통과하여 처리하였다. 이 반응기를 통과함으로써 방사능은 몇 % 감소되는가? (단, 방사선 붕괴를 1차 반응으로 간주한다.) _{출제율 60%}

① 95.8% ② 96.8%

③ 97.8% ④ 98.4%

[해설] 1차 반응 반감기

$t_{1/2} = \dfrac{\ln 2}{k}$

$k = \dfrac{\ln 2}{t_{1/2}} = \dfrac{\ln 2}{20}$

N 개 CSTR

$1 - X_{Af} = (1 + k_m \tau)^{-N}$

$X_{Af} = 1 - (1 + k_m \tau)^{-N}$

공간시간 $(\tau) = \dfrac{V}{\nu_0} = \dfrac{40000\text{L}}{200\text{L/h}} = 200\text{hr}$, $N = 2$

$X_{Af} = 1 - \left(1 + \dfrac{\ln 2}{20\text{hr}} \times 200\text{hr}\right)^{-2} = 0.984 \times 100$

$= 98.4\%$

32 어떤 물질의 분해반응은 1차 반응이고, 속도상수는 697℃에서 0.14s⁻¹, 817℃에서 0.38s⁻¹이다. 이 반응의 활성화에너지는 약 몇 kcal/mol인가? _{출제율 60%}

① 15.28 ② 17.48

③ 19.62 ④ 22.54

[해설] 아레니우스식 $k = Ae^{-E_a/RT}$

$\ln \dfrac{k_1}{k_2} = -\dfrac{E_a}{R}\left(\dfrac{1}{T_1} - \dfrac{1}{T_2}\right)$

$\ln \dfrac{0.14}{0.38} = -\dfrac{E_a}{1.987}\left(\dfrac{1}{970} - \dfrac{1}{1090}\right)$

$E_a = 17481.369\text{cal} \times \text{kcal}/1000\text{cal} = 17.48\text{kcal}$

33 $A + B \to R$인 2차 반응에서 C_{A0}와 C_{B0}의 값이 서로 다를 때 반응속도상수 k를 얻기 위한 방법은? _{출제율 40%}

① $\ln \dfrac{C_B C_{A0}}{C_{B0} C_A}$와 t를 도시(plot)하여 원점을 지나는 직선을 얻는다.

② $\ln \dfrac{C_B}{C_A}$와 t를 도시(plot)하여 원점을 지나는 직선을 얻는다.

③ $\ln \dfrac{1-X_A}{1-X_B}$와 t를 도시(plot)하여 절편이 $\ln \dfrac{C_{A0}^2}{C_{B0}}$인 직선을 얻는다.

④ 기울기가 $1 + (C_{A0} - C_{B0})^2 k$인 직선을 얻는다.

[해설] $A + B \to R$, C_{A0}, C_{B0} 서로 다름

$-r_A = -\dfrac{dC_A}{dt} = k C_A C_B$

$C_A = C_{A0} - C_{A0} X_A$

$C_B = C_{B0} - C_{A0} X_A$

($C_{A0} X_A = C_B$가 반응에 의해 사라진 양)

$C_A = C_A(1 - X_A)$, $C_B = C_{A0}(m - X_A)$, $m = C_{B0}/C_{A0}$

$C_{A_0} \times \left(\dfrac{dX_A}{dt}\right) = k C_{A0}^2 \times (1 - X_A)(M - X_A)$

$\left(\dfrac{dX_A}{dt}\right) = k C_{A0}(1 - X_A)(M - X_A)$

$(dX_A)/(1 - X_A)(M - X_A) = k C_{A0} dt$

정리하면

$\ln \dfrac{C_B C_{A0}}{C_{B0} C_A} = k(C_{B0} - C_{A0}) \times t$

34 다음 중 Thiele 계수에 대한 설명으로 틀린 것은 어느 것인가? `출제율 20%`

① Thiele 계수는 가속도와 속도의 비를 나타내는 차원수이다.

② Thiele 계수가 클수록 입자 내 농도는 저하된다.

③ 촉매입자 내 유효농도는 Thiele 계수의 값에 의존한다.

④ Thiele 계수는 촉매 표면과 내부의 효율적 이용의 척도이다.

`해설` Thile 계수 $= \dfrac{\text{실제 반응속도}}{\text{이상적인 반응속도}}$ (무차원수)
(유효인자)

35 부피 유량이 일정한 관형 반응기 내에서 A → B의 1차 반응이 일어날 때 부피 유량이 10L/min, 반응속도상수 k가 0.25/min이면 유출농도를 유입농도의 10%로 줄이는 데 필요한 반응기의 부피는 약 얼마인가? (단, 반응기의 입구 조건에서 $C_A = C_{A0}$이다.) `출제율 20%`

① 72.1L ② 82.1L
③ 92.1L ④ 102.1L

`해설` 1차 PFR의 경우

$$\ln(1-X_A) = -k\tau = -k\frac{V}{\nu_0}$$

$$\frac{C_A}{C_{A0}} = \frac{C_{A0}(1-X_A)}{C_{i0}} = 0.1$$

$1-X_A = 0.1$이므로 $\ln(1-X_A) = -k\dfrac{V}{\nu_0}$ 식에 대입하면

$$\ln 0.1 = \frac{-0.25}{\min} \times \frac{V}{10\text{L/min}} \quad \therefore\ V = 92.1\text{L}$$

36 다음 반응에서 생성속도의 비를 표현한 식은? (단, a_1은 $A \to R$ 반응의 반응차수이며, a_2는 $A \to S$ 반응의 반응차수이다. k_1, k_2는 각각의 경로에서 속도상수이다.) `출제율 40%`

$$A \overset{k_1}{\underset{k_2}{\displaystyle <}} \begin{matrix} R \\ S \end{matrix}$$

① $\dfrac{r_S}{r_R} = \dfrac{k_2}{k_1} C_A^{(a_2-a_1)}$ ② $\dfrac{r_S}{r_R} = \dfrac{k_1}{k_2} C_A^{(a_2-a_1)}$

③ $\dfrac{r_S}{r_R} = \dfrac{k_2}{k_1} C_A^{(a_1-a_2)}$ ④ $\dfrac{r_S}{r_R} = \dfrac{k_1}{k_2} C_A^{(a_1-a_2)}$

`해설` $r_R = k_1 C_A^{a_1}$, $r_S = k_2 C_A^{a_2}$

$$\frac{r_S}{r_R} = \frac{k_2 C_A^{a_2}}{k_1 C_A^{a_1}} = \frac{k_2}{k_1} C_A^{a_2-a_1}$$

37 촉매작용의 일반적인 특성에 대한 설명으로 옳지 않은 것은? `출제율 20%`

① 활성화에너지가 촉매를 사용하지 않을 경우에 비해 낮아진다.

② 촉매작용에 의하여 평형 조성을 변화시킬 수 있다.

③ 촉매는 여러 반응에 대한 선택성이 높다.

④ 비교적 적은 양의 촉매로도 다량의 생성물을 생성시킬 수 있다.

`해설` 촉매

㉠ 생성물의 생성속도를 빠르거나 느리게 조절이 가능하다.

㉡ 단지 반응속도에만 영향을 주고, 평형에는 영향주지 않는다. 즉, 촉매작용으로 평형 조성을 변화시킬 수 없다.

38 이상기체반응 $A \to R + S$가 순수한 A로부터 정용 회분식 반응기에서 진행될 때 분압과 전압간의 상관식으로 옳은 것은 어느 것인가? (단, P_A : A의 분압, P_R : R의 분압, π_0 : 초기전압, π : 전압) `출제율 40%`

① $P_A = 2\pi_0 - \pi$

② $P_A = 2\pi - \pi_0$

③ $P_A^2 = 2(\pi_0 - \pi) + P_R$

④ $P_A^2 = 2(\pi - \pi_0) - P_R$

`해설`

$$\begin{array}{cccc} & A & \to R & + S \\ \text{초기} & \pi_0 & 0 & 0 \\ \text{반응} & -P_R & P_R & P_R \\ \hline & P_A & P_R & P_R \end{array}$$

전압 $\pi = P_A + 2P_R$, $P_R = \pi_0 - P_A$

$P_A = \pi_0 - P_R$, $P_R = (\pi - P_A) \times \dfrac{1}{2}$

$$\pi_0 - P_A = \frac{\pi}{2} - \frac{P_A}{2}$$

$$2\pi_0 - 2P_A = \pi - P_A$$

$$P_A = 2\pi_0 - \pi$$

39 $A \rightarrow R$, C_{A0}는 1mol/L인 반응이 회분식 반응기에서 일어날 때 1시간 후 전환율이 75%, 2시간 후 반응이 종결되었다. 이때 반응속도식(mol·$L^{-1} \cdot h^{-1}$)을 옳게 나타낸 것은? [출제율 40%]

① $-r_A = (1 mol^{1/2} \cdot L^{-1/2} \cdot hr^{-1}) C_A^{1/2}$

② $-r_A = (0.5 mol^{1/2} \cdot L^{-1/2} \cdot hr^{-1}) C_A^{1/2}$

③ $-r_A = (1 hr^{-1}) C_A$

④ $-r_A = (0.5 hr^{-1}) C_A$

해설 $-kt = \int_{C_{A0}}^{C_A} C_A^{-n} dC_A$

$-kt = \frac{1}{1-n}\left(C_A^{1-n} - C_{A0}^{1-n}\right)$

$C_A = C_{A0}(1-X_A)$이므로

$-kt = \frac{1}{1-n}\left(C_{A0}^{1-n}(1-X_A)^{1-n} - 1\right)$

$-k \times 1hr = \frac{1}{1-n}\left(C_{A0}^{1-n}((0.25)^{1-n}-1)\right)$

$-k \times 2hr = -\frac{1}{1-n}(C_{A0})^{1-n}$: 2시간 후 반응 종결

$X_A = 1$

$-\frac{1}{2} = (0.25^{1-n}-1)$, $n = 0.5$

$-r_A = k \times C_A^{0.5}$

$-2k hr = -\frac{1}{0.5}(1 mol/L)^{0.5}$

$k = 1(mol/L)^{0.5}/hr$

$-r_A = (1 mol^{0.5} \cdot L^{-0.5} \cdot hr^{-1}) \cdot C_A^{\frac{1}{2}}$

40 1차 직렬반응 $A \xrightarrow{k_1} R \xrightarrow{k_2} S$, $k_1 = 200 s^{-1}$, $k_2 = 10 s^{-1}$일 경우 $A \xrightarrow{k} S$로 볼 수 있다. 이때 k의 값은? [출제율 40%]

① $11.00 s^{-1}$

② $9.52 s^{-1}$

③ $0.11 s^{-1}$

④ $0.09 s^{-1}$

해설 $k_1 \gg k_2$

$k = \frac{1}{\frac{1}{k_1} + \frac{1}{k_2}} = \frac{1}{\frac{1}{200} + \frac{1}{10}} = 9.523 s^{-1}$

▶▶ 제3과목 ┃ 단위공정관리

41 안지름 25mm인 원관에 분자량 70g/mol, 밀도 0.7g/cm³인 액체가 7g/s의 유량으로 흐르고 있다. 계산값으로 틀린 것은? [출제율 20%]

① 부피유량 = 10cm³/s

② 몰유량 = 0.1mol/s

③ 평균유속 = 2.04m/s

④ 면적당 질량속도 = 14.26kg/s·m²

해설 주어진 Data

$D = 2.5 cm$

$M = 70 g/mol$

$d = 0.7 g/cm^3$

$W = \dot{m} = 7 g/s$

① 부피유량 $Q = \bar{u}A = \frac{\dot{m}}{\rho} = \frac{7 g/s}{0.7 g/cm^3} = 10 cm^3/s$

② 몰유량 $\frac{\dot{m}}{M} = \frac{7 g/s}{70 g/mol} = 0.1 mol/s$

③ 평균유속 $\bar{u} = \frac{Q}{A} = \frac{10 cm^3/s}{\frac{\pi}{4} \times 2.5^2 cm^2} = 2.04 cm/s$

④ 면적당 질량속도

$\dot{m} = \rho u A = GA$

$G = \rho u = \frac{\dot{m}}{A} = \frac{7 g/s}{\frac{\pi}{4} \times 2.5^2 cm^2} = 1.426 g/cm^2 \cdot s$

$= \frac{1.426 g}{cm^2 \cdot s} \times \frac{1 kg}{1000 g} \times \frac{10^4 cm^2}{1 m^2}$

$= 14.26 kg/m^2 \cdot s$

42 다음 중 증발, 건조, 결정화, 분쇄, 분급의 기능을 모두 가지고 있는 건조장치는? [출제율 20%]

① 적외선복사건조기

② 원통건조기

③ 회전건조기

④ 분무건조기

해설 분무건조기는 슬러리나 용액을 미세한 입자의 형태로 가열하여 기체 중에 분산시켜 건조시키는 방식으로, 증발, 건조, 결정화, 분쇄, 분급 모든 기능을 가지고 있으며 열에 민감한 물질에 효과적이다.

43 질소의 정압몰열량 C_P(J/mol·K)가 다음과 같을 때, 1mol의 질소를 1atm 하에서 500℃로부터 20℃로 냉각하였을 때 발생하는 열량은 약 몇 J인가? _{출제율 40%}

$$\frac{C_P}{R} = 2.3 + 0.6 \times 10^{-3}T$$

① 10455 ② 20455
③ 30455 ④ 40455

해설 $Q = m \times \widehat{C_P} \times \Delta T$ 이용

$\widehat{C_P}$의 20~500℃에서의 평균 열용량

$$Q = \frac{\int_{273+20}^{273+500} (2.3 + 0.6 \times 10^{-3})dT \times R}{T_2 - T_1} \times (T_2 - T_1)$$

$$= R\int_{293}^{773} (2.3 + 0.6 \times 10^{-3}T)dT$$

$$= 8.314\int_{293}^{773} (2.3 + 0.6 \times 10^{-3}T)dT$$

$$= 8.314 \times \{2.3 \times (773 - 293) + 0.6 \times 10^{-3}$$
$$\times \frac{1}{2}(773^2 - 293^2)\}$$

$$\fallingdotseq 10455$$

44 에탄과 메탄으로 혼합된 연료가스가 산소와 질소 각각 50mol%씩 포함된 공기로 연소된다. 연소 후 연소가스 조성은 CO_2 25mol%, N_2 60mol%, O_2 15mol%이었다. 이때 연료가스 중 메탄의 mol%는? _{출제율 20%}

① 25.0 ② 33.3
③ 50.0 ④ 66.4

해설

$$CH_4 \; + \; C_2H_6 \; + \; 6O_2 \; + \; N_2$$
$$1 \; : \; 1 \; : \; 6 \; : \; 1$$
$$\qquad\qquad\qquad 60\,mol \quad 60\,mol$$
$$\rightarrow \; 3CO_2 \; + \; N_2 \; + \; \frac{1}{2}O_2 \; + \; 5H_2O$$
$$: \quad 3 \quad : \quad 1 \quad : \quad \frac{1}{2} \quad : \quad 5$$
$$25\,mol\% \quad 60\,mol\% \quad 15\,mol\%$$

$O_2 = 60 - 15 = 45$ 소비 → 15mol(45mol 소비)
$N_2 = 60$ → 60mol(변함 없음)
$CO_2 = 25$mol(생성)
$CH_4 + 2O_2 \rightarrow CO_2 + 2H_2O$ (CH_4 몰 : x)
$C_2H_6 + \frac{7}{2}O_2 \rightarrow 2CO_2 + 3H_2O$ (C_2H_6 몰 : y)

산소 소모량 : $2x + \frac{7}{2}y = 45$
CO_2 생성 : $x + 2y = 25$
$x = 5, \; y = 10$
CH_4 조성 $= \frac{5}{5+10} \times 100 = 33.3\%$

45 열전달과 온도 관계를 표시한 가장 기본이 되는 법칙은? _{출제율 20%}

① 뉴턴의 법칙 ② 푸리에의 법칙
③ 픽의 법칙 ④ 후크의 법칙

해설 열전달과 온도 관계 : 푸리에의 법칙(Fourier's law)

$$q = \frac{dQ}{d\theta} = -kA\frac{dt}{dl}$$

여기서, $q, \; \dfrac{dQ}{d\theta}$: 열전달속도(kcal/hr)

$\qquad\quad K$: 열전도도(kcal/m·hr·℃)
$\qquad\quad A$: 열전달면적(m^2)
$\qquad\quad dl$: 미소거리(m)
$\qquad\quad dt$: 온도차(℃)

46 젖은 고체 10kg을 완전건조 시 9.6kg이 되었다. 처음 재료의 수분은 몇 %인가? _{출제율 40%}

① 2% ② 4%
③ 6% ④ 8%

해설 수분 $\% = \dfrac{10 - 9.6}{10} = \dfrac{0.4}{10} \times 100 = 4\%$

(젖은 고체 : 10kg, 수분 : $10 - 9.6 = 0.4$kg)

47 농도가 10%인 소금 수용액 1kg을 1%인 소금 수용액으로 희석하여 3%인 소금 수용액을 만들고자 할 때 필요한 1% 소금 수용액의 질량은 몇 kg인가? _{출제율 40%}

① 2kg ② 2.5kg
③ 3kg ④ 3.5kg

해설
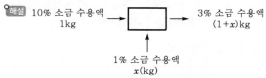

물질수지를 세우면
$(10 \times 1) + (1 \times x) = 3 \times (1 + x)$
$10 + x = 3 + 3x, \; 2x = 7$
$\therefore \; x = 3.5$kg

48 정압비열이 1cal/g · ℃인 물 100g/s을 20℃에서 40℃로 이중 열교환기를 통하여 가열하고자 한다. 사용되는 유체는 비열이 10cal/g · ℃이며 속도는 10g/s, 들어갈 때의 온도는 80℃이고, 나올 때의 온도는 60℃이다. 유체의 흐름이 병류라고 할 때 열교환기의 총괄열전달계수는 약 몇 cal/m² · s · ℃인가? (단, 이 열교환기의 전열면적은 10m²이다.) 〔출제율 60%〕

① 5.5
② 10.1
③ 50.0
④ 100.5

해설

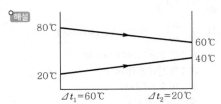

$$\Delta t_L = \frac{60-20}{\ln 60/20} = 36.4\text{℃}$$

$$Q = 100\,\text{g/s} \times 1\,\text{cal/g} \cdot \text{℃} \times (40-20) = 2000\,\text{cal/s}$$

$$q = UA\Delta t$$

$$2000\,\text{cal/s} = U \times 10\,\text{m}^2 \times 36.4\text{℃}$$

$$U = 5.5\,\text{cal/m}^2 \cdot \text{s} \cdot \text{℃}$$

49 혼합에 영향을 주는 물리적 조건에 대한 설명으로 옳지 않은 것은? 〔출제율 20%〕

① 섬유상의 형상을 가진 것은 혼합하기가 어렵다.
② 건조분말과 습한 것의 혼합은 한 쪽을 분할하여 혼합한다.
③ 밀도 차가 클 때는 밀도가 큰 것이 아래로 내려가므로 상하가 고르게 교환되도록 회전방법을 취한다.
④ 액체와 고체의 혼합 · 반죽에서는 습윤성이 적은 것이 혼합하기 쉽다.

해설 **혼합 영향인자**
㉠ 입도가 작을수록 혼합이 용이하다.
㉡ 섬유상은 혼합이 제한적이다.
㉢ 액체와 고체의 혼합 · 반죽에서 습윤성이 클수록 혼합이 좋다.

50 태양을 완전흑체(black body)라고 가정하고, 가장 강열한 복사(radiation with maximum intensity)의 파장이 5000Å일 때 태양 표면의 온도를 구하면 얼마인가? (단, 상수 C는 2.89×10^{-3} m · K이다.) 〔출제율 20%〕

① 10400K
② 9560K
③ 7200K
④ 5780K

해설 **빈의 법칙**
$\lambda_{\max} T = C$
여기서, $\lambda_{\max}$: 파장, T : 절대온도 K, C : 상수
$1\,\text{Å} = 10^{-10}\,\text{m}$ ($5000\,\text{Å} = 5000 \times 10^{-10}\,\text{m}$)
$5000 \times 10^{-10}\,\text{m} \times T = 2.89 \times 10^{-3}\,\text{m} \cdot \text{K}$
$T = 5780\,\text{K}$

51 A 함량 30mol%인 A와 B의 혼합용액이 A 함량 60mol%인 A와 B의 혼합증기와 평형상태에 있을 때 순수 A 증기압/순수 B 증기압 비로 옳은 것은? 〔출제율 60%〕

① 6/4
② 3/7
③ 78/28
④ 7/2

해설 **라울의 법칙**
A 함량 30% → $x_A = 0.3$, $x_B = 0.7$(액상) ⎫상평형
A 함량 60% → $y_A = 0.6$, $y_B = 0.4$(기상) ⎭
라울의 법칙 $y_i = \dfrac{x_i P_i^{\text{sat}}}{P}$
$y_A = \dfrac{x_A P_A}{P}$, $y_A P = x_A P_A$
$0.6P = 0.3P_A$ ∴ $P_A = 2P$
$y_B = \dfrac{x_B P_B}{P}$, $y_B P = x_B P_B$
$0.4P = 0.7P_B$ ∴ $P_B = \dfrac{4}{7}P$
$\dfrac{P_A}{P_B} = \dfrac{2P}{\dfrac{4}{7}P} = \dfrac{7}{2}$

52 1atm, 100℃에서 1mol의 수증기와 물과의 내부에너지의 차는 약 몇 cal인가? (단, 수증기는 이상기체로 생각하고, 주어진 압력과 온도에서의 물의 증발잠열은 539cal/g이다.) 〔출제율 20%〕

① 9702cal
② 19700cal
③ 27000cal
④ 54000cal

해설 $\dfrac{539\,\text{cal}}{\text{g}} \times \dfrac{18\,\text{g}}{1\,\text{mol}}$ (물 분자량) $\times 1\,\text{mol} = 9702\,\text{cal}$

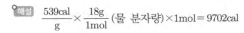

53 기상반응계에서 평형상수가 $K = P^\nu \prod_i (y_i)^{\nu_i}$로 표시될 경우는? (단, ν_i는 성분 i의 양론수, $\nu = \sum \nu_i$, $\prod_i$는 모든 화학종 i의 곱으로 나타낸다.) 출제율 40%

① 평형혼합물이 이상기체와 같은 거동을 할 때
② 평형혼합물이 이상용액과 같은 거동을 할 때
③ 반응에 따른 몰수 변화가 없을 때
④ 반응열이 온도에 관계없이 일정할 때

해설 평형상수와 조성의 관계(기상반응)

$$\prod_i (y_i \widehat{\phi_i})^{\nu_i} = \left(\frac{P}{P^\circ}\right)^{-\nu} K$$

$$K = \left(\frac{P}{P^\circ}\right)^\nu \prod_i (y_i \widehat{\phi_i})^{\nu_i}$$

문제에서 주어진 $K = P^\nu \prod_i (y_i)^{\nu_i}$이면

$P^\circ = 1\,\text{bar}$, $\widehat{\phi_i} = 1$

따라서 평형혼합물이 이상기체와 같은 거동을 할 때이다.

54 벤젠(1)-톨루엔(2)이 기-액 평형에서 라울의 법칙이 만족된다면 90℃, 1atm에서 기체의 조성 y_1은 얼마인가? (단, $P_1^{\text{sat}} = 2\text{atm}$, $P_2^{\text{sat}} = 0.5\text{atm}$이다.) 출제율 40%

① 0.47
② 0.57
③ 0.67
④ 0.77

해설 라울의 법칙

$P = p_A + p_B = P_A x + P_B (1-x)$

여기서, p_A, p_B : A, B의 증기분압
  x : A의 몰분율
  $P_A \cdot P_B$: A, B의 순수한 상태의 증기압

$1\text{atm} = 2x + 0.5(1-x)$

$0.5 = 1.5x$, $x = \dfrac{1}{3}$

$y_1 = \dfrac{P_A x_A}{P} = \dfrac{2 \times \dfrac{1}{3}}{1} = \dfrac{2}{3} = 0.666 = 0.67$

55 압축인자(compressibility factor)인 Z를 표현하는 비리얼 전개(virial expansion)는 다음과 같다. 이에 대한 설명으로 옳지 않은 것은? (단, B, C, D 등은 비리얼 계수이다.) 출제율 20%

$$Z = \frac{PV}{RT} = 1 + \frac{B}{V} + \frac{C}{V^2} + \frac{D}{V^3} + \cdots$$

① 비리얼 계수들은 실제기체의 분자 상호간의 작용때문에 나타나는 것이다.
② 비리얼 계수들은 주어진 기체에서 온도 및 압력에 관계없이 일정한 값을 나타낸다.
③ 이상기체의 경우 압축인자의 값은 항상 1이다.
④ $\dfrac{B}{V}$항은 $\dfrac{C}{V^2}$항에 비해 언제나 값이 크다.

해설 실제기체 비리얼 방정식
㉠ B, C, D는 비리얼 계수로 온도 만의 함수이다.
㉡ 비리얼 계수는 실제기체의 상호영향을 고려한다.
㉢ 이상기체의 압축인자 Z는 1이다.
㉣ 제1비리얼계수부터 차수가 증가할수록 기여도가 적다.

56 기체의 퓨가시티 계수 계산을 위한 방법으로 가장 거리가 먼 것은? 출제율 20%

① 포인팅(poynting) 방법
② 펭-로빈슨(Peng-Robinson) 방법
③ 비리얼(virial) 방정식
④ 일반화된 압축인자의 상관관계 도표

해설 • Fugacity 계수(ϕ) 구하는 방법
① 비리얼방정식
② 3차 상태방정식(van der Waals, Redlich-kwong, Peng-Robinson 식 등)
③ 일반화된 압축인자의 상관도표
• Poynting 방법은 지수함수

$$f_i = \phi_i^{\text{sat}} P_i^{\text{sat}} \exp \frac{V_i^l (P - P_i^{\text{sat}})}{RT}$$

$$= \frac{\widehat{\phi_i}}{\phi_i^{\text{sat}}}$$

53.① 54.③ 55.② 56.①

57 30℃와 −20℃에서 작동하는 이상적인 냉동기의 성능계수는 약 얼마인가? <small>출제율 40%</small>

① 3.56   ② 4.01

③ 4.56   ④ 5.06

해설 냉동기 성능계수 $= \dfrac{Q_C}{W}$

$$= \dfrac{Q_C}{Q_H - Q_C}$$

$$= \dfrac{T_C}{T_H - T_C}$$

$$= \dfrac{273 - 20}{(273 + 30) - (273 - 20)}$$

$$= \dfrac{253}{50}$$

$$= 5.06$$

58 진공에서 $CaCO_3(s)$가 $CaO(s)$와 $CO_2(g)$로 완전분해하여 만들어진 계에 대해 자유도(degree of freedom) 수는? <small>출제율 80%</small>

① 0   ② 1

③ 2   ④ 3

해설 자유도(F)

$F = 2 - P + C - r - s$

여기서, P : 상

        C : 성분

        r : 반응식

        s : 제한조건(공비혼합물, 등몰기체)

P : 2(고체, 기체)

C : 2(완전분해 → CaO, CO_2만 있음.)

$F = 2 - 2 + 2 = 2$

59 1atm, 257℃의 이상기체 1mol을 20atm으로 등온압축하였을 때의 엔트로피 변화량은 약 얼마인가? (단, 기체는 단원자분자이며, 기체상수 $R = 1.987 cal/mol \cdot K$이다.) <small>출제율 40%</small>

① −5.95   ② 5.95

③ −0.59   ④ 0.59

해설 이상기체 엔트로피 변화

$$\Delta S = nC_p \ln \dfrac{T_2}{T_1} - nR \ln \dfrac{P_2}{P_1} \ (T = 일정)$$

$$= -1.987 cal/mol \cdot K \times 1 mol \times \ln \dfrac{20}{1}$$

$$= -5.95 cal/K$$

60 1100K, 1bar에서 2mol의 H_2O와 1mol의 CO가 다음과 같이 전이반응한다. 이 반응의 표준 깁스(Gibbs) 에너지 변화는 $\Delta G° = 0$이다. 혼합물을 이상기체로 가정하면 반응한 수증기의 분율은? <small>출제율 40%</small>

$$CO(g) + H_2O(g) \longrightarrow CO_2(g) + H_2(g)$$

① 0.333   ② 0.367

③ 0.500   ④ 0.667

해설 평형상수

$$CO \ + \ H_2O \ \to \ CO_2 \ + \ H_2$$

초기 :   1   :   2   0   :   0

평형 : $1 - X$: $2 - X$ X : X

$$K = \dfrac{X^2}{(1 - X)(2 - X)} = 1$$

$$(\Delta G° = -nRT \ln K = 0 \to K = 1)$$

$$(1 - X)(2 - X) = X^2 \quad \therefore \ X = 0.666 \, mol$$

H_2O는 2mol이므로 $y_{H_2O} = \dfrac{0.666}{2} = 0.333$

제4과목 ▌화공계측제어

61 $\dfrac{1}{10s + 1}$로 표현되는 일차계 공정에 경사입력 $2/s^2$가 들어갔을 때 시간이 충분히 지난 후의 출력은? (단, 이득은 무단위이며, 시간은 "분" 단위를 가진다.) <small>출제율 40%</small>

① 입력에 2분만큼 뒤지면서 기울기가 10인 경사응답을 보인다.

② 초기에 경사응답을 보이다가 최종응답값이 2로 일정하게 유지된다.

③ 입력에 10분만큼 뒤지면서 기울기가 2인 경사응답을 보인다.

④ 초기에 경사입력을 보이다가 최종응답값이 10으로 일정하게 유지된다.

해설 1차 공정

$$G(s) = \dfrac{Y(s)}{X(s)} = \dfrac{K}{\tau s + 1}$$

문제에서 $\dfrac{1}{10s + 1}$는 $\tau = 10$이므로 10분 지연

경사함수 $\dfrac{2}{s^2}$는 기울기가 2인 경사응답

---

62 Anti Reset Windup에 관한 설명으로 가장 거리가 먼 것은? 〔출제율 40%〕

① 제어기 출력이 공정입력한계에 걸렸을 때 작동한다.
② 적분동작에 부과된다.
③ 큰 설정치 변화에 공정출력이 크게 흔들리는 것을 방지한다.
④ Offset을 없애는 동작이다.

해설 • Reset Windup
제어출력 $m(t)$가 최대허용치에 머물고 있어도 $\int e(t)$는 계속 증가한다.
• Anti Reset Windup
적분제어의 결점인 Reset Windup을 없애기 위한 동작이다.

63 화학공정모사는 화학공정을 열역학을 이용하여 수학적으로 모델화하고 이를 컴퓨터 하드웨어를 이용하여 실제 정유 및 석유화학공장에서 일어나는 상황을 묘사하는 방법인데 특징으로 잘못된 것은? 〔출제율 20%〕

① 복잡한 공정모사에 적합하다.
② 공정 특성 파악에 제한적이다.
③ 여러 개의 공정모사가 가능하다.
④ 비용절감 효과가 있다.

해설 실제 정유 및 석유화학공장의 상황을 묘사하여 공정 특성 파악이 가능하다.

64 다음 함수의 라플라스 변환으로 맞는 것은 어느 것인가? 〔출제율 50%〕

$$f(t)=e^{2t}\sin 3t$$

① $\dfrac{\sqrt{3}}{(s+2)^2+3}$　② $\dfrac{\sqrt{3}}{(s-2)^2+3}$
③ $\dfrac{3}{(s-2)^2+9}$　④ $\dfrac{3}{(s+2)^2+9}$

해설 삼각함수의 라플라스 변환
$\sin(wt)=\dfrac{W}{s^2+w^2}$
$f(t)=e^{2t}\cdot\sin 3t$이므로 시간지연 2를 고려하여
$f(s)=\dfrac{3}{(s-2)^2+3^2}$

65 다음 1차 공정의 계단응답의 특징 중 옳지 않은 것은? 〔출제율 60%〕

① $t=0$일 때 응답의 기울기는 0이 아니다.
② 최종응답 크기의 63.2%에 도달하는 시간은 시상수와 같다.
③ 응답의 형태에서 변곡점이 존재한다.
④ 응답이 98% 이상 완성되는 데 필요한 시간은 시상수의 4~5배 정도이다.

해설 1차 공정의 응답 형태
㉠ 변곡점이 없다(2차계에는 있다).
㉡ $t=\tau$에서 최종응답 크기는 63.2%에 도달한다.
㉢ $t=5\tau$에서 최종응답 크기는 약 99.3%이다.
㉣ $t=0$에서 기울기는 0이 아니다.

66 안정도 판정에 사용되는 열린 루프 전달함수가 $G(s)H(s)=\dfrac{K}{s(s+1)^2}$인 제어계에서 이득여유가 2.0이면 K 값은 얼마인가? 〔출제율 40%〕

① 1.0　② 2.0
③ 5.0　④ 10.0

해설 이득마진 $GM:\dfrac{1}{AR_C}=2 \Rightarrow AR_C=\dfrac{1}{2},\ s=j\omega$

$G(j\omega)H(j\omega)=\dfrac{k}{(j\omega)^3+2(j\omega)^2+j\omega}$
$=\dfrac{k}{-2\omega^2+j(\omega-\omega^3)}$

분모를 실수화
$G'(j\omega)=\dfrac{k\{-2\omega^2-(\omega-\omega^3)j\}}{\omega^2(\omega^2+1)^2}$

실수부 $R=\dfrac{-2\omega^2 k}{\omega^2(\omega^2+1)}$, 허수부 $I=\dfrac{-(\omega-\omega^3)}{\omega^2(\omega^2+1)^2}k$

$\angle G'(j\omega)=\tan^{-1}\left(\dfrac{\tau}{R}\right)=\tan^{-1}\left(\dfrac{-(\omega-\omega^3)k}{-2\omega^2 k}\right)$

$\phi=-180°,\ \tan\phi=0,\ \omega=\omega_{co}=1$
$AR=|G'(j\omega)|$
$=\sqrt{\dfrac{4\omega^4 k^2}{\{\omega^2(\omega^2+1)^2\}^2}+\dfrac{(\omega-\omega^3)^2 k^2}{\{\omega^2(\omega^2+1)^2\}^2}}$
$\omega=1,\ AR=0.5$
$AR_C=k\sqrt{\dfrac{4}{2^4}}=\dfrac{k}{2}$
$k=1$

67 공정의 정상상태 이득(k), Ultimate gain(k_{cu}), 그리고 Ultimate period(P_u)를 실험으로 측정결과 $k=4$, $k_{cu}=6$, $P_u=6.28$일 때 이와 같은 결과를 주는 일차 시간지연 모델, $G(s)=\dfrac{k_e^{-\theta s}}{\tau s+1}$의 시간상수 τ는? 출제율 40%

① 16.54

② 18.79

③ 20.12

④ 23.98

해설 $k_{cu}=\dfrac{1}{AR}=6$, $AR=\dfrac{1}{6}$

$P_u=\dfrac{2\tau_e}{W}=6.28$, $W=1$

$AR=\dfrac{k}{\sqrt{\tau^2W^2+1}}=\dfrac{4}{\sqrt{\tau^2+1}}=\dfrac{1}{6}$

$24=\sqrt{\tau^2+1}$, $\tau^2+1=576$ ∴ $\tau=23.98$

68 센서는 선형이 되도록 설계되는 것에 반하여, 제어밸브는 Quick opening 혹은 Equal percentage 등으로 비선형 형태로 제작되기도 한다. 그 이유로 가장 타당한 것은? 출제율 20%

① 높은 압력에 견디도록 하는 구조가 되기 때문

② 공정흐름과 결합하여 선형성이 좋아지기 때문

③ Stainless steal 등 부식에 강한 재료로 만들기가 쉽기 때문

④ 충격파를 방지하기 위하여

해설 Equal percentage(등비) 특성 밸브
밸브 Steam 변화에 따른 유량 변화의 정도가 일정한 비율로 가장 널리 사용되는 밸브를 말한다 (on-off 제어계에 주로 사용).

69 어떤 1차계의 함수가 $6\dfrac{dY}{dt}=4X-3Y$일 때 이계의 전달함수의 시정수(time constant)는 얼마인가? 출제율 40%

① 1   ② 2

③ 3   ④ 4

해설 $6sY(s)=4X(s)-3Y(s)$

$(6s+3)Y(s)=4X(s)$

$G(s)=\dfrac{Y(s)}{X(s)}=\dfrac{4}{6s+3}=\dfrac{4/3}{2s+1}$

∴ $\tau=2$

70 그림과 같은 블록 다이어그램으로 표시되는 제어계에서 R과 C 간의 관계를 하나의 블록으로 나타낸 것은 다음 중 어느 것인가?

$\left(\text{단, } G_a=\dfrac{G_{C2}G_1}{1+G_{C2}G_1H_2} \text{이다.}\right)$ 출제율 80%

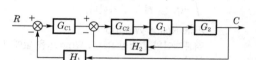

① $R \rightarrow \boxed{\dfrac{G_{C2}G_1G_2}{1+G_{C1}G_aG_2H_1}} \rightarrow C$

② $R \rightarrow \boxed{\dfrac{G_{C1}G_aG_2}{1+G_{C1}G_aG_2H_1}} \rightarrow C$

③ $R \rightarrow \boxed{\dfrac{G_{C1}G_aG_2}{1+G_{C1}G_{C2}G_1G_2H_1}} \rightarrow C$

④ $R \rightarrow \boxed{\dfrac{G_aG_2}{1+G_{C1}G_{C2}G_1G_2H_1}} \rightarrow C$

해설 $G_a=\dfrac{G_{C_2}G_1\,(\text{직진})}{1+G_{C_2}G_1H_2\,(\text{feedback})}$

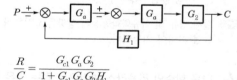

$\dfrac{R}{C}=\dfrac{G_{c1}G_aG_2}{1+G_{c1}G_aG_2H_1}$

71 다음 그림에서와 같은 제어계에서 안정성을 갖기 위한 K_c의 범위(lower bound)를 가장 옳게 나타낸 것은? 출제율 80%

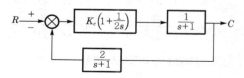

① $K_c>0$ ② $K_c>\dfrac{1}{2}$

③ $K_c>\dfrac{2}{3}$ ④ $K_c>2$

해설 $G_c = \dfrac{직진(직렬)}{1+\text{feedback}}$

$$= \frac{K_c\left(1+\dfrac{1}{2s}\right)\left(\dfrac{1}{s+1}\right)}{1+K_c\left(1+\dfrac{1}{2s}\right)\left(\dfrac{1}{s+1}\right)\left(\dfrac{2}{s+1}\right)}$$

분모 $= 0 \to 1+K_c\left(1+\dfrac{1}{2s}\right)\left(\dfrac{1}{s+1}\right)\left(\dfrac{2}{s+1}\right)=0$

정리하면 $s^3+2s^2+(1+2K_c)s+K_c=0$

Routh 안정성

	1	2
1	1	$1+2K_c$
2	2	K_c
3	$\dfrac{2(1+K_c)-K_c}{2}>0$	

$K_c > -\dfrac{2}{3}$ 이므로 $K_c>0$

72 단면적이 4m²인 수평관을 이용하여 150m 떨어진 지점에 3000kg/min의 속도로 물을 공급하고 있다. 이 계의 수송지연은 몇 분인가? (단, 물의 밀도는 1000kg/m³이다.) 〔출제율 40%〕

① 50min　　② 100min
③ 150min　　④ 200min

해설 수송지연 $= \dfrac{\text{volume}}{\text{flow rate}}$

$= \dfrac{4\text{m}^2\times150\text{m}\times1000\text{kg/m}^3}{3000\text{kg/min}}$

$= 200\text{min}$

73 다음 공정에 단위계단입력이 가해졌을 때 최종치는? 〔출제율 60%〕

$$G(s) = \frac{2}{3s^2+2s+1}$$

① 0　　② 1
③ 2　　④ 3

해설 $Y(s) = G(s)\times\dfrac{1}{s}$ (계단응답)

$Y(s) = \dfrac{2}{3s^2+2s+1}\times\dfrac{1}{s}$ 을 최종치 정리하면

$\displaystyle\lim_{t\to\infty}f(t)=\lim_{s\to0}sF(s)=\lim_{s\to0}\dfrac{2}{3s^2+2s+1}=2$

74 $Y(s)=4/(s^3+2s^2+4s)$ 식을 역라플라스 변환하여 $y(t)$ 값을 옳게 구한 것은? 〔출제율 40%〕

① $y(t) = e^{-t}\left(\cos\sqrt{3}t+\dfrac{1}{\sqrt{3}}\sin\sqrt{3}t\right)$

② $y(t) = 1-e^{-t}\left(\cos\sqrt{3}t+\dfrac{1}{\sqrt{3}}\sin\sqrt{3}t\right)$

③ $y(t) = 4-e^{-t}\left(\sin\sqrt{3}t+\dfrac{1}{\sqrt{3}}\cos\sqrt{3}t\right)$

④ $y(t) = 1-e^{-t}\left(\sin\sqrt{3}t+\dfrac{1}{\sqrt{3}}\cos\sqrt{3}t\right)$

해설 $Y(s) = \dfrac{4}{s^3+2s^2+4s} = \dfrac{4}{s(s^2+2s+4)}$

$= \dfrac{1}{s} - \dfrac{s+2}{s^2+2s+4}$

$= \dfrac{1}{s} - \dfrac{(s+1)+1}{(s+1)^2+3}$

$= \dfrac{1}{s} - \dfrac{s+1}{(s+1)^2+(\sqrt{3})^2} - \dfrac{1}{(s+1)^2+(\sqrt{3})^2}$

$y(t) = 1-e^{-t}\cos\sqrt{3}t - \dfrac{e^{-t}}{\sqrt{3}}\sin\sqrt{3}t$

$= 1-e^{-t}\left(\cos\sqrt{3}t+\dfrac{1}{\sqrt{3}}\sin\sqrt{3}t\right)$

75 안정한 2차계에 대한 공정응답 특성으로 옳은 것은? 〔출제율 20%〕

① 사인파 압력에 대한 시간이 충분히 지난 후의 공정응답은 같은 주기의 사인파가 된다.
② 두 개의 1차계 공정이 직렬로 이루어진 2차계의 경우 큰 계단 입력에 대해 진동응답을 보인다.
③ 공정이득이 클수록 진동주기가 짧아진다.
④ 진동응답이 발생할 때의 진동주기는 감쇠계수 ζ에만 영향받는다.

해설 ② sin 입력에 대해 진동응답을 보인다.
③ 공정이득은 진폭비에 관계한다.
④ 진동응답이 발생할 때의 진동주기는 감쇠계수 ζ와 시간상수에 영향을 받는다.

보충 Tip

사인파의 경우 다시 같은 주기의 사인파가 된다.

76 설정치(set point)는 일정하게 유지되고, 외부교란변수(disturbance)가 시간에 따라 변화할 때 피제어변수가 설정치를 따르도록 조절변수를 제어하는 것은? 출제율 40%

① 조정(regulatory) 제어
② 서보(servo) 제어
③ 감시 제어
④ 예측 제어

해설 조정 제어(regulatory control)
외부교란의 영향에도 불구하고 제어변수를 설정값으로 유지시키고자 하는 제어를 말한다.

77 전달함수가 다음과 같은 2차 공정에서 $\tau_1 > \tau_2$이다. 이 공정에 크기 A인 계단입력 변화가 야기되었을 때 역응답이 일어날 조건은? 출제율 40%

$$G(s) = \frac{Y(s)}{X(s)} = \frac{K(\tau_d s + 1)}{(\tau_1 s + 1)(\tau_2 s + 1)}$$

① $\tau_d > \tau_1$ ② $\tau_d < \tau_2$
③ $\tau_d > 0$ ④ $\tau_d < 0$

해설

τ_d의 크기	응답모양
$\tau_d > \tau_1$	overshoot가 나타남
$0 < \tau_d \leq \tau_1$	1차 공정과 유사한 응답
$\tau_d < 0$	역응답

78 다음 중 계단입력에 대한 공정 출력이 가장 느린 것은? 출제율 20%

① $\dfrac{1}{s+1}$ ② $\dfrac{1}{s+3}$
③ $\dfrac{3}{s+3}$ ④ $\dfrac{1}{s+4}$

해설 1차계의 전달함수는 $\dfrac{k}{\tau s + 1}$ 이므로 τ값이 클수록 공정응답이 느리다.
①은 $\tau = 1$, ②는 $\tau = \dfrac{1}{3}$, ③은 $\tau = \dfrac{1}{3}$, ④는 $\tau = \dfrac{1}{4}$ 이므로, ①번이 가장 느리다.

79 2차계 시스템에서 시간의 변화에 따른 응답곡선이 아래와 같을 때 Overshoot은? 출제율 20%

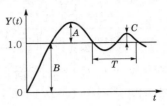

① $\dfrac{A}{B}$ ② $\dfrac{C}{B}$
③ $\dfrac{C}{A}$ ④ $\dfrac{C}{T}$

해설

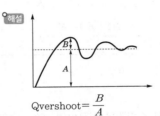

$$\text{Qvershoot} = \frac{B}{A}$$

80 다음 공정에서 비례제어기($k_c = 2$)가 연결되어 있고 초기정상상태에서 설정값이 4만큼 계단변화할 때 잔류편차는? 출제율 20%

$$G_P(s) = \frac{1}{3s+1}$$

① 0.57   ② 0.67
④ 0.77   ④ 0.87

해설
$$G(s) = \frac{k_c G_P(s)}{1 + k_c G_P(s)}$$
$$= \frac{2 \times \dfrac{1}{3s+1}}{1 + 2 \times \dfrac{1}{3s+1}} = \frac{\dfrac{2}{3s+1}}{\dfrac{3s+3}{3s+1}} = \frac{2}{3s+3}$$

계단입력 $X(s) = \dfrac{4}{s}$

$$Y(s) = G(s) \cdot X(s) = \frac{2}{3s+3} \times \frac{5}{s}$$

$$\lim_{s \to 0} s\,Y(s) = \frac{10}{3s+3} = \frac{10}{3} = 3.333$$

$$\text{offset} = 4 - 3.333 \fallingdotseq 0.67$$

제1과목 | 공업합성

01 아크릴산 에스테르의 공업적 제법과 가장 거리가 먼 것은? 출제율 40%

① Reppe 고압법
② 프로필렌의 산화법
③ 에틸렌시안히드린법
④ 에틸알코올법

해설 아크릴산 에스테르의 공업적 제법
㉠ Reppe 고압법
㉡ 프로필렌의 산화법
㉢ 에틸렌시안히드린법

02 다음 중 유리기(free radical) 연쇄반응으로 일어나는 반응은? 출제율 20%

① $CH_2=CH_2+H_2 \rightarrow CH_3-CH_3$
② $CH_4+Cl_2 \rightarrow CH_3Cl+HCl$
③ $CH_2=CH_2+Br_2 \rightarrow CH_2Br-CH_2Br$
④ $C_6H_6=HNO_3 \xrightarrow{H_2SO_4} C_6H_5NO_2+H_2O$

해설 자유라디칼 중합용 단량체
$CH_2=CH_2+H_2 \rightarrow CH_3-CH_3$
$CH_4+Cl_2 \rightarrow CH_3Cl+HCl$

03 다음 중 니트로화 반응의 메커니즘으로 알맞은 것은? 출제율 20%

① NO_2^-에 의한 친핵성 치환반응
② NO_2^+에 의한 친핵성 치환반응
③ NO_2^-에 의한 친전자성 첨가반응
④ NO_2^+에 의한 친전자성 치환반응

해설 니트로화 반응의 메커니즘은 NO_2^+에 의한 친전자성 치환반응으로, 니트로늄이온(친전자체)이 벤젠과 반응하여 공명안정화된 아레늄이온을 형성하며 양성자를 잃고 니트로벤젠이 된다.

04 루이스산 촉매에 해당하는 $AlCl_3$와 BF_3는 어떤 시약에 해당하는가? 출제율 20%

① 친전자 시약
② 친핵 시약
③ 라디칼 제거 시약
④ 라디칼 개시 시약

해설 친전자 시약($AlCl_3$와 BF_3)
반응하는 분자나 이온에서 전자를 받는 시약을 말한다. 즉, 상대로부터 전자를 받거나 상대의 전자쌍에 의해서 공유결합을 생성한다.

05 자체만으로는 촉매작용이 없으나 촉매의 지지체로서 촉매의 유효면적을 증가시켜 촉매의 활성을 크게 하는 것은? 출제율 20%

① Mixed Catalyst
② Co-Catalyst
③ Carrier
④ Catalyst Poison

해설 촉매담체(carrier)
자체적인 촉매작용은 없으나 촉매의 지지체로서 촉매를 지지하고 촉매의 표면적을 증가시켜 촉매의 활성을 크게 한다.

06 다음 중 암모니아 소다법의 핵심공정 반응식을 옳게 나타낸 것은? 출제율 80%

① $2NaCl+H_2SO_4 \rightarrow Na_2SO_4+2HCl$
② $2NaCl+SO_2+H_2O+\frac{1}{2}O_2$
$\rightarrow Na_2SO_4+2HCl$
③ $NaCl+2NH_3+CO_2 \rightarrow NaCO_2NH_2+NH_4Cl$
④ $NaCl+NH_3+CO_2+H_2O \rightarrow NaHCO_3+NH_4Cl$

해설 암모니아 소다법(Solvay법)
• $NaCl+NH_3+CO_2+H_2O \rightarrow NaHCO_3+NH_4Cl$
• $2NaHCO_3 \rightarrow Na_2CO_3+H_2O+CO_2$
• $2NH_4Cl+Ca(OH)_2 \rightarrow CaCl_2+2H_2O+2NH_3$

07 폴리카보네이트의 합성방법은? 〔출제율 20%〕

① 비스페놀-A와 포스겐의 축합반응
② 비스페놀-A와 포름알데히드의 축합반응
③ 하이드로퀴논과 포스겐의 축합반응
④ 하이드로퀴논과 포름알데히드의 축합반응

〔해설〕 폴리카보네이트 합성방법
(비스페놀 A와 포스겐의 축합반응)

$$n\text{Cl} - \overset{\overset{\text{O}}{\|}}{\text{C}} - \text{Cl} + n\text{HO} - \hspace{-6pt}\bigcirc\hspace{-6pt} - \overset{\overset{\text{CH}_3}{|}}{\underset{\underset{\text{CH}_3}{|}}{\text{C}}} - \hspace{-6pt}\bigcirc\hspace{-6pt} - \text{HO}$$

(포스겐)   (비스페놀 A)

$$\longrightarrow \left[\text{O} - \hspace{-6pt}\bigcirc\hspace{-6pt} - \overset{\overset{\text{CH}_3}{|}}{\underset{\underset{\text{CH}_3}{|}}{\text{C}}} - \hspace{-6pt}\bigcirc\hspace{-6pt} - \text{O} - \overset{\overset{\text{O}}{\|}}{\text{C}} \right]_n$$

(폴리카보네이트)

08 석유 연료에 첨가하는 안티노킹(anti-knocking) 제는? 〔출제율 40%〕

① PbO
② T.E.L
③ n-heptane
④ iso-octane

〔해설〕 안티노킹제는 옥탄가를 증가시키기 위해 휘발유에 첨가하는 것으로 주로 테트라에틸납(T.E.L, Pb(Et)$_4$)이 사용되나, 환경오염의 이유로 최근에는 MTBE, TAME 등이 사용된다.

09 CuO 존재 하에 염화벤젠에 NH$_3$를 첨가하고 가압하면 생성되는 주요물질은? 〔출제율 40%〕

① 〔벤젠〕─OH   ② 〔벤젠〕─NH$_2$

③ 〔벤젠〕─NHOH   ④ 〔벤젠〕─NH─NH─〔벤젠〕

〔해설〕

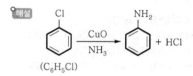

(C$_6$H$_5$Cl)

10 인광석에 인산을 작용시켜 수용성 인산분이 높은 인산비료를 얻을 수 있는데, 이에 해당하는 것은? 〔출제율 40%〕

① 토마스인비   ② 침강 인산석회
③ 소성인비   ④ 중과린산석회

〔해설〕 중과린산석회
인광석을 인산분해하여 제조한다. 즉, 인광석에 인산을 작용시켜 수용성 인산분이 높은 인산비료를 얻을 수 있는 물질이 중과린산석회이다.

11 플라스틱 분류에 있어서 열경화성 수지로 분류되는 것은? 〔출제율 80%〕

① 폴리아미드수지   ② 폴리우레탄수지
③ 폴리아세탈수지   ④ 폴리에틸렌수지

〔해설〕 • 열경화성 수지
　페놀수지, 요소수지, 멜라민수지, 폴리우레탄 에폭시수지, 알키드수지, 규소수지, 불포화 폴리에스테르수지 등
• 열가소성 수지
　폴리염화비닐, 폴리에틸렌, 아크릴수지, 폴리프로필렌, 폴리스티렌 등

12 비료 중 P$_2$O$_5$이 많은 순서대로 열거된 것은 어느 것인가? 〔출제율 80%〕

① 과린산석회 > 용성인비 > 중과린산석회
② 용성인비 > 중과린산석회 > 과린산석회
③ 과린산석회 > 중과린산석회 > 용성인비
④ 중과린산석회 > 소성인비 > 과린산석회

〔해설〕 • 중과린산석회(P$_2$O$_5$ 30~50%)
$$\text{P}_2\text{O}_5 \text{ 분율} = \frac{142}{252} \times 100 = 56.35\%$$
• 소성인비(P$_2$O$_5$ 40%)
$$\text{P}_2\text{O}_5 \text{ 분율} = \frac{142}{426} \times 100 = 33.33\%$$
• 과린산석회(P$_2$O$_5$ 15~20%)
$$\text{P}_2\text{O}_5 \text{ 분율} = \frac{142}{1654} \times 100 = 8.59\%$$

〔보충 Tip〕
• 중과린산(CaCH$_2$PO$_4$)$_2$ · H$_2$O = 252
• 소성인비(Ca$_3$CPO$_4$)$_2$ + CaSiO$_3$ = 426
• 과린산석회(3CaCH$_2$PO$_4$)$_2$H$_2$O + 7CaSO$_4$ = 1654

13 접착속도가 매우 빨라서 순간접착제로 흔히 사용되는 성분은? 출제율 20%

① 시아노아크릴레이트
② 아크릴에멀션
③ 벤조퀴논
④ 폴리이소부틸렌

해설 시아노아크릴레이트
순간접착제, 즉 10~30초 내에 순간적으로 공기 중 수분에 의해 중화반응을 일으켜 중합체로 접착된다.

14 아세트알데히드는 Höchst-Wacker법을 이용하여 에틸렌으로부터 얻어질 수 있다. 이때 사용되는 촉매에 해당하는 것은? 출제율 20%

① 제올라이트
② NaOH
③ $PdCl_2$
④ $FeCl_3$

해설 아세트알데히드 : Höchst-Wacker법
에틸렌에 촉매 $PdCl_2$와 $CuCl_2$를 염산용액 하에서 공기에 산화, 아세트알데히드를 생성한다.
$$CH_2 = CH_2 + PdCl_2 + H_2O \rightarrow CH_3CHO + Pd + 2HCl$$
(촉매)

15 페놀을 수소화한 후 질산으로 산화시킬 때 생성되는 주물질은 무엇인가? 출제율 40%

① 프탈산
② 아디프산
③ 시클로헥산올
④ 말레산

해설 아디프산 제조

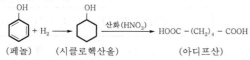

(페놀)   (시클로헥산올)   (아디프산)

16 다음 중 CFC-113에 해당하는 것은? 출제율 20%

① $CFCl_3$
② $CFCl_2CF_2Cl$
③ CF_3CHCl_2
④ $CHClF_2$

해설 ① $CFCl_3$는 CFC-11이다.
③ CF_3CHCl_2는 HCFC-123이다.
④ $CHClF_2$는 냉매이다(HCFC-22이다).

17 올레핀의 니트로화에 관한 설명 중 옳지 않은 것은? 출제율 40%

① 저급 올레핀의 반응시간은 일반적으로 느리다.
② 고급 올레핀의 반응속도가 저급 올레핀보다 빠르다.
③ 일반적으로 −10~25℃의 온도 범위에서 실시한다.
④ 이산화질소의 부가에 의하여 용이하게 이루어진다.

해설 고급 올레핀이 저급 올레핀보다 반응속도가 더 빠르게 니트로화하지만 반응시간이 빠른 것은 아니다. 즉, 저급 올레핀의 반응시간이 일반적으로 더 빠르다.

18 다음은 각 환원반응과 표준환원전위이다. 이것으로부터 예측한 보기의 현상 중 옳은 것은 어느 것인가? 출제율 20%

- $Fe^{2+} + 2e \rightarrow Fe$, $E° = -0.447\,V$
- $Sn^{2+} + 2e \rightarrow Sn$, $E° = -0.138\,V$
- $Zn^{2+} + 2e \rightarrow Zn$, $E° = -0.667\,V$
- $O_2 + 2H_2O + 4e \rightarrow 4OH^-$, $E° = 0.401\,V$

① 철은 공기 중에 노출 시 부식되지만, 아연은 공기 중에서 부식되지 않는다.
② 철은 공기 중에 노출 시 부식되지만, 주석은 공기 중에서 부식되지 않는다.
③ 주석과 아연이 접촉 시에 주석이 우선적으로 부식된다.
④ 철과 아연이 접촉 시에 아연이 우선적으로 부식된다.

해설 표준환원전위
표준상태에서 전기화학반응의 평형전위로 표준환원전위가 작을수록 먼저 부식된다. 즉, 표준환원전위(금속의 이온화경향)가 큰 철보다는 아연이 우선적으로 부식된다.

19 부식전류가 커지는 원인이 아닌 것은? ^{출제율 20%}

① 용존산소 농도가 낮을 때
② 온도가 높을 때
③ 금속이 전도성이 큰 전해액과 접촉하고 있을 때
④ 금속 표면의 내부 응력의 차가 클 때

해설 부식전류가 커지는 요소
ㄱ 서로 다른 금속이 접할 때
ㄴ 금속이 전도성이 큰 전해액과 접할 때
ㄷ 금속 표면의 내부 응력의 차가 클 때
ㄹ 온도가 높을 때

20 다음 중 테레프탈산 합성을 위한 공업적 원료로 가장 거리가 먼 것은? ^{출제율 20%}

① p-크실렌 　② 톨루엔
③ 벤젠 　④ 무수프탈산

해설
• p-크실렌의 질산산화법(테레프탈산 합성법)
p-크실렌 → Toluic Acid → 테레프탈산

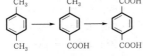

• Henkel법(프탈산 무수물) : o-크실렌의 산화

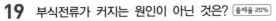

제2과목 Ⅰ 반응운전

21 부피 팽창성 β와 등온 압축성 k의 비$\left(\dfrac{k}{\beta}\right)$를 옳게 표시한 것은? ^{출제율 40%}

① $\dfrac{1}{C_V}\left(\dfrac{\partial U}{\partial P}\right)_V$ 　② $\dfrac{1}{C_P}\left(\dfrac{\partial U}{\partial T}\right)_P$

③ $\dfrac{1}{C_P}\left(\dfrac{\partial H}{\partial T}\right)_P$ 　④ $\dfrac{1}{C_V}\left(\dfrac{\partial H}{\partial P}\right)_V$

해설 $\beta=\dfrac{1}{V}\left(\dfrac{\partial V}{\partial T}\right)_P$, $k=-\dfrac{1}{V}\left(\dfrac{\partial V}{\partial P}\right)_T$

$$\dfrac{k}{\beta}=\dfrac{-\left(\dfrac{\partial V}{\partial P}\right)_T}{\left(\dfrac{\partial V}{\partial T}\right)_P} \rightarrow \text{Chain rule 이용}$$

$$\left(\dfrac{\partial y}{\partial z}\right)_x\left(\dfrac{\partial z}{\partial x}\right)_y\left(\dfrac{\partial x}{\partial y}\right)_z=-1$$

$$\left(\dfrac{\partial V}{\partial T}\right)_P\left(\dfrac{\partial T}{\partial P}\right)_V\left(\dfrac{\partial P}{\partial V}\right)_T=-1 \Rightarrow \dfrac{k}{\beta}=\left(\dfrac{\partial T}{\partial P}\right)_V$$

$$dU=C_V\,dT \rightarrow \left(\dfrac{\partial U}{\partial T}\right)_V=C_V, \left(\dfrac{\partial T}{\partial U}\right)_V=\dfrac{1}{C_V}$$

$$\left(\dfrac{\partial U}{\partial P}\right)_V\left(\dfrac{\partial T}{\partial U}\right)_V=\dfrac{1}{C_V}\left(\dfrac{\partial U}{\partial P}\right)_V$$

22 어떤 냉동기는 매 냉동톤당 2kW의 전력이 소요된다. 이 냉동기의 성능계수(COP_1)는 얼마인가? (단, 1냉동톤=12000Btu/hr, 1kW=3400Btu/hr)이다. ^{출제율 40%}

① 0.88 　② 1.76
③ 3.54 　④ 7.16

해설 $COP=\dfrac{Q}{W}$ (소요된 일에 대한 냉동의 비)

$Q=$1냉동톤$=12000$Btu/hr, $W=2$kW$=2\times3400$Btu/hr

$\therefore COP=\dfrac{12000}{2\times3400}=1.76$

23 초기에 메탄, 물, 이산화탄소, 수소가 각각 1몰씩 존재하고 다음과 같은 반응이 이루어질 경우 물의 몰분율을 반응좌표(ε)로 옳게 나타낸 것은 어느 것인가? ^{출제율 40%}

$$CH_4 + 2H_2O \rightarrow CO_2 + 4H_2$$

① $y_{H_2O}=\dfrac{1-2\varepsilon}{4+2\varepsilon}$ 　② $y_{H_2O}=\dfrac{1+\varepsilon}{4-2\varepsilon}$

③ $y_{H_2O}=\dfrac{1+2\varepsilon}{4-\varepsilon}$ 　④ $y_{H_2O}=\dfrac{1-2\varepsilon}{4+\varepsilon}$

해설 반응좌표

	CH_4	$+2H_2O$	$\rightarrow$	CO_2	$+4H_2$
초기 :	1	1		1	1
반응 :	$-\varepsilon$	-2ε		$+\varepsilon$	$+4\varepsilon$
	$(1-\varepsilon)$	$(1-2\varepsilon)$		$(1+\varepsilon)$	$(1+4\varepsilon)$

$n_{H_2O}=1-2\varepsilon$

$n_T=1-\varepsilon+1-2\varepsilon+1+\varepsilon+1+4\varepsilon=4+2\varepsilon$

$\therefore y_{H_2O}=\dfrac{n_{H_2O}}{n_T}=\dfrac{1-2\varepsilon}{4+2\varepsilon}$

24 과잉 깁스(Gibbs) 에너지 모델 중에서 국부 조성 (local composition) 개념에 기초한 모델이 아닌 것은? 〔출제율 20%〕

① NRTL(Non-Random-Two-Liquid) 모델

② 윌슨(Wilson) 모델

③ 반 라르(van Laar) 모델

④ UNIQUAC(UNIversal QUAsi-Chemical) 모델

해설 과잉 깁스 에너지 모델(국부 조성 개념)

(NRTL 모델, 윌슨 모델, UNIQUAC 모델)

① NRTL 모델 : 두 가지 이상의 물질이 혼합된 경우 라울의 법칙이 적용되는 이상용액으로부터 벗어나는 현상에 관한 모델(Wilson 식 단점 개선)이다.

② 윌슨 모델 : 혼합물의 전체 조성이 국부 조성과 같지 않다는 국부 조성 개념의 모델이다.

③ 반 라드 모델 : 깁스 에너지의 변화량은 상태함수이므로 적분경로와 무관한 개념. 즉, 정규용액 이론에 기초한 모델이다.

④ UNIQUAC 모델 : Wilson 식의 단점을 극복하기 위한 모델이다.

25 $P(V-b)=RT$를 따르는 기체 1몰이 등온팽창할 때 헬름홀츠(Helmholtz) 자유에너지 변화량 ΔA는? (단, b는 상수이다.) 〔출제율 60%〕

① $RT\ln\dfrac{P_2}{P_1}$

② $\dfrac{bR}{T}\ln\dfrac{P_1}{P_2}$

③ $bRT\ln\dfrac{P_2}{P_1}$

④ $\dfrac{RT}{b}\ln\dfrac{P_2}{P_1}$

해설 $dA=-SdT-PdV$, 등온팽창$(dT=0)$

$dA=-PdV$, $P(V-b)=RT$에서 $P=\dfrac{RT}{V-b}$

$\Delta A=-\displaystyle\int\dfrac{RT}{V-b}dV=-RT\int\dfrac{dV}{V-b}$

$=-RT\ln\dfrac{V_2-b}{V_1-b}=RT\ln\dfrac{V_1-b}{V_2-b}$

$\left(V_1-b=\dfrac{RT}{P_1},\ V_2-b=\dfrac{RT}{P_2}\text{이므로}\right)$

$=RT\ln\dfrac{RT/P_1}{RT/P_2}$

$=RT\ln\dfrac{P_2}{P_1}$

26 다음 공기 표준 오토사이클에 대한 설명으로 옳은 것은? 〔출제율 40%〕

① 2개의 단열과정과 2개의 정적과정으로 이루어진 불꽃점화기관의 이상사이클이다.

② 정압, 정적, 단열 과정으로 이루어진 압축점화기관의 이상사이클이다.

③ 2개의 단열과정과 2개의 정압과정으로 이루어진 가스터빈의 이상사이클이다.

④ 2개의 정압과정과 2개의 정적과정으로 이루어진 증기원동기의 이상사이클이다.

해설 오토(otto)기관

오토기관은 자동차 내연기관에 이용되며, 4개의 행정(stroke)으로 구성된다. 2개의 단열과정과 2개의 정적과정으로 이루어진 불꽃점화기관의 이상사이클이다.

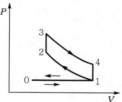

• 0 : 연료 투입
• 1 : 단열압축
• 2 : 연소 진행(부피 거의 일정, 압력 상승)
• 3 : 단열팽창(일 생산)
• 4 : 밸브 open, 일정부피압력 감소

27 화학반응의 평형상수 K의 정의로부터 다음의 관계식을 얻을 수 있을 때, 이 관계식에 대한 설명 중 틀린 것은? 〔출제율 60%〕

$$\frac{d\ln K}{dT}=\frac{\Delta H^\circ}{RT^2}$$

① 온도에 대한 평형상수의 변화를 나타낸다.

② 발열반응에서는 온도가 증가하면 평형상수가 감소함을 보여준다.

③ 주어진 온도구간에서 ΔH°가 일정하면 $\ln K$를 T의 함수로 표시했을 때 직선의 기울기가 $\dfrac{\Delta H^\circ}{R^2}$이다.

④ 화학반응의 ΔH°를 구하는 데 사용할 수 있다.

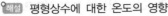
해설 평형상수에 대한 온도의 영향

$$\frac{d \ln K}{dT} = \frac{\Delta H°}{RT^2}$$

$$\ln \frac{K}{K_1} = -\frac{\Delta H°}{R}\left(\frac{1}{T} - \frac{1}{T_1}\right)$$

기울기$= \frac{\Delta H}{R}$

$\Delta H° < 0$(발열반응) : 온도가 증가하면 평형상수 감소

$\Delta H° > 0$(흡열반응) : 온도가 증가하면 평형상수 증가

28 반 데르 발스(van der Waals)의 상태식에 따르는 n(mol)의 기체가 초기 용적(v_1)에서 나중 용적(v_2)으로 정온 가역적으로 팽창할 때 행한 일의 크기를 나타낸 식으로 옳은 것은 어느 것인가? 출제율 20%

① $W = nRT \ln\left(\frac{v_1 - nb}{v_2 - nb}\right) - n^2 a\left(\frac{1}{v_1} - \frac{1}{v_2}\right)$

② $W = nRT \ln\left(\frac{v_2 - nb}{v_1 - nb}\right) - n^2 a\left(\frac{1}{v_1} + \frac{1}{v_2}\right)$

③ $W = nRT \ln\left(\frac{v_2 - nb}{v_1 - nb}\right) + n^2 a\left(\frac{1}{v_2} - \frac{1}{v_1}\right)$

④ $W = nRT \ln\left(\frac{v_2 - nb}{v_1 - nb}\right) + n^2 a\left(\frac{1}{v_1} + \frac{1}{v_2}\right)$

해설 $W = \int_{v_1}^{v_2} P dv = \int_{v_1}^{v_2}\left(\frac{RT}{v-b} - \frac{a}{v^2}\right)dv$

여기서, n(mol)이므로

$$\left(P + \frac{n^2 a}{v^2}\right)(v - nb) = nRT$$

$$W = \int_{v_1}^{v_2}\left(\frac{RT}{v-nb} - \frac{n^2 a}{v^2}\right)dv$$

$$= nRT \ln\left(\frac{v_2 - nb}{v_1 - nb}\right) + n^2 a\left(\frac{1}{v_2} - \frac{1}{v_1}\right)$$

29 정압비열이 0.3kcal/kg · K인 공기 1kg이 가역적으로 1atm, 20℃에서 1atm, 60℃까지 변화하였다면 엔트로피는 몇 kcal/kg · K인가? (단, 공기는 이상기체이다.) 출제율 60%

① 0.0384 ② 0.0484

③ 0.0584 ④ 0.0684

해설 이상기체 엔트로피 변화는 다음과 같다.

$$dS = C_P \frac{dT}{T} - R\frac{dP}{P}, \quad \Delta S = C_P \ln \frac{T_2}{T_1} - R\ln \frac{P_2}{P_1} \quad \text{정압}$$

$$\Delta S = C_P \ln \frac{T_2}{T_1}, \quad T_1 = 20℃ = 293K, \quad T_2 = 60℃ = 333K$$

$$\therefore \Delta S = 0.3\text{kcal/kg} \cdot \text{K} \times \ln\frac{333}{293}$$

$$= 0.038390$$

$$= 0.0384$$

30 1mol의 이상기체가 그림과 같은 가역열기관 $a(1 \to 2 \to 3 \to 1)$, $b(4 \to 5 \to 6 \to 4)$에 있다. T_a, T_b 곡선은 등온선, 2-3, 5-6은 등압선이고, 3-1, 6-4는 정용(Isometric)선이면 열기관 a, b의 외부에 한 일(W) 및 열량(Q)의 각각의 관계는? 출제율 40%

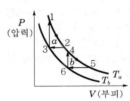

① $W_a = W_b, \quad Q_a > Q_b$

② $W_a = W_b, \quad Q_a = Q_b$

③ $W_a > W_b, \quad Q_a = Q_b$

④ $W_a < W_b, \quad Q_a = Q_b$

해설 • 가역열기관 ㉠

$1 \to 2$: 등온 $Q = W = RT_a \ln \frac{V_2}{V_1} = RT_a \ln \frac{P_1}{P_2}$

$2 \to 3$: 등압 $Q = C_P(T_b - T_a)$

$3 \to 1$: 정적 $Q = \int_{T_b}^{T_a} C_V dT = C_V(T_a - T_b)$

• 가역열기관 ㉡

$4 \to 5$: 등온 $Q = W = RT_a \ln \frac{V_5}{V_4} = RT_a \ln \frac{P_4}{P_5}$

$5 \to 6$: 등압 $Q = C_P(T_b - T_a)$

$6 \to 4$: 정적 $Q = \int_{T_b}^{T_a} C_V dT = C_V(T_a - T_b)$

• $P_1 V_1 = P_2 V_2 = P_4 V_4 = P_5 V_5 = RT_a$

$\therefore$ ㉠ = ㉡

31 2A + B → 2C인 기상반응에서 초기 혼합반응물의 몰비가 아래와 같을 때, 반응이 완료되었을 때 A의 부피 변화율(ε_A)로 옳은 것은? (단, 반응이 진행되는 동안 압력은 일정하게 유지된다고 가정한다.) 〔출제율 60%〕

$$A : B : \text{Inert gas} = 3 : 2 : 5$$

① -0.200　　　　② -0.300

③ -0.167　　　　④ -0.150

해설 $\varepsilon_A = y_{A0} \cdot \delta$

$$y_{A0} = \frac{\text{반응물 A의 처음 몰수}}{\text{반응물 전체의 몰수}}$$

$$= \frac{3}{10} = 0.3$$

$$\delta = \frac{\text{생성물의 몰수} - \text{반응물의 몰수}}{\text{반응물 A의 몰수}}$$

$$= \frac{2-3}{2} = -\frac{1}{2}$$

$$\therefore \ \varepsilon_A = 0.3 \times \left(-\frac{1}{2}\right) = -0.15$$

32 두 1차 반응이 등온회분식 반응기에서 다음과 같이 진행되었다. 반응시간이 60분일 때 반응물 A가 90% 분해되어서 S에 대한 R의 몰비가 10.1로 생성되었다. 최초의 반응 시에 R과 S가 없었다면 k_1은 얼마이겠는가? 〔출제율 40%〕

$$A \begin{array}{c} \nearrow^{k_1} R \quad -r_{A1} = k_1 C_A \\ \searrow_{k_2} 2S \quad -r_{A2} = k_2 C_A \end{array}$$

① 0.0321/min　　　② 0.0333/min

③ 0.0366/min　　　④ 0.0384/min

해설 $t = 60\,\text{min}$, $X_A = 0.9$, $R/S = 10.1$

$-r_{A1} = k_1 C_A$, $-r_{A2} = k_2 C_A$

1차 반응 : $-\ln(1 - X_A) = (k_1 + k_2)t$

$k = 0.03837\,\text{min}^{-1}$

반응 속도 비교 : $-r_A = r_R = \dfrac{r_S}{2}$

$R : S = 1 : 2$로 생성

$R : S = 10.1 : 1 \rightarrow k_1 k_2 = 20.2 : 1$

$k = k_1 + k_2 = 0.03837\,\text{min}^{-1}$

$k_1 = 0.03656\,\text{min}^{-1}$, $k_2 = 0.0018099\,\text{min}^{-1}$

33 액상균일반응에서 $A \xrightarrow{k} R$에서 $C_{A0} = 0.25\,\text{mol/L}$, $K = 0.2\,\text{min}^{-1}$이면 10분 후 A의 농도는? 〔출제율 20%〕

① 0.0338

② 0.0438

③ 0.0538

④ 0.0638

해설 액상 1차 반응 $C_A = C_{A0} \exp(-kt)$

$C_A = 0.25\,\text{mol/L}\, \exp(-0.2\,\text{min}^{-1} \times 10\,\text{min})$

$\qquad = 0.0338$

34 다음 반응이 회분식 반응기에서 일어날 때 반응시간이 t이고 처음에 순수한 A로 시작하는 경우, 가역 1차 반응을 옳게 나타낸 식은? (단, A와 B의 농도는 C_A, C_B이고, C_{Aeq}는 평형상태에서 A의 농도이다.) 〔출제율 40%〕

$$A \underset{k_2}{\overset{k_1}{\rightleftharpoons}} B$$

① $(C_A - C_{Aeq})/(C_{A0} - C_{Aeq}) = e^{-(k_1 + k_2)t}$

② $(C_A - C_{Aeq})/(C_{A0} - C_{Aeq}) = e^{(k_1 - k_2)t}$

③ $(C_{A0} - C_{Aeq})/(C_A - C_{Aeq}) = e^{-(k_1 + k_2)t}$

④ $(C_{A0} - C_{Aeq})/(C_A - C_{Aeq}) = e^{(k_1 - k_2)t}$

해설 $A \underset{k_2}{\overset{k_1}{\rightleftharpoons}} B$, $C_B = 0$

$$-\frac{dC_A}{dt} = C_{A0} \frac{dX_A}{dt} = k_1 C_A - k_2 C_B$$

$$= k_1 C_{A0}(1 - X_A) - k_2 C_{A0} X_A$$

$$\frac{dX_A}{dt} = k_1 \left(1 - \frac{X_A}{X_{Ae}}\right) = \frac{k_1}{X_{Ae}}(X_{Ae} - X_A)$$

$$-\ln\left(1 - \frac{X_A}{X_{Ae}}\right) = -\ln \frac{C_A - C_{A0}}{C_{A0} - C_{Ae}} = \frac{k_1}{X_{Ae}} t$$

$$k_C = \frac{k_1}{k_2} = \frac{X_{Ae}}{1 - X_{Ae}}$$

$$X_{Ae} = \frac{k_1}{k_1 + k_2}$$

$$\frac{C_A - C_{A0}}{C_{A0} - C_{Ae}} = e^{-\frac{k_1 t}{X_{Ae}}} = e^{-(k_1 + k_2)t}$$

35 $A \rightarrow C$의 촉매반응이 다음과 같은 단계로 이루어진다. 탈착반응이 율속단계일 때 Langmuir Hinshelwood 모델의 반응속도식으로 옳은 것은 어느 것인가? (단, A는 반응물, S는 활성점, AS와 CS는 흡착 중간체이며, k는 속도상수, K는 평형상수, S_0는 초기 활성점, [ ]는 농도를 나타낸다.) <small>출제율 20%</small>

- 단계 1 : $A + S \xrightarrow{k_1} AS$
$$[AS] = K_1[S][A]$$
- 단계 2 : $AS \xrightarrow{k_2} CS$
$$[CS] = K_2[AS] = K_2 K_1 [S][A]$$
- 단계 3 : $CS \xrightarrow{k_3} C + S$

① $r_3 = \dfrac{[S_0]k_1 K_1 K_2 [A]}{1 + (K_1 + K_2 K_1)[A]}$

② $r_3 = \dfrac{[S_0]k_3 K_1 K_2 [A]}{1 + (K_1 + K_2 K_1)[A]}$

③ $r_3 = \dfrac{[S_0]k_1 k_2 K_1 K_2 [A]}{1 + (K_1 + K_2 K_1)[A]}$

④ $r_3 = \dfrac{[S_0]k_1 k_3 K_1 K_2 [A]}{1 + (K_1 + K_2 K_1)[A]}$

<small>해설</small> $r_3 = k_3[CS] = k_3 K_2 K_1 [S][A]$
$[S] = [S_0] - [CS] - [AS]$
$\quad = [S_0] - K_2 K_1 [S][A] - K_1 [S][A]$
정리하면
$[S](1 + K_2 K_1 [A] + K_1 [A]) = [S_0]$
$[S] = \dfrac{[S_0]}{1 + K_2 K_1 [A] + K_1 [A]}$
$r_3 = \dfrac{[S_0]k_3 K_2 K_1 [A]}{1 + (K_1 + K_1 K_2)[A]}$

36 $A \rightarrow R$과 같은 균일계 2차 반응이 혼합반응기에서 50% 전화율로 진행되었다. 이때 반응기의 크기를 2배로 증가시킬 경우 전화율은? (단, 다른 조건은 동일하다고 가정한다.) <small>출제율 80%</small>

① 50% ② 61%
③ 67% ④ 100%

<small>해설</small> CSTR 2차 : $k\tau C_{A0} = \dfrac{X_A}{(1 - X_A)^2}$

$k\tau C_{A0} = \dfrac{0.5}{(1 - 0.5)^2} = 2$

$2k\tau C_{A0} = \dfrac{X_A}{(1 - X_A)^2} = 4$

$4X_A{}^2 - 9X_A + 4 = 0$

전화율$(X_A) = \dfrac{9 \pm \sqrt{81 - 64}}{8} = 0.61$

37 크기가 같은 plug flow 반응기(PFR)와 mixed flow 반응기(MFR)를 서로 연결하여 다음의 2차 반응을 실행하고자 한다. 반응물 A의 전화율이 가장 큰 경우는? <small>출제율 40%</small>

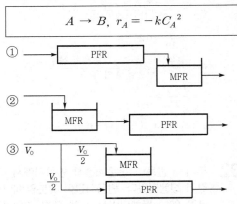

$$A \rightarrow B, \ r_A = -kC_A{}^2$$

④ 앞의 세 경우 모두 전화율이 똑같다.

<small>해설</small> • $n(C_A{}^2) > 1$
PFR → 작은 CSTR → 큰 CSTR 순서
• $n(C_A{}^2) < 1$
큰 CSTR → 작은 CSTR → PFR 순서

38 $A \xrightarrow{k} R$을 100L 크기의 혼합흐름반응기 2개를 직렬로 연결하여 반응을 시켰다. $\nu_o = 10$L/min, $C_{A0} = 1$mol/L이면 총괄 전화율은 얼마인가? (여기서, $k = 0.1$min^{-1}) <small>출제율 40%</small>

① 0.8 ② 0.75
③ 0.7 ④ 0.65

<small>해설</small> $\tau_m = \dfrac{\nu_M}{\nu_o} = \dfrac{100\text{L}}{10\text{L/min}} = 10\text{min}$

$k\tau_m = 0.1\text{min}^{-1} \times 10\text{min} = 1.0$

최종 전화율 $X_{Af} = 1 - (1 + k\tau_m)^{-N} = 1 - (1 + 1)^{-2}$

$\therefore \ X_{Af} = 0.75$

39 어떤 반응의 전화율과 반응속도가 아래의 표와 같다. 혼합흐름반응기(CSTR)와 플러그흐름반응기(PFR)를 직렬 연결하여 CSTR에서 전화율을 40%까지, PFR에서 60%까지 반응시키려 할 때, 각 반응기의 부피 합(L)은? (단, 유입 몰유량은 15mol/s이다.) 〔출제율 20%〕

전화율(X)	반응속도(mol/L · s)
0.0	0.0053
0.1	0.0052
0.2	0.0050
0.3	0.0045
0.4	0.0040
0.5	0.0033
0.6	0.0025

① 1066　　　　　② 1996
③ 2148　　　　　④ 2442

〔해설〕 $V_{CSTR} = \dfrac{F_{A0} X_A}{-r_A} = \dfrac{15 \times 0.4}{0.0040} = 1500\,\text{L}$

$V_{PFR} = F_{A0} \displaystyle\int_{0.4}^{0.6} \dfrac{dX}{-r_A}$

$= F_{A0} \times \dfrac{X_2 - X_1}{6}$

$\times \left\{ \dfrac{1}{r_{0.4}} + 4f\left(\dfrac{X_1 + X_2}{2}\right) + \dfrac{1}{r_{0.6}} \right\}$

$= F_{A0} \times \dfrac{0.6 - 0.4}{6}$

$\times \left\{ \dfrac{1}{0.004} + 4 \times \dfrac{1}{0.0033} + \dfrac{1}{0.0025} \right\}$

$=$ 약 931

$\therefore V_{total} = V_{PFR} + V_{CSTR} = 2431$ 기압

40 순수 A의 C_{A0}가 1mol/L인 원료를 1mol/min으로 순환반응기에 공급하여 $A + R \rightarrow R + R$의 자기촉매기초반응이 등온 · 등압 하에서 일어난다. 총괄 전화율이 99%이고, 속도상수 k는 1.0L/mol · min, 순환율이 무한대일 때, 반응기의 체적(L)은? 〔출제율 60%〕

① 40　　　　　② 60
③ 80　　　　　④ 100

〔해설〕 $C_A = C_{A0}(1 - X_A) = 1\,\text{mol/L} \times (1 - 0.99)$
$\qquad = 0.01\,\text{mol/L}$

$C_R = C_{R0} + C_{A0} X_A = 1\,\text{mol/L} \times 0.99 = 0.99\,\text{mol/L}$
$\quad (C_{R0} = 0)$

$\tau = \dfrac{C_{A0} V}{F_{A0}} = \dfrac{V}{\nu_0} = \dfrac{C_{A0} X_A}{-r_A} = \dfrac{C_{A0} X_A}{k C_A C_R}$

$\quad = \dfrac{1 \times 0.99}{1 \times 0.01 \times 0.99} = 100\,\text{min}$

$100\,\text{min} = \dfrac{1\,\text{mol/L} \times V}{1\,\text{mol/min}} \quad \left[\tau = \dfrac{C_{A0} \cdot V}{\nu_0}\right]$

$\therefore V = 100\,\text{L}$

▶▶ 제3과목 ┃ 단위공정관리

41 $CO(g)$를 활용하기 위해 162g의 C, 22g의 H_2의 혼합연료를 연소해 CO_2 11.1vol%, CO 2.4vol%, O_2 4.1vol%, N_2 82.4vol% 조성의 연소가스를 얻었다. CO의 완전연소를 고려하지 않은 공기의 과잉공급률(%)은? (단, 공기의 조성은 O_2 21vol%, N_2 79vol%이다.) 〔출제율 40%〕

① 15.3
② 17.3
③ 20.3
④ 23.0

〔해설〕

$\text{C} + \text{O}_2 \rightarrow \text{CO}_2, \qquad 2\text{C} + \text{O}_2 \rightarrow 2\text{CO},$
$\quad 1\ :\ 1\ :\ 1 \qquad\qquad 2\ :\ 1\ :\ 2$
$-11.1\ -11.1\ \ 11.1 \qquad -2.4\ -1.2\ +2.4$

$2\text{H}_2 + \text{O}_2 \rightarrow 2\text{H}_2\text{O}$
$\quad 2\ :\ 1\ :\ 2$
$-11\quad -5.5\quad +11$
$\quad (\text{H}_2 : 22\text{g} \Rightarrow 11\,\text{mol})$

$\text{O}_2 = x - 11.1 - 1.2 - 5.5 = 4.1$

실제 $\text{O}_2(x) = 21.9$

이론 $\text{O}_2 = 17.8\,(21.9 - 4.1)$

공기 공급량 $= 21.9\,\text{Air O}_2 \times \dfrac{100\,\text{Air}}{21\,\text{O}_2} = 104.3$

이론 공기량 $= 17.8\,\text{Air O}_2 \times \dfrac{100\,\text{Air}}{21\,\text{O}_2} = 84.8$

$\therefore$ 과잉 $= \dfrac{104.3 - 84.8}{84.8} \times 100 = 23\%$

42 특정성분의 질량분율이 X_A인 수용액 L(kg)과 X_B인 수용액 N(kg)을 혼합하여 X_M의 질량분율을 갖는 수용액을 얻으려고 한다. L과 N의 비를 옳게 나타낸 것은? 〔출제율 20%〕

① $\dfrac{L}{N} = \dfrac{X_B - X_A}{X_M - X_A}$

② $\dfrac{L}{N} = \dfrac{X_A - X_M}{X_B - X_M}$

③ $\dfrac{L}{N} = \dfrac{X_A - X_B}{X_M - X_B}$

④ $\dfrac{L}{N} = \dfrac{X_M - X_B}{X_A - X_M}$

해설 $LX_A + NX_B = X_M(L+N)$

$LX_A + NX_B = LX_M + NX_M$

$LX_A - LX_M = NX_M - NX_B$

$L(X_A - X_M) = N(X_M - X_B)$

$\therefore \dfrac{L}{N} = \dfrac{X_M - X_B}{X_A - X_M}$

43 25℃에서 용액 3L에 600g의 NaCl을 포함한 수용액에서 NaCl의 몰분율은? (단, 25℃ 수용액의 밀도는 1.15g/cm³이다.) 〔출제율 40%〕

① 0.120 　　② 0.90

③ 0.09 　　④ 0.06

해설 $3\mathrm{L} \times 1.15\mathrm{g/cm^3} \times \dfrac{10^3\mathrm{cm^3}}{1\mathrm{L}} = 3450\mathrm{g}$ 수용액

NaCl 600g, H_2O 2850g이므로 몰수는

$\mathrm{NaCl} = \dfrac{600\mathrm{g}}{58.5} = 10.26\mathrm{mol}$, $H_2O = \dfrac{2850}{18} = 158.33$

$\therefore$ 몰분율 $= \dfrac{10.26}{10.26 + 158.33} = 0.06$

44 열풍에 의한 건조에서 항률 건조속도에 대한 설명으로 틀린 것은? 〔출제율 40%〕

① 총괄 열전달계수에 비례한다.

② 열풍온도와 재료 표면온도의 차이에 비례한다.

③ 재료 표면온도에서의 증발잠열에 비례한다.

④ 건조면적에 반비례한다.

해설 항률 건조속도

$R_C = \left(\dfrac{W}{A}\right)\left(-\dfrac{dw}{d\theta}\right)_C = k_H(H_i - H)$

$= \dfrac{h(t_G - t_i)}{\lambda_i}\,[\mathrm{kg/m^2 \cdot hr}]$

여기서, k_H : 총괄 물질전달계수
　　　　h : 총괄 열전달계수
　　　　λ_i : t_i에서 증발잠열
　　　　t_G : 열풍온도
　　　　H_i : 습도
　　　　t_i : 재료 표면온도
　　　　A : 건조면적

재료 표면온도의 증발잠열에 반비례한다.

45 전열에 관한 설명으로 틀린 것은? 〔출제율 20%〕

① 자연대류에서의 열전달계수가 강제대류에서의 열전달계수보다 크다.

② 대류의 경우 전열속도는 벽과 유체의 온도 차이와 표면적에 비례한다.

③ 흑체란 이상적인 방열기로서 방출열은 물체의 절대온도의 4승에 비례한다.

④ 물체 표면에 있는 유체의 밀도 차이에 의해 자연적으로 열이 이동하는 것이 자연대류이다.

해설 열전달

자연대류에서의 열전달계수는 강제대류 열전달계수보다 작다.

46 1atm, 25℃에서 상대습도가 50%인 공기 1m³ 중에 포함되어 있는 수증기의 양은? (단, 25℃에서의 수증기압은 24mmHg이다.) 〔출제율 40%〕

① 11.6g 　　② 12.5g

③ 28.8g 　　④ 51.5g

해설 상대습도$(H_R) = \dfrac{P_A}{P_S} \times 100\% = 50$

여기서, P_A : 증기의 분압
　　　　P_S : 포화증기압

$H_R = \dfrac{P_A}{24} \times 100 = 50$

$P_A = 12\mathrm{mmHg}$

$PV = nRT = \dfrac{W}{M}RT$

$12 \times \dfrac{1}{760} \times 1000\mathrm{L} = \dfrac{W}{18} \times 0.082 \times 298$

$\therefore W = 11.6\mathrm{g}$

47 CO_2 25vol%와 NH_3 75vol%의 기체혼합물 중 NH_3의 일부가 산에 흡수되어 제거된다. 이 흡수탑을 떠나는 기체가 37.5vol%의 NH_3을 가질 때 처음에 들어 있던 NH_3 부피의 몇 %가 제거되었는가? (단, CO_2의 양은 변하지 않으며, 산 용액은 증발하지 않는다고 가정한다.) [출제율 60%]

① 15%　　　　② 20%
③ 62.5%　　　④ 80%

해설

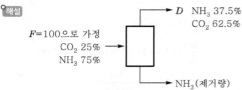

$F=100$으로 가정
CO_2 25%
NH_3 75%

→ D NH_3 37.5%
　　CO_2 62.5%

→ NH_3 (제거량)

$100 \times 0.25 = D \times 0.625$
$D = 40$
처음 NH_3 75 중 60이 제거되었으므로
$\dfrac{60}{75} \times 100 = 80\%$
즉, 약 80%가 제거된다.

48 C_2H_4 40kg을 연소시키기 위해 600kg의 공기를 공급하였다. 이때 과잉공기 백분율은 약 몇 %인가? [출제율 40%]

① 2.4%　　　　② 1.42%
③ 14.2%　　　④ 22.4%

해설 $C_2H_4 + 3O_2 \rightarrow 2CO_2 + 2H_2O$

28kg : 3kg · mol
40 : x
$x = 4.28$kg · mol

4.28kg · mol $O_2 \times \dfrac{100\text{kg} \cdot \text{mol Air}}{21\text{kg} \cdot \text{mol O}_2} = 20.4$kg · mol Air

600kg Air $\times \dfrac{1\text{kg} \cdot \text{mol Air}}{29\text{kg Air}} = 20.69$kg · mol Air

과잉공기 백분율 $= \dfrac{\text{과잉공기량}}{\text{이론공기량}} \times 100$

$= \dfrac{20.69 - 20.4}{20.04} \times 100 = 1.42\%$

49 원관 내 25℃의 물을 65℃까지 가열하기 위해서 100℃의 포화수증기를 관 외부로 도입하여 그 응축열을 이용하고 100℃의 응축수가 나오도록 하였다. 대수평균 온도차는 몇 ℃인가? [출제율 40%]

① 0.56　　　　② 0.85
③ 52.5　　　　④ 55.5

해설

100℃ ——→ 100℃
　　　　　　　65℃
25℃
$\Delta t_1 = 75$℃　　$\Delta t_2 = 35$℃

대수평균 온도차 $(\Delta t_L) = \dfrac{75 - 35}{\ln \dfrac{75}{35}} = 52.5$℃

50 상계점(plait point)에 대한 설명 중 틀린 것은 어느 것인가? [출제율 40%]

① 추출상과 추잔상의 조성이 같아지는 점
② 분배곡선과 용해도곡선과의 교점
③ 임계점(critical point)으로 불리기도 하는 점
④ 대응선(tie-line)의 길이가 0이 되는 점

해설 상계점(plait point)
㉠ 추출상과 추잔상에서 추질의 조성이 같은 점을 말한다.
㉡ 대응선(tie-line)의 길이가 0이 된다.
㉢ 균일상에서 불균일상으로 되는 경계점이다.
㉣ 임계점(critical point)이라고도 한다.

51 에탄과 메탄으로 혼합된 연료가스가 산소와 질소 각각 50mol%씩 포함된 공기로 연소된다. 연소 후 연소가스 조성은 CO_2 25mol%, N_2 60mol%, O_2 15mol%이었다. 이때 연료가스 중 메탄의 mol%는? [출제율 20%]

① 25.0　　　　② 33.3
③ 50.0　　　　④ 66.4

해설
$CH_4 + C_2H_6 + 6O_2 + N_2$
1 : 1 : 6 : 1
　　　　60mol　60mol

$\rightarrow 3CO_2 + N_2 + \dfrac{1}{2}O_2 + 5H_2O$
: 3 : 1 : $\dfrac{1}{2}$: 5
25mol%　60mol%　15mol%

$O_2 = 60 - 15 = 45$ 소비 → 15mol(45mol 소비)
$N_2 = 60$　　　　　　　　→ 60mol(변함 없음)
$CO_2 = 25$mol(생성)
$CH_4 + 2O_2 \rightarrow CO_2 + 2H_2O$ (CH_4 몰 : x)
$C_2H_6 + \dfrac{7}{2}O_2 \rightarrow 2CO_2 + 3H_2O$ (C_2H_6 몰 : y)
산소 소모량 : $2x + \dfrac{7}{2}y = 45$
CO_2 생성 : $x + 2y = 25$
$x = 5$, $y = 10$
CH_4 조성 $= \dfrac{5}{5 + 10} \times 100 = 33.3\%$

52 노 벽이 두께 25mm, 열전도도 0.1kcal/m · hr · ℃ 인 내화벽돌과 두께 20mm, 열전도도 0.2kcal/ m · hr · ℃인 내화벽돌로 이루어져 있다. 노 벽의 내면온도는 1000℃이고, 외면온도는 60℃이다. 두 내화벽돌 사이에서의 온도는 약 얼마인가? <small>출제율 80%</small>

① 228.6℃   ② 328.6℃
③ 428.6℃   ④ 528.6℃

해설 여러 층의 열전도

$$q = q_1 + q_2 = \frac{\Delta t}{R_1 + R_2} = \frac{1000 - 60}{\frac{0.025}{0.1} + \frac{0.02}{0.2}}$$

$$= \frac{940}{0.25 + 0.1} = 2685.71$$

$\Delta t : \Delta t_1 = R : R_1$
$940 : \Delta t_1 = 0.35 : 0.25$
$\Delta t_1 = 671$
$\Delta t_1 = 1000 - t_1$
$671 = 1000 - t_1$
$\therefore t_1 = 329℃$

53 반경이 R인 원형 파이프를 통하여 비압축성 유체가 층류로 흐를 때의 속도 분포는 다음 식과 같다. v는 파이프 중심으로부터 벽쪽으로의 수직거리 r에서의 속도이며, V_{max}는 중심에서의 최대속도이다. 파이프 내에서 유체의 평균속도는 최대속도의 몇 배인가? <small>출제율 20%</small>

$$v = V_{max}(1 - r/R)$$

① 1/2   ② 1/3
③ 1/4   ④ 1/5

해설 $v = V_{max}(1 - r/R)$
$r = 0$에서 $v = V_{max}$
$r = R$에서 $v = 0$
각 지점에서의 속도 합

$$\iint V dA = \int_0^{2\pi} \int_0^R V_{max}\left(1 - \frac{r}{R}\right) r dr d\theta$$

$$= \int_0^{2\pi} \int_0^R V_{max}\left(1 - \frac{r^2}{R}\right) dr d\theta$$

$$= \int_0^{2\pi} V_{max}\left(\frac{1}{2}R^2 - \frac{1}{3}R^2\right) d\theta$$

$$= V_{max}$$

$$평균속도 = \frac{V_{max} \times \frac{1}{3}\pi R^2}{\pi R^2} = \frac{1}{3}V_{max} \,(면적 : \pi R^2)$$

54 비중이 1인 물이 흐르고 있는 관의 양단에 비중이 13.6인 수은으로 구성된 U자형 마노미터를 설치하여 수은의 높이차를 측정해 보니 약 38cm 였다. 관 양단의 압력차(atm)는? <small>출제율 40%</small>

① 0.46
② 0.56
③ 0.64
④ 0.72

해설
$$\Delta P = \frac{g}{g_c}(\rho_A - \rho_B)R$$

$$= \frac{kgf}{kg}(13.6 - 1) \times 1000kg/m^3 \times 0.38cm$$

$$= 4788kgf/m^2 \times \frac{1m^2}{100^2 cm^2}$$

$$= 0.4788kgf/cm^2$$

$$= 0.4788\frac{kgf}{cm^2} \times \frac{1atm}{1.0332kgf/cm^2}$$

$$= 0.463atm$$

55 정압비열 0.24kcal/kg · ℃의 공기가 수평관 속을 흐르고 있다. 입구에서 공기 온도가 21℃, 유속이 90m/s이고, 출구에서 유속은 150m/s이며, 외부와 열교환이 전혀 없다고 보면 출구에서의 공기 온도는? <small>출제율 20%</small>

① 10.2℃
② 13.8℃
③ 28.2℃
④ 31.8℃

해설
21℃ → [관] → $t = ?$
90m/s   150m/s

$$\Delta H + \frac{\Delta u^2}{2} + g\Delta Z = Q + W$$

$(Z = 0,\ Q = 0,\ W = 0)$
$\Delta H = 0.24kcal/kg · ℃ \times (t - 21)℃$

$$0.24(t - 21) + \frac{150^2 - 90^2}{2} = 0$$

$$0.24(t - 21)\frac{kcal}{kg} + \frac{150^2 - 90^2}{2}\frac{J}{kg} \times \frac{1cal}{4.184J}$$

$$\times \frac{1kcal}{1000cal} = 0$$

$0.24(t - 21) + 1.72 = 0$
출구 공기 온도$(t) = 13.8℃$

56 "분쇄에 필요한 일은 분쇄 전후의 대표 입경의 비(D_{P_1}/D_{P_2})에 관계되며 이 비가 일정하면 일의 양도 일정하다."는 법칙은 무엇인가? 출제율 20%

① Sherwood 법칙   ② Rittinger 법칙
③ Bond 법칙   ④ Kick 법칙

해설 Lewis 식

$$\frac{dW}{dD_P} = -kD_P^{-n}$$

여기서, D_P : 분쇄 원료의 대표직경
W : 분쇄에 필요한 일
k, n : 정수

$n=1$일 때 Lewis 식을 적분하면 Kick의 법칙

$$W = k_K \ln \frac{D_{P_1}}{D_{P_2}}$$

여기서, k_K : 킥의 상수
D_{P_1} : 분쇄원료의 지름
D_{P_2} : 분쇄물의 지름

57 다음 중 양대수좌표(log-log graph)에서 직선이 되는 식은? 출제율 20%

① $Y=bX^a$ ② $Y=be^{ax}$
③ $Y=bX+a$ ④ $\log Y = \log b + aX$

해설 양대수좌표 직선
양변에 log를 취하면 직선
$$y = b\,x^a \xrightarrow{\log} \log y = \log b + a\log x$$

58 18℃, 1atm에서 $H_2O(l)$의 생성열은 -68.4kcal/mol이다. 다음 반응에서의 반응열이 42kcal/mol인 것을 이용하여 등온등압에서 $CO(g)$의 생성열을 구하면 몇 kcal/mol인가? 출제율 40%

$$C(s) + H_2O(l) \rightarrow CO(g) + H_2(g)$$

① 110.4   ② -110.4
③ 26.4   ④ -26.4

해설
$\begin{vmatrix} H_2 + \frac{1}{2}O_2 \rightarrow H_2O & \Delta H_1 = -68.4\,\text{kcal/mol} \\ + \; C + H_2O \rightarrow CO + H_2 & \Delta H_2 = 42\,\text{kcal/mol} \end{vmatrix}$

$C + \frac{1}{2}O_2 \rightarrow CO \qquad \Delta H = -68.4 + 42$
$$= -26.4\,\text{kcal/mol}$$

59 노점 12℃, 온도 22℃, 전압 760mmHg의 공기가 어떤 계에 들어가서 나올 때 노점 58℃, 전압 740mmHg로 되었다. 계에 들어가는 건조공기 mol당 증가된 수분의 mol 수는 얼마인가? (단, 12℃와 58℃에서 포화 수증기압은 각각 10mmHg, 140mmHg이다.) 출제율 40%

① 0.02
② 0.12
③ 0.18
④ 0.22

해설 A의 Dew point : 12℃
온도 : 22℃
전압 : 760mmHg
P_{12}^{sat} : 10mmHg

B의 Dew point : 58℃
전압 : 740mmHg
P_{58}^{sat} : 140mmHg

$$\text{몰습도}(H_m) = \frac{\text{증기의 분압}}{\text{건조기체의 분압}} = \frac{P_A}{P - P_A}$$

(여기서, P_A : 증기의 분압)

A의 몰습도 $= \dfrac{10}{760-10} = 0.0133$

B의 몰습도 $= \dfrac{140}{740-140} = 0.233$

∴ 증가된 수분의 몰수 = B - A
$= 0.233 - 0.0133$
$=$ 약 0.22

60 2중 열교환기를 사용하여 500kg/hr의 기름을 260℃의 포화수증기를 이용하여 50℃에서 200℃까지 가열하고자 한다. 이때 총괄 전열계수는 500kcal/m²·hr·℃이고, 기름의 정압비열은 1.0kcal/kg·℃이다. 필요한 가열면적은 몇 m²인가? 출제율 40%

① 1.01   ② 1.15
③ 1.25   ④ 1.5

해설 $q = \dot{m} \times C_P \times (t_2 - t_1)$
$= 500\text{kg/hr} \times 1\text{kcal/kg·℃} \times (200-50)℃$
$= 75000\text{kcal/hr}$
$\Delta t_L = \dfrac{210-60}{\ln 210/60} = 119.74$
$q = UA\Delta t_L$
$75000\text{kcal/hr} = 500 \times A \times 119.74$
∴ $A = 1.25$

제4과목 | 화공계측제어

61 주제어기의 출력신호가 종속제어기의 목표값으로 사용되는 제어는? <small>출제율 40%</small>

① 비율제어
② 내부 모델제어
③ 예측제어
④ 다단제어

해설 Cascade 제어(다단제어)
주제어출력은 부제어 설정치 즉, 목표값으로 사용된다.

62 안정도 판정에 사용되는 열린 루프 전달함수가 $G(s)H(s) = \dfrac{K}{s(s+1)^2}$인 제어계에서 이득여유가 2.0이면 K값은 얼마인가? <small>출제율 40%</small>

① 1.0
② 2.0
③ 5.0
④ 10.0

해설 이득마진 $GM : \dfrac{1}{AR_C} = 2 \Rightarrow AR_C = \dfrac{1}{2}$, $s = j\omega$

$$G(j\omega)H(j\omega) = \frac{K}{(j\omega)^3 + 2(j\omega)^2 + j\omega}$$
$$= \frac{K}{-2\omega^2 + j(\omega - \omega^3)}$$

분모를 실수화
$$G'(j\omega) = \frac{K\{-2\omega^2 - (\omega - \omega^3)j\}}{\omega^2(\omega^2+1)^2}$$

실수부 $R = \dfrac{-2\omega^2 K}{\omega^2(\omega^2+1)}$, 허수부 $I = \dfrac{-(\omega - \omega^3)}{\omega^2(\omega^2+1)^2}K$

$$\angle G'(j\omega) = \tan^{-1}\left(\frac{\tau}{R}\right) = \tan^{-1}\left(\frac{-(\omega - \omega^3)k}{-2\omega^2 k}\right)$$

$\phi = -180°$, $\tan\phi = 0$, $\omega = \omega_{co} = 1$

$$AR = |G'(j\omega)| = \sqrt{\frac{4\omega^4 K^2}{\{\omega^2(\omega^2+1)^2\}^2} + \frac{(\omega - \omega^3)^2 K^2}{\{\omega^2(\omega^2+1)^2\}^2}}$$

$\omega = 1$, $AR = 0.5$

$$AR_C = K\sqrt{\frac{4}{2^4}} = \frac{K}{2}$$

$$\therefore K = 1$$

63 기호와 명칭이 일치하지 않는 것은? <small>출제율 40%</small>

① ⟤ Turbin pump
② ◁ Centrifugal
③ ▷◁ Ball valve
④ ✕ 3-way valve

해설
- ▷◁ : Diaphragm valve
- ▶◀ : Ball valve

64 다음의 전달함수를 역변환한 것은? <small>출제율 80%</small>

$$F(s) = \frac{5}{(s-3)^3}$$

① $f(t) = 5e^{3t}$
② $f(t) = \dfrac{5}{2}e^{-3t}$
③ $f(t) = \dfrac{5}{2}t^2 e^{3t}$
④ $f(t) = 5t^2 e^{-3t}$

해설 $f(t) = \dfrac{t^{n-1}e^{-at}}{(n-1)!} \xrightarrow{\mathcal{L}} \dfrac{1}{(s+a)^n}$

$$F(s) = \frac{t}{(s-3)^3} \xrightarrow{\text{역}\mathcal{L}} f(t) = \frac{5}{2}t^2 e^{3t}$$

65 나뉘어 운영되고 있던 두 공정을 하나의 구역으로 통합하는 경우와 따로 운영하는 경우 필요한 유틸리티 양을 계산하면? (단, $\Delta T_{\min} = 20℃$ 이다.) <small>출제율 20%</small>

〈Area A〉

Stream	$T_s(℃)$	$T_t(℃)$	C_p(kW/K)
1	190	110	2.5
2	90	170	2.0

〈Area B〉

Stream	$T_s(℃)$	$T_t(℃)$	C_p(kW/K)
3	140	50	20
4	30	120	10

① 따로 유지하기 위해 300kW Hot utility와 100kW Cold utility 필요
② 따로 유지하기 위해 100kW Hot utility와 300kW Cold utility 필요
③ 통합하기 위해 300kW Hot utility와 100kW Cold utility 필요
④ 통합하기 위해 100kW Hot utility와 300kW Cold utility 필요

해설 • A구역

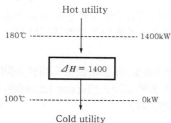

• B구역

• A와 B 통합

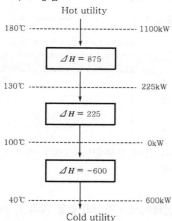

따라서 두 구역을 따로 유지하기 위해 추가적인 유틸리티 양은 1400−1100 = 300kW의 Hot utility와 700−600 = 100kW의 Cold utility이다.

66 어떤 제어계의 특성방정식이 다음과 같을 때 임계주기(ultimate period)는 얼마인가? [출제율 60%]

$$s^3 + 6s^2 + 9s + 1 + K_c = 0$$

① $\dfrac{\pi}{2}$　　　② $\dfrac{2}{3}\pi$

③ π　　　④ $\dfrac{3}{2}\pi$

해설 $T_u = \dfrac{2\pi}{\omega_u}$ (직접 치환법 : 특성방정식의 근이 허수축 상에 존재하면 실수부 = 0)

$s^3 + 6s^2 + 9s + 1 + K_c = 0$에 $s = i\omega$ 대입

$-i\omega^3 - 6\omega^2 + 9\omega i + 1 + K_c = 0$

실수부 : $-6\omega^2 + 1 + K_c = 0$

허수부 : $i(9\omega - \omega^3) = 0$

$\omega(9 - \omega^2) = 0$

$\omega = \pm 3$

임계주기(T_u) $= \dfrac{2\pi}{\omega} = \dfrac{2}{3}\pi$

67 공정 $Y(s) = G(s)X(s)$의 입력 $x(s)$에 다음의 펄스를 넣었을 때의 출력 $y(t)$를 기록하였다. 출력의 빗금 친 면적이 5로 계산되었다면 이 공정의 정상상태 이득은? [출제율 40%]

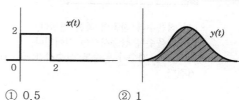

① 0.5　　　② 1

③ 1.25　　　④ 5

해설 $G(s) = \dfrac{Y(s)}{X(s)} = \dfrac{5}{4} = 1.25 = \dfrac{5}{4}$ (입력 $4 = 2 \times 2$)

$= 1.25$

68 시간상수 τ가 0.1분이고, 이득 K_P가 1이며, 1차 공정의 특성을 지닌 온도계가 초기에 90℃를 유지하고 있다. 이 온도계를 100℃의 물속에 넣었을 때 온도계 읽음이 98℃가 되는 데 걸리는 시간은 얼마인가? [출제율 20%]

① 0.084분　　　② 0.124분

③ 0.161분　　　④ 0.216분

해설 $G(s) = \dfrac{1}{\tau s + 1} = \dfrac{1}{0.1s + 1} = \dfrac{10}{s + 10}$

$f(t) = 10 \rightarrow F(s) = \dfrac{10}{s}$

$Y(s) = G(s) \cdot F(s)$

$= \dfrac{10}{s + 10} \times \dfrac{10}{s} = 10\left(\dfrac{1}{s} - \dfrac{1}{s + 10}\right)$

$Y(t) = 10(1 - e^{-10t})$, $y(t) = 8$이 되려면

$Y(t) = 10(1 - e^{-10t}) = 8$

$1 - e^{-10t} = 0.8$

$\therefore t = -0.161$

69 저감쇠(under damped) 2차 공정의 특성이 아닌 것은? `출제율 20%`

① Damping 계수가 클수록 상승시간(rise time)이 짧다.

② 감쇠비(decay ratio)는 Overshoot의 제곱으로 표시된다.

③ Overshoot은 항상 존재한다.

④ 공진(resonance)이 발생할 수도 있다.

`해설` 과소 감소($\zeta > 1$) : Under damped system

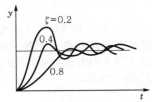

- ζ가 작을수록 진동의 폭은 커진다.
- ζ가 작을수록 상승시간이 길어진다.
- Damping 계수가 클수록 상승시간(rise time)이 커진다.

70 영점(zero)이 없는 2차 공정의 Bode 선도가 보이는 특성을 잘못 설명한 것은? `출제율 20%`

① Bode 선도 상의 모든 선은 주파수의 증가에 따라 단순 감소한다.

② 제동비(damping factor)가 1보다 큰 경우 정규화된 진폭비의 크기는 1보다 작다.

③ 위상각의 변화 범위는 0도에서 −180도까지이다.

④ 제동비(damping factor)가 1보다 작은 저감쇠(under damped)인 경우 위상각은 공명진동수에서 가장 크게 변화한다.

`해설` 2차 공정의 Bode 선도

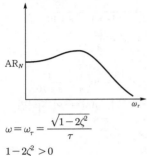

$$\omega = \omega_r = \frac{\sqrt{1-2\zeta^2}}{\tau}$$

$$1-2\zeta^2 > 0$$

$$\zeta < \frac{\sqrt{2}}{2} = 0.707$$

제동비가 0.707보다 작은 경우 Bode 선도 상의 선은 주파수 증가에 따라 증가 후 감소한다.

71 다음의 Block diagram으로 나타낸 제어계가 인정하기 위한 최대조건(upper bound)은 다음 중 어느 것인가? `출제율 80%`

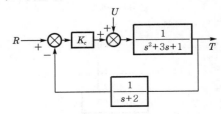

① $K_c < 13.7$ 　② $K_c < 14.6$

③ $K_c < 10.4$ 　④ $K_c < 16.5$

`해설` Routh 안정성

특성방정식 : $1 + \dfrac{K_c}{(s+2)(s^2+3s+1)} = 0$

$\rightarrow s^3 + 5s^2 + 7s + 2 + K_c = 0$

	1	2
1	1	7
2	5	$2+K_c$
3	$\dfrac{35-(2+K_c)}{5} > 0$	

$K_c < 33$이므로 문제에서 최대조건이라고 하였으므로

$K_c < 16.5$

72 정상상태에서 x와 y의 값을 각각 1, 2라 할 때 함수 $f(x \cdot y) = 2x^2 + xy^2 - 6$을 선형화한 것으로 옳은 것은? `출제율 40%`

① $4x+8y-8$ 　② $8x+4y-16$

③ $4x+8y+2$ 　④ $8x+4y+8$

`해설` Taylor 정리에 의해

$$f(x \cdot y) \simeq f(x_o, y_o) + \left(\frac{\partial f}{\partial x}\right)_{x_o, y_o} (x-x_o)$$

$$+ \left(\frac{df}{dy}\right)_{x_o, y_o} (y-y_o)$$

$$= (2x^2 + xy^2 - 6) + 4x(x-x_o)$$

$$+ y^2(x-x_o) + 2xy(y-y_o)$$

$$= 4(x-1) + 4(x-1) + 4(y-2)$$

$$= 8x + 4y - 16$$

73 PD 제어기에 다음과 같은 입력신호가 들어올 경우, 제어기의 출력형태는? (단, K_c는 1이고, τ_D는 1이다.) 출제율 40%

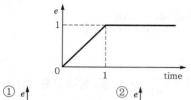

① 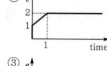　②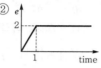

③ 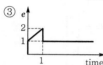　④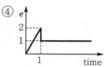

해설　$G(s) = K_c(1 + \tau_D s) = 1 + s$

$X(s) = \dfrac{1}{s^2}$ (시간 0 ~ 1)

$Y(s) = G(s) \cdot X(s) = \dfrac{1}{s^2}(s + 1) = \dfrac{1}{s^2} + \dfrac{1}{s}$

$y(t) = t + 1$ (시간 0 ~ 1)

$X(s) = \dfrac{1}{s}$ (시간 1 ~)

$Y(s) = \dfrac{1}{s} + 1$

$y(t) = 1$ (시간 1 이후)

74 $G(s) = \dfrac{4}{(s+1)^2}$ 인 공정에 피드백 제어계(unit feedback system)를 구성할 때, 폐회로(closed-loop) 전체의 전달함수가 $G_d(s) = \dfrac{1}{(0.5s + 1)^2}$ 이 되게 하는 제어기는? 출제율 40%

① $\dfrac{1}{4}\left(1 + \dfrac{1}{2s} + \dfrac{1}{2}s\right)$

② $\dfrac{1}{2}\left(1 + \dfrac{1}{s} + \dfrac{1}{4}s\right)$

③ $\dfrac{1}{4}\left(1 + \dfrac{1}{s} + \dfrac{1}{4}s\right)$

④ $\dfrac{(s+1)^2}{s(s+4)}$

해설　$\dfrac{G_c G}{1 + G_c G} = \dfrac{1}{(0.5s + 1)^2} = \dfrac{1}{0.25s^2 + s + 1}$

$GG_c = \dfrac{1}{0.25s^2 + S} = \dfrac{1}{s(0.25s + 1)}$

$G_c = \dfrac{1}{s(0.25s + 1)} \times \dfrac{(s+1)^2}{4} = \dfrac{(s+1)^2}{s(s+4)}$

75 어떤 증류탑의 응축기에서 유입되는 증기의 유량은 V, 주성분의 몰분율은 y, 재순환되는 액체 유량은 R, 생성물로 얻어지는 유량은 D, 생성물의 주성분 몰분율은 x이다. 응축기 드럼 내의 액체량(hold-up)을 M이라 할 때 성분 수지식으로 맞는 것은? 출제율 20%

① $M\dfrac{dx}{dt} = Vy - Dx$

② $\dfrac{d}{dt}(Mx) = Vy - (R + D)x$

③ $x\dfrac{dM}{dt} = V - (R + D)x$

④ $\dfrac{dM}{dt} = V - (R + D)x$

해설　축적량 = 입량 − 출량(증류탑 성분 수지식)

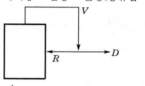

$\dfrac{d}{dt}(Mx) = Vy - (R + D)x$

76 다음 그림과 같이 표시되는 함수의 Laplace 변환은? 출제율 40%

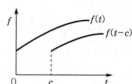

① $e^{-cs}L[f]$　　② $e^{cs}L[f]$

③ $L[f(s - c)]$　　④ $L[s(s + c)]$

해설　시간지연
공정변수의 변화가 시간에 따라 지연되어 나타나는 현상이다.
$\mathcal{L}\{f(t - \theta)u(t - \theta)\} = e^{-s\theta}F(s)$
문제에서 $f(t - c) \rightarrow c$만큼 시간지연이므로
$e^{-cs}L(f)$가 답이다.

77 임계주파수가 3이고, 임계이득이 4인 공정에 대해 공정입력 $u(t) = 2\sin(3t)$를 적용한 다음 시간이 많이 지난 후의 공정출력 $y(t)$는 무엇인가? 출제율 20%

① $y(t) = \sin t$

② $y(t) = \sin 3t$

③ $y(t) = 3\sin t$

④ $y(t) = 0.5\sin(3t - \pi)$

해설 $W_c = 3$, $\dfrac{1}{AR} = 4$

$AR = 0.25$, $W_c = 3$, $pj = 180°$

$u(t) = 2\sin(3t)$

$\therefore y(-1) = 0.5\sin(3t - 180°) = 0.5\sin(3t - \pi)$

78 다음 공정과 제어기를 고려할 때 정상상태 (steady-state)에서 $y(t)$ 값은? 출제율 20%

> • 제어기
> $$u(t) = 1.0(1.0 - y(t)) + \frac{1.0}{2.0}\int_0^t (1 - y(\tau))d\tau$$
> • 공정
> $$\frac{d^2 y(t)}{dt^2} + 2\frac{dy(t)}{dt} + y(t) = u(t - 0.1)$$

① 1 ② 2

③ 3 ④ 4

해설 $U(s) = \dfrac{1}{s} - Y(s) + \dfrac{1}{2}\left[\dfrac{1}{s^2} - \dfrac{1}{s}Y(s)\right]$

$\quad = \dfrac{1}{s} - Y(s) + \dfrac{1}{2s^2} - \dfrac{1}{2s}Y(s)$

$\mathcal{L}[u(t - 0.1)]$

$\quad = \left[\dfrac{1}{s} - Y(s) + \dfrac{1}{2s^2} - \dfrac{1}{2s}Y(s)\right] \times e^{-0.1s}$

$s^2 Y(s) + 2Y(s) + Y(s) = \mathcal{L}[u(t - 0.1s)]$

$(s^2 + 2s + 1)Y(s) = \dfrac{1}{s}e^{-0.1s} - Y(s)e^{-0.1s}$

$\qquad\qquad + \dfrac{1}{2s^2}e^{-0.1s} - \dfrac{1}{2s}Y(s)e^{-0.1s}$

정리하면 $Y(s) = \dfrac{\dfrac{1}{s}e^{-0.1s} + \dfrac{1}{2s^2}e^{-0.1s}}{s^2 + 2s + 1 + e^{-0.1s} + \dfrac{1}{2s}e^{-0.1s}}$

$\quad = \dfrac{e^{-0.1s} + \dfrac{1}{2s}e^{-0.1s}}{s^2 + 2s + 1 + e^{-0.1s} + \dfrac{1}{2s}e^{-0.1s}}$

분모와 분자에 s를 곱해서 정리하면

$$= \frac{se^{-0.1s} + \dfrac{1}{2}e^{-0.1s}}{s^3 + 2s^2 + s + se^{-0.1s} + \dfrac{1}{2}e^{-0.1s}}$$

최종값 정리에 의해

$$\lim_{t \to \infty} f(t) = \lim_{s \to 0} sY(s) = 1$$

79 $\dfrac{d^2 y}{dt^2} + 3\dfrac{dy}{dt} + y = u$를 상태함수 형태 $\dfrac{dx}{dt} = Ax + Bu$로 나타낼 경우 A와 B는? 출제율 20%

① $A = \begin{bmatrix} 0 & 1 \\ 1 & 3 \end{bmatrix}$, $B = \begin{bmatrix} 1 \\ 1 \end{bmatrix}$

② $A = \begin{bmatrix} 0 & 1 \\ -1 & -3 \end{bmatrix}$, $B = \begin{bmatrix} 0 \\ 1 \end{bmatrix}$

③ $A = \begin{bmatrix} 0 & -1 \\ 1 & 3 \end{bmatrix}$, $B = \begin{bmatrix} 1 \\ -1 \end{bmatrix}$

④ $A = \begin{bmatrix} 0 & 1 \\ -1 & 3 \end{bmatrix}$, $B = \begin{bmatrix} 1 \\ -1 \end{bmatrix}$

해설 선형법에 의해 정리하면

$y_2 + 3y_1 + y = u$

$y' = y_1$

$y_1' = y_2 = -3y_1 - y + u$이다.

$\dfrac{dx}{dt} = \begin{bmatrix} 0 & 1 \\ -1 & -3 \end{bmatrix} x + \begin{bmatrix} 0 \\ 1 \end{bmatrix} y$이므로

$A = \begin{bmatrix} 0 & 1 \\ -1 & -3 \end{bmatrix}$, $B = \begin{bmatrix} 0 \\ 1 \end{bmatrix}$

80 개회로 전달함수(open-loop transfer function) $G(s) = \dfrac{K_c}{(S+1)\left(\dfrac{1}{2}S+1\right)\left(\dfrac{1}{3}S+1\right)}$인 계(系)에 있어서 K_c가 4.41인 경우 다음 중 폐회로의 특성방정식은? 출제율 40%

① $S^3 + 7S^2 + 14S + 76.5 = 0$

② $S^3 + 5S^2 + 12S + 4.4 = 0$

③ $S^3 + 4S^2 + 10S + 10.4 = 0$

④ $S^3 + 6S^2 + 11S + 32.5 = 0$

해설 $1 + G_{oL} = 0$, $1 + G(s) = 0$

$(S+1)\left(\dfrac{1}{2}S+1\right)\left(\dfrac{1}{3}S+1\right) + K_c = 0$

$S^3 + 6S^2 + 11S + 6(1 + K_c) = 0$

$S^3 + 6S^2 + 11S + 32.5 = 0$

▶▶ 제1과목 | 공업합성

01 다음 중 접촉식 황산 제조와 관계가 먼 것은 어느 것인가? [출제율 40%]

① 백금 촉매 사용
② V_2O_5 촉매 사용
③ SO_3 가스를 황산에 흡수시킴
④ SO_3 가스를 물에 흡수시킴

해설 접촉식 황산 제조법
Pt 또는 V_2O_5에 촉매를 이용하여 SO_2를 SO_3로 산화시킨 후 98.3% H_2SO_4에 흡수시켜 발연황산을 제조한다.

02 다음 중 $RCH = CH_2$와 할로겐화메탄 등의 저분자물질을 중합하여 제조하는 짧은 사슬의 중합체는 어느 것인가? [출제율 20%]

① 덴드리머(dendrimer)
② 아이오노머(ionomer)
③ 텔로머(telomer)
④ 프리커서(precursor)

해설 텔로머
단위체가 더 큰 중합체를 만들 수 없는 말단부위를 가진 분자구조의 중합체, 즉 짧은 사슬의 중합체를 말한다.

03 실리콘에 붕소, 알루미늄과 같은 원소가 첨가된 경우에 전자가 부족하여 빈자리가 생기는 것을 무엇이라 하는가? [출제율 20%]

① hole
② diode
③ dopant
④ substrate

해설 비고유 반도체는 P형 반도체와 N형 반도체를 구분할 수 있는데, P형 반도체는 13족 원소인 붕소, 알루미늄, 갈륨, 인듐을 첨가하면 이 원소들이 최외각 전자가 3개이므로 전자가 비어있는 상태, 즉 정공(hole)이 생긴다.

04 다음 중 전기전도성 고분자로 가장 거리가 먼 것은? [출제율 20%]

① 폴리아세틸렌
② 폴리티오펜
③ 폴리피롤
④ 폴리실록산

해설 전기전도성 고분자 종류
㉠ 폴리아세틸렌
㉡ 폴리티오펜
㉢ 폴리피롤

05 PVC의 분자량 분포가 다음과 같을 때, 수평균분자량($\overline{M}_n$)과 중량평균분자량($\overline{M}_w$)은? [출제율 40%]

분자량	분자수
10000	100
20000	300
50000	1000

① $\overline{M}_n = 4.1 \times 10^4$, $\overline{M}_w = 4.6 \times 10^4$
② $\overline{M}_n = 4.6 \times 10^4$, $\overline{M}_w = 4.1 \times 10^4$
③ $\overline{M}_n = 1.2 \times 10^4$, $\overline{M}_w = 1.3 \times 10^4$
④ $\overline{M}_n = 1.3 \times 10^4$, $\overline{M}_w = 1.2 \times 10^4$

해설 수평균분자량$(\overline{M}_n) = \dfrac{\sum M_i N_i}{\sum N_i}$

중량(무게)평균분자량$(\overline{M}_w) = \dfrac{\sum M_i^2 N_i}{\sum M_i N_i}$

$\therefore \ \overline{M}_n = \dfrac{10000 \times 100 + 20000 \times 300 + 50000 \times 1000}{100 + 300 + 1000}$

$= 4.1 \times 10^4$

$\overline{M}_w = \dfrac{(10000)^2 \times 100 + (20000)^2 \times 300 + (50000)^2 \times 1000}{10000 \times 100 + 20000 \times 300 + 50000 \times 1000}$

$= 4.6 \times 10^4$

06 벤젠을 니트로화하여 니트로벤젠을 만들 때에 대한 설명으로 옳지 않은 것은? [출제율 50%]

① 혼산을 사용하여 니트로화한다.
② NO_2^+이 공격하는 친전자적 치환반응이다.
③ 발열반응이다.
④ DVS의 값은 7이 가장 적합하다.

01.④ 02.③ 03.① 04.④ 05.① 06.④

해설 DVS(황산의 탈수값)
ㄱ DVS 값이 커지면 반응의 안정성과 수율이 커지고, DVS 값이 작아지면 수율이 감소하여 질소의 산화반응이 활발해진다.
ㄴ 벤젠을 니트로화하여 니트로벤젠을 만들 때에 DVS 값은 2.5~3.5가 가장 적합하다.

07 접촉식 황산 제조 시 원료가스를 충분히 정제하는 이유는 As, Se과 같은 불순물이 있을 경우 바나듐촉매보다는 백금촉매에 이 현상이 더욱 두드러지게 나타나기 때문이다. 이 현상은 무엇인가? 출제율 40%
① 장치 부식
② 촉매독
③ SO_2 산화
④ 미건조

해설 • V_2O_5 촉매의 특성
ㄱ 촉매독 물질에 대한 저항이 크다.
ㄴ 10년(장기간) 이상 사용
ㄷ 다공성(비표면적이 큼)
• 촉매독이란 화학반응에서 촉매의 활성을 감소시키는 물질로, 바나듐촉매보다는 백금촉매에 더욱 크게 영향을 미친다.

08 폐수처리 또는 유해가스의 효과적인 처리를 위해 광촉매를 이용한 처리기술이 발달되고 있는데, 이 중 광촉매로 많이 사용되며 아나타제, 루틸 등의 결정상이 존재하는 것은? 출제율 20%
① FeO
② TiO_2
③ CuO
④ MgO_2

해설 광촉매로 많이 사용되고 있는 물질로 아나타제, 루틸 등의 결정상이 존재하는 것은 산화티탄(TiO_2)이다. 광촉매란 빛을 받아들여 화학반응을 촉진시키는 물질이다.

09 포름알데히드를 원료로 하는 합성수지와 가장 관계가 없는 것은? 출제율 20%
① 페놀수지
② 알키드수지
③ 멜라민수지
④ 요소수지

해설 알키드수지
지방산, 무수프탈산 및 글리세린의 축합반응에 의해 생성된다.

10 다음 중 에틸렌으로부터 얻는 제품으로 가장 거리가 먼 것은? 출제율 20%
① 에틸벤젠
② 아세트알데히드
③ 에탄올
④ 염화알릴

해설 에틸렌 유도체
폴리에틸렌, 아세트알데히드, 산화에틸렌, 에틸벤젠, 에틸렌클로로히드린, 에탄올, 염화에틸렌

11 황산용액의 포화조에서 암모니아 가스를 주입하여 황산암모늄을 제조할 때 85wt% 황산 1000kg을 암모니아 가스와 반응시키면 약 몇 kg의 황산암모늄 결정이 석출되겠는가? (단, 반응온도에서 황산암모늄 용해도는 97.5g/100g · H_2O이며, 수분의 증발 및 분리 공정 중 손실은 없다.) 출제율 40%
① 788.7
② 895.7
③ 998.7
④ 1095.7

해설 $2NH_3 + H_2SO_4 \rightarrow (NH_4)_2SO_4$
$\qquad$ 98 : 132
$\qquad$ 850kg : x
$x = 1145$kg
$1000 - 850 = 150$kg의 물
100kg : 97.5kg $= 150$kg : y
$y = 146.25$kg 용해
∴ 석출되는 양 $= x - y = 1145 - 146.25$ 석출
$\qquad\qquad = 998.6$kg

12 폴리탄산에스테르 결합을 갖는 열가소성 수지로 비스페놀 A로부터 얻어지며 투명하고 자기소화성을 가지고 있으며, 뛰어난 내충격성, 내한성, 전기적인 성질을 균형 있게 갖추고 있는 엔지니어링 플라스틱은? 출제율 40%
① 폴리프로필렌
② 폴리아미드
③ 폴리이소프렌
④ 폴리카보네이트

[해설]

$$Cl - \overset{\overset{O}{\|}}{C} - Cl + HO \text{—◯—} \overset{\overset{CH_3}{|}}{\underset{\underset{CH_3}{|}}{C}} \text{—◯—} OH$$

(포스겐) (비스페놀 A)

$$\rightarrow \left[O \text{—◯—} \overset{\overset{CH_3}{|}}{\underset{\underset{CH_3}{|}}{C}} \text{—◯—} O - \overset{\overset{O}{\|}}{C} \right]_n$$

(폴리카보네이트)

폴리카보네이트는 열가소성 수지로 비스페놀 A로부터 얻어지며, 투명하고 자기소화성, 내충격성, 내한성, 전기적인 성질을 균형 있게 갖추고 있는 엔지니어링 플라스틱이다.

13 질산과 황산의 혼산에 글리세린을 반응시켜 만드는 물질로 비중이 약 1.6이고 다이너마이트를 제조할 때 사용되는 것은? [출제율 40%]
① 글리세릴 디니트레이트
② 글리세릴 모노니트레이트
③ 트리니트로톨루엔
④ 니트로글리세린

[해설]
$$\underset{\text{(글리세린)}}{C_3H_8O_3} \xrightarrow[H_2SO_4]{HNO_3} \underset{\text{(니트로글리세린)}}{C_3H_5N_3O_9} + 3H_2O$$

14 논농사보다는 밭농사를 주로 하는 지역에서 사용하는 흡습성이 강한 비료로서 Fauser법으로 생산하는 것은? [출제율 20%]
① NH_4Cl　　② NH_4NO_3
③ NH_2CONH_2　　④ $(NH_4)_2SO_4$

[해설] 질산암모늄
질산을 암모니아 가스로 중화하여 제조하고, 흡습성이 강해 논농사에 부적합하며, 밭농사를 주로 하는 지역에서 사용한다.

15 다음 중 흡착에 영향을 미치는 요소에 대한 설명으로 틀린 것은? [출제율 20%]
① 흡착제의 표면적이 클수록 흡착률이 높다.
② 온도가 높을수록 흡착률이 높다.
③ 흡착은 온도, pH 등의 영향을 받는다.
④ 용질의 농도 증가 시 흡착량이 증가한다.

16 방향족 아민에 1당량의 황산을 가했을 때의 생성물에 해당하는 것은? [출제율 40%]

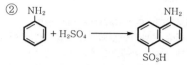

[해설]

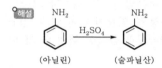

(아닐린)　　　　　(술파닐산)

17 일반적인 성질이 열경화성 수지에 해당하지 않는 것은? [출제율 80%]
① 페놀수지　　② 폴리우레탄
③ 요소수지　　④ 폴리프로필렌

[해설]
• 열가소성 수지
　가열하면 연화되어 외력을 가할 때 쉽게 변형되고 성형 후 외력이 제거되어도 성형된 상태를 유지하는 수지로, 폴리프로필렌, 폴리에틸렌 등이 있다.
• 열경화성 수지
　가열하면 일단 연화되지만 계속 가열하면 경화되어 원상태로 되돌아가지 않는 수지로, 페놀수지, 요소수지, 폴리우레탄, 에폭시수지 등이 있다.

18 감압증류 공정을 거치지 않고 생산된 석유화학 제품으로 옳은 것은? [출제율 20%]
① 윤활유　　② 아스팔트
③ 나프타　　④ 벙커C유

[해설]
• 상압증류
　등유, 나프타, 경유, 찌꺼기유 등
• 감압증류
　윤활유, 아스팔트, 벙커C유, 잔유 등

19 아세트알데히드는 Höchst-Wacker법을 이용하여 에틸렌으로부터 얻어질 수 있다. 이때 사용되는 촉매에 해당하는 것은? [출제율 20%]

① 제올라이트   ② NaOH

③ $PdCl_2$ ④ $FeCl_3$

해설 아세트알데히드 : Höchst-Wacker법

에틸렌에 촉매 $PdCl_2$와 $CuCl_2$를 염산용액 하에서 공기에 산화, 아세트알데히드를 생성한다.

$$CH_2 = CH_2 + PdCl_2 + H_2O \rightarrow CH_3CHO + Pd + 2HCl$$
(촉매)

20 소금을 전기분해하여 수산화나트륨을 제조하는 방법에 대한 설명 중 옳지 않은 것은 어느 것인가? [출제율 80%]

① 이론분해전압은 격막법이 수은법보다 높다.

② 전류밀도는 수은법이 격막법보다 크다.

③ 격막법은 공정 중 염분이 남아 있게 된다.

④ 격막법은 양극실과 음극실 액의 pH가 다르다.

해설

격막법	수은법
• 농축비가 많이 듦 • 순도가 낮음 • 공정 중 염분이 남아 있음 • 양극실과 음극실 액의 pH가 다름	• 순도 높음 • 전력비가 많이 듦 • 수은 사용으로 공해의 원인이 됨 • 이론분해전압이 격막법보다 높음 • 전류밀도가 큼

▶ 제2과목 ▌ 반응운전

21 $P = \dfrac{RT}{V-b}$ 의 관계식에 따르는 기체의 퓨가시티 계수(ϕ)는? (단, b는 상수이다.) [출제율 50%]

① $\exp\left(1 + \dfrac{bP}{RT}\right)$ ② $\exp\left(\dfrac{bP}{RT}\right)$

③ $\exp\left(\dfrac{P}{RT}\right)$ ④ $\exp\left(P + \dfrac{b}{RT}\right)$

해설 잔류 깁스 에너지 공식 이용

$$G_i^R = G_i - G_i^{ig} = RT \ln \frac{f_i}{P} = RT \ln \phi_i$$

이상기체의 경우 $G_i^R = 0$, $\phi_i = 1$

$$\ln \phi_i = \frac{G_i^R}{RT} = \int_0^P \frac{V^R}{RT} dP$$

$$= \int_0^P \left(\frac{Z}{P}\right)^R dP = \int_0^1 \frac{Z_i - 1}{P} dP$$

$$Z_i - 1 = \frac{B_{ii} P}{RT}$$

(B_{ii} : 제2 비리얼 계수) : $V^R = \dfrac{RT}{P}(Z_i - 1)$

$$\ln \phi_i = \int_0^P \frac{B_{ii}}{RT} dP \ (\text{등온})$$

$$= \frac{B_{ii}}{RT} \int_0^P dP = \frac{B_{ii} P}{RT}$$

$$\therefore \ \phi_i = \exp\left(\frac{B_{ii} P}{RT}\right)$$

22 다음 중 혼합물에서 성분 I의 화학퍼텐셜(chemical potential)을 올바르게 나타낸 것은? (단, nA : 총 헬름홀츠 에너지, nG : 총 깁스 에너지, P : 압력, T : 절대온도, n_i : 성분 i의 몰수, n_j : i번째 성분 이외의 모든 몰수를 일정하게 유지한다는 뜻이다.) [출제율 40%]

① $\mu_i = \left(\dfrac{\partial (nA)}{\partial n_i}\right)_{P, T, n_j}$

② $\mu_i = \left(\dfrac{\partial (nA)}{\partial n_i}\right)_{P, V, n_j}$

③ $\mu_i = \left(\dfrac{\partial (nG)}{\partial n_i}\right)_{P, T, n_j}$

④ $\mu_i = \left(\dfrac{\partial (nG)}{\partial n_i}\right)_{P, V, n_j}$

해설 화학퍼텐셜

$$\mu_i = \left(\frac{\partial (nU)}{\partial n_i}\right)_{nS, nV, nj} = \left(\frac{\partial (nH)}{\partial n_i}\right)_{nS, P, n_j}$$

$$= \left(\frac{\partial (nA)}{\partial n_i}\right)_{nV, T, n_j} = \left(\frac{\partial (nG)}{\partial n_i}\right)_{P, T, n_j}$$

23 절대압 3기압하에서 비점이 78℃인 액체의 비체적이 0.0018㎥/kg, 비엔탈피는 43kcal/kg이며, 동일압력하의 포화증기의 비체적은 0.105㎥/kg, 비엔탈피는 118kcal/kg일 때, 증발과정의 내부에너지 변화는 약 몇 kcal/kg인가? [출제율 60%]

① 59.58   ② 68.41

③ 71.54   ④ 74.69

해설 $\Delta H = \Delta V + \Delta(PV)$

$\Delta V = \Delta H + P\Delta V$

$\quad = (118 - 43) - 3(0.105 - 0.0018) = 74.69$

24

유체의 등온압축률(isothermal compressibility, k)은 다음과 같이 정의된다. 이때 이상기체의 등온압축률을 옳게 나타낸 것은? 출제율 40%

$$k = -\frac{1}{V}\left(\frac{\partial V}{\partial P}\right)_T$$

① $k = \dfrac{1}{T}$ 　　② $k = \dfrac{1}{P}$

③ $k = \dfrac{R}{T}$ 　　④ $k = \dfrac{R}{P}$

해설 $k = -\dfrac{1}{V}\left(\dfrac{\partial V}{\partial P}\right)_T$, $PV = nRT$에서 $V = \dfrac{nRT}{P}$

$\left(\dfrac{\partial V}{\partial P}\right)_T = nRT\left(-\dfrac{1}{P^2}\right)$ 이므로 k에 대입하면

$k = -\dfrac{1}{V} \times nRT\left(-\dfrac{1}{P^2}\right)$

$\quad = -\dfrac{P}{nRT} \times nRT \times \left(-\dfrac{1}{P^2}\right)$

$\quad = \dfrac{1}{P}$

25

$CO_2 + H_2 \rightarrow CO + H_2O$ 반응이 760℃, 1기압에서 일어난다. 반응한 CO_2의 몰분율을 x라 하면 이때 평형상수 K_P를 구하는 식으로 옳은 것은? (단, 초기에 CO_2와 H_2는 각각 1몰씩이며, 초기의 CO와 H_2O는 없다고 가정한다.) 출제율 40%

① $\dfrac{x^2}{1 - x^2}$ 　　② $\dfrac{x^2}{(1-x)^2}$

③ $\dfrac{x}{1-x}$ 　　④ $\dfrac{1-x}{x}$

해설 화학반응 평형에 의한 몰분율 계산

$\qquad\quad CO_2(g) + H_2(g) \rightarrow CO(g) + H_2O(g)$

초기 : 　　1 　:　 1 　　　0 　:　 0

평형상태 : $1-x$: $1-x$ 　　x 　: 　x

평형상수의 계산은 $aA + bB \rightarrow cC + dD$ 에서

$K = \dfrac{a_C^c \, a_D^d}{a_A^a \, a_B^b}$

$K_P = \dfrac{CO \cdot H_2O}{CO_2 \cdot H_2} = \dfrac{x^2}{(1-x)^2}$

26

순환법칙 $\left(\dfrac{\partial P}{\partial T}\right)_V \left(\dfrac{\partial T}{\partial V}\right)_P \left(\dfrac{\partial V}{\partial P}\right)_T = -1$에서 얻을 수 있는 최종 식은? (단, β는 부피팽창률(volume expansivity)이고, k는 등온압축률(isothermal compressibility)이다.) 출제율 40%

① $(\partial P / \partial T)_V = -\dfrac{k}{\beta}$

② $(\partial P / \partial T)_V = \dfrac{k}{\beta}$

③ $(\partial P / \partial T)_V = \dfrac{\beta}{k}$

④ $(\partial P / \partial T)_V = -\dfrac{\beta}{k}$

해설 부피팽창률 $\beta = \dfrac{1}{V}\left(\dfrac{\partial V}{\partial T}\right)_P$

등온압축률 $k = -\dfrac{1}{V}\left(\dfrac{\partial V}{\partial P}\right)_T$

$\left(\dfrac{\partial P}{\partial T}\right)_V \left(\dfrac{\partial T}{\partial V}\right)_P \left(\dfrac{\partial V}{\partial P}\right)_T = -1$

$\therefore \left(\dfrac{\partial P}{\partial T}\right)_V = -\dfrac{1}{\left(\dfrac{\partial T}{\partial V}\right)_P \left(\dfrac{\partial V}{\partial P}\right)_T}$

$\quad = \dfrac{\left(\dfrac{\partial V}{\partial T}\right)_P}{-\left(\dfrac{\partial V}{\partial P}\right)_T}$

$\quad = \dfrac{\beta}{k}$

27

27℃, 1atm의 질소 14g을 일정체적에서 압력 2배가 되도록 가열하였을 때, 엔트로피의 변화는 얼마인가? (단, 이상기체라 가정하며, 기체상수 $R = 1.987\text{cal/mol} \cdot$ K이고, C_P는 7cal/mol · K 이다.) 출제율 40%

① 1.74 　　② 3.48

③ -1.74 　　④ -3.48

해설 $dS = \dfrac{dQ}{T} = \dfrac{C_V dT}{T}$, $\Delta S = C_V \ln\dfrac{T_2}{T_1}$

$C_V = C_P - R = 7 - 1.987 = 5.013$

$\dfrac{P}{T}$는 일정, $T_2 = 2T_1$

$\therefore \Delta S = 5.013 \times \underset{\text{질소 14g이므로}}{0.5\text{mol}} \times \ln\dfrac{2T_1}{T_1}$

$\quad = 1.737\text{cal/K}$

24.② 25.② 26.③ 27.①

28 랭킨 사이클로 작용하는 증기원동기에서 25kgf/cm², 400℃의 증기가 증기원동기소에 들어가고 배기압 0.04kgf/cm²로 배출될 때 펌프일을 구하면 약 몇 kgf · m/kg인가? (단, 0.04kgf/cm²에서 액체물의 비체적은 0.001m³/kg이다.) 〔출제율 40%〕

① 24.96　　　　② 249.6
③ 49.96　　　　④ 499.6

〔해설〕 $W = VdP$

$$= 0.001\,\mathrm{m^3/kg} \times (25-4)\,\mathrm{kgf/cm^2} \times \frac{100^2\,\mathrm{cm^2}}{1\,\mathrm{m^2}}$$

$$= 249.6\,\mathrm{kgf \cdot m/kg}$$

29 20℃, 1atm에서 아세톤의 부피팽창계수 β는 1.487×10^{-3}℃$^{-1}$, 등온압축계수 k는 62×10^{-6} atm^{-1}이다. 아세톤을 정적 하에서 20℃, 1atm으로부터 30℃까지 가열하였을 때 압력은 약 몇 atm인가? (단, β와 k의 값은 항상 일정하다고 가정한다.) 〔출제율 40%〕

① 12.1　　　　② 24.1
③ 121　　　　④ 241

〔해설〕 $\dfrac{dV}{V} = \beta dT - k dP$

정용상태 20℃, 1atm $\xrightarrow{\text{가열}}$ 30℃, P_2는?

$0 = \beta dT - k dP, \quad \beta dT = k dP$
$\beta(T_2 - T_1) = k(P_2 - P_1)$
$1.487 \times 10^{-3}\,(\text{℃})^{-1} \times (30-20)$
$= 62 \times 10^{-6}\,\mathrm{atm^{-1}}(P_2 - 1)$
$P_2 - 1 = 240\,\mathrm{atm}$
$\therefore P_2 = 241\,\mathrm{atm}$

30 727℃에서 다음 반응의 평형압력 $K_P = 1.3$atm이다. CaCO₃(s) 30g을 10L 부피의 용기에 넣고 727℃로 가열하여 평형에 도달하게 하였다. CO₂가 이상기체방정식을 만족시킨다고 할 때 평형에서 반응하지 않은 CaCO₃(s)의 몰%는? (단, CaCO₃의 분자량은 100이다.) 〔출제율 40%〕

$$CaCO_3(s) \rightarrow CaO(s) + CO_2(g)$$

① 12%　　　　② 17%
③ 24%　　　　④ 47%

〔해설〕 CO₂의 분압 1.3atm($P_{CO_2} = 1.3$atm)

$PV = nRT$ 에서
$1.3\,\mathrm{atm} \times 10\,\mathrm{L} = n \times 0.082\,\mathrm{atm \cdot L/mol \cdot K} \times 1000\,\mathrm{K}$,
$n = 0.1585\,\mathrm{mol}$
평형이므로 CO₂의 양은 0.1585mol
최초 CaCO₃(s) 반응 양도 0.1585mol
최초 CaCO₃(s) mol수는 30g/100g/mol = 0.3mol
0.3mol 중 0.1585mol이 반응하고, 0.3−0.1585은 반응하지 않으므로 반응하지 않은 CaCO₃는
$$CaCO_3 = \frac{0.3 - 0.1585}{0.3} \times 100 = 47.16\%$$

31 액상반응을 위해 다음과 같이 CSTR 반응기를 연결하였다. 이 반응의 반응차수는? 〔출제율 60%〕

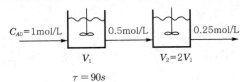

① 1　　　　② 1.5
③ 2　　　　④ 2.5

〔해설〕 $k\tau C_{A0}{}^{n-1} = \dfrac{X_A}{(1-X_A)^n}$

$k \times 90 = \dfrac{0.5}{(1-0.5)^n}$ ·········· ①

$k \times 180 \times 0.5^{n-1} = \dfrac{0.5}{(1-0.5)^n}$ ·········· ②

①, ② 식을 연립하여 계산하면
$180 \times 0.5^{n-1} = 90$
$\therefore$ 반응차수(n) = 2차

32 다음과 같은 1차 병렬반응이 일정한 온도의 회분식 반응기에서 진행되었다. 반응시간이 100s일 때 반응물 A가 99% 분해되어 생성물은 R이 S의 10배로 생성되었다. 반응 초기에 R과 S의 농도를 0으로 할 때, K_1 및 K_1/K_2은 각각 얼마인가? 〔출제율 60%〕

① $K_1 = 2.628/\mathrm{min}, \quad \dfrac{K_1}{K_2} = 20$

② $K_1 = 0.131/\mathrm{min}, \quad \dfrac{K_1}{K_2} = 20$

③ $K_1 = 2.628/\mathrm{min}, \quad \dfrac{K_1}{K_2} = 10$

④ $K_1 = 0.131/\mathrm{min}, \quad \dfrac{K_1}{K_2} = 10$

[해설]

$$-\ln\frac{C_A}{C_{A0}} = (K_1 + K_2)t = -\ln(1 - X_A)$$

$$-\ln(1 - 0.99) = Kt, \quad K = \frac{-\ln(1 - 0.99)}{100\text{s}}$$

$$K = K_1 + K_2 = 0.046/\text{sec}$$

R이 S의 10배이므로 R의 생성속도는 S의 20배

즉, $\dfrac{K_1}{K_2} = 20, \quad K_1 = 20K_2$

$$K_1 + K_2 = 20K_2 + K_2 = 0.046/\text{sec}, \quad K_2 = 0.00219/\text{sec}$$

$$K_1 = 20 \times K_2 = 0.0438/\text{sec} \times \frac{60\text{sec}}{1\text{min}} = 2.628/\text{min}$$

---

33 $A + B \rightarrow R$인 비가역 기상반응에 대해 다음과 같은 실험데이터를 얻었다. 반응속도식으로 옳은 것은? (단, $t_{1/2}$은 B의 반감기이고, P_A 및 P_B는 각각 A 및 B의 초기압력이다.) [출제율 20%]

실험번호	1	2	3	4
P_A(mmHg)	500	125	250	250
P_B(mmHg)	10	15	10	20
$t_{1/2}$(min)	80	213	160	80

① $r = -\dfrac{dP_B}{dt} = k_P P_A P_B$

② $r = -\dfrac{dP_B}{dt} = k_P P_A^2 P_B$

③ $r = -\dfrac{dP_B}{dt} = k_P P_A P_B^2$

④ $r = -\dfrac{dP_B}{dt} = k_P P_A^2 P_B^2$

[해설] $-\dfrac{dP_B}{dt} = k_P P_A^m \cdot P_B^n$

• P_A가 같은 실험(3, 4)

① $k_A P_A^m = k_A (\text{const})$

② $-\dfrac{dP_B}{dt} = k_A P_B^n, \quad -P_B^{-n}dP_B = k_A dt$

$-\left\{\dfrac{1}{1-n}(P_B^{1-n} - P_{B0}^{1-n})\right\} = k_A t$

③ $t = t_{1/2}, \quad P_B = \dfrac{1}{2}P_{B0}$

$-\dfrac{1}{1-n}\left(\dfrac{1}{2}P_{B0}^{1-n} - P_{B0}^{1-n}\right) = k_A t_{1/2}$

$\dfrac{0.5}{1-n}P_{B0}^{1-n} = k_A t_{1/2}$

④ 자료 3($P_{A0} = 250, \; P_{B0} = 10$)

$\dfrac{0.5}{1-n} \times 10^{1-n} = 160 k_A$ .... ㉠

자료 4($P_{A0} = 250, \; P_{B0} = 20$)

$\dfrac{0.5}{1-n} \times 20^{1-n} = 80 k_A$ .... ㉡

㉠÷㉡ 하면

$\left(\dfrac{10}{20}\right)^{1-n} = \dfrac{160}{80}$

$\left(\dfrac{1}{2}\right)^{1-n} = 2, \quad 2^{n-1} = 2, \quad n = 2$

• P_B가 같은 실험(1, 3)

① $k_P P_B^2 = k_B (\text{const})$

② $-\dfrac{dP_B}{dt} = k_B P_A^m$

$P_A^m dt = -\dfrac{dP_B}{k_B}, \quad P_A^m t = -\dfrac{P_B}{k_B}$

③ $t = t_{1/2}, \quad P_B = \dfrac{1}{2}P_{B0}$

$P_A^m t_{1/2} = -\dfrac{0.5 P_{B0}}{k_B}$

④ 자료 1($P_{A0} = 500, \; P_{B0} = 10, \; t_{1/2} = 80$)

$500^m \times 80 = -\dfrac{0.5}{k_B} \times 10$ .... ㉢

자료 3($P_{A0} = 250, \; P_{B0} = 10, \; t_{1/2} = 160$)

$250^m \times 160 = -\dfrac{0.5}{k_B} \times 10$ .... ㉣

㉢÷㉣ 하면

$\left(\dfrac{500}{250}\right)^m \times \dfrac{80}{160} = 1$

∴ $2^m = 2, \quad m = 1$

---

34 정압반응에서 처음에 80%의 A를 포함하는(나머지 20%는 불활성 물질) 반응혼합물의 부피가 2min에 20% 감소한다면 기체반응 $2A \rightarrow R$에서 A의 소모에 대한 1차 반응속도상수는 약 얼마인가? [출제율 60%]

① 0.147min^{-1} ② 0.247min^{-1}

③ 0.347min^{-1} ④ 0.447min^{-1}

[해설] $\varepsilon_A = y_{A0} \cdot \delta = 0.8 \times \dfrac{1-2}{2} = -0.4$

$2A \rightarrow R$

$V = V_0(1 + \varepsilon_A X_A)$

2min, 20% 감소

$80 = 100(1 - 0.4 X_A), \quad X_A = 0.5$

1차 반응식 이용

$-kt = \ln(1 - X_A)$

$-k \times 2 = \ln(1 - 0.5)$

∴ $k = 0.3471 \text{min}^{-1}$

35 부피 3.2L인 혼합흐름반응기에 기체반응물 A가 1L/s로 주입되고 있다. 반응기에서는 $A \to 2P$의 반응이 일어나며 A의 전화율은 60%이다. 반응물의 평균체류시간은? 출제율 60%

① 1초 ② 2초
③ 3초 ④ 4초

해설 $\bar{t} = C_{A0} \int_0^{X_A} \dfrac{dX_A}{-r_A(1+\varepsilon X_A)}$

$A \to 2P$에서 전화율 60%

$\varepsilon_A = y_{A0} \cdot \delta = 1 \times \dfrac{2-1}{1} = 1$

$-r_A = kC_A = \dfrac{kC_{A0}(1-X_A)}{1+\varepsilon_A X_A}$

$\tau = \dfrac{C_{A0} V}{F_{A0}} = \dfrac{V}{\nu_0} = \dfrac{3.2\text{L}}{1\text{L/s}} = 3.2\text{s}$

CSTR 1차 반응 : $k\tau = \dfrac{X_A}{1-X_A}$

$k \times 3.2 = \dfrac{0.6}{1-0.6}$, $k = 0.468$

$\bar{t} = C_{A0} \int_0^{X_A} \dfrac{dX_A}{\dfrac{kC_{A0}(1-X_A)}{1+\varepsilon_A X_A} \times (1+\varepsilon_A X_A)}$

$= \dfrac{1}{k} \int_0^{X_A} \dfrac{dX_A}{1-X_A}$

$= -\dfrac{1}{k} \ln(1-X_A)$

$= -\dfrac{1}{0.468} \ln(1-0.6)$

$= 2\text{s}$

36 $A \to R$ n_1차 반응, $A \to S$ n_2차 반응(desired), $A \to T$ n_3차 반응에서 S가 요구하는 물질이고 $n_1 = 3$, $n_2 = 1$, $n_3 = 2$일 때에 대한 설명으로 다음 중 가장 옳은 것은? 출제율 20%

① 플러그흐름반응기를 쓰고, 전화율을 낮게 한다.
② 플러그흐름반응기를 쓰고, 전화율을 높게 한다.
③ 혼합흐름반응기를 쓰고, 전화율을 낮게 한다.
④ 혼합흐름반응기를 쓰고, 전화율을 높게 한다.

해설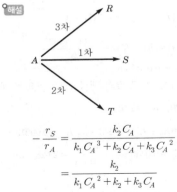

$-\dfrac{r_S}{r_A} = \dfrac{k_2 C_A}{k_1 C_A^3 + k_2 C_A + k_3 C_A^2}$

$= \dfrac{k_2}{k_1 C_A^2 + k_2 + k_3 C_A}$

C_A를 낮추고(전화율을 높이고), CSTR을 사용한다.

37 순환비가 1인 등온순환 플러그흐름반응기에서 기초 2차 액상반응 $2A \to 2R$이 $\dfrac{2}{3}$의 전화를 일으킨다. 순환비를 0으로 하였을 경우 전화율은? 출제율 40%

① 0.25
② 0.5
③ 0.75
④ 1

해설 $X_1 = \left(\dfrac{R}{R+1}\right) x_f = \dfrac{1}{2} \times \dfrac{2}{3} = \dfrac{1}{3}$

$\dfrac{V}{F_{A0}} = \dfrac{\tau}{C_{A0}} = (R+1) \int_{X_{A1}}^{X_{Af}} \dfrac{dX_A}{-r_A}$

$2\text{차} \Rightarrow 2 \int_{\frac{1}{3}}^{\frac{2}{3}} \dfrac{dX_A}{kC_{A0}^2 (1-X_A)^2}$

$kC_{A0}\tau = 2 \left[\dfrac{1}{1-X_A}\right]_{1/3}^{2/3} = 3$

순환비 $\to 0$: PFR

$kC_{A0}\tau = \dfrac{X_A}{1-X_A} = 3$

$\therefore X_A = 0.75$

38 어떤 반응의 온도를 43℃에서 53℃로 증가시켰더니 이 반응의 속도는 2배로 빨라졌다. 이때 활성화에너지는? 출제율 80%

① 약 14200cal ② 약 15200cal
③ 약 16200cal ④ 약 17200cal

^{해설} $\ln\dfrac{K_2}{K_1} = \dfrac{E_a}{R} \times \left(\dfrac{1}{T_1} - \dfrac{1}{T_2}\right)$

$\ln 2 = \dfrac{E_a}{1.987} \times \left(\dfrac{1}{273+43} - \dfrac{1}{273+53}\right)$

$\therefore E_a = 14188 \text{cal}$

39 단일반응 $A \rightarrow R$의 반응을 동일한 조건 하에서 촉매 A, B, C, D를 사용하여 적분반응기에서 실험하였을 때 다음과 같은 원료 성분 A의 전화율 X_A와 V/F_0(또는 W/F_0)를 얻었다. 다음 중 촉매 활성이 가장 큰 것은 어느 것인가? (단, V는 촉매 체적, W는 촉매 질량, F_0는 공급원료 mol수이다.) _{출제율 20%}

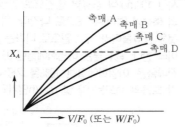

① 촉매 A   ② 촉매 B
③ 촉매 C   ④ 촉매 D

^{해설} 가장 빠르게 전화율 X_A에 도달한 촉매 A의 활성이 가장 크다.

40 그림과 같이 직렬로 연결된 혼합흐름반응기에서 액상 1차 반응이 진행된다. 입구의 농도가 C_0이고, 출구의 농도가 C_2일 때, 총 부피가 최소로 되기 위한 조건이 아닌 것은? _{출제율 40%}

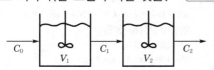

① $C_1 = \sqrt{C_0 C_2}$ ② $\dfrac{d(\tau_1 + \tau_2)}{dC_1} = 1$

③ $\tau_1 = \tau_2$ ④ $V_1 = V_2$

^{해설} $V_1 = V_2$, $\tau_1 = \tau_2$

$\dfrac{C_0}{C_1} = 1 + k\tau \rightarrow C_1 = \dfrac{C_0}{1+k\tau}$

$\dfrac{C_1}{C_2} = 1 + k\tau \rightarrow C_1 = C_2(1 + k\tau)$

$C_1^2 = C_0 C_2 \rightarrow C_1 = \sqrt{C_0 C_2}$

●● **제3과목 ┃ 단위공정관리**

41 다음 중 온도 차의 비를 올바르게 나타낸 것은 어느 것인가? _{출제율 20%}

① 1℃/1K, 1.8℃/℉
② 1℃/1.8℉, 1℃/1.8°R
③ 1℉/1.8°R, 1.8℃/℉
④ 1℃/1.8℉, 1℃/1.8K

^{해설} 단위환산
• $t(℉) = 1.8t(℃) + 32$
• $t(°R) = t(℉) + 460$

42 미분수지(differential balance)의 개념에 대한 설명으로 가장 옳은 것은? _{출제율 20%}

① 계에서의 물질 출입관계를 어느 두 질량 기준 간격 사이에 일어난 양으로 나타낸 것이다.
② 계에서의 물질 출입관계를 성분 및 시간과 무관한 양으로 나타낸 것이다.
③ 어떤 한 시점에서 계의 물질 출입관계를 나타낸 것이다.
④ 계로 특정성분이 유출과 관계없이 투입되는 총 누적 양을 나타낸 것이다.

^{해설} 미분수지는 어떤 특정 시점에서 계의 물질 출입관계를 나타낸 것이다. 즉, 수지식이 미분방정식의 형태로 주어진 경우에 해당한다.

43 이상기체 간의 반응 $C_2H_4(g) + H_2O(g) \rightarrow C_2H_5OH(g)$가 140℃에서 진행될 때 $\Delta G° = 1785 \text{cal/mol}$이다. 이 반응의 평형상수는? (단, 기체상수 $R = 1.987 \text{cal/mol} \cdot \text{K}$이다.) _{출제율 80%}

① 0.029   ② 0.001
③ 0.13   ④ 0.11

^{해설} 평형상수와 깁스 에너지 관계

$\Delta G° = -RT \ln K$, $\ln K = \dfrac{-\Delta G°}{RT}$

$K = \exp\left[\dfrac{-\Delta G°}{RT}\right]$

$= \exp\left[-\dfrac{1785}{1.987 \times (273+140)}\right]$

$= 0.113$

44 CO_2 75vol%와 NH_3 25vol%의 기체 혼합물을 KOH로 CO_2를 제거하였더니 유출가스의 조성은 25vol% CO_2였다. CO_2 제거효율은 약 몇 %인가? (단, NH_3의 양은 불변이다.) `출제율 20%`

① 10   ② 33

③ 67   ④ 89

`해설` 유출가스 CO_2 25%, NH_3 75%이고,
초기 CO_2 75%, NH_3 25%이므로
여기서, KOH가 CO_2만 제거했으므로
CO_2를 x, NH_3를 25%로 가정하면

$$\frac{x}{x+25} = 0.25, \quad x = 8.33$$

$\therefore$ 제거효율 $= \dfrac{75-8.33}{75} \times 100 = 88.89\%$

45 터빈을 운전하기 위해 2kg/s의 증기가 5atm, 300℃에서 50m/s로 터빈에 들어가고 300m/s 속도로 대기에 방출된다. 이 과정에서 터빈은 400kW의 축일을 하고 100kJ/s 열을 방출하였다면, 엔탈피 변화는 얼마인가? (단, work : 외부에 일할 시 +, heat : 방출 시 −) `출제율 40%`

① 212.5kW

② −387.5kW

③ 412.5kW

④ −587.5kW

`해설` $\Delta H + \dfrac{1}{2}m\Delta v^2 + \cancel{\Delta z}^{\,0} = Q + W$

$\Delta H = Q - W_S - \dfrac{1}{2}m\Delta v^2$

$dH = -100\text{kW}(\text{열 방출}) - 400\text{kW}(\text{외부})$
$\qquad - \dfrac{1}{2} \times 2\text{kg/s} \times (300^2 - 50^2)\text{m}^2/\text{s}^2$

$\quad = -587.5\text{kW}$

46 정압비열이 1cal/g · ℃인 물 100g/s을 20℃에서 40℃로 이중열교환기를 통하여 가열하고자 한다. 사용되는 유체는 비열은 10cal/g · ℃이고, 속도는 10g/s이며, 들어갈 때의 온도는 80℃이고 나올 때의 온도는 60℃이다. 유체의 흐름이 병류라고 할 때 열교환기의 총괄열전도계수는 약 몇 cal/m² · s · ℃인가? (단, 이 열교환기의 전열면적은 10m²이다.) `출제율 80%`

① 5.5   ② 10.1

③ 50.0   ④ 100.5

`해설` 열전달
$$Q = mC_P\Delta T, \quad Q = UA\Delta T_L$$

• $Q = m\,C_P\Delta T$
$(C_P = 1\text{cal/g}℃, \dot{m} = 100\text{g/s}, \Delta T = 40-20 = 20℃)$
$Q = 2000\text{cal/s}$

• $Q = UA\Delta T_L$
$$\Delta T_L = \frac{\Delta T_2 - \Delta T_1}{\ln(\Delta T_2/\Delta T_1)} = \frac{20-60}{\ln(20/60)} = 36.4℃$$
$A = 10\text{m}^2$

$\therefore U = \dfrac{Q}{A\Delta T_L} = \dfrac{2000\text{cal/s}}{10\text{m}^2 \times 36.4℃} = 5.5\text{cal/m}^2 \cdot \text{s} \cdot ℃$

47 톨루엔 속에 녹은 40%의 이염화에틸렌 용액이 매시간 100mol씩 증류탑 중간으로 공급되고 탑 속의 축적량 없이 두 곳으로 나간다. 위로 올라가는 것을 증류물이라 하고 밑으로 나가는 것을 잔류물이라 한다. 증류물은 이염화에틸렌 95%를 가졌고, 잔류물은 이염화에틸렌 10%를 가졌다고 할 때, 각 흐름의 속도는 약 몇 mol/h인가? `출제율 60%`

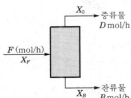

① $D=0.35$, $B=0.64$

② $D=64.7$, $B=35.3$

③ $D=35.3$, $B=64.7$

④ $D=0.64$, $B=0.35$

`해설` $F = 100\text{mol/h} = D + B$
$100 \times 0.4 = D \times 0.95 + (100-D) \times 0.1$
연립방정식을 풀면
$D = 35.3\text{mol/h}$
$B = 100 - 35.3 = 64.7\text{mol/h}$

48 두께 150mm의 노 벽에 두께 100mm의 단열재로 보온한다. 노 벽의 내면온도는 700℃이고, 단열재의 외면 온도는 40℃이다. 노 벽 10m²로부터 10시간 동안 잃은 열량은 얼마인가? (단, 노 벽과 단열재의 열전도도는 각각 3.0kcal/m · hr · ℃ 및 0.1kcal/m · hr · ℃이다.) `출제율 40%`

① 6285.7kcal   ② 6754.4kcal

③ 62857.0kcal   ④ 67544kcal

해설 $q = \dfrac{\Delta t}{\dfrac{l_1}{K_1 A_1} + \dfrac{l_2}{K_2 A_2}}$

여기서, K : 열전도도, A : 면적, l : 두께

Δt : 온도차

$q = \dfrac{700 - 40}{\dfrac{0.15}{3 \times 10} + \dfrac{0.1}{0.1 \times 10}} = 6285.7 \text{kcal/hr}$

$\therefore$ 10시간 동안 잃은 열량 $= 6285.7\,\text{kcal/hr} \times 10\,\text{hr}$

$= 62857\,\text{kcal}$

49 밀도 1.2g/cm^3인 액체가 밑면의 넓이 900cm^2, 높이 6.8m인 원통 속에 가득 들어있다. 이 액체의 질량은 약 몇 kg인가? [출제율 40%]

① 80.5kg   ② 86.4kg

③ 89.2kg   ④ 94.6kg

해설 $V = 900\text{cm}^2 \times \dfrac{1\text{m}^2}{100^2 \text{cm}^2} \times 0.8\text{m} = 0.072\text{m}^3$

$\rho = \dfrac{m}{V}$

$m = \rho \cdot V$

$= 1.2\text{g/cm}^3 \times \dfrac{1\text{kg}}{1000\text{g}} \times \dfrac{10^6 \text{cm}^3}{\text{m}^3} \times 0.072\text{m}^3$

$= 86.4\text{kg}$

50 실제기체의 압축인자(compressibility factor)를 나타내는 그림이다. 이들 기체 중에서 저온에서 분자 간의 인력이 가장 큰 기체는? [출제율 20%]

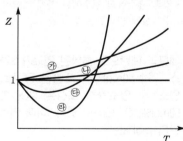

① ㉮   ② ㉯

③ ㉰   ④ ㉱

해설 압축인자(Z)

㉠ 실제기체가 이상기체에서 벗어난 정도를 나타내는 수치이다.

㉡ $PV = ZnRT$ ($Z = 1$: 이상기체)

㉢ 온도가 증가함에 따라 $Z < 1$인 경우 $Z = \dfrac{PV}{RT}$에서 T, P에서 V가 이상기체로 가정했을 때보다 더 적다. 이유는 기체분자 사이의 인력이 작용하기 때문이다.

51 교반기 중 점도가 높은 액체의 경우에는 적합하지 않으나 점도가 낮은 액체의 다량처리에 많이 사용되는 것은? [출제율 20%]

① 프로펠러(propeller)형 교반기

② 리본(ribbon)형 교반기

③ 앵커(anchor)형 교반기

④ 나선형(screw)형 교반기

해설 • 프로펠러형 교반기

점도가 높은 액체나 무거운 고체가 섞인 액체의 교반에는 부적합하며, 점도가 낮은 액체의 다량 처리에 적합하다.

• 앵커형 교반기

점도가 높은 생산물이나 열전달 증가 목적의 교반기이다.

• 나선형/리본형 교반기

점도가 큰 액체의 사용, 교반, 운반 목적의 교반기이다.

52 매우 넓은 2개의 평행한 회색체 평면이 있다. 평면 1과 2의 복사율은 각각 0.9, 0.60이고, 온도는 각각 1000K, 700K이다. 평면 1에서 2까지의 순복사량은 얼마인가? (단, 슈테판−볼츠만 상수는 $5.67 \times 10^{-8} \text{W/m}^2 \cdot \text{K}^4$이다.) [출제율 40%]

① 12729W/m^2 ② 24236W/m^2

③ 32572W/m^2 ④ 43297W/m^2

해설 회색체의 열전달

$F_{1.2} = \dfrac{1}{\dfrac{1}{F_{1.2}} + \left(\dfrac{1}{\varepsilon_1} - 1\right) + \dfrac{A_1}{A_2}\left(\dfrac{1}{\varepsilon_2} - 1\right)}$

$= \dfrac{1}{1 + \left(\dfrac{1}{0.9} - 1\right) + \left(\dfrac{1}{0.6} - 1\right)} = 0.5625$

$q = \sigma A F_{1.2} (T_1^4 - T_2^4)$

$(A_1 \geqq A_2)\ \dfrac{q}{A} = 6 A F_{1.2} (T_1^4 - T_2^4)$

$\dfrac{q}{A} = 5.67 \times 10^{-8}\text{W/m}^2 \cdot \text{K}^4 \times 0.5625 \times (1000^4 - 700^4)$

$= 24236\text{W/m}^2$

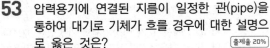
53 압력용기에 연결된 지름이 일정한 관(pipe)을 통하여 대기로 기체가 흐를 경우에 대한 설명으로 옳은 것은? 출제율 20%

① 무제한 빠른 속도로 흐를 수 있다.
② 빛의 속도에 근접한 속도로 흐를 수 있다.
③ 초음속으로 흐를 수 없다.
④ 종류에 따라서 초음속으로 흐를 수 있다.

해설 ① 무제한 빠른 속도로 이동이 불가능하다(마찰때문에).
② 빛의 속도로 흐를 수 없다.
④ 불가능하다.

보충 Tip

유체가 관을 이동 시 마찰응력, 압력손실 등에 의해 방해를 받아 초음속으로 흐를 수 없다.

54 노즐 흐름에서 충격파에 대한 설명으로 옳은 것은? 출제율 20%

① 급격한 단면적 증가로 생긴다.
② 급격한 속도 감소로 생긴다.
③ 급격한 압력 감소로 생긴다.
④ 급격한 밀도 증가로 생긴다.

해설 노즐의 흐름
노즐 흐름 시 유체를 분출시킬 때 압력에너지가 속도에너지로 바뀐다. 즉, 급격한 압력의 감소는 급격한 속도의 증가를 유발한다.

55 25wt%의 알코올 수용액 20g을 증류하여 95wt%의 알코올 용액 x(g)과 5wt%의 알코올 수용액 y(g)으로 분리한다면, x와 y는 각각 얼마인가? 출제율 40%

① $x=4.44$, $y=15.56$
② $x=15.56$, $y=4.44$
③ $x=6.56$, $y=13.44$
④ $x=13.44$, $y=6.56$

해설 $x+y=20$
$x \times 0.95 + y \times 0.05 = 20 \times 0.25$
$19x + y = 100$, $y = 20 - x$
연립하여 풀면,
$x=4.44$g, $y=15.56$g

56 다음 중 기체흡수에 관한 설명으로 옳지 않은 것은? 출제율 40%

① 기체속도가 일정하고 액 유속이 줄어들면 조작선의 기울기는 감소한다.
② 액/기(L/V)비가 작으면 조작선과 평형선의 거리가 줄어서 흡수탑의 길이가 길어진다.
③ 일반적으로 경제적인 조업을 위해서는 조작선과 평형선이 대략 평행이 되어야 한다.
④ 향류 흡수탑의 경우에는 한계기액비가 흡수탑의 경제성에 별로 영향을 미치지 않는다.

해설

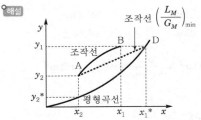

• 조작선의 경사 : $\dfrac{dy}{dx} = \dfrac{L_M'(1-y)}{G_M'(1-x)}$
• 조작선이 클수록 흡수 추진력이 커져 탑의 높이는 낮아지고 반대의 경우 탑이 높아진다.
• 흡수탑의 크기에 영향을 미치는 조작선은 경제적 운전과 관계있다.
• 액/기(L/V)비의 최소 시 평형에 근접하면 기-액 농도차가 작아진다.
• 향류 흡수탑의 경우에는 한계 기액비가 흡수탑의 경제성에 영향을 미친다.

57 에탄과 메탄으로 혼합된 연료가스가 산소와 질소 각각 50mol%씩 포함된 공기로 연소된다. 연소 후 연소가스 조성은 CO_2 25mol%, N_2 60mol%, O_2 15mol%였다. 이때 연료가스 중 메탄의 mol%는? 출제율 40%

① 25.0　　② 33.3
③ 50.0　　④ 66.4

해설 $CH_4 + C_2H_6 \longrightarrow CO_2 + O_2 + N_2$
　　　　　　　　　　↑　　25% 15% 60%
　　　　$O_2(50\%) + N_2(50\%)$
$CO_2 + O_2 + N_2 = 100$mol로 가정하고

공기의 양을 A(mol)이라고 하면

$N_2 : A \times 0.5 = 100 \times 0.6$

$A = 120\,mol \; : \; (O_2 : 60\,mol, \; N_2 : 60\,mol)$

$60\,mol\,O_2 - 15\,mol\,O_2 = 45\,mol\,O_2$(반응에 이용)

$CH_4 + 2O_2 \; \rightarrow \; CO_2 + 2H_2O$

$\quad 1 \; : \; 2 \quad : \quad 1$

$\quad x \; : \; 2x \quad : \quad x$

$C_2H_6 + \dfrac{7}{2}O_2 \; \rightarrow \; 2CO_2 + 3H_2O$

$\quad 1 \; : \; \dfrac{7}{2} \; : \; 2$

$\quad y \; : \; \dfrac{7}{2}y \; : \; 2y$

$\left.\begin{array}{l} 2x + \dfrac{7}{2}y = 45 \\ x + 2y = 25 \end{array}\right] \; x = 5, \; y = 10$

$\therefore$ 메탄(mol%) $= \dfrac{x}{x+y} = \dfrac{5}{5+10} \times 100 = 33.3\%$

58 안지름 10cm의 수평관을 통하여 상온의 물을 수송한다. 관의 길이는 70m, 유속은 10m/s이고, 패닝 마찰계수는 0.005일 때 생기는 마찰손실(kgf·m/kg)은? _{출제율 40%}

① 57.25
② 64.18
③ 71.43
④ 82.52

해설 Fanning의 마찰계수

$F = \dfrac{\Delta P}{\rho} = \dfrac{2fu^2 L}{q_c D}$

$= \dfrac{2 \times 0.005 \times 10^2 \times 70}{9.8 \times 0.1} = 71.43\,kgf \cdot m/kg$

59 다음과 같은 반응의 표준반응열은 몇 kcal/mol인가? (단, C_2H_5OH, CH_3COOH, $CH_3COOC_2H_5$의 표준연소열은 각각 -326700kcal/mol, -208340kcal/mol, -538750kcal/mol이다.) _{출제율 40%}

$\boxed{\begin{array}{l} C_2H_5OH(l) + CH_3COOH(l) \\ \qquad \rightarrow CH_3COOC_2H_5(l) + H_2O(l) \end{array}}$

① -14240
② -3710
③ 3710
④ 14240

해설 표준반응열 $= \sum H_f$ 생성 $- \sum H_f$ 반응

$= \sum H_c$ 반응 $- \sum H_c$ 생성

(여기서, H_f : 생성열, H_c : 연소열)

$= (-326700 - 208340) - (-538750)$

$= 3710\,kcal/mol$

60 2개의 관을 연결할 때 사용되는 관 부속품이 아닌 것은? _{출제율 20%}

① 유니언(union)
② 니플(nipple)
③ 소켓(socket)
④ 플러그(plug)

해설 • 2개의 관 연결 관 부속품
플랜지, 유니언, 니플, 커플링, 소켓
• 유로차단 관 부속품
플러그, 캡, 밸브

▶▶ 제4과목 ┃ 화공계측제어

61 다음 중 캐스케이드 제어를 적용하기에 가장 적합한 동특성을 가진 경우는? _{출제율 40%}

① 부제어루프 공정 : $\dfrac{2}{10s+1}$

주제어루프 공정 : $\dfrac{6}{2s+1}$

② 부제어루프 공정 : $\dfrac{6}{10s+1}$

주제어루프 공정 : $\dfrac{2}{2s+1}$

③ 부제어루프 공정 : $\dfrac{2}{2s+1}$

주제어루프 공정 : $\dfrac{6}{10s+1}$

④ 부제어루프 공정 : $\dfrac{2}{10s+1}$

주제어루프 공정 : $\dfrac{6}{10s+1}$

해설 Cascade 공정에서 부제어루프의 동특성은 주제어루프보다 최소 3배 이상 빠르다.

62 Routh의 판별법에서 수열의 최좌열이 다음과 같을 때, 이 주어진 계의 특성방정식은 양의 근 또는 양의 실수부를 갖는 근이 몇 개 있는가? _{출제율 80%}

① 1개
② 2개
③ 3개
④ 4개

1
-1
3
-1
2

해설 Routh 안정성
첫 번째 열의 성분들의 부호가 바뀌는 횟수는 허수축 우측에 존재하는 근의 개수와 같다.

63 비례제어기를 이용하는 어떤 폐루프 시스템의 특성방정식이 $1 + \dfrac{K_c}{(s+1)(2s+1)} = 0$과 같이 주어진다. 다음 중 진동응답이 예상되는 경우는 어느 것인가? 출제율 40%

① $K_c = -1.25$

② $K_c = 0$

③ $K_c = 0.25$

④ K_c에 관계없이 진동이 발생된다.

해설 $2s^2 + 3s + (1 + K_c) = 0$

$s = \dfrac{-3 \pm \sqrt{9 - 8(1 + K_c)}}{4}$

$9 - 8(1 + K_c) \leq 0 \rightarrow K_c \geq \dfrac{1}{8}$

$K_c \geq 0.125$

64 특성방정식에 관한 설명으로 옳은 것은 어느 것인가? 출제율 20%

① 특성방정식의 근 중 하나라도 복소수근을 가지면 그 시스템은 불안정하다.

② 특성방정식의 근 모두가 실근이면 그 시스템은 안정하다.

③ 특성방정식의 근이 허수축에서 멀어질수록 응답은 빨라진다.

④ 특성방정식의 근이 실수축에서 멀어질수록 진동주기가 커진다.

해설 ①, ② 특성방정식의 근 중 하나라도 양 또는 양의 실수부를 가지면 그 시스템은 불안정하다.

④ 특성방정식의 근이 실수축에서 멀어질수록 진동주기와는 무관하고 진폭이 커진다.

보충 Tip

특성방정식
특성방정식의 근이 허수축에서 멀어질수록 시상수가 작아진다. 따라서 응답이 빨라진다.

65 다음 미분방정식을 Laplace 변환하여 $Y(s)$를 구한 것은? 출제율 80%

$$2\dfrac{d^2y}{dt^2} + \dfrac{dy}{dt} + y = 2$$

$$y(0) = \dfrac{dy}{dt}(0) = 0$$

① $Y(s) = \dfrac{s^2 + 0.5s + 0.5}{s}$

② $Y(s) = s(+0.5s + 0.5)$

③ $Y(s) = \dfrac{1}{s(s^2 + 0.5s + 0.5)}$

④ $Y(s) = \dfrac{s}{s^2 + 0.5s + 0.5}$

해설 미분식의 라플라스 변환

$\mathcal{L}\left\{\dfrac{df(t)}{dt}\right\} = sF(s) - f(0)$

$\mathcal{L}\left\{\dfrac{d^2f(t)}{dt^2}\right\} = s^2F(s) - sf(0) - f'(0)$

$2\dfrac{d^2y}{dt^2} + \dfrac{dy}{dt} + y = 2$

라플라스 변환

$2s^2y(s) - 2sf(0) - 2f'(0) + sY(s) - y(0) + Y(s) = \dfrac{2}{s}$

$y(0) = \dfrac{dy}{dt}(0) = 0$

$2s^2Y(s) + sY(s) + Y(s) = \dfrac{2}{s}$

$\therefore Y(s) = \dfrac{2}{(2s^2 + s + 1)s} = \dfrac{1}{s(s^2 + 0.5s + 0.5)}$

66 그림과 같은 응답을 보이는 시간함수에 대한 라플라스 함수는? 출제율 60%

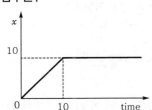

① $\dfrac{1}{s^2} + \dfrac{e^{-10s}}{s}$

② $\dfrac{10}{s^2} + \dfrac{e^{-10s}}{s}$

③ $\dfrac{(1 - e^{-10s})}{s^2}$

④ $\dfrac{(1 - e^{-10s})}{s^2} + 10\dfrac{e^{-10s}}{s}$

해설 그래프를 식으로 표현하면

$tu(t) - (t - 10)u(t - 10)$

$\xrightarrow{\mathcal{L}} \dfrac{1}{s^2} - \dfrac{e^{-10s}}{s^2} = \dfrac{1 - e^{-10s}}{s^2}$

67 $F(s) = \dfrac{6(s+1)}{s(s+3)(s+2)}$ 인 신호의 최종값, 즉 final value는? 〔출제율 80%〕

① 0
② 1
③ 2
④ 3

해설 최종값 정리

$$\lim_{t \to \infty} f(t) = \lim_{s \to 0} sF(s)$$
$$= \lim_{s \to 0} s \times \frac{6s+6}{s(s+3)(s+2)}$$
$$= \lim_{s \to 0} \frac{6s+6}{(s+3)(s+2)}$$
$$= 1$$

68 그림과 같은 닫힌 루프계에서 입력 R에 대한 출력 Y의 전달함수는? 〔출제율 80%〕

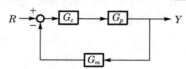

① $\dfrac{Y}{R} = \dfrac{1}{1 + G_c G_p G_m}$

② $\dfrac{Y}{R} = G_c G_p$

③ $\dfrac{Y}{R} = \dfrac{G_c G_p G_m}{1 + G_c G_p G_m}$

④ $\dfrac{Y}{R} = \dfrac{G_c G_p}{1 + G_c G_p G_m}$

해설 $\dfrac{Y}{R} = \dfrac{\text{직진}}{1 + \text{feedback}} = \dfrac{G_c G_p}{1 + G_c G_p G_m}$

69 $G(s) = \dfrac{4}{(s+1)^2}$ 인 공정에 피드백제어계를 구성할 때, 폐회로(closed-loop)의 전달함수가 $G_d(s) = \dfrac{1}{(0.5s+1)^2}$ 가 되게 하는 제어기 식은 어느 것인가? 〔출제율 60%〕

① $\dfrac{1}{4}\left(1 + \dfrac{1}{2s} + \dfrac{1}{2}s\right)$ ② $\dfrac{1}{2}\left(1 + \dfrac{1}{s} + \dfrac{1}{4}s\right)$

③ $\dfrac{1}{4}\left(1 + \dfrac{1}{s} + \dfrac{1}{4}s\right)$ ④ $\dfrac{(s+1)^2}{s(s+4)}$

해설 $G_d(s) = \dfrac{G(s)H}{1 + G(s)H} = \dfrac{1}{(0.5s+1)^2}$

$$\frac{1}{(0.5s+1)^2} = \frac{\dfrac{4H}{(s+1)^2}}{1 + \dfrac{4H}{(s+1)^2}} = \frac{4H}{(s+1)^2 + 4H}$$

$$(s+1)^2 + 4H = 4H(0.25s^2 + s + 1)$$
$$= H(s^2 + 4s + 4)$$
$$(s+1)^2 = H(s^2 + 4s)$$
$$\therefore \; H = \frac{(s+1)^2}{s(s+4)}$$

70 유체가 유입부를 통하여 유입되고 있고 펌프가 설치된 유출부를 통하여 유출되고 있는 드럼이 있다. 이때 드럼의 액위를 유출부에 설치된 제어밸브의 개폐 정도를 조절하여 제어하고자 할 때, 다음 설명 중 옳은 것은? 〔출제율 20%〕

① 유입유량의 변화가 없다면 비례동작만으로도 설정점 변화에 대하여 오프셋 없는 제어가 가능하다.

② 설정점 변화가 없다면 유입유량의 변화에 대하여 비례동작만으로도 오프셋 없는 제어가 가능하다.

③ 유입유량이 일정할 때 유출유량을 계단으로 변화시키면 액위는 시간이 지난 다음 어느 일정수준을 유지하게 된다.

④ 유출유량이 일정할 때 유입유량이 계단으로 변화되면 액위는 시간이 지난 다음 어느 일정수준을 유지하게 된다.

해설 ② 설정점 변화가 없다면 유입유량의 변화에 대하여 적분동작이 있어야 오프셋 제어가 가능하다.
③ 유입유량이 일정할 때 유출유량을 계단으로 변화시키면 액위는 감소한다.
④ 유출유량이 일정할 때 유출유량을 계단으로 변화시키면 액위는 증가한다.

보충 Tip

유입유량의 변화가 없으면 유출부에 설치된 제어밸브에 의해 비례동작만으로도 offset 없는 제어가 가능하다.

71 3개의 안정한 pole들로 구성된 어떤 3차계에 대한 Bode diagram에서 위상각은? 출제율 20%

① $0 \sim -180°$ 사이의 값
② $0 \sim 180°$ 사이의 값
③ $0 \sim -270°$ 사이의 값
④ $0 \sim 270°$ 사이의 값

해설 Bode 선도
1차계당 $-90°$ 이므로 3개는 $0 \sim 270°$ 이다.

72 $\dfrac{d^2 X}{dt^2} + 3\dfrac{dX}{dt} = 1$ 에서 $X(t)$의 라플라스(Laplace) 변환은? 출제율 80%

① $\dfrac{1}{s^3 + 3s^2}$

② $\dfrac{2}{s^3 + 3s^2}$

③ $\dfrac{3}{s^3 + 3s^2}$

④ $\dfrac{4}{s^3 + 3s^2}$

해설 미분식의 라플라스 변환

$\mathcal{L}\dfrac{df(t)}{dt} = sF(s) - f(o)$

$\mathcal{L}\dfrac{d^2 f(t)}{dt^2} = s^2 F(s) - sf(o) - f'(o)$

$\dfrac{d^2 X}{dt^2} + 3\dfrac{dX}{dt} = 1$을 라플라스 변환하면

$s^2 X(s) - sX(o) - X'(o) + 3sX(s) - 3X(o) = \dfrac{1}{s}$

$X(o) = X'(o) = 0$

$s^2 X(s) + 3sX(s) = \dfrac{1}{s}$

$\therefore X(s) = \dfrac{1}{s^3 + 3s^2}$

73 다음 중 안정도 판정을 위한 개회로 전달함수가 $\dfrac{2K(1+\tau S)}{S(1+2S)(1+3S)}$ 인 피드백제어계가 안정할 수 있는 K와 τ의 관계는? 출제율 80%

① $12K < (5 + 2\tau K)$
② $12K < (5 + 10\tau K)$
③ $12K > (5 + 10\tau K)$
④ $12K > (5 + 2\tau)$

해설 Routh 안정성 판별법

$1 + \dfrac{2K(1+\tau s)}{s(1+2s)(1+3s)} = 0$

정리하면 $6s^3 + 5s^2 + s + 2K\tau s + 2k = 0$

Routh array 방법

	1	2
1	6	$1 + 2K\tau$
2	5	$2K$
3	$b_1 = \dfrac{5(1+2K\tau) - 12K}{5}$,	
	$b_2 = 0$, $c_1 = 21$	

$b_1 > 0$ 이어야 하므로 $5(1+2K\tau) - 12K > 0$

$\therefore 12K < 5 + 10\tau K$

74 어떤 공정이 전달함수 $G(s) = \dfrac{1}{(s+1)(3s+1)}$ 로 표현된다. 공정입력으로 $\sin(t)$가 계속 들어갈 때 시간이 충분히 지난 후의 공정출력에 관한 설명 중 틀린 것은? 출제율 20%

① 공정출력은 공정입력과 비교해서 arctan (1) + arctan(3)[radian]만큼 지연되어서 나타나는 sin파이다.
② 공정출력은 진폭이 $1/(\sqrt{2}\sqrt{10})$인 sin파이다.
③ 공정이 안정하기 때문에 출력은 진동하면서 점점 0으로 수렴한다.
④ 공정출력은 주파수(frequency)가 1인 sin파이다.

해설 $G(s) = \dfrac{1}{3s^2 + 4s + 1}$

$\tau = \sqrt{3}$, $2\tau\zeta = 4$

$2\sqrt{3}\zeta = 4$, $\zeta = \dfrac{2}{\sqrt{3}} > 1$

과도감쇠된 시스템으로 나타난다.

75 $\dfrac{5e^{-2s}}{10s+1}$ 를 근사화했을 때의 근사적 전달함수로 가장 거리가 먼 것은? 출제율 20%

① $\dfrac{5(-2s+1)}{10s+1}$

② $\dfrac{5}{(10s+1)(2s+1)}$

③ $\dfrac{5(-s+1)}{(10s+1)(s+1)}$

④ $\dfrac{5(-2s+1)}{(10s+1)(2s+1)}$

해설 Taylor 전개

$$e^{-2s} \simeq 1 - 2s$$

$$e^{-2s} = \frac{1}{e^{2s}} \approx \frac{1}{1+2s}$$

④번 근사 시

$$\frac{5(-2s+1)}{(10s+1)(2s+1)} = \frac{5e^{-2s} \cdot e^{-2s}}{10s+1} = \frac{5e^{-4s}}{10s+1}$$

76 전달함수가 $G(s) = \dfrac{2}{3s+1}$ 와 같은 1차 공정 $G(s)$ 에 대하여 원하는 닫힌루프(closed-loop) 전달함수 $(C/R)_d$ 을 $(C/R)_d = \dfrac{1}{s+1}$ 이 되도록 제어기를 정하고자 한다. 이로부터 얻어지는 제어기는 어떤 형태이며, 그 제어기의 조정 (tuning) 피라미터는 얼마인가? **출제율 40%**

① P제어기이며, $K_c = 2/3$ 이다.

② PI제어기이며, $K_c = 1.5$, $\tau_I = 3$ 이다.

③ PD제어기이며, $K_c = 1/3$, $\tau_D = 2$ 이다.

④ PID제어기이며, $K_c = 1.5$, $\tau_I = 2$, $\tau_D = 3$ 이다.

해설 $G(c) = \dfrac{1}{G(s)} \left[\dfrac{\left(\dfrac{C}{R}\right)d}{1 - \left(\dfrac{C}{R}\right)d} \right]$

$= \dfrac{3s+1}{2} \left[\dfrac{\dfrac{1}{s+1}}{1 - \dfrac{1}{s+1}} \right] = \dfrac{3s+1}{2} \times \dfrac{1}{s}$

$= \dfrac{3}{2} \left(1 + \dfrac{1}{3s} \right)$

$K_c = \dfrac{3}{2}$, $\tau_I = 3$ (PI제어기)

77 다음 중 $y(s) = \dfrac{w}{(s+a)^2 + w^2}$ 의 Laplace 역변환은? **출제율 80%**

① $y(t) = \exp(-at)\sin(wt)$

② $y(t) = \sin(wt)$

③ $y(t) = \exp(at)\cos(wt)$

④ $y(t) = \exp(at)$

해설 $f(t) = e^{-at}\sin wt$

$\downarrow \mathcal{L}$ (라플라스 변환)

$F(s) = \dfrac{w^2}{(s+a)^2 + w^2}$

78 총괄전달함수가 $\dfrac{1}{(s+1)(s+3)}$ 인 계의 주파수 응답에 있어 주파수가 2rad/s일 때 진폭비는 얼마인가? **출제율 40%**

① $\dfrac{6}{5\sqrt{3}}$

② $\dfrac{\sqrt{3}}{50}$

③ $\dfrac{1}{2\sqrt{10}}$

④ $\dfrac{\sqrt{65}}{65}$

해설

$$\frac{1}{s^2+4s+3} = \frac{\dfrac{1}{3}}{\dfrac{1}{3}s^2 + \dfrac{4}{3}s + 1}$$

$\tau^2 = \dfrac{1}{3}$ 이므로 $\tau = \dfrac{1}{\sqrt{3}}$

$2\pi\zeta = \dfrac{4}{3}$ 이므로 $2 \times \dfrac{1}{\sqrt{3}} \times \zeta = \dfrac{4}{3}$, $\zeta = \dfrac{2}{\sqrt{3}}$

$K = \dfrac{1}{3}$, ω(주파수) $= 2\,\mathrm{rad/s}$

진폭비 AR

$= \dfrac{K}{\sqrt{(1-\tau^2\omega^2)^2 + (2\tau\zeta\omega)^2}}$

$= \dfrac{\dfrac{1}{3}}{\sqrt{\left(1 - \left(\dfrac{1}{\sqrt{3}}\right)^2 \times 2^2\right)^2 + \left(2 \times \dfrac{1}{\sqrt{3}} \times \dfrac{2}{\sqrt{3}} \times 2\right)^2}}$

$= \dfrac{\sqrt{65}}{65}$

79 PI제어기는 Bode diagram 상에서 어떤 특징을 갖는가? (단, τ_I 은 PI제어기의 적분시간을 나타낸다.) **출제율 20%**

① $\omega\tau_I$ 가 1일 때 위상각이 $-45°$

② 위상각이 언제나 0

③ 위상앞섬(phase lead)

④ 진폭비가 언제나 1보다 작음

해설 PI제어기의 전달함수 $G(s) = K_c \left(1 + \dfrac{1}{\tau_I s} \right)$

$G(j\omega) = K - \dfrac{1}{\tau_I \omega_j}$

$\mathrm{AR} = |G(j\omega)| = K\sqrt{1 + \left(\dfrac{1}{\tau_I \omega}\right)}$

$\tan\phi = -\dfrac{1}{\tau_I \omega}$

$\omega\tau_I$ 이 1일 때 위상각도는 $-45°$ ($\tan 45° = 1$)

80 PID제어기의 전달함수 형태로 옳은 것은? (단, K_c 는 비례이득, τ_I 는 적분시간상수, τ_D 는 미분시간상수를 나타낸다.) [출제율 40%]

① $K_c\left(s + \dfrac{1}{\tau_I} + \dfrac{\tau_D}{s}\right)$

② $K_c\left(s + \dfrac{1}{\tau_I}\int s\,dt + \tau_D\dfrac{ds}{dt}\right)$

③ $K_c\left(1 + \dfrac{1}{\tau_I s} + \tau_D s\right)$

④ $K_c\left(1 + \tau_I s + \tau_D s^2\right)$

해설 제어기별 전달함수 형태
- 비례제어기

  $G_c(s) = K_c$
- 비례−적분제어기

  $G_c(s) = K_c\left(1 + \dfrac{1}{\tau_I s}\right)$
- 비례−미분−적분제어기

  $G_c(s) = K_c\left(1 + \dfrac{1}{\tau_I s} + \tau_D s\right)$

성공하려면

당신이 무슨 일을 하고 있는지를 알아야 하며,

하고 있는 그 일을 좋아해야 하며,

하는 그 일을 믿어야 한다.

-윌 로저스(Will Rogers)-

☆

때론 지치고 힘들지만 언제나 가슴에 큰 꿈을 안고 삽시다.

노력은 배반하지 않습니다.^^

화공기사 기출문제집 필기

2023. 3. 8. 초판 1쇄 발행
2025. 1. 8. 개정2판 1쇄(통산 4쇄) 발행

지은이 | 화공기사연구회
펴낸이 | 이종춘
펴낸곳 | BM (주)도서출판 성안당

주소 | 04032 서울시 마포구 양화로 127 첨단빌딩 3층(출판기획 R&D 센터)
10881 경기도 파주시 문발로 112 파주 출판 문화도시(제작 및 물류)
전화 | 02) 3142-0036
031) 950-6300
팩스 | 031) 955-0510
등록 | 1973. 2. 1. 제406-2005-000046호
출판사 홈페이지 | www.cyber.co.kr
ISBN | 978-89-315-8422-6 (13570)
정가 | 39,000원

이 책을 만든 사람들

기획 | 최옥현
진행 | 이용화
전산편집 | 더기획, 이지연
표지 디자인 | 임흥순
홍보 | 김계향, 임진성, 김주승, 최정민
국제부 | 이선민, 조혜란
마케팅 | 구본철, 차정욱, 오영일, 나진호, 강호묵
마케팅 지원 | 장상범
제작 | 김유석

www.cyber.co.kr
★★★
성안당 Web 사이트